Nanostrukturforschung und Nanotechnologie

Band 1: Grundlagen

von

Prof. Dr. Uwe Hartmann

Oldenbourg Verlag München

Prof. Dr. Uwe Hartmann hat seit 1993 den Lehrstuhl für Nanostrukturforschung in der Fach-richtung Experimentalphysik der Universität des Saarlandes inne.
1998 erhielt er für seine Arbeiten in der Nanostrukturforschung den Philip Morris-Forschungspreis. 2006 wurde er zum Honorarprofessor an der Fudan-Universität in Shanghai ernannt.

Titelbild : Das Bild oben links zeigt einen Hochtemperatursupraleiter-SQUID. Die Eigenschaften des mikrostrukturierten Bauelements werden in signifikanter Weise durch den unten rechts dargestellten nanoskaligen Stufenkontakt und durch die Nanostruktur der supraleitenden Keramik geprägt.

Bibliografische Information der Deutschen Nationalbibliothek

Die Deutsche Nationalbibliothek verzeichnet diese Publikation in der Deutschen Nationalbibliografie; detaillierte bibliografische Daten sind im Internet über http://dnb.d-nb.de abrufbar.

Rosenheimer Straße 145, D-81671 München
Telefon: (089) 45051-0
www.oldenbourg-verlag.de

Lektorat: Kristin Berber-Nerlinger
Herstellung: Constanze Müller
Titelbild: Prof. Dr. Uwe Hartmann
Einbandgestaltung: hauser lacour
Gesamtherstellung: Beltz Bad Langensalza GmbH, Bad Langensalza

Dieses Papier ist alterungsbeständig nach DIN/ISO 9706.

ISBN 978-3-486-57915-4
eISBN 978-3-486-71487-6

Vorwort

Nanostrukturforschung und Nanotechnologie sind zu einem dynamischen und viel beachteten Feld des wissenschaftlichen und technischen Fortschritts geworden. Die Begriffe sind Sammelbegriffe für multidisziplinäre Grundlagen und Anwendungen der unterschiedlichsten Art und damit naturgemäß nicht sonderlich präzise definitorisch zu erfassen. Von Bedeutung ist die grundlegende Erkenntnis, dass Nanoskaligkeit der Materie und daraus erschaffenen natürlichen und artifiziellen Objekten ganz besondere Eigenschaften verleiht, die teils Folgen eines Skalierungsverhaltens, teils Resultate eines vielfältigen und komplexen Wechselspiels zwischen klassischen und quantenphysikalischen Phänomenen sind. Damit umfassen aber die Grundlagen der Nanotechnologie zum einen fast alle naturwissenschaftlichen Erkenntnisse zum Verhalten kondensierter Materie und zum andern a priori praktisch alle bekannten analytischen, Präparations-, Herstellungs- und Bearbeitungsverfahren, die teils konventionellen Ursprungs sind, teils im Rahmen nanotechnologischer Ansätze neu entwickelt wurden.

So vielfältig die Grundlagen und Anwendungen der Nanotechnologie sind, so vielfältig ist auch der Bestand an einführenden, weiterführenden und hochgradig spezialisierten Lehrbüchern. Hinzu kommt eine beträchtliche Fülle populärwissenschaftlicher Darstellungen eines jeden Komplexitätsgrads. Je nach Interessenslage und Sichtweise von Autoren und Herausgebern haben die meisten Werke, die einen Überblick über das riesige Gebiet der Nanotechnologie geben wollen, mehr oder weniger stark ausgeprägte Schwerpunkte, etwa in den Bereichen nanostrukturierte Materialien, Nanoelektronik, Nanoanalytik, chemische Nanotechnologie oder auch Nanobiotechnologie. Zusätzlich gibt es in der spezialisierten Literatur ein umfangreiches Angebot an Werken, die von vornherein nur einzelne Bereiche behandeln. Einführungen in das Gebiet, die in ausgewogener Weise die multidisziplinären Grundlagen mit einem hinreichenden wissenschaftlichen und quantifizierenden Anspruch würdigen und die vielfältigen Anwendungen in angemessener Breite ohne spezifische Schwerpunktsetzung behandeln, sind die große Ausnahme, gleichzeitig aber unerlässlich im Rahmen der akademischen Ausbildung, in der Nanotechnologie entweder eine zentrale Rolle spielt oder für die eigene Kerndisziplin von erheblicher Bedeutung ist. Dieses Werk möchte die bestehende Lücke schließen und einen umfassenden Überblick über die naturwissenschaftlichen Grundlagen und die ingenieurwissenschaftlichen Anwendungen der Nanotechnologie bieten. Dabei werden elementare mathematisch-naturwissenschaftliche Kenntnisse - insbesondere grundlegende physikalische Konzepte - zwar vorausgesetzt, aber die sich aus den Grundlagen ergebenden nanotechnologischen Implikationen ausführlichst und unter Betonung ihres Querschnittscharakters behandelt. Damit ist das Buch bestens geeignet für die universitäre Ausbildung im Rahmen von Bachelor- und Masterstudiengängen der Natur- und Ingenieurwissenschaften. Auch Doktoranden und forschende Wissenschaftler dürften von der umfassenden Darstellung profitieren. Darüber hinaus ist das Buch sicherlich für Lehrende im Bereich der Nanotechnologie und auch für die berufsbegleitende Weiterbildung industriell arbeitender Wissenschaftler nützlich.

Das Lehrbuch umfasst drei Bände. Band 1 beinhaltet eine ausführliche Diskussion der multidisziplinären Grundlagen und es werden die disziplinären Bezüge verschiedener wissenschaftlich-technischer Felder zur Nanotechnologie diskutiert. Es wird verdeutlicht, in welchen spezifischen Eigenschaften das Skalierungsverhalten klassischer Systeme resultiert und wie kritische Dimensionen dieses Skalierungsverhalten beeinflussen. Die relevanten quantenmechanischen Grundlagen unter Einbeziehung neuer Entwicklungen, wie der Quanteninformationsverarbeitung oder der Spinelektronik, werden ausführlich behandelt. Von großer Bedeutung für die Entstehung und Stabilität nanoskaliger Systeme sind einerseits Intermolekular- und Oberflächenwechselwirkungen und andererseits spezifische thermodynamische Eigenschaften, die nicht immer auf Gleichgewichtszustände beschränkt sind. Das Zusammenspiel zwischen Wechselwirkungen und Thermodynamik führt zu äußerst interessanten Selbstorganisations- und Strukturbildungsphänomenen, die eingehend dargestellt werden. Viele der behandelten Grundlagen der Nanostrukturforschung und Nanotechnologie werden in festkörperbasierten Systemen beobachtet, erforscht und zu Anwendungen entwickelt. Aus diesem Grund werden neben den „konventionellen" ein-, poly- und quasikristallinen sowie amorphen Konfigurationen auch Festkörper mit nanoskaligen Gitterbausteinen oder Poren als Gitterbausteine diskutiert.

Band 2 umfasst alle Materialien, Methoden und Verfahren, die in der Nanostrukturforschung und der Nanotechnologie relevant sind. Zu den Materialien zählt die sehr vielfältige weiche kondensierte Materie inklusive der biologischen Materie genauso wie nanoskalige Grundbausteine in Form etwa von monolagigen Filmen, Nanoröhrchen, Clustern oder biologischen Maschinen. Nanopartikel und niedrigdimensionale Systeme sind quasi Manifestationen vieler Grundlagen, die in Band 1 diskutiert werden, mit großem Anwendungspotential. Der Bereich der nanoskaligen Materialien wird komplettiert durch die Metamaterialien, also durch Materialien, die gleichsam durch periodische Aneinanderreihung von Bauelementen oder funktionellen Einheiten konstituiert werden und die völlig neuartige Eigenschaften aufweisen können. Die behandelten Methoden und Verfahren umfassen sowohl theoretische Konzepte zur Beschreibung der spezifischen Eigenschaften von Nanosystemen als auch experimentelle nanoanalytische Verfahren, unter denen die Rastersondenverfahren als *die* Wegbereiter der Nanotechnologie einen besonderen Stellenwert einnehmen. Lithographische und Strukturierungsverfahren bilden in gewisser Weise das präparative Pendant zu den analytischen Verfahren und werden daher im Hinblick auf ihren Stellenwert ausführlich und vergleichend diskutiert.

Band 3 gibt einen Überblick über die heute konkret existierenden Anwendungen der Nanotechnologie sowie über vielversprechende Anwendungspotentiale. Die Kategorisierung orientiert sich dabei einerseits an präparatorischen Kategorien, wie Oberflächen, Partikel und Massivmaterialien. Diese können in den unterschiedlichsten Anwendungsbereichen eingesetzt werden. Andererseits liefern Nanostrukturforschung und Nanotechnologie in Anwendungsbereichen wie der Elektronik, der miniaturisierten elektromechanischen Systeme, der Fluidik, der Optik oder der Biotechnologie neuartige Problemlösungsstrategien, Materialien und Bauelemente, welche einen beachtlichen Einfluss auf die zukünftige Entwicklung dieser Gebiete haben dürften. Nanotechnologische

Konzepte werden daher in Bezug auf jedes der genannten Anwendungsfelder diskutiert. Komplettiert wird diese Diskussion durch eine Darstellung der spezifischen Bedeutung der Nanotechnologie für einzelne Branchen, wie Werkstoff- und chemische Industrie, Pharmaindustrie, Automobilindustrie oder Informations- und Kommunikationsindustrie. Abschließend werden Gefahrenpotentiale, die mit der Nanotechnologie verbunden sind oder sein könnten, auf der Basis unseres derzeitigen Wissens diskutiert. Dies wiederum ist die Grundlage ethischer Implikationen, deren gegenwärtige Diskussion zusammenfassend dargestellt wird.

Saarbrücken, im März 2012 U. Hartmann

Inhaltsübersicht

Vorwort zu Band 1

Nanostrukturforschung und Nanotechnologie sind ausgesprochen interdisziplinäre Felder der Natur- und Ingenieurwissenschaften und ihrer Anwendungen. Dementsprechend groß sind die transdisziplinären Grundlagen, welche diese Felder speisen und welche ihnen zu einer äußerst dynamischen Entwicklung verhelfen. Eine für die Verwendungszwecke dieses Buchs angemessene Behandlung der Grundlagen setzt zum einen Vollständigkeit voraus und zum anderen Verzicht. Verzichtet werden muss auf vieles, was nicht zwingend für eine solide Grundkenntnis der Gegenstände der Nanotechnologie und Nanostrukturforschung erforderlich ist. Eine diesbezügliche Entscheidung ist aber immer eine subjektive Entscheidung, die ein gewisses Maß an Objektivität allenfalls aus einer langjährigen aktiven Tätigkeit des Autors in Forschung und Lehre sowie aus der Einbeziehung der Sichtweise möglichst vieler Kolleginnen und Kollegen bezieht. Darüber hinaus ist bei gegebener Stoffauswahl die Entscheidung darüber, was Grundlagen, was spezifische Materialien oder Strategien sind, oder was Anwendungen der Grundlagen darstellt, ebenfalls subjektiv. So beinhaltet der vorliegende Band sicherlich viele Grundlagen der Nanostrukturforschung und Nanotechnologie, die Bände 2 und 3 beinhalten aber eben durchaus auch grundlegende Aspekte und die Verteilung der Themen auf die Bände sollte nicht zu dogmatisch betrachtet werden.

Der vorliegende Band ordnet zunächst einmal Nanostrukturforschung und Nanotechnologie thematisch ein, beleuchtet die Bezüge zu den Natur-, Ingenieur- und Lebenswissenschaften und beschreibt die historischen Wurzeln. Explizit wird der Bezug zwischen nanoskaligen Strukturen und technologischen Gründen für eine Miniaturisierung von Bauelementen oder materiellen Funktionseinheiten thematisiert. Viele klassische physikalische Gesetze führen zu überraschenden Resultaten, wenn sie in Form der enthaltenen geometrischen Abmessungen und Dimensionen skaliert werden. So zeigen mechanische Schwinger nach einem hypothetischen Schrumpfprozess unglaublich hohe Resonanzfrequenzen oder winzige magnetische Partikel eine unerwartet große Feldstärke an ihrer Oberfläche. Die entsprechenden Skalierungsrelationen lehren uns, was wir aus klassischer Sicht an Eigenschaften von Nanosystemen zu erwarten haben. Unterschreitet man jedoch kritische Dimensionen, so verhält sich ein Nanosystem nicht mehr so, wie gemäß des klassischen Gesetzes erwartet. Der vorliegende Band behandelt eine Vielzahl von Eigenschaften im Hinblick auf das Skalierungsverhalten grundlegender Gesetzmäßigkeiten und im Hinblick auf die Ursache fundamentaler Skalierungsgrenzen.

Der zentrale Grundlagenteil wird durch die Behandlung quantenphysikalischer Phänomene gebildet. Dabei erfolgt eine rigorose Konzentration auf solche „Anwendungen“ quantenmechanischer Sachverhalte und Strategien, die einen engen Bezug zur Nanostrukturforschung und Nanotechnologie haben. Das entsprechende Kapitel könnte in diesem Sinn durchaus mit „Quanten-Nanotechnologie“ betitelt sein. Dennoch werden im Sinne einer abgerundeten Darstellung, die der enormen Bedeutung der Quantenphysik für die Nanotechnologie Rechnung trägt, grundlegende Konzepte und Strategien dargestellt, obwohl sie in ihrer Anwendung oder Realisierung nicht unbedingt untrennbar mit der Nanotechnologie verwoben sind. Dazu zählen sicherlich die Quanteninformationsverarbeitung oder das Konzept der zweiten Quantisierung. Allerdings werden in allen Fällen Gesichtspunkte der Quantenphysik anhand nanotechnologischer Strategien, Materialien und Bauelemente beleuchtet. Auf die sonst übliche verallgemeinernde Darstellung quantenmechanischer Gesetzmäßigkeiten in Form spezifischer Strategien oder Formalismen wird im vorliegenden Kontext bewusst verzichtet, woraus eine insgesamt unkonventionelle Darstellung einiger Grundlagen der Quantenmechanik resultiert.

Intermolekular– und Oberflächenwechselwirkungen im Wechselspiel mit thermodynamischen Phänomenen bilden die Grundlagen der Selbstorganisation von und der Strukturbildung in Nanosystemen. Ihrer Bedeutung entsprechend werden vor allen Dingen van der Waals–Wechselwirkungen behandelt. Im Bereich der Thermodynamik wird auf den fundamentalen Unterschied zwischen Gleichgewichts– und Ungleichgewichtssystemen fokussiert. Das Zusammenspiel von Kräften und Thermodynamik wird anhand fundamentaler Ordnungs– und Organisationsprinzipien erläutert.

Für viele der behandelten Grundlagen sind im Hinblick auf eine Erforschung oder eine Anwendung festkörperbasierte Systeme von Bedeutung. Diese werden im vorliegenden Band nicht nur anhand „konventioneller“ Konfigurationen behandelt, sondern unter Einbeziehung spezifisch nanotechnologischer Konfigurationen. Dazu zählen etwa kristallisierte nanoskalige Bausteine oder auch Porenkristalle.

Insgesamt wird bei der Darstellung der Grundlagen von Nanostrukturforschung und Nanotechnologie Wert auf eine ausgewogene Behandlung theoretischer und experimenteller Sachverhalte gelegt. Theoretische Modelle werden in einem Komplexitätsgrad diskutiert, der einerseits eine befriedigende Beschreibung des jeweiligen Phänomens zulässt und der andererseits dem Kenntnisstand des mit dem Buch avisierten Leserkreises im Wesentlichen entsprechen sollte. In jedem Fall wird auf etablierte Formalismen zurückgegriffen, deren Kenntnis sich bei Bedarf leicht aus der entsprechenden Spezialliteratur beschaffen lassen sollte.

Klar betont werden physikalische Grundlagen der Nanostrukturforschung und Nanotechnologie, was impliziert, wie durch den Autor die eigentlichen fundamentalen Grundlagen der Gebiete eingeordnet werden. Aber auch dies entspricht natürlich einer subjektiven Sichtweise und an der einen oder anderen Stelle könnte statt auf physikalisch dominierte sicherlich auch auf chemisch oder biologisch ausgerichtete Beispiele zurückgegriffen werden. Dennoch ist es Ziel der Darstellung, die interdisziplinären Implikationen der hier vorwiegend behandelten physikalischen Grundlagen zu betonen.

Eine Vielzahl spannender Forschungsergebnisse wurde mir durch zahlreiche Kolleginnen und Kollegen zur Verfügung gestellt. Dieses aktuelle Material direkt aus der modernen Forschung bereichert das Buch ungemein und ich möchte allen im Zusammenhang mit den jeweiligen Originaldaten aufgeführten Kolleginnen und Kollegen danken.

Die Herstellung und Bearbeitung der vielen Abbildungen in diesem Buch erforderten eine hohe Sachkompetenz und viel Geduld. Für die Zurverfügungstellung eines großen Maßes an beiden Tugenden danke ich Frau Gabriele Kreutzer–Jungmann. Beide genannten Tugenden waren in erheblicher Weise auch gefordert bei der Erstellung eines druckfertigen Manuskripts, wofür ich mich herzlich bei Frau Stefanie Neumann bedanke. Verschiedene Mitarbeiterinnen und Mitarbeiter, Kolleginnen und Kollegen haben geduldig nach verbliebenen Fehlern im Manuskript gesucht. Dafür sei allen, und insbesondere Herrn Harro Hartmann, gedankt. Für ihre Geduld und Anteilnahme danke ich ferner Barbara, Felicia, Fabian und Frederik.

Die Verfügbarkeit dieses Buchs ist wesentlich natürlich auf das Interesse und die professionelle Bearbeitung durch den Oldenbourg–Verlag zurückzuführen. Hierfür danke ich dem gesamten Team, in besonderer Weise allerdings der zuständigen Lektorin, Frau Kristin Berber–Nerlinger, die das Entstehen des Manuskripts überaus konstruktiv begleitet hat.

Saarbrücken, im März 2012 U. Hartmann

Inhaltsverzeichnis

1 Laterale und disziplinäre Bezüge

Der Nanotechnologie wird eine erhebliche gesellschaftliche Bedeutung beigemessen, die von Experten durchaus mit den Auswirkungen der industriellen Revolution des 18. und 19. Jahrhunderts verglichen wird. Nanotechnologie ist ein Sammelbegriff für multidisziplinäre Forschung und industrielle Anwendungen, der die unterschiedlichsten Verfahren subsummiert. Eine präzise begriffliche Einordnung ist sehr schwierig und erfolgt in der Literatur nicht einheitlich. Die Nanotechnologie hat historisch gesehen eine Vielzahl von Wurzeln. Sie profitierte und profitiert in ihrer Entwicklung von einzelnen Visionären, die aufgrund ihrer Hypothesen Anlass zur kritischen Bewertung, aber auch zur zielorientierten Grundlagenforschung geben. Es lassen sich bestimmte größere Meilensteine in der bisherigen Entwicklungsgeschichte spezifizieren. Wenngleich Nanotechnologie auch nicht explizit eine fortschreitende Miniaturisierung von Systemkomponenten zum Gegenstand hat, so bestehen doch vielfältige und wechselseitige Bezüge zur Mikroelektronik und Mikrosystemtechnik, die Ergebnis einer konsequenten und fortschreitenden Miniaturisierung im Wesentlichen von siliziumbasierenden Bauelementen sind.

1.1 Gesellschaftliche Bedeutung

Sucht man im Internet nach Nanotechnologieseiten, so findet man unter dem Suchbegriff *Nanotechnologie* einige Millionen Treffer und für *Nanotechnology* über 100 Millionen. Hieraus leitet sich intuitiv eine bestimmte Bedeutung des Gebiets ab. Verlässlichere und wohletablierte Kriterien, um neue Technologien zu bewerten, bestehen in der Auswertung des Publikationsverhaltens und der Entwicklung der Patentanmeldungen. Allerdings muss dabei berücksichtigt werden, dass für neue Technologien häufig Klassifikationen anfangs einer gewissen Unsicherheit unterliegen und sich erst mit der Zeit etablieren. Für das Ende des 20. Jahrhunderts und das beginnende 21. Jahrhundert kann man feststellen, dass die absolute jährliche Zahl an Nanotechnologiepublikationen stetig zunimmt und auch der relative Anteil am Gesamtpublikationsaufkommen signifikant ansteigt. Dies gilt ebenfalls für die Zahl der Patentanmeldungen.

Weitere Indikatoren für die Bewertung von Technologien lassen sich ableiten aus der öffentlichen Förderung von entsprechender Wissenschaft auf nationaler und internationaler Ebene sowie aus der Bildung strategischer Forschungsallianzen. Hingegen ist es im Allgemeinen nicht möglich, das Investitionsverhalten der Privatindustrie zu quantifizieren oder als Indikator für eine wachsende technologische Bedeutung zu werten. Schließlich ist ein bedeutsamer, aber schwer einzuschätzender Indikator bei sich entwickelnden Technologien die Anzahl der entstehenden Arbeitsplätze.

Gemessen an allen genannten Indikatoren kann man eindeutig sagen, dass der Nanotechnologie heute und zukünftig eine außerordentliche Bedeutung zukommt [1.1]. Man geht davon aus, dass die Nanotechnologie den Stellenwert der einzelnen Volkswirtschaften stark beeinflussen wird. Zu erwarten sind soziologische, ökonomische und auch ökologische Konsequenzen, die je nach Standpunkt positiv oder negativ bewertet werden können, in jedem Fall aber zu großen Umbrüchen führen werden [1.2, 1.3]. Versuche, die weltweiten Umsatzerwartungen im Bereich von nanotechnlogiebasierten Produkten zu quantifizieren, müssen wohl eher als Indiz unserer Hilflosigkeit im Hinblick auf eine Prospektion denn als verlässliches, zukunftsgerichtetes Instrument betrachtet werden [1.4].

Der Begriff *industrielle Revolution* bezieht sich im engeren Sinn auf die Industrialisierung Großbritanniens zwischen etwa 1750 und 1850. Zu dieser Zeit entstand der Industriekapitalismus. Es waren technische Entwicklungen im Bereich der Mechanisierung – etwa die Dampfmaschine –, die zu einem komplexen technischen, ökonomischen und gesellschaftlichen Umwälzungsprozess führten [1.5]. Die rasant fortschreitenden Veränderungen betrafen die Wirtschaft und Technik, die Struktur der Gesellschaft, soziale Beziehungen, Lebensstil, politische Systeme, Siedlungsformen und das Landschaftsbild. Durchaus ernst zu nehmende Visionäre vergleichen heute die aufgrund der Nanotechnologie zu erwartenden Entwicklungen mit denen, die durch die industrielle Revolution verursacht wurden.

Die Nanotechnologie ist ein hochgradig interdisziplinärer Bereich, der sich im Wesentlichen aus transdisziplinären Kooperationen speist und bedeutende Synergien daraus bezieht, dass eine Konvergenz traditionell separierter Forschungs– und Entwicklungsfelder herbeigeführt wird. Aufgrund der Verbindung verschiedenster technologischer Felder handelt es sich um eine *Systeminnovation* mit einer unter Umständen bislang nicht gekannten Querschnittsbedeutung. Ein besonderes Spezifikum besteht darin, dass die Nanotechnologie als Grundlage technischer Innovationen häufig nicht direkt sichtbar ist, aber die eigentliche Innovation erst möglich macht (*enabling technology*).

A priori können neben positiven Auswirkungen nanotechnologisch stimulierter Innovationen auch negative Begleiterscheinungen auftreten, die je nach Standpunkt als Bedrohung empfunden werden. Die Entwicklung der Nanotechnologie muss daher flankierend ergänzt werden durch geisteswissenschaftliche Begleit– und Prospektionsforschung. Hier müssen ethische und rechtliche Aspekte genauso analysiert werden, wie toxikologische oder ökologische im Rahmen der empirischen Wissenschaften.

1.2 Begriffliche Einordnung

Der erste Teil des Begriffs *Nanotechnologie* leitet sich vom griechischen Wort *nanos* für Zwerg, zwergenhaft ab. Der Begriff *Technologie* wurde im 18. Jahrhundert geprägt und bezeichnete zunächst die „Wissenschaft, welche die Verarbeitung der Naturalien lehrt“ [1.6]. Dann war der Begriff eingeschränkt auf die Verfahrenskunde, während man ihn heute und insbesondere im Zusammenhang mit der Nanotechnologie im Allgemeinen synonym zu *Technik* verwendet. Der Begriff *Technik* leitet sich wiederum aus dem griechischen Begriff *techne* für *Kunst* oder dem entsprechenden lateinischen Begriff *technica* ab. Heute versteht man unter Technik das „konstruktive Schaffen von Erzeugnissen, Vorrichtungen und Verfahren unter Ausnutzung der durch die Naturgesetze gegebenen Möglichkeiten“ [1.6]. Charakteristisch für die wissenschaftlich-technische

Tabelle 1.1: *Präfixe physikalischer Einheiten.*

Faktor	Präfix	Symbol
10^{24}	Yotta	Y
10^{21}	Zetta	Z
10^{18}	Exa	E
10^{15}	Peta	P
10^{12}	Tera	T
10^{9}	Giga	G
10^{6}	Mega	M
10^{3}	kilo	k
10^{2}	hekto	h
10^{1}	deka	da
10^{-1}	dezi	d
10^{-2}	zenti	z
10^{-3}	milli	m
10^{-6}	mikro	μ
10^{-9}	nano	n
10^{-12}	piko	p
10^{-15}	femto	f
10^{-18}	atto	a
10^{-21}	zepto	z
10^{-24}	yokto	y

Zivilisation ist der *cultural lack*, d. h. der zeitliche Rückstand der kulturellen Verarbeitung hinter den durch die Technik bewirkten Veränderungen. Gerade dieser Aspekt ist von besonderer Relevanz auch im Bereich der Nanotechnologie.

Die Vorsilbe *nano* dient zur Fraktionierung physikalischer Einheiten, wie aus Tab. 1.1 ersichtlich wird. Zur Charakterisierung der Nanotechnologie ist von besonderer Bedeutung die Fraktionierung der Längeneinheit in den milliardsten Teil eines Meters, d. h. $10^{-9}\text{m} = 1\,\text{nm}$. Der milliardste Teil mag uns intuitiv klein vorkommen. Dies hängt allerdings vom Blickwinkel oder der Vergleichsmöglichkeit mit Größenordnungen ab, die uns vertraut erscheinen, wie aus Tab. 1.2 deutlich wird.

Im Bereich der erkenntnisorientierten Wissenschaft mögen die Details eines einzelnen isolierten Nanoobjekts von großem Interesse sein. In der realen Welt und technischen Anwendung sind hingegen immer nur vergleichsweise große Kollektive nanoskaliger Objekte von Bedeutung. Dies impliziert, dass kleine Abmessungen in der Regel mit großen Anzahlen einhergehen: Ein Stück Würfelzucker enthält größenordnungsmäßig so viele Moleküle, dass die Anzahl ausreicht, um immer noch mehr als 10 Moleküle auf jeden mm^2 der Erdoberfläche entfallen zu lassen. Die SI-Einheit für die Stoffmenge ist das *Mol*. 1 mol ist die Menge eines Stoffs, die genauso viele Teilchen enthält, wie 12 g des Kohlenstoffisotops ^{12}C. Diese Stoffmenge in Form von Atomen oder Molekülen entspricht der *Avogadro-Zahl* von $\text{N}_\text{A} = 6 \times 10^{23}\,1/\text{mol}$. Für ein ideales Gas unter Normalbedingungen ergibt sich für diese Teilchenzahl ein Volumen von 22,4 l. Für einen kristallinen

Tabelle 1.2: *Größenordnungen von charakteristischen Abmessungen und Zeitintervallen.*

Gegenstand	Länge
Proton	$\approx 10^{-15}\,\mathrm{m}$
Atom	$\approx 10^{-10}\,\mathrm{m}$
Wellenlänge sichtbares Licht	$\approx 5 \cdot 10^{-7}\,\mathrm{m}$
Mensch	$\approx 1{,}6\,\mathrm{m}$
Durchmesser Erde	$\approx 1{,}3 \cdot 10^{7}\,\mathrm{m}$
Abstand Erde – Sonne	$\approx 1{,}5 \cdot 10^{11}\,\mathrm{m}$
Durchmesser Milchstraße	$\approx 10^{21}\,\mathrm{m}$
Vorgang	**Zeit**
Durchflug Elementarteilchen durch Atomkern ($v \approx c$)	$\approx 10^{-23}\,\mathrm{s}$
Schwingungsperiode des sichtbaren Lichts	$\approx 1{,}6 \cdot 10^{-15}\,\mathrm{s}$
Thermische Reorientierung H_2O–Molekül	$\approx 10^{-11}\,\mathrm{s}$
Licht Sonne – Erde	$\approx 5 \cdot 10^{2}\,\mathrm{s}$
1 Jahr	$\approx 3{,}2 \cdot 10^{7}\,\mathrm{s}$
Alter Erde	$\approx 10^{17}\,\mathrm{s}$

Festkörper befinden sich N_A Atome größenordnungsmäßig in $1\,\mathrm{cm}^3$ Volumen.

Selbst Nanostrukturen, die mit technischen Methoden als Werkstoffbestandteile oder Bauelemente hergestellt werden, verfügen in der Regel über Millionen bis Milliarden Atome. Damit wird deutlich, dass bei Nanostrukturen häufig kleine und große Zahlen koexistieren. Weiterhin ist von Bedeutung, dass die Welt der Nanostrukturen eine hochgradig dynamische Welt ist. Betrachtet man beispielsweise ein menschliches Haar auf der nm-Skala, so nimmt die Länge in jeder Sekunde um einige nm zu. Neben Wachstums- und Selbstorganisationsprozessen, die Dynamik verkörpern, ist grundsätzlich unter Umgebungsbedingungen bei kleinen Nanostrukturen die Dynamik aufgrund thermischer Anregung mit $k_B T \approx 4 \times 10^{-21}\,\mathrm{J} = 25\,\mathrm{meV}$ von Bedeutung.

Nanotechnologie ist ein Sammelbegriff für eine breite Palette von technologischen Ansätzen, deren Grundlage Prozesse und Strukturen auf der nm-Skala sind. Häufig wird die wissenschaftliche Grundlage dieser Technologien, die *Nanostrukturforschung*, unter dem Begriff subsummiert. Allgemein speist sich die Nanotechnologie aus Ergebnissen der klassischen Natur- und Ingenieurwissenschaften sowie der Lebenswissenschaften. Methoden, Verfahren und auch Anwendungsfelder sind inter- und multidisziplinär, wobei interessante Strategien häufig an den Grenzen zwischen den klassischen Disziplinen entstehen. Die Bedeutung der Nanotechnologie liegt nicht primär in der fortschreitenden Miniaturisierung von Systemkomponenten, sondern vielmehr in einem *Paradigmenwechsel* in Bezug auf herkömmliche Fabrikationsmethoden: Durch Beherrschung der Materie auf atomarer und molekularer Ebene und Einsatz von Verfahren, wie sie insbesondere in der belebten Natur von Bedeutung sind, sollen völlig neuartige Prozesse, Fabrikationsmethoden, Werkstoffe und Bauelemente entwickelt werden. Dabei wird gezielt genutzt, dass das Verhalten von Materie im *Mesobereich* zwischen Atom oder Molekül und μm–Abmessungen ein sehr spezifisches ist und dass in diesem Bereich die durch physikalische und chemische Phänomene bedingte Funktionalität sehr stark von der aktuellen Größe einer Struktur abhängt. In unterschiedlicher Ausprägung bestimmen die Gesetze der *Quantenmechanik* das Verhalten von Funktionseinheiten.

Eine allgemein anerkannte Definition der Nanotechnologie existiert nicht. Vielmehr koexistieren verschiedene pragmatische Definitionen, die sich zum Teil deutlich voneinander unterscheiden, aber jeweils nicht alles subsummieren, was wiederum durch bestimmte Akteure als Nanotechnologie betrachtet wird. Im Sinne einer pragmatischen Abgrenzung gegenüber anderen technologischen Disziplinen erscheint es sinnvoll, Nanotechnologie anhand der ihr zugrunde liegenden Paradigmen zu definieren: Das Ziel der Nanotechnologie ist die Erzielung spezifischer Funktionalitäten durch bewusste Nutzung einer Kausalität zwischen Funktionalität und Größe einer Struktur sowie die atomare und molekulare Kontrolle der Materie zum gezielten Aufbau funktionaler Strukturen.

Diese sehr allgemeine Einordnung des Gebiets bedarf einiger Präzisierungen. Aus den unterschiedlichsten Forschungs- und Anwendungsbereichen ist bekannt, dass sich Materie einer gegebenen Zusammensetzung bei hinreichend kleiner Stoffmenge in Bezug auf ihre physikalischen und chemischen Eigenschaften anders verhält als bei größerer Stoffmenge und damit häufig anders, als wir es aus der Alltagserfahrung gewohnt sind. Ein Stecknadelkopf aus Stahl besitzt prinzipiell alle Eigenschaften, die auch ein tonnenschweres Stück Stahl besitzt. Er ist elektrisch leitfähig, magnetisch, silbrig glänzend und hat eine gewisse Härte. Ein einzelnes Eisenatom besitzt alle diese Eigenschaften nicht, da seine Eigenschaften durch die atomphysikalischen Gesetzmäßigkeiten des Einzelatoms bestimmt werden und die Eigenschaften des Stecknadelkopfs auf das kollektive Zusammenwirken einer Vielzahl von Atomen zurückzuführen sind. Irgendwo auf dem Weg vom Stecknadelkopf zum einzelnen Atom müssen also die Eigenschaften des Stecknadelkopfs verloren gehen und die atomphysikalischen Phänomene des Einzelatoms stärker hervortreten. Der Bereich, in dem spezifisch neue Funktionalitäten auftreten, die weder durch atom- oder molekularphysikalische Gesetzmäßigkeiten beschrieben werden noch durch das Verhalten des ausgedehnten Festkörpers, liegt im Allgemeinen im Bereich kritischer geometrischer Abmessungen von 1 – 100 nm. Dies variiert je nach betrachtetem Phänomen.

Spezifische Funktionalitäten auf der Basis der Kleinheit von Strukturen wurden aufgrund empirischen Wissens schon vor vergleichsweise langer Zeit genutzt. So basierten etwa die Eigenschaften ägyptischer Tinten auf der Nanoskaligkeit darin enthaltener Pigmente. Die spektakulären optischen Effekte römischer Trinkgefässe wiederum resultierten aus der Einbettung nanoskaliger Metallpartikel in Gläser. Selbstverständlich war die Plasmonenresonanz der Nanopartikel aus einer Gold–Silber–Legierung den römischen Handwerkern als physikalisches Phänomen nicht bekannt, jedoch besaßen sie ein überliefertes empirisches Wissen, das darin bestand, dass eben Teilchen einer bestimmten Kleinheit die spezifische optische Funktionalität der Gläser hervorrufen. Um jedoch nicht die frühe und intuitive Verwendung von *Größen–Eigenschafts–Kausalitäten* pauschal als Nanotechnologie zu bezeichnen – was den heutigen technologischen Ansätzen auch nicht gerecht würde –, beinhaltet die obige Definition als ein wesentliches Kriterium die *bewusste* oder *wissentliche Nutzung* einer Größen–Eigenschafts–Kausalität.

Gegenstand der Nanotechnologie können auch Strukturen sein, die a priori jede beliebige Ausdehnung erreichen. Ein Werkstoff etwa, der in technisch relevanten Quantitäten hergestellt wird, dessen Funktionalität aber wesentlich auf seiner Nanoskaligkeit beruht, wird durchaus als nanotechnologisches Produkt gewertet. Die Leitvision der Nanotechnologie besteht darin, die Materie Atom für Atom auf neuartige Weise und mittels neuartiger, zum größten Teil noch nicht bekannter Prozesse zusammenzusetzen, wobei völlig irrelevant ist, wie groß am Ende die auf diese Weise zusammengesetzte Funktionseinheit ist. Daher besteht ein wichtiger Bereich der Nanotechnologie in der *atomaren* oder *molekularen Kontrolle der Materie*, die sich nicht unbedingt an einer geometrischen Größenordnung festmachen lässt.

Um Bereiche wie die Dünnschichttechnologien nicht pauschal unter Nanotechnologie zu subsummieren, gibt es in der Literatur weitere pragmatische Einschränkungen, die beispielsweise, wie durch Abb. 1.1 motiviert, die Dimension nanoskaliger Objekte auf 0 oder 1, nicht jedoch 2 einschränken. Um andererseits die seit langem mögliche Herstellung von Nanopartikeln und insbesondere von Kolloiden nicht zu subsummieren, ist ein häufig diskutiertes Kriterium, dass Nanotechnologie die *Zugriffsmöglichkeit auf das einzelne Nanoobjekt* beinhalten sollte. Die Anwendung dieses einschränkenden Kriteriums würde allerdings bedeuten, dass weite Bereiche, die heute in der Öffentlichkeit als Nanotechnologie wahrgenommen werden, wie beispielsweise die Herstellung nanostrukturierter funktioneller Oberflächen oder etwa die Nutzung von Nanopartikeln für therapeutische Zwecke, nicht mehr der Nanotechnologie zuzuordnen wären.

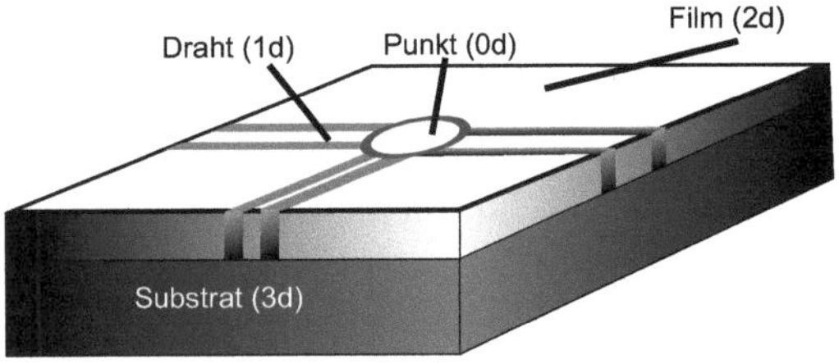

Abb. 1.1: *Niedrigdimensionale Dünnschichtstrukturen. Die verminderte Dimensionalität gegenüber dem Substrat ergibt sich aus der Einschränkung der Abmessungen in einer Richtung (Film, Dicke), in zwei Richtungen (Draht, Dicke, Breite) und in drei Richtungen (Punkt, Dicke, Breite und Länge bzw. Durchmesser).*

In Bezug auf biologische Bausteine sollte die Definition Prozesse ausschließen, bei denen man sich *natürliche Abläufe* auf der nm–Skala zunutze macht. Dazu zählen viele biotechnische Produktionsschritte – etwa die Produktion von Enzymen in Mikroorganismen. Hier wäre ggf. die Zugriffsmöglichkeit auf das einzelne Nanoobjekt ein vernünftiges Einordnungskriterium.

In Anbetracht der definitorischen Schwierigkeiten, welche die eher akademisch zu sehenden Festlegungsversuche des Begriffs *Nanotechnologie* mit sich bringen, ist es sicherlich sinnvoll, in pragmatischer Weise von einem Sammelbegriff auszugehen, dessen zentrale Bedeutung bei den genannten Paradigmen, in der Systeminnovation und in der Interdisziplinarität liegt. Da in jedem Fall der nm–Maßstab von Bedeutung ist, entweder um die benötigten Entitäten zu erzeugen, oder um explizit eine bestimmte Funktionalität zu erhalten, spielen *Erzeugung und Handhabung nanoskaliger Objekte und Funktionseinheiten* eine hervorragende Rolle. Grundsätzlich lassen sich Funktionseinheiten auf nm–Skala durch sukzessives Verkleinern aus dem Makrobereich erhalten, ein Weg, der die Grundlage heutiger Verfahren zur Herstellung von mikroelektronischen Bauelementen oder Bauelementen der Mikrosystemtechnik ist. Das sukzessive Verkleinern auf der Basis geeigneter Strukturierungsverfahren wird als *Top Down*–Ansatz bezeichnet. Der *Bottom Up*–Ansatz hingegen besteht im sukzessiven Aufbau größerer Funktionseinheiten aus kleineren auf der Basis von Methoden der Chemie oder auch der Biologie. Das Ziel ist hier nicht nur die Konstruktion von nanoskaligen Molekülaggregaten oder supramolekularen Einheiten, sondern das gezielte Design von Größe, Oberfläche und Form der Aggregate. Die Natur basiert in weiten Teilen auf diesem Bottom Up–Ansatz und nutzt *Selbstorganisationsprozesse* zur Erzeugung komplexer Strukturen, wie beispielsweise Proteine und andere funktionale Biomoleküle, oder auch mineralische Strukturen. Dem Verständnis biologischer Prinzipien und Baupläne sowie der technologischen Anwendung kommt in der Nanotechnologie eine entsprechend große Bedeutung zu. Je nach Anwendung besitzen Top Down– oder Bottom Up–Ansätze spezifische Vorteile, wobei ein bedeutendes Innovationspotential in der Kombination beider Entwicklungsstrategien liegt. In der Kombination wird es möglich, einen Größenbereich dem kontrollierten Zugriff zu erschließen, in dem qualitativ neuartige Phänomene, die bislang nicht zugänglich waren, technisch nutzbar gemacht werden können.

1.3 Historische Entwicklung und Visionäre

Die Nanotechnologie hat ihren Ursprung evidenterweise in vielen wissenschaftlichen und technologischen Bereichen und individuellen Forschungs- und Entwicklungsleistungen. So basiert sie natürlich in ihrer Gänze auf den Ergebnissen der Quantenphysik des gesamten 20. Jahrhunderts, auf dem Erkenntnisgewinn in der Festkörper– und Oberflächenphysik, auf Fortschritten in der anorganischen und organischen Chemie, auf den Entwicklungen der Mikroelektronik und Mikrosystemtechnik genauso wie auf Fortschritten der letzten Jahrzehnte in der Molekularbiologie, bei pharmazeutischen Technologien sowie in der Medizin. Natürlich war über lange Zeiträume im Zusammenhang mit diesen disziplinären Entwicklungen nicht von Nanotechnologie die Rede, wenngleich auch der nm–Maßstab in vielerlei Hinsicht explizit von Bedeutung war. Erst die Erkenntnis über die Konvergenz vieler Verfahren im Hinblick auf eine wirkliche Systeminnovation ließ es sinnvoll erscheinen, von einer universellen Technologie zu sprechen. Der Begriff *Nanotechnologie* wurde 1974 durch *N. Taniguchi* von der Tokio Science University geprägt und bezeichnete zunächst die Weiterentwicklung von Verfahren der Siliziumstrukturierung bis in den sub–μm–Bereich.

Der amerikanische Physiker *R. Feynman* (1918 – 1988), der im Jahre 1965 den Physik–Nobelpreis für seine Beiträge zur Quantenelektrodynamik erhielt, ist zweifellos aus heutiger Sicht als der größte Visionär der Nanotechnologie zu bezeichnen. Feynman hielt am 29.12.1959 einen Vortrag vor der American Physical Society mit dem Titel „*There is plenty of room at the bottom*“ [1.7]. Aus Sicht des Theoretikers und vor dem Hintergrund nicht existierender weit entwickelter Techniken zur Miniaturisierung diskutierte Feynman in seinem Vortrag die Konsequenzen einer menschlichen Kontrollierbarkeit der Materie auf nm–Skala. Er propagierte einen Top Down–Ansatz darin bestehend, dass Werkzeuge sukzessive feinere Werkzeuge herstellen, bis es mögich ist, auf nm–Skala Prozesse zu kontrollieren und Materie zu strukturieren. Feynman beschäftigte sich mit der Miniaturisierung von Information genauso wie mit der Miniaturisierung kompletter Maschinen (*Feynman–Maschinen*). Durch Miniaturisierung um den Faktor 25.000 sollte sich eine Seite der Encyclopedia Britannica auf die Spitze eines Füllfederhalters transferieren lassen. Um dieser Überzeugung Nachdruck zu verleihen, stiftete Feynman einen mit 1000 US $ dotierten Preis für diejenige Person, der es als erster gelingt, das geschriebene Wort um einen Faktor 25.000 zu reduzieren. Nach vielen Jahren konnte dies mit Methoden der Elektronenstrahllithographie realisiert werden. Feynman regte in seinem Vortrag an, Mikroskope zu entwickeln, die leistungsfähig genug sind, um Interaktion von Molekülen innerhalb von Zellen direkt zu beobachten oder DNA–Sequenzen aufgrund mikroskopischer Beobachtung zu lesen. Seine Visionen beinhalteten selbst die Möglichkeit des Einsatzes kompletter miniaturisierter Maschinen, die Reparaturfunktionen in unserem Körper übernehmen könnten, eine Idee, die später durch *I. Asimov* in seinem utopischen Werk „*The fantastic voyage*“ ergänzt wurde. Feynman fand im Rahmen seiner Miniaturisierungsüberlegungen keinen Widerspruch aufgrund bekannter Naturgesetze und ging davon aus, dass sich Wissenschaftler im Jahre 2000 fragen würden, warum nicht vor dem Jahr 1960 technologische Bestrebungen zur Eroberung des nm–Maßstabs eingesetzt haben.

Feynmans Vortrag blieb vergleichsweise lange Zeit unbeachtet, während ihr visionärer Charakter heute in Anbetracht der real existierenden Möglichkeiten als beeindruckend betrachtet werden muss. Wenngleich der heutige Stand der Nanotechnologie auch auf eine Vielzahl inkrementeller Erkenntnisgewinne und technischer Fortschritte zurückzuführen ist, so hat es doch immer wieder Meilensteine gegeben, die dann zu größeren Entwicklungssprüngen führten. Als Wegbereiter vieler Technologien sind sicherlich mikroskopische Verfahren anzusehen, die es erst möglich machen, kleine Objekte direkt zu visualisieren. In Bezug auf die Nanotechnologie sind hier besonders Verfahren der *Elektronenmikroskopie* von Bedeutung, die sich letztendlich aus den Entwicklungen von *E. Ruska* (1906 – 1988) ergaben. Ruska erhielt 1986 zusammen mit *G. Binnig* und *H. Rohrer* vom IBM–Forschungslabor in Rüschlikon den Nobelpreis für Physik. Binnig und Rohrer wiederum sind als Schöpfer eines anderen – vielleicht des wichtigsten – Meilensteins in der Entwicklung der Nanotechnologie anzusehen. Sie entwickelten Ende 1981 das *Rastertunnelmikroskop* [1.8], aus dem eine ganze Familie von *Rastersondenmikroskopen* hervorgegangen ist. Die Rastersondenmikroskope erlauben es nicht nur, Nanoobjekte zu visualisieren und zu vermessen, sondern sie erlauben eine umfängliche Charakterisierung und auch Manipulation auf der nm–Skala. Damit sind sie zu unverzichtbaren Universalinstrumenten in den unterschiedlichsten Bereichen der Nanotechnologie geworden. Aber auch in Bezug auf die Rastersondenverfahren kann man feststellen, dass es wichtige, jedoch weniger spektakuläre und nicht so breit zur Kenntnis genommene Vorläuferentwicklungen gab, zu denen sicherlich der *topografiner* [1.9] und ein Instrument mit der Bezeichnung *surface force apparatus* [1.10] zu zählen sind.

Von größter Bedeutung als Nanobausteine sind die *Fullerene* anzusehen. Dabei handelt es sich um käfigförmige Kohlenstoffmoleküle, welche neben Diamant und Graphit die dritte Kohlenstoffmodifikation darstellen. Der am besten untersuchte Vertreter, der auch zu den stabilsten Konfigurationen zu zählen ist, ist das C_{60}, das man auch als *Buckminster-Fulleren* bezeichnet. Die Bezeichnung leitet sich ab vom Namen des Architekten *R. Buckminster Fuller* (1895 – 1983), der bekannt wurde durch seine geodätischen Kuppelbauten. Die Existenz des C_{60} wurde erstmalig von *R.F. Curl*, *H.W. Kroto* und *R.E. Smalley* (1943 – 2005) im Jahre 1985 beschrieben [1.11]. Die genannten Wissenschaftler erhielten im Jahre 1996 den Nobelpreis für Chemie. Die Fullerene haben einen völlig neuen Zweig der Kohlenstoffchemie eröffnet und geben auch der Festkörperphysik neue Impulse. Darüber hinaus sind die Fullerene außerordentlich interessante Bausteine für Nanostrukturen.

Ebenfalls von erheblicher Bedeutung als Nanobausteine sind die Kohlenstoffnanoröhrchen (*carbon nanotubes*), die im Jahre 1991 zufällig durch *S. Iijima* in mehrwandiger Form entdeckt wurden [1.12][1]. 1993 wurden dann die einwandigen Kohlenstoffnanoröhrchen entdeckt [1.14]. Bei den Kohlenstoffröhren handelt es sich, wie bei den Fullerenen, quasi um sphärisch geformtes Graphen, in diesem Fall in Röhrenform mit offenen oder geschlossenen Enden und einem Durchmesser von typischerweise einigen nm. Die Länge einzelner Röhren kann mehrere mm betragen. Je nach Konfiguration besitzen die Röhren die unterschiedlichsten physikalischen oder chemischen Funktionalitäten, was ihnen eine immense Querschnittsbedeutung verleiht.

Abb. 1.2: *Gezielte Manipulation von 35 Xenon-Atomen auf einer Nickeloberfläche mittels eines Rastertunnelsmikroskops [1.15].*

In Anbetracht der Tatsache, dass die bloße Existenz der Atome zwischen *Demokrit* (460/459–400/380 v. Chr.) und *Einstein* (1879–1955) bis zum Beginn des 20. Jahrhunderts umstritten war, ist es durchaus bemerkenswert, im Rahmen der Leitvision der Nanotechnologie von einem gezielten Aufbau der Materie durch sukzessives Anordnen von Atomen auszugehen. Um so mehr ist es als Durchbruch zu sehen, dass im Jahre 1990 *D. Eigler* und Mitarbeitern die Manipulation einzelner Edelgasatome auf einer metallischen Oberfläche in Form von Buchstaben gelang [1.15]. Abbildung 1.2 zeigt ein diesbezügliches Beispiel.

Bis heute tragen weitere Visionäre in nicht unerheblicher Weise zur großen Anteilnahme der Öffentlichkeit an nanotechnologischen Entwicklungen bei. Hier ist vor allem *K.E. Drexler* zu nennen, dessen Visionen einerseits durch die Feynmansche Feststellung, dass die Existenz von Nanomaschinen gegen kein Naturgesetz verstößt und andererseits durch die Überzeugung, dass die Natur letztendlich molekulare Maschinen Atom für Atom „baut", geprägt sind. Insbesondere zeigte Drexler die in Tab. 1.3 dargestellten Analoga zwischen makroskopischen Vorrichtungen und biologischen Funktionseinheiten auf und verdeutlichte, dass physikalische Größen aufgrund ihres Skalierungsverhaltens in Bezug auf Nanosysteme durchaus ein interessantes Verhalten zeigen können [1.16]. Ein zentraler Aspekt in Drexlers Überlegungen sind Vorrichtungen, die Funktionseinhei-

[1]Die Erstmaligkeit dieser Entdeckung ist nicht ganz unumstritten [1.13].

Tabelle 1.3: *Entsprechung zwischen technischen und biologischen Funktionseinheiten [1.16].*

Technik	Funktion	Biologie
Stütze, Balken, Gehäuse	Kraftübertragung, Fixierung	Mikrotubuli, Zellulose, mineralische Strukturen
Seil	Spannungsübertragung	Kollagen
Fixierung, Klebstoff	Verbindungen	Intermolekulare Kräfte
Aktuator	Erzeugung von Bewegungen	Konformationsvariierende Proteine, Aktin/Myosin
Motor	Erzeugung von Rotation, Drehmomentübertragung	Flagellum
Lager	Aufnahme beweglicher Komponenten	Sigmabindungen
Container	Aufnahme von Flüssigkeiten	Vesikel
Röhre	Flüssigkeitstransport	Tubulare Strukturen
Pumpe	Bewegung von Flüssigkeit	Flagellum, Membranproteine
Fließband	Transport von Gegenständen	Bewegung von RNA durch Ribosomen
Klemme	Festhalten von Gegenständen	Enzymatische Bindung
Werkzeug	Modifikation von Werkstoffen	Metallische Komplexe, funktionelle Gruppen
Produktionsstraße	Aufbau von Komponenten	Enzymatische Systeme, Ribosomen
Numerisches Datenverarbeitungssystem	Speichern und Lesen von Programmen	Genetisches System

ten Atom für Atom zusammensetzen können (*universal assembler*) [1.17]. Abbildung 1.3 zeigt ein diesbezügliches Beispiel. Diese hypothetischen Vorrichtungen spielten bereits in den Überlegungen des Mathematikers *J. von Neumann*(1903 – 1957) eine Rolle in Form eines universellen Rechners, der mit einer universellen Konstruktionseinheit verbunden ist. Der Rechner steuert die Konstruktionseinheit, die wiederum verwendet wird, um eine verbesserte Variante des universellen Rechners und der universellen Konstruktionseinheit zu konzipieren, so dass die zyklische Aufeinanderfolge zu einer evolutionären Systemverbesserung führt [1.18]. Unter Verwendung der universellen Konstruktionsvorrichtungen Drexlers sollte es dann möglich sein, Nanobauelemente und am Ende ganze molekulare Maschinen zusammenzusetzen, die bevorzugt kohlenstoffbasiert sein sollten. Wenngleich utopisch und unter Wissenschaftlern mehr als umstritten, so werden doch Drexlers Thesen ernsthaft und kontrovers diskutiert [1.19].

Neben einer Vielzahl inkrementeller Fortschritte und verschiedener Entwicklungssprünge sollte nicht unterschätzt werden, dass eine breite technologische Entwicklung auch verschiedener flankierender Maßnahmen bedarf. Dies wiederum setzt Wissenschaftler voraus, die in weitsichtiger und vorausschauender Weise eine Brücke zwischen der Wissenschaft, der Politik und der Öffentlichkeit herstellen. So ist festzustellen, dass die

Nanotechnologie insbesondere mit der im Jahre 2000 vom US-Präsidenten *B. Clinton* offiziell eingeleiteten *National Nanotechnology Initiative* weltweit eine beschleunigte und durch ein hohes Maß an Wettbewerb gekennzeichnete Entwicklung nahm. Ergebnis dieser Entwicklung ist, dass ein stark wachsendes Volumen an öffentlichen Mitteln in Forschung und Entwicklung investiert wird, welches wiederum erhebliche private Investitionen nach sich zieht. Vor dem Hintergrund dieser beschleunigten Entwicklung ist für die kommenden Jahrzehnte von einem rasch wachsenden Erkenntnisgewinn und einer beschleunigten technologischen Umsetzung im Bereich der Nanotechnologie auszugehen, wobei es sich als schwierig bis unmöglich erweist, anhand von Extrapolationen aus der Vergangenheit die *road maps* für zukünftige Entwicklungen aufzustellen [1.20].

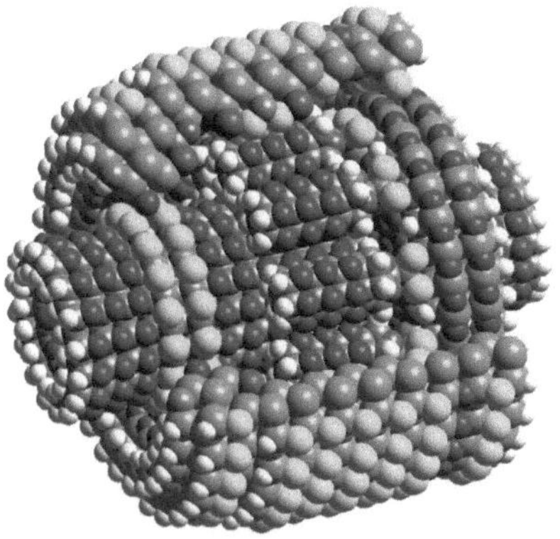

Abb. 1.3: *Hypothetisches Lager, gefertigt mittels molekularer Nanotechnologie durch sukzessives Anordnen einzelner Atome als „Mechanosynthese" [1.16].*

1.4 Miniaturisierung als Basis technologischer Entwicklung

Die Geschichte technologischer Entwicklung ist in wesentlichen Teilen auch eine Geschichte der Miniaturisierung. Miniaturisierung allgemein wird möglich durch Erfindung neuer Konstruktionsprinzipien, durch den Einsatz neuer Materialien und durch die Entwicklung neuer Verfahren. Ausgangspunkt sind jeweils naturwissenschaftlich-technischer Erkenntnisgewinn und das Streben nach Wohlstand und Gesundheit. Es lassen sich vier Ziele der Miniaturisierung definieren:

i. Die technische Machbarkeit erfordert eine Miniaturisierung einzelner Systemkomponenten oder ganzer Systeme: Die Implantierbarkeit eines Herzschrittmachers setzt beispielsweise voraus, dass elektronische Bauelemente genügend klein sind.

ii. Eine Verbesserung der Ergonomie im Sinne einer besseren Anpassung der Technik an den Menschen erfordert eine Miniaturisierung: Ein winzig kleiner Herzschrittmacher mit hochintegrierter Elektronik ist ergonomischer als ein schuhcremedosengroßer diskret aufgebauter.

iii. Die Steigerung der Leistungsfähigkeit und Effizienz eines Systems setzt Miniaturisierung voraus: Nur die Miniaturisierung der Informationseinheit (Bit) bei der magnetischen Speicherung mittels einer Festplatte macht heutige Festplattensysteme leistungsfähiger als frühere und weniger leistungsfähig als zukünftige.

iv. Die Senkung von Herstellungskosten und/oder Kosten für die Durchführung von Prozessen setzt eine Minaturisierung voraus: Die stark gesunkenen Kosten pro Bit eines Halbleiterspeichers resultieren aus der Steigerung der Integrationsdichte. Die Speicherung von Information in Halbleiterspeichern wird dadurch ökonomischer.

Die Miniaturisierung ist im Allgmeinen kein explizites Ziel der Nanotechnologie, sondern miniaturisierte nanoskalige Komponenten sind Grundlage der Paradigmen der Nanotechnologie. In diesem Sinne erfordert die Machbarkeit, wie unter i. aufgeführt, miniaturisierte Systemkomponenten. Darüber hinaus spielt Miniaturisierung aber auch eine entscheidende Rolle bei der Ankopplung von Nanosystemen an die Makrowelt sowie bei der Entwicklung der Nanotechnologie, und schließlich ist ein bedeutsames Anwendungsfeld der Nanotechnologie die Veredlung von miniaturisierten Komponenten etwa der Mikrosystemtechnik. Es ist daher wichtig, die technologische Bedeutung der Miniaturisierung im vorliegenden Kontext zu analysieren.

Die Einführung der elektronischen Datenverarbeitung Mitte des 20. Jahrhunderts leitete eine neue Ära der Automatisierung, die häufig als eine weitere industrielle Revolution bezeichnet wird, ein. Nirgendwo ist der Zusammenhang zwischen Fortschritt und Miniaturisierung so deutlich wie in der Mikroelektronik und insbesondere im Bereich der Digitalelektronik. Dies wird deutlich erkennbar, wenn man sich beispielsweise anhand der Entwicklung von Rechnern den expliziten Einfluss der Miniaturisierung vergegenwärtigt. Der von *W. Mauchly* (1907 – 1980) und *J.P. Eckert* (1919 – 1995) konzipierte und 1945 fertiggestellte Rechner *ENIAC* verfügte über ca. 18.000 Elektronenröhren und eine Leistungsaufnahme von 170 kW. Die im Vergleich zu heutigen Rechnern, selbst zu Taschenrechnern, außerordentlich geringe Rechen– und Speicherleistung war allerdings um einen Faktor 1000 bis 2000 höher als bei den bis dahin üblichen elektromechanischen Rechnern und eröffnete militärische Einsatzbereiche des ENIAC. Heute verfügen wir über unvergleichlich höhere Rechen– und Speicherleistungen bei um Größenordnungen verminderter Leistungsaufnahme. Die wesentliche Grundlage dieser technologischen Entwicklung ist die Miniaturisierung.

Durchbrüche in der Miniaturisierung sind immer mit Technologiesprüngen verbunden. Stimuliert wurden diese zunächst in Bezug auf die Rechnerentwicklung durch militärische Bedürfnisse und Raumfahrtprogramme. Seit Mitte der zwanziger Jahre des 20. Jahrhunderts waren theoretisch kaum verstandene Halbleiter im industriellen Maßstab vorhanden, auf Selen- oder Kupfer–I–Oxid basierende Gleichrichter. In den 1940iger Jahren wurden für Mikrowellenradardetektoren Silizium– und Germaniumgleichrichter eingeführt. Während die ersten Konzepte des Feldeffekttransistors durch *J.E. Lilienfeld* (1881 - 1963) bereits im Jahre 1926 entwickelt wurden, waren es im Wesentlichen die Arbeiten von *W.B. Shockley* (1910 – 1989), *J. Bardeen* (1908 – 1981) und *W. Brattain* (1902 – 1887), die im Jahre 1947 zur Realisierung des Spitzentransistors führten und 1956 mit dem Nobelpreis für Physik ausgezeichnet wurden. In den 1950iger Jahren gab es einen Wettlauf zwischen Röhre und Transistor, in dessen Verlauf die Chancen des Transistors zur Etablierung als Massenprodukt zunächst eher skeptisch beurteilt wurden. Zuerst wurden Transistoren aus Germanium hergestellt und später dann praktisch ausschließlich aus Silizium. Seit Mitte der 1950iger Jahre beschäftigte man sich dann eingehender mit dem Konzept des Feldeffekttransistors, der allerdings erst in den 1960iger Jahren wirklich großtechnisch eingesetzt wurde.

Zunächst waren Transistoren in der zivilen Anwendung nicht konkurrenzfähig gegenüber der Elektronenröhre. Im militärischen Bereich spielten Kosten, die durch Selektion einzelner Bauelemente zustande kommen, allerdings keine Rolle. Hier war die Steuerungselektronik von Raketen eine der relevanten Anwendungen. Im zivilen Bereich wurden Transistoren zunächst in Hörgeräten eingesetzt. Auch hier wiederum ist evident, wie die Miniaturisierung zur Anpassung der Technik an den Menschen genutzt wurde. Eine deutliche Verbesserung der Ausbeute (*yield*) brachte zu Beginn der 1950iger Jahre die Entwicklung des Flächentransistors, der auf dem Dotieren von Halbleitern beruht. Das Flächenbauelement mit mm-Abmessungen war ein typisches Bauelement der 1950iger Jahre. Auf der Basis gedruckter Schaltungen wurden diese Bauelemente zu Modulen kombiniert. In der Halbleiterherstellung bestand die groteske Situation, dass Lithographie–, Ätz– und Diffusionsprozesse auf zusammenhängendem, einkristallinem Halbleitermaterial, dem *wafer*, mehrfach parallel durchgeführt wurden, die entstandenden Halbleiterbauelemente aber dann zunächst getrennt und anschließend zu zunehmend komplizierten Halbleiterstrukturen wieder auf Leiterbahnen untereinander verknüpft wurden. Diese diskrete Technik geriet an ihre Grenzen mit dem 1960 von *Control Data* eingeführten Computer CD1604 mit ca. 100.000 Dioden und 25.000 Transistoren. Ganz neue Ergebnisse der Festkörperphysik, wie die 1957 von *L. Esaki* (Physik-Nobelpreis 1973) entwickelte Tunneldiode spielten aufgrund der zunehmenden Komplexität der zugrunde liegenden Technologien und des zum Teil noch mangelnden Verständnisses zunächst keine Rolle im praktischen Einsatz.

Ein entscheidender Schritt hin zu einer deutlich ingenieurwissenschaftlicheren Technik gegenüber einer bis dahin angewandten Festkörperphysik war die Entwicklung des integrierten Schaltkreises durch *J. Kilby* (1923 – 2005) im Jahre 1958. Zunächst war auch den integrierten Schaltkreisen kein kommerzieller Erfolg beschieden, bis sie dann 1966 erstmalig beim Bau von Taschenrechnern eingesetzt wurden. Kilby, der auch als Erfinder des Taschenrechners und des Thermodruckers gilt, erhielt im Jahre 2000 den Nobelpreis für Physik. Wesentliche Voraussetzung für die Realisierung integrierter Schaltkreise war die Einführung von Siliziumtransistoren seit 1954, die gegenüber Germaniumtransistoren deutlich robuster sind. 1959 wurde eine als Speicherelement nutzbare, integrierte Flip-Flop-Schaltung in Form eines monolithischen Aufbaus vorgestellt. Ein wesentlicher Durchbruch schließlich gelang *R. Noyce* (1927 – 1990), der auf Wafern durch Diffusionsprozesse erstmalig Widerstände und Transistoren erzeugte und diese durch metallische Leiterbahnen verband.

Begriffe, wie *small scale integration* (SSI), *medium scale integration* (MSI), *large scale integration* (LSI) und *very large scale integration* (VLSI) können als sprachlich hilflose Bezeichnungen lawinenartiger Entwicklungen, die zu den heute verfügbaren elektronischen Schaltkreisen geführt haben, angesehen werden. Es dauerte allerdings etliche Jahre, bis man die über 200 chemisch–physikalischen Prozessschritte, die zum Herstellen einer integrierten Schaltung erforderlich sind, reproduzierbar beherrschte. Dies ist seit Ende der 1960iger Jahre der Fall. Da es zunächst nur militärische und zivile Spezialnutzungen von integrierten Schaltkreisen gab, war die Erreichung des Machbaren für die Nutzung Triebfeder der Miniaturisierung und nicht die Effizienzsteigerung, Kosten– oder Zeitersparnis. Ein Beispiel für eine zivile Nutzung ist hier der erste implantierbare Herzschrittmacher aus dem Jahre 1967.

Heute sind primär Konsumprodukte Triebfeder weiterer Miniaturisierung. Damit sind die Kosten für die Fertigung der Komponenten ein äußerst relevanter Faktor. In den vergangenen 30 Jahren sind die Kosten zur Herstellung eines Transistors mit seinen Verbindungen zur Umgebung um mehr als fünf Größenordnungen gesunken. Die höchste Integrationsdichte an Transistoren wird beim *dynamic random access memory* (DRAM) erreicht. Die Kosten pro Transistor liegen hier bei einigen Tausendstel Millicent und bei unter einem Millicent für Mikroprozessoren. In den nächsten Jahren ist mit einer weiteren Reduktion der Kosten pro Transistor um mindestens einen Faktor 1000 zu rechnen.

Die als Folge der Miniaturisierung zunehmend leistungsfähigeren Bauelemente, die gleichzeitig pro Transistor über die Jahre einen dramatischen Preisverfall zeigen, haben einen direkten Einfluss auf die globale Sozioökonomie: Die Fortschritte in der Mikroelektronik haben zu einer nachhaltigen Veränderung unseres Informations– und Kommunikationsverhaltens mit volkswirtschaftlichen Konsequenzen geführt. Die gesellschaftlichen Veränderungen scheinen in der Tat direkt vergleichbar mit den sozialen Umbrüchen als Folge der industriellen Revolution, und es wird somit mit einer gewissen Berechtigung von der *digitalen Revolution* gesprochen.

Bereits Mitte der 1960iger Jahre formulierte *G. Moore* eine empirische Regel, nach der sich die Anzahl der Bauelemente einer integrierten Schaltung in bestimmten, festen Zeiträumen verdoppelt, d. h. mit der Zeit exponentiell ansteigt. Diese als *Mooresches Gesetz* bekannte Faustregel wurde durch Moore Mitte der 1970iger Jahre bezüglich der maßgeblichen Zeiträume noch einmal korrigiert. Heute wird in der Regel von einer Verdopplung der Integrationsdichte alle 18 Monate gesprochen [1.21]. Das Mooresche Gesetz basiert letztendlich auf den Planungen der Halbleiterindustrie (*road map*), die sich wiederum aus Gegebenheiten des Markts und aus den erzielten technischen Fortschritten ergeben. In der Tat kann man sowohl für Speicherchips als auch für Prozessoren feststellen, dass das Mooresche Gesetz über weite Zeiträume gut erfüllt ist, wie Abb. 1.4 zeigt.

Mittlerweile liegen die Strukturabmessungen von Transistoren deutlich unter 100 nm. Dabei erreichen die Gatelängen von Feldeffekttransistoren die kleinsten lateralen Abmessungen: Transistoren aus der 90 nm–Fertigung haben eine Gatelänge von ca. 50 nm. Diese Länge unterschreitet bereits die Abmessungen eines Influenzavirus. Gegenwärtig sind die industriellen Grundlagen für die weitere Miniaturisierung bereits gelegt, wie Tab. 1.4 verdeutlicht. Der Zeitplan für die Voraussage und Planung neuer Technolgiegenerationen der Halbleitertechnologie wird in weltweiter Zusammenarbeit im Rahmen der *International Technology Road Map for Semiconductors* (ITRS) erarbeitet und regelmäßig aktualisiert [1.22]. Prototypen im Labormaßstab unterschreiten teilweise deutlich die für die Massenfertigung ins Auge gefassten minimalen Strukturabmessungen. In Bezug auf Feldeffekttransistoren haben im Prototypstadium Gatelängen bereits 10 nm unterschritten.

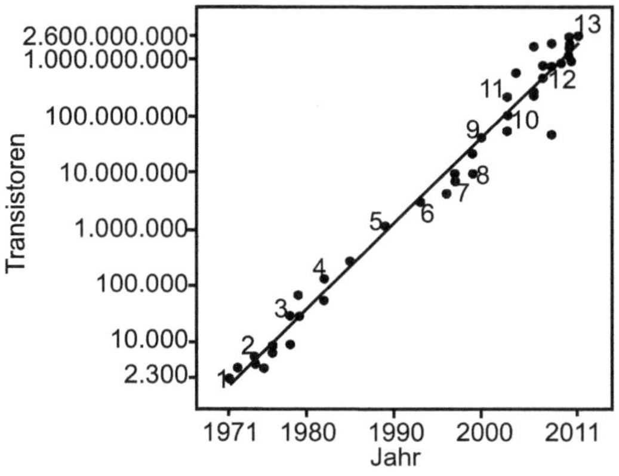

Abb. 1.4: *Anzahl der Transistoren in Mikroprozessoren als Funktion des Einführungsjahrs des Prozessors. Beispielhaft benannte Prozessoren: (1) 4004, (2) 6800, (3) 8086, (4) 80286, (5) 80486, (6) Pentium, (7) Pentium II, (8) Pentium III, (9) Pentium 4, (10) AMD K8, (11) Itanium 2, (12) AMD K10, (13) 10–Core Xeon Westmere–Ex.*

Die Erhöhung der Bauelementezahl pro Chip geht natürlich einher mit der Verkleinerung der kritischen Abmessungen der Bauelemente, d. h. mit Miniaturisierung und als Folge der Miniaturisierung mit einer Erhöhung der Packungsdichte. Ein Teil der Erhöhung der Packungsdichte resultiert aus einem *downscaling*. Unter diesem Begriff

Tabelle 1.4: *Entwicklung von CMOS–Prozesstechnologien. Die angegebenen Längen sind charakteristisch für den halben Abstand identischer Strukturen in einem Feld (array).*

Länge	Einführungsjahr
10 μm	1971
3 μm	1975
1,5 μm	1982
1 μm	1985
800 nm	1989
600 nm	1994
350 nm	1995
250 nm	1998
180 nm	1999
130 nm	2002
90 nm	2002
65 nm	2006
45 nm	2008
32 nm	2010
22 nm	2011
16 nm	≈2013
11 nm	≈2015

ist die Reduzierung der Abmessungen bei Beibehaltung des grundsätzlichen Funktionsprinzips zu verstehen. Der zweite Faktor zur Erhöhung der Packungsdichte besteht in Designverbesserungen. Zu berücksichtigen ist, dass sich die Miniaturisierung auf viele Bauelementeeigenschaften, wie Schaltzeiten, Wärmeentwicklung, maximale Spannungen, Leckströme und Konstanz auswirkt.

Grundlage der Halbleiterroadmap ist gegenwärtig eine Extrapolation des Mooreschen Gesetzes über die kommenden Jahre. Diese Extrapolation geht davon aus, dass weiterhin ökonomische Gründe die wesentliche Antriebsfeder für eine Miniaturisierung bleiben. Höhere Integrationsdichten sind ökonomisch, weil Intrachipverbindungen nur etwa ein Zehntausendstel der Kosten von Interchipverbindungen verursachen. Die Kosten pro cm^2 gefertigtem Chip sind dabei seit vielen Jahren konstant geblieben und werden mittelfristig wohl auch konstant bleiben. Demgegenüber sind die Investitionen für Halbleiterproduktionsstätten dramatisch angestiegen. Einem enormen Profitpotential der Konzerne stehen eine hohe Schwelle des Einstiegs und hohe Risiken des Betreibens entgegen, so dass weltweit nur noch wenige Firmen, die untereinander zu Konsortien fusioniert sind, die state of the art–Fertigung von Halbleiterbauelementen betreiben.

Essentiell ist es, integrierte Schaltkreise mit einer akzeptablen Ausbeute zu produzieren. Je komplexer die Bauelemente, desto stringenter müssen die Prozesse geführt werden, um Parameterschwankungen des integrierten Schaltkreises hinreichend gering zu halten. Ein Bauelement, welches konzipiert wurde, um den charakteristischen Wert v_0 aufzuweisen, zeigt in der Realität im Allgemeinen einen davon abweichenden Wert v. Der Einfachheit halber sei angenommen, dass die Streuung von v um den charakteristischen Wert v_0 einer Normalverteilung mit der Standardabweichung σ folgt. Wenn nun v für die Anwendung des integrierten Schaltkreises in einem Intervall $v_0(1-M) \leq v \leq v_0(1+M)$ liegen muss, dann beträgt die Wahrscheinlichkeit dafür, dass v im richtigen Bereich liegt

$$p = \frac{2}{\sqrt{\pi}} \int_0^{v_0 M/\sqrt{2}\sigma} \exp(-x^2)dx = \operatorname{erf}\left(\frac{v_0 M}{\sqrt{2}\sigma}\right) . \tag{1.1}$$

Für integrierte Schaltkreise aus N gleichen Bauelementen wird die Wahrscheinlichkeit dann p^N sein. Der Prozessrahmen M hängt von der Komplexität des Herstellungsprozesses ab. Für eine 50%ige Ausbeute ist $v_0 M/\sigma = 2$ für 16 Bauelemente und 6,7 für $64 \cdot 10^9$ Bauelemente. Die Ausbeute an funktionsfähigen Bauelementen nimmt bei wachsender Komplexität der Herstellungsprozesse stetig ab. Eine Abnahme der Ausbeute an funktionsfähigen elektronischen Schaltkreisen wird allerdings dadurch verhindert, dass zunehmend redundante Bauelemente vorgesehen werden.

Gegenwärtig steigen die Investitionen für Halbleiterfabriken stärker an als die Gewinnerwartungen der Hersteller. Diese Entwicklung zeigt, dass es fragwürdig ist, ob Miniaturisierung sich weiter auf der Basis vorhandener Technologien ökonomiegetrieben fortsetzen kann. Denkbar, aber unwahrscheinlich wäre es, dass aufgrund der Schlüsselbedeutung der Informationstechnologie für die Weltbevölkerung eine Fortschreibung der Miniaturisierung politisch getrieben wird.

Aus Sicht der Herstellung sind die bisherigen Ergebnisse der Miniaturisierung durchaus beeindruckend. Aus Sicht der jeweiligen Anwendung ist dies nicht unbedingt der Fall (*push–pull*–Problematik): Wenngleich auch in durchaus beachtlichem Umfang Literatur oder Musik in einem heutigen Computerchip gespeichert werden kann, was insbesondere auch dank effizienter Kompressionsverfahren (typisch 2– bis 10fach) der Fall ist, so sind doch die Möglichkeiten beispielsweise bezüglich moderner Videostandards (z. B. HDTV, *high definition television*) bislang unbefriedigend. Forschungsprojekte im Bereich der Genetik (humanes Genom–Projekt) oder in noch stärkerem Maße im Bereich der Proteomik erfordern hohe Rechenleistungen. Hier sind Tera– und Peta–FLOP–Rechner (FLOP, *floating point operations per second* als Maß der Rechenleistung) von Bedeutung. Konkurrierende Ansätze bestehen darin, dass entweder eine große Anzahl von Prozessoren auf einen gemeinsamen großen Hauptspeicher zugreift, oder darin, dass ein *Cluster* autonomer Einzelrechner gebildet wird, so dass die Vernetzung zu einem virtuellen Großrechner führt.

In Anbetracht der Rechenleistung, die sich bislang aus der fortschreitenden Miniaturisierung und Komplexierung schon ergeben hat, darf allerdings eine grundsätzliche Problematik nicht übersehen werden: Es gibt Barrieren, die das Nutzungspotential aufgrund von Schnittstellenproblemen reduzieren. Auch der leistungsfähigste Großrechner wird letztendlich noch aufwändig über eine Tastatur programmiert. Der Informationstransfer zwischen der Datenverarbeitungseinheit und der Außenwelt ist in Bezug auf Leistungsfähigkeit und Komplexität nicht ausreichend angepasst. Bei biologischen Systemen ist das Wechselspiel zwischen Sensorik und Aktorik einerseits und Informationsverarbeitung andererseits sehr viel effizienter. Akustische Informationen werden beispielsweise im *Cortischen Organ* im Innenohr von über 15.000 Hörsensorzellen (beim Menschen) aufgenommen und anschließend über einen Nervenstrang, der aus ca. 30.000 Nervenfasern besteht, an das Gehirn weitergeleitet. Auch die übrigen Sinne sind im Vergleich zu technischen Systemen so leistungsfähig, weil die Beteiligung einer Vielzahl von Nervenzellen ein hohes Maß an paralleler Sensorik ermöglicht. Ein ebenso hohes Maß an Komplexität weisen die biologischen Aktuatorsysteme (z. B. beim Sprechen) auf.

Am Beispiel des Schnittstellenproblems, welches mit der Bedienung von Rechnern verbunden ist, wird deutlich, dass ein Gesamtsystem nicht nur auf die Datenverarbeitungseinheit reduziert werden darf, sondern dass es auch im Hinblick auf die Art, in der Stimuli aus der Umwelt empfangen und an sie zurückgegeben werden, betrachtet werden muss, wie in Abb. 1.5 dargestellt. Zur Konversion zwischen elektrischen und nichtelektrischen Größen bei hoher Integrationsdichte des Gesamtsystems bedient man sich aus technologischen und ökonomischen Gründen weiterer Mikrosysteme. Ergänzt werden kann die mikroelektronische Einheit beispielsweise durch mikromechanische, mikrooptische oder mikrofluidische Elemente. Damit entsteht ein komplexes Mikrosystem. Zum Aufbau eines solchen Systems benötig man im Allgemeinen Sensoren, Aktuatoren, Mikroprozessoren und geeignete Schnittstellen (siehe Abb. 1.5). Die Mikrosystemtechnik steht aus unterschiedlichen Gründen in einem engen Bezug zur Mikroelektronik, so dass hinsichtlich des Beitrags der Miniaturisierung zur technologischen Entwicklung Parallelen bestehen. Nichtelektronische Komponenten eines Mikrosystems müssen mit der Mikroelektronik effizient kommunizieren, was die weitgehend monolithische Integration voraussetzt. Damit kommt der Siliziumtechnologie – d. h. dem Material und seiner

Bearbeitung – eine überragende Bedeutung zu. Mikrosysteme sind auch aufgrund der vielfältigen Einsatzmöglichkeiten stark heterogen und lassen sich nicht auf wenige Standardkomponenten reduzieren, die zu immer komplexeren Systemen integriert werden. Dies ist anders bei der Mikroelektronik, wo massiv parallele Fertigung einer Vielzahl identischer Komponenten ökonomische Grundlage der heute erreichten Leistungsfähigkeit ist. Um eine Miniaturisierung von Mikrosystemkomponenten ebenso konsequent voranzutreiben wie in der Mikroelektronik, müssen sich Materialien und Verfahren der Herstellung möglichst eng an diejenigen der Mikroelektronik anlehnen, was wiederum dem Silizium als Basismaterial eine Sonderstellung einräumt. Wie die Mikroelektronik keine stetige Verkleinerung einzelner Bauelemente mit Methoden der Feinstbearbeitung zum Gegenstand hat, sondern die monolithische Integration der Bauelemente auf der Basis chemisch–physikalischer Verfahrensschritte (Ätzen, Diffusion, Implantation etc.), so ist die Mikrosystemtechnik keine fortgeschriebene feinstmechanische Technik im Sinne der Mechatronik, sondern vielmehr die konsequente Anwendung der in der Mikroelektronik entwickelten Verfahrensschritte für Zwecke der Sensorik und Aktorik. Dabei spielt die Parallelisierung in Form von Sensor– und Aktuatorfeldern (*arrays*) eine besondere Rolle.

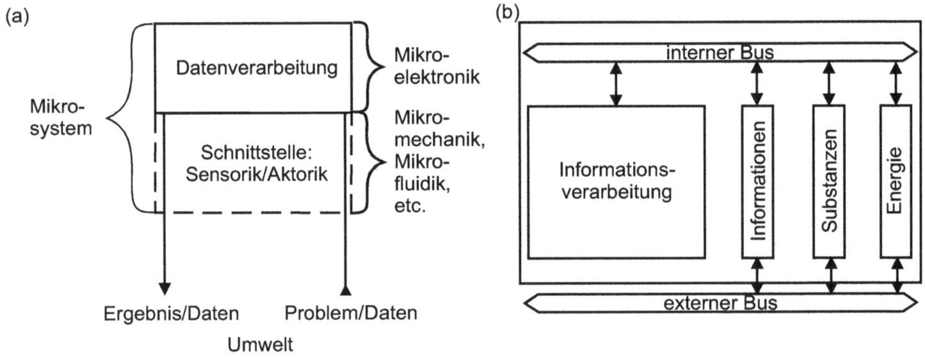

Abb. 1.5: *Aufbau von Mikrosystemen. (a) Interaktion mit der Umwelt. (b) Innerer Aufbau.*

Ein großer Unterschied zur Mikroelektronik besteht darin, dass die Bauelemente der Mikrosystemtechnik – und namentlich mikromechanische Bauelemente – eine voll ausgeprägte Dreidimensionalität aufweisen, d. h. ein Aspektverhältnis, welches häufig sehr viel größer als eins ist, wogegen die Planartechnologie der Mikroelektronik derzeit in quasi zweidimensionalen Bauelementen besteht, wie in Abb. 1.6 dargestellt. Dies könnte sich allerdings in der Zukunft ändern.

Die Mikrosystemtechnik war, ausgehend von ersten Entwicklungen in den 1970iger Jahren, zunächst eine reine Mikromechanik. Über die bereits genannten Gründe hinaus war und ist Silizium hier das dominierende Material aus folgenden konkreten Gründen:

i. Silizium ist auch im Hinblick auf die mechanischen Eigenschaften ein sehr interessanter Werkstoff. Beispielsweise treten in einkristallinen Elementen keine Ermüdungsbrüche auf, da die Aktivierungsenergie zum Bewegen von Versetzungslinien sehr hoch ist. Somit brechen beispielsweise mikrostrukturierte Oszillatoren

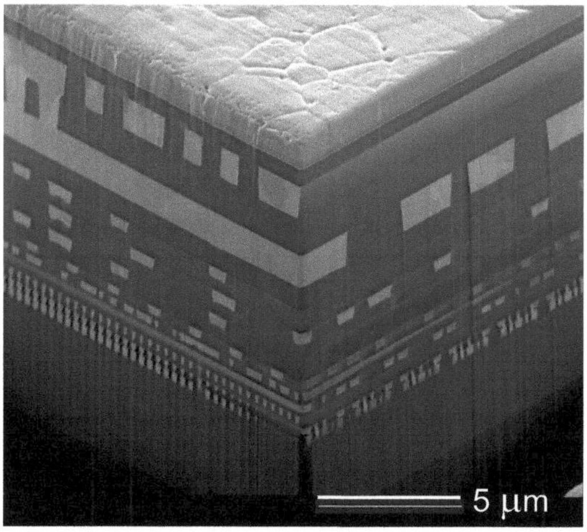

Abb. 1.6: *IBM–Chip der 65 nm–Technologie mit zehn Kupferverbindungsebenen über der untersten Bauteilebene. Die planare Architektur ist offensichtlich [1.23].*

auch bei einer sehr großen Zahl von Schwingungszyklen nicht.

ii. Einige reaktiv erzeugbare Verbindungen, wie SiO_2 und Si_3N_4 besitzen gut nutzbare mechanische Eigenschaften.

iii. Silizium ist das einzige Material, welches sich großtechnisch derzeit in ausreichender kristalliner Qualität und Menge zu einem niedrigen Preis herstellen lässt.

Da im Allgemeinen an irgendeiner Stelle eines Mikrosystems elektrische Funktionen relevant sind, bietet Silizium die Voraussetzung für eine monolithische Integration, woraus ein mikroelektromechanisches System (MEMS, *microelectromechanical system*) resultiert.

In den 1970iger Jahren entwickelte man zunächst geeignete Tiefenätzverfahren, um Masken für die Röntgenlithographie herzustellen. Um eine Dreidimensionalität der Strukturierung mit hohen Aspektverhältnissen zu erreichen, muss das Ätzverfahren anisotrop und selbststoppend sein und es müssen die Spannungen innerhalb des Materials gut kontrollierbar sein. Die volle dreidimensionale Strukturierung (*bulk micromachining*) ist heute eine wichtige Basis zur Herstellung von Standardelementen, wie Membranen, Brückenstege und Zungen. Einige typische Strukturen sind in Abb. 1.7 dargestellt.

In den 1980iger Jahren wurde der Begriff Mikrosystemtechnik geprägt [1.25] und man konzentrierte sich auf die Entwicklung von Verfahren der Oberflächenmikromechanik, bei denen, wie in Abb. 1.8 dargestellt, das Unterätzen eine wichtige Basis darstellt. Spätere Entwicklungen beinhalteten die Kombination von Lithographie und Galvanik (LIGA) sowie auch die Nutzung von Lasern zur Strukturierung (siehe Abb. 1.9). Entwicklungstendenzen in der Mikrosystemtechnik umfassen eine stetige Zunahme der Integrationsdichte sowie auch die Einbeziehung weiterer Materialien neben Silizium als

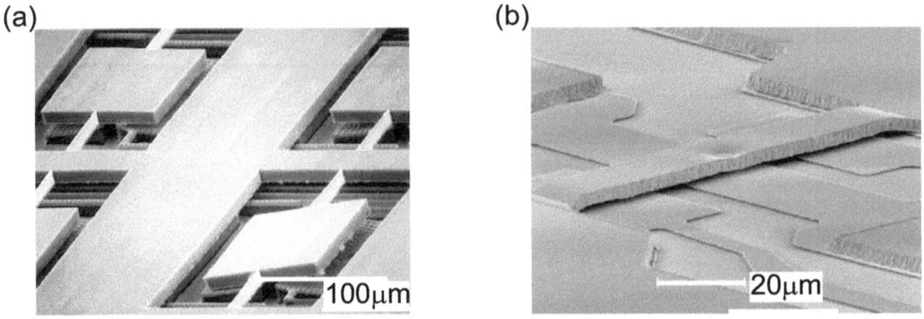

Abb. 1.7: (a) Titanspiegel und (b) Mikroschalter auf freitragendem Goldbiegeelement und darunter liegendem Goldkontakt [1.24].

dem Grundmaterial. Die Sensorik umfasst elektrische, mechanische, thermische, magnetische, optische, chemische und biochemische Komponenten, die Aktorik die Erzeugung von kinetischen und dynamischen Abläufen. Wichtige Anwendungsfelder der Mikrosystemtechnik sind Sensoren (z. B. Druck, Beschleunigung, gasförmige oder flüssige chemische Verbindungen) insbesondere auch für Hochdurchsetzverfahren, Biochips für die Analyse biologischer Funktionseinheiten (z. B. DNA, Proteine), Mikropositionier- und Dosierverfahren, mikrofluidische Systeme sowie implantierbare Prothesen (z. B. Retina oder Cochlea)

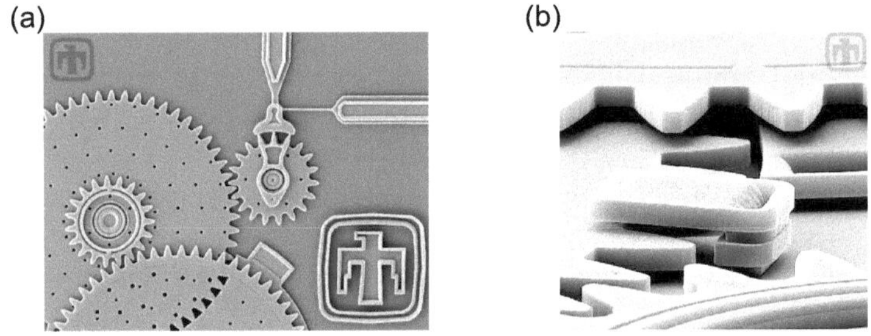

Abb. 1.8: Typische Strukturen hergestellt durch Oberflächenmikrostrukturierung [1.26].

Die Bezüge zwischen Mikrosystem- und Nanotechnologie sind vielfältig, wie in Abb. 1.10 dargestellt:

i. Mikrosysteme sind wichtig für die Entwicklung und für den Betrieb von Nanosystemen: Beispielsweise nutzt man bei den Rastersondenverfahren mikrofabrizierte Sonden zur Analyse und Manipulation auf der nm-Skala.

ii. Mikrosysteme koppeln Nanosysteme an die Außenwelt. Der Festplattenlesekopf mit relevanten Abmessungen im μm-Bereich ermöglicht über eine Mikroelektronik das Auslesen magnetisch gespeicherter Bits mit Abmessungen unterhalb von 100 nm.

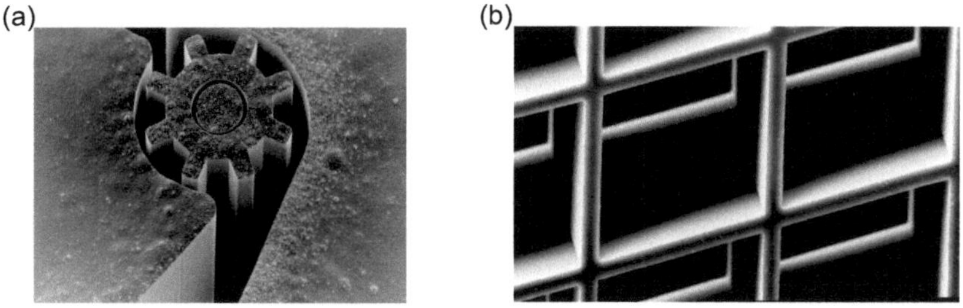

Abb. 1.9: *Mikrostrukturen hergestellt mit (a) dem LIGA–Verfahren und (b) durch Laserstrukturierung [1.27].*

iii. Nanostrukturierte Materialien und einzelne Nanobauelemente erhöhen die Funktionalität von Mikrosystemen: Beispielsweise können Halbleiternanopartikel sinnvoll in mikrostrukturierten Biochips eingesetzt werden oder nanostrukturierte Materialien die Implantationsbedingungen mikrostrukturierter Prothesen verbessern.

iv. Viele Verfahren der Mikrosystemtechnik und insbesondere der Mikroelektronik können prinzipiell bis in den nm–Bereich herunterskaliert werden (*downscaling*) und sind damit eine extrem wichtige Grundlage für einen evolutionären Übergang in die Nanotechnologie, beispielsweise von der Mikroelektronik in die Nanoelektronik.

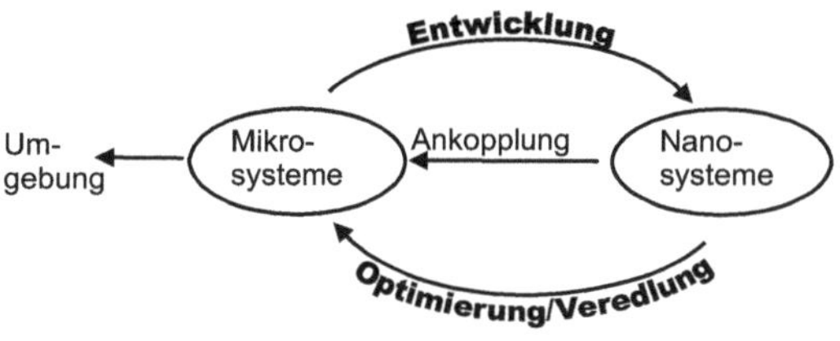

Abb. 1.10: *Bezüge zwischen Mikro- und Nanosystemen.*

Literaturverzeichnis

[1.1] U. Hartmann, *Nanotechnologie* (Elsevier-Spektrum, Heidelberg, 2006).

[1.2] H. Paschen und Ch. Coenen, *Nanotechnologie* (Springer, Berlin, 2004).

[1.3] M.C. Rocco and W.S. Bainbridge (Eds), *Converging technologies for improving human performance* (NSF, Arlington, 2002).

[1.4] J.C. Miller, R. M. Serrato, J. M. Represas–Caardenas, and G.A. Kundahl, *The Handbook of Nanotechnology: Business, Policy, and Intellectual Property Law* (Wiley, Hoboken, 2005); W.I. Atkinson, *Nanocosm* (Amacon, New York, 2003).

[1.5] H.J. Braun und W. Kaiser, *Energiewirtschaft, Automatisierung, Information*, in: W. König (Ed.), *Technikgeschichte*, (Propylaen, Berlin, 1992).

[1.6] *Brockhaus Enzyklopädie* (Brockhaus, Wiesbaden, 1982).

[1.7] Caltech Engineering and Science **23**, 22 (1969).

[1.8] G. Binnig, H. Rohrer, C. Gerber and E. Weibel, Appl. Phys. Lett. **40**, 178 (1982).

[1.9] R. Young, J. Ward and F. Scire, Rev. Sci. Instrum. **43**, 999 (1972).

[1.10] D. Tabor and R. H. S. Winterton, Proc. R. Soc. London A **312**, 435 (1969).

[1.11] H.W. Kroto, J.R. Heath, S.C. O'Brien, R.F. Curl and R.E. Smally, Nature **318**, 162 (1985).

[1.12] S. Iijima, Nature **354**, 56 (1991).

[1.13] M. Monthioux and V. Kuznetsov, Carbon **44**, 1621 (2006).

[1.14] D.S. Bethune, C.H. Klang, M.S. de Vries, G. Garman, R. Savoy, J. Vazquez and R. Beyers, Nautre **363**, 605 (1993); S. Iijima and T. Ichihashi, Nature **363**, 603 (1993).

[1.15] J.M. Eigler and E.K. Schweizer, Nature **344**, 524 (1990).

[1.16] K.E. Drexler, *Nanosystems* (Wiley, New York, 1992).

[1.17] K.E. Drexler, *Engines of Creation* (Anchor, New York, 1986).

[1.18] J. Von Neumann, *Theory of Self–Reproducing Automata* (ed. by A.W. Burks) (University of Illinois Press, Urbana, 1966).

[1.19] K.E. Drexler and R. Smalley, Chemical and Engineering News **81**, 37 (2003).

[1.20] K.E. Drexler, J. Randall, S. Corchnay, A. Kavczak and M.L. Steve (Ed.), *Nanotechnology Roadmap* (Foresight Nanotech Institute and Battelle, 2008); www.foresight.org/roadmaps/.

[1.21] M. Kanellos, CNET News, 10.2.2003.

[1.22] www.itrs.net/.

[1.23] Mit freundlicher Genehmigung von IBM–Deutschland; www.ibm.com/de/de.

[1.24] Compliant Mechanisms Research Group, Brigham Young University; compliantmechanisms.byu.edu/.

[1.25] U. Mescheder, *Mikrosystemtechnik* (Teubner, Stuttgart, 2000).

[1.26] www.memx.com/.

[1.27] www.memsnet.org/.

2 Skalierungsverhalten klassischer Systeme und kritische Dimensionen

Skaliert man, ausgehend von kontinuumsphysikalischen Beschreibungen, klassische physikalische Gesetze, indem man charakteristische Abmessungen klein werden läßt, so erhält man grobe, aber durchaus instruktive Aussagen über das Verhalten von Nanosystemen. Dabei kann es sich um mechanische, elektrische oder thermische Systeme handeln. Auch das Skalierungsverhalten von Kräften – und hier insbesondere das von den van der Waals–Kräften – ist Grundlage für einige typische Besonderheiten von Nanosystemen. Skalierungsrelationen erreichen jedoch ihre Grenzen, wenn Materialeigenschaften nicht mehr als konstant betrachtet werden können oder wenn bestimmte kritische Dimensionen unterschritten werden, die sich für die jeweilige kontinuumsphysikalische Beschreibung definieren lassen.

2.1 Skalierungsverhalten klassischer Systeme

2.1.1 Mechanische Systeme

Die angenommene Konstanz der Materialeigenschaften impliziert, dass sich die *Dichte* ϱ eines Materials, der *Elastizitätsmodul* E oder auch der *Reibungskoeffizient* μ nicht ändern, wenn ein System miniaturisiert wird. Im Folgenden soll das Verhalten klassischer mechanischer Systeme diskutiert werden für den Fall, dass charakteristische Abmessungen l bis in den nm–Bereich miniaturisiert werden. Das tendentielle Verhalten eines Systems lässt sich dabei am besten diskutieren, wenn alle charakteristischen Abmessungen gleich gewählt werden.

Die Schwingungsfrequenz einer Saite ist beispielsweise durch

$$\nu_n = \frac{n}{2}\sqrt{\frac{\sigma}{\varrho}}\frac{1}{l} \tag{2.1a}$$

gegeben, wobei $n = 1, 2, \ldots$ alle Resonanzen beschreibt, $\sigma = F/A$ die als konstant angenommene Zugspannung, d. h. die Kraft pro Querschnittsfläche und ϱ die Dichte beschreiben. Damit folgt für die Skalierung der Frequenz

$$\nu \sim \frac{1}{l} \,. \tag{2.1b}$$

Ein identisches Ergebnis erhält man, wenn man die Resonanzfrequenzen eines einseitig eingespannten Balkens diskutiert. Eine solche Anordnung ist von großer Bedeutung für die Funktionsweise eines Rasterkraftmikroskops. Die Resonanzfrequenzen sind gegeben durch

$$\nu_n = \frac{\kappa_n^2}{2\sqrt{3}}\sqrt{\frac{E}{\varrho}\frac{a}{l^2}} \,, \tag{2.2a}$$

mit $\kappa_n \approx (n + 1/2)\pi$ für $n = 0, 1, \ldots$. a bezeichnet die Dicke des Balkens und l seine Länge. Mit $a \approx l$ folgt

$$\nu \sim \frac{1}{l} \,, \tag{2.2b}$$

also das bereits in Gl.(2.1b) erhaltene Resultat. Dieses Skalierungsverhalten der Frequenz ist offenbar unabhängig davon, wie genau der Oszillator beschaffen ist. Allgemein gilt für die Resonanzfrequenz eines Oszillators

$$\nu = \frac{1}{2\pi}\sqrt{\frac{k}{m_{eff}}} \,, \tag{2.3a}$$

wobei k die Kraftkonstante und m_{eff} die effektive Masse bezeichnen. Mit den Ergebnissen aus den Gleichungen (2.1b) und (2.2b) sowie $m_{eff} \sim l^3$ ergibt sich für das Skalierungsverhalten der Kraftkonstante

$$k \sim l \,. \tag{2.3b}$$

Auch für eine eingespannte Membran verhält sich die Schwingungsfrequenz entsprechend:

$$\nu_{n,m} = \frac{1}{2}\sqrt{\frac{\sigma}{\gamma}(n^2 + m^2)}\frac{1}{l} \,, \tag{2.4a}$$

mit $n, m = 1, 2, \ldots$ und der Membranspannung (Kraft pro Membranlänge) σ. γ bezeichnet hier die Membranmasse pro Flächeneinheit. Auch hier gilt damit wieder

$$\nu \sim \frac{1}{l} \,. \tag{2.4b}$$

Für einen Draht der Querschnittsfläche A und der Länge l, an dem mit der Zugspannung $\sigma = F/A$ gezogen wird, ergibt sich eine Dehnung von

$$\varepsilon = \frac{1}{E}\sigma \,, \tag{2.5a}$$

wobei die Dehnung durch $\varepsilon = \Delta l/l$ definiert ist. E bezeichnet hier wiederum den Elastizitätsmodul. In alternativer Form lässt sich dieses *Hooksche Gesetz* auch schreiben als

$$\Delta l = \frac{l}{EA}F \,. \tag{2.5b}$$

Damit ergibt sich wiederum für eine Querschnittsfläche von $A \sim l^2$

$$k \sim l \,, \tag{2.5c}$$

was identisch mit dem in Gl. (2.3b) gefundenen Resultat ist. Auch hier zeigt sich also, dass die genaue Beschaffenheit des elastischen Körpers für das Verhalten der Kraftkonstante irrelevant ist.

Charakteristische Absolutwerte lassen sich ermitteln, wenn charakteristische Materialkonstanten und $l = 1\,\mathrm{nm}$ angenommen werden. Für $E = 2,1 \times 10^{11}\mathrm{N/m}^2$ und $\varrho = 7,8 \times 10^3\mathrm{kg/m}^3$ für Stahl erhält man aus Gl. (2.3a) $\nu \approx 0,8\,\mathrm{THz}$. Die Frequenz einer solchen Vibrationsmode liegt um zwei Größenordnungen über der Taktfrequenz heutiger Mikroprozessoren und erreicht den Bereich von Molekülschwingungen [2.1] . Gemäß den Gleichungen (2.1b), (2.2b) und (2.4b) sind charakteristische Relaxationszeiten gegeben durch

$$\tau \sim l \,. \tag{2.6}$$

Die Belastbarkeit eines Materials wird sinnvollerweise durch eine maximale Zugspannung oder einen maximalen Druck σ charakterisiert und nicht durch eine Maximalkraft. Eine Konstanz der Materialeigenschaften würde dann mit sich bringen

$$\sigma = const \,. \tag{2.7}$$

Über Gl. (2.5a) folgt damit eine Skalierungsinvarianz der Dehnung:

$$\frac{\Delta l}{l} = const\ . \tag{2.8}$$

Dies impliziert einen Erhalt der geometrischen Form eines Systems bei Miniaturisierung. Mit $F = \sigma A$ ergibt sich

$$F \sim l^2\ . \tag{2.9}$$

Bezogen auf die Zugfestigkeit von Stahl, $700\,\mathrm{N/mm}^2$, bedeutet dies, dass die applizierbare Maximalkraft für $l = 1\,\mathrm{nm}$ $0{,}7\,\mathrm{nN}$ betragen würde.

Für die Deformation $\Delta l = F/k$ ergibt sich mit den obigen Zusammenhängen

$$\Delta l \sim l\ . \tag{2.10}$$

Bei konstanter Dichte ergibt sich für die Masse

$$m \sim l^3\ . \tag{2.11}$$

Für die genannte Dichte von Stahl erhält man $m = 7{,}85 \times 10^{-24}\mathrm{kg}$ für $V = 1\,\mathrm{nm}^3$. Die auftretenden Beschleunigungen $a = F/m$ nehmen bei Miniaturisierung eines Systems tendentiell zu. Mit den obigen Skalierungsrelationen für F und m erhält man

$$a \sim \frac{1}{l}\ . \tag{2.12}$$

Mit $v = at$ und der obigen Skalierungsrelation für typische Zeitkonstanten τ ergibt dies

$$v = const\ . \tag{2.13}$$

Für periodische Bewegungen erhält man mit $\nu = v/l$ damit wieder

$$\nu \sim \frac{1}{l}\ , \tag{2.14}$$

was mit den Gleichungen(2.1b), (2.2b) und (2.4b) übereinstimmt. Für eine moderate Geschwindigkeit von $v = 1\,\mathrm{m/s}$ und den angenommenen Wert für l erhält man eine

Frequenz von 1 GHz, was der typischen Taktfrequenz heutiger Prozessoren oder dem Mikrowellenbereich entspricht. Für die erzeugte Leistung $P = Fv$ erhält man dann

$$P \sim l^2 \tag{2.15}$$

und für die Leistungsdichte $\pi = P/V$

$$\pi \sim \frac{1}{l} \,. \tag{2.16}$$

Mit $F = 10\,\mathrm{nN}$ und den angenommenen Werten für v und $V = l^3$ erhält man die relativ klein erscheinende Leistung von 10 nW, die aber einer Leistungsdichte von $10^{19}\,\mathrm{W/m^3}$ entspricht.

Die Reibungskraft im Falle der Haft– und Gleitreibung hängt direkt mit der auf den zu verschiebenden Körper wirkenden Normalkraft zusammen:

$$F_R = \mu F_N \,. \tag{2.17a}$$

Damit ergibt sich für die Reibungskraft eine Skalierungsrelation, die identisch mit der von anderen Kräften ist:

$$F_R \sim l^2 \,. \tag{2.17b}$$

Über $P_R = F_R v$ erhält man für die Reibleistung

$$P_R \sim l^2 \,, \tag{2.18}$$

was wiederum der Skalierungsrelation für Leistungen allgemein nach Gl. (2.15) entspricht. Die Lebensdauer vieler Systeme ist davon abhängig, wann verschleißende Schutzschichten einer bestimmten gegebenen Dicke durch Erosion abgetragen wurden. Nimmt man für ein makroskopisches System an, dass eine Schicht der Dicke 1 cm in 10 Jahren erodiert wird, so bedeutet das für ein Nanosystem bei derselben Erosionsgeschwindigkeit eine Lebensdauer von 20 s.

Mit den obigen Skalierungsrelationen für m und v erhält man für die kinetische Energie und den Impuls

$$W_{kin}, p \sim l^3 \,. \tag{2.19}$$

Das Trägheitsmoment $\Theta = ml^2$ zeigt eine sehr starke Abhängigkeit von der Größe des Systems:

$$\Theta \sim l^5 \, . \tag{2.20}$$

Für die Zentrifugalkraft $F_Z = mv^2/l$ erhält man wie für Kräfte im Allgemeinen

$$F_Z \sim l^2 \, . \tag{2.21}$$

Der Drehimpuls $L = pl$ ist ebenfalls stark von der Größe des Systems abhängig:

$$L \sim l^4 \, . \tag{2.22}$$

Mit den exemplarisch angenommenen Massen, Geschwindigkeiten und Abmessungen erhält man $L \approx 10\,h$, mit dem *Planckschen Wirkungsquantum* $h = 6,6 \times 10^{-34}$ Js. Dieser Wert zeigt, dass der naiven Anwendung von Skalierungsrelationen und kontinuumsphysikalischen Gesetzmäßigkeiten natürlich Grenzen gesetzt sind dadurch, dass extrem miniaturisierte Systeme irgendwann nicht mehr klassisch, sondern quantenphysikalisch zu beschreiben sind, was beispielsweise dann der Fall ist, wenn ein involvierter Drehimpuls die Größenordnung von h erreicht.

Das Drehmoment $D = Fl$ skaliert mit

$$D \sim l^3 \, . \tag{2.23}$$

Das Skalierungsverhalten für alle bislang diskutierten Kräfte, $F \sim l^2$, ist gegenüber zu stellen dem Skalierungsverhalten für die Gewichtskraft $F_m = mg$ und die Gravitationskraft $F_G = Gm_1m_2/l^2$:

$$F_m \sim l^3 \, , \tag{2.24a}$$

$$F_G \sim l^4 \, . \tag{2.24b}$$

Eine Übersicht über die erhaltenen Ergebnisse ist in Tab. 2.1 gegeben. Neben dem entsprechenden Skalierungsverhalten ist für die Realisierung von Nanosystemen noch von Bedeutung, Aspekte der statistischen und Quantenmechanik mit einzubeziehen. In

Tabelle 2.1: *Skalierungsverhalten mechanischer Systeme.*

Größe	Bezeichnung	Skalierung
Form	$\Delta l/l$	*const.*
Masse	m	l^3
Kraftkonstante	k	l
Frequenz (Vibration/Bewegung)	ν	$1/l$
Relaxationszeit	τ	l
Lebensdauer	τ_L	l
Deformation	Δl	l
Spannung/Druck	σ	*const.*
Kraft (Aktion, Rezeption)	F	l^2
Reibung	F_R	l^2
Zentrifugalkraft	F_Z	l^2
Gewichtskraft	F_m	l^3
Gravitationskraft	F_G	l^4
Beschleunigung	a	$1/l$
Geschwindigkeit	v	*const.*
Leistung	P	l^2
Leistungsdichte	π	$1/l$
Impuls	p	l^3
Energie	W	l^3
Trägheitsmoment	Θ	l^5
Drehimpuls	L	l^4
Drehmoment	D	l^3

Bezug auf mechanische Systeme resultieren hieraus insbesondere Positions– und Geschwindigkeitsunschärfen. Beispielsweise führt die thermische Anregung für jeden der drei Translationsfreiheitsgrade zu einer Geschwindigkeitsunschärfe von

$$\Delta v_{th} = \sqrt{\frac{k_B T}{m}} \,. \tag{2.25a}$$

Das Skalierungsverhalten dieser Geschwindigkeitsunschärfe ist damit gegeben durch

$$\Delta v_{th} \sim \frac{1}{l^{3/2}} \,. \tag{2.25b}$$

Δv_{th} beträgt für die oben genannte typische Masse bei Raumtemperatur immerhin 23 m/s. Quantenmechanische Aspekte werden im Vergleich dazu relevant für

$$h\nu \gtrsim k_B T \,, \tag{2.26}$$

wobei ν hier als charakteristische Vibrationsfrequenz aufzufassen ist. Das ergibt bei Raumtemperatur eine kritische Freqzenz von etwa 6 THz.

2.1.2 Elektrische, magnetische und elektromagnetische Systeme

Die angenommene Konstanz der Materialeigenschaften impliziert nunmehr, dass sich der *spezifische Widerstand* ϱ, aber auch die *relative Dielektrizitätskonstante* bzw. *Permeabilitätskonstante* sowie auch die *Sättigungsmagnetisierung* nicht ändern, wenn ein System miniaturisiert wird. Darüber hinaus erscheint es sinnvoll, die elektrische Feldstärke E als skalierungsinvariant anzunehmen, da die *maximal tolerierbare Feldstärke* eine Materialeigenschaft ist. Die Feldstärke einer geladenen Platte ist gegeben durch

$$E = \frac{\sigma}{2\varepsilon_0} , \tag{2.27}$$

wobei σ die Ladungsdichte bezeichnet. Mit $E = const$ erhält man

$$\sigma = const . \tag{2.28}$$

Das Feld einer Ladung Q ist gegeben durch

$$E = \frac{Q}{4\pi\varepsilon_0 l^2} , \tag{2.29}$$

was bei konstanter Feldstärke zu

$$Q \sim l^2 \tag{2.30}$$

führt. Dieser Zusammenhang folgt natürlich direkt auch aus $Q = \sigma A$ mit $A \sim l^2$. Für die Coulomb–Wechselwirkung

$$F_{el} = \frac{Q_1 Q_2}{4\pi\varepsilon_0 l^2} \tag{2.31a}$$

folgt damit

$$F_{el} \sim l^2 , \tag{2.31b}$$

was wiederum identisch ist mit der Skalierungsrelation für Kräfte in mechanischen Systemen gemäß Gl. (2.9).

Für die elektrische Spannung

$$V = El \tag{2.32a}$$

ergibt sich

$$V \sim l\,. \tag{2.32b}$$

Mit $l = 1\,\mathrm{nm}$ und $E = 10^9\,\mathrm{V/m}$ als typischer Maximalfeldstärke ergibt sich $V = 1\,\mathrm{V}$ als charakteristische Spannung. Die Kapazität einer Kugel ist gegeben durch

$$C = 2\pi\varepsilon_0 l\,, \tag{2.33a}$$

wobei l hier den Durchmesser der Kugel angibt. Hingegen ist die Kapazität eines Plattenkondensators gegeben durch

$$C = \varepsilon_0 \frac{A}{l}\,. \tag{2.33b}$$

In beiden Fällen folgt für das Skalierungsverhalten

$$C \sim l\,, \tag{2.33c}$$

was natürlich aus Gl. (2.30) und Gl. (2.32b) mit der Definition für die Kapazität, $C = Q/V$, ebenfalls folgt.

Mit $\varepsilon_0 = 8,85 \times 10^{-12}\mathrm{As/Vm}$ erhält man aus Gl. (2.33a) $C = 2,8 \times 10^{-20}\,\mathrm{F}$ und mit $A = l^2$ aus Gl. (2.33b) $C = 8,9 \times 10^{-21}\,\mathrm{F}$. Die Kapazitäten liegen damit gemäß Tab. 1.1 im Zeptofarad–Bereich.

Die im Kondensator gespeicherte Feldenergie beträgt

$$W_{el} = \frac{1}{2} C V^2\,, \tag{2.34a}$$

was mit den obigen Skalierungsrelationen für die Kapazität und die Spannung

$$W_{el} \sim l^3 \tag{2.34b}$$

in Analogie zu mechanischen Systemen ergibt. Unsere heutige Halbleiter–Speichertechnologie beruht darauf, Informationen (*bits*) durch Aufladen mikrostrukturierter Kondensatoren zu speichern. Um eine hinreichende thermische Stabilität der Information zu gewährleisten, ist $W \gtrsim 50\,k_B T$ zu fordern. Für die charakteristische strukturelle Abmessung ergibt sich unter Verwendung von Gl. (2.34a)

$$l \gtrsim \sqrt[3]{\frac{100 k_B T}{\varepsilon_0 E^2}} \,. \tag{2.35}$$

Mit der Boltzmannkonstante $k_B = 1,38 \times 10^{-23}$ J/K und dem oben angegebenen charakteristischen Maximalwert für E ergibt sich $l \gtrsim 4$ nm. Die Energiedichte des elektrischen Felds ergibt sich aus Gl. (2.34b) direkt zu

$$w_{el} = const \,, \tag{2.36}$$

was auch über $w_{el} = \varepsilon_0 E^2/2$ folgt.

Für die elektrostatische Kraft erhält man mit

$$F_{el} = \frac{dW_{el}}{dl} = \frac{1}{2}\frac{CV^2}{l} \,, \tag{2.37a}$$

was wiederum bezüglich der Kraft zu dem Skalierungsverhalten

$$F_{el} \sim l^2 \tag{2.37b}$$

führt, wie es auch schon in Gl. (2.31b) gefunden wurde.

Mit

$$R = \varrho \frac{l}{A} \tag{2.38a}$$

ergibt sich für den elektrischen Widerstand

$$R \sim \frac{1}{l} \,. \tag{2.38b}$$

Für einen Kupferwürfel mit 1 nm Kantenlänge und $\varrho = 1,7 \times 10^{-6}\Omega$cm erhält man $R = 17\,\Omega$. Aus den Skalierungsrelationen für V und R erhält man mittels des *Ohmschen Gesetzes* für den elektrischen Strom

$$I \sim l^2 \tag{2.39}$$

und für die Stromdichte $j = I/A$

$$j = const\ . \tag{2.40}$$

Betrachtet man $j \lesssim 10^{10}\,\mathrm{A/cm^2}$ als eine Notwendigkeit, um *Elektromigrationsphänomene* [2.2] auszuschließen, so bedeutet dies, dass durch einen Leiter mit einem Querschnitt von $1\,\mathrm{nm}^2$ immerhin ein Strom von $0,1\,\mathrm{mA}$ fließen könnte.

Für die Leistung $P = VI$ erhält man

$$P_{el} \sim l^3 \tag{2.41}$$

und damit für die Leistungsdichte

$$\pi_{el} = const\ . \tag{2.42}$$

Hierbei handelt es sich um das Verhalten resistiver Systeme, das mit demjenigen mechanischer Systeme in Form der Gleichungen (2.15) und (2.16) vergleichbar ist.

Für elektromechanische Systeme mit $P = F_{el}v$ erhält man hingegen unter Verwendung der Gleichungen (2.37b) und (2.13)

$$P_{me} \sim l^2 \tag{2.43}$$

und für die Leistungsdichte

$$\pi_{me} \sim \frac{1}{l}\ , \tag{2.44}$$

was dem Verhalten rein mechanischer Systeme, gegeben durch die Gleichungen (2.15) und (2.16) entspricht.

Für das Magnetfeld eines stromdurchflossenen Leiters erhält man mit

$$H_{em} = \frac{1}{2\pi}\frac{I}{l} \tag{2.45a}$$

das Skalierungsverhalten

$$H_{em} \sim l\,. \tag{2.45b}$$

Für $I = 0,1\,\mathrm{mA}$ als vorher abgeleiteter kritischer Wert für einen Nanodraht und $l = 1\,\mathrm{nm}$ erhält man $B = \mu_0 H = 20\,\mathrm{mT}$, was etwa dem Vierhundertfachen des hiesigen Erdmagnetfelds entspricht.

Das von einer Leiterschleife erzeugte Magnetfeld ist gegeben durch $H = I/l$, wobei l hier den Durchmesser der Leiterschleife charaktersiert. Auch in diesem Fall erhält man wiederum das Ergebnis aus Gl. (2.45b), was zeigt, dass die Feinstruktur des Nanosystems keinen Einfluss auf das Skalierungsverhalten der charakteristischen Größen hat, wie es bereits im Zusammenhang mit mechanischen Systemen gefunden wurde. Das magnetische Dipolmoment der Leiterschleife ist gegeben durch

$$p_{em} = \frac{\pi}{4} l^2 I\,, \tag{2.46a}$$

was zu

$$p_{em} \sim l^4 \tag{2.46b}$$

führt. Mit $I = 0,1\,\mathrm{mA}$ und $l = 1\,\mathrm{nm}$ erhält man $p_{em} \approx 10^{-22}\,\mathrm{Am}^2$.

Die Kraft auf ein Stromfilament der Länge l in einem dazu senkrechten Magnetfeld H ist gegeben durch

$$F_{em} = \mu_0 I H l\,, \tag{2.47a}$$

so dass in einem konstanten Feld

$$F_{em} \sim l^3 \tag{2.47b}$$

resultiert, während sich für die Kraft zwischen zwei stromdurchflossenen Filamenten

$$F_{em} \sim l^4 \tag{2.47c}$$

ergibt. Für Filamente, bei denen die Länge der Distanz zwischen den Filamenten entspricht, erhält man für eine Stromstärke von $0,1\,\mathrm{mA}$ $F_{em} \approx 10^{-15}\,\mathrm{N} = 1\,\mathrm{fN}$.

Die Induktivität einer Leiterschleife vom Durchmesser l ist gegeben durch

$$L = \frac{\pi}{4}\mu_0 l \; , \tag{2.48a}$$

womit sich für die Skalierungsrelation

$$L \sim l \tag{2.48b}$$

ergibt. Für eine Leiterschleife vom Durchmesser 1 nm erhält man $L \approx 10^{-15}$ H.

Die Feldenergie eines Elektromagneten ist gegeben durch

$$W_{em} = \frac{1}{2} I^2 L \; , \tag{2.49a}$$

was mit den zuvor abgeleiteten Skalierungsrelationen für den Strom und die Induktivität

$$W_{em} \sim l^5 \tag{2.49b}$$

ergibt. Für die Energiedichte erhält man damit

$$w_{em} \sim l^2 \; , \tag{2.50}$$

was sich aus der Skalierungsrelation für H auch über $w = \mu_0 H^2/2$ ergibt. Durch Vergleich mit den Gleichungen (2.34b) und (2.36) zeigt sich, dass die Feldenergie von Elektromagneten stärker von der Größe des Systems abhängt, als es für die Feldenergie rein elektrischer Systeme der Fall ist. Allerdings gibt es charakteristische Unterschiede zwischen Elektromagneten und Permanentmagneten, die im Folgenden evident werden. Das magnetische Dipolmoment eines Permanentmagneten ist gegeben durch

$$p_{ma} = M \cdot V \; , \tag{2.51a}$$

wobei hier M die Sättigungsmagnetisierung des Materials und V das Volumen bezeichnen. Damit ergibt sich

$$p_{ma} \sim l^3 \; . \tag{2.51b}$$

Für eine Sättigungsmagnetisierung von $\mu_0 M = 1\,\mathrm{T}$ erhält man $p_{ma} \approx 4,2 \times 10^{-22}\,\mathrm{Am}^2$. Dies liegt in der Größenordnung des Dipolmoments der zuvor diskutierten Leiterschleife und ist damit charakteristisch für ein magnetisches Nanosystem mit 1 nm Durchmesser. Das Feld des permanentmagnetisierten Dipols ist gegeben durch

$$H_{ma} = \frac{1}{2\pi}\frac{p}{l^3}\ . \tag{2.52a}$$

Mit der Skalierungsrelation des Dipolmoments erhält man daraus

$$H_{ma} = const\ . \tag{2.52b}$$

Beim Herunterskalieren eines Permanentmagneten erweist sich damit das Magnetfeld als konstant, und aufgrund der Annahme der Konstanz des elektrischen Felds ergibt sich damit eine Konstanz beider Felder. Andererseits ergab sich für den Elektromagneten nach Gl. (2.45b) eine Größenabhängigkeit. Dies führt dazu, dass sich auch die Kräfte zwischen Permanent- und Elektromagneten unterschiedlich verhalten. Die magnetische Polstärke ist durch

$$m = \mu_0 H A \tag{2.53}$$

gegeben. Dabei bezeichnet H das Streufeld an der Oberfläche des Magneten, das im Fall des Permanentmagneten direkt mit der Sättigungsmagnetisierung M zusammenhängt und damit konstant ist, im Fall des Elektromagneten allerdings durch Gl. (2.45b) gegeben ist. A ist die Querschnittsfläche des Magnetpols. Für die Kraft zwischen den Magnetpolen ergibt sich analog zu Gl. (2.31a)

$$F = \frac{1}{4\pi\mu_0}\frac{m_1 m_2}{l^2}\ . \tag{2.54}$$

Da man für den Permanentmagneten

$$m_{ma} \sim l^2 \tag{2.55a}$$

findet, für den Elektromagneten aber

$$m_{em} \sim l^3\ , \tag{2.55b}$$

erhält man

$$F_{ma} \sim l^2 \tag{2.56a}$$

für die Kraft zwischen zwei Polen von Permanentmagneten und

$$F_{em} \sim l^4 \tag{2.56b}$$

für die Kraft zwischen den Polen zweier Elektromagnete.

Aus der Konstanz des Magnetfelds bei Permanentmagneten folgt für die magnetische Feldenergie

$$W_{ma} \sim l^3 \tag{2.57a}$$

und für die Energiedichte

$$w_{ma} = const \; , \tag{2.57b}$$

was dem Verhalten der elektrischen Feldenergie aus den Gleichungen (2.34b) und (2.36) entspricht, nicht jedoch dem Verhalten der Feldenergie eines Elektromagneten, das durch die Gleichungen (2.49b) und (2.50) gegeben ist. Die Energie eines Dipols im Magnetfeld beträgt

$$W = -\mu_0 pH \; , \tag{2.58a}$$

was in einem als konstant angenommenen Magnetfeld zu

$$W_{ma} \sim l^3 \tag{2.58b}$$

führt. Die Kraft zwischen zwei parallel orientierten magnetischen Dipolen ist gegeben durch

$$F = -\frac{\mu_0}{2\pi}\frac{p^2}{l^4} \; , \tag{2.59a}$$

was mit dem Skalierungsverhalten für permanente Dipole zu

$$F_{ma} \sim l^2 \tag{2.59b}$$

führt. Damit skaliert die Kraft zwischen zwei permanent magnetisierten Dipolen so wie diejenige zwischen zwei elektrischen Ladungen. Derartige magnetische Dipol–Dipol–Wechselwirkungen sind bedeutsam für das Verhalten kolloidaler Suspensionen ferromagnetischer Nanoteilchen, die man als Ferrofluide bezeichnet. Hingegen findet man für die Kraft zwischen zwei Elektromagneten

$$F_{em} \sim l^4 \,. \tag{2.59c}$$

Charakteristische Zeitkonstanten eines induktiven Systems sind gegeben durch

$$\tau_L = \frac{L}{R} \,, \tag{2.60a}$$

was zu

$$\tau_L \sim l^2 \tag{2.60b}$$

führt. Für die entsprechenden Frequenzen findet man damit

$$\nu_L \sim \frac{1}{l^2} \,. \tag{2.60c}$$

Damit skalieren die Frequenzen hier anders als die durch Gl. (2.1b) gegebenen mechanischen Vibrationsmoden. Für $R = 17\,\Omega$ und $L = 10^{-15}\,\mathrm{H}$, wie zuvor als charakteristische Größen abgeleitet, findet man $\tau \approx 6 \times 10^{-17}\,\mathrm{s}$. Für das sichtbare Licht findet man eine Periodendauer von $\tau \approx 10^{-15}\,\mathrm{s}$. Die abgeschätzte Zeit zeigt, dass dem einfachen Herunterskalieren Grenzen gesetzt sind, denn sie ist unphysikalisch aufgrund der typischen *elektronischen Relaxationszeiten* von größenordnungsmäßig $10^{-14}\,\mathrm{s}$ bei Raumtemperatur [2.3], die im Hinblick auf kürzere Zeiten die Beschreibung in Form einer *Nichtgleichgewichtsdynamik* erforderlich machen.

Für kapazitive Systeme findet man

$$\tau_C = RC \,, \tag{2.61a}$$

was zu

$$\tau_C = const \tag{2.61b}$$

führt, und damit gilt

$$\nu_C = const\,. \tag{2.61c}$$

Vergleicht man die Gleichungen (2.60b) und (2.61b), so wird deutlich, dass tendentiell in Nanosystemen das RC–Verhalten gegenüber dem RL–Verhalten dominiert. Für $C = 8{,}9 \times 10^{-21}\,\mathrm{F}$ und $R = 17\,\Omega$, wie zuvor als charakteristische Werte abgeleitet, erhält man $\tau = 1{,}5 \times 10^{-19}\,\mathrm{s}$, was aufgrund der zuvor diskutierten Gründe als unphysikalische Abschätzung angesehen werden muss.

Die Frequenz eines LC–Schwingkreises ist gegeben durch

$$\nu_{LC} = \frac{1}{2\pi}\frac{1}{\sqrt{LC}}\,. \tag{2.62a}$$

Damit erhält man

$$\nu_{LC} \sim \frac{1}{l}\,. \tag{2.62b}$$

Die Güte ist gegeben durch

$$Q_{LR} = 2\pi\nu\frac{L}{R}\,, \tag{2.63a}$$

was wiederum zu

$$Q_{LR} \sim l \tag{2.63b}$$

führt. Dieses Verhalten zeigt, dass Nanosysteme eine vergleichsweise geringe Güte besitzen und damit eine hohe Dämpfung.

Das Verhalten elektrischer, magnetischer und elektromagnetischer Systeme ist zusammenfassend in Tab. 2.2 dargestellt.

Tabelle 2.2: *Skalierungsverhalten elektrischer, magnetischer und elektromagnetischer Systeme.*

Größe	Bezeichnung	Skalierung		
		elektr.	permanentmagn.	elektromagn.
Feldstärke	E, H	*const.*	*const.*	l
Spannung	V	l		
Ladungsdichte	σ	*const.*		
Ladung	Q	l^2		
Polstärke	m		l^2	l^3
Kapazität	C	l		
Induktivität				l
Dipolmoment	p	l^3	l^3	l^4
Feldenergie	W	l^3	l^3	l^5
Feldenergiedichte	w	*const.*	*const.*	l^2
Dipol im Feld	W	l^3	l^3	l^4
Coulomb-Kraft/ Dipol–Dipol–WW	F	l^2	l^2	l^4
Strom	I	l^2		
Stromdichte	j	*const.*		
Widerstand	R	$1/l$		
Leistung (resistiv)	P	l^3		
Leistungsdichte (resistiv)	π	*const.*		
Leistung (elektromechanisch)	P	l^2		
Leistungsdichte (elektromechanisch)	π	$1/l$		
Zeitkonstanten	τ	*const.*		l , l^2
Frequenzen	ν	*const.*		$1/l$, $1/l^2$
Güte	Q			l

2.1.3 Thermische Systeme

Aufnahme von Wärme durch einen Körper besteht darin, dass die kinetische Energie seiner Atome oder Moleküle um

$$\Delta W = \frac{f}{2} k_B \Delta T \tag{2.64a}$$

erhöht wird, wenn f die Anzahl der Freiheitsgrade angibt. $\Delta T = T_2 - T_1$ ist dabei der mit der Wärmeänderung verbundene Temperaturunterschied. Bei einer Atom- oder Molekülmasse m eines homogenen Körpers der Masse M und des Volumens V beträgt die Gesamtzahl der Atome/Moleküle $N = \varrho V/m$ mit $M = \varrho V$. Die gesamte, dem Körper zugeführte Wärmemenge entspricht damit

$$\Delta W = \frac{f \varrho k_B \Delta T V}{2m} . \tag{2.64b}$$

Die Wärmekapazität $C = \Delta W / \Delta T$ beträgt

$$C = \frac{f \varrho k_B V}{2m} , \tag{2.65a}$$

was zu

$$C \sim l^3 \tag{2.65b}$$

führt.

Exisitert ein Temperaturgefälle $\Delta T = T_2 - T_1$ zwischen zwei Enden eines homogenen Stabs der Länge l mit konstantem Querschnitt A, so fließt der Wärmestrom

$$I = \lambda \frac{A}{l} \Delta T \tag{2.66}$$

vom wärmeren Ende zum kälteren. $\lambda(T)$ bezeichnet die materialabhängige Wärmeleitfähigkeit, die als größenunabhängig angenommen wird. Damit ergibt sich für Wärmestrom und thermische Leitfähigkeit

$$I \sim \lambda \frac{A}{l} \sim l . \tag{2.67}$$

Beide Größen skalieren also vergleichsweise schwach mit der Systemgröße.

Führt man einem Nanosystem die Wärmeleistung I zu, so führt dies zu einer Temperaturerhöhung ΔT. Die zugeführte Leistung könnte beispielsweise aus Reibungswärme resultieren. Dann würde nach Gl. (2.15) $I \equiv P \sim l^2$ gelten. Damit ergibt sich

$$\Delta T \sim l . \tag{2.68}$$

Auch die Absorption von Wärmestrahlung würde zu einem entsprechenden Ergebnis führen.

Der Wärmestrom durch den Körper führt durch Relaxation zu einem Temperaturausgleich zwischen beiden Enden mit der Endtemperatur T, wobei $T_2 < T < T_1$. Die thermische Relaxationszeit ist gegeben durch

$$\tau = \frac{l^2 \varrho c}{\lambda}\,, \tag{2.69a}$$

wobei $c = C/M$ die spezifische Wärmekapazität bezeichnet. Da $c = \text{const}$ folgt

$$\tau \sim l^2\,. \tag{2.69b}$$

Nimmt man die vorher bereits benutzten charakteristischen Werte an, so erhält man Relaxationszeiten von $\tau \lesssim 10^{-10}$s, was den charakteristischen Zeiten für die Ausbreitung akustischer Signale entspricht, so wie sie in der bisherigen Diskussion abgeschätzt wurden. Natürlich muss auch hier wieder berücksichtigt werden, dass Skalierungsrelationen ihre Grenzen haben, wenn die abgeschätzten Größen aufgrund des Mikrokosmos unrealistisch werden. So bestehen Grenzen des *diffusiven Wärmetransports*, die es gegebenenfalls erforderlich machen, *ballistisches Verhalten* zu berücksichtigen.

Befindet sich ein Körper der Temperatur T_2 in einer Umgebung der Temperatur $T_1 < T_2$, so strahlt er eine Wärmeleistung ab, die durch das *Stefan–Boltzmann–Gesetz* gegeben ist:

$$P = \sigma A (T_2^4 - T_1^4)\,. \tag{2.70a}$$

Damit ist

$$P \sim l^2\,, \tag{2.70b}$$

da $\sigma = 5,7 \cdot 10^{-8}\,\text{W/m}^2\text{K}^2$ größenunabhängig ist.

Die zu geringe abgestrahlte Wärmeleistung ist insbesondere für hochintegrierte Halbleiterchips ein Problem. CMOS–Bauelemente erreichen Schaltzeiten von $\tau < 10\,\text{ps}$. Die Taktfrequenzen ν liegen heute typischerweise im GHz–Bereich. Bedingt durch Verbindungs– und Bauelementekapazitäten beträgt die Flächenleistungsdichte

$$P = \nu C V^2\,, \tag{2.71}$$

wenn C die Gesamtkapazität pro Chipfläche bezeichnet. Eine zu hohe Leistungsdichte führt zu einer zu hohen Temperatur des Chips nach Gl. (2.70a). Die entsprechenden Verhälntnisse sind in Abb. 2.1 dargestellt. Heute erreicht man $P \approx 25\,\text{W/cm}^2$. Planungen für zukünftitge Bauelementen sehen $P \lesssim 185\,\text{W/cm}^2$ vor [2.4]. Nach Gl. (2.71) ist evident, dass eine Steigerung der Taktfrequenz sowie auch Kapazitätserhöhungen aufgrund höherer Integrationsdichte dazu führen, dass die Chips mit niedrigerer Spannung

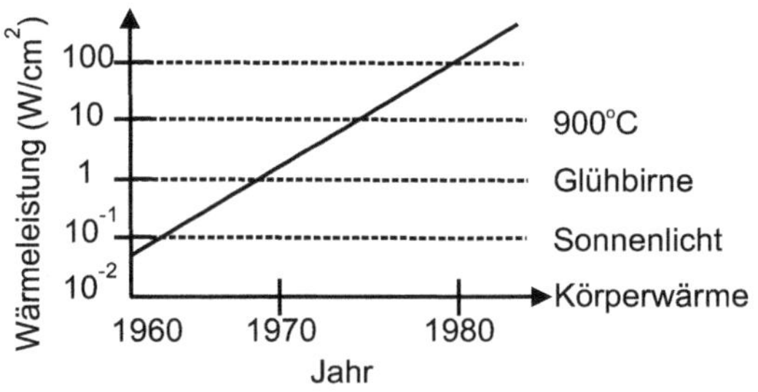

Abb. 2.1: *Abgeführte Wärmeleistung durch Optimierung von Computerchips.*

betrieben werden müssen. Hier existieren natürlich ebenfalls technische und physikalische Grenzen.

Das Skalierungsverhalten thermischer Systeme ist in Tab. 2.3 zusammengefasst.

Tabelle 2.3: *Skalierungsverhalten thermischer Systeme.*

Größe	Bezeichnung	Skalierung
Wärmekapazität	C	l^3
Thermische Leitfähigkeit	$\lambda A/l$	l
Relaxationszeit	τ	l^2
Abstrahlungsleistung	P	l^2

2.2 Kritische Dimensionen

2.2.1 Strukturelle Korrelationen und kooperative Phänomene

Alle bisher abgeleiteten Skalierungsrelationen setzen die Konstanz intrinsischer Eigenschaften der Systeme voraus und tragen nur Veränderungen der Systemgröße als extrinsische Eigenschaft Rechnung. Intrinsische Eigenschaften sind die das entsprechende Material charakterisierenden Größen. Ein gegebenes Material wird in seinen Eigenschaften zunächst einmal festgelegt durch die stöchiometrische Zusammensetzung der Atome und durch ihre Anordnung. Die praktisch unbegrenzten Möglichkeiten, verschiedene Elemente zu Molekülen oder Legierungen zu kombinieren, sind Grundlage einer enormen Materialvielfalt. Aber auch die Möglichkeit, eine gegebene Art von Atomen im Rahmen der physikalisch–chemischen Gegebenheiten räumlich unterschiedlich anzuordnen, erlaubt es, Materialeigenschaften stark zu variieren. So bestehen Graphit, Diamant und Fullerenkristalle alle auschschließlich aus Kohlenstoff, haben aber aufgrund der verschiedenen Bindungsverhältnisse stark unterschiedliche kooperative Eigenschaften. Ebenso hat natürlich eine Schmelze andere Eigenschaften als ein kristalliner oder amorpher Festkörper des entsprechenden Materials.

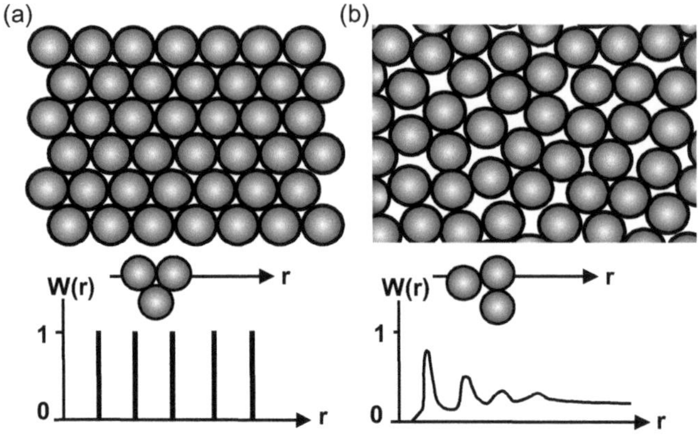

Abb. 2.2: *Vereinfachte schematische Darstellung der Paarkorrelationsfunktion für (a) einen kristallinen und (b) einen amorphen Festkörper oder eine Flüssigkeit.*

Zur Charakterisierung der atomaren oder molekularen Anordnung bietet sich, wie in Abb. 2.2 gezeigt, die *Paarkorrelationsfunktion* an. Kristlline Festkörper sind dadurch gekennzeichnet, dass ihr Aufbau durch eine periodische Anordnung geeignet gewählter Elementarzellen charakterisiert werden kann: Bezüglich dieser Elemtarzellen besteht *Translationsinvarianz*. Die Paarverteilungsfunktion [Abb. 2.2(a)], die angibt, mit welcher Wahrscheinlichkeit in einer gegebenen Entfernung von einem Gitterbaustein ein weiterer Baustein zu finden ist, alterniert zwischen null und eins: Es besteht eine perfekte *Fernordnung*. Für einen amorphen Festkörper oder eine Flüssigkeit besteht hingegen zwar eine gewisse *Nahordnung*, aber keine Fernordnung [Abb. 2.2(b)].

Ein Zusammenbrechen der Skalierungsrelationen resultiert aus einer Variation als intrinsisch angenommener System- oder Materialeigenschaften mit der Systemgröße. Diese Variation hat ihre Ursache darin, dass die Dimensionen des betrachteten Systems einen Einfluss auf Eigenschaften haben, die bei hinreichender Größe des Systems als konstant angenommen werden können. Wie beeinflusst nun die Systemgröße die intrinsischen Eigenschaften, die durch die Stöchiometrie und die atomare Anordnung gegeben sind?

Im Modell quasifreier Elektronen ergibt sich sofort ein Zusammenhang zwischen der Systemgröße und der freien Gesamtenergie des Systems. Elektronen in einem Nanopartikel des Durchmessers l besetzen energetische Zustände, deren Niveaus mit $1/l^2$ skalieren (siehe Abschn. 3.3.1). Wächst die Dimension des Systems, so schrumpft der Abstand zwischen den diskreten Energieniveaus entsprechend. Für hinreichend große Systemabmessungen sind die Energieniveaus der quasifreien Elektronen kontinuierlich verteilt. Die Konsequenz dieser Größenabhängigkeit der energetischen Verteilung der Elektronen ist, dass die Gesamtenergie des Systems – und damit die thermodynamische Stabilität von der Systemgröße abhängig wird. Für Nanopartikel kann sich damit die kristallographische Struktur gegenüber dem Massivmaterial ändern. Damit ändern sich dann auch die mechanischen, elektronischen, thermischen, optischen und magnetischen Eigenschaften grundlegend. Beispielsweise zeigen Metallcluster unterhalb einer kritischen Dimension einen Übergang vom elektrischen Leiter zum Isolator [2.5].

Oberflächen, d. h. Grenzflächen eines Materials zum Vakuum (oder in vielen Fällen zur ungebundenen Atmosphäre) stellen einen Symmetriebruch für kristalline Festkörper dar und in jedem Fall einen abrupten Abfall der Paarkorrelationsfunktion aus Abb. 2.1 auf null. Die Bindungsverhältnisse an einer Oberfläche sind modifiziert, weil die Anzahl der nächsten Nachbarn für einen Gitterbaustein reduziert ist. Hieraus resultiert eine mannigfaltige Oberflächenphysik und -chemie [2.6]. Der reduzierten Bindungsenergie der atomaren oder molekularen Bausteine an einer Festkörper– oder Flüssigkeitsoberfläche wird durch Definition einer spezifischen Oberflächenenergie $\gamma([\gamma] = \mathrm{J/m^2})$ oder Oberflächenspannung $\sigma([\sigma] = \mathrm{N/m} = \mathrm{J/m^2})$ Rechnung getragen.

Die *Oberflächenenergie* bei Festkörpern und *Oberflächenspannung* bei Flüssigkeiten ist definiert als die Änderung der freien Energie γ, die auftritt, wenn die Oberfläche um die Einheitsfläche erweitert wird. Dieser Energiebetrag ist identisch mit der *Kohäsionsarbeit* W, die aufgebracht werden muss, um zwei halbe Einheitsflächen aus dem Kontakt bis ins Unendliche voneinander zu enfernen:

$$\gamma = \frac{1}{2} W \,. \tag{2.72}$$

Betrachtet man modellhaft die planare Oberfläche eines atomar oder molekular dichtest gepackten Festkörpers, so hat jeder Gitterbaustein des Durchmessers d 9 nächste Nachbarn anstelle von 12, die er im Festkörperinnern hat. Besteht zu jedem nächsten Nachbarn eine diskrete Bindung der Bindungsenergie w, so ist der Energiegewinn pro Atom beim Kontakt zweier identischer derartiger Oberflächen 3 w. Während die atomare/molekulare Volumendichte $\varrho = \sqrt{2}/d^3$ beträgt, ist die durch einen Oberflächenbaustein besetzte Fläche gegeben durch $d^2 \sin(\pi/3)$. Damit beträgt die durch Gl. (2.72) gegebene Oberflächenenergie

$$\gamma = \frac{3w}{2\sin(\pi/3)d^2} = \sqrt{3}\frac{w}{d^2} \,. \tag{2.73a}$$

Für ein isoliertes Molekül bestünden 12 ungesättigte Bindungen bei einer Oberfläche von πd^2. Damit ergibt sich

$$\gamma = \frac{6}{\pi}\frac{w}{d^2} \,, \tag{2.73b}$$

was größenordnungsmäßig mit Gl. (2.73a) übereinstimmt. Für einen *Cluster* aus einem zentralen Atom/Molekül und einer dicht gepackten Schale aus 12 nächsten Nachbarn, die jeweils 7 unabgesättigte Bindungen haben, beträgt die freie Oberfläche $\approx 9\pi d^2$. Damit ergibt sich

$$\gamma = \frac{14}{3\pi}\frac{w}{d^2} \,, \tag{2.73c}$$

was wiederum größenordnungsmäßig mit dem Wert in Gl. (2.73a) übereinstimmt.

Offensichtlich ist die Oberflächenenergie selbst kleinster Cluster größenordnungsmäßig vergleichbar mit derjenigen planarer Oberflächen des selben Materials. Allerdings setzt das Rechnen mit *interatomaren/intermolekularen Paarpotentialen* w voraus, dass die Gitterbausteine über additive, diskrete Wechselwirkungen interagieren, was in guter Näherung im Wesentlichen nur für van der Waals–Wechselwirkungen gegeben ist [2.7].

Oberflächenspannungen und –energien bewegen sich zwischen $< 1\,\mathrm{mJ/m^2}$ (flüssiges Helium) und $> 4000\,\mathrm{mJ/m^2}$ (Wolfram). Da die interatomaren/intermolekularen Wechselwirkungen, welche die Oberflächenspannungen/–energien bestimmen, ebenfalls die *Verdampfungswärme* und den *Siedepunkt* der Materialien bestimmen, gibt es eine Korrelation zwischen diesen Größen. Materialien mit großer Oberflächenenergie haben in der Regel eine hohe Siedetemperatur, und Materialien mit vergleichsweise niedriger Oberflächenenergie einen niedrigen Siedepunkt [2.7].

Bei *Nanopartikeln* kann die Oberflächenenergie einen Einfluss auf das gesamte Festkörpergefüge des Partikels nehmen. Es besteht ein *Normal–* oder *Kohäsionsdruck* von

$$p = \frac{4\gamma}{l}\,, \tag{2.74}$$

wobei l den Partikeldurchmesser angibt. Für Metalle kann dieser Druck bei $l = 10\,\mathrm{nm}$ $100\,\mathrm{MPa}$ (1 kbar) oder mehr betragen. Der Kohäsionsdruck hat die relative Volumenabnahme

$$\frac{\Delta V}{V} = 3(2\mu - 1)\frac{p}{E} \tag{2.75}$$

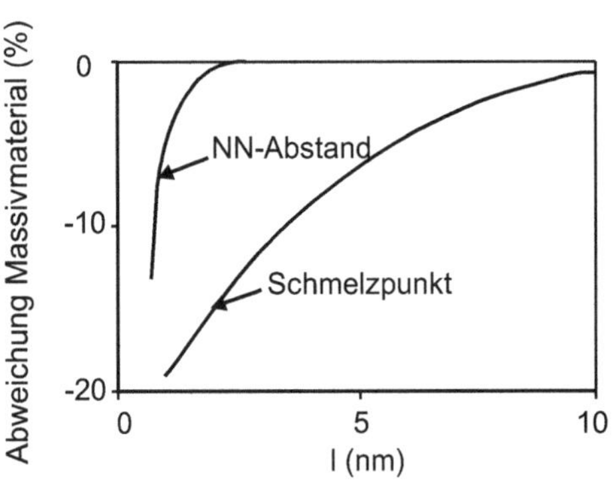

Abb. 2.3: *Abnahme des Nächster–Nachbar–Abstands und des Schmelzpunkts mit abnehmendem Partikeldurchmesser.*

zur Folge, vorausgesetzt, der isotrope Festkörper verhält sich ideal kompressibel. Die materialabhängigen Größen μ und E bezeichnen hier die Poisson–Zahl mit $0 \leq \mu \leq 0,5$ und den Elastizitätsmodul. Aus Gl. (2.74) und (2.75) folgt, dass mit abnehmendem

Partikeldurchmesser der mittlere Abstand der Atome/Moleküle, aus denen das Teilchen aufgebaut ist, also die Gitterkonstante für kristalline Festkörper, abnehmen sollte. Genau dies beobachtet man bei Metallpartikeln unterhalb von etwa 10 nm Durchmesser (siehe Abb. 2.3). Das veränderte Festkörpergefüge bewirkt weitere Abweichungen von den Eigenschaften des Massivmaterials, wie beispielsweise *Schmelzpunkterniedrigung* und Veränderung der *Leerstellendichte*. Insgesamt verändern sich damit dann wesentliche kooperative Eigenschaften [2.8].

Bei Reduktion der charakteristischen Dimensionen eines kristallinen Festkörpers steigt das Verhältnis von Oberflächen– zu Volumenatomen mit $1/l$ an. Die *spezifische Oberfläche* (Oberfläche pro Einheitsmasse) beträgt $6/(l\varrho)$ bei einem Partikeldurchmesser l und einer Materialdichte ϱ. Damit kann bei einer typischen Dichte die spezifische Oberfläche von Nanopartikeln ($l = 2\,\mathrm{nm}$) $500\,\mathrm{m}^2/\mathrm{g}$ betragen.

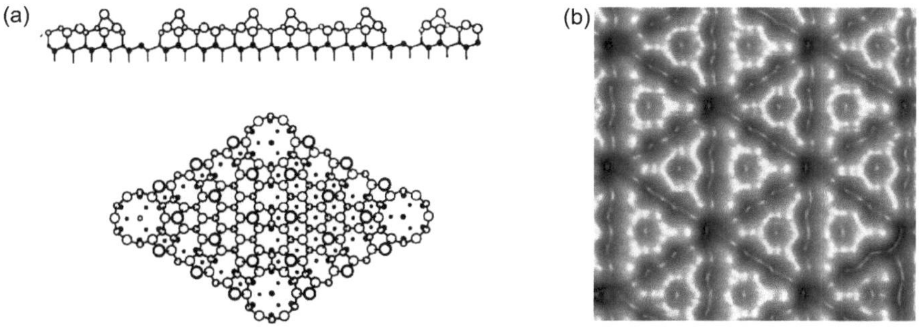

Abb. 2.4: *Silizium(111)–7x7–Rekonstruktion. (a) Schematische Darstellung nach dem DAS–Modell [2.9]. (b) Rastertunnelmikroskopische Aufnahmen [2.10].*

Es kann aufgrund der hohen Oberflächenenergie dazu kommen, dass sich die atomaren Konfigurationen eines Festkörpers im oberflächennahen Bereich ändert, um die Gesamtenergie zu reduzieren. Dadurch können sich die interatomaren Abstände geringfügig ändern bei Beibehaltung der Gittersymetrie. Dieses Phänomen wird als *Relaxation* bezeichnet [2.6]. Eine spektakulärere oberflächeninduzierte Änderung der atomaren Konfiguration ist die *Rekonstruktion*, die ein komplettes Umarrangement der atomaren Konfiguration des Festkörpers zur Folge hat. In Abb. 2.4 ist die vielfach analysierte 7x7–Rekonstruktion der Silizium(111)–Oberfläche dargestellt [2.9], die sich im Detail mit dem Rastertunnelmikroskop abbilden lässt. Rekonstruierte Festkörperoberflächen haben spezifische physiko–chemische Eigenschaften, die von der atomaren Konfiguration abhängen und die von denen der unrekonstruierten Festkörperoberflächen abweichen [2.6].

Befindet sich auf der Oberfläche ein Film oder ein ausgedehntes Massivmaterial mit abweichender Zusammensetzung, grenzen also zwei unterschiedliche Medien aneinander, so ist die Oberlfächenenergie/–spannung durch die *Grenzflächenenergie/–spannung* zu ersetzen:

$$\gamma_{12} = \gamma_1 + \gamma_2 - W_{12} \,, \tag{2.76}$$

wobei $\gamma_{1,2}$ die individuellen Oberflächenenergien/–spannungen der beteiligten Medien sind und W_{12} die Adhäsionsenergie ist [2.7]. Grenzflächeninduzierte Effekte, wie Relaxation oder Rekonstruktion, können durchaus von denen an der freien Oberfläche (Grenzfläche zu Vakuum) abweichen [2.6]. So spielen in der *Oberflächenphysik/–chemie adsorbatinduzierte Rekonstruktionen* eine wichtige Rolle. Bei Grenzflächen zwischen Festkörpern und Flüssigkeiten sind die Verhältnisse besonders für Elektrolyte sehr interessant (siehe Abschn. 2.2.2).

Die meisten Materialien für technische Anwendungen sind polykristallin. Sie bestehen aus *Kristalliten* oder *Körnern*, die entlang von *Korngrenzen* aneinander stoßen. Diese *flächenhaften Defekte* stellen eine Störung der strukturellen Korrelation dar und haben einen großen Einfluss auf viele Materialeigenschaften. Körner können Abmessungen im cm–Bereich haben, wie etwa bei polykristallinen Solarzellen, wo sie mit dem bloßen Auge zu erkennen sind, oder laterale Abmessungen im nm–Bereich. Für *nanokristalline Materialien* ist der Volumenanteil der Korngrenzen hoch, und die inneren Grenzflächen haben einen erheblichen Einfluss auf die makroskopischen Eigenschaften des Materials. Diese makroskopischen Eigenschaften hängen eindeutig mit den mikroskopischen Eigenschaften der Korngrenzen zusammen. Die nur wenige Atomlagen umfassenden Übergangsbereiche zwischen unterschiedlich orientierten Kristalliten eines Materials werden durch die relative Verdrehung und durch die Orientierung der Grenzflächen charakterisiert. Unterschieden wird zwischen *Kipp– und Drehgrenzen* einerseits und zwischen *Kleinwinkel– und Großwinkelkorngrenzen* andererseits. Die spezifische *Korngrenzenenergie* γ_{12} hängt von der relativen Orientierung der angrenzenden Körner ab. Haben die benachbarten Körner nicht nur eine unterschiedliche Orientierung sondern auch eine unterschiedliche Kristallstruktur,so liegen zwischen ihnen *Phasengrenzen*.

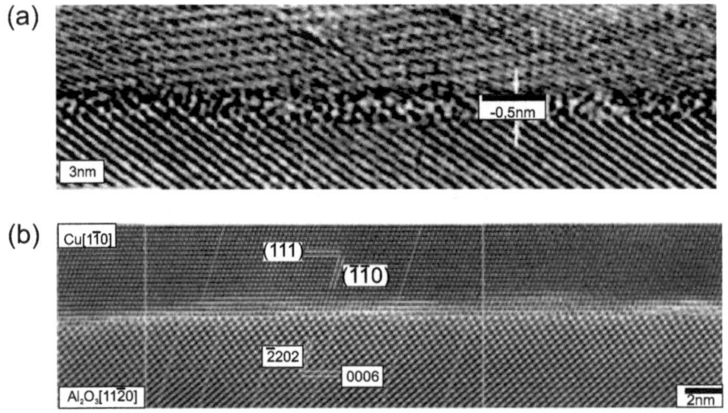

Abb. 2.5: *(a) Korngrenze in* Al_2O_3 *(Korund). Die amorphe Korngrenzenphase enthält Y und Si [2.9]. (b) Phasengrenze zwischen O–terminiertem* Al_2O_3 *und Cu. Die Phasengrenze ist teilkohärent. Fehlanpassungsversetzungen sind durch die eingebrachten Linien markiert [2.11].*

Diese werden nach *kohärenten* (geringe Fehlanpassung), *teilkohärenten* (große Fehlanpassung) und *inkohärenten* (vollständig verschiedene Gitterstrukturen) Grenzflächen unterschieden. Abbildung 2.5 zeigt Beispiele für Korn– und Phasengrenzen, die mittels *hochauflösender* und *analytischer Transmissionselektronenmikroskopie* analysiert wurden.

Neben den *Flächendefekten* (Ober– und Grenzflächen, Korn– und Phasengrenzen) gibt es in kristallinen Materialien die unterschiedlichsten *Linien*-- und *Punktdefekte*, die ebenfalls für die kooperativen Eigenschaften bedeutsam und teilweise ausschlaggebend sind. Ein Überblick ist in Abb. 2.6 dargestellt. Natürlich stellen auch ein– und nulldimensionale Defekte eine Störung der korrelativen strukturellen Eigenschaften dar. Wann immer die Abmessungen eines Nanosystems vergleichbar mit der Ausdehnung der Störung oder ihrer Wirkung (z. B. Spannungsfelder) werden, können die das Massivmaterial charakterisierenden Größen nicht mehr als konstant angenommen werden. In Nanopartikeln und nanostrukturierten Materialien treten manche Defekte in hoher Dichte auf (z. B. Grenzflächen), andere in verminderter Form (z. B. Leerstellen). Größenbeeinflusste Variation von Defektstrukturen ist damit eine Ursache für Grenzen der Skalierungsrelationen.

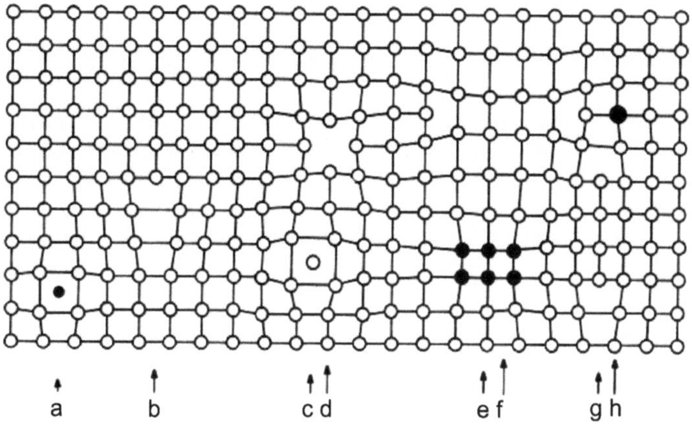

Abb. 2.6: *Ein– und nulldimensionale Defekte kristalliner Festkörper [2.12]. (a) Fremdatom auf Zwischengitterplatz. (b) Stufenversetzung. (c) Gitterbaustein auf Zwischengitterplatz. (d) Fehlstelle. (e) Fremdatomausscheidung. (f) Fehlstellenversetzung. (g) Zwischengitterplatzversetzung. (h) Substitutionsfremdatom.*

2.2.2 Ladung und Ladungstransport

Wie bereits diskutiert, resultieren spezifische Funktionalitäten von Nanostrukturen insbesondere daraus, dass ihre Abmessungen häufig vergleichbar sind mit bestimmten charakteristischen oder kritischen Längenskalen für das jeweilige physikalische Phänomen. Zuweilen sind Nanostrukturen sogar sehr viel kleiner als eine charakteristische Länge. Im Allgemeinen markieren kritische Dimensionen auch Gültigkeitsbereiche für Modelle, die das jeweilige System beschreiben für strukturelle Abmessungen, die groß oder klein in Bezug auf die kritische Dimension sind. Besonders offensichtlich ist dies für Phänomene, die auf elektrischen Ladungen und Ladungstransport basieren.

Eine elementare Frage im Hinblick auf größeninduzierte elektrostatische Phänomene ist, über welche charakteristische Distanz eine Ladung Einfluss auf ihre Umgebung nimmt. Befindet sich eine Überschussladung innerhalb einer Gleichgewichtsverteilung für bewegliche Ladungsträger, so kommt es durch elektrostatische Wechselwirkung zu einer lokal begrenzten Veränderung der Ladungsträgerverteilung. Für die Überschussladung q am Ort $\mathbf{r}_0$ in einem *Plasma* aus Ladungen q_i ergibt die *Poisson–Gleichung* die Potentialverteilung

$$\Delta\Phi = -\frac{1}{\varepsilon_0}\left[q\delta(\mathbf{r}_0) + \sum_i q_i\varrho_i(\mathbf{r})\right] , \tag{2.77}$$

wobei $\varrho_i(\mathbf{r})$ die Ladungsträgerdichte der Spezies i unter dem Einfluss der Probeladung q ist. Im stationären Fall ist diese durch eine *Boltzmann–Verteilung* gegeben:

$$\varrho_i(\mathbf{r}) = \varrho_i(\infty)\exp(-q_i\Phi(\mathbf{r})/[k_BT]) . \tag{2.78}$$

Mit $\sum_i q_i\varrho_i(\infty) = 0$ und $\Phi(\infty) = 0$ sowie $q_i\Phi(\mathbf{r})/[k_Bt] \ll 1$ ergibt sich aus den beiden obigen Gleichungen

$$\Phi(\mathbf{r}) = \frac{q}{r}\exp\left(-\frac{r}{\lambda_D}\right) , \tag{2.79a}$$

mit der *Debye–Länge*

$$\lambda_D = \sqrt{\frac{\varepsilon_0 k_B T}{\sum_i q_i^2\varrho_i(\infty)}} . \tag{2.79b}$$

Die Abschirmung der Überschussladung führt also zu einem exponentiellen Potentialabfall. Der Einfluss der Ladung auf ihre Umgebung erstreckt sich dabei über die charakteristische Länge λ_D. Dieser Befund ist direkt auf Elektrolyte übertragbar und bildet eine wichtige Grundlage der *Debye–Hückel–Theorie*. Für Reinstwasser findet man $\lambda_D = 960\,\text{nm}$ und für einen 1 mM monovalenten Elektrolyten $\lambda_D = 9{,}6\,\text{nm}$ [2.13]. λ_D gemäß Gl. (2.79b) ist auch relevant für dotierte Halbleiter, etwa im Bereich von pn–Übergängen [2.14]. ϱ_i entspricht dann der Konzentration der Dotieratome. Für Si und $\varrho = 10^{16}/\text{cm}^3$ erhält man $\lambda_D = 40\,\text{nm}$. Ähnlich wie für Elektrolyte muss auch für Halbleiter in Gl. (2.79b) eine relative Dielektrizitätskonstante ε_r berücksichtigt werden.

Die Abschirmung durch bewegliche Ladungsträger ist damit von unmittelbarer Bedeutung für die Ausdehnung von Raumladungszonen von *Schottky–Kontakten* oder *pn–Übergängen*. So erhält man für den Metall–Halbleiter–Kontakt eine Weite von $w = \sqrt{2\varepsilon_0\varepsilon_r(V_{bi} - k_BT/e)/(e\varrho)}$. V_{bi} ist die Diffusionsspannung (*built in voltage*), die typisch in der Größenordnung von 1 V liegt [2.14]. ϱ ist die Dichte der Dotieratome im Halbleiter. Für einen pn–Übergang mit der Donatordichte ϱ_D und der Akzeptordichte ϱ_A erhält man ein ähnliches Resultat: $w = \sqrt{2\varepsilon_0\varepsilon_r(V_{bi} - 2k_BT/e)(\varrho_D + \varrho_A)/(e\varrho_D\varrho_A)}$. Für $\varrho_D \gg \varrho_A$ oder $\varrho_D \ll \varrho_A$ bezeichnet man den Übergang als einseitig oder abrupt. Für diesen Fall wird w durch die kleinere Dotierkonzentration $\varrho \equiv \min(\varrho_D, \varrho_A)$ bestimmt. Mit der Debye–Länge $\lambda_D = \sqrt{2\varepsilon_0\varepsilon_r k_BT)/(e^2\varrho)}$ erhält man $w = \lambda_D\sqrt{2eV_{bi}/(k_BT) - 4}$ [2.14].

Für die quasi–freien Elektronen eines Metalls muss a priori ein quantenmechanischer Ansatz gewählt werden (siehe Abschn. 3.5.4). Ein Lösen der *Schrödinger–Gleichung* unter Berücksichtigung des elektrostatischen Potentials Φ liefert im Rahmen der *Thomas–Fermi–Theorie* die Abschirmlänge $\lambda_{TF} = \sqrt{\pi a_0/(4k_F)}$, mit dem *Bohrschen Radius* a_0 und dem *Fermi–Vektor* k_F. Für Kupfer erhält man beispielsweise $\lambda_{TF} = 0,06\,\text{nm}$, was im Bereich interatomarer Distanzen liegt. Die weniger stark nähernde *Lindhard–Theorie* liefert allerdings für größere Distanzen den oszillatorischen Verlauf $\Phi(r) \sim \cos(2k_Fr)/r^3$. Die resultierenden Oszillationen, die ähnlich wie nach Gl. (2.78) für $\varrho(r)$ folgen, werden als *Friedel–Oszillationen* bezeichnet.

Diese Oszillationen lassen sich mit einem Rastertunnelmikroskop direkt abbilden. Abbildung 2.7(a) zeigt einzelne Si–Dotieratome bei einer Konzentration von $2 \cdot 10^{18}/\text{cm}^3$ an der (110)–Oberfläche von GaAs. In der Umgebung der Fremdatome ist in Form konzentrischer Ringe die Friedel–Oszillation deutlich sichtbar. Insgesamt erstrecken sich die Oszillationen für jedes Dotieratom über etwa 5 nm.

Periodische Ladungsdichtevariationen mit langreichweitiger Phasenkohärenz treten auf als Folge der *Peierls–Instabilität*. *R.E. Peierls* (1907–1995) postulierte, dass ein eindimensionales Metall bei niedrigen Temperaturen instabil gegenüber einer durch Elektron–Phonon–Kopplung erzeugten statischen Gitterdeformation ist. Diese Deformation öffnet eine Energielücke am Fermi–Niveau und erniedrigt die Energie der besetzten Zustände direkt unterhalb der Lücke. Diese Energiereduktion wird durch den Energieaufwand, den die elastische Deformation erfordert, ausbalanciert [2.16]. Die Peierls–Instabilität wird auch für quasi–zweidimensionale metallische Leiter erwartet. Beispiele hierfür sind Materialien mit guter, durch kovalente Bindungen hervorgerufener Leitfähigkeit entlang einzelner Ebenen und etwa durch van der Waals–artige Bindungen stark reduzierter Leitfähigkeit senkrecht dazu. Aufgrund der Peierls–Instabilität zeigen diese Materialien *Ladungsdichtewellen* (CDW, *charge density waves*), die ebenfalls direkt mit dem Tunnelmikroskop abgebildet werden können, wie Abb. 2.7(b) zeigt. Neben $NbSe_2$ gibt es weitere intensiv untersuchte Materialien, wie TaS_3. Da die Periodenlänge der Ladungsdichtevariationen in der Größenordnung der Gitterkonstanten liegt, sind für typische Nanostrukturen keine größeninduzierten Modifikationen der Ladungsdichtevariation zu erwarten.

An Festkörperoberflächen können neben der elektrostatischen Doppelschicht Ladungsdichtevariationen aufgrund der Austrittsarbeitsanisotropie vorkommen [2.18]. Unterschiedliche kristalline Facetten besitzen eine unterschiedliche Austrittsarbeit und bei

Koexistenz unterschiedliche Oberflächenladungsdichten (*patch charges*), die zu langreichweitigen Oberflächenwechselwirkungen führen. Die Ladungsdichten variieren dabei typisch über einen Bereich von wenigen nm bis hin zu hunderten von μm.

Bisher diskutierte Ladungsverteilungen sind das Resultat von *Gleichgewichtprozessen.* Ladungstransport ist das Ergebnis einer *Ungleichgewichtsverteilung.* Für Phänomene, die auf Ladungstransport basieren, sind verschiedene charakteristische Längenskalen von Bedeutung, die in nanoskaligen Systemen zum Teil deutlich unterschritten werden können, so dass einerseits spezifische Funktionalitäten der Nanosysteme resultieren und andererseits spezifische, zumeist quantenmechanische Beschreibungsweisen gewählt werden müssen. Es sollte allerdings betont werden, dass der Bereich, in dem Abweichungen vom elektronischen Transport in makroskopischen Systemen auftreten, das *mesoskopische Regime*, allgemein durch charakteristische Skalen in Bezug auf Raum, Zeit und Energie charakterisiert wird. Die Längenskala ist im vorliegenden Kontext deshalb von besonderer Wichtigkeit, weil sie primäre Variable eines Nanosystems ist.

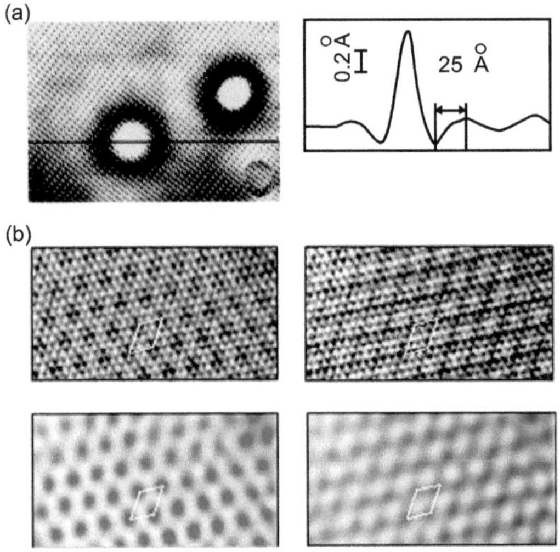

Abb. 2.7: *(a) Rastertunnelmikroskopische Aufnahme eines Bereichs von 22 nm x 15 nm einer GaAs-(110)-Oberfläche mit zwei oberflächennahen Si-Dotieratomen. Die Friedel-Oszillationen sind besonders im Linienprofil erkennbar. Getunnelt wurde aus besetzten Zuständen der Probe bei T=4,2 K [2.15]. (b) Rastertunnelmikroskopische Aufnahme einer Ladungsdichtewelle an der Oberfläche von* $NbSe_2$ *bei T=4,2 K. Die Wellenlänge beträgt das Dreifache der Gitterkonstante, atomares und Ladungsdichtegitter sind hexagonal. Nach Fourier-Transformation (untere Bilder) lässt sich das Ladungsdichtegitter separat für gefüllte (links) und leere (rechts) elektronische Zustände abbilden [2.17].*

Die wohl fundamentalste Länge ist die *Fermi-Wellenlänge* λ_F, deren Bezug zur Systemgröße darüber entscheidet, ob Quantisierungseffekte zu erwarten sind und ob eine explizit quantenmechanische Beschreibungsform zu wählen ist. Die Fermi-Wellenlänge ist die *de Broglie-Wellenlänge* von Elektronen an der *Fermi-Kante* E_F. Sie ist abhängig von der Elektronendichte $n_D(E_F)$, die ihrerseits von der Dimensionalität D des Systems abhängt:

$$\lambda_F^{(3)} = \frac{2\pi}{\sqrt[3]{3\pi^2 n_3(E_F)}} , \tag{2.80a}$$

$$\lambda_F^{(2)} = \sqrt{\frac{2\pi}{n_2(E_F)}} , \tag{2.80b}$$

$$\lambda_F^{(1)} = \frac{4}{n_1(E_F)} . \tag{2.80c}$$

In Metallen finden wir typisch $\lambda_F \approx 1\,\text{nm}$, während für Halbleiter $10\,\text{nm} \lesssim \lambda_F \lesssim 100\,\text{nm}$ ist. Wenn eine Systemabmessung vergleichbar mit oder kleiner als λ_F wird, so tritt für die entsprechende Richtung eine Quantisierung der kinetischen Energie der Elektronen auf. Daraus resultieren Subbänder und diskrete Ausbreitungsmoden, was in Abschn. 3.6.3 diskutiert wird. Ähnliche Mechanismen sind auch relevant für den phononenbasierten Wärmefluss in mesoskopischen Systemen und diskrete Ausbreitungsmoden für Phononen, wie in Abschn. 3.8.2 dargestellt.

Die mittlere freie Weglänge $l = v_F \cdot \tau$ repräsentiert die mittlere Entfernung der Elektronen zwischen zwei Streuprozessen, die im Mittel durch die Stoßzeit τ voneinander separiert sind. τ ist eine entscheidende Größe in der *Boltzmannschen Transporttheorie*, die im Detail in Abschn. 3.6.2 diskutiert wird. Mikroskopisch wird l durch Streuprozesse der Elektronen an Phononen und kristallinen Defekten bestimmt und ist damit natürlich temperaturabhängig. l lässt sich in Bezug setzen zur Beweglichkeit $\mu = e\tau/m^*$ und zur Elektronendichte $n(E_F)$:

$$l_3 = \frac{\hbar\mu\sqrt[3]{3\pi^2 n_3}}{e} , \tag{2.81a}$$

$$l_2 = \frac{\hbar\mu\sqrt{2\pi n_2}}{e} , \tag{2.81b}$$

$$l_1 = \frac{\pi\hbar\mu n_1}{2e} . \tag{2.81c}$$

Tabelle 2.4 liefert Beweglichkeiten und einige typische Werte für die mittlere freie Weglänge.

Sind die Abmessungen eines Nanosystems entlang der Transportachse vergleichbar mit der oder kleiner als die mittlere freie Weglänge l, so handelt es sich nicht mehr um

Tabelle 2.4: *Beweglichkeiten μ und mittlere freie Weglängen l für Elektronen bei Raumtemperatur.*

Material	$\mu(m^2/[Vs])$	l
Organische Halbleiter	0,001	
Metalle	0,005	1 – 10 nm
Si	0,14	
Ge	0,39	100 nm – 1 μm[3] (Si, Ge, GaAs, InSb)
GaAs	0,92	
InSb	7,7	
Kohlenstoffnanoröhrchen	10	$\lesssim$ 1 μm[4]
Graphen	20[2]	$\lesssim$ 1 μm[4]
2DEG[1]	300	$\lesssim$ 1 mm

rein *diffusiven Transport*, wie er beispielsweise durch das Ohmsche Gesetz beschrieben wird. Im Extremfall tritt vielmehr ballistischer Transport auf, der durch eine Leitwertquantisierung gekennzeichnet ist, wie in Abschn. 3.6.3 diskutiert. Ein Blick auf Tab. 2.4 zeigt, dass für alle dort aufgeführten Materialien dieses Regime a priori erreichbar ist. Experimentelle Resultate haben dies eindrucksvoll unter Beweis gestellt. Die mittlere freie Weglänge ist, so wie wir sie hier definiert haben, offensichtlich stark temperaturabhängig. Während Tab. 2.4 typische Werte für Metalle bei Raumtemperatur angibt, erhält man für sehr reine Metalle $l(T = 4,2\,\mathrm{K}) \approx 10\,\mathrm{cm}$. Das *Restwiderstandsverhältnis* kann 10^6 betragen.

Die Coulomb–Wechselwirkung bedingt a priori Streuung zwischen Elektronen, die sich nahe am Fermi–Niveau befinden. In dreidimensionalen Metallen ist die Elektron–Elektron–Streuung aufgrund des *Pauli–Prinzips* und der Abschirmeffekte stark unterdrückt, so dass man bereits bei Raumtemperatur $l_{ee} \approx 1\,\mu\mathrm{m}$ erhält. In eindimensionalen metallischen Systemen hingegen, wie beispielsweise für metallische *Kohlenstoffnanoröhrchen*, ist die Elektronendichte mit $\approx 10^{22}/\mathrm{cm}^3$ ähnlich hoch wie in konventionellen Metallen, die Bewegung jedoch strikt eindimensional. Dies reduziert die Effektivität der Abschirmung der Coulomb–Wechselwirkung stark, und das Bild der *Fermi–Flüssigkeit* bricht zusammen. Zur Beschreibung der neu auftretenden elektronischen Quasiteilchenanregungszustände hat sich das Bild der *Tomonaga–Luttinger–Flüssigkeit* etabliert.

Eine weitere fundamentale Längenskala wird durch die *Phasenkohärenzlänge* l_φ definiert. l_φ ist ein Maß für die mittlere Distanz, über welche die Quantenkohärenz erhalten bleibt. Die Phasenkohärenz wird durch Elektron–Elektron–Wechselwirkungen zerstört. Auch Streuung an magnetischen Verunreinigungen mit internen Freiheitsgraden zerstört die Phasenkohärenz, während elastische Streuung an unmagnetischen Defekten dies nicht zur Folge hat. Eine Berechnung von l_φ auf mikroskopischer Ebene ist ein außer–

[1] Werte für zweidimensionale Elektronengase im Quanten–Hall–Regime bei $T \approx 1\,\mathrm{K}$.

[2] Typischer Wert, gemessen für Filme auf isolierenden Substraten. Der zu erwartende Maximalwert beträgt $\approx 30\,\mathrm{m}^2/(Vs)$.

[3] Typische Werte für kommerzielle Halbleiterstrukturen.

[4] Gemessen bei T=4,2 K.

ordentlich komplexes Unterfangen [2.19]. Allerdings lässt sich l_φ aus Experimenten zur *schwachen Lokalisierung*, diskutiert in Abschn. 3.6.3, ableiten.

Für Metalle erhält man $l_\varphi(T = 1\,\mathrm{K}) \approx 1\,\mu\mathrm{m}$. Der Bereich des *mesoskopischen Transports* ist dadurch definiert, dass Systemabmessungen kleiner als l_φ sind. Dann spielen kohärent diffusive oder ballistische Transportprozesse eine Rolle und *Quanteninterferenzprozesse* werden signifikant.

Im Zusammenhang mit Phasenkohärenzphenomenen ist auch die *thermische Länge* l_T relevant, welche die Längenskala definiert, über die eine thermische Verschmierung der Elektronenenergie erfolgt. Über $\hbar/\tau_T = k_B T$ erhält man $l_T = \sqrt{D\tau_T} = \sqrt{\hbar D/(k_B T)}$, mit der *Diffusionskonstante* $D = k_B T \mu/e$.

Besonders im Zusammenhang mit einem externen Magnetfeld **B**, beispielsweise im *Quanten–Hall–Regime*, das in Abschn. 3.6.4 diskutiert wird, sind zwei weitere Längen von Bedeutung. Die *Lokalisierungslänge* l_ξ charakterisiert den Bereich des Raums, in dem das Wellenpaket, welches ein sich bewegendes Elektron unter dem Einfluss eines nicht rein periodischen Potentials repräsentiert, nicht exponentiell klein ist. Je nach Größe von B variiert l_ξ über einen großen Bereich. Die *magnetische Länge* $l_B = \sqrt{\hbar/(lB)} = \sqrt{r_B/k_F}$ charakterisiert die Ausdehnung des Grundzustands in einem quantisierenden Feld **B**. Der *Zyklotronradius* r_B charakterisiert die Ausdehnung einer zyklischen Elektronenbahn unter dem Einfluss eines dazu senkrechten Felds.

Elektronischer Transport im *supraleitenden Zustand* besteht in der Bewegung von *Cooper–Paaren* aus jeweils zwei Elektronen. Die *Londonsche Eindringtiefe* λ quantifiziert, wie weit ein oberflächennahes Magnetfeld in einen Supraleiter eindringen kann und damit auch den Durchmesser von Flussquanten – oder Vortices – in Typ–II–Supraleitern, wie in Abschn. 3.6.6. ausgeführt. Die *Kohärenzlänge* ξ hingegen gibt diejenige charakteristische Länge an, über die sich in einem inhomogenen Magnetfeld die Dichte der Cooper–Paare nicht wesentlich ändern kann. Damit definiert ξ auch das Dichteprofil der Cooper–Paare an einer Supraleiter–Normalleiter–Grenzfläche. Werte für λ und ξ hängen von der mittleren freien Weglänge der Elektronen im normalleitenden Zustand ab: $\lambda = \lambda_0\sqrt{\xi_0/l}$ und $\xi = \sqrt{\xi_0 l}$, mit der durch die *BCS–Theorie* gegebenen *intrinsischen Kohärenzlänge* $\xi_0 = 2\hbar v_F/(\pi\Delta)$, die charakteristisch ist für reine Supraleiter mit der Energielücke Δ. $\lambda_0 = \sqrt{m/(\mu_0 N)}/e$ ist die *intrinsische Eindringtiefe*, die durch die Dichte N der Elektronen, die zu Cooper–Paaren kondensieren, gegeben ist. Supraleitende Systeme, bei denen Systemabmessungen hinreichend klein sind, dies wird beispielsweise durch λ und ξ definiert, zeigen neuartige und vom Verhalten der Massivsupraleiter stark abweichende elektromagnetische Eigenschaften.

2.2.3 Spin und Spintransport

Neben Masse und Ladung ist die dritte fundamentale Eigenschaft des Elektrons sein Spin, der es zu einem Fermion macht. Viele festkörperphysikalische Eigenschaften resultieren aus der damit zusammenhängenden Teilchenstatistik und insbesondere aus dem *Pauli–Prinzip*. Ist dies häufig eher auf subtile Weise der Fall, so resultieren magnetische Eigenschaften von Festkörpern ganz explizit und offensichtlich aus dem Elektronenspin. Entlang der durch ein Magnetfeld definierten Quantisierungsrichtung beträgt die Spinkomponente $\langle S_z \rangle = \pm\hbar/2$. Assoziiert mit dem Spin ist ein magnetisches Moment

$\boldsymbol{\mu} = -\gamma \mathbf{S}$. Das *gyromagnetische Verhältnis* $\gamma = g\mu_B/\hbar$ ist durch den Landé–Faktor g und das *Bohrsche Magneton* $\mu_B = e\hbar/(2m)$ gegeben. Da im Vakuum $g \approx 2$ ist, erhält man $\langle\mu_z\rangle \approx \mp\mu_B$. Für Festkörper ist zu berücksichtigen, dass g gegenüber dem Vakuumwert stark abweichen und sogar negativ werden kann. So findet man beispielsweise für GaAs $g = -0,44$. Auch der Bahndrehimpuls $\mathbf{L}$ von Elektronen ist mit einem magnetischen Moment verbunden: $\boldsymbol{\mu} = -\mu_B \mathbf{L}/\hbar$. Über die *Spin–Bahn–Wechselwirkung* können $\mathbf{S}$ und $\mathbf{L}$ gekoppelt werden.

Das Gesamtspinmoment eines Atoms ergibt sich aus der ersten *Hundschen Regel*. Danach hat eine große Anzahl von Übergangsmetallen ein mehr oder weniger großes Spinmoment. In Abschn. 3.7.2 wird diskutiert, dass dennoch nur fünf von ihnen im Zustand des Massivmaterials und bei Raumtemperatur magnetisch geordnet sind: Co und Ni sind ferromagnetisch, Cr ist antiferromagnetisch und Mn und Fe sind ferromagnetisch oder antiferromagnetisch je nach Kristallstruktur. Bei Massivmaterialien ist dabei der Bahnanteil gegenüber dem Spinanteil verschwindend. Tabelle 3.11 zeigt allerdings, dass das bei niedrigdimensionalen Materialien in Abhängigkeit von der Dimensionalität nicht der Fall ist.

Im vorliegenden Kontext der charakteristischen oder kritischen Längen ist besonders von Interesse, auf welcher Längenskala sich die Magnetisierung ferromagnetischer Materialien ändert.[1] Eine adäquate Antwort auf diese Frage liefert die Theorie des *Mikromagnetismus*, die durch *W.F. Brown* (1903–1983) begründet wurde [2.20]. Der Mikromagnetismus ist, deskriptiv gesehen, geeignet zur Beschreibung ferromagnetischer Nanostrukturen. A priori erfolgt die Beschreibung von magnetisch geordneten Materialien in fünf hierarchischen Ebenen. Die elementarste Ebene besteht in der Beschreibung des Ursprungs, der Wechselwirkung, der geordneten Anordnung und der statistischen Thermodynamik atomarer magnetischer Momente. Auf der Basis dieser Ebene erfolgt die Diskussion in Abschn. 3.7. Die zweite Ebene besteht in der im Folgenden aufgeführten Beschreibung des Magnetisierungsvektorfelds in Form der mikromagnetischen Kontinuumstheorie. Die relevante Längenskala liegt hier bei typisch 1 nm bis 1 μm. Die magnetische Domänentheorie, welche die Beschreibung der Topologie homogen magnetisierter Bereiche eines Materials zum Gegenstand hat, umfasst typisch eine charakteristische Längenskala von 1 μm bis 1 mm. Eine vierte Ebene besteht in der Charakterisierung *magnetischer Textur*, die in einer Analyse der Verteilungsfunktion von Magnetisierungsrichtungen bei einer typischen Längenskala von $\gtrsim$ 100 μm liegt. Die fünfte Ebene bildet schließlich die Analyse von Hysterese– oder Magnetisierungskurven, die das Gesamtverhalten einer Probe als Funktion eines äußeren Magnetfelds zum Gegenstand hat.

Die mikromagnetischen Grundgleichungen [2.20] resultieren aus der Minimierung der freien Gesamtenergie eines magnetisch geordneten Materials in kontinuumstheoretischer Variationsrechnung. Damit basieren sie auf derselben Strategie wie die Theorie der magnetischen Domänen [2.21]. Die totale freie Energie ist für den allgemeinsten Fall gegeben durch[2]

[1] Korrespondierende Folgerungen können zum Teil für Antiferromagnete, aber insbesondere für Ferrimagnete, Ferroelektrika und ferroische Materialien gezogen werden.

[2] Es ist zwischen Matrixprodukt, Skalarprodukt und dyadischem Produkt der Tensoren zu unterscheiden.

$$E = \int_V d^3r \left[A(\nabla \mathbf{m})^2 + e_a(\mathbf{m}) + \mu_0 M_S \left(\frac{\mathbf{H}_e(\mathbf{m})}{2} - \mathbf{H} \right) \cdot \mathbf{m} \right.$$
$$\left. - \underline{\underline{\sigma}} \cdot \underline{\underline{\varepsilon}}(\mathbf{m}) + \frac{1}{2} \left\{ \left[\underline{\underline{p}}(\mathbf{m}) - \underline{\underline{\varepsilon}}(\mathbf{m}) \right] \cdot \underline{\underline{c}} \left[\underline{\underline{p}}(\mathbf{m}) - \underline{\underline{\varepsilon}}(\mathbf{m}) \right] \right\} \right] . \quad (2.82)$$

$\mathbf{m}(\mathbf{r})$ ist das Magnetisierungsvektorfeld mit $m(\mathbf{r}) = 1$ und der Magnetisierung $\mathbf{M}(\mathbf{r}) = M_S \mathbf{m}(\mathbf{r})$. A ist die Austauschkonstante und e_a die gesamte Anisotropieenergiedichte, die sich aus magnetokristallinen und strukturellen Beiträgen zusammensetzt. Der dritte Term in Gl. (2.82) fasst die Beiträge entmagnetisierender und externer Felder zusammen. Die beiden letzten Summanden beschreiben den Einfluss extern applizierter mechanischer Spannungen sowie denjenigen der *Magnetostriktion*. Die magnetoelastischen Effekte werden spezifiziert durch den symmetrischen Spannungstensor $\underline{\underline{\sigma}}$ sowie durch den Tensor der freien magnetoelastischen Deformation $\underline{\underline{\varepsilon}}$, mit $\underline{\underline{\sigma}} \cdot \underline{\underline{\varepsilon}} = \sum_{i,j} \sigma_{ij} \varepsilon_{ji} = Sp(\underline{\underline{\sigma}}\, \underline{\underline{\varepsilon}}^T)$. Der magnetostriktive Anteil ist durch den asymmetrischen Verzerrungstensor $\underline{\underline{p}}$, der Gitterveränderungen in Bezug auf einen fiktiven unmagnetischen Zustand quantisiert, durch $\underline{\underline{\varepsilon}}$ und durch den Tensor $\underline{\underline{c}}$ der elastischen Konstanten gegeben. Das Integral erstreckt sich über den gesamten Ferromagneten. Zusätzlich müssen für das entmagnetisierende Feld und den kristallinen Verzerrungstensor folgende Bedingungen erfüllt sein:

$$\nabla \cdot (\mathbf{H}_e + \mathbf{M}) = 0 \,, \quad (2.83a)$$

$$\nabla \times \mathbf{H}_e = 0 \quad (2.83b)$$

und

$$\nabla \cdot \left[\underline{\underline{c}} \cdot \left(\underline{\underline{p}} - \underline{\underline{\varepsilon}} \right) \right] = 0 \,, \quad (2.83c)$$

$$\nabla \times \underline{\underline{p}} = 0 \,. \quad (2.83d)$$

Die Gleichgewichtsmagnetisierung resultiert aus einer Minimierung der freien Energie mittels Variationsrechnung. Dies führt zu

$$-2A \triangle \mathbf{m} + \nabla_{\mathbf{m}} e_a(\mathbf{m}) - \mu_0 M_S (\mathbf{H} + \mathbf{H}_e) - \left(\underline{\underline{\sigma}} + \underline{\underline{\sigma_m}} \right) \nabla_{\mathbf{m}} \underline{\underline{\varepsilon}} = \lambda \mathbf{m} \,. \quad (2.84)$$

λ ist der *Lagrange–Parameter*. Die magnetostriktive Spannung ist durch $\underline{\underline{\sigma_m}} = \underline{\underline{c}}(\underline{\underline{p}} - \underline{\underline{\varepsilon}})$ gegeben. Gleichung (2.84) definiert ein effektives Magnetfeld

$$\mathbf{H}_{eff} = \mathbf{H} + \mathbf{H}_e + \frac{1}{\mu_0 M_S}\left[2A\triangle\mathbf{m} - \nabla_{\mathbf{m}} e_a(\mathbf{m}) + \left[\underline{\underline{\sigma}} + \underline{\underline{\sigma_m}}(\mathbf{m})\right] \nabla_{\mathbf{m}}\, \underline{\underline{\varepsilon}}(\mathbf{m})\right] . \qquad (2.85)$$

In der Gleichgewichtskonfiguration muss gelten $\mathbf{m}(\mathbf{r}) \times \mathbf{H}_{eff}(\mathbf{r}) = 0$: Das effektive Feld muss an jedem Ort parallel zur lokalen Magnetisierung sein. Ein Drehmoment $\mathbf{m}(\mathbf{r}) \times \mathbf{H}_{eff}(\mathbf{r}) \neq 0$ hat eine gyrotrope Reaktion zur Folge, die in einer mannigfaltigen Magnetisierungsdynamik resultieren kann, wie in Abschn. 3.7.2 diskutiert wird.

Die obigen mikromagnetischen Grundgleichungen, die zunächst durch *L.D. Landau* (1908–1968) und *J.M. Lifschitz* (1915-1985) eindimensional formuliert und dann durch W.F. Brown erweitert wurden, sind nichtlineare, nichtlokale Differentialgleichungen, die nur unter einfachsten Randbedingungen analytisch gelöst werden können. Im Allgemeinen muss dies vielmehr numerisch geschehen.[1] Mikromagnetische Ansätze werden benötigt für Nanostrukturen, die zu klein sind, um eine komplette Domänenkonfiguration zu entwickeln, aber zu groß sind für eine homogene Magnetisierung. Der Mikromagnetismus liefert auch die Grundlage für die Domänentheorie, die das Verhalten jenseits nanoskaliger Strukturen beschreibt [2.21,2.23]. Insbesondere liefert der Mikromagnetismus auch eine Abschätzung kritischer Längen ferromagnetischer Materialien.

Eine einfache Form nimmt Gl. (2.82) an für ein uniaxiales, unendlich ausgedehntes Material ohne Magnetostriktion und mechanische Spannung. Die Austauschenergiedichte ist gegeben durch $e_x = A(\nabla\mathbf{m})^2 = (\nabla\cdot\mathbf{m})^2 + (\nabla\times\mathbf{m})^2 - \nabla\cdot(\mathbf{m}\times\nabla\times\mathbf{m} + \mathbf{m}\nabla\cdot\mathbf{m}) = -A\mathbf{m}\cdot\triangle\mathbf{m}$. In Polarkoordination mit $m_x = \cos\vartheta\cos\varphi$, $m_y = \cos\vartheta\sin\varphi$ und $m_z = \sin\vartheta$ erhält man $e_x = A[(\nabla\vartheta)^2 + \cos^2\vartheta(\nabla\varphi)^2]$. Bei uniaxialer magnetokristalliner Anisotropie ist $e_a = K_1\sin^2\vartheta + K_2\sin^4\vartheta$. ϑ ist hier der Winkel zwischen der Anisotropieachse und $\mathbf{m}(\mathbf{r})$. Für $K_1 \gg |K_2|$ erhält man eine uniaxiale Anisotropie, bei $-K_1 \gg |K_2|$ eine planare mit leichten Richtungen senkrecht zur Anisotropieachse. Im vorliegenden Kontext ist nun die Frage, über welche Distanz sich das Magnetisierungsvektorfeld ändern kann. Wir gehen von der in Abb. 2.8(a) dargestellten Rotation der Magnetisierung zwischen beiden Richtungen der Anisotropieachse aus. Aus Gl. (2.82) ergibt sich dann für die Flächenergiedichte

$$\gamma = \int_{-\infty}^{\infty} \left[A\left(\frac{d\varphi}{dx}\right)^2 + K\cos^2\varphi\right] dx\,. \qquad (2.86)$$

[1] Umfangreiche Werkzeuge liefert beispielsweise das object oriented micromagnetic framework–Projekt (OOMMF) von ITL/NIST [2.22].

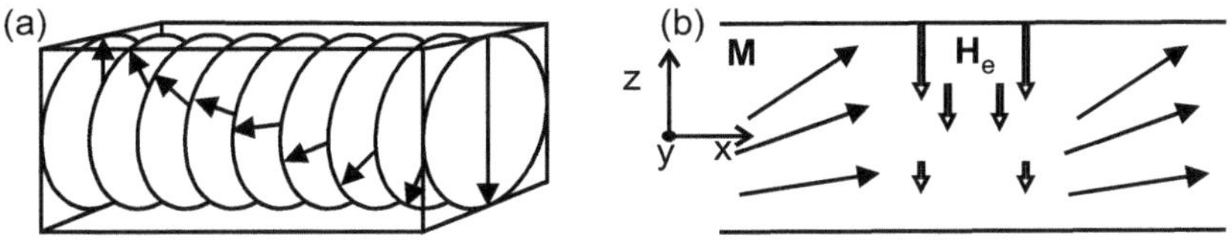

Abb. 2.8: *(a) Eindimensionale Magnetisierungsänderung im gewählten Modellsystem. (b) Entmagnetisierendes Feld in einem zweidimensionalen System.*

Die Variationsrechnung unter den gegebenen Randbedingungen liefert

$$2A\frac{d^2\varphi}{dx^2} = -2K \sin\varphi \cos\varphi \,. \tag{2.87a}$$

Mit $\lim\limits_{x\to\pm\infty} d\varphi/dx = 0$ ergibt das

$$A\left(\frac{d\varphi}{dx}\right)^2 = K\cos^2\varphi \tag{2.87b}$$

und

$$dx = \sqrt{\frac{A}{K}}\frac{d\varphi}{\cos\varphi} \,. \tag{2.87c}$$

Substitution in Gl. (2.86) liefert $\gamma = 4\sqrt{AK}$und Integration von Gl. (2.87c) $\sin\vartheta = \tanh(x/\sqrt{A/K})$. Für wenige Vielfache der charakteristischen Länge $\sqrt{A/K}$ erreicht der tanh–Term bereits nahezu seinen asymptotischen Grenzwert. $\delta = \sqrt{A/K}$ ist daher eine für Magnetisierungsänderungen kritische Länge.

Nanosysteme sind natürlich insbesondere dadurch gekennzeichnet, dass Oberflächeneffekte eine Rolle spielen. Magnetisierungskomponenten senkrecht zur Oberfläche erzeugen das Streu– oder entmagnetisierende Feld: $\nabla \cdot \mathbf{H}_e = -\nabla \cdot \mathbf{M}$. Die mit dem Streufeld verbundene Energie bildet den ersten Teil des dritten Summanden in Gl. (2.82). Wenngleich die Streufeldenergie wegen der komplexen Struktur der mikromagnetischen Gleichungen häufig nur selbstkonsistent numerisch berechenbar ist, so kann sie doch für Spezialfälle einfach analytisch berechnet werden. Abbildung 2.8(b) zeigt ein zweidimensionales System – eine magnetische Dünnschicht – für die $\mathbf{H}_e$ nur von $\mathbf{m}_z$ abhängt: $\mathbf{H}_e(z) = -M_s\mathbf{m}_z(z)$. Damit erhält man die Energiedichte $e_e(z) = -\mu_0\mathbf{H}_e \cdot \mathbf{M}/2 = \mu_0 M_S^2 m_z^2(z)/2$. e_e lässt sich damit in Form einer uniaxialen Anisotropieenergiedichte schreiben: $e_e \equiv e_a = K\sin^2\vartheta$, mit $K \equiv \mu_0 M_S^2/2$. Bei weichmagnetischen Nanostrukturen kann insbesondere der Fall auftreten, dass die Streufeldenergie groß ist gegenüber einer verschwindenden oder nahezu verschwindenden Anisotropieenergie. In diesem Fall ist zu erwarten, dass die kritische Dimension für Magnetisierungsänderungen nicht durch $\delta = \sqrt{A/K}$, sondern durch $\delta = \sqrt{2A/(\mu_0 M_S^2)}$ gegeben ist.

Die *Austauschlänge* δ eines ferromagnetischen Materials hängt also von der Austauschkonstante und der Anisotropiekonstante oder von der Austauschkonstante in Kombination mit der Sättigungsmagnetisierung ab. Typischerweise liegt δ zwischen ≈ 1 nm und einigen 10 nm. Auch die charakteristische Weite magnetischer Domänen mit Magnetisierungsrichtung senkrecht zur Oberfläche, gegeben durch $w = 2\sqrt{AK}/(\mu_0 M_S^2)$, kann bei $w \lesssim 100$ nm liegen [2.20]. Magnetisierungsinhomogenitäten mit Ausdehnungen $\lesssim 1$ nm sind verbunden mit mikromagnetischen Singularitäten, die sich bei *Spinfrustration* ergeben [2.20].

In nanoskaligen Strukturen eines gegebenen Materials können Materialeigenschaften, etwa repräsentiert durch die Austauschsteifigkeit A oder durch die Anisotropiekonstante K, stark von den Eigenschaften des Massivmaterials abweichen. Die Ursachen werden in Abschn. 3.7.2 genauer diskutiert. Damit kann auch die Austauschlänge δ in Nanostrukturen modifiziert sein und sich die Magnetisierung, wie im Folgenden gezeigt wird, lokal über sehr viel kleinere Distanzen ändern als im Massivmaterial. Einen direkten Zugang zum Magnetisierungsvektorfeld $\mathbf{m}(\mathbf{r})$ auf lokaler, bis hin zu atomarer Skala bieten die *spinpolarisierte Rastertunnelmikroskopie* (*SP–STM, spin polarized scanning tunneling microscopy*) und *-spektroskopie* (*SP–STS*) [2.24]. Abbildung 2.9(a) zeigt eine SP–STM–Abbildung der oberflächenparallelen Magnetisierungskomponente eines nominell 1,25 Monolagen dicken Fe–Films auf einer W(110)–*Vizinaloberfläche*. Während der Fe–Film global eine Monolage (*ML*) dick ist, bildet sich im Bereich der Stufenkanten eine Doppellage (*DL*) aus. Die verwendete Sonde des Tunnelmikroskops ist aufgrund ihrer Beschaffenheit empfindlich für oberflächenparallele Magnetisierungskomponenten, nicht aber für senkrechte [2.25]. Da Doppellagen entlang der streifenförmigen Terrassen in Abb. 2.9(a) nur in Bereichen, in denen sich die Magnetisierung ändert, einen Kontrast liefern, kann geschlossen werden, dass diese senkrecht zur Oberfläche magnetisiert sind und nur die *Domänenwände* aufgrund oberflächenparalleler Magnetisierungskomponenten einen Kontrast liefern. Monolagen hingegen liefern einen klaren Domänenkontrast und sind damit entlang der Terrassen alternierend antiparallel magnetisiert. Entlang der eingezeichneten Linien wurde vermessen, wie schnell sich die oberflächenparallele Magnetisierungskomponente über die Domänenwand hinweg ändert. Die Ergebnisse in Abb. 2.9(b) zeigen, dass eine Domänenwand in der Doppellage eine Weite von $w = 3{,}8$ nm hat, während die Weite in der Monolage nur $w = 0{,}6$ nm beträgt! Ein so kleiner Wert liegt signifikant unter der Austauschlänge δ, welche ein mikromagnetischer Ansatz liefert. Dies bedeutet, dass der Winkel φ zwischen benachbarten *Heisenberg–Spins* nicht mehr klein ist, wie bei der Berechnung von δ angenommen. Damit wird die Relevanz des kontinuumstheoretischen, mikromagnetischen Ansatzes fragwürdig. Legt man diesen Ansatz dennoch zugrunde, so ist die kleine Wandweite in Fe–Monolagen in Form einer stark reduzierten Austauschsteifigkeit A und erhöhten Anisotropiekonstanten K zu interpretieren [2.25]. Für die Doppellagen hingegen findet man eine Austauschkonstante, die dem Wert des Massivmaterials entspricht [2.26]. Die unterschiedlichen Magnetisierungsrichtungen der ML– und DL–Schichten zeigen, dass sich sowohl A als auch K in ultradünnen ferromagnetischen Schichten diskontinuierlich ändern.

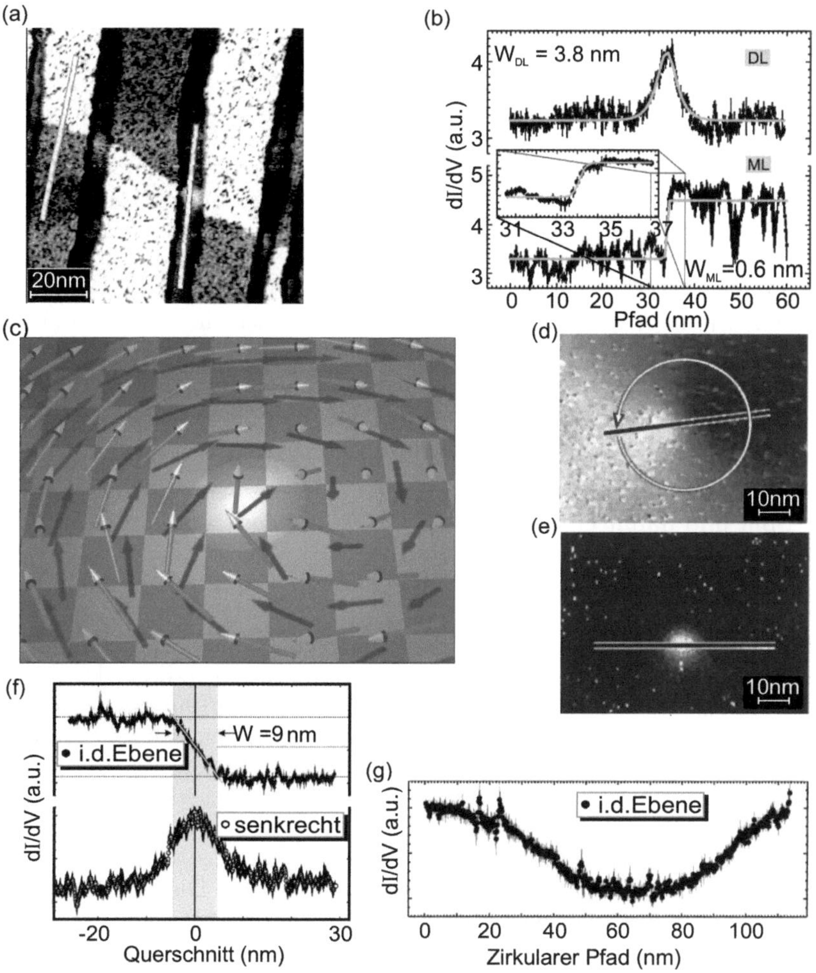

Abb. 2.9: *(a) SP–STM–Aufnahme von Domänen in eindimensionalen Monolagen (ML) und Doppellagen (DL) von Fe auf W(110). Dargestellt sind oberflächenparallele Magnetisierungskomponenten, abgeleitet aus der differentiellen Tunnelleitfähigkeit. Die Temperatur betrug $T = 14\,K$ und es wurde eine Fe–Sonde verwendet. Die beiden eingezeichneten Linien schneiden jeweils Wände zwischen antiparallelen Domänen [2.24]. (b) Profile entlang der Linien aus (a), aus denen sich die Wandweite w ableiten lässt. (c) Wirbelförmige Magnetisierungskonfiguration eines Vortex [2.26]. (d) Unter Verwendung einer Cr–Sonde bei $T = 14\,K$ an 8–10 Monolagen dicken Fe–Inseln auf W(110) errhaltene oberflächenparallele Magnetisierungskomponenten eines Vortex. Die SP–STM–Aufnahme stellt die differentielle Tunnelleitfähigkeit bei geeigneter Tunnelspannung dar [2.26]. (e) Korrespondierende senkrechte Magnetisierungskomponente. (f) und (g) zeigen die Magnetisierungskomponenten entlang der in (e) und (d) dargestellten Pfade.*

Eine archetypische Magnetisierungskonfiguration ist auch der *Vortex*, der sich, wie in Abb. 2.9(c) dargestellt, in zirkularen Nanostrukturen geeigneter Beschaffenheit bildet. Die Magnetisierung weist einen weitgehend im Material geschlossenen Fluss auf, was die Streufeldenergie auf Kosten erhöhter Austausch– und Anisotropiebeiträge minimiert. Im Kern des Vortex muss die Magnetisierung lokal oberflächensenkrechte Komponenten aufweisen. Wiederum konnten entsprechende Vortices höchstauflösend mittels SP–STM/SP–STS vermessen werden [2.26]. Dabei wurde eine antiferromagnetische Sonde verwendet, die sowohl oberflächenparallele als auch alternativ senkrechte Magnetisierungskomponenten detektiert. Abbildung 2.9(d) zeigt die parallelen und Abb. 2.9(e) die senkrechten Komponenten. Entlang der eingezeichneten Pfade wurden die Profile detailliert vermessen, wie in Abb. 2.9(f) dargestellt. Für Vortices in Fe–Inseln einer Dicke von acht bis zehn Monolagen auf einem W(110)–Substrat beträgt die Vortexweite $w \approx 9\,\mathrm{mm}$. Berücksichtigt man die endliche Dicke der Inseln, so ist dieser Befund in guter Übereinstimmung mit $w = 2\delta$, wobei in diesem Fall $\delta = \sqrt{2A/(\mu_0 M_S^2)}$ ist, wie vorher für streufelddominierte Konfigurationen diskutiert.

Da die am elektrischen Transport beteiligten Elektronen eines Festkörpers neben ihrer Ladung auch einen Spin und damit ein magnetisches Moment besitzen, kommt es mit dem Ladungstransport a priori auch zu einem *Spintransport*. Wie in Abschn. 3.6.5 im Detail ausgeführt, ist allerdings im engeren Sinne nur dann von Spintransport die Rede, wenn ein von null verschiedener *Spinstrom* resultiert. Es ist daher sogar sinnvoll, den Ladungs– und Spinstrom separat voneinander zu betrachten, obwohl die Elektronen natürlich Ladung und Spin untrennbar miteinander vereinen. Grundlage des Spintransports ist, dass Leitungselektronen über ihren Spin mit lokalisierten magnetischen Momenten oder einer globalen magnetischen Ordnung wechselwirken. Ein lokales magnetisches Moment innerhalb eines global unpolarisierten Elektronengases führt dazu, dass die Leitungselektronen das Überschussmoment durch entsprechende *Spinpolarisation* kompensieren. Dies ist ein Vorgang, der völlig analog ist zur in Abschn. 2.2.2 diskutierten Abschirmung einer Überschussladung. Analog zu Friedel–Oszillationen der Ladungsdichte erhält man Friedel–Oszillationen der Spinpolarisation. Dieses Phänomen und die damit verbundenen Konsequenzen werden als *Kondo–Effekt* bezeichnet. Dieser Effekt tritt nur für bestimmte Kombinationen aus magnetischen Fremdatomen und unmagnetischen Metallen auf und definiert eine spezifische Energieskala $k_B T_K$, mit der *Kondo–Temperatur* T_K, die unterschritten werden muss, damit der Effekt beobachtbar ist. Die mit dem Kondo–Effekt verbundene Variation der Ladungsdichte am Fermi–Niveau, die *Kondo–Resonanz*, konnte mithilfe der Rastertunnelmikroskopie an einzelnen magnetischen Atomen auf der Oberfläche eines unmagnetischen Metalls beobachtet werden. Abbildung 2.10 zeigt Messungen für Co–Atome auf Cu(111)–Oberflächen. Die Kondo–Resonanz und damit die magnetische Polarisation ist über eine Distanz von $\approx 1\,\mathrm{nm}$ detektierbar. Verbunden mit dem Kondo–Effekt ist die spinabhängige *Kondo–Streuung* mit einer spezifischen Temeraturabhängigkeit. Die Polarisation der Leitungselektronen erhöht dabei den Streuquerschnitt der magnetischen Fremdatome.

Innerhalb von Supraleitern unterdrücken lokalisierte magnetische Momente den Ordnungsparameter in ihrer Umgebung. Wie der Kondo–Effekt ist dies ein komplexer Vielteilcheneffekt, der in spezifischen *Quasiteilchenanregungen* besteht. Diese äußern sich in Modifikationen der elektronischen Zustandsdichte in der Umgebung des magnetischen Moments. Mithilfe von STM/STS konnte auch dieser Effekt in der Umgebung einzelner

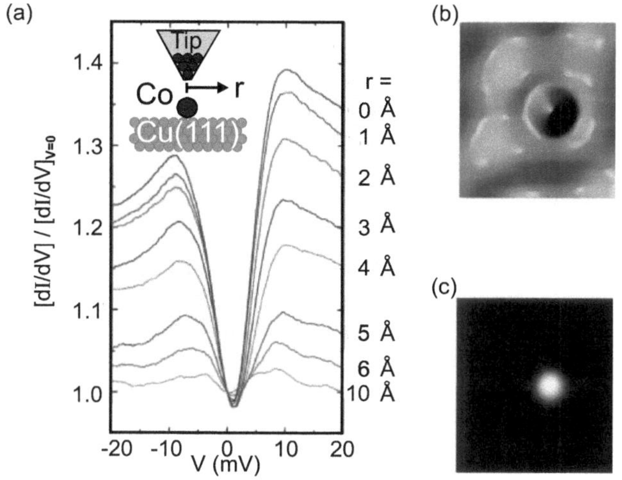

Abb. 2.10: *(a) Normierte differentielle Tunnelleitfähigkeit als Funktion der Tunnelspannung in unterschiedlichen Entfernungen zu einem Co–Atom auf einer Cu(111)–Oberfläche [2.27]. Nahe am Fremdatom zeigt der Kennlinienverlauf deutlich die Kondo–Resonanz. (b) Topographische Abbildung des einzelnen Co–Atoms. (c) Differentielle Tunnelleitfähigkeit in der Umgebung des Atoms, mit einem Maximum direkt über dem Atom.*

Fremdatome direkt auf der Oberfläche metallischer Supraleiter gemessen werden [2.28]. Abbildung 2.11 zeigt die Ausdehnung der lokalen elektronischen Störung für ein einzelnes Mn– und ein einzelnes Gd–Atom auf der (110)–Oberfläche eines Nb–Einkristalls. Gebundene elektronische Zustände sind hier bis zu einer Entfernung von $\approx 1\,\text{nm}$ von den Fremdatomen zu messen. Für Ag–Atome ohne magnetisches Moment liefert die Referenzmessung keine vergleichbaren Effekte.

Eine Modellrechnung [2.28] zeigt, dass die elektron– und lochartigen Anregungszustände wiederum mit λ_F oszillieren und gemäß $\sim \exp(-2r/\xi)$ mit $\xi = \xi_0\Delta/\sqrt{\Delta^2 - E_B^2}$ abfallen. ξ_0 ist hier die intrinsische Kohärenzlänge, Δ die Energielücke und $E_B < \Delta$ die Energie des Anregungszustands. In Abschn. 3.6.6 wird im Zusammenhang mit Supraleiter–Normalleiter–Grenzflächen auf ähnliche Effekte eingegangen.

In die Kategorie der bisher diskutierten spinbasierten Wechselwirkungen gehört auch die *Zwischenschichtaustauschkopplung* zwischen zwei ferromagnetischen Schichten über eine nicht ferromagnetische Schicht. Die Zwischenschicht hat dabei eine so geringe Dicke, dass *Quanteninterferenzeffekte* eine maßgebliche Rolle spielen. Die charakteristische Längenskala ist damit wiederum λ_F. Wie in Abschn. 3.6.5 diskutiert wird, kommt es durch die *Spinaufspaltung* dieser Quanteninterferenzeffekte zu einer dickenabhängigen Oszillation der Kopplungsenergie. Die indirekte Austauschkopplung variiert zwischen antiferromagnetisch und ferromagnetisch [2.29]. Einen entsprechenden Befund zeigt Abb. 2.12(a). Den einfachsten Zugang liefert die *Ruderman–Kittel–Kasuya–Yoshida–Wechselwirkung* (*RKKY–Wechselwirkung*). Diese ergibt für zwei magnetische Momente im Abstand t innerhalb eines freien Elektronengases eine Kopplung von $J(t) \sim \sin(2k_Ft)/t^3$. Für zwei Lagen magnetischer Atome im Abstand t erhält man hingegen

$J(t) \sim \sin(2k_F t)/t^2$, wenn $t \gg \lambda = \pi/k_F$ ist. Die RKKY–Theorie ist eine Kontinuumstheorie. Zu berücksichtigen ist aber, dass die Dicke der Zwischenschicht durch $t = na$ gegeben ist, wenn a die Gitterkonstante des Zwischenschichtmaterials bezeichnet. Die konkret gemessenen Werte für $J(t)$ in Abb. 2.12(a) ergeben damit eine modifizierte Periodizität mit $\Lambda > \lambda$. Die Wellenlänge Λ erhält man durch Reduktion der Wellenzahl $2\pi/\lambda$ auf die erste *Brillouin-Zone* des eindimensionalen Gitters mit der Gitterkonstante a [2.30]: $\Lambda = 1/(1/\lambda - N/a)$, mit $N = 0, 1, 2, \ldots$. Mit $\lambda \approx a$ und $N = 1$ erhält man für die meisten Fälle $\Lambda \gg \lambda$. Die Zwischenschichtkopplung kann über viele Gitterkonstanten a nachgewiesen werden. Eine intuitive und einfache Methode, die mit t variierende Kopplung J nachzuweisen, ist die Beobachtung magnetischer Domänen mit dem *magnetooptischen Kerr–Effekt* (*MOKE*) oder mittels *Rasterelektronenmikroskopie mit Spinpolarisationsanalyse* (*SEMPA, scanning electron microscopy with polarization analysis*). Abbildung 2.12(b) zeigt Ergebnisse, die an Fe/Cr/Fe–Keilschichtsystemen erhalten wurden. Neben der ferromagnetischen ($J > 0$) und der antiferromagnetischen ($J < 0$) tritt zusätzlich eine biquadratische 90°–Kopplung auf [2.29].

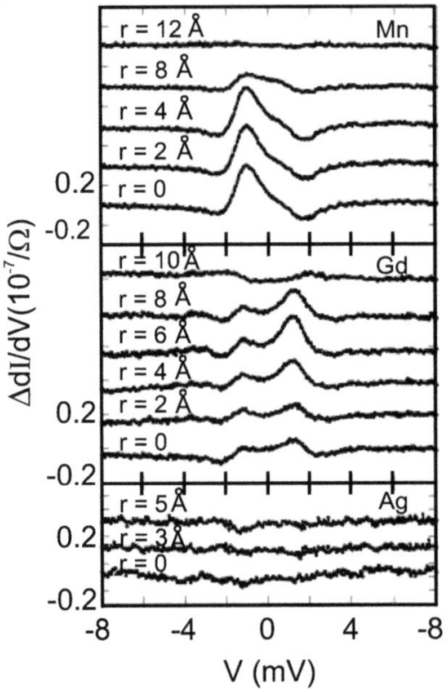

Abb. 2.11: *Differenzspektren aus differentieller Tunnelleitfähigkeit in einer Entfernung von r zu einem Fremdatom auf der Oberfläche von Nb(110) und der entsprechenden differentiellen Leitfähigkeit auf nacktem Nb(110) [2.28] für ein Mn–Atom, ein Gd–Atom und ein Ag–Atom. Die Temperatur betrug* $T = 3,8\,K$.

Bislang haben wir Gleichgewichtsverteilungen mit kritischen Dimensionen δ, w, λ oder Λ diskutiert, die statische Konfigurationen betreffen. Spintransport tritt aber in Ungleichgewichtsverteilungen, kombiniert mit Ladungstransport, auf. Die hier maßgebliche Größe ist die *Spindiffusionslänge* l_S. Ungleichgewichtsverteilungen von Elektronenspins lassen sich, wie in Abschn. 3.6.5 diskutiert, durch *optische Orientierung*, durch *Spinin-*

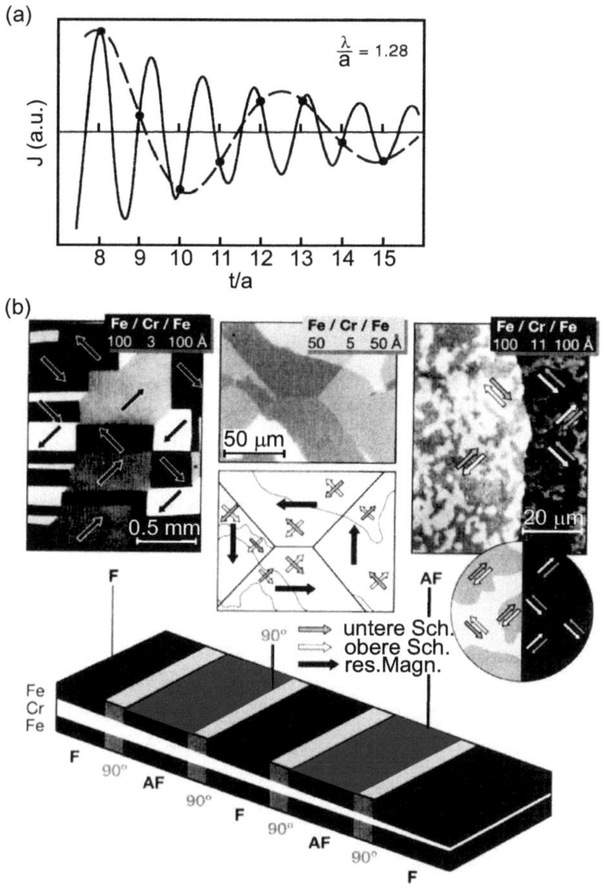

Abb. 2.12: *(a) Kopplung zwischen zwei ferromagnetischen Materialien für eine monovalente kubisch flächenzentrierte (100)–Zwischenschicht als Funktion der Zwischenschichtdicke t [2.30]. Die durchgezogene Kurve wurde mittels RKKY–Kontinuumstheorie berechnet und hat die Wellenlänge* λ*. Die eingezeichneten Punkte entsprechen Messpunkten für eine Zwischenschicht aus n Monolagen der Gitterkonstante a. Die gestrichelte Kurve hat die Wellenlänge* Λ*, welche die tatsächliche Kopplungsoszillation charakterisiert [2.30]. (b) Domänenmuster einer Fe–Doppelschicht mit keilförmiger Cr—Zwischenschicht [2.29]. Das obere linke Bild zeigt eine ferromagnetische Kopplung (F) der Fe–Schichten über die Cr–Schicht der Dicke* $t = 0,3\,nm$*. Das obere mittlere Bild zeigt eine 90°–Kopplung (90°) bei* $t = 0,5\,nm$ *und das obere rechte eine antiferromagnetische (AF) bei* $t = 1,1\,nm$*.*

jektion, durch *Spinresonanz*, durch den *Spin–Hall–Effekt* und durch *Hyperfeinwechselwirkung* mit Ungleichgewichtsverteilungen des Kernspins erzeugen. Der Spinstrom aufgrund einer *Spinakkumulation* lässt sich allgemein durch einen Tensor $\underline{\underline{q}} \equiv q_{ij}$ charakterisieren, der die Flussrichtung i der Spinkomponente j quantifiziert. Die Spindiffusionslänge l_S gibt an, über welche charakteristische Distanz eine Spinpolarisation variiert. In diesem Sinne korrespondiert l_S zu der Debye–Länge λ_D oder zur Kohärenzlänge eines Supraleiters ξ. Auch die Austauschlänge δ eines Ferromagneten charakterisiert die mögliche räumliche Änderungsfähigkeit einer Größe – diejenige der Magnetisierungsrichtung. Wenn τ_s die Zeit ist, nach der sich der Spin eines Elektrons durchschnittlich durch einen *Spinflipprozess* ändert, so beträgt die *Spinfliplänge* $\lambda_S = l\tau_S/\tau$, mit der mittleren freien Weglänge l und der Stoßzeit τ. Bei stochastischer Bewegung beträgt die Spindiffusionslänge dann $l_S = l\sqrt{\tau_S/(3\tau)} = \sqrt{D\tau_S}$, mit der *Diffusionskonstante* $D = lv_F$. l_S ist also die mittlere Entfernung von einem Ausgangspunkt mit Spinpolarisation, jenseits derer die Spinpolarisation verloren gegangen ist. Dabei gilt $l < l_S < \lambda_S$.

In ferromagnetischen Materialien ist die Bandstruktur spinaufgespalten. Der elektronische Transport wird a priori spinabhängig, dadurch, dass der Strom spinpolarisiert sein kann und dass Streuprozesse für *Majoritäts-* und *Minoritätsladungsträger* unterschiedlich häufig sind und unterschiedlich ablaufen können. Dies wird in Abschn. 3.6.5 genauer diskutiert. l_S kann dann beispielsweise als aus $l_S^\uparrow$ und $l_S^\downarrow$ gewichtetes Mittel angesehen werden. Tabelle 2.5 liefert typische Werte von l_S für reine Metalle und Legierungen bei Raumtemperatur und bei $T = 4{,}2\,\mathrm{K}$. Die Werte variieren zwischen mehreren hundert μm für bestimmte reine Metalle bei tiefen Temperaturen und wenigen nm für andere. Tendentiell nimmt l_S mit wachsender Temperatur ab und besitzt für Legierungen und besonders für Ferromagnete vergleichsweise kleine Werte. Außerdem hängen die gemessenen Werte zum Teil erheblich von der gewählten Methode ab [2.31]. In jedem Fall scheint es nicht ohne weiteres möglich zu sein, l_S in eine einfache Relation zu anderen Materialparametern zu setzen, die für den elektrischen Transport charakteristisch sind, wie etwa die Leitfähigkeit. Große Schwankungen in den Messwerten für eine gegebene Messmethode und ein gegebenes Material sind offenbar auf die sensible Abhängigkeit der Größe l_S von der Probenpräparation zurückzuführen.

Tabelle 2.5: *Spindiffusionslängen l_S für ausgewählte Materialien bei $T = 4{,}2\,K$ und bei $T = 300\,K$ [2.31].*

Material	l_S (nm)[1] $T = 4{,}2\,\mathrm{K}$	l_S (nm)[1] $T = 300\,\mathrm{K}$
Au	$\lesssim 85$	$\lesssim 60$
Cu	$\lesssim 1000$	$\lesssim 700$
Al	$\lesssim 450.000$	$\lesssim 600$
Cu (6,5 % Ni)	23	
Cu (22,7 % Ni)	8	
Co	38	40
$Ni_{84}Fe_{16}$	5,5	3

2.2.4 Quasiteilchen und kollektive Anregungen

Quasiteilchen und *kollektive Anregungen* sind emergente Phänomene, die darin bestehen, dass sich mikroskopisch komplexe Vielteilchensysteme manchmal verhalten als

[1] $\lesssim$ symbolisiert hier, dass zum Teil auch um Größenordnungen kleinere Werte gemessen werden.

bestünden sie aus fiktiven, schwach wechselwirkenden Teilchen im freien Raum. In der Sprache der Vielteilchenquantenphysik ist ein Quasiteilchen ein energetisch niedrig liegender Anregungszustand des Systems. Da diese *Elementaranregungen* nahe dem Grundzustand liegen, sind sie in der Regel mit vielen nur schwach wechselwirkenden Quasiteilchen besetzt. Im Umkehrschluss spiegeln die Eigenschaften von Quasiteilchen die niederenergetischen Eigenschaften eines Vielteilchensystems wider. Häufig wird ein komplexes quantenmechanisches Vielteilchenproblem in Form einer Effektivfeldtheorie behandelt. In solchen Theorien ist das Quasiteilchenkonzept immer inhärent verankert.

Erstmalig wurde ein Quasiteilchenkonzept in der *Fermi–Flüssigkeitstheorie* von *L.D. Landau* (1908 – 1968) entwickelt [2.3]. Diese wurde zwar ursprünglich zur Erklärung der Suprafluidität von ^{3}He konzipiert, in der Folge aber mit großem Erfolg zur Beschreibung elektronischer Transportprozesse in Festkörpern eingesetzt [2.3]. Hier lässt sich trotz der beträchtlichen *Elektron–Elektron–Wechselwirkung* das Vielteilchenproblem durch Vielteilchenwellenfunktionen beschreiben, die exakt dieselbe Struktur haben, wie Vielteilchenwellenfunktionen nicht wechselwirkender Elektronen. Nur die Einteilchenwellenfunktionen sind aufgrund der Elektron–Elektron–Wechselwirkung modifiziert. Das wechselwirkungsbehaftete Vielteilchensystem besetzt also modifizierte Einteilchenzustände. Die Einteilchenanregungen werden als Quasiteilchen bezeichnet. Das *Pauli–Prinzip*, welches die Elektron–Elektron–Wechselwirkung stark reduziert, reduziert auch die Quasiteilchen–Quasiteilchen–Wechselwirkung nahe dem Fermi–Niveau, so dass die Quasiteilchendispersionsrelation, obwohl numerisch unterschiedlich von der Dispersionsrelation freier Elektronen, dennoch dieselbe Struktur wie diese hat. Ein besonderer Charme des Quasiteilchenkonzepts liegt darin, dass es anwendbar ist für jedes *normale Fermi–System*, also jedes System wechselwirkender Teilchen, das der *Fermi–Dirac–Statistik* unterliegt. Es zeigt sich zudem, dass die Gesetzmäßigkeiten, nach denen aus der Einteilchenbesetzungsstatistik Transportgrößen, wie elektrische oder thermische Ströme für freie Elektronen abgeleitet werden, in sehr ähnlicher Form auch für Quasiteilchen gelten [2.3]. Dies wiederum impliziert im vorliegenden Kontext, dass charakteristische Längenskalen oder kritische Dimensionen, die für nicht wechselwirkende Teilchen abgeleitet werden, für Quasiteilchen in entsprechend modifizierter Form gelten.

In das Anschauliche übersetzt, kann man das Quasiteilchenkonzept der Fermi–Flüssigkeitstheorie wie folgt verstehen: Aufgrund der in Abschn. 2.2.1 diskutierten Abschirmungsmechanismen führt die Bewegung eines Elektrons in der umgebenden Elektronenflüssigkeit zu einer trägen Reaktion. Diese äußert sich in erster Näherung in einer effektiven Masse $m^* > m$. Unter Berücksichtigung von m^* statt m können dann, wie in Abschn. 3.6 behandelt, alle wesentlichen Transportphänomene befriedigend verstanden werden. Das mit seiner Umgebung wechselwirkende Elektron wird also zum wechselwirkungsfreien *Quasielektron*.

Beim Fehlen eines Elektrons im Valenzband eines Halbleiters bilden benachbarte Elektronen ein korreliertes Aggregat, das sich im Verlauf des Transportprozesses gerade so durch den Kristall bewegt, als bewegte sich ein positiv geladenes Quasiteilchen, das als *Loch* bezeichnet wird.

Dass sich die Landauschen Quasielektronen auch quantenphysikalisch wie freie Elektronen verhalten, sieht man eindrucksvoll an elektronischen Interferenzeffekten. Hier hat die Nanotechnologie in Form der STM–basierten atomaren Manipulation völlig neue

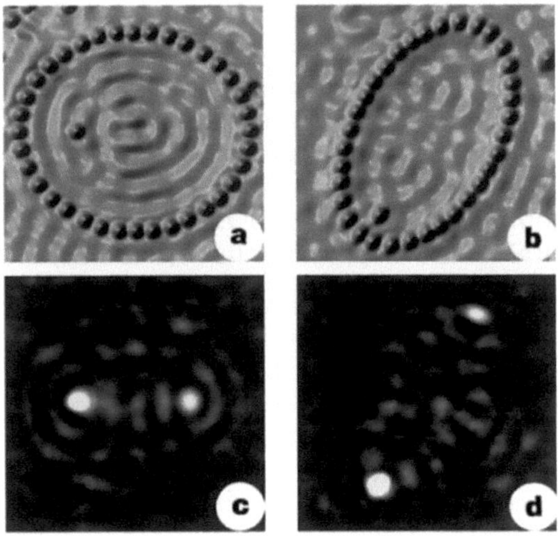

Abb. 2.13: Quantum mirage–Effekt als Folge der Projektion von Kondo–Quasiteilchenzuständen [2.27]. Die Quantenkorrale unterschiedlicher Elliptizität werden durch Co–Atome auf der Cu(111)–Oberfläche gebildet. Das jeweils in den rechten Fokus projizierte Co–Atom befindet sich im linken Fokus, wie in den topographischen Abbildungen in (a) und (b) sichtbar. Die Verteilung des differentiellen Tunnelleitwerts in (c) und (d) lässt die Projektion der Kondo–Resonanz ähnlich der eigentlichen Resonanz erscheinen.

Persepktiven eröffnet. Abbildung 2.13 zeigt zwei *Quantenkorrale* aus einzelnen Co–Atomen auf einer Cu(111)–Oberfläche, die bei $T = 4,2\,\mathrm{K}$ mit dem Tunnelmikroskop positioniert wurden. Zusätzlich wurde jeweils ein Co–Atom im linken Fokus der Resonatoren positioniert. Die Variation des differentiellen Tunnelleitwerts dI/dV in Abb. 2.13(c) und (d) zeigt, dass die Kondo–Signatur, die in Abschn. 2.2.3 diskutiert wurde, auf den rechten Fokus der Ellipsen projiziert wird. Hier entsteht durch Quanteninterferenz von Quasiteilchenzuständen ein spektroskopisches Abbild des realen Atoms. Der Effekt wird als *quantum mirage–Effekt* bezeichnet [2.27]. Eine detaillierte quantenmechanische Analyse zeigt, dass die Cu(111)–Oberfläche aufgrund eines Oberflächenzustands ein zweidimensionales freies Elektronengas aufweist, dessen Band $0,45\,\mathrm{eV}$ unterhalb von E_F beginnt. In diesen *Fermi–See* tauchen gleichsam die Co–Atome als Wände eines Resonators ein. Die Quasiteilchenzustände interferieren in der Folge exakt so, wie man es für freie Elektronen erwarten würde.

Quasielektronen und Löcher sind Fermionen, die durch das kollektive Verhalten vieler Elektronen geprägt sind. Neben diesen Quasiteilchen zeigen Vielteilchensysteme noch *kollektive Anregungen* mit bosonischem Charakter[1]. Aufgrund ihrer Quantisierungen lässt sich ihnen ebenfalls Quasiteilchencharakter attestieren. Daher können auch kollektive Anregungen in Bezug auf charakteristische Längen oder kritische Dimensionen methodisch ähnlich behandelt werden, wie freie Teilchen und Quasiteilchen. Dieses lässt

[1] Die kategorische Trennung von Quasiteilchen und kollektiven Anregungen erfolgt in der Literatur nicht durchgehend [2.33]. Zuweilen werden die Quanten kollektiver Anregungen ebenfalls als Quasiteilchen bezeichnet.

sich besonders verdeutlichen am Beispiel der *Phononen*. Dies sind die Schwingungsquanten des elastischen Felds eines Kristallgitters mit der Energie $\hbar\omega(\mathbf{k},\nu)$ und dem Quasiimpuls $\hbar\mathbf{k}$. Die phononische Gesamtenergie des Kristallgitters ist dann durch

$$E = \sum_{\mathbf{k},\nu} n(\omega)\hbar\omega(\mathbf{k},\nu) \tag{2.88a}$$

gegeben. Die Summation erfolgt über die phononischen Wellenvektoren und die optischen und akustischen Zweige. Die thermische Besetzungszahl ist durch die *Planck–Verteilung*

$$n(\omega) = \frac{1}{\exp(\hbar\omega/[k_B T]) - 1} \tag{2.88b}$$

gegeben, die der *Bose–Einstein–Verteilung* für verschwindendes chemisches Potential entspricht. Sind ausreichend viele bosonische Moden beteiligt, so kann die Summation über die $\mathbf{k}$–Vektoren durch eine Integration über die Frequenz ersetzt werden:

$$E = \sum_{\nu} \int d\omega\, \varrho_\nu(\omega) \frac{1}{\exp(\hbar\omega/[k_B T]) - 1} \,. \tag{2.88c}$$

Die Zustandsdichte $\varrho(\omega)$ ist allgemein gegeben durch

$$\varrho(\omega) = \int\limits_{\omega=\text{const.}} \frac{dS_\omega}{|\nabla_{\mathbf{k}}\omega|} \,. \tag{2.88d}$$

dS_ω ist das Element der Fläche $S(\omega)$ im durch die erlaubten $\mathbf{k}$–Vektoren aufgespannten Zustandsraum. Die *Gruppengeschwindigkeit* ist durch $\mathbf{v} = \nabla_{\mathbf{k}}\omega(\mathbf{k})$ gegeben und wird durch die *Dispersionsrelation* $\omega(\mathbf{k})$ determiniert. Bei isotropen Festkörpern ist $S(\omega)$ die Oberfläche einer Kugel und $\mathbf{v}$ richtungsunabhängig. Für Festkörper unterschiedlicher Dimensionalität erhält man

$$\varrho_3 = \frac{V}{2\pi^2 v} k^2 \,, \tag{2.89a}$$

$$\varrho_2 = \frac{F}{2\pi v} k \,, \tag{2.89b}$$

$$\varrho_1 = \frac{L}{\pi v} \,. \tag{2.89c}$$

In der *Debye–Näherung* gilt $\omega = vk$.

Der Teilchencharakter der Gitterschwingungen ist darauf zurückzuführen, dass sich die Bewegung der beteiligten Gitterbausteine – Atome oder Moleküle – in Normalschwingungen zerlegen lässt, die denen harmonischer Oszillatoren entsprechen. Die Energieeigenwerte sind damit gegeben durch $E_{\mathbf{k}} = (n_{\mathbf{k}}+1/2)\hbar\omega_{\mathbf{k}}$. Die harmonischen Oszillatoren sind nicht den *einzelnen* Gitterbausteinen zuzuordnen, sondern viele Gitterbausteine tragen zu jedem Schwingungszustand $\omega_{\mathbf{k}}$ bei. Damit wird ein Phonon durch kollektive Anregung eines großen Bereichs des Gitters konstituiert. Neben einer thermischen Anregung werden Phononen auch durch *Elektron–Phonon–Wechselwirkung* erzeugt oder vernichtet. Außerdem streuen Phononen auch aneinander. Daher können auch bei Phononen charakteristische oder kritische Längen definiert werden, die beispielsweise relevant sind für den in Abschn. 3.8 diskutierten Energietransport in Nanosystemen bei niedrigen Temperaturen. Hier kann es im Gegensatz zum diffusiven Transport bei kleiner mittlerer freier Weglänge der Phononen zu einer *ballistischen Ausbreitung* kommen. Mittlere freie Weglängen werden hier durch Umklappprozesse determiniert und betragen einige nm bei Raumtemperatur und einige 10 nm bei $T = 4{,}2\,\mathrm{K}$. Bei hinreichend tiefen Temperaturen werden nach Gl. (2.88b) immer mehr Moden eingefroren, bis bei $T \to 0$ nur noch einzelne übrig bleiben. Diese sind ausgesprochen niederenergetische Anregungen mit kleinen Wellenvektoren. Dies macht die Realisierung niedrigdimensionaler Strukturen möglich. Für einen *Quantendraht* ist die eindimensionale $\mathbf{k}$–unabhängige Zustandsdichte aus Gl. (2.89c) maßgeblich. Wie in Abschn. 3.8.2 gezeigt wird, hat dies zur Folge, dass der thermische Leitwert des Quantendrahts eine größenunabhängige Quantisierung aufweist. Damit verhalten sich Phononen als kollektive Anregungen ganz analog den Elektronen als Quasiteilchen in Quantendrähten, bei denen eine Quantisierung des elektrischen Leitwerts zu beobachten ist, wie in Abschn. 3.6.3 diskutiert wird.

In magnetisch geordneten Materialien gibt es neben den elektronischen und phononischen noch weitere Exzitationen. In Abschn. 2.2.3 hatten wir kritische Dimensionen im Zusammenhang mit dem Spin und Spintransport diskutiert. Als Folge des Elektronenspins resultieren auch die *Spinwellen* als kollektive Anregungsform. Diese ergeben sich als elementare Lösung aus dem in Abschn. 3.7.1 diskutierten *Heisenberg–Modell* für Ferromagnete. Danach bestehen weit unterhalb der *Curie–Temperatur* die niederenergetischen Anregungen des Spingitters nicht in Einzelspinanregungen in Form der Antiparallelstellung einzelner Spins, sondern in kollektiven und phasenkorärenten Präzessionsbewegungen vieler Spins, wie in Abb. 3.111 dargestellt. Wie bei den zuvor diskutierten Phononen ist auch hier die Anregungsenergie mit $E = \hbar\omega$ quantisiert. Die Anregung eines *Magnons* entspricht in Summe dem Umklappen eines Spins im Gesamtspingitter. Für einen kubischen Kristall lässt sich die Dispersionsrelation im Heisenberg–Modell unter ausschließlicher Berücksichtigung der Wechselwirkungen zwischen nächsten Nachbarn leicht ableiten:

$$\omega = \frac{2JS}{\hbar^2} \sum_{i=1}^{\nu} [\nu - \cos(\mathbf{k} \cdot \mathbf{r}_i)] \ . \tag{2.90a}$$

ν gibt die Anzahl nächster Nachbarn an, die relativ zum betrachteten Spin $\mathbf{S}$ die Positionen $\mathbf{r}_i$ haben. J determiniert im Heisenberg–Modell die Austauschkopplung und $\mathbf{S}$ das lokale Spinmoment:

$$\hat{H} = -\frac{4}{\hbar^2} \sum_{\substack{i,j \\ i \neq j}} J_{ij} \hat{\mathbf{S}}_i \cdot \hat{\mathbf{S}}_j \ . \tag{2.90b}$$

Der Erwartungswert des Spins hängt direkt mit der Magnetisierung zusammen: $\mathbf{M} = -2Ng\mu_B \langle \hat{\mathbf{S}} \rangle / \hbar$. N gibt dabei die atomare Dichte an. Für hinreichend kleine Wellenvektoren der Spinwelle mit $\mathbf{k} \cdot \mathbf{a} \ll 1$ erhält man aus Gl. (2.90a) $\omega \approx 2JS(ak/\hbar)^2$. a ist die Gitterkonstante. Diese Dispersionsrelation findet man auch für eine eindimensionale atomare Kette. Mit $\omega \sim k^2$ finden wir also im Fall der niederenergetischen Anregungen eine parabolische Dispersionsrelation. Für Phononen hingegen haben wir, wie diskutiert, in der Debye–Näherung eine lineare Dispersionsrelation, die man im Übrigen auch für Spinwellen in Antiferromagnetika findet.

Da ein Magnon als Kollektivanregung dem Umklappen eines Spins entspricht, sind Magnonen Bosonen. Die Thermodynamik gestaltet sich damit völlig analog zu derjenigen von Phononen. Aus Gl. (2.89a) folgt mit der genannten Dispersionsrelation und $v = d\omega/dk$ für die Magnonenzustandsdichte des dreidimensionalen isotropen ferromagnetischen Mediums

$$\varrho_3(\omega) = \frac{V}{4\pi^2} \left(\frac{\hbar}{a}\right)^3 \sqrt{\frac{\omega}{(2JS)^3}} \ . \tag{2.91a}$$

Entsprechend gilt für niedrigdimensionale Strukturen

$$\varrho_2 = \frac{F}{8\pi} \frac{\hbar^2}{JSa^2} \ . \tag{2.91b}$$

und

$$\varrho_1(\omega) = \frac{L\hbar}{2\pi a} \frac{1}{\sqrt{2JS\omega}} \ . \tag{2.91c}$$

Da auch freie Elektronen eine parabolische Dispersionsrelation haben, haben die Zustandsdichten in Gl. (2.91) einen dem elektronischen Fall in Gl. (3.260) bis Gl. (3.262) entsprechenden Verlauf. Die magnonische Gesamtenergie eines Spingitters ergibt sich dann gemäß Gl. (2.88c), wobei hier nicht zwischen unterschiedlichen Anregungszweigen zu unterscheiden ist.

Spinwellenmoden lassen sich experimentell mittels *Brillouin–Lichtstreuung* detektieren [2.34]. In realen Proben kann sich die Spinwellenanregung, die thermisch erfolgt, aber auch durch magnetische Wechselfelder oder Pulse sowie durch Streuung von Fermionen stimuliert werden kann, als sehr komplex erweisen. Zum einen sind die Unterschiedlichen Zustandsdichten nach Gl. (2.91) zu berücksichtigen, zum anderen beeinflussen endliche Probengeometrien und Magnetisierungsinhomogenitäten die Moden. Schließlich können verschiedene Moden noch miteinander wechselwirken. Abbildung 2.14(a) zeigt die Spinwellendispersion für ein Feld von $Ni_{81}Fe_{19}$–(Permalloy–)Streifen der Dicke 20 nm und einer Weite von $1,8\,\mu$m. Für kleine Wellenvektoren spaltet das Spektrum aufgrund der reduzierten Dimensionalität der Strukturen in diskrete Moden auf. Dies zeigt in spektakulärer Weise, dass sich auch für Magnonen als kollektive Elementaranregungen kritische Dimensionen definieren lassen.

Quantisierte Spinwelleneigenmoden konnten in ihrer lateralen Verteilung sogar direkt an einzelnen Permalloyelementen mittels Mikrofokus–Brillouin–Lichtstreuspektroskopie und zeitaufgelöster Raster–Kerr–Mikroskopie visualisiert werden. Abbildung 2.14(b) zeigt eine Amplitudenverteilung der Magnetisierungsdynamik verschiedener Eigenmoden einer quadratischen Probe mit *Landau–Konfiguration* der magnetischen Domänen.

Dass kollektive Anregungen eine wirklich weitreichende Analogie zu elementaren Bosonischen Teilchen aufweisen, sieht man in spektakulärer Weise daran, dass Magnonen eine Bose–Einstein–Kondensation eingehen können [2.36], die sogar bei Raumtemperatur eintreten kann [2.37].

Bei größeren Wellenvektoren treten in magnetisch geordneten Materialien *Stoner–Anregungen* auf. Diese bestehen darin, dass ein Elektron von einem Zustand unterhalb des Fermi–Niveaus in einen Zustand oberhalb angeregt wird, wobei sich gleichzeitig die Spinrichtung umkehrt. Dieser Prozess tritt beispielsweise als Zweiteilchenprozess bei Streuung hochenergetischer Elektronen auf und weist keine eindeutige Dispersionsrelation, sondern ein *Stoner–Kontinuum* auf.

Von grundlegender Bedeutung ist das Wechselspiel zwischen den verschiedenen Reservoiren von Quasiteilchen und kollektiven Anregungen, wie in Abb. 2.15 dargestellt. Die komplexen Wechselwirkungen zwischen diesen Reservoiren auf kurzer Zeitskala bestimmen die Dynamik von Relaxationsprozessen und ihre kritischen Dimensionen. Eine Nichtgleichgewichtsverteilung zerfällt in einer charakteristischen Relaxationszeit τ und die Energie wird dabei in ein anderes Quasiteilchen– oder Anregungsreservoir transferiert, bis sich ein thermisches Gleichgewicht etabliert. Thermalisierungsprozesse zwischen den in Abbildung 2.15 dargestellten Reservoiren werden in der Regel mittels *pump probe–Experimenten* unter Verwendung von Femtosekunden–Lasertechniken erforscht. Regt man beispielsweise durch einen Laserpuls das elektronische System nicht adiabatisch zu einer hohen Elektronentemperatur an, so zerfallen die elektronischen Ungleichgewichtszustände durch Wechselwirkung mit den Phononen– und Spinreservoiren in charakteristischen Relaxationszeiten τ. Die Wechselwirkung erfolgt beispielsweise über die Spin–Bahn–Koppplung und die Elektron–Phonon–Kopplung. Die Relaxationszeiten τ wiederum geben vor, wie weit ein Ungleichgewichtszustand diffundieren kann, bis er relaxiert ist, determinieren also kritische Dimensionen.

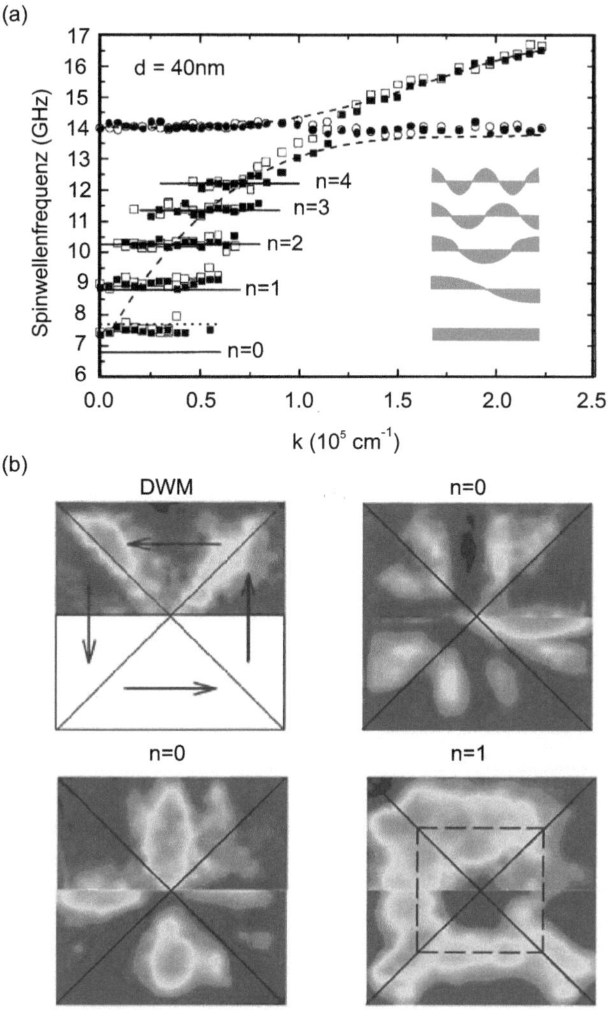

Abb. 2.14: *(a) Spinwellendispersion von Permalloystreifen der Dicke* 20 *nm und Weite* 1,8 *μm. Die Abstände der Streifen betragen* 0,7 *μm und* 2,2 *μm, das Feld entlang der Streifen* 500 *Oe. Die Punkte wurden mittels Brillouin–Lichtstreuung gemessen und die gestrichelte Kurve numerisch berechnet für die Damon–Eschbach–Mode* $n = 0$ *eines homogenen Films [2.34]. Die Profile für die fünf detektierten Moden sind ebenfalls dargestellt. (b) Amplitudenverteilung der dynamischen Magnetisierung aufgrund von mikrowelleninduzierter Spinwellenanregung in einem* 4 *μm–Permalloyquadrat von* 16 *nm Dicke [2.35]. Die oberen Teilbilder wurden mittels Kerr– und die unteren mittels Brillouin–Mikroskopie aufgenommen. Oben links sieht man bei* 0,8 *GHz die Domänenwandmode (DWM) mit angedeuteter Bereichsstruktur. Die weiteren Anregungsfrequenzen sind* 2,1 *GHz (oben rechts),* 2,3 *GHz (unten links) und* 4 *GHz (unten rechts).*

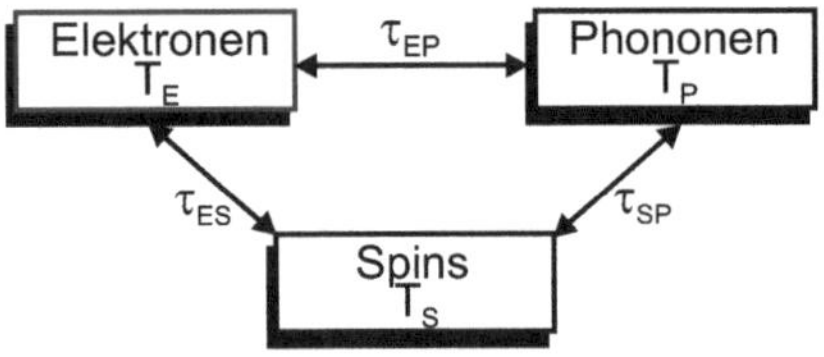

Abb. 2.15: *Zwischen Quasiteilchen- und kollektiven Anregungsreservoiren eines Festkörpers findet im Verlauf von Relaxationsprozessen ein energetischer Austausch statt. Den Reservoiren wird im Ungleichgewichtszustand eine charakteristische Temperatur zugeordnet. Die Thermalisierung findet dann mit charakteristischen Zeitkonstanten* τ *statt.*

Es gibt verschiedene weitere mehr oder weniger exotische Quasiteilchen und kollektive Anregungen, die im vorliegenden Kontext relevant sind. Durch Elektron–Phonon–Wechselwirkung kommt es in der Umgebung eines Elektrons in Dielektrika, in denen keine Abschirmung durch freie Ladungsträger erfolgt, zu einem Verzerrungsfeld und einem Anwachsen der Elektronenmasse. Elektron und phononische Anregungen gemeinsam werden als *Polaron* bezeichnet.

Stimmen Frequenzen und Wellenvektoren überein, d. h. herrscht Resonanz, so kann es zwischen elektromagnetischer Welle und transversalen optischen Phononen zu einer *Photon–Phonon–Kopplung* kommen. Das Quant des gekoppelten Photon–Phonon–Wellenfelds wird als *Polariton* bezeichnet. Die Kopplung tritt für $\omega \approx 10^{13}\,\mathrm{Hz}$ und $k \approx 300/\mathrm{cm}$ auf. Die Dispersionsrelation für das gekoppelte Wellenfeld weicht in diesem Bereich deutlich von denjenigen für die entkoppelten Wellenfelder ab.

Eine Kopplung kann auch zwischen Elektronen und Löchern aufgrund der Coulomb–Wechselwirkung auftreten. Das gebundene Elektron–Loch–Paar wird als *Exziton* bezeichnet. Ist der mittlere Elektron–Loch–Abstand groß im Vergleich zur Gitterkonstante, wird das Exziton als *Mott–Wannier–Exziton* bezeichnet. Stark gebundene Exzitonen werden hingegen als *Frenkel–Exzitonen* bezeichnet. Exzitonen können in Dielektrika gebildet werden und sich durch den Kristall bewegen. Sie sind instabil gegenüber Rekombination und Zerfall in freie Elektron– und Lochzustände.

Wie in Abschn. 3.6.6 diskutiert wird, führt die Elektron–Phonon–Wechselwirkung in konventionellen Supraleitern zur Bildung von Cooper–Paaren, die *Komposit–Bosonen* darstellen. Der mittlere Abstand der gepaarten Elektronen kann so groß sein, dass sich 10^{10} oder mehr Elektronen zwischen ihnen befinden. Cooper–Paare sind eine dynamische Erscheinung. Sie zerfallen und bilden sich ständig neu. Bei unkonventionellen Supraleitern, etwa den Hochtemperatursupraleitern, basiert die Cooper–Paarbildung auf einer nicht phononischen, bislang unbekannten Wechselwirkung. Supraleiter zeigen ferner spezifische Anregungszustände mit gleichzeitig elektronen– und lochartigen Spezifika. Diese kollektiven Anregungen werden als *Bogolonen* bezeichnet. In Supraleitern können auch *Majorana–Fermionen* als Zustände in der Mitte der Energielücke auftreten. Diese Zustände sind dadurch gekennzeichnet, dass der entsprechende Teilchencharakter mit demjenigen des Antiteilchens identisch ist. Quantenfeldtheoretisch ausgedrückt entspricht der Erzeugungoperator für Majorana–Fermionen exakt dem Vernichtungsoperator.

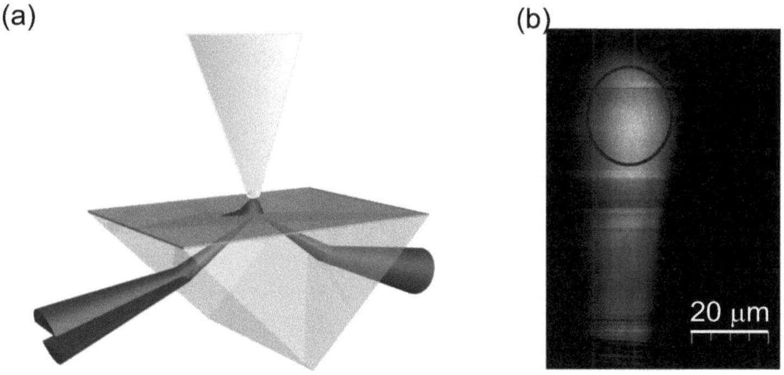

Abb. 2.16: *(a) Ausbreitung eines Plasmon–Polaritons an der Oberfläche eines Silberfilms. Durch Ankopplung an die Sonde eines optischen Rasternahfeldmikroskops kann die Anregung sichtbar gemacht werden. Das Plasmon–Polariton propagiert im Allgemeinen einige μm an der Oberfläche zwischen Metall und Dielektrikum (hier Luft). (b) Propagation eines Plasmon–Polaritons von der Einkoppelstelle (im oberen Bereich markiert) in Richtung auf die Bildunterkante.*

Einen komplexen Vielteilchenzustand stellt auch das *Komposit–Fermion* dar [2.38]. Hierbei handelt es sich um einen gebundenen Zustand eines Elektrons und einer Anzahl von Vortices. Vortices konstituieren allgemein einen topologischen Defekt. In quantisierter Form bilden sie das *Abrikosov–Vortexgitter* in Typ–II–Supraleitern, wie in Abschn. 3.6.6 diskutiert. Komposit–Fermionen wurden zunächst im Zusammenhang mit dem in Abschn. 3.6.4 angesprochenen *fraktionalen Quanten–Hall–Effekt* postuliert, scheinen aber von universeller Bedeutung zu sein [2.38]. In diesem Kontext sind ebenfalls die *Anyonen* zu nennen, die weder Fermionischen noch Bosonischen Charakter haben und Anregungen in zweidimensionalen Systemen beschreiben.

Elektromagnetische Wellen können nicht nur an Phononen, sondern auch an das freie Elektronengas eines Metalls koppeln. Oberhalb der Plasmafrequenz des Metalls können sich elektromagnetische Wellen im Metall ausbreiten. Dem Photon entspricht hier das *Plasmon–Polariton.* Die mit dieser elektronischen Anregung verbundenen Schwingungen des Plasmas sind durch Ankopplung an die Phononen wiederum Transversalschwingungen. Abbildung 2.16 zeigt die mit einem *optischen Rasternahfeldmikroskop* (*SNOM, scanning near-field optical microscope*) sichtbar gemachte Plasmonenausbreitung an der Oberfläche eines Silberfilms. Wie man erkennt, können Plasmon–Polaritonen über erhebliche Distanzen propagieren. Durch Elektronenstreuung oder Reflexion hochenergetischer Phononen können darüber hinaus Plasmonen angeregt werden, die in Longitudinalschwingungen des Elektronengases bestehen.

Die knappe Übersicht über Quasiteilchen und kollektive Anregungen in Festkörpern verdeutlicht, dass elementare Teilchen, wie das freie Elektron oder Photon nur eine vereinfachende Annahme repräsentieren. Diese besteht in der Vernachlässigung von Wechselwirkungen mit anderen Teilchen und kollektiven Anregungen. Komplexe Vielteilchenphänomene, wie sie a priori immer in der Festkörperphysik vorliegen, lassen sich in der Regel durch Annahme von Ensembles unabhängiger Quasiteilchen oder kollektiver

Anregungszustände beschreiben. Dies impliziert, dass wir bei der Analyse charakteristischer Dimensionen und kritischer Längen diese in der Regel für Quasiteilchen und kollektive Prozesse zu definieren haben. Dies führt dazu, dass direkte Analogien zwischen elementaren Teilchen, Quasiteilchen und kollektiven Anregungen entstehen. Die Leitwertquantisierung des elektronischen Transports und des Wärmetransports in eindimensionalen ballistischen Systemen ist ein schönes Beispiel dafür. Komplexe kollektive Anregungen – Phononen – zeigen im Ungleichgewichtszustand ein Transportverhalten wie elementare Teilchen – Elektronen – und der „wahre" Teilchencharakter in unserer naiven Anschauung verschwimmt vor dem Hintergrund einer mathematisch und physikalisch identischen Behandlung von elementaren Teilchen, Quasiteilchen und kollektiven Anregungen.

2.2.5 Nahfelder

Das Auflösungsvermögen eines klassischen optischen Instruments, eines Fernrohrs oder Mikroskops, ist bekanntlich beugungsbegrenzt. Dieser Befund konnte bereits durch die vor mehr als 140 Jahren von *E. Abbe* (1840–1905) formulierte Beugungstheorie erklärt werden. Die Beugungsbegrenzung wurde von *Lord Rayleigh* (1842–1919) später in die konzise, heute allgemein verwendete Form $\Delta \geq 1,22\lambda/(2n\sin\Theta)$ gebracht. Zwei punktförmige Objekte im Abstand Δ lassen sich in einem Mikroskop nur dann auflösen, wenn Δ größer als eine durch die verwendete Wellenlänge λ, durch den Brechungsindex des umgebenden Mediums n und den halben Aperturwinkel Θ des Objekts gegebene Größe ist. $2n\sin\Theta$ wird als *numerische Apertur* bezeichnet. Fällt Licht einer punktförmigen Lichtquelle durch eine Blende mit kreisförmiger Öffnung des Durchmessers $2R$, so ist die Intensität hinter der Blende in einem Winkel φ zur optischen Achse gegeben durch [2.39]

$$I \sim \left[\frac{J_1(kR\sin\varphi)}{kR\sin\varphi}\right], \tag{2.92}$$

wobei J_1 die *Besselfunktion erster Ordnung* kennzeichnet. $I(\mathbf{r})$ besteht in einem zentralen hellen *Airy–Scheibchen* und konzentrischen *Airy–Ringen*. $k = 2\pi/\lambda$ ist die Wellenzahl des Lichts. Vorausgesetzt wird *Fraunhofer–Beugung* mit $R \gg \lambda$ bei von der Blende weit entfernter Beobachtungsebene. Gleichung (2.92) kann für lineare optische Systeme dazu verwendet werden, das Bild eines beliebigen Objekts zu berechnen. Das Rayleigh–Kriterium setzt nun voraus, dass zwei gleich helle Punkte noch voneinander trennbar sind, wenn das Airy–Scheibchen des einen Punkts mit dem ersten Beugungsminimum des anderen Punkts zusammenfällt. Das ist gerade für $kR\sin\varphi = 3,83$ der Fall, was dann zu der genannten Ungleichung für Δ führt. Es ist damit evident, dass sichtbares Licht mit $380\,\mathrm{nm} \lesssim \lambda \lesssim 780\,\mathrm{nm}$ keine Auflösung von besser als $\Delta \gtrsim 200\,\mathrm{nm}$ liefern kann. Ebenso ist die potentielle Hochauflösung von Elektronenmikroskopen bei den *de Broglie–Wellenlängen* der Elektronen im Å– bis nm–Bereich evident. In Anbetracht der bisherigen Diskussion erscheint es zunächst überraschend, dass die *optische Nahfeldmikroskopie* (*scanning near-field optical microscopy, SNOM*), die mit sichtbarem Licht erstmalig 1986 realisiert wurde [2.40], in der Lage ist, das Beugungslimit der herkömmlichen Lichtmikroskopie zu umgehen. Abbildung 2.17 zeigt ein Beispiel einer nahfeldoptischen Abbildung, die, wie Abb. 2.16, mittels SNOM gewonnen wurde. Gerade im Kontext der Nanostrukturforschung und Nanotechnologie stellt sich natürlich nunmehr die Frage, ob sich Nanostrukturen generell mit sichtbarem Licht abbilden lassen und wo überhaupt die Auflösungsgrenze liegt. Zur Beantwortung dieser Fragen müssen wir uns mit der Natur *elektromagnetischer Nahfelder* befassen, d. h. mit einem für die *Nanooptik* äußerst wichtigen Gebiet. Im Zusammenhang mit den hier diskutierten kritischen Dimensionen stellt sich insbesondere die Frage, über welche Distanzen sich elektromagnetische Nahfelder erstrecken und wo Fernfeldphänomene zu beobachten sind.

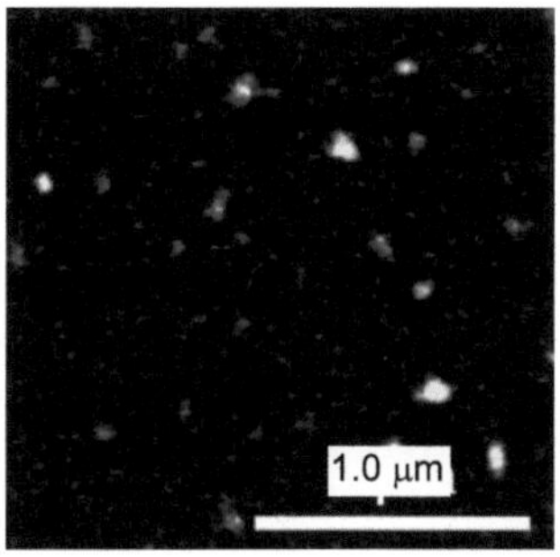

Abb. 2.17: *SNOM–Abbildung fluoreszenzmarkierter Proteine, die in einen Polymethylmethacrylatfilm eingebettet wurden. Es lassen sich einzelne Proteine auflösen und bei Subwellenlängenauflösung identifizeren.*

Abbildung 2.18 zeigt schematisch die Entstehung elektromagnetischer Wellen aufgrund oszillierender Ladungs– und Stromdichten in einem beliebigen materiellen Objekt. Das Objekt wirkt also als Sendeantenne, da das elektromagnetische Feld in den umgebenden Raum propagiert. Liegt das elektromagnetische Feld im Sichtbaren, so würde man von einem selbstleuchtenden Objekt oder einer Lichtquelle sprechen. Eine konventionelle mikroskopische Abbildung des Objekts entsteht dadurch, dass auf einem entfernten Detektor eine zweidimensionale Intensitätsverteilung des Objekts, sein „Bild“, registriert wird. Eine Erkenntnis in Bezug auf das Objekt setzt voraus, dass eine möglichst gut definierte Relation zwischen dem Objekt und seinem Bild hergestellt werden kann, obwohl die Natur beider ja sehr unterschiedlich ist. Der erste Schritt zur Etablierung einer Relation zwischen Bild und Objekt besteht darin, zunächst eine Relation zwischen der Ladungs– und Stromverteilung des Objekts und dem elektromagnetischen Feld direkt an der Oberfläche herzustellen. Diese Relation wird bekanntlich durch die *Maxwell–Gleichungen* geliefert, die in allgemeinster Form in *Ampèrescher Formulierung* gegeben sind durch [2.42]

$$\nabla \cdot \mathbf{E} = \frac{1}{\varepsilon_0} \left(\varrho_f - \nabla \cdot \mathbf{P} \right) , \tag{2.93a}$$

$$\nabla \times \mathbf{E} + \frac{\partial B}{\partial t} = 0 \,, \tag{2.93b}$$

$$\nabla \cdot \mathbf{B} = 0 \,, \tag{2.93c}$$

$$\nabla \times \mathbf{B} - \frac{1}{c_0^2}\frac{\partial \mathbf{E}}{\partial t} = \mu_0 \left(\mathbf{j}_f + \frac{\partial \mathbf{P}}{\partial t} + \nabla \times \mathbf{M} \right) . \tag{2.93d}$$

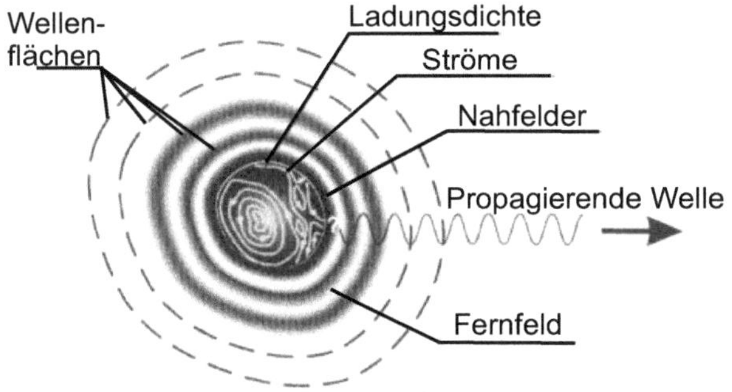

Abb. 2.18: *Erzeugung und Emission elektromagnetischer Wellen aufgrund von Ladungs– und Stromoszillationen in einem beliebigen Objekt [2.41].*

Die magnetische Flussdichte **B**, die elektrische Feldstärke **E**, die dielektrische Polarisation **P** und die Magnetisierung **M** konstituieren das elektromagnetische Wechselfeld. ϱ_f und $\mathbf{j}_f$ sind die Ladungs– und Stromdichten freier Ladungsträger, wie in Abb. 2.18 angedeutet. Die Vakuumlichtgeschwindigkeit ist $c_0 = 1/\sqrt{\mu_0 \varepsilon_0}$. In vielen Fällen, aber nicht in allen, können homogene, isotrope, lineare und stationäre Medien vorausgesetzt werden mit $\mathbf{P} = \varepsilon_0(\varepsilon_r - 1)\mathbf{E}$ und $\mathbf{M} = (1 - 1/\mu_r)\mathbf{B}/\mu_0$ · ε_r und μ_r bezeichnen hier die *relative Permittivität* und *Permeabilität*. Im vorliegenden Kontext kann immer eine stationäre Feldkonfiguration vorausgesetzt werden, so dass die Zeitabhängigkeit harmonisch ist. Damit folgt aus Gl. (2.92)

$$\nabla \cdot \varepsilon(\mathbf{r},\omega)\mathbf{E}(\mathbf{r},\omega) = \varrho_f(\mathbf{r},\omega) \,, \tag{2.94a}$$

$$\nabla \cdot \mu(\mathbf{r},\omega)\mathbf{H}(\mathbf{r},\omega) = 0 \,, \tag{2.94b}$$

$$\nabla \times \mathbf{E}(\mathbf{r},\omega) + i\omega\mu(\mathbf{r},\omega)\mathbf{H}(\mathbf{r},\omega) = 0 \, , \tag{2.94c}$$

$$\nabla \times \mathbf{H}(\mathbf{r},\omega) - i\omega\varepsilon(\mathbf{r},\omega)\mathbf{E}(\mathbf{r},\omega) = \mathbf{j}_f(\mathbf{r},\omega) \, . \tag{2.94d}$$

Die Permittivität ist hier durch $\varepsilon = \varepsilon_0\varepsilon_r$ gegeben. Im diskutierten spektralen Bereich ist $\mu_r = 1$ und damit $\mu = \mu_0$. Handelt es sich nicht um ein leuchtendes, sondern beleuchtetes Objekt, so vereinfacht sich Gl. (2.94) durch $\varrho_f = 0$ und $\mathbf{j}_f = 0$ entsprechend. Die Wellengleichungen für **E** und **B** lassen sich aus Gl. (2.93) und (2.94) in der üblichen Weise ableiten, so dass eine Relation zwischen einem Bild des Objekts aus Abb. 2.18 und der Quellenverteilung im Objekt konstruiert werden kann. Intuitiv ist sofort klar, und die präzise Analyse von Multipolstrahlungsfeldern unter Berücksichtigung retardierter Potentiale zeigt das natürlich im Detail, dass sich neben der ohnehin begrenzten Auflösung Δ ein Informationsverlust dadurch ergibt, dass mit wachsender Entfernung vom Objekt Details der Quellenanordnung zunehmend verloren gehen. Hingegen reproduziert das Feld direkt im Bereich der Quellen, in der *Nahfeldzone*, die Quellenverteilung am besten. Ladungs– und Stromdichten in Nanoobjekten variieren auf einer Längenskala deutlich unterhalb der Lichtwellenlänge, da die Nanoobjekte selbst deutlich kleiner sind. Auf dieser Skala variieren dann auch die Nahfelder. Allerdings müsste sich, auch wenn es gelänge, den Detektor oder das Mikroskop nahe genug an ein Objekt wie in Abb. 2.18 anzunähern, wegen der Beugungsbegrenzung die Intensitätsvariation keinesfalls nachweisen lassen. Dass das mittels SNOM dennoch möglich ist, hat seine Ursache in der Existenz *evaneszenter Moden*, die neben den Strahlungsmoden gleichfalls in der Nahzone existieren [2.43]. Abbesches Beugungslimit und Rayleigh–Kriterium setzen aber radiative Moden voraus. Dies wird aus folgender Betrachtung deutlich. In einem durch $\mathbf{r} = (x, y, z)$ gegebenen Punkt in der Umgebung des Objekts in Abb. 2.18 ist das elektromagnetische Feld durch eine Amplitude und durch einen Propagationsvektor $\mathbf{k} = (\mathbf{k}_x, \mathbf{k}_y, \mathbf{k}_z)$ mit $k = 2\pi n/\lambda$ gegeben. n ist der Brechungsindex des das Objekt umgebenden Mediums. Wenn Δx und Δk_x die Unbestimmtheiten in der Messung der Ortskomponente und der Komponente des Propagationsvektors bei Abwesenheit irgendwelcher apparativer Beschränkungen sind, so muss nach der *Heisenbergschen Unschärferelation* $\Delta x \Delta k_x \leq 1$ gelten. Wenn also ein Feld stark variiert, Δx also sehr klein ist, wird es stark gestreut oder gebeugt. Δk ist dann groß; ein bestens bekanntes Phänomen der Optik. Mit $\Delta k_x \leq k$ folgt sofort $\Delta x \leq \lambda/(2\pi n)$. Dies spiegelt im Wesentlichen das Abbesche Beugungslimit wider. Wenn wir allerdings komplexe Propagationsvektoren zulassen, so können wir eine sehr große k_x–Komponente und damit eine sehr große Variation Δk_x erhalten: $k_x = \sqrt{k^2 - k_y^2 - k_z^2}$. Für einen rein imaginären Wert k_z und einen reellen Wert k_y, mit $-ik_z > k_y$, oder rein imaginäre Komponenten k_y und k_z erhält man offensichtlich $k_x > k$. Ein entsprechendes Feld wäre gegeben durch

$$F(\mathbf{r},t) = A(\mathbf{r},t)\exp(i[k_x x + k_y y + \omega t] - \kappa z) \, . \tag{2.95}$$

Ein derartiges Feld propagiert entlang der x, y–Oberfläche, aber nicht vom Objekt weg. Es handelt sich damit um ein evaneszentes, nicht strahlendes Feld. κ in Gl. (2.95) hängt von den dielektrischen Eigenschaften des umgebenden Mediums, aber auch von der Quellenverteilung ab: Je lokalisierter die Quellen sind, desto größer ist κ und desto stärker ist das Feld an der Objektoberfläche lokalisiert [2.43, 2.44]. Die stark an der Oberfläche von Nanostrukturen lokalisierten evaneszenten Moden sind es, die SNOM eine Auflösung jenseits des Beugungslimits verleihen. Das Nahfeld beinhaltet neben den evaneszenten Moden ebenfalls radiative Moden und hat damit generell eine komplexe Struktur.

Wie kann nun das evaneszente Feld detektiert werden, welche Reichweite hat es und welche Ortsauflösung kann bei der Detektion erreicht werden? Diese Fragen definieren die charakteristischen oder kritischen Dimensionen bei der Wechselwirkung elektromagnetischer Felder mit Nanostrukturen. Das Detektionsprinzip wurde bereits durch *I. Newton* (1642–1726), der vermutlich auch erstmals von evaneszenten Wellen sprach, entdeckt, und zwar in Form der *frustrierten Totalreflexion*. Eine rein evaneszente Nahzone lässt sich nahe der Oberfläche eines Prismas durch Totalreflexion erzeugen. Bringt man ein dielektrisches Medium nahe genug an die Oberfläche, etwa eine Glasfaserspitze bei SNOM, wie in Abb. 2.16, so wird Licht durch dieses Medium ausgekoppelt. Aus der evaneszenten Welle an der Oberfläche des Prismas wird durch Immersion der dielektrischen Sonde eine propagierende Mode. Die ausgekoppelte Intensität hängt gemäß Gl. (2.95) exponentiell vom Abstand der Sonde zur Objektoberfläche ab. Die Photonen verhalten sich wie Elektronen, die, wie in Abschn. 3.2 diskutiert, mit endlicher Wahrscheinlichkeit in eine Potentialbarriere eindringen und diese sogar durchtunneln können. Dementsprechend spricht man bei der Abbildung evaneszenter Moden von *Photonentunneln*. Während das Tunneln materieller Teilchen quantenmechanischen Ursprungs ist, resultiert das Tunneln von Photonen allerdings aus den klassischen Maxwell–Gleichungen (2.93) unter Berücksichtigung der Stetigkeitsbedingungen für die Feldkomponenten an Oberflächen. Damit ist es auch nicht notwendig, von Photonen zu sprechen. Vielmehr handelt es sich um das Tunneln elektromagnetischer Wellen. In der Nahfeldoptik von Nanostrukturen und damit auch bei SNOM, die Sonde ist hier eine Nanostruktur, müssen weitere Aspekte in Form des Theorems von Wolf und Nieto–Versperinas [2.45] berücksichtigt werden: *Ein evaneszentes oder propagierendes Feld, welches mit einer diskreten Nanostruktur wechselwirkt, wird immer in ein evaneszentes und ein propagierendes Feld konvertiert.* Eine diskrete Nanostruktur stellt im vorliegenden Kontext eine optische Diskontinuität mit Abmessungen $\ll \lambda$ dar, deren räumliches Fourier–Spektrum sich zwischen Null und Unendlich erstreckt. Die SNOM–Sonde konvertiert damit das evaneszente Feld eines beleuchteten oder leuchtenden Objekts in ein zum Detektor propagierendes Feld. Dieses Feld leitet sich tendentiell aus den räumlich niederfrequenten Fourier–Komponenten ab, während die evaneszenten Felder an der Sondenoberfläche durch die hochfrequenten Fourier–Komponenten induziert werden. Hieraus lässt sich, wie noch zu zeigen sein wird, die Auflösung abschätzen. Interessanterweise ist die Konversion einer evaneszenten Mode in eine propagierende linear. Die involvierten Poynting–Vektoren sind proportional zueinander.

Das archetypische Beispiel für eine Subwellenlängenquelle elektromagnetischer Strahlung ist der Punktdipol. Seine elektrische Feldstärke in Polarkoordinaten ist gegeben durch [2.42]

$$E_r = \frac{2[p]}{4\pi\varepsilon_0 r^2}\left(\frac{1}{r} + ik\right)\cos\theta \tag{2.96a}$$

und

$$E_\theta = \frac{[p]}{4\pi\varepsilon_0 r^2}\left(\frac{1}{r} - rk^2 + ik\right)\sin\theta\ . \tag{2.96b}$$

$[p(t)] = p(t - R/c)$ ist das *retardierte* Dipolmoment. $c = c_0/n$ mit $n = \sqrt{\varepsilon_r\mu_r}$ ist die Ausbreitungsgeschwindigkeit im den Dipol umgebenden Medium. Nach Gl. (2.96) ändert sich das Feld stark für eine Entfernung $r \ll 1/k = \lambda/(2\pi n)$. Dies definiert die Nahfeldzone, in der die Feldstärke gegeben ist durch

$$E_r = \frac{2p}{4\pi\varepsilon_0 r^3}\cos\theta \tag{2.97a}$$

und

$$E_\theta = \frac{p}{4\pi\varepsilon_0 r^3}\sin\theta\ . \tag{2.97b}$$

In der Fernfeld- oder Strahlungszone bleibt nur der Strahlungsterm übrig, der mit $1/r$ variiert:

$$E_\theta = \frac{[p]k^2}{4\pi\varepsilon_0 r}\sin\theta\ . \tag{2.97c}$$

Die magnetische Feldstärke hat nur eine ϕ–Komponente:

$$H_\phi = \frac{k^2 c[p]}{4\pi r}\left(-1 + \frac{i}{kr}\right)\sin\theta\ . \tag{2.98a}$$

Dies ergibt die Nah- und Fernfeldbeiträge

$$H_\phi = \frac{i\omega p}{4\pi r^2}\sin\theta \tag{2.98b}$$

und

$$H_\phi = -\frac{k\omega[p]}{4\pi r}\sin\theta \; . \tag{2.98c}$$

Dass die Fernfeldzone durch das ausschließliche Vorhandensein eines Strahlungsterms gekennzeichnet ist, sieht man anhand des folgenden Arguments. Die durch den Punktdipol in ein Raumwinkelsegment abgestrahlte Leistung ist durch das zeitliche Mittel des Poynting–Vektors gegeben:

$$\langle \mathbf{s} \rangle = \frac{1}{2} Re(\mathbf{E} \times \mathbf{H}^*) = \frac{\mu_0 \omega^4 p_0^2}{32\pi^2 c r^2} \sin^2\theta \, \mathbf{e}_r \; . \tag{2.99}$$

Das oszillierende Dipolmoment ist dabei durch $p = p_0 \exp(i\omega t)$ gegeben. Die abgestrahlte Leistung ergibt sich durch Integration von $\langle s \rangle$ über die Oberfläche einer Kugel um den Dipol:

$$P = \int_0^{2\pi}\int_0^{\pi} \langle s \rangle r^2 \sin\theta \, d\theta \, d\phi = \frac{\mu_0 \omega^4 p_0^2}{3\pi c} \; . \tag{2.100}$$

Da P für gegebene Frequenz und gegebenes Dipolmoment unabhängig von der Distanz zum Dipol ist, wird durch jede Kugeloberfläche derselbe Energiefluss transportiert. Obwohl wir die Kugeloberfläche auch in die Nahzone des Dipols mit $r \ll 1/k$ legen können, umfasst $\mathbf{s}$ offenbar nur Strahlungsterme. Dies bedeutet, dass die gesamte abgestrahlte Leistung im Nahfeld genauso groß ist wie im Fernfeld. Im Umkehrschluss folgt, dass wir das Resultat in Gl. (2.100), welches wir unter Berücksichtigung aller Feldanteile aus Gl. (2.96) und (2.98) berechnet haben, auch unter ausschließlicher Berücksichtigung der Fernfeldanteile aus Gl. (2.97c) und (2.98c) erhalten hätten. Dementsprechend transportieren die Nahfeldanteile aus Gl. (2.97a), (2.97b) und (2.98b) keine Energie, sondern oszillieren zwar mit der Dipolfrequenz ω, sind aber durch den $1/r^3$– und $1/r^2$–Abfall auf die Nahfeldzone beschränkt: Es handelt sich um evaneszente Anteile. Würde man diese in der gesamten Diskussion vernachlässigen, so würde zwar in jeder Entfernung von der Quelle die richtige Strahlungsleistung ermittelt, die Quelle würde aber aus jeder Entfernung wie eine Kugel mit einem etwa $\lambda/2$ entsprechenden Durchmesser erscheinen. Die Projektion auf einen zweidimensionalen Detektor entspräche gerade dem in Zusammenhang mit Gl. (2.92) diskutierten Airy–Scheibchen. Jede Feinstrukturinformation über die Quelle ginge verloren.

Der für das evaneszente Feld maßgebliche $1/r^3$–Term in Gl. (2.97) entspricht dem Feldstärkeabfall eines statischen Dipols ohne Feldretardierung [2.42]. Das durch ein beliebiges Nanoobjekt emittierte Feld lässt sich prinzipiell berechnen, indem geeignete Anordnungen vieler Dipole betrachtet werden. Ein Objekt wie in Abb. 2.18 entspricht damit einer Multipolanordnung. In der Fernfeldbetrachtung kann die übliche Multipolentwicklung durchgeführt werden, die für das Strahlungsfeld anders aussieht als für das elektrostatische Feld. Terme höherer Ordnung fallen bekanntlich sukzessive stärker mit der Entfernung von den Quellen ab, so dass bei größerer Entfernung im elektrostatischen Fall nur ein Dipol– oder Monopolmoment übrig bleibt. Im Strahlungsfall ist das immer eine Kugelwelle mit $E, B \sim \exp(ikr)/r$. Bereits anhand der statischen Multipolentwicklung erkennt man, dass das evaneszente Feld umso näher an den Quellen lokalisiert ist, je lokalisierter diese Quellen sind; ein Sachverhalt, den wir bereits im Zusammenhang mit Gl. (2.95) diskutiert haben. $r \ll \lambda/(2\pi n)$ ist also keinesfalls ein universelles Kriterium zur Beschreibung der Reichweite evaneszenter Felder von Nanoobjekten. Das wird schon deutlich, wenn man sich vergegenwärtigt, dass für $n = 1$ und $\lambda = 630\,\mathrm{nm}$ $r \ll 100\,\mathrm{nm}$ anzusetzen wäre, was sicherlich für einen Nanopartikel von 10 nm Durchmesser inadäquat wäre, nicht aber für die evaneszenten Moden an der Prismenoberfläche bei frustrierter Totalreflexion.

Die Berechnung optischer Nahfelder ist im Allgemeinen ein schwieriges, numerisch anzugehendes Unterfangen [2.43, 2.46]. Ausgangspunkt ist die Lösung der Maxwell–Gleichungen (2.93), wobei aber auf viele wohletablierte Vereinfachungen der Fernfeldoptik verzichtet werden muss. Wir hatten gesehen, dass der evaneszente Anteil des oszillierenden Dipols in seiner Abstandsabhängigkeit dem eines statischen Dipols entspricht. Damit ist aber das Konzept von Beugung, Brechung und Reflexion obsolet, weil es von propagierenden Wellen retardierter Felder ausgeht. Materialien müssen gemäß Gl. (2.93) a priori durch Permittivitäten beschrieben werden. Diesbezüglich ist allerdings zu berücksichtigen, dass es sich bei $\varepsilon(\mathbf{r}, \omega)$ um eine kontinuumstheoretische Größe handelt, die typisch ein Kontinuum von $\gtrsim (10\,\mathrm{nm})^3$ voraussetzt. Konkrete nanooptische Szenarien beinhalten nanoskalige Lichtquellen oder beleuchtete Nanoobjekte mit einer gegebenen Geometrie und Materialkonfiguration. Ferner ist zwischen photonischen [2.47] oder eher wellenoptischen Problemstellungen, wie im vorliegenden Kontext zunächst diskutiert, zu unterscheiden. Modellierungsstrategien, von denen einige zunächst für ganz andere Einsatzbereiche konzipiert wurden – etwa für die Charakterisierung der Streuung von Radarstrahlung –, lassen sich in makroskopische und mikroskopische Ansätze sowie Kombinationen aus beiden unterteilen [2.43]. Dabei definiert insbesondere SNOM ein weites Feld nanotechnologisch relevanter Problemstellungen [2.48, 2.49].

Makroskopische Theorien basieren auf Lösung der Maxwell–Gleichungen in Form von Gl. (2.93), wobei Materialien durch kontinuumstheoretische Größen, insbesondere in Form von $\varepsilon(\mathbf{r}, \omega)$ beschrieben werden [2.43, 2.46]. Eine prominente Variante besteht darin, Felder in dielektrisch homogenen Bereichen in multipolare Eigenfunktionen der Wellengleichung zu entwickeln. Man spricht daher von der Methode der *multiplen Multipole* (*MPP*). Die relative Stärke der einzelnen polaren Anteile resultiert aus den Stetigkeitsbedingungen der Medien an den Grenzflächen, bzw. an ausgewählten Punkten der Grenzflächen. Dies reduziert die Komplexität des Problems beträchtlich, insbesondere wenn die Symmetrie der Multipole sich der Symmetrie der Anordnung anpassen lässt. Für periodische Strukturen kann bei geeigneter Symmetrie speziell eine Entwicklung in ebene Wellen vorteilhaft sein.

Die elektromagnetische Streutheorie auf Basis der *dyadischen Greenschen Funktion* hat enge Bezüge zur quantenmechanischen Behandlung von Streuproblemen durch Lösung der Schrödinger–Gleichung für ein entsprechendes Streupotential. In der Elektrodynamik tritt an die Stelle der Schrödinger–Gleichung die inhomogene oder homogene vektorielle Wellengleichung [2.42]. Die Streutheorie liefert die allgemeinste, a priori analytische Lösung in Form eines Integrals über einen Ausdruck, der zentral eine Greensche Funktion enthält [2.43, 2.46]. Die vektorielle homogene Wellengleichung

$$-\nabla \times \nabla \times \mathbf{E}(\mathbf{r},\omega) + \frac{\omega^2}{c^2}\underline{\underline{\varepsilon}}(\mathbf{r},\omega)\mathbf{E}(\mathbf{r},\omega) = 0 \tag{2.101a}$$

lässt sich schreiben als

$$-\nabla \times \nabla + \mathbf{E}(\mathbf{r},\omega) + q^2\mathbf{E}(\mathbf{r},\omega) = \underline{\underline{\Delta}}(\mathbf{r},\omega)\mathbf{E}(\mathbf{r},\omega)\ , \tag{2.101b}$$

mit

$$\underline{\underline{\Delta}} = \frac{\omega^2}{c^2}\left[\varepsilon_{\text{ref}}\underline{\underline{1}} - \underline{\underline{\varepsilon}}(\mathbf{r},\omega)\right] \tag{2.101c}$$

und $q^2 = \omega^2\varepsilon_{\text{ref}}/c^2$. In der allgemeinsten Formulierung wird dem tensoriellen Charakter der Permittivität Rechnung getragen. Komplikationen aufgrund dielektrischer Anisotropien oder aufgrund einer niedrigen Symmetrie des Systems werden durch einen dielektrischen Differenztensor $\underline{\underline{\Delta}}(\mathbf{r},\omega)$ charakterisiert, der Abweichungen von einem isotropen, symmetrischen Referenzsystem quantifiziert. Die Lösung von Gl. (2.101b) erhält man aus der impliziten *Lippman–Schwinger–Gleichung*

$$\mathbf{E}(\mathbf{r},\omega) = \mathbf{E}_0(\mathbf{r},\omega) + \int\limits_V d^3r'\underline{\underline{G_0}}(\mathbf{r},\mathbf{r}',\omega)\underline{\underline{\Delta}}(\mathbf{r}',\omega)\mathbf{E}(\mathbf{r}',\omega)\ . \tag{2.102a}$$

Das gesamte Feld $\mathbf{E}$ setzt sich zusammen aus dem einfallenden Anteil $\mathbf{E}_0$ und dem an einem Nanoobjekt gestreuten Anteil. Die Quellenregion V ist durch nicht verschwindende dielektrische Abweichungen vom umgebenden Referenzsystem definiert. Die Lösung der Lippmann–Schwinger–Gleichung (2.102a) ergibt sich aus den Lösungen für $\mathbf{E}_0(\mathbf{r},\omega)$ und $\underline{\underline{G_0}}(\mathbf{r},\mathbf{r}',\omega)$

$$-\nabla \times \nabla \times \mathbf{E}_0(\mathbf{r},\omega) + q^2\mathbf{E}_0(\mathbf{r},\omega) = 0 \tag{2.102b}$$

und

$$-\nabla \times \nabla \times \underline{\underline{G_0}}(\mathbf{r},\mathbf{r}',\omega) + q^2\underline{\underline{G_0}}(\mathbf{r},\mathbf{r}',\omega) = \delta(\mathbf{r}-\mathbf{r}')\underline{\underline{1}}\ . \tag{2.102c}$$

Für viele Probleme ist die Referenzstruktur durch ein homogenes Material mit einfacher Geometrie gegeben, etwa durch eine halbraumförmige Potentialoberfläche. Dies determiniert dann ε_{ref} und Lösungen für $\underline{\underline{G_0}}(\mathbf{r},\mathbf{r}',\omega)$ sind aus der Literatur bekannt [2.43]. Im Allgemeinen erhält man einen Ausdruck für $\underline{\underline{G_0}}(\mathbf{r},\mathbf{r}',\omega)$ durch eine Entwicklung nach Multipolen, die als *spektrale Entwicklung* der dyadischen Greenschen Funktion bezeichnet wird. In kartesischen Koordinaten liefert das

$$\underline{\underline{G_0}}(\mathbf{r},\mathbf{r}',\omega) = \left(\underline{\underline{1}} - \frac{1}{q^2}\nabla\nabla\right) g_0(\mathbf{r},\mathbf{r}',\omega)\ . \tag{2.103a}$$

g_0 ist die mit der skalaren *Helmholtz–Gleichung* assoziierte *Greensche Funktion* und beschreibt eine bei $\mathbf{r}'$ emittierte Kugelwelle:

$$g_0(\mathbf{r},\mathbf{r}',\omega) = \frac{\exp(iq|\mathbf{r}-\mathbf{r}'|)}{4\pi|\mathbf{r}-\mathbf{r}'|}\ . \tag{2.103b}$$

Der so berechnete Streuterm in Gl. (2.102a) beinhaltet a priori sowohl evaneszente als auch radiative Anteile, charakterisiert also insbesondere auch den Nahfeldbereich. Hier wird explizit auch deutlich, warum die kritische Dimension für den Nahfeldbereich, also die Reichweite $1/\kappa$ in Gl. (2.95), von der Beschaffenheit der Nanostruktur abhängt: Diese bestimmt sowohl das Integrationsvolumen V als auch die dielektrischen Inhomogenitäten $\underline{\underline{\Delta}}(\mathbf{r}',\omega)$. Alternativ zur beschriebenen spektralen Entwicklung der dyadischen Greenschen Funktion kann auch eine Diskretisierung direkt im Ortsraum zugrunde gelegt werden [2.43]. Diskrete Zellen sind dann dadurch definiert, dass sich Felder und Permittivitäten in ihnen wenig ändern. Da andererseits $\underline{\underline{\varepsilon}}(\mathbf{r},\omega)$ weiterhin eine kontinuumstheoretische Größe ist, ist die minimale Zellengröße entsprechend limitiert. In der Regel geht man iterativ vor und berechnet die Gesamtfeldverteilung durch wiederholte Anwendung der Lippmann–Schwinger– oder *Dyson–Gleichung* (2.102a).

Echte mikroskopische Theorien beschreiben Nanoobjekte durch Dipolanordnungen und Polarisierbarkeiten $\underline{\underline{\alpha}}$ treten an die Stelle von Permittivitäten $\underline{\underline{\varepsilon}}$ [2.46]. Für einen einzelnen induzierten Dipol lässt sich das Feld berechnen durch

$$\mathbf{E}(\mathbf{r},\omega) = -\mu_0\omega^2\underline{\underline{G_0}}(\mathbf{r},k)\left[\underline{\underline{\alpha}}(\omega)\mathbf{E}_0(\omega)\right]\ . \tag{2.104}$$

$\underline{\underline{G_0}}(\mathbf{r},k)$ ist wiederum die dyadische Greensche Funktion und $\underline{\underline{\alpha}}(\omega)$ die lokale Polarisierbarkeit in Bezug auf das einfallende Feld $\mathbf{E}_0$. Mit

$$\underline{\underline{G_0}}(\mathbf{r},k) = \frac{1}{4\pi}\left[\left(-\frac{1}{r} - \frac{i}{kr^2} + \frac{1}{k^2r^3}\right)\underline{\underline{1}} + \left(\frac{1}{r} + \frac{3i}{kr^2} - \frac{3}{k^2r^3}\right)\mathbf{e_r}\mathbf{e_r}\right]\exp(ikr) \tag{2.105}$$

wird deutlich, dass sich die dyadische Greensche Funktion sofort in den durch $\sim 1/r^3$ gegebenen Nahfeldbereich und in den Fernfeldbereich unterteilen lässt.

Durch Entwicklung nach ebenen Wellen und selektive Berücksichtigung der Wellenvektoren können die homogenen und inhomogenen Anteile von $\underline{\underline{G_0}}(\mathbf{r}, k)$ separiert werden. Der inhomogene Anteil

$$\underline{\underline{G_0^{(i)}}}(\mathbf{r}, k) = \frac{1}{4\pi}\left[\left(-\frac{1}{2r} + \frac{1}{k^2 r^3}\right)\underline{\underline{1}} - \left(\frac{1}{2r} + \frac{3}{k^2 r^3}\right)\mathbf{e_r e_r}\right] \tag{2.106}$$

weist Anteile $\sim 1/r$ auf, die auch im Fernfeld vorhanden sind.

SNOM detektiert die Wechselwirkung einer lokalen Sonde, etwa einer Glasfaserspitze, wie in Abb. 2.16(a) dargestellt, mit dem optischen Nahfeld in der Umgebung der Probenoberfläche. Bei hinreichender Annäherung an die Oberfläche und hinreichender Lokalität der Sonde, die in diesem Fall als beleuchtetes oder leuchtendes Nanoobjekt fungiert, werden, wie vorher dargelegt, im Apexbereich der Sonde evaneszente und propagierende Moden generiert. Entsprechendes findet natürlich an der Probenoberfläche statt, die ja praktisch immer nanostrukturiert ist. Es lassen sich also durch die Sonde propagierende Moden, die durch das Nahfeld der Probe angeregt werden, detektieren, wenn mittels eines Fernfelds beleuchtet wird. Umgekehrt kann durch die Sonde auch im Apexbereich eine Nahfeldbeleuchtung der Probe erfolgen. Diese hat dann eine Generation evaneszenter propagierender Moden an der Probenoberfläche zur Folge. Die propagierenden Moden werden im Fernfeld detektiert. SNOM ist damit hervorragend geeignet, um die Beschaffenheit optischer Nahfelder zu analysieren. Im Hinblick auf die Ortsauflösung ist es dabei entsprechend der vorangegangenen Diskussion erstrebenswert, einen möglichst großen evaneszenten Anteil zu detektieren, der die Subwellenlängenauflösung ermöglicht. Daneben werden aber immer auch Fernfeldanteile detektiert. Der anteilige Beitrag evaneszenter und propagierender Moden lässt sich mittels Fourier–optischer Argumente abschätzen. Das k_x–Raumfrequenzspektrum eines bei $x = 0$ befindlichen punktförmigen Objekts ist gegeben durch

$$\tilde{F}(k_x) = \frac{1}{2\pi}\int_{-\infty}^{\infty} F(x)\exp(i[k_x x])dk_x = \frac{\exp(ikx_0)}{2\pi}\,, \tag{2.107a}$$

mit $F(x) = \delta(x - x_0)$. Die Feldverteilung im Abstand z ergibt sich aus derjenigen für $z = 0$ zu

$$F(x, z) = \int_{-\infty}^{\infty} \tilde{F}(k_x, z = 0)\exp\left(-i\left[k_x x + \sqrt{k^2 - k_z^2}z\right]\right)dk_x\,. \tag{2.107b}$$

Fernfeldmikroskopisch tragen nur propagierende Moden mit $|k_x| \leq \max(|k_x|) = |k| = \omega/c$ bei. Die Bildfeldverteilung ist damit

$$F(x,z) = \frac{1}{2\pi} \int\limits_{-\max(|k_x|)}^{\max(|k_x|)} \exp(-ik_x[x_0 - x])dk_x$$

$$= \frac{\sin(\max(|k_x|)[x - x_0])}{\pi(x - x_0)} . \qquad (2.107c)$$

Das erste Minimum dieser oszillierenden Funktion mit $\max(|k_x|)(x - x_o) = \pm\pi$ ergibt ein Auflösungsvermögen von $\Delta \geq \lambda/2$, was im Wesentlichen dem ausgangs diskutierten Rayleigh–Kriterium entspricht. Berücksichtigt man ausgehend von Gl. (2.107b) auch evaneszente Moden mit $|k_x| > |k| = \omega/c = 2\pi/\lambda$, so ist das Feld im Abstand z zum Punktobjekt gegeben durch

$$F(x,z) = \frac{1}{2\pi} \int\limits_{-\infty}^{\infty} \exp\left(-i\left[k_x(x - x_0) + \sqrt{k^2 - k_x^2}z\right]\right) dk_x . \qquad (2.108)$$

Die SNOM–Sonde kann durch eine komplexwertige Amplitudenfunktion $A(x)$ beschrieben werden. Wenn sie sich bei $z = 0$ befindet, so ist das Feld für $z \gtrsim z_0$ gegeben durch $F_A(x, z_0) = F(x, z_0)A(x)$. Das Fourier–Spektrum ist dann durch $\tilde{F}_A(k_x, z_0) = \tilde{F}(k_x, z_0) \otimes \tilde{A}(k_x)$ gegeben, also durch eine Faltung der Spektren für Feld und Sonde. Das am Detektor bei $z > z_0$ registrierte Feld ist dann

$$F(x,z) = \int\limits_{-\max(|k_x|)}^{\max(|k_x|)} \exp\left(-i\left[k_x x + \sqrt{k^2 - k_x^2}(z - z_0)\right]\right)$$

$$\tilde{F}_A(k_x, z_0)dk_x . \qquad (2.109)$$

In diesem Fall umfasst das Spektrum k_x–Werte, für die gilt $|k_x| \leq \max(|k_x|)$ mit $\exp(-\sqrt{\max^2(|k_x|) - k^2}|z - z_0| \approx 0$. In der Regel ist natürlich $z \gg z_0$. Die Konversion evaneszenter Probenmoden in propagierende Sondenmoden liegt in der Faltung $\tilde{F}(k_x) \otimes \tilde{A}(k_x)$ begründet. Die spektrale Komponente $k_x^{(A)}$ der Sonde sorgt dafür, dass sich die Probenkomponente k_x nach Wechselwirkung mit der Sonde für $z > z_0$ gemäß $\sim \exp(-i\sqrt{k^2 - (k_x - k_x^{(A)})^2 z})$ ausbreitet. Die spektrale Eigenschaft $\tilde{A}(k_x)$ der Sonde und insbesondere die durch $\max(|k_x^{(A)}|)$ gegebene spektrale Bandbreite entscheiden, ob evaneszente Anteile zur Bildgebung beitragen und welchen Anteil sie gegebenenfalls haben. Je lokaler die Sonde, desto größer $\max(|k_x^{(A)}|)$. Evaneszente Anteile des Probenstreufelds fallen gleichzeitig $\sim \exp(-\kappa z_0)$ mit $\kappa = \sqrt{k_x^2 - k^2}$ ab. z_0 muss also möglichst klein und $|k_x| \approx |k|$ sein.

Die anhand des Auflösungsvermögens von SNOM speziell und die einleitend allgemein geführte Diskussion lässt sich offensichtlich auch für elektromagnetische Nahfelder außerhalb des sichtbaren Bereichs verallgemeinern. Allerdings fallen für den Größenbereich $1\,\text{nm} \lesssim d \lesssim 100\,\text{nm}$ typische Nanostrukturen tendentiell mit Nahfeldzonen für Wellenlängenbereiche von $6 \lesssim \lambda \lesssim 630\,\text{nm}$ zusammen. Dieser vom extremen ultravioletten (EUV) bis in den roten Spektralbereich ausgedehnte Teil des Spektrums wird hinsichtlich der Nahfelder erst durch die Nanotechnologie erschlossen. Für langwelligeres Licht sind entsprechend auch Mikrometerkomponenten relevant. Die Diskussion hat ferner gezeigt, dass, wenn Nanostrukturen um $d \lesssim 1/\kappa$ voneinander entfernt sind, so ist bei ihrer Wechselwirkung über elektromagnetische Felder die Nahfeldzone zu berücksichtigen, und es ist insbesondere die Beteiligung evaneszenter Moden von Bedeutung. Die charakteristische oder kritische Dimension $1/\kappa$ hängt stark von der Beschaffenheit der beteiligten Nanoobjekte ab. Als Obergrenze kann $\kappa \approx \lambda/2\pi$ angesehen werden. Die ausführliche Diskussion dieser kritischen Dimension ist im vorliegenden Kontext dadurch gerechtfertigt, dass die Nahfeld- und allgemeiner die Nanooptik – ein wichtiges und dynamisches Teilgebiet der Nanostrukturforschung und Nanotechnologie ist.

Literaturverzeichnis

[2.1] H. Günzler und H.-U. Greulich, *IR-Spektroskopie: Eine Einführung* (Wiley–VCH, Weinheim, 2003).

[2.2] A. Christon, *Electromigration and Electronic Device Degradation* (Wiley, New York, 1994).

[2.3] N.W. Ashcroft und N.D. Mermin, *Festkörperphysik* (Oldenbourg, München, 2007).

[2.4] K. Goser, P. Glösekötter and J. Dienstuhl, *Nanoelectronics and Nanosystems* (Springer, Berlin, 2004).

[2.5] H. Zhang, G. Schmid and U. Hartmann, Nano Lett. **3**, 305 (2003).

[2.6] H. Lüth, *Surfaces and Interfaces of Solids*, in: G. Ertl, R. Gomer and D.L. Mills (Eds), Springer Ser. Surf. Scien. **15** (Springer, Berlin 1993).

[2.7] J.N. Israelachvili, *Intermolecular and Surface Forces* (Academic Press, London, 1992).

[2.8] R. Kelsall, I. Hamley and M. Geoghegan (Eds), *Nanoscale Science and Technology* (Wiley, Chichester, 2005).

[2.9] K. Takayanagi, Y. Tanishiro, S. Takakashi and M. Takakashi, Surf. Sci. **164**, 367 (1985).

[2.10] M. Moreno, LMN, UAM, Madrid; www.nanotec.es.

[2.11] M. Rühle, *Struktur und chemische Zusammensetzung von inneren Grenzflächen in verschiedenen Materialien* (Tätigkeitsbericht, Max–Planck–Gesellschaft, 2004).

[2.12] H. Föll und B. Kolbesen, *Agglomerate von Zwischengitteratomen (Swirl–Defekte) in Silizium – ihre Bedeutung für Grundlagenforschung und Technologie* (Jahrbuch, Akademie der Wissenschaften in Göttingen, 1976).

[2.13] J.O'M Bockris and A.K.N. Reddy, *Modern Electrochemistry 1* (Plenum Press, New. York, 1998).

[2.14] M. Grundmann, *The Physics of Semiconductors* (Springer, Berlin, 2006).

[2.15] M.C.M.M. van der Wielen, A.J.A. van Roij and H. van Kempen, Phys. Rev. Lett. **76**, 1075 (1996).

[2.16] G. Gruner and A. Zettl, Phys. Rep. **119**, 117 (1985).

[2.17] P. Mallet, W. Sacks, D. Roditchev, D. Défourneau and J. Klein, J. Vac. Sci. Technol. B **14**, 1070 (1996).

[2.18] N. Burnham, R.J. Colton and H.M. Pollock, Phys. Rev. Lett. **69**, 144 (1992).

[2.19] B.L. Altshuler, A.G. Aronov and D.E. Klimelnitsky, J. Phys. C **15**, 7367 (1982).

[2.20] W.F. Brown Jr., *Micromagnetics* (Wiley, New York, 1963).

[2.21] A. Hubert and R. Schäfer, *Magnetic Domains* (Springer, Berlin, 1998).

[2.22] math. nist. gov/oommf/.

[2.23] M. Getzlaff, *Fundamentals of Magnetism* (Springer, Berlin, 2008).

[2.24] R. Wiesendanger, Rev. Mod. Phys. **81**, 1495 (2009).

[2.25] M. Pratzer, H.J. Elmers, M. Bode, O. Pietzsch, A. Kubetzka and R. Wiesendanger, Phys. Rev. Lett. **87**, 127201 (2001).

[2.26] A. Wachowiak, J. Wiebe, M. Bode, O. Pietzsch, M. Morgenstern and R. Wiesendanger, Science **298**, 577 (2002).

[2.27] H.C. Manoharan, C.P. Lutz and D. Eigler, Nature **403**, 512 (2000).

[2.28] A.Yazdani, B.A. Jones, C.P. Lutz, M.F. Crommie and D.M. Eigler, Science **275**, 1767 (1997).

[2.29] P. Grünberg, *Layered Magnetic Structures: Interlayer Exchange Coupling and Giant Magnetoresistance*, in U. Hartmann (Ed.), *Magnetic Multilayers and Giant Magnetoresistance* (Springer, Berlin, 2000).

[2.30] J. Coehoorn, Phys. Rev. B **44**, 9331 (1991).

[2.31] J. Bass and W.P. Pratt Jr., J. Phys.: Condens. Matter **19**, 183201 (2007).

[2.32] L.D. Landau, Sov. Phys. JETP **3**, 920 (1957); **5**, 101 (1957); **8**, 70 (1958).

[2.33] R.D. Mattuck, *A Guide to Feynman Diagrams in the Many–Body Problem* (McGraw Hill, New York, 1976).

[2.34] S. Demokritiv, B. Hillebrands and A.N. Slavin, Phys. Rep. **348**, 441 (2001).

[2.35] K. Perzlmaier, M. Buess, C.H. Back, V.E. Demidov, B. Hillebrands and S.O. Demokritov, Phys. Rev. Lett. **94**, 057202 (2005).

[2.36] T. Nikuni, M. Oshikawa and H. Tanaka, Phys. Rev. Lett. **84**, 5868 (1999); T. Radu, H. Wilhelm, V. Yushankhai, D. Krovrizhin, R. Coldea, Z. Tylczynski, T. Lühmann and F. Steglich, Phys. Rev. Lett. **95**, 127202 (2005).

[2.37] S. Demokritov, V.E. Demidov, O. Dzyapko, G.A. Melkov, A.A. Serga, B. Hillebrands and A.N. Slavin, Nature **443**, 430 (2006).

[2.38] J.K. Jain, Phys. Tod. **4**, 39 (2000).

[2.39] H. Niedrig (Ed.), *Bergmann–Schaefer: Lehrbuch der Experimentalphysik: Optik* (de Gruyter, Berlin, 1993).

[2.40] U. Dürig, D.W. Pohl and H. Rohrer, J. Appl. Phys. **59**, 3318 (1986); E. Betzig, A. Lewis, A. Haarotunian, M. Isaacson and E. Kratschmer, Biophys. J. **49**, 269 (1986).

[2.41] D. Courgon and C. Bainier, Rep. Prog. Phys. **57**, 989 (1994).

[2.42] P. Lorrain, D.R. Corson und F. Lorrain, *Elektromagnetische Felder und Wellen* (de Gruyter, Berlin 1995).

[2.43] C. Girard and A. Dereux, Rep. Prog. Phys. **59**, 657 (1996).

[2.44] C. Girard and E. Dujardin, J. Opt. A: Pure Appl. Opt. **8**, S73 (2006).

[2.45] M. Nieto–Vesperinas and E. Wolf, J. Opt. Soc. Am. A **2**, 1429 (1985).

[2.46] J.J. Greffet and R. Caminati, Progr. Surf. Sci. **56**, 133 (1997).

[2.47] S.V. Gaponenko, *Introduction to Nanophotonics* (Cambridge University Press, Cambridge, 2010).

[2.48] M. Ohtsu and K. Kobayashi, *Optical Near Fields* (Springer, Berlin, 2004); L. Novotny and B. Hecht, *Principles of Nanooptics* (Cambridge University Press, Cambridge, 2006).

[2.49] D. Courgon, *Near–Field Microscopy and Near–Field Optics* (Imperial College Press, London, 2003).

3 Quantenphysikalische Grundlagen

Während viele makroskopische Systeme sich physikalisch im Rahmen klassischer Modelle beschreiben lassen, lässt sich das Verhalten von Atomen und Molekülen nur auf Basis quantenphysikalischer Ansätze charakterisieren. Es ist daher evident, dass bei hinreichender Kleinheit einer Komponente oder eines Systems quantenphysikalische Phänomene von mehr oder weniger großer Bedeutung sind. Damit besteht per se ein enger Bezug zwischen weiten Bereichen der Nanotechnologie und der Quantenphysik. Insbesondere elektronische und optische Eigenschaften nanoskaliger Festkörper, aber natürlich auch chemische und biochemische Funktionalitäten molekularer Aggregate lassen sich häufig nur im Rahmen quantenphysikalischer Vorstellungen oder zumindest durch Einbeziehung quantenphysikalischer Aspekte verstehen. Das Maß, in dem quantenphysikalische Phänomene das Verhalten eines Systems prägen, hängt dabei sehr stark von den betrachteten Eigenschaften, wie etwa den mechanischen, elektronischen, optischen oder chemischen, sowie von der Größe des betrachteten Systems ab. Gerade aus dem variierenden und häufig durch die Beschaffenheit eines Nanosystems einstellbaren Einfluss von Quantenphänomenen auf das jeweilige Verhalten eines gegebenen Systems resultiert häufig etwas qualitativ Neues und damit eine spezifische Funktionalität eines Nanosystems.

Ausgehend von den axiomatischen Grundlagen der Quantenphysik ist es im vorliegenden Kontext von Bedeutung, im Detail einige elementare Lösungen der Schrödinger–Gleichung für exemplarische Verläufe des Potentials zu diskutieren, die dann bereits ein erstes Verständnis von verschiedenen für die Nanotechnologie bedeutsamen Systemen erlauben. Relevante Phänomene umfassen hier das Tunneln, quantisierte Oszillationen, Superposition und Dekohärenz, Verschränkung, 2–Niveau-Systeme sowie die Bandstruktur, elektronischen Transport, niedrigdimensionale elektronische Zustände, Spinverteilungen und magnetische Phänomene in Festkörpern.

3.1 Grundlegende Axiome

Wenngleich es auch makroskopische Quantenphänomene wie die Supraleitung gibt, so beschreibt doch für gewöhnlich die Quantenphysik mikroskopische Phänomene und führt makroskopische Materialeigenschaften auf diese zurück. Dabei ist die Quantenphysik in ihrem Gültigkeitsbereich nicht auf den atomaren oder molekularen Bereich beschränkt, sondern ergibt die klassische Physik, also beispielsweise die Newtonsche Mechanik oder die Maxwellsche Elektrodynamik, als Grenzfall.

Die mikroskopische und die makroskopische Welt lassen sich mithilfe des *Planckschen Wirkungsquantums* $h = 6,6 \cdot 10^{-34}$Js unterscheiden: Ein System, in dem für den charakteristischen Wert einer *Wirkung* oder eines *Drehimpulses* $\eta \approx h$ ist, muss quantenmechanisch beschrieben werden. Hingegen verhält sich das System für $\eta \gg h$ klassisch, das heißt wie aus der Skalierung makroskopischer Gesetzmäßigkeiten zu erwarten.

Für schwarze Strahler gilt [3.1]

$$\eta = \frac{k_B T}{\nu_{\max}} , \tag{3.1}$$

wobei nach dem *Wienschen Verschiebungsgesetz* $\nu_{\max} \sim T$ die temperaturabhängige Lage des Maximums der spektralen Strahlungsdichte angibt. k_B ist die Boltzmann-Konstante und T die Temperatur. Mit $\nu_{\max} \approx 10^{14}$Hz für $T = 1000\,\mathrm{K}$ erhält man $\eta \approx 1,4 \cdot 10^{-34}$Js $\approx h$. Damit handelt es sich beim temperaturabhängigen Emissionsspektrum des schwarzen Strahlers um ein quantenphysikalisch zu beschreibendes Phänomen.

Für ein Federpendel ist die Schwingungsperiode

$$T = 2\pi\sqrt{\frac{m}{k}} \tag{3.2}$$

mit der schwingenden Masse m und der Federkonstante k. Das *harmonische Potential* ist gegeben durch

$$U = \frac{1}{2}kx^2 , \tag{3.3}$$

wobei x die Auslenkung bezeichnet. Für die charakteristische Wirkung erhält man

$$\eta = U \cdot T = \pi\sqrt{mk}\, x^2 . \tag{3.4}$$

Für makroskopische Werte von $m = 1\,\mathrm{kg}, k = 900\,\mathrm{N/m}$ und $x = 0,1\,\mathrm{m}$ erhält man $\eta \approx 1\,\mathrm{Js} \gg h$.

Die Schwingungen der Atome in Festkörpern oder Molekülen lassen sich in erster Näherung ebenfalls durch lineare Federpendel beschreiben. Für eine Wechselwirkungsenergie U zwischen den Atomen und einen interatomaren Abstand a erhält man in grober Näherung für die Strecksteifigkeit der interatomaren Bindung

$$k \approx \frac{U}{a^2} . \tag{3.5}$$

Mit einer typischen Bindungsenergie von $U \approx 1\,\text{eV}$ und $a = 1,3\,\text{Å}$ erhält man $k \approx 10\,\text{N/m}$. Für $m \approx 10\,\text{amu} = 1,7 \cdot 10^{-26}\text{kg}$ und $x \approx a/10$ erhält man $\eta \approx 7 \cdot 10^{-34}\text{Js} \approx h$. Es ist völlig evident, dass interatomare Schwingungen quantenphysikalisch beschrieben werden müssen.

Zur quantenphysikalischen Charakterisierung eines Systems verwendet man *Wellenfunktionen*, die Lösung der *quantenmechanischen Wellengleichung*, also der *Schrödinger–Gleichung*, sind. Für den nichtrelativistischen Fall ist diese *axiomatische Gleichung* gegeben durch

$$-\frac{\hbar^2}{2m}\triangle\Psi(\mathbf{r},t) + U(\mathbf{r},t)\Psi(\mathbf{r},t) = i\hbar\frac{\partial\Psi(\mathbf{r},t)}{\partial t} , \tag{3.6}$$

mit $\hbar = h/2\pi$ und der Wellenfunktion Ψ, die das räumlich–zeitliche Verhalten eines *Teilchens* oder *Quasiteilchens*[1] bzw. eines Systems daraus beschreibt. Speziell für den Fall, dass ein *zeitunabhängiges Potential* $U(\mathbf{r})$ vorliegt, erhält man

$$\Psi(\mathbf{r},t) = \varphi(\mathbf{r})\exp(-\frac{iET}{\hbar}) . \tag{3.7}$$

$\varphi(\mathbf{r})$ ist Lösung der *zeitunabhängigen Schrödinger–Gleichung*

$$-\frac{\hbar^2}{2m}\triangle\varphi(\mathbf{r}) + U(\mathbf{r})\varphi(\mathbf{r}) = E\varphi(r) . \tag{3.8}$$

E ist die Teilchenenergie, die abhängig von $U(\mathbf{r})$ diskrete oder kontinuierlich verteilte Werte annehmen kann. Die allgemeinste Lösung wird durch Superposition aller stationären Lösungen $\Psi(\mathbf{r},t)$ mit unterschiedlichen Energien gebildet.$\Psi(\mathbf{r},t)$ ist *stationär*, da

$$\Psi^*(\mathbf{r},t)\Psi(\mathbf{r},t) = \varphi^*(\mathbf{r})\varphi(\mathbf{r}) . \tag{3.9}$$

$\Psi^*(\mathbf{r},t)\Psi(\mathbf{r},t) = |\Psi(\mathbf{r},t)|^2$ beschreibt die *Wahrscheinlichkeitsdichte* des Teilchens am Ort $\mathbf{r}$ zur Zeit t.

Neben der Schrödinger–Gleichung und der *Wahrscheinlichkeitsinterpretation* der Wellenfunktionen besteht ein weiteres grundlegendes Axiom der Quantenphysik im *Korrespondenzprinzip*: Jeder *Observablen* $\mathbf{F}(\mathbf{r},\mathbf{p})$ entspricht ein *Operator* $\hat{\mathbf{F}}$, den man erhält,

[1] Als *Quasiteilchen* bezeichnet man sich wie freie Teilchen verhaltende Elementaranregungen von Teilteilchensystemen. Im Gegensatz zu Elementarteilchen können Quasiteilchen nicht als freie Teilchen existieren, da sie durch Wechselwirkungen des sie erzeugenden Systems definiert werden.

wenn man den Impuls ersetzt durch $\hat{\mathbf{p}} = (\hbar/i)\nabla$. Für den *Erwartungswert* der Observablen gilt dann

$$\langle \mathbf{F} \rangle = \int \Psi^* \hat{\mathbf{F}} \Psi d^3 r \; . \tag{3.10}$$

Da dieser Wert reell sein muss, ist $\hat{\mathbf{F}}$ ein *Hermitescher Operator*. Für die kinetische Energie erhält man

$$\hat{E}_{\text{kin}} = \frac{\hat{\mathbf{p}}^2}{2m} = -\frac{\hbar^2}{2m}\triangle \; . \tag{3.11}$$

Für den Drehimpuls ergibt sich entsprechend

$$\hat{\mathbf{L}} = \hat{\mathbf{r}} \times \hat{\mathbf{p}} = \frac{\hbar}{i}\hat{\mathbf{r}} \times \nabla \; . \tag{3.12}$$

Der *Hamilton–Operator* der Gesamtenergie ist gegeben durch

$$\hat{H} = \hat{E}_{\text{kin}} + U = -\frac{\hbar^2}{2m}\triangle + U = i\hbar\frac{\partial}{\partial t} \; . \tag{3.13}$$

Im stationären Fall gilt *Energieerhaltung*: $\langle H \rangle = E = \text{const.}$ Allgemein bezeichnet man

$$\hat{\mathrm{F}}\Psi = F_0 \Psi \; . \tag{3.14}$$

als *Eigenwertgleichung* des Operators $\hat{\mathrm{F}}$ mit der *Eigenfunktion* Ψ und dem *Eigenwert* F_0. Ist diese Gleichung erfüllt, so hat die Observable F den scharfen, das heißt nicht streuenden Wert F_0. Als weiteres Axiom ist anzusehen, dass die einzig möglichen Messwerte der Observablen F die Eigenwerte von $\hat{\mathrm{F}}$ sind. Im Allgemeinen ist Ψ keine Eigenfunktion von $\hat{\mathrm{F}}$, sondern eine Superposition von Eigenfunktionen. Wiederholte Messungen von F ergeben mit unterschiedlicher Wahrscheinlichkeit verschiedene Eigenwerte von $\hat{\mathrm{F}}$.

Da die Eigenfunktionen eines jeden Hermiteschen Operators einen vollständigen Satz orthogonaler Funktionen bilden [3.2] mit

$$\int \Psi_n^* \Psi_m d^3 r = \begin{cases} 1 & n = m \\ 0 & n \neq m \end{cases} \; , \tag{3.15}$$

kann die Lösung der Schrödinger–Gleichung nach *orthonormierten Eigenfunktionen* des Hamilton–Operators entwickelt werden:

$$\Psi = \sum_n c_n \Psi_n \; . \tag{3.16}$$

$c_n^* c_n = |c_n|^2$ gibt die Wahrscheinlichkeit dafür an, bei einer Messung der Observablen F den Wert F_n zu erhalten mit

$$\hat{\mathrm{F}}\Psi_n = F_n \Psi_n \,. \tag{3.17}$$

Als wichtige Konsequenz aus den quantenmechanischen Axiomen ergibt sich die *Heisenbergsche Unschärferelation* [3.2]: Jedes Paar kanonisch konjugierter Variablen kann nur mit endlicher Schärfe bestimmt werden. Damit gilt insbesondere

$$\triangle p \triangle x \gtrsim h \,, \tag{3.18a}$$
$$\triangle E \triangle t \gtrsim h \,. \tag{3.18b}$$

3.2 Potentialstreuung und Tunneleffekt

3.2.1 Streuung an einer Potentialstufe

Es wird der eindimensionale Fall eines zeitunabhängigen Potentials betrachtet: $U(\mathbf{r}, t) = U(x)$ mit

$$U(x) = \begin{cases} 0 & , \; x < 0 \\ U_0 & , \; x \geq 0 \end{cases} \,. \tag{3.19}$$

Dieser Potentialverlauf ist in Abb. 3.1 dargestellt für zwei unterschiedliche kinetische Energien eines von links einlaufenden Strahls von Teilchen. Für die Lösung der zeitunabhängigen Schrödinger–Gleichung

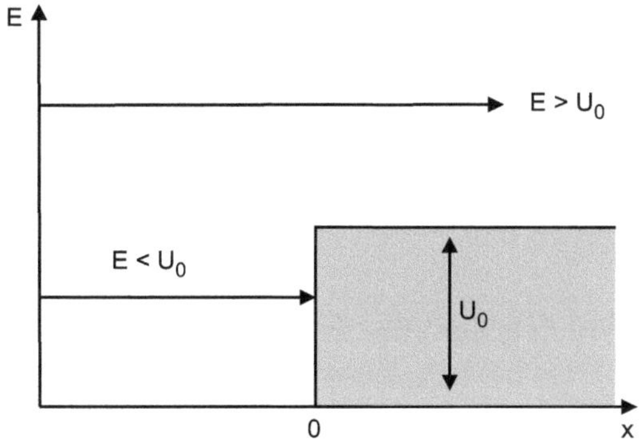

Abb. 3.1: *Geometrie zur Streuung von Teilchen an einer Potentialstufe.*

$$\frac{d^2\varphi(x)}{dx^2} + \frac{2m[E - U(x)]}{\hbar^2}\varphi(x) = 0 \qquad (3.20)$$

muss die Stetigkeit von φ und $d\varphi/dx$ im gesamten Bereich vorausgesetzt werden. Für den Fall, dass die kinetische Energie $E < U_0$ im Bereich $x < 0$ ist, wäre die kinetische Energie $E - U_0$ für $x \geq 0$ negativ. Das bedeutet, dass die Teilchen sich klassisch gesehen nicht im Bereich $x \geq 0$ aufhalten können. Aus quantenphysikalischer Sicht erhält man hingegen als Lösung der Schrödinger–Gleichung

$$\varphi(x) = A\left[\exp(ikx) + \frac{ik + \kappa}{ik - \kappa}\exp(-ikx)\right] \qquad (3.21a)$$

für $x < 0$, und

$$\varphi(x) = \frac{2ik}{ik - \kappa} A\,\exp(-\kappa x) \qquad (3.21b)$$

für $x \geq 0$ mit $k = \sqrt{2mE}/\hbar$ und $\kappa = \sqrt{2m(U_0 - E)}/\hbar$. A ist die Amplitude der die einlaufenden Teilchen beschreibenden ebenen *de Broglie–Welle*

$$\Psi_e(x,t) = A\exp(i[kx - \omega t])\ , \qquad (3.22)$$

mit $\omega = E/\hbar$.

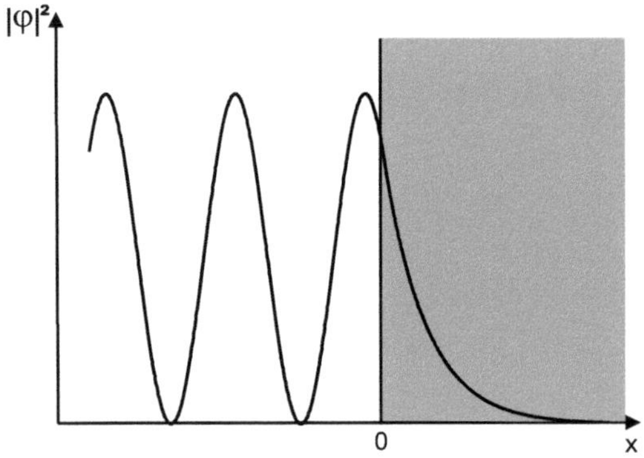

Abb. 3.2: *Aufenthaltswahrscheinlichkeit nahe einer Potentialstufe, deren Höhe die kinetische Energie der Teilchen übersteigt.*

Der *Reflexionskoeffizient*, der sich aus dem Verhältnis der Wahrscheinlichkeitsdichte der reflektierten zu derjenigen der einlaufenden Welle ergibt, ist eins. Damit liegt *Totalreflexion* vor, wie man es aus der klassischen Sichtweise erwarten würde. Da allerdings

$|\varphi(x)|^2 \neq 0$ für $x \geq 0$, dringen die Teilchen mit exponentiell abfallender Wahrscheinlichkeit in den verbotenen Bereich ein. Dieses in Abb. 3.2 dargestellte Phänomen entspricht einem bei der optischen Totalreflexion beobachteten Phänomen: Jenseits der Ober- oder Grenzfläche, an der die Totalreflexion stattfindet, existiert ein elektromagnetisches Feld in einem Bereich, der größenordnungsmäßig durch die entsprechende Wellenlänge definiert ist, das allerdings nicht zur Abstrahlung von Energie senkrecht zur Grenzfläche führt [3.3].

Für $E > U_0$ erhält man

$$\varphi(x) = A\left[\exp(ikx) + \frac{k-\kappa}{k+\kappa}\exp(-ikx)\right] \tag{3.23}$$

für $x < 0$ und

$$\varphi(x) = A\frac{2k}{k+\kappa}\exp(i\kappa x) \tag{3.24}$$

für $x \geq 0$. Dabei ist nunmehr $\kappa = \sqrt{2m(E-U_0)}/\hbar$. Für den Reflexionskoeffizienten erhält man

$$R = \left(\frac{k-\kappa}{k+\kappa}\right)^2 . \tag{3.25}$$

Dies entspricht dem Wert, den man bei senkrechter Inzidenz einer elektromagnetischen Welle an der Grenzfläche zwischen einem Medium mit dem Brechungsindex n_1 und einem solchen mit n_2 erwartet [3.3]:

$$R = \left(\frac{n_1-n_2}{n_1+n_2}\right)^2 . \tag{3.26}$$

Der *Transmissionskoeffizient* ist gegeben durch

$$T = 1 - R . \tag{3.27}$$

Allgemein ist damit also $R < 1$ und $T > 0$. Wie in Abb. 3.3 dargestellt, wächst die Wellenlänge λ im Bereich des Potentials U_0 gegenüber dem potentialfreien Bereich an. Die Größen k und κ charakterisieren die Wellenzahlen mit

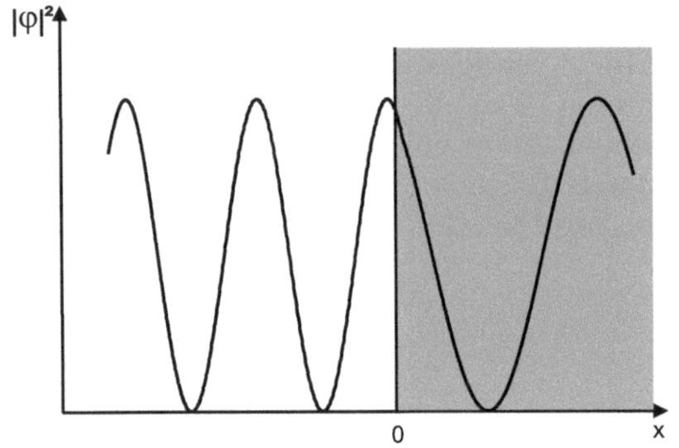

Abb. 3.3: *Aufenthaltswahrscheinlichkeit in der Nähe einer Potentialstufe, deren Höhe geringer ist als die kinetische Energie der Teilchen.*

$$k = \frac{2\pi}{\lambda_{U=0}} > \kappa = \frac{2\pi}{\lambda_{U=U_0}} \,. \tag{3.28}$$

Stehende Wellen treten als Folge der stationären Lösungen auf. Im vorliegenden Fall wurde nicht das Verhalten eines Teilchens sondern dasjenige eines stationären Stroms von Teilchen beschrieben. Die erhaltenen Ergebnisse sind beispielsweise von Relevanz für den elektronischen Transport.

Wann sollten sich die mikroskopischen Phänomene der Potentialstreuung direkt beob-

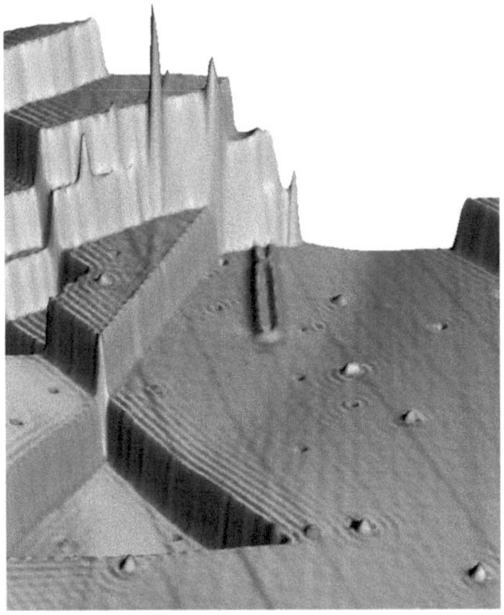

Abb. 3.4: *Stehende Elektronenwellen der Cu(111)-Oberfläche, welche die Potentialstreuung an Stufenkanten und Defekten repräsentieren. Die Periodizität beträgt ca. 1,5 nm. Die Amplitude entspricht etwa 0,002 nm [3.5].*

achten lassen? In jedem Fall ist für eine direkte Beobachtung vorauszusetzen, dass eine Ortsauflösung erreichbar ist, die mindestens von der Größenordnung der Wellenlänge $\lambda = 2\pi/k = h/\sqrt{2mE}$ der Wellenfunktion $\varphi(x)$ ist. Bei freien Elektronen ergibt sich etwa für eine kinetische Energie von 1 eV (mit $1\,\text{eV} = 1,6 \cdot 10^{-19}\,\text{J}$) $\lambda \approx 1\,\text{nm}$. Das entspricht größenordnungsmäßig den Energien der Leitungselektronen in Festkörpern. Die durch λ definierte charakteristische Längenskala fällt also in den für die Nanotechnologie interessanten Bereich und ist, wie in Abschn. 3.2.2 ausgeführt, der Nanoanalytik durchaus zugänglich. Methoden der Nanoanalytik, namentlich die Rastertunnelmikroskopie, haben es erstmalig erlaubt, Quantenphänomene, also beispielsweise die variierende Aufenthaltswahrscheinlichkeit für Elektronen, mit moderatem Aufwand direkt sichtbar zu machen. Abbildung 3.4 zeigt ein außerordentlich instruktives Beispiel dafür, dass in der Nanotechnologie Wellenfunktionen direkt zugänglich sind und Quantenphysik damit visualisiert werden kann. Es ist deutlich sichtbar, wie die Potentialstreuung an topographischen Strukturen und Defekten zur Ausbildung eines Musters stehender elektronischer Oberflächenwellen führt. Derartige Ladungsdichteschwankungen werden als *Friedel–Oszillationen* bezeichnet [3.4]. Durch gezielte Manipulation einzelner Atome ist es sogar gelungen, Resonatoren für elektronische Oberflächenwellen zu konstruieren, die ein Maßschneidern des Wellenfelds gestatten. Ein Beispiel hierfür ist in Abb. 3.5 dargestellt.

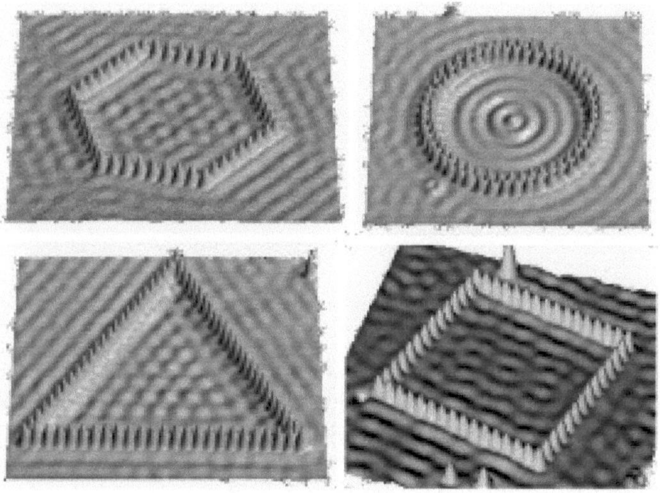

Abb. 3.5: *Zweidimensionale Potentialtöpfe aus Fe–Atomen auf einer Cu(111)–Oberfläche, die durch atomare Manipulation mit dem Rastertunnelmikroskop hergestellt wurden. Deutlich sichtbar sind die stehenden elektronischen Oberflächenwellen [3.6].*

3.2.2 Tunneln

Eine Situation von grundlegender Bedeutung für viele Anwendungsbereiche der Nanotechnologie und insbesondere der Nanoelektronik ergibt sich, wenn aus der Potentialstufe eine *Potentialbarriere* endlicher Höhe und Breite wird, wie in Abb. 3.6 dargestellt.

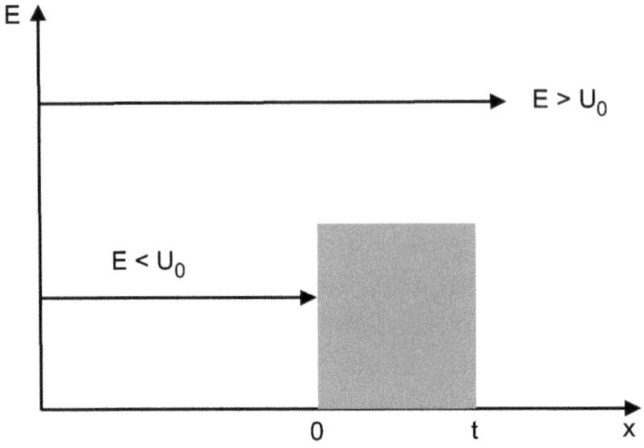

Abb. 3.6: *Geometrie zur Behandlung des Tunneleffekts und der Streuung an einer Potentialbarriere.*

Für $E < U_0$ ergibt sich wie vorher eine Überlagerung von einlaufender und reflektierter Welle. Unter Berücksichtigung der Stetigkeitsbedingungen für φ und $d\varphi/dx$ bei $x = 0$ und $x = t$ ergibt sich für den Reflexionskoeffizienten

$$R = \frac{\sinh^2(\kappa t)}{(2\kappa k)^2/(\kappa^2 + k^2)^2 + \sinh^2(\kappa t)} \tag{3.29}$$

mit κ und k wie zuvor definiert. Über $R + T = 1$ erhält man

$$T = \frac{1}{1 + (\kappa^2 + k^2)^2 \sinh^2(\kappa t)/(2\kappa k)^2} \,. \tag{3.30}$$

Klassisch würde man $T = 0$ erwarten, da für $E < U_0$ die kinetische Energie im Barrierenbereich negativ würde. Der quantenphysikalische Ansatz liefert demgegenüber eine von E, U_0 und t abhängige Wahrscheinlichkeit dafür, dass die Teilchen die Barriere „durchtunneln“, ein Prozess, der klassisch keine Entsprechung hat. Die resultierende Wahrscheinlichkeitsdichteverteilung ist in Abb. 3.7 dargestellt. Für $x < 0$ und $x > t$ ist $\lambda = 2\pi/k$.

Für $E > U_0$ erhält man

$$R = \frac{\sin^2(\kappa t)}{(2\kappa k)^2/(k^2 - \kappa^2)^2 + \sin^2(\kappa t)} \,, \tag{3.31}$$

mit κ wie zuvor. Die Reflexion zeigt also ein oszillatorisches Verhalten im Gegensatz zur klassischen Situation mit $R = 0$. Mit $R + T = 1$ ergibt sich

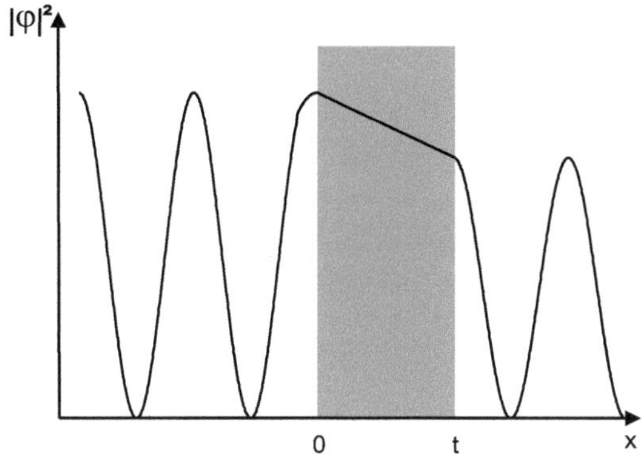

Abb. 3.7: *Aufenthaltswahrscheinlichkeit der Teilchen in der Nähe der Potentialbarriere für den Tunneleffekt.*

$$T = \frac{1}{1 + (k^2 - \kappa^2)^2 \sin^2(\kappa t)/(2k\kappa)^2} \,. \tag{3.32}$$

Den klassisch zu erwartenden Wert von $T = 1$ erhält man offensichtlich für $E \gg U_0$ und für spezielle diskrete Energiewerte, gegeben durch

$$E_n = U_0 + \frac{\pi^2 \hbar^2}{2mt^2} n^2 \,, \tag{3.33}$$

mit $n = 1, 2, \ldots$. Das entsprechende Ergebnis für R und T ist in Abb. 3.8 dargestellt. E_n entspricht der Energie von Eigenzuständen eines Potentialtopfs (vgl. Abschn. 3.3). Im Resonanzfall $E = E_n$ ist die Transmission durch die Barriere maximal.

Auf dem Tunneleffekt basiert das *Rastertunnelmikroskop*, dessen Entwicklung ein entscheidender Meilenstein für die entstehende Nanotechnologie war. Grundlage des Rastertunnelmikroskops ist das Tunneln von Elektronen durch eine Potentialbarriere zwischen zwei leitfähigen Elektroden.

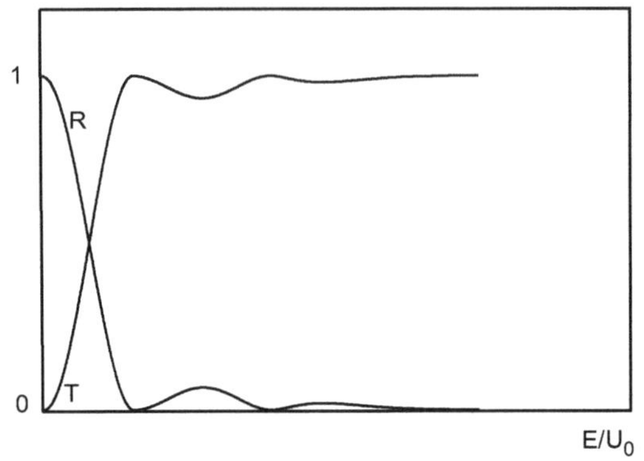

Abb. 3.8: *Reflexionskoeffizient und Transmissionskoeffizient bei der Streuung von Teilchen an einer Potentialbarriere, deren Höhe geringer ist als die kinetische Energie der Teilchen.*

Betrachtet man ein Metall, so können sich die Elektronen in diesem im Allgemeinen „quasifrei“ bewegen (vgl. Abschn. 3.5). Zum Verlassen des Metalls ist eine Austrittsarbeit Φ zu überwinden, welche der energetischen Differenz zwischen dem höchsten besetzten elektronischen Zustand E_F – dem *Fermi–Niveau* – und dem Vakuumniveau E_V entspricht. Diese Situation ist schematisch in Abb. 3.9 dargestellt. Betrachten wir zwei Metallelektroden in großem Abstand, so wird man im allgemeinen Fall zwei unterschiedliche Austrittsarbeiten Φ_1 und Φ_2 zu erwarten haben. Die elektronischen Wellenfunktionen $\varphi_E(x)$ klingen im Vakuum exponentiell ab, wie in Abb. 3.2 dargestellt, wobei die Abklinglänge $1/\kappa$ von der Energie E abhängig ist:

$$\varphi_E(x) \sim \exp(-\kappa x) \tag{3.34}$$

mit $\kappa = \sqrt{2m(E_V - E)}/\hbar$.

$E = \hbar^2 k_x^2/2m$ ist die Energie eines elektronischen Zustands in x–Richtung unter Verwendung der Masse des Elektrons m. Diese Situation ist in Abb. 3.10(a) illustriert. Wenn die Distanz t zwischen den Elektroden so gering wird, dass die Potentialbarriere durchtunnelt werden kann – und dies ist der Fall, wenn die Wellenfunktionen φ_1 und φ_2 überlappen – erfolgt aufgrund von Tunnelprozessen ein Ausgleich der Fermi–Energien E_{F1} und E_{F2}. Dadurch entsteht, wie in Abb. 3.10(b) dargestellt, eine Potentialdifferenz – die *Kontaktspannung* – von $|\Phi_1 - \Phi_2|$ zwischen den Elektroden. Der Nettostrom verschwindet allerdings nach Ausgleich der Fermi–Niveaus. Wird jedoch durch Applikation einer äußeren Spannung V zwischen den Elektroden eine zusätzliche Potentialdifferenz eV erzeugt, so fließt ein Tunnelstrom I. Dies ist in Abb. 3.10(c) dargestellt. Man erhält als Lösung der Schrödinger–Gleichung in der WKB–Näherung[1] für den Transmissionskoeffizienten [3.2]

[1]WKB steht für *G. Wentzel* (1898 – 1978), *H. A. Kramers* (1854 – 1952) und *L. Brillouin* (1889 – 1969), die im Wesentlichen unabhängig voneinander eine Methode wiederentdeckten, die darin besteht, eine Entwicklung nach Potenzen von $\hbar$ durchzuführen und Therme höherer Ordnung als $\hbar^2$ zu vernachlässigen.

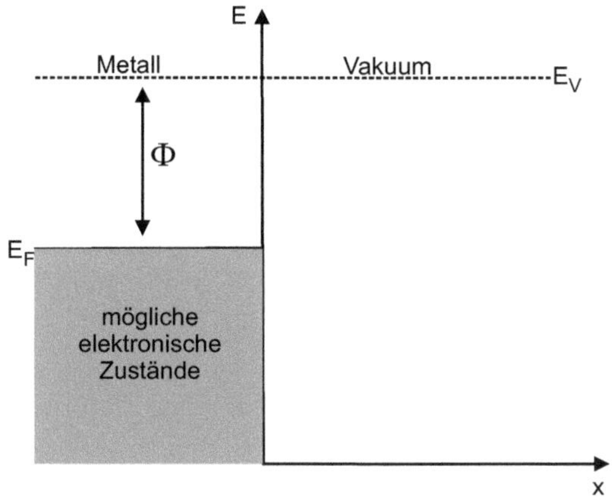

Abb. 3.9: *Besetzbare elektronische Zustände in einem Metall.*

$$T(E,V) \sim \exp\left(-\frac{2}{\hbar}\int_0^t \sqrt{2m(U(x)-E)}dx\right) . \tag{3.35}$$

E ist hier die Energie relativ zur Fermi–Energie E_F.

Der Tunnelstrom I ergibt sich aus einer Integration über das Energieintervall zwischen E_{F1} und E_{F2}. In der *Kleinsignalnäherung* $eV \ll (\Phi_1 + \Phi_2)/2 = \Phi$, wobei Φ als *effektive Barrierenhöhe* bezeichnet wird, ist die Stromdichte gegeben durch [3.7]

$$j = \frac{e^2}{8\pi^2\hbar}\frac{k_0 V}{t}\exp(-k_0 t) . \tag{3.36}$$

Da für den Strom $I \sim V$ ist, verhält sich die Tunnelbarriere in diesem Kleinsignalbereich „ohmsch". Der Verlauf der Tunnelkennlinie für zwei verschiedene Barrierendicken ist in Abb. 3.11 dargestellt.

Die charakteristische Abklinglänge

$$\frac{1}{k_0} = \frac{\hbar}{2\sqrt{2m\Phi}} \tag{3.37}$$

liegt für $m = 9,1 \cdot 10^{-31}$ kg und $\Phi = 4$ eV, was ein typischer Wert für eine Potentialbarriere ist, bei ≈ 1 Å. Für die Tunnelmikroskopie ist von Bedeutung, dass bei einer Variation des Elektrodenabstands um 1 Å der Tunnelstrom sich im typischen Arbeitsbereich um etwa eine Größenordnung ändert. Damit haben atomare Variationen im

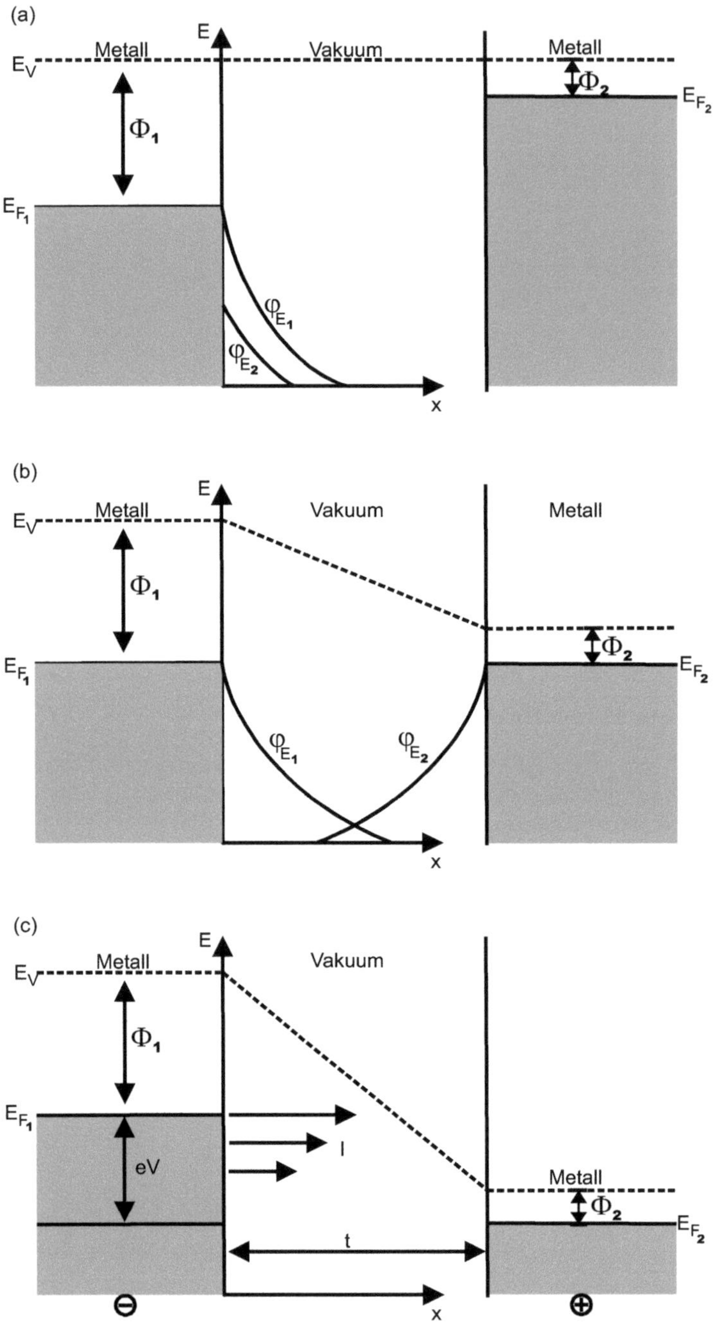

Abb. 3.10: *(a) Relative Lage der Fermi–Niveaus in verschiedenen Metallen ohne gegenseitige Wechselwirkung.(b) Angleichen der Fermi–Niveaus bei Überlappung der Wellenfunktionen beider Metalle. (c) Durchtunneln der Potentialbarriere bei Anlegen einer Potentialdifferenz zwischen zwei Metallen.*

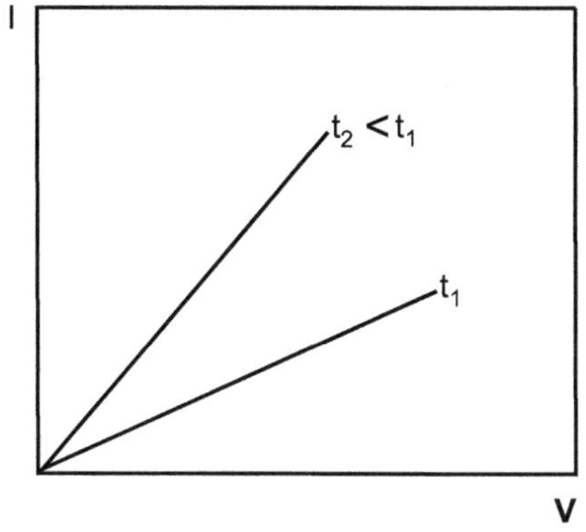

Abb. 3.11: *Tunnelstrom als Funktion der angelegten Spannung im Kleinsignalregime für zwei unterschiedliche Dicken der Potentialbarriere.*

Tunnelabstand signifikante Auswirkungen auf den Tunnelstrom. Beim Rastertunnelmikroskop ist nun eine der Elektroden als scharfe Spitze ausgebildet. Diese Spitze kann mit atomarer Präzision in alle Raumrichtungen bewegt werden. Dadurch, dass bei einer Spitze zwangsläufig ein Atom das exponierteste ist und der Strom für etwas weiter zurückliegende Atome drastisch abfällt, fließt typisch 90 % des Tunnelstroms über das exponierte Atom. Variiert man die Tunneldistanz im Å–Bereich, so sollte der Tunnelstrom bei konstanter Spannung nach Gl. (3.36) exponentiell variieren. Dies lässt sich tatsächlich im Experiment beobachten. Die starke Variation des Tunnelstroms mit dem Interelektrodenabstand ist die Basis dafür, dass mit dem Tunnelmikroskop einzelne Atome sichtbar gemacht werden können, wie in Abb. 3.5 dargestellt. Dabei muss allerdings berücksichtigt werden, dass ein tunnelmikroskopisches Bild nicht einfach nur Höhenunterschiede wiedergibt, sondern dass auch Variationen der elektronischen Zustandsdichte berücksichtigt werden müssen, was Grundlage der Kontraste in Abb. 3.4 ist.

Erhöht man die Tunnelspannung über den Kleinsignalbereich hinaus, so wird die Strom–

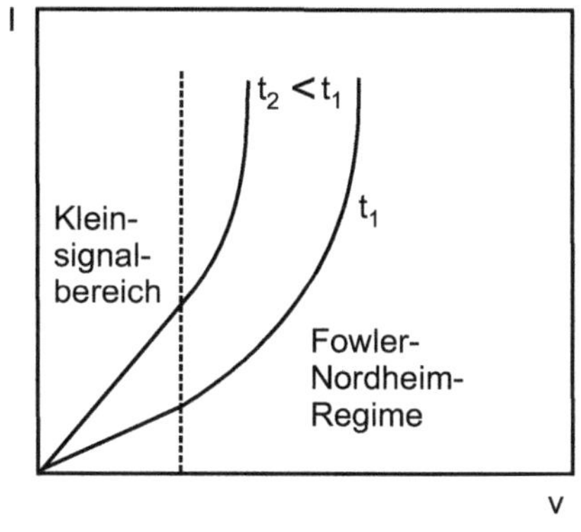

Abb. 3.12: *Strom–Spannungs–Abhängigkeit für unterschiedliche Tunnelregime.*

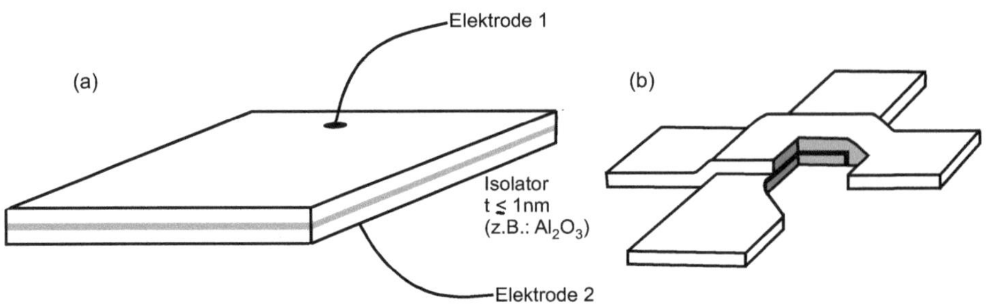

Abb. 3.13: *(a) Schematische Darstellung eines planaren Tunnelkontakts und (b) mögliche reale Ausführungsform.*

Spannungs–Kennlinie nichtlinear. Im *Fowler–Nordheim–Regime* [3.8] ist die Stromdichte gegeben durch

$$j = \frac{e^3 V^2}{16\pi^2 \hbar t^2 \Phi} \exp\left(-\frac{2k_0 \Phi t}{3eV}\right) , \tag{3.38}$$

wobei k_0 wie zuvor definiert ist. Die Spannung ist hier so groß, dass die Barriere $U(x)$ einen dreieckigen Verlauf annimmt (wie dies in Abb. 3.10(c) der Fall ist) und mit der Austrittsarbeit Φ der negativ gepolten Elektrode Gl. (3.38) aus Gl. (3.35) resultiert. Das „nichtohmsche" Verhalten ist evident: Mit wachsender Spannung wächst der Strom exponentiell an, wie in Abb. 3.12 dargestellt.

Vor Entwicklung der Tunnelmikroskopie wurde der Tunneleffekt unter anderem an planaren Festkörpertunnelkontakten intensiv studiert [3.9]. Derartige Kontakte sind wie in Abb. 3.13 dargestellt aufgebaut. In Form planarer Tunnelkontakte ist der Tunneleffekt von Bedeutung für Bauelemente der Nanoelektronik: Einerseits limitiert er die minimale Dicke von Isolatoren, andererseits kann er gezielt genutzt werden, um ein Bauelement mit einer bestimmten Funktionalität auszustatten.

3.2.3 Einzelelektronentunneln

Im Bereich der Nanoelektronik ist eine spezielle Variante des Tunneleffekts, das *Einzelelektronentunneln* (*SET*, *single electron tunneling*), von besonderer Bedeutung [3.10]. Einem ohmschen Tunnelkontakt kann ein Tunnelwiderstand $R = I/V$ zugeschrieben werden. Zusätzlich muss ihm eine Kapazität C zugeordnet werden. Daher verwendet man für einen entsprechenden Tunnelkontakt ein Symbol, das, wie in Abb. 3.14 dargestellt, die klassischen Symbole für C und R vereint. Für einen planaren Kontakt ist

$$C = \varepsilon_0 \varepsilon_r \frac{F}{t} , \tag{3.39}$$

mit der Querschnittsfläche F, dem Interelektrodenabstand t und der relativen Dielektrizitätskonstante ε_r. Ein isoliertes Partikel kann man als Kugelkondensator betrachten. Danach ist

$$C = 4\pi\varepsilon_0\varepsilon_r r \; , \tag{3.40}$$

mit dem Partikelradius r.

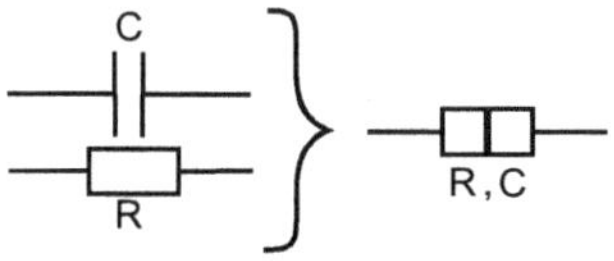

Abb. 3.14: *Symbol für einen Einzelelektronentunnelkontakt.*

Verbindet man einen Tunnelkontakt mit den charakteristischen Werten R und C mit einer idealen Stromquelle, die einen unendlichen Innenwiderstand besitzt und Elektronen bei absolut konstanter Rate liefert, so ist das Potential über dem Kontakt gegeben durch

$$V = \frac{Q}{C} \; , \tag{3.41}$$

wobei Q die akkumulierte Ladung ist. Die in dem Kontakt gespeicherte elektrostatische Energie ist dann gegeben durch

$$E_C = \frac{Q^2}{2C} \; . \tag{3.42}$$

Tunnelt nun ein Elektron von einer Kondensatorplatte zur anderen, so ist damit eine Änderung der Ladungsenergie verbunden:

$$\triangle E_\pm = E(Q \pm e) - E(Q) \; , \tag{3.43a}$$

wobei das Vorzeichen von der Richtung des Tunnelprozesses abhängt. Mit Gl. (3.42) erhält man

$$\triangle E_\pm = \pm eV + \frac{e^2}{2C} \; . \tag{3.43b}$$

Für kleine Spannungen ist in jedem Fall $\Delta E_\pm > 0$, so dass Tunnelprozesse unterdrückt sind, wie in Abb. 3.15 dargestellt.

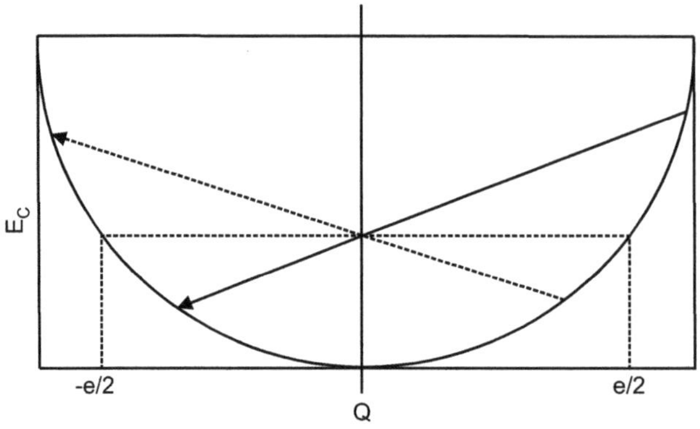

Abb. 3.15: *Erlaubte (durchgezogener Pfeil) und verbotene (gestrichelter Pfeil) Tunnelprozesse bei kapazitätsbehafteten Kontakten.*

In gewöhnlichen Tunnelkontakten tritt die elektrostatische Blockade des Tunnelprozesses nicht auf, weil die thermische Anregungsenergie $k_B T$ weitaus größer als die charakteristische Ladungsenergie $e^2/2C$ ist und die Elektronen damit problemlos die Potentialbarriere überwinden können. Bei Raumtemperatur beträgt die thermische Energie $\approx 25\,\text{meV}$. Eine Aufladungsenergie in dieser Größenordnung würde man für eine Kapazität von $\approx 3 \cdot 10^{-18}\text{F} = 3\,\text{aF}$ erwarten. Mit $\varepsilon_0 = 8{,}9 \cdot 10^{-12}\text{As}/(\text{Vm})$ und $t = 1\,\text{nm}$ würde dies bei einem Kondensator mit quadratischen Platten einer Plattenabmessung von $\approx 20\,\text{nm}$ entsprechen. Für ein sphärisches Partikel gemäß Gl. (3.40) erhielte man einen Durchmesser von $\approx 30\,\text{nm}$. Diese Abmessungen sind charakteristisch für die Nanotechnologie. Es lassen sich zumindest im Labormaßstab deutlich kleinere Dimensionen erreichen, so dass man auch bei Raumtemperatur

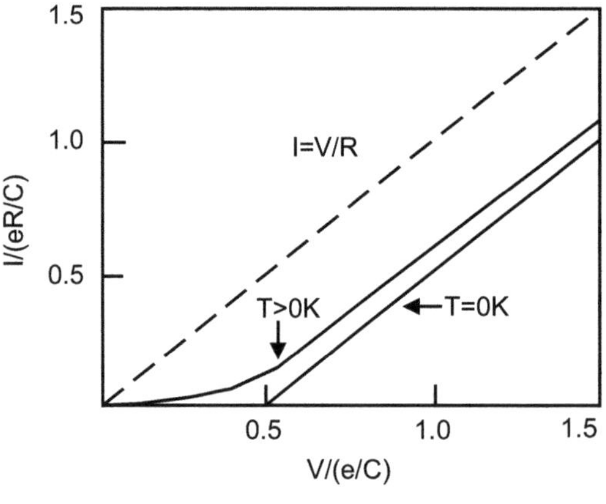

Abb. 3.16: *Strom–Spannungs–Abhängigkeit des Einzelelektronentunnelns im Limit verschwindender Temperatur und bei endlicher Temperatur sowie der Grenzfall für eine unendliche Temperaratur (gestrichelt).*

$$\frac{e^2}{2C} \gg k_B T \tag{3.44}$$

erhält. Damit wird das *korrelierte Einzelelektronentunneln* bei nanoskaligen Tunnelkontakten beobachtbar [3.11].

Für $|V| < e^2/2C$ können, wenn Gl. (3.44) erfüllt ist, Elektronen nicht tunneln, was man als *Coulomb–Blockade* bezeichnet. Der Einfluss der Coulomb–Blockade auf die Strom–Spannungs–Kennlinie ist in Abb. 3.16 dargestellt. Die Aufladung des Tunnelkontakts führt aufgrund der quantisierten Ladung mit den Quanten e zur Korrelation der Tunnelprozesse, ein Effekt, der außerordentlich interessant für zukünftige Bauelementekonzepte ist.

Bei $T > 0$ erhalten die Elektronen zusätzlich eine thermische Anregungsenergie und der Tunnelstrom wird temperaturabhängig. Dies ist ebenfalls in Abb. 3.16 dargestellt. Aber auch aus quantenphysikalischen Gründen sind die elektrostatische Energie des Tunnelkontakts und der Tunnelzeitpunkt nur mit Unschärfen ΔE und Δt bestimmt, wobei für diese *kanonisch konjugierten Variablen* die Heisenbergsche Unschärferelation aus Gl. (3.18) gilt. Damit Aufladungseffekte beobachtbar sind, ist vorauszusetzen, dass

$$\frac{e^2}{2C} \gg \Delta E \,, \tag{3.45a}$$

$$2RC \gg \Delta t \,. \tag{3.45b}$$

Damit erhält man

$$R \gg \frac{h}{e^2} = R_Q \,. \tag{3.46}$$

$R_Q = 25{,}8\,\mathrm{k\Omega}$ ist ein fundamentales *Widerstandsquantum* [3.12]. Unterschreitet der Tunnelwiderstand diesen elementaren Widerstandswert, so muss das Gesamtsystem, bestehend aus den durch Isolatoren getrennten Elektroden, als *stark gekoppelt* betrachtet und durch eine einheitliche Gesamtwellenfunktion beschrieben werden. Dies ist schematisch in Abb. 3.17 dargestellt.

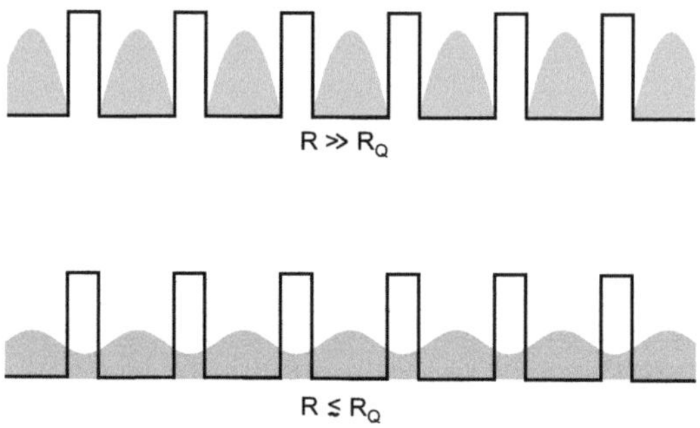

Abb. 3.17: *Serienschaltung aus Einzelelektronentunnelkontakten, deren Widerstände entweder groß gegenüber oder vergleichbar mit dem Quantenwiderstand sind.*

Von großer Bedeutung sind Systeme mit mehreren Tunnelkontakten, wie in Abb. 3.18 dargestellt. Hier tritt neben der Coulomb–Blockade zusätzlich eine *Coulomb-Treppe* mit *Coulomb–Stufen* auf. Unterschiedliche Transmissionskoeffizienten T_i der einzelnen Barrieren nach Gl. (3.28) und unterschiedliche Tunnelzeiten R_iC_i führen zu unterschiedlichen Aufladungen der einzelnen Elektroden des Systems in Abhängigkeit von der angelegten Gesamtspannung. Hierdurch entstehen charakteristische Coulomb–Stufen in der Kennlinie bei diskreten Werten der Gesamtspannung V. Insgesamt ist die Kennlinie damit durch den Coulomb–Blockadebereich, durch die Lage der Stufen und durch die Steigung innerhalb der Plateaus charakterisiert. Typische Strom–Spannungs–Kennlinien sind in Abb. 3.19 für unterschiedlich viele Kontakte dargestellt.

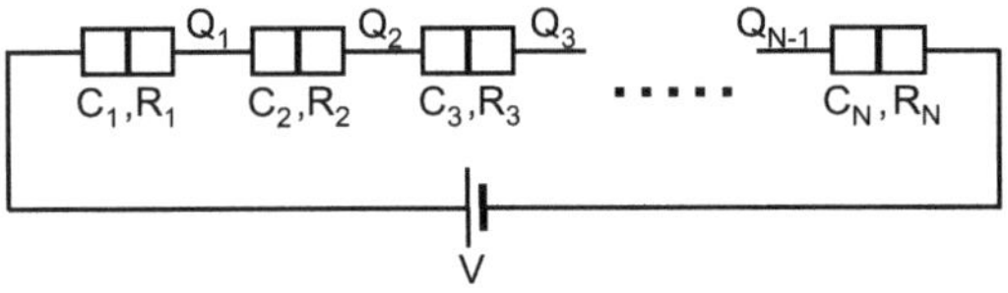

Abb. 3.18: *Serienschaltung aus Einzelektronentunnelkontakten mit den relevanten Charakteristika.*

Der Spannungsabfall über dem k-ten Kontakt ist für $Q_k = q_{k+1} - q_k$ mit den Kontaktladungen $\pm q_k$, $V_k = Q_k/C_k$ und $V = \Sigma V_k$:

$$V_k = \frac{C_{\text{tot}}}{C_k}\left(V - \sum_{m=2}^{N}\frac{Q_\Sigma(m)}{C_m} + \frac{Q_\Sigma(k)}{C_{\text{tot}}}\right) , \tag{3.47}$$

mit

$$\frac{1}{C_{\text{tot}}} = \sum_{i=1}^{N}\frac{1}{C_i} \tag{3.48}$$

und

$$Q_\Sigma(m) = e\sum_{i=1}^{m-1} n_i \; . \tag{3.49}$$

$Q_\Sigma(m)$ gibt die gesamte Ladung der ersten $m-1$ Elektroden an, wobei n_i die Anzahl der Elementarladungen auf den jeweiligen Elektroden und das Vorzeichen der Ladung angibt. $Q_\Sigma(k)$ ist entsprechend für $k \geq 2$ definiert. Die Änderung der elektrostatischen Energie des Gesamtsystems als Folge eines Tunnelprozesses am k–ten Kontakt ist mit

$$\triangle E_k^{\pm} = \int_0^{\pm e} dq V_k(Q_1, \ldots, Q_{k-1} + q, Q_k - q, \ldots, Q_{N-1}) \; , \tag{3.50a}$$

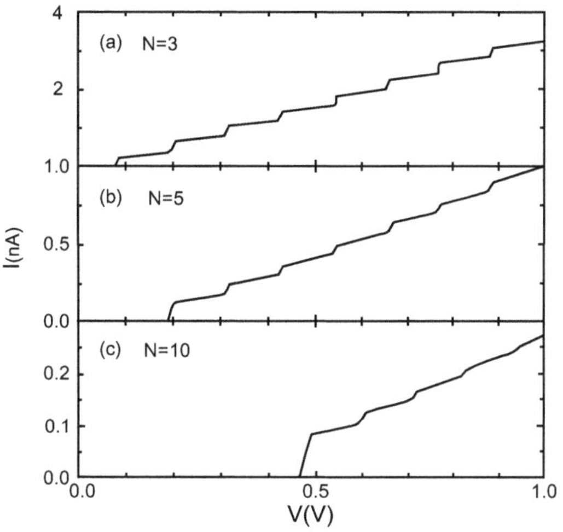

Abb. 3.19: *Monte–Carlo–Simulation für (a) drei, (b) fünf und (c) zehn Tunnelkontakte. Die Werte für die äußeren Tunnelkontakte sind* $C_1 = 1,2\,aF$, $R_1 = 0,01\,M\Omega$, $C_N = 2,8\,aF$, $R_N = 2,8\,M\Omega$. *Die Werte für die mittleren Kontakte sind* $C_{2\ldots N-1} = 1,4\,aF$, $R_{2\ldots N-1} = 280\,M\Omega$ *[3.12].*

gegeben durch

$$\triangle E_k^{\pm} = \pm eV_k + \frac{e^2}{2C_k}\left(1 - \frac{C_{\text{tot}}}{C_k}\right) . \tag{3.50b}$$

Der Tunnelprozess wird zumindest für $T = 0$ solange nicht stattfinden, wie er zu einer Erhöhung der Gesamtenergie des Systems führt. Er wird also für $\triangle E_k^{\pm} = 0$ gerade möglich. Daraus ergibt sich die für einen Tunnelprozess im k–ten Kontakt mindestens benötigte Gesamtpotentialdifferenz:

$$V^{(k)} = \frac{e}{2}\left(\frac{1}{C_{\text{tot}}} - \frac{1}{C_k}\right) + \sum_{m=2}^{N} \frac{Q_\Sigma(m)}{C_m} - \frac{Q_\Sigma(k)}{C_{\text{tot}}} . \tag{3.51}$$

Kennlinien von Mehrfachtunnelkontakten lassen sich mit dem Rastertunnelmikroskop beobachten, wenn die Tunnelkontakte durch hinreichend kleine Partikel gebildet werden, wie in Abb. 3.20 dargestelt.

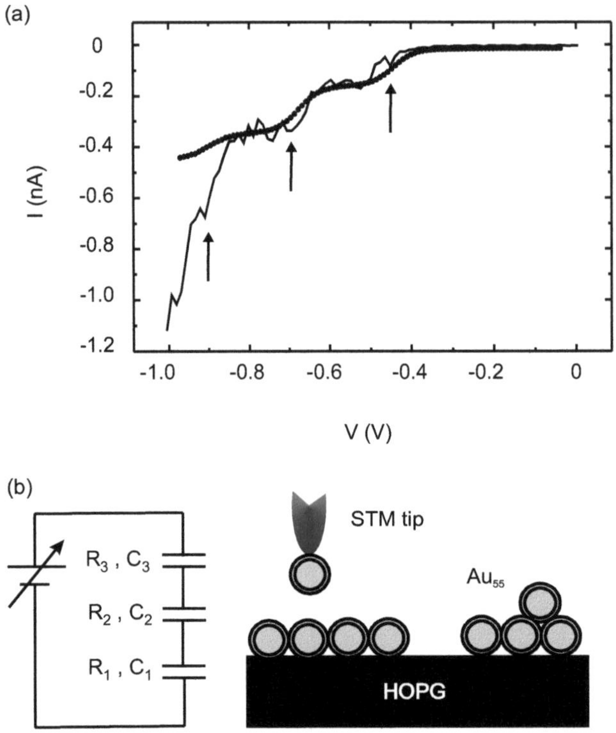

Abb. 3.20: *(a) Rastertunnelspektroskopische Daten, aufgenommen an einer Probe von* Au_{55}*–Clustern im Vergleich zum Ergebnis der Theorie (fett). Die Parameter für die Simulation sind* $C_1 = 0,22\,aF$, $C_2 = 0,7\,aF$, $C_3 = 0,01\,aF$, $R_1 = R_2 = 0,7G\Omega$ *und* $R_3 = 5\,M\Omega$. *(b) Schematische Darstellung der möglichen Tunnelkontakte, die sich ergeben, wenn eine dünne Schicht aus* Au_{55}*–Clustern auf einem Graphitsubstrat (HOPG: Highly Oriented Pyrolitic Graphite) mit dem Rastertunnelmikroskop untersucht wird [3.11].*

Ein wichtiger Spezialfall ist der in Abb. 3.21 dargestellte Doppeltunnelkontakt. Eine Coulomb–Treppe lässt sich beobachten, wenn die Voraussetzungen in Gl. (3.45a) und Gl. (3.46) erfüllt sind und wenn die Tunnelkontakte im Hinblick auf die Tunnelzeiten hinreichend asymetrisch sind [3.13], z. B. $R_1C_1 \gg R_2C_2$. Man erhält dann für die einzelnen Spannungsabfälle gemäß Gl. (3.51) mit $Q_\Sigma(2) = en_1 = en = Q$

$$V_1 = \frac{C_2V - Q}{C_1 + C_2} \tag{3.52a}$$

und

$$V_2 = \frac{C_1V + Q}{C_1 + C_2}\,. \tag{3.52b}$$

Ein Tunnelprozess im Kontakt 1 findet statt für

$$C_2V - ne - \frac{e}{2} > 0\,. \tag{3.53a}$$

Für Kontakt 2 erhält man entsprechend

$$C_1V + ne - \frac{e}{2} > 0\,. \tag{3.53b}$$

Das Verhältnis C_2/C_1 bestimmt also, welcher Kontakt zuerst öffnet, wenn $n = 0$ ist. Für $C_2 > C_1$ wird Kontakt 1 für $V = e/(2C_2)$ das erste Tunnelereignis zeigen. Mit $n = 1$ wird der zweite Kontakt einen Tunnelprozess aufweisen, der wiederum zu $n = 0$ führt. Damit tunnelt ein Elektron nach dem anderen korreliert durch die Kontakte. Der Coulomb–Blockadebereich ist gegeben durch

$$V_C = \frac{e}{\max(C_1, C_2)}\,. \tag{3.54}$$

Für $R_2 \gg R_1$ bestimmt Kontakt 2 den Strom durch den Kreis, während Kontakt 1 immer wieder schnell die mittlere Elektrode auflädt. Der Sprung im Strom für $V = e/(2C_2)$ hat eine Höhe von $\Delta I = e/(2C_2R_2)$ und wird von einem Plateau mit einer Steigung von $dI/dV = C_1/[R_2(C_1 + C_2)]$ begleitet. Für $n = 1$ ist der Kontakt 1 blockiert bis $V = 3e/(2C_2)$ ist. Der Sprung im Strom erfolgt bis zu einem Wert von $I = 3e/(2C_2R_2)$. Das anschließende Plateau hat dieselbe Steigung wie das vorherige.

Zusammenfassend ergibt sich für $R_2 \gg R_1$ und $C_2 > C_1$, dass Coulomb–Stufen bei $|V_m| = e(2m - 1)/(2C_2)$ für $m = 1, 2, 3\ldots$ auftreten. Es nimmt dann n in Gl. (3.53) auf $n + 1$ zu. Das Plateau wird für $C_2 \gg C_1$ nahezu horizontal. Der entsprechende Kennlinienverlauf ist in Abb. 3.22 dargestellt.

Für $R_2 \gg R_1$, aber $C_2 < C_1$, erfolgt der Tunnelprozess zuerst am Kontakt 2 bei $V = e/(2C_1)$, was zu $n = -1$ führt. Dadurch wird der Tunnelprozess in Kontakt 1 ausgelöst.

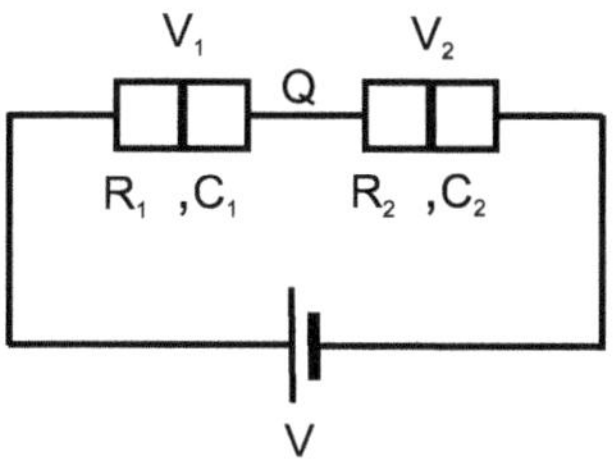

Abb. 3.21: *Serienschaltung aus zwei Einzelekektronentunnelkontakten mit den relevanten Charakteristika.*

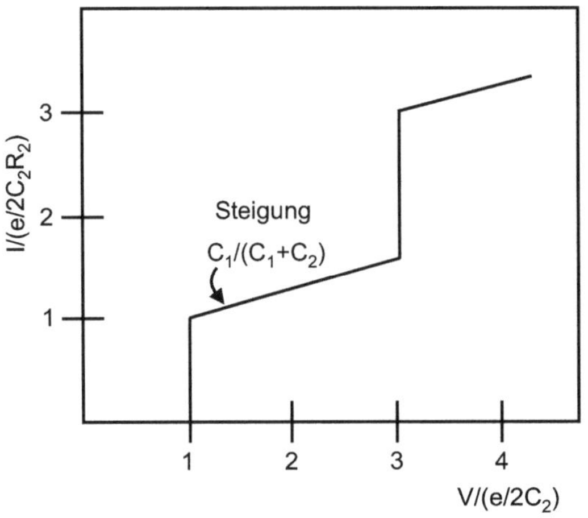

Abb. 3.22: *Strom–Spannungs–Kennlinie für eine Serienschaltung von zwei Einzelelektronentunnelkontakten mit $R_2 \gg R_1$ und $C_2 > C_1$.*

Wieder bestimmt Kontakt 2 den Strom. Dieser setzt mit $I = (C_1V - e/2)/[R_2(C_1 + C_2)]$ ein. Oberhalb der zugehörigen Spannung ist $Q = 0$ oder $Q = -e$. Bei $V = e/(2C_2)$ erlaubt Kontakt 1 in jedem Fall einen Tunnelprozess, selbst für $n = 0$. Der Strom steigt dabei auf $I = e/(2C_2R_2)$ an. Danach erfolgt ein weiterer Anstieg mit einer Steigung wie zuvor. Damit wiederholen sich die Stufen wiederum mit einer Periodizität von e/C_2. Die resultierende Kennlinie ist in Abb. 3.23 dargestellt.

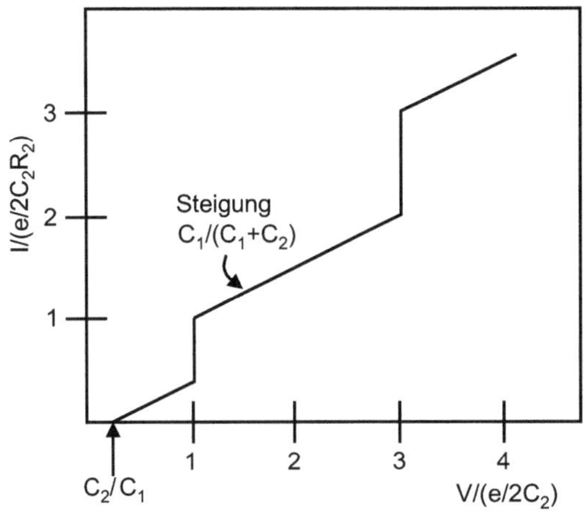

Abb. 3.23: *Strom–Spannungs-Kennlinie für $R_2 \gg R_1$, aber $C_2 < C_1$.*

Die Diskussion wurde für $T = 0$ und energieunabhängige Transmissionskoeffizienten durchgeführt. Darüber hinaus wurden perfekte Vakuumtunnelkontakte und Elektroden mit energieunabhängiger elektronischer Zustandsdichte angenommen sowie weitere Effekte vernachlässigt. Eine endliche Temperatur führt zur *thermischen Verschmierung* der Effekte [3.11, 3.13]. Ladungsquantisierungseffekte sind nach Gl. (3.44) nur für eine hinreichend geringe Temperatur sichtbar. Bei einer realistischeren Behandlung der Phänomene muss auch die elektronische Zustandsdichte in den Elektroden und die temperaturabhängige Verteilung auf diese Zustände berücksichtigt werden. Darüber hinaus muss der Energieabhängigkeit des Transmissionskoeffizienten und der realen Barriereform a priori Rechnung getragen werden. Die Modellierung von Systemen aus mehreren Tunnelkontakten erfolgt für gewöhnlich numerisch unter Verwendung von *Monte–Carlo–Methoden* auf der Basis der *orthodoxen Theorie* und der realen Barrierenform [3.13,3.14].

3.3 Gebundene Zustände

3.3.1 Kastenpotentiale

Bislang wurden freie Teilchen betrachtet. Häufiger sind jedoch Teilchen in einem festen Volumen durch den räumlichen Verlauf der potentiellen Energie mehr oder weniger eingeschlossen, das heißt es muss Energie aufgewendet werden, damit die Teilchen den Bereich niedriger oder verschwindender potentieller Energie verlassen können. Die Teilchen im Inneren des *Potentialtopfs* sind gebunden: Die kinetische Energie im Außenbereich wäre negativ.

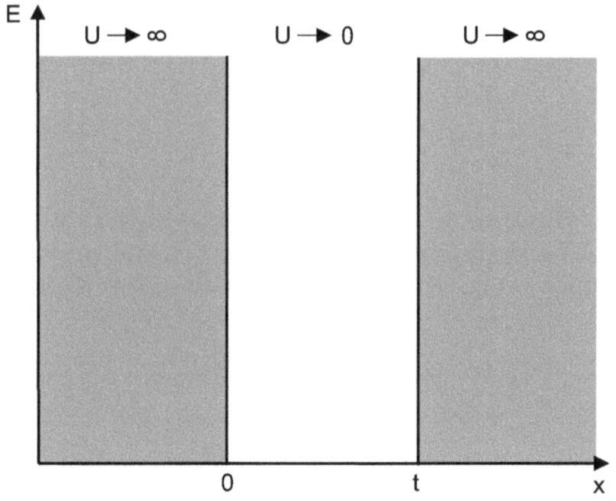

Abb. 3.24: *Geometrie des eindimensionalen Potentialtopfs.*

Der einfachste Fall einer solchen Situation ist der eindimensionale Potentialkasten mit unendlich hohen Wänden, wie in Abb. 3.24 dargestellt. Nach Gl. (3.21b) liegt im Außenbereich $\kappa \to \infty$ vor, so dass hier auch aus quantenphysikalischer Sicht eine verschwindende Aufenthaltswahrscheinlichkeit der Teilchen vorliegt. Die Lösung der stationären Schrödinger–Gleichung (3.20) ist damit

$$\varphi(x) = \begin{cases} \sqrt{\frac{2}{t}} \sin\left(\frac{n\pi}{t}x\right) \ , & 0 \le x \le t \\ 0 \ , & \text{sonst} \end{cases} \ , \tag{3.55}$$

mit $n = 1, 2 \ldots$. Dabei wurde berücksichtigt, dass φ normiert,

$$\int_{-\infty}^{\infty} \varphi^*(x)\varphi(x)dx = 1 \ , \tag{3.56}$$

und stetig ist. Mit $k = \pi n/t = \sqrt{2mE}/\hbar$ erhält man für die möglichen Energien des gebundenen Teilchens diskrete Werte:

$$E_n = \frac{\pi^2\hbar^2}{2mt^2}n^2 \ . \tag{3.57}$$

Diese Energiewerte wurden in Gl. (3.33) als Resonanzen des Transmissionskoeffizienten bei der Potentialstreuung gefunden. Die Eigenfrequenzen der stationären Lösungen der Schrödinger–Gleichung ergeben sich mit $\omega_n = E_n/\hbar$ zu

$$\omega_n = n^2\omega_1 \ , \tag{3.58}$$

mit der Grundfrequenz ω_1. Für klassische Schwingungen, z. B. der eingespannten Saite, würde man $\omega_n = n\omega_1$ für höher angeregte Schwingungen erwarten. Ein weiterer Unterschied zur klassischen Situation besteht darin, dass der *Grundzustand* nicht $E = 0$ sondern

$$E_1 = \frac{\pi^2\hbar^2}{2mt^2} \tag{3.59}$$

ist. Dies ist eine Folge der Heisenbergschen Unschärferelation, die bei Lokalisierung des Teilchens im Bereich $0 \le x \le t$ zur Folge hat, dass nicht $\Delta E = 0$, also E scharf bestimmt sein kann. Damit ergibt sich eine *Nullpunktsenergie*. Die lokalen Variationen der Aufenthaltswahrscheinlichkeiten für den Grundzustand und die ersten angeregten Zustände sind in Abb. 3.25 dargestellt.

Physikalisch realistischer ist für viele Situationen der dreidimensionale Potentialtopf mit

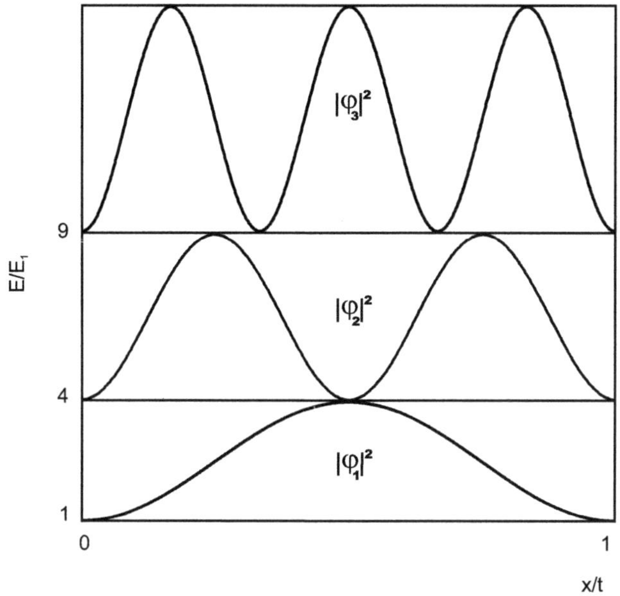

Abb. 3.25: *Aufenthaltswahrscheinlichkeiten des Teilchens im Potentialtopf für den Grundzustand und die ersten beiden angeregten Zustände.*

$$U(\mathbf{r}) = \begin{cases} 0 & ; \quad 0 \leq \xi \leq t_\xi, \ \xi = x, y, z \\ \infty & ; \quad \text{sonst} \end{cases} . \tag{3.60}$$

Mit $\varphi(\mathbf{r}) = \varphi_x(x)\varphi_y(y)\varphi_z(z)$ und $E = E_x + E_y + E_z$ kann die Schrödinger–Gleichung separiert werden:

$$\frac{\hbar^2}{2m}\frac{d^2\varphi_\xi}{d\xi^2} = E_\xi \varphi_\xi \, . \tag{3.61}$$

Jede der drei Gleichungen beschreibt einen eindimensionalen Potentialkasten. Die Lösung für den dreidimensionalen Kasten ist damit

$$\varphi(\mathbf{r}) = \sqrt{\frac{8}{V}} \sin(k_x x) \sin(k_y y) \sin(k_z z) \, . \tag{3.62}$$

Für die entsprechenden Wellenvektoren erhält man

$$\mathbf{k} = \pi \begin{pmatrix} n_x/t_x \\ n_y/t_y \\ n_z/t_z \end{pmatrix} . \tag{3.63}$$

Das Volumen des Potentialkastens ist gegeben durch $V = t_x t_y t_z$ und die einzelnen **k**–Vektoren werden durch $n_\xi = 1, 2, 3\ldots$ spezifiziert. Damit ist

$$E(\mathbf{k}) = \frac{\hbar^2}{2m} k^2 \,. \tag{3.64}$$

Für einen würfelförmigen Potentialkasten mit $t = t_x = t_y = t_z$ ergäbe sich mit $n^2 = n_x^2 + n_y^2 + n_z^2$ wiederum Gl. (3.57) für die *Energieeigenwerte*. Damit ist die Grundzustandsenergie

$$E_{111} = \frac{3\pi^2\hbar^2}{2mt^2} \,, \tag{3.65}$$

mit einer eindeutig bestimmten Wellenfunktion φ_{111}. Für den ersten angeregten Zustand jedoch erhält man

$$E_{211} = E_{121} = E_{112} = 2E_{111} \,. \tag{3.66}$$

Für unterschiedliche Wellenfunktionen φ_{211}, φ_{121} und φ_{112} fallen die Energieeigenwerte zusammen, weil $t_x = t_y = t_z$ vorliegt: Der Zustand ist dreifach *entartet*. Die Entartung wird aufgehoben, sobald sich t_x, t_y und t_z geringfügig unterscheiden, das heißt die Symmetrie des Systems gestört wird.

Abbildung 3.5 visualisiert das Verhalten von Elektronen – oder das ihrer Wellenfunktionen – in einer zweidimensionalen Potentialbox. An der dichtgepackten Oberfläche von Edelmetallen sind in zwei Dimensionen *quasifreie Elektronen* an den oberflächennahen Bereich gebunden. Durch die durch atomare Manipulation generierten zweidimensionalen Strukturen sind diese quasifreien Elektronen dann zusätzlich an zweidimensionale Potentialtöpfe mit einer im Experiment vorgebbaren Geometrie gebunden. Grundsätzlich sind die Lösungen der Schrödinger–Gleichung für diese Konstellation durch Gl. (3.64) für $n_z = 0$ gegeben, wobei kleinere Anpassungen vorgenommen werden müssen, wenn der Potentialkasten nicht rechteckig ist. Die relevanten n–Werte sind dadurch festgelegt, dass das Rastertunnelmikroskop Zustände in der Nähe der Fermi–Energie abbildet.

Eine weitere Situation mit hoher Relevanz für die Nanotechnologie ergibt sich, wenn Ladungsträger in einer Dimension, beispielsweise entlang der z-Richtung auf eine Dicke t beschränkt und in den beiden anderen Richtungen quasifrei sind. Eine solche Struktur wird insbesondere im Bereich der Halbleiterelektronik als *Quantentrog* (*quantum well*) bezeichnet. Die resultierende Wellenfunktion hat in zwei Dimensionen dann das Verhalten einer ebenen Welle, während die dritte Dimension der Lösung in Gl. (3.55) entspricht:

$$\varphi = \sqrt{\frac{2}{t}} \exp(i[k_x x + k_y y]) \sin(k_z z) \,. \tag{3.67}$$

Die Energie der Ladungsträger im *n–ten Subband* des zweidimensionalen Bandes beträgt

$$E_n = \frac{\hbar^2}{2m}\left(k_x^2 + k_y^2 + \left[\frac{\pi}{t}n\right]^2\right) , \tag{3.68}$$

wobei k_x und k_y hier kontinuierliche Werte annehmen können.

Ladungsträger, deren Bewegungsmöglichkeit in zwei Dimensionen eingeschränkt ist, also beispielsweise in y– und z–Richtung, und die sich entlang einer Richtung quasifrei bewegen können, befinden sich in einem *Quantendraht(quantum wire)* des Querschnitts t^2 (siehe Abb. 1.1). In diesem Fall gilt für die Wellenfunktion

$$\varphi = \frac{2}{t}\exp(ik_x x)\sin(k_y y)\sin(k_z z) , \tag{3.69}$$

mit der Energie

$$E_{n_y n_z} = \frac{\hbar^2}{2m}\left(k_x^2 + \left[\frac{\pi}{t}n_y\right]^2 + \left[\frac{\pi}{t}n_z\right]^2\right) . \tag{3.70}$$

Hier kann nur k_x kontinuierliche Werte annehmen.

Die Gleichungen (3.62) und (3.64) sind direkt anwendbar, wenn Ladungsträger bezüglich ihrer Bewegungsfreiheit in drei Dimensionen eingeschränkt sind. Dies ist, wie in Abb. 1.1 dargestellt, der Fall für einen *Quantenpunkt* (*quantum dot*). Ein solcher Quantenpunkt ist realisiert in Form von nanometergroßen II–VI–Halbleiterpartikeln, die beispielsweise zur *Fluoreszenzmarkierung biologischer Funktionseinheiten* verwendet werden. Für diese Anwendung verwendet man typischerweise CdSe– oder CdTe–Partikel [3.15].

Wird in Form von Licht Energie zur Verfügung gestellt, die mindestens der Bandlücke E_g des Halbleiters entspricht, so werden *Exzitonen* generiert, die in *Elektronen–Loch–Paaren* bestehen: Ein Elektron wird vom Valenz– in das Leitungsband befördert und im Valenzband bleibt ein Loch – das heißt ein fehlendes Elektron – zurück. Die Energiebilanz für diesen Prozess ist

$$\frac{hc}{\lambda} = E_n^{(-)} + E_n^{(+)} + E_g , \tag{3.71}$$

wobei E_n die Energie des Elektrons bzw. des Lochs ist, c die Lichtgeschwindigkeit und λ die Wellenlänge des eingestrahlten Lichts. t in Gl. (3.62) liegt typischerweise im Bereich von 2–6 nm. Die Masse m muss hier als *effektive Masse* m^* interpretiert werden, wobei die effektive Masse für ein Elektron durchaus nur $0,1\,m$ betragen kann. Die ersten beiden Energieterme in Gl. (3.71) hängen nach Gl. (3.65) mit $\sim 1/t^2$ von der Partikelgröße ab, während E_g in erster Näherung hiervon unabhängig ist. Die Fluoreszenz der

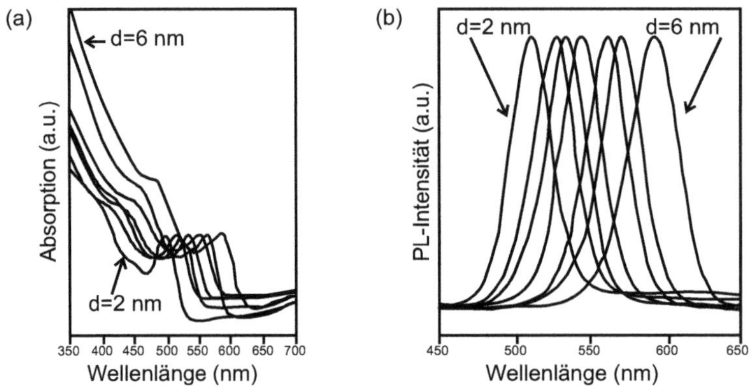

Abb. 3.26: *(a) Absorptionsspektrum und (b) Photolumineszenzspektrum von CdSe–Partikeln im Durchmesserbereich zwischen 2 nm und 6 nm [3.15].*

Partikel kommt dadurch zustande, dass bei der Rekombination von Elektron und Loch Energie in Form von Licht emittiert wird, das von den energetischen Zuständen, in denen sich das Elektron und das Loch befinden, abhängt. Damit ist das emittierte Licht in Bezug auf seine Wellenlänge ebenfalls von t abhängig. Die Fluoreszenzfarbe kann also gezielt über den Partikeldurchmesser eingestellt werden, wobei über einen sehr geringen Durchmesserbereich das gesamte Spektrum des sichtbaren Lichts abgedeckt werden kann. Abbildung 3.26 zeigt eine Absorptionsmessung, die deutlich den Einfluss des Partikeldurchmessers auf die optischen Eigenschaften der Halbleiternanopartikel erkennen lässt.

Bei der Verwendung von Halbleiternanopartikeln zur Fluoreszenzmarkierung haben wir es mit einem Paradebeispiel für das Paradigma der Nanotechnologie zu tun: Über die Größe einer Struktur wird auf Basis der profunden Kenntnis eines Mechanismus gezielt eine neue und mittels herkömmlicher Ansätze nicht erreichbare Funktionalität eingestellt.

In Abb. 3.4 sind bereits verschiedene durch Manipulation mit dem Rastertunnelmikroskop hergestellte Potentialtöpfe abgebildet. In solchen Potentialtöpfen können die Wellenfunktionen mithilfe der Rastertunnelspektroskopie direkt in Form von Ladungsdichteschwankungen nachgewiesen werden. Solche Experimente sind in Abb. 3.27 dargestellt. Hier liefert die Ableitung des Tunnelstroms nach der Tunnelspannung bei gegebener Tunnelspannung eine Vorstellung von der Form der Wellenfunktionen in den zweidimensionalen Potentialtöpfen. Zusätzlich ist das topographische Signal dargestellt sowie auch das Ergebnis entsprechender Modellrechnungen. Die Übereinstimmung zwischen Theorie und Experiment ist offensichtlich.

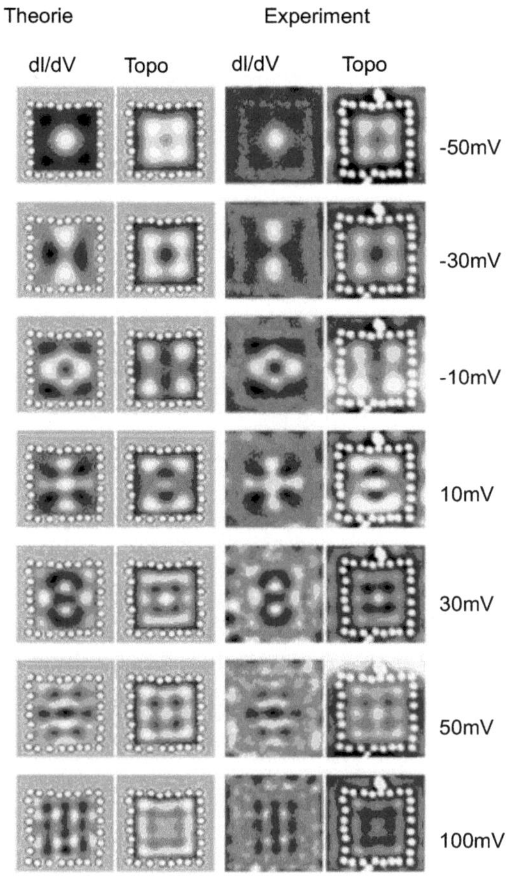

Abb. 3.27: *Ein zweidimensionaler Potentialtopf, hergestellt durch rastertunnelmikroskopische Manipulation von 28 Mn–Atomen auf Ag(111). Dargestellt sind jeweils die differentielle Leitfähigkeit und das Topographiesignal in Theorie und Experiment. Die differentielle Leitfähigkeit steht in einem engen Bezug zur elektronischen Zustandsdichte und damit zu den elektronischen Wellenfunktionen innerhalb des Potentialtopfs. Die Übereinstimmung zwischen Theorie und Experiment ist exzellent und zeigt, dass sich das System mithilfe der elementaren Resultate für gebundene Einteilchenzustände beschreiben lässt. Die Variation der Tunnelspannung erlaubt es, sukzessive verschiedene Zustände zu durchlaufen [3.16].*

3.3.2 Resonantes Tunneln

Als Konsequenz aus dem Welle–Teilchen–Dualismus lassen sich, ähnlich wie bei Lichtwellen, auch bei Elektronenwellen – oder Materiewellen allgemein – *Interferenzeffekte* beobachten und nutzen. Dies ist beispielsweise mittels der in Abb. 3.28(b) dargestellten *Doppelbarrierenstruktur* möglich. Zwischen zwei Barrieren geeigneter Höhe und Dicke bilden sich, ähnlich wie bei dem im vorherigen Abschnitt behandelten Potentialtopf, gebundene Zustände aus, die an ebene Wellen, das heißt die Zustände der freien Elektronen links und rechts der Doppelbarriere, ankoppeln können. Damit bildet sich eine einzige kohärente Wellenfunktion im gesamten in Abb. 3.28(b) dargestellten Gebiet. Es handelt sich bei der Anordnung um so etwas wie ein *Fabry–Perot–Interferometer* für Elektronenwellen. Um zu einer eleganten mathematischen Beschreibung zu kommen, ist es sinnvoll, den in Abschn. 3.2.2 behandelten Tunneleffekt noch einmal auf einer etwas abstrakteren und besser verallgemeinerbaren Ebene zu behandeln [3.17]. Dazu sei zunächst Abb. 3.28(a) betrachtet.

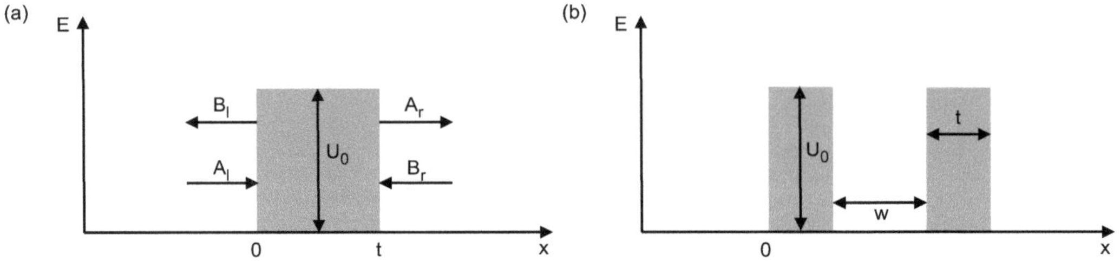

Abb. 3.28: *(a) Schematische Darstellung der Teilchenströme beim Tunneleffekt. (b) Doppelbarrierenstruktur mit den relevanten Charakteristika.*

Wenn A_l, B_l, A_r und B_r die Amplituden der Teilwellenfunktionen links und rechts der Barriere darstellen, so ist der allgemeine Ansatz zur Lösung der stationären Schrödinger–Gleichung

$$\varphi(x) = \begin{cases} A_l \exp(ikx) & +B_l \exp(-ikx), & x < 0 \\ C \exp(\kappa x) & +D \exp(-\kappa x), & 0 \leq x \leq t \\ A_r \exp(ikx) & +B_r \exp(-ikx), & x > t \end{cases} . \tag{3.72}$$

Einsetzen dieser Ansätze in die Schrödinger–Gleichung (3.8) liefert

$$E = \frac{\hbar^2 k^2}{2m}, \quad x < 0 \text{ und } x > t \tag{3.73a}$$

und

$$U_0 - E = \frac{\hbar^2 \kappa^2}{2m}, \quad 0 \leq x \leq t\,. \tag{3.73b}$$

Die Stetigkeit von $\varphi(x)$ und $d\varphi/dx$ bei $x = 0$ und $x = t$ ergibt in Matrixschreibweise

$$\begin{pmatrix} 1 & 1 \\ 1 & -1 \end{pmatrix} \begin{pmatrix} A_l \\ B_l \end{pmatrix} = \begin{pmatrix} 1 & 1 \\ -i\kappa/k & i\kappa/k \end{pmatrix} \begin{pmatrix} C \\ D \end{pmatrix} \tag{3.74a}$$

und

$$\begin{pmatrix} \exp(ikt) & \exp(-ikt) \\ \exp(ikt) & -\exp(-ikt) \end{pmatrix} \begin{pmatrix} A_r \\ B_r \end{pmatrix} = \begin{pmatrix} \exp(\kappa t) & \exp(-kt) \\ (-i\kappa/k)\exp(\kappa t) & (i\kappa/k)\exp(-\kappa t) \end{pmatrix} \begin{pmatrix} C \\ D \end{pmatrix} . \tag{3.74b}$$

Die Amplituden der Wellenfunktionen rechts von der Barriere sind mit denen im linken Bereich verknüpft über

$$\underline{\underline{M_1}} \begin{pmatrix} A_l \\ B_l \end{pmatrix} = \underline{\underline{M_2}} \begin{pmatrix} C \\ D \end{pmatrix} \tag{3.74c}$$

und

$$\underline{\underline{M_3}} \begin{pmatrix} A_r \\ B_r \end{pmatrix} = \underline{\underline{M_4}} \begin{pmatrix} C \\ D \end{pmatrix} . \tag{3.74d}$$

Damit ergibt sich

$$\begin{pmatrix} A_r \\ B_r \end{pmatrix} = \underline{\underline{M_3}}^{-1} \underline{\underline{M_4}}\, \underline{\underline{M_2}}^{-1} \underline{\underline{M_1}} \begin{pmatrix} A_l \\ B_l \end{pmatrix} , \tag{3.75a}$$

mit der *Transfermatrix*

$$\underline{\underline{S}} = \underline{\underline{M_3}}^{-1} \underline{\underline{M_4}}\, \underline{\underline{M_2}}^{-1} \underline{\underline{M_1}} . \tag{3.75b}$$

Die Matrizen $\underline{\underline{M_i}}$ sind über Gl. (3.74) definiert und $\underline{\underline{M_i}}^{-1}$ sind die entsprechenden inversen Matrizen. Ausrechnen der Matrixprodukte in Gl. (3.75b) liefert für die Transfermatrix [3.17]

$$\underline{\underline{S}} = \begin{pmatrix} [\cosh(\kappa t) - (i\alpha/2)\sinh(\kappa t)]\exp(-ikt) & -(i\beta/2)\sinh(\kappa t) \\ (i\beta/2)\sinh(\kappa t) & [\cosh(\kappa t) + (i\alpha/2)\sin(\kappa t)]\exp(ikt) \end{pmatrix} , \tag{3.76}$$

mit $\alpha = \kappa/k - k/\kappa$ und $\beta = \kappa/k + k/\kappa$.

Die Situation vereinfacht sich, wenn ein Teilchenstrom nur von links auf die Barriere trifft. Dann ist $B_r = 0$. Die komplexe *Transmissionsamplitude* ist dann gegeben durch

$$\tau = \frac{A_r}{A_l} = \frac{\exp(-ikt)}{\cosh(\kappa t) + (i\alpha/2)\sinh(\kappa t)} \,. \tag{3.77a}$$

Daraus ergibt sich der Transmissionskoeffizient aus Gl. (3.30) über

$$T = |\tau|^2 \,. \tag{3.77b}$$

Bei geringer Transmission gilt $\kappa t \gg 1$. Mit $\sinh(\kappa t) \approx 1/2$ ergibt das

$$T \approx \frac{16E}{U_0} \exp\left(-\frac{2}{\hbar}\sqrt{2m(U_0 - E)}\,t\right) \,, \tag{3.78}$$

was ein Spezialfall des in Gl. (3.35) angegebenen Ausdrucks ist.

Neben der Transfermatrix $\underline{\underline{S}}$ aus Gl. (3.75b) ist die *Transmissionsmatrix* von Bedeutung, die man erhält, wenn man die Amplitude der jeweils nach links bzw. rechts laufenden Wellen durch *Transmissions–* und *Reflexionsamplituden* ausdrückt. Unter Berücksichtigung von Abb. 3.28(a) erhält man

$$\begin{pmatrix} A_r \\ B_l \end{pmatrix} = \begin{pmatrix} \tau_l & \varrho_r \\ \varrho_l & \tau_r \end{pmatrix} \begin{pmatrix} A_l \\ B_r \end{pmatrix} \,. \tag{3.79}$$

τ_l und τ_r bezeichnen Transmissionsamplituden gemäß Gl. (3.77) für von links nach rechts und umgekehrt laufende Wellen. ϱ_l und ϱ_r sind die zugehörigen Reflexionsamplituden. Da τ nach Gl. (3.77a) nur von den Eigenschaften der Barriere (U_0, t) und von der Energie der auftreffenden Welle abhängt, gilt in dem hier diskutierten Idealfall

$$\tau = \tau_l = \tau_r \tag{3.80a}$$

und

$$\varrho = \varrho_l = \varrho_r \,. \tag{3.80b}$$

Der Vergleich von Gl. (3.79) mit Gl. (3.75) liefert

$$\underline{\underline{S}} = \begin{pmatrix} 1/\tau^* & \varrho/\tau \\ \varrho^*/\tau^* & 1/\tau \end{pmatrix} . \tag{3.81}$$

Die Transmissionsamplitude τ aus Gl. (3.77a) lässt sich schreiben als

$$\tau = |\tau| \exp(i[\phi - kt]) , \tag{3.82a}$$

mit

$$|\tau| = \sqrt{T} = \frac{1}{\sqrt{1 + (\beta^2/4)\sinh^2(\kappa t)}} \tag{3.82b}$$

und

$$\phi = -\arctan\left(\frac{\alpha}{2}\tanh(\kappa t)\right) . \tag{3.82c}$$

Die Phase ϕ beschreibt die *Phasenverschiebung der Materiewelle* beim Durchlaufen der Barriere.

Um von der einfachen Tunnelanordnung in Abb. 3.6 zu der Resonatoranordnung in Abb. 3.28(b) zu kommen, verschiebt man zunächst die Einzelbarriere von $x = 0$ an den Ort $x = t + w$ und ermittelt die Transformationsvorschrift. Danach betrachtet man die Reihenschaltung der Tunnelbarrieren.

Die Verschiebung der Barriere in eine Richtung entspricht einer Verschiebung des Koordinatensystems in die Gegenrichtung. Aus Gl. (3.72) ergibt sich

$$\begin{aligned} \varphi(x) &= A_l \exp(ikx) + B_l \exp(-ikx) \\ &\rightarrow \tilde{\varphi}(x) = \tilde{A}_l \exp(ikx) + \tilde{B}_l \exp(-ikx) , \end{aligned} \tag{3.83a}$$

mit

$$\begin{pmatrix} \tilde{A}_l \\ \tilde{B}_l \end{pmatrix} = \underline{\underline{L}} \begin{pmatrix} A_l \\ B_l \end{pmatrix} \tag{3.83b}$$

und

$$\underline{\underline{L}} = \begin{pmatrix} \exp(ik[t+w]) & 0 \\ 0 & \exp(-ik[t+w]) \end{pmatrix} . \tag{3.83c}$$

Eine entsprechende Transformation liefert die Anteile $\tilde{A}_r$ und $\tilde{B}_r$ auf der rechten Seite der rechten Barriere in Abb. 3.28(b). Damit ergibt sich für diese Barriere

$$\begin{pmatrix} \tilde{A}_r \\ \tilde{B}_r \end{pmatrix} = \underline{\underline{L}}\,\underline{\underline{S}}\,\underline{\underline{L}}^{-1} \begin{pmatrix} \tilde{A}_l \\ \tilde{B}_l \end{pmatrix} . \tag{3.84}$$

Die Gesamttransfermatrix für die Doppelbarriere ergibt sich aus der „Hintereinanderschaltung“ beider Effekte:

$$\underline{\underline{\Sigma}} = \underline{\underline{S}}\,\underline{\underline{L}}\,\underline{\underline{S}}\,\underline{\underline{L}}^{-1} . \tag{3.85a}$$

Die Berechnung des Vierfachprodukts der einzelnen Transfer– und Transformationsmatrizen liefert unter Berücksichtigung von Gl. (3.81) und Gl. (3.83c)

$$\underline{\underline{\Sigma}} = \begin{pmatrix} |\varrho/\tau|^2 \exp(-2ik[t+w]) + 1/\tau^{*2} & \varrho/|\tau|^2 \exp(2ik[t+w]) + \varrho/\tau^2 \\ \varrho^*/|\tau|^2 \exp(-2ik[t+w]) + \varrho^*/\tau^{*2} & |\varrho/\tau|^2 \exp(2ik[t+w]) + |\varrho/\tau|^2 \end{pmatrix} . \tag{3.85b}$$

Unter Berücksichtigung des Zusammenhangs zwischen Transfermatrix und Transmissionsamplitude gemäß Gl. (3.81) ergibt sich für die Transmissionsamplitude der Doppelbarriere aus Gl. (3.85b)

$$\tau_{\text{tot}} = \frac{1}{\Sigma_{22}} \tag{3.86a}$$

oder

$$\tau_{\text{tot}} = \frac{\tau^2}{1 + (\tau^2/|\tau|^2)|\varrho|^2 \exp(2ik[w+t])} . \tag{3.86b}$$

Unter Berücksichtigung der durch die Barriere hervorgerufenen Phasenverschiebung der Wellenfunktion gemäß Gl. (3.82a) lässt sich dies schreiben als

$$\tau_{\text{tot}} = \frac{\tau}{1 + |\varrho|^2 \exp(2i[\phi + kw])} \,. \tag{3.86c}$$

Nach Gl. (3.77b) ergibt das für den Transmissionskoeffizienten der Doppelbarriere

$$T_{\text{tot}} = \frac{(1 - |\varrho|^2)^2}{|1 + |\varrho|^2 \exp(2i[\phi + kw])|^2} \,. \tag{3.87}$$

Bei hinreichend niedrigen und schmalen Barrieren geringer Reflexion, i. e. $|\varrho|^2 \ll 1$, ist T_{tot} durch das Produkt der Transmissionskoeffizienten $T \to 1$ der Einzelbarrieren gegeben. Interessanterweise erhält man aber für einen Sonderfall tatsächlich $T = 1$. Dies ist nämlich dann der Fall, wenn nach Gl. (3.87) gilt

$$1 + |\varrho|^2 \exp(2i[\phi + kw]) = 1 - |\varrho|^2 \,. \tag{3.88a}$$

Dies erhält man aber genau dann, wenn

$$2(\phi + kw) = (2n + 1)\pi \,, \tag{3.88b}$$

für $n = 0, 1, 2 \ldots$. Für den *Grenzfall starker Reflexion*, i. e. für $U_0 \to \infty$ nach Abb. 3.28(a), folgt nach Gl. (3.73b) $\kappa \to \infty$. Hieraus wiederum ergibt sich, wie im Zusammenhang mit Gl. (3.76) definiert, $\alpha \to \infty$ und schließlich nach Gl. (3.82a) $\phi \to -\pi/2$. Aus Gl. (3.88b) folgt damit

$$w = (n + 1)\frac{\lambda}{2} \,. \tag{3.89}$$

Wenn also ein Vielfaches der halben Wellenlänge $\lambda/2 = \pi/k$ der Materiewelle in den Potentialtopf zwischen den hohen Barrieren passt, so zeigt die Doppelbarriere ideale Transmission. Die zugehörigen diskreten Energien gehören, wie durch Gl. (3.57) gegeben, zu gebundenen Zuständen im Potentialtopf. Es bilden sich *kohärente Zustände* zwischen einlaufender, im Potentialtopf stehender und auslaufender Materiewelle aus, wie in Abb. 3.29 gezeigt. Dieses Phänomen wird als *resonantes Tunneln* bezeichnet.

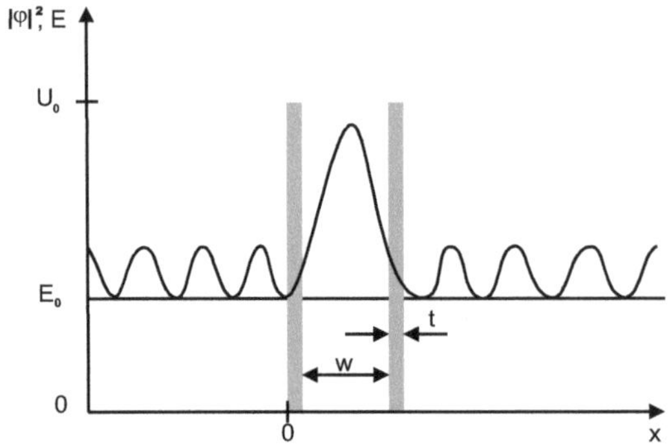

Abb. 3.29: *Kohärente Wellenfunktion im Resonanzfall. Das Anwachsen von* $|\varphi(x)|^2$ *zwischen den Barrieren wird dadurch verursacht, dass die einlaufende Welle energetisch gerade einen quasigebundenen Zustand trifft.*

Doppel– oder Mehrfachbarrierenstrukturen lassen sich mittels Halbleiterschichtstrukturen beispielsweise unter Verwendung der III–V–Halbleiter GaAs und AlAs realisieren. Mit modernen Epitaxiemethoden lassen sich atomar präzise Grenzflächen erzeugen, wie das mittels *hochauflösender Transmissionselektronenmikroskopie* (*HRTEM*, *high resolution transmission electron microscopy*) aufgenommene Bild in Abb. 3.30 zeigt.

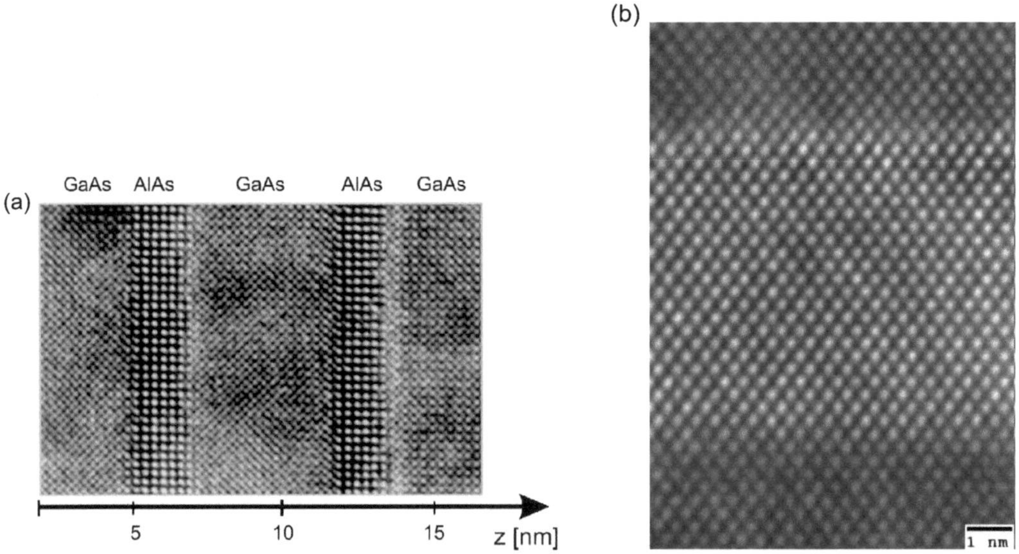

Abb. 3.30: *HRTEM–Abbildungen einer GaAs/AlAs–Schichtstruktur. Die hellen Punkte markieren die einzelnen atomaren Ebenen. (a) Doppelbarrierenstruktur [3.18] mit zwei AlAs–Barrieren, die in GaAs eingebettet sind. (b) Höchste Auflösung demonstriert die atomare Präzision der Grenzflächen [3.19].*

Bei der theoretischen Analyse eines realen Doppelbarrierensystems müssen natürlich gegenüber der Beschreibung eines Idealsystems, so wie vorher durchgeführt, Materialeigenschften und reale Geometrie berücksichtigt werden. Dies führt dann zu detaillierten *Quantentransportrechnungen* [3.20]. Für das in Abb. 3.30 dargestellte System beträgt die Höhe der AlAs–Barrieren aufgrund der gegenüber GaAs abweichenden potentiellen Energie der zum elektronischen Transport beitragenden Elektronen etwa 1 eV.

Die *Strom–Spannungs–Charakteristik* einer Doppelbarrierenstruktur erhält man, wenn man über geeignete elektrische Kontakte eine Spannung anlegt und den Strom als Funktion der Spannung bestimmt. Dies wird auch als *Tunnelspektroskopie* bezeichnet. Die ganze Anordnung entspricht einer Diodenstruktur, weswegen sich die Bezeichnung *Resonanztunneldiode* (*RTD*, *resonant tunneling diode*) etabliert hat. Einen eleganten Zugang zu auch lateral sehr kleinen Strukturen liefert die *Rastertunnelmikroskopie* (*STM*, *scanning tunneling micoscopy*; *STS*, *scanning tunneling spectroscopy*). Unter Kontrolle eines *Rasterlektronenmikroskops* (*SEM*, *scanning electron microscopy*) wird die Sondenspitze an die RTD angenähert und dient bei Berührung als ohmscher Kontakt, könnte aber auch in Tunnelentfernung von der Oberfläche einen über eine Barriere getrennten Kontakt darstellen. Der zweite Kontakt befindet sich dann an der Unterseite der in Abb. 3.31 dargestellten Anordnung. Die so gewonnenen spektroskopischen Daten in Abb. 3.31(c) zeigen deutlich Resonanzeffekte, die sich darin äußern, dass bei wachsender Spannung der Strom zunächst ansteigt bis zu einem Maximalwert, um bei weiterer Spannungserhöhung wieder abzusinken, weil der *quasigebundene Zustand* zwischen den Barrieren außer Resonanz gerät. Der *differentielle Widerstand* dV/dI wird also zeitweise negativ (*NDR*: *negative differential resistance*). Insbesondere aufgrund dieser Eigenschaft können RTD als neuartige quantenelektronische Bauelemente zur Realisierung neuartiger Logikschaltkreise eingesetzt werden oder aber auch für die Erzeugung elektromagnetischer Schwingungen bis in den THz–Bereich. Auch *Resonanztunneltransistoren* lassen sich realisieren [3.20].

In Form der Doppelbarriere ist ein gegenüber der Einzelbarriere qualitativ neuartiges

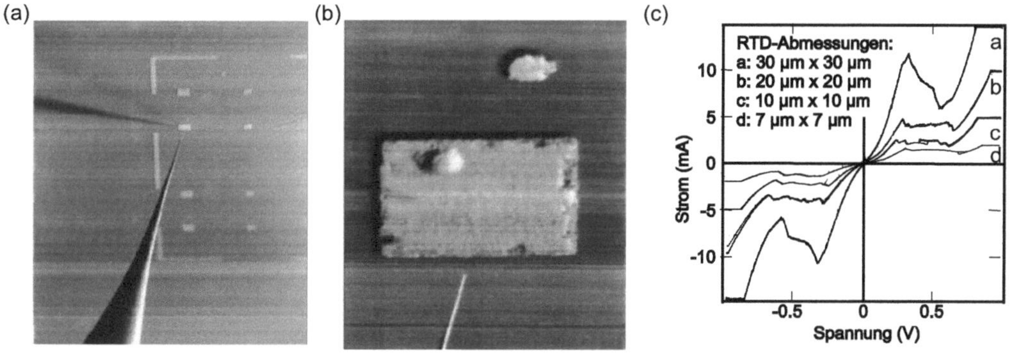

Abb. 3.31: *RTD und Sonde eines Tunnelmikroskops abgebildet mit dem Rasterelektronenmikroskop bei unterschiedlicher Vergrößerung in (a) und (b). Wird die Tunnelspitze als elektrischer Kontakt eingesetzt, so lassen sich die Strom–Spannungs–Charakteristika lokal vermessen, wie in (c) gezeigt.*

Element entstanden, was sich nicht einfach auf der Basis der Eigenschaften des einzelnen Tunnelkontakts verstehen lässt. Aufgrund der quasigebundenen Zustände im Potentialtopf zwischen den Barrieren zeigt die RTD durchaus bei vergleisweise kleinen Elektronenenergien, bei denen der Transmissionskoeffizient der Einzelbarriere niedrig ist, eine hohe Transmission von $T \approx 1$. Neben vielen denkbaren Anwendungen dieses Phänomens zeigt es sich aber auch, dass Schaltungen aus Quantenbauelementen – in diesem Fall aus Tunnelkontakten – sich nicht beliebig miniaturisieren lassen, da sich sonst durch Interferenzeffekte die Eigenschaften des Einzelbauelemts – hier die des Tunnelkontakts – jenseits einfacher Skalierungsrelationen verändern. Dies ist natürlich nichts anderes als eine weitere Manifestation der Eigenschaften von Materiewellen.

3.3.3 Harmonischer Oszillator

Der harmonische Oszillator ist ein exemplarisches Szenario für eine Vielzahl schwingungsfähiger Systeme in den verschiedensten Bereichen der Physik: Pendel, eingespannte Balken, an Federn gekoppelte Massen, aber auch Atome und Moleküle oder sogar elektrische Ladungsträger in Leitern. Das Modell des harmonischen Oszillators ist von universeller Bedeutung, weil es sich auf alle Probleme anwenden lässt, bei denen ein Teilchen unter dem Einfluss eines Potentials $U(x)$ Schwingungen kleiner Amplitude in einem Potentialminimum $U(x_0)$ um die Gleichgewichtslage x_0 ausführt. Ein Potential, wie in Abb. 3.32 dargestellt, lässt sich um dieses Minimum in eine *Taylor-Reihe* entwickeln:

$$U(x) = U(x_0) + \left.\frac{dU}{dx}\right|_{x_0} (x - x_0) + \frac{1}{2}\left.\frac{d^2U}{dx^2}\right|_{x_0} (x - x_0)^2 + \dots \tag{3.90a}$$

Definierten wir als Energienullpunkt $U(x_0)$, so folgt mit $dU/dx = 0$ für $x = x_0 \equiv 0$

$$U(x) = \frac{1}{2}kx^2 \,, \tag{3.90b}$$

was wir in Gl. (3.3) bereits für das Federpendel erhalten hatten. Für kleine Fluktuationen des Teilchens gilt also das *Hookesche Kraftgesetz* $F = -kx$, nach dem die Rückstellkraft proportional zur Auslenkung des Teilchens aus der Ruhelage ist.

Um zu einer mathematisch eleganten Lösung der Schrödinger–Gleichung unter Verwendug des in Gl. (3.13) definierten Hamilton–Operators $\hat{H}$ zu kommen, und um auch weitere quantenphysikalische Phänomene effizient behandeln zu können, ist es wiederum sinnvoll, eine etwas abstraktere, allgemeinere Ebene zu wählen. Natürlich lässt sich die Schrödinger–Gleichung (3.8) auch durch direktes Einsetzen von $U(x)$ aus Gl. (3.90b) sofort lösen. Andererseits ermöglicht der elegante Umgang mit Operatoren und ihrer Wirkung auf Zustände im *Hilbert–Raum* einen sehr viel weitreichenderen Blick auf die Systematik von Quantenphänomenen, die für die Nanotechnologie von Bedeutung sind.

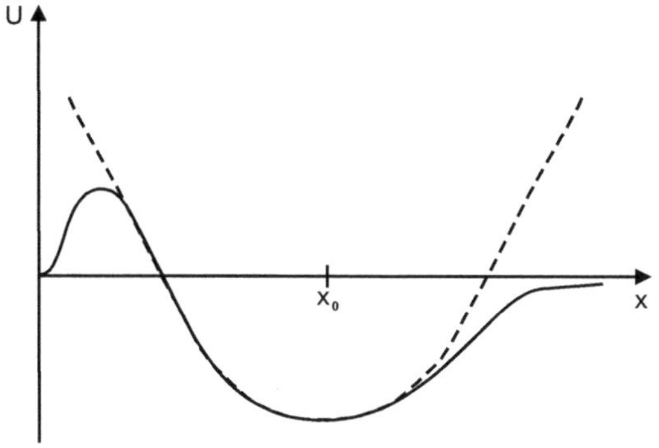

Abb. 3.32: *Harmonisches Potential (gestrichelt) zur Approximation beliebiger Potentialverläufe nahe lokalen Gleichgewichtslagen.*

Mit dem *nicht Hermiteschen* Operator

$$\hat{a} = \frac{1}{\sqrt{2m\omega\hbar}}(\omega\hat{x} + i\hat{p}) \tag{3.91a}$$

und dem dazu *adjungierten Operator*

$$\hat{a}^\dagger = \frac{1}{\sqrt{2m\omega\hbar}}(\omega\hat{x} - i\hat{p}) \tag{3.91b}$$

lässt sich der aus Gl. (3.90b) nach Gl. (3.13) mit $\omega = \sqrt{k/m}$ folgende Hamilton–Operator faktorisieren:

$$\hat{H} = \left(\hat{a}^\dagger\hat{a} + \frac{1}{2}\right)\hbar\omega\ . \tag{3.92}$$

Dabei wurde der *Kommutator* $[\hat{a},\, \hat{a}^\dagger] = 1$, der sich direkt aus $[\hat{x},\, \hat{p}] = i\hbar$ ergibt, berücksichtigt. Das Problem ist nach Gl. (3.92) auf das Auffinden der Eigenwerte und –funktionen des *Besetzungszahloperators* $\hat{N} = \hat{a}^\dagger\hat{a}$ reduziert worden. Der entsprechende Hilbert–Raum wird durch diskret durchnummerierbare Eigenzustände aufgespannt, die folglich durch die Eigenwertgleichung

$$\hbar\omega(\hat{N} + \frac{1}{2})|n\rangle\ = E_n|n\rangle \tag{3.93}$$

in *Diracscher Notation* gegeben sind mit

$$\langle n|\hat{N}|n\rangle \geq 0\,. \tag{3.94}$$

Der niedrigste mögliche Eigenzustand ergibt sich für $n = 0$ und nach Gl. (3.93) gilt $E_n > 0$ für alle n. Die Wirkung des Operators $\hat{a}^\dagger$ auf einen beliebigen Eigenzustand $|n\rangle$ ergibt sich, indem man $\hat{a}^\dagger$ von links auf Gl. (3.93)anwendet. Dies ergibt schließlich

$$\hbar\omega\left(\hat{N} + \frac{1}{2}\right)\hat{a}^\dagger|n\rangle = (E_n + \hbar\omega)\hat{a}^\dagger|n\rangle\,. \tag{3.95}$$

Wendet man also den *Erzeugungsoperator* $\hat{a}^\dagger$ auf einen Eigenzustand $|n\rangle$ an, so erhält man den nächsthöheren Zustand $|n+1\rangle$ mit einem um das Quantum $\hbar\omega$ erhöhten Eigenwert E_{n+1}. Wiederholtes Anwenden führt zu sukzessive erhöhten Eigenzuständen. Analog führt die Anwendung des *Vernichtungsoperators* $\hat{a}$ auf einen Zustand $|n\rangle$ zum nächstniedrigeren Zustand $|n-1\rangle$:

$$\hbar\omega\left(\hat{N} + \frac{1}{2}\right)\hat{a}|n\rangle = (E_n - \hbar\omega)\hat{a}|n\rangle\,. \tag{3.96}$$

Die diskreten Energiewerte des harmonischen Oszillators liegen äquidistant um jeweils $\hbar\omega$ verschoben, bilden also energetische Stufen, weswegen man Erzeugungs– und Vernichtungsoperatoren auch als *Stufenoperatoren* bezeichnet.

Die Tatsache, dass $|0\rangle$ der niedrigste Eigenzustand ist, beduetet insbesondere $\hat{a}|0\rangle = 0$. Damit ergibt sich aus Gl. (3.93) für die Eigenwerte

$$E_n = \left(n + \frac{1}{2}\right)\hbar\omega\,, \tag{3.97}$$

mit $n = 0,\, 1,\, 2\ldots$. Ferner ergibt sich unter Verwendung Gl. (3.91a) die Grundzustandswellenfunktion

$$\varphi(x) = \sqrt[4]{\frac{m\omega}{\pi\hbar}}\exp\left(-\frac{m\omega}{2\hbar}x^2\right)\,. \tag{3.98}$$

Mit $\hat{N}|n\rangle = n|n\rangle$ erhält man für die Stufenoperatoren

$$\hat{a}|n\rangle = \sqrt{n}|n-1\rangle \tag{3.99a}$$

und

$$\hat{a}^\dagger|n\rangle = \sqrt{n+1}|n+1\rangle\ . \tag{3.99b}$$

Ausgehend vom Grundzustand ergibt sich durch rekursive Anwendung von $\hat{a}^\dagger$:

$$|n\rangle = \frac{1}{\sqrt{n!}}(\hat{a}^\dagger)^n|0\rangle\ . \tag{3.100}$$

Damit sind die Eigenzustände gegeben durch

$$\varphi_n = \frac{1}{\sqrt{2^n n!\sqrt{\pi}x_0}} \exp\left(-\frac{1}{2}\left(\frac{x}{x_0}\right)^2\right) H_n\left(\frac{x}{x_0}\right)\ , \tag{3.101a}$$

mit der charakteristischen Länge $x_0 = \sqrt{\hbar/(\omega m)}$ und den *Hermiteschen Polynomen*

$$H_n(x) = (-1)^n \exp(x^2)\frac{d^n}{dx^n}\exp(-x^2)\ . \tag{3.101b}$$

Die Wahrscheinlichkeitsdichten für die untersten Zustände des harmonischen Quantenoszillators sind in Abb. 3.33 gegeben.

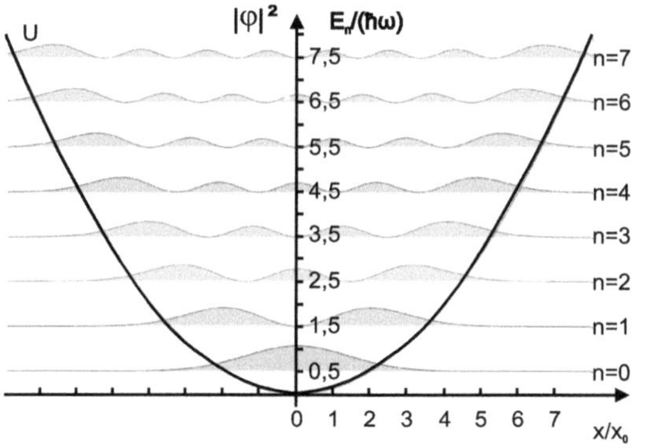

Abb. 3.33: *Aufenthaltswahrscheinlichkeiten des harmonischen Oszillators für die ersten sieben Quantenzahlen. Die charakteristische Längeneinheit ist durch $x_0 = \sqrt{\hbar/(m\omega)}$ gegeben.*

Wie bereits in Abschn. 3.1 festgestellt, lassen sich atomare Schwingungen in Festkörpern und daraus resultierende *Phononenanregungen* mittels des Modells des harmonischen Oszillators beschreiben [3.21]. Hingegen werden die *vibronischen Anregungen* von Atomen in Molekülen realistischer durch Annahme eines *anharmonischen Oszillators* beschrieben. Statt des in Gl. (3.90b) angegebenen symmetrischen Potentials bewährt sich in diesem Fall das asymmetrische *Morse-Potential* [3.22]. Vibronische Moden von Molekülen liegen im Bereich von $10^{13}\,\text{Hz} \lesssim \omega/(2\pi) \lesssim 10^{14}\,\text{Hz}$, phononische bei $\omega/(2\pi) \lesssim 10^{13}\,\text{Hz}$.

Eine erst durch die Nanotechnologie relevant gewordene Anwendung für das Modell des harmonischen Quantenoszillators besteht in *nanoelektromechanischen Systemen* (*NEMS*: *nanoelectromechanical systems*) und hier besonders im Bereich nanomechanischer Oszillatoren. Die Nanostrukturforschung stimuliert ein ganz neues Interesse an mechanischen Elementen, die seit langem als empfindliche Kraftdetektoren verwendet werden. Heute sind MEMS (*mikroelektromechanische Systeme*) und NEMS weit verbreitet in Anwendungen, in denen es um die ultrasensitive Detektion von Kräften und Massen geht, die bis in den Zeptonewton– (10^{21} N) und Zeptogrammbreich (10^{-21} g) reicht [3.23]. In der *Rasterkraftmikroskopie* können miniaturisierte Sensoren atomare Auflösung liefern. Sie erlauben die Messung von Wechselwirkungen zwischen Biomolekülen, den Nachweis der Resonanz einzelner Spins und die Detektion von Massenfluktuationen, hervorgerufen durch einzelne Atome oder Moleküle. Auch wenn sich die Sensoren (vgl. Abschn. 1.4) klassisch verhalten, können quantenmechanische Phänomene mit ihnen nachgewiesen werden. Eines der spektakulärsten ist sicherlich der *Casimir-Effekt* [3.24]. Die Frage aber, was letztlich die Kraftempfindlichkeit eines mechanischen Sensors limitiert, führt uns in die Quantenphysik des Sensors selbst [3.25, 3.26]. MEMS und NEMS haben heute Resonanzfrequenzen im kHz– bis GHz–Bereich, niedrige Dissipation und Massen zwischen 10^{-17} und 10^{-15} kg. Die Detektion mechanischer Auslenkungen erfolgt durch Kopplung des Kraftdetektors an empfindliche elektronische Bauelemente, wie *Einzelelektronentransistoren* oder *supraleitende Strukturen*.

Prinzipiell besitzt ein Nanooszillator, wie in Abb. 3.34 abgebildet, 3N Oszillationsmoden, wenn N die Anzahl der Atome des Oszillators ist. Da allerdings die Wellenlänge der niedrigsten mechanischen Schwingungsmoden mit 0,1 – 100 μm groß ist gegen den

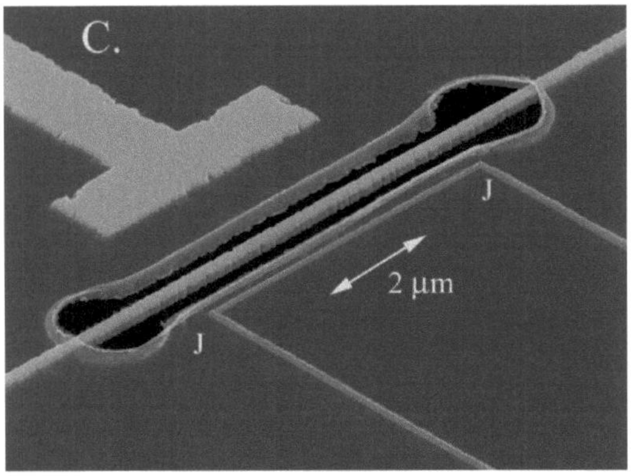

Abb. 3.34: *Nanomechanischer 19,7 MHz-Oszillator (200 nm breit, 8 µm lang). Der Resonator ist an einen supraleitenden Einzelelektronentransistor gekoppelt, dessen Tunnelkontakte mit „J“ gekennzeichnet sind [3.27].*

interatomaren Abstand, sollte die *Kontinuumsmechanik* selbst für NEMS eine adäquate Beschreibung liefern. Dass sich allerdings ein nanomechanischer Oszillator als „verteilte" mechanische Struktur wie ein harmonischer Quantenoszillator verhält, ist zunächst nur eine Annahme. Die Energie wäre in diesem Fall durch Gl. (3.97) gegeben. Die Weite der nach Gl. (3.98) gegebenen, gaußförimigen Grundzustandswellenfunktion beträgt gerade

$$\sqrt{\overline{x^2}} = \sqrt{\frac{\hbar}{2m\omega}} = \frac{x_0}{\sqrt{2}} \,. \tag{3.102}$$

Dieses *Standardquantenlimit* [3.25] quantifiziert die Amplitude der durch die Unschärferelation gegebenen *Quantenfluktuationen* der Oszillatorposition. Für einen typischen Nanooszillator mit 10 MHz Resonanzfrequenz und einer Masse von 10^{-15} kg ergibt Gl. (3.102) $x_0 \approx 10^{-14}$ m, was nur wenig größer als ein Atomkerndurchmesser ist. Für ein Kohlenstoffnanoröhrchen erhält man bei einer Länge von 1 μm hingegen $x_0 \approx 10^{-10}$ m, was der Größe eines kleinen Atoms entspricht.

Zur Realisierung eines Quantenoszillators ist es nötig, eine niedrige *thermische Besetzungszahl* zu erreichen:

$$n_{th} = \frac{1}{2} + \frac{1}{\exp(\hbar\omega/k_B T) - 1} \,. \tag{3.103}$$

Die mittlere Fluktuationsenergie einer Schwingungsmode des Oszillators bei der Temperatur T ist dann durch $E = n_{th}\hbar\omega$ gegeben. Nach Gl. (3.103) folgt n_{th} einer *Bose–Einstein–Verteilung*. Für hohe Temperaturen $k_B T \gg \hbar\omega$ ergibt sich das aus dem *Äquipartitionstheorem* bekannte Ergebnis, dass $k_B T$ auf jede Schwingungsmode entfällt. Bei hinreichend tiefen Temperaturen $k_B T \ll \hbar\omega$ ergibt sich nach Gl. (3.103) $n_{th} \to 1/2$. Dies bedeutet, dass die entsprechende Schwingungsmode „einfriert". Nach Abb. 3.35 tritt das Einfrieren von Moden für nanomechanische Oszillatoren mit Resonanzfrequenzen $\gtrsim 100\,\text{MHz}$ bei Temperaturen $\gtrsim 1\,\text{mK}$ auf.

Thermische und Quantenfluktuationen sind von großer fundamentaler und praktischer Bedeutung, weil sie die ultimativen Limits für die empfindliche Detektion von Kräften definieren. *Cantileversonden* in Rasterkraftmikroskopen werden heute im Hochtemperaturlimit betrieben: $E_{th} \approx k_B T$ und $k_B T \gg \hbar\omega$. Bei Raumtemperatur ist eine typische thermische Besetzungszahl $n_{th} = 10^9$, was in einer thermischen Fluktuation von $\sqrt{\overline{x_{th}^2}} = 1\,\text{nm}$ resultiert. Dies ist mehr als das 10^4–fache der Quantenfluktuation $x_0/\sqrt{2}$ für eine solche Sonde.

Unter Verwendung von *Mischkryostaten* lassen sich Temperaturen im mk–Bereich erzeugen [3.28]. So konnte mit dem in Abb. 3.34 dargestellten Oszillator bei T=56 mK eine thermische Besetzung nach Gl. (3.103) von $n_{th} = 58$ erzielt werden, was in einer thermischen Fluktuation resultiert, die nur einen Faktor 4,3 über dem durch Gl. (3.102) gegebenen *Quantenlimit* liegt [3.27]. Noch niedrigere n_{th}–Werte sind heute erreichbar. In der Rasterkraftmikroskopie wurden bei Messungen zur *Einzelspindetektion* [3.29] bei

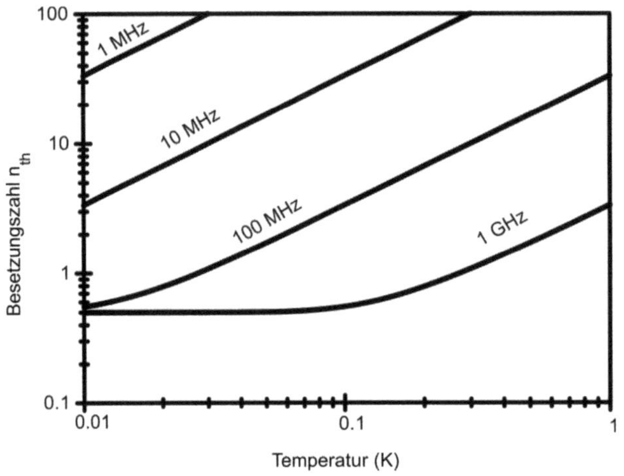

Abb. 3.35: *Thermische Besetzungszahl als Funktion der Temperatur für verschiedene nanomechanische Oszillatoren.*

$T \approx 200\,\text{mK}$ thermische Fluktuationen auf $0,1\,\text{pm}\,(10^{-13}\,\text{m})$ reduziert und es wurde damit eine Kraftempfindlichkeit von $\approx 1\,\text{aN}/\sqrt{\text{Hz}}\,(10^{-18}\,\text{N}/\sqrt{\text{Hz}})$ erreicht.

Die bislang schon erreichten Ergebnisse zeigen, dass NEMS von besonderer Bedeutung sind als ultrasensitive Sonden für mesoskopische und quantenmechanische Kräfte sowie für die Ankopplung an Quantensysteme zur Informationsverarbeitung. Eine besondere Herausforderung ist dabei die empfindliche Ankopplung der mechanischen Komponenten an quantenelektronische [3.26]. Ortsauflösende NEMS, wie in der Rasterkraftmikroskopie eingesetzt [3.27], sind von großer Bedeutung für neuartige analytische, abbildende Verfahren.

3.4 Quanteninformationstechnologie

3.4.1 Superposition und Verschränkung

Die Schrödinger–Gleichung (3.8) ist eine lineare Differentialgleichung. Daher ist die allgemeine Lösung $|\varphi\rangle = \sum_n c_n |n\rangle$, wenn $|n\rangle$ die Eigenzustände im Hilbert–Raum sind.

Erst eine Messung zwingt das System in einen bestimmten Eigenzustand $|n\rangle$, dessen Auftreten durch die Wahrscheinlichkeit $|c_n|^2$ gegeben ist (vgl. Abschn. 3.1). Die lineare Superposition von Eigenzuständen ist eine grundlegende Eigenschaft von Quantensystemen, die zu einer Reihe klassisch nicht bekannter Phänomene führt und auch Grundlage für das sich in stürmischer Entwicklung befindliche Gebiet der *Quanteninformationstechnologie* ist.

Direkt beobachten lassen sich die Superposition von Zuständen und daraus resultierende *Quanteninterferenzeffekte* beim *Doppelspaltexperiment* mit Elektronen oder Atomen [3.30]. Dieses liefert ein Ergebnis analog zum optischen Doppelspaltexperiment. Werden die von den zwei Spalten ausgehenden Materiewellen durch

$$\Psi_j = C\exp[i\mathbf{k}\cdot(\mathbf{r}-\mathbf{r}_j) - i\omega t] \tag{3.104}$$

mit $j = 1, 2$ beschrieben, so ist mit $\mathbf{R} = \mathbf{r} - \mathbf{r}_1 \approx \mathbf{r} - \mathbf{r}_2$ der Teilchenzustand auf dem entfernten Detektor gegeben durch

$$|\Psi(\mathbf{R})\rangle = \frac{1}{\sqrt{2}}(|\Psi_1(\mathbf{R})\rangle + |\Psi_2(\mathbf{R})\rangle)\ . \tag{3.105}$$

Die Auftreffwahrscheinlichkeit oder relative Partikelintensität ist damit gegeben durch

$$|\Psi|^2 = \frac{1}{2}(|\Psi_1|^2 + |\Psi_2|^2 + \Psi_1^*\Psi_2 + \Psi_1\Psi_2^*)\ , \tag{3.106a}$$

mit

$$\Psi_1^*\Psi_2 + \Psi_1\Psi_2^* = 2C^2\cos(\mathbf{k}\cdot[\mathbf{r}_2 - \mathbf{r}_1])\ . \tag{3.106b}$$

Der Interferenzterm in Gl. (3.106b) resultiert natürlich daher, dass Wahrscheinlichkeitsamplituden addiert werden müssen, bevor man die Wahrscheinlichkeitsverteilung $|\Psi|^2$ erhält und nicht Wahrscheinlichkeiten wie in der klassischen Statistik.

Wird das Doppelspaltexperiment beispielsweise mit Rubidiumatomen durchgeführt, so lassen sich die Bedingungen so wählen, dass sich die Atome entweder in einem angeregten Zustand $|a\rangle$ oder im Grundzustand $|g\rangle$ befinden. Für $|a\rangle$ lässt sich der Weg der Atome (Spalt 1 oder 2) mittels spezieller Resonatoren bestimmen, die den stimulierten Übergang $|a\rangle \to |g\rangle$ nachweisen [3.31]. Der Teilchenzustand am Detektor ist dann gegeben durch

$$|\Psi\rangle = \frac{1}{\sqrt{2}}(|\Psi_1\rangle|10\rangle + |\Psi_2\rangle|01\rangle)|g\rangle\ , \tag{3.107}$$

wobei die Resonatorzustände $|10\rangle$ und $|01\rangle$ angeben, ob das Atom Spalt 1 oder 2 passiert hat. Nach Durchlaufen der Resonatoren sind alle Atome im Grundzustand $|g\rangle$. Die örtlich variierende Auftreffwahrscheinlichkeit am Detektor ist jetzt gegeben durch

$$\begin{aligned}|\Psi|^2 = &\frac{1}{2}(|\Psi_1^2|\langle 10|10\rangle + |\Psi_2|^2\langle 01|01\rangle + \\ &+\Psi_1^*\Psi_2\langle 10|01\rangle + \Psi_1\Psi_2^*\langle 01|10\rangle)\langle g|g\rangle\ .\end{aligned} \tag{3.108a}$$

Da die Atome entweder im Resonator 1 oder 2 detektiert werden, sind die Resonatorzustände orthonormal: $\langle 10|01\rangle = \langle 01|10\rangle = 0$ und $\langle 10|10\rangle = \langle 01|01\rangle = 1$. Die Wahrscheinlichkeitsverteilung ist damit gegeben durch

$$|\Psi|^2 = \frac{1}{2}(|\Psi_1|^2 + |\Psi_2|^2) . \tag{3.108b}$$

Dieses Ergebnis, welches keine Interferenzterme mehr beinhaltet, würde man auch für makroskopische Partikel erhalten. Durch Ermittlung des Wegs der Atome durch die Apparatur ist die Quanteninterferenz verloren gegangen. Die Ursache hierfür liegt darin, dass bei der Ermittlung des Wegs die Teilchenzustände $|\Psi_j\rangle$ mit den Resonatorzuständen $|10\rangle$ und $|01\rangle$ verschränkt werden. Insbesondere kann der Zustandsvektor $|\Psi\rangle$ in Gl. (3.107) nicht einfach als Produkt aus Teilchen– und Resonatorzuständen ausgedrückt werden. Der Begriff der *Verschränkung (entanglement)* wurde bereits durch *E. Schrödinger* (1887–1961) geprägt [3.32]. Er beschreibt eine enge Kopplung der Hilbert–Räume verschiedener Systeme (hier Teilchen und Resonator), die direkt auf den Wahrscheinlichkeitscharakter quantenphysikalischer Resultate und die „*Nichtlokalität*“ der Quantenmechanik zurückzuführen ist. Die Verschränkung der Hilbert–Räume bedarf keines Austauschs von Energie oder Impuls. Gerade die Verschränkung zwischen dem beobachteten Quantensystem und der Messapparatur führt dazu, dass die Messung aus der Superposition $|\Psi\rangle$ von Eigenzuständen einen bestimmten Zustand $|n\rangle$ mit der Wahrscheinlichkeit $|c_n|^2 = |\langle n, \Psi\rangle|^2$ ausfiltert.

Die Schrödinger–Gleichung (3.6) liefert Informationen darüber, wie sich ein zeitabhängiger Quantenzustand $\Psi(\mathbf{r}, t)$ in der Zeit entwickelt. In der Dirac–Notation erhalten wir

$$i\hbar\frac{\partial}{\partial t}|\varphi, t\rangle = \hat{H}|\varphi, t\rangle . \tag{3.109}$$

Die zeitunabhängige Wellenfunktion $\varphi(\mathbf{r})$ ist in der allgemeinen Darstellung von Zuständen im Hilbert–Raum eine spezielle Darstellung eines Zustands, nämlich diejenige im Raum der Eigenzustände des Operators $\hat{\mathbf{r}}$. In diesem Sinne stellt sich die zeitabhängige Wellenfunktion $\Psi(\mathbf{r}, t)$ nach Gl. (3.7) für stationäre Zustände dar als

$$\Psi(\mathbf{r}, t) = \langle \mathbf{r}|\varphi, t\rangle , \tag{3.110a}$$

mit

$$|\varphi, t\rangle = \exp\left(-\frac{iEt}{\hbar}\right)|\varphi\rangle . \tag{3.110b}$$

Da Gl. (3.109) nur die erste Ableitung nach der Zeit beinhaltet, ermöglicht die Kenntnis von $|\varphi, t = 0\rangle$ eine vollständige Vorhersage der zeitlichen Entwicklung der Quantenstatistik. Die Integration von Gl. (3.109) liefert

$$|\varphi, t\rangle = \exp\left(\frac{-i\hat{H}t}{\hbar}\right)|\varphi, 0\rangle . \tag{3.111}$$

Die *Operatorfunktion* $\hat{U} = \exp(-i\hat{H}t/\hbar)$ ist durch die Reihenentwicklung der Exponentialfunktion definiert:

$$\hat{U} = 1 - \frac{it}{\hbar}\hat{H} + \frac{1}{2}\left(\frac{t}{\hbar}\hat{H}\right)^2 - \frac{1}{6}i\left(\frac{t}{\hbar}\hat{H}\right)^3 + \ldots . \tag{3.112}$$

$\hat{U}$ wird als *Propagator* bezeichnet. Da $\hat{H}$ Hermitesch ist, ist es nach Gl. (3.112) auch der Propagator. Zusätzlich ist dieser *unitär*, was aus der Definition und der Hermitezität von $\hat{H}$ folgt. Gemäß Gl. (3.111) stellt sich die zeitliche Entwicklung eines Quantenzustands $|\varphi, t\rangle$ als *Drehung im Hilbert-Raum* dar. Der Vektor $|\varphi, 0\rangle$ wird unter Beibehaltung seiner Norm gedreht:

$$\langle\varphi, t|\varphi, t\rangle = \langle\varphi, 0|\varphi, 0\rangle . \tag{3.113}$$

Das zuvor diskutierte Doppelspaltexperiment zeigt, dass sich die quantenphysikalische Realität durch Nichtlokalität auszeichnet. *Subsysteme* sind insbesondere mit ihrer Umwelt verschränkt, und dies hat einen nachhaltigen Einfluss auf die zeitliche Entwicklung von Superpositionszuständen, wie durch Gl. (3.105) gegeben. In diesem Sinne sind Subsysteme *offene Quantensysteme*, während Subsystem und Umgebung gemeinsam ein *geschlossenes Quantensystem* bilden. Von überragender Bedeutung für die quantenstatistische Analyse von Systemen ist der *Dichteoperator* oder *statistische Operator*, zuweilen auch als *Dichtematrix* bezeichnet. Der statistische Operator gestattet eine formal einheitliche Rechenvorschrift zur Ermittlung des Mittelwerts für eine Observable, ungeachtet des Informationsgrads über ein Quantensystem.

Bisher betrachtete *reine Quantenzustände* $|\Psi\rangle$ sind maximal bestimmt nach den Gesetzen der Quantenphysik. Nach Gl. (3.10) ist der Mittelwert einer Observablen A gegeben durch

$$\langle A\rangle = \langle\Psi|\hat{A}|\Psi\rangle , \tag{3.114}$$

wenn $\hat{A}$ der beschreibende Operator ist. Nach der Messung liegen Eigenzustände $|n\rangle$ von $\hat{A}$ vor:

$$\hat{A}|n\rangle = A_n|n\rangle , \tag{3.115a}$$

mit

$$|\Psi\rangle = \sum_n a_n|n\rangle \,, \tag{3.115b}$$

wobei $|a_n|^2$ die Wahrscheinlichkeit für das Vorliegen von $|n\rangle$ ist. Durch Messung von A liegt also ein System *gemischter Eigenzustände* vor. Wird jetzt an diesem System eine Messung von B durchgeführt, so müssen die Erwartungswerte $\langle n|\hat{B}|n\rangle$ mit den Wahrscheinlichkeiten für das Vorliegen von $|n\rangle$ gewichtet werden:

$$\langle \bar{B}\rangle = \sum_n |a_n|^2\langle n|\hat{B}|n\rangle \,. \tag{3.116}$$

Der Dichteoperator $\hat{\varrho}$ wird nun allgemein definiert durch

$$\hat{\varrho} = |\Psi\rangle\langle\Psi| \,. \tag{3.117}$$

Mit Gl. (3.114) folgt dann

$$\langle A\rangle = Sp(\hat{\varrho}\hat{A}) \,, \tag{3.118}$$

wobei die *Spur* (*trace*) durch die Summation über Diagonalfelder einer Matrix gegeben ist:

$$\begin{aligned} Sp(\hat{\varrho}\hat{A}) &= \sum_n \langle n|\hat{\varrho}\hat{A}|n\rangle \\ &= \sum_n \langle n|\Psi\rangle\langle\Psi|\hat{A}|n\rangle \,. \end{aligned} \tag{3.119}$$

Mit der *Vollständigkeitsrelation* für den *Projektionsoperator*, $\sum_n |n\rangle\langle n| = \hat{1}$, ergibt sich die Identität in Gl. (3.118) sofort aus Gl. (3.119).

Für die Mittelwertbildung im gemischten System ist der Dichteoperator nach Gl. (3.116) gegeben durch

$$\hat{\varrho} = \sum_i p_i|\Psi_i\rangle\langle\Psi_i| \,, \tag{3.120}$$

wobei p_i die Wahrscheinlichkeit für das Auftreten des Zustands $|\Psi_i\rangle$ ist und sich die Summe über alle auftretenden Zustände erstreckt. Mit $\hat{\varrho} = \sum_n |a_n|^2 |n\rangle\langle n|$ ergibt sich aus Gl. (3.116) dann

$$\langle \bar{B} \rangle = Sp(\hat{\varrho}\hat{B}) , \tag{3.121}$$

also ein zu Gl. (3.118) für den reinen Zustand formal analoges Ergebnis.

Der Dichteoperator liefert ein einfaches Kriterium dafür, ob ein Zustand rein oder gemischt ist. Für reine Zustände gilt nach Gl. (3.117)

$$Sp(\hat{\varrho}) = Sp(\hat{\varrho}^2) = 1 . \tag{3.122}$$

Hingegen gilt für gemischte Zustände nach Gl. (3.120)

$$Sp(\hat{\varrho}) = 1 , \tag{3.123a}$$

aber

$$Sp(\hat{\varrho}^2) = \sum_i p_i^2 < 1 . \tag{3.123b}$$

Die Verschränkung eines offenen Quantensystems mit seiner Umgebung hat Konsequenzen für das allgemeine Verhalten des Subsystems und damit für die in diesem System gemessenen Erwartungswerte $\langle A \rangle$ einer Observablen. Wird der Zustand des Subsystems (1) durch $\{|n\rangle\}$ und derjenige einer komplexen Umgebung (2) durch $\{|m\rangle\}$ beschrieben, so lässt sich das geschlossene Gesamtsystem mittels der Orthonormalzustände der verschränkten Hilbert–Räume darstellen:

$$|\Psi\rangle = \sum_{n,m} c_{nm} |n\rangle |m\rangle . \tag{3.124}$$

Die Verschränkung manifestiert sich in der durch c_{nm} definierten Matrix. Die zugehörige Dichtematrix ist nach Gl. (3.117) für die reinen Zustände gegeben durch

$$\hat{\varrho} = \sum_{n,m} \sum_{n',m'} c_{nm} c^*_{n'm'} |n\rangle |m\rangle \langle n'| \langle m'| . \tag{3.125}$$

Die Messung der Eigenschaft des Subsystems wird nur an diesem unter Vernachlässigung der Umgebung durchgeführt. Nach Gl. (3.118) erhält man

$$\langle A \rangle = Sp_1\left((Sp_2\hat{\varrho})\hat{A}\right) . \tag{3.126}$$

Durch Verschränkung mit der Umgebung wird für eine Messung am Subsystem statt der durch Gl. (3.125) gegebenen Dichtematrix die *reduzierte Dichtematrix*

$$\hat{\varrho}_{red} = Sp_2\hat{\varrho} = \sum_n \sum_{n'} \sum_m c_{nm} c^*_{n'm} |n\rangle\langle n'| \tag{3.127}$$

maßgeblich. Im allgemeinen Fall ist $Sp_1(\hat{\varrho}^2_{red}) < 1$. $\hat{\varrho}_{red}$ stellt also den Dichteoperator eines gemischten Ensembles von Zuständen dar. Durch Vernachlässigung der Umgebung wird aus dem reinen Zustand in Gl. (3.124) ein gemischter. Nur für den Spezialfall $c_{nm} = a_n b_m$ wäre das Subsystem von der Umgebung vollständig entkoppelt und man erhielte $Sp_1(\hat{\varrho}^2_{red}) = Sp_1(\hat{\varrho}_{red}) = 1$.

Wie bereits erwähnt, hat die Verschränkung mit der Umgebung Konsequenzen für die zeitliche Entwicklung von Superpositionszuständen in offenen Quantensystemen. Diese erleiden nämlich eine *Dekohärenz*. Von besonderer Wichtigkeit sind Superpositionszustände von *2–Niveau–Systemen*. Dabei könnte es sich speziell etwa um die zuvor bereits diskutierten Rubidiumatome mit dem Grundzustand $|g\rangle$ und dem angeregten Zustand $|a\rangle$ handeln. Die Umgebung, in der sich das 2–Niveau–System befindet, wird durch den komplexen Quantenzustand $|\Psi\rangle$ beschrieben. Die Zeitentwicklung des geschlossenen Systems wird durch einen Propagator $\hat{U}(t)$, wie beispielsweise in Gl. (3.112) gegeben, beschrieben. Die unitäre Transformation stellt sich wie folgt dar:

$$|g\rangle|\Psi\rangle \xrightarrow{\hat{U}(t)} |g\rangle|\Psi_g(t)\rangle , \tag{3.128a}$$

$$|a\rangle|\Psi\rangle \xrightarrow{\hat{U}(t)} |a\rangle|\Psi_a(t)\rangle . \tag{3.128b}$$

Der am Anfang vorliegende Umgebungszustand $|\Psi\rangle$ entwickelt sich mit der Zeit in die Zustände $|\Psi_g\rangle$ und $|\Psi_a\rangle$ in Abhängigkeit davon, welcher Zustand des 2–Niveau–Systems an die Umgebung gekoppelt ist. $|g\rangle$ und $|a\rangle$ bleiben in dieser einfachen Betrachtung weiterhin die unveränderten Eigenzustände des Hamilton–Operators des offenen Subsystems. Für den kohärenten Superpositionszustand aus $|g\rangle$ und $|a\rangle$ ergibt sich dann folgende Zeitentwicklung:

$$(\eta|g\rangle + \alpha|a\rangle)|\Psi\rangle \xrightarrow{\hat{U}(t)} \eta|g\rangle|\Psi_g\rangle + \alpha|a\rangle|\Psi_a\rangle . \tag{3.129}$$

Der aus dem Superpositionszustand des offenen Systems hervorgegangene Zustand weist eine Verschränkung mit der Umgebung auf. Die für den verschränkten Zustand resultierende Dichtematrix ist gegeben durch

$$\begin{aligned}\hat{\varrho} &= (\eta|g\rangle|\Psi_g\rangle + \alpha|a\rangle|\Psi_a\rangle)(\eta^*\langle g|\langle\Psi_g| + \alpha^*\langle a|\langle\Psi_a|) \\ &= |\eta|^2|g\rangle\langle g||\Psi_g\rangle\langle\Psi_g| + |\alpha|^2|a\rangle\langle a||\Psi_a\rangle\langle\Psi_a| \\ &\quad +\eta\alpha^*|g\rangle\langle a||\Psi_g\rangle\langle\Psi_a| + \alpha\eta^*|a\rangle\langle g||\Psi_a\rangle\langle\Psi_g| \,. \end{aligned} \tag{3.130}$$

Für Messungen am offenen 2–Niveau–System ist der reduzierte Dichteoperator gemäß Gl. (3.127) relevant, der sich durch Spurbildung über die Umgebungszustände Ψ ergibt:

$$\hat{\varrho}_{red} = Sp_\Psi(\hat{\varrho}) \,, \tag{3.131a}$$

was mit Gl. (3.130)

$$\begin{aligned}\hat{\varrho}_{red} &= |\eta|^2|g\rangle\langle g| + |\alpha|^2|a\rangle\langle a| \\ &\quad +\eta\alpha^*|g\rangle\langle a|\langle\Psi_a|\Psi_g\rangle + \alpha\eta^*|a\rangle\langle g|\langle\Psi_g|\Psi_a\rangle \end{aligned} \tag{3.131b}$$

ergibt. Die Matrixdarstellung erhält man, wenn $|g\rangle$ und $|a\rangle$ als *Spinoren* angesetzt werden, mit

$$|g\rangle = \begin{pmatrix}1\\0\end{pmatrix}, \quad |a\rangle = \begin{pmatrix}0\\1\end{pmatrix} \tag{3.132a}$$

und

$$\langle g| = (1,0), \quad \langle a| = (0,1) \,. \tag{3.132b}$$

Damit ergibt sich die reduzierte Dichtematrix zu

$$\hat{\varrho}_{red} \equiv \underline{\underline{\varrho_{red}}} = \begin{pmatrix} |\eta|^2 & \eta\alpha^*\langle\Psi_a|\Psi_g\rangle \\ \alpha\eta^*\langle\Psi_g|\Psi_a\rangle & |\alpha|^2 \end{pmatrix} . \tag{3.133}$$

Während die Diagonalelemente der Dichtematrix die Wahrscheinlichkeit für das Auftreten der Zustände $|g\rangle$ und $|a\rangle$ im Falle eines Gemisches quantifizieren, repräsentieren die Nichtdiagonalelemente die Phasenbeziehung im kohärenten Superspositionszustand [3.17]. Dieser liegt vor, so lange die Umgebungszustände nicht orthogonal sind. Der Anfangsumgebungszustand $|\Psi\rangle$ entwickelt sich jedoch durch Verschränkung mit den unterschiedlichen Zuständen $|g\rangle$ und $|a\rangle$ des Subsystems kontinuierlich in zwei zunehmend unterschiedliche Zustände $|\Psi_g\rangle$ und $|\Psi_a\rangle$, die sich mit der Zeit immer unähnlicher werden, bis sie schließlich orthogonal sind:

$$\lim_{t \to \infty} \langle \Psi_g | \Psi_a \rangle = 0 \; . \tag{3.134a}$$

Dieser Sachverhalt wird beispielsweise durch

$$\langle \Psi_g(t) | \Psi_a(t) \rangle = \exp(-t/\tau) \tag{3.134b}$$

mit der *Dephasierungszeit* τ beschrieben. Die *Dephasierung* resultiert also daher, dass in einer Zeit τ der reine Superpositionszustand durch Verschränkung mit der Umgebung in einen gemischten Zustand übergeht, also Dekohärenz auftritt.

3.4.2 Quantum Computing

Die *Quanteninformationsverarbeitung* ist seit einigen Jahren ein sich schnell entwickelndes Forschungsgebiet [3.33,3.34]. Im Folgenden sollen kurz die wesentlichen Paradigmen erläutert werden.

Ein kohärenter Superpositionszustand aus einem Grundzustand $|0\rangle$ und einem angeregten Zustand $|1\rangle$, wie in Gl. (3.129) gegeben, kann in allgemeiner Form geschrieben werden als

$$|Q\rangle = q_0|0\rangle + q_1|1\rangle \; . \tag{3.135}$$

Die komplexen Wahrscheinlichkeitsamplituden q_0 und q_1 mit $|q_0|^2 + |q_1|^2 = 1$ geben $|Q\rangle$ eine unendlich große Mannigfaltigkeit und der Superpositionszustand repräsentiert in diesem Sinne eine unendlich umfangreiche Information. Das *Quantenbit*(*Qubit*, Q–bit) $|Q\rangle$ stellt eine gezielt präparierbare Überlagerung der klar unterscheidbaren Eigenzustände $|0\rangle$ und $|1\rangle$ des 2–Niveau–Systems dar. Während in der konventionellen digitalen Informationsverarbeitung wohldefinierte Operationen an unterscheidbaren elektrischen Zuständen, die den Werten 0 und 1 entsprechen, durchgeführt werden und wiederum 0 oder 1 ergeben, kann eine eindeutige, ohne Dephasierung durchgeführte Operation ein Q–bit in ein neues Q–bit überführen und erlaubt eine extrem parallele Informationsverarbeitung (Abb. 3.36). Dies ist das fundamentale Paradigma der Quanteninformationsverarbeitung und des *Quantenrechnens*.

Verschiedene Q–bits zusammen bilden, wie in Abb. 3.36(b) dargestellt, ein *Quantenregister*. Wählt man die Basis der Q–bits entsprechend Gl. (3.132a), so ergibt sich für die Standardbasis des 2–Quantenbit–Registers:

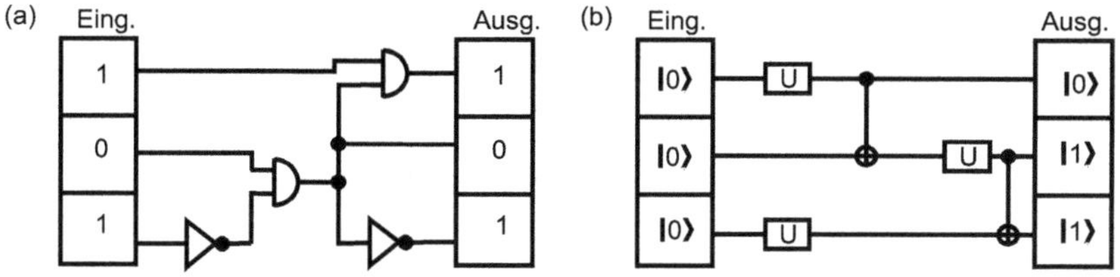

Abb. 3.36: *Gegenüberstelleung konventioneller digitaler Informatonsverarbeitung (a) und Quanteninformationsverarbeitung (b).*

$$|0\rangle = |00\rangle = \begin{pmatrix} 1 \\ 0 \\ 0 \\ 0 \end{pmatrix}, |1\rangle = |01\rangle = \begin{pmatrix} 0 \\ 1 \\ 0 \\ 0 \end{pmatrix}, |2\rangle = |10\rangle = \begin{pmatrix} 0 \\ 0 \\ 1 \\ 0 \end{pmatrix},$$

$$|3\rangle = |11\rangle = \begin{pmatrix} 0 \\ 0 \\ 0 \\ 1 \end{pmatrix}. \tag{3.136}$$

Für ein Register aus N Q–bits ist der Superpositionszustand gegeben durch

$$|\Psi\rangle = \sum_{n=0}^{2^N-1} c_n|n\rangle . \tag{3.137}$$

Die Dimensionalität des Hilbert–Raums, der durch $\{|n\rangle\}$ aufgespannt wird, wächst demnach exponentiell mit N, für ein klassisches Register hingegen mit N.

Zur Durchführung quantenmechanischer Informationsverarbeitung ist es notwendig, einen Superpositionszustand, wie durch Gl. (3.135) oder (3.137) gegeben, wohldefiniert in einen davon unterschiedlichen Superpositionszustand zu überführen. Dies erfolgt mithilfe von *Quantengattern* (*quantum gates*). Logische Gatter können auf ein einziges Q–bit oder auf mehrere wirken. Die Manipulation erfolgt durch Transformation eines Zustands in einen anderen über einen zeitlichen Verlauf, wie etwa in Gl. (3.111) und (3.128) gegeben. Der Propagator wird durch einen unitären Operator repräsentiert. Konkret wird die logische Operation durch Einschalten eines Hamilton–Operators $\hat{H}(t)$ für einen gewissen Zeitraum Δt realisiert. Für ein Q–bit, wie in Gl. (3.135) gegeben, lautet die entsprechende Schrödinger–Gleichung:

$$i\hbar\frac{\partial}{\partial t}|Q(t)\rangle = \hat{H}(t)|Q(t)\rangle . \tag{3.138a}$$

Daraus ergibt sich:

$$i\hbar\frac{\partial}{\partial t}q_i(t) = \sum_{j=0,1} H_{ij}(t)q_j(t)\ . \tag{3.138b}$$

Das Schalten des Q–bits zum Zeitpunkt t_0 wird dann realisiert durch $\hat{H}(t) = \hat{H}(t_0)$ für $t_0 \leq t \leq t + \Delta t$ und $\hat{H}(t) = 0$ außerhalb dieses Schaltzeitraums. Damit ergibt sich aus Gl. (3.138b)

$$q_i(t_1) = q_i(t_0 + \Delta t) = \sum_{j=0,1}\left(\delta_{ij} - \frac{i}{\hbar}H_{ij}(t_0)\Delta t\right) q_j(t_0)\ . \tag{3.139}$$

Der Schaltvorgang

$$|Q(t_0)\rangle \overset{\hat{U}(t)}{\longrightarrow} |Q(t_1)\rangle \tag{3.140a}$$

wird also definiert durch die unitäre Matrix

$$U_{ij}(t_0, \Delta t) = \delta_{ij} - \frac{i}{\hbar}H_{ij}(t_0)\Delta t, \tag{3.140b}$$

mit der *Deltafunktion* δ_{ij} und $H_{ij}(t_0) = \langle i|\hat{H}(t_0)|j\rangle$ für $|i\rangle = |0\rangle, |1\rangle$ sowie $i = 0,1$ und $|j\rangle = |0\rangle, |1\rangle$ sowie $j = 0,1$. Wenn der Hamilton–Operator während der Schaltperiode wirklich zeitunabhängig ist, wird der Vorgang durch den einfachen Propagator in Gl. (3.112) beschrieben. Ist hingegen $\hat{H} = \hat{H}(t)$ für $t_0 \leq t \leq t_1$, so muss die Schrödinger–Gleichung über die Zeit integriert werden.

Jede beliebige unitäre Transformation lässt sich repräsentieren durch

$$\hat{U} \equiv \underline{\underline{U}} = \begin{pmatrix} \exp(i[\alpha-\beta-\gamma])\cos\left(\frac{\theta}{2}\right) & \exp(i[\alpha-\beta+\gamma])\sin\left(\frac{\theta}{2}\right) \\ -\exp(i[\alpha+\beta-\gamma])\sin\left(\frac{\theta}{2}\right) & \exp(i[\alpha+\beta+\gamma])\cos\left(\frac{\theta}{2}\right) \end{pmatrix}. \tag{3.141}$$

Wichtige elementare Operationen erhält man für $\alpha = \beta = \gamma = 0$ und dezidierte Werte für θ. Einen Austausch von Grundzustand und angeregtem Zustand führt beispielsweise das Gatter für $\theta = \pi$ herbei:

$$\hat{U}_\pi|0\rangle = -|1\rangle,\ U_\pi|1\rangle = |0\rangle\ . \tag{3.142}$$

Ein anderes wichtiges *1–Bit–Gatter* ist $\hat{U}_{-\pi/2}$, welches den Grundzustand in einen Superpositionszustand überführt:

$$\hat{U}_{-\pi/2}|0\rangle = \frac{1}{\sqrt{2}}(|0\rangle + |1\rangle)\ . \tag{3.143}$$

Diese Operation reduziert bei erneuter Anwendung den Superpositionszustand wiederum zum Grundzustand:

$$\frac{1}{\sqrt{2}}\hat{U}_{-\pi/2}(|0\rangle + |1\rangle) = |0\rangle\ . \tag{3.144}$$

Wendet man die Transformation sukzessive auf die beiden Q–bits eines 2–Bit-Registers an, so wird der Grundzustand $|00\rangle$ in einen Superpositionszustand aller Basiszustände transformiert:

$$\hat{U}_{-\pi/2,Q_2}\hat{U}_{-\pi/2,Q_1}|00\rangle = \frac{1}{2}(|00\rangle + |10\rangle + |01\rangle + |11\rangle)\ , \tag{3.145}$$

mit $|00\rangle = |Q_1Q_2\rangle$.

In entsprechender Weise lassen sich Gatter für Register aus beliebig vielen Q–bits konstruieren. Dies sei am Beispiel der *2–Bit–Gatter* demonstriert, die durch 4×4–Matrizen repräsentiert werden. Ein Gatter, welches die beiden Q–bits eines Registers vertauscht, ist gegeben durch

$$\hat{U} \equiv \underline{\underline{U}} = \begin{pmatrix} 1 & 0 & 0 & 0 \\ 0 & 0 & 1 & 0 \\ 0 & 1 & 0 & 0 \\ 0 & 0 & 0 & 1 \end{pmatrix}\ . \tag{3.146}$$

Aus Gründen der praktischen Realisierbarkeit ist es sinnvoll, sich ähnlich wie bei der konventionellen digitalen Datenverarbeitung auf möglichst wenige Gatter zu beschränken, deren Kombination alle erdenklichen Logik–Operationen erlaubt. Konventionell können sämtliche Operationen beispielsweise unter ausschließlicher Verwendung von *NAND–Gattern* realisiert werden. Eine Menge von Quantengattern ist *universell*, wenn sich jede unitäre Transformation $\hat{U}$ als Produkt von Operatoren der entsprechenden

Menge darstellen lässt, also durch Hintereinanderschaltung bestimmter Gatter der Menge. Eine solche Menge bildet das *CNOT* (*controlled NOT*), das auch als *XOR* (*exclusive OR*) zu bezeichnen ist, zusammen mit allen 1–Bit–Gattern. Eine entsprechende Kombination aus XOR– und 1–Bit–Gattern ist in Abb. 3.36(b) exemplarisch dargestellt. Die unitäre 2–Bit–Transformation ist gegeben durch

$$\hat{U}_{XOR} \equiv \underline{\underline{U_{XOR}}} = \begin{pmatrix} 1 & 0 & 0 & 0 \\ 0 & 1 & 0 & 0 \\ 0 & 0 & 0 & 1 \\ 0 & 0 & 1 & 0 \end{pmatrix} . \tag{3.147}$$

Tabelle 3.1 zeigt im Detail die durch das Gatter realisierte Transformation im Vergleich zur *Booleschen Wahrheitstabelle*. $\hat{U}_{XOR}$ ändert also immer dann $|Q_2\rangle$, wenn $|Q_1\rangle = |1\rangle$.

$\hat{U}_{XOR}$ kann weiterhin verwendet werden, um einen nicht verschränkten 2–Bit–Zustand

$$|\Psi_1\rangle = \frac{1}{\sqrt{2}}(|01\rangle - |11\rangle) = \frac{1}{\sqrt{2}}(|0\rangle - |1\rangle)|1\rangle \tag{3.148a}$$

über

$$|\Psi_2\rangle = \hat{U}_{XOR}|\Psi_1\rangle \tag{3.148b}$$

in den verschränkten Zustand

$$|\Psi_2\rangle = \frac{1}{\sqrt{2}}(|01\rangle - |10\rangle) \tag{3.148c}$$

zu überführen.

Das *XOR*–Gatter kann auch verwendet werden, um einen Zustand abzufragen, da es nach Tab. 3.1 für $|Q_2\rangle = |0\rangle$ einen Eingangszustand in beide Ausgangszustände transformiert. Dies führt zu $\hat{U}_{XOR}|Q_1 0\rangle = |Q_1 Q_1\rangle$, mit $|Q_1\rangle = |0\rangle, |1\rangle$. Das Q–bit $|Q_1\rangle$ wird also abgefragt, indem ein zweites identisches Q–bit erzeugt wird. Das Verfahren kann genutzt werden, um den Ausgang eines Gatters mit dem Eingang zweier nachfolgender Gatter zu verbinden. Diese Transformation entspricht aber nicht dem Kopieren oder *Klonen* eines unbekannten Quantenzustands gemäß $\hat{U}|Q_1 Q_2\ \rangle = |Q_1 Q_1\rangle$ für einen unbekannten Quantenzustand $|Q_1\rangle = q_0|0\rangle + q_1|1\rangle$, einen beliebigen Anfangszustand $|Q_2\rangle$ und eine lineare unitäre Transformation $\hat{U}$. Dieser Sachverhalt ist als *no cloning–Theorem* bekannt [3.35]. Da es nicht möglich ist, Quantenzustände perfekt zu klonen, lassen sich auch keine einfachen Fehlerkorrekturschemata, vergleichbar mit denen konventioneller Datenverarbeitung, erstellen [3.36].

Tabelle 3.1: *Vergleich der Wahrheitstabellen für den XOR/CNOT–Operator im Booleschen und quantenphysikalischen Kontext.*

Eingang		Ausgang
a	b	$a \oplus b$
0	0	0
1	0	1
0	1	1
1	1	0

Eingabe	Ausgabe
$\|Q_1, Q_2\rangle$	$\|Q_1, Q_1 \oplus Q_2\rangle$
$\|00\rangle$	$\|00\rangle$
$\|01\rangle$	$\|01\rangle$
$\|10\rangle$	$\|11\rangle$
$\|11\rangle$	$\|10\rangle$

Eine Nutzung der inhärenten Parallelität der Quanteninformationsverarbeitung und des Quantum Computings im Besonderen setzt geeignete *Quantenalgorithmen* voraus. Die bekanntesten sind der *Deutsch–Josza–Algorithmus* zur Charakterisierung von Funktionen [3.37], der *Shor-Algorithmus* zur Primzahlzerlegung [3.38] und der *Grover–Algorithmus* zur Datenbankanalyse [3.39].

Die experimentelle Forschung im Bereich der Quanteninformationsverarbeitung ist gegenwärtig vor allem darauf konzentriert, quantenmechanische Systeme zu realisieren, bei denen die Dephasierungszeit τ nach Gl. (3.134b) groß ist gegenüber der Schaltzeit Δt nach Gl. (3.139). Die verifizierte Funktionsweise einzelner Komponenten eines Quantencomputers ist aber nicht hinreichend für das Funktionieren des kompletten Rechners [3.40]: Dazu wäre vielmehr die Erfüllung der *DiVincenzo–Kriterien* hinreichend:

- Existenz eines wohldefinierten Quantenbitfelds.
- Möglichkeit der Definition eines Ausgangszustands $|00\rangle$.
- $\tau/\Delta t \gtrsim 10^4$.
- Verfügbarkeit einer universellen Menge an Quantengattern.
- Möglichkeit des Auslesens eines Quantenzustands.

Bezüglich der direkten Messung eines Quantenzustands $|Q\rangle = q_0|0\rangle + q_1|1\rangle$ muss berücksichtigt werden, dass der Superpositionszustand kollabiert und die Messung $|0\rangle$ mit der Wahrscheinlichkeit $|q_0|^2$ und $|1\rangle$ mit der Wahrscheinlichkeit $|q_1|^2$ liefert. Um eine ausreichende Kohärenz des Superpositionszustands für die Dauer Δt eines Rechenvorgangs zu gewährleisten, müssen die Q–bits als offenes Subsystem weitestgehend von der Umgebung, mit der sie ein geschlossenes Quantensystem bilden, entkoppelt sein. In dieser Hinsicht eignen sich unterschiedliche reale Quantensysteme unterschiedlich gut, wie in Tab. 3.2 zusammengefasst ist.

Für die Realisierung von Quantenrechnern, in denen viele Q–bits ohne zu starke Dephasierung aneinander gekoppelt werden müssen, sind vor allem solche Systeme interessant, die sich analog zur heutigen Halbleiterelektronik auf einem Festkörperchip integrieren und miniaturisieren lassen. Und genau dabei hat natürlich die Nanotechnologie

Tabelle 3.2: *Einige zur Realisierung von Q–bits geeignete reale Systeme mit typischen Schalt– und Dephasierungszeiten [3.41].*

Quantensystem	$\Delta t(s)$	$\tau(s)$	$\tau/\Delta t$
Elektronen GaAs	10^{-13}	10^{-10}	10^{3}
Elektronen Au	10^{-14}	10^{-8}	10^{6}
Ionenfalle In	10^{-14}	10^{-1}	10^{13}
Optische Mikrokavitäten	10^{-14}	10^{-5}	10^{9}
Elektronenspin	10^{-7}	10^{-3}	10^{4}
Quantenpunkt	10^{-6}	10^{-3}	10^{3}
Kernspin	10^{-3}	10^{4}	10^{7}

eine Schlüsselbedeutung, was die ausführliche Behandlung der Quanteninformationsverarbeitung im vorliegenden Kontext motiviert. Von grundlegender Bedeutung für die Realisierung von Q–bits sind 2–Niveau–Systeme, deren Verhalten daher im Folgenden genauer diskutiert wird. Festkörperbasierte Realisierungen umfassen Halbleitersysteme [3.17] und Supraleitersysteme [3.42].

3.4.3 2–Niveau–Systeme

2–Niveau–Systeme sind Systeme, die einen zweidimensionalen Zustandsraum haben. Solche Systeme sind von elementarer Bedeutung für eine Reihe quantenphysikalischer Phänomene. Im Allgemeinen ist der Zustandsraum bei realen Systemen dabei nicht streng zweidimensional, sondern kann nur in einer befriedigenden Näherung als zweidimensional betrachtet werden. Für 2–Niveau–Systeme lassen sich in Form einer allgemeinen quantenphysikalischen Behandlung verschiedene fundamentale Eigenschaften, wie quantenmechanische Resonanz oder Oszillation zwischen den Niveaus ableiten [3.2]. Im vorliegenden Kontext soll jedoch die Diskussion von konkreten Szenarien, für deren Realisierung die Nanotechnologie von Interesse ist, stattfinden. Ein exemplarisches 2–Niveau–System ist der Spin in Form des Elektronen– oder Kernspins, der in einem konstanten Magnetfeld $\mathbf{B}$ zwei energetisch verschiedene Zustände $|\uparrow\rangle$ und $|\downarrow\rangle$ einnehmen kann. Ein allgemeiner Spinzustand ist dann gegeben durch

$$|s\rangle = \alpha_{\uparrow}|\uparrow\rangle + \alpha_{\downarrow}|\downarrow\rangle\ . \qquad (3.149)$$

Der Spinoperator $\hat{S}_z$ mit

$$\hat{S}_z|\uparrow\rangle = \frac{\hbar}{2}|\uparrow\rangle \qquad (3.150a)$$

und

$$\hat{S}_z|\downarrow\rangle = -\frac{\hbar}{2}|\downarrow\rangle \tag{3.150b}$$

hat im aufgespannten zweidimensionalen Hilbert–Raum die Matrixdarstellung

$$\underline{\underline{S_z}} = \begin{pmatrix} \langle\uparrow|\hat{S}_z|\uparrow\rangle & \langle\uparrow|\hat{S}_z|\downarrow\rangle \\ \langle\downarrow|\hat{S}_z|\uparrow\rangle & \langle\downarrow|\hat{S}_z|\downarrow\rangle \end{pmatrix} . \tag{3.151}$$

Im Übrigen gilt für den Spin die Vertauschungsregel für Drehimpulsoperatoren:

$$\hat{\mathbf{S}} \times \hat{\mathbf{S}} = i\hbar\hat{\mathbf{S}} . \tag{3.152}$$

Bezüglich der Basis $\{|\uparrow\rangle, |\downarrow\rangle\}$ erhält man für die Komponenten des Spinoperators $\hat{\mathbf{S}}$ in Matrixdarstellung:

$$\underline{\underline{S_j}} = \frac{\hbar}{2}\underline{\underline{\sigma_j}} , \tag{3.153a}$$

mit $j = x, y, z$ und

$$\underline{\underline{\sigma_x}} = \begin{pmatrix} 0 & 1 \\ 1 & 0 \end{pmatrix} , \tag{3.153b}$$

$$\underline{\underline{\sigma_y}} = \begin{pmatrix} 0 & -i \\ i & 0 \end{pmatrix} , \tag{3.153c}$$

$$\underline{\underline{\sigma_z}} = \begin{pmatrix} 1 & 0 \\ 0 & -1 \end{pmatrix} . \tag{3.153d}$$

Der zu $\hat{\mathbf{S}}$ proportionale Operator $\hat{\boldsymbol{\sigma}}$ hat also die Dimension Eins und wird durch die *Pauli–Matrizen* $\underline{\underline{\sigma_j}}$ repräsentiert.

Der Hamilton–Operator für ein Elektron im Magnetfeld ist gegeben durch

$$\hat{H} = \frac{1}{2m}(\hat{\mathbf{p}} - e\mathbf{A})^2 + U + \mu_B\hat{\boldsymbol{\sigma}} \cdot \mathbf{B} , \tag{3.154}$$

mit der Elektronenladung e, dem Vektorpotential $\mathbf{B} = \nabla \times \mathbf{A}$ und dem *Bohrschen Magneton* $\mu_B = e\hbar/(2m)$. Für $\mathbf{B} = 0$ reduziert sich Gl. (3.154) auf Gl. (3.13). Während die Lösung dann im Spin entartet ist, stellt der Spin im Allgemeinen einen unabhängien Freiheitsgrad dar:

$$[\hat{\mathbf{S}}, \hat{\mathbf{r}}] = [\hat{\mathbf{S}}, \hat{\mathbf{p}}] = 0 \ . \tag{3.155}$$

Trägt man diesem Freiheitsgrad explizit Rechnung, so wird aus der spinunabhängigen Schrödinger–Gleichung (3.6) die *nichtrelativistische Pauli–Gleichung*

$$\left[\left(\frac{1}{2m}\left(\frac{\hbar}{i}\nabla - e\mathbf{A}\right)^2 + U\right)\begin{pmatrix}1 & 0\\ 0 & 1\end{pmatrix} + \mu_B\hat{\boldsymbol{\sigma}}\cdot\mathbf{B}\right]\begin{pmatrix}\Psi_\uparrow\\ \Psi_\downarrow\end{pmatrix} = i\hbar\frac{\partial}{\partial t}\begin{pmatrix}\Psi_\uparrow\\ \Psi_\downarrow\end{pmatrix} \ , \tag{3.156}$$

die immer dann Anwendung findet, wenn es zu einer Aufhebung der Spinentartung kommt.

Die durch Gl. (3.156) beschriebene allgemeine Situation vereinfacht sich, wenn das Elektron gebunden ist, also keine Translationsfreiheitsgrade bestehen, und das Potential im relevanten Raumbereich konstant ist:

$$\mu_B\hat{\boldsymbol{\sigma}}\cdot\mathbf{B}|s\rangle = \mu_B\hat{\sigma}_z B_z|s\rangle = i\hbar\frac{\partial}{\partial t}|s\rangle \ , \tag{3.157}$$

für einen allemeinen Spinzustand $|s\rangle$ und ein konstantes Magnetfeld $\mathbf{B}$. $|s\rangle$ ist durch Gl. (3.149) gegeben mit

$$\alpha_\uparrow(t) = a_\uparrow(t)\exp\left(-i\frac{Et}{\hbar}\right) \tag{3.158a}$$

und

$$\alpha_\downarrow(t) = a_\downarrow(t)\exp\left(-i\frac{Et}{\hbar}\right) \ . \tag{3.158b}$$

Die Lösung der Pauli–Gleichung (3.157) liefert zwei Eigenwerte für die Energie der stationären Zustände:

$$E = \begin{cases} E_\uparrow = \hbar\omega_0/2 \\ E_\downarrow = -\hbar\omega_0/2 \end{cases}, \tag{3.159}$$

mit $\omega_0 = eB_z/m$. Damit folgt

$$|s\rangle = a_\uparrow \exp\left(-i\frac{\omega_0 t}{2}\right) | \uparrow\rangle + a_\downarrow \exp\left(i\frac{\omega_0 t}{2}\right) | \downarrow\rangle \,. \tag{3.160}$$

Zur Analyse der Spindynamik im Magnetfeld dienen die Erwartungswerte der Komponenten des Drehimpulsoperators. Mit

$$|s\rangle = \begin{pmatrix} \alpha_\uparrow \\ \alpha_\downarrow \end{pmatrix} \tag{3.161a}$$

und

$$\langle s| = \left(\alpha_\uparrow^*, \alpha_\downarrow^*\right) \tag{3.161b}$$

ergibt sich unter Berücksichtigung von Gl. (3.153) und (3.158)

$$\langle S_z\rangle = \langle s|\hat{S}_z|s\rangle = \frac{\hbar}{2}\left(|a_\uparrow|^2 - |a_\downarrow|^2\right) \,. \tag{3.162}$$

Die zum Magnetfeld parallele Komponente von **S** ist also eine Erhaltungsgröße. Hingegen ergibt sich für die senkrechten Komponenten

$$\langle S_x\rangle = a_\uparrow a_\downarrow \hbar \cos(\omega_0 t) \tag{3.163a}$$

und

$$\langle S_y\rangle = a_\uparrow a_\downarrow \hbar \sin(\omega_0 t) \,. \tag{3.163b}$$

S beschreibt also eine *Präzessionsbewegung* mit einer Frequenz nach Gl. (3.159) und nach Gl. (3.162) mit einer zu **B** parallelen oder antiparallelen Komponente.

Eine Möglichkeit zur Präparation eines definierten Spinzustands nach Gl. (3.149) erhält man experimentell durch Überlagerung eines konstanten und eines dazu senkrechten, oszillierenden Magnetfelds:

$$\mathbf{B} = \begin{pmatrix} B_x(t) \\ B_y(t) \\ B_z \end{pmatrix} , \tag{3.164a}$$

mit

$$B_x(t) = B_0 \cos(\omega_0 t) , \tag{3.164b}$$

$$B_y(t) = B_0 \sin(\omega_0 t) \tag{3.164c}$$

und $B_z = \text{const}$. Die Pauli–Gleichung (3.156) schreibt sich dann

$$i\hbar \begin{pmatrix} \partial\alpha_\uparrow/\partial t \\ \partial\alpha_\downarrow/\partial t \end{pmatrix} = \mu_B \begin{pmatrix} B_z & B_x - iB_y \\ B_x + iB_y & -B_z \end{pmatrix} \begin{pmatrix} \alpha_\uparrow \\ \alpha_\downarrow \end{pmatrix} . \tag{3.165}$$

Mit $B_x \pm iB_y = B_0 \exp(\pm i\omega_0 t)$ und Gl. (3.158) erhält man

$$i\hbar \frac{\partial a_\uparrow}{\partial t} = \mu_B B_0 a_\downarrow \tag{3.166a}$$

und

$$i\hbar \frac{\partial a_\downarrow}{\partial t} = \mu_B B_0 a_\uparrow . \tag{3.166b}$$

Dieses Gleichungssystem lässt sich auf Standardschwingungsgleichungen für $a_\uparrow(t)$ und $a_\downarrow(t)$ zurückführen. Die Schwingung zwischen Maximal– und Minimalwerten erfolgt mit der *Rabi–Frequenz*

$$\Omega = \frac{eB_0}{2m} . \tag{3.167a}$$

Die Dynamik wird beschrieben durch

$$a_\uparrow(t) \sim i \sin(\Omega t) \exp\left(-i\frac{\omega_0 t}{2}\right) \tag{3.167b}$$

und

$$a_{\downarrow}(t) \sim \cos(\Omega t) \exp\left(i\frac{\omega_0 t}{2}\right) . \tag{3.167c}$$

Das mit der Resonanzfrequenz ω_0 eingestrahlte Feld bewirkt offensichtlich, dass der Spin zwischen den Zuständen $|\uparrow\rangle$ und $|\downarrow\rangle$ mit Ω hin– und herschwingt. Dabei gilt $\Omega \sim B_0$.

Die Erwartungswerte der Spinkoordinaten sind jetzt gegeben durch

$$\langle S_z \rangle = -\frac{\hbar}{2} \cos(2\Omega t) , \tag{3.168a}$$

$$\langle S_x \rangle = -\frac{\hbar}{2} \sin(2\Omega t) \cos(\omega_0 t) , \tag{3.168b}$$

$$\langle S_y \rangle = -\frac{\hbar}{2} \sin(2\Omega t) \sin(\omega_0 t) , \tag{3.168c}$$

mit $\omega_0 \sim B_z$ nach Gl. (3.159).

Aus Gl. (3.168a) ergibt sich, dass ein oszillierendes Magnetfeld den Spin gerade dann zwischen den Zuständen $|\uparrow\rangle$ und $|\downarrow\rangle$ hin– und herschaltet, wenn es über die Zeitdauer

$$\tau_\pi = \frac{\pi\hbar}{2\mu_B B_0} \tag{3.169a}$$

appliziert wird. Ein solches, temporär einwirkendes Magnetfeld wird als *π–Puls* bezeichnet. Ein *$\pi/2$–Puls* hingegen klappt den Spin aus einem Eigenzustand von S_z, also einer zu $\mathbf{B}$ im Mittelwert parallelen oder antiparallelen Orientierung, in den Superpositionszustand

$$|s\rangle = \frac{1}{\sqrt{2}}(|\uparrow\rangle + |\downarrow\rangle) , \tag{3.169b}$$

also in den durch Gl. (3.149) gegebenen Zustand mit $\alpha_\uparrow = \alpha_\downarrow = 1/\sqrt{2}$.

Für $B_z > B_0$, der normalen Arbeitsbedingung, präzidiert der Spin schnell mit ω_0, während er von der zu $\mathbf{B}$ parallelen zur antiparallelen Richtung umklappt und umgekehrt. In Abb. 3.37 ist dies schematisch dargestellt für die Applikation eines π– und eines $\pi/2$–Pulses.

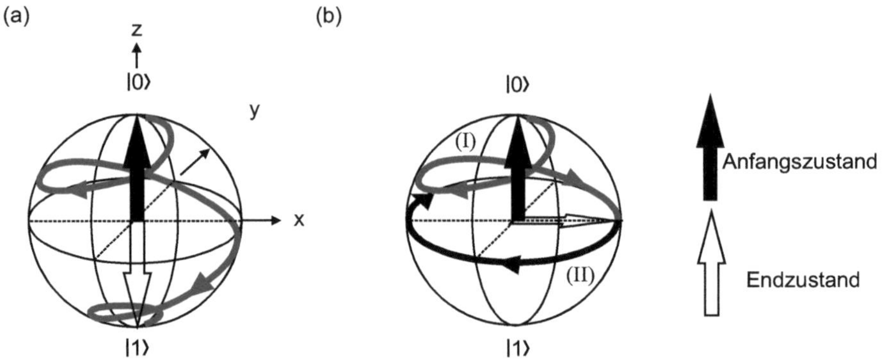

Abb. 3.37: *Umklappen eines Spins in einem konstanten Magnetfeld B_z durch einen π–Puls (a) und einen $\pi/2$–Puls (b). Vor dem Umklappen präzidiert der Spin um die Achse des Magnetfelds.*

Neben spinbasierenden 2–Niveau–Systemen sind im Rahmen nanotechnologischer Ansätze auch elektronische 2–Niveau–Systeme, basierend auf gekoppelten Quantenpunkten, von Bedeutung. Wie in Abb. 3.38 dargestellt, manifestieren sich die Quantenpunkte in zwei bindenden Potentialen. Wie in Abschn. 3.3.1 und 3.3.3 diskutiert, entstehen jeweils diskrete Grundzustände $|\Psi_l\rangle$ und $|\Psi_r\rangle$ in dem hinreichend separierten linken und rechten Potentialtopf. Werden allerdings die Potentialtöpfe nur noch durch eine durchtunnelbare Barriere voneinander getrennt, so wird das System ähnlich dem in Abschn. 3.3.2 behandelten Fall des resonanten Tunnelns durch *Gesamtwellenfunktionen* beschrieben.

Die ursprünglichen Gundzustände $|\Psi_l\rangle$ und $|\Psi_r\rangle$ spalten auf in

$$|\Psi_-\rangle = \frac{1}{\sqrt{2}}(|\Psi_l\rangle + |\Psi_r\rangle) \tag{3.170a}$$

und

$$|\Psi_+\rangle = \frac{1}{\sqrt{2}}(|\Psi_l\rangle - |\Psi_r\rangle)\,. \tag{3.170b}$$

Entsprechend den Verhältnissen beim H_2^+–Ion findet im *bindenden Zustand* $|\Psi_-\rangle$ eine negative Ladungskonzentration zwischen den Potentialmulden statt [(Abb. 3.38(b)]. Dies ist darauf zurückzuführen, dass das Elektron, von dem wir annehmen, dass es sich als Einzelteilchen in der Struktur befindet, mit identischen Tunnelraten von links nach rechts und umgekehrt tunnelt. Im *antibindenden Zustand* konzentriert sich die negative Ladung in den Potentialmulden, was zu einer energetisch weniger günstigen Situation führt. Dementsprechend sind gemäß Abb. 3.38(c) die Energien E_- des bindenden Zustands und E_+ des antibindenden Zustands gegenüber den ursprünglichen, hier als

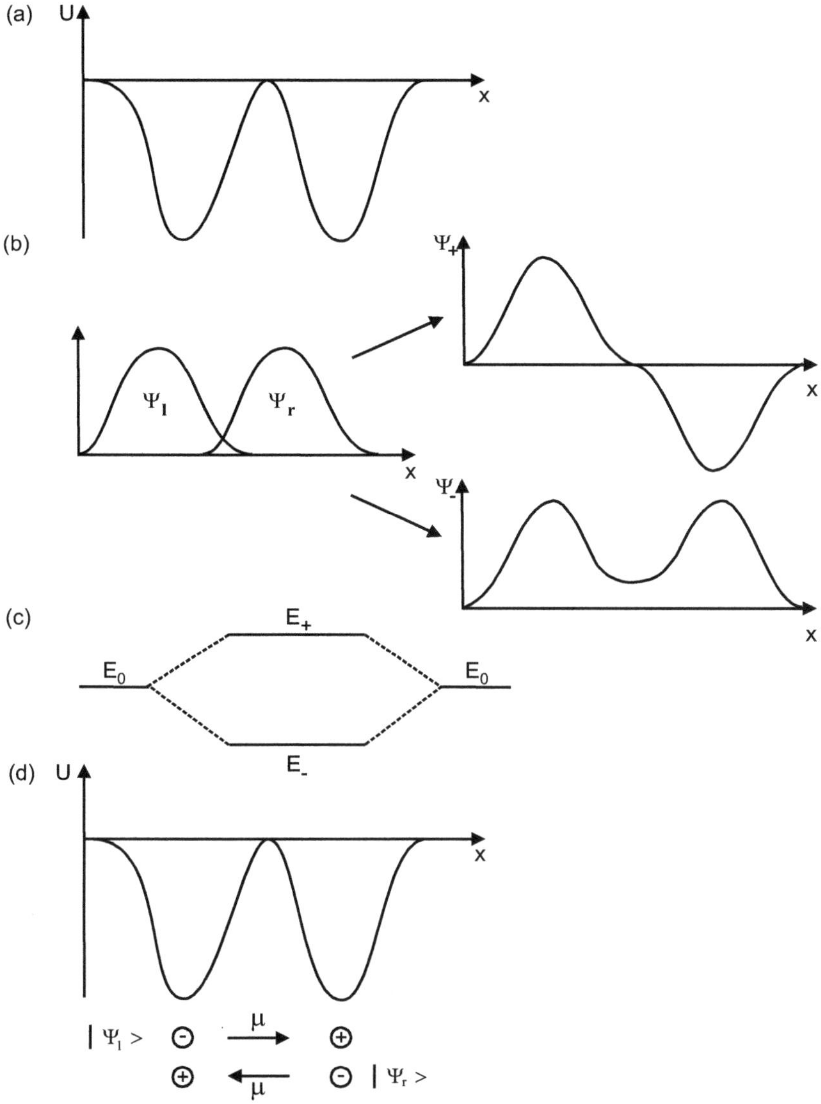

Abb. 3.38: *Gekoppelte Quantenpunkte. Der Potentialverlauf ist schematisch in (a) skizziert. In (b) ist dargestellt, wie bei Kopplung der Potentialtöpfe über eine durchtunnelbare Barriere bei überlappenden Individualwellenfunktionen Ψ_l und Ψ_r ein bindender Zustand Ψ_- sowie ein antibindender Ψ_+ entsteht. Die involvierten Energieniveaus sind in (c) gezeigt. Je nach Aufenthaltsort des Elektrons entsteht ein entsprechendes Dipolmoment $\boldsymbol{\mu}$, wie in (d) angedeutet.*

identisch angenommenen Grundzustandsenergien $E_l = E_r = E_0$, abgesenkt bzw. angehoben. Maßgeblich für die Aufspaltung von E_0 ist die Stärke der Kopplung zwischen den Quantenpunkten. Diese wird durch die Matrixelemente $\langle\Psi_l|\hat{H}|\Psi_l\rangle = \langle\Psi_r|\hat{H}|\Psi_r\rangle = H$ und $\langle\Psi_l|\hat{H}|\Psi_r\rangle = \langle\Psi_r|\hat{H}|\Psi_l\rangle = h$ spezifiziert. Dabei ist für $\hat{H}$ die ortsabhängige potentielle Energie beider Quantenpunkte, die an den Orten $\mathbf{r}_l$ und $\mathbf{r}_r$ lokalisiert sein mögen, zu berücksichtigen:

$$U(\mathbf{r}) = U_l(\mathbf{r} - \mathbf{r}_l) + U_r(\mathbf{r} - \mathbf{r}_r) \,. \tag{3.171}$$

Damit ergibt sich für den antibindenden und den bindenden Zustand

$$E_\pm = \frac{H \pm h}{1 \pm S} \,, \tag{3.172}$$

mit dem *Überlappintegral* $S = \langle\Psi_l|\Psi_r\rangle = \langle\Psi_r|\Psi_l\rangle$.

Von konkreter Bedeutung ist zudem noch das Matrixelement $\langle\Psi_l|\hat{U}_l|\Psi_r\rangle = \langle\Psi_r|\hat{U}_r|\Psi_l\rangle = \varepsilon$, das die Grundzustände der Potentialmulden über die Potentiale U_l und U_r koppelt. Mit

$$\hbar\omega_0 = |E_+ - E_-| \approx 2|\varepsilon| \tag{3.173}$$

wird deutlich, dass dieses Matrixelement ein Maß für Tunnelübergänge zwischen den Quantenpunkten ist und bestimmt, mit welcher Frequenz ω_0 das Elektron zwischen den beiden Quantenpunkten hin– und hertunnelt.

Für nicht spiegelsymmetrische Quantenpunkte gestalten sich die in Abb. 3.38 dargestellten Potentialverläufe, Wellenfunktionen und Termschemata ebenfalls asymmetrisch [3.17].

Ein von außen appliziertes elektrisches Feld $\boldsymbol{\mathcal{E}}$ wechselwirkt über die Kraft $\mathbf{F} = -e\boldsymbol{\mathcal{E}}$ mit dem Elektron. Diese Wechselwirkung wird durch den Potentialverlauf $U(\mathbf{r}, t) = e\mathbf{r} \cdot \boldsymbol{\mathcal{E}}$ beschrieben. Mit dem in Abb. 3.38(d) dargestellten Dipolmoment $\boldsymbol{\mu} = e\mathbf{r}$ erhält man

$$U(\mathbf{r}, t) = \boldsymbol{\mu} \cdot \boldsymbol{\mathcal{E}} \,. \tag{3.174}$$

Je nach Richtung und Größe von $\boldsymbol{\mathcal{E}}$ wird das Elektron aber im linken oder rechten Quantenpunkt anwesend sein. Bei vollständiger Lokalisierung werden mittels des äußeren Felds wieder die Zustände $|\Psi_l\rangle$ oder $|\Psi_r\rangle$ präpariert, die von den Superpositionszuständen in Gl. (3.170) zu unterscheiden sind. Mittels $\boldsymbol{\mathcal{E}}$ lässt sich die Dynamik von $\boldsymbol{\mu}$ ähnlich wie bei der Applikation von $\mathbf{B}$ auf ein Spinsystem manipulieren.

Das elektronische 2–Niveau–System der gekoppelten Quantenpunkte unter dem Einfluss des elektrischen Felds $\boldsymbol{\mathcal{E}}(\mathbf{r}, t)$ wird nun durch folgenden Hamilton–Operator beschrieben:

$$\hat{H} = \frac{\hat{\mathbf{p}}^2}{2m} + U + \hat{\boldsymbol{\mu}} \cdot \boldsymbol{\mathcal{E}} \ , \tag{3.175}$$

mit $U(\mathbf{r})$ aus Gl. (3.171) und dem Dipolmoment als Operator. Wird $\boldsymbol{\mathcal{E}}$ entlang der Verbundungsachse der Quantenpunkte appliziert, so kann das Problem skalar behandelt werden:

$$\boldsymbol{\mathcal{E}}(\mathbf{r}, t) = (\mathcal{E}_0 \cos(\omega_0 t), 0, 0) \ , \tag{3.176}$$

wobei die Frequenz des äußeren Felds gerade die Resonanzbedingung aus Gl. (3.173) erfüllen soll. Entsprechend dem allgemeinen Spinzustand in Gl. (3.149) ist ein allgemeiner Zustand des elektronischen 2–Niveaus–Systems gegeben durch

$$|\Psi\rangle = c_-|\Psi_-\rangle + c_+|\Psi_+\rangle \ , \tag{3.177}$$

wobei $|\Psi_-\rangle$ und $|\Psi_+\rangle$ nach Gl.(3.170) den bindenden und antibindenden Zustand beschreiben. Diese Zustände entsprechen hier dem Grundzustand $|g\rangle$ und dem angeregten Zustand $|a\rangle$ eines Atoms oder verallgemeinerten 2–Niveau–Systems, wie zuvor diskutiert. Während $\Psi_\pm \sim \exp(-iE_\pm t/\hbar)$ stationäre Lösungen des ungestörten 2–Niveau–Systems sind, ist Ψ nach Gl. (3.177) keine stationäre Lösung, was auch nicht zu erwarten ist, da das 2–Niveau–System nunmehr durch $\boldsymbol{\mathcal{E}}(t)$ zeitabhängig gestört wird. Berücksichtigt man die Zeitabhängigkeit der stationären Lösungen $\Psi_\pm$ in $c_\pm(t)$, so ergibt sich ein zu Gl. (3.158) analoger Ansatz:

$$c_\pm(t) = \gamma_\pm(t) \exp(-iE_\pm t/\hbar) \ . \tag{3.178}$$

Zur Berechnung von $\gamma_\pm$ sind die Matrixelemente des *Dipolmomentoperators* wichtig. Aus der mittels $\hat{H}$ aus Gl. (3.175) gegebenen Schrödinger–Gleichung erhält man durch Einsetzen von $|\Psi\rangle$ aus Gl. (3.177)

$$\begin{aligned} i\hbar \begin{pmatrix} \partial c_-/\partial t \\ \partial c_+/\partial t \end{pmatrix} \\ &= \begin{pmatrix} \mathcal{E}\langle\Psi_-|\hat{\mu}|\Psi_-\rangle + E_- & \mathcal{E}\langle\Psi_-|\hat{\mu}|\Psi_+\rangle \\ \mathcal{E}\langle\Psi_+|\hat{\mu}|\Psi_-\rangle & \mathcal{E}\langle\Psi_+|\hat{\mu}|\Psi_+\rangle + E_+ \end{pmatrix} \begin{pmatrix} c_- \\ c_+ \end{pmatrix} \ . \end{aligned} \tag{3.179}$$

Dies stellt das Analogon zu Gl. (3.165) dar. Für zwei gleichartige gekoppelte Quantenpunkte verschwindet aus Symmetriegründen das Dipolmoment in den Zuständen $\Psi_\pm$: $\langle\Psi_-|\hat{\mu}|\Psi_-\rangle = \langle\Psi_+|\hat{\mu}|\Psi_+\rangle = 0$. Die Nichtdiagonalelemente des Dipolmomentoperators verschwinden hingegen aufgrund ungleicher Parität von $|\Psi_-\rangle$ und $|\Psi_+\rangle$ nicht: $\langle\Psi_-|\hat{\mu}|\Psi_+\rangle = \langle\Psi_+|\hat{\mu}|\Psi_-\rangle^* = \mu_\pm$. Mit Gl. (3.178) erhält man dann das Gleichungssystem

$$i\hbar\frac{\partial\gamma_-}{\partial t} = \mu_\pm\mathcal{E}_0[1+\exp(-2i\omega_0 t)]\gamma_+ \tag{3.180a}$$

und

$$i\hbar\frac{\partial\gamma_+}{\partial t} = \mu_\pm^*\mathcal{E}_0[1+\exp(2i\omega_0 t)]\gamma_- \ , \tag{3.180b}$$

was wiederum analog zu Gl. (3.166) ist.

Nimmt man an, dass die zeitliche Änderung von $\gamma_\pm(t)$ langsam ist im Vergleich zur durch ω_0 gegebenen zeitlichen Veränderung von $\mathcal{E}$ – man bezeichnet dies als *Rotationswellennäherung* (*rotating wave approximation*) – so können die $\exp(\pm 2i\omega_0 t)$–Terme bei Integration von Gl. (3.180) vernachlässigt werden. Damit sind zwei elementare Schwingungsgleichungen für $\gamma_\pm$ zu lösen. Die Lösungen sind direkt vergleichbar mit denen für das Spinsystem in Gl. (3.167). Im vorliegenden Fall beträgt die Rabi–Frequenz

$$\Omega = \frac{\mathcal{E}_0|\mu_\pm|}{\hbar} \ . \tag{3.181a}$$

Mit dieser Frequenz oszillieren $c_\pm(t)$ in Gl. (3.177) zwischen Maximal– und Minimalwerten:

$$c_-(t) = c\cos(\Omega t)\exp\left(-i\frac{E_- t}{\hbar}\right) \ , \tag{3.181b}$$

$$c_+(t) = -ic\sin(\Omega t)\exp\left(-i\frac{E_+ t}{\hbar}\right) \ , \tag{3.181c}$$

mit $|c|^2 = 1$. In Resonanz mit dem von außen angelegten Feld schwingt das System der gekoppelten Quantenpunkte zwischen den Zuständen $|\Psi_\pm\rangle$ hin und her. Da $\omega_0 \gg \Omega \sim \mathcal{E}_0$ ist, hängt die Frequenz dieser langsamen Schwingung von der Amplitude des äußeren Felds ab, in analoger Weise zu $\Omega \sim B_0$ nach Gl. (3.167a) für das Spinsystem. Aus Gl. (3.181) ergibt sich, dass das oszillierende elektrische Feld das Quantenpunktsystem gerade dann zwischen $|\Psi_-\rangle$ und $|\Psi_+\rangle$ hin– und herschaltet, wenn es für die Dauer

$$\tau_\pi = \frac{\pi\hbar}{|\mu_\pm|\mathcal{E}_0} \tag{3.182}$$

appliziert wird. Ein solcher Puls wird in Anlehnung an die Verhältnisse beim Spinsystem hier ebenfalls als π–Puls bezeichnet. Ein $\pi/2$–Puls überführt das System aus einem Zustand $|\Psi_\pm\rangle$ in den Superpositionszustand

$$|\Psi\rangle = \frac{1}{\sqrt{2}}(|\Psi_-\rangle + |\Psi_+\rangle)\ , \tag{3.183}$$

womit analog zu Gl. (3.169b) wiederum ein Zustand präpariert wird, der gemäß Gl. (3.153) ein Q–bit repräsentiert.

Im Sinne einer potentiellen technischen Realisierung der Quanteninformationsverarbeitung stellt sich insbesondere die Frage, inwieweit Q–bit–Systeme auf der Basis heute bekannter Chiptechnologien realisiert werden können. Systeme in Form von Halbleiterchips müssen zum einen die genannten DiVincenzo–Kriterien erfüllen, zum anderen sollten sie skalierbar sein. Eine Vielzahl unterschiedlicher Konzepte, welche die Initialisierung, Manipulation, Kopplung und das Auslesen von Q–bits gestatten, wurde bereits experimentell realisiert. Als besondere Herausforderung hat sich dabei die Übertragung von Q–bits zwischen räumlich entfernten Lokationen erwiesen.

Ladungsbasierte Q–bits in gekoppelten Quantenpunkten wurden sowohl in einer GaAs/AlGaAs–Heterostruktur mit hochbeweglichem *zweidimensionalen Elektronengas* (2DEG) realisiert [3.43] als auch in Si–Strukturen [3.44]. Erzielte Dephasierungszeiten lagen zwischen einigen und einigen hundert ns. Die Dephasierungszeit wird insbesondere länger, wenn Q–bits nur kapazitiv und nicht über Tunnelkontakte mit Stromtransport an die Umwelt angekoppelt sind. Daher kommt bei der Realisierung rein elektronischer Q–bit–Systeme *SET–Anordnungen*, wie in Abschn. 3.2.3 diskutiert, besondere Bedeutung zu.

Bei spinbasierten Systemen bieten sich a priori sowohl Elektronen– wie auch Kernspins an. Abbildung 3.39 zeigt einen auf Basis existierender Chiptechnologien realisierbaren Ansatz von *D. Loss* und *D.P. DiVincenzo* [3.40]. Grundlage ist wiederum ein 2DEG einer GaAs/AlGaAs–Heterostruktur. Die hochbeweglichen Elektronen befinden sich hier in gebundenen zweidimensionalen Zuständen, wie in Abschn. 3.3.1 diskutiert. Die oberen Elektroden (*top gates*) können derart mit einem elektrischen Potential beaufschlagt werden, dass es in ihrer Nähe zu einer Verarmung des 2DEG kommt. Damit kann ein *Quantenpunkt* (*quantum dot*) geformt werden, der letztlich nur noch ein Elektron beinhaltet. In dem äußeren Magnetfeld $\mathbf{B} = (0, 0, B_z)$ spalten die sonst entarteten Spinzustände $|\uparrow\rangle$ und $|\downarrow\rangle$ auf in die durch Gl. (3.159) gegebenen Niveaus. Allerdings ist bei dieser *Zeeman–Aufspaltung* nicht der *Landé–Faktor* $g = 2$ für Elektronen im Vakuum sondern vielmehr $g = -0,44$ für GaAs zu berücksichtigen. Die Zeeman–Aufspaltung beträgt dann $\triangle E = g\mu_B B_z$. Das zur Manipulation des Q–bits nötige Wechselfeld aus Gl. (3.164) lässt sich erzeugen mittels eines Hochfrequenzstroms durch eine Leiterbahn nahe dem Quantenpunkt. Um nur einen Quantenpunkt mittels des globalen Felds $B_{x,y}(t)$

zu manipulieren, können die Resonanzfrequenzen ω_0 benachbarter Quantenpunkte gegeneinander verstimmt werden, indem ein $B_z(x, y)$–Feldgradient realisiert wird oder indem der Landé–Faktor örtlich variiert wird: $g = g(x, y)$. Dieses *g–Faktor Engineering* erreicht man, indem die Elektronen der Quantenpunkte mithilfe der rückseitig angebrachten Elektroden (*back gates*) in Richtung einer Schicht hohen g–Faktors (*high–g layer*) gezogen werden. Gates für zwei Q–bits werden realisiert durch eine variable Kopplung benachbarter Quantenpunkte. Die Potentialbarriere zwischen den Quantenpunkten lässt sich wiederum mithilfe der top gates in Abb. 3.39 variieren.

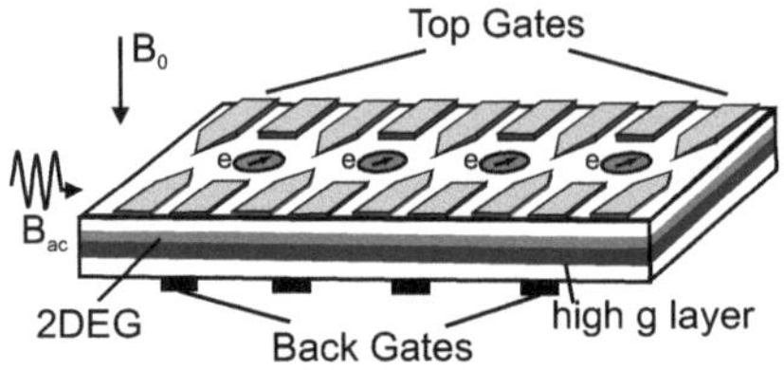

Abb. 3.39: *Schematische Darstellung zur Realisierung spinbasierter Quanteninformationsverarbeitung in einer GaAs/AlGaAs–Heterostruktur [3.40].*

Die Quantenpunkte können auch mit jeweils zwei Elektronen gefüllt werden. In diesem Fall bilden *Singulett–* und *Triplettzustände* das 2–Niveau–System. In jedem Fall erfolgt das Auslesen durch Konversion des Spinzustands in einen Ladungszustand, der dann einen Strom durch einen *Quantenpunktkontakt* (*quantum point contact*, *QPC*) induziert. Durch dieses Prinzip ist die Kopplung der Q–bits an die Außenwelt minimal, was aus Gründen einer hinreichenden Dephasierungszeit erforderlich ist. Um die Dephasierung durch Kopplung an das Phononenbad gering zu halten, muss die Elektronentemperatur bei ~100 mK gehalten werden. Dies erfordert insbesondere wegen der Energiedissipation durch $B_{x,y}(t)$ eine hinreichende Kühlleistung des *Verdünnungskryostaten* [3.28].

Tabelle 3.2 zeigt, dass insbesondere auch nukleare Spins sehr gut zur Quanteninformationsverarbeitung geeignet sind, da sie vergleichsweise gut von der Außenwelt entkoppelt sind und lange Dephasierungszeiten τ nach Gl. (3.134b) aufweisen. Eine genauere Charakterisierung von Spinsystemen erfolgt mittels der *Spin–Gitter–Relaxationszeit* τ_1 und der *Spin–Spin-Relaxationszeit* τ_2. τ_1 gibt an, nach welcher Zeit nach dem Abschalten des Hochfrequenzfelds $B_{x,y}(t)$ nach Gl. (3.164) der Spin wieder seine Gleichgewichtsorientierung parallel zur B_z–Achse einnimmt. Die Relaxation erfolgt durch Wechselwirkung mit dem Phononenbad. τ_2 gibt demgegenüber an, wie lang ein kohärenter Superpositionszustand vorliegt, bevor er durch elastische Spinstreuung dephasiert. Beide Zeiten hängen sehr kritisch von Temperatur und angelegtem Magnetfeld ab.

Auch im Hinblick auf die technische Nutzung von Kernspins zur Quanteninformationsverarbeitung sind Systeme auf der Basis heute verwendeter Halbleitermaterialien mit rein elektronischer Datenverarbeitung besonders interessant. Tabelle 3.3 gibt einen Überblick über stabile Isotope der Hauptgruppen III bis V mit dem jeweiligen nuklearen Spinmoment und ihrem natürlichen Vorkommen. Während in den Gruppen III und V alle Isotope einen nicht verschwindenden Kernspin aufweisen, so verschwindet dieser bei vielen Isotopen der IV. Hauptgruppe. Diejenigen Isotope mit nichtverschwindendem Kernspin haben darüber hinaus eine geringe Häufigkeit, wie beispielsweise ^{29}Si

Tabelle 3.3: *Stabile Isotope der Hauptgruppen III bis V mit Kernspin und relativer Häufigkeit.*

III			IV			V		
^{10}B	3	19,9 %	^{12}C	0	98,9 %	^{14}N	1	99,6 %
^{11}B	3/2	80,1 %	^{13}C	1/2	1,1 %	^{15}N	1/2	0,4 %
^{27}Al	5/2	100 %	^{28}Si	0	92,2 %	^{31}P	1/2	100 %
			^{29}Si	1/2	4,7 %			
			^{30}Si	0	3,1 %			
^{69}Ga	3/2	60,1 %	^{70}Ge	0	21,2 %	^{75}As	3/2	100 %
^{71}Ga	3/2	39,9 %	^{72}Ge	0	27,7 %			
			^{73}Ge	9/2	7,7 %			
			^{74}Ge	0	35,9 %			
			^{76}Ge	0	7,4 %			
^{113}In	9/2	4,3 %	^{119}Sn	1/2	8,6 %	^{121}Sb	5/2	57,2 %
^{115}In	9/2	95,7 %	^{120}Sn	0	32,6 %	^{123}Sb	7/2	42,8 %
			weitere 8 Isotope					

mit 4,7 %. Wechselwirkungsprozesse zwischen Kern– und Elektronenspins spielen also in der IV. Hauptgruppe eine untergeordnete Rolle. Nutzbare Spins für die *Elektronenspinresonanz* (ESR) oder die *Kernspinresonanz* (nuclear magnetic resonance, NMR) sind beispielsweise Spins von Defektatomen oder Defektzentren und insbesondere von *Dotieratomen*, die gezielt in das Wirtsmaterial eingebracht werden.

Ein Elektronendonator für Silizium ist Phosphor. Da ^{31}P einen nichtverschwindenden Kernspin hat, kann an den Dotieratomen sowohl ESR als auch NMR durchgeführt werden. Bei Temperaturen im K–Bereich werden für den Elektronenspin τ_1–Zeiten von fast einer Stunde [3.45] und τ_2–Zeiten im ms-Bereich [3.46] gemessen. τ_2 hängt dabei, wie für eine Spin–Spin–Wechselwirkung zu erwarten, von der Dotierkonzentration ab. Für den Kernspin übersteigen τ_1–Zeiten 10 Stunden [3.45] und τ_2–Zeiten 1 s [3.47].

Ein elegantes Konzept, welches sowohl die Nutzung von Elektronen– als auch Kernspins von Donatoren in Silizium gestattet, wurde von *B. Kane* [3.48] vorgeschlagen und ist schematisch in Abb. 3.40 dargestellt. ^{31}P–Donatoren werden in isotopenreines ^{28}Si eingebracht, um Dekohärenz der nuklearen ^{31}P–Spins durch Wechselwirkung mit nuklearen ^{29}Si–Spins (siehe Tab. 3.3) auszuschließen. Jeder Donator befindet sich unterhalb einer A–Elektrode (*control gate*). Mittels der J–Kontrollelektrode wird die Kopplung zwischen den Donatoren variiert. Das Bauelement befindet sich in einem statischen Feld von $B_z \gtrsim 2\,\mathrm{T}$ und bei einer Temperatur von ca. 100 mK. Die Elektronenspins sind damit vollständig polarisiert.

Mithilfe der A–Steuerelektroden lassen sich trotz globaler Applikation von $B_{x,y}(t)$ und B_z einzelne Donatoren konkret adressieren. Dazu dient die *Hyperfeinwechselwirkung* zwischen Kern– und Elektronenspins. Im Allgemeinen ist der Hamilton–Operator eines

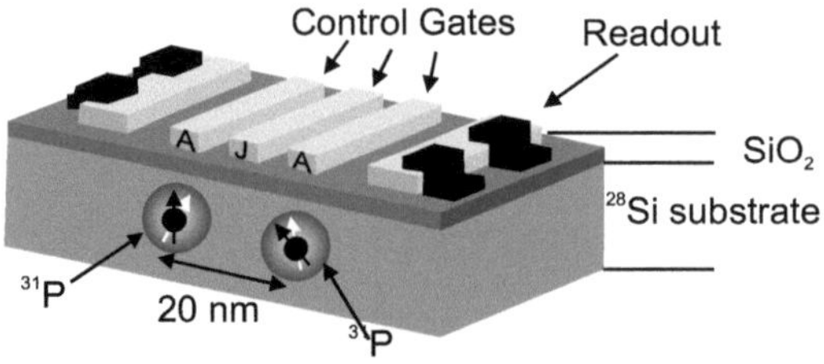

Abb. 3.40: *Schematische Darstellung zur Realisierung von elektronen– und kernspinbasierter Quanteninformationsverarbeitung [3.48].*

Donators oder Defekts in einer Halbleitermatrix ein außerordentlich komplexer Operator. Wenn es jedoch möglich ist, die zustandsbeschreibende Wellenfunktion in einen *Spin–* und einen *Orbitalanteil* zu faktorisieren, dann kann ein reiner *Spin–Hamiltonian* definiert werden:

$$\hat{H} = \frac{g}{2}\mu_B \hat{\boldsymbol{\sigma}} \cdot \mathbf{B} + \frac{A}{\hbar^2}\hat{\mathbf{S}} \cdot \hat{\mathbf{I}} \,. \tag{3.184}$$

Hierbei beschreibt der erste Term die Wechselwirkung des Elektronenspins mit dem Magnetfeld, wie bereits in Gl. (3.157) behandelt. g ist wiederum der Landé–Faktor. Die Abweichung von $g = 2,002319$ für das freie Elektron resultiert daher, dass in einem *effektiven g–Faktor*, der verallgemeinert eigentlich ein Tensor ist, die *Spin–Bahn–Wechselwirkung* berücksichtigt wird, die nicht explizit in Gl. (3.184) vorkommt. Ebenso sind andere Einflüsse der Feinstruktur in Gl. (3.184) vernachlässigt. Der zweite Term beschreibt hier die Hyperfeinwechselwirkung, die durch den Einfluss des nuklearen Magnetfelds, hervorgerufen durch den Kernspin, auf den Elektronenspin zustande kommt. Die ebenfalls als isotrop angenommene Größe A quantifiziert die Größe der Wechselwirkung zwischen Kern– und Elektronenspin. Die schwache *nukleare Zeeman–Wechselwirkung* wird in Gl. (3.184) ebenfalls vernachlässigt.

Die jeweils zwei Eigenfunktionen $|\uparrow\rangle$ und $|\downarrow\rangle$ für den Elektronen– und Nuklearspin spannen zusammen einen vierdimensionalen Hilbert–Raum auf, für den sich die folgende Basis definieren lässt:

$$|\uparrow\uparrow\rangle = \begin{pmatrix}1\\0\\0\\0\end{pmatrix}, |\uparrow\downarrow\rangle = \begin{pmatrix}0\\1\\0\\0\end{pmatrix}, |\downarrow\uparrow\rangle = \begin{pmatrix}0\\0\\1\\0\end{pmatrix}, |\downarrow\downarrow\rangle = \begin{pmatrix}0\\0\\0\\1\end{pmatrix} . \tag{3.185}$$

Zur Ermittlung der Eigenzustände muss der Hamilton–Operator in Matrixdarstellung diagonalisiert werden. Ausgehend von Gl. (3.184) ergibt sich mit $\mathbf{B} = (0, 0, B_z)$ und aus der Tatsache, dass $\hat{\boldsymbol{\sigma}}$ und $\hat{\mathbf{S}}$ nur auf elektronische Zustände wirken und $\hat{\mathbf{I}}$ nur auf nukleare wirkt:

$$\hat{H} = \frac{1}{2}\left(g\mu_B B_z \hat{\sigma}_z + \frac{A}{\hbar^2}[\hat{\mathbf{J}}^2 - \hat{\mathbf{S}}^2 - \hat{\mathbf{I}}^2]\right) , \tag{3.186}$$

mit dem Operator $\hat{\mathbf{J}} = \hat{\mathbf{S}} + \hat{\mathbf{I}}$ für den Gesamtspin. Nach den Regeln der Drehimpulsquantisierung gilt

$$\hat{\mathbf{S}}^2 \begin{pmatrix} |\uparrow\rangle \\ |\downarrow\rangle \end{pmatrix} = s(s+1)\hbar \begin{pmatrix} |\uparrow\rangle \\ |\downarrow\rangle \end{pmatrix} , \tag{3.187}$$

für den Spin. Analoge Relationen gelten für $\hat{\mathbf{J}}^2$ und $\hat{\mathbf{I}}^2$. Für die ^{31}P–Donatoren in Abb. 3.40 ist $s = i = 1/2$. Das System verhält sich in diesem Sinne also wie das Wasserstoffatom. Damit ergibt sich

$$\hat{\mathbf{S}} \cdot \hat{\mathbf{I}} \begin{pmatrix} |\uparrow\uparrow\rangle \\ |\downarrow\downarrow\rangle \end{pmatrix} = \frac{\hbar^2}{4} \begin{pmatrix} |\uparrow\uparrow\rangle \\ |\downarrow\downarrow\rangle \end{pmatrix} \tag{3.188a}$$

für den Triplettzustand $j = 1$ und

$$\hat{\mathbf{S}} \cdot \hat{\mathbf{I}} \begin{pmatrix} |\uparrow\downarrow\rangle \\ |\downarrow\uparrow\rangle \end{pmatrix} = -\frac{3\hbar^2}{4} \begin{pmatrix} |\uparrow\downarrow\rangle \\ |\downarrow\uparrow\rangle \end{pmatrix} \tag{3.188b}$$

für den Singulettzustand $j = 0$. Allerdings setzt dieses Resultat voraus, dass die beiden Spins **S** und **I** zu einem Gesamtspin **J** koppeln, was nur bei schwacher Zeeman–Aufspaltung $g\mu_B B_z \ll A$ der Fall ist. Wenn hingegen bei starker Zeeman–Aufspaltung **S** und **I** unabhängig voneinander entlang $\mathbf{B}_z$ quantisiert sind, folgt aus Gl. (3.184) anstelle von Gl. (3.186)

$$\begin{aligned} \hat{H} &= \frac{g\mu_B B_z}{2}\hat{\sigma}_z + \frac{A}{\hbar^2}(\hat{S}_x\hat{I}_x + \hat{S}_y\hat{I}_y + \hat{S}_z\hat{I}_z) = \\ &= \frac{A}{4}(\hat{\sigma}_x^n\hat{\sigma}_x^e + \hat{\sigma}_y^n\hat{\sigma}_y^e) + \frac{1}{2}\left(\frac{A}{2}\hat{\sigma}_z^n + g\mu_B B_z\right)\hat{\sigma}_z^e . \end{aligned} \tag{3.189}$$

Die gemäß Gl. (3.153) definierten Pauli–Matrizen $\hat{\sigma}^n_{x,y,z} \equiv \underline{\underline{\sigma^n_{x,y,z}}}$ wirken dabei nur auf den nuklearen und $\hat{\sigma}^e_{x,y,z} \equiv \underline{\underline{\sigma^e_{x,y,z}}}$ nur auf den elektronischen Zustand. Unter Verwendung der Spinmatrizen und der Basis aus Gl. (3.185) ergibt sich für $\hat{H}$ folgende Matrixdarstellung:

$$\underline{\underline{H}} = \frac{1}{2}\begin{pmatrix} g\mu_B B_z + A/2 & 0 & 0 & 0 \\ 0 & g\mu_B B_z - A/2 & A/2 & 0 \\ 0 & A/2 & -g\mu_B B_z - A/2 & 0 \\ 0 & 0 & 0 & -g\mu_B B_z + A/2 \end{pmatrix} . \tag{3.190}$$

Mit dem charakteristischen Polynom der zentralen 2 × 2–Blockmatrix lassen sich die Eigenwerte exakt bestimmen:

$$E_{1,4} = \frac{A}{4} \pm \frac{g\mu_B B_z}{2} \tag{3.191a}$$

und

$$E_{2,3} = -\frac{A}{4} \pm \frac{1}{2}\sqrt{A^2 + (g\mu_B B_z)^2)} . \tag{3.191b}$$

Für $g\mu_B B_z \gg A$ lassen sich die Nichtdiagonalelemente in Gl. (3.190) vernachlässigen. Dann sind die in Gl. (3.185) gegebenen Zustände die Eigenzustände und die Diagonalelemente in Gl. (3.190) die Eigenwerte des 2–Spin–Systems. Für diese Näherung zeigt Abb. 3.41 das entsprechende *Breit–Rabi–Diagramm.*

Entsprechend der Dipolauswahlregeln können die Übergänge $|\uparrow\uparrow\rangle \leftrightarrow |\downarrow\uparrow\rangle$ und $|\uparrow\downarrow\rangle \leftrightarrow |\downarrow\downarrow\rangle$ im ESR– sowie $|\uparrow\uparrow\rangle \leftrightarrow |\uparrow\downarrow\rangle$ und $|\downarrow\uparrow\rangle \leftrightarrow |\downarrow\downarrow\rangle$ im NMR–Fall auftreten. Für den ESR–Fall ist dies in Abb. 3.41 eingezeichnet. Für eine Übergangsenergie von $\Delta E = \hbar\omega_0$ treten die Übergänge für die Feldwerte $B_z = (\hbar\omega_0 \mp A/2)/(g\mu_B)$ auf.

Wird an die A–Elektroden in Abb. 3.40 ein Potential angelegt, so lässt sich über den *Stark–Effekt* die Wellenfunktion des unter der Elektrode liegenden ^{31}P–Donators manipulieren. Im Falle der in der vorliegenden Situation maßgeblichen *Fermi–Kontakt–Wechselwirkung* ist die *Hyperfeinstrukturkonstante* gegeben durch

$$A = \frac{3}{2}\mu_0 g g_n \mu_B \mu_n |\Psi(0)|^2 . \tag{3.192}$$

g_n und μ_n bezeichnen den *nuklearen Landé–Faktor* und das *Kernmagneton*, welches analog zum Bohrschen Magneton für die Protonenmasse definiert ist. Für freie Teilchen findet man $g/g_n = 0,358$ und $\mu_B/\mu_n = 1836$. $|\Psi(0)|^2$ ist die elektronische Wahrscheinlichkeitsdichte am ^{31}P–Nukleus. Praktisch erreicht man feldinduzierte Änderungen von $\Delta A/A \approx 10^{-4}$. Nach Abb. 3.41 lassen sich auf diese Weise die Resonanzen benachbarter ^{31}P–Donatoren verstimmen.

Die Nutzung nuklearer Spins wird durch die nach Tab. 3.2 lange Dephasierungszeit τ nahegelegt. Andererseits ist die Zeit zur Präparation eines bestimmten Superpositionszustands eines 2–Niveau–Systems eine relavante Größe. Charakteristische Zeiten für spinbasierte Systeme sind durch Gl. (3.169a) gegeben. Damit ergibt sich $\tau_{\pi,e}/\tau_{\pi,n} = g_n\mu_n/(g\mu_B)$. Für isolierte Nuklear– und Elektronenspins ergibt sich hier ein Verhältnis von $1,5 \cdot 10^{-3}$. Dies bedeutet, dass sich elektronische Q–bits bedeutend schneller manipulieren lassen als nukleare Q–bits, wobei ein gegebenes Feld B_z vorausgesetzt wurde.

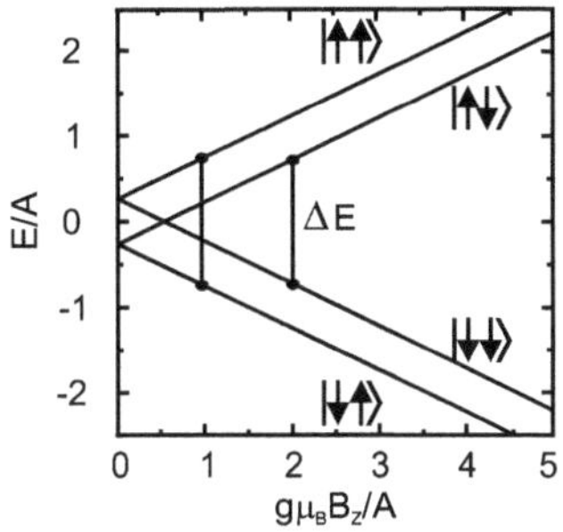

Abb. 3.41: *Breit–Rabi–Diagramm für die Energieaufspaltung im* ^{31}P*–System für dominierende Zeeman–Wechselwirkung.*

Über die J–Elektroden in Abb. 3.40 lässt sich die Austauschwechselwirkung zwischen benachbarten ^{31}P–Donatoren trimmen und damit Einfluss auf die elektronische Spin–Spin–Wechselwirkung nehmen. Der hypothetische Auslesemechanismus des Bauelements besteht wiederum in einer Konversion von Spinzuständen in Ladungszustände. Mittels der Gateelektroden lässt sich das Valenzelektron des linken Donators zum rechten Donator transferieren, woraus der doppelt besetzte Zustand ^{31}P$^-$ resultiert. Aufgrund des Pauli–Prinzips muss dieser Zustand ein Singulettzustand mit $s = 0$ sein. Würden die beteiligten Elektronen diesen Singulettzustand nicht schon vorher relativ zueinander einnehmen, käme der Ladungstransport nicht zustande. Der Spinzustand wird also mittels des Pauli–Prinzips in einen Ladungszustand konvertiert. Da nach Abb. 3.41 die Eigenwerte des Systems davon abhängen, wie die relative Orientierung von Nuklear– und Elektronenspin ist, lässt sich durch Veränderung der Kopplung zwischen den Elektronenspins benachbarter Donatoren die entsprechende Symmetrie des Elektronenspinzustands auf den Zustand der Nuklearspins übertragen. Dies ermöglicht dann ein rein elektronisches Auslesen des Nuklearspins.

Neben Halbleitern bieten auch *Supraleiter* vielversprechende Ansatzmöglichkeiten zur Realisierung von Q–bit–Bauelementen. Zwar sind die Prozessierungsverfahren zur Herstellung supraleitender Bauelemente großtechnisch nicht so etabliert wie diejenigen der Halbleiterelektronik, aber supraleitende Systeme sind ebenfalls skalierbar, die Bearbeitungstechniken werden zumindest im Labormaßstab beherrscht und niedrige Temperaturen sind auch bei Halbleiterbauelementen notwendig, um die Dephasierungszeiten genügend auszudehnen. Da supraleitende Systeme potentiell eine gute *Quantenkohärenz* aufweisen, sind sie als sehr ernstzunehmende Kandidaten für die Realisierung rein elektronischer Bauelemente für die Quanteniformationsverarbeitung anzusehen [3.49].

Die *Cooper–Paare* eines Supraleiters kondensieren als *Bosonen* in einem gemeinsamen Grundzustand. Der supraleitende Zustand umfasst makroskopische Freiheitsgrade. Dies ist die Grundlage für die potentiell hohe Quantenkohärenz. Alle Konzepte für supraleitende Quantenschaltkreise basieren auf *Josephson–Kontakten*. Diese bestehen in einer Tunnelbarriere für Cooper–Paare zwischen zwei Supraleitern, realisiert beispielsweise durch eine Schichtfolge Supraleiter–Isolator–Supraleiter (SIS) oder Supraleiter–Nomalleiter–Supraleiter (SNS). Der Gleichstrom durch den Kontakt hängt mit der Phasendifferenz $\Delta\varphi$ der globalen Wellenfunktionen in beiden Supraleitern zusammen:

$$I = I_0 \sin \Delta\varphi \,. \tag{3.193}$$

Dies ist die *erste Josephson–Gleichung*. I_0 ist der Maximalstrom, der durch den Kontakt auf diese Weise fließen kann. Wird ein Strom I eingeprägt, so stellt sich $\Delta\varphi$ entsprechend ein. Ein Spannungsabfall tritt erst für einen eingeprägten Strom $I > I_0$ auf, wenn Cooper–Paare aufbrechen. In diesem Fall stellt sich eine zeitabhängige Phasendifferenz ein:

$$\Delta\varphi(t) = \Delta\varphi_0 - 2\pi \frac{V}{\Phi_0} t \,, \tag{3.194}$$

mit dem Flussquant $\Phi_0 = h/(2e)$ und $\Delta\varphi_0 = \Delta\varphi(t=0)$. Setzt man das Ergebnis dieser *zweiten Josephson–Gleichung* in die erste Josephson–Gleichung (3.193) ein, so ergibt sich ein Wechselstrom mit der Frequenz $\omega = 2eV/\hbar$. Dies bedeutet, dass ein Photon der Energie $\hbar\omega = 2\,\text{eV}$ emittiert oder absorbiert wird, wann immer ein Elektronenpaar die Barriere durchtunnelt. Mit $V = 1V$ ergibt das $\omega/2\pi = 483{,}5979\,\text{THz}$. Als hochpräzises Konversionselement zwischen Spannung und Frequenz wird der Josephson–Kontakt für *metrologische Zwecke* eingesetzt. Neben dem oszillierenden Cooper–Paarstrom fließt ein Gleichstrom aus tunnelnden Einzelelektronen.

Der von Supraleitern bei hinreichend kleinen Feldern gezeigte *Meißner–Effekt* besteht darin, dass das Innere des Supraleiters feld– und damit stromdichtefrei ist. Eine Konsequenz hieraus ist, dass der Fluss durch einen supraleitenden Ring quantisiert sein muss. Der Fluss setzt sich dabei aus dem des äußeren Felds und dem der Ströme im Kreis zusammen. Der Abschirmstrom stellt sich so ein, dass die Quantisierungsbedingung erfüllt ist. Mit zwei parallel geschalteten Josephson–Kontakten ergibt sich die in Abb. 3.42 schematisch dargestellte Anordnung.

Die Phasendifferenz zwischen den Stromkontakten für I_1 betrage $\Delta\varphi_1$, für I_2 betrage sie $\Delta\varphi_2$. Während bei Abwesenheit eines Magnetfelds $\Delta\varphi_1 = \Delta\varphi_2$ gelten muss, resultiert aus der Quantisierungsbedingung $\Delta\varphi_1 - \Delta\varphi_2 = 2e\Phi/\hbar$. Für $I = I_1 + I_2$ folgt mit Gl. (3.193)

$$\begin{aligned} I = I_0 \left[\sin\left(\Delta\varphi + \frac{e\Phi}{\hbar}\right) + \sin\left(\Delta\varphi - \frac{e\Phi}{\hbar}\right) \right] \\ = 2I_0 \sin\Delta\varphi \cos\frac{e\Phi}{\hbar} \,. \end{aligned} \tag{3.195}$$

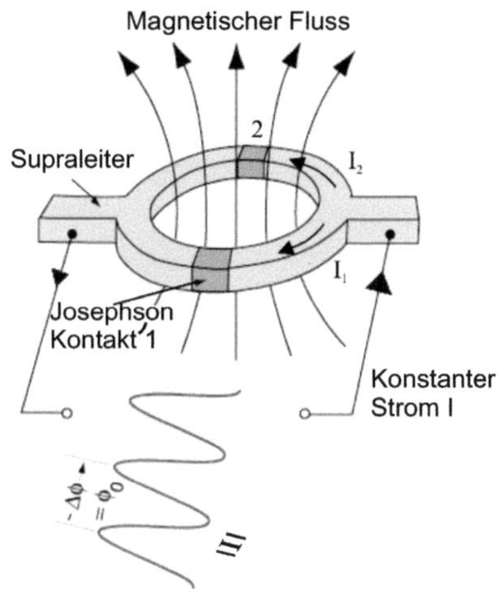

Abb. 3.42: *Gleichstom-(dc-)SQUID.*

Der Strom variiert also periodisch mit Φ, wobei die Stromstärke $|I|$ Maxima hat für $\Phi = n\Phi_0$ mit $n = 0, 1, 2 \ldots$. Mit der in Abb. 3.42 dargestellten Anordnung lassen sich extrem empfindlich Magnetfelder messen. Man bezeichnet sie als *supraleitenden Quanteninterferenzdetektor* (*SQUID*).

Josephson–Kontakte verhalten sich in Schaltkreisen wie nichtlineare Induktivitäten. Die Nichtlinearitäten haben zur Folge, dass diskrete Energieniveaus von Schaltkreisen nicht äquidistant angeordnet sind und die niedrigsten Niveaus – der Grundzustand und der erste angeregte Zustand – gezielt von außen adressiert werden können. Das quantenmechanische Verhalten wird durch zwei fundamentale Energieskalen determiniert: Durch die *Josephson–Kopplungsenergie*

$$E_J = \frac{I_0 \Phi_0}{2\pi} \tag{3.196a}$$

und durch die *Aufladungsenergie* pro Cooper–Paar

$$E_C = \frac{2e^2}{C} \,. \tag{3.196b}$$

Diese Energie ist uns bereits in Gl. (3.42) im Zusammenhang mit dem Einzelelektronentunneln begegnet. C ist, abhängig vom jeweiligen Schaltkreis, die Kapazität des Josephson–Kontakts oder diejenige einer kleinen isolierten Insel, die eine bestimmte Anzahl von Cooper–Paaren trägt (*Cooper–Paarbox, CPB*). Wichtig ist in diesem Zusammenhang, dass, so wie Ort und Impuls bisher als *kanonisch konjugierte Größen* der Quantenphysik auftraten, auch die Phase φ der Cooper–Paarwellenfunktion und die Anzahl n von Cooper–Paaren kanonisch konjugiert sind und die Heisenbergsche Unschärferelation analog zu Gl. (3.18) erfüllen:

$$\Delta n \Delta \varphi \gtrsim 1 \,. \tag{3.197}$$

Das Verhältnis E_J/E_C, das durch die Anordnung des Schaltkreises über weite Grenzen variiert werden kann, bestimmt nun, ob die Phase φ oder die Ladung, das heißt letztlich n, das Verhalten der Q–bits determiniert.

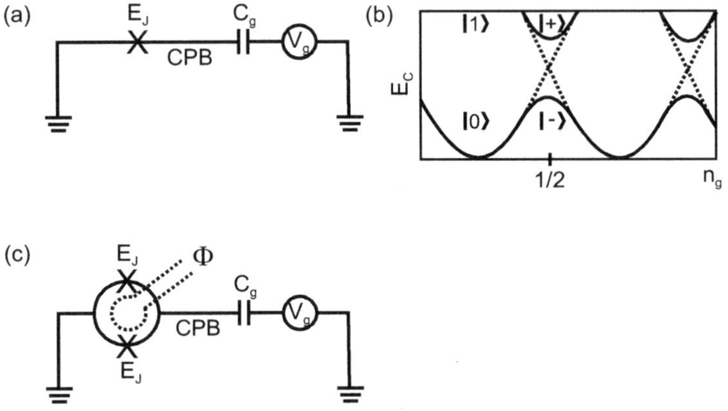

Abb. 3.43: *Erzeugung von Ladungs–Q–bits mittels supraleitender Schaltkreise. (a) Einfachste Möglichkeit mit einem Josephson–Kontakt der Kopplungsenergie E_J. Der Kontakt ist durch das „X“ symbolisiert. CPB bezeichnet die Cooper–Paar–Box, C_g und V_g die Gatekapazität und –spannung. (b) Coulomb–Energie der CPB als Funktion der Gateladung. Eingezeichnet sind die reinen Ladungszustände und die Superpositionszustände bei $n_g = 1/2$. (c) Anordnung mit SQUID und externer Kontrolle des Flusses Φ.*

Die Realisierung von *Ladungs–Q–bits* ist in Abb. 3.43 dargestellt. Die CPB in Form einer kleinen Insel des supraleitenden Materials ist über die Gatekapazität C_g an die Gatespannung V_g gekoppelt. Der Schaltkreis ist ferner über einen Josephson–Kontakt geschlossen. Der Hamilton–Operator für diesen Schaltkreis ist gegeben durch

$$\hat{H} = E_C(\hat{N} - n_g)^2 - E_J \cos \Delta\varphi \,. \tag{3.198}$$

Hier ist $\hat{N} = i\partial/\partial\varphi$ der zur Phase kanonisch konjugierte *Teilchenzahloperator*, der die Cooper–Paarüberschussladung auf der CPB beschreibt. Die dimensionslose Gateladung $n_g = C_g V_g/(2e)$ lässt sich von außen variieren. E_C ist durch Gl. (3.196b) mittels C_g gegeben.

Zur Realisierung von Ladungs–Q–bits betrachten wir den Grenzfall $E_C \gg E_J$. In diesem Regime stellen die Ladungszustände $|n\rangle$ eine zweckmäßige Basis dar, die durch die

Besetzungszahl n der Cooper–Paare auf der CBP parametrisiert wird. Mit dieser Basis ergibt sich aus Gl (3.198)

$$\hat{H} = \sum_n \{E_C(n - n_g)^2 |n\rangle\langle n| \\ -\frac{1}{2}E_J(|n\rangle\langle n+1| + |n+1\rangle\langle n|)\} . \qquad (3.199)$$

Für fast alle n_g–Werte werden die Energieniveaus des Systems gemäß der gewählten Voraussetzungen durch den Ladungsterm bestimmt. Wenn allderings n_g gerade einen halbzahligen Wert annimmt, dann werden benachbarte Zustände $|n\rangle$ und $|n+1\rangle$ einen entarteten Zustand bilden. In der Nähe dieses *Entartungspunkts* mischt das Josephson–Tunneln durch den Kontakt beide Zustände, so dass gemäß Abb. 3.43(b) zwei neue Zustände als kohärente Superpositionen von $|n\rangle$ und $|n+1\rangle$ entstehen. Berücksichtigt man nur die beteiligten niedrigsten Ladungszustände $|n\rangle \equiv |0\rangle$ und $|n+1\rangle \equiv |1\rangle$, so lässt sich das System auf ein 2–Niveau–System reduzieren. Der reduzierte Hamiltonian ist gegeben durch

$$\hat{H} = E_C\left(n_g - \frac{1}{2}\right)\hat{\sigma}_z - \frac{1}{2}E_J\hat{\sigma}_x , \qquad (3.200)$$

wobei $\hat{\sigma}_z = |0\rangle\langle 0| - |1\rangle\langle 1|$ und $\hat{\sigma}_x = |0\rangle\langle 1| + |1\rangle\langle 0|$ durch die Pauli–Matrizen aus Gl. (3.153) repräsentierbar sind. Die resultierenden Eigenzustände sind gegeben durch

$$|\pm\rangle = \frac{1}{\sqrt{2}}(|0\rangle \mp |1\rangle) . \qquad (3.201)$$

Diese Ergebnis ist direkt mit dem in Gl. (3.170) vergleichbar. Das Ladungs–Q–bit kann alternativ durch die Ladungszustände $|0\rangle$ und $|1\rangle$ oder durch die Eigenzustände $|-\rangle$ und $|+\rangle$ repräsentiert werden. Wir können die Zustände durch eine unitäre Transformation ineinander überführen:

$$\begin{pmatrix} |+\rangle \\ |-\rangle \end{pmatrix} = \frac{1}{\sqrt{2}}\begin{pmatrix} 1 & -1 \\ 1 & 1 \end{pmatrix}\begin{pmatrix} |0\rangle \\ |1\rangle \end{pmatrix} . \qquad (3.202)$$

Wenn, ausgehend vom Grundzustand $|0\rangle$, mittels der Gatespannung V_g die Überschussladung n_g, gemessen in Einheiten von $2e$, erhöht wird, erfolgt kontinuierlich ein Übergang $|0\rangle \to |-\rangle$ und $|1\rangle \to |+\rangle$, wie in Abb. 4.43 (b) dargestellt.

Die Präparation und Manipulation einzelner Q–bits kann allein mithilfe der Gatespannung V_g erfolgen. Befindet sich das System zunächst im Ladungszustand $|\Psi(t=0)\rangle$

$= |0\rangle$ und wird dann für einen Zeitraum Δt die Gatespannung um $V_g = e/C_g$ erhöht, so befindet sich das System für diesen Zeitraum am Entartungspunkt. Genau an diesem Punkt wird das System durch den Superpositionszustand aus Gl. (3.201) beschrieben. Da $|\pm\rangle \sim \exp(-iE_\pm t/\hbar)$ mit $E_+ \neq E_-$ ist, ist $|\Psi(t)\rangle$ nicht stationär sondern weist eine kontinuierliche Drehung im Hilbert–Raum auf, deren Endergebnis von Δt abhängt. Für einen π–Puls, $\Delta t \equiv \tau_\pi$, mit $|\Psi(t=0)\rangle = |0\rangle \to |\Psi(t=\tau_\pi)\rangle = |1\rangle$, ergibt sich mit $(E_+ - E_-)\Delta t/\hbar = \pi$ die Dauer

$$\tau_\pi = \frac{\pi\hbar}{E_+ - E_-} . \tag{3.203}$$

Für einen Gatespannungspuls der halben Dauer $\tau_{\pi/2}$ befindet sich das System danach gerade im Superpositionszustand $|\Psi(t=\tau_{\pi/2})\rangle = |-\rangle$ gemäß Gl. (3.201). Dieses zuletzt genannte Ergebnis ist direkt mit denen aus Gl. (3.169b) und (3.183) vergleichbar. Durch Variation der Pulsdauer kann also ein 1–Bit–Gatter gemäß Gl. (3.141) realisiert werden. Die Wirkung dieses Gatters entspricht im 2–Niveau–System des Spins, $\{|\uparrow\rangle, |\downarrow\rangle\}$, einer Drehung um die x–Achse:

$$\hat{U}_\theta \equiv \exp\left(i\frac{\theta}{2}\hat{\sigma}_x\right) \equiv \begin{pmatrix} \cos\frac{\theta}{2} & i\sin\frac{\theta}{2} \\ i\sin\frac{\theta}{2} & \cos\frac{\theta}{2} \end{pmatrix} , \tag{3.204}$$

mit $\theta = E_J\Delta t/\hbar$ und $E_+ - E_- = E_J$. Dieses Verhalten wurde an entsprechenden supraleitenden Schaltkreisen experimentell verifiziert [3.50].

Wenn anstelle eines Josephson–Kontakts ein kompletter SQUID, wie in Abb. 3.42 dargestellt, integriert wird, so erhält man die Anordnung in Abb. 3.43(c). Aufgrund des durch Gl. (3.195) beschriebenen Verhaltens variiert nunmehr die potentielle Energie in Gl. (3.198) periodisch mit einem von außen applizierten Fluss Φ:

$$E_J(\Phi) = 2E_J(\Phi = 0)\cos\Delta\varphi\cos\left(\pi\frac{\Phi}{\Phi_0}\right) . \tag{3.205}$$

Ein genau dosierter äußerer Fluss kann mittels der in Abb. 3.43(c) angedeuteten Leiterschleife erzeugt werden. Durch Variation von Φ variiert der Betrag der Josephson–Kopplung zwischen 0 und, gemäß Gl. (3.196a), dem Wert $I_0\Phi_0/\pi$. Nach Gl. (3.200) ergibt sich speziell für $V_g = e/C_g$ und $\Phi = \Phi_0/2$ ein verschwindender Hamiltonian. Der jeweils vorliegende Zustand entwickelt sich nicht zeitlich. Damit ist es nicht notwendig, die Zeit während der Q–bit–Manipulation absolut zu kontrollieren, da Zustände „eingefroren" werden können. SQUID anstelle von einzelnen Josephson–Kontakten sind auch von Bedeutung für den Aufbau von Q–bit–Registern und Gattern für mehrere Q–bits, weil sie eine Kopplung von Q–bits ermöglichen [3.49].

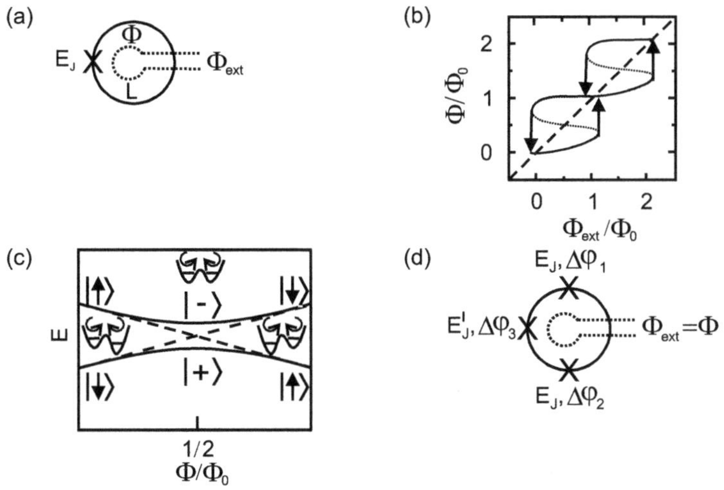

Abb. 3.44: *Erzeugung von Fluss–Q–bits. (a) rf–SQUID mit externer Flusseinkopplung. (b) Gesamtfluss durch den rf–SQUID in Abhängigkeit vom extern applizierten Fluss. (c) Energie des Systems in unmittelbarer Nähe des Entartungspunkts als Funktion des Flusses. (d) Optimierte Anordnung mit drei Josephson–Kontakten. Zwei davon verfügen über eine identische Kopplungsenergie* E_J.

Für den Fall, dass die Josephson–Kopplungsenergie dominiert, $E_J \gg E_C$, wird der Fluss Φ, statt wie bisher die Ladung, zum relevanten Quantenfreiheitsgrad. Dazu betrachten wir die in Abb. 3.44(a) dargestellte Anordnung aus einem supraleitenden Ring mit einem Josephson–Kontakt. Eine solche Anordnung wird als *Wechselstrom–(rf–)SQUID* bezeichnet. Aufgrund der Quantisierungsbedingung ist die Phasendifferenz über dem Josephson–Kontakt wiederum gegeben durch $\Delta\varphi = 2\pi\Phi/\Phi_0$. Wenn mittels eines durch die Leiterschleife erzeugten Magnetfelds Φ variiert wird, so fließt ein Suprastrom im oder entgegen dem Uhrzeigersinn, so dass der Gesamtfluss als Summe aus externem und induziertem Fluss die Quantisierungsbedingung erfüllt. Der resultierende Hamiltonian ist gegeben durch

$$\hat{H} = -E_J(\Phi = 0)\cos\left(2\pi\frac{\Phi}{\Phi_0}\right) + \frac{(\Phi - \Phi_{ext})^2}{2L}\,. \tag{3.206a}$$

L bezeichnet hier die Eigeninduktivität des SQUID, Φ_{ext} den durch die Leiterschleife erzeugten Fluss, der über

$$\Phi = \Phi_{ext} + LI_0 \sin\left(2\pi\frac{\Phi}{\Phi_0}\right) \tag{3.206b}$$

den Gesamtfluss beeinflusst. Der Zusammenhang zwischen Φ_{ext} und Φ ist in Abb. 3.44(b) dargestellt. Der genaue Verlauf der hysteretischen Kurve wird durch den *Abschirmfaktor*

$\beta_L = 2\pi L I_0/\Phi_0$ determiniert. Dargestellt ist der Fall großer Eigeninduktivität $\beta_L > 1$. Ausgehend von $\Phi_{ext} = 0$ wirkt bei wachsendem Φ_{ext} zunächst der Abschirmstrom im rf–SQUID der Erhöhung von Φ entgegen. Wenn der Abschirmstrom den kritischen Wert I_0 erreicht, springt Φ auf das nächstgrößere Vielfache von Φ_0, das heißt zunächst $\Phi = \Phi_0$ und beim nächsten Sprung $\Phi = 2\Phi_0$. Wird der externe Fluss reduziert, so nimmt der Abschirmstrom ab und kehrt sich um. Hat er den Wert $-I_0$ erreicht, so springt Φ auf das nächstkleinere Vielfache von Φ_0.

Ist L groß genug, so dass im Hinblick auf Gl. (3.206a) $4\pi^2 L E_J/\Phi_0^2 > 1$ gilt, dann entspricht die Form von $\hat{H}(\Phi_{ext})$ in der Nähe von $\Phi_{ext}/\Phi_0 = 1/2$ einem Doppelquantentopf, wie im Fall der gekoppelten Quantenpunkte in Abb. 3.38. Entfernt vom Entartungspunkt besitzt das System die niedrigsten Eigenzustände $|\downarrow\rangle$ und $|\uparrow\rangle$, die den beiden Zirkulationsrichtungen der Supraströme entsprechen. In der Nähe des Entartungspunkts, $\Phi_{ext}/\Phi_0 = 1/2$, mischen sich diese Zustände in Form einer kohärenten Superposition, die direkt am Entartungspunkt gegeben ist durch

$$|\mp\rangle = \frac{1}{\sqrt{2}}(|\uparrow\rangle \pm |\downarrow\rangle) , \qquad (3.207)$$

was qualitativ identisch ist mit dem Ergebnis in Gl. (3.201). Abbildung 3.44(c) zeigt den Verlauf der Energieniveaus für die untersten beiden Zustände, die bei hinreichend niedrigen Temperaturen ausschließlich relevant sind. Das Q–bit kann wiederum alternativ durch die Suprastromzustände $\{|\uparrow\rangle, |\downarrow\rangle\}$ oder durch die Superpositionszustände $\{|-\rangle, |+\rangle\}$ beschrieben werden.

In der Praxis birgt die erforderliche große Eigeninduktivität L des SQUID Probleme. Günstiger ist die in Abb. 3.44(d) gezeigte Anordnung mit drei Josephson–Kontakten. Die Induktivität sei hinreichend klein: $\beta_L \ll 1$. In diesem Fall ist $\Phi \approx \Phi_{ext}$, weil der induzierte Fluss vernachlässigbar klein ist. Die Flussquantisierung führt dazu, dass für drei Kontakte zwei unabhängige dynamische Variablen existieren: $\Delta\varphi_1 + \Delta\varphi_2 + \Delta\varphi_3 = 2\pi\Phi_{ext}/\Phi_0$. In der durch $\Delta\varphi_1$ und $\Delta\varphi_2$ aufgespannten Ebene ergibt sich der Hamiltonian zu

$$\hat{H} = -E_J(\cos\Delta\varphi_1 + \cos\Delta\varphi_2) - E_J' \cos\left(2\pi\frac{\Phi_{ext}}{\Phi_0} - \Delta\varphi_1 - \Delta\varphi_2\right) . \qquad (3.208)$$

Für $E_J'/E_J > 1/2$ formt sich ein Doppelquantentopfpotential in jeder $2\pi \times 2\pi$–Phasenzelle. Die niedrigsten Zustände in den Quantentöpfen konstituieren ein 2–Niveau–System mit jeweils unterschiedlichen Stromkonfigurationen. An solchen Systemen konnten experimentell Rabi–Oszillationen nachgewiesen werden [3.51]. τ_2–Dephasierungszeiten lagen oberhalb von 10 ns. Im Gegensatz zu Zuständen, die einzelne Ladungsträger oder Spins betreffen, involvieren die Supraleiter–Q–bits die Superposition makroskopischer Zustände, die eine große Anzahl von Cooper–Paaren umfassen. Die induzierten Dauerströme können durchaus im Bereich von 1 μA liegen.

Für die beschriebenen ladungs– und flussbasierten Q–bits wurden optimierte Präparations–, Auslese– und Kopplungsanordnungen entwickelt. τ_2–Dephasierungszeiten konnten bis in den μs–Bereich ausgedehnt werden. Das in Tab. 3.2 angegebene Verhältnis von Schalt– und Dephasierungszeit lässt sich quantifizieren in Form der *Kohärenzgüte* $Q = \tau_2\omega_0$. $\hbar\omega_0 = E_1 - E_0$ ist hier die Energieaufspaltung der (niedrigsten) Zustände $|0\rangle$, $|-\rangle$, $|\uparrow\rangle$ und $|1\rangle$, $|+\rangle$, $|\downarrow\rangle$, die durch kohärente Superposition das Q–bit bilden. Für Supraleiter–Q–bits ist eine typische Größenanordnung gegeben durch $Q \approx 10^5$.

Im Prinzip lässt sich die Beschreibung beliebiger 2–Niveau–Systeme auf die Beschreibung eines fiktiven Spinsystems reduzieren. Damit lassen sich die Ergebnisse auch stets anhand einer *Bloch–Kugel* wie in Abb. 3.37 darstellen. Somit ist eine universelle Behandlung eines 2–Niveau–Systems auf einer abstrakten Ebene ungeachtet der konkreten Realisierung des Systems möglich. Der Hamiltonian eines 2–Niveau–Systems lässt sich immer schreiben als

$$\hat{H}(t) = \mu_B \mathbf{B}(t) \cdot \hat{\boldsymbol{\sigma}} \, . \tag{3.209}$$

Dabei setzt sich $\hat{\boldsymbol{\sigma}} = (\hat{\sigma}_x, \hat{\sigma}_y, \hat{\sigma}_z)$ aus den Pauli–Matrizen aus Gl. (3.153) zusammen. Für das reale Spinsystem erhielten wir diesen Hamiltonian in Gl. (3.154). Im Fall der gekoppelten Quantenpunkte lässt sich $\hat{H} = U + \hat{\boldsymbol{\mu}} \cdot \boldsymbol{\mathcal{E}}$ aus Gl. (3.175) entsprechend interpretieren. Für die Supraleiter–Q–bits schließlich folgt aus Gl. (3.200) $\mu_B B_x \equiv -E_J/2$ und $\mu_B B_z \equiv E_C(n_g - 1/2)$. Auch aus Gl. (3.206a) lassen sich effektive Feldkomponenten B_x und B_z ableiten für $\beta_L > 1$ und $\Phi_{ext} \approx \Phi_0/2$.

Die Pauli–Matrizen $\hat{\boldsymbol{\sigma}}$ sind jeweils in demjenigen Hilbert–Raum definiert, der durch die Basiszustände derjenigen physikalischen Eigenschaft aufgespannt wird, die manipuliert werden soll. Behandelte Beispiele für eine solche Eigenschaft sind der Spin, die Ladung und der magnetische Fluss. Der reale oder fiktive Spin wird an ein reales oder fiktives Feld $\mathbf{B}(t)$ gekoppelt.[1] Eine vollständige Kontrolle der Quantendynamik des Systems setzt voraus, dass $\mathbf{B}(t)$ von außen beliebig vorgegeben werden kann. Zur Realisierung eines beliebigen 1–Bit–Gatters gemäß Gl. (3.141) ist es sogar hinreichend, dass nur zwei Feldkomponenten, also beispielsweise $B_x(t)$ und $B_z(t)$, kontrollierbar sind. Damit reduziert sich Gl. (3.209) auf

$$\hat{H} = \mu_B (B_x \hat{\sigma}_x + B_z \hat{\sigma}_z) \, . \tag{3.210}$$

Wenn hingegen alle drei Feldkomponenten kontrolliert werden können, kann die topologische *Pancharatnam–Berry–Phase* des Systems manipuliert werden [3.52].

Eine typische Sequenz eines Quantenrechenvorgangs umfasst die Präparation eines definierten Anfangszustands, eine Rechenoperation mittels eines Gatters durch zeitliche Veränderung von $\mathbf{B}$ und schließlich eine Messung des dann vorliegenden Quantenzustands. Der definierte Anfangszustand wird präpariert, indem das System in den Grundzustand versetzt wird. Dazu dient ein hinreichend großer Wert von $\mu_B B_z \gg k_B T$ für

[1] In einer alternativen Betrachtungsweise und Notation eines 2–Niveau–Systems entsprechen die Komponenten $\mu_B B_z$ und $\mu_B B_{x,y}$ einem externen Potential und einer Tunnelamplitude.

$B_x = 0$. Wenn dann B_z wieder ausgeschaltet wird, bleibt das System bei genügend niedriger Temperatur für $\hat{H} = 0$ im Grundzustand. Eine Einzelbitoperation lässt sich dann erreichen durch Einschalten von B_x für einen Zeitraum Δt. Das Reslutat ist in Gl. (3.204) dargestellt mit $\theta = -2\mu_B B_x \Delta t/\hbar$. Für $\Delta t = \tau_\pi, \tau_{\pi/2}$ kann eine Spinumkehr, das heißt eine *NOT-Operation*, oder eine Superposition der beispielsweise durch Gl. (3.201) gegebenen Form erreicht werden. Durch Einschalten von B_z kann hingegen eine Phasenverschiebung zwischen $|\uparrow\rangle$ und $|\downarrow\rangle$ induziert werden:

$$\hat{U}_\delta = \exp\left(i\frac{\delta}{2}\hat{\sigma}_z\right) \equiv \begin{pmatrix} \exp(i\frac{\delta}{2}) & 0 \\ 0 & \exp(-i\frac{\delta}{2}) \end{pmatrix}, \tag{3.211}$$

mit $\delta = -2\mu_B B_z \Delta t/\hbar$. Mit einer geeigneten Sequenz dieser x– und z–Rotationen können beliebige unitäre Transformationen gemäß Gl. (3.141) bewerkstelligt werden.

Zur Realisierung von 2– und n–Bit–Gattern muss das reale oder fiktive Feld $\mathbf{B}(t)$ am Ort jedes realen oder fiktiven Spins separat kontrollierbar sein. Zusätzlich muss die Kopplung benachbarter Spins modifizierbar sein, um unitäre 2–Bit–Operationen durchzuführen. Der folgende Modell–Hamilton–Operator repräsentiert eine geeignete Anordnung:

$$\hat{H} = \mu_B \sum_{i=1}^{n} \mathbf{B}^i(t) \cdot \hat{\boldsymbol{\sigma}}^i + \sum_{\substack{j=2 \\ i=j-1}}^{n} \sum_{k,l} J_{kl}^{ij}(t)\hat{\sigma}_k^i \hat{\sigma}_l^j . \tag{3.212}$$

Die Kopplung in allgemeinster Form beinhaltet eine Summation über die drei Spinkomponenten mit $k, l = x, y, z$. Einfachere Formen der Kopplung, wie die *Ising–*, *xy–* oder *Heisenberg–Kopplung* sind aber bereits geeignet. Für die xy–Kopplung ergibt sich beispielsweise $J_{kl}^{ij}\hat{\sigma}_k^i\hat{\sigma}_l^j = J^{ij}(\hat{\sigma}_x^i\hat{\sigma}_x^j + \hat{\sigma}_y^i\hat{\sigma}_y^j)$. Unter Verwendung der durch Gl. (3.185) gegebenen Basis lässt sich das Resultat der Manipulation durch den unitären Operator

$$\hat{U}_\theta^{ij} \equiv \begin{pmatrix} 1 & 0 & 0 & 0 \\ 0 & \cos\theta & i\sin\theta & 0 \\ 0 & i\sin\theta & \cos\theta & 0 \\ 0 & 0 & 0 & 1 \end{pmatrix}, \tag{3.213}$$

mit $\theta = 2J^{ij}\Delta t/\hbar$ beschreiben. Für $\Delta t = \tau_{\pi/2}$ ergibt sich gerade die bereits aus Gl. (3.146) bekannte *SWAP-Operation* (bei zusätzlicher Multiplikation mit i). Für $\Delta t = \tau_{\pi/4}$ wird ein verschränkter Zustand präpariert: $|\uparrow\downarrow\rangle \rightarrow 1/\sqrt{2}(|\uparrow\downarrow\rangle + i|\downarrow\uparrow\rangle)$.

Die Präparation von definierten Anfangszuständen und die Durchführung von Rechenoperationen in der abstrakten Behandlung des 2–Niveau–Systems basiert also auf Sequenzen, in denen die Felder $B_x(t)$ und $B_z(t)$ sowie die Kopplung $J^{ij}(t)$ geschaltet werden, während des eingeschaltenen Zustands ansonsten aber einen konstanten Wert haben. Die im Zusammenhang mit dem realen Spinsystem und mit den gekoppelten Quantenpunkten diskutierten Methoden der Induktion von Rabi–Oszillationen durch Einstrahlung resonanter $B_{xy}(t)$– und $\mathcal{E}_x(t)$–Felder sind Alternativen zur Implementierung von 1–Bit– oder n–Bit–Operationen.

3.4.4 Photonen

Zur Quanteninformationsverarbeitung gehören neben dem eigentlichen quantum computing auch die Übertragung von Information sowie ihre Verschlüsselung [3.53]. Auch hier liefert die Quantenphysik ganz neue Ansätze, die wiederum auf der Nutzung verschränkter Quantenzustände basieren. Als *Quantenteleportation* wird die scheinbar instantane Übertragung von Quantenzuständen bezeichnet [3.54]. *Quantenkryptographie* hat die quantenmechanische Verschlüsselung und Schlüsselübertragung zum Gegenstand [3.55]. Es ist evident, dass Licht für die Übertragung von Information besonders gut geeignet sein könnte. Aber auch das eigentliche quantum computing scheint mit optischen Methoden realisierbar zu sein, so dass diese im Kontext der Quanteninformationsverarbeitung einen hohen Stellenwert einnehmen [3.56].

Von besonderer Bedeutung ist die *lineare Quantenoptik*, deren Gegenstand optisch lineare Medien und das Verhalten einzelner *Photonen* sind. Im Kontext der Nanotechnologie erfolgt hier neben einer Erläuterung der Grundprinzipien der optischen Signalverarbeitung und Kommunikation eine Konzentration auf solche experimentellen Ansätze, die eine nanoskalige Integration optischer und elektronischer Elemente in Form geeigneter Chips potentiell erlauben würden.

Photonen haben den Vorteil, dass sie sehr robust gegenüber Dephasierung sind und dass sie mit Lichtgeschwindigkeit, also mit der maximalen Geschwindigkeit für klassische Information, übertragen werden. Eine inhärente Schwierigkeit quantenoptischer Ansätze besteht hingegen darin, dass Photonen im Allgemeinen nur schwach miteinander wechselwirken. Für Q–bits, die in Form einzelner Photonen kodiert sind, ist aber eine derartige Wechselwirkung essentiell, um 2–Bit–Gatter zu realisieren. Dennoch wurden in den vergangenen Jahren Anordnungen entwickelt, die es ermöglichen, einzelne Photonen zu erzeugen, zu manipulieren, miteinander wechselwirken zu lassen und zu messen.

Eine Diskussion der quantenoptischen Informationsverarbeitung macht zunächst die Analyse der physikalischen Eigenschaften des Photons erforderlich. Photonen resultieren als Anregungszustände im Rahmen der Quantisierung des Lichtfelds. Die *Quantenfeldtheorie* [3.57] stellt eine Erweiterung der *Einteilchenquantenphysik*, so wie wir sie bisher behandelt haben, dar, indem sie die Beschreibung von *Teilchenfeldern* durch *Vielteilchenwellenfunktionen* gestattet [3.58]. Dabei resultiert die Einteilchenquantenphysik im Grenzfall eines Teilchens einerseits und die Maxwell–Theorie für den Grenzfall großer Felder andererseits. Für das Vakuum lauten die Maxwell–Gleichungen

$$\nabla \cdot \boldsymbol{\mathcal{E}} = 0 \,, \tag{3.214a}$$

$$\nabla \cdot \mathbf{H} = 0 \, , \tag{3.214b}$$

$$\nabla \times \boldsymbol{\mathcal{E}} = -\frac{\partial \mathbf{B}}{\partial t} \, , \tag{3.214c}$$

$$\nabla \times \mathbf{H} = -\frac{\partial \mathbf{D}}{\partial t} \, . \tag{3.214d}$$

Die dielektrische Verschiebung ist direkt durch das elektrische Feld gegeben, $\mathbf{D} = \varepsilon_0 \boldsymbol{\mathcal{E}}$, und die magnetische Flussdichte durch das Magnetfeld: $\mathbf{B} = \mu_0 \mathbf{H}$. Das Vektorpotential $\mathbf{B} = \nabla \times \mathbf{A}$, mit $\nabla \cdot \mathbf{A} = 0$, das im Zusammenhang mit Gl. (3.154) eingeführt wurde, erfüllt dann aufgrund von Gl. (3.214) die Wellengleichung

$$\triangle \mathbf{A} - \frac{1}{c^2} \frac{\partial^2 \mathbf{A}}{\partial t^2} = 0 \, . \tag{3.215}$$

Die Lösung ist in Fourier–Darstellung gegeben durch

$$\mathbf{A}(\mathbf{r}, t) = \frac{1}{\sqrt{V}} \sum_{\mathbf{k}} \mathbf{A}_{\mathbf{k}}(t) \exp(i\mathbf{k} \cdot \mathbf{r}) \, . \tag{3.216}$$

V bezeichnet hier das endliche Definitionsvolumen des elektromagnetischen Felds, was zu einer Quantelung der Wellenvektoren $\mathbf{k}$ führt. Da $\mathbf{A}(\mathbf{r}, t)$ die Form transversaler Wellen mit je zwei Polarisationsmoden derselben Frequenz senkrecht zur Ausbreitungsrichtung hat, gilt $\mathbf{A}_{\mathbf{k}} \cdot \mathbf{k} = 0$. Durch Einsetzen von Gl. (3.216) in Gl. (3.215) erhält man unter Verwendung der *Dispersionsrelation* $\omega_{\mathbf{k}} = ck$

$$\frac{\partial^2 A_{\mathbf{k}}}{\partial t^2} - \omega_{\mathbf{k}}^2 A_{\mathbf{k}} = 0 \, . \tag{3.217}$$

Diese *Oszillatorschwingungsgleichung* liefert natürlich $A_{\mathbf{k}} \sim \exp(-i\omega_{\mathbf{k}} t)$.

Die Gesamtenergie des elektromagnetischen Felds beträgt

$$E = \frac{1}{2} \int_V d^3r (\boldsymbol{\mathcal{E}} \cdot \mathbf{D} + \mathbf{H} \cdot \mathbf{B}) = \varepsilon_0 \int_V d^3r \, \mathcal{E}^2 = \mu_0 \int_V d^3r \, H^2 \, . \tag{3.218}$$

Substitution der vier Feldvektoren durch $\mathbf{A}$ mit $\boldsymbol{\mathcal{E}} = -\partial\mathbf{A}/\partial t$ liefert

$$E = \frac{\varepsilon_0}{2}\sum_{\mathbf{k}}\left(\frac{\partial A_{\mathbf{k}}^*}{\partial t}\frac{\partial A_{\mathbf{k}}}{\partial t} + \omega_{\mathbf{k}}^2|A_{\mathbf{k}}|^2\right) . \tag{3.219}$$

Eine Faktorisierung erhält man mittels

$$a_{\mathbf{k}} = \frac{1}{2}\left(A_{\mathbf{k}} + \frac{i}{\omega_{\mathbf{k}}}\frac{\partial A_{\mathbf{k}}}{\partial t}\right) . \tag{3.220}$$

Die Substitution von $A_{\mathbf{k}}$ in Gl. (3.219) liefert

$$E = 2\varepsilon_0\sum_{\mathbf{k}}\omega_{\mathbf{k}}^2|a_{\mathbf{k}}|^2 . \tag{3.221}$$

Ein Vergleich von E – der *klassischen Hamilton–Funktion* – mit dem Hamilton–Operator des harmonischen Oszillators in Gl. (3.92) legt die folgende Korrespondenz nahe:

$$a_{\mathbf{k}} \to \sqrt{\frac{\hbar}{2\varepsilon_0\omega_{\mathbf{k}}}}\hat{a}_{\mathbf{k}} , \tag{3.222a}$$

und

$$a_{\mathbf{k}}^* \to \sqrt{\frac{\hbar}{2\varepsilon_0\omega_{\mathbf{k}}}}\hat{a}_{\mathbf{k}}^\dagger . \tag{3.222b}$$

Die Vertauschungsrelation ist identisch mit derjenigen beim harmonischen Oszillator:

$$[\hat{a}_{\mathbf{k}'}, \hat{a}_{\mathbf{k}}^\dagger] = \delta_{\mathbf{k}\mathbf{k}'} . \tag{3.223}$$

Substitution von $A_{\mathbf{k}}$ in Gl. (3.219) durch $\hat{a}_{\mathbf{k}}$ über Gl. (3.222) und (3.220) liefert den Hamilton–Operator für das Lichtfeld:

$$\hat{H} = \hbar\sum_{\mathbf{k}}\omega_{\mathbf{k}}\left(\hat{a}_{\mathbf{k}}^\dagger\hat{a}_{\mathbf{k}} + \frac{1}{2}\right) , \tag{3.224}$$

was für jedes $\mathbf{k}$ exakt Gl. (3.92) entspricht.

Bezeichnen wir mit $|\phi\rangle$ einen allgemeinen Vielphotonenzustand des elektromagnetischen Felds, dann ergibt sich die Energie E als Eigenwert von $\hat{H}$:

$$\hat{H}|\phi\rangle = E|\phi\rangle \, . \tag{3.225}$$

Die Erzeugungs– und Vernichtungsoperatoren $\hat{a}^{\dagger}_{\mathbf{k}}$ und $\hat{a}_{\mathbf{k}}$ erhöhen und verringern die Gesamtenergie des Lichtfelds um ein Energiequant $\hbar\omega_{\mathbf{k}}$. Ein Teilchen dieser Energie wird als Photon bezeichnet. $\hat{a}^{\dagger}_{\mathbf{k}}$ und $\hat{a}_{\mathbf{k}}$ erzeugen und vernichten also Photonen:

$$\hat{H}\hat{a}^{\dagger}_{\mathbf{k}}|\phi\rangle = (E + \hbar\omega_{\mathbf{k}})|\phi\rangle \, , \tag{3.226a}$$

$$\hat{H}\hat{a}_{\mathbf{k}}|\phi\rangle = (E - \hbar\omega_{\mathbf{k}})|\phi\rangle \, . \tag{3.226b}$$

Allgemein liegt das Feld in Form mannigfaltiger Anregungszustände vor:

$$|\phi\rangle = |\ldots, n_{\mathbf{k}}, n_{\mathbf{k}'}, n_{\mathbf{k}''}, \ldots\rangle \equiv |\ldots, n_{\mathbf{k}}, \ldots\rangle \, . \tag{3.227}$$

$n_{\mathbf{k}}$ sind hier die jeweiligen Photonenbesetzungszahlen. $\hat{N}_{\mathbf{k}} = \hat{a}^{\dagger}_{\mathbf{k}}\hat{a}_{\mathbf{k}}$ ist der schon in Gl. (3.93) eingeführte Besetzungszahloperator, dessen Eigenwerte $n_{\mathbf{k}}$ die Anzahl der Photonen im Vielteilchenzustand $|\phi\rangle$ angeben:

$$H|\phi\rangle = \hbar\sum_{\mathbf{k}}\omega_{\mathbf{k}}\left(\hat{N}_{\mathbf{k}} + \frac{1}{2}\right)|\ldots, n_{\mathbf{k}}, \ldots\rangle = \hbar\sum_{\mathbf{k}}\omega_{\mathbf{k}}\left(n_{\mathbf{k}} + \frac{1}{2}\right)|\phi\rangle \, . \tag{3.228}$$

Durch sukzessives Anwenden des Vernichtungsoperators kann der *Vakuumzustand* $|0\rangle \equiv |0, 0, \ldots\rangle$ erzeugt werden. Dessen Energie ist

$$E_0 = \frac{\hbar}{2}\sum_{\mathbf{k}}\omega_{\mathbf{k}} \, , \tag{3.229}$$

divergiert also. Die Energie des Vakuumzustands ist insbesondere von Bedeutung im Zusammenhang mit der *Casimir–Wechselwirkung* [3.59].

Wie in Gl. (3.99) gilt für die Stufenoperatoren

$$\hat{a}_{\mathbf{k}}|\ldots, n_{\mathbf{k}}, \ldots\rangle = \sqrt{n_{\mathbf{k}}}|\ldots, n_{\mathbf{k}} - 1, \ldots\rangle \tag{3.230a}$$

und

$$\hat{a}_{\mathbf{k}}^{\dagger}|\ldots, n_{\mathbf{k}}, \ldots\rangle = \sqrt{n_{\mathbf{k}}+1}|\ldots, n_{\mathbf{k}}+1, \ldots\rangle \; . \tag{3.230b}$$

Durch Vielfachanwendung des Erzeugungsoperators lässt sich ferner aus dem Vakuumzustand ein allgemeiner normierter Feldzustand generieren:

$$|\ldots, n_{\mathbf{k}}, \ldots\rangle = \prod_{\mathbf{k}} \frac{1}{\sqrt{n_{\mathbf{k}}!}} (\hat{a}_{\mathbf{k}}^{\dagger})^{n_{\mathbf{k}}} |0\rangle \; . \tag{3.231}$$

In der bisherigen Diskussion wurde deutlich, dass Photonen im Gegensatz zu klassischen Teilchen nicht notwendigerweise lokalisiert sind. Dennoch können Photonen in Quellen lokalisiert erzeugt und in Detektoren lokalisiert gemessen werden. Damit stellt sich die Frage nach dem Impuls der Photonen und allgemein nach dem Zusammenhang zwischen den klassischen und quantenphysikalischen Feldgrößen. Eine klassische Größe ist die Impulsdichte

$$\mathfrak{p} = \frac{1}{c^2}(\boldsymbol{\mathcal{E}} \times \mathbf{H}) \tag{3.232}$$

des elektromagnetischen Felds. Nach Substitution von $\boldsymbol{\mathcal{E}}$ und $\mathbf{H}$ durch $\mathbf{A}$ und mit Gl. (3.216) folgt für den Impuls

$$\mathbf{p} = i\varepsilon_0 \sum_{\mathbf{k}} \frac{\partial A_{\mathbf{k}}}{\partial t} A_{\mathbf{k}}^* \mathbf{k} \; . \tag{3.233}$$

Mit Gl. (3.220) erhält man schließlich

$$\mathbf{p} = \varepsilon_0 \sum_{\mathbf{k}} \omega_{\mathbf{k}} \left(a_{\mathbf{k}}^2 - a_{\mathbf{k}}^{*^2} \right) \mathbf{k} \; . \tag{3.234}$$

Der Übergang zur Feldquantisierung erfolgt an dieser Stelle wiederum durch Nutzung der Korrespondenz in Gl. (3.222). Damit erhält man für den Impulsoperator

$$\hat{\mathbf{p}} = \hbar \sum_{\mathbf{k}} \mathbf{k} \hat{a}_k^{\dagger} \hat{a}_k \; . \tag{3.235}$$

Den Impuls des einzelnen Photons erhält man aus der Eigenwertgleichung für einen Zustand $|\phi\rangle = |0, \ldots, \hbar\mathbf{k}, \ldots, 0\rangle \equiv |\hbar\mathbf{k}\rangle$, bei dem nur ein Photon angeregt ist:

$$\hat{\mathbf{p}}|\hbar\mathbf{k}\rangle = \hbar\mathbf{k}|\hbar\mathbf{k}\rangle \ . \tag{3.236}$$

Die Quantenfeldtheorie liefert damit Energie und Impuls des Photons aus den klassischen feldtheoretischen Ausdrücken für die Feldenergie und den Feldimpuls. Auch der *Photonenspin* lässt sich auf diese Weise deduzieren: Die Drehimpulsdichte des klassischen Felds beträgt

$$\boldsymbol{\ell} = \frac{1}{c^2}\mathbf{r} \times (\boldsymbol{\mathcal{E}} \times \mathbf{H}) \ . \tag{3.237}$$

Ausgehend von diesem Ausdruck kann die Quantisierung analog zu Energie und Impuls durchgeführt werden. Als Ergebnis ergibt sich ein Photonenspin von $\langle \mathbf{S} \rangle = \pm\hbar\mathbf{k}/k = \pm\langle \mathbf{p} \rangle / k$. Aufgrund des ganzzahligen Spins gehören die Photonen zur Kategorie der *Bosonen*. Die beiden Spinrichtungen pro Anregungszustand entsprechen den beiden Polarisationsmoden, die sich bereits aus der Wellengleichung (3.215) ergaben.

Photonen können aufgrund ihrer besonderen Eigenschaften in besonderer Weise zur Kodierung von Q–bits verwendet werden. Abbildung 3.45(a) zeigt, dass hierzu die Polarisation eines einzelnen Photons genutzt werden kann. Werden die zueinander und zur Ausbreitungsrichtung senkrechten Schwingungsebenen durch horizontale und vertikale Polarisation repräsentiert, so ist ein beliebiger Q–bit–Zustand gegeben durch

$$|\Psi\rangle = \alpha|H\rangle + \beta|V\rangle \ , \tag{3.238}$$

mit$|\alpha|^2 + |\beta|^2 = 1$. In Abb. 3.45(b) ist dargestellt, wie ein solcher Zustand, ähnlich dem Spinzustand in Abb. 3.37, auf einer Bloch– oder *Poincaré–Kugel* repräsentiert werden kann. Damit ist grundsätzlich wiederum eine Behandlung des Problems in Spinnotation, wie in Abschn. 3.4.3 diskutiert, möglich. 1–Bit–Operationen, wie beispielsweise die *Hadamard–Transformation*, die in Gl. (3.239a) näher beschrieben wird, können in einfacher Weise unter Verwendung *doppelbrechender Wellenplatten* realisiert werden. Wie in Abb. 3.45(c) dargestellt, verursachen die Platten je nach Orientierung und Dicke eine Rotation des Zustands auf der Bloch–Kugel. Die Hadamard–Transformation wird beispielsweise durch eine $\lambda/2$–Platte mit $22,5°$–Orientierung realisiert. Eine beliebige 1–Bit–Transformation gemäß Gl. (3.141) lässt sich durch eine $\lambda/4$–$\lambda/2$–$\lambda/4$–Sequenz erreichen. Ein Wechsel von der Polarisations– in eine Wegkodierung kann mittels Polarisationsstrahlteilern (PST) erreicht werden, wie in Abb. 3.45(d) dargestellt.

Wie in Abschn. 3.4.2 erläutert wurde, ist das kanonische Beispiel für ein 2–Bit–Gatter das CNOT–Gatter. Abbildung 3.46 zeigt eine Realisierungsmöglichkeit auf, die zu dem in Tab. 3.1 zusammengefassten Ergebnis führt. Zunächst wirkt auf $|Q_2\rangle$ die Hadamard–Transformation

$$\hat{U}_H \equiv \frac{1}{\sqrt{2}}\begin{pmatrix} 1 & 1 \\ 1 & -1 \end{pmatrix} \ . \tag{3.239a}$$

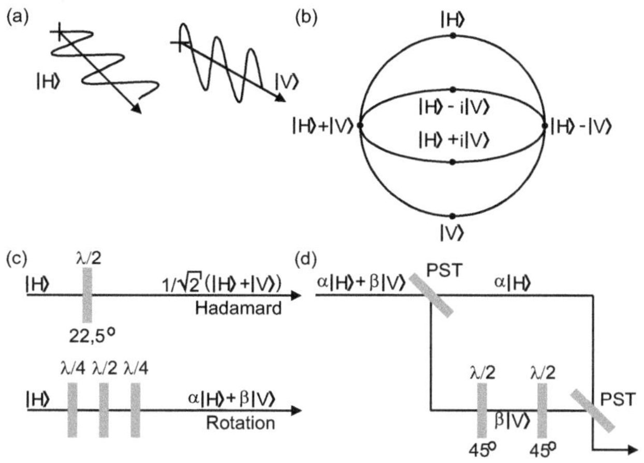

Abb. 3.45: *Realisierung von Einzelphotonen–Q–bits. (a) Repräsentation der beiden orthogonalen Polarisationsmoden des Photons. (b) Bloch–Kugel, auf der sich jeder Punkt der Oberfläche durch ein entsprechendes 1–Bit–Gatter adressieren lässt. (c) Realisierung von 1–Bit–Gattern mittels Wellenplatten. (d) Übergang von Polarisationskodierung in Wegkodierung mittels Polarisationsstrahlteiler (PST) und* $\lambda/2$*–Platte unter* $45°$*, welche die Transformation* $|V\rangle \leftrightarrow |H\rangle$ *realisiert.*

Ähnlich wie für die in Gl. (3.143) und (3.144) verwendete Transformation erhält man

$$\hat{U}_H|0\rangle = \frac{1}{\sqrt{2}}(|0\rangle + |1\rangle) \,. \tag{3.239b}$$

Die Transformation lässt sich mit einem Strahlteiler (ST) – beispielsweise in Form eines halbdurchlässigen Spiegels – realisieren. Eine direkt nachgeschaltete Hadamard–Transformation würde wieder zum Ausgangszustand führen:

$$\frac{1}{\sqrt{2}}\hat{U}_H(|0\rangle + |1\rangle) = |0\rangle \,. \tag{3.239c}$$

In Abhängigkeit von $|Q_1\rangle$ wird jedoch nach der ersten $\hat{U}_H$–Operation gemäß Gl. (3.211) eine Phasenverschiebung mit $\delta = \pi$ induziert. Damit ergibt sich

$$\hat{U}_H\hat{U}_{\delta=\pi}\hat{U}_H \begin{pmatrix} |0\rangle \\ |1\rangle \end{pmatrix} = i \begin{pmatrix} |1\rangle \\ |0\rangle \end{pmatrix} \,. \tag{3.240}$$

Die CNOT–Operation entsteht aber erst dann, wenn $\hat{U}_{\delta=\pi}$ nur für $|Q_1\rangle = |1\rangle$ angewendet wird und für $|Q_1\rangle = |0\rangle$ nicht. Dies bedeutet, dass in Abb. 3.46(b) ein optisch stark nichtlineares Element benötigt wird, welches $\hat{U}_{\delta=\pi}$ nur dann einschaltet, wenn das Kontrollphoton $|Q_1\rangle$ in Kanal 1 ist. Für kein bekanntes Material oder Bauelement ist die optische Nichtlinearität aber groß genug, um eine solche Selektivität zu realisieren.

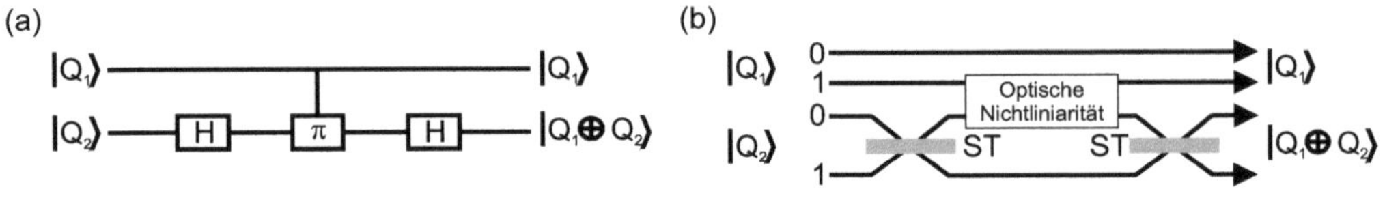

Abb. 3.46: Optisches CNOT–Gatter. (a) Unitäre Operationen am Ziel–Q–bit $|Q_2\rangle$ als Funktion des Zustands des Kontroll–Q–bits $|Q_1\rangle$. H symbilisiert die Hadamard–Transformation und π eine Phasenverschiebungstransformation. (b) Hypothetische Realisierungsmöglichkeit unter Verwendung von Strahlteilern (ST) und einem stark nichtlinearen optischen Element.

Eine Möglichkeit zur Realisierung eines rein optischen CNOT–Gatters mittels optisch linearer Materialien und Bauelemente ist aber dennoch gegeben durch Ausnutzung der Quantenteleportation. Für diese sind von essentieller Bedeutung die in Abschn. 3.4.1 eingeführten verschränkten Zustände, die im Folgenden noch einmal anhand des Gedankenexperiments von *D. Bohm* (1917–1992) [3.60] erläutert werden sollen.

Eine Quelle emittiert zwei gleichartige Teilchen – beispielsweise Elektronen oder Photonen – simultan in entgegengesetzte Richtungen. Wenn der ursprünglich vorhandene Zweiteilchenzustand einen verschwindenden Spin bei nichtverschwindendem Spin der einzelnen Teilchen aufweist, so ist er gegeben durch

$$|\chi^{\pm}\rangle = \frac{1}{\sqrt{2}}(|\uparrow\downarrow\rangle \pm |\downarrow\uparrow\rangle)\Psi(\mathbf{r}_1)\Psi(\mathbf{r}_2)\,. \tag{3.241}$$

$\Psi(\mathbf{r}_1)$ und $\Psi(\mathbf{r}_2)$ sind Wellenpakete – also räumlich eng begrenzte Wellenfunktionen –, welche die jeweilige Lokalität der Teilchen beschreiben. Die Zerfallsprodukte müssen wegen der *Spinerhaltung* entgegengesetzten Spin haben. Die Spins der emittierten Teilchen sind also streng *antikorreliert*, wobei die Spinorientierung beim einzelnen Emissionsprozess bzgl. eines Laborsystems völlig undeterminiert ist. Insbesondere sind die Detektionsereignisse $|\uparrow\rangle_1|\downarrow\rangle_2$ und $|\downarrow\rangle_1|\uparrow\rangle_2$ in zwei symmetrisch zur Quelle angeordneten Detektoren 1 und 2 gleich wahrscheinlich. Mit der Zeit wird $|\mathbf{r}_1 - \mathbf{r}_2|$ immer weiter anwachsen und die Wellenpakete sich weit voneinander entfernen. Obwohl keine Wechselwirkung zwischen den Teilchen mehr besteht, wird die Antikorrelation der Spinzustände fortbestehen. Eine Messung an Teilchen 1 hat auch Konsequenzen für Teilchen 2, indem aufgrund der *Zustandsreduktion* entweder der Zustand $|\uparrow\rangle_1|\downarrow\rangle_2$ oder der Zustand $|\downarrow\rangle_1|\uparrow\rangle_2$ vorliegt. Dieser Sachverhalt führt auf das prominente *EPR–Paradoxon* von *A. Einstein* (1879–1955), *B. Podolsky* (1868–1966) und *N. Rosen* (1909–1995) [3.61]: Nach den Vertauschungsrelationen für den Spin aus Gl. (3.152) können nicht zwei vektorielle Komponenten gleichzeitig gemessen werden. Da an Teilchen 1 mit Detektor 1 aber die eine oder die andere Größe gemessen werden kann, ohne Teilchen 2 durch Wechselwirkung zu beeinflussen, ist es anschaulich nicht verständlich, warum dennoch für Teilchen

2 genau der antikorrelierte Zustand gemessen wird. Das Paradoxon wird dadurch aufgeklärt, dass, wie bereits in Abschn. 3.4.1 diskutiert, quantenmechanisch nicht die *lokale Realität* der Anschauung gilt, sondern dass der Zweiteilchenzustand in Gl. (3.241) als quantenphysikalische Realität nicht lokalisiert ist. Der verschränkte Zustand repräsentiert quasi eine in der Schwebe gehaltene Möglichkeit für die jeweiligen Ergebnisse der Spinmessungen an Teilchen 1 und 2 bei strenger Antikorrelation der letztendlich gemessenen Spineinstellungen. Die von *J. Bell* (1928–1990) abgeleiteten Ungleichungen liefern Aussagen über die Mittelwerte von Messwerten auf der Basis physikalischer Theorien, die *lokal* und *real* sind [3.63]. Für verschränkte Zustände vom Typ in Gl. (3.241) werden die *Bellschen Ungleichungen* nicht erfüllt, was ein Beweis für die Nichtlokalität der Quantenphysik ist.

Eine naheliegende Wahl für eine Basis im vierdimensionalen Hilbert–Raum, der durch die Zweiteilchenzustände aufgespannt wird, wäre die in Gl. (3.185) gegebene. Die *Bell–Basis* ist demgegenüber gegeben durch

$$|\varphi^{\pm}\rangle = \frac{1}{\sqrt{2}}(|\uparrow\uparrow\rangle \pm |\downarrow\downarrow\rangle) \tag{3.242a}$$

und

$$|\chi^{\pm}\rangle = \frac{1}{\sqrt{2}}(|\uparrow\downarrow\rangle \pm |\downarrow\uparrow\rangle)\,. \tag{3.242b}$$

Für diese vier Zustände sind die Spins hochgradig verschränkt, wie es bei dem *EPR–Zustand* in Gl. (3.241) der Fall ist.

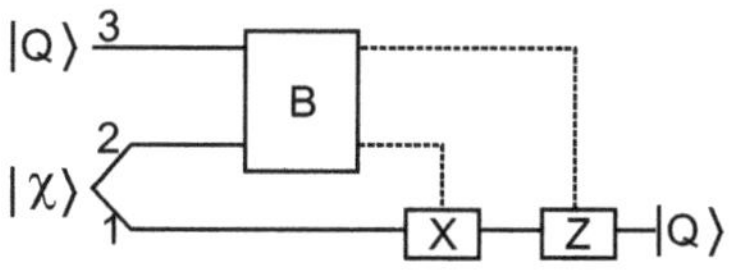

Abb. 3.47: *Quantenschaltkreis für die Teleportation. $|Q\rangle$ ist die zu übermittelnde Quanteninformation und $|\chi\rangle$ ein EPR–Zustand.* B *bezeichnet eine Bell–Messung und X,Z unitäre Transformationen. Gestrichelt dargestellt ist der klassische 2–Bit–Übermittlungskanal.*

Als Quantenteleportation wird nun die Übermittlung eines Q–bit–Zustands von einem Sender zu einem Empfänger verstanden. Ein geeignetes Schema ist in Abb. 3.47 dargestellt. Sender und Empfänger teilen sich ein EPR–Teilchenpaar, das durch einen der Bell–Zustände aus Gl. (3.242) beschrieben wird, beispielsweise durch $|\chi^-\rangle$. Das Q–bit $|Q\rangle = \alpha|\uparrow\rangle + \beta|\downarrow\rangle$, das sich im unbekannten Zustand befindet, soll an den Empfänger übertragen werden. Der Anfangszustand des Gesamtsystems der Q–bits ist dann gegeben durch

$$|\phi\rangle = |\chi^-\rangle|Q\rangle = \frac{\alpha}{\sqrt{2}}(\uparrow_1\downarrow_2\uparrow_3 - \downarrow_1\uparrow_2\uparrow_3) - \frac{\beta}{\sqrt{2}}(\uparrow_1\downarrow_2\downarrow_3 - \downarrow_1\uparrow_2\downarrow_3)\,, \tag{3.243}$$

wobei das EPR–Paar mit 1,2 und das zu übermittelnde Bit mit 3 gekennzeichnet werden. Mit

$$\left.\begin{matrix} |\uparrow\uparrow\rangle \\ |\downarrow\downarrow\rangle \end{matrix}\right\} = \frac{1}{\sqrt{2}}(|\varphi^+\rangle \pm |\varphi^-\rangle) \tag{3.244a}$$

und

$$\left.\begin{matrix} |\uparrow\downarrow\rangle \\ |\downarrow\uparrow\rangle \end{matrix}\right\} = \frac{1}{\sqrt{2}}(|\chi^+\rangle \pm |\chi^-\rangle) \tag{3.244b}$$

folgt

$$\begin{aligned} |\phi\rangle = \frac{1}{2}[&|\varphi_{23}^+\rangle(-\alpha|\downarrow_1\rangle + \beta|\uparrow_1\rangle) + |\varphi_{23}^-\rangle(-\alpha|\downarrow_1\rangle - \beta|\uparrow_1\rangle) + \\ &+|\chi_{23}^+\rangle(\alpha|\uparrow_1\rangle - \beta|\downarrow_1\rangle) + |\chi_{23}^-\rangle(-\alpha|\uparrow_1\rangle - \beta|\downarrow_1\rangle)]\ . \end{aligned} \tag{3.245}$$

Der Zustand 1 wird vom Empfänger genutzt, der Zweiteilchenzustand 2,3 vom Sender. Das *Teleportationsprotokoll* besteht nun aus drei Schritten.

Im ersten Schritt führt der Sender eine *Bell–Messung* am Zweiteilchenzustand durch. Eine solche Messung besteht in der Projektion des entsprechenden Teils des verschränkten Zustands $|\phi\rangle$ auf den Unterraum, der durch einen der Projektoren

$$\{\hat{P}\} = \{|\varphi^+\rangle\langle\varphi^+|, |\varphi^-\rangle\langle\varphi^-|, |\chi^+\rangle\langle\chi^+|, |\chi^-\rangle\langle\chi^-|\} \tag{3.246}$$

bestimmt wird. Der Zustand nach der Bell–Messung ist dann

$$|\tilde{\phi}\rangle = \frac{\hat{P}|\phi\rangle}{\sqrt{\langle\phi|\hat{P}|\phi\rangle}}\ . \tag{3.247}$$

Dabei ist nach Gl. (3.245) die Wahrscheinlichkeit, dass sich durch die Zustandsreduktion ein bestimmter der vier Bell–Zustände $\{|\varphi^+\rangle, |\varphi^-\rangle, |\chi^+\rangle, |\chi^-\rangle\}$ ergibt für jeden Zustandswert 25 %. Der an den Empfänger übertragene Zustand 1 ist aufgrund der Verschränkung des EPR–Zustands 1,2 ebenfalls von dem durch die Bell–Messung hervorgerufenen *Kollabieren der Wellenfunktion* $|\phi\rangle$ betroffen. In Abhängigkeit vom Ergebnis der Bell–Messung wird vom Empfänger folgender Zustand registriert:

$$|\varphi^+\rangle \to \begin{pmatrix} \beta \\ -\alpha \end{pmatrix} = \begin{pmatrix} 0 & 1 \\ -1 & 0 \end{pmatrix} |Q\rangle \,, \tag{3.248a}$$

$$|\varphi^-\rangle \to -\begin{pmatrix} \beta \\ \alpha \end{pmatrix} = \begin{pmatrix} 0 & -1 \\ -1 & 0 \end{pmatrix} |Q\rangle \,, \tag{3.248b}$$

$$|\chi^+\rangle \to \begin{pmatrix} \alpha \\ -\beta \end{pmatrix} = \begin{pmatrix} 1 & 0 \\ 0 & -1 \end{pmatrix} |Q\rangle \,, \tag{3.248c}$$

$$|\chi^-\rangle \to -\begin{pmatrix} \alpha \\ \beta \end{pmatrix} = -|Q\rangle \,. \tag{3.248d}$$

Im zweiten Schritt des Teleportationsprotokolls übermittelt der Sender das Ergebnis der Bell–Messung an den Empfänger. Dabei werden zur Unterscheidung der vier möglichen Zustände zwei Bit an *klassischer Information* übertragen. Dieser klassische Kanal ist in Abb. 3.47 vermerkt. Die Abhängigkeit des Zustands von einer Messung beim Sender ist eine spektakuläre Konsequenz aus der nicht lokalen quantenmechanischen Realität.

Nachdem das Ergebnis der Bell–Messung vom Sender an den Empfänger in Form klassischer Information übermittelt wurde, kann der Empfänger eine unitäre Transformation durchführen, deren Vorschrift sich aus Gl. (3.248) ergibt. Für $|\chi^-\rangle$ ist keine Transformation nötig, da Vorzeichen oder globale Phasen irrelevant für den Informationsgehalt von Q–bits sind. Die unitären Transformationen sind im Konkreten gegeben durch

$$\hat{U}_{\varphi^+} = -i|0\rangle\langle 1| + i|1\rangle\langle 0| = \hat{\sigma}_y \,, \tag{3.249a}$$

$$\hat{U}_{\varphi^-} = |0\rangle\langle 1| + |1\rangle\langle 0| = \hat{\sigma}_x \,, \tag{3.249b}$$

$$\hat{U}_{\chi^+} = |0\rangle\langle 0| - |1\rangle\langle 1| = \hat{\sigma}_z \,. \tag{3.249c}$$

In Abb. 3.47 sind nur $\hat{\sigma}_x$– und $\hat{\sigma}_z$–Operationen (X, Z) dargestellt. Da $\hat{\sigma}_y = i\hat{\sigma}_x\hat{\sigma}_z$ ist, ist das auch hinreichend.

Bei der Teleportation des Zustands $|Q\rangle$ wird keine Materie transferiert, sondern ausschließlich Information. Der Vorgang erfolgt nicht wirklich instantan, da klassische Information übertragen werden muss, um $|Q\rangle$ beim Empfänger zu rekonstruieren. Dies kann maximal mit Lichtgeschwindigkeit erfolgen. Der Zustand $|\chi\rangle$ wird bei der Teleportation aufgebraucht. Der Zustand $|Q\rangle$ wird beim Sender zerstört und beim Empfänger rekonstruiert, so dass der Vorgang im Einklang mit dem no cloning–Theorem ist.

Wie ist nun die Realisierung optischer Gatter und insbesondere des CNOT–Gatters mittels Teleportation möglich? Unter Verwendung optisch linearer Materialien und Bauelemente lassen sich aufgrund der gewöhnlich schwachen Wechselwirkung zwischen Photonen nur Gatter realisieren, welche die gewünschte Operation mit einer gewissen Wahrscheinlichkeit $p < 1$ oder sogar $p \ll 1$ durchführen. Diese Gatter werden als *nicht deterministisch* oder *probabilistisch* bezeichnet. Es erweist sich nun als außerordentlich vorteilhaft, solche Gatter zu teleportieren.

Abbildung 3.48(a) zeigt die Anordnung aus Abb. 3.47, wobei der Empfänger hier nach Rekonstruktion von $|Q\rangle$ noch zusätzlich eine Hadamard–Transformation ausführt. Nach der Bell–Messung ist der Empfängerzustand zunächst gegeben durch $\hat{U}^\dagger|Q\rangle$. Durch Applikation von $\hat{U}$ wird dann $|Q\rangle$ rekonstruiert, bevor schließlich $\hat{U}_H$ appliziert wird. Wenn nun statt $|\chi\rangle$ ein modifizierter EPR–Zustand verwendet wird, dann wird die Quantenteleportation nicht zum korrekten Ergebnis führen. Insbesondere liegt nach der Bell–Messung nicht mehr der Zustand $\hat{U}^\dagger|Q\rangle$ vor, so dass alle nachfolgenden Transformationen nicht das gewünschte Ergebnis liefern können. Allerdings kann für bestimmte modifizierte Eingangszustände $\hat{U}_\chi|\chi\rangle$ die Teleportation so modifiziert werden, dass nach der Rekonstruktion beim Empfänger der resultierende Zustand gerade $\hat{U}_\chi|Q\rangle$ ist. Man teleportiert also den Zustand $|Q\rangle$ durch das Gatter $\hat{U}_\chi$. Abbildung 3.48(b) zeigt am Beispiel der Hadamard–Transformation, wie die Teleportation des Zustands $|Q\rangle$ durch das Gatter $\hat{U}_H$ funktioniert. $\hat{U}_H$ wird in diesem Fall auf den für den Empfänger bestimmten Zustand des EPR–Zustands $|\chi\rangle$ angewendet. Nach der Bell–Messung liegt beim Empfänger der Zustand $\hat{U}_H\hat{U}^\dagger|Q\rangle$ vor.[1] Für Hadamard- und Pauli–Gatter gilt nun $\hat{U}_H\hat{U}^\dagger|Q\rangle = \hat{U}'^\dagger\hat{U}_H|Q\rangle$. Nach Anwendung einer modifizierten Rekonstruktionsvorschrift, $\hat{U}' = \hat{U}_H\hat{U}\hat{U}_H^\dagger$, ist der Zustand beim Empfänger gerade $\hat{U}_H|Q\rangle$, also der durch $\hat{U}_H$ teleportierte Eingangszustand $|Q\rangle$. Die Anordnungen in Abb. 3.48(a) und (b) liefern damit in der Tat identische Ergebnisse. Im hier speziell gewählten Beispiel gilt sogar $\hat{U}' = \hat{U}$.

Die am Beispiel der Hadamard–Transformation beschriebene Strategie der Teleportation eines Zustands durch ein Gatter kann nun genutzt werden, um das aufgrund der geringen Photon–Photon–Wechselwirkung schwer zu realisierende CNOT–Gatter als deterministisch zu realisieren. Abbildung 3.48(c) zeigt eine Anordnung, in der das probabilistische CNOT–Gatter vor dem Teleportationsschaltkreis angeordnet ist. Die Wahrscheinlichkeit, mit der die CNOT–Operation in dem linearen optischen Netzwerk zwischen einzelnen Photonen realisiert wird, ist $p \ll 1$. Die Bell–Messungen werden an dem *Kontroll–Q–bit* $|Q_1\rangle$ und einem Teilzustand eines EPR–Paars $|\chi\rangle$ sowie am *Ziel–Q–bit* $|Q_2\rangle$ und an einem Teilzustand eines zweiten EPR–Paars durchgeführt. Der vom Empfänger zunächst erhaltene Zustand ist $\hat{U}_{\mathrm{CNOT}}\hat{U}_{Q_1}^\dagger\hat{U}_{Q_2}^\dagger|Q_1Q_2\rangle$.

[1] Im scheinbaren Widerspruch zu Abb. 3.48(b) wurde hier $\hat{U}_H$ nach Durchführung der Bell–Messungen angewendet. Wie in der Abbildung dargestellt, erfolgt in der Praxis aber die Bell–Messung lange nachdem die Hadamard–Operation durchgeführt wurde. Die Verwendung verschränkter Zustände $|\chi\rangle$ erlaubt aber die Zeitumkehr.

Eine weitere Transformation führt zu der Modifikation $\hat{U}'_{Q_1}\hat{U}'_{Q_2}\hat{U}_{\mathrm{CNOT}}\hat{U}^\dagger_{Q_1}\hat{U}^\dagger_{Q_2}|Q_1Q_2\rangle = \hat{U}^\dagger_{Q_1}\hat{U}^\dagger_{Q_2}\hat{U}_{\mathrm{CNOT}}|Q_1Q_2\rangle$. Dieser Zustand wird schließlich rekonstruiert in $\hat{U}_{\mathrm{CNOT}}|Q_1Q_2\rangle$. Die klasisch kontrollierten 1–Bit–Operationen zur Rekonstruktion erfolgen wiederum in Form von Pauli–X– und Pauli–Z–Gattern. Der große Vorteil der Teleportation durch das CNOT–Gatter besteht darin, dass das hochgradig probabilistische Gatter auf diese Weise deterministisch gestaltet werden kann. Eine erfolgreiche Teleportation findet nur dann statt, wenn das CNOT–Gatter erfolgreich gearbeitet hat. Im Fall der unter Umständen zahlreichen Fehlversuche bleiben Kontroll– und Zielbits erhalten, bis eine erfolgreiche Teleportation stattfindet.

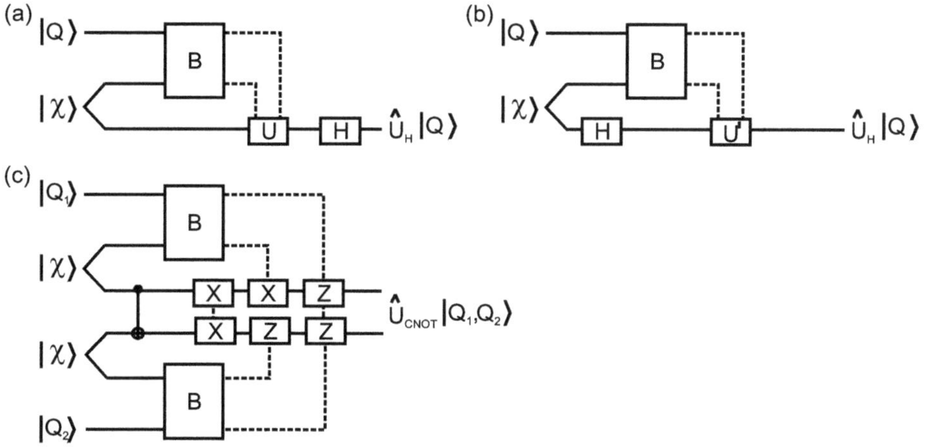

Abb. 3.48: *Teleportation von Quantenzuständen $|Q\rangle$ durch Gatter. (a) Hadamard–Transformation eines teleportierten Zustands. U symbolisiert die Rekonstruktionstransformation. (b) Teleportation durch ein Hadamard–Gatter. U′ repräsentiert eine modifizierte Rekonstruktionsvorschrift. (c) Teleportation durch ein CNOT–Gatter. $|Q_1\rangle$ ist das Kontrollbit und $|Q_2\rangle$ das Zielbit. $|\chi\rangle$ symbolisiert die beiden benötigten EPR–Paare. Die Rekonstruktion erfolgt durch eine Reihe von $\hat{\sigma}_x$ und $\hat{\sigma}_z$–Operationen (X,Z).*

Würde ausschließlich ein probabilistisches Gatter verwendet, wären bei jedem Fehlversuch die Information tragenden Bits verloren, weil sie aufgrund des no cloning–Gebots nicht kopiert werden können. Eine Verallgemeinerung der Strategie des Teleportierens durch Gatter erlaubt die Konstruktion einer kompletten Hierarchie von Gattern, die fehlertolerant angewendet werden können.

Quantum computing wurde bislang diskutiert in Form von Quantenschaltkreisen, die quasi eine Verallgemeinerung der Booleschen Logik widerspiegeln: Q–bits werden durch Verbindungen repräsentiert und propagieren von links nach rechts durch die Schaltung. Dabei durchlaufen sie ein System aus 1– und 2–Bit–Gattern, bevor sie letztendlich durch eine Messung vernichtet werden. Ein völlig anderes Konzept stellt der *Einwegquantenrechner* dar [3.63]. Gemäß Abb. 3.49 wird ein massiv verschränkter Zustand vieler Q–bits, ein *Clusterzustand*, erzeugt. Dieser Zustand muss so reichhaltig an Informationen sein, dass bereits alle möglichen Ergebnisse einer beabsichtigten Rechnung enthalten sind. Die Informationsverarbeitung erfolgt dadurch, dass an einzelnen 2–Niveau–

Teilchen des Clusters Messungen, das heißt Einzelbitoperationen, durchgeführt werden. Bei diesen Messungen wird der Vielteilchenzustand sukzessive zerstört, was zu der Bezeichnung „Einwegquantencomputer“ Anlass gibt. Durch $\hat{\sigma}_x$, $\hat{\sigma}_y$ und $\hat{\sigma}_z$–Operationen kann ein Quantenschaltkreis implementiert werden. Die horizontale Achse definiert dabei die Kausalität, also die Richtung des Informationsflusses. Die $\hat{\sigma}_z$–Operationen projizieren den Vielteilchenzustand in einen Subzustand in Form eines netzwerkartigen Clusters. Auf diesem Subzustand können dann Quantengatter durch $\hat{\sigma}_x, \hat{\sigma}_y$–Messungen und Linearkombinationen daraus implementiert werden. Für diejenigen Q–bits, bei denen Linearkombinationen aus $\hat{\sigma}_x$ und $\hat{\sigma}_y$ gemessen werden, hängt das Ergebnis dann von Messresultaten an anderen Q–bits ab. Dies ist Grundlage der erzeugten kausalen Ordnung. Das Ergebnis der Informationsverarbeitung liegt vor, wenn pro horizontaler Verbindung des Netzwerks gerade ein letztes unvermessenes Q–bit vorliegt. Alle verbliebenen Q–bits formen das Quantenregister, welches dann auszulesen ist. Das Einwegquantencomputerkonzept bietet offensichtlich für quantenoptische Realisierungen besondere Vorteile.

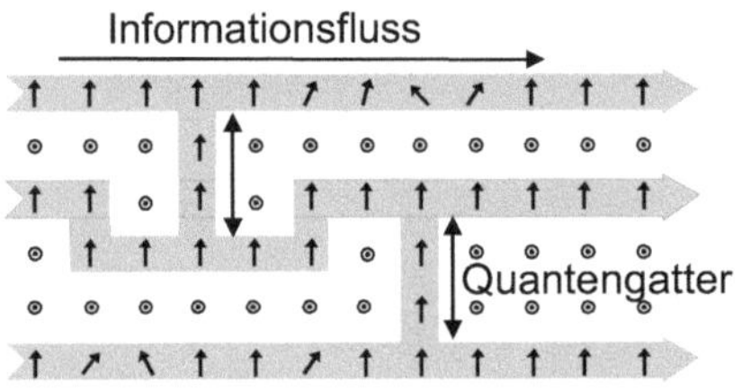

Abb. 3.49: *Schematische Darstellung des Einwegquantencomputers. Die einzelnen Q–bits des Clusters sind in einer regelmäßigen zweidimensionalen Anordnung dargestellt.* ⊙ *repräsentieren $\hat{\sigma}_z$–Messungen,* ↑ *solche von $\hat{\sigma}_x$ und* ↗↖ *solche von $\alpha\hat{\sigma}_x + \beta\hat{\sigma}_y$. Die grauen Bereiche verdeutlichen den Netzwerkcharakter.*

Die Verwendung einzelner Photonen, beispielsweise zur Polarisationskodierung, hat auch neue kryptographische Ansätze ermöglicht. Ziel aller kryptographischen Verfahren ist die möglichst sichere, aber auch praktisch handhabbare Verschlüsselung von Information. Potentiell machen es Verfahren der Quanteninformationsverarbeitung möglich, heute als sicher geltende Codes mithilfe effizienter Algorithmen in kurzer Zeit zu entschlüsseln. Ein Beispiel wäre etwa der heute gebräuchliche *RSA–Code* [3.64], der mit dem Shor–Algorithmus [3.38] zu entschlüsseln wäre. Quantenmechanische Verfahren erlauben aber auch die Realisierung neuartiger Codes, die nicht entschlüsselt werden können. Ein prominentes Beispiel stellt das *BB84–Protokoll* [3.65] dar. Es besteht aus drei Schritten.

Im ersten Schritt sendet der Sender an den Empfäner n Photonen. Dabei wird zufällig zwischen den zwei Basen $A_1 = \{|0\rangle, |1\rangle\}$ und $A_2 = \{|\tilde{0}\rangle, |\tilde{1}\rangle\}$ variiert. Die Basen sind nicht orthogonal zueinander: $\langle 0|\tilde{0}\rangle = \langle 1|\tilde{1}\rangle = 1/\sqrt{2}$. Da es um die Polarisationszustände der Photonen geht, werden hier die Basen nicht durch die *Bloch–Vektoren* gebildet sondern durch zwei zueinander orthogonale Vektoren. Der Empfänger misst im zweiten Schritt nun die Photonen ebenfalls in einer der zufällig gewählten Basen. Nachdem alle Photonen übertragen wurden, übermittelt der Sender dem Empfänger über einen klassischen Kanal im dritten Schritt die Zufallsfolge der Basen. Sender und Empfänger

Tabelle 3.4: *Erzeugung des Codes im BB84–Verfahren.*

Senderbasis	A_1	A_2	A_2	A_1	A_1	A_2	A_1	A_2
Photon	$\uparrow$	$\nearrow$	$\searrow$	$\rightarrow$	$\rightarrow$	$\searrow$	$\uparrow$	$\searrow$
Empfängerbasis	A_1	A_1	A_2	A_2	A_1	A_2	A_1	A_1
Ergebnis	1	zufällig	0	zufällig	0	0	1	zufällig
Schlüssel	1		0		0	0	1	

vergleichen daraufhin die Ergebnisse derart, dass Q–bits, die für unterschiedliche Basen präpariert und gemessen werden, nicht berücksichtigt werden. Die verbliebenen Bits bilden, wie in Tab. 3.4 dargestellt, den Schlüssel.

A priori ließe sich Information abfangen, indem die Q–bits auf dem Weg vom Sender zum Empfänger abgefangen, kopiert und dann weiter versendet werden. Das no cloning–Theorem verbietet jedoch das Kopieren von unbekannten Zuständen. Daher müssten die Q–bits erst vermessen werden. Da hierfür allerdings die Basis nicht bekannt ist, kann nur zufällig eine Basis ausgewählt werden. Der Schlüssel wird etwa die Länge n haben, weil für etwa die Hälfte der übertragenen Photonen Sender und Empfänger die gleiche Basis gewählt haben. Die abgefangene Information würde statistisch nur in $n/2$ Fällen eine Korrelation mit dem Schlüssel aufweisen. Wenn zudem Sender und Empfänger Teile des Schlüssels vergleichen, würden sie feststellen, dass Information abgefangen wurde. Auf diese Weise lässt sich quantenphysikalisch eine sichere Verschlüsselung realisieren.

Wenngleich auch erste Schlüsselexperimente zur optischen Quanteninformationsverarbeitung an atomaren Systemen und mittels makroskopischer Materialien und Bauelemente der linearen Optik die prinzipielle Umsetzbarkeit der grundlegenden Konzepte unter Beweis gestellt haben, so werden auf lange Sicht erst nanotechnologische Konzepte einen Übergang von den bisherigen Machbarkeitsstudien zur echten Anwendung erlauben.

3.5 Vielteilchensysteme

3.5.1 Kategorien nicht wechselwirkender Teilchen und Besetzungsschemata

Grundsätzlich ist die Welt aus komplexen Vielteilchensystemen aufgebaut. Diese Vielteilchensysteme sind a priori durch eine einzige kohärente Wellenfunktion zu beschreiben, wie im Zusammenhang mit der Supraleitung in Abschn. 3.4.3 bereits diskutiert wurde. Generell ist aber die Behandlung eines komplexen Vielteilchensystems ein mathematisch unlösbares Unterfangen. Eine völlig zufriedenstellende Beschreibung ist dennoch in vielen Fällen möglich, in denen die Teilchen relativ schwach oder zeitlich begrenzt miteinander wechselwirken. Der Vielteilchenzustand lässt sich dann durch Faktorisierung in eine Reihe von Einteilchenzuständen beschreiben. Eine entscheidende Frage ist, welche Einteilchenzustände in einem Ensemble von Teilchen besetzt werden können, welchen Einfluss also das Ensemble auf das einzelne Teilchen hat. In diesem Zusammenhang kommt der Ununterscheidbarkeit der Teilchen eine Schlüsselrolle zu. Die Ununterscheidbarkeit führt dazu, dass die Zweiteilchenzustände $|a,b\rangle$ und $|b,a\rangle$ gleichwertig sein müssen für die Teilchen a und b, die sich unter exakt gleichen äußeren Einflüssen an zwei Orten $\mathbf{r}_a$ und $\mathbf{r}_b$ befinden. Lösungen der Schrödinger–Gleichung müssen auch

$$|\Psi_\pm\rangle = \frac{1}{\sqrt{2}}(|ab\rangle \pm |ba\rangle) \tag{3.250}$$

sein. Es gibt damit zwei unterscheidbare Zustände, einen symmetrischen $|\Psi_+\rangle$, der bei Vertauschung der Teilchen sein Vorzeichen behält, und einen antisymmetrischen $|\Psi_-\rangle$, der bei Vertauschung sein Vorzeichen ändert: $|\Psi_-^{b,a}\rangle = -|\Psi_-^{a,b}\rangle$.

Symmetrische und antisymmetrische Mehrteilchenzustände lassen sich in fundamentaler Weise mit dem Spin der Teilchen verknüpfen. Dazu sei noch einmal das Quantenpunktsystem aus Abb. 3.38 betrachtet. Bei räumlichem Überlapp der Einteilchenwellenfunktionen beschreibt die Ortswellenfunktion $|\Psi(\mathbf{r}_a,\mathbf{r}_b)\rangle$ den räumlichen Anteil des Zweiteilchenzustands. Bei beiden benachbarten Elektronen sei die Spinstellung identisch $\langle S_z\rangle = \hbar/2$. Damit wird der Zweiteilchenzustand der ununterscheidbaren Elektronen beschrieben durch

$$|\phi^{a,b}\rangle = |\Psi(\mathbf{r}_a,\mathbf{r}_b)\rangle|\uparrow_a\rangle|\uparrow_b\rangle\ . \tag{3.251}$$

Die Wellenfunktion $|\phi_\pi^{a,b}\rangle$, die das System mit vertauschten Elektronen beschreibt, erhält man nach Anwendung der Transformation

$$\hat{U}_\pi = \exp\left(\frac{i}{\hbar}\pi\hat{J}_z\right) \tag{3.252}$$

über $|\phi_\pi^{a,b}\rangle = \hat{U}_\pi|\phi^{a,b}\rangle$. $\hat{J}_z = \hat{L}_z + \hat{S}_z$ setzt sich dabei aus Bahn– und Spinanteilen zusammen. Mit $\hat{S}_z = (\hbar/2)(\hat{\sigma}_z^a + \hat{\sigma}_z^b)$ ergibt sich dann

$$|\phi_\pi^{a,b}\rangle = \exp\left(\frac{i}{\hbar}\pi\hat{L}_z\right)|\Psi(\mathbf{r}_a,\mathbf{r}_b)\rangle \exp\left(i\frac{\pi}{2}\hat{\sigma}_z^a\right)|\uparrow_a\rangle \exp\left(i\frac{\pi}{2}\hat{\sigma}_z^b\right)|\uparrow_b\rangle\ . \tag{3.253}$$

Die Operatorfunktionen sind nach Gl. (3.112) durch die Reihenentwicklung der Exponentialfunktion oder durch Reihenentwicklung nach Anwendung der Eulerschen Formel gegeben. Unter Verwendung von $\hat{\sigma}_z^2 = \hat{1}$ erhält man $\exp(i\pi\hat{\sigma}_z/2) = i\hat{\sigma}_z$. Da $\hat{L}_z$ nur auf $|\Psi(\mathbf{r}_a,\mathbf{r}_b)\rangle$ wirkt, ergibt sich damit

$$|\phi_\pi^{a,b}\rangle = -|\Psi(\mathbf{r}_b,\mathbf{r}_a)\rangle|\uparrow_b\rangle|\uparrow_a\rangle = -|\phi^{b,a}\rangle\ . \tag{3.254a}$$

Dieses Ergebnis spiegelt den allgemeinen Befund wider, dass Teilchen mit halbzahligem Spin eine Wellenfunktion aufweisen, die antisymmetrisch gegenüber einer Teilchenvertauschung ist.[1] Für Teilchen mit $\langle S_z \rangle = \pm n\hbar$ und $n = 0, 1, 2 \ldots$, das heißt mit ganzzahligem Spin, sind die Drehoperatoren in Gl. (3.253) gegeben durch $\exp(\pm in\pi\hat{\sigma}_z) = (-1)^n \hat{1}$, was in diesem Fall zu

$$|\phi_\pi^{a,b}\rangle = |\phi^{a,b}\rangle = |\phi^{b,a}\rangle \tag{3.254b}$$

führt.

Quantenstatistisch gesehen zerfällt damit die Welt der elementaren Teilchen in *Fermionen* mit halbzahligem Spin und *Bosonen* mit ganzzahligem Spin (einschließlich verschwindendem Spin). Was für den Spezialfall zweier nichtrelativistischer Teilchen explizit gezeigt wurde, lässt sich allgemein für ein Vielteilchensystem im Rahmen einer *relativistischen Quantenfeldtheorie* zeigen. Für N nicht wechselwirkende Fermionen lässt sich der Vielteilchenzustand in Form der *Slater–Determinante* schreiben:

$$|\phi_{n_1,n_2,\ldots,n_N}(\mathbf{r}_1, s_1, \mathbf{r}_2, s_2, \ldots, \mathbf{r}_N, s_N)\rangle = \\ = \frac{1}{\sqrt{N!}} \begin{vmatrix} |\Psi_{n_1}(\mathbf{r}_1, s_1)\rangle & |\Psi_{n_2}(\mathbf{r}_1, s_1)\rangle & \ldots & |\Psi_{n_N}(\mathbf{r}_1, s_1)\rangle \\ |\Psi_{n_1}(\mathbf{r}_2, s_2)\rangle & |\Psi_{n_2}(\mathbf{r}_2, s_2)\rangle & \ldots & |\Psi_{n_N}(\mathbf{r}_2, s_2)\rangle \\ \vdots & \vdots & & \vdots \\ |\Psi_{n_1}(\mathbf{r}_N, s_N)\rangle & |\Psi_{n_2}(\mathbf{r}_N, s_N)\rangle & \ldots & |\Psi_{n_N}(\mathbf{r}_N, s_N)\rangle \end{vmatrix} . \tag{3.255}$$

Dabei beschreibt $|\Psi_{n_i}(\mathbf{r}_k, s_k)|$ ein Teilchen, das bei einer Ortsmessung bei $\mathbf{r}_k$ mit der Spinquantenzahl s_k vorgefunden wird. Ein Gleichsetzen zweier Quantenzahlen, $n_i = n_j$, und zusätzlich ein Gleichsetzen zweier Ortskoordinaten und Spinquantenzahlen, $\mathbf{r}_k = \mathbf{r}_l$ und $s_k = s_l$, führt zu $|\phi\rangle = 0$. Dieser Sachverhalt ist nach *W. Pauli* (1900 – 1958) als *Ausschließungsprinzip* bekannt: Zwei nicht wechselwirkende Fermionen am selben Ort können nicht denselben Einteilchenquantenzustand einschließlich des Spinzustands einnehmen. Dies ist eine Folge der zu fordernden Antisymmetrie der Vielteilchenwellenfunktion gegenüber der Vertauschung von zwei Teilchen.

Das *Pauli–Prinzip* hat für die Quantenstatistik von Teilchenensemblen gravierende Konsequenzen. Ein besetzbarer Zustand, etwa gegeben durch ein diskretes Energieniveau und eine Spinquantenzahl, kann durch nicht wechselwirkende Fermionen nur einmal besetzt werden. Ein weiteres Fermion muss zwangsläufig einen anderen Zustand besetzen.

[1] Die Drehung der Wellenfunktion $|\phi^{a,b}\rangle$ um den Winkel π führt zu der ursprünglichen Wellenfunktion: $\hat{U}_\pi|\phi^{a,b}\rangle = |\phi^{a,b}\rangle$. Dies ist in Anbetracht der Ununterscheidbarkeit der Elektronen intuitiv zu erwarten. Gegenüber der expliziten Permutation der Teilchen hingegen verhält sich die Zweiteilchenwellenfunktion antisymmetrisch: $|\phi^{b,a}\rangle = -|\phi^{a,b}\rangle$. Diese scheinbare Diskrepanz resultiert daraus, dass sich $\hat{U}_{2\pi}|\Psi(\mathbf{r}, s)\rangle = -|\Psi(\mathbf{r}, s)\rangle$ für Fermionen ergibt. Ein globaler Phasenfaktor – hier -1 – ist aber irrelevant für das Verhalten von $|\Psi|^2$.

Für Bosonen hingegen besteht die allgemeinste symmetrische Vielteilchenwellenfunktion aus einer Summe von Produkten aus Einteilchenzuständen, wobei in den einzelnen Produkten jeweils zwei Bosonen bezüglich ihres Aufenthaltsorts miteinander vertauscht sind. Liegen N besetzbare Einteilchenzustände vor und sind bereits $n < N$ besetzt, so kann ein weiteres Boson auf $N+n$ Möglichkeiten integriert werden: Es kann N Zustände besetzen und mit n bereits vorhandenen Bosonen aufgrund der Ununterscheidbarkeit vertauscht werden. Ein Fermion kann unter identischen Bedingungen nur $N-n$ Zustände besetzen.

In der klassischen Thermodynamik ist die Besetzungswahrscheinlichkeit für einen Zustand der Energie E durch die *Boltzmann–Verteilung* gegeben. Nach dem Korrespondenzprinzip muss diese Verteilung auch für makroskopische Ensembles nicht wechselwirkender quantenmechanischer Teilchen gegeben sein. Steht für eine Teilchenenergie E eine Anzahl von N besetzbaren Zuständen zur Verfügung, von denen n bereits besetzt sind, so muss im thermodynamischen Gleichgewicht für alle Zustände

$$\frac{n}{N \pm n} \exp\left(\frac{E}{k_B T}\right) = C(T) \tag{3.256}$$

gelten. C ist für alle Zustände bei fester Temperatur eine Konstante. $\pm$ differenziert zwischen Bosonen und Fermionen. Für Fermionen wird die *Fermi–Energie* E_F definiert durch

$$C(T) = \exp\left(\frac{E_F}{k_B T}\right) , \tag{3.257}$$

was zu einer Besetzungswahrscheinlichkeit

$$f(E) = \frac{n}{N} = \frac{1}{\exp[(E - E_F)/(k_B T)] + 1} \tag{3.258}$$

führt.

Die Bedeutung der *Fermi–Verteilung* $f(E)$ lässt sich anschaulich an der Besetzung von Potentialtöpfen mit Teilchen, die wir bereits in Abschn. 3.3.1 diskutiert hatten, erläutern. Für einen dreidimensionalen Potentialtopf sind die zur Verfügung stehenden Wellenzahlen nach Gl. (3.63) quantisiert. Im *reziproken* **k**–*Raum* nimmt ein Zustand das Volumen π^3/V ein. Berücksichtigt man allerdings die beiden möglichen Spinstellungen $s = \pm 1/2$, so entfallen auf dieses Volumen zwei Zustände. Die Zustände sind im durch $k_x, k_y, k_z \geq 0$ definierten Oktanden lokalisiert und liegen in einem durch Gl. (3.64) festgelegten Kugelsegment.

Der gesamte **k**–Raum wird überdeckt, wenn *periodische Randbedingungen* eingeführt werden: $\varphi(x = y = z = 0) = \varphi(x = y = z = t)$. Eindimensional periodische Randbedingungen wären erforderlich, um eine ringförmige Struktur zu beschreiben. Periodische

Randbedingungen liegen aber auch bei der Beschreibung kristalliner Festkörper vor. In diesem Fall folgt für die Quantisierung der Wellenvektoren

$$\mathbf{k} = \frac{2\pi}{t} \begin{pmatrix} n_x \\ n_y \\ n_z \end{pmatrix} , \tag{3.259}$$

mit $n_x, n_y, n_z = 0, \pm 1, \pm 2, \ldots$. Zwei Zustände mit antiparallelem Spin nehmen jetzt das Volumen $(2\pi/t)^3$ ein. Die Zustandsdichte pro Realvolumen t^3 beträgt dann

$$\varrho_3(E) = \frac{m}{\pi^2 \hbar^3} \sqrt{2mE} . \tag{3.260}$$

Dieses Ergebnis würde auch für den Potentialkasten aus Abschn. 3.3.1 resultieren.

In der Nanotechnologie spielen, wie bereits erwähnt, auch niedrigdimensionale elektronische Strukturen eine vielversprechende Rolle. Für zweidimensionale Strukturen, also nach Abb. 1.1 Quantenfilme, ist der ziproke Raum ebenfalls zweidimensional. Zwei Zustände besetzen die Fläche $(2\pi/t)^2$ und die Zustandsdichte pro Realraumfläche beträgt

$$\varrho_2(E) = \frac{m}{\pi \hbar^2} . \tag{3.261}$$

Für Quantendrähte ergibt sich pro Realraumlänge

$$\varrho_1(E) = \frac{1}{\pi \hbar} \sqrt{\frac{m}{2E}} . \tag{3.262}$$

Für Quantenpunkte schließlich können nur noch diskrete Niveaus besetzt werden, wie in Abschn. 3.3.1 diskutiert. Zusammenfassend sind die unterschiedlichen $\varrho(E)$–Verläufe in Abb. 3.50 dargestellt.

Wenn nun Zustände, die mit einer entsprechenden Zustandsdichte $\varrho_3, \varrho_2, \varrho_1$ oder ϱ_0 vorliegen, bei gegebener Temperatur aufgefüllt werden, so muss für Fermionen die Verteilungsfunktion aus Gl. (3.258) berücksichtigt werden. Für $T = 0$ sind alle Fermionen, beispielsweise Elektronen, auf die niedrigsten möglichen Energiezustände verteilt. Wegen des Pauli–Prinzips füllen sie sukzessive von $E = 0$ alle Zustände bis zu einer Maximalenergie E_F auf. Diese Fermi–Energie begegnete uns bereits im Zusammenhang mit Abb. 3.9 bei der Besetzung von Energieniveaus in einem idealen Metall. Eine Betrachtung im Kontext der Thermodynamik zeigt, dass E_F nichts anderes als das *chemische Potential* des Systems ist. Den Verlauf von $f(E)$ für $T = 0$ zeigt Abb. 3.51(a). Für einen dreidimensionalen Körper muss die dadurch gegebene Besetzungswahrscheinlichkeit mit der Zustandsdichte aus Gl. (3.260) multipliziert werden. Es ergibt sich der in

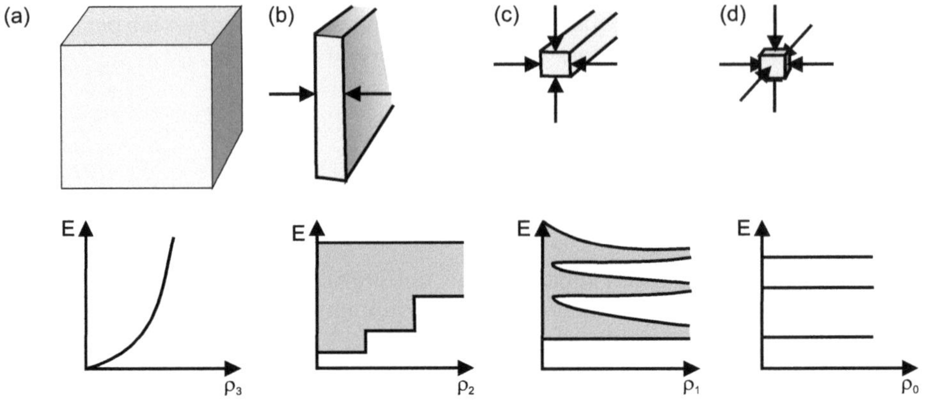

Abb. 3.50: *Elektronische Zustandsdichte $\varrho(E)$ für (a) makroskopische Körper, (b) Quantenfilme, (c) Quantendrähte und (d) Quantenpunkte .*

Abb. 3.51(b) dargestellte Verlauf. Für $T > 0$ gehen Teilchen aus Zuständen $E < E_F$ in vorher unbesetzte Zustände $E > E_F$ über. Die Aufweichungszone der Fermi–Verteilung beträgt etwa $4\,k_BT$. Die Verteilung der besetzten Zustände ist in Abb. 3.51(c) dargestellt.

Für bosonische Zustände ergibt sich aus Gl. (3.256) und (3.257) die *Bose–(Einstein)–Verteilung*

$$g(E) = \frac{1}{\exp[(E-\mu)/(k_BT)] - 1} \; . \tag{3.263}$$

Hier ist μ das chemische Potential des *Bose–Gases.*

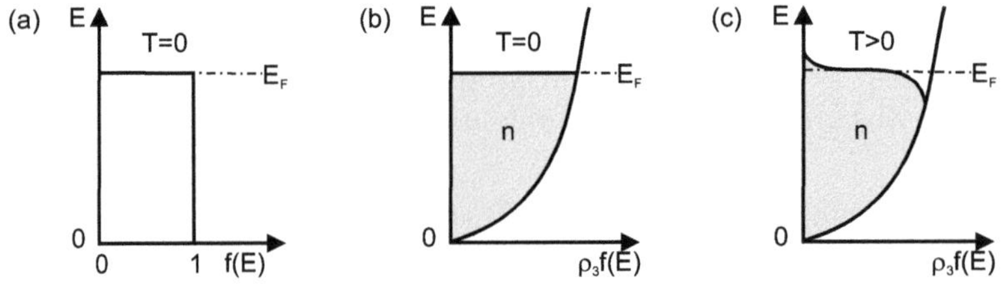

Abb. 3.51: *(a) Fermi–Funktion für $T = 0$. (b) Besetzte Zustände eines dreidimensionalen Körpers für $T = 0$. (c) Besetzte Zustände für $T > 0$.*

Der Spin hat sich in der bisherigen Diskussion als Grundlage eines fundamentalen Ordnungsschemas der Natur erwiesen. Das Pauli–Prinzip, das letztlich aus den Symmetrieeigenschaften der Spinoperatoren folgt, hat einen wesentlichen Einfluss auf den elementaren Aufbau der Materie. Objekte der Nanotechnologie machen es aufgrund ihrer minimalen Abmessungen erforderlich, spin– und drehimpulsbasierte Effekte explizit in der Beschreibung zu berücksichtigen. Im Zusammenhang mit Quantenpunkten wird daher auch häufig von *künstlichen Atomen* gesprochen. Ein Beispiel für eine derartige elektronische Nanostruktur ist in Abb. 3.52 dargestellt. Mithilfe von Halbleiterheterostrukturen, wie sie in Abb. 3.30 gezeigt sind, lassen sich Elektronen in niedrigdimensionalen Bereichen lokalisieren. In einer GaAs/AlGaAs/$In_{0,05}Ga_{0,95}As$/AlGaAs/GaAs–Schichtstruktur stellt die mittlere Schicht eine Potentialsenke für Elektronen dar. Bei einem Säulendurchmesser von $\lesssim$ 500 nm hat diese Schicht eine Dicke von $\approx$ 10 nm. Die AlGaAs–Barrieren sind etwas dünner. Wird zwischen Source– und Drain–Elektroden eine Spannung angelegt, so tunneln Elektronen von unten in den Quantenpunkt (*dot*) und von da aus in die obere Elektrode. Das Potential des Quantenpunkts kann zusätzlich über die Seitenelektrode (side gate) verschoben werden. Aufgrund der kleinen Bauelementkapazitäten erlaubt die Anordnung die Beobachtung von Einzelelektronentunneleffekten, wie in Abschn. 3.2.3 beschrieben. Die Messung des Stroms als Funktion der Gatespannung gestattet die Spektroskopie elektronischer Zustände bei Besetzung des Quantenpunkts mit unterschiedlich vielen Elektronen.

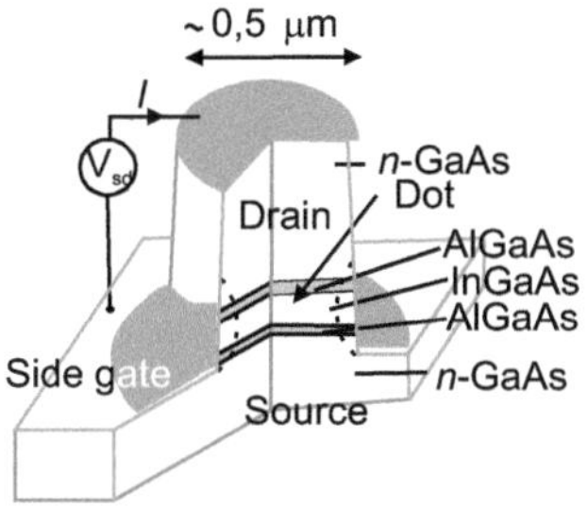

Abb. 3.52: *Quantenpunkt basierend auf einer Halbleiterheterostruktur*

Das Potential des rotationssymmetrischen Quantenpunkts ist in guter Näherung durch

$$U(r) = \frac{1}{2} m^* \omega_0^2 r^2 \tag{3.264}$$

gegeben. m^* ist die effektive Masse des Elektrons und ω_0 beschreibt die Krümmung des parabolischen Potentialverlaufs. Aufgrund des Aspektverhältnisses des Quantenpunkts ist U zweidimensional und rotationssymmetrisch. In kartesischen Koordinaten ergibt sich entsprechend der Hamiltonian zu

$$\hat{H} = \frac{\hat{p}_x^2 + \hat{p}_y^2}{2m^*} + \frac{1}{2} m^* \omega_0^2 (x^2 + y^2) \; . \tag{3.265}$$

Dies ist der Hamilton–Operator für zwei senkrecht zueinander schwingende harmonische Oszillatoren. Mit Gl. (3.97) folgt

$$E_n = (n+1)\hbar\omega_0 \; , \tag{3.266}$$

für $n = n_x + n_y$. In Zylinderkoordinaten erhält man

$$\hat{H} = \hat{E}^r_{kin} + \frac{\hat{L}_z^2}{2m^* r^2} + \frac{1}{2} m^* \omega_0^2 r^2 \, . \tag{3.267}$$

$\hat{E}^r_{kin}$ bezeichnet den Radialanteil der kinetischen Energie, während der Rotationsanteil durch den Drehimpulsoperator entlang der Säulenachse in Abb. 3.52 definiert wird. Für zentralsymmetrische Potentiale gilt aber

$$[\hat{H}, \hat{\mathbf{L}}] = 0 \, . \tag{3.268a}$$

Damit haben $\hat{H}$ und $\hat{L}_z$ dieselben Eigenfunktionen:

$$\hat{H}|n,l\rangle = E_{n,l}|n,l\rangle \tag{3.268b}$$

und

$$\hat{L}_z|n,l\rangle = l\hbar|n,l\rangle \, , \tag{3.268c}$$

mit $l = 0, \pm 1, \pm 2 \ldots$. Die Energie eines im Quantenpunkt kreisenden Elektrons ist von $|l|$ abhängig. Zusätzlich bestimmt die kinetische Energie in radialer Richtung – relevant sind die Eigenwerte von $\hat{E}^r_{kin}$ – die Gesamtenergie. Da die sich zu der Kreisbewegung überlagernden, zueinander senkrechten Oszillatoren völlig symmetrisch sind, muss die Quantenzahl k für die Radialwellenfunktion mit $2k$ in die Energieeigenwerte eingehen:

$$n = 2k + |l| \, , \tag{3.269}$$

mit $k = 0, 1, 2 \ldots$ und n aus Gl. (3.266). Damit sind die Drehimpulsquantenzahlen zu einer festen *Hauptquantenzahl* n gegeben durch $|l| = n - 2k = n$, $n - 2$, …, 1 oder 0.

Das resultierende Besetzungsschema ist in Tab. 3.5 dargestellt. In Anlehnung an die Besetzung atomarer Orbitale definiert die Hauptquantenzahl die *Schale.* Der Entartungsgrad berücksichtigt, dass jeder Zustand $|n,l\rangle$ noch den Spinfreiheitsgrad $s = \pm 1/2$ besitzt.

Das in Tab. 3.5 dargestellte Besetzungsschema wurde für entsprechend Abb. 3.52 aufgebaute Quantenpunkte experimentell bestätigt [3.66]. Durch Variation des Gatepotentials bei konstanter Source–Drain–Spannung lässt sich sukzessive die Anzahl der Elektronen im Quantenpunkt variieren. Dabei sind neben den durch Gl. (3.266) und (3.269) gegebenen Energieniveaus auch noch elektrostatische Anteile aufgrund der durch Gl.

Tabelle 3.5: *Besetzungsschema für einen Quantenpunkt.*

E_n	n	k	l	Entartungsgrad	Schale
$\hbar\omega_0$	0	0	0	2	1
$2\hbar\omega_0$	1	0	± 1	4	2
$3\hbar\omega_0$	2	0	± 2	6	3
		1	0		
$4\hbar\omega_0$	3	0	± 3	8	4
		1	± 1		

(3.43) gegebenen Coulomb–Blockade zu berücksichtigen. Steigt, ausgehend von einer verschwindenden Gatespannung, der Wert auf V_g, so ändert sich die Gesamtenergie des Quantenpunkts um

$$E = \frac{e^2(N - N_0) + |e|C_g V_g}{2C} + \sum_{i=0}^{N} E_{n(i)} \; . \tag{3.270}$$

Hierbei ist N_0 die Elektronenzahl für $V_g = 0$ und N diejenige für $|V_g| \geq 0$. C_g ist die Gatekapazität und C die Gesamtkapazität des Quantenpunkts, bestehend aus zusätzlichen Anteilen gegenüber Source und Drain. E_n sind die durch Gl. (3.266) gegebenen Einteilchenenergien, die sich gemäß Tab. 3.5 für jedes zusätzliche Elektron i ergeben. Befinden sich $N - 1$ Elektronen im Quantenpunkt, so ist die zum Auffüllen mit einem weiteren Elektron nötige Energie gerade durch das elektrochemische Potential $\mu = \partial E/\partial N$ gegeben. Mit Gl. (3.270) folgt

$$\mu(N) = \left(N - N_0 - \frac{1}{2}\right)\frac{e^2}{C} + |e|\frac{C_g}{C}V_g + E_N \; . \tag{3.271}$$

Ein weiteres Elektron führt zu einer Erhöhung des elektrochemischen Potentials um

$$\Delta\mu(N) = \mu(N+1) - \mu(N) = \frac{e^2}{C} + \Delta E \; . \tag{3.272}$$

$\Delta E = E_{N+1} - E_N \geq 0$ hängt davon ab, ob sich durch Besetzung mit einem zusätzlichen Elektron die Hauptquantenzahl n ändert.

In der Interpretation der spektroskopischen Daten, gegeben durch $V_g(I)$, muss die durch Gl. (3.272) gegebene Additionsenergie berücksichtigt werden. Dabei ist $\Delta E = \hbar\omega_0$ genau dann, wenn sich gemäß des Besetzungsschemas in Tab. 3.5 die Schale ändert. Das Tunneln eines Elektrons nach Überwindung von e^2/C oder $e^2/C + \hbar\omega_0$ äußert sich durch lokale Maxima im Tunnelstrom. Für das 3., 7. und 13. Elektron sollte eine maximale Additionsenergie gemessen werden. Dies wird durch das Experiment auch bestätigt [3.66]. Allerdings zeigen sich auch für das 5. und 10. Elektron erhöhte Additionsenergien. Der Grund hierfür besteht darin, dass die Schalen zunächst mit Elektronen parallelen Spins aufgefüllt werden. In diesem Fall ist der Spinanteil der Mehrteilchenwellenfunktion symmetrisch, der Ortsanteil muss dann antisymmetrisch sein, um eine antisymmetrische Gesamtwellenfunktion zu gewährleisten. Eine antisymmetrische Ortswellenfunktion, die bei Vertauschen der Elektronen ihr Vorzeichen ändert, hat zwischen den Maxima der elektronischen Aufenthaltswahrscheinlichkeit Nullstellen. Dies resultiert in einer kleinstmöglichen Coulomb–Wechselwirkung der Elektronen untereinander. Nachdem eine Schale halb gefüllt ist, verlangt das Hinzufügen eines weiteren Elektrons mit antiparallelem Spin, also des 5. Elektrons für die zweite Schale und des 10. Elektrons für die 3. Schale, eine erhöhte Energie infolge der größeren Coulomb–Abstoßung aufgrund der jetzt größeren Nähe der Elektronen zueinander. Dieser Sachverhalt ist als *Hundsche Regel* etabliert. Die Besetzung der elektronischen Zustände des Quantenpunkts erfolgt damit völlig analog zur Besetzung der orbitalen Zustände der Atome, was den Begriff „künstliches Atom" motiviert.

3.5.2 Quantenringe und Quanteninterferenz

Bereits in Abschn. 3.4.3 werden zyklische Strukturen in Form ringförmiger Supraleiter mit Josephson–Konstakten, SQUID, vorgestellt. Dadurch, dass solche Strukturen in einem extern applizierten Magnetfeld einen dosierbaren Fluss einschließen können, resultiert eine besondere Kategorie von Quanten– und Quanteninterferenzeffekten, nicht nur für Cooper–Paare, sondern auch für ungepaarte Elektronen als Fermionen. Abbildung 3.53(a) zeigt schematisch eine Anordnung, mit der sich die elektronischen Zustände eines Quantenrings spektroskopieren lassen. Wie für den Quantenpunkt aus Abb. 3.52 fließt der Strom über zwei Einzelelektronentunnelkontakte. Seitenelektroden gestatten einen Potentialabgleich.

Für das Auffüllen des Rings mit Elektronen ist wiederum Gl. (3.272) maßgeblich. Bei genügend kleiner Dicke des Leiters im Vergleich zum Ringradius kann das Potential im ringförmigen Leiter als konstant angenommen werden. Da es keinen radialen Teil der kinetischen Energie, sondern nur einen rotatorischen gibt, ist der Hamilton–Operator durch den zweiten Term in Gl. (3.267) gegeben. Die entsprechenden Eigenwerte wären $E_l = \hbar^2 l^2/(2m^* r^2)$. Wie in Abb. 3.53(a) dargestellt, werde nun zusätzlich senkrecht zur Ringebene ein Feld $\mathbf{B}$ angelegt, welches dann den vom Ring eingeschlossenen Fluss $\Phi = \pi r^2 B$ erzeugt. Mit $\mathbf{B} = \nabla \times \mathbf{A}$ und $\hat{H} = (\hat{\mathbf{L}}/r - e\mathbf{A})^2/2m^*$ ergibt sich

$$\hat{H} = \frac{1}{2m^* r^2}\left(\hat{L}_z - \frac{1}{2}eBr^2\right)^2 . \tag{3.273a}$$

Auch hierbei ist $[\hat{H}, \hat{L}_z] = 0$, so dass Lösungen der Schrödinger–Gleichung Eigenfunktionen von $\hat{L}_z$ sein müssen:

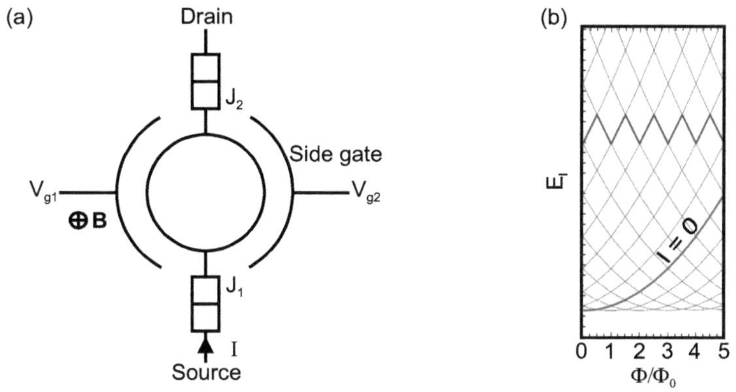

Abb. 3.53: *(a) Schematische Darstellung eines Quantenrings mit Zuleitungselektrode (source), Ableitungselektrode (drain) sowie Steuerelektroden (side gates). Der Strom I wird durch Einzelelektronentunnelkontakte (J) ein- und ausgekoppelt. Das Magnetfeld* **B** *wird senkrecht zum Ring appliziert. (b) Zustandsenergie als Funktion der Drehimpulsquantenzahl l für einen variierenden Fluss durch den Ring. Ein exemplarischer $E_{l(\Phi)}(\Phi)$-Verlauf ist angedeutet (Zick–Zack–Linie).*

$$\hat{H}|l\rangle = \frac{1}{2m^*r^2}\left(l\hbar - \frac{1}{2}er^2B\right)^2 |l\rangle \, . \tag{3.273b}$$

Mit dem Flussquant $\Phi_0 = h/e$[1] folgt für die Energieeigenwerte

$$E_l = \frac{\hbar^2}{2m^*r^2}\left(l - \frac{\Phi}{\Phi_0}\right)^2 . \tag{3.273c}$$

Für einen gegebenen Drehimpuls mit $l = 0, \pm 1, \pm 2, \ldots$ liegen die Energien E_l auf Parabeln. Dies ist in Abb. 3.53(b) dargestellt. Wird das externe Magnetfeld kontinuierlich erhöht, so wird sich l immer so einstellen, dass jeweils ein Zustand mit der niedrigst möglichen Energie E_l eingenommen wird. Aufgrund des Sprungs zwischen den Parabeln sollten die spektroskopischen Daten $I(\Phi)$ Zick–Zack–Linien, wie in Abb. 3.53(b) angedeutet, folgen. Dies wurde in Experimenten an Quantenringen im zweidimensionalen Elektronengas einer AlGaAs/GaAs–Heterostruktur auch tatsächlich beobachtet [3.67].

Eine besondere Eigenschaft der Schrödinger–Gleichung ist es, dass sie *eichinvariant* ist. Bezüglich eines Magnetfelds bedeutet dies, dass im Hamilton–Operator der Impuls durch den kinetischen Impuls zu ersetzen ist: $\hat{\mathbf{p}} \rightarrow \hat{\mathbf{p}} - e\mathbf{A}$. Für ein gegebenes $\mathbf{B}$ gilt $\mathbf{B} = \nabla \times (\mathbf{A} + \nabla\phi)$ für ein beliebiges skalares Feld $\phi(\mathbf{r})$. Die Eichinvarianz der Schrödinger–Gleichung bringt es nun mit sich, dass eine Transformation $\mathbf{A} \rightarrow \mathbf{A} + \nabla\phi$ zu einer

[1] Im Zusammenhang mit Gl. (3.194) wurde ein Flussquant durch $\Phi_0 = h/(2e)$ definiert. Im dortigen Kontext handelte es sich um Cooper–Paare mit der Ladung $2e$, hier um ungepaarte Elektronen.

unitären Transformation der Lösungen führt: $|\Psi(\mathbf{r},t)\rangle \to \exp(ie\phi(\mathbf{r})/\hbar)|\Psi(\mathbf{r},t)\rangle$. Damit gilt

$$\frac{1}{2m}\left(\frac{\hbar}{i}\nabla - e\mathbf{A} - e\nabla\phi\right)^2 \left(\exp\left(\frac{ie}{\hbar}\phi\right)|\Psi\rangle\right) = \\ = i\hbar\frac{\partial}{\partial t}\left(\exp\left(\frac{ie}{\hbar}\phi\right)|\Psi\rangle\right) . \qquad (3.274)$$

Die gleichzeitige Transformation von $\mathbf{A}$ und $|\Psi\rangle$ wird als *Eichtransformation* bezeichnet. Die Eichinvarianz ist Grundlage für einen fundamentalen elektronischen Interferenzeffekt, der sowohl von Bedeutung für ein tieferes Verständnis der Wechselwirkung von Ladungsträgern mit Feldern ist, als auch Grundlage möglicher Anwendungen in der Nanoelektronik.

Zur Analyse des *Aharonov–Bohm–Effekts* betrachten wir die Anordnung in Abb. 3.54(a). Der Strom fließt durch einen Ring, wobei er sich in die Teilströme I_1 und I_2 verzweigt. Die Teilströme schließen einen Fluss – das heißt ein Magnetfeld – so ein, dass der Leiter selbst feldfrei ist. Dann ist im Leiter $\nabla \times \mathbf{A} = 0$ mit $\mathbf{A} = \nabla\phi \neq 0$. Eine entsprechende Eichtransformation führt auf

$$-\frac{\hbar^2}{2m}\triangle|\tilde{\Psi}\rangle = i\hbar\frac{\partial}{\partial t}|\tilde{\Psi}\rangle , \qquad (3.275a)$$

mit

$$|\Psi\rangle = |\tilde{\Psi}\rangle \exp\left(-\frac{ie}{\hbar}\phi\right) . \qquad (3.275b)$$

Mit

$$\phi(\mathbf{r}) = \int_{r_0}^{r} d\mathbf{s}\cdot\mathbf{A}(\mathbf{s}) \qquad (3.276a)$$

ist der Zustand nach Durchlaufen des Rings gegeben durch Überlagerung der Teilströme:

$$|\Psi\rangle = \exp\left(-\frac{ie}{\hbar}\phi_1\right)|\tilde{\Psi}_1\rangle + \exp\left(-\frac{ie}{\hbar}\phi_2\right)|\tilde{\Psi}_2\rangle , \qquad (3.276b)$$

wobei $|\tilde{\Psi}_1\rangle$ und $|\tilde{\Psi}_2\rangle$ die Teilzustände für $\mathbf{A} = 0$ sind. Mit $\phi_1 = \Phi + \phi_2$ ergibt sich

$$|\Psi\rangle = \exp\left(-\frac{ie}{\hbar}\phi_2\right)\left(\exp\left(\frac{ie}{\hbar}\Phi\right)|\tilde{\Psi}_1\rangle + |\tilde{\Psi}_2\rangle\right) , \tag{3.276c}$$

wobei Φ hier den eingeschlossenen Fluss bezeichnet. Mit $\tilde{\Psi}_{1,2}(\mathbf{r}) = C\exp(i\mathbf{k}\cdot[\mathbf{r}-\mathbf{r}_{1,2}])$ und $|\Psi|^2 = |\tilde{\Psi}_1|^2 + |\tilde{\Psi}_2|^2 + \tilde{\Psi}_1^*\tilde{\Psi}_2 + \tilde{\Psi}_1\tilde{\Psi}_2^*$ folgt

$$|\Psi(\mathbf{r})|^2 = 2C^2\left[1+\cos\left(\mathbf{k}\cdot(\mathbf{r}_1-\mathbf{r}_2) + 2\pi\frac{\Phi}{\Phi_0}\right)\right] . \tag{3.276d}$$

Dieses Ergebnis ist direkt mit demjenigen für das Interferenzmuster beim Doppelspaltexperiment, gegeben durch Gl. (3.106b), vergleichbar. Hier wurde vorausgesetzt, dass die sich überlagernden Teilzustände denselben Wellenvektor $\mathbf{k}$ besitzen und ihren Ursprungsort bei $\mathbf{r}_1$ und $\mathbf{r}_2$ haben. Für eine gegebene Wegdifferenz kann durch Variation des äußeren Magnetfelds der Strom I nach Durchlaufen des Rings ähnlich, wie wir es für den SQUID erhalten haben, variiert werden. Die Periodizität ist wiederum durch Φ_0 gegeben.

Abbildung 3.54 zeigt verschiedene, lithographisch hergestellte *Aharonov–Bohm–Ringe* mit Kontakten und Steuerlektroden. Das senkrecht applizierte Feld durchdringt nicht nur das Innere eines Rings sondern auch den Ring selbst und den Außenbereich. Dennoch können die durch Gl. (3.276d) beschriebenen Interferenzen deutlich beobachtet werden. Dazu müssen die Ringstrukturen allerdings so klein dimensioniert sein, dass bei tiefen Temperaturen $T < 1\,\mathrm{K}$ die mittlere freie Weglänge der Elektronen größer ist als die Propagationslänge der Elektronenwellen im Ring. Der Elektronentransport ist damit *ballistisch* und die elektronischen Zustände kohärent zwischen Eintritt in den und Austritt aus dem Ring. Ein weiterer wichtiger Gesichtspunkt ist, dass am Drainkontakt die interferierenden Teilwellen einen möglichst scharfen und identischen Wellenvektor haben. Dies wird erreicht, indem der Ring als eindimensionaler Quantendraht gestaltet wird, so dass senkrecht zum Draht nur ein Quantenzustand relevant ist. Auch mit ringförmig strukturierten zweidimensionalen Elektronengasen in Halbleiterheterostrukturen – etwa AlGaAs/GaAs oder InGaAs/InP – wurden erfolgreiche Interferenzexperimente durchgeführt. Im Hinblick auf quantenelektronische Anwendungen ist erwähnenswert, dass auch kapazitiv gekoppelte Steuerelektroden es erlauben, das Potential des Halbleiterquantendrahts lokal zu verändern. Damit lässt sich ein *Elektroneninterferenztransistor* realisieren. Derartige Bauelemente sind der *phasenbasierten Nanoelektronik* zuzurechnen.

Der Aharonov–Bohm–Effekt lässt sich auch an zylindrischen Leitern bei ballistischem Transport beobachten [3.69]. Es besteht eine Phasendifferenz von $2\pi\Phi/(\Phi_0/2)$ zwischen einer geschlossenen zirkularen Elektronentrajektorie und der entgegengerichteten Trajektorie. Als Bestandteil des globalen longitudinalen Transports interferieren Elektronen, die sich auf einander entgegengerichteten Trajektorien befinden. Dies führt zu einem oszillatorischen Beitrag zum elektrischen Widerstand mit einer Periodizität von $\Phi_0/2$. Das Phänomen ist als *Altshuler–Aronov–Spivak–(AAS–)Effekt* bekannt. Nanotechnologisch höchst interessant sind Kohlenstoffnanoröhrchen als elektrische Leiter, die ebenfalls ballistischen Transport aufweisen, ebenso wie eine zylindrische Geometrie. An solchen Nanoröhrchen, die ja als molekulare Drähte aufzufassen sind, konnten Aharonov–Bohm–Oszillationen, beziehungsweise der AAS–Effekt, ebenfalls nachgewiesen werden. Abbildung 3.55 zeigt die Messanordnung sowie die erhaltenen ΔR(B)–Kurven. Bei $B = 0$ interferieren Elektronen auf entgegengesetzt orientierten Trajektorien konstruktiv und erhöhen so die Rückstreuung und damit den elektrischen Widerstand. Dieser Effekt, der deutlich in Abb. 3.55(b) sichtbar ist, wird als *schwache Lokalisierung* bezeichnet [3.71]. Der AAS–Effekt führt zu einem periodischen Auftreten der schwachen Lokalisierung. Für $B = \pm 8,8\,\mathrm{T}$ tritt eine weitere Widerstandserhöhung auf, da hier gerade der vom Kohlenstoffnanoröhrchen eingeschlossene Fluss $\Phi_0/2$ beträgt.

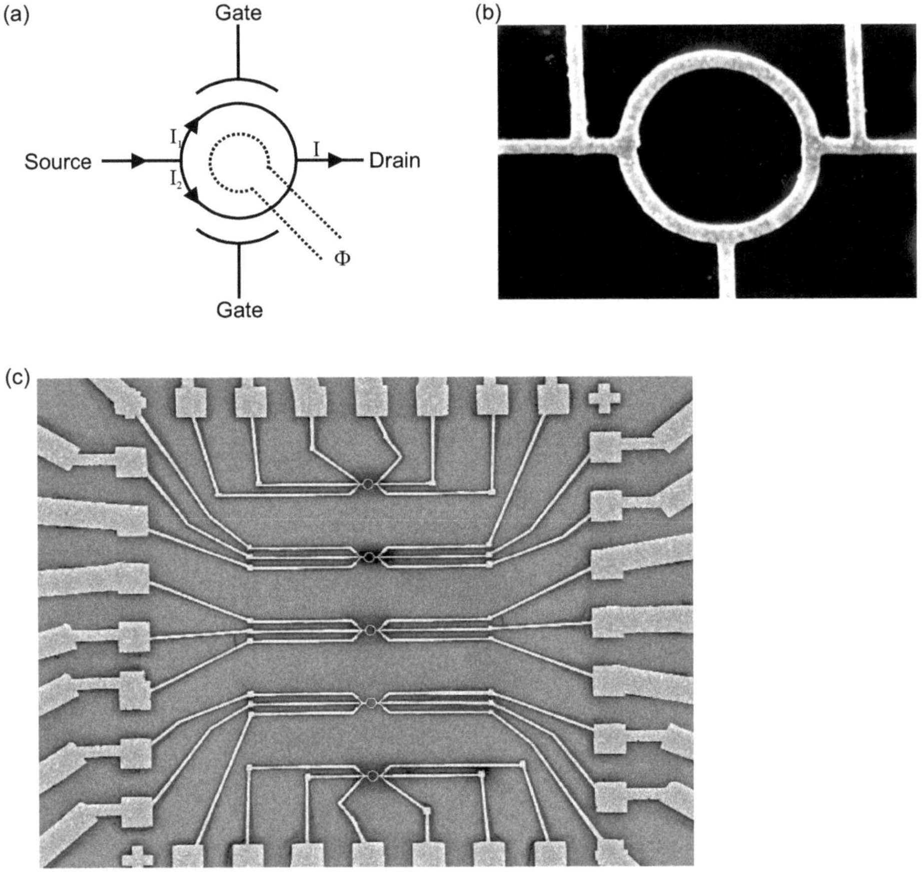

Abb. 3.54: *(a) Schematische Darstellung eines Aharonov–Bohm–Rings. Der Fluss würde im Idealfall nur das Innere des Rings durchsetzen. (b) Einzelner Ring mit einem Durchmesser von 800 nm. Die Breite des Quantendrahts beträgt 70 nm, die Dicke 20 nm [3.68]. (c) Fünf Ringe mit Kontakten, lithgraphisch hergestellt aus einem Goldfilm. Der Ringdurchmesser beträgt* 1 μ*m [3.68].*

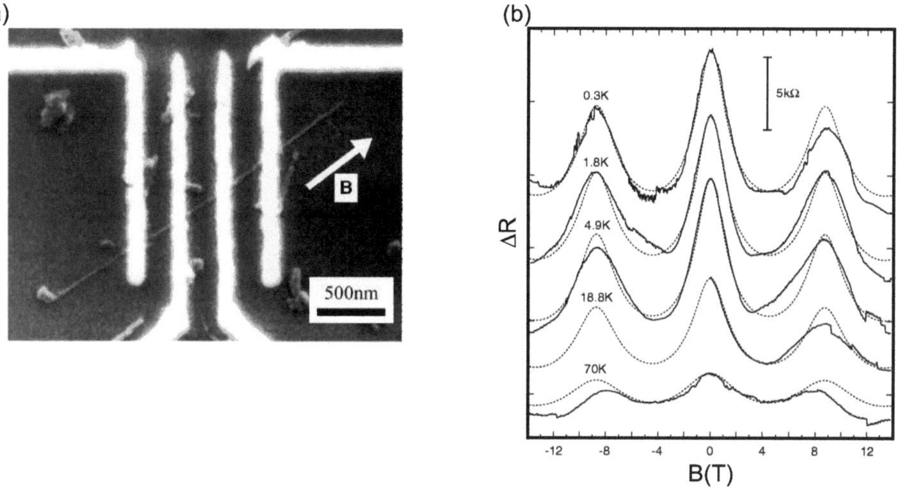

Abb. 3.55: *Messung von Aharonov–Bohm–Oszillationen an mehrwandigen Kohlenstoffnanoröhrchen [3.70]. (a) Kontaktiertes Nanoröhrchen auf einer Vierpunktanordnung. Das Feld* **B** *wird parallel zur Röhrchenachse appliziert. (b) Magnetowiderstandsbeiträge für fünf unterschiedliche Temperaturen (Kurven vertikal versetzt). Die gestrichelten Kurven entsprechen den theoretischen Erwartungen, ähnlich wie durch Gl. (3.276d) gegeben.*

Der Vielteilchengrundzustand oder, bei $T > 0$, der thermodynamische Gleichgewichtszustand eines elektrisch isolierten Rings kann einen persistenten Strom aufweisen, der durch den resistiven Kreis ohne Energiedissipation fließt [3.73]. Hier besteht eine direkte Analogie zu den Abschirmströmen in einem supraleitenden Ring oder drehimpulsbehafteten atomaren Grundzuständen, die durch einen elektronischen Strom um den Atomkern hervorgerufen werden. Für einen Ring mit einem Durchmesser von $1\,\mu$m beträgt der Strom typisch $I \approx 1\,\mathrm{nA}$ bei $T \lesssim 1\,\mathrm{K}$. Ein extern applizierter Fluss bricht die Symmetrie zwischen links– und rechtsherum zirkulierenden Strömen und führt dazu, dass $I(\Phi)$ eine Periodizität von Φ_0 aufweist. Diese Periodizität konnte in einer Reihe von Experimenten nachgewiesen werden. Ein hochpräzises derartiges Experiment ist in Abb. 3.56 dokumentiert. Grundlage ist die *Drehmomentmagnetometrie*. Auf dem Rücken mikrofabrizierter Siliziumzungen (Cantilever) befinden sich Felder lithographisch strukturierter Ringe [Abb. 3.56 (a) und (b)]. Ein persistenter Strom I hat ein magnetisches Moment $\boldsymbol{\mu} = \pi r^2 I \mathbf{e}_n$ zur Folge, welches im externen Feld $\mathbf{B}$ das Drehmoment $\boldsymbol{\tau} = \boldsymbol{\mu} \times \mathbf{B}$ auf die Zunge hervorruft. Ein nichtverschwindendes Drehmoment hat eine Änderung der Resonanzfrequenz der schwingenden Zunge zur Folge. Maßgeblich für das Drehmoment ist die Feldkomponente parallel zum Ring, das heißt senkrecht zu $\mathbf{e}_n$, während die Komponente senkrecht zum Ring, das heißt parallel zu $\mathbf{e}_n$, den magnetischen Fluss durch den Ring definiert. Die Beiträge der N individuellen Ringe addieren sich entsprechend[1]. Abbildung 3.56(c) zeigt einen einzelnen Ring. Eine präzise Messung der Frequenzverstimmung

[1]Wenn alle Ringe in kohärenter Weise eine $I(\Phi)$–Abhängigkeit aufweisen, so sollte für den Gesamtstrom $I \sim N$ gelten. Für eine Zufallsverteilung der Phasen der $I(\Phi)$–Abhängigkeiten sollte hingegen $I \sim \sqrt{N}$ gelten.

in Abhängigkeit vom äußeren Magnetfeld in einem Rückkopplungsmodus (*phase–locked loop*) zeigt, wie in Abb. 3.56(d) zu sehen, deutlich Oszillationen der Ringströme. Das Experiment wurde mit einem Feld aus $N = 1680$ Aluminiumringen mit einem Durchmesser von $r = 308\,\text{nm}$ bei einer Temperatur von $T = 365\,\text{mK}$ durchgeführt [3.73]. Die Oszillationsperiode von $\Delta B \approx 20\,\text{mT}$ entspricht gerade Φ_0.

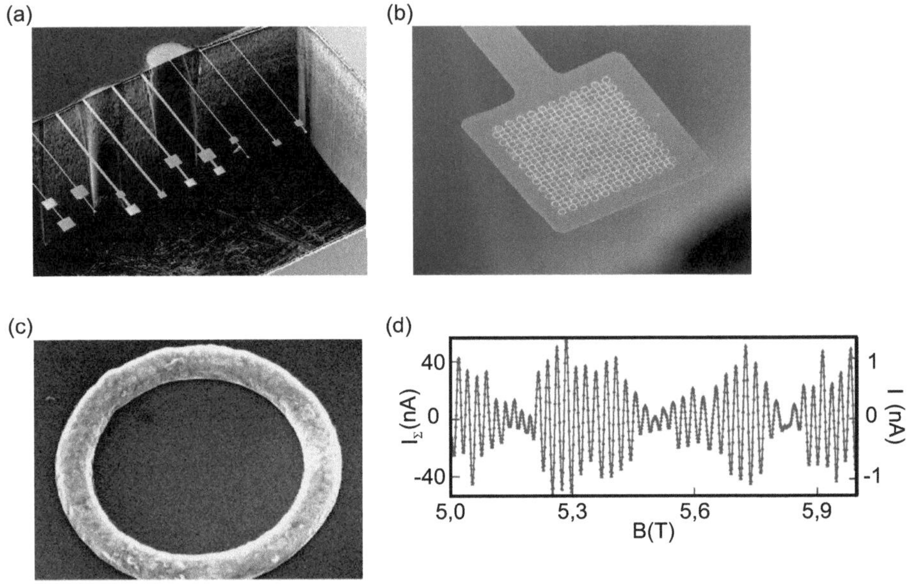

Abb. 3.56: *(a) Mikrofabrizierte Cantilever zur Drehmomentmagnetometrie. (b) Feld von nanoskaligen Ringen auf einem Cantilever. (c) Typische Ringstruktur. (Quelle für (a)–(c): [3.72]). (d) Totale (links) und mittlere Amplitude für einen Ring (rechts) der persistenten Ströme [3.73].*

In der Fourier–Darstellung des persistenten Stroms treten nur Sinusterme auf: $I = I_{h/e}\sin(2\pi\Phi/\Phi_0) + I_{h/(2e)}\sin(4\pi\Phi/\Phi_0) + \ldots$. Aufgrund der kristallinen Unordnung durch zufällig verteilte Defekte ist die Elektronenbewegung im Ring diffusiv. Für eine große Anzahl N von Ringen fluktuiert das Unordnungspotential von Ring zu Ring, so dass $\langle I_{h/(ne)}\rangle = 0$, für $n = 1, 2, 3\ldots$, aber $\sqrt{\langle I^2_{h/(ne)}\rangle} \neq 0$. Speziell für die h/e–Komponente von I bei $T = 0$ ist $\sqrt{\langle I^2_{h/e}\rangle} \approx E_T/\Phi_0$, mit der *Thouless–Energie* $E_T = hD/(2\pi r)^2$. D ist die *Diffusionskonstante* des Ringmaterials. Ein typischer Wert ist $E_T = 10^{-4}\,\text{eV}$. Mit zunehmender Temperatur nimmt $\sqrt{\langle I^2_{h/e}\rangle}$ exponentiell ab, wobei die Temperaturskala hier durch E_T/k_B definiert ist. Während die Daten aus Abb. 3.56(d) dieses Verhalten hervorragend widerspiegeln, ist offen, wie groß der mittlere Dauerstrom der $h/(2e)$–Komponente ist. Effekte durch Cooper–Paare können in den Experimenten ausgeschlossen werden, da die verwendeten Magnetfelder zu groß für einen supraleitenden Zustand der Aluminiumringe sind. Ursache für die Dauerströme sind phasenkohärente Bewegungen nicht wechselwirkender Elektronen um den Ring. Obwohl der Umfang der Ringe bei knapp $2\,\mu\text{m}$ liegt (in anderen Experimenten bis $5\,\mu\text{m}$) und die mittlere freie Weglänge der Elektronen typischerweise bei 50 nm, die Elektronenbewegung also diffusiv ist, gilt für die Phasenkohärenzlänge $l_\varphi(T) \gg 2\pi r$. Die Ringe müssen also entsprechend klein und die Temperatur entsprechend niedrig sein. Persistente Ströme in normalleitenden Ringen gehören sicherlich zu den überraschendsten quantenphysikalischen Vielteilchenphänomenen, weil sie, wie andere quantenphysikalische Phänomene auch, nicht der Intuition entsprechen.

3.5.3 Felder massebehafteter Teilchen

In Abschn. 3.4.4 ergaben sich Photonen als Anregungen des quantisierten elektromagnetischen Felds. Eine analoge Betrachtungsweise mit dem entsprechenden Formalismus ist auch für die Beschreibung von Vielteilchenzuständen massebehafteter Teilchen sinnvoll. Solche Vielteilchenzustände wurden zwar bereits in den vorherigen Abschnitten diskutiert, allerdings immer unter der besonderen Prämisse nicht wechselwirkender Teilchen. Selbstverständlich gibt es aber auch Phänomene, die gerade auf die Wechselwirkung zwischen Teilchen, beispielsweise auf die Elektron–Elektron–Wechselwirkung, zurückzuführen sind. A priori wird daher eine Beschreibung von Vielteilchenzuständen massebehafteter Teilchen benötigt, die unabhängig davon ist, ob und wie stark die Teilchen miteinander wechselwirken. Der fundamentale Ausgangpunkt für eine solche quantenfeldtheoretische Formulierung ist die Schrödinger–Gleichung, welche die nichtrelativistische Dynamik von Bosonen wie auch Fermionen beschreibt. Nur für den relativistischen Grenzfall ist diese durch die *Klein–Gordon–Gleichung* für Bosonen und die *Dirac–Gleichung* für Fermionen zu ersetzen. Die Rolle des Vektorpotentialfelds $\mathbf{A}$ bei der Quantisierung des elektromagnetischen Felds übernimmt nun das skalare Vielteilchenwellenfunktionsfeld $|\Psi(\mathbf{r})\rangle$. Als Anregungszustände dieses Felds ergeben sich dann die massebehafteten Teilchen selbst, also etwa die Elektronen. Da $|\Psi\rangle$ bereits Ergebnis einer quantenmechanischen Formulierung ist, bezeichnet man die Quantisierung von $|\Psi\rangle$ auch als *zweite Quantisierung*.

In Analogie zur Energie des elektromagnetischen Felds in Gl. (3.218) lässt sich für die Energie des Teilchenfelds schreiben

$$E = \langle H \rangle = \langle \Psi^* | \hat{H} | \Psi \rangle \,. \tag{3.277}$$

Aufgrund der linearen Unabhängigkeit voneinander erweisen sich $|\Psi\rangle$ und $|\Psi^*\rangle$ als die kanonischen Feldgrößen für das *Schrödinger–Feld*:

$$\frac{\partial E}{\partial(i\hbar\Psi^*)} = \frac{\partial \Psi}{\partial t} \tag{3.278a}$$

und

$$\frac{\partial E}{\partial \Psi} = i\hbar\Psi^* \,. \tag{3.278b}$$

Diese Gleichungen entsprechen den klassischen *Hamilton–Gleichungen.* Es bietet sich im Rahmen des Korrespondenzprinzips also an, die Operatoren $\hat{\Psi}$ und $i\hbar\hat{\Psi}^\dagger$ zu definieren, die dann die Vertauschungsrelationen

$$\left[\hat{\Psi}^\dagger(\mathbf{r}), \hat{\Psi}(\mathbf{r}')\right] = \delta(\mathbf{r} - \mathbf{r}') \tag{3.279a}$$

und

$$\left[\hat{\Psi}(\mathbf{r}), \hat{\Psi}(\mathbf{r}')\right] = \left[\hat{\Psi}^\dagger(\mathbf{r}), \hat{\Psi}^\dagger(\mathbf{r}')\right] = 0 \tag{3.279b}$$

für Feldoperatoren erfüllen müssen. Ähnlich, wie in Gl. (3.216) eine Fourier–Zerlegung des Vektorpotentials auf die Eigenzustände des elektromagnetischen Felds führte, können die Eigenzustände des Schrödinger–Felds durch Zerlegung von $|\Psi\rangle$ nach dem orthonormierten Eigenfunktionssystem $\{|\varphi_i\rangle\}$ gewonnen werden:

$$|\Psi(\mathbf{r})\rangle = \sum_i b_i|\varphi_i(\mathbf{r})\rangle \to \hat{\Psi}(\mathbf{r}) = \sum_i \hat{b}_i|\varphi_i(\mathbf{r})\rangle \tag{3.280a}$$

und

$$|\Psi^*(\mathbf{r})\rangle = \sum_i b_i^*|\varphi_i^*(\mathbf{r})\rangle \to \hat{\Psi}^\dagger(\mathbf{r}) = \sum_i \hat{b}_i^\dagger|\varphi_i^*(\mathbf{r})\rangle\ . \tag{3.280b}$$

Aus Gl. (3.277) kann nun der Hamilton–Operator, der auf einen Vielteilchenzustand $|\phi\rangle$ wirkt, über das Korrespondenzprinzip gewonnen werden:

$$\hat{H}_F = \int d^3r \hat{\Psi}^\dagger(\mathbf{r}) \left[-\frac{\hbar^2}{2m}\triangle + U(\mathbf{r})\right] \hat{\Psi}(\mathbf{r})\ . \tag{3.281a}$$

Dies liefert mit Gl. (3.280)

$$\hat{H}_F = \sum_i E_i \hat{b}_i^\dagger \hat{b}_i\ , \tag{3.281b}$$

mit

$$\left[-\frac{\hbar^2}{2m}\triangle + U(\mathbf{r})\right] |\varphi_i(\mathbf{r})\rangle = E_i|\varphi_i(\mathbf{r})\rangle\ . \tag{3.281c}$$

Gleichung (3.281) ist das Analogon zu Gl. (3.224). $\hat{b}_i^\dagger$ und $\hat{b}_i$ sind Erzeugungs– und Vernichtungsoperatoren für Teilchen im Vielteilchenfeld. In Analogie zu Gl. (3.223) gilt

$$\left[\hat{b}_i, \hat{b}_j^\dagger\right] = \delta_{ij} \tag{3.282a}$$

und

$$\left[\hat{b}_i, \hat{b}_j\right] = \left[\hat{b}_i^\dagger, \hat{b}_j^\dagger\right] = 0 \,. \tag{3.282b}$$

Ein Vielteilchenzustand des Schrödinger–Felds lässt sich wie in Gl. (3.227) schreiben:

$$|\phi\rangle = |\ldots, n_i, \ldots\rangle \,, \tag{3.283a}$$

mit

$$\hat{H}_F|\phi\rangle = E_F|\phi\rangle \tag{3.283b}$$

und

$$E_F = \sum_i n_i E_i \,. \tag{3.283c}$$

Die Gesamtenergie des Teilchenfelds ergibt sich natürlich durch Summation über die individuellen Anregungen mit der Energie E_i und der Teilchenzahl n_i. n_i erhält man durch Anwendung des Teilchenzahloperators $\hat{N}_i = \hat{b}_i^\dagger \hat{b}_i$. Durch genügend häufige Anwendung von $\hat{b}_i$ lässt sich der Grundzustand $|0\rangle$ erzeugen, in dem keine Teilchen mehr vorhanden sind. Durch sukzessive Anwendung von $\hat{b}_i^\dagger$ wird der allgemeine Zustand

$$|\ldots, n_i, \ldots\rangle = \prod_i \frac{1}{\sqrt{n_i!}} \left(\hat{b}_i^\dagger\right)^{n_i} |0\rangle \tag{3.284}$$

erzeugt. Da beliebig viele Teilchen mit der Energie E_i am selben Ort erzeugt werden können, handelt es sich hier um einen bosonischen Feldzustand.

Für Erzeugungs– und Vernichtungsoperatoren $\hat{a}^\dagger$ und $\hat{a}$, die auf fermionische Vielteilchenfelder wirken, ist die Erfüllung von *Antivertauschungsrelationen* zu fordern:

$$\left[\hat{a}_i^\dagger, \hat{a}_j\right]_+ = \delta_{i,j} \tag{3.285a}$$

und

$$\left[\hat{a}_i, \hat{a}_j\right]_+ = \left[\hat{a}_i^\dagger, \hat{a}_j^\dagger\right]_+ = 0 \;, \tag{3.285b}$$

mit dem *Antikommutator* $[\;]_+$. Dies gewährleistet die Antisymmetrie der Vielteilchenwellenfunktion $|\phi\rangle$ unter Beibehaltung der sonstigen charakteristischen Eigenschaften des Schrödinger–Felds. Analog zu Gl. (3.280a) lassen sich die Feldoperatoren wieder nach Einteilchenwellenfunktionen entwickeln:

$$\hat{\Psi}(\mathbf{r}) = \sum_i \hat{a}_i \varphi_i(\mathbf{r}) \tag{3.286a}$$

und

$$\hat{\Psi}^\dagger(\mathbf{r}) = \sum_i \hat{a}_i^\dagger \varphi_i^*(\mathbf{r}) \;. \tag{3.286b}$$

Damit übertragen sich die Antivertauschungsrelationen aus Gl. (3.285) auf die Feldoperatoren:

$$\left[\hat{\Psi}^\dagger(\mathbf{r}), \hat{\Psi}(\mathbf{r}')\right]_+ = \delta(\mathbf{r} - \mathbf{r}') \tag{3.287a}$$

und

$$\left[\hat{\Psi}^\dagger(\mathbf{r}), \hat{\Psi}^\dagger(\mathbf{r}')\right]_+ = \left[\hat{\Psi}(\mathbf{r}), \hat{\Psi}(\mathbf{r}')\right]_+ = 0 \;. \tag{3.287b}$$

Mit einem Ansatz entsprechend Gl. (3.281a) ergibt sich für den Hamilton–Operator

$$\hat{H}_F = \sum_i E_i \hat{a}_i^\dagger \hat{a}_i = \sum_i E_i \hat{N}_i \;. \tag{3.288}$$

Wendet man diesen auf den fermionischen Vielteilchenzustand an, so ergibt sich analog zu Gl. (3.283)

$$H_F|\phi\rangle = \left(\sum_i n_i E_i\right)|\phi\rangle \ , \tag{3.289}$$

wobei hier allerdings aufgrund der Antikommutatorrelation in Gl. (3.285) für die Eigenwerte des Teilchenzahloperators nur $n_i = 0, 1$ erhalten werden kann. Gegenüber Gl. (3.284) ergibt sich der fermionische Zustand eines Felds mit insgesamt M Teilchen des Typs $1, 2, \ldots, M$ vereinfacht zu

$$|\ldots, n_i, \ldots\rangle = \hat{a}_1^\dagger, \hat{a}_2^\dagger, \ldots, \hat{a}_M^\dagger|0\rangle \ . \tag{3.290}$$

Die Gesamtteilchenzahl des Felds erhält man durch Anwendung des Operators

$$\hat{N}_\Sigma = \sum_i \hat{N}_i \ . \tag{3.291}$$

Für Bosonen ist die Anwendung von Erzeugungs– und Vernichtungsoperatoren durch Gl. (3.230), abgeleitet für Photonen, gegeben. Dagegen folgt für Fermionen

$$\hat{a}_i^\dagger|\ldots, n_i, \ldots\rangle = \sqrt{1-n_i}\,|\ldots, n_i+1, \ldots\rangle \tag{3.292a}$$

und

$$\hat{a}_i|\ldots, n_i, \ldots\rangle = \sqrt{n_i}\,|\ldots, n_i-1, \ldots\rangle \ . \tag{3.292b}$$

Genau wie zu fordern liefert dies $n_i = 0, 1$: Ein Fermion des Typs i kann nur erzeugt werden, wenn vorher $n_i = 0$ vorliegt. Es kann nur vernichtet werden, wenn vorher $n_i = 1$ ist.

Für die konkrete Charakterisierung von Teilchenfeldern ist von Bedeutung, wie sich Feldoperatoren $\hat{\Omega}_F$ aus Einteilchenoperatoren $\hat{\Omega}$ ergeben und allgemeiner, in welcher Weise der Grenzfall der Einteilchenquantenphysik aus der Vielteilchenquantenphysik hervorgeht. Mit der Feldfunktion $\Psi(\mathbf{r})$ ergibt sich für den Erwartungswert des Einteilchenoperators wie nach Gl. (3.277)

$$\langle\Omega\rangle = \langle\Psi^*|\hat{\Omega}|\Psi\rangle \ . \tag{3.293a}$$

Der Feldoperator $\hat{\Omega}_F$ der Observablen Ω ergibt sich dann entsprechend Gl. (3.281a) zu

$$\hat{\Omega}_F = \int d^3r \hat{\Psi}^\dagger(\mathbf{r})\hat{\Omega}(\mathbf{r})\hat{\Psi}(\mathbf{r}) \,. \tag{3.293b}$$

Für $\hat{\mathbf{\Omega}} = \hat{\mathbf{p}} = \hbar\nabla/i$ folgt mit Gl. (3.286)

$$\hat{\mathbf{p}}_F = \hbar \sum_i \mathbf{k}_i \hat{N}_i \,, \tag{3.294a}$$

wobei angenommen wurde, dass die Einteilchenzustände φ_i freien, durch ebene Wellen mit den Wellenvektoren $\mathbf{k}_i$ charakterisierten Teilchen entsprechen. Damit folgt weiter

$$\langle\phi|\hat{\mathbf{p}}_F|\phi\rangle = \hbar \sum_i n_i \mathbf{k}_i \,. \tag{3.294b}$$

Der Erwartungswert des Impulses für das Teilchenfeld ergibt sich für nicht wechselwirkende Teilchen natürlich gerade als Summe der Impulse der einzelnen freien Teilchen.

In der Einteilchentheorie ist die Aufenthaltswahrscheinlichkeit durch $|\Psi(\mathbf{r})|^2$ gegeben. Entsprechend dem Korrespondenzprinzip folgt für den *Teilchendichteoperator* bei Feldquantisierung

$$\hat{\varrho}_F(\mathbf{r}) = \hat{\Psi}^\dagger(\mathbf{r})\hat{\Psi}(\mathbf{r}) \,. \tag{3.295a}$$

Damit erhält man

$$\hat{\varrho}_F(\mathbf{r}) \left(\hat{\Psi}^\dagger(\mathbf{r}')|0\rangle\right) = \delta(\mathbf{r}-\mathbf{r}')\hat{\Psi}^\dagger(\mathbf{r}')|0\rangle \,. \tag{3.295b}$$

Dieses Ergebnis lässt sich sehr anschaulich interpretieren: $\Psi^\dagger(\mathbf{r}')$ erzeugt Teilchen aus dem Vakuumzustand am Ort $\mathbf{r} = \mathbf{r}'$. $\delta(\mathbf{r}-\mathbf{r}')$ als Eigenwert von $\hat{\varrho}_F(\mathbf{r})$ ist nur dann von Null verschieden, wenn $\mathbf{r} = \mathbf{r}'$! Insbesondere lässt sich die Einteilchendichte oder -aufenthaltswahrscheinlichkeit rekonstruieren. Ein Teilchen vom Typ i wird beschrieben durch $\hat{a}^\dagger|0\rangle$. Für den Erwartungswert des Felddichteoperators folgt in diesem Fall

$$\langle 0|\hat{a}_i\hat{\varrho}_F a_i^\dagger|0\rangle = \langle 0|\hat{a}_i\hat{\Psi}^\dagger\hat{\Psi}\hat{a}_i^\dagger|0\rangle = |\varphi_i|^2 \,, \tag{3.295c}$$

also die Einteilchenaufenthaltswahrscheinlichkeit.

Der allgemeinste Einteilchenzustand $|1\rangle$ ist allerdings nicht gegeben durch $\hat{a}^\dagger|0\rangle$ sondern durch

$$|1\rangle = \sum_i c_i \hat{a}_i^\dagger |0\rangle \ , \tag{3.296a}$$

mit $\sum_i |c_i|^2 = 1$. Für diesen Zustand reduziert sich die feldtheoretische Schrödinger–Gleichung komplett auf die Einteilchengleichung:

$$\hat{H}_F|1\rangle = \hat{H}|1\rangle = E|1\rangle \ . \tag{3.296b}$$

Eine Zweiteilchenwellenfunktion wäre entsprechend gegeben durch

$$|2(\mathbf{r},\mathbf{r}')\rangle = \sum_{i,j} c_{ij}\hat{a}_i^\dagger(\mathbf{r})\hat{a}_j^\dagger(\mathbf{r}')|0\rangle \ , \tag{3.297a}$$

mit $\sum_{i,j} |c_{ij}|^2 = 1$. Hier ergibt sich sofort

$$|2(\mathbf{r},\mathbf{r}')\rangle = -|2(\mathbf{r}',\mathbf{r})\rangle \ , \tag{3.297b}$$

also das für einen fermionischen Zustand zu fordernde Verhalten. Verwendet man $\hat{b}, \hat{b}^\dagger$ statt $\hat{a}, \hat{a}^\dagger$ und Vertauschungs– statt Antivertauschungsrelationen, so ergibt sich eine symmetrische Zweiteilchenfunktion mit $|2(\mathbf{r},\mathbf{r}')\rangle = |2(\mathbf{r}',\mathbf{r})\rangle$ für den bosonischen Zustand.

3.5.4 Elektronen in Kristallen

In Festkörpern existieren größenordnungsmäßig 10^{23} Elektronen pro cm^3 in chemischen Bindungen oder mehr oder weniger frei beweglich vor dem Hintergrund von atomaren Kernen mit gleichgroßer positiver Ladung. Der Festkörper muss also mittels fermionischer Vielteilchenfeldtheorie beschrieben werden. Auch wenn in der Nanotechnologie niedrigdimensionale elektronische Strukturen und Festkörperoberflächen von besonderer Bedeutung sind, so ist doch das elektronische Verhalten kristalliner, unendlich ausgedehnter Festkörper eine gute Basis zur Diskussion der elektronischen Eigenschaften von Nanostrukturen, wenn diese nicht gerade in nanoskaligen Molekülen bestehen.

Natürlich sind eine Reihe von Näherungen erforderlich, um das komplexe Problem der elektronischen Eigenschaften von Festkörpern sinnvoll handhaben zu können. Am Anfang der Behandlung steht dabei die *adiabatische Born–Oppenheimer–Näherung*, bei der angenommen wird, dass zunächst die Dynamik des elektronischen und die des nukleonischen Systems getrennt behandelt werden können. Die Dynamik der Atomkerne wird dann in Form phononischer Beiträge störungstheoretisch eingeführt. Diese Näherung bezieht ihre Rechtfertigung daraus, dass Elektronen ca. 2000 mal leichter sind als Protonen und Neutronen. Das Potential der raumfesten positiven Atomkerne ist gegeben durch

$$U_{\mathbf{G}}(\mathbf{r}) = U_{\mathbf{G}}(\mathbf{r} + \mathbf{r_n}) \tag{3.298}$$

für $\mathbf{r_n} = \alpha\mathbf{a} + \beta\mathbf{b} + \gamma\mathbf{c}$ mit den Gitterbasisvektoren $\mathbf{a}, \mathbf{b}, \mathbf{c}$ und $\mathbf{n} = (\alpha, \beta, \gamma)$ als einem Tripel aus ganzen Zahlen. Die Elektron–Elektron–Wechselwirkung ist feldtheoretisch gegeben durch

$$\hat{H}_{ee} = \frac{e^2}{8\pi\varepsilon_0} \int\int d^3r d^3r' \hat{\Psi}^\dagger(\mathbf{r}) \hat{\Psi}^\dagger(\mathbf{r}') \frac{1}{|\mathbf{r} - \mathbf{r}'|} \hat{\Psi}(\mathbf{r}) \hat{\Psi}(\mathbf{r}') \, . \tag{3.299}$$

Dieser Ausdruck resultiert über das Korrespondenzprinzip aus Gl. (3.293b) unter Berücksichtigung der elektronischen Dichte $\varrho_e(\mathbf{r}) = e\Psi^*\Psi$ aus der Einteilchen–Schrödinger–Gleichung und bei Integration über alle Coulomb–Abstoßungspotentiale $e^2/(4\pi\varepsilon_0|\mathbf{r}-\mathbf{r}'|)$ für Elektronen an den Orten $\mathbf{r}$ und $\mathbf{r}'$. Der Gesamt–Hamilton–Operator ergibt sich dann gemäß Gl. (3.281a) mit $U = U_G$ und durch Addition von $\hat{H}_{ee}$. Der Energieerwartungswert des Felds ist dann gegeben durch

$$\langle\phi|\hat{H}_F|\phi\rangle = \langle 0|\hat{a}_N, \ldots, \hat{a}_1|\hat{H}_F|\hat{a}_1^\dagger, \ldots, \hat{a}_N^\dagger|0\rangle \, . \tag{3.300}$$

Der Grundzustand oder das thermodynamische Gleichgewicht resultiert für

$$\langle\phi|\hat{H}_F|\phi\rangle = \text{minimal} \, . \tag{3.301a}$$

Nach Gl. (3.286) hängt das Energieminimum vom Eigenfunktionssystem $\{\varphi_i(\mathbf{r})\}$ ab. Entsprechend der üblichen Verfahrensweise der *Variationsrechnung* lassen sich jetzt die nicht näher bestimmten Eigenfunktionen $\varphi_i^*(\mathbf{r})$ als Variable betrachten:

$$\frac{\partial}{\partial\varphi_i^*(\mathbf{r})} \Big(\langle\phi|\hat{H}_F|\phi\rangle + E\langle\phi|\phi\rangle \Big) = 0 \, . \tag{3.301b}$$

Hierbei ist E zunächst der *Lagrange–Parameter*. Mit $\langle\phi|\phi\rangle = 1$ folgt daraus

$$\begin{aligned} \left(-\frac{\hbar^2}{2m}\triangle + U_{\mathbf{G}}(\mathbf{r}) \right) \varphi_i(\mathbf{r}) + \frac{e^2}{4\pi\varepsilon_0} \sum_j \bigg(\varphi_i(\mathbf{r}) \int d^3r' \frac{|\varphi_j(\mathbf{r}')|^2}{|\mathbf{r} - \mathbf{r}'|} - \\ -\varphi_j(\mathbf{r}) \int d^3r' \frac{\varphi_i(\mathbf{r}')\varphi_j(\mathbf{r}')}{|\mathbf{r} - \mathbf{r}'|} \bigg) = E\varphi_i(\mathbf{r}) \, . \end{aligned} \tag{3.301c}$$

Diese Integro–Differentialgleichung, die nur numerisch gelöst werden kann, ist als *Hartree–Fock–Gleichung* bekannt. Lösungsstrategien basieren auf *„Self Consistent Field"*–Verfahren, wie beispielsweise der Ladungsdichtefunktional–Theorie.

Der erste Summenterm der Hartree–Fock–Gleichung beschreibt die Wechselwirkung zwischen einem Elektron im Zustand $\varphi_i(\mathbf{r})$ und allen anderen Elektronen in Zuständen $\varphi_j(\mathbf{r}')$. Im Gegensatz zu diesem *Coulomb–Term* ist der zweite Summenterm, der *Austauschterm*, in Gl. (3.301c) klassisch nicht zu verstehen. Er ist eine Folge der Antisymmetrie fermionischer Zustände.

Im Rahmen einer a priori groben Näherung lässt sich die Hartee–Fock–Gleichung auf eine Einteilchen–Schrödinger–Gleichung reduzieren: Vernachlässigt man den Austauschterm und ersetzt man bei geeignet gewählten Wellenfunktionen $\{|\varphi_i(\mathbf{r})\rangle\}$ den Coulomb–Term durch ein festes ortsabhängiges Potential $V_\mathbf{G}$, so ergibt Gl. (3.301c)

$$\hat{H}|\varphi_i\rangle = E|\varphi_i\rangle \; , \tag{3.302}$$

mit dem Einteilchen–Hamilton–Operator $\hat{H}(\mathbf{r}) = -\hbar^2/(2m)\triangle + U_{eff}(\mathbf{r})$ und $U_{eff}(\mathbf{r}) = U_\mathbf{G}(\mathbf{r}) + V_\mathbf{G}(\mathbf{r})$. Das Potential $U_{eff}(\mathbf{r})$ repräsentiert nun das Potential der gitterperiodischen Atomkerne zusammen mit demjenigen einer unter Umständen großen Anzahl sie abschirmender Elektronen. In diesem Potential bewegt sich das durch den Zustand $|\varphi_i(\mathbf{r})\rangle$ beschriebene, speziell betrachtete Elektron. Da U_{eff} wie $U_\mathbf{G}$ gemäß Gl. (3.298) gitterperiodisch ist, bietet sich eine Fourier–Entwicklung an:

$$U_{eff}(\mathbf{r}) = \sum_\mathbf{G} \tilde{U}_\mathbf{G} \exp(i\mathbf{G}\cdot\mathbf{r}) \; , \tag{3.303a}$$

mit

$$\mathbf{G}\cdot\mathbf{r_n} = 2\pi m \; , \tag{3.303b}$$

und ganzzahligem m. Damit durchläuft $\mathbf{G}_{hkl} = h\mathbf{g}_1 + k\mathbf{g}_2 + l\mathbf{g}_3$ gerade die Mannigfaltigkeit der *reziproken Gittervektoren* mit den Basisvektoren $\mathbf{g}_{1,2,3}$. Eine Entwicklung von $\varphi_i(\mathbf{r})$ nach ebenen Wellen,

$$\varphi_i(\mathbf{r}) = \sum_\mathbf{k} c_\mathbf{k} \exp(i\mathbf{k}\cdot\mathbf{r}) \; , \tag{3.304a}$$

erlaubt die Lösung der Einteilchen–Schrödinger–Gleichung (3.302):

$$\varphi_\mathbf{k}(\mathbf{r}) = u_\mathbf{k}(\mathbf{r}) \exp(i\mathbf{k}\cdot\mathbf{r}) \tag{3.304b}$$

und

$$u_{\mathbf{k}}(\mathbf{r}) = \sum_{\mathbf{G}} c_{\mathbf{k}-\mathbf{G}} \exp(-i\mathbf{G}\cdot\mathbf{r}) \ . \tag{3.304c}$$

Die Wellenfunktionen aus Gl. (3.304) lassen sich also nach $\mathbf{k}$ indizieren, mit $E_{\mathbf{k}} = E(\mathbf{k})$. $u_{\mathbf{k}}(\mathbf{r})$ ist als Fourier–Reihe über reziproke Gittervektoren eine gitterperiodische Funktion: $u_{\mathbf{k}}(\mathbf{r}) = u_{\mathbf{k}}(\mathbf{r}+\mathbf{r_n})$. Dieser Sachverhalt wird nach seinem Entdecker, *F. Bloch* (1905–1983), als *Blochsches Theorem* und die durch Gl. (3.304b) gegebene Wellenfunktion als *Bloch–Welle* bezeichnet. Diese besitzt die Symmetrieeigenschaft $\varphi_{\mathbf{k}+\mathbf{G}}(\mathbf{r}) = \varphi_{\mathbf{k}}(\mathbf{r})$ und damit $E(\mathbf{k}) = E(\mathbf{k}+\mathbf{G})$.

Das Periodizitätsintervall des reziproken $\mathbf{k}$–Raums ist die *Brillouin–Zone*. Das Zentrum wird mit Γ bezeichnet und dasjenige der ersten Brillouin–Zone definiert den Ursprung des $\mathbf{k}$–Raums. Für den eindimensionalen Raum mit der Gitterkonstante a, gegeben durch $|\mathbf{r_n}| = na$, erstreckt sich die erste Brillouin–Zone von $-\pi/a \le k \le \pi/a$, wie in Abb. 3.57 dargestellt. Bei verschwindendem Potential U_{eff} sind die Lösungen aus Gl. (3.302) ebene Wellen mit $E(k) = (\hbar k)^2/(2m)$. Wie in Abb. 3.57(a) ersichtlich, schneiden sich an den Zonengrenzen $k = \pm\pi/a, \pm 3\pi/(2a), \pm 5\pi/(2a), \ldots$ die Energieparabeln benachbarter Brillouin–Zonen. Es liegt also Entartung vor. Die allgemeinsten Lösungen für Gl. (3.302) sind daher Superpositionen vom Typ

$$\varphi_+(x) \sim \exp\left(i\frac{Gx}{2}\right) + \exp\left(-i\frac{Gx}{2}\right) \sim \cos\left(\pi\frac{x}{a}\right) \tag{3.305a}$$

und

$$\varphi_-(x) \sim \exp\left(i\frac{Gx}{2}\right) - \exp\left(-i\frac{Gx}{2}\right) \sim \sin\left(\pi\frac{x}{a}\right) \ . \tag{3.305b}$$

Diese beiden Lösungen liefern unterschiedliche Energieeigenwerte $E_\pm$ an den Zonengrenzen, was daraus resultiert, dass für φ_+ die elektronische Zustandsdichte maximal an den positiv geladenen Rümpfen des Atom– oder Molekülgitters ist, im vorliegenden Fall also für $x = \pm na$, mit $n = 0, 1, 2 \ldots$. Für φ_- ist hingegen die elektronische Ladungsdichte maximal an den Zwischengitterplätzen $x = \pm(n + 1/2)a$. Damit wird die Entartung an den Zonengrenzen aufgehoben und es gilt $E_+ < E < E_-$. Es entsteht, wie in Abb. 3.57(b) dargestellt, ein *verbotenes Band* der Breite $\Delta E = E_- - E_+$, in dem keine elektronischen Zustände vorliegen.

Im Wesentlichen entspricht die Energiedispersion der quasifreien Elektronen derjenigen der freien Elektronen, das heißt es gilt in grober Näherung $E(k) \sim k^2$. Abweichungen von der parabolischen Krümmung an Ober– und Unterkanten der erlaubten Bänder lassen sich durch eine effektive Elektronenmasse

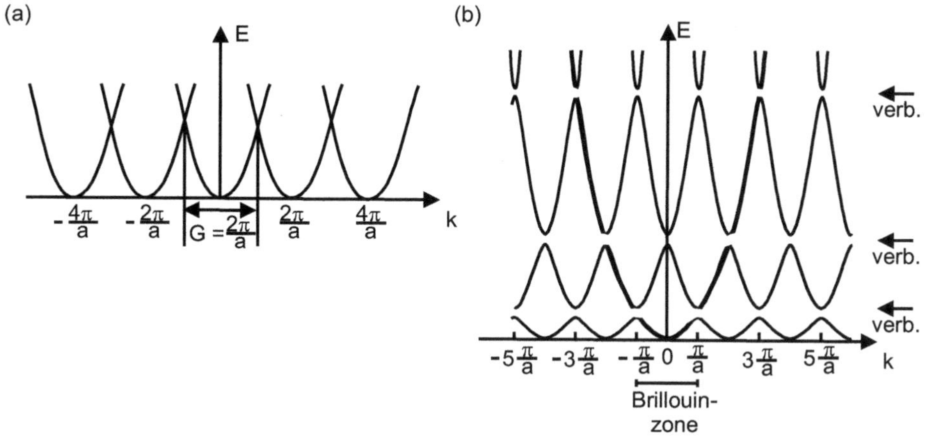

Abb. 3.57: *Entstehung der elektronischen Bandstruktur für ein eindimensionales Gitter mit der Gitterkonstante a. (a) Energiedispersionskurven im Grenzfall verschwindenden Modulationspotentials $U_{eff}(x)$. (b) Bandaufspaltung für quasifreie Elektronen. Teile der Dispersionskurve für freie Elektronen sind angedeutet.*

$$m^*(k) = \hbar^2 \left(\frac{d^2E}{dk^2}\right)^{-1} \tag{3.306a}$$

repräsentieren. Damit ist die Bandstruktur gegeben durch $E(k) = E_\pm + (\hbar k)^2/(2m^*)$. $E_\pm$ definiert die Bandober– und Bandunterkanten. An den Unterkanten ist $m^* > 0$, während an den Oberkanten $m^* < 0$ ist. In einem realen Kristall mit dreidimensionalem reziprokem Raum konstituieren die Einelektronenzustände periodische Energieflächen. Damit wird die effektive Masse entsprechend zu einem Tensor mit den Komponenten

$$m^*_{ij} = \hbar^2 \left(\frac{\partial^2 E}{\partial k_i \partial k_j}\right)^{-1} . \tag{3.306b}$$

In einem Festkörper werden je nach Anzahl der quasifreien Elektronen pro Atom die erlaubten Zustände von unten nach oben aufgefüllt; bei Spinentartung mit zwei Elektronen pro Zustand. Liegt das höchste besetzte Niveau bei $T = 0$ innerhalb eines erlaubten Bands, so entspricht dieses Niveau gerade der Fermi–Energie aus Gl. (3.257). In einem elektrischen Feld können Elektronen in einem teilweise gefüllten Band aufgrund der Zunahme ihrer kinetischen Energie energetisch höhere Zustände einnehmen: die Grundlage für elektronischen Transport. Diese Situation liegt bei *Metallen* vor. Fällt der höchste besetzte Zustand gerade mit der Oberkante eines Bands zusammen, so ist eine Anregung in höhere unbesetzte Zustände durch kleine kinetische Energien nicht möglich, da in der Bandlücke keine besetzbaren Zustände vorliegen. Es liegt ein *Isolator* vor. Bei hinreichend schmaler Energielücke können allerdings Elektronen aus dem bei $T = 0$ vollbesetzten *Valenzband* in das unbesetze *Leitungsband* thermisch angeregt werden. Diese Situation wurde in Abb. 3.51(c)dargestellt. Aufgrund dieser thermischen Anregung wird der Stromtransport ermöglicht; es handelt sich dann um einen *Halbleiter*. Aufgrund der *Boltzmann*–Statistik nimmt die Ladungsträgerkonzentration im Leitungsband, und damit die Leitfähigkeit des Halbleiters, exponentiell zu. Im Valenzband bleiben in der Nähe der Bandoberkante unbesetzte elektronische Zustände, die als *Löcher* bezeichnet werden, über. Im elektrischen Feld verhalten sich diese Löcher wie positive Ladungsträger mit einer effektiven Masse. Die Wahrscheinlichkeit für die Besetzung und Nichtbesetzung elektronischer Zustände ist nach Abb. 3.51(c) symmetrisch zum Fermi–Niveau E_F. Daher muss E_F etwa in der Mitte der *Bandlücke* lokalisiert sein.

Für den dreidimensionalen reziproken $\mathbf{k}$–Raum ergeben sich mehr oder weniger komplizierte Energieflächen $E(\mathbf{k})$. Daher werden die $E(\mathbf{k})$–Verläufe entlang verschiedener ausgezeichneter Richtungen, wie in Abb. 3.58(a) dargestellt, charakterisiert. Für Aluminium mit der Elektronenkonfiguration [Ne]$3s^2 3p^1$ ist die Bandstruktur in guter Näherung durch die Energieparabeln der freien Elektronen gegeben. Die Komplexität in Abb. 3.58(a) resultiert im Wesentlichen daher, dass die Darstellung, anders als in Abb. 3.57, im *reduzierten Zonenschema* erfolgt. Hier wird der gesamte $E(\mathbf{k})$–Verlauf auf die erste Brillouin–Zone projiziert. Die Brillouin–Zone ist zusammen mit den Punkten und Richtungen hoher Symmetrie dargestellt. Im Vergleich zu dieser recht einfachen Bandstruktur des Aluminiums ist die Bandstruktur für Kupfer mit der Elektronenkonfiguration [Ar]$3d^{10} 4s^1$ komplizierter, wie in Abb. 3.58(b) dargestellt. Für *Übergangsmetalle* charakteristisch sind die schmalen d–Bänder, die aus den stark gebundenen 3d–Elektronen resultieren. Im Vergleich sind die s–Bänder sehr breit. Im Bereich der Fermi–Energie E_F dominiert das parabolische s–Band, was verdeutlicht, warum sich Kupfer gut durch das Modell quasifreier Elektronen beschreiben lässt, während das für die Übergangsmetalle Eisen, Kobalt und Nickel nicht der Fall ist.

Im Fall stark an das Atom gebundener Elektronen bei geringem Überlapp der Elektronenkonfiguration zwischen Nachbaratomen sind Bandstrukturen komplizierter als im Fall quasifreier Elektronen. Hier ist dann die Grundlage der Rechnungen die *Tight Binding–Theorie*.

In Gl. (3.260) wurde die Zustandsdichte für den dreidimensionalen $\mathbf{k}$–Raum für freie Elektronen angegeben. Bei bekannter Dispersionsrelation $E(\mathbf{k})$ ergibt sich die Zustandsdichte im Allgemeinen aus

$$\varrho(E) = \frac{1}{4\pi^3} \int\limits_{E(\mathbf{k})=\text{const}} \frac{dS_E}{|\nabla_{\mathbf{k}} E(\mathbf{k})|} \,. \tag{3.307}$$

dS_E ist ein Flächenelement von $E(\mathbf{k}) = \text{const}$ und $\nabla_{\mathbf{k}} E(\mathbf{k})$ mit $|\nabla_{\mathbf{k}} E(\mathbf{k})| = dE(\mathbf{k})/dk_\perp$ steht senkrecht darauf. Für freie Elektronen erhält man Kugeloberflächen mit $E(\mathbf{k}) \sim k^2$. Für Kristallelektronen gibt es $\mathbf{k}$–Raumpunkte mit $dE(\mathbf{k})/dk_\perp = 0$, die zu *van Hove–Singularitäten* in der Zustandsdichte führen. Insbesondere diese *kritischen Punkte*, an denen die Dispersionskurve flach verläuft, sorgen für reichhaltige Strukturen in der Zustandsdichte. Die Zustandsdichten sind in Abb. 3.58 ebenfalls mit eingezeichnet.

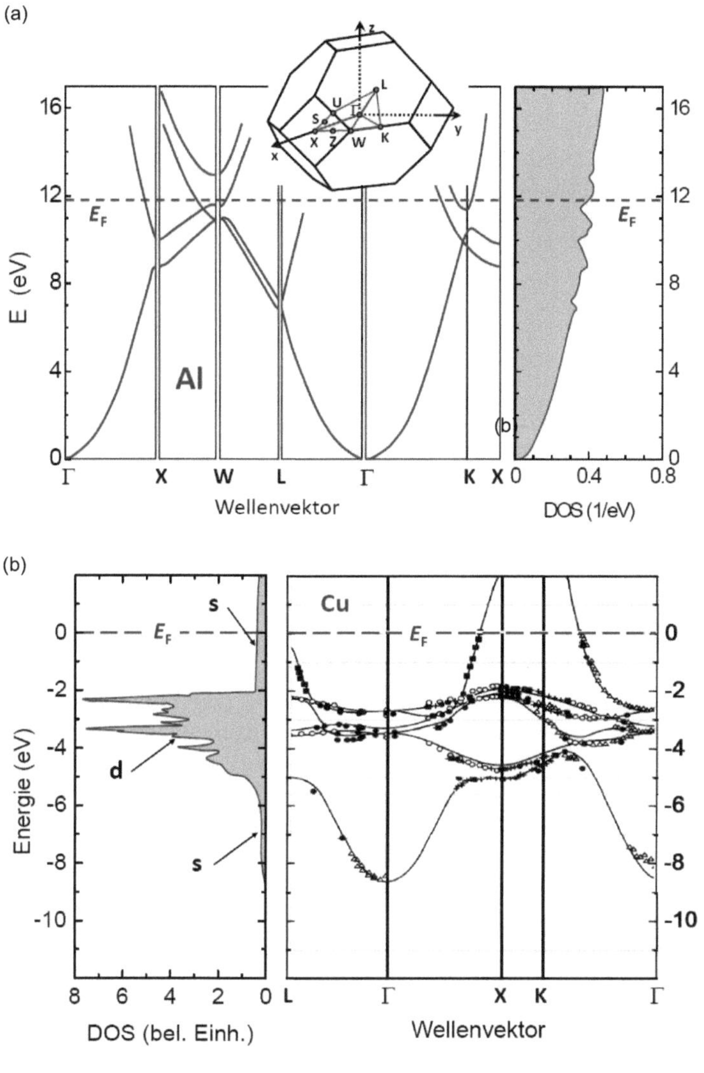

Abb. 3.58: *(a) Bandstruktur entlang von Richtungen hoher Symmetrie für Aluminium und Zustandsdichte (DOS: densitiy of states). Die entsprechenden Richtungen und Punkte sind in der Brillouin–Zone angedeutet.* E_F *ist das Fermi–Niveau [3.74]. (b) Zustandsdichte und Bandstruktur von Kupfer mit experimentell ermittelten Daten [3.74, 3.75].*

Abbildung 3.59 zeigt die Zustandsdichte und Bandstruktur des Halbleiters Germanium mit der elektronischen Konfiguration [Ar]$3d^{10}4s^24p^2$. Die sp^3–Hybridisierung resultiert in der Ausbildung von zwei sp^3–*Subbändern*, von denen das untere vollständig gefüllt und das obere vollständig leer ist. Da für die kleinste Bandlücke das Minimum des Leitungsbands nicht denselben **k**–Wert wie das Maximum des Valenzbands aufweist, handelt es sich um einen *indirekten Halbleiter*.

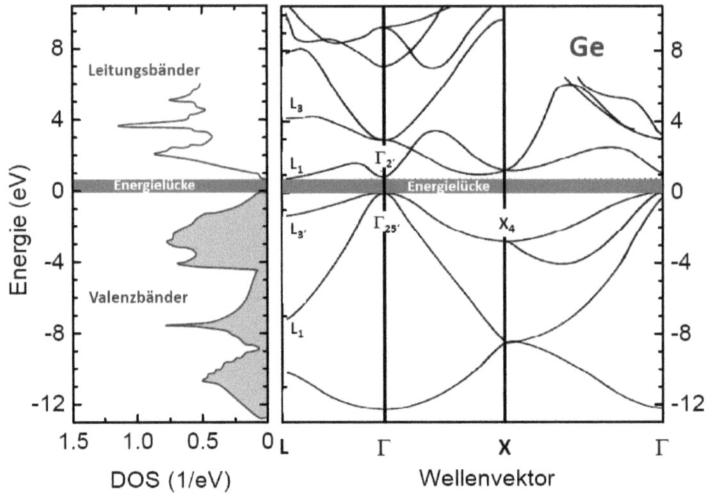

Abb. 3.59: *Zustandsdichte und Bandstruktur von Germanium [3.74, 3.76].*

Die *Fermi–Fläche* gibt an, wie die Energiefläche der höchsten besetzten Zustände bei $T = 0$ aussieht. Für freie Elektronen ist $E(\mathbf{k}) = E_F$ die Oberfläche einer Kugel. Ihr Radius im reziproken Raum ist durch den *Fermi–Vektor* $\mathbf{k}_F$ gegeben. Die Aufspaltung der Energieparabeln an den Zonengrenzen bewirkt eine mehr oder weniger starke Abweichung von der Kugelgestalt. Da Anregungen aus dem Grundzustand, wie in Abb. 3.51(c) dargestellt, zu Veränderungen der Zustandsbesetzung nahe E_F führen, ist die Form der Fermi–Fläche entscheidend für das elektronische, thermische, optische und magnetische Verhalten von Metallen. Experimentell zugänglich sind Fermi–Flächen über den *de Haas–van Alphen–Effekt* sowie über die *winkelaufgelöste Photoelektronenspektroskopie*. Mit nanotechnologischen Methoden können Fermi–Flächen im Realraum sichtbar gemacht werden, wie in Abb. 3.60 gezeigt.

Mit einem Tieftemperatur–Rastertunnelmikroskop werden Metalloberflächen, im vorliegenden Fall von Kupfer, abgebildet. Fremdatome unterhalb der Oberfläche streuen Elektronenwellen und induzieren Ladungsdichtemodulationen, *Friedel–Oszillationen*, an der Oberfläche. Bereits in Abb. 3.4 sind entsprechende Elektronenwellen dargestellt worden. In Abb. 3.60(a) ruft jedes Kobaltfremdatom eine Ladungsdichteoszillation hervor. Es ist eine fundamentale Eigenschaft des *Fermi–Sees* aus quasifreien Elektronen, die Gesamtenergie des Teilchenfelds in Anwesenheit einer Störung zu minimieren. Für quasifreie Kristallelektronen sind nun die Propagationsbedingungen nicht isotrop, sondern sie werden durch die Geometrie der Fermi–Fläche moduliert. So ist die *Gruppengeschwindigkeit* gegeben durch

$$\mathbf{v}_{Gr} = \frac{1}{\hbar} \nabla_{\mathbf{k}} E(\mathbf{k}) \; . \tag{3.308}$$

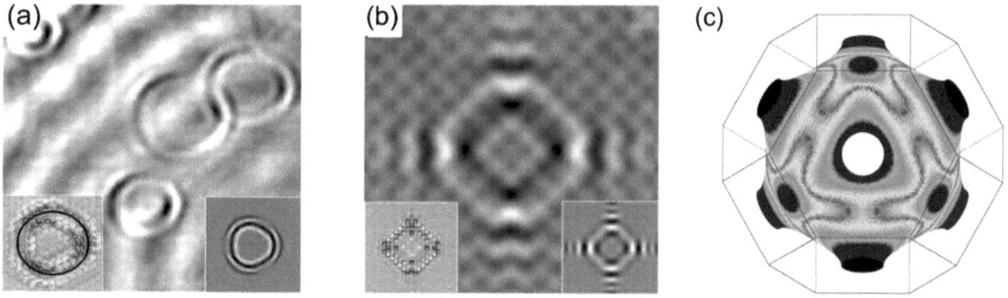

Abb. 3.60: *Rastertunnelmikroskopische Aufnahmen von Oberflächen einer Kupferschicht. (a) Vier Kobaltatome unterhalb einer Cu(100)-Schicht bei einem Bildausschnitt von* $9\,nm \times 9\,nm$. *Das langwellige Muster resultiert aus der Streuung an einer monoatomaren Stufe oben links. Das kurzwellige Muster mit einer Amplitude von 2 pm wird durch die atomaren Streuer hervorgerufen. Die Teilabbildungen links und rechts unten zeigen Ladungsdichtevariationen, die mit zwei unterschiedlichen Verfahren berechnet wurden. (b) Cu(111)-Oberfläche mit einem Kobaltatom unterhalb der Oberfläche bei einem Abbildungsbereich von* $3{,}5\,nm \times 3{,}5\,nm$. *(c)Fermi–Fläche von Kupfer innerhalb der Brillouin–Zone. Graustrufen repräsentieren die lokale Gaußsche Krümmung [3.77].*

Eine Akkumulation dieser Größe entlang bestimmter Richtungen führt zu einem erhöhten Elektronenfluss. Dieser Effekt wird als *Elektronenfokussierung* bezeichnet. Diese Elektronenfokussierung führt letztlich zu einer Modulation, in der sich die Fermi–Fläche in Form bestimmter Symmetrien widerspiegelt. Besonders deutlich wird dies in Abb. 3.60(b).

Ausgesprochen interessant für die Nanotechnologie sind natürlich niedrigdimensionale elektronische Strukturen. Von großer potentieller Anwendungsrelevanz sind dabei insbesondere die in Abb. 3.61 dargestellten Kohlenstoffmodifikationen, *Graphen*, *Kohlenstoffnanoröhrchen* (*CNT*, *carbon nanotubes*) und *Fullerene*. Alle genannten Modifikationen verbindet die hexagonale Bienenwabenstruktur der einzelnen Lagen des Graphits. Die Gitterstruktur des Graphens ist im Detail in Abb. 3.62(a) dargestellt. Es handelt sich um ein trianguläres Gitter mit zwei Atomen pro Einheitszelle. Die Gittervektoren sind gegeben durch

$$\mathbf{a}_1 = \frac{a}{2}\left(3, \sqrt{3}\right) \tag{3.309a}$$

und

$$\mathbf{a}_2 = \frac{a}{2}\left(3, -\sqrt{3}\right) , \tag{3.309b}$$

mit $a = 1{,}42\,\text{Å}$ für die Entfernung zwischen benachbarten C–Atomen. Die Brillouin–Zone, ebenfalls dargestellt in Abb. 3.62(a), ist auch hexagonal. Die Basisvektoren des reziproken Gitters sind gegeben durch

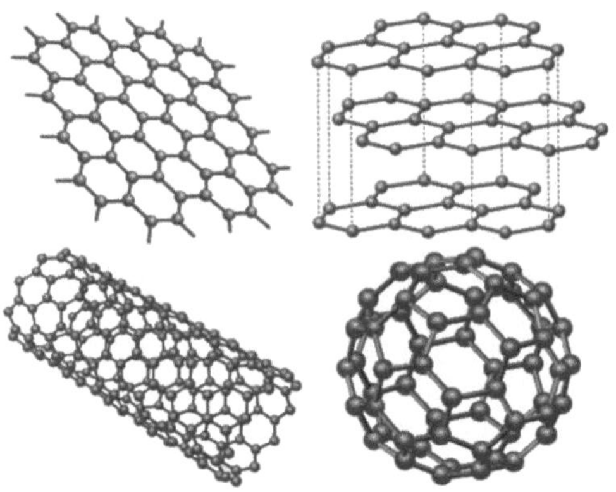

Abb. 3.61: *Modifikationen des Kohlenstoffs: Graphen (oben links), Graphit (oben rechts), Kohlenstoffnanoröhrchen (unten links) und* C_{60} *als Fulleren (unten rechts) [3.78].*

$$\mathbf{b}_1 = \frac{2\pi}{3a}\left(1, \sqrt{3}\right) \tag{3.310a}$$

und

$$\mathbf{b}_2 = \frac{2\pi}{3a}\left(1, -\sqrt{3}\right) \ . \tag{3.310b}$$

Von besonderer Bedeutung sind die *Dirac–Punkte* an den Ecken der Brillouin–Zone bei den Orten

$$\mathbf{K} = \frac{2\pi}{3a}\left(1, \frac{1}{\sqrt{3}}\right) \tag{3.311a}$$

und

$$\mathbf{K}' = \frac{2\pi}{3a}\left(1, -\frac{1}{\sqrt{3}}\right) \ . \tag{3.311b}$$

Da es sich bei Graphen nicht um ein Metall mit quasifreien Elektronen handelt, sondern um ein Monolagennetz aus Kohlenstoffbindungen, kann die Hartree–Fock–Gleichung (3.301c) nicht in Form der Einteilchen–Schrödinger–Gleichung (3.302) genähert werden. Vielmehr muss hier in der Näherung fest gebundener Elektronen (Tight–Binding–Näherung) vorgegangen werden. Der Elektronentransfer zwischen nächsten Nachbarn,

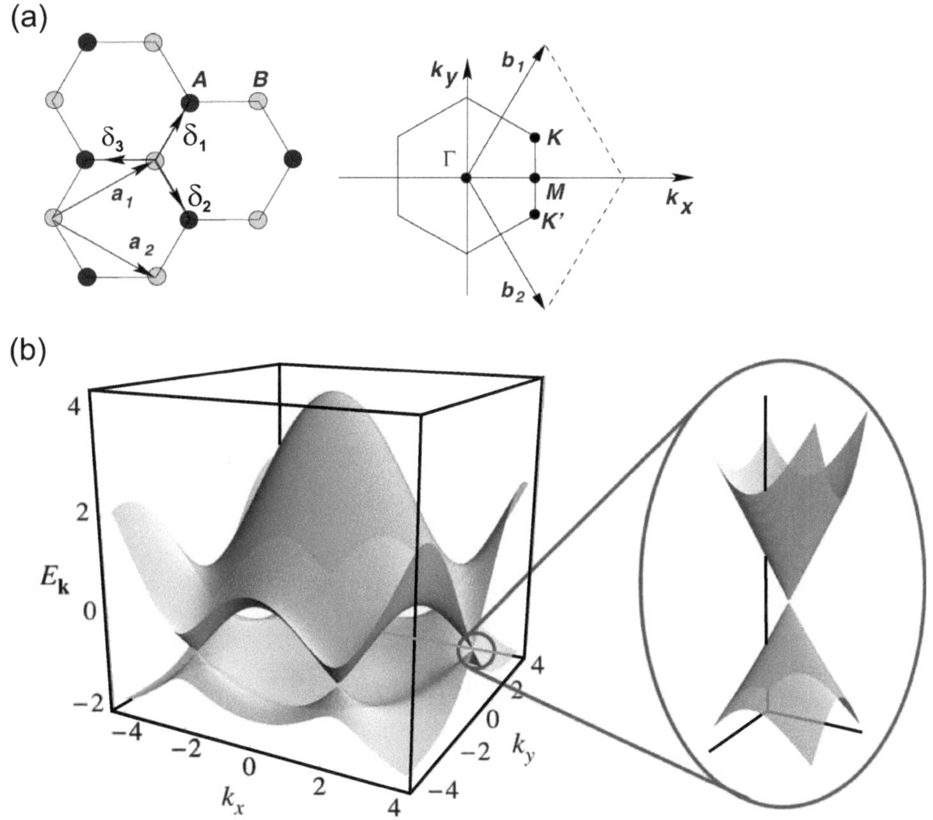

Abb. 3.62: *(a) Realraumgitter und* **k***–Raumgitter mit Brillouin–Zone des Graphens. (b) Bandstruktur und detaillierter Verlauf an den Dirac–Punkten. (c) Zustandsdichte für* $t' = 0,2t$ *(oben) und* $t' = 0$ *(unten) mit detailliertem Verlauf nahe dem Neutralitätspunkt [3.78].*

definiert durch die Vektoren $\boldsymbol{\delta}_{1,2,3}$ in Abb. 3.62(a), und übernächsten Nachbarn erfolgt durch *Hopping*.

In zweiter Quantisierung ist der Hamilton–Operator gegeben durch [3.78]

$$\hat{H} = -t \sum_{i,j,s} \left(\hat{a}^{\dagger}_{i,s} \hat{b}_{j,s} + h.k.^{1} \right) - t' \sum_{i,j,s} \left(\hat{a}^{\dagger}_{i,s} \hat{a}_{j,s} + \hat{b}^{\dagger}_{i,s} \hat{b}_{j,s} + h.k.^{1} \right) . \tag{3.312}$$

$\hat{a}^{\dagger}$ und $\hat{a}$ sind die Erzeuger und Vernichter für ein Elektron mit Spin $s = \pm 1/2$ am jeweiligen Ort i oder j im Untergitter A [siehe Abb. 3.62(a)]. $\hat{b}^{\dagger}$ und $\hat{b}$ bezeichnen die Operatoren für das Untergitter B. $t = 2,8\,\mathrm{eV}$ und t' sind die Hoppingenergien für nächste und übernächste Nachbarn [3.78]. Hieraus ergeben sich die beiden Energiebänder

$$E_{\pm}(\mathbf{k}) = \pm t\sqrt{3 + \varepsilon(\mathbf{k})} - t'\varepsilon(\mathbf{k}) \tag{3.313a}$$

mit

$$\varepsilon(\mathbf{k}) = 4\cos\left(\frac{3}{2}k_x a\right)\cos\left(\frac{\sqrt{3}}{2}k_y a\right) + 2\cos\left(\sqrt{3}k_y a\right) . \tag{3.313b}$$

$E_{+}(\mathbf{k})$ bezeichnet das obere π^*– und $E_{-}(\mathbf{k})$ das untere π–Band. Bei Abwesenheit von Hopping zwischen übernächsten Nachbarn, $t' = 0$, sind E_{+} und E_{-} symmetrisch, nicht jedoch für $t' \neq 0$. Abbildung 3.62(b) zeigt die entsprechende Bandstruktur und den Energieverlauf am Dirac–Punkt im Detail. Diesen erhalten wir, wenn Gl. (3.313) in der Nähe der durch Gl. (3.311) gegebenen Orte für eine kleine Entfernung $\delta(\mathbf{k})$ von $\mathbf{K}$ oder $\mathbf{K}'$ entwickelt wird:

$$E_{\pm}(\mathbf{K} + \delta\mathbf{k}) = \pm\hbar v_F |\delta\mathbf{k}| , \tag{3.314}$$

mit der *Fermi–Geschwindigkeit* $v_F = 3ta/(2\hbar) \approx 10^6 m/s$. Der Unterschied zwischen diesem Ergebnis und dem Verhalten freier Elektronen, $E = (\hbar k)^2/(2m)$, besteht darin, dass v_F konstant ist und nicht gemäß $v_F = \hbar k_F/m = \sqrt{2E_F/m}$ nicht von $\mathbf{k}$ oder E abhängt. Eine entsprechende Dispersionsrelation wird aus der relativistischen *Dirac–Gleichung* im *chiralen Limes* $m = 0$, das heißt für verschwindende Ruhemasse eines Teilchens, erhalten. Die Dirac–Dispersion im Bereich der Dirac–Punkte ist für die ungewöhnlichen elektronischen Eigenschaften von Graphen verantwortlich.

Aus Gl. (3.312) lässt sich ebenfalls die Zustandsdichte $\varrho_2(E) \equiv \varrho(E)$ berechnen, die in Abb. (3.62(c)) dargestellt ist. In der Nähe der Dirac–Punkte, die durch Gl. (3.314)

[1] $h.k.$ bezeichnet die Hermitesch konjugierten Therme.

beschrieben werden, ist die Zustandsdichte des Graphens pro Fläche der Elementarzelle gegeben durch

$$\varrho(E) = \frac{2|E|}{\pi\hbar^2 v_F^2} \ . \tag{3.315}$$

Dieser $\varrho{\sim}E$–Verlauf weicht grundsätzlich von allen durch Gl. (3.260) bis Gl. (3.262) gegebenen Verläufen für freie Elektronen ab. Bei Abwesenheit von Hopping zwischen übernächsten Nachbarn ist die Zustandsdichte unterhalb und oberhalb des Neutralitätspunkts $E/t = 0$, bei dem sich im Mittel ein Elektron pro Gitterplatz befindet, völlig symmetrisch. Für $t \neq 0$ ergibt sich hingegen ein asymmetrischer Verlauf.

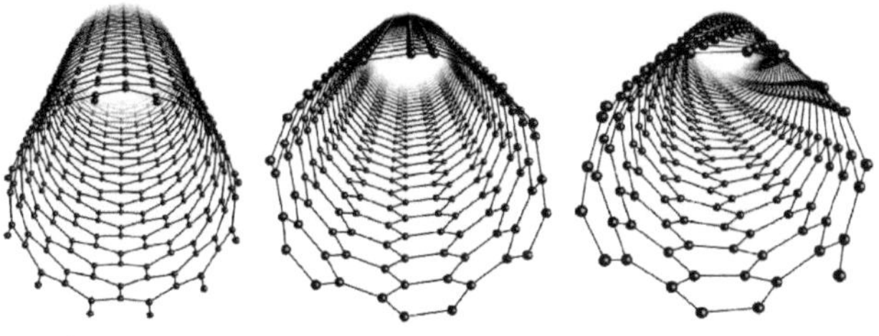

Abb. 3.63: *Struktur eines (12,0)–Zickzackröhrchens, eines (6,6)–Armchairröhrchens und eines chiralen (6,4)–Röhrchens [3.79].*

Eine quasi eindimensionale Form des Graphens stellen die Kohlenstoffnanoröhrchen dar. Geometrisch entstehen sie, wie in Abb. 3.63 dargestellt, durch Aufrollen eines Graphenstreifens. Das Gitter wird damit zunächst durch die in Abb. 3.62(a) dargestellte Konfiguration beschrieben. Das Aufrollen muss so geschehen, dass äquivalente Gitterpunkte A und A' sowie B und B' nach einem Umlauf um den Umfang des Röhrchens aufeinanderliegen. Dies wird aber nicht nur für Gitterpunkte erreicht, die in Abb. 3.62(a) rein horizontal gegeneinander verschoben sind, das heißt in x–Richtung, sondern zusätzliche Verschiebungen in vertikaler y–Richtung sind möglich. Damit werden die aufeinanderliegenden Gitterpunkte allgemein durch den Vektor

$$\mathbf{C}_h = n\mathbf{a}_1 + m\mathbf{a}_2 \ , \tag{3.316}$$

mit $n, m = 0, 1, 2, \ldots$ und $\mathbf{a}_1$ und $\mathbf{a}_2$ aus Gl. (3.309) beschrieben. In Form von m spezifiziert $\mathbf{C}_n$ die *Chiralität* des Röhrchens und definiert den Umfang. So ist der Durchmesser gegeben durch

$$d = \frac{C_h}{\pi} = \frac{\sqrt{3}a}{\pi}\sqrt{n^2 + nm + m^2} \ . \tag{3.317}$$

Die Chiralität wird durch den Winkel Θ zwischen $\mathbf{C}_h$ und $\mathbf{a}_1$ quantifiziert:

$$\cos\Theta = \frac{\mathbf{C}_h \cdot \mathbf{a}_1}{C_h a_1} = \frac{2n+m}{2\sqrt{n^2+nm+m^2}} \,. \tag{3.318}$$

Wegen der hexagonalen Gittersymmetrie gilt $0 \leq \Theta \leq 30°$. Da die Röhrchenachse senkrecht zu $\mathbf{C}_h$ verläuft, charakterisiert Θ die Verkippung der Hexagone bezüglich der Röhrchenlängsachse. Röhrchen vom Typ $(n, 0)$ zeigen ein *Zickzackmuster* entlang ihres Umfangs und werden dementsprechend bezeichnet. Für (n, n) und damit $\Theta = 30°$ liegt das *Armchairmuster* vor. Chirale Röhrchen ergeben sich nur für (n, m) mit $m \neq n, 0$.

Der Chiralitätsvektor $\mathbf{C}_h$ definiert auch die Elementarzelle eines Nanoröhrchens: Der kleinste Graphengittervektor $\mathbf{T}$ senkrecht auf $\mathbf{C}_n$ legt die Periodizität entlang der Röhrchenachse fest. Mit $\mathbf{T} = T_1\mathbf{a}_1 + T_2\mathbf{a}_2$ folgt

$$T_1 = \frac{n+2m}{l} \tag{3.319a}$$

und

$$T_2 = -\frac{2n+m}{l} \,. \tag{3.319b}$$

Hier bezeichnet l den größten gemeinsamen Teiler von $n+2m$ und $2n+m$. Damit ergibt sich für den Betrag des Translationsvektors

$$T = \frac{3a}{l}\sqrt{n^2+nm+m^2} \,. \tag{3.320}$$

Die Einheitszelle des Röhrchens besteht damit in einem Zylinder der Länge T und des Durchmessers d, gegeben durch Gl. (3.317), mit

$$N = \frac{4}{l}(n^2+nm+m^2) \tag{3.321}$$

Kohlenstoffatomen.

Ein guter Ausgangspunkt zur Diskussion der elektronischen Struktur der Nanoröhrchen sind die Ergebnisse, die wir für Graphen erhalten haben. Auch bei den Röhrchen formen die oberflächenparallelen σ–Bindungen das stabile hexagonale Netzwerk. Die Energiewerte sind allerdings weit von der Fermi–Energie entfernt, so dass die σ–Zustände unmaßgeblich für die elektronischen Transporteigenschaften sind. Die lateral wechselwirkenden p_z–Orbitale der Kohlenstoffatome, die für schwache Wechselwirkungen zwischen den Graphenlagen des Graphits oder zwischen benachbarten Nanoröhrchen verantwortlich sind, formen delokalisierte, bindende π– und antibindende π^*–Orbitale. Die entsprechenden Bänder kreuzen das Fermi–Niveau an den Dirac–Punkten in Abb. 3.62(b). Damit ist Graphen ein spezielles Halbmetall[1], bei dem sich die Fermi–Fläche auf sechs Dirac–Punkte an den Ecken der hexagonalen Brillouin–Zone reduziert. Die lineare Dispersionsrelation aus Gl. (3.314), die hier gilt, ist nicht nur verantwortlich für die extrem gute elektrische Leitfähigkeit des Graphens sondern resultiert auch in ungewöhnlichen elektronischen Eigenschaften der Kohlenstoffnanoröhrchen.

Die Geometrie der Nanoröhrchen bringt es mit sich, dass $\mathbf{k}$–Vektoren entlang des Umfangs periodische Randbedingungen erfüllen müssen und damit in entsprechender Weise quantisiert sind. In der *Zonenfaltungsnäherung* wird angenommen, dass die Bandstruktur eines Nanoröhrchens durch diejenige des Graphens entlang erlaubter $\mathbf{k}$–Vektoren gegeben ist. Diese sind mittels des Bloch–Theorems aus Gl. (3.309) bestimmt durch

$$\exp(i\mathbf{k}\cdot\mathbf{C}_h) = 1 \ . \tag{3.322}$$

Für erlaubte Zustände auf der Fermi–Fläche des Graphens, das heißt an den Dirac–Punkten, muss dann insbesondere $\mathbf{K}\cdot\mathbf{C}_h = 2\pi q$ sein, für $q = 0, \pm 1, \pm 2, \ldots$. Dies erfordert wiederum $n - m = 3p$ für $p = 0, 1, 2, \ldots$. Die Bedingung ist immer für Armchairröhrchen erfüllt und für Zickzackröhrchen mit (n,0), wobei n ein Vielfaches von 3 ist. Da eine nichtverschwindende Zustandsdichte am Fermi–Niveau vorliegt, sind derartige Nanoröhrchen metallisch oder halbmetallisch. Die Besonderheit besteht, wie schon bemerkt, in der linearen Dispersionsrelation aus Gl. (3.314). Für jeden q–Wert wird in der Brillouin–Zone eine Linie erlaubter $\mathbf{k}$–Werte für das π– und das π^*–Band definiert, wie in Abb. 3.64 für ein spezielles Beispiel dargestellt ist. Der Zustand am Fermi–Niveau ist durch $q = 0$ gegeben.

Für Chiralitätsvektoren, die Gl. (3.227) für die Dirac–Punkte nicht erfüllen, gilt $n - m = 3l \pm 1$ und damit $\exp(i\mathbf{K}\cdot\mathbf{C}_n) = \pm\exp(i2\pi/3)$. Die nächstgelegenen erlaubten $\mathbf{k}$–Vektoren sind $|\delta\mathbf{k}| = 2/(3d)$ von den Dirac–Punkten entfernt. In der Nähe der Fermi–Energie ergibt sich nun im Unterschied zu Gl. (3.314) die Dispersionsrelation

$$E_\pm(\mathbf{k}+\delta\mathbf{k}) = \pm v_F\hbar\sqrt{\left(\frac{2\pi}{C_h}\right)^2\left(q\pm\frac{1}{3}\right)^2 + k_\parallel^2} \ . \tag{3.323}$$

q bezeichnet, ähnlich wie in Abb. 3.64, das jeweilige Band. $k_\parallel$ ist die zur Röhrchenachse parallele Komponente des Wellenvektors, welche die kontinuierliche Verteilung der Zustände eines Subbands beschreibt. Für $|\delta\mathbf{k}| = k_\parallel = 0$ ergibt sich aus Gl. (3.323)

$$E_+ - E_- \equiv \Delta E = \frac{4v_F\hbar}{3d} \ , \tag{3.324}$$

[1]Bei Halbmetallen liegt die Fermi–Energie in einer verschwindend kleinen Bandlücke, während sie bei Metallen in der Mitte des Leitungsbands liegt.

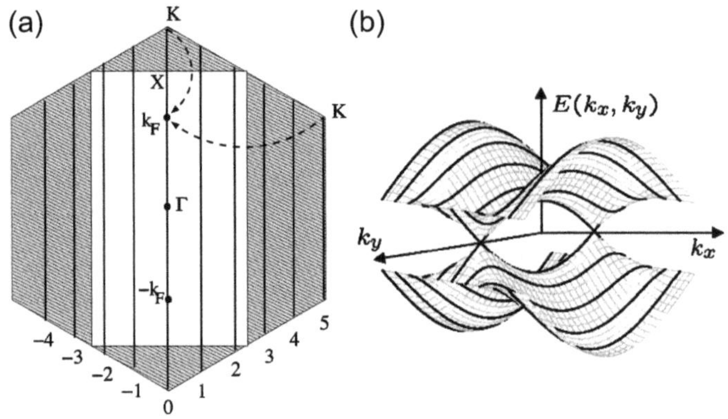

Abb. 3.64: *Zonenfaltungsmodell für Kohlenstoffnanoröhrchen. (a) Brillouin–Zone mit Linien, die erlaubte k–Vektoren definieren, die durch $q = 0, \pm 1, \pm 2, \ldots$ indiziert sind. Angenommen wurde eine (5,5)–Armchairkonfiguration. Das helle Rechteck markiert die Brillouin–Zone einer speziellen vieratomigen Zelle der Armchairstruktur. Wird entsprechend des Zonenfaltungsmodells die Graphenzone in die Armchairzone gefaltet, so befinden sich die Dirac–Punkte* **K** *bei den Positionen $\pm k_F$. (b) Zugehörige Dispersionsrelationen von Graphen und der Armchairkonfiguration als überlagerte Linien erlaubter* **k***–Vektoren [3.79].*

mit dem Röhrchendurchmesser gemäß Gl. (3.317). Am Fermi–Niveau hat sich also eine Energielücke $\Delta E \sim 1/d$ geöffnet. Für $d \to \infty$ erhält man wiederum das Graphenlimit $\Delta E \to 0$. Für typische (17,0)–Kohlenstoffnanoröhrchen mit $d = 1,4\,\text{nm}$ erhält man $\Delta E = 0,59\,\text{eV}$. Die Gleichungen (3.323) und (3.324) setzten eine lineare Dispersionsrelation nahe E_F voraus. Diese Annahme ist nur bedingt gerechtfertigt [3.79]. Auch die effektive Elektronenmasse, berechnet gemäß Gl. (3.306a), lässt sich aus Gl. (3.323) in einfacher Weise ableiten:

$$E_\pm\left(k_{||}\right) = \pm v_F \sqrt{(m^* v_F)^2 + \left(\hbar k_{||}\right)^2}\,, \tag{3.325}$$

mit $m^* = 2\hbar/(3dv_F)$. Für $d \to \infty$ ergibt sich wieder das Graphenlimit $m^* \to 0$. Tabelle 3.6 zeigt, dass die effektive Elektronenmasse für halbleitende Kohlenstoffnanoröhrchen sehr empfindlich von der Röhrchengeometrie abhängt.

Da die Kohlenstoffnanoröhrchen eindimensional sind, ist auch die Brillouin–Zone eindimensionsal mit $k = k_{||}$. Die Zonenränder befinden sich bei $X = \pm\pi/T$, wobei T durch Gl. (3.320) gegeben ist. Die erlaubten $E(k)$–Verläufe werden also auf die ΓX–Richtung gefaltet, wobei $q = 0, \pm 1, \pm 2, \ldots$ das jeweilige Band spezifiziert. Hieraus ergibt sich die Bandstruktur und nach Gl. (3.307) die Zustandsdichte $\varrho(E)$ für Nanoröhrchen vom Typ (n, m). Abbildung 3.65(a) zeigt die Bandstruktur für ein Armchairröhrchen. Von den jeweils sechs Leitungs– und Valenzbändern sind vier zweifach entartet, was zu insgesamt zehn Niveaus jeweils für das Leitungs– und Valenzband führt. Diese Niveaus resultieren

Tabelle 3.6: Effektive Elektronenmasse m^*/m_e für Kohlenstoffnanoröhrchen der Chiralität (n,m).

(n,m)	(3,1)	(3,2)	(4,2)	(4,3)	(5,0)	(5,1)	(5,3)	(6,1)	(7,3)	(9,2)	(11,3)
m^*/m_e	0,507	0,222	0,271	0,175	0,408	0,159	0,189	0,255	0,166	0,099	0,108

aufgrund der insgesamt zehn Kohlenstoffhexagone entlang von $\mathbf{C}_n$, das heißt entlang des Umfangs. In Abb. 3.64(a) erkennt man, dass die Bänder für $q = \pm 1$ bis $q = \pm 4$ aufgrund ihrer symmetrischen Lage in der Brillouin–Zone Entartung aufweisen. Für alle Armchairröhrchen weist der Zonenrand mit $k = \pi/\left(\sqrt{3}a\right)$ eine maximale Entartung auf. Nach Gl. (3.313) erhält man hier $E_\pm\left(k = \pi/\left(\sqrt{3}a\right)\right) = \pm t$ für $t' = 0$. Ebenfalls sichtbar sind in Abb. 3.65(a) Punkte, an denen Leitungs– und Valenzbänder sich kreuzen. Dies ist bei der Fermi–Energie der Fall. Damit ist hier $k = k_F = \pm 2\pi/\left(3\sqrt{3}a\right)$. Der Fermi–Vektor ist also gerade durch zwei Drittel der Strecke ΓX definiert und entsprechend in Abb. 3.64(a) eingezeichnet. Wie bereits dargelegt, sind die Armchairröhrchen damit Halbleiter mit verschwindender Bandlücke oder, treffender bezeichnet, Halbmetalle.

Ebenfalls eingezeichnet ist in Abb. 3.65(a) die Zustandsdichte des Armchairröhrchens. Nach Gl. (3.261) und Abb. 3.50 sollte die Zustandsdichte für eindimensionale metallische Röhrchen scharfe Maxima mit durch $\varrho \equiv \varrho_1 \sim 1/\sqrt{E}$ gegebenem Divergenzverhalten aufweisen. Hier liegen die bereits im Zusammenhang mit Gl. (3.307) diskutierten van Hove–Singularitäten vor, an denen die Dispersionskurven in Abb. 3.65(a) ihre Extrema haben. Für Röhrchen vom Typ (n,m) sind die Energien, bei denen die van Hove–Singularitäten auftreten, gegeben durch [3.79]

$$|e_q| = \pi|3q - n + m|\frac{a}{C_h}t\,. \tag{3.326}$$

Die Zustandsdichte lässt sich ebenfalls aus der Dispersionsrelation in Gl. (3.313) ableiten:

$$\varrho(E) = \frac{4\sqrt{3}a}{\pi C_h t}\sum_{q=1}^{2n}\frac{|E_\pm(k)|}{\sqrt{E_\pm^2(k) - e_q^2}}\,. \tag{3.327}$$

Speziell für alle metallischen Nanoröhrchen erhält man an der Fermi–Energie

$$\varrho(E_F) = \frac{2\sqrt{3}a}{\pi C_h t}\,. \tag{3.328}$$

Für die Armchairnanoröhrchen vom Typ (n,m) lässt sich die Dispersionsrelation aus Gl. (3.313) schreiben als

$$E_{\pm}(k) = \pm t\sqrt{1 + 4\cos^2\frac{\sqrt{3}ka}{2} + 4\cos\frac{\pi q}{n}\cos\frac{\sqrt{3}ka}{2}}\,, \tag{3.329}$$

mit $q = 1, \ldots, 2n$. Daraus ergibt sich für die Position der van Hove–Singularitäten

$$|e_q| = t\sin\frac{\pi a}{n}\,. \tag{3.330}$$

In Abb. 3.65(a) sind die scharfen Maxima von $\varrho(E)$ also bei $|e_q| = t|\sin(\pi q/5)|$ für $q = 1, \ldots, 10$ lokalisiert. Während die Gleichungen (3.326) und (3.327) eine lineare Dispersionsrelation gemäß Gl. (3.314) voraussetzen und damit nur nahe dem Fermi–Niveau gelten, ist dies für die Gleichungen (3.329) und (3.330) nicht der Fall. Allerdings wurden jeweils Hoppingprozesse zwischen übernächsten Nachbarn vernachlässigt, genauso wie die Spinentartung.

Abbildung 3.65(b) zeigt die Bandstruktur für ein (9,0)–Zickzackröhrchen. Wie zu erwarten, zeigt sich ein metallischer Charakter in Form einer verschwindenden Energielücke im Bereich der Fermi–Energie bei Γ. Zu erwarten ist dies für $(n, 0)$–Röhrchen, wenn n ein Vielfaches von 3 ist. Die Zustandsdichte am Fermi–Niveau ist konstant und durch Gl. (3.328) gegeben. Demgegenüber ist ein Zickzackröhrchen vom Typ (10,0) halbleitend, wie in Abb. 3.65(c) dargestellt. Um das Fermi–Niveau herum öffnet sich eine Energielücke mit dem durch Gl. (3.324) gegebenen Wert. Die Zustandsdichte verschwindet hier. Eine Besonderheit besteht in den dispersionslosen Bändern bei $E = \pm t$. Diese führen zu ausgeprägten Singularitäten in der Zustandsdichte.

Abbildung 3.365(d) zeigt die Verhältnisse für ein chirales (8,2)–Röhrchen. Da $(n-m)$ ein Vielfaches von 3 ist, ergibt sich ein metallisches Verhalten mit Überkreuzung der Bänder bei $k = k_F = \pm 2\pi/(3T)$. T ist wiederum durch Gl. (3.320) gegeben. Andere chirale Röhrchen, wie beispielsweise vom Typ (9,6), weisen eine Überkreuzung der Bänder für $k = 0$, wie in Abb. 3.365(b) zu sehen, auf. Für halbleitende chirale Nanoröhrchen öffnet sich um das Fermi–Niveau eine Energielücke, deren Größe ebenfalls durch Gl. (3.324) gegeben ist.

Allgemein liegen bei Kohlenstoffnanoröhrchen die Energielücken immer bei $k = 0$ oder bei $k = \pm 2\pi/(3T)$. Dabei ist es irrelevant, ob es sich um eine verschwindende Bandlücke bei halbmetallischen Röhrchen oder um eine durch Gl. (3.324) gegebene Bandlücke handelt.

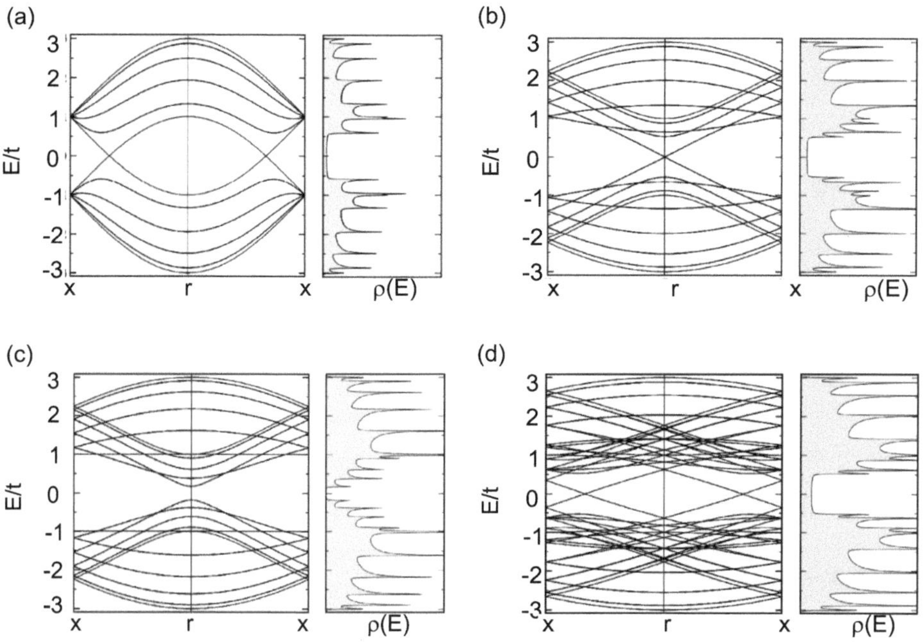

Abb. 3.65: *Bandstrukturen und Zustandsdichten für unterschiedliche Nanoröhrchen. (a) (5,5)–Armchairröhrchen, (b) (9,0)–Zickzackröhrchen, (c) (10,0)–Zickzackröhrchen und (d) chirales Röhrchen vom Typ (8,2).*

3.6 Elektronischer Transport

3.6.1 Grundlagen

Alle festkörperbasierten elektronischen Transportphänomene umfassen die Bewegung von Elektronen unter dem Einfluss äußerer Kräfte, die durch elektrische und magnetische Felder, aber auch durch Temperaturgradienten hervorgerufen werden. Die Behandlung von Transportphänomenen unterscheidet sich von den bisherigen Betrachtungen, indem im Allgemeinen eine zeitabhängige Schrödinger–Gleichung zu lösen ist [3.4]. Aufgrund der externen Kräfte wird das thermodynamische Gleichgewicht gestört. Dabei ist der stationäre Fall, in dem die äußeren Felder zeitlich konstant sind, natürlich der einfachste denkbare Fall. Eine Reihe von Bezügen zu den bisherigen Ausführungen sollte aufgezeigt werden.

Klassisch erfüllt ein stationärer Strom von Teilchen die *Kontinuitätsgleichung*

$$\frac{\partial \varrho}{\partial t} + \nabla \cdot \mathbf{j} = 0 \, , \tag{3.331}$$

in der $\varrho(\mathbf{r})$ die Teilchendichte und $\mathbf{j}(\mathbf{r})$ die Stromdichte sind. Die Veränderung der Teilchendichte manifestiert sich aufgrund der Teilchenzahlerhaltung in einer Stromdichte. Aus quantenphysikalischer Sicht korrespondiert zur Teilchendichte die Aufenthaltswahrscheinlichkeit $|\Psi|^2$. Für diese gilt

$$\frac{\partial}{\partial t}|\Psi|^2 = \frac{\partial}{\partial t}(\Psi^*\Psi) = \Psi^*\frac{\partial \Psi}{\partial t} + \frac{\partial \Psi^*}{\partial t}\Psi \,. \tag{3.332}$$

Aus der allgemeinen zeitabhängigen Schrödinger–Gleichung (3.6) folgt dann

$$i\hbar\Psi^*\frac{\partial \Psi}{\partial t} = -\frac{\hbar^2}{2m}\Psi^*\triangle\Psi + U|\Psi|^2 \tag{3.333a}$$

und

$$i\hbar\Psi\frac{\partial \Psi^*}{\partial t} = \frac{\hbar^2}{2m}\Psi\triangle\Psi^* - U|\Psi|^2 \,. \tag{3.333b}$$

Daraus folgt unmittelbar

$$\frac{\partial}{\partial t}|\Psi|^2 = \nabla\left[i\frac{\hbar}{2m}(\Psi^*\nabla\Psi - \Psi\nabla\Psi^*)\right] \,. \tag{3.334}$$

Mit der Wahrscheinlichkeitsstromdichte

$$\mathbf{j} = -i\frac{\hbar}{2m}(\Psi\nabla\Psi^* - \Psi^*\nabla\Psi) = \frac{1}{2m}(\Psi^*\hat{\mathbf{p}}\Psi + \Psi\hat{\mathbf{p}}^*\Psi^*) \tag{3.335}$$

wird die Analogie zwischen Gl. (3.331) und Gl. (3.334) sofort sichtbar. Für Elektronen lässt sich aus Gl. (3.335) direkt die elektrische Stromdichte gewinnen.

Es wurden durchaus bisher auch schon stationäre Transportphänomene behandelt, etwa in Form des Tunneleffekts in Abschn. 3.2.2. Dieser wurde einleitend im Rahmen eines Einteilchenbilds beschrieben, obwohl beim Fließen eines stationären Elektronenstroms durch einen Tunnelkontakt natürlich a priori eine Vielteilchensituation vorliegt. Die feldtheoretische Beschreibung aus Abschn. 3.5.3 erlaubt eine komplementäre Beschreibung des Tunneleffekts für ein Vielteilchensystem. Der hierfür maßgebliche *Transfer–Hamiltonian–Ansatz* wurde durch *J. Bardeen* (1908–1991) vorgeschlagen [3.80]. In einem *störungstheoretischen Ansatz* wird der Gesamt–Hamilton–Operator des Systems in die Hamilton–Operatoren der ungekoppelten Elektroden $\hat{H}_1$ und $\hat{H}_2$ und in einen Transfer–Hamilton–Operator $\hat{H}_T$ aufgespalten. In zweiter Quantisierung ist dieser gegeben durch

$$\hat{H}_T = \sum_{\mathbf{kk}'} \left(M_{\mathbf{kk}'} \hat{a}^\dagger_{\mathbf{k}} \hat{a}_{\mathbf{k}'} + M_{\mathbf{k}'\mathbf{k}} \hat{a}_{\mathbf{k}} \hat{a}^\dagger_{\mathbf{k}'} \right) , \tag{3.336}$$

wobei $\hat{a}^\dagger$ und $\hat{a}$ die bereits in Gl. (3.285) eingeführten Erzeugungs– und Vernichtungsoperatoren für das fermionische Schrödinger–Feld sind. $\mathbf{k}$ und $\mathbf{k}'$ sind die elektronischen Wellenvektoren in den beiden Elektroden. Die *Tunnelmatrixelemente* $M_{\mathbf{kk}'}$ lassen sich aus dem in Gl. (3.335) gegebenen Stromdichteoperator, angewandt auf Mehrelektronenwellenfunktion, ableiten:

$$M_{\mathbf{kk}'} = -i\hbar j_{\mathbf{kk}'} \; . \tag{3.337a}$$

Die Matrixelemente des Stromdichteoperators sind hier gegeben durch

$$j_{\mathbf{kk}'} = -i\frac{\hbar}{2m} \int_{\Omega} (\chi_0^* \nabla \phi_{\mathbf{kk}'} - \phi_{\mathbf{kk}'} \nabla \chi_0^*) \cdot d\mathbf{n} \tag{3.337b}$$

Das Integral charakterisiert eine Wahrscheinlichkeitsstromdichte durch eine Fläche Ω, welche innerhalb der Barriere liegt und die Oberflächen der Tunnelelektroden separiert. $\mathbf{n}$ ist der Normalenvektor auf dieser Separationsfläche. $j_{\mathbf{kk}'}$ quantifiziert damit im Konkreten den Tunnelprozess $\chi_0 \to \phi_{\mathbf{kk}'}$ für zwei beliebig angeordnete Elektroden. $\chi_0(\mathbf{r})$ und $\phi_{\mathbf{kk}'}(\mathbf{r})$ sind Vielteilchenwellenfunktionen, die das Gesamtsystem, bestehend aus den beiden durch die Tunnelbarriere separierten Elektroden, beschreiben. $\phi_{\mathbf{kk}'}$ unterscheidet sich von χ_0 dadurch, dass ein Elektron aus einem durch $\mathbf{k}$ definierten Zustand in der einen Elektrode in einen durch $\mathbf{k}'$ definierten Zustand in der anderen getunnelt ist. $\hat{H}_T$ aus Gl. (3.336) ist ähnlich wie der durch Gl. (3.312) gegebene Hopping–Hamiltonian aufgebaut. Die Tunnelmatrixelemente $M_{\mathbf{kk}'}$, gegeben in der Einheit einer Energie, entsprechen wiederum dem durch Gl. (3.173) gegebenen Matrixelement für das Tunneln zwischen zwei Quantenpunkten. Das Tunnelmatrixelement quantifiziert die Kopplung zwischen den Tunnelelektroden aufgrund des Überlapps der Wellenfunktionen. Es entspricht damit der durch *W. Heisenberg* (1901–1976) eingeführten [3.81] und durch *L. Pauling* (1901–1994) im Zusammenhang mit der chemischen Bindung behandelten [3.82] *Resonanzenergie.*

Das Matrixelement aus Gl. (3.337a) charakterisiert die Übergangsrate $\Gamma_{\mathbf{kk}'}$, das heißt die Übergangswahrscheinlichkeit pro Zeiteinheit, für den Prozess $\chi_0 \to \phi_{\mathbf{kk}'}$. Mit *Fermis Goldener Regel* [3.17, 3.22] folgt

$$\Gamma_{\mathbf{kk}'} = \frac{2\pi}{\hbar} |M_{\mathbf{kk}'}|^2 \delta(E_\phi - E_\chi) \; . \tag{3.338}$$

Die δ–Funktion in dieser Relation bringt zum Ausdruck, dass die Tunnelprozesse elastisch sind, das heißt nur Übergänge konstanter Energie zwischen beiden Elektroden stattfinden können.

Der eindimensionale Tunnelkontakt wurde einführend in Abschn. 3.2.2 behandelt. Der Überlapp der Wellenfunktionen ist hier in Abb. 3.10(b) dargestellt. Für einen Ort $x = x_0$ im Bereich dieses Überlapps innerhalb der Barriere muss nun das Stromdichtematrixelement aus Gl. (3.337b) berechnet werden. Mit $\phi_{\mathbf{kk}'} \equiv \phi \sim \exp(-\kappa x)$ und $\chi_0 \equiv \chi \sim \exp(-\kappa[t-x])$ erhalten wir $M_{\mathbf{kk}'} \equiv M \sim \kappa \exp(-\kappa t)$ und für die Tunnelrate $\Gamma_{\mathbf{kk}'} \equiv \Gamma \sim \kappa^2 \exp(-2\kappa t)$. Dieses Ergebnis entspricht im Wesentlichen dem mithilfe des exakten *Wave–Matching–Verfahrens* in Abschn. 3.2.2 abgeleiteten Transmissionskoeffizienten T für den Fall schwacher Transmission $\kappa t \gg 1$. Der explizit in Abschn. 3.3.2 aufgeführte Ausdruck findet sich in Gl. (3.78). Bei der Behandlung des eindimensionalen Falls mithilfe des durch Gl. (3.336) begründeten Formalismus wird deutlich, dass der Vielteilchenansatz sofort in einen Einteilchenansatz überführt werden kann, da keine Wechselwirkungen zwischen den Elektronen angenommen wurden und zur adäquaten Beschreibung des Elektronentunnelns auch nicht angenommen werden müssen.

Wechselwirkungen zwischen den Elektronen spielen eine entscheidende Rolle beim korrelierten Einzelelektronentunneln. Dieser Transportprozess wurde in konventioneller Weise in Abschn. 3.2.3 behandelt. Aus feldtheoretischer Sicht ist für den Tunnelprozess zum einen der in Gl. (3.336) gegebene Transfer–Hamiltonian H_T maßgeblich, zum anderen müssen wir aber die Coulomb–Wechselwirkung der Elektronen untereinander berücksichtigen, die durch Aufladung des Tunnelkontakts beispielsweise zur Coulomb–Blockade führt. Der *Ladungsoperator* ist gegeben durch

$$\hat{Q} = -\frac{e}{2} \sum_{\mathbf{kk}'} \hat{a}_k^\dagger \hat{a}_k - \hat{a}_{k'}^\dagger \hat{a}_{k'} \ . \tag{3.339}$$

Der neben $\hat{H}_T$ zu berücksichtigende Hamiltonian ist entsprechend des Korrespondenzprinzips gegeben durch $\hat{H}_Q = \hat{Q}^2/(2C)$, wobei C die Kapazität des Kontakts ist. Mit dem Besetzungszahloperator $\hat{N} = \hat{a}^\dagger \hat{a}$ wird deutlich, dass der Ladungsoperator die Aufladung aufgrund von Tunnelprozessen $\chi_0 \to \phi_{\mathbf{kk}'}$ und die damit verbundene ungleiche Besetzung der Elektroden mit Ladungsträgern charakterisiert. Jedes tunnelnde Elektron vernichtet einen besetzten Zustand in einer Elektrode und erzeugt einen neuen besetzten Zustand in der anderen Elektrode, was zu $\Delta Q = \pm e$ auf den Elektroden führt.

3.6.2 Festkörperbasierter elektronischer Transport

In Form von Gl. (3.304) wurden Elektronen im Einteilchenbild durch räumlich modulierte, aber unendlich ausgedehnte Wellen dargestellt. Für die Beschreibung von Transportphänomenen im Festkörper ist es notwendig, zum Teilchenbild überzugehen. Dies geschieht, indem Elektronen durch Wellenpakete, erzeugt durch Superposition von Bloch–Wellen, repräsentiert werden:

$$\Psi(\mathbf{r}, t) = \int_{\mathbf{k}-\triangle\mathbf{k}/2}^{\mathbf{k}+\triangle\mathbf{k}/2} a(\mathbf{k}) u_{\mathbf{k}}(\mathbf{r}) \exp(i[\mathbf{k}\cdot\mathbf{r} - \omega(\mathbf{k})t]) d^3k \ , \tag{3.340}$$

mit $u_{\mathbf{k}}(\mathbf{r})$ gemäß Gl. (3.304c) und der Dispersionsrelation $\omega(\mathbf{k}) = E(\mathbf{k})/\hbar$. Die Gruppengeschwindikeit des Bloch–Wellenpakets ist dann durch Gl. (3.308) gegeben. Dieser Ansatz ist die Grundlage des *semiklassischen Modells*.

Für ein Elektron mit einer Unschärfe des Wellenvektors von $|\Delta\mathbf{k}| \ll 2\pi/a$ ergibt die Unschärferelation aus Gl. (3.18a) $|\Delta\mathbf{r}| \gtrsim h/(\hbar|\Delta\mathbf{k}|) = 2\pi/|\Delta\mathbf{k}| \gg a$. Die räumliche Ausdehnung des Wellenpakets ist also groß gegenüber der Gitterkonstante. Im Rahmen des semiklassischen Modells werden Kräfte, die durch externe Felder auf die Elektronen ausgeübt werden, klassisch behandelt. Diese Behandlung setzt voraus, dass die Felder auf einer Längenskala variieren, die groß gegenüber $|\Delta\mathbf{r}|$ ist. Für den elektrischen Transport relevant sind elektrische Felder $\boldsymbol{\mathcal{E}}(\mathbf{r},t)$ und Magnetfelder $\mathbf{B}(\mathbf{r},t)$:

$$\frac{d\mathbf{k}}{dt} = -\frac{e}{\hbar}[\boldsymbol{\mathcal{E}}(\mathbf{r},t) + \mathbf{v}_{Gr}(\mathbf{k}) \times \mathbf{B}(\mathbf{r},t)] \; , \tag{3.341}$$

mit der Gruppengeschwindigkeit aus Gl. (3.308). Das **B**–Feld manifestiert sich hier in Form der *Lorentz–Kraft*. Die zeitliche Änderung der Geschwindigkeitskomponente $v_{Gr}^{(i)}$ ist gegeben durch

$$\frac{dv_{Gr}^{(i)}}{dt} = \frac{1}{\hbar}\sum_{j=1}^{3}\frac{\partial^2 E(\mathbf{k})}{\partial k_i \partial k_j}\frac{dk_j}{dt} \; . \tag{3.342}$$

Mit dem Tensor der effektiven Masse m^* gemäß Gl. (3.306b) entspricht dies der klassischen Bewegungsgleichung $d\mathbf{v}/dt = (1/m)\mathbf{F}$ für $\mathbf{F} = \hbar d\mathbf{k}/dt$.

Wie im Zusammenhang mit Gl. (3.260) ausgeführt wurde, ist bei periodischen Randbedingungen die Zustandsdichte im reziproken Raum pro Einheitszelle des Gitters $1/(2\pi)^3$, wobei Spinentartung berücksichtigt wurde. Ein vollbesetztes Band trägt damit wie folgt zur Stromdichte bei:

$$\mathbf{j} = -\frac{e}{8\pi^3\hbar}\int\limits_{1.BZ} \nabla_{\mathbf{k}} E(\mathbf{k}) d^3k \; , \tag{3.343}$$

wobei sich das Integral über die erste Brillouin–Zone erstreckt. Aus der *Zeitumkehrinvarianz* der Schrödinger–Gleichung bei Berücksichtigung des Sprinfreiheitsgrads folgt $E(\mathbf{k}_\uparrow) = E(-\mathbf{k}_\downarrow)$ und $\mathbf{v}(\mathbf{k}) = -\mathbf{v}(-\mathbf{k})$. Damit verschwindet aber das Integral in Gl. (3.343): Ein volles Band trägt nicht zum elektronischen Transport bei. Ist hingegen das Band nur teilweise besetzt, so verteilt ein elektrisches Feld gemäß Gl. (3.341) die besetzten **k**–Werte so um, dass sie nicht länger symmetrisch in der ersten Brillouin–Zone liegen:

$$
\begin{aligned}
\mathbf{j} &= -\frac{e}{8\pi^3\hbar}\int\limits_{bes.} \nabla_{\mathbf{k}}E(\mathbf{k})d^3k \\
&= -\frac{e}{8\pi^3\hbar}\left(\int\limits_{1.BZ} \nabla_{\mathbf{k}}E(\mathbf{k})d^3k - \int\limits_{unb.} \nabla_{\mathbf{k}}E(\mathbf{k})d^3k\right) \\
&= \frac{e}{8\pi^3\hbar}\int\limits_{unb.} \nabla_{\mathbf{k}}E(\mathbf{k})d^3k \,. \qquad (3.344)
\end{aligned}
$$

Die Stromdichte wird scheinbar durch positive Ladungsträger – die *Löcher* – in den von Elektronen unbesetzten Zuständen getragen. Im Sinne der Anmerkungen in Abschn. 2.2.4 sind Löcher Quasiteilchen. Dynamisch verhalten sich Löcher wie Teilchen mit der positiven Ladung e. Während Elektronen im thermodynamischen Gleichgewicht die niedrigsten Bandzustände besetzen, besetzen Löcher Zustände an der oberen Bandkante. Während für Elektronen dort $m^* < 0$ vorliegt, ist für Löcher dort $m^*_+ > 0$.

Die bisherigen Ausführungen machen klar, dass ein Material mit einer Energielücke zwischen höchstem besetzten und niedrigstem unbesetzten Zustand für $T = 0$ ein Isolator ist. Bei endlicher Temperatur ist allerdings gemäß Abb. 3.51(c) ein Teil der Elektronen in die niedrigsten Zustände des unbesetzten Leitungsbands angeregt. Gleichzeitig werden damit Löcher an der Oberkante des Valenzbands generiert. In einem elektrischen Feld tragen Löcher und Elektronen zum elektrischen Strom bei. Bei einem Metall ist das höchste besetzte Band nur teilweise gefüllt. Damit besteht Leitfähigkeit selbst für $T = 0$.

Für die Bewegung im Magnetfeld ergibt sich aus Gl. (3.341) mit $\mathbf{v} \equiv \mathbf{v}_{Gr}$ aus Gl. (3.308)

$$\frac{d\mathbf{k}}{dt} = -\frac{e}{\hbar^2}\nabla_{\mathbf{k}}\mathbf{E}(\mathbf{k}) \times \mathbf{B} \,. \qquad (3.345)$$

Da $E(\mathbf{k})$ und die Komponenten von $\mathbf{k}$ parallel zu $\mathbf{B}$ Konstanten der Bewegung sind, erfolgt die Bewegung der Elektronen senkrecht zu $\mathbf{B}$ entlang von Trajektorien tangential zu Flächen konstanter Energie. Die Umlaufperiode ist gegeben durch:

$$T = \frac{\hbar^2}{eB}\oint \frac{dk}{(\nabla_{\mathbf{k}}E(\mathbf{k}))_\perp} \,. \qquad (3.346)$$

Die *Zyklotronfrequenz* der Kristallelektronen ist dann gegeben durch $\omega_c = 2\pi/T$. Für quasifreie Elektronen mit $E(\mathbf{k}) = (\hbar k)^2/(2m^*)$ sind die Trajektorien Kreise mit $\omega_c = eB/(2\pi m^*) \equiv eB/m_c$, wobei $m_c = 2\pi m^*$ die *Zyklotronmasse* bezeichnet. Allgemein ist diese gegeben durch $m_c = eBT/(2\pi)$ mit T aus Gl. (3.346). Für $B = 1\,\mathrm{T}$ und $m^* = m$ erhält man $\omega_c = 1,75 \cdot 10^{11}\,\mathrm{Hz}$.

Das extern applizierte Magnetfeld hebt die Translationsinvarianz der Schrödinger–Gleichung in der Ebene der Elektronenbewegung auf. Der Hamilton–Operator ist nunmehr durch Gl. (3.154) gegeben und die Indizierung der Lösungen durch **k**–Komponenten senkrecht zum Magnetfeld ist nicht mehr adäquat. Stattdessen führt das Feld zur *Landau–Quantisierung*. Ohne Berücksichtigung des Spins lässt sich der Hamilton–Operator aus Gl. (3.154) darstellen durch

$$\hat{H}_{\|} = \frac{m}{2}\hat{v}_z^2 \tag{3.347a}$$

und

$$\hat{H}_{\perp} = \frac{m}{2}(\hat{v}_x^2 + \hat{v}_y^2) \tag{3.347b}$$

für $\mathbf{B} = (0, 0, B_z)$. $\hat{\mathbf{v}} = (\hat{v}_x, \hat{v}_y, \hat{v}_z)$ ist der Geschwindigkeitsoperator. Mit dem Vektorpotential $\mathbf{A} = B(0, x, 0)$ und $\hat{\mathbf{v}} = (\hat{\mathbf{p}} - e\mathbf{A})/m$ erfüllt dieser folgende Vertauschungsrelationen:

$$[\hat{v}_x, \hat{v}_y] = i\frac{\hbar\omega_c}{m} , \tag{3.348a}$$

$$[\hat{v}_x, \hat{v}_z] = [\hat{v}_y, \hat{v}_z] = 0 , \tag{3.348b}$$

$$[\hat{z}, \hat{v}_z] = i\frac{\hbar}{m} . \tag{3.348c}$$

$\hat{v}_z$ und damit $\hat{H}_{\|}$ haben ein kontinuierliches Spektrum an Eigenwerten mit $E_{\|} = mv_z^2/2$. Die diskreten Energieeigenwerte von $\hat{H}_{\perp}$ entsprechen andererseits denen des harmonischen Oszillators aus Gl. (3.97): $E_{\perp} = (n+1/2)\hbar\omega_c$. Wie in Abb. 3.66 dargestellt, liegen die erlaubten Zustände im **k**–Raum auf konzentrischen *Landau–Röhren* mit dem energetischen Abstand $\Delta E_{\perp} = \hbar\omega_c$. Dieser beträgt für $B = 1\,\mathrm{T}$ etwa 10^{-4} eV. Entlang der Achse des Magnetfelds ist die Komponente des Wellenvektors nicht gequantelt. Im Ortsraum entsprechen die Trajektorien der Elektronen damit Spiralbahnen, wie ebenfalls in Abb. 3.66 dargestellt.

Der durch Gl. (3.347) gegebene Hamilton–Operator beschreibt offensichtlich den Fall freier Elektronen. Für diesen Fall haben die Landau–Röhren, wie in Abb. 3.66 dargestellt, einen zirkularen Querschnitt. Dieser entspricht Flächen konstanter Energie und die Elektronentrajektorien, projiziert auf die entsprechende Ebene, verlaufen tangential zu diesen Flächen. Die durch die Fermi–Umgebung des freien Elektronengases definierten Zustände im **k**–Raum kondensieren auf den Landau–Röhren, sobald $B \neq 0$ vorliegt. Die Röhren sind bei $T = 0$ für $E \leq E_F$ besetzt.

Für Kristallelektronen ist die Situation komplizierter, da Flächen konstanter Energie eine komplexere Geometrie haben. Dementsprechend ist der Querschnitt der Landau–Röhren nicht mehr zirkular und die Symmetrieachse im Allgemeinen nicht mehr parallel

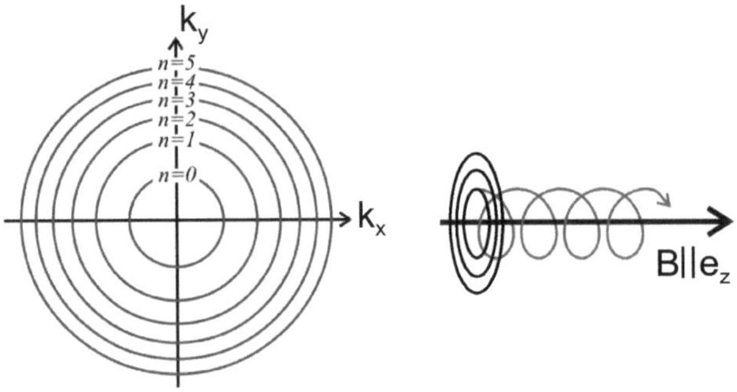

Abb. 3.66: Röhrenquerschnitte als Folge der Landau–Quantisierung eines freien Elektronengases und Elektronentrajektorie im Ortsraum.

zu **B**. Es treten *geschlossene* und *offene Bahnkurven* der Elektronen auf, je nachdem, ob innerhalb der Brillouin–Zone eine geschlossene Energiefläche $E(\mathbf{k}) = \text{const}$ vorliegt. Der Umlaufsinn der Elektronentrajektorien wird nach Gl. (3.346) durch die Richtung von $(\nabla_{\mathbf{k}} E(\mathbf{k}))_\perp$ bestimmt. Ist für ein gegebenes **B** der Umlaufsinn wie für ein freies Elektron, hierfür dargestellt in Abb. 3.66, so handelt es sich um eine *Elektronenbahn*. Bei entgegengerichtetem Umlauf, der, bezogen auf freie Teilchen, einer positiven Ladung entspräche, sprechen wir von *Lochbahnen*.

Bislang wurde insofern noch kein typisches Transportszenario betrachtet, als weder ein extern appliziertes elektrisches Feld gemäß Gl. (3.341) noch die Streuung von Elektronen explizit berücksichtigt wurden. Ein streng periodisches Gitterpotential gemäß Gl. (3.303) verursacht offensichtlich keinerlei Streuung von Elektronen, was aber streng nur in der gewählten Einteilchennäherung gilt. Die Bloch–Wellen oder –Wellenpakete sind in diesem Fall stationäre Lösungen der Schrödinger–Gleichung. Streuprozesse resultieren in der Einteilchennäherung durch Gitterdefekte gemäß Abb. 2.6, die örtlich und zeitlich fixiert sind, oder durch zeitlich variable Störungen der Periodizität in Form von *Phononen* [3.4]. Ein Vielteilchenansatz berücksichtigt a priori auch Elektron–Elektron–Wechselwirkungen. Diese spielen aber aufgrund des Pauli–Prinzips im vorliegenden Kontext keine Rolle: Der Wirkungsquerschnitt für die Elektron–Elektron–Wechselwirkung beträgt grob abgeschätzt $S_{ee} \approx (k_B T/E_F)^2 S_{ed}$, wobei S_{ed} der typischen Elektron–Defekt–Wechselwirkung entspricht [3.4]. Für $T = 1\,\text{K}$ und $E_F/k_B = 10^5\,\text{K}$ erhalten wir $S_{ee}/S_{ed} \approx 10^{-10}$! Dies impliziert die letztlich bereits im Zusammenhang mit der Focker–Planck–Gleichung (3.301c) gerechtfertigte Betrachtungsweise: Das Pauli–Prinzip führt dazu, dass Kirstallelektronen trotz ihrer a priori hohen Dichte in guter Näherung in einem Einteilchenansatz beschrieben werden können.

Zur Charakterisierung der Streuung von Elektronen im Einteilchensystem bedient man sich der *quantenmechanischen Störungsrechnung*. Dabei nimmt man an, dass Elektronen im nicht perfekt periodischen Kristall weiter im Wesentlichen durch die Bloch–Zustände gemäß Gl. (3.340) beschrieben werden und die Störungen zu kleinen Potentialdeformationen führen. Wenn der perfekte Kristall durch

$$\hat{H}|\mathbf{k}\rangle = E_{\mathbf{k}}|\mathbf{k}\rangle \tag{3.349a}$$

beschrieben wird, so setzt man für die Störung

$$(\hat{H} + \lambda\hat{h})|\mathbf{K}\rangle = \tilde{E}_{\mathbf{k}}|\mathbf{K}\rangle \tag{3.349b}$$

an. Die Potentialstörung wird also durch den *Störoperator* $\lambda\hat{h}$ mit $0 < \lambda \leq 1$ beschrieben. Die Eigenwerte und –zustände bei Vorliegen der Potentialstörung sind dann gegeben durch

$$\tilde{E}_{\mathbf{k}} = E_{\mathbf{k}} + \lambda\varepsilon_{\mathbf{k}}^{(1)} + \lambda^2\varepsilon_{\mathbf{k}}^{(2)} + \ldots \tag{3.350a}$$

und

$$|\mathbf{K}\rangle = |\mathbf{k}\rangle + \lambda|\delta\mathbf{k}^{(1)}\rangle + \lambda^2|\delta\mathbf{k}^{(2)}\rangle + \ldots\,. \tag{3.350b}$$

Je nach *Ordnung der Störungsrechnung* werden nun die Korrekturen, geordnet nach $\lambda, \lambda^2, \ldots$, bestimmt. Aus Kombination von Gl. (3.349) und (3.350) ergibt sich für die Störungsrechnung in erster Ordnung

$$\varepsilon_{\mathbf{k}}^{(1)} = \langle\mathbf{k}|\lambda\hat{h}|\mathbf{k}\rangle \tag{3.351a}$$

und

$$|\delta\mathbf{k}^{(1)}\rangle = \sum_{\mathbf{k}'\neq\mathbf{k}} \frac{\langle\mathbf{k}'|\lambda\hat{h}|\mathbf{k}\rangle}{E_{\mathbf{k}} - E_{\mathbf{k}'}}|\mathbf{k}'\rangle\,. \tag{3.351b}$$

Die Störung des Energieeigenwerts ergibt sich also als Diagonalmatrixelement des Störungsoperators $\lambda\hat{h}$ mit dem ungestörten Zustand $|\mathbf{k}\rangle$. Die Störung des Zustands wiederum ergibt sich aus einer Entwicklung nach ungestörten Zuständen mit Entwicklungskoeffizienten, welche die nicht diagonalen Matrixelemente des Störoperators beinhalten. Entsprechend lassen sich die Störterme zweiter und höherer Ordnung ableiten [3.2]. Bezüglich der Gültigkeit und Güte von Gl. (3.351) muss noch festgestellt werden, dass die Näherung erster Ordnung nur für $|\langle\mathbf{k}'|\lambda\hat{h}|\mathbf{k}\rangle| \ll |E_{\mathbf{k}} - E_{\mathbf{k}'}|$ befriedigend ist. Bei Vorliegen von Entartung, $E_{\mathbf{k}} = E_{\mathbf{k}'}$, muss die Störungsrechnung modifiziert werden [3.2].

Im Fall der Streuung von Elektronen an Kristalldefekten möge nun $\hat{H}_S \equiv \lambda\hat{h}$ die Potentialstörung beschreiben. Nehmen wir an, eine örtlich und zeitlich fixierte Potentialstörung streut das Elektron von einem Bloch–Zustand $|\Psi_{\mathbf{k}}\rangle$ gemäß Gl. (3.340) in einen anderen Zustand $|\Psi_{\mathbf{k}'}\rangle$. Die Wahrscheinlichkeit hierfür ist durch das *Streumatrixelement* gegeben: $P_{\mathbf{k}'\mathbf{k}} \sim |\langle\mathbf{k}'|\hat{H}_S|\mathbf{k}\rangle|^2$. Wie auch im Fall der Tunnelmatrixelemente in Gl. (3.338) und Gl. (3.173) bestimmen hier die Streumatrixelemente die Kopplung zwischen zwei Zuständen $|\mathbf{k}\rangle$ und $|\mathbf{k}'\rangle$ und damit die Übergangswahrscheinlichkeit und Transferrate. Berücksichtigt man, dass es sich bei $|\mathbf{k}\rangle$ und $|\mathbf{k}'\rangle$ um Bloch–Zustände gemäß Gl. (3.304b) handelt, so gilt

$$\langle\mathbf{k}'|\hat{H}_S|\mathbf{k}\rangle = \int d^3r u^*_{\mathbf{k}'}(\mathbf{r})\hat{H}_S u_{\mathbf{k}}(\mathbf{r}) \exp(i[\mathbf{k}-\mathbf{k}']\cdot\mathbf{r}) \,. \tag{3.352}$$

Wenn nur $\hat{H}_S$ zeitlich kontant ist, wie es für ortsfeste Kristalldefekte gegeben ist, so lässt sich zeigen [3.4], dass nur elastische Streuung auftreten kann: $E(\mathbf{k}') - E(\mathbf{k}) = 0$. Wenn hingegen $\hat{H}_S(\mathbf{r}, t)$ die Streuung an Phononen beschreibt, so ist die Streuung inelastisch: $E(\mathbf{k}') - E(\mathbf{k}) = \hbar\omega(\mathbf{q})$. Dabei ist $\mathbf{q}$ der Wellenvektor des Phonons. In diesem Fall gilt $\hat{H}_S \sim \exp(i\mathbf{q}\cdot\mathbf{r})$. Das Streumatrixelement ist dann durch $\langle\mathbf{k}'|\exp(i\mathbf{q}\cdot\mathbf{r})|\mathbf{k}\rangle$ gegeben. Da $u_{\mathbf{k}}(\mathbf{r})$ Gitterperiodizität besitzt und gemäß Gl. (3.304c) nach reziproken Gittervektoren Fourier–entwickelt werden kann, erfordert ein Nichtverschwinden des Streumatrixelements in diesem Fall $\mathbf{k}' - \mathbf{k} = \mathbf{q} + \mathbf{G}$, also *Impulserhaltung*. Der Impuls der Kristallelektronen ist dabei im Gegensatz zu demjenigen freier Elektronen nur bis auf $\hbar\mathbf{G}$ definiert. Im thermodynamischen Gleichgewicht, das heißt bei homogener Temperatur und Abwesenheit äußerer Felder, ist die energetische Verteilung der Elektronen auf die besetzbaren Zustände durch die Fermi–Verteilung $f(E(k))$ aus Gl. (3.258) gegeben. Im Falle des elektronischen Transports unter dem Einfluss von äußeren Feldern und Streuprozessen werden wir im Allgemeinen eine zeitlich–räumlich variierende Verteilung $f(\mathbf{r}, \mathbf{k}, t)$ haben, die es im Folgenden gilt zu ermitteln.

In externen Feldern sind die auf ein Elektron einwirkenden Kräfte durch Gl. (3.341) gegeben. Fassen wir die Wirkung des elektrischen und magnetischen Felds in Form der Kraft $\mathbf{F} = \hbar d\mathbf{k}/dt = -e(\boldsymbol{\mathcal{E}} + \mathbf{v} \times \mathbf{B})$ zusammen, so muss gelten

$$f(\mathbf{r}, \mathbf{k}, t) = f(\mathbf{r} - \mathbf{v}dt, \mathbf{k} - (\mathbf{F}/\hbar)dt) + \left(\frac{\partial f}{\partial t}\right)_S dt \,. \tag{3.353a}$$

Dies resultiert aus der offensichtlichen Notwendigkeit, dass ein durch $\mathbf{r}, \mathbf{k}, t$ gegebener Zustand aus einem Zustand zum Zeitpunkt $t - dt$ mit entsprechend modifiziertem Ort und Wellenvektor resultiert sowie als Folge zwischenzeitlich aufgetretener Streuprozesse. In erster Ordnung in dt ergibt das die *Boltzmannsche Transportgleichung*

$$\frac{\partial f}{\partial t} = -\mathbf{v}\cdot\nabla f + \frac{e}{\hbar}(\boldsymbol{\mathcal{E}} + \mathbf{v} \times \mathbf{B})\cdot\nabla_{\mathbf{k}} f + \left(\frac{\partial f}{\partial t}\right)_S \,. \tag{3.353b}$$

Der Streuterm lässt sich mittels der im Wesentlichen durch die Streumatrixelemente $\langle \mathbf{k}' | \hat{H}_S | \mathbf{k} \rangle$ aus Gl. (3.352) gegebenen Streuwahrscheinlichkeit $P_{\mathbf{k}'\mathbf{k}}$ quantifizieren:

$$\left(\frac{\partial f(\mathbf{k})}{\partial t} \right)_S \sim \int d\mathbf{k}' \{ [1 - f(\mathbf{k})] P_{\mathbf{k}\mathbf{k}'} f(\mathbf{k}') - [1 - f(\mathbf{k}')] P_{\mathbf{k}'\mathbf{k}} f(\mathbf{k}) \} \,. \quad (3.354)$$

Damit wird die Boltzmann–Gleichung zu einer komplizierten Integro–Differentialgleichung zur Ermittlung der Ungleichgewichtsverteilung $f(\mathbf{r}, \mathbf{k}, t)$.

Für viele relevante Fälle kann die Boltzmann–Gleichung allerdings linearisiert und der Streuterm genähert werden:

$$\left(\frac{\partial f(\mathbf{k})}{\partial t} \right)_S = - \frac{f(\mathbf{k}) - f_0(\mathbf{k})}{\tau(\mathbf{k})} \,. \quad (3.355)$$

$\mathbf{k}$ repräsentiert wiederum den Schwerpunkt der Partialwellen des Wellenpakets für das betrachtete Elektron. $f_0(\mathbf{k})$ ist die Verteilung der Elektronen im thermodynamischen Gleichgewicht bei Abwesenheit äußerer Felder. $f(\mathbf{k})$ ist die Ungleichgewichtsverteilung bei Anwesenheit äußerer Felder, die in einer Zeit $\tau(\mathbf{k})$ nach Abschalten der Felder durch Streuung in $f_0(\mathbf{k})$ relaxiert. Im Falle einer stationären Verteilung, die zudem ortsunabhängig ist, ergibt sich aus Gl. (3.353) die *linearisierte Boltzmann–Gleichung*

$$f(\mathbf{k}) = f_0 \left(\mathbf{k} + \frac{e}{\hbar} \tau(\mathbf{k}) \boldsymbol{\mathcal{E}} \right) = f_0(\mathbf{k}) + e \frac{\partial f_0(\mathbf{k})}{\partial E} \tau(\mathbf{k}) \mathbf{v}(\mathbf{k}) \cdot \boldsymbol{\mathcal{E}} \,. \quad (3.356)$$

Es ist offensichtlich, dass nur ohmsche Beiträge zur Leitfähigkeit berücksichtigt sind und Effekte des Magnetfelds verschwinden. Die stationäre Ungleichgewichtsverteilung $f(\mathbf{k})$ aus Gl. (3.356) ist durch eine um $e\tau\mathcal{E}/\hbar$ verschobene Gleichgewichtsverteilung $f_0(\mathbf{k})$ gegeben.

Der Leitfähigkeitstensor $\underline{\underline{\sigma}}$ ergibt sich aus dem Ohmschen Gesetz:

$$\mathbf{j} = \underline{\underline{\sigma}} \boldsymbol{\mathcal{E}} \,. \quad (3.357)$$

Die Stromdichte resultiert gemäß Gl. (3.344) durch Integration über alle besetzten Zustände der ersten Brillouin–Zone oder durch Integration über alle Zustände, gewichtet mit ihrer Besetzungswahrscheinlichkeit:

$$\begin{aligned} \mathbf{j} &= - \frac{e}{8\pi^3} \int\limits_{1.BZ} d^3k \mathbf{v}(\mathbf{k}) f(\mathbf{k}) \\ &= - \frac{e^2}{8\pi^3} \int\limits_{1.BZ} d^3k \frac{\partial f_0}{\partial E} \tau(\mathbf{k}) \mathbf{v}(\mathbf{k}) [\mathbf{v}(\mathbf{k}) \cdot \boldsymbol{\mathcal{E}}] \,. \end{aligned} \quad (3.358a)$$

Mit $\partial f_0/\partial E \approx -\delta(E-E_F)$ und $d^3k = dS_E dk_\perp = dS_E/|\nabla_{\mathbf{k}}E| = dS_E dE/(\hbar v(k))$ ergibt sich

$$\mathbf{j} = \frac{e^2}{8\pi^3\hbar} \int\limits_{E=E_F} dS_E \tau(\mathbf{k})[\mathbf{v}(\mathbf{k})\cdot\boldsymbol{\mathcal{E}}]\mathbf{e}_\mathbf{v}\ . \tag{3.358b}$$

$\mathbf{e}_\mathbf{v}$ ist hier der Einheitsvektor in Richtung von $\mathbf{v}(\mathbf{k})$. Aus Gl. (3.358b) lassen sich sofort die Komponenten von $\underline{\underline{\sigma}}$ ableiten. Für isotrope und kubische Materialien wird $\underline{\underline{\sigma}}$ ein Skalar:

$$\sigma = \frac{e^2}{8\pi^3\hbar} \int\limits_{E=E_F} dS_E \frac{v_{\boldsymbol{\mathcal{E}}}^2(\mathbf{k})}{v(\mathbf{k})}\tau(\mathbf{k})\ , \tag{3.359a}$$

wobei $\mathbf{v}_{\boldsymbol{\mathcal{E}}}(\mathbf{k})$ die Geschwindigkeitskomponente in Richtung von $\boldsymbol{\mathcal{E}}$ ist. $\mathbf{v}(\mathbf{k})$ und $\tau(\mathbf{k})$ variieren über die gesamte Fermi–Oberfläche $E = E_F$. Für quasifreie Elektronen mit parabelförmiger Dispersionsrelation ergibt sich die einfache Relation

$$\sigma = \frac{e^2\tau(E_F)k_F^3}{3\pi^2 m^*}\ . \tag{3.359b}$$

3.6.3 Transport in nanoskaligen Systemen

Für einen makroskopischen Leiter ergibt sich der Leitwert mit der Leitfähigkeit σ aus Gl. (3.359a) zu $G = \sigma F/L$, wenn F die Querschnittsfläche und L die Länge charakterisieren. Mit den Methoden der Nanotechnologie lassen sich leitfähige Strukturen so weit in ihren Abmessungen reduzieren, dass das ohmsche Gesetz in der Form $I = GV$, resultierend aus Gl. (3.357) durch Berücksichtigung eines Geometriefaktors, nicht mehr anwendbar ist. Eine sehr vielfältig einsetzbare Anordnung, mit der man quasi die relevanten geometrischen Eigenschaften bis hin in den atomaren Bereich durchstimmen kann, ist der *mechanisch kontrollierbare Bruchkontakt (mechanically controllable break junction, MCBJ)*, wie in Abb. 3.67 dargestellt. Andere Möglichkeiten, durchstimmbare geometrische Eigenschaften mit simultaner Messung der elektrischen Leitfähigkeit zu realisieren, bestehen in der Verwendung zweidimensionaler Elektronengase in Halbleiterheterostrukturen oder in der Nutzung des Sonde–Probe–Punktkontakts in einem Rastertunnelmikroskop.

Rudimentär kann bereits aus den in Abschn. 3.3.1 angestellten einfachsten Überlegungen darauf geschlossen werden, dass der Leitwert einer Konstriktion, wie in Abb. 3.67 sichtbar, nicht einfach durch einen Geometriefaktor und die Leitfähigkeit des verwendeten Materials gegeben sein kann, wenn sie hinreichend klein ist. Für einen Quantendraht wurde die für freie Elektronen maßgebliche Wellenfunktion in Gl. (3.69) angegeben. k_y

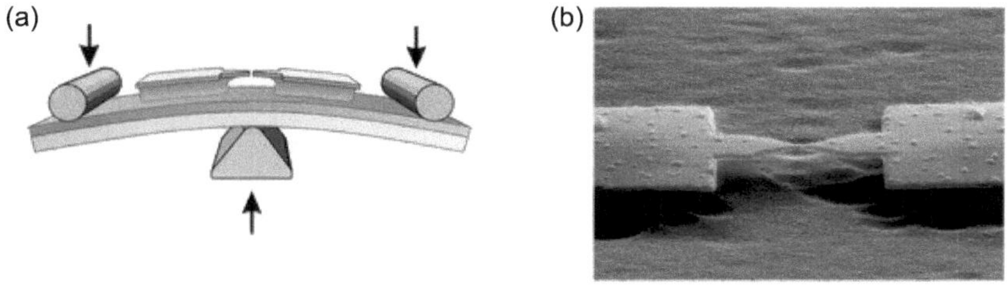

Abb. 3.67: *Mechanisch kontrollierbarer Bruchkontakt. (a) Schematische Darstellung der Funktionsweise. (b) Freitragende Aluminiumnanobrücke. Schichtdicke und Breite der Konstriktion betragen 100 nm [3.83].*

und k_z indizieren die erlaubten Moden senkrecht zur Stromrichtung, entlang derer keine Quantisierungsbedingung besteht. Wird jetzt eine Verjüngung des Quantendrahts in y– und z–Richtung durch $t(x)$ beschrieben, so ist die Schrödinger–Gleichung für die Wellenfunktionskomponente in Stromrichtung gegeben durch

$$\frac{\hbar^2}{2m}\left[-\frac{\partial^2}{\partial x^2}+\left(\frac{\pi}{t(x)}\right)^2\left(n_y^2+n_z^2\right)\right]\varphi_x = E\varphi_x\ . \tag{3.360}$$

Es liegt damit ein typisches eindimensionales *Streuproblem* vor: Ein Teilchen der Energie E trifft auf eine Potentialbarriere $U_{n_y n_z}(x)$, deren Höhe am größten an der schmalsten Stelle $t(x) = t_0$ der Konstriktion ist. Außerdem hängt die Barrierenhöhe quadratisch von $n^2 = n_x^2 + n_z^2$ ab.

Zur Behandlung des Streuproblems werden durch $|n, k_x\rangle$ und $|n, -k_x\rangle$ gegebene Zustände betrachtet, die Elektronen in longitudinalen Richtungen und mit kontinuierlich verteilten kinetischen Energien $(\hbar k_x)^2/(2m)$ repräsentieren. Gegenüber diesen Elektronen weist die Barriere, ähnlich wie für den Tunneleffekt in Gl. (3.29) bis Gl. (3.32) spezifiziert, Transmissionskoeffizienten $T_n(k_x)$ und Reflexionskoeffizienten $R_n(k_x) = 1 - T_n(k_x)$ auf. Für diese gilt $T_n(k_x) \to 0$ für $\pi n/t_0 \gg k_x$ und $T_n(k_x) \to 1$ für $\pi n/t_0 \ll k_x$. Beim festkörperbasierten Transport quasifreier Elektronen ist die kinetische Energie durch die Fermi–Energie gegeben. Aus der Transmissionsbedingung $E_F \gg U(t_0)$ folgt $n^2 \ll 2m^* E_F t_0/(\pi\hbar)$. Bei Verkleinerung der Konstriktion tragen immer weniger durch n spezifizierte Moden zum Leitwert des Kontakts bei, bis schließlich der Leitwert für $t_0 \lesssim \pi\hbar/(2m^* E_F)$ verschwindet. Ein solches Verhalten wird qualitativ in entsprechenden Experimenten tatsächlich beobachtet [3.173].

Die bisherige Betrachtung des elektronischen Transports in niedrigdimensionalen Leitern und Konstriktionen berücksichtigt nicht die in Abschn. 3.6.2 diskutierten Spezifika des festkörperbasierten elektronischen Transports. Je nach charakteristischer Größe des nanoskaligen Systems können verschiedene Transportregime unterschieden werden. Referenzgrößen für die Systemabmessungen L sind dabei die *mittlere freie Weglänge* l der Kristallelektronen und die *Phasenkohärenzlänge* l_φ. Die elastische mittlere freie Weglänge ergibt sich aus der Stoß– oder Relaxationszeit $\tau(\mathbf{k}_F)$, die in Gl. (3.355) eingeführt wurde: $l = v_F\tau = \hbar k_F\tau/m^*$. Ist $l \ll L$, so wird das Transportregime als *diffusiv* bezeichnet und vollumfänglich durch den Formalismus aus Abschn. 3.6.2 beschrieben. $l > L$ definiert hingegen das *ballistische* Regime. Je nach Detaillierungsgrad der Diskussion sind die elastische und inelastische mittlere freie Weglänge oder die mittlere freie Weglänge für Elektron–Elektron–Wechselwirkungen zu unterscheiden. Die Phasenkohärenzlänge bezeichnet die mittlere Strecke, über die ein Elektron interferenzfähig bleibt. Elastische Streuung zerstört nicht die Phasenkohärenz, während alle inelastischen Prozesse dies tun. Das *mesoskopische* Transportregime ist definiert durch $l_\varphi > L$.

Betrachten wir zunächst einen Quantendraht im ballistischen Regime. In diesem Fall ist die Zustandsdichte durch Gl. (3.262) gegeben. Gemäß Abb. 3.50(c) zeigt die elektronische Zustandsdichte zahlreiche scharfe Maxima, die durch die Subbänder definiert sind, in denen eindimensionaler Transport stattfindet. Die Berechnung des Leitwerts eines eindimensionalen Kanals kann in einfacher Weise ermittelt werden. Für die Differenz der chemischen Potentiale am linken und rechten Ende des Quantendrahts gilt $\mu_1 - \mu_2 = \mathrm{eV}$. Der Strom für das durch n indizierte Subband ergibt sich damit zu

$$I = -e \int_{\mu_2}^{\mu_1} \varrho_1^{(n)}(E) v^{(n)}(E) dE \, . \tag{3.361}$$

Mit der Gruppengeschwindigkeit nach Gl. (3.308) und $\varrho_1^{(n)}(E) = 1/(2\pi dE^{(n)}/dk)$ pro Spinrichtung ergibt sich für den Leitwert

$$G_Q = \frac{e^2}{h} \, . \tag{3.362}$$

Dieses Leitwertquantum entspricht dem Widerstandsquantum $R_Q = 1/G_Q$ aus Gl. (3.46). Bei Berücksichtigung beider Spinrichtungen beträgt die Leitwertquantisierung eines Nanodrahts $2e^2/h$. Dies wurde an einer ganzen Reihe von Systemen beobachtet [3.173]. Besonders elegant ist die Realisierung von kurzen Quantendrähten oder Konstriktionen in ALGaAs/GaAs–Heterosystemen. Ein Beispiel für eine vergleichsweise komplexe Anordnung zeigt Abb. 3.68(a). An dieser Anordnung lässt sich die Leitwertquantisierung sehr deutlich beobachten.

In einer detaillierten Analyse lässt sich das Ergebnis in Gl. (3.362) aus der Boltzmannschen Transportgleichung für den ballistischen Fall ableiten. Bei Abwesenheit elektronischer Streuprozesse ergibt sich aus Gl. (3.353b)

$$\mathbf{v} \cdot \nabla f + \frac{e}{\hbar}(\boldsymbol{\mathcal{E}} + \mathbf{v} \times \mathbf{B}) \cdot \nabla_{\mathbf{k}} f = 0 \, . \tag{3.363}$$

Fernab von der eindimensionalen Konstriktion entspricht die Ungleichgewichtsverteilung $f(\mathbf{r}, \mathbf{k})$ der Fermi–Verteilung $f_0(\mathbf{k})$ mit den chemischen Potentialen μ_1 und μ_2 für

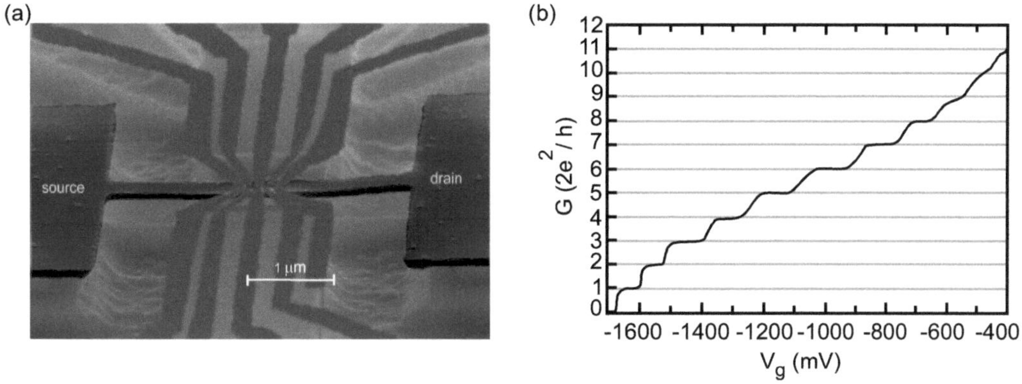

Abb. 3.68: *(a) AlGaAs/GaAs–Heterosystem als freitragender Balken mit Split–Gate–Anordnung. (b) In Abhängigkeit von der Gatespannung ändert sich die Leitfähigkeit des Balkens in diskreten Schritten, die dem Leitwertquantum entsprechen [3.85].*

die beiden Elektroden. Die Potentialdifferenz $V = |\mu_2 - \mu_1|/e$ wird vollständig in kinetische Energie der Elektronen konvertiert, die ballistisch durch den Kontakt „geschossen" werden. Der Strom resultiert aus der Differenz der Fermi–Verteilungen in der linken und rechten Elektrode. Nach Gl. (3.358a) erhält man für den eindimensionalen Fall

$$I = -\frac{e}{2\pi}\int dk\, v\,(f_1(k) - f_2(k))\,. \tag{3.364a}$$

Mit $\varrho_1(E) = 1/(\hbar v)$ resultiert daraus

$$I = \frac{e}{h}\int dE\,(f_2(E) - f_1(E))\,. \tag{3.364b}$$

Für $T = 0$ sind f_2 und f_1 gemäß Abb. 3.51(a) Stufenfunktionen und die Integration liefert eV, woraus das Ergebnis in Gl. (3.362) resultiert.

Im Gegensatz zu dem durch Gl. (3.360) spezifizierten Fall wurde bei Ableitung der Gleichungen (3.361) bis (3.364) zwar festkörperbasierter elektronischer Transport, nicht jedoch eine streuende Potentialbarriere im Kontakt berücksichtigt. Eine verallgemeinernde Diskussion der Verhältnisse erlaubt der von *R. Landauer* (1927 - 1999) und *M. Büttiker* abgeleitete Formalismus [3.86]. Der Ansatz bescheibt insbesondere typische Transportexperimente an mesoskopischen Systemen auf eine sehr elegante Weise. Bei solchen Experimenten ist eine Konstriktion oder ein Punktkontakt im Allgemeinen mit makroskopischen Elektroden durch eine Anzahl von elektrischen Leitern verbunden, was es ermöglicht, Stöme zu injizieren und Potentialdifferenzen zu fixieren. Die Elektroden wirken als ideale Reservoire für Elektronen und befinden sich bei wohldefinierter Temperatur im thermodynamischen Gleichgewicht. Der Streuansatz von Landauer und

Büttiker hat zum Ziel, die Transporteigenschaften – namentlich den Leitwert – aus den Transmissions– und Reflexionseigenschaften des Kontakts abzuleiten. Hierzu wird die Einzelelektronennäherung wie bisher auch verwendet und für den Kontakt und die Leiter Phasenkohärenz angenommen. Inelastische elektronische Streuprozesse bleiben auf die Elektroden beschränkt. Eine entsprechende Zweidrahtanordnung zeigt Abb. 3.69.

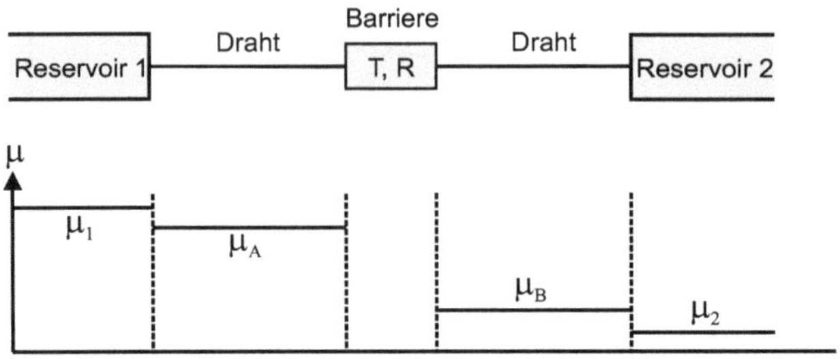

Abb. 3.69: *Modell eines Zweidrahtsystems zur Beschreibung des ballistischen Transports durch einen Punktkontakt. Der Kontakt wird durch eine Barriere mit dem Transmissionskoeffizienten T und dem Reflexionskoeffizienten R repräsentiert. Die Zuleitungsdrähte werden als ideale Quantendrähte angenommen, die Elektroden als Reservoire im thermischen Gleichgewicht. Der untere Teil der Abbildung zeigt den Verlauf des chemischen Potentials entlang der Anordnung.*

Die Quantendrähte sind dadurch gekennzeichnet, dass in longitudinaler Richtung die elektronischen Zustände durch ebene Wellen vom Typ $\Psi(x) = \exp(\pm i[kx - \omega t])/\sqrt{L}$ gegeben sind, wobei L hier die Drahtlänge quantifiziert. In den transversalen Richtungen liegt Quantisierung vor. Die entsprechenden Moden seien wie in Gl. (3.360) durch n indiziert. Ein von links injiziertes Elektron, gegeben durch den Zustand $|n, k_n^{(1)}\rangle$, wird mit einer Transmissionsamplitude τ_{nm} die Barriere passieren und sich danach im Zustand $|m, k_m^{(2)}\rangle$ befinden. Diese Annahme berücksichtigt explizit das Mischen von Moden: $n \to m$. Eine Reflexion an der Barriere würde zum Zustand $|m, -k_m^{(1)}\rangle$ führen und mit einer Reflexionsamplitude ϱ_{nm} auftreten. Entsprechend gilt für die Transformation der Zustände von rechts injizierter Elektronen $|n, -k_n^{(2)}\rangle \to |m, -k_m^{(1)}\rangle$ mit der Transmissionsamplitude τ_{nm} und $|n, -k_n^{(2)}\rangle \to |m, k_m^{(2)}\rangle$ mit der Reflexionsamplitude ϱ_{nm}. Hierbei haben wir die durch Gl. (3.80) gegebene Symmetrie des Streuprozesses vorausgesetzt.

Ähnlich der Transmissionsmatrix in Gl. (3.79) lässt sich das Problem hier zusammenfassend durch eine *Streumatrix*

$$\underline{\underline{S}} = \begin{pmatrix} \underline{\underline{s_{11}}} & \underline{\underline{s_{12}}} \\ \underline{\underline{s_{21}}} & \underline{\underline{s_{22}}} \end{pmatrix} \equiv \begin{pmatrix} \underline{\underline{\varrho}} & \underline{\underline{\tau}}' \\ \underline{\underline{\tau}} & \underline{\underline{\varrho}}' \end{pmatrix} \tag{3.365}$$

beschreiben. Die Elemente $\underline{\underline{s_{ij}}}$ von $\underline{\underline{S}}$ sind dabei ihrerseits Matrizen, deren Komponenten $(s_{ij})_{nm}$ das Verhältnis zwischen einlaufenden Zuständen des Leiters i in der Mode n und auslaufenden des Leiters j in der Mode m quantifizieren. In zweiter Quantisierung führen wir jetzt Erzeugungs– und Vernichtungsoperatoren $\hat{a}^\dagger_{ni}(E)$ und $\hat{a}_{ni}(E)$ ein, die ein einlaufendes Elektron in der Mode n im Leiter i mit der Energie E erzeugen oder vernichten. $\hat{b}^\dagger_{ni}(E)$ und $\hat{b}_{ni}(E)$ beschreiben die entsprechenden Operatoren für auslaufende Zustände. Entsprechend gilt für die Operatoren

$$\hat{b}_{ni} = \sum_m (s_{ij})_{nm} \hat{a}_{mj} \, . \tag{3.366}$$

Die Fermi–Verteilungen $f_i(E)$ in den Elektroden diktieren die Population der einzelnen Moden:

$$\langle \hat{a}^\dagger_{ni}(E) \hat{a}_{mj}(E) \rangle = \delta_{nm} \delta_{ij} f_i(E) \, . \tag{3.367}$$

Aufgrund des Ungleichgewichts in der Population einlaufender und auslaufender Zustände der Mode n ist der aus dieser Mode im Leiter i resultierende Strom

$$I_{ni} = -\frac{e}{h} \int\limits_{-\infty}^{\infty} dE \left(\langle \hat{a}^\dagger_{ni}(E) \hat{a}_{ni}(E) \rangle - \langle \hat{b}^\dagger_{ni}(E) \hat{b}_{ni}(E) \rangle \right) \, . \tag{3.368a}$$

Mit Gl. (3.365) und Gl. (3.366) ergibt sich daraus

$$\begin{aligned} I_{ni} = -\frac{e}{h} \int\limits_{-\infty}^{\infty} dE \Bigg[\left(1 - \sum_m |\varrho_{nm}(E)|^2 \right) f_i(E) \\ - \sum_{j \neq i} \sum_m |\tau_{nm}(E)|^2 f_j(E) \Bigg] \, . \end{aligned} \tag{3.368b}$$

Der Strom, beispielsweise in Draht 1, ergibt sich durch Berücksichtigung aller Moden n:

$$I_1 = -\frac{e}{h} \int\limits_{-\infty}^{\infty} dE \{ [N(E) - R_{11}(E)] \, f_1(E) - T_{12}(E) f_2(E) \} \, . \tag{3.369}$$

N bezeichnet die Gesamtzahl der Moden in Draht 1 und R_{11} sowie T_{12} als Gesamtreflexions– und Gesamttransmissionskoeffizienten sind gegeben durch

$$R_{11} = Sp\left(\underline{\underline{\varrho}}^\dagger \underline{\underline{\varrho}}\right) . \tag{3.370a}$$

Entsprechend gilt

$$T_{12} = Sp\left(\underline{\underline{\tau}}^\dagger \underline{\underline{\tau}}\right) . \tag{3.370b}$$

Ladungserhaltung führt dazu, dass die Streumatrix aus Gl. (3.365) unitär ist: $\underline{\underline{\varrho}}^\dagger \underline{\underline{\varrho}} + \underline{\underline{\tau}}^\dagger \underline{\underline{\tau}} = \underline{\underline{1}}$. Damit wiederum erhält man für die Anzahl N der Moden in Draht 1 $N = T_{12} + R_{11}$. Es kann nun Gl. (3.369) vereinfacht werden zu

$$I_1 = \frac{e}{h} \int_{-\infty}^{\infty} dE (f_2(E) - f_1(E)) T_{12} . \tag{3.371a}$$

Dies führt unmittelbar auf den Leitwert

$$G = \frac{e^2}{h} \int_{-\infty}^{\infty} dE \frac{\partial f}{\partial E} T_{12}(E) , \tag{3.371b}$$

was bei der Temperatur $T = 0$ zu

$$G = G_Q T_{12}(E_F) \tag{3.371c}$$

führt.

Wird durch Variation der Gatespannung in der in Abb. 3.68(a) gezeigten Anordnung die Beschaffenheit der Konstriktion eines zweidimensionalen Elektronengases geändert, so lässt sich gezielt die Modenpopulation und damit stufenweise T_{12} in Gl. (3.371c) ändern. Das Resultat ist der stufenartige Anstieg von G in G_Q–Quanten, wie in Abb. 3.68(b) sichtbar. Ähnliche Resultate werden auch mit den in Abb. 3.67 gezeigten Bruchkontakten und mit tunnelmikroskopischen Anordnungen an metallischen Systemen beobachtet [3.85]. Im Zusammenhang mit dem Aharonov–Bohm–Effekt, beobachtet an Kohlenstoffnanoröhrchen in Abb. 3.55, wurde bereits darauf hingewiesen, dass geeignete Röhrchen ebenfalls ballistischen elektronischen Transport aufweisen. Auch an mehrwandigen Röhrchen wurde eine Quantisierung des Leitwerts nachgewiesen [3.87].

Der obige Landauer–Formalismus lässt sich sowohl für Kontakte mit mehreren Verbindungen [Abb. 3.70 (a)] als auch für Quantendrähte mit mehreren Streuzentren

[Abb. 3.70(b) und (c)] verallgemeinern. Dazu betrachten wir zunächst die Eigenschaften der Streumatrix in Gl. (3.365), bzw. die Eigenschaften der in ihr enthaltenen Blockmatrizen, genauer. Nach Gl. (3.371c) lässt sich der Leitwert G in linearer Näherung nach Gl. (3.370b) aus den Koeffizienten τ_{nm} der Transmissionsmatrix $\underline{\underline{\tau}}$, welche die auslaufende Amplitude in Mode m und Draht 2 für eine einlaufende Einheitsamplitude in Mode n und Draht 1 quantifizieren, berechnen. Im Allgemeinen ist $\underline{\underline{\tau}}$ eine $N \times M$–Matrix und nicht unbedingt quadratisch. Hingegen ist $\underline{\underline{\tau}}^\dagger$ immer eine $N \times N$–Matrix. Stromerhaltung impliziert, dass $T_{12} = T_{21} = Sp(\underline{\underline{\tau}}'^\dagger \underline{\underline{\tau}}')$. Diese Symmetrie spiegelt die Zeitumkehrsymmetrie der Schrödinger–Gleichung wider, die erfordert, dass $\tau_{nm} = \tau'^*_{nm}$ gilt. Als Spur einer Hermiteschen Matrix besitzt T_{12} zudem einige Invarianzeigenschaften. So sind die Eigenwerte des entsprechenden Operators $\hat{\tau}^\dagger\hat{\tau}$ reell. Ferner existiert ein unitärer Operator $\hat{U}$, für den die Transformation $\hat{U}^{-1}\hat{\tau}^\dagger\hat{\tau}\hat{U}$ zu einer Diagonalisierung führt. Wegen der Unitarität der Streumatrix $\underline{\underline{S}}$ sollte dann selbiges gleichzeitig auch für $\hat{U}^{-1}\hat{\varrho}^\dagger\hat{\varrho}\hat{U}$ gelten.

Die Eigenwerte von $\hat{\tau}^\dagger\hat{\tau}$ und $\hat{\varrho}^\dagger\hat{\varrho}$ werden als *Eigenkanäle* bezeichnet. Diese entsprechen einer bestimmten Linearkombination einlaufender Moden, die invariant gegenüber den Reflexionsbedingungen der Barriere ist. In der Basis dieser Eigenkanäle ist die Lösung des Transportproblems in Gl. (3.371c) einfach eine Superposition unabhängiger Einzelmodenprobleme ohne jede Kopplung:

$$G = G_Q \sum_\nu t_\nu \,, \tag{3.372}$$

mit den Eigenkanälen $0 \le t_\nu \le 1$ von $\hat{\tau}^\dagger\hat{\tau}$.

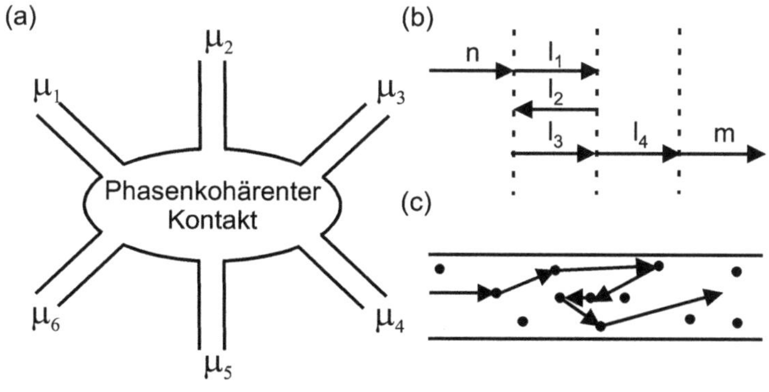

Abb. 3.70: *(a) Phasenkohärenter Kontakt mit sechs idealen Quantendrähten. (b)Feynman–Pfad zwischen der Mode n in Leiter 1 und der Mode m in Leiter 2 bei mehreren Streuzentren. (c)Feynman–Pfad im Realraum.*

Gemäß Abb. 3.70(a) kann ein Kontakt mit mehreren Quantendrähten verbunden sein. Dies ist beispielsweise bei Vierpunktmessungen der Fall, mit denen Potentialdifferenzen über einer Probe gemessen werden. Das chemische Potential der Elektrode p sei gegeben durch $\mu_p = E_F + eV_p$. Der Strom im Draht p ist dann gegeben durch

$$I_p = -\frac{e}{h} \sum_{q \neq p} \int_{-\infty}^{\infty} dE \, [T_{pq}(E) f_p(E) - T_{qp}(E) f_q(E)] \, . \tag{3.373}$$

T_{pq} und T_{qp} sind die Gesamtstreuwahrscheinlichkeiten von p nach q und umgekehrt, die sich bei Berücksichtigung aller involvierten Moden oder Eigenkanäle ergeben. Mit $T_{pq} = T_{qp}$ erhält man

$$I_p = -\frac{e}{h} \sum_{q \neq p} \int_{-\infty}^{\infty} dE \, T_{pq} [f_p(E) - f_q(E)] \, . \tag{3.374}$$

Für $T = 0$ resultiert daraus

$$G_{pq} = G_Q T_{pq}(E_F) \, , \tag{3.375}$$

was einer Verallgemeinerung von Gl. (3.371c) entspricht.

Ein experimentell wichtiger Fall besteht darin, dass Leiter p zur Messung der Potentialdifferenz über den Kontakt genutzt wird. Dann ist $I_p = 0$ und

$$V_p = \frac{\sum\limits_{q \neq p} G_{pq} V_q}{\sum\limits_{q \neq p} G_{pq}} \, . \tag{3.376}$$

Das an einer offenen Elektrode p gemessene Potential V_p entspricht also dem mit den Leitwerten gewichteten Mittel aller anderen Potentiale.

Experimentell relevante Szenarien des ballistischen Transports bestehen darin, dass wie in Abb. 3.70(c) im Kontakt– oder Konstriktionsbereich mehrere Streuzentren vorhanden sind. Das Landauer–Modell lässt sich diesbezüglich problemlos erweitern. Jedes Streuzentrum kann den elektronischen Zustand in jede verfügbare Mode transmittieren oder reflektieren. In Abb. 3.70(b) ist ein Beispiel gezeigt, bei dem eine einlaufende Mode n zunächst sequentiell in die Moden l_1 bis l_4 gestreut wird, bevor die auslaufende Mode m vorliegt. Ein solcher Verlauf bei Mehrfachstreuung wird auch als *Feynman–Pfad* bezeichnet. Die Transmissionsamplitude τ_{nm} von Mode n in Leiter 1 in Mode m in Leiter 2 setzt sich nunmehr aus der Summe der Transmissionsamplituden aller möglichen Feynman–Pfade zusammen:

$$\tau_{nm} = \sum_l \tau_{nm}^{(l)} . \tag{3.377}$$

Entsprechendes gilt auch für die Reflexionsamplitude ϱ_{nm}. Damit kann die Kombination aller den einzelnen Streuzentren zugeordneten Streumatrizen vom Typ in Gl. (3.365) durch eine einzige Streumatrix dieses Typs beschrieben werden. Bei sehr vielen Streuzentren nähert man sich dem diffusiven Regime.

Der in Abschn. 3.5.2 diskutierte Aharonov–Bohm–Effekt basiert auf Quanteninterferenz, die im mesoskopischen Regime beobachtbar ist. Ist die Phasenkohärenzlänge l_φ größer als die elastische mittlere freie Weglänge l, so kommt es zur Interferenz vielfach gestreuter Leitungselektronen. Dies führt sowohl in makroskopisch diffusiven Systemen, $L > l_\varphi > l$, als auch in mesoskopisch diffusiven Systemen, $l_\varphi > L > l$, zum Phänomen der *schwachen Lokalisierung*, welches bereits im Zusammenhang mit Abb. 3.55 erwähnt wurde. In mesoskopischen Systemen treten zusätzlich *universelle Leitwertfluktuationen* auf.

Die schwache Lokalisierung (*weak localization*) hat ihre Ursache in der Interferenz zeitumgekehrter Feynman–Pfade [3.88]. Bewegt sich ein Elektron gemäß Abb. 3.70(c) unter mehrfacher Streuung durch den Leiter, so ergibt der Transmissionskoeffizient für einen Transport vom Ausgangspunkt $\mathbf{r}_0$ zu einer Lokation $\mathbf{r}$, indem alle möglichen Feynman–Pfade wie in Gl. (3.377) berücksichtigt werden:

$$T = \left| \sum_l \tau_l \right|^2 = \sum_l |\tau_l|^2 + \sum_{l_1 \neq l_2} \tau_{l_1} \tau_{l_2}^* . \tag{3.378}$$

Es müssen, wie in Gl. (3.378) geschehen, auch Interferenzterme der verschiedenen Pfade berücksichtigt werden. Während des Transports von $\mathbf{r}_0$ nach $\mathbf{r}$ akquiriert das Bloch–Elektron die Phasendifferenz

$$\Delta\varphi = \int_{\mathbf{r}_0}^{\mathbf{r}} \mathbf{k} \cdot d\mathbf{s} . \tag{3.379}$$

Verschiedene Pfade interferieren entsprechend ihrer Phasendifferenz. Da alle Pfade unterschiedlich lang sind, mittelt sich der Interferenzterm in Gl. (3.378) bei vielen Pfaden heraus. Eine Ausnahme bilden sich selbst kreuzende Pfade, die quantenmechanisch, jedoch nicht klassisch, möglich sind (siehe Abb. 3.71). Einem solchen Feynman–Pfad können zwei Trajektorien zugeordnet werden, diejenige, die dem Pfad $\mathbf{r}_0 \rightarrow \mathbf{r}$ entspricht, und eine zeitumgekehrte, mit $\mathbf{k} \rightarrow -\mathbf{k}$ und $d\mathbf{s} \rightarrow -d\mathbf{s}$ in Gl. (3.379). Beide interferieren konstruktiv, da $\Delta\varphi$ identisch ist. Damit gilt für die Transmission zurück an den Ausgangspunkt des Elektrons

$$T(\mathbf{r}_0 \to \mathbf{r}_0) = \left|\sum_l \tau_l + \sum_{l'} \tau_{l'}\right|^2 = 4\left|\sum_l \tau_l\right|^2 . \tag{3.380a}$$

Erfolgt hingegen die Rückstreuung nicht phasenkohärent, so gilt

$$T(\mathbf{r}_0 \to \mathbf{r}_0) = \left|\sum_l \tau_l\right|^2 + \left|\sum_{l'} \tau_{l'}\right|^2 = 2\left|\sum_l \tau_l\right|^2 . \tag{3.380b}$$

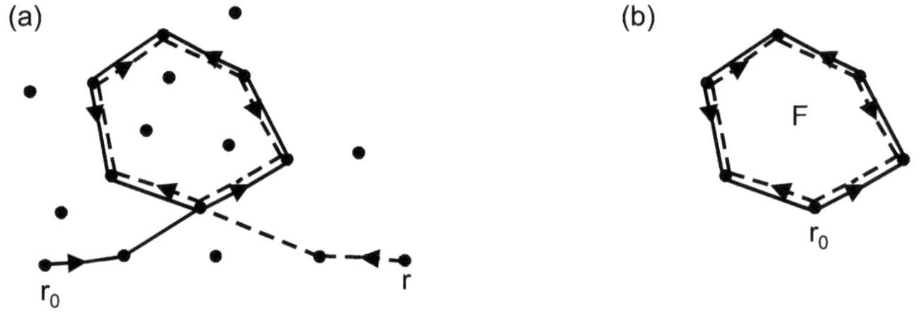

Abb. 3.71: *(a) Sich selbst überkreuzender Feynman–Pfad bei phasenkohärenter Rückstreuung. (b) Teil des Pfads, der zur konstruktiven Interferenz beiträgt.*

Die kohärente Rückstreuung führt also zu einem gegenüber der inkohärenten erniedrigten Leitwert. Bei Quantendrähten beträgt die Korrektur zum Leitwert für $T \to 0$ universell $\delta G = -2G_Q/3$ bei Berücksichtigung der Spinentartung [3.88].

Ein extern appliziertes Magnetfeld unterdrückt die schwache Lokalisierung durch Brechung der Zeitumkehrsymmetrie. Gemäß Gl. (3.154) ist der Wellenvektor $\mathbf{k}$ in Gl. (3.379) jetzt zu ersetzen durch $\mathbf{k} - e\mathbf{A}/\hbar$ mit dem Vektorpotential $\mathbf{A}$ und $\mathbf{B} = \nabla \times \mathbf{A}$. Damit ergibt sich aufgrund des Magnetfelds die Phasenverschiebung

$$\Delta\varphi_{\mathbf{B}} = \frac{2e}{\hbar}\oint \mathbf{A}\cdot d\mathbf{s} = \frac{2e}{\hbar}\int_F d^2r\, \nabla \times \mathbf{A} = \frac{2e}{\hbar}BF = 2\pi\frac{\Phi}{\Phi_0} . \tag{3.381}$$

Hier bezeichnet Φ den Fluss durch die vom Feynman–Pfad eingeschlossene Fläche F (siehe Abb. 3.71). $\Phi_0 = h/(2e)$ ist das Flussquantum. Bei anwachsendem Magnetfeld werden zunächst Pfade mit großer eingeschlossener Fläche nicht mehr zur kohärenten Rückstreuung beitragen. Bei hinreichend großen Feldern liefert dann kein Pfad mehr Rückstreubeiträge und die schwache Lokalisierug ist magnetfeldinduziert unterdrückt.

Ein weiterer *Quanteninterferenzeffekt*, der in mesoskopischen Leitern auftritt, besteht in den *universellen Leitwertfluktuationen* (*UCF, universal conductance fluctuations*)

[3.89]. Die Ursache ist die Variation der Phasenverteilung zwischen verschiedenen Feynman–Pfaden durch Veränderung der Streuzentrenverteilung, der Fermi–Energie, des chemischen Potentials oder eines applizierten Magnetfelds.

Zunächst sei die Abhängigkeit von der Streuzentrenverteilung betrachtet. Dazu wird, freilich nur in einem Gedankenexperiment, ein Ensemble makroskopisch identischer Strukturen betrachtet, die sich nur in der Verteilung der mikroskopischen Streuzentren unterscheiden und einen mittleren Leitwert $\langle G \rangle$ besitzen. Die mittlere Schwankungsamplitude der Leitwertfluktuationen von Struktur zu Struktur ist dann gegeben durch die Standardabweichung $\sqrt{\langle (G - \langle G \rangle)^2 \rangle}$, wobei $\langle\rangle$ jeweils den Ensemblemittelwert repräsentiert. Die Varianz der Leitwertfluktuation ist unter Berücksichtigung von Gl. (3.370b) und Gl. (3.371c) gegeben durch

$$\langle (G - \langle G \rangle)^2 \rangle = G_Q^2 \sum_{n,m} \sum_{n',m'} \langle (T_{nm} - \langle T_{nm} \rangle) \, (T_{n'm'} - \langle T_{n'm'} \rangle) \rangle \, . \qquad (3.382)$$

Nach Gl. (3.377) berücksichtigt $T_{nm} = |\tau_{nm}|^2$ alle Feynman–Pfade innerhalb einer Struktur. Die Korrelationsterme, welche die Summanden in Gl. (3.382) darstellen, beinhalten damit letztlich Terme der Form $\langle \tau_{nm}^{(l)} \tau_{nm}^{(l')*} \tau_{n'm'}^{(k)} \tau_{n'm'}^{(k')*} \rangle$. In der Regel verschwinden natürlich die Korrelationen zwischen den vielen unterschiedlichen Feynman–Pfaden. Für bestimmte Pfadkombinationen jedoch sind Korrelationen vorhanden, die gemäß Gl. (3.382) zu Leitwertfluktuationen beitragen. Abbildung 3.72 zeigt zwei fundamentale Arten von Kombinationen von Feynman–Pfaden, die als *Diffuson* und *Cooperon* bezeichnet werden.

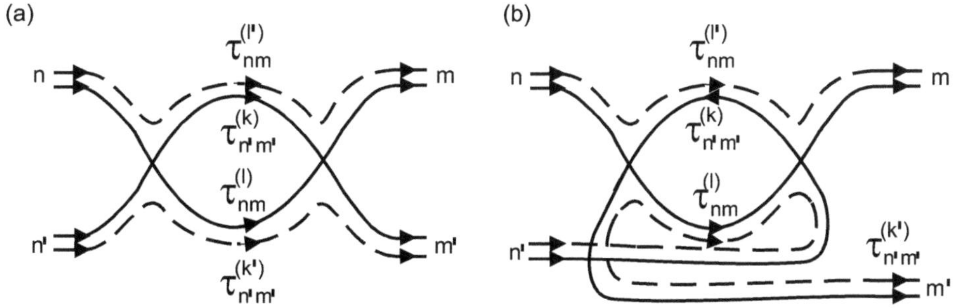

Abb. 3.72: *Kombinationen aus jeweils vier unterschiedlichen Feynman–Pfaden, deren Korrelationen bei der Ensemblemittelung nicht verschwinden. Die Transmissionsamplituden der gestrichelt gezeichneten Pfade sind im Korrelationsausdruck jeweils konjugiert komplex zu berücksichtigen. Die Anordnung in (a) wird als Diffuson und diejenige in (b) als Cooperon bezeichnet.*

In der Praxis ist es natürlich nicht möglich, ein hinreichend großes Ensemble weitestgehend identischer Proben herzustellen. Das System verhält sich allerdings *ergodisch* [3.90] insofern als die Mittelung über Proben mit verschiedenen Streuzentrenanordnungen durch eine Mittelung über verschiedene Werte eines äußeren Magnetfelds ersetzt werden kann. Ein externes Magnetfeld führt gemäß Gl. (3.381) zu einer Phasenänderung entlang der einzelnen Feynman–Pfade. Die Interferenzen verschieben sich, was die $G(B)$–Schwankungen verursacht. Der genaue $G(B)$–Verlauf ist ein individuelles Charakteristikum einer Probe [3.91]. Betrachten wir die speziellen Pfadkombinationen in Abb. 3.72, so wird deutlich, dass nicht das Diffuson, wohl aber das Cooperon eine Magnetfeldabhängigkeit zeigt: In der Magnetfeldmittelung wird der Cooperon–Beitrag wegfallen. Genauer lassen sich die Korrelationsterme in Gl. (3.382) mittels *diagrammatischer Störungsrechnung* oder *Random Matrix–Theorie* [3.92] auswerten.

Eine neben dem Leitwert sehr wichtige Größe zur Charakterisierung des elektronischen Transports in mesoskopischen Systemen ist das *Schrotrauschen (shot noise)* [3.93]. Dieses äußert sich in zeitabhängigen Stromfluktuationen, die aus der Diskretheit der elektronischen Ladung resultieren. In einem mesoskopischen Transportsystem hat der probabilistische Charakter des Transports, quantifiziert durch Reflexions– und Transmissionswahrscheinlichkeiten, entsprechende Stromfluktuationen quantenmechanischen Ursprungs zur Folge. Aus Messungen des Schrotrauschens können insbesondere Informationen über die zeitliche Korrelation von Elektronen gewonnen werden. Auch wenn Elektron–Elektron–Wechselwirkungen vernachlässigbar sind, führt, wie bereits ausführlich diskutiert, das Pauli–Prinzip zu elektronischen Korrelationen. Schrotrauschen tritt im Gegensatz zum *thermischen Rauschen* nur im Nichtgleichgewichtszustand, d. h. während des Transports, auf. Um zu erkennen, dass sich aus der Analyse des Stromrauschens Informationen gewinnen lassen, die Leitwertmessungen nicht liefern, muss man sich zunächst einmal mit der detaillierten Natur des Rauschens auseinandersetzen.

Grundsätzlich können zahlreiche Rauschmechanismen zum Gesamtrauschen des elektronischen Transports beitragen. Prominente Beispiele sind hier das *1/f–* oder das *Funkelrauschen (flicker noise)*, das thermische Rauschen (*Nyquist–Johnson noise*) und eben das Schrotrauschen. Von fundamentaler Bedeutung und unvermeidbar sind die beiden zuletzt genannten Spezies.

Bei nicht verschwindender Temperatur fluktuieren die Besetzungszahlen eines Systems. Für ein fermionisches System ist die Besetzungszahl eines Zustands entweder $n = 0$ oder $n = 1$. Der Mittelwert im thermodynamischen Gleichgewicht ist durch die in Gl. (3.258) gegebene Fermi–Verteilung quantifiziert: $\langle n \rangle = f$. Fluktuationen in Form von Abweichungen von diesem Mittelwert lassen sich charakterisieren durch $(n - \langle n \rangle)^2$. Berücksichtigt man, dass für fermionische Systeme $n^2 = n$ gilt, so ergibt sich für den thermodynamischen quadratischen Fluktuationsmittelwert $\langle (n - \langle n \rangle)^2 \rangle = f(1 - f)$. Während die Fluktuationen für $T = 0$ verschwinden, werden sie bei hohen Temperaturen mit $1 - f \approx 1$ durch eine Maxwell–Boltzmann–Verteilung determiniert. Fluktuationen der Besetzungszahlen resultieren in Stromfluktuationen im Gleichgewichtsfall, die sich über das *Fluktuations–Dissipations–Theorem* [3.94] als Leitwertfluktuationen abbilden lassen. Analysen von Fluktuationen des Gleichgewichtsstroms liefern damit Informationen, die äquivalent zu solchen aus Leitwertanalysen sind.

Trifft ein Elektron auf eine Potentialbarriere, so wird es mit der Wahrscheinlichkeit T transmittiert oder mit der Wahrscheinlichkeit R reflektiert. Die Koeffizienten T und R sind beispielsweise wie in Gl. (3.370) bestimmt. Bezeichnet n die Besetzungszahl für das einlaufende Elektron, so sei zunächst $\langle n \rangle = 1$. Damit folgt $\langle n_T \rangle = T$ sowie $\langle n_R \rangle = R$. Mit $\langle n_T n_R \rangle = 0$ ergibt sich dann für die quadratischen Fluktuationsmittelwerte $\langle (n_T - \langle n_T \rangle)^2 \rangle = \langle (n_R - \langle n_R \rangle)^2 \rangle = -\langle (n_T - \langle n_T \rangle)(n_R - \langle n_R \rangle) \rangle = TR$. Derartige Fluktuationen werden als *Partitionsrauschen* bezeichnet. Dieses verschwindet für $T = 0$ sowie $T = 1$ und wird maximal für $T = 1/2$. Ist nun hingegen $\langle n \rangle = f$, so ergibt sich $\langle (n_T - \langle n_T \rangle)^2 \rangle = Tf(1 - Tf)$, $\langle (n_R - \langle n_R \rangle)^2 \rangle = Rf(1 - Rf)$ und $\langle (n_T - \langle n_T \rangle)(n_R - \langle n_R \rangle) \rangle = -TRf^2$. Die Fluktuationen der Besetzungszahl der transmittierten Elektronen entsprechen nun für $T = 1$ denen der einlaufenden Elektronen und verschwinden nicht mehr. $1 - Tf \approx 1$ erhält man für eine geringe Transmissionswahrscheinlichkeit oder mittlere Besetzungszahl der einlaufenden Elektronen. Entsprechendes gilt für die Besetzungszahlfluktuationen der reflektierten Elektronen.

Aus den obigen Betrachtungen ergeben sich die Stromfluktuationen für mesoskopische Systeme, wenn wir berücksichten, dass wir statt einzelner Elektronen, die auf eine Potentialbarriere treffen, Zustände mit vielen ununterscheidbaren Elektronen haben. Zur Charakterisierung der resultierenden Fluktuationen bietet sich hier das *Rauschleistungspektrum* an. Der zeitliche Verlauf der Stromfluktuationen $\Delta I(t) = I(t) - \langle I \rangle$ kann für ein endliches zeitliches Intervall Fourier–enwickelt werden:

$$\Delta I(t) = \frac{1}{2\pi} \int_{-\infty}^{\infty} W_\tau(\omega) \exp(i\omega t) d\omega \ , \tag{3.383a}$$

mit

$$W_\tau(\omega) = \int_{-\tau}^{\tau} \Delta I(t) \exp(-i\omega t) dt \ . \tag{3.383b}$$

Die Rauschleistungsdichte ist dann gegeben durch

$$\mathfrak{S}_I(\omega) = \lim_{\tau \to \infty} \left(\frac{1}{\tau} \langle |W_\tau(\omega)|^2 \rangle \right) \ . \tag{3.384}$$

$\langle \rangle$ bezeichnet hier a priori den Ensemblemittelwert, der jedoch wegen der Ergodizität des Rauschprozesses durch die zeitliche Mittelung ersetzt werden kann. In der *Autokorrelationsfunktion* $A_{II}(t, \Delta t) = \langle \Delta I(t) \Delta I(t + \Delta t) \rangle$ steckt die durch die spektrale Rauschleistungsdichte repräsentierte Information ebenfalls. Für stationäre Prozesse – und jeder ergodische Prozess ist stationär – ist A_{II} nur noch von der Zeitdifferenz Δt

abhängig und es gilt nach dem *Wiener–Chintschin–Theorem*[1]

$$\mathfrak{S}_I(\omega) = \int_{-\infty}^{\infty} A_{II}(\Delta t) \exp(i\omega\Delta t) d(\Delta t) \tag{3.385a}$$

und

$$A_{II}(\Delta t) = \frac{1}{2\pi} \int_{-\infty}^{\infty} \mathfrak{S}_I(\omega) \exp(-i\omega t) d\omega \; . \tag{3.385b}$$

Für $\Delta t = 0$ ergibt sich damit

$$A_{II}(0) = \langle (\Delta I)^2 \rangle = \frac{1}{2\pi} \int_{-\infty}^{\infty} \mathfrak{S}_I(\omega) d\omega \; . \tag{3.386}$$

Aus der über den geamten Frequenzbereich ermittelten Rauschleistung ergibt sich also direkt die Varianz der Stromfluktuationen.

Im Allgemeinen kann das mesoskopische System aus einer Anordnung wie in Abb. 3.70(a) bestehen. Auf ein Streuzentrum treffen Ströme von Elektronen aus verschiedenen Reservoiren, die zeitlich nicht korreliert sind. Gegenüber der expliziet und modellhaft diskutierten Einteilchensituation muss nun auch der Fall berücksichtigt werden, dass Elektronen aus verschiedenen Reservoiren einen zeitlich–räumlichen Überlapp am Streuzentrum haben. Da solche Elektronen über das Pauli-Prinzip korreliert sind, sollten a priori Zweiteilchenstreuprozesse einen Einfluss auf die Korrelation der Besetzungszahlen und damit auf das Partitionsrauschen haben.

Für eine Zweidrahtanordnung gibt es zwei Reservoire, aus denen Elektronen kommen und in die sie hineingestreut werden können. $\hat{a}_i^\dagger$ und $\hat{a}_i$ erzeugen und vernichten Elektronen in einlaufenden Zuständen für $i = 1, 2$. $\hat{b}_i^\dagger$ und $\hat{b}_i$ repräsentieren eine entsprechende Wirkung auf auslaufende Zustände. Ein Einteilchenzustand ist dann beispielsweise durch $|1\rangle = \hat{a}_1^\dagger|0\rangle$ gegeben. Für die Besetzungszahl des transmittierten Zustands ergibt

[1] Die Bezeichnung spektrale Rauschleistungsdichte resultiert daher, dass bei Messung an einem ohmschen Widerstand R die Größen $A_{II}R = R \lim_{\tau\to\infty}[(1/\tau)\int_{-\tau}^{\tau} I^*(t)I(t+\Delta t)dt]$ und entsprechend A_{VV}/R eine elektrische Leistung charakterisieren. Damit charakterisieren $\mathfrak{S}_I R$ und $\mathfrak{S}_V/R$ die Energie des Signals in einem infinitesimal kleinen Frequenzband. Diese Energie entspricht einer Leistungsdichte gemessen in W/Hz. Das Konzept lässt sich selbstverständlich auf nichtelektrische Signale übertragen. Das thermische Rauschen bei Raumtemperatur besitzt eine spektrale Dichte von $k_BT = 4 \cdot 10^{-21}\,J = 4 \cdot 10^{-21}$W/Hz. Da diese frequenzunabhängig ist, spricht man vom *weißen Rauschen*. Für $1/f$–Rauschen halbiert sich $\mathfrak{S}$ bei Verdopplung der Frequenz $f = \omega/2\pi$. Technischer formuliert bedeutet dies eine Abnahme von 3 dB/Oktave. Die Leistung selbst nimmt logarithmisch ab.

sich dann $\langle n_T \rangle = \langle 1|\hat{b}_2^\dagger \hat{b}_2|1\rangle$. Für die Korrelation der Besetzungszahlen für reflektierte und transmittierte Zustände erhält man, wie vorher schon diskutiert, $\langle n_R n_T \rangle = \langle 1|\hat{b}_1^\dagger b_1 \hat{b}_2^\dagger \hat{b}_2|1\rangle = 0$. Ein Zweiteilchenzustand ist gegeben durch $\hat{a}_1^\dagger \hat{a}_2^\dagger|0\rangle$. Nehmen wir an, zwei Elektronen mit Energien E und E' aus Reservoir 1 treffen gleichzeitig auf das Streuzentrum. Die Korrelation der Fluktuationen der reflektierten und transmittierten Ströme ist dann gegeben durch $\langle \Delta n_R \Delta n_T \rangle = \langle 0|\hat{a}_2(E')\hat{a}_1(E)\hat{b}_1^\dagger(E) b_1(E')\hat{b}_2^\dagger(E')\hat{b}_2(E)$ $\hat{a}_1^\dagger(E)\hat{a}_2^\dagger(E')|0\rangle$. Während im Raum aller Einteilchenzustände dieser Erwartungswert verschwindet, so ergibt sich im Raum der Zweiteilchenzustände $\langle \Delta n_R \Delta n_T \rangle = -\varrho_{11}^*(E)$ $\tau_{21}^*(E')\varrho_{11}(E')\tau_{21}(E')f(E)f(E')$. Der Ausdruck aus Reflexions– und Transmissionsamplituden konstituiert insgesamt eine *Austauschamplitude*. Für $E' = E$ ergibt das $\langle \Delta n_R$ $\Delta n_T \rangle = -2T(E)R(E)f^2(E)$. In analoger Weise ergeben sich die quantenstatistischen Erwartungswerte $\langle (\Delta n_T)^2 \rangle = \langle 0|\hat{a}_2(E')\hat{a}_1(E)\hat{b}_2^\dagger(E)\hat{b}_2(E')\hat{b}_2^\dagger(E')\hat{b}_2(E)\hat{a}_1^\dagger(E)\hat{a}_2^\dagger(E')|0\rangle$ und $\langle (\Delta n_R)^2 \rangle = \langle 0|\hat{a}_2(E')\hat{a}_1(E)\hat{b}_1^\dagger(E)\hat{b}_1(E')\hat{b}_1^\dagger(E')\hat{b}_1(E)\hat{a}_1^\dagger(E)\hat{a}_2^\dagger(E')|0\rangle$. Wiederum speziell für $E = E'$ ergibt das $\langle (\Delta n_T)^2 \rangle = 2Tf(1 - Tf)$ und $\langle (\Delta n_R)^2 \rangle = 2Rf(1 - Rf)$. Wenn beide einlaufenden Teilchen exakt demselben Zustand entsprechen, sind die Fluktuationen des reflektierten und transmittierten Stroms sowie die Korrelation der Besetzungszahlen doppelt so groß wie für den Einteilchenstreuprozess. Für reale Ströme treffen im Allgemeinen Elektronen aus verschiedenen Reservoiren gemäß Abb. 3.70(a) zeitlich unkorreliert auf ein Streuzentrum und werden in verschiedene Reservoire gestreut. Fluktuationen und Korrelationen ergeben sich durch quantenstatistische Mittelung über alle Streuprozesse unter Berücksichtigung von Ein– und Zweiteilchenprozessen für Fermi–Verteilungen aller Teilchenenergien. Nach dem Korrespondenzprinzip ist der Operator, der die Stromfluktuationen misst, gegeben durch $\Delta\hat{I} = \hat{I} - \langle \hat{I} \rangle$. Das Rauschleistungsspektrum, oder besser die spektrale Dichte der Stromfluktuationen, zwischen zwei Leitern ist dann gemäß Gl. (3.385a) gegeben durch

$$\mathfrak{S}_{ij}(\omega) = \frac{1}{2} \int\limits_{-\infty}^{\infty} \langle \Delta\hat{I}_i(t)\Delta\hat{I}_j(0) + \Delta\hat{I}_j(0)\Delta\hat{I}_i(t)\rangle \exp(i\omega t) dt \,. \tag{3.387}$$

Der Stromoperator lässt sich im Rahmen des feldtheoretsichen Ansatzes durch Erzeugungs– und Vernichtungsoperatoren ausdrücken [3.95]:

$$\hat{I}_i(t) = -\frac{e}{h} \sum_n \int\limits_{-\infty}^{\infty} dE \int\limits_{-\infty}^{\infty} dE' \Big[\hat{a}_{ni}^\dagger(E)\hat{a}_{ni}(E') - \hat{b}_{ni}^\dagger(E)\hat{b}_{ni}(E')\Big] \exp\left(i\frac{E - E'}{\hbar}t\right) . \tag{3.388}$$

Hieraus ergibt sich der quantenstatistische Mittelwert. Dieser entspricht dem Erwartungswert $\langle \hat{I}_i \rangle$ und es ist damit nicht notwendig, zwischen beiden zu unterscheiden. Die Summation in Gl. (3.388) erfolgt über die einzelnen Moden n. Aus Gl. (3.387) und

(3.388) ergibt sich, dass ein typischer zum Fluktuationsdichtespektrum beitragender Erwartungswert gegeben ist durch

$$\begin{aligned}&\langle \hat{a}^\dagger_{ni}(E)\,\hat{a}_{mj}(E')\hat{a}^\dagger_{lp}(E'')\hat{a}_{kq}(E''')\rangle - \langle \hat{a}^\dagger_{ni}(E)\hat{a}_{mj}(E')\rangle\langle \hat{a}^\dagger_{lp}(E'')\hat{a}_{kq}(E''')\rangle \\ &\quad = \delta_{iq}\delta_{jp}\delta_{nk}\delta_{ml}\,\delta(E'-E''')\,\delta(E'-E'')\,f_i(E)\,[1-f_j(E')]\,. \qquad (3.389)\end{aligned}$$

Damit erhält man [3.95]

$$\mathfrak{S}_{ij}(\omega) = \frac{2e^2}{h}\sum_{pq}\int_{-\infty}^{\infty} dE\,Sp\Big(\underline{\underline{A_{pq}}}\,\underline{\underline{B_{qp}}}\Big)\,f_p(E)[1-f_q(E+\hbar\omega)]\,, \qquad (3.390a)$$

mit

$$\underline{\underline{A_{pq}}}(E,\omega) = \delta_{ip}\delta_{iq}\underline{\underline{1_i}} - \underline{\underline{s_{ip}}}(E)\underline{\underline{s_{iq}}}(E+\hbar\omega) \qquad (3.390b)$$

und

$$\underline{\underline{B_{qp}}}(E,\omega) = \delta_{jq}\delta_{jp}\underline{\underline{1_j}} - \underline{\underline{s_{jq}}}(E)\underline{\underline{s_{jp}}}(E+\hbar\omega)\,. \qquad (3.390c)$$

i, j, p, q sind hier die voneinananander unabhängigen Indizes für die Summation über die Leiter, für die die Moden n, m, l, k mit den Gesamtmodenzahlen N, M, L, K betrachtet werden. Die Anzahl der Leiter ist mindestens zwei. $\underline{\underline{1_i}}$ und $\underline{\underline{1_j}}$ sind $N\times N$– und $M\times M$–Einheitsmatrizen. Die Streumatrizen $\underline{\underline{s_{ip}}}$, $\underline{\underline{s_{iq}}}$, $\underline{\underline{s_{jp}}}$ und $\underline{\underline{s_{jq}}}$ besitzen entsprechend die Dimensionen $N\times L$, $N\times K$, $M\times L$ und $M\times K$.

Eine Vereinfachung von Gl. (3.390) ergibt sich, wenn das Stromrauschen auf einer Seite einer Zweidrahtanordnung gemessen wird. Relevant ist dann $\mathfrak{S}_{11}$ oder $\mathfrak{S}_{22}$. Typische Frequenzen liegen ferner in einem Bereich, in dem Reflexions– und Transmissionskoeffizienten keine große Energieabhängigkeit besitzen. Damit kann $\omega \approx 0$ angenommen werden:

$$\begin{aligned}\mathfrak{S}_{11}(0) = \frac{2e^2}{h}\int_{-\infty}^{\infty} dE\,\big\{&Sp[\underline{\underline{\tau}}^\dagger\underline{\underline{\tau}}\,\underline{\underline{\tau}}^\dagger\underline{\underline{\tau}}][f_1(1-f_1)+f_2(1-f_2)] \\ &+ Sp[\underline{\underline{\tau}}^\dagger\underline{\underline{\tau}}\,(\underline{\underline{1}}-\underline{\underline{\tau}}^\dagger\underline{\underline{\tau}})][f_1(1-f_2)+f_2(1-f_1)]\big\}\,, \qquad (3.391a)\end{aligned}$$

mit $f = f(E)$ und $\underline{\underline{\tau}} = \underline{\underline{\tau}}(E)$. Es ist evident, dass es zwei Beiträge zum Rauschleistungsspektrum gibt: Für $T\to 0$ verschwindet $f_1(1-f_1))+f_2(1-f_2)$, nicht hingegen

$f_1(1-f_2)+f_2(1-f_1)$ bei einer Potentialdifferenz $eV=\mu_2-\mu_1$. Damit lassen sich die Beiträge für thermisches und Schrotrauschen voneinander separieren. In der Basis der Eigenkanäle, die bereits in Gl. (3.372) verwendet wurde, reduziert sich Gl. (3.391a) zu

$$\mathfrak{S}_{11}(0)=\frac{2e^2}{h}\sum_\nu\int_{-\infty}^{\infty}dE\{t_\nu^2[f_1(1-f_1)+f_2(1-f_2)] \\ +t_\nu[1-t_\nu][f_1(1-f_2)+f_2(1-f_1)]\}\,. \qquad (3.391b)$$

Da sowohl k_BT als auch eV in ihrer Variation klein sind gegenüber Energievariationen, bei denen sich $t_\nu(E)$ namhaft ändert, kann $t_\nu(E_F)$ angenommen und das Integral in Gl. (3.391b) berechnet werden:

$$\mathfrak{S}_{11}(0)=\frac{2e^2}{h}\left[2k_BT\sum_\nu t_\nu^2+eV\coth\left(\frac{eV}{2k_BT}\right)\sum_\nu t_\nu(1-t_\nu)\right]\,. \qquad (3.391c)$$

Das thermische Gleichgewichtsrauschen lässt sich bei Abwesenheit von Transport für $V=0$ analysieren. Für die Mehrleiteranordnung folgt aus Gl. (3.390a)

$$\mathfrak{S}_{ij}(0)=\frac{2e^2k_BT}{h}\int_{-\infty}^{\infty}dE\left(-\frac{\partial f}{\partial E}\right)\left[2N\delta_{ij}-Sp(\underline{\underline{s}}_{ij}^\dagger\,\underline{\underline{s}}_{ij}\,\underline{\underline{s}}_{ji}^\dagger\,\underline{\underline{s}}_{ji})\right]\,, \qquad (3.392a)$$

wobei $f(1-f)=-k_BT\partial f/\partial E$ und $\sum_{pq}Sp(\underline{\underline{s}}_{ip}^\dagger\,\underline{\underline{s}}_{iq}\,\underline{\underline{s}}_{jp}^\dagger\,\underline{\underline{s}}_{jq})=\delta_{ij}N$ benutzt wurde. Unter Verwendung des Leitwerts G_{ij} gemäß Gl. (3.375) folgt

$$\mathfrak{S}_{ij}(0)=4\,k_BTG_{ij}\,. \qquad (3.392b)$$

Dieses Ergebnis folgt natürlich unmittelbar auch aus Gl. (3.391c) für die Zweileiteranordnung mit G gemäß Gl. (3.372) und spiegelt das Fluktuations–Dissipations–Theorem wider: *Gleichgewichtsfluktuationen* – im vorliegenden Fall des Stroms – sind proportional zur entsprechenden *Suszeptibilität* – im vorliegenden Fall zum Leitwert. Es gilt $\mathfrak{S}_{ii}(0)\geq 0$ und $\mathfrak{S}_{ij}(0)\leq 0$ für $i\neq j$.

Das Schrotrauschen erhalten wir aus Gl. (3.390a) für $T=0$. Es folgt

$$\mathfrak{S}_{ij}(0)=\frac{e^2}{h}\sum_{p\neq q}\int_{-\infty}^{\infty}dE\,Sp(\underline{\underline{s}}_{ip}^\dagger\,\underline{\underline{s}}_{iq}\,\underline{\underline{s}}_{jp}^\dagger\,\underline{\underline{s}}_{jq})(f_p(E)[1-f_q(E)] \\ +f_q(E)[1-f_p(E)])\,. \qquad (3.393)$$

Da $Sp(\underline{\underline{s}}_{ip}^{\dagger}\,\underline{\underline{s}}_{iq}\,\underline{\underline{s}}_{jp}^{\dagger}\,\underline{\underline{s}}_{jq})$ negativ ist für $i \neq j$, aber positiv für $i = j$, ist wiederum $\mathfrak{S}_{ii}(0) > 0$ und $\mathfrak{S}_{ij}(0) < 0$ für $i \neq j$. Für die Zweidrahtandordnung erhält man unter Verwendung von $\mathfrak{S}_{11}(0) = \mathfrak{S}_{22}(0) = -\mathfrak{S}_{12}(0) = -\mathfrak{S}_{21}(0)$

$$\mathfrak{S}_{11}(0) = \frac{2e^3V}{h} Sp(\underline{\underline{\varrho}}^{\dagger}\,\underline{\underline{\varrho}}\,\underline{\underline{\tau}}^{\dagger}\,\underline{\underline{\tau}}) \,, \tag{3.394a}$$

oder, in der Basis der Eigenkanäle,

$$\mathfrak{S}_{11}(0) = \frac{2e^3V}{h} \sum_{\nu} t_\nu(1 - t_\nu) \,. \tag{3.394b}$$

Das Schrotrauschen wird also nicht einfach durch den Leitwert gemäß Gl. (3.372) bestimmt, sondern durch eine Summe über Produkte der Transmissions- und Reflexionskoeffizienten der Eigenkanäle. Im Grenzfall niedriger Transparenz $t_\nu \ll 1$ gilt allerdings

$$\mathfrak{S}_{11}(0) = 2eGV = 2e\langle I\rangle \equiv \mathfrak{S}_{11}^{(p)}(0) \,. \tag{3.395}$$

Dieser *Poisson–Wert* definiert also eine obere Grenze des Schrotrauschens bei $T = 0$. Der *Fano–Faktor*

$$F = \frac{\sum\limits_{\nu} t_\nu(1 - t_\nu)}{\sum\limits_{\nu} t_\nu} \,, \tag{3.396}$$

mit $0 \leq F \leq 1$, gibt an, wie stark das Schrotrauschen gegenüber dem Poisson–Rauschen reduziert ist. Für nur einen Kanal erhält man $F = 1 - t$. Man erkennt aus Gl. (3.396), dass weder vollständig geschlossene ($t = 0$) noch vollständig offene ($t = 1$) Kanäle zum Schrotrauschen beitragen.

Speziell für eine Tunnelbarriere, wie sie in einem Dünnschichttunnelkontakt oder bei STM–Experimenten vorkommt, ist die Transmission gering und für alle Eigenkanäle gilt $t_\nu \ll 1$. Dies führt in Gl. (3.391c)zu

$$\mathfrak{S}_{11}(0) = \frac{2e^3V}{h} \coth\left(\frac{eV}{2k_BT}\right) \sum_{\nu} t_\nu = \coth\left(\frac{eV}{2k_BT}\right) \mathfrak{S}_{11}^{(P)}(0) \,. \tag{3.397}$$

Bei einer Variation der Tunnelspannung V müsste sich ein Übergang vom thermischen Rauschen für $k_BT \gg \text{eV}$ zum Schrotrauschen für $k_BT \ll \text{eV}$ beobachten lassen. Genau dies konnte in STM–Messungen beobachtet werden [3.96]. Abbildung 3.73 zeigt Messungen von $\mathfrak{S}_{11}(0)$ als Funktion des Tunnelstroms für zwei unterschiedliche Temperaturen und Tunnelwiderstände $R = 1/G$. Für $I = V/R = 0$ sollte $\mathfrak{S}_{11}(0) = 4k_BT/R$ sein. Für einen anwachsenden Strom folgt dann $\mathfrak{S}_{11}(0)$ dem durch Gl. (3.397) gegebenen Verlauf, der für $eV \gg k_BT$ durch $\mathfrak{S}_{11}(0) \sim V \sim I$ charakterisiert ist. Bei variiertem R und T variiert der Verlauf der $\mathfrak{S}_{11}(0)$–Kurven entsprechend.

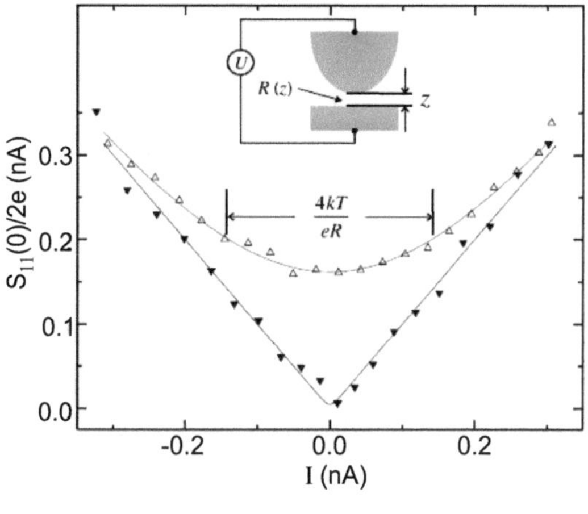

Abb. 3.73: *Messung von $\mathfrak{S}_{11}(0)$ als Funktion des Stroms mit dem Rastertunnelmikroskop [3.96]. Es wurden ein Goldfilm und eine Platin–Rhodium–Spitze verwendet. Die oberen Messpunkte wurden bei $T = 300\,K$ und $R = 0,32\,G\Omega$ aufgenommen, die unteren bei $T = 77\,K$ und $R = 2,7\,G\Omega$. Die durchgezogenen Linien entsprechen dem Ergebnis aus Gl. (3.397).*

3.6.4 Hall–Effekte

Neben dem klassischen Hall–Effekt sind heute verschiedene Varianten dieses Effekts bekannt, die sich nur explizit quantenphysikalisch verstehen lassen und bei denen nanoskalige Phänomene relevant sind. Dies rechtfertigt eine Diskussion im vorliegenden Kontext. Alle Hall–Effekte bestehen in elektronischen Transportphänomenen unter dem Einfluss externer Magnetfelder.

Berücksichtigt man in der linearisierten Boltzmann–Gleichung mit dem Relaxationszeitansatz zusätzlich ein äußeres Feld $\mathbf{B}$, so bietet sich in Anlehnung an Gl. (3.356) folgender Ansatz an:

$$f(\mathbf{k}) = f_0(\mathbf{k}) + e\frac{\partial f_0(\mathbf{k})}{\partial E}\tau(\mathbf{k})\mathbf{v}(\mathbf{k}) \cdot \tilde{\boldsymbol{\mathcal{E}}}\,. \tag{3.398}$$

$f(\mathbf{k})$ ist hier wiederum die Ungleichgewichtsverteilung, die sich in diesem Fall als Folge einer gegenüber der äußeren Feldstärke $\boldsymbol{\mathcal{E}}$ modifizierten Feldstärke $\tilde{\boldsymbol{\mathcal{E}}}(\mathbf{B})$ ergibt. Setzt man diesen Ansatz in die Boltzmannsche Transportgleichung (3.353b) unter Berücksichtigung von Gl. (3.355) für den stationären und homogenen Fall ein, so folgt

$$\tilde{\boldsymbol{\mathcal{E}}} = \frac{\boldsymbol{\mathcal{E}} + (e\tau/m^*)\mathbf{B} \times \boldsymbol{\mathcal{E}}}{1 + (e^2\tau^2/m^*)^2 B^2} , \tag{3.399}$$

mit der effektiven Masse m^*. $\tilde{\boldsymbol{\mathcal{E}}}$ hat also eine Komponente parallel zu $\boldsymbol{\mathcal{E}}$ und eine Komponente, die senkrecht dazu orientiert ist. Der Gesamtstrom $\mathbf{j} = \sigma\tilde{\boldsymbol{\mathcal{E}}}$ hat bei isotroper Leitfähigkeit σ gemäß Gl. (3.359a) identisch gewichtete Komponenten. Bei einer typischen Hall–Anordnung verschwindet die Komponente von $\mathbf{j}$ senkrecht zu $\boldsymbol{\mathcal{E}}$. Ausgedrückt durch die Parallelkomponente ergibt sich

$$\tilde{\boldsymbol{\mathcal{E}}} = \frac{1}{\sigma}\mathbf{j}_{\parallel} - \frac{e\tau}{m^*\sigma}(\mathbf{B} \times j_{\parallel}) , \tag{3.400}$$

Dieses Ergebnis zeigt, dass der *Hall–Effekt* keinen *Magnetwiderstand* liefert, da $j_{\parallel}/\tilde{\mathcal{E}} = \sigma$ unabhängig von B ist. Das *Hall–Feld* beträgt $\mathcal{E}_H \equiv \tilde{\mathcal{E}}_{\perp} = e\tau B j_{\parallel}/(m^*\sigma)$, wenn $\mathbf{B}$ senkrecht zu $\mathbf{j}_{\parallel}$ appliziert wird. Größen zur Quantifizierung des Hall–Effekts sind der *Hall–Koeffizient* C_H, der *spezifische Hall–Widerstand* ϱ_H und die *Hall–Beweglichkeit* μ_H. Für freie Elektronen gilt mit Gl. (3.359b) $C_H = -1/ne$, $\varrho_H = -B/ne$ und $\mu_H = \sigma/(n|e|) = \sigma|C_H|$. Hier wurden Elektronen als Ladungsträger mit $e \equiv |e|$ angenommen. n bezeichnet die Ladungsträgerkonzentration.

Wird die Leitfähigkeit durch Elektronen und Löcher hervorgerufen, so kann in erster Näherung Gl. (3.399) für beide Ladungsträger mit m_i^* und τ_i^* und $i = -, +$ angenommen und es können die Teilströme unabhängig voneinander behandelt werden: $\mathbf{j} = \mathbf{j}_- + \mathbf{j}_+$. Für den Hall–Koeffizienten erhält man dann $R_H = \tau_-^2 R_H^- + \sigma_+^2 R_H^+/(\sigma_- + \sigma_+)^2$. Da R_H^- und R_H^+ ein entgegengesetztes Vorzeichen haben, erhält man einen Differenzwert.

Im Zweibandmodell tritt interessanterweise ein Magnetwiderstand auf. Der spezifische Wert ist durch $\varrho(\mathbf{B}) = 1/\sigma(\mathbf{B}) = \mathbf{j}_{\parallel} \cdot \tilde{\boldsymbol{\mathcal{E}}}/j_{\parallel}^2$ gegeben. Für das Magnetwiderstandsverhältnis erhält man damit

$$\frac{\Delta\varrho}{\varrho} \equiv \frac{\varrho(B) - \varrho(0)}{\varrho(0)} = \frac{\sigma_-\sigma_+(e\tau_-/m_-^* - e\tau_+/m_+^*)^2 B^2}{(\sigma_- + \sigma_+)^2 + (e\tau_-\sigma_-/m_-^* + e\tau_+\sigma_+/m_+^*)^2 B^2} . \tag{3.401}$$

Bereits an dieser einfachen Näherung, die Elektronen und Löcher als voneinander unabhängige Ladungsträger annimmt, können einige Charakteristika des Magnetwiderstands abgelesen werden: Es gilt immer $\Delta\varrho/\varrho \geq 0$. Für $\tau_-/m_-^* = \tau_+/m_+^*$ erhielte man $\Delta\varrho/\varrho = 0$, so, als wäre nur ein Ladungsträgertyp vorhanden. $\Delta\varrho/\varrho \sim B^2$ gilt für kleine Magnetfelder, während $\Delta\varrho/\varrho$ für große Felder sättigt. Entsprechend der gewählten Geometrie beziehen sich alle Aussagen auf den *transversalen Magnetwiderstand.* Ein longitudinaler für $\mathbf{B}\|\mathbf{j}_{\parallel}$ existiert im Rahmen des einfachen Ein– und Zeibandmodells nicht.

Etwa 100 Jahre nach Entdeckung des beschriebenen klassischen Hall–Effekts durch *E. Hall* (1855–1938) entdeckte *K. von Klitzing* den Quanten–Hall–Effekt [3.97]. Dieser Effekt ist von nicht zu unterschätzender Bedeutung für die Metrologie, wo der *quantisierte Hall–Widerstand* seit 1990 als Widerstandsnormal verwendet wird, sowie für die Mikro– und Nanoelektronik grundsätzlich. Der Effekt lässt sich beobachten an zweidimensionalen Elektronengasen, wie sie im *MOSFET* (metal oxide semiconductor field–effect transistor) verwendet werden. Das zweidimensionale Elektronengas (2DEG) in einer Halbleiterheterostruktur, wie in Abb. 3.74 dargestellt, wurde bereits verschiedentlich erwähnt. An der AlGaAs/GaAs–Grenzfläche fließen Elektronen aus dem Leitungsband des Si–dotierten AlGaAs zum GaAs, dessen Leitungsband energetisch günstiger liegt. Die Fermi–Niveaus werden durch diesen Ladungstransfer angeglichen und die Bandstruktur wird verzerrt. Der so entstehende Potentialtopf führt zu einem zweidimensionalen Einschluss der Elektronen mit Quantisierung in z–Richtung. Das undotierte AlGaAs (spacer) entkoppelt die ionisierten Donatoren von dem 2DEG. Bei tiefen Temperaturen lässt sich die Phononenstreuung minimieren, was zu sehr hohen Beweglichkeiten[1] und großen mittleren freien Weglängen führt. Die Dispersionsrelation für das 2DEG wurde bereits in Gl. (3.68) diskutiert. Bei hinreichend geringer Ladungsträgerkonzentration und Temperatur ist nur das unterste *Subband* besetzt. Bei $T = 0$ sind dann alle Zustände besetzt, für die $E_1(k_x, k_y) \leq E_F$ ist. Die Zustandsdichte $\varrho_2(E)$ ist nach Gl. (3.261) konstant. Wird nun ein B–Feld von außen appliziert so ist der Hamilton–Operator gemäß Gl. (3.154) gegeben durch

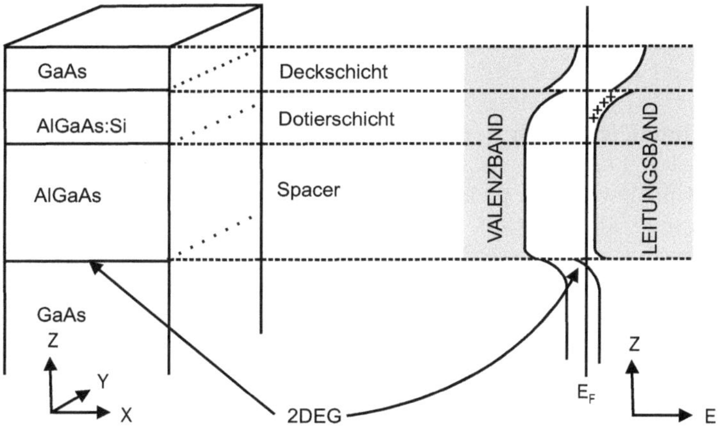

Abb. 3.74: *Halbleiterheterostruktur (links) und zugehörige Bandstruktur (rechts). Das 2DEG entsteht in einem Potentialtopf an der AlGaAs/GaAs–Grenzfläche. Die Deckschicht verhindert Oxidation und die Spacer–Schicht trennt die ionisierten Donatoren räumlich vom 2DEG.*

$$\hat{H} = \frac{1}{2m^*}(i\hbar\nabla + e\mathbf{A})^2 + U \; . \tag{3.402}$$

[1] Typische Werte sind $\mu = 0,005\, m^2/Vs$ für einen metallischen Leiter und $100\, m^2/Vs$ für das 2DEG.

Bei der vorliegenden Geometrie ist $\mathbf{B} = \nabla \times \mathbf{A}$ gegeben durch $\mathbf{B} = (0, 0, B)$ mit $\mathbf{A} = (-By, 0, 0)$. $U(y)$ ist das *Randpotential*, welches die Elektronenkinetik auf die Breite des Leiters beschränkt[1]. Der Energienullpunkt wird dabei auf die Energie $E_1(0, 0)$ des untersten Subbands gelegt. Der Separationsansatz $\varphi(x, y) = (1/\sqrt{L}) \exp(ikx)\chi_\nu(y)$ für $U = 0$ und die Leiterlänge L liefert $\chi_\nu(y) = H_\nu([y + y_k]/y_0) \exp[-(y + y_k)^2/(2y_0^2)]$. Dies entspricht gemäß Gl. (3.101) einem eindimensionalen harmonischen Oszillator. Die charakteristische *Oszillatorlänge* (siehe Abb. 3.33) ist in diesem Fall gegeben durch $y_0 = \sqrt{\hbar/(m^*\omega_c)}$ mit der *Zyklotronfrequenz* $\omega_c = eB/m^*$. Eine Verschiebung der Zentrumskoordinate aus dem Ursprung ist durch $y_k = \hbar k/(eB)$ gegeben. Die relevanten Eigenwerte sind offensichtlich diskret verteilt und durch $E_\nu = (\nu + 1/2)\hbar\omega_c$ gegeben. Dies sind die bereits in Abb. 3.36 dargestellten *Landau–Niveaus*: Ausgehend von einer konstanten Zustandsdichte kondensieren die Zustände im **k**–Raum für den Fall des 2DEG auf Kreislinien. Die Landau–Niveaus sind hochgradig entartet. Die unterschiedlichen Zentrumskoordinaten y_k repräsentieren Zustände $|\varphi_{\nu k}(x, y)\rangle$ mit unterschiedlichen **k**–Werten. Für ein gegebenes Landau–Niveau ergibt sich der Entartungsgrad aus der Zahl der Zentrumskoordinaten, die auf dem Streifenleiter Platz finden. Unter Annahme periodischer Randbedingungen beträgt der Entartungsgrad pro Einheitsfläche gerade $N_L = eB/h$. Der *Füllfaktor* des 2DEG, $\xi = N/N_L$, gibt an, wieviele Landau–Niveaus mit Ladungsträgern gefüllt sind, wenn N die Ladungsträgerdichte bezeichnet. Wenn die Zeeman–Aufspaltung klein ist gegnüber der Landau–Aufspaltung, $g\mu_B B \ll \hbar\omega_c$, so ist noch jeder Zustand auf einem Landau–Niveau spinentartet.

Wenn nun die Fermi–Energie gerade zwischen zwei Landau–Niveaus E_ν liegt, sollte der Widerstand entlang des 2DEG-Leiters maximal sein. Experimentell stellt man allerdings fest, dass der Widerstand in diesem Fall gerade minimal ist. Die Ursache hierfür ist das Randkantenpotential $U(y)$, was bislang nicht berücksichtigt wurde. Im Rahmen der Störungsrechnung 1. Ordnung lässt sich $U(y)$ in seiner Wirkung auf die Eigenwerte berücksichtigen durch $E_\nu = (\nu + 1/2)\hbar\omega_c + \langle\varphi_{\nu k}(x, y)|U(y)|\varphi_{\nu k}(x, y)\rangle$. Die involvierten Wellenfunktionen $\varphi_{\nu k}(x, y)$ sind jeweils bei y_k zentriert und haben die Ausdehnung y_0. Wenn U über diese Ausdehnung als konstant betrachtet werden kann, so ist die Dispersionsrelation gegeben durch $E_\nu = (\nu + 1/2)\hbar\omega_c + U(y_k)$ für $-b/2 \leq y_k \leq b/2$ bei einer Breite b des Leiters. Durch das zum Rand hin ansteigende Potential U werden die Landau–Niveaus $E_\nu(y_k)$ zum Rand hin nach oben gebogen, so dass in jedem Fall Zustände an der Fermi–Kante entstehen, die fernab vom Rand bei horizontalem Verlauf von $E_\nu(y_k)$ nicht vorhanden sind. Die *Randkanäle*, deren Anzahl der Anzahl der Landau–Niveaus unterhalb von E_F entspricht, sind verantwortlich für die Leitfähigkeit, wenn $(\nu + 1/2)\hbar\omega_c < E_F < (\nu + 3/2)\hbar\omega_c$. Dies verdeutlicht auch eine Betrachtung der elektronischen Gruppengeschwindigkeit: $v_\nu(k)/\hbar = \partial E_\nu(k)/\partial k = \partial U(y_k)/\partial k = (\partial U/\partial y)\partial y/\partial k = 1/(eB\hbar)\partial U(y)/\partial y$. Im Innern des 2DEG–Leiters erfolgt also kein Transport. An den Rändern hingegen ist $v_\nu(k) \neq 0$. Dabei erfolgt der Transport allerdings für $y = \pm b/2$ in entgegengesetzten Richtungen, so dass sich das in Abb. 3.75 dargestellte Bild ergibt. Die elektronischen Trajektorien unter dem Einfluss des Randpotentials werden als *skipping orbits* bezeichnet. Die räumliche Trennung der Zustände, die Ladungsträger in entgegengesetzen Richtungen transportieren, führt dazu, dass keine Rückstreuung auftreten kann. Ein Elektron muss sich nach dem Eintritt in den Leiter

[1]Eine typische Anordnung besteht aus einem streifenförmigen Leiter (*Hall bar*) mit einem Paar longitudinaler Kontakte und zwei lateralen Kontaktpaaren.

zwangsläufig entlang des Randkanals bewegen. Selbst Störstellenstreuung ändert daran nichts.

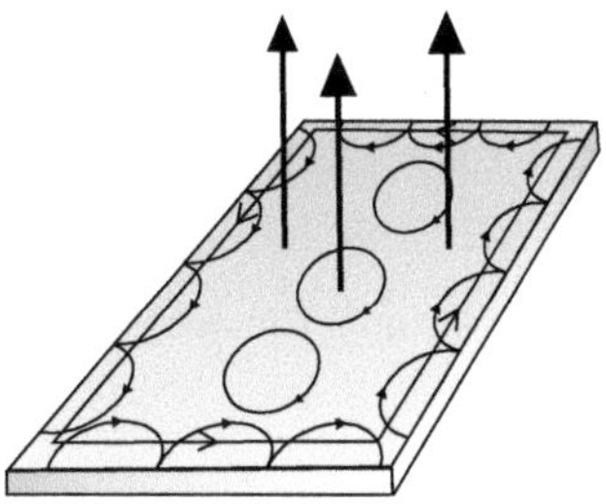

Abb. 3.75: *Elektronische Trajektorien in klassischer Sichtweise.*

Der Randkantentransport kann nun in adäquater Weise durch den Landauer–Büttiger-Formalismus aus Abschn. 3.6.3 beschrieben werden. Namentlich Gl. (3.375) erlaubt eine Bestimmung des Nettostroms zwischen zwei Kontakten eines 2DEG in einer Multikontaktanordnung. Das Besondere bei den Randkanälen ist, dass die Transmissionswahrscheinlichkeiten immer durch $T_{pq} = 0$ oder $T_{pq} = 1$ gegeben sind, je nachdem, welcher Rand betrachtet wird. Für eine konkrete Messung der Hall–Spannung ist die in Abb. 3.76(a) schematisch dargestellte Kontaktanordnung zu betrachten. Speziell dafür gilt $T_{12} = T_{23} = T_{34} = T_{41} = 1$ und $T_{pq} = 0$ für alle anderen Kontaktkombinationen einschließlich der umgekehrten Transportrichtungen. Sind ν Landau–Niveaus besetzt, mit $(\nu + 1/2)\hbar\omega_c < E_F < (\nu + 3/2)\hbar\omega_c$, so sind die Ströme in den einzelnen Kontakten gegeben durch

$$\begin{pmatrix} I_1 \\ I_2 \\ I_3 \\ I_4 \end{pmatrix} = G_Q \begin{pmatrix} \nu & 0 & 0 & \nu \\ -\nu & \nu & 0 & 0 \\ 0 & -\nu & \nu & 0 \\ 0 & 0 & -\nu & \nu \end{pmatrix} \begin{pmatrix} \mu_1 \\ \mu_2 \\ \mu_3 \\ \mu_4 \end{pmatrix} . \tag{3.403}$$

Für eine stromlose Messung der Hall–Spannung V_H ist $I_2 = I_4 = 0$ und $\mu_2 = \mu_1$ sowie $\mu_4 = \mu_3$. Damit ist der Strom gegeben durch $I_1 = -I_3 = \nu G_Q(\mu_1 - \mu_3)/e$. Es ergibt sich also $V_H = V_{13}$. Da die Anzahl ν der besetzten Landau–Niveaus durch den Füllfaktor ξ gegeben ist, lässt sich der Hall–Widerstand $R_H = V_{13}/I_1$ ausdrücken durch $R_H = 1/(\xi G_Q) = R_Q/\xi$. Trägt man der Tatsache Rechnung, dass die Landau–Niveaus noch spinentartet sind, so kann ξ nur gerade Werte annehmen.

Im Gegensatz zur klassischen Hall–Geraden $R_H \sim B$ ist bei genügend großen Magnetfeldern R_H nun quantisiert. Der Füllfaktor $\xi \sim 1/B$ ist hier klein, was zu nur wenigen Randkanälen führt. Der $R_H(B)$–Verlauf weist Plateaus für $\xi = 2, 4, 6 \ldots$ auf. Für kleine Magnetfelder nimmt ξ sehr große Werte an und die $R(B)$–Kurve nähert sich dem klassischen Verlauf.

Zur Messung des Längswiderstands bedient man sich der schematisch in Abb. 3.76(b) dargestellten Anordnung. Die Auswertung eines Gl. (3.403) entsprechenden Gleichungssystems liefert $\mu_1 = \mu_2 = \mu_3$. Das chemische Potential längs eines Randkanals ändert

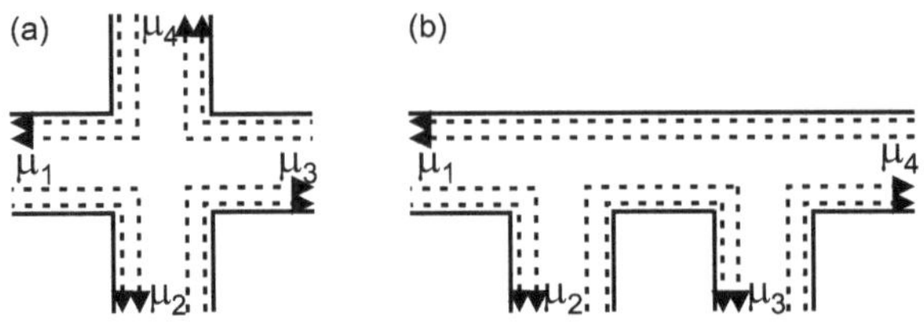

Abb. 3.76: *(a) Anordnung zur Messung der Hall–Spannung. (b) Anordnung für eine Vierpunktmessung des Längswiderstands.*

sich also nicht. Damit tritt auch kein Spannungsabfall entlang des Kanals auf, und der Transport erfolgt widerstandslos. Dies setzt allerdings voraus, dass das äußere Feld so groß ist, dass ein kleiner Füllfaktor resultiert. Dann verschwindet der Längswiderstand genau dort, wo die Plateaus im $R_H(B)$–Verlauf auftreten. Nähert sich ein Landau–Niveau der Fermi–Energie, so steigt der Längswiderstand an. Damit weist der $R(B)$–Verlauf *Shubnikov–de Haas–Oszillation* auf.

Die bisherige Diskussion ging davon aus, dass die Fermi–Energie zwischen zwei Landau–Niveaus liegen kann. In diesem Fall wird der Randkanaltransport relevant. Es muss jedoch hinterfragt werden, ob unter den idealisierenden Annahmen überhaupt die Situation $(\nu+1/2)\hbar\omega_c < E_F < (\nu+3/2)\hbar\omega_c$ eintreten kann. Für $T = 0$ sind alle Landau–Niveaus mit $E_\nu \leq E_F$ besetzt, und es gilt $E_F = E_\nu$ für den ν–Wert des obersten besetzten Landau–Niveaus. Wird nun B erhöht, so ändern sich die Eigenwerte und Entartungsgrade der Landau–Niveaus gemäß $E_\nu \sim B$ und $N_L \sim B$. Damit ergibt sich zunächst $E_F \sim B$. Nimmt nun allerdings bei wachsendem Feld N_L einen so großen Wert an, dass die Ladungsträger aus dem Niveau ν durch das Niveau $\nu - 1$ aufgenommen werden können, so entleert sich das Niveau ν schlagartig und E_F springt von $E_\nu(B)$ auf $E_{\nu-1}(B)$. Die Konsequenz ist, dass E_F immer mit einem Landau–Niveau zusammenfiele und nie zwischen zwei Niveaus liegen könnte.

Störstellenpotentiale $U(x, y)$ aufgrund von Defekten des Schichtsystems müssen in Gl. (3.402) berücksichtigt werden und führen dazu, dass es zu einer räumlich fluktuierenden Verbreiterung der Landau–Niveaus zu ausgedehnten Zuständen kommt. Damit kann sich $E_F \neq E_\nu$ einstellen. Die nun vorhandenen räumlich lokalisierten Zustände an der Fermi–Kante abseits des Leiterrands tragen allerdings nicht zum Transport bei, der damit weiterhin widerstandslos durch die Randkanäle erfolgt. Dies ist in Abb. 3.77 im Detail dargestellt. Verschiebt sich das oberste besetzte Landau–Niveau E_ν in Richtung auf E_F, so verschiebt sich der innerste Kanal weiter nach innen, und es tritt zunehmend Rückstreuung ein, bis bei $E_\nu = E_F$ der Kanal zusammenbricht. Die dadurch verfügbaren kontinuierlichen Zustände ermöglichen Streuung zwischen gegenüberliegenden Rändern des Leiters. Der Längswiderstand nimmt ein Maximum an. Dieses Maximum hängt davon ab, wieviele Randkanäle sich noch in dem Leiter befinden, die den Strom weiterhin widerstandslos leiten.

Wir hatten bereits in Abschn. 3.5.4 gesehen, dass Graphen ein außerordentlich interessantes Material zum Studium des elektronischen Transports darstellt, welches gleichzeitig auch noch von erheblicher nanotechnologischer Relevanz ist. Im Hinblick auf den

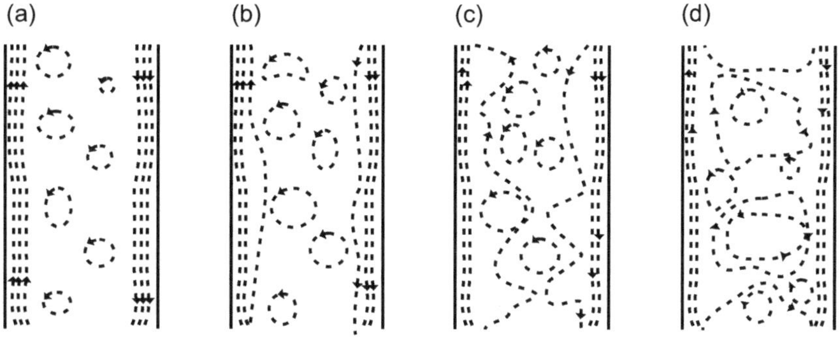

Abb. 3.77: *Transport im Quanten–Hall–Regime bei Anwesenheit eines Störstellenpotentials. (a) Fermi–Energie zwischen dem dritten und vierten Landau–Niveau. (b) Verschiebung des innersten Randkanals bei wachsendem Magnetfeld. (c) Einsetzen von Rückstreuung. (d) Fermi–Energie und drittes Landau–Niveau fallen zusammen.*

Quanten–Hall–Effekt stellt sich die Frage, wie sich das zweidimensionale Graphen im Vergleich zum 2DEG in Halbleiterstrukturen verhält. Die durch Gl. (3.315) gegebene Zustandsdichte $\varrho \sim |E|$ lässt im Vergleich zu ϱ =const. nach Gl. (3.261) signifikante Unterschiede zwischen beiden zweidimensionalen elektronischen Systemen vermuten.

Wie diskutiert, verhalten sich Elektronen im Graphen wie ein zweidimensionales Gas *masseloser Dirac–Fermionen*. Dies führt im Bereich der **K**–Punkte zu der durch Gl. (3.314) gegebenen Dipersionsrelation mit einer Fermi–Geschwindigkeit von $v_F \approx c/300$, wobei c hier die Vakuumlichtgeschwindigkeit bezeichnet. In einer Beschreibung durch die relativistische Dirac–Gleichung entspricht v_F also der „effektiven Lichtgeschwindigkeit" der Elektronen, die sich hier verhalten, als hätten sie eine verschwindende Ruhemasse. Für die Durchführung von Transportmessungen ist die Möglichkeit der *elektrostatischen Dotierung* basierend auf dem *elektrischen Feldeffekt* von großer Bedeutung. Eine Anordnung zur Nutzung dieses Effekts ist in Abb. 3.78(a) dargestellt. Durch Anlegen einer Gatespannung V_g zwischen oxidiertem Siliziusubstrat und Graphen lässt sich gemäß $N = \varepsilon_0 \varepsilon V_g/(de)$ die Oberflächenladungsdichte im Graphen und damit die Lage des Fermi–Niveaus in weiten Grenzen adjustieren. d ist hierbei die Dicke, ε die Dielektrizitätskonstante der SiO_2–Schicht. Mittels großer positiver Gatespannungen lassen sich substantielle Mengen von Elektronen induzieren, bei negativer Gatespannung kann eine reine Lochdotierung erzielt werden. Um $V_g = 0$ herum existieren in einem Übergangsbereich sowohl Elektronen als auch Löcher [3.98]. Löcher wie Elektronen zeigen Mobilitäten bis etwa $1,5\,\mathrm{m^2/Vs}$, was vergleichbar mit denen von Elektronen des 2DEG in Halbleiterstrukturen ist. Über den einfachen Zusammenhang $N \sim V_g$ lassen sich verschiedene Transporteigenschaften im Experiment einfach durchstimmen [3.98].

Die Messungen ergaben sowohl für Elektronen als auch für Löcher $E_F \sim N$ im Gegensatz zu $E_F \sim N^{2/3}$ für dreidimensionale Systeme. Für Elektronen wurde $m^* \approx 0,06\,m$ und für Löcher sowohl $m^* = 0,03\,m$ als auch $m^* = 0,1\,m$ gefunden, wobei m hier die Masse des freien Elektrons bezeichnet.

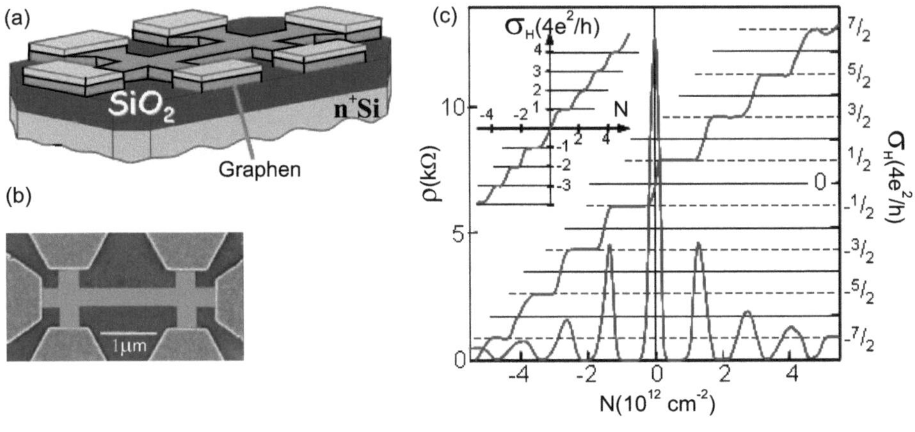

Abb. 3.78: *(a) Anordnung zur elektrostatischen Dotierung von Graphen. Die* SiO_2*-Schicht ist typischerweise 300 nm dick. Die Graphenschicht ist strukturiert zur Durchführung von Hall–Messungen. (b) Rasterelektronenmikroskopische Aufnahme der Anordnung. (c) Quanten–Hall–Effekt an Graphen. Aufgetragen sind die Hall–Leitfähigkeit und der spezifische Längswiderstand als Funktion der Ladungsträgerkonzentration. Im Vergleich ist der Verlauf für den Längswiderstand zweilagigen Graphits oben links dargestellt. Die Messungen wurden bei* $T = 4\,K$ *und* $B = 14\,\mathrm{T}$ *durchgeführt [3.98].*

Magnetwiderstands– und Hall–Messungen erlauben detailliertere Einblicke in die Transporteigenschaften von Graphen. So zeigt sich, dass die Zyklotronmasse der masselosen Ladungsträger gegeben ist durch $m_c = E/v_F^2 = \hbar\sqrt{\pi N}/v_F$ und damit nicht verschwindet. Für die Charakterisierung des Magnetwiderstands und Hall–Effekts bieten sich der spezifische Widerstand ϱ und die Leitfähigkeit $\sigma = 1/\varrho$ an. Für zweidimensionale Systeme ist ϱ in Ω gegeben. Entsprechend gilt $R = \varrho L/b$ für einen Leiter der Länge L und Breite b. In Abb. 3.78(c) sind der Magnetwiderstand ϱ und die Hall–Leitfähigkeit $\sigma_H = \varrho_H/(\varrho^2 + \varrho_H^2)$ dargestellt[1]. Sowohl $\varrho(N)$ als auch $\sigma_H(N)$ zeigen deutlich ausgeprägte Quantenoszillationen. Überraschenderweise treten Plateaus von σ_H bei $4e^2(\nu + 1/2)/h$ mit $\nu = 0, \pm 1, \pm 2, \ldots$ auf. Zu erwarten wäre zunächst $\sigma_H = 4e^2\nu/h$ entsprechend dem zuvor diskutierten Verhalten des 2DEG in Halbleiterheterosystemen, aber bei Berücksichtigung der $\mathbf{K} - \mathbf{K}'$-Entartung des Graphens[2]. Dies impliziert einen *halbzahligen Quanten–Hall–Effekt* mit $\xi = \nu + 1/2$, während für nur zweilagiges Graphit bereits der gewöhnliche ganzzahlige Effekt mit $\nu = \xi$ gemessen wird (Abb. 3.78(c), oben links). Hieraus ist zu schließen, dass der halbzahlige Quanten–Hall–Effekt wiederum eng mit den spezifischen Eigenschaften der masselosen Dirac–Fermionen verknüpft ist, die selbst bei nur zweilagigem Graphit nicht mehr existieren. Vielmehr verhalten sich die Fermionen hier konventionell [3.98].

Die theoretisch zu erwartende Ladungsträgerdifferenz, die zur vollen Besetzung eines neuen Landau–Niveaus führt, beträgt $\Delta N = 4B/\Phi_0$, mit dem Flussquantum Φ_0. Dies

[1] Die eigentliche Leitfähigkeit $1/\varrho_H$ hätte einen ähnlichen Verlauf, aber eine Singularität bei $N = 0$.

[2] Bei hohen Feldern und Beweglichkeiten werden die Spinaufspaltungen aufgelöst und Plateaus mit ungeradem Füllfaktor ξ sind beobachtbar.

gilt für alle 2DEG; spezifisch ist hier nur der Entartungsgrad von Vier für Graphen. Genau dieser ΔN–Wert kann auch in Abb. 3.78(c) abgelesen werden und findet sich damit auch für den Übergang zwischen dem niedrigsten Landau–Niveau für Löcher ($\xi = -1/2$) und demjenigen für Elektronen ($\xi = 1/2$). Für die Energie masseloser relativistischer Fermionen in quantisierten Feldern erhält man $E_\nu = v_F\sqrt{2e\hbar B(\nu + 1/2 \pm 1/2)}$. Im Einklang mit dem *Atiyah–Singer–Indextheorem* ergibt sich das niedrigste Landau–Niveau für $E_\nu = 0$ mit nur einem Beitrag (-1/2) der *Pseudospins*. Alle anderen Niveaus mit $|\nu| \geq 1$ sind besetzt mit Fermionen beider Pseudospins ($\pm 1/2$). Für $\nu = 0$ ist also die Entartung halb so groß wie für alle anderen Niveaus, was darauf zurückzuführen ist, dass nur in diesem Fall das Niveau zwischen gleich vielen Löchern und Elektronen geteilt wird. Damit ergibt sich das erste Hall–Plateau bei der Hälfte des normalen Füllfaktors ξ. Sowohl $\xi = -1/2$ als auch $\xi = 1/2$ tragen zu dem Landau–Niveau mit $\nu = 0$ bei. Alle anderen Niveaus haben die normale Entartung von $N_L = \Delta N = 4B/\Phi_0$ und bleiben damit gerade um $4G_Q/2$ gegenüber der „normalen" Sequenz von $4G_Q$ verschoben.

Ein weiterer interessanter Befund zu Graphen bei Abwesenheit äußerer Magnetfelder sei in diesem Kontext erwähnt, da er ebenfalls auf das ungewöhnliche Verhalten der Dirac–Fermionen zurückzuführen ist. Die Zustandsdichte aus Gl. (3.315) zeigt, dass die Ladungsträgerkonzentration direkt an den Dirac–Punkten für $E = 0$ verschwindet, wenn keine elektrostatische Dotierung erfolgt ($V_g = 0$). Dies impliziert, dass der spezifische Widerstand bei niedrigen Temperaturen divergieren sollte. Stattdessen findet man aber $\varrho = R_Q/4$ [3.98]: Es ist eine inhärente Eigenschaft eines Systems von Dirac–Fermionen, dass die Leitfähigkeit für jeden Ladungsträgertyp (hier vier Typen) unabhängig von der Beweglichkeit G_Q nicht unterschreiten kann. Außerdem sind der spezifische Widerstand oder die Leitfähigkeit und nicht der Widerstand oder der Leitwert quantisiert, was Graphen auch in dieser Hinsicht von den zuvor behandelten mesoskopischen Systemen unterscheidet.

Die Nanotechnologie bietet auch Möglichkeiten, die komplexen elektronischen Zustände im Quanten–Hall–Regime, die aus klassischer Sichtweise in Abb. 3.77 veranschaulicht sind, im Detail lokal zu studieren. Die Rastertunnelmikroskopie (STM) und –spektroskopie (STS) erlauben die ortsaufgelöste Analyse der lokalen elektronischen Zustandsdichte unter kontaminationsarmen Bedingungen im Ultrahochvakuum, bei tiefen Temperaturen und unter dem Einfluss hoher Magnetfelder. Zur Beobachtung von Phänomenen im Quanten–Hall–Regime ist, wie diskutiert, ein 2DEG erforderlich. Dieses lässt sich oberflächennah, wie für STM/STS–Experimente erforderlich, durch Oberflächendotierung von n-InAs(110) mit Fe oder von n-InSb(110) mit Cs erzeugen. Die Donatoren umfassen dabei nur Bruchteile einer Monolage.

Quasiklassisch betrachtet, vollziehen die Elektronen bei diskreter kinetischer Energie in den Landau–Niveaus eine schnelle Rotation mit der Zyklotronfrequenz ω_c. Die entsprechenden Zustände sind zusätzlich dem zufällig variierenden elektrostatischen *Unordnungspotential* $U(x, y)$ ausgesetzt. Dies führt zu einer der Zyklotronrotation überlagerten *Driftbewegung* entlang von Äquipotentiallinien (siehe Abb. 3.77). Quantenmechanisch betrachtet mäandern die *Driftzustände* entlang von Äquipotentiallinien mit einer Weite, die etwa dem Zyklotronradius r_c entspricht. Da es sich um geschlossene Trajektorien handelt, sind Driftzustände lokalisiert und repräsentieren isolierende elektronische Phasen. Im Zentrum eines Landau–Niveaus treffen sich benachbarte Trajektorien in Sattelpunkten des Potentials und bilden einen ausgedehnten Zustand, der den gesamten 2DEG–Leiter umfasst. Dieser Zustand ist der *quantenkritische Zustand* des Quanten–Hall–Übergangs.

Abbildung 3.79 zeigt räumliche Verteilungen der differentiellen Tunnelleitfähigkeit dI/dV, die proportional zur elektronischen Zustandsdichte ist. Variiert wurde die Tunnelspannung bei festem Abbildungsbereich. Die Teilbilder (a) bis (d) zeigen eine starke Korrugation der Zustandsdichte in Form streifenförmiger Strukturen, die letztlich örtlich stark fluktuierende Wellenfunktionen widerspiegeln. Diese Fluktuationen sind abhängig von der gewählten Tunnelspannung V, die wiederum die in Bezug auf das Fermi–Niveau betrachtete Energie bestimmt. Durch Variation von V können also Zustände mit einem definierten energetischen Abstand zu einem Landau–Niveau abgefragt werden. Die Position der Landau–Niveaus (LL) in Bezug auf das Fermi–Niveau (V=0) lässt sich direkt aus den räumlich gemittelten Daten in Abb. 3.79(e) entnehmen. Mithilfe des durch die STM–Spitze induzierten Quantenpunkts (QD) lässt sich direkt das Unordnungspotential $U(x, y)$ messen, das in Teilbild (f) dargestellt ist. Einige der Zustandsdichtestrukturen zeigen einen sehr ähnlichen Verlauf wie das Unordnungspotential [Kreise in (c) und (f)], was zeigt, dass die Zustände tatsächlich entlang von Strukturen der Potentiallandkarte driften. Ähnlichkeiten zwischen (a) und (d) resultieren daraus, dass die energetische Entfernung vom Zentrum des Landau–Niveaus identisch ist. Bei Variation von V werden jeweils variierende Äquipotentiallinien sondiert. Im Zentrum des Landau–Niveaus, [siehe Abb. 3.79(b)], nimmt die Zustandsdichte große Werte an. Dies macht es unmöglich, einzelne Zustände und insbesondere den ausgedehnten Zu-

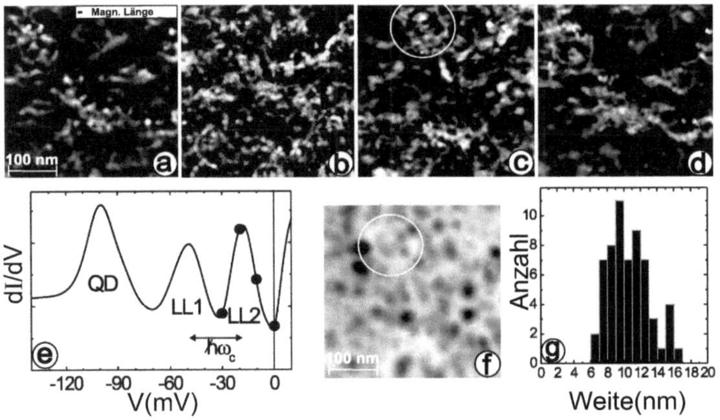

Abb. 3.79: *STM/STS-Daten von 0,8 % Fe/n-InAs(110) bei $T = 6\,K$ und $B = 6\,T$ [3.99]. Driftzustände bei (a) einer Tunnelspannung von $V = -30\,mV$ und durchschnittlich 16 beitragenden Zuständen, (b) $V = -20\,mV$ und 70 Zuständen, (c) $V = -10\,mV$ und 38 Zuständen sowie (d) $V = 0$ und 7 Zuständen. (e)Räumlich gemitteltes Resultat für die Zustandsdichte mit zwei Landau–Niveaus (LL) und Signatur des durch die STM–Spitze induzierten Quantenpunkts (QD). Die energetische Lage der Teilbilder (a) bis (d) in Bezug auf LL2 ist markiert. (f)Räumlicher Verlauf des Unordnungspotentials. (g)Weitenverteilung der Driftzustände aus einer Mittelung über die Daten in den Teilbildern (a) bis (d).*

stand direkt im Zentrum abzubilden. Eine Vermessung der charakteristischen Breite der Zustandsdichtestreifen aus den Teilbildern (a) bis (d) ergibt das Histogramm in Abb. 3.79(g). Die hieraus abgeleitete mittlere Weite der Driftzustände entspricht mit 10,6 nm etwa der *magnetischen Länge* $l_B = \sqrt{\hbar/(eB)}$, die über $r_c = k_F l_B^2$ mit dem Zyklotronradius verknüpft ist.

Weitergehende Untersuchungen wurden am adsorbatinduzierten 2DEG von Cs/InSb(110) durchgeführt [3.100].

Aus heutiger Sicht ist es erforderlich, den Quanten–Hall–Effekt mit ganzzahligen Füllfaktoren ξ als *integralen Quanten–Hall–Effekt* zu spezifizieren. An hochreinen Halbleiterheterostrukturen lassen sich nämlich auch Plateaus bei gebrochenzahligen Füllfaktoren $\xi = n/m$ (n und m ganzzahlig, m ungerade) finden [3.101]. Man spricht in diesem Fall vom *fraktionalen* Quanten–Hall–Effekt. Dieser lässt sich erklären mit der Existenz von *Verbundfermionen* (*composite fermions*), die aus einem Elektron verbunden mit einer geradzahligen Menge von Flussquanten Φ_0 bestehen [3.102]. Unter dieser Annahme lässt sich der fraktionale Quanten–Hall–Effekt letztlich auf den integralen Effekt zurückführen.

Bei den bisher behandelten Hall–Effekten spielte der Elektronenspin nur eine untergeordnete Rolle in Form der Spinentartung oder auch Spinaufspaltung. Eine ganz andere Familie von Hall–Effekten basiert hingegen explizit auf der *Ladungs–Spin–Kopplung*: die *Spin–Hall–Effekte* [3.103]. Neben Ladungs– und Stromdichte gibt es a priori auch eine *Spindichte* und einen *Spinstrom*. Eine Kopplung zwischen Ladungs– und Spinströmen wird durch die *Spin–Bahn–Wechselwirkung*

$$\hat{H}_{SO} = \frac{\hbar}{(2mc)^2}\hat{\boldsymbol{\sigma}} \cdot [\nabla U \times (\hat{\mathbf{p}} + e\mathbf{A})] \tag{3.404}$$

bewirkt. $\hat{H}_{SO}$ ergibt sich aus der *relativistischen Dirac–Gleichung* in einer Entwicklung nach $(v/c)^2$, wobei v die Geschwindigkeit des Elektrons und c die Lichtgeschwindigkeit bezeichnet. Ein Elektron in seinem Ruhesystem, das sich unter dem Einfluss eines elektrischen Feldes $\boldsymbol{\mathcal{E}} = -\nabla U/e$ mit der Geschwindigkeit $\mathbf{v} = (\mathbf{p} + e\mathbf{A})/m$ bewegt, ist einem Magnetfeld $\mathbf{B} = -\mathbf{v} \times \boldsymbol{\mathcal{E}}/c^2$ ausgesetzt. Der damit verbundenen Wechselwirkung zwischen Elektronenspin und orbitalen Zuständen trägt $\hat{H}_{SO}$ Rechnung, wobei hier ein zusätzliches äußeres Magnetfeld $\mathbf{B} = \nabla \times \mathbf{A}$ berücksichtigt wird. In einem kugelsymmetrischen Potential $U(V)$, etwa in der Nähe eines Atomkerns, erhält man bekanntlich

$$\hat{\boldsymbol{\sigma}} \cdot (\nabla U(r) \times \hat{\mathbf{p}}) = \frac{1}{r}\frac{dU(r)}{dr}\hat{\boldsymbol{\sigma}} \cdot (\mathbf{r} \times \hat{\mathbf{p}}) = \frac{1}{r}\frac{dU(r)}{dr}(\hat{\boldsymbol{\sigma}} \cdot \hat{\mathbf{L}}) = \gamma\hat{\boldsymbol{\sigma}} \cdot \hat{\mathbf{L}}\ . \tag{3.405}$$

$\hat{\mathbf{L}}$ ist der Drehmomentoperator und γ die Spin–Bahn–Kopplungskonstante. Da γ im Bereich der Atomkerne am größten ist, kommen die Hauptbeiträge der Spin–Bahn–Wechselwirkung aus diesen Bereichen. Sie können durchaus Bandstruktureffekte verursachen und zur Aufspaltung entarteter Zustände führen. Betrachten wir beispielsweise die Halbleiter Si und GaAs, so resultiert, wie bei den meisten interessanten Halbleitern, das Valenzband aus atomaren p–Orbitalen, die dreifach orbital und zweifach spinentartet sind. Der Bahndrehimpuls mit $l = 1$ koppelt mit dem Spin mit $s = 1/2$ zu einem Gesamtdrehimpuls gemäß $j = |l \pm s|$. Die Klassifikation der p–Zustände erfolgt in üblicher Weise über die Projektion auf eine Vorzugsachse z: $l_z = \pm 1, 0$ und $s_z = \pm 1/2$. Hieraus resultiert $j_z = \pm 3/2, \pm 1/2$ für $j = 3/2$ unf $j_z = \pm 1/2$ für $j = 1/2$. Die Spin–Bahn–Kopplung führt nun dazu, dass die $p_{3/2}$– und $p_{1/2}$–Zustände aufspalten. Hieraus resultiert eine **k**–abhängige Bandaufspaltung. γ in Gl. (3.405) wächst mit zunehmender Größe des Atomkerns. Für Γ–Punkte der Brillouin–Zone findet man beispielsweise eine Aufspaltung von $\Delta E_{SO}(Si) = 45\,\text{meV}$ und $\Delta E_{SO}(GaAs) = 340\,\text{meV}$.

Der *Spinstrom* lässt sich durch einen Tensor q_{ij} charakterisieren, der die Flussrichtung i und die Spinkomponente j spezifiziert. Ein Spinstrom entlang x bei vollständiger Spinpolarisation entlang z wäre also gegeben durch $q_{xz} = Nv$ mit der Ladungsträgerdichte N und der Geschwindigkeit v. Eine Betrachtung von Richtungs– und Zeitumkehrsymmetrien erlaubt es, zu analysieren, welche Ladungs–Spin–Kopplungsphänomene zu erwarten sind. Wir nehmen dazu isotrope Materialien mit Inversionssymmetrie an.

Ein Strom von Elektronen in x–Richtung wird im Allgemeinen die Anteile $q_{x\pm}$ beinhalten, wobei q_{x+} und q_{x-} nur für einen ideal unpolarisierten Strom identisch wären. Aufgrund der Spin–Bahn–Wechselwirkung induziert der Stom $q_{x\pm}$ einen Strom $q_{y\pm} = \mp\tilde{\gamma} q_{x\pm}$. Es entstehen also zwei zur Stromrichtung q_x und zur Spinpolarisation $\pm z$ senkrechte Ströme antiparalleler Flussrichtungen. $\tilde{\gamma}$ ist hier eine dimensionslose Konstante, die die Spin–Bahn–Wechselwirkung aus Gl. (3.405) quantifiziert: $\tilde{\gamma} = f(\gamma)$. Der gesamte Ladungsfluss ist gegeben durch $q_+ + q_-$ und der resultierende Nettospinfluss durch $q_{iz} = q_{i+} - q_{i-}$. Damit ergibt sich für den induzierten Strom $q_{y\pm}$ der Ladungsstrom $q_y = -\tilde{\gamma} q_{xz}$ und der Spinstrom $q_{yz} = -\tilde{\gamma} q_x$.

Auf der Basis einer phänomenologischen Beschreibung können nun Transportphänomene, die aus der Ladungs–Spin–Kopplung resultieren, präziser beschrieben werden. Ohne Spin–Bahn–Wechselwirkung ist der Ladungsstrom gegeben durch

$$\mathbf{q}^{(0)} = -\mu N \boldsymbol{\mathcal{E}} - D\nabla N \ , \tag{3.406a}$$

mit der Beweglichkeit μ und der Diffusionskonstante D. Für den Spinstrom ergibt sich

$$q_{ij}^{(0)} = -\mu \mathcal{E}_i P_j - D\frac{\partial P_j}{\partial x_i} \ . \tag{3.406b}$$

P ist hier die Spinpolarisationsdichte. Nach „Einschalten“ der Spin–Bahn–Wechselwirkung muss gelten

$$q_i = q_i^{(0)} + \tilde{\gamma}\varepsilon_{ijk} q_{jk}^{(0)} \ , \tag{3.407a}$$

und

$$q_{ij} = q_{ij}^{(0)} - \tilde{\gamma}\varepsilon_{ijk}q_k^{(0)} \tag{3.407b}$$

mit $\varepsilon_{xyz} = \varepsilon_{zxy} = \varepsilon_{yzx} = -\varepsilon_{yxz} = -\varepsilon_{zyx} = -\varepsilon_{xzy} = 1$. Der Vorzeichenunterschied in Gl. (3.407a) und (3.407b) resultiert aus dem unterschiedlichen Verhalten von Ladungs– und Spinströmen gegenüber einer Zeitumkehr: Ladungs– wie Spinströme ändern ihr Vorzeichen bei Richtungsumkehr. Während Ladungsströme das auch bei Zeitumkehr machen, sind Spinströme zeitumkehrinvariant. Aus Gl. (3.406) und Gl. (3.407) ergeben sich nun konkrete Transportgleichungen für Ladung und Spin:

$$\mathbf{j}/e = \mu N \boldsymbol{\mathcal{E}} + D\nabla N + \tilde{\gamma}\mu\, \boldsymbol{\mathcal{E}} \times \mathbf{P} + \tilde{\gamma}D\, \nabla \times \mathbf{P} \;, \tag{3.408a}$$

wobei $\mathbf{j} = -e\mathbf{q}$ und

$$q_{ij} = -\mu\mathcal{E}_i P_j - D\frac{\partial P_j}{\partial x_i} + \varepsilon_{ijk}\tilde{\gamma}\left(\mu N\mathcal{E}_k + D\frac{\partial N}{\partial x_k}\right) . \tag{3.408b}$$

Dies ist durch die Kontinuitätsgleichung für die Spinpolarisationsdichte zu ergänzen:

$$\frac{\partial P_j}{\partial t} + \frac{\partial q_{ij}}{\partial x_i} + \frac{P_j}{\tau_S} = 0 \;, \tag{3.408c}$$

wobei τ_S die Spinrelaxationszeit ist. Die phänomenologischen Gleichungen (3.408) charakterisieren eine ganze Familie von Effekten, die auf die Spinladungs–Kopplung zurückzuführen sind und die für ausreichend große Spinrelaxationszeiten τ_S beobachtbar sein sollten. Die ersten beiden Terme in Gl. (3.408a) sind offensichtlich die Standarddiffusionsterme, die keinerlei Spinabhängigkeit aufweisen und die direkt aus der Boltzmannschen Transportgleichung (3.353) resultieren. Der dritte Term beschreibt den *anomalen Hall–Effekt* und der vierte den *inversen Spin–Hall–Effekt*. Der dritte Term in Gl. (3.408b) beschreibt, unter welchen Umständen ein elektrisches Feld $\boldsymbol{\mathcal{E}}$ einen Spinstrom induziert. Nehmen wir dazu $\boldsymbol{\mathcal{E}} = (\mathcal{E}_x, 0, 0)$ und $\nabla N = 0$ an. Für den statischen Fall resultiert aus Gl. (3.408c)

$$\frac{\partial q_{ij}}{\partial x_i} + \frac{P_j}{\tau_S} = 0 \,. \tag{3.409a}$$

Mit $i = y$ folgt durch Einsetzen von Gl. (3.408b)

$$-D\frac{\partial^2 P_j}{\partial y^2} + \frac{P_j}{\tau_S} = 0 \,. \tag{3.409b}$$

Daraus ergibt sich für eine stromlose Detektion der *Spinakkumulation* mit $q_{yj} = 0$

$$P_z(y) = \frac{\tilde{\gamma}\mu l_S}{D}\mathcal{E} \exp\left(-\frac{y}{l_S}\right) . \tag{3.409c}$$

Der *Spin–Hall–Effekt* besteht also darin, dass ein elektrisches Feld $\boldsymbol{\mathcal{E}}$ in Längsrichtung eines Leiters zum Aufbau einer Spinpolarisation in Querrichtung führt. Die Spinpolarisation hat ihren Maximalwert am Rande des Leiters und klingt exponentiell zum Leiterinneren hin ab. Die charakteristische Längenskala ist hier durch die Spindiffusionslänge $l_S = \sqrt{D\tau_S}$ gegeben. Die Analogie zwischen klassischem Hall–Effekt und Spin–Hall–Effekt ist offensichtlich, der Unterschied allerdings auch: Der Spin–Hall–Effekt tritt ohne äußeres Magnetfeld auf. Im Jahre 2004 gelang es erstmalig, den Spin–Hall–Effekt experimentell nachzuweisen [3.104]. Es wurden n–dotiertes GaAs und InGaAs verwendet. Ein großes Anwendungspotential besteht darin, dass mittels des Spin–Hall–Effekts mithilfe eines Ladungsstroms spinpolarisierte Ladungsträger erzeugt werden können. Die Spinpolarisation ist Grundlage aller *spintronischen Anwendungen.* Im Jahre 2008 konnte auch eine photonische Variante des elektronischen Spin–Hall–Effekts nachgewiesen werden [3.105]. Dies ist ein Beweis für die Universalität des Effekts. Der inverse Spin–Hall–Effekt besteht in einer Induktion eines Ladungsstroms durch eine örtlich variierende Spinpolarisation mit $\nabla \times \mathbf{P} \neq 0$. Dieser Effekt wurde im Jahre 1984 experimentell erstmalig verifiziert [3.106].

Der anomale Hall–Effekt, verbunden mit dem $\boldsymbol{\mathcal{E}} \times \mathbf{P}$–Term in Gl. (3.408b), ist experimentell ganauso lang bekannt wie der klassische Hall–Effekt. Er wurde ursprünglich an Ferromagnetika beobachtet und blieb im Hinblick auf seine Ursache jahrzehntelang ungeklärt. Heute ist bekannt, dass der Effekt nicht nur an Ferromagnetika mit remanenter Spinpolarisation, sondern auch bei Ungleichgewichtspolarisation durch Applikation von Magnetfeldern, durch Spininjektion oder durch optische Anregung in Halbleitern beobachtbar und ebenfalls auf die Spin–Bahn–Wechselwirkung zurückzuführen ist. Der Effekt kann nur beobachtet werden an Systemen, die nicht zeitumkehrinvariant sind. Eine derartige Symmetriebrechung besteht für Ferromagnetika, weil das *Austauschfeld* zu einer Aufhebung der Spinentartung der Bandstruktur führt. Dadurch kommt es zu einer resultierenden Spinpolarisation **P**.

Aus unterschiedlichen Gründen ist es sinnvoll, den anomalen Hall–Effekt hier etwas spezifischer, gewissermaßen als besonders interessantes Mitglied der Familie der Hall–Effekte zu würdigen. Trotzdem der Effekt seit langer Zeit bekannt ist und seit Jahrzehnten intensiv erforscht wird, werden Modellvorstellungen immer noch kontrovers diskutiert. Zeitgemäße Theorien stellen die *Pancharatnam–Berry–Phase* und topologische Defekte der Bandstruktur ins Zentrum [3.107]. Eine genaue Kenntnis der Ursache für den anomalen Hall–Effekt ist von praktischer Bedeutung für die Bestimmung der Ladungsträgerkonzentration in Ferromagnetika und allgemein für Konzepte der Spintronik. Insbesondere auch die Verfügbarkeit magnetischer Halbleiter hat das Interesse im Zusammenhang mit spintronischen Anwendungen beflügelt.

Phänomenologisch äußert sich der anomale Hall–Effekt darin, dass der spezifische Hall–Widerstand $\varrho_H = \mathcal{E}_x / j_y$ oft gegeben ist durch

$$\varrho_H = C_{OH}B + C_{AH}\mu_0 M \,. \tag{3.410}$$

C_{OH} ist der gewöhnliche Hall–Koeffizient, der im Zusammenhang mit Gl. (3.400) diskutiert wurde. Der anomale Beitrag ist proportional zur Magnetisierung M des Leiters. Allerdings gilt diese einfache Relation nicht immer, und der anomale Anteil kann sehr stark nichtlinear von der Magnetisierung abhängen. Gegenstand theoretischer Ansätze ist im Wesentlichen, C_{AH} in korrekter Material– und Temperaturabhängigkeit zu berechnen. Hier haben sich Strategien, die auf der semiklassischen Boltzmann–Gleichung (3.398) fußen, als sehr geeignet erwiesen. Wichtig ist, dass es *intrinsische* Bandstukturеffekte und *extrinsische*, defektinduzierte Streumechanismen zu berücksichtigen gilt.

Die Spin–Bahn–Kopplung aus Gl. (3.404) führt bei ihrer Berücksichtigung im Gesamt–Hamilton–Operator dazu, dass die Bloch–Funktionen $u_{\mathbf{k}}(\mathbf{r})$ aus Gl. (3.304c) in ihrer $\mathbf{k}$–Abhängigkeit modifiziert werden. Der mit der Bewegung der Elektronen unter dem Einfluss eines elektrischen Felds $\boldsymbol{\mathcal{E}}$ verbundene Hamiltonian $\hat{H}_{\boldsymbol{\mathcal{E}}} = e\boldsymbol{\mathcal{E}} \cdot \hat{\mathbf{r}}$ besitzt nun nicht verschwindende Matrixelemente für Zustände aus unterschiedlichen Bändern n und m:

$$\langle u_{n\mathbf{k}}|\hat{H}_{\boldsymbol{\mathcal{E}}}|u_{m\mathbf{k}}\rangle = ie\boldsymbol{\mathcal{E}} \cdot \langle u_{n\mathbf{k}}|\nabla_{\mathbf{k}} u_{m\mathbf{k}}\rangle \,. \tag{3.411}$$

Die daraus resultierende *Interbandmischung* äußert sich in einem anomalen Beitrag zur Gruppengeschwindigkeit $\mathbf{v}$ der Elektronen. Die modifizierten Bloch–Zustände

$$|\tilde{u}_{n\mathbf{k}}\rangle = |u_{n\mathbf{k}}\rangle + ie\boldsymbol{\mathcal{E}} \cdot \sum_{m\neq n} \frac{\langle u_{m\mathbf{k}}|\nabla_{\mathbf{k}} u_{n\mathbf{k}}\rangle}{E_{n\mathbf{k}} - E_{m\mathbf{k}}} |u_{m\mathbf{k}}\rangle \tag{3.412}$$

sind gerade so gewählt, dass sie $\hat{H} = \hat{H}_0 + \hat{H}_{\boldsymbol{\mathcal{E}}}$ diagonalisieren. Die damit konstruierten Wellenpakete $|\Psi_{n\mathbf{k}}(\mathbf{r},t)\rangle$ gemäß Gl. (3.340) erlauben nun eine Berechnung des anomalen transversalen Geschwindigkeitsbeitrags der Elektronen. Mit $\boldsymbol{\mathcal{E}} = (\mathcal{E}_x, 0, 0)$ und $|\Psi_{n\mathbf{k}}(\mathbf{r},t)\rangle = \exp(-i\hat{H}t)|\Psi_{n\mathbf{k}}(\mathbf{r})\rangle$ ergibt sich

$$\begin{aligned} v_y = \frac{d}{dt}\langle\Psi_{n\mathbf{k}}(\mathbf{r},t)|\hat{y}|\Psi_{n\mathbf{k}}(\mathbf{r},t)\rangle &= \langle\tilde{u}_{n\mathbf{k}}| - i\left[i\frac{\partial}{\partial k_y}, H_0\right]|\tilde{u}_{n\mathbf{k}}\rangle \\ &= \frac{\partial E_{n\mathbf{k}}}{\partial k_y} - ie\mathcal{E}_x\Omega_z^{(n)}(\mathbf{k}) \,, \end{aligned} \tag{3.413a}$$

wobei $\boldsymbol{\Omega}^{(n)}(k)$ die *Berry-Krümmung* des n–ten Bands charakterisiert, von der hier die z–Komponente eingeht:

$$\Omega_z^{(n)}(k) = Im\left(\langle\frac{\partial u_n(\mathbf{k})}{\partial k_y}\Big|\frac{\partial u_n(\mathbf{k})}{\partial k_x}\rangle - \langle\frac{\partial u_n(\mathbf{k})}{\partial k_x}\Big|\frac{\partial u_n(\mathbf{k})}{\partial k_y}\rangle\right) . \tag{3.413b}$$

Der erste Term in Gl. (3.413a) ist gerade die gewöhnliche Geschwindigkeitskomponente, die dem entsprechenden Diagonalelement des Geschwindigkeitsoperators entspricht. Der durch die Berry–Krümmung bestimmte Teil entspricht der anomalen Komponente.

Der Reiz der hier gewählten Behandlung des Problems besteht darin, dass die Interbandmischung in eleganter Weise in Form eines modifizierten Ortsoperators $\hat{\mathbf{r}}$ behandelt werden kann. In der Standard–Bloch–Basis $\{|u_{n\mathbf{k}}\rangle\}$, die den Hamilton–Operator $\hat{H}_0$ bei Abwesenheit von $\boldsymbol{\mathcal{E}}$ diagonalisiert, hat der Ortsoperator die Form $\hat{\mathbf{r}} = i\nabla_{\mathbf{k}} + \mathbf{A}(\mathbf{k}) + \hat{X}$, wobei $\mathbf{A}(\mathbf{k}) = \langle u(\mathbf{k})|\nabla_{\mathbf{k}} u(\mathbf{k})\rangle$ diagonal in den Bandindizes ist und als *Berry–Verbindung* der Bloch–Bänder bezeichnet wird. Berry–Verbindung und –Krümmung stehen zueinander über $\boldsymbol{\Omega}(\mathbf{k}) = \nabla_{\mathbf{k}} \times \mathbf{A}(k)$ in Relation. $\hat{X}$ beinhaltet nur Elemente, die nicht diagonal in den Bandindizes sind. In der Basis $\{|\tilde{u}_{n\mathbf{k}}\rangle\}$ wiederum ist $\hat{H}_0$ nicht diagonal. Der Gesamt–Hamiltonian ist gegeben durch $\hat{H} = \hat{\hat{H}}_0 + ie\boldsymbol{\mathcal{E}} \cdot [\nabla_k + \mathbf{A}(\mathbf{k})]$, wobei $\hat{\hat{H}}_0$ ein neuer Hamiltonian ist, der in $\{|\tilde{u}_{n\mathbf{k}}\rangle\}$ dieselbe Matrixform hat wie $\hat{H}_0$ in $\{|u_{n\mathbf{k}}\rangle\}$. Vergleicht man nun $\hat{H}$ in den Basen $\{|u_{n\mathbf{k}}\rangle\}$ und $\{|\tilde{u}_{n\mathbf{k}}\rangle\}$ so wird deutlich, dass in der modifizierten Basis die Interbandmischung formal behandelt werden kann durch Berücksichtigung des ungestörten diagonalen Hamiltonian $\hat{H}_0$ und eines modifizierten Ortsoperators $\hat{\mathbf{r}} = i\nabla_{\mathbf{k}} + \mathbf{A}(\mathbf{k})$. Der anomale Geschwindigkeitsbeitrag zu v_y in Gl. (3.413a) entpuppt sich somit als Resultat der nicht kommutierenden modifizierten Komponenten des Ortsoperators:

$$\begin{aligned} v_y = \frac{\partial E_{\mathbf{k}}}{\partial k_y} - i[\hat{y}, e\mathcal{E}_x\hat{x}] &= \frac{\partial E}{\partial k_y} - ie\mathcal{E}_x\left[i\frac{\partial}{\partial y} + A_y, i\frac{\partial}{\partial x} + A_x\right] \\ &= \frac{\partial E}{\partial k_y} - ie\mathcal{E}_x\left(\frac{\partial A_y}{\partial x} - \frac{\partial A_x}{\partial y}\right) \\ &= \frac{\partial E}{\partial k_y} - ie\mathcal{E}_x\Omega_z . \end{aligned} \tag{3.414}$$

Die Kristallelektronen bei Anwesenheit von Interbandmischung unter dem Einfluss eines elektrischen Felds $\boldsymbol{\mathcal{E}}$ werden durch Wellenpakete $|\Psi_{\mathbf{k}}(\mathbf{r},t)\rangle$ bechrieben. Das Zentrum des Wellenpakets befindet sich dann im Ortsraum bei $\mathbf{r} = \langle\Psi|\hat{\mathbf{r}}|\Psi\rangle$, wobei $\hat{\mathbf{r}}$ der modifizierte Ortsoperator ist. Zeitliche Veränderungen werden durch $\mathbf{r}(t)$ und $\mathbf{k}(t)$ beschrieben. Aufgrund der modifizierten Ortskoordinaten ergibt sich

$$\frac{\partial \mathbf{r}}{\partial t} = \nabla_{\mathbf{k}} E - \frac{\partial \mathbf{k}}{\partial t} \times \boldsymbol{\Omega} \tag{3.415a}$$

und

$$\frac{\partial \mathbf{k}}{\partial t} = -e(\boldsymbol{\mathcal{E}} + \mathbf{r} \times \mathbf{B}) , \tag{3.415b}$$

wobei neben dem elektrischen Feld auch ein Magnetfeld berücksichtigt wird. $\boldsymbol{\Omega}(\mathbf{k})$ ist die Berry–Krümmung der entsprechenden Bloch–Zustände. Mit $\mathbf{v}(\mathbf{k}) = \partial\mathbf{r}(\mathbf{k})/\partial t$ lässt sich nun gemäß Gl. (3.358a) die Stromdichteverteilung berechnen:

$$\mathbf{j}_\Sigma = \mathbf{j} + \mathbf{j}_\Omega , \tag{3.416a}$$

mit dem gewöhnlichen Beitrag $\mathbf{j}$, der komplett durch Gl. (3.358a) gegeben ist, und dem anomalen Hall–Strom

$$\mathbf{j}_\Omega = -\frac{e^2}{8\pi^3}\boldsymbol{\mathcal{E}} \times \int\limits_{1.BZ} d^3\,k f_0(\mathbf{k})\boldsymbol{\Omega}(\mathbf{k}) . \tag{3.416b}$$

Für Systeme mit Zeitumkehrsymmetrie ist $\boldsymbol{\Omega}(\mathbf{k})$ antisymmetrisch in $\mathbf{k}$. Damit verschwindet $\mathbf{j}_\Omega$ bei Integration über die erste Brillouin–Zone. Ist das System jedoch nicht zeitumkehrinvariant, weil eine remanente Magnetisierung vorliegt, so ist $\mathbf{j}_\Omega \neq 0$. Aus Gl. (3.416b) ergibt sich direkt der antisymmetrische Teil des Leitfähigkeitstensors, also die anomale Hall–Leitfähigkeit $\sigma_{AH} \equiv \sigma_{xy} = j_\Omega/\mathcal{E}_x$ bei Berücksichtigung mehrerer Bänder:

$$\sigma_{AH} = -\frac{e^2}{8\pi^3}\sum_n \int\limits_{1.BZ} d^3k\, f_0^{(n)}(\mathbf{k})\Omega_z^{(n)}(\mathbf{k}) . \tag{3.416c}$$

Mit

$$\underline{\underline{\sigma}} = \begin{pmatrix} \sigma & -\sigma_H \\ \sigma_H & \sigma \end{pmatrix} \tag{3.417}$$

ergibt sich für den spezifischen Widerstand $\underline{\underline{\varrho}} = \underline{\underline{\sigma}}^{-1}$ mit $\sigma_H \ll \sigma$, was für gewöhnlich erfüllt ist, $\varrho = 1/\sigma$ und $\varrho_H = \varrho^2\sigma_H$.

In realen Materialien sind neben den intrinsischen Bandstrukturgegebenheiten, die in der diskutierten Weise zum intrinsischen anomalen Hall–Effekt führen, auch spinabhängige Streuprozesse an Kristalldefekten zu berücksichtigen. Dies erfolgt, indem der Streuterm in der Boltzmann–Gleichung (3.354) unter Berücksichtigung der Spin–Bahn–Wechselwirkung genauer analysiert wird [3.107]. Durch entsprechende Streuprozesse,

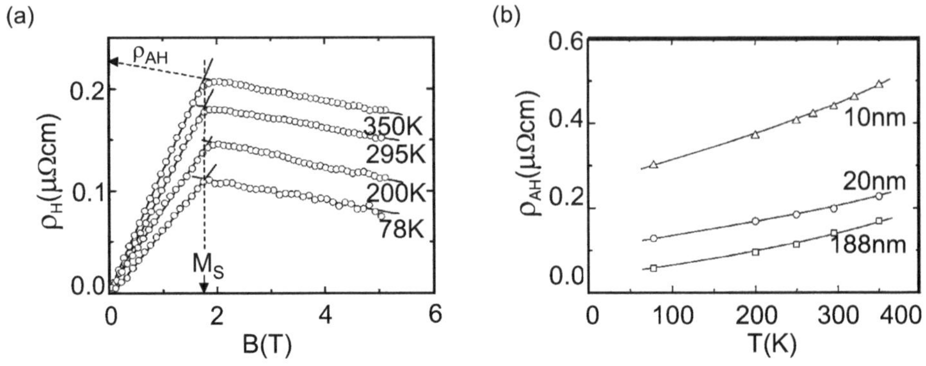

Abb. 3.80: *(a) $\varrho_H(B)$–Messungen an einem 20 nm dicken Kobaltfilm für verschiedene Temperaturen. Die Ermittlung von $\varrho_{AH}(M = M_s)$ durch Extrapolation ist angedeutet. (b) $\varrho_{AH}(T)$–Messungen für drei unterschiedlich dicke Kobaltfilme [3.108].*

bezeichnet als *side jump* und *skew scattering*, kommt es zu Zusatzbeiträgen zu σ_{AH}. Eine Separation der einzelnen Beiträge aus Messungen von σ_H ist häufig recht schwierig und erfordert ein detailliertes Studium von $\sigma_H = \sigma_H(\mathbf{B}, \boldsymbol{\mathcal{E}}, T, \varrho)$.

Entsprechende Messungen für Kolbaltfilme sind in Abb. 3.80 dargestellt. $\varrho_H(B_z) = V_y(B_z)d/I_x$ ist in Abb. 3.80(a) in Form verschiedener Isothermen dargestellt. Unterhalb der Sättigung der Proben für $M_z(B_z) < M_s(T)$ variiert ϱ_H linear mit B, da $M_z \sim B$ ist. Dies führt zu einem großen ϱ_{AH}–Beitrag. Jenseits der Sättigung liefert nur noch der negative, gewöhnliche Hall–Effekt einen variierenden Beitrag $\varrho_{OH} \sim B$. Der zu Gl. (3.416c) korrespondierende ϱ_{AH}–Wert lässt sich aus $\varrho_H = \varrho_{OH} + \varrho_{AH}$ in der angegebenen Weise durch Extrapolation ermitteln. Damit lässt sich Gl. (3.410) verifizieren und C_{OH} und C_{AH} können bestimmt werden. Für die anomale Hall–Leitfähigkeit liefert die Theorie unter Berücksichtigung von intrinsischen und extrinsischen Anteilen $\sigma_{AH}^{(\Sigma)} = \sigma_{AH} + c/\varrho$ [3.107]. σ_{AH} ist der durch Gl. (3.416c) gegebene intrinsische Anteil und $\varrho \equiv \varrho_x$ der als isotrop angenommene spezifische Widerstand für $B = 0$. Damit sollte sich $\varrho_{AH}^{(\Sigma)} = \sigma_{AH}\varrho^2 + c\varrho$ ergeben. Abbildung 3.80(b) zeigt die $\varrho_{AH}(T)$–Verläufe für drei verschiedene Schichtdicken d. Während Vergleichsmessungen zeigen, dass $\varrho_{OH}(M = M_s)$ unabhängig von T und d ist, zeigt ϱ_{AH} eine signifikante T– und d–Abhängigkeit. Die detaillierte Auswertung lieferte in der Tat einen Beitrag von $\varrho_{AH}^{(\Sigma)}$, der proportional zu $\varrho(T)$ und damit extrinsischen Ursprungs ist, und einen dominierenden intrinsischen Beitrag, gegeben durch $\sigma_{AH}\varrho^2(T)$ mit einem von d und T unabhängigen σ_{AH}–Wert [3.108].

Wie zum klassischen Hall–Effekt gibt es auch zum Spin–Hall–Effekt ein quantenmechanisches Pendant, das an zweidimensionalen Systemen beobachtbar ist: den *Quanten–Spin–Hall–Effekt* [3.109]. Er ist beobachtbar im topologisch isolierenden Regime von Systemen mit großer Spin–Bahn–Kopplung. Konkret konnte der Effekt experimentell an HgTe–Quantentrogsystemen verifiziert werden [3.110]. Im Hinblick auf Anwendungen ist interessant, dass weder ein externes Magnetfeld noch Ferromagnetika oder polarisierte Lichtquellen benötigt werden, um hochgradig polarisierte Ladungsträgerströme zu erzeugen. Ananlog zum Quanten–Hall–Effekt sind von Bedeutung eine topologisch isolierende Phase und der dissipationslose ballistische Transport in eindimensionalen Kantenkanälen. Auch beim Quanten–Hall–Effekt ist der Transport bei ungeraden Füllfaktoren spinpolarisiert. Allerdings ist eben im Gegensatz zu Systemen mit starker Spin–Bahn–Kopplung ein großes externes Magnetfeld erforderlich.

Ausgehend von Abb. 3.75 besteht das Quanten–Spin–Hall–Regime quasi in zwei Quanten–Hall–Regimen für beide Spinrichtungen. Dies resultiert in jeweils zwei koexistierenden antiparallelen Kantenkanälen. Dieser Zustand existiert ohne äußeres Magnetfeld und bricht nicht die Zeitumkehrsymmetrie. Rückstreuung ist auch in diesem Fall nicht möglich, weil es sich bei den koexistierenden Zuständen $|\mathbf{k},\uparrow\rangle$ und $|-\mathbf{k},\downarrow\rangle$ um *Kramer–Dubletts* handelt, die wegen der Zeitumkehrsymmetrie robust sind. Die konkrete Quantentrogstruktur besteht in einer dünnen ($d \approx 7\,\mathrm{nm}$)HgTe–Schicht, eingebettet zwischen zwei HgCdTe–Schichten. Typische Mobilitäten in diesem zweidimensionalen System liegen bei $15\,\mathrm{m}^2/(\mathrm{Vs})$. Befindet sich das Fermi–Niveau im Innern des Leiters in der Energielücke, so findet elektrischer Transport nur in den spinpolarisierten Randkanälen statt. Für eine typische Hall Bar–Anordnung ist das in Abb. 3.81 gezeigt. Ein von links injizierter Strom wird sich in Form von $|\mathbf{k},\uparrow\rangle$–Zuständen entlang eines Randkanals oben und in Form von $|\mathbf{k},\downarrow\rangle$–Zuständen entlang eines Randkanals unten ausbreiten. Da es sich um eindimensionale ballistische Kanäle handelt, ist der Leitwert durch Gl. (3.371c) gegeben. Da Rückstreuung ausgeschlossen ist, ist wiederum $T = 1$ und damit $G = G_Q = e^2/h$. Detaillierte Messungen für unterschiedliche Hall Bar–Geometrien haben dies bestätigt [3.111].

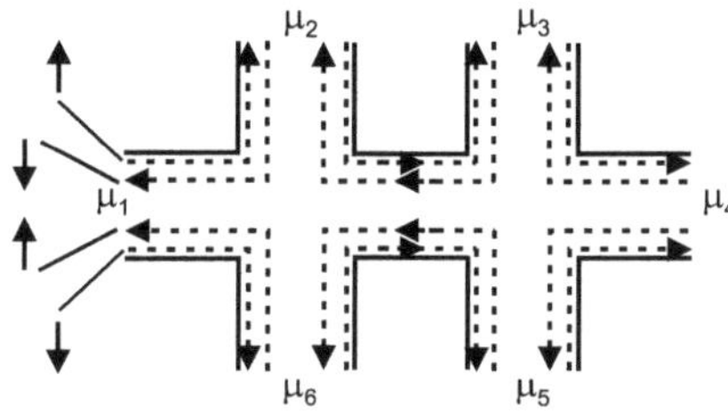

Abb. 3.81: *Mehrkontaktanordnung zur Messung des Quanten–Spin–Hall–Effekts. Angedeutet sind die Randkanäle mit Ausbreitungs– und Spinrichtungen.*

3.6.5 Spinabhängiger Transport

Bei den diskutierten Hall–Effekten spielt der Elektronenspin implizit und teilweise explizit eine Rolle für den Transport. So beinhaltet beispielsweise Gl. (3.408) die Spinpolarisationsdichte explizit. Die Spinpolarisation von Landau–Niveaus und die Spin–Bahn–Kopplung sind implizite Auswirkungen der Existenz des Elektronenspins. Der im Folgenden diskutierte spinabhängige Transport ist allgemein dadurch definiert, dass explizit spinabhängige Prozesse eine tragende Rolle spielen. Er ist Grundlage des multidisziplinären Gebiets der *Spintronik* oder Spinelektronik, deren zentraler Gegenstand die gezielte Manipulation von Spinfreiheitsgraden ist [3.112]. Der Begriff Spin umfasst in diesem Kontext sowohl den Spin $\mathbf{S}$ eines einzelnen Elektrons, der sich beispielsweise in Form des magnetischen Moments $-g\mu_B\mathbf{S}$ manifestiert, als auch den mittleren Spin eines Ensembles von Elektronen, der sich demgegenüber in Form einer Spinpolarisation **P** manifestiert. Spinkontrolle bedeutet dann entweder Kontrolle der Spinpopulation eines Ensembles oder kohärente Manipulation eines Einzelspins. Eine solche Kontrolle, die allgemein in der Erzeugung, dem Transport, der Manipulation, dem Nachweis und der Relaxation einer Spinpolarisation besteht, setzt eine profunde Kenntnis der Wechselwirkungen zwischen Elektronenspin und Festkörperumgebung voraus. Solche Wechselwirkungen haben zunächst explizit auch einen Einfluss auf den Transport bei Abwesenheit einer Spinpolarisation, also für gewöhnliche Leiter, wenn Störstellen mit lokalisierten magnetischen Momenten vorhanden sind.

Spinabhängige Streuung entsteht dadurch, dass das Streumatrixelement $\langle \mathbf{k}'|\hat{H}_S|\mathbf{k}\rangle$ aus Gl. (3.352) spinabhängig wird. Die Ursache hierfür ist die *Austauschwechselwirkung* eines Leitungselektrons mit dem Spin $\mathbf{S}$ mit dem lokalisierten Spin $\mathbf{S}_S$ des Streuers, die beschrieben wird durch

$$\hat{H}_S = -\frac{4J}{\hbar^2}\hat{\mathbf{S}} \cdot \hat{\mathbf{S}}_S \ , \tag{3.418}$$

wobei $\hat{\mathbf{S}}$ und $\hat{\mathbf{S}}_S$ Spinoperatoren gemäß Gl. (3.153a) sind. J ist die Austauschkonstante. $\hat{H}_S$ in der angegebenen Form beschreibt elastische Streuprozesse, bei denen der Spin des Leitungselektrons erhalten bleibt, aber auch solche, die einen *Spinflip* beinhalten. Zur Erhaltung des Gesamtspins ist dieser allerdings auch mit einem Flip von $\mathbf{S}_S$ verbunden. Es ist offensichtlich, dass $\hat{H}_S$ eine Asymmetrie der Streuung von $|\uparrow\rangle$– und $|\downarrow\rangle$–Zuständen liefert. Wenn allerdings die Streuer ungeordnet vorliegen, kommt es nach Mittelung zu keiner selektiven Streuung einer der Spinrichtungen der Leitungselektronen. Eine räumliche Spinakkumulation als Folge des Transportprozesses ist damit ausgeschlossen. Allerdings führt die spinabhängige Streuung zum *Kondo–Effekt* mit seiner ungewöhnlichen Temperaturabhängigkeit des Beitrags zum spezifischen Widerstand: $\varrho(T) = \varrho_0[1 - 2JD(E_F)ln(E_0/(k_BT))]$. ϱ_0 und E_0 sind hier systemspezifische Größen. J ist die Austauschkonstante aus Gl. (3.418) und $D(E_F)$ die Zustandsdichte am Fermi–Niveau[1]. Bemerkenswert ist in diesem Zusammenhang, dass die lokalisierten magnetischen Momente durch eine oszillatorische Polarisation der Leitungselektronen in der Nähe abgeschirmt werden, wie in Abb. 3.82 dargestellt. Dies erhöht zum einen ihren Streuquerschnitt und führt zum anderen zur *Ruderman–Kittel–Kasuya–Yoshida–(RKKY)–Wechselwirkung* zwischen benachbarten Kondo–Streuern.

Die in Abb. 3.82 stark vereinfacht dargestellte Variation der Spinpolarisation der Leitungselektronen kann in der Realität durchaus komplizierter und auch anisotrop ausgebildet sein. Mittels der spinpolarisierten Rastertunnelspektroskopie in Kombination mit ab initio–Rechnungen unter Verwendung *Greenscher Funktionen* (*voll relativistische Korringa–Kohn–Rostoker–(KKR)–Methode*) gelang es, die RKKY–Wechselwirkung einzelner Kobaltatome auf einer Platin(111)–Oberfläche zu verifizieren, die eine charakteristische Anisotropie aufweist [3.113].

[1]Die Zustandsdichte wurde und wird hier zumeist mit $\varrho(E)$ bezeichnet. Die im vorliegenden Fall abweichende Bezeichnung $D(E)$ soll eine Verwechslung mit dem spezifischen Widerstand ϱ ausschließen.

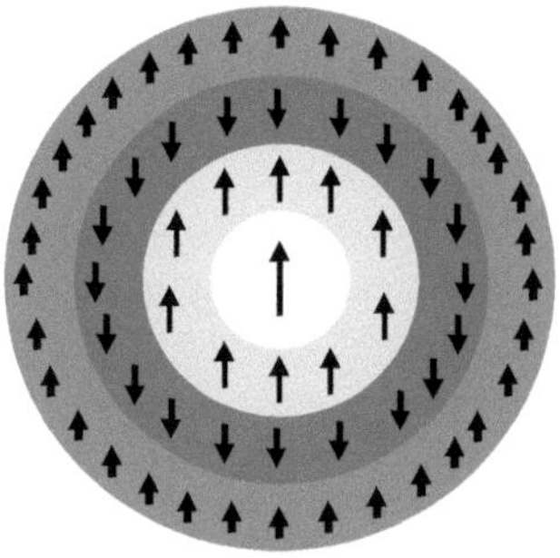

Abb. 3.82: *Friedel–Oszillationen der Spinpolarisation der Leitungselektronen in der Umgebung eines Kondo–Streuers. Ist das Streuzentrum geladen, so kommt es zusätzlich zu Ladungsdichteoszillationen. Das oszillatorische Verhalten wird bei großen Abständen r durch eine* $\cos(2k_F r)/r^3$*–Abhängigkeit beschrieben.*

Eine remanente Spinpolarisation von Leitungselektronen findet man in *Ferromagnetika*. Die archetypischen ferromagnetischen Elemente sind die Übergangsmetalle Eisen, Kobalt und Nickel. Leitungselektronen in gut leitfähigen Metallen haben üblicherweise s– oder p–Charakter, während f–Elektronen kaum und d–Elektronen mehr oder weniger zum Transport beitragen. In den Übergangsmetallen spielen die d–Elektronen eine ausgesprochen wichtige Rolle, indem sie zu einer Verknüpfung von elektronischem Transport und Magnetismus führen. Die *Hybridisierung* von s– und d–Zuständen führt dazu, dass die Spin–Bahn–Wechselwirkung einen Einfluss auf den Transport gewinnt. Leitungeselektronen können in unbesetzte d–Zustände gestreut werden, was in spin– und bahnmomentabhängigen Streuprozessen resultiert. Die große Zustandsdichte des d–Bands an der Fermi–Kante führt zu einer starken Streuung der s–Elektronen, die wegen ihrer kleinen effektiven Masse den elektronischen Transport dominieren, und damit zu einem großen spezifischen Widerstand der Übergangsmetalle. Aufgrund der *Austauschkopplung* spalten die d–Subbänder eines Ferromagneten allerdings auf: Das Subband für die *Majoritätsspins* sinkt energetisch ab, während dasjenige für die *Minoritätsspins* angehoben wird, wie in Abb. 3.83 dargestellt. Dies hat verschiedene Phänomene zur Folge, die dazu führen, dass der elektronische Transport bei Ferromagnetika spinabhängig ist. Die Zustandsdichte für die archetypischen Ferromagnetika in der Umgebung des Fermi–Niveaus, die für den Transport maßgeblich ist, ist in Abb. 3.84 dargestellt.

Ein intrinsisch mit dem ferromagnetischen Ordnungszustand verbundenes Phänomen ist die Streuung von Leitungselektronen an *Spinwellen*. Die als *Magnonen* bezeichneten kollektiven und quantisierten Anregungen sind thermisch aktiviert und manifestieren sich in einer Störung der strengen Periodizität des ferromagnetisch gekoppelten Spingitters. Ähnlich wie für Phononen kommt es auch für Magnonen zu einem spezifischen Beitrag zum elektrischen Widerstand, dessen Temperaturabhängigkeit durch $\varrho \sim T^2$ gegeben ist.

Eine elementare Manifestation des spinabhängigen Transports sind bestimmte *Magnetwiderstandseffekte*. Diese lassen sich für ein dreidimensionales System durch folgenden Tensor des spezifischen Widerstands quantifizieren:

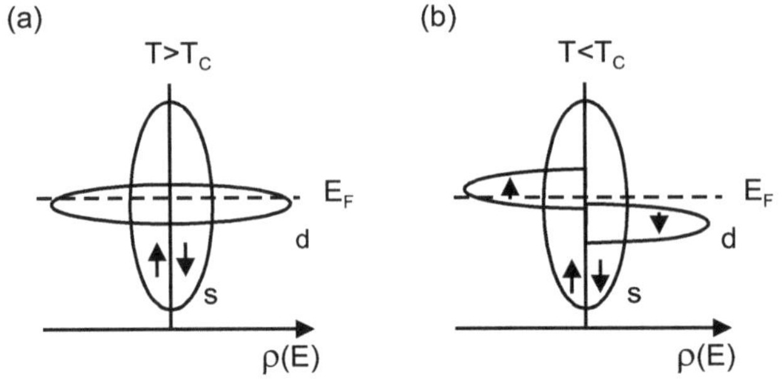

Abb. 3.83: *Zustandsdichte $\varrho(E)$ der Ferromagnetika für s– und d–Zustände (a) oberhalb der Curie–Temperatur ($T > T_C$) im paramagnetischen Zustand und (b) unterhalb ($T < T_C$) im ferromagnetischen Zustand.*

$$\underline{\underline{\varrho}} = \begin{pmatrix} \varrho_\perp & -\varrho_H & 0 \\ \varrho_H & \varrho_\perp & 0 \\ 0 & 0 & \varrho_\| \end{pmatrix} . \qquad (3.419)$$

Hier wurde angenommen, dass die Flussdichte durch $\mathbf{B} = (0, 0, B)$ gegeben ist. ϱ_H ist der Beitrag durch den Hall–Effekt. $\varrho_\perp$ quantifiziert den spezifischen Widerstand senkrecht zur Magnetisierung $\mathbf{M}$ und $\varrho_\|$ parallel dazu. Ist Θ der Winkel zwischen $\mathbf{j}$ und $\mathbf{M}$ und wird ϱ in Richtung von $\mathbf{j}$ gemessen, so ergibt sich $\varrho(\Theta) = \overline{\varrho} + \Delta\varrho\,(\cos^2\Theta - 1/3)$. Dabei ist $\overline{\varrho} = (\varrho_\| + 2\varrho_\perp)/3$ und $\Delta\varrho = \varrho_\| - \varrho_\perp$. In Folge der Spinpolarisation der Leitungselektronen resultiert nun in ferromagnetischen Systemen ein komplexeres $\varrho_\|(\mathbf{B})$– und $\varrho_\perp(\mathbf{B})$–Verhalten als für nicht ferromagnetische Systeme.

Im Innern des ferromagnetischen Materials ist $\mathbf{B} = \mu_0(\mathbf{H} + \mathbf{H}_d + \mathbf{M})$. $\mathbf{H}$ ist das von außen applizierte Magnetfeld und $\mathbf{H}_d$ das entmagnetisierende Feld. Vergrößert sich $\varrho(B)$ mit wachsendem B, so spricht man von einem *positiven Magnetwiderstand.* Dieser tritt grundsätzlich auf als Folge der Lorentz–Kraft, die $\mathbf{B}$ auf die Ladungsträger ausübt, wenn sie eine Geschwindigkeitskomponente senkrecht zu $\mathbf{B}$ besitzen. Die Elektronen bewegen sich dann auf gekrümmten Trajektorien und die effektive mittlere freie Weglänge wird gegenüber gradlinigen Trajektorien verkleinert. Die Abnahme der Stoßzeit τ in der Boltzmannschen Transportgleichung (3.356) führt zu einer Vergrößerung des Widerstandverhältnisses $\Delta\varrho/\varrho = [\varrho(B) - \varrho(0)]/\varrho(0)$ für wachsendes B. Generell unterscheidet man zwischen dem *transversalen* und dem *longitudinalen Magnetwiderstand.* Dabei bezieht man sich aber auf die Richtung des äußeren Felds $\mathbf{H}$ und nicht auf $\mathbf{B}$. Erst für hinreichend große äußere Felder, wenn eine Probe magnetisch gesättigt ist, sind $\mathbf{B}$ und $\mathbf{H}$ lokal parallel und der Verlauf des transversalen Magnetwiderstands nähert sich dem von $\varrho_\perp$ und der des longitudinalen dem von $\varrho_\|$.

Ferromagnetika zeigen bei Unterschreiten der Curie–Temperatur T_C eine anomale Abnahme von ϱ, wenn Bezug auf den $\varrho(T)$–Verlauf nicht ferromagnetischer Metalle genommen wird. Diese Anomalie wurde von *N.F. Mott* (1905–1996) mithilfe der Aufspaltung der spinentarteten Bandstruktur aus Abb. 3.83 erklärt: Unterhalb von T_C sinkt das d–Subband der Majoritätsspins unter die Fermi–Kante, wodurch die Streuung von s–Elektronen stark reduziert wird und ϱ entsprechend abnimmt. Von außen applizierte Magnetfelder können die Spinordnung und damit die Austauschaufspaltung erhöhen. Verbunden damit ist dann eine Abnahme von $\Delta\varrho/\varrho$ mit wachsendem B, also ein *negativer Magnetwiderstand.*

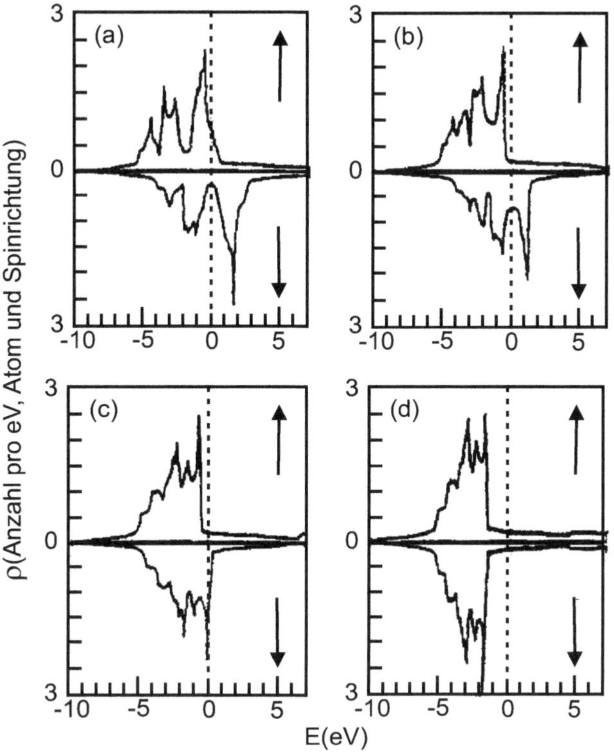

Abb. 3.84: *Berechnete Zustandsdichte von (a) Eisen, (b) Kobalt und (c) Nickel im Vergleich zu nicht ferromagnetischem Kupfer (d).* $\uparrow$ *und* $\downarrow$ *kennzeichnen Majoritäts– und Minoritätsspins [3.114].*

Eine Widerstandsanisotropie ergibt sich, wenn $\varrho_{\|}(B) \neq \varrho_{\perp}(B)$ ist, also $\varrho = \varrho(\mathbf{B})$ ist und der Winkel Θ zwischen $\mathbf{B}$ und $\mathbf{j}$ eine Rolle spielt. Dieses Phänomen wurde bereits 1857 von *W. Thomson* (*Lord Kelvin*, 1824–1907) entdeckt. Erhöht man das externe Magnetfeld, so kommt es zu einer zunehmenden Magnetisierung eines ferromagnetischen Leiters in Feldrichtung. Dies ist verbunden mit einem Anstieg von $\varrho_{\|}(B)$ und einem Absinken von $\varrho_{\perp}(B)$ in Bezug auf $\varrho_{\|}(0) = \varrho_{\perp}(0)$. Ist der Leiter magnetisch gesättigt, so sättigt der *anisotrope Magnetwiderstand* (*anisotropic magnetoresistance*, AMR), charakterisiert durch $\Delta\varrho(B) = \varrho_{\|}(B) - \varrho_{\perp}(B)$ ebenfalls. Oberhalb der Sättigungsfeldstärke $H = H_S$ erfolgt dann ein Anstieg von $\varrho_{\|}(B)$ und $\varrho_{\perp}(B)$ aufgrund des *Lorentz–Magnetwiderstands*. Eine Extrapolation von $\varrho_{\|}(H = H_S)$ und $\varrho_{\perp}(H = H_S)$ auf $\varrho_{\|}(B = 0)$ und $\varrho_{\perp}(B = 0)$, also für das Erreichen der negativen Koerzitivfeldstärke, liefert dann die Widerstandsanisotropie, die ausschließlich auf die Spin–Bahn–Kopplung aus Gl. (3.404) zurückzuführen ist.

Die Spin–Bahn–Wechselwirkung führt dazu, dass die Streuquerschnitte für die s–d–Streuung der Leitungselektronen von der relativen Orientierung von $\mathbf{j}$ zu $\mathbf{B}$ abhängt. Der Beitrag durch die Spin–Bahn–Wechselwirkung nach Gl. (3.404) und (3.405) lässt sich schreiben als

$$\hat{H}_{SO} = \frac{\gamma}{2(mc)^2}\hat{\mathbf{L}} \cdot \hat{\mathbf{S}} = \frac{\gamma}{2(mc)^2}\left(\hat{L}_z\hat{S}_z + \frac{\hat{L}^+\hat{S}^- + \hat{L}^-\hat{S}^+}{2}\right) . \tag{3.420}$$

$\hat{L}^\pm = \hat{L}_x \pm i\hat{L}_y$, angewendet auf Eigenzustände von $\hat{L}_z$, liefert als Eigenwert $L_z \pm \hbar$. Die Wirkung von $\hat{S}^\pm$ auf Eigenzustände von $\hat{S}_z$ ist entsprechend. $\hat{H}_{SO}$ wirkt damit als *Spinflipoperator*: $d^\uparrow(m_l)$–Zustände können in $d^\downarrow(m_l+1)$– und $d^\downarrow(m_l)$–Zustände in $d^\uparrow(m_l-1)$ überführt werden. Damit mischt $\hat{H}_{SO}$ die spinpolarisierten Subbänder. Eine Folge dieser Wirkung besteht darin, dass unter dem Einfluss der Spin–Bahn–Wechselwirkung s–Elektronen mit Majoritätsspin in d–Zustände mit Minoritätsspin gestreut werden. Diese sind gemäß Abb. 3.83 am Fermi–Niveau in großer Dichte vorhanden. ϱ ist damit größer als ohne Spin–Bahn–Wechselwirkung. Die $s^\uparrow$–$d^\downarrow$–Übergangswahscheinlichkeiten hängen allerdings stark vom $\mathbf{k}$–Vektor der Leitungselektronen ab [3.115]. Liegt $\mathbf{k}$ parallel zu $\mathbf{B}$ beziehungsweise $\mathbf{M}$, so existieren viele $d^\downarrow$–Zustände, die zu den $\mathbf{k}$–Vektoren der Leitungselektronen passen. $\varrho_\parallel$ ist also vergleichsweise groß. Ist $\mathbf{k}$ dagegen senkrecht zu $\mathbf{B}$ beziehungsweise $\mathbf{M}$, stehen nur vergleichsweise wenige kompatible $d^\downarrow$–Zustände zur Verfügung, woraus ein kleiner Wert für $\varrho_\perp$ resultiert. Für das Widerstandsverhältnis $[\varrho(H_S) - \overline{\varrho}]/\overline{\varrho} = (\Delta\varrho/\overline{\varrho})(\cos^2\Theta - 1/3)$ ergeben sich mit $\Theta = 0$ und $\Theta = \pi/2$ Werte von $\Delta\varrho/\overline{\varrho} = 2(\varrho_\parallel - \varrho_\perp)/(\varrho_\parallel + 2\varrho_\perp)$ für den longitudinalen Fall und von $\Delta\varrho/\overline{\varrho} = -(\varrho_\parallel - \varrho_\perp)/(\varrho_\parallel + 2\varrho_\perp)$ für den transversalen Fall.

Bereits aus der bisherigen Diskussion wurde deutlich, dass in den Ferromagnetika unterschiedliche Spinzustände unterschiedlich zum Transport beitragen. Dies findet seinen Niederschlag im *Spinkanalmodell*, das bereits durch Mott postuliert wurde. Dieses Modell behandelt den Transport von $|\uparrow\rangle$– und $|\downarrow\rangle$–Zuständen völlig separat, beispielsweise in Form der Boltzmannschen Transportgleichung (3.356), und vernachlässigt Spinflipprozesse. Spinasymmetrien kommen durch die Spinaufspaltung der Zustandsdichte $\varrho(E_F)$, durch unterschiedliche Streuzeiten τ und unterschiedliche effektive Masse m^* zustande.

Grundsätzlich ist in Ferromagnetika die durch das Streumatrixelement in Gl. (3.352) gegebene Übergangsrate $P_{\mathbf{k'k}}$ spinaufgespalten:

$$\underline{\underline{P_{\mathbf{k'k}}}} = \begin{pmatrix} P^{\uparrow\uparrow}_{\mathbf{k'k}} & P^{\uparrow\downarrow}_{\mathbf{k'k}} \\ P^{\downarrow\uparrow}_{\mathbf{k'k}} & P^{\downarrow\downarrow}_{\mathbf{k'k}} \end{pmatrix} . \tag{3.421}$$

Es kommen also spinerhaltende und Spinflipstreuprozesse vor, wobei die Streuquerschnitte für Spinflipprozesse deutlich geringer als die für spinerhaltende sind. Unterschiede zwischen $P_{\mathbf{k}'\mathbf{k}}^{\uparrow\uparrow}$ und $P_{\mathbf{k}'\mathbf{k}}^{\downarrow\downarrow}$ führen dann zu unterschiedlichen Streuzeiten $\tau^{\uparrow}$ und $\tau^{\downarrow}$.

Mit dem Spinkanalmodell lassen sich in einfacher Weise Transportprozesse in ferromagnetischen Übergangsmetallen und ihren Legierungen beschreiben, allerdings ohne wirklichen Bezug zu den mikroskopischen Ursachen. Es handelt sich also um eine rein phänomenologische Beschreibung, ähnlich den Transportgleichungen (3.408) für Ladung und Spin. Entsprechend Gl. (3.359b), also entsprechend dem vereinfachenden *Drude-Ansatz*, ist $1/\varrho = ne^2\tau/m^*$. Sowohl die Ladungsträgerdichte n als auch die Stoßzeit τ und die effektive Masse m^* sind spinaufgespalten. Für den Gesamtwiderstand ergibt sich durch Berücksichtungung beider Spinkanäle $\varrho = \varrho^{\uparrow}\varrho^{\downarrow}/(\varrho^{\uparrow} + \varrho^{\downarrow})$. $\varrho^{\uparrow}$ und $\varrho^{\downarrow}$ enthalten sowohl die spinunabhängigen Anteile durch Phononenstreuung und Streuung an nicht magnetischen Verunreinigungen als auch die spinabhängigen. Für Nickel und Kobalt gilt $\varrho^{\downarrow} \gg \varrho^{\uparrow}$, da das Majoritätsband weitestgehend gefüllt ist und damit wenig zur s–d–Streuung beiträgt. Der Majoritätskanal schließt damit gleichsam den hochohmigen Minoritätskanal kurz und es ergibt sich $\varrho \approx \varrho^{\uparrow}$.

Tunnelexperimente spielten eine Schlüsselrolle für das Verständnis des spinpolarisierten Transports [3.114]. Wie in Abb. 3.85 dargestellt, können die beiden durch eine dünne Isolatorschicht getrennten ferromagnetischen Elektroden parallel ($\uparrow\uparrow$) oder antiparallel ($\uparrow\downarrow$) magnetisiert werden. Im Gegensatz zur als spinentartet und strukturlos angenommenen Zustandsdichte bei der elementaren Diskussion des Tunneleffekts in Abschn. 3.2.3 müssen für eine korrekte Beschreibung der Anordnung aus Abb. 3.85 die Spinentartung und die s–d–Bandstruktur des Materialsystems berücksichtigt werden. Das *Tunnelmagnetwiderstandsverhältnis* (*tunneling magnetoresistance, TMR*) ist gegeben durch $TMR = (R_{\uparrow\downarrow} - R_{\uparrow\uparrow})/R_{\uparrow\uparrow} = (G_{\uparrow\uparrow} - G_{\uparrow\downarrow})/G_{\uparrow\downarrow}$, wobei R die entsprechenden Widerstände und $G = 1/R$ die Leitwerte sind. Der Tunnelmagnetwiderstand ist eine spezielle Manifestation des Magnetwiderstands, der in seiner allgemeinen Form in einer Abhängigkeit des elektrischen Widerstands von einem applizierten Magnetfeld besteht.

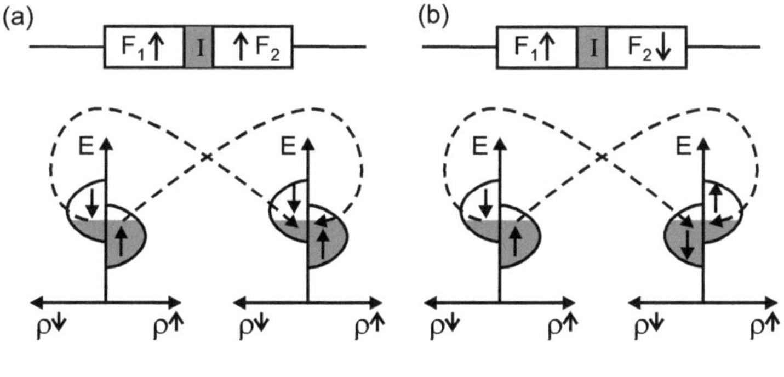

Abb. 3.85: *Schematische Darstellung des Tunnelprozesses zwischen zwei ferromagnetischen Elektroden F_1 und F_2, die durch einen Isolator I voneinander getrennt sind. (a) Parallele und (b) antiparallele Magnetisierungsrichtungen mit den entsprechenden spinaufgelösten Zustandsdichten der d–Bänder. Die gestrichelten Linien deuten Tunnelprozesse mit Spinerhaltung an.*

Tabelle 3.7: Spinpolarisation für ferromagnetische Metalle und ihre Legierungen [3.114].

Material	Ni	Co	Fe	$Ni_{80}Fe_{20}$	$Co_{50}Fe_{50}$	$Co_{84}Fe_{16}$
Spinpolarisation (%)	33	42	44	48	55	55

Der TMR–Wert hängt direkt mit den *Spinpolarisationen* $\mathbf{P}$[1] der beiden ferromagnetischen Elektroden in Abb. 3.85 zusammen. Allgemein, nicht nur für Elektronen, sondern auch für Löcher, Exzitonen oder Kerne, ist eine Spinpolarisation definiert durch $P_X = (X^\uparrow - X^\downarrow)/(X^\uparrow + X^\downarrow)$. $X^{\uparrow\downarrow}$ sind spinaufgelöste Größen, für die der Spin bezüglich einer geeigneten Quantisierungsachse spezifiziert wird. Diese Quantisierungsachse kann beispielsweise durch ein externes Magnetfeld, durch die Magnetisierung oder durch die Propagationsrichtung von Licht definiert sein. In Ferromagnetika wird die Quantisierungsachse durch die remanente Magnetisierung $\mathbf{M}$ festgelegt. Majoritätsspins ($\uparrow$) besitzen Ladungsträger mit einer z–Komponente des magnetischen Moments $\boldsymbol{\mu} = -g\mu_B\mathbf{S}/\hbar$ parallel zur Magnetisierung. Ladungsträger mit antiparalleler μ_z–Komponente besitzen Minoritätsspins ($\downarrow$). Es ist evident, dass sowohl das Vorzeichen als auch die Größe von P_X von der Wahl der Größe X abhängen. Für das Tunneln von Elektronen zwischen metallischen Elektroden, getrennt durch einen Isolator, ist die spinaufgespaltene elektronische Zustandsdichte $\varrho^{\uparrow\downarrow}(E)$ von Bedeutung. Dabei ist $E \approx E_F$. Mit $P_i = (\varrho_i^\uparrow - \varrho_i^\downarrow)/(\varrho_i^\uparrow + \varrho_i^\downarrow)$ für $i = 1,2$ und $G_{\uparrow\uparrow} \sim \varrho_1^\uparrow\varrho_2^\uparrow + \varrho_1^\downarrow\varrho_2^\downarrow$ sowie $G_{\uparrow\downarrow} \sim \varrho_1^\uparrow\varrho_2^\downarrow + \varrho_1^\downarrow\varrho_2^\uparrow$ ergibt sich dann $TMR = 2P_1P_2/(1-P_1P_2)$. Diese Relation zeigt, dass zur Erzielung eines großen TMR–Werts große Spinpolarisationen P_1 und P_2 benötigt werden. Die Spinpolarisation der ferromagnetischen Übergangsmetalle und von einigen ihrer Legierungen ist in Tab. 3.7 angegeben. Eine Spinpolarisation von $P \approx 1$ ist für *halbmetallische Ferromagnete* zu erwarten, die nur für eine Spinrichtung Zustände am Fermi–Niveau aufweisen, während ϱ für die andere Spinrichtung verschwindet.

Entsprechend der Definition kann P sowohl positiv als auch negativ sein und weist gemäß Abb. 3.84 eine detaillierte Abhängigkeit von der betrachteten Energie auf. Für Eisen würde man am Fermi–Niveau $E = 0$ eine kleine positive und für Nickel und Kobalt relativ große negative Spinpolarisationen erwarten. Dies ist im Widerspruch zu den experimentell ermittelten Werten aus Tab. 3.7. Dieser Widerspruch wird dadurch aufgelöst, dass im Hinblick auf die Experimente, es handelt sich um Tunnelexperimente mit $F/I/F$–Kontakten oder $F/I/S$–Kontakten[2], mehrere Phänomene zu berücksichtigen sind, die einen Unterschied zwischen gemessenen Werten für P und Bandstrukturrechnungen zur Folge haben können. Zu nennen sind hier spinselektive Eigenschaften der Barriere, Spinflipprozesse und gegebenenfalls eine Spin–Bahn–Streuung im Supraleiter. Der wichtigste Aspekt ist aber die spezifische Berücksichtigung des Tunnelprozesses: Aufgrund ihrer geringen effektiven Masse besitzen die s–Elektronen einen größeren Transmissionskoeffizienten als die d–Elektronen, deren Spinaufspaltung aber in Abb. 3.85 zur anschaulichen Erklärung des spinpolarisierten Transports diente. Hingegen werden gemäß Abb. 3.83(b) die s–Elektronen als unpolarisiert angenommen. Betrachtet werden muss aber zum einen die s–d–hybridisierte Bandstruktur, die zu einer Polari-

[1] $\mathbf{P}$ ist hier zu unterscheiden von der Spinpolarisationsdichte in Gl. (3.406).

[2] S bezeichnet eine supraleitende Elektrode in der in einem äußeren Magnetfeld ebenfalls eine Zeemann–Aufspaltung der Quasiteilchenzustandsdichte auftritt.

sation auch s–artiger und den Tunnelstrom im Wesentlichen tragender Zustände führt. Zum anderen muss die selektive Streuung der tunnelnden Elektronen in unbesetzte d–Zustände berücksichtigt werden, da der Tunnelstrom bei gegebener Spannung von den besetzten Zuständen in der einen Elektrode und von den besetzbaren, also unbesetzten, in der anderen Elektrode abhängt. Unter Berücksichtigung aller genannten Aspekte lassen sich die experimentellen Daten aus Tab. 3.7 in befriedigender Weise in Einklang mit den Bandstrukturrechungen aus Abb. 3.84 bringen.

Eine im Rahmen der Nanostrukturforschung ungeheuer erfolgreiche Anwendung des spinpolarisierten Tunnelns ist die *spinpolarisierte Tunnelmikroskopie* (SP–STM) [3.116]. Dabei ist in einem F/I/F–Kontakt eine ferromagnetische Elektrode durch die Probe und die andere durch eine definiert magnetisierte Spitze des Rastertunnelmikroskops gegeben. Spitze und Probe sind in diesem Fall durch eine Vakuumbarriere voneinander getrennt. Aufgrund der hohen Ortsauflösung von STM liefert das Verfahren lokale Variationen der Spinpolarisation der Probe auf Nanometerskala. Durch Variation der Tunnelspannung kann eine spinpolarisierte Tunnelspektroskopie realisiert werden. Das Verfahren kann auch auf die Analyse nicht ferromagnetischer Proben, wie Antiferromagnetika, oder zum Studium spinselektiver Streuprozesse angewendet werden, wobei teilweise atomare Auflösung erzielbar ist.

In SP–STM–Messungen liegt nicht grundsätzlich der zuvor diskutiere Fall vor, der eine Beschreibung durch $G_{\uparrow\uparrow}$– oder $G_{\uparrow\downarrow}$–Leitwerte zuließe, da die Magnetisierungen von Tunnelspitze und Probe im allgemeinen einen beliebigen Winkel Θ einschließen können. In diesem Fall ist der Leitwert des Tunnelkontakts gegeben durch [3.116]

$$G_\Theta = G(1 + P_1 P_2 \cos\Theta) \ , \tag{3.422}$$

wobei G der Leitwert für den entsprechenden Kontakt mit spinentarteten Zustandsdichten ist. P_1 und P_2 sind die Spinpolarisationen von Spitze und Probe. Mit $\Theta = 0$ und $\Theta = \pi$ erhält man $(G_{\uparrow\uparrow} - G_{\uparrow\downarrow})/(G_{\downarrow\downarrow} + G_{\uparrow\downarrow}) = P_1 P_2$ oder entsprechend den vorher formulierten Zusammenhang zwischen Spinpolarisationen und TMR–Wert. Messungen von G_Θ unter definierten Bedingungen ermöglichen also spektroskopische Messungen der Spinpolarisation der Probe. Differentielle Leitwerte werden gemäß $G = dI/dV$ aus den gemessenen Daten bestimmt. Ist die Spinpolarisation der Sonde im durch die maximal applizierten Tunnelspannungen gegebenen Intervall bekannt, so lässt sich direkt die Spinpolarisation der Probe messen. Abbildung 3.86(a) zeigt entsprechende Daten für Gadolinium, ein Element der Gruppe der *Seltenen Erden*. Die gute Übereinstimmung zwischen den tunnelspektroskopischen und den zusätzlich gegebenen Daten aus Messungen mittels spinsensitiver inverser Photoelektronenemissionsspektroskopie zeigt, dass SP–STM örtlich und energetisch hochaufgelöste quantitative Daten liefern kann. Die verwendete Eisensonde weist eine im Intervall $\pm 0,8\,\mathrm{eV}$ konstante Spinpolarisation von $P = 0,44$ auf.

Durch simultane Abbildung topographischer und ortsaufgelöster spektroskopischer Daten können mittels SP–STM direkt räumlich inhomogene *Magnetisierungsvektorfelder* der Probe sichtbar gemacht werden. Die lokale Magnetisierungsrichtung in der Probe in Bezug zu derjenigen in der STM–Spitze definiert in diesem Fall den Winkel Θ, der

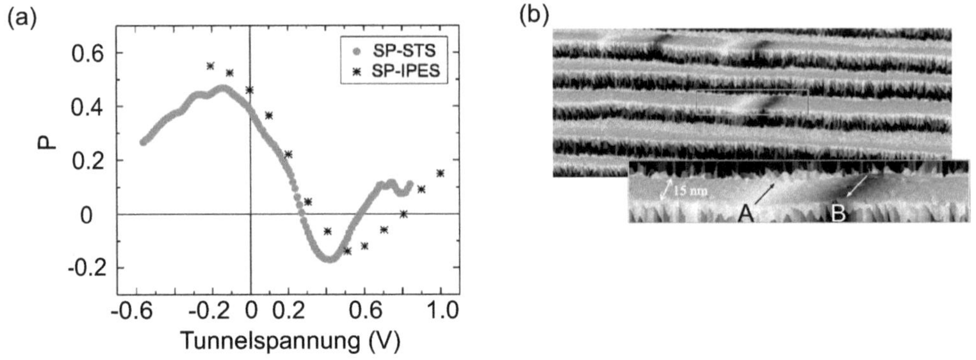

Abb. 3.86: *(a) Spinpolarisation eines Gd(0001)–Films gemessen mittels spinpolarisierter Tunnelspektroskopie (SP–STS) und mittels spinpolarisierter inverser Photoelektronenemissionsspektroskopie (SP–IPES). (b) Doppelmonolagiger Fe–Film auf einem gestuften W(110)–Substrat. A und B markieren die Position von Domänenwänden. Die verwendete Fe–Sonde detektiert Magnetisierungskomponenten in der Probenebene [3.116].*

gemäß Gl. (3.422) den Leitwert determiniert. Variationen von Θ manifestieren sich also direkt in Variationen von $G_\Theta(V)$. Eine entsprechende Messung an einem nur zwei Monolagen dünnen Eisenfilm zeigt Abb. 3.86(b). Man sieht hier Domänenwände, in denen sich die Magnetisierung aus einer Richtung senkrecht zur Probenoberfläche in die antiparallele Richtung dreht.

Ein mit dem Tunnelmagnetwiderstand eng verbundenes Phänomen tritt in Schichtsystemen auf, die, wie in Abb. 3.87 dargestellt, alternierend aus Ferromagnetika und nicht ferromagnetischen Metallen zusammengesetzt sind. Die Anordnung wird entsprechend der Stromrichtung kategorisiert. Der für beide geometrischen Kategorien auftretende *Riesenmagnetwiderstand* (*giant magnetorestistance, GMR*) besteht in einer Abhängigkeit des elektrischen Widerstands von der relativen Orientierung der Magnetisierungsrichtungen in den ferromagnetischen Schichten [3.117]. Von Bedeutung sind dabei grundsätzlich wiederum Bandstruktureffekte und eine spinselektive Streuung. Es handelt sich also um ein quantenmechanisches Phänomen, dessen rigorose Beschreibung in Anbetracht der Komplexität, die das Schichtsystem mit seinen Grenzflächeneigenschaften verkörpert, nicht einfach ist. Andererseits lässt sich die Phänomenologie des GMR–Effekts im Rahmen des Mottschen Spinkanalmodells auf einfache Weise verstehen. Ausgangspunkt sind wiederum spinselektive Transportparameter, die sich letztendlich in unterschiedlichen spezifischen Widerständen für Majoritäts– und Minoritätsspins bemerkbar machen. Da der Transport durch beide Spinkanäle gleichzeitig erfolgt, kann in einfacher Weise der Gesamtwiderstand aus den parallel geschalteten Widerständen für die einzelnen Spinkanäle berechnet werden. Von besonderem Interesse ist die Widerstandsdifferenz, die sich ergibt, wenn einerseits parallel magnetisierte Ferromagnetika und andererseits alternierend antiparallel magnetisierte Schichten betrachtet werden. Diese Differenz wird durch $GMR = (R_{\uparrow\downarrow} - R_{\uparrow\uparrow})/R_{\uparrow\uparrow}$ in völliger

Anaogie zum TMR–Wert quantifiziert. Für die CPP–Geometrie aus Abb. 3.87(b) ist bei gerader Anzahl der magnetischen Schichten $R_{\uparrow\downarrow} = n(R_\uparrow + R_\downarrow)/4 + (n-1)R$ und $R_{\uparrow\uparrow} = nR_\uparrow R_\downarrow/(R_\uparrow - R_\downarrow) + (n-1)R$. $R_\uparrow$ und $R_\downarrow$ bezeichnen die Widerstände für Majoritäts– und Minoritätsspins bezogen auf die einzelne ferromagnetische Schicht. R bezeichnet den Widerstand für die einzelne Zwischenschicht. Damit gilt immer $R_{\uparrow\downarrow} \geq R_{\uparrow\uparrow}$ und $GMR \approx (R_\uparrow - R_\downarrow)^2/(4[R_{\uparrow\downarrow} - R(R_\uparrow + R_\downarrow)])$. Zur Erreichung eines großen Effekts müssen die Transporteigenschaften der Majoritäts– und Minoritätsspins möglichst unterschiedlich sein, was durch $|R_\uparrow - R_\downarrow|$ quantifiziert wird.

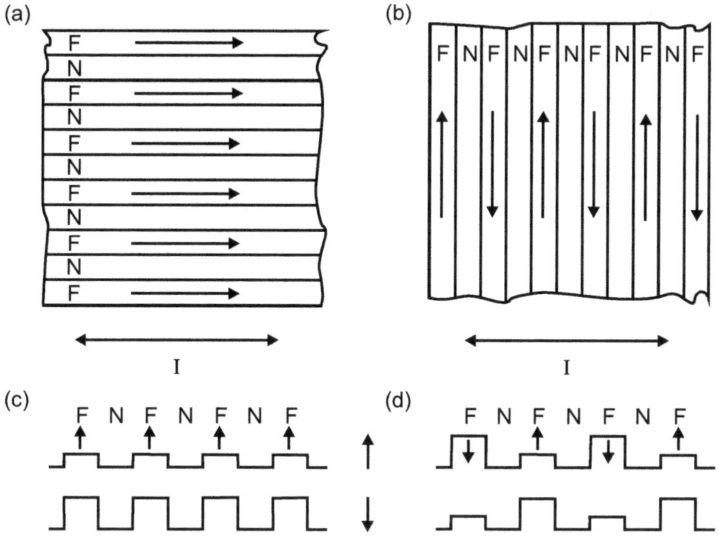

Abb. 3.87: *Zwischenschichtgekoppelte ferromagnetische Multischichten in unterschiedlicher Orientierung senkrecht zum Transportstrom und mit unterschiedlicher Magnetisierungskonfiguration. N bezeichnet ein nicht ferromagnetisches Material. (a) Stromrichtung in Schichtebene (current in plane, CIP) und parallele Magnetisierung. (b) Stromrichtung senkrecht zur Schichtebene (current perpendicular to plane, CPP) und antiparallele Magnetisierung. (c) Vereinfacht dargestellter Potentialverlauf für Majoritäts– (↑) und Minoritätsladungsträger (↓) bei paralleler Magnetisierung. (d) Die entsprechende Situation bei antiparalleler Magnetisierung.*

Im Rahmen der phänomenologischen Beschreibung bleiben verschiedene Fragen offen. Insbesondere die Frage, welche Bedeutung eigentlich die nicht ferromagnetischen Zwischenschichten in Abb. 3.87 haben und wie sich eine Variation ihrer Dicke auswirkt. Auch das Auftreten des GMR–Effekts für die CIP–Geometrie ist im Rahmen der bisherigen Ausführungen nicht unmittelbar einsichtig. In Bezug auf diesen Sachverhalt liegt die Lösung darin, dass Gl. (3.343) natürlich auch für ein Multischichtsystem gilt, also im vorliegenden Fall alle Zustände im **k**–Raum, die zum Transport beitragen, zu berücksichtigen sind. Damit werden auch in der CIP–Geometrie immer Leitungselektronen an den Grenzflächen zwischen Ferromagnetika und nicht ferromagnetischen Zwischenschichten oder sogar in den ferromagnetischen Schichten gestreut [3.118]. Allerdings führt die **k**–Raum–Integration gemäß Gl. (3.343) zu signifikanten Unterschieden hinsichtlich beider geometrischer Kategorien. Der GMR–Effekt wird beobachtet für Schichtsysteme, bei denen die Schichtdicken in der Größenordnung der Fermi–Wellenlänge der Elektronen liegen. Die Leitfähigkeit einer nur wenige Å dünnen Schicht kann nicht einfach in der bisher diskutierten Weise durch Gl. (3.359a) beschrieben werden, sondern es müssen spezifische Streuprozesse in sehr dünnen Schichten berücksichtigt werden: Die Ober- und Grenzflächenstreuung führt zu einer schichtdickenabhängigen Leitfähigkeit, wenn die Schichtdicke kleiner wird als die durch Volumenstreuung determinierte mittlere freie Weglänge. Dieser Tatsache wird durch den *Fuchs–Sondheimer–Formalismus* [3.119] Rechnung getragen. Für Filme mit einer Dicke t, die in der Größenordnung der Fermi–Wellenlänge λ_F[1] liegt, muss statt der phänomenologischen semiklassischen Beschreibung allerdings eine rigoros quantenmechanische gewählt werden.

Das freie Elektronengas in einer dünnen metallischen Schicht wird durch den Hamiltonian

$$\hat{H} = \frac{(\hbar k)^2}{2m^*} + U_0[\Theta(-z) + \Theta(z-t)] \tag{3.423}$$

beschrieben. U_0 ist das einschließende Randpotential und Θ die Stufenfunktion, wobei z senkrecht zur Filmebene gewählt wurde. Wie in Abschn. 3.3.1 diskutiert, sind die Eigenwerte von $\hat{H}$ gegeben durch $E_n = \hbar^2(k_\parallel^2 + k_n^2)/2m^*$, mit $k_n = n\pi/t$ für das n–te Subband. Dieses Resultat ist durch Gl. (3.68) gegeben. Zur Charakerisierung des elektronischen Transports muss die Streuung der Leitungselektronen berücksichtigt werden. Die Streuung an Defekten innerhalb des Films, aber auch diejenige an der Ober– oder Grenzfläche, wird beschrieben durch

$$\hat{H}_S = \sum_\nu U_\nu \delta(\mathbf{r} - \mathbf{r}_\nu) + \sum_{\mu=1,2} V f_\mu(\mathbf{r}_\parallel)\delta(z - z_\mu)\ . \tag{3.424}$$

Die Streuung an Defekten wird charakterisiert durch das Störpotential U_ν und die Defektposition $\mathbf{r}_\nu$ in Bezug auf $\mathbf{r} = (\mathbf{r}_\parallel, z)$. Die Ober– oder Grenzflächenstreuung wird demgegenüber charakterisiert durch das Potential $V f_\mu(\mathbf{r}_\parallel)$, bei dem $f_\mu(\mathbf{r}_\parallel) \ll t$ eine stochastische Ober– oder Grenzflächenrauigkeit beschreibt. Angenommen wird nun ein weißes Rauschspektrum der atomar unkorreliert rauen Oberfläche. Dafür ist die Autokorrelationsfunktion, die hier eine analoge Bedeutung hat zu derjenigen im Zusammenhang mit Gl. (3.385) und (3.386), gegeben durch $\langle f(r_\parallel) f(r_\parallel + \delta r_\parallel)\rangle = \Delta^2 G(\delta r_\parallel/\xi)$. Hier bezeichnet Δ den quadratischen Mittelwert der Rauigkeit und ξ ihre Korrelationslänge. Damit erhält man für die dickenabhängige Leitfähigkeit der Schicht [3.120]

$$\frac{\sigma}{\sigma_0} = 1 - \frac{l}{2\pi k_F N t^2} \sum_{n=1}^{n_F} k_n (k_F^2 - k_n^2) \frac{(1-R)[1 - \exp(-k_F d/[k_n l])]}{1 - R\exp(-k_F d/[k_n l])}\ . \tag{3.425a}$$

[1] λ_F liegt für Metalle in der Größenordnung von 1 nm.

Hierbei ist $\sigma_0 = Nel/k_F$ die Leitfähigkeit ohne Oberflächenstreuung für eine durch Defektstreuung determinierte mittlere freie Weglänge l. Die Ladungsträgerkonzentration ergibt sich aus der Summation über alle Subbänder:

$$N = \frac{1}{2\pi t} \sum_{n=1}^{n_F} \left(k_F^2 - k_n^2\right) \ . \tag{3.425b}$$

R ist ein $\mathbf{k}$–abhängier Reflexionsparameter, der die Beschaffenheit der Ober– oder Grenzfläche charakterisiert:

$$R = \left(\frac{12t^3 - \pi^2 n_F(n_F+1)(2n_F+1)\Delta^2\xi^2 F(0)k_n}{12t^3 + \pi^2 n_F(n_F+1)(2n_F+1)\Delta^2\xi^2 F(0)k_n} \right)^2 \ . \tag{3.425c}$$

Hier bezeichnet n_F die Nummer des energetisch höchsten Subbands unterhalb des Fermi–Niveaus und $F(\mathbf{k}_\parallel)$ die Fourier–Transformierte von $G(\mathbf{r}_\parallel)$.

Die Gleichungen (3.425) bilden einen universell verwendbaren Ansatz zur Beschreibung der Schichtdickenabhängigkeit der Leitfähigkeit dünner metallischer Filme. Das Fuchs–Sondheimer–Resultat [3.119] und andere semiklassische Resultate lassen sich für die entsprechenden Gültigkeitsbereiche aus Gl. (3.425) problemlos als Sonderfälle ableiten. Insbesondere werden auch ultradünne Schichten korrekt beschrieben. Im Hinblick auf die im Allgemeinen komplexe Schichtdickenabhängigkeit muss berücksichtigt werden, dass neben der expliziten $\sigma(t)$–Abhängigkeit auch n_F und k_n, damit also auch R, von t abhängen.

Betrachtet man nun zunächst die CIP–Anordnung in Abb. 3.87(a), so wird anhand der in Abb. 3.87(c) und (d) dargestellten Potentialverläufe deutlich, dass die Transporteigenschaften quantenmechanisch grundsätzlich durch die Hamilton–Operatoren in Gl. (3.423) und Gl. (3.424) zu beschreiben sind. Der GMR–Effekt kommt im Rahmen dieser Betrachtungsweise dadurch zustande, dass das Grenzflächenpotential U_0 sowie die Streuraten innerhalb der ferromagnetischen Schichten für Majoritäts– und Minoritätsladungsträger unterschiedlich sind. Auch für die CPP–Geometrie, bei der die Nettotransportkomponente senkrecht zu den Schichtebenen maßgeblich ist, sind die unterschiedlichen Streuraten an den Grenzflächen und in den ferromagnetischen Schichten, wie bereits diskutiert, ursächlich für den GMR–Effekt. Allerdings kann der durch Gl. (3.423) und Gl. (3.424) gegebene Formalismus nicht ohne weiteres angewendet werden. Vielmehr bewegen sich in diesem Fall die Leitungselektronen durch eine periodisch angeordnete Aufeinanderfolge spinabhängiger Barrieren. Die damit verbundene, in Abb. 3.87(c) und (d) gegebene Potentiallandschaft ist auch ursächlich für die *Zwischenschichtkopplung*, eine indirekte Austauschwechselwirkung zwischen benachbarten ferromagnetischen Schichten über die nicht ferromagnetische Zwischenschicht [3.117].

Wie im Zusammenhang mit dem in Abschn. 3.3.2 diskutierten resonanten Tunneln treten in dem GMR–Multischichtsystem elektronische Quanteninterferenzeffekte auf. Dies ist grundsätzlich auch im Gleichgewichtsfall, also bei Abwesenheit von Transport, der Fall. Elektronen in den Zwischenschichten werden aufgrund der Fehlanpassungen der

Fermi–Wellenvektoren an den Grenzflächen zu den ferromagnetischen Schichten mit gewissen Reflexionskoeffizienten und Phasenverschiebungen reflektiert. Die damit verbundenen Interferenzen haben einen Einfluss auf die elektronische Zustandsdichte und die Gesamtenergie des Elektronensystems. Ist die Dicke der Zwischenschicht durch t gegeben, so beträgt die relative Amplitudenänderung der Elektronenwelle für einen kompletten Hin– und Rücklauf $\varrho^+ \varrho^- \exp(i[k^+ - k^-]t)$. $k^\pm$ bezeichnet die Wellenvektoren für nach rechts und links laufende Wellen und $\varrho^\pm$ die zugehörigen Reflexionsamplituden. Die Zustandsdichteänderung[1] aufgrund der mit Mehrfachreflexionen der Elektronenwellen verbundenen Quanteninterferenzeffekte ist dann gegeben durch

$$\begin{aligned} \Delta D(E) &= \frac{1}{\pi} Im \left\{ i \frac{d(k^+ - k^-)}{dE} t \sum_{\nu=1}^{\infty} (\varrho^+ \varrho^-)^\nu \exp(i\nu[k^+ - k^-]t) \right\} \\ &= \frac{1}{\pi} Im \left\{ i \frac{d(k^+ - k^-)}{dE} \, t \, \frac{\varrho^+ \varrho^- \exp(i[k^+ - k^-]t)}{1 - \varrho^+ \varrho^- \exp(i[k^+ - k^-]t)} \right\} . \end{aligned} \quad (3.426)$$

Diese durch die t–Abhängigkeit von $\Delta D(E)$ gegebene Modulation der Zustandsdichte tritt für jede Spinrichtung auf, wobei a priori $k^\pm$ und $\varrho^\pm$ spinaufgespalten sind. Die Summation über ν trägt Vielfachreflexionen der Elektronenwellen Rechnung. Für die Änderung der Anzahl der Zustände ergibt sich durch Integration

$$\Delta N(E) = -\frac{2}{\pi} Im \left\{ ln(1 - \varrho^+ \varrho^- \exp(i[k^+ - k^-]t)) \right\} . \quad (3.427)$$

$\Delta N(E)$ variiert ebenfalls periodisch mit der Zwischenschichtdicke t. Für niedrige Potentialbarrieren mit $|\varrho^+ \varrho^-| \ll 1$ ist die Oszillation sinusförmig, während im Grenzfall vollständig gebundener Zustände mit $|\varrho^+ \varrho^-| = 1$ eine sägezahnförmige Oszillation vorliegt. Die damit verbundenen Sprünge von $\Delta N(E)$ sind einfach zu verstehen: Eine Vergrößerung von t senkt alle Energieniveaus gemäß $E \sim 1/t^2$ ab. Diese Verringerung der Gesamtenergie ist allerdings abrupt beendet, wenn ein neues Subband unter das Ferminiveau sinkt. Durch Besetzung dieses Bands steigt $\Delta N(E)$ sprunghaft an, ebenso wie die Gesamtenergie des Systems. Die Oszillationsperiode von $\Delta N(E)$ ist durch $t_0 = 2\pi/(k^+ - k^-)$ gegeben, was für den eindimensionalen Fall mit $k^+ - k^- = 2k_F$ zu $t_0 = k_F/2$ wird. Die Energieänderung des elektronischen Systems aufgrund der Quanteninterferenzeffekte ist gegeben durch

[1]Um Verwechslungen mit Reflexionsamplituden auszuschließen, wird die Zustandsdichte hier wiederum mit $D(E)$ statt mit $\varrho(E)$ bezeichnet.

$$\Delta E(t) = -\int_{-\infty}^{F_F} \Delta N(E)dE$$
$$= \frac{2}{\pi} Im \left\{ \int_{-\infty}^{E_F} ln[1 - \varrho^+ \varrho^- \exp(i[k^+ - k^-]t)]dE \right\} . \qquad (3.428)$$

Über die Spinaufspaltung der Quanteninterferenzeffekte kommt es zu Unterschieden in der Oszillation von $\Delta E(t)$ für parallel magnetisierte und alternierend antiparallel magnetisierte Schichten. Dies führt dazu, dass mit variierender Zwischenschichtdicke t auch die Magnetisierungskonfiguration der Schichten zwischen ferromagnetisch (parallel) und antiferromagnetisch (antiparallel) oszilliert; es besteht also eine t–abhängige Kopplung zwischen den ferromagnetischen Schichten. Phänomenologisch betrachtet ist die Flächenenergiedichte dieser Kopplung gegeben durch $J(\Theta) = -J_1 \cos\Theta - J_2 \cos^2\Theta$. Θ ist der Winkel zwischen den Magnetisierungsrichtungen benachbarter Schichten. J_1 beschreibt Typ und Stärke der *bilinearen* Kopplung und J_2 die Eigenschaften der *biquadratischen*. Dominiert der bilineare Term, so ist die Kopplung ferromagnetisch für $J_1 > 0$. Dominiert der biquadratische Term mit $J_2 < 0$, so erhält man eine 90°–Kopplung mit $\Theta = \pi/2$, die sich unter bestimmten experimentellen Bedingungen ebenfalls beobachten lässt [3.117].

Die bisherige Diskussion hat gezeigt, dass von zentraler Bedeutung für den spinbasierten Transport die Spinaufspaltung der elektronischen Zustandsdichte der 3d–Übergangsmetalle ist. Diese manifestiert sich in einer endlichen Differenz zwischen Majoritäts– und Minoritätsladungsträgern am Fermi–Niveau sowie in unterschiedlichen Streuraten. Die Spinpolarisation der Ladungsträger ist eine Eigenschaft des Gleichgewichtszustands. Die Erzeugung einer Ungleichgewichtsverteilung des Elektronenspins durch *optische Orientierung*, *Spininjektion*, *Spinresonanz*, durch den Spin–Hall–Effekt oder durch Hyperfeinwechselwirkung mit einer Ungleichgewichtsverteilung von Kernspins wird als *Spinakkumulation* bezeichnet. Unter Verwendung von Spinakkumulationsprozessen werden auch nicht ferromagnetische Materialien und insbesondere Halbleiter für spintronische Anwendungen interessant. Bevor Akkumulations– und Relaxationsprozesse im Detail diskutiert werden können, sollten das Wechselspiel zwischen Spin und Ladung sowie spezielle Begrifflichkeiten genauer erörtert werden.

Im Gleichgewichtszustand eines Systems ist das chemische Potential μ ortsunabhängig, und es bestimmt die Ladungsträgerkonzentration:

$$N_0(\mu_0) = \int_0^{\infty} \varrho(E) f_0(E) dE \; , \qquad (3.429)$$

wobei $f_0(E)$ die durch Gl. (3.258) gegebene Fermi–Verteilung mit $E_F = \mu_0$ ist und $\varrho(E)$ die Zustandsdichte. In Gegenwart eines elektrischen Felds $\boldsymbol{\mathcal{E}} = -\nabla\phi$ wird das chemische Potential ortsabhängig: $\mu = \mu(\mathbf{r})$. Der örtlich variierende Anteil wird als *quasichemisches Potential* bezeichnet. Die Ungleichgewichtsverteilung $f(E, \mathbf{r})$ ergibt sich aus $f_0(E)$ für $E_F = \mu(\mathbf{r}) - e\phi(\mathbf{r})$. Damit wiederum folgt für die ortsabhängige Teilchenzahl analog zu Gl. (3.429) $N(\mathbf{r}) = N_0(\mu(\mathbf{r}) + e\phi(\mathbf{r}))$. Im Fall lokaler Ladungsneutralität, wie für Metalle und gut dotierte Halbleiter gegeben, gilt $N(\mathbf{r}) = N_0$, woraus sich $\mu(\mathbf{r}) - \mu_0 = -e\phi(\mathbf{r})$ ergibt.

Der Strom setzt sich im allgemeinen Fall aus dem *Driftanteil* und dem *Diffusionsanteil* zusammen: $\mathbf{j} = \sigma\boldsymbol{\mathcal{E}} + eD\nabla N$, was im Wesentlichen Gl. (3.406a) entspricht. Der Gradient der Teilchenzahldichte ist dann gegeben durch $\nabla N = (e\nabla\phi + \nabla\mu)\partial N_0/\partial\mu_0$. Damit ergibt sich

$$\mathbf{j} = \left(-\sigma + e^2 D\frac{\partial N_0}{\partial\mu_0}\right)\nabla\phi + eD\frac{\partial N_0}{\partial\mu_0}\nabla\mu \,. \tag{3.430}$$

Hieraus ergibt sich mit $\mathbf{j} = 0$ für $\nabla\mu = 0$ sofort die *Einstein–Relation* $\sigma = e^2 D\partial N_0/\partial\mu_0$ mit $\partial N_0/\partial\mu_0 \approx \varrho(E_F)$. Damit folgt dann aus Gl. (3.430) $\mathbf{j} = \sigma\nabla\mu/e$. Am Kontakt zwischen zwei Materialien mit unterschiedlicher Leitfähigkeit muss das quasichemische Potential nicht stetig verlaufen. Der Sprung $\Delta\mu$ definiert in diesem Fall die *Kontaktleitfähigkeit* $\Sigma = e|\mathbf{j}|/\Delta\mu$.[1]

Die Ladungsträgerkonzentration ist durch die Konzentrationen der Majoritäts- und Minoritätsladungsträger gegeben: $N = N^\uparrow + N^\downarrow$. Die *Spindichte* ist gegeben durch $S = S^\uparrow - S^\downarrow$, wobei $S^{\uparrow\downarrow}$ die Spindichten für Majoritäts- und Minoritätsspins sind. Die *Spinpolarisation der Ladungsträgerdichte* beträgt dann $P_N = S/N$. Allgemein ist die Spinpolarisation einer spinbehafteten Größe $X^{\uparrow\downarrow}$, wie bereits diskutiert, durch $P_X = (X^\uparrow - X^\downarrow)/(X^\uparrow + X^\downarrow)$ gegeben.

Grundsätzlich sind eine spinaufgespaltene Zustandsdichte $\varrho^{\uparrow\downarrow}$ sowie spinaufgespaltene quasichemische Potentiale $\mu^{\uparrow\downarrow}$ anzunehmen, während der Energiefluss zwischen den Spinpools sowie auch der Teilchenfluss aufgrund von Spinflipprozessen zu einem einheitlichen Gleichgewichtspotential μ_0 führen. Damit ist

$$N^{\uparrow\downarrow} = N_0^{\uparrow\downarrow}(\mu^{\uparrow\downarrow} + e\phi) \approx N_0^{\uparrow\downarrow} + \varrho^{\uparrow\downarrow}\left(\mu^{\uparrow\downarrow} - \mu_0 + e\phi\right) . \tag{3.431a}$$

Mit $N = N^\uparrow + N^\downarrow$, $\varrho = \varrho^\uparrow + \varrho^\downarrow$, $\varrho_S = \varrho^\uparrow - \varrho^\downarrow$, $\mu = (\mu^\uparrow + \mu^\downarrow)/2$ und $\mu_S = (\mu^\uparrow - \mu^\downarrow)/2$ führt dies zu

$$\varrho\left(\mu - \mu_0 + e\phi\right) + \varrho_S\mu_S = 0 \,. \tag{3.431b}$$

Für die Spindichte erhält man entsprechend

[1] Aus Σ ergibt sich eine Leitfähigkeit σ durch Integration über eine Kontaktlänge L_C.

$$S = S_0 + \varrho_S(\mu - \mu_0 + e\phi) + \varrho\mu_S = S_0 + 4\mu_S \frac{\varrho^\uparrow \varrho^\downarrow}{\varrho} \,. \tag{3.432}$$

Während $S_0 = S_0^\uparrow - S_0^\downarrow$ die Gleichgewichtsspindichte quantifiziert, ist die Spinakkumulation im Nichtgleichgewichtsfall durch $\delta S = 4\mu_S \varrho^\uparrow \varrho^\downarrow / \varrho$ gegeben. Mit der Akkumulation von Spins ist das *quasichemische Spinpotential* μ_S verbunden.

Von besonderer Bedeutung für den spinbasierten Transport ist, wie wir bereits gesehen haben, die Unterscheidung zwischen *Ladungs–* und *Spinströmen*. Während der Ladungsstrom durch $\mathbf{j} = \mathbf{j}^\uparrow + \mathbf{j}^\downarrow$ gegeben ist, ist der Spinstrom durch $\mathbf{j}_S = \mathbf{j}^\uparrow - \mathbf{j}^\downarrow$ gegeben. Wie zuvor diskutiert, gilt $\mathbf{j}^{\uparrow\downarrow} = \sigma^{\uparrow\downarrow} \nabla \mu^{\uparrow\downarrow}/e$. Mit $\sigma = \sigma^\uparrow + \sigma^\downarrow$ und $\sigma_S = \sigma^\uparrow - \sigma^\downarrow$ kommen wir zu der übersichtlichen Aussage

$$\mathbf{j} = \frac{1}{e}(\sigma \nabla \mu + \sigma_S \nabla \mu_S) \tag{3.433a}$$

und

$$\mathbf{j}_S = \frac{1}{e}(\sigma_S \nabla \mu + \sigma \nabla \mu_S) \,. \tag{3.433b}$$

Für einen nicht ferromagnetischen Leiter mit $\sigma_S = 0$ entkoppeln Ladungs– und Spinstrom komplett: Der Ladungsstrom wird durch den Gradienten des quasichemischen Potentials getrieben, während der Spinstrom durch die Spinakkumulation getrieben wird. Hingegen führt für Ferromagnetika eine lokale Spinakkumulation zu einem Ladungsstrom und ein Gradient des quasichemischen Potentials zu einem Spinstrom.

Aus Gl. (3.433) ergibt sich weiter

$$\mathbf{j}_S = P_\sigma \mathbf{j} + 4 \frac{\sigma^\uparrow \sigma^\downarrow}{e\sigma} \nabla \mu_S \,, \tag{3.434}$$

mit der Spinpolarisation $P_\sigma = (\sigma^\uparrow - \sigma^\downarrow)/(\sigma^\uparrow + \sigma^\downarrow) = \sigma_S/\sigma$ der Leitfähigkeit. Die Spinpolarisation $P_\mathbf{j} = |\mathbf{j}^\uparrow - \mathbf{j}^\downarrow| / |\mathbf{j}^\uparrow + \mathbf{j}^\downarrow| = |\mathbf{j}_S|/|\mathbf{j}|$ ergibt sich dann zu

$$P_\mathbf{j} = P_\sigma + \frac{4}{|\mathbf{j}|} \frac{\sigma^\uparrow \sigma^\downarrow}{e\sigma} |\nabla \mu_S| \,. \tag{3.435}$$

Für einen nicht ferromagnetischen Leiter mit $P_\sigma = 0$ wird die Spinpolarisation ausschließlich durch die Spinakkumulation hervorgerufen.

Von besonderer Bedeutung für den spinbasierten Transport ist die Injektion von Spins aus einem Ferromagneten in einen nicht ferromagnetischen Leiter. Das Konzept der

Kontaktleitfähigkeit lässt sich für diesen Fall natürlich auch auf spinaufgelöste Teilströme übertragen: $j^{\uparrow\downarrow} = \Sigma^{\uparrow\downarrow}\Delta\mu^{\uparrow\downarrow}/e$. Die Gleichungen (3.433) bis (3.435) gelten dann entsprechend für die Kontaktströme und –spinpolarisationen.

In nicht ferromagnetischen Leitern erfüllt der Strom die Kontinuitätsbedingung $\nabla \cdot \mathbf{j} = 0$. Daraus ergibt sich der Verlauf des quasichemischen Potentials $\mu(\mathbf{r})$. Gibt es allerdings, wie in Ferromagnetika, eine remanente Spinpolarisation, so wird auch für den Spinstrom eine Kontinuitätsgleichung benötigt, die der Tatsache Rechnung tragen muss, dass keine Spinerhaltung besteht: $\nabla \cdot \mathbf{j}_S = e\delta S/\tau_S$. $\delta S = S - S_0$ ist hier die durch Gl. (3.432) gegebene Spinakkumulation. Divergenzen von $\mathbf{j}_S$ sind ferner proportional zur *Spinrelaxationsrate* $1/\tau_S$ mit der *Spinrelaxationszeit* τ_S. Damit ergibt sich $\nabla \cdot \mathbf{j}_S = 4e\varrho^{\uparrow}\varrho^{\downarrow}\mu_S/(\varrho\tau_S)$. Andererseits folgt aus Gl. (3.434) $\nabla \cdot \mathbf{j}_S = 4\sigma^{\uparrow}\sigma^{\downarrow}\triangle\mu_S/(e\sigma)$. Damit ergibt sich die folgende Diffusionsgleichung für die Spinakkumulation:

$$\triangle\mu_S = \frac{\mu_S}{l_S^2}\,, \tag{3.436}$$

mit der *Spindiffusionslänge* $l_S = \sqrt{\bar{D}\tau_S}$. Die Diffusivität ist gegeben durch $\bar{D} = \varrho/(\varrho^{\uparrow}/D^{\downarrow} + \varrho^{\downarrow}/D^{\uparrow})$. In nicht ferromagnetischen Leitern gilt natürlich $\bar{D} = D$. τ_S liegt sowohl für Metalle als auch Halbleiter typisch im ns–Bereich und l_S im μm–Bereich. Für Ferromagnetika ergeben sich um Größenordnungen kleinere Werte.

Wie wir bereits gesehen haben, gibt es ein Wechselspiel zwischen Spin und elektrischer Ladung, präziser, eine *Spin–Ladungs–Kopplung*. Nach Gl. (3.433a) ergibt sich die Variation des quasichemischen Potentials zu

$$\nabla\mu = \frac{e\mathbf{j}}{\sigma} - P_\sigma \nabla\mu_S\,. \tag{3.437}$$

Für einen Leiter der Länge L ergibt sich damit eine Variation von $\Delta\mu = ej\mathcal{R} - P_\sigma\Delta\mu_S$,[1] mit dem Flächenwiderstand $\mathcal{R} = L/\sigma$.[2] Für $P_\sigma = 0$ ist natürlich, wie bereits zuvor festgestellt, die Veränderung des quasichemischen Potentials eine ausschließliche Folge des Stromflusses. Für einen ferromagnetischen Leiter gibt es hingegen einen Zusatzbeitrag aufgrund der Spinakkumulation. Für den stromlosen Fall erhält man hier $\Delta\mu = -P_\sigma\Delta\mu_S$. Mit $\mu(\mathbf{r}) - \mu_0 = -e\phi(\mathbf{r})$ ergibt sich $\Delta\phi = (P_\sigma - P_\varrho)\Delta\mu_S/e$. Mit der Variation des quasichemischen Potentials ist also eine *elektromotorische Kraft* (*electromotive force, emf*) verbunden, die als Folge der Spinakkumulation auftritt: Die Spinakkumulation generiert zunächst eine Spindiffusion, mit der dann ein Ladungsfluss verbunden ist. Die Stromlosigkeit ist eine Folge eines elektrischen Gegenfelds, das sich aufgrund von Ladungen an den Enden des Leiters aufbaut. Im betrachteten Beispiel besteht die Spin–Ladungs–Kopplung darin, dass in einem Leiter mit einer Gleichgewichtsspinpolarisation eine Spinakkumulation zu einem Ungleichgewichtszustand führt, der sich in einem Spannungsabfall und einer elektromotorischen Kraft äußert.

[1] $j > 0$ und $j < 0$ charakterisiert im Folgenden die beiden antiparallelen Stromrichtungen entlang der im Kontakt befindlichen Leiter.

[2] Für einen Leiter der Querschnittsfläche F ergibt sich der ohmsche Widerstand aus $\mathcal{R} \to \mathcal{R}/F$.

Konkret lassen sich Spins durch Kontakte zwischen ferromagnetischen und nicht ferromagnetischen Leitern injizieren. Für beide Leiter wird $L \gg l_S$ vorausgesetzt. Für den Ferromagneten liefert die Spindiffusionsgleichung (3.436) am Ort des Kontakts über Gl. (3.435)

$$P_\mathrm{j}^F(0) = P_\sigma^F + \frac{\mu_S^F(0)}{ejR_F}\,, \tag{3.438a}$$

mit $R_F = l_S^F \sigma_F/(4\sigma_F^\uparrow \sigma_F^\downarrow)$. R_F ist dabei vom zuvor definierten $\mathcal{R}_F = L_F/\sigma_F$ zu unterscheiden. Für den nicht ferromagnetischen Leiter ergibt sich entsprechend

$$P_\mathrm{j}^N(0) = -\frac{\mu_S^N(0)}{ejR_N}\,, \tag{3.438b}$$

mit $R_N = l_S^N/\sigma_N$, was wiederum von $\mathcal{R}_N = L_N/\sigma_N$ zu unterscheiden ist. Der Kontakt selbst wird durch

$$P_\mathrm{j}^C = P_\Sigma + \frac{\mu_S^N(0) - \mu_S^F(0)}{ejR_C}\,, \tag{3.438c}$$

mit $R_C = \Sigma/(4\Sigma^\uparrow\Sigma^\downarrow)$ beschrieben. Spinerhaltung beim Transport über den Kontakt liefert dann $P_\mathrm{j} \equiv P_\mathrm{j}^F(0) = P_\mathrm{j}^N(0) = P_j^C$ und damit

$$P_\mathrm{j} = \frac{R_F P_\sigma^F + R_C P_\Sigma}{R_F + R_C + R_N} \equiv \langle P_\sigma \rangle_R\,. \tag{3.439}$$

Die *Spininjektionseffizienz* ergibt sich als über die effektiven Flächenwiderstände gewichtetes Mittel der Gleichgewichtsspinpolarisation der Leitfähigkeiten von Ferromagnet und Kontakt.

Mittels P_j lässt sich nun die Spinakkumulation im nicht ferromagnetischen Leiter berechnen:

$$\mu_S^N(0) = -ejP_\mathrm{j}R_N\,. \tag{3.440a}$$

Für die Spinpolarisationsdichte ergibt sich

$$P_N(0) = -\frac{ej\varrho_N P_\mathrm{j} R_N}{N}\,. \tag{3.440b}$$

Für $j < 0$ fließt der Strom vom Ferromagneten in den nicht ferromagnetischen Leiter. Dabei haben $P_N(0)$ und P_j dasselbe Vorzeichen. In diesem Fall spricht man im Konkreten von Spininjektion. Im umgekehrten Fall für $j > 0$ und unterschiedliches Vorzeichen von $P_N(0)$ und P_j spricht man von *Spinextraktion*. In diesem Fall fließt der Strom vom nicht ferromagnetischen Leiter in den Ferromagneten. Abbildung 3.88 zeigt den Verlauf des Spinstroms j_S und des quasichemischen Spinpotentials μ_S im Bereich des Spininjektionsregimes sowie das Spinkanalmodell des F/N–Kontakts.

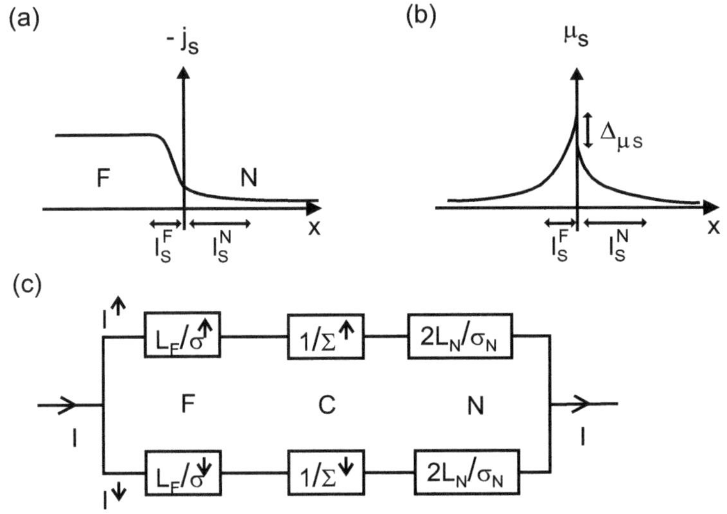

Abb. 3.88: *(a) Räumliches Profil der Spinstromdichte eines Kontakts (C) zwischen ferromagnetischem (F) und nicht ferromagnetischem (N) Leiter.* l_S^F *und* l_S^N *bezeichnen die Spindiffusionslängen. Während* j_S *einen kontinuierlichen Verlauf aufweist, zeigt in (b) das quasichemische Spinpotential* μ_S *am Kontakt eine Unstetigkeitsstelle mit dem Sprung* $\Delta\mu_S$*. (c) Spinkanalmodell des F/N-Kontakts mit den Flächenwiderständen* $\mathcal{R}_F^{\uparrow\downarrow}$, $\mathcal{R}_C^{\uparrow\downarrow}$ *und* $\mathcal{R}_N^{\uparrow\downarrow}$.

Im Fall einer Spinakkumulation ist die Veränderung des quasichemischen Potentials entlang des Gesamtleiters der Länge $L_F + L_N$ gegeben durch $\Delta\mu = e(\mathcal{R}_F + \mathcal{R}_C + \mathcal{R}_N + \delta\mathcal{R})j$.[1] Die Spinakkumulation führt also zu einem zursätzlichen Widerstandsbeitrag $\delta\mathcal{R} > 0$. $\Delta\mu$ kann ermittelt werden durch Berechnung der Beiträge in den drei Teilbereichen des Gesamtleiters: $\Delta\mu^F = e[j\mathcal{R}_F - P_\sigma^F\mu_S^F(0)]$, $\Delta\mu^C = e(jR_C - P_\Sigma[\mu_S^N(0) - \mu_S^F(0)])$ und $\Delta\mu_S^N = ej\mathcal{R}_N$, wobei $\mu_S^F(-L_F) = 0$ angenommen wurde[2]. Dies gibt nach Summation

$$ej\delta\mathcal{R} = -(P_\sigma^F - P_\Sigma)\mu_S^F(0) - P_\Sigma\mu_S^N(0)\ . \tag{3.441a}$$

[1]Es wird ein vollständiger Ausgleich der Gleichgewichtspotentiale angenommen: $\mu_0^F = \mu_0^C = \mu_0^N$.
[2]Diese Annahme ist für $L_F \gg l_S^F$ gut erfüllt.

Wenn die quasichemischen Spinpotentiale durch die Spininjektionseffizienz gemäß Gl. (3.438) ausgedrückt werden, ergibt sich damit $\mu_S^F(0) = ejR_F(P_\mathrm{j} - P_\sigma^F)$und $\mu_S^N(0) = -ejR_N P_\mathrm{j}$. Daraus folgt dann

$$\delta\mathcal{R} = -P_\Sigma(P_\mathrm{j} - P_\Sigma)R_C - P_\sigma^F(P_\mathrm{j} - P_\sigma^F)R_F \, . \tag{3.441b}$$

Mit der Spininjektionseffizienz aus Gl. (3.439) ergibt das schließlich

$$\delta R = \frac{R_N[P_\Sigma^2 R_C + (P_\sigma^F)^2 R_F] + R_F R_C (P_\sigma^F - P_\Sigma)^2}{R_F + R_C + R_N} \tag{3.442}$$

Für diesen Ungleichgewichtswiderstandsbeitrag gilt $\delta R > 0$ und damit vergrößert sich der Gesamtwiderstand des Leiters aufgrund der Spinakkumulation. Bei Anwachsen des Ungleichgewichtsspins im Ferromagneten treibt die Spindiffusion Elektronen gegen die eigentliche Stromrichtung vom nicht ferromagnetischen Leiterteil in Richtung Ferromagnet, während der Stromfluss in umgekehrter Richtung erfolgt. Dieses Phänomen wird als *Spinflaschenhalseffekt* (*spin bottle neck effect*) bezeichnet.

In praktischen Spininjektionsexperimenten sind besonders gute ohmsche Kontakte und Tunnelkontakte von Bedeutung [3.121]. Diese beiden Kontaktarten definieren die Grenzfälle des transparenten Kontakts mit $R_C \ll R_N, R_F$ einerseits und des hochohmigen Kontakts mit $R_C \gg R_N, R_F$ andererseits. Für den transparenten Kontakt ist die Spininjektionseffizienz gegeben durch

$$P_\mathrm{j} = \frac{R_F}{R_F + R_N} P_\sigma^F \, . \tag{3.443a}$$

Mit $l_S^N \gg l_S^F$ ergibt das

$$P_\mathrm{j} \approx \frac{\sigma_N l_S^F}{\sigma_F l_S^N} \, . \tag{3.443b}$$

Für nicht ferromagnetische metallische Leiter gilt normalerweise $\sigma_N > \sigma_F$. Handelt es sich hingegen um einen Halbleiter, so folgt aus $\sigma_N \ll \sigma_F$, dass die Spininjektionseffizienz sehr stark reduziert wird.

Der Ungleichgewichtswiderstand nach Gl. (3.442) ist für einen transparenten Kontakt gegeben durch

$$\delta\mathcal{R} = \frac{R_N R_F}{R_N + R_F} (P_\sigma^F)^2 \, , \tag{3.444a}$$

und mit $R_N \gg R_F$ ist er

$$\delta\mathcal{R} \approx \frac{l_S^F}{\sigma_F}(P_\sigma^F)^2 \,. \tag{3.444b}$$

Für eine Leitfähigkeitsfehlanpassung mit $\sigma_N \ll \sigma_F$ ist $\delta\mathcal{R}$ vernachlässigbar klein gegenüber dem Gesamtwiderstand, der in diesem Fall natürlich durch $\mathcal{R}_N$ dominiert wird.

Für einen Tunnelkontakt ist die Spininjektionseffizienz gegeben durch

$$P_{\mathrm{j}} \approx P_\Sigma \,. \tag{3.445a}$$

Sie wird allein durch die Kontakteigenschaften dominiert und eine Leitfähigkeitsfehlanpassung hat in diesem Fall keinen Einfluss. Der Ungleichgewichtswiderstand ist durch

$$\delta\mathcal{R} = R_N P_\Sigma^2 + R_F(P_\sigma^F - P_\Sigma)^2 \tag{3.445b}$$

gegeben. In der Regel erhält man $\delta\mathcal{R} \ll \mathcal{R}_C$.

Wir haben gesehen, dass ein Stromfluss durch einen F/N–Kontakt zu einer Spinakkumulation aufgrund der Spininjektion führt. Im Folgenden wird gezeigt, dass eine Spinakkumulation im nicht ferromagnetischen Leiterteil aufgrund des Kontakts zum ferromagnetischen Leiterteil zu einer elektrischen Potentialdifferenz in Form einer elektromotorischen Kraft führt, die zur Detektion der Spinakkumulation verwendet werden kann. Der Potentialabfall über dem Kontakt ist gegeben durch $e\Delta\phi = \mu^N(L_N) - \mu^F(-L_F)$. Die Variation des quasichemischen Potentials ist in den einzelnen Leiterbereichen gegeben durch

$$\mu^F(0) - \mu^F(-L_F) = -P_\sigma^F \mu_S^F(0) \,, \tag{3.446a}$$

$$\mu^N(0) - \mu^F(0) = -P_\Sigma[\mu_S^N(0) - \mu_S^F(0)] \tag{3.446b}$$

und

$$\mu^N(L_N) - \mu^N(0) = 0 \,, \tag{3.446c}$$

wobei $\mathbf{j} = 0$ angenommen wurde. Daraus ergibt sich

$$e\Delta\phi = \mu_S^F(0)(P_\Sigma - P_\sigma^F) - \mu_S^N(0)P_\Sigma \,. \qquad (3.447)$$

Aus der Spindiffusionsgleichung ergibt sich das Akkumulationsprofil, wenn die Spinquelle bei der Position $x = L_N$ lokalisiert ist:

$$\mu_S^N(x) = \mu_S^N(L_N) + [\mu_S^N(0) - \mu_S^N(L_N)] \exp(-x/l_S^N) \,. \qquad (3.448)$$

Mit $\partial\mu_S^N/\partial x(0) = -[\mu_S^N(0) - \mu_S^N(L_N)]/l_S^N$ ergibt sich für den Spinstrom

$$j_S^N(0) = -\frac{1}{eR_N}[\mu_S^N(0) - \mu_S^N(L_N)] \,, \qquad (3.449a)$$

$$j_S^F(0) = \frac{1}{eR_F}\mu_S^F(0) \qquad (3.449b)$$

und

$$j_S^C = \frac{1}{eR_C}[\mu_S^N(0) - \mu_S^F(0)] \,. \qquad (3.449c)$$

Aus der Kontinuitätsbedingung folgt

$$j_S = \frac{\mu_S^N(L_N)}{e(R_F + R_C + R_N)} \,. \qquad (3.450)$$

Mit $\Delta\phi = (P_\sigma^F R_F + P_\Sigma R_C) j_S$ ergibt sich schließlich für die Spin–Ladungs-Kopplung

$$e\Delta\phi = P_j \mu_S^N(L_N) \,. \qquad (3.451)$$

Wenn eine ferromagnetische Elektrode im Kontakt zu einem nicht ferromagnetischen Leiter mit einer Ungleichgewichtsspinverteilung ist, so kann diese Ungleichgewichtsverteilung ohne Stromfluss über einen Potentialabfall zwischen den Leiterenden detektiert werden. Der Verlauf der quasichemischen Potentiale für diesen Fall ist in Abb. 3.89 dargestellt. Die elektrische Detektion von Spinakkumulationen ist natürlich von enormer praktischer Bedeutung für spintronische Anwendungen [3.122].

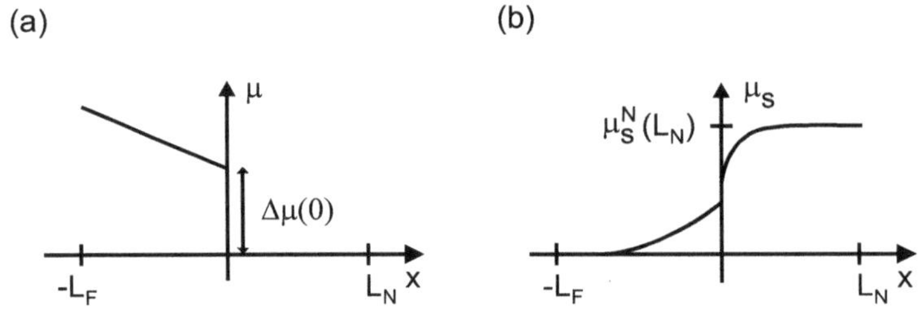

Abb. 3.89: *Verlauf des (a) quasichemischen Potentials und (b) quasichemischen Spinpotentials für einen F/N–Kontakt und eine Spinquelle bei $x = L_N$.*

Die Verwendung von $F/N/F$–Kontakten erlaubt, wie bereits im Zusammenhang mit dem TMR–Effekt und mit SP–STM diskutiert, die Realisierung von ↑↑– und ↑↓–Konfigurationen. Hier ist von besonderem Interesse die Widerstandsdifferenz $\Delta\mathcal{R} = \delta\mathcal{R}^{\uparrow\downarrow} - \delta\mathcal{R}^{\uparrow\uparrow}$, die nur Beiträge der Ungleichgewichtswiderstände beinhaltet. Die zugrundeliegende Geometrie ist in Abb. 3.90 (a) dargestellt. Die Spinpolarisationen in den Ferromagneten sind gegeben durch

$$P_{\mathrm{j}}^{F1}(0) = P_\sigma^{F1} + \frac{\mu_S^{F1}(0)}{ejR_{F1}} \tag{3.452a}$$

und

$$P_{\mathrm{j}}^{F2}(L_N) = P_\sigma^{F2} - \frac{\mu_S^{F2}(L_N)}{ejR_{F2}}\ . \tag{3.452b}$$

Diejenigen der Kontakte durch

$$P_{\mathrm{j}}^{C1} = P_{\Sigma 1} + \frac{\Delta\mu_S(0)}{ejR_{C1}} \tag{3.453a}$$

und

$$P_{\mathrm{j}}^{C2} = P_{\Sigma 2} + \frac{\Delta\mu_S(L_N)}{ejR_{C2}}\ . \tag{3.453b}$$

Mit den noch unbestimmten quasichemischen Spinpotentialen $\mu_S^N(0)$ und $\mu_S^N(L_N)$ lautet die Lösung der Spindiffusionsgleichung für den $F/N/F$–Kontakt

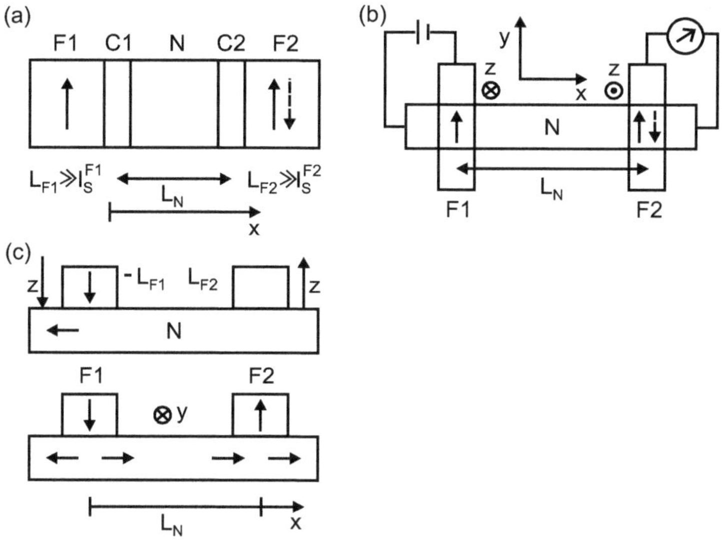

Abb. 3.90: *(a) F/N/F–Kontakt mit umkehrbarer Magnetisierung des zweiten Kontakts. (b) Anordnung zur Injektion und Detektion einer Spinakkumulation. (c) Querschnitt der Anordnung aus (b) mit Ladungsstrom (oben) und Spinstrom (unten).*

$$\mu_S^N(x) = \frac{1}{\sinh(L_N/l_S^N)} \left[\mu_S^N(L_N) \sinh\left(\frac{x}{l_S^N}\right) - \mu_S^N(0) \sinh\left(\frac{x-L_N}{l_S^N}\right)\right] . \tag{3.454}$$

Mit $\partial\mu_S^N/\partial x(0, L_N)$ erhalten wir die Spinpolarisationen

$$P_{\mathrm{j}}^N(0) = \frac{1}{ejR_N \sinh(L_N/l_S^N)} \left[\mu_S^N(L_N) - \mu_S^N(0) \cosh\left(\frac{L_N}{l_S^N}\right)\right] \tag{3.455a}$$

und

$$P_{\mathrm{j}}^N(L_N) = \frac{1}{ejR_N \sinh(L_N/l_S^N)} \left[\mu_S^N(L_N) \cosh\left(\frac{L_N}{l_S^N}\right) - \mu_S^N(0)\right] . \tag{3.455b}$$

Die Kontinuitätsbedingung für die Spinströme an beiden Kontakten, $\tilde{P}_{\mathrm{j}1} \equiv P_{\mathrm{j}}^{F1}(0) = P_{\mathrm{j}}^{C1} = P_j^N(0)$ und $\tilde{P}_{\mathrm{j}2} \equiv P_{\mathrm{j}}^{F2}(L_N) = P_{\mathrm{j}}^{C2} = P_j^N(L_N)$, liefert

$$\tilde{P}_{j1} = \frac{1}{r}\left(P_{j1}R_1\left[R_N \coth\left(\frac{L_N}{l_S^N}\right) + R_{C2} + R_{F2}\right] + \frac{P_{j2}R_2R_N}{\sinh(L_N/l_S^N)}\right) \tag{3.456a}$$

und

$$\tilde{P}_{j2} = \frac{1}{r}\left(P_{j2}R_2\left[R_N \coth\left(\frac{L_N}{l_S^N}\right) + R_{C1} + R_{F2}\right] + \frac{P_{j1}R_1R_N}{\sinh(L_N/l_S^N)}\right) , \tag{3.456b}$$

mit den Spininjektionseffizienzen P_{j1} und P_{j2} der beiden isolierten Kontakte $F1/N$ und $F2/N$, $r = R_N^2 + (R_{C1}+R_{F1})(R_{C2}+R_{F2}) + R_N(R_{C1}+R_{F1}+R_{C2}+R_{F2})\coth(L_N/l_S^N)$ sowie $R_1 = R_{F1} + R_{C1} + R_N$ und $R_2 = R_{F2} + R_{C2} + R_N$.

Für eine hinreichend große Entfernung der Kontakte voneinander mit $L_N \gg l_S^N$ sind die Injektionseffizienzen durch diejenigen der isolierten Kontakte gegeben: $\tilde{P}_{j1} \approx P_{j1}$ und $\tilde{P}_{j2} \approx P_{j2}$. Für spingekoppelte Kontakte mit $L_N \ll l_S^N$ findet man hingegen

$$\tilde{P}_{j1} = \tilde{P}_{j2} = \frac{P_{j1}R_1 + P_{j2}R_2}{R_{C1} + R_{F1} + R_{C2} + R_{F2}} , \tag{3.457}$$

also einen gewichteten Mittelwert der Effizienzen der beiden Kontakte. Für Tunnelkontakte mit $R_C \gg R_N, R_F$ ergibt sich immer ein Verhalten zweier entkoppelter Kontakte.

Die Differenz des quasichemischen Potentials über den Gesamtleiter ist $e\Delta\phi = \mu^{F2}(L_N + L_{F2}) - \mu^{F1}(-L_{F1}) = ej(\mathcal{R} + \delta\mathcal{R})$ mit $\mathcal{R} = \mathcal{R}_{F1} + \mathcal{R}_{C1} + \mathcal{R}_N + \mathcal{R}_{C2} + \mathcal{R}_{F2}$. Sie setzt sich aus folgenden Beiträgen zusammen:

$$\mu^{F1}(0) - \mu^{F1}(-L_{F1}) = ej\mathcal{R}_{F1} - P_\sigma^{F1}\mu_S^{F1}(0) , \tag{3.458a}$$

$$\mu^N(0) - \mu^{F1}(0) = ej\mathcal{R}_{C1} - P_{\Sigma 1}\Delta\mu_S(0) , \tag{3.458b}$$

$$\mu^N(L_N) - \mu^N(0) = ej\mathcal{R}_N , \tag{3.458c}$$

$$\mu^{F2}(L_N) - \mu^N(L_N) = ej\mathcal{R}_{C2} - P_{\Sigma 2}\Delta\mu_S(L_N) \tag{3.458d}$$

und

$$\mu^{F2}(L_N + L_{F2}) - \mu^{F2}(L_N) = ej\mathcal{R}_{F2} + P_\sigma^{F2}\mu_S^{F2}(L_N)\,. \tag{3.458e}$$

Dabei haben wir $\mu_S^{F1}(-L_{F1}) = \mu_S^{F2}(L_N + L_{F2}) = 0$ angenommen. Aus Gl. (3.458) erhalten wir

$$ej\delta\mathcal{R} = -P_\sigma^{F1}\mu_S^{F1}(0) - P_{\Sigma 1}\Delta\mu_S(0) - P_{\Sigma 2}\Delta\mu_S(L_N) + P_\sigma^{F2}\mu_S^{F2}(L_N)\,. \tag{3.459}$$

Mit $\mu_S^{F1}(0) = (\tilde{P}_{\mathrm{j}1} - P_\sigma^{F1})ejR_{F1}, \Delta\mu_S(0) = (\tilde{P}_{\mathrm{j}1} - P_{\Sigma 1})ejR_{C1}$, $\Delta\mu_S(L_N) = (\tilde{P}_{\mathrm{j}2} - P_{\Sigma 2})ejR_{C2}$ und $\mu_S^{F2}(L_N) = (P_\sigma^{F2} - \tilde{P}_{\mathrm{j}2})ejR_{F2}$ folgt schließlich

$$\begin{aligned}\delta\mathcal{R} = &-P_\sigma^{F1}(\tilde{P}_{\mathrm{j}1} - P_\sigma^{F1})R_{F1} - P_{\Sigma 1}(\tilde{P}_{\mathrm{j}1} - P_{\Sigma 1})R_{C1}\\ &-P_{\Sigma 2}(\tilde{P}_{\mathrm{j}2} - P_{\Sigma 2})R_{C2} - P_\sigma^{F2}(\tilde{P}_{\mathrm{j}2} - P_\sigma^{F2})R_{F2}\,.\end{aligned} \tag{3.460}$$

Mit $\Delta\tilde{P}_{\mathrm{j}} \equiv \tilde{P}_{\mathrm{j}}^{\uparrow\downarrow} - \tilde{P}_{\mathrm{j}}^{\uparrow\uparrow}$ und $\tilde{P}_{\mathrm{j}}^{+} = \tilde{P}_{\mathrm{j}}^{\uparrow\downarrow} + \tilde{P}_{\mathrm{j}}^{\uparrow\uparrow}$ erhalten wir für die Differenz der Ungleichgewichtswiderstandsbeiträge in den unterschiedlichen Konfigurationen:

$$\Delta\mathcal{R} = -(R_{F1}P_\sigma^{F1} + R_{C1}P_{\Sigma 1})\Delta\tilde{P}_{\mathrm{j}1} - (R_{F2}P_\sigma^{F2} + R_{C1}P_{\Sigma 2})\tilde{P}_{\mathrm{j}2}^{+}\,. \tag{3.461}$$

Mit Gl. (3.456) folgt

$$\Delta\tilde{P}_{\mathrm{j}1} = -\frac{2R_2R_N}{r\sinh(L_N/l_S^N)}P_{\mathrm{j}2} \tag{3.462a}$$

und

$$\tilde{P}_{\mathrm{j}2}^{+} = -\frac{2R_1R_N}{r\sinh(L_N/l_S^N)}P_{\mathrm{j}1}\,. \tag{3.462b}$$

Die Kombination der Gleichungen (3.461) und (3.462) liefert schließlich

$$\Delta\mathcal{R} = \frac{4R_1R_2R_NP_{\mathrm{j}1}P_{\mathrm{j}2}}{r\sinh(L_N/l_S^N)}\,. \tag{3.463}$$

Erwartungsgemäß verschwindet $\Delta\mathcal{R}$ für $L_N \gg l_S^N$, also bei Entkopplung der Kontakte. Für $L_N \ll l_S^N$ erhält man hingegen

$$\Delta\mathcal{R} \approx \frac{4R_1R_2P_{j1}P_{j2}}{R_{F1}+R_{C1}+R_{C2}+R_{F2}} . \tag{3.464}$$

Für den speziellen Fall transparenter Kontakte mit $R_{C1} = R_{C2} = 0$, $R_{F1} = R_{F2}$ und $L_N \ll l_S^N$ erhält man das einfache Ergebnis

$$\Delta\mathcal{R} \approx 2R_F(P_\sigma^F)^2 . \tag{3.465}$$

Für Tunnelkontakte mit $R_C \equiv R_{C1} = R_{C2}$ und $L_N \ll l_S^N$ erhält man hingegen

$$\Delta\mathcal{R} \approx \frac{2R_CP_\sigma^2}{1+R_CL_N/(R_Nl_S^N)} . \tag{3.466}$$

Für $L_NR_C \ll l_S^NR_N$ wird $\Delta\mathcal{R} \approx R_C$ und die elektrische Detektion einer Spinakkumulation wird maximal empfindlich.

Eine Anordnung zur gleichzeitigen Injektion und Detektion einer Spinakkumulation ist in Abb. 3.90(b) dargestellt. Während der elektrische Strom innerhalb des geschlossenen Kreises, der durch F_1 und N geformt wird, fließt, fließt der Spinstrom auch in Richtung auf den $F2/N$–Detektionskontakt. Ladungs– und Spinflüsse sind im Detail in Abb. 3.90(c) dargestellt. Hier wird deutlich, dass $F1/N$ als Spinquelle und $F2/N$ als Spinsenke wirkt. Dies bestimmt den Spintransport im nicht ferromagnetischen Leiter. Es gilt $L_F \gg l_S^F$, wobei l_S^F typisch von der Größenordnung 10 nm ist. Unter dieser Randbedingung kann angenommen werden, dass der Spinstrom in $F1$ und $F2$ entlang der z–Achse fließt. Ist ferner die Dicke von N klein gegen l_S^N, so kann der Transport in N eindimensional entlang der x–Achse betrachtet werden. l_S^N ist, wie bereits bemerkt, von der Größenordnung 1 μm. Im Allgemeinen muss die Spindiffusion allerdings in zwei oder sogar drei Dimensionen betrachtet werden.

Zur Beschreibung der Anordnung nehmen wir an, dass $\mu_S^{F1}(-L_{F1}) = \mu_S^{F2}(L_{F2}) = 0$ gilt und μ_S^N an den äußeren Kontakten von N ebenfalls verschwindet. Das Akkumulationsprofil in F_1 ist dann gegeben durch

$$\mu_S^{F1}(z) = \mu_S^{F1}(0)\exp\left(\frac{z}{l_S^{F2}}\right) . \tag{3.467}$$

Daraus resultiert der Spinstrom

$$j_S^{F1}(0) = jP_\sigma^{F1} + \frac{\mu_S^{F1}(0)}{eR_{F1}} . \tag{3.468}$$

Der Spinstrom durch den polarisierenden Kontakt C_1 zwischen F_1 und N ist dann

$$j_S^{C1} = jP_{\Sigma 1} + \frac{1}{eR_{C1}} [\mu_S^N(0) - \mu_S^{F1}(0)] \,. \tag{3.469}$$

Das Profil des quasichemischen Spinpotentials in N ist gegeben durch

$$\mu_S^N(x \leq 0) = \mu_S^N(0) \exp\left(\frac{x}{l_S^N}\right) , \tag{3.470a}$$

$$\mu_S^N(0 < x < L_N) = \mu_S^N(L_N) \frac{\sinh(x/l_S^N)}{\sinh(L_N/l_S^N)} - \mu_S^N(0) \frac{\sinh[(x - L_N)/l_S^N]}{\sinh(L_N/l_S^N)} \,. \tag{3.470b}$$

und

$$\mu_S^N(x \geq L_N) = \mu_S^N(L_N) \exp\left(-\frac{x}{l_S^N}\right) \,. \tag{3.470c}$$

Die Anwesenheit der Spinquelle führt zu einer Diskontinuität von j_S^N bei $x = 0$:

$$\lim_{x \searrow 0} j_S^N(x) = \frac{1}{eR_N} \left[-\mu_S^N(0) \coth\left(\frac{L_N}{l_S^N}\right) + \frac{\mu_S^N(L_N)}{\sinh(L_N/l_S^N)}\right] \tag{3.471a}$$

und

$$\lim_{x \nearrow 0} j_S^N(x) = \frac{\mu_S^N}{eR_N} \,. \tag{3.471b}$$

Die Kontinuitätsbedingung resultiert in $\lim_{x \searrow 0} j_S^N(x) = \lim_{x \nearrow 0} j_S^N(x) + j_S^{C1} = \lim_{x \nearrow 0} j_S^N(x) + j_S^{F1}(0)$. Damit erhält man schließlich

$$\mu_S^N(0) \left[\frac{R_N}{R_{C1} + R_{F1}} + \frac{\exp(L_N/l_S^N)}{\sinh(L_N/l_S^N)}\right] - \frac{\mu_S^N(L_N)}{\sinh(L_N/l_S^N)} = -ejR_N \frac{P_{\Sigma 1} R_{C1} + P_\sigma^{F1} R_{F1}}{R_{C1} + R_{F1}} \,. \tag{3.472}$$

Im Spininjektionskontakt ist der Spinstrom gegeben durch

$$j_S^{F1} = \frac{P_{\Sigma 1} R_{C1} + P_\sigma^{F1} R_{F1} + \mu_S^N(0)/(ej)}{R_{C1} + R_{F1}} j \tag{3.473}$$

Die Injektionseffizienz wird für die Anordnung in Abb. 3.90(b) definiert durch $P_{\mathrm{j}1} = \lim\limits_{x \searrow 0} j_S^N(x)/j$.

Gemäß Abb. 3.90(c) fließt kein Strom durch den Detektorkontakt $F2/N$. Für die Spinströme im ferromagnetischen Leiter und im Kontakt erhält man

$$j_S^{F2}(0) = -\frac{\mu_S^{F2}(0)}{eR_{F2}} \tag{3.474a}$$

und

$$j_S^{C2} = \frac{1}{eR_{C2}} [\mu_S^{F2}(0) - \mu_S^N(L_N)] \,. \tag{3.474b}$$

Ähnlich wie die Spinquelle führt auch die Spinsenke zu einer Diskontinuität im Spinstrom:

$$\lim_{x \nearrow L_N} j_S^N(x) = \frac{1}{eR_N} \left[-\frac{\mu_S^N(0)}{\sinh(L_N/l_S^N)} + \mu_S^N(L_N) \coth\left(\frac{L_N}{l_S^N}\right) \right] \tag{3.475a}$$

und

$$\lim_{x \searrow L_N} j_S^N(x) = -\frac{\mu_S^N(L_N)}{eR_N} \,. \tag{3.475b}$$

Aufgrund der Kontinuitätsbedingung muss gelten $\lim\limits_{x \nearrow L_N} j_S^N(x) = \lim\limits_{x \searrow L_N} j_S^N(x) + j_S^{C2} = \lim\limits_{x \searrow L_N} + j_S^{F2}(0)$. Das liefert

$$\frac{\mu_S^N(0)}{\sinh(L_N/l_S^N)} - \mu_S^N(L_N) \left[\frac{R_N}{R_{C2} + R_{F2}} + \frac{\exp(L_N/l_S^N)}{\sinh(L_N/l_S^N)} \right] = 0 \,. \tag{3.476}$$

Der Spinstrom im Detektionskontakt ist gegeben durch

$$j_S^{F2}(0) = j_S^{C2} = -\frac{\mu_S^N(L_N)}{e(R_{C2} + R_{F2})} \,. \tag{3.477}$$

Die Gleichungen (3.472) und (3.476) erlauben uns die Ableitung des quasichemischen Spinpotentials in den Kontakten $F1/N$ und $F2/N$:

$$\mu_S^N(0) = -\frac{ejR_N P_{\mathrm{j}1}}{2\mathfrak{R}} \left(1 - \frac{R_N}{2R_2}\left[1 + \exp\left(-\frac{2L_N}{l_S^N}\right)\right]\right) \tag{3.478a}$$

und

$$\mu_S^N(L_N) = -\frac{ejR_N P_{\mathrm{j}2}}{2\mathfrak{R}} \frac{R_{C2} + R_{F2}}{R_N} \exp\left(-\frac{L_N}{l_S^N}\right) \,, \tag{3.478b}$$

mit

$$\mathfrak{R} = \frac{R_N^2}{4R_1R_2}\left[\left(1 + 2\frac{R_{C1} + R_{F1}}{R_N}\right)\left(1 + 2\frac{R_{C2} + R_{F2}}{R_N}\right) - \exp\left(-\frac{2L_N}{l_S^N}\right)\right] \,. \tag{3.478c}$$

R_1 und R_2 sind die effektiven Gesamtwiderstände der beiden Kontakte, wie zuvor definiert. $P_{\mathrm{j}1}$ und $P_{\mathrm{j}2}$ sind die Injektionseffizienzen der isolierten Kontakte, wie ebenfalls zuvor diskutiert.

Die Spinungleichgewichtsverteilung kann als elektromotorische Kraft, also als Potentialdifferenz $e\Delta\phi$, in der in Abb. 3.90(b) dargestellten Weise gemessen werden [3.121]. Mit $j = 0$ folgt für den Detektionskontakt

$$\mu^{F2}(0) - \mu^{F2}(L_{F2}) = -P_\sigma^{F2}\mu_S^{F2}(0) \tag{3.479a}$$

und

$$\mu^N(L_N) - \mu^{F2}(0) = -P_{\Sigma 2}[\mu_S^N(L_N) - \mu_S^{F2}(0)] \,. \tag{3.479b}$$

Daraus ergibt sich für den detektierten Spannungsabfall

$$\Delta\phi = (R_{C2}P_{\Sigma 2} + R_{F2}P_{\sigma 2})j_S^{C2} \,. \tag{3.480a}$$

Unter Verwendung von Gl. (3.477) und Gl. (3.478b) erhält man schließlich

$$\Delta\phi = \frac{R_N}{2\mathfrak{R}} P_{\mathrm{j}1} P_{\mathrm{j}2} \exp\left(-\frac{L_N}{l_S^N}\right) j \,. \tag{3.480b}$$

Im Allgemeinen ist $\Delta\phi > 0$ für die $\uparrow\uparrow$–Konfiguration und $\Delta\phi < 0$ für die $\uparrow\downarrow$–Konfiguration. Detektiert wird in der Regel

$$\mathcal{R}_{\Delta\phi} = \frac{\Delta\phi}{j} = \frac{R_N}{2\mathfrak{R}} P_{\mathrm{j}1} P_{\mathrm{j}2} \exp\left(-\frac{L_N}{l_S^N}\right) \,. \tag{3.481}$$

Für die Differenz zwischen paralleler und antiparalleler Konfiguration gilt dann $\Delta\mathcal{R}_{\Delta\phi} = \mathcal{R}_{\Delta\phi}^{\uparrow\downarrow} - \mathcal{R}_{\Delta\phi}^{\uparrow\uparrow} = 2|\mathcal{R}_{\Delta\phi}|$.

Für Tunnelkontakte findet man nach Gl. (3.478c) $\mathfrak{R} \approx 1$ und damit

$$\Delta\phi = \frac{R_N}{2} P_{\Sigma 1} P_{\Sigma 2} \exp\left(-\frac{L_N}{l_S^N}\right) j \,. \tag{3.482}$$

Der Faktor 1/2 resultiert hier daraus, dass nach Abb. 3.90(c) nur die Hälfte des Spinstroms aus dem $F1/N$–Kontakt in den $F2/N$–Kontakt fließt und die andere Hälfte in die Richtung $x < 0$. Für transparente Kontakte mit $R_{C1} = R_{C2} = 0$ ergibt sich $\Delta\phi$ direkt aus Gl. (3.480b). Ist der nicht ferromagnetische Leiter ein Halbleiter mit $R_N \gg R_{F1}, R_{F2}$, so limitiert die Leitfähigkeitsfehlanpassung die Spininjektion und Spindetektion:

$$\Delta\phi = 2R_N P_\sigma^{F1} P_\sigma^{F2} \frac{R_{F1}R_{F2}}{R_N^2} \frac{\exp(-L_N/l_S^N)}{1-\exp(-2L_N/l_S^N)} j \,. \tag{3.483}$$

Injektionsexperimente werden mit transparenten und Tunnelkontakten durchgeführt unter Verwendung nicht ferromagnetischer Metalle und Halbleiter. Es konnten zum Teil hohe Injektionseffizienzen realisiert und quantitativ nachgewiesen werden. Eine Anordnung, wie schematisch in Abb. 3.90(b) dargestellt, zeigt Abb. 3.91(a). Ein mesoskopischer Silberdraht verbindet im oberen Teilbild zwei und im unteren vier Permalloyelektroden. Aufgrund unterschiedlicher maximaler Anisotropien kann die Magnetisierung der Elektroden in einem äußeren Feld bei unterschiedlichen Feldstärken umgepolt werden. Es lassen sich also in den entsprechenden Feldstärkebereichen $\uparrow\uparrow -$, $\uparrow\downarrow -$, $\downarrow\uparrow -$

und $\downarrow\downarrow$ –Konfigurationen realisieren. Das obere Teilbild von Abb. 3.91(b) zeigt den Spintransferwiderstand $R_S = \Delta V/I$ als Funktion des äußeren Magnetfelds für einen Interelektrodenabstand von $L_N = 220\,\text{nm}$ und einen Querschnitt des Silberdrahts von 65 nm x 190 nm. Natürlich zeigen die Ummagnetisierungsprozesse die übliche Hysterese. Für die $\uparrow\uparrow$– und $\downarrow\downarrow$–Konfigurationen ist $R \approx R_S$ und für die $\uparrow\downarrow$– und $\downarrow\uparrow$–Konfigurationen ist $R \approx -R_S$. Eine Anordnung mit vier F–Elektroden (Abb. 3.91(a), unteres Teilbild) erlaubt die Variation von L_N an einem gegebenen Silberdraht. R_S nimmt mit wachsendem L_N erwartungsgemäß ab, wie das mittlere Teilbild in Abb. 3.91(b) zeigt. Dass die Spinakkumulation auch bei Raumtemperatur nachweisbar ist, zeigt das untere Teilbild in Abb. 3.91(b).

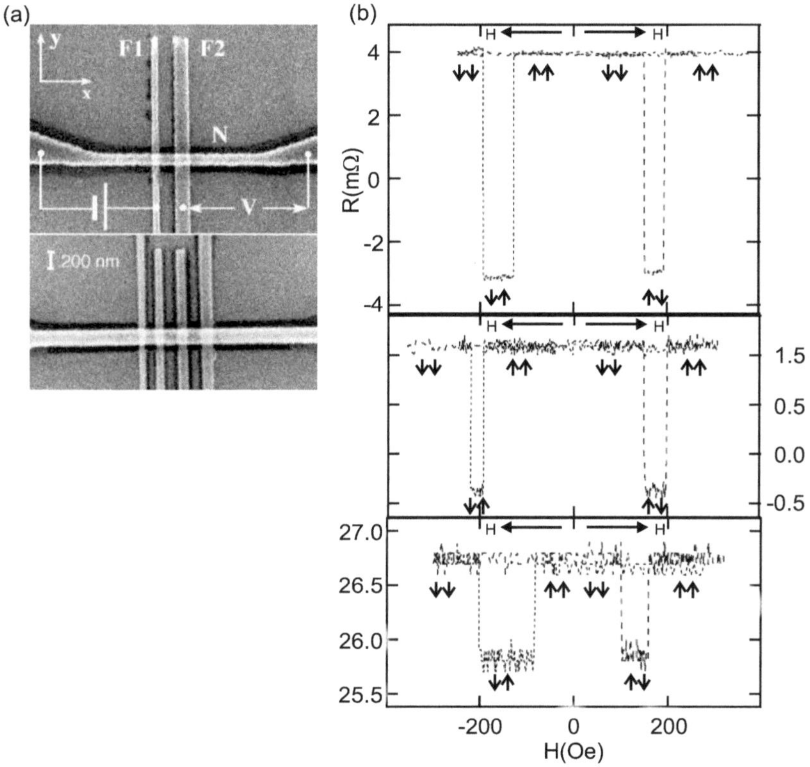

Abb. 3.91: *(a) Anordnung zur Messung der Spinakkumulation in einem Silberdraht mit Permalloyelektroden. (b) Spintransferwiderstand bei $T = 79\,K$ für $L_N = 220\,nm$ (oberes Teilbild), bei $T = 79\,K$ für $L_N = 510\,nm$ (mittleres Teilbild) und $T = 298\,K$ für $L_N = 220\,nm$ [3.123].*

Aus den Ergebnissen, die an einem System mit transparenten Kontakten erhalten wurden, lässt sich eine Injektionseffizienz von 24 % ermitteln. Dies entspricht etwa dem Wert, der maximal für Tunnelkontakte gemessen wurde.

In Halbleitern können Ladungs– und Spinströme auch durch *optische Spinorientierung* über den *zirkularen photovoltaischen Effekt* erzeugt werden. Dabei wird durch Absorption der Drehimpuls von Photonen in eine gerichtete Elektronenbewegung transferiert. Dieser Effekt könnte auch als *Spin–Korkenzieher–Effekt* bezeichnet werden: Bei einem Korkenzieher des entsprechenden Funktionsprinzips wird eine Rotationsbewegung des Korkenziehers direkt in eine Linearbewegung des Korkens transferiert. Der *spingalvanische Effekt* [3.124] gehört ebenfalls in diese Kategorie. Hier wird ein Spinphotonstrom dadurch getrieben, dass in einigen Systemen mit gebrochener Inversionssymmetrie eine spinabhängige Differenz der Spinflussstreurate auftritt.

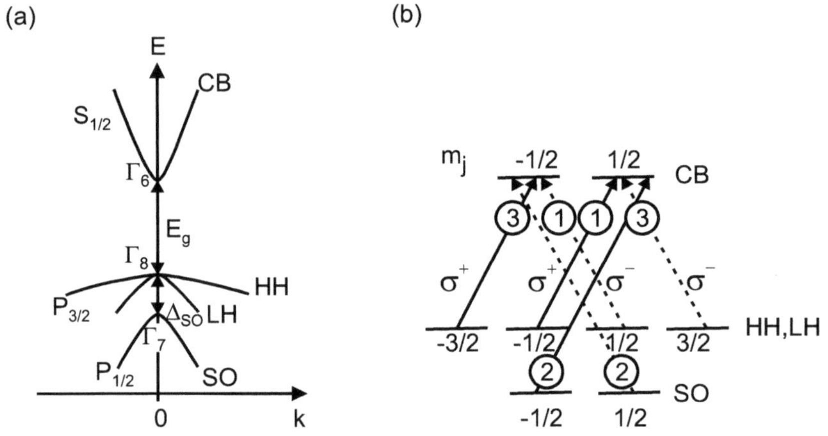

Abb. 3.92: *(a) Bandstruktur von GaAs nahe dem* Γ*–Punkt im Zentrum der Brillouin–Zone.* E_g *bezeichnet die Bandlücke* Δ_{SO} *die Spin–Bahn–Aufspaltung, LH leichte und HH schwere Lochzustände und CB das Leitungsband. (b) Erlaubte Interbandübergänge für zirkular polarisiertes Licht der Helizität* $\sigma^{\pm}$ *zwischen verschiedenen* m_j*–Unterzuständen für die Erzeugung von Elektron–Loch–Paaren sowie die strahlende Rekombination. Eingekreiste Zahlen geben relative Übergangswahrscheinlichkeiten an.*

In Bezug auf die optische Spinorientierung ist GaAs repräsentativ für eine große Klasse von III–V– und II–VI–Halbleitern mit Zinkblendestruktur. Vor Diskussion der relevanten Details der elektronischen Bandstruktur sollten einige elementare Konventionen und Befunde der Atom– und Festkörperphysik in Erinnerung gerufen werden. Atomare Wellenfunktionen werden gemäß des orbitalen Drehimpulses $\mathbf{L}$ als s, p, d etc. klassifiziert. s–Zustände mit $l = 0$ sind zweifach und p–Zustände mit $l = 1$ sind sechsfach entartet. Die Eigenwerte der L_z–Komponente sind durch die Magnetquantenzahl m_l gegeben. Für p–Zustände ist beispielsweise $m_l = -1, 0, 1$. Die Eigenfunktionen der Spin–Bahn–Kopplung $\hat{H}_{SO} = \lambda\hat{\mathbf{L}} \cdot \hat{\mathbf{S}}$ liefern die Zustände des Gesamtdrehimpulses $\mathbf{J} = \mathbf{L} + \mathbf{S}$. Für p–Zustände erhält man dementsprechend $j = 1/2, 3/2$. Die Eigenwerte der J_z–Komponente sind durch $m_j = -j, -j+1, \ldots, j-1, j$ gegeben. Die Bandstruktur von GaAs ist in Abb. 3.92(a) dargestellt. $\hat{H}_{S0}$ resultiert in einer Energielücke $\Delta_{SO} = 35\,\text{meV}$ zwischen $j = 1/2$– und $j = 3/2$–Zuständen im Valenzband am Γ–Punkt im Zentrum der Brillouin-Zone. Die $j = 3/2$–Zustände sind vierfach entartet mit $m_j = \pm 3/2, \pm 1/2$ und werden als schwere (HH) und leichte (LH) Lochzustände bezeichnet. Diese Lochzustände befinden sich am dichtesten am Leitungsband (CB), wobei die Bandlücke durch $E_g = 1{,}52\,\text{eV}$ gegeben ist. Übergänge zwischen HH– und LH–Bändern und

Tabelle 3.8: *Wellenfunktionen im Γ-Punkt der Brillouin-Zone von Halbleitern.*

Symmetrie $k=0$	$\|j, m_j\rangle$	Wellenfunktion
Γ_6	$\|1/2, 1/2\rangle$	$\|S\uparrow\rangle$
	$\|1/2, -1/2\rangle$	$\|S\downarrow\rangle$
Γ_7	$\|1/2, 1/2\rangle$	$\|-\sqrt{1/3}[(X+iY)\downarrow - Z\uparrow]\rangle$
	$\|1/2, -1/2\rangle$	$\|\sqrt{1/3}[(X-iY)\uparrow + Z\downarrow]\rangle$
Γ_8	$\|3/2, 3/2\rangle$	$\|\sqrt{1/2}[(X+iY)\uparrow\rangle$
	$\|3/2, 1/2\rangle$	$\|\sqrt{1/6}[(X+iY)\downarrow + 2Z\uparrow]\rangle$
	$\|3/2, -1/2\rangle$	$\|-\sqrt{1/6}[(X-iY)\uparrow - 2Z\downarrow]\rangle$
	$\|3/2, -3/2\rangle$	$\|-\sqrt{1/2}[(X-iY)\downarrow\rangle$

CB–Band dominieren die optische Spinorientierung.

Optische Übergänge basieren auf *Auswahlregeln*, die aus der Drehimpulserhaltung resultieren. Je nach Helizität besitzen absorbierte oder emittierte Photonen den Drehimpuls σ^+oder σ^-. Die Auswahlregeln für Übergänge zwischen $j = 3/2$–Lochzuständen und $j = 1/2$–Elektronenzuständen sind in Abb. 3.92(b) dargestellt. Vier unterschiedliche Absorptions– und Emissionsprozesse sind möglich. Zwei involvieren HH–Zustände und zwei LH–Zustände. Wenn ein Elektron mit $m_j = -3/2$ aus dem Valenzband ins Leitungsband angeregt wird, hinterlässt es im Valenzband ein Loch mit $m_j = 3/2$. Betrachten wir ein σ^+–Photon, so transferiert dies bei Absorption seinen Drehimpuls auf das Elektron: $m_j = -3/2 \to m_j = -1/2$. Das resultierende Elektron–Loch–Paar konserviert dabei den Drehimpuls des Photons: $m_j^{CB} + m_j^{HH} = \sigma^+$.

Die Bloch–Zustände, die der Bandstruktur zugrunde liegen, werden überlicherweise durch $|j, m_j\rangle$ charakterisiert. Je nach Symmetrie sind die Orbitalwellenfunktionen gegeben durch $|S\rangle$, $|X\rangle$, $|Y\rangle$ und $|Z\rangle$ für s, p_x, p_y und p_z. Die Wellenfunktionen der resultierenden Bänder sind dann durch die Linearkombinationen in Tab. 3.8 gegeben.

Um die Übergangswahrscheinlichkeiten zu ermitteln, betrachten wir einfallende Photonen in z–Richtung mit der Helizität $\sigma^\pm$. Der *Dipoloperator*, der verbunden ist mit den entsprechenden Übergängen, wird dann charakterisiert durch $\sim (X \pm iY) \sim Y_1^{\pm 1}$ mit der *Kugelflächenfunktion* Y_l^m. Damit folgt beispielsweise für den $\sigma^\pm$–Übergang von schweren und leichten Lochzuständen in das Leitungsband nach Tab. 3.8 $|\langle 1/2, -1/2|Y_1^1|3/2, -3/2\rangle|^2/|\langle 1/2, 1/2|Y_1^1|3/2, -1/2\rangle|^2 = 3$. Die relativen Übergangswahrscheinlichkeiten für andere Übergänge lassen sich entsprechend berechnen.

Die Spinpolarisation des Elektron–Loch–Paars hängt von der Photonenenergie $\hbar\omega$ ab. Dabei verlieren die Löcher allerdings ihre Spinpolarisation bedeutend schneller als die Elektronen. Für $E_g < \hbar\omega < E_g + \Delta_{SO}$ tragen nur die Subbänder der schweren und leichten Lochzustände bei. Die Elektronenspinpolarisation ist dann gegeben durch $P_N = N^\uparrow - N^\downarrow / N^\uparrow + N^\downarrow$, wobei $N^{\uparrow\downarrow}$ die Elektronendichte für eine Polarisation parallel $(\uparrow, m_j = 1/2)$ und antiparallel $(\downarrow, m_j = -1/2)$ zur Ausbreitungsrichtung des Lichts bezeichnet. Für Zinkblendekonfigurationen, wie GaAs, ergibt sich $P_N = -1/2$. Man kann also im Moment der Anregung eine Spinpolarisation von 50 % erwarten, wobei diese antiparallel zur Ausbreitung des Lichts orientiert ist: Es gibt eine überwiegende Anzahl von Übergängen aus dem Subband für schwere Lochzustände.

Wenn τ die mittlere Lebensdauer für das Elektron–Loch–Paar ist, und τ_S die Spinrelaxationszeit, so ist für $\tau < \tau_S$ die Lumineszenzstrahlung teilweise polarisiert. Die zirkulare Polarisation wird quantifiziert durch $P_I = (I^+ - I^-)/(I^+ + I^-)$, wobei $I^\pm$ die Intensität für Strahlung der Helizität $\sigma^\pm$ bezeichnet. Für die $\sigma^\pm$–Lumineszenz gilt dann $P_I = [(N^\uparrow + 3N^\downarrow) - (3N^\uparrow + N^\downarrow)]/[(N^\uparrow - 3N^\downarrow) + (3N^\uparrow - N^\downarrow)] = -P_N/2 = 1/4$.

Für $\hbar\omega \gg E_g + \Delta_{SO}$ wird die Anregung von Übergängen aus dem spinabgespaltenen Band $P_{1/2}$ [SO in Abb. 3.92(a)] dominiert. In diesem Fall wird keine Spinpolarisation auftreten: $P_N = P_I = 0$. Dies verdeutlicht die grundlegende Bedeutung der Spin–Bahn–Kopplung für die optische Spinorientierung.

Die stationäre Spinpolarisation in der Halbleiterprobe ist das Ergebnis eines Gleichgewichts zwischen der Generation von Elektron–Loch-Paaren mit Spinpolarisation der Elektronen und Rekombination sowie Spinrelaxation. Das Gleichgewicht zwischen Rekombination und Erzeugung von Elektron–Loch–Paaren ist gegeben durch

$$\Pi R(N\Pi - N_0\Pi_0) = G\,, \tag{3.484a}$$

wobei R die Rekombinationsrate, $N = N^\uparrow + N^\downarrow$ die Elektronendichte, Π die Löcherdichte, $N_0\Pi_0$ die Gleichgewichtsdichte und G die Photoexzitationsrate ist. Das Gleichgewicht zwischen Erzeugung einer Spinpolarisation und Spinrelaxation ist gegeben durch

$$RS\Pi + \frac{S}{\tau_S} = P_N(t=0)G\,, \tag{3.484b}$$

wobei $S = N^\uparrow - N^\downarrow$ die Spindichte ist und $P_N(t=0) = S/N$ die Spinpolarisation. Aus Gl. (3.484) folgt für den Gleichgewichtswert

$$P_N = P_N(t=0)\frac{1 - N_0\Pi_0/(N\Pi)}{1 + 1/(\tau_S R\Pi)}\,, \tag{3.485a}$$

woraus für eine p–dotierte Probe mit $\Pi \approx \Pi_0$ und $N \gg N_0$

$$P_N = \frac{P_N(t=0)}{1 + \tau/\tau_S} \tag{3.485b}$$

folgt. $\tau = 1/(R\Pi_0)$ ist die Elektronenlebensdauer. Die Polarisation der Photolumineszenz ist gegeben durch $P_I = P_N(t=0)P_N$. Für die Zinkblendekonfiguration ist $\tau_S \gg \tau$, woraus $P_N \approx P_N(t=0)$ folgt. Für n–dotierte Proben mit $N \approx N_0$ und $\Pi \gg \Pi_0$ erhält man statt Gl. (3.485b)

$$P_N = \frac{P_N(t=0)}{1 + N_0/(G\tau_S)} \,. \tag{3.485c}$$

Hier hat die Lebensdauer $\tau = 1/(R/N_0)$ der Ladungsträger, in diesem Fall der Löcher, keinen Einfluss auf P_N. Dafür hat die Exzitationsrate G einen Einfluss, wie man es für einen *Spinpumpprozess* erwartet.

Ein Magnetfeld $\mathbf{B}$ erlaubt die externe Kontrolle über die Orientierung und eine Änderung der Richtung der Spinpolarisation. Der allgemeine stationäre Spinzustand $|s\rangle$ ergibt sich aus der Anwendung des Propagators $\hat{U}(t) = \exp(-i\omega_0 \langle S_z \rangle t/\hbar)$ auf die Spinzustände parallel und senkrecht zum Magnetfeld $\mathbf{B} = (0, 0, B_z)$. Das Resultat hatten wir bereits in Gl. (3.162) und (3.163) erhalten. Die induzierte Spinpräzession um $\mathbf{B}$ erfolgt mit der Larmor–Frequenz ω_0 aus Gl. (3.159). Allerdings ist zu berücksichtigen, dass es sich im Realfall natürlich nicht um einen einzelnen Spin, sondern um ein Ensemble handelt. Da die Ladungsträger untereinander nicht phasenkohärent sind, führt die Spinpräzession zu einer Spindephasierung des Ensembles. Ist $\mathbf{B}$ senkrecht zur Injektionsrichtung oder Propagationsrichtung des orientierenden zirkular polarisierten Lichts orientiert, so liefert die Projektion von P_N auf diese Richtung[1] $P_N^{\parallel} \sim \exp([i\omega_0 - 1/T_S]t)$. Der oszillierende Anteil resultiert natürlich aus der Larmor–Präzession, während die Reduzierung mit der transversalen Spindephasierungszeit, die zunächst von τ_S zu unterscheiden ist, aus der abnehmenden Ensemblekohärenz der bei $t = 0$ generierten Spinpolarisation resultiert. Bei kontinuierlicher Injektion oder Orientierung ergibt sich durch zeitliche Integration $P_N^{\parallel} \sim (1 + i\omega_0 T_S)T_S/[1 + (\omega_0 T_S)^2]^1$. Mit wachsendem B nimmt also $P_N^{\parallel}$ ab. Damit wird in Lumineszenzexperimenten eine Abnahme von P_I gemessen. Dieses Phänomen ist als *Hanle–Effekt* bekannt.

Die Spinakkumulation ist ein Ungleichgewichtszustand, der über eine bestimmte Entfernung l_S diffundieren kann und der nach der *Spinrelaxationszeit* τ_S äquilibriert. Intuitiv erkennt man, dass l_S und τ_S für spintronische Anwendungen möglichst groß sein sollten. Ferner hatten wir im Zusammenhang mit der Diskussion spinbasierter Systeme für Quantum Computing in Abschn. 3.4.2 hervorgehoben, dass hier besonders Systeme von Bedeutung sind, in denen *Dephasierungszeiten* τ oder τ_z groß sind. Beim elektronischen Transport, behandelt in Abschn. 3.6.2, wiederum spielt die *Relaxationszeit* oder *Stoßzeit* τ, die ihrerseits spinabhängig sein kann, eine dominierende Rolle. Die Bedeutung der genannten charakteristischen Zeitkonstanten wird sehr viel klarer im Rahmen einer Diskussion derjenigen Mechanismen, die eine Spinakkumulation als Ungleichgewichtszustand in eine Gleichgewichtsspinverteilung überführen.

Unter dem Einfluss eines Magnetfelds $\mathbf{B}(t) = (B_x(t), B_y(t), B_z = B_0)$ wird die Dynamik einer Spindichte $\mathbf{S}$ durch die *Bloch–Torrey–Gleichungen* beschrieben:

$$\frac{\partial S_{x,y}}{\partial t} = \gamma(\mathbf{S} \times \mathbf{B})_{x,y} - \frac{S_{x,y}}{\tau_2} + D \triangle S_{x,y} \tag{3.486a}$$

---

[1] Sind die Ladungsträger für $B = 0$ in x–Richtung polarisiert, so ist die projizierte Spinpolarisation $P_N^x = Re(P_N^{\parallel})$, bei Polarisation in y–Richtung $P_N^y = Im(P_N^{\parallel})$.

und

$$\frac{\partial S_z}{\partial t} = \gamma(\mathbf{S} \times \mathbf{B})_z - \frac{S_z - S_0}{\tau_1} + D \triangle S_z \,, \tag{3.486b}$$

mit dem gyromagnetischen Verhältnis $\gamma = \mu_B g/\hbar$ und der Diffusionskonstante D. Unter dem Einfluss von $\mathbf{B}$ wird eine anfängliche Spindichte $\mathbf{S}(\mathbf{r}, t = 0)$ nach Relaxation übergehen in die Gleichgewichtsverteilung $\mathbf{S}(\mathbf{r}, t) = (0, 0, S_z)$, sofern die transversalen Wechselfeldkomponenten hinreichend klein und schnell oszillierend sind. In Gl. (3.486) ist τ_1 die *Relaxationszeit*, die mit der Einstellung der Gleichgewichtskomponente parallel zur statischen Feldkomponente assoziiert werden kann. τ_2 ist die *Dephasierungszeit*, die mit den transversalen Komponenten von $\mathbf{S}(\mathbf{r}, t)$ verbunden ist.

$1/\tau_1$ quantifiziert die Rate der Spin–Gitter–Relaxation, die erforderlich ist zur Einstellung einer neuen Zeeman–Aufspaltung. Diese entspricht der Äquilibrierungsrate der Diagonalelemente der Spindichtematrix. $1/\tau_2$ ist wiederum verbunden mit der Rate, mit der die Nichtdiagonalelemente der Spindichtematrix in einen Gleichgewichtszustand übergehen. Dieser Gleichgewichtszustand besteht in einem Verlust an Phasenkohärenz eines Ensembles von Spins, das zunächst phasenkohärent um B_z präzidiert, aber mit der Zeit aufgrund kleiner Unterschiede in den Präzessionsfrequenzen seine Phasenkohärenz verliert.

Wie die Spin–Ladungs–Transportgleichungen (3.408) als rein phänomenologisch zu bewerten sind, so sind auch die Bloch–Torrey–Gleichungen (3.486) rein phänomenologisch. Für eine mikroskopische Beschreibung von Relaxations– und Dephasierungsphänomenen wird zunächst die Dichtematrix (vgl. Abschn. 3.4.1) des Spinsystems formuliert und damit die Spindynamik abgeleitet. Der Vergleich mit Gl. (3.486) liefert dann mikroskopische Werte für τ_1 und τ_2.

Von größter Bedeutung für die Spin–Gitter–Relaxation ist die Spin–Bahn–Kopplung in Kombination mit der Streuung von Elektronen an Phononen und kristallinen Defekten. Der Hamilton–Operator $\hat{H}_{SO}$ wurde in Gl. (3.404), (3.405) und (3.420) angegeben. Die Relevanz für Spinrelaxationsprozesse ergibt sich unmittelbar unter Verwendung der Operatoren $\hat{L}^{\pm}$ und $\hat{S}^{\pm}$ die, wie im Zusammenhang mit Gl. (3.420) diskutiert, den Bahndrehimpuls ändern und die spinpolarisierten Subbänder mischen. Da die Operatoren in der Kombination $\hat{L}^{+}\hat{S}^{-}$ und $\hat{L}^{-}\hat{S}^{+}$ auftreten, sind die Änderungen der Eigenwerte m und s korreliert. Insbesondere sind $\langle \mathbf{L}^2 \rangle$ und $\langle \mathbf{J} \rangle$ damit invariant gegenüber $\hat{H}_{SO}$:

$$[\hat{\mathbf{L}}^2, \hat{H}_{SO}] = [\hat{\mathbf{J}}, \hat{H}_{SO}] = 0 \,. \tag{3.487}$$

Zur Analyse des Einflusses von $\hat{H}_{SO}$ auf die Spinrelaxation verwendet man am besten statt $|l, m\rangle|s\rangle$ eine Basis von Zuständen, welche nach Möglichkeit der kristallinen Symmetrie und den Eigenzuständen von $\hat{H}_{SO}$ Rechnung trägt. Eine solche Basis wird gewonnen durch Mischung entsprechender Orbitalwellenfunktionen und ist für Halbleiter gerade durch die in Tab. 3.8 gezeigten Zustände gegeben.

Die Wirkung der Spin–Bahn–Kopplung auf einen Bloch–Zustand $|n, \mathbf{k}\rangle| \uparrow\rangle$ lässt sich mithilfe der in Gl. (3.350) und (3.351) eingeführten Störungsrechnung erster Ordnung studieren:

$$|n, \mathbf{k}\rangle| \uparrow\rangle \rightarrow |n, \mathbf{k}\rangle| \uparrow\rangle + \frac{1}{2(mc)^2} \sum_{m \neq n} \left(\frac{\langle m, \mathbf{k}|\gamma \hat{L}_z \hat{S}_z|n, \mathbf{k}\rangle}{E_{n\mathbf{k}} - E_{m\mathbf{k}}} |m, \mathbf{k}\rangle| \uparrow\rangle \right.$$
$$\left. + \frac{1}{2} \frac{\langle m, \mathbf{k}|\gamma \hat{L}^+|n, \mathbf{k}\rangle}{E_{n\mathbf{k}} - E_{m\mathbf{k}}} |m, \mathbf{k}\rangle| \downarrow\rangle \right) . \quad (3.488)$$

$\gamma(\mathbf{r})$ ist durch Gl. (3.405) gegeben. Ein ursprünglich reiner $| \uparrow\rangle$–Zustand erhält durch Wirkung von $\hat{H}_{SO}$ zusätzlich $| \downarrow\rangle$–Anteile, die für $E_{n\mathbf{k}} \approx E_{m\mathbf{k}}$ sogar groß werden können.[1] Entsprechendes gilt natürlich für $| \downarrow\rangle$–Ursprungszustände. Die resultierenden Bloch–Zustände sind nach Gl. (3.304b) gegeben durch

$$|n, \mathbf{k}\rangle| \uparrow\rangle = (a_{n\mathbf{k}}(\mathbf{r})| \uparrow\rangle + b_{n\mathbf{k}}(\mathbf{r})| \downarrow\rangle) \exp(i\mathbf{k} \cdot \mathbf{r}) . \quad (3.489a)$$

Aufgrund der *Zeitumkehrinvarianz* gilt auch

$$|n, \mathbf{k}\rangle| \downarrow\rangle = (a^*_{n-\mathbf{k}}| \downarrow\rangle - b^*_{n-\mathbf{k}}| \uparrow\rangle) \exp(i\mathbf{k} \cdot \mathbf{r}) . \quad (3.489b)$$

Wenn $E^{\uparrow}_{n\mathbf{k}}$ den zugehörigen Eigenwert bezeichnet, so folgt bei *räumlicher Inversionssymmetrie* ferner

$$E^{\uparrow}_{n\mathbf{k}} = E^{\downarrow}_{n-\mathbf{k}} = E^{\downarrow}_{n\mathbf{k}} . \quad (3.489c)$$

Dieser Befund zeigt, dass für inversionssymmetrische Kristalle die Spin–Bahn–Kopplung die Spinentartung gar nicht aufhebt und dass nur eine spinentartete Fermi–Fläche existiert. Dies gilt beispielsweise für viele metallische Systeme und die Leitungsbandentartung von Halbleitern mit diamantartiger Kristallstruktur.

Da nach Gl. (3.488) in einem allgemeinen Bloch–Zustand $| \uparrow\rangle$– und $| \downarrow\rangle$–Anteile vorhanden sind, bezeichnet man Zustände als $| \uparrow\rangle$–artig, wenn $\langle n, \mathbf{k}, \uparrow |\hat{S}_z|n, \mathbf{k}, \uparrow\rangle > 0$ ist. Entsprechendes gilt für $| \downarrow\rangle$–artige Zustände. Ein Streuprozess kann einen $|\mathbf{k}, \uparrow\rangle$–artigen Zustand in einen $|\mathbf{k}', \uparrow\rangle$–artigen gemäß Gl. (3.489a), aber auch in einen $|\mathbf{k}', \downarrow\rangle$–artigen gemäß Gl. (3.489b) überführen. Entsprechende Streuwahrscheinlichkeiten $P^{\uparrow\uparrow}_{\mathbf{kk}'}$ und $P^{\uparrow\downarrow}_{\mathbf{kk}'}$ werden gemäß Gl. (3.352) durch Streumatrixelemente $\langle \mathbf{k}, \uparrow |\hat{H}_S|\mathbf{k}', \uparrow\rangle$ und $\langle \mathbf{k}, \uparrow |\hat{H}_S|\mathbf{k}', \downarrow\rangle$ beschrieben:

[1] In diesem Fall muss Störungsrechnung höherer Ordnung angewendet werden.

$$P_{\mathbf{kk}'}^{\uparrow\uparrow} = |\langle a_{\mathbf{k}}(\mathbf{r}) \exp(i\mathbf{k}\cdot\mathbf{r})|\hat{H}_S|a_{\mathbf{k}'}(\mathbf{r}) \exp(i\mathbf{k}'\cdot\mathbf{r})\rangle + \langle b_{\mathbf{k}}(\mathbf{r}) \exp(i\mathbf{k}\cdot\mathbf{r})|\hat{H}_S|b_{\mathbf{k}'}(\mathbf{r}) \exp(i\mathbf{k}'\cdot\mathbf{r})\rangle|^2 \; , \tag{3.490a}$$

$$P_{\mathbf{kk}'}^{\uparrow\downarrow} = |\langle a_{\mathbf{k}}(\mathbf{r}) \exp(i\mathbf{k}\cdot\mathbf{r})|\hat{H}_S|b^*_{-\mathbf{k}'}(\mathbf{r}) \exp(i\mathbf{k}'\cdot\mathbf{r})\rangle + \langle b_{\mathbf{k}}(\mathbf{r}) \exp(i\mathbf{k}\cdot\mathbf{r})|\hat{H}_S|a^*_{-\mathbf{k}'}(\mathbf{r}) \exp(i\mathbf{k}'\cdot\mathbf{r})\rangle|^2 \; . \tag{3.490b}$$

Angenommen wurde, dass $\hat{H}_S$ keine Spin–Bahn–Kopplung repräsentiert: $\langle\uparrow|\hat{H}_S|\downarrow\rangle = \langle\downarrow|\hat{H}_S|\uparrow\rangle = 0$. Die Gleichungen (3.490) zeigen, dass $P_{\mathbf{kk}'}^{\uparrow\downarrow}/P_{\mathbf{kk}}^{\uparrow\uparrow}$ typisch von der Größenordnung $|b_{\mathbf{k}}|^2/|a_{\mathbf{k}}|^2$ ist. Dieses Verhältnis hängt nach Gl. (3.488) insbesondere von γ und $\min(E_{n\mathbf{k}} - E_{m\mathbf{k}})$ ab. $P_{\mathbf{kk}'} > 0$ führt zu einem Verlust der Spinpolarisation aufgrund von Elektronenstreuung. Diesen Mechanismus der Spinrelaxation bezeichnet man als *Elliot–Yafet–Mechanismus*. Für die Relaxationszeit τ_1 besteht eine Verknüpfung mit der Streuzeit τ aus Gl. (3.355).

Für Halbleiter mit Zinkblendestruktur oder Halbleiterheterostrukturen, wie beispielsweise in Abb. 3.52, besteht keine räumliche Inversionssymmetrie und die durch Gl. (3.489c) gegebene Entartung ist aufgehoben. Bemerkenswerterweise spaltet in diesem Fall das Leitungsband derart auf, dass die Spinquantisierungsachse mit $\mathbf{k}$ variiert. Die Bandstruktur wird dann lokal beschrieben durch

$$\hat{H} = \frac{(\hbar k)^2}{2m^*} + \frac{\hbar}{2}\hat{\boldsymbol{\sigma}} \cdot \boldsymbol{\Omega}(\mathbf{k}) \; , \tag{3.491a}$$

mit dem Pauli–Matrixvektor gemäß Gl. (3.153). Die Quantisierungsachse und Stärke des Effekts werden durch $\boldsymbol{\Omega}(\mathbf{k})$ bestimmt. Diagonalisierung von $\hat{\boldsymbol{\sigma}} \cdot \boldsymbol{\Omega}(\mathbf{k})$ liefert

$$E_{\mathbf{k}}^{\uparrow,\downarrow} = \frac{(\hbar k)^2}{2m^*} \mp \frac{\hbar}{2}|\boldsymbol{\Omega}(\mathbf{k})| \tag{3.491b}$$

für die Orientierungen parallel und antiparallel zu $\boldsymbol{\Omega}$. Da die Entartung aufgrund der Zeitumkehrsymmetrie, die *Kramers–Entartung*, weiterhin vorhanden ist, folgt nach Gl. (3.489c) $\boldsymbol{\Omega}(-\mathbf{k}) = -\boldsymbol{\Omega}(\mathbf{k})$. Zwei wichtige Spezialfälle für $\boldsymbol{\Omega}(\mathbf{k})$–Verläufe sollen in diesem Zusammenhang konkretisiert werden. Der *Dresselhaus–Term* tritt auf bei III–V– und II–VI–Halbleitern der Zinkblendestruktur:

$$\boldsymbol{\Omega}(\mathbf{k}) = \frac{\alpha\hbar}{\sqrt{2m^* E_g}}[k_x(k_y^2 - k_z^2)\mathbf{e}_x + k_y(k_z^2 - k_x^2)\mathbf{e}_y + k_z(k_x^2 - k_y^2)\mathbf{e}_z] \; , \tag{3.492a}$$

mit den kartesischen Einheitsvektoren $\mathbf{e}$. Für GaAs erhält man beispielsweise für die Energielücke $E_g = 1,52\,\text{eV}$ ($T = 0$)und $\alpha = 0,07$. Für Heterostrukturen mit zweidimensionalem Charakter ist der *Bychkov–Rashba–Term* relevant:

$$\boldsymbol{\Omega}(\mathbf{k}) = \alpha_{BR}\mathbf{k} \times \mathbf{e}_z \ , \tag{3.492b}$$

wobei $\mathbf{k}$ hier ein zweidimensionaler Vektor und $\mathbf{e}_z$ senkrecht zur Ebene des 2DEG ist. Die *Rashba–Aufspaltung* tritt auch für Oberflächenzustände dichtest gepackter Metalloberflächen, wie z. B. Au(111), auf. Für diesen Fall ist $\alpha_{BR} = 0,33\,\text{eVÅ}$, was mit $\mathbf{k} = \mathbf{k}_F$ in Gl. (3.492b) über Gl. (3.491b) zu $\Delta_{SO} = E_{\mathbf{k}}^{\downarrow} - E_{\mathbf{k}}^{\uparrow} \approx 100\,\text{meV}$ führt; ein Wert, der sehr viel größer als für Halbleitersysteme ist.

Ein Spindephasierungsmechanismus bei Abwesenheit von Inversionssymmetrie ist der *D'yakonov–Perel'–Mechanismus*. In Gl. (3.492b) kann $\Omega(\mathbf{k})$ als $\mathbf{k}$–abhängige Larmor–Frequenz für eine Präzession um die durch $\boldsymbol{\Omega}(\mathbf{k})$ definierte Achse interpretiert werden. Die Aufspaltung $\Delta_{SO}(\mathbf{k}) = \hbar\Omega(\mathbf{k})$ resultiert in einer Phasendifferenz von $\delta\varphi(\mathbf{k}) = \Omega(\mathbf{k})t$. Wenn ein Zustand gemäß Gl. (3.489a) zunächst durch $|(\mathbf{k},\uparrow)_{t=0}\rangle$ gegeben ist, so ist er nach einer gewissen Zeit gegeben durch $|(\mathbf{k},\uparrow)_t\rangle = (\exp(i\Omega t/2)a_k|\uparrow\rangle + \exp(-i\Omega t/2)\, b_k|\downarrow\rangle)\exp(i[\hbar k]^2/[2m^*]t)$. Der Erwartungswert $\langle\mathbf{S}\rangle(t) = \hbar/2\langle(\mathbf{k},\uparrow)_t|\hat{\boldsymbol{\sigma}}|(\mathbf{k},\uparrow)_t\rangle$ zeigt ebenfalls eine Präzession um $\boldsymbol{\Omega}$. Ein Streuprozess, der mit einer Wahrscheinlichkeit $P_{\mathbf{kk}'}$ auftritt, führt dazu, dass $\langle\mathbf{S}\rangle(t)$ um eine neue Achse $\boldsymbol{\Omega}(\mathbf{k}')$ präzidiert. Durch fortgesetzte Streuprozesse geht auf diese Weise die Phasenkohärenz eines Spinensembles verloren. In diesem Fall besteht eine Verknüpfung zwischen Dephasierungszeit τ_2 und Streuzeit τ.

Neben den beiden genannten Spinrelaxations– und Spindephasierungsmechanismen gibt es weitere je nach vorliegendem System relevante Mechanismen. Offensichtlich ist die Spinflipstreuung an Gitterdefekten mit Spin–Bahn–Wechselwirkung. Bei Halbleitern ist der *Bir–Aronov–Pikus–Mechanismus* erwähnenswert, der aus einer Austauschwechselwirkung zwischen Elektronen und Löchern resultiert. Auch die Austauschwechselwirkung zwischen spinpolarisierten Leitungselektronen spielt in Halbleitern eine Rolle. Prinzipiell kann auch die Hyperfeinwechselwirkung, die bereits in Gl. (3.184) diskutiert wurde, zur Spinrelaxation beitragen. Der Effekt ist relevant für Halbleiter bei tiefen Temperaturen und damit, wie erwähnt, für Quantum–Computing–Systeme. Im Falle elektronischen Transports ist der bereits diskutierte Hanle–Effekt der Vollständigkeit halber aufzuzählen. Schließlich sind noch die inelastische Elektron–Elektron–Streuung und die Elektron–Elektron–Streuung an magnetischen Verunreinigungen zu nennen.

Da im Allgemeinen mehrere Mechanismen der Spinrelaxation und Dephasierung gleichzeitig wirksam sind, sind die charakteristischen Zeiten τ_1 und τ_2 schwer aus ab initio–Ansätzen zu ermitteln. Definitionsgemäß gilt allerdings immer $\tau_2 \leq 2\tau_1$. In isotropen Medien und kleinen Magnetfeldern erhält man ferner $\tau_1 = \tau_2 \equiv \tau_S$ [3.112]. Für Spininjektionsexperimente und auch für den GMR–Effekt ist die Spindiffusionslänge l_S von Bedeutung. Diese hängt in folgender Weise mit $\tau_1 \equiv \tau_S$ zusammen: Wenn durchschnittlich n Streuereignisse notwendig sind, um einen Spinflipprozess zu erhalten, so ist $\tau_S = n\tau$. Mit der mittleren freien Weglänge $l = v_F\tau$ gilt also für die *Spinfliplänge*

$\lambda_S = l\tau_S/\tau$. Da es sich um auch richtungsmäßig stochastische Bewegungen des Elektrons handelt, ist λ_F nicht die Entfernung vom Ausgangspunkt, also nicht die Spindiffusionslänge l_S. Ohne gerichtete Diffusionsbewegung, also bei Abwesenheit eines elektrischen Felds, ist der durchschnittliche Abstand des Elektrons vom Ausgangspunkt während des ersten Spinflipprozesses gerade $l_S = l\sqrt{\tau_S/(3\tau)} = \sqrt{D\tau_S}$, mit der Diffusionskonstante $D = lv_F/3$ [3.125]. Spinbasierter Transport lässt sich besonders gut an dafür optimierten magnetischen Heterostrukturen beobachten [3.126]. Das Kohärenzverhalten einer gezielt determinierbaren kleinen Anzahl von Spins im in Abschn. 3.4.3 diskutierten Sinne lässt sich optimal an Quantenpunktsystemen studieren [3.127].

Semiklassisch wird der spinabhängige elektronische Transport durch die *Boltzmannsche Spinortransportgleichung* beschrieben, die in einer Erweiterung von Gl. (3.353b) besteht [3.128]. Dazu verwendet man die Spindichtematrix $\underline{\underline{\varrho}}(t) = \underline{\underline{\varrho}}(\mathbf{k}(t), \mathbf{r}(t), t)$, die als 2×2–Matrix für jeden Bloch–Zustand die Spinorientierung und Spinpräzession beschreibt: $\underline{\underline{\varrho}}(t) = |\uparrow\rangle f^{\uparrow}(t)\langle\uparrow| + |\downarrow\rangle f^{\downarrow}(t)\langle\downarrow| = 1/2([f^{\uparrow}(t) + f^{\downarrow}(t)]\underline{\underline{1}} + [f^{\uparrow}(t) - f^{\downarrow}(t)]\underline{\underline{\sigma_z}})$. Die zeitliche Entwicklung des Spinzustands ist dann mit der *Heisenberg–Relation* gegeben durch $(i/\hbar)[\hat{H}_S, \hat{\varrho}] + d\hat{\varrho}/dt$. Während der erste Term die implizit durch $\hat{H}_S = \hat{H}_S(t)$ gegebene Zeitabhängigkeit beschreibt, ist die explizite Zeitabhängigkeit von $\hat{\varrho}(t)$ gegeben durch

$$\frac{\partial \hat{\varrho}}{\partial t} - \frac{1}{\hbar}[\hat{H}_S, \hat{\varrho}] + \frac{e}{\hbar}(\boldsymbol{\mathcal{E}} + \mathbf{v} \times \mathbf{B}) \cdot \nabla_{\mathbf{k}} \hat{\varrho} + \mathbf{v} \cdot \nabla \hat{\varrho} = \left(\frac{\partial \hat{\varrho}}{\partial t}\right)_{St} . \tag{3.493}$$

Die Analogie zu Gl. (3.353b) ist offensichtlich. Der Streuterm beschreibt die zeitlichen Änderungen der Spindichtematrix aufgrund von Streuprozessen. Diese Streuprozesse werden als elastisch und spinkonservierend angenommen. Wir beschreiben also Streuung an Störstellen. Bei einer Streuung von $\mathbf{k}$ nach $\mathbf{k}'$ ist die Streuwahrscheinlichkeit nach Gl. (3.352) durch $P_{\mathbf{kk}'}$ gegeben. Da hier allerdings spinbehaftete Zustände betrachtet werden, muss das Pauli–Prinzip berücksichtigt werden: $\mathbf{k}$ muss mit einem Spinzustand besetzt sein und $\mathbf{k}'$ muss für diesen Spinzustand unbesetzt sein. Außerdem muss die Streuung von $\mathbf{k}'$ nach $\mathbf{k}$ berücksichtigt werden. Mit $P_{\mathbf{kk}'} = P_{\mathbf{k}'\mathbf{k}}$ erhält man

$$\left(\frac{\partial \hat{\varrho}_{\mathbf{k}}}{\partial t}\right)_{St} = \sum_{\mathbf{k}'} P_{\mathbf{kk}'}(\hat{\varrho}_{\mathbf{k}'} - \hat{\varrho}_{\mathbf{k}}) . \tag{3.494}$$

Die Spindichte erhält man, wie allgemein in Gl. (3.118) gezeigt, durch

$$\mathbf{S}(\mathbf{r}, t) = Sp(\hat{\mathbf{S}}\hat{\varrho}_{\mathbf{k}}(\mathbf{r}, t)) . \tag{3.495}$$

$\hat{\mathbf{S}} = \hbar/2\,\hat{\boldsymbol{\sigma}}$ ist hier durch den Pauli–Matrixvektor aus Gl. (3.153) gegeben. Mit $\hat{H}_s$ aus Gl. (3.491a) erhält man beispielsweise folgende kinetische Gleichung für die Spindichte:

$$\frac{\partial \mathbf{S_k}}{\partial t} - \boldsymbol{\Omega}(\mathbf{k}) \times \mathbf{S_k} + \left(\frac{e}{\hbar}[\boldsymbol{\mathcal{E}} + \mathbf{v_k} \times \mathbf{B}] \cdot \nabla_\mathbf{k} + [\mathbf{v_k} \cdot \nabla]\right) \mathbf{S_k}$$
$$= \sum_{\mathbf{k}'} P_{\mathbf{kk}'}(\mathbf{S_k} - \mathbf{S_{k'}}) \,. \qquad (3.496)$$

Bei Abwesenheit äußerer Felder und homogener Spinverteilung erhält man aus Gl. (3.493) und (3.494)

$$\frac{\partial \hat{\varrho}_\mathbf{k}}{\partial t} - \frac{i}{\hbar}[H_S, \hat{\varrho}_\mathbf{k}] = \sum_{\mathbf{k}'} P_{\mathbf{kk}'}(\hat{\varrho}_{\mathbf{k}'} - \hat{\varrho}_\mathbf{k}) \qquad (3.497)$$

Diese Gleichung gestattet prinzipiell eine Abschätzung für die Spinrelaxationszeit τ_S. Vereinfachende Annahmen zur Spindichtematrix und zu den Streuprozessen erlauben das analytische Lösen von Gl. (3.497). Unter Verwendung des Dresselhaus–Terms aus Gl. (3.492a) ergibt sich beispielsweise $\tau_S(k) \sim E_g/(\alpha^2 \hbar k^3 \tau)$ [3.129]. Eine höhere Streurate $1/\tau$ vergrößert also die Spinlebensdauer. Dieses Phänomen bezeichnet man als *motional narrowing*: Häufige Streusprozesse mit stochastischem Einfluss auf die Spinpräzessionsachse heben einander auf, da die Zeit nicht ausreicht, um eine Präzession um eine neue Achse zu etablieren.

Die bislang im Zusammenhang mit dem spinbasierten Transport diskutierten Phänomene sind ausschließlich dem diffusiven Transport zuzuordnen. Andererseits hatten wir in Abschn. 3.6.3 Tranportphänomene in nanoskaligen Systemen mit nur einem Streuzentrum, oder wenigen Streuzentren diskutiert. Hier ist insbesondere die Leitwertquantisierung ein spektakuläres Phänomen. Es stellt sich mit besonderer Relevanz für die Nanotechnologie natürlich die Frage, ob auch spinbasierte Phänomene an entsprechenden nanoskaligen Systemen, etwa an wie in Abb. 3.67 dargestellt beschaffenen Bruchkontakten, gemessen werden können. Ein Phänomen, das in diese Kategorie fällt, ist der *ballistische anisotrope Magnetwiderstandseffekt* (*BAMR*): Wie wir gesehen haben, existieren in Ferromagnetika spinaufgespaltene Subbänder, die die Fermi–Fläche schneiden. Wenn n die Anzahl dieser Subbänder bezeichnet, ist der minimale Leitwert nach Gl. (3.362) $\min(G) = nG_Q$. Ein Anstieg des Leitwerts eines ferromagnetischen Bruchkontakts erfolgt dann in Einheiten von G_Q. Wird nun ein äußeres Magnetfeld $\mathbf{H}$ appliziert, so kann sich aufgrund der Spin–Bahn–Kopplung die Anzahl der Subbänder, die die Fermi–Fläche schneiden, verändern: $n = n(\mathbf{H})$. Die Anisotropie im Hinblick auf die Richtung von $\mathbf{H}$ entsteht dadurch, dass für ein Feld senkrecht zur Transportrichtung $\mathbf{I}$ nur ein geringer Einfluss der Wechselwirkung zwischen Spin– und Bahnmoment der Elektronen auf die Bandstruktur besteht, während für Felder parallel zur Transportachse eine Aufspaltung einiger Subbänder auftritt. Es werden also $\mathbf{H}$–abhängige Variationen von G in Einheiten von G_Q erwartet.

Genau dieser BAMR–Effekt wurde 2007 erstmalig an Punktkontakten aus Kobalt gemessen [3.130]. Dabei wurden keine Bruchkontakte, sondern in einer elektrochemischen

Zelle befindliche Kontakte, deren Leitwert elektrochemisch getrimmt werden kann, verwendet. Ein derartiger Kontakt ist in Abb. 3.93(a) dargestellt. Eine periodische Modulation von **H** wird, wie in Abb. 3.93(b) gezeigt, durch Rotation des Kontakts in einem konstanten Feld erzeugt. Die Rotation führt zu periodischen Sprüngen des Leitwerts um $\pm G_Q$.

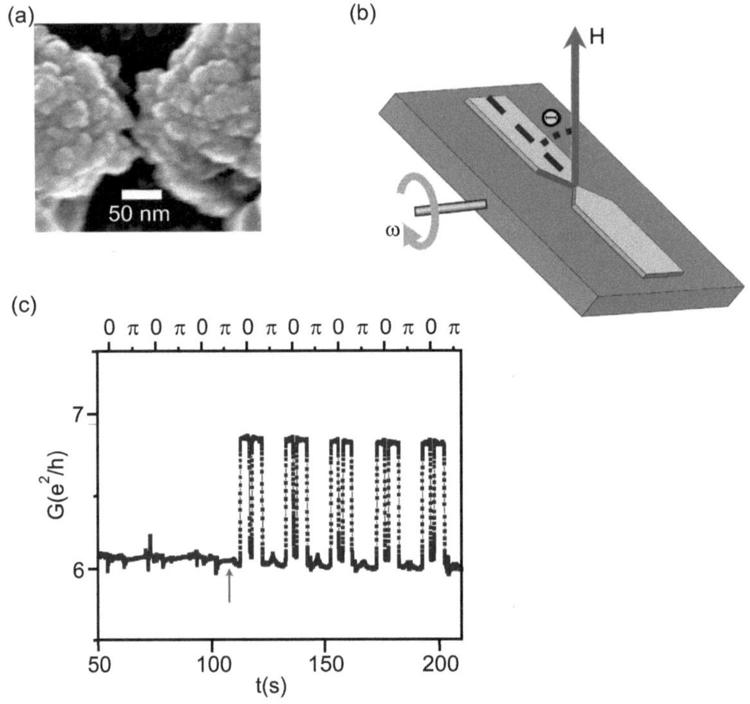

Abb. 3.93: *(a) Elektrochemisch erzeugter Kobaltkontakt. (b) Anordnung des Kontakts in einem externen Feld von $\mu_0 H = 1\,T$, welches ausreicht, um eine Sättigungsmagnetisierung parallel zu* **H** *zu erzeugen. (c) Leitwertvariationen bei Rotation des Kontakts mit $\omega = 2\pi/T$ und $T = 20\,s$, was zu $0 \leq \Theta \leq \pi$ führt. Das Feld wurde zu der durch den Pfeil markierten Zeit eingeschaltet [3.130].*

Weitere spinbasierte Transportphänomene, die in Analogie zu reinen Ladungstransportphänomenen in nanoskaligen Systemen, die wir behandelt haben, beobachtet oder postuliert werden, umfassen etwa die *Spinblockade* beim Transport durch Quantenpunkte oder *persistente Spinströme* in mesoskopischen Ringen.

In der bisherigen Diskussion wurde der Einfluss einer remanenten Magnetisierung der Ferromagnetika auf den elektronischen Transport analysiert und auch das Auftreten einer Ungleichgewichtsmagnetisierung als Folge von elektronischem Transport oder Spinakkumulation. Die Behandlung spinbasierter Transportphänomene wird nun gleichsam abgerundet durch Diskussion der Frage, ob ein spinpolarisierter Strom auch einen Einfluss auf die remanente Magnetisierung hat. Gemeint ist hier nicht das in jedem Fall und unabhängig von der Spinpolarisation mit dem Strom verbundene *Oersted–Feld*, sondern vielmehr ein durch den spinpolarisierten Strom auf die lokale Magnetisierung ausgeübtes Drehmoment. Dieses *Spintransferdrehmoment* kann tatsächlich unter geeigneten Bedigungen beobachtet werden und allgemein zu einer reichhaltigen Magnetisierungsdynamik führen [3.131].

Ein Spintransferdrehmoment resultiert immer, wenn der Spinstrom durch eine Probe Quellen und Senken hat, also nicht räumlich konstant ist. Dies ist beispielsweise beim *Spinfilterprozess* der Fall: Aus einem Ferromagneten wird ein Spinstrom in einen nicht ferromagnetischen Leiter injiziert, der wiederum mit einem zweiten, zum ersten nicht kollinear magnetisierten Ferromagneten verbunden ist. Der zweite Ferromagnet wird die Spinpolarisation des Stroms dadurch ändern, dass er ein Drehmoment auf den Spin der Transportelektronen ausübt, das zu einer Reorientierung führt. Damit müssen aber auch die Transportelektronen ein entgegegesetzt gleich großes Drehmoment auf die Magnetisierung des zweiten Ferromagneten ausüben. Dieses durch den Transportstrom ausgeübte Drehmoment wird als Spintransferdrehmoment bezeichnet [3.132]. Ein Drehmoment entspricht in diesem Kontext einer Änderungsrate des Spindrehimpulses. Die Drehimpulserhaltung erlaubt es dabei, das Spintransferdrehmoment in eine direkte Relation zur Änderung der Spinpolarisation des Transportstroms an der N/F–Grenzfläche zu setzen.

Die zentrale Größe bei der Diskussion des Spintransferdrehmoments ist die Spinstromdichte $q_{ij} \equiv \underline{\underline{q}} = \mathbf{Sv}$, die phänomenologisch bereits in Gl. (3.408b) eingeführt wurde. $\underline{\underline{q}}$ kombiniert die Transportrichtung im Realraum mit der Polarisation im Spinraum. Entsprechend der Teilchenstromdichte aus Gl. (3.335) ist die Spinstromdichte für einen Einteilchenzustand Ψ gegeben durch

$$\underline{\underline{q}}(\mathbf{r}) = \frac{\hbar^2}{2m^*} Im[\Psi^*(\mathbf{r})\hat{\boldsymbol{\sigma}}\nabla\Psi(\mathbf{r})] \; . \tag{3.498}$$

Für ein Ensemble von Spins ist die Spindichte

$$\mathbf{S}(\mathbf{r}) = \sum_{n,\sigma,\sigma'} \Psi^*_{n\sigma}(\mathbf{r})\hat{\mathbf{S}}_{\sigma\sigma'}\Psi_{n\sigma'}(\mathbf{r}) \; . \tag{3.499a}$$

Die Spinstromdichte ergibt zu

$$\underline{\underline{q}}(\mathbf{r}) = \sum_{n,\sigma,\sigma'} Re[\Psi^*_{n\sigma}(\mathbf{r})\hat{\mathbf{S}}_{\sigma\sigma'}\hat{\mathbf{v}}\Psi_{n\sigma'}(\mathbf{r})] \; . \tag{3.499b}$$

Die Summen werden gebildet über alle besetzten Zustände mit durch σ und σ' gegebenen Spinzuständen. $\hat{\mathbf{S}}_{\sigma\sigma'}$ sind die durch die Pauli–Matrizen gegebenen Spinoperatoren und $\hat{\mathbf{v}}$ ist der Geschwindigkeitsoperator. Gleichung (3.499b) kann im Allgemeinen nicht faktorisiert werden in das äußere Produkt einer effektiven Spinrichtung und einer effektiven Geschwindigkeit. Für eindimensionale Probleme geht dies allerdings in der Regel:

$$\underline{\underline{q}} = \frac{\hbar}{2} P \, \mathbf{sj} \,, \tag{3.500}$$

wobei **s** und **j** eine dimensionslose Spinrichtung und Teilchenstromdichte charakterisieren und P eine skalare Polarisation. Einen Großteil der mit dem Spintransferdrehmoment verbundenen Phänomene kann man bereits unter Annahme eindimensionaler Einteilchenzustände der Form $\Psi = \exp(ikx)/\sqrt{\Omega}(\alpha|\uparrow\rangle + \beta|\downarrow\rangle)$ verdeutlichen. Für die drei Spinkomponenten erhält man damit

$$q_{xx} = \frac{\hbar^2 k}{m^* \Omega} Re(\alpha\beta^*) \,, \tag{3.501a}$$

$$q_{xy} = \frac{\hbar^2 k}{m^* \Omega} Im(\alpha\beta^*) \,, \tag{3.501b}$$

$$q_{xz} = \frac{\hbar^2 k}{m^* \Omega} (|\alpha|^2 - |\beta|^2) \,. \tag{3.501c}$$

Aufgrund der Drehimpulserhaltung ergibt sich das auf ein durch die Oberfläche O eingeschlossenes Materialvolumen V wirkende Spintransferdrehmoment aus

$$\mathbf{D} = -\int_O d^2r \, \mathbf{e}_O \underline{\underline{q}} = -\int_V d^3r \, \nabla \underline{\underline{q}} \,. \tag{3.502}$$

$\mathbf{e}_O$ ist dabei der Oberflächennormaleneinheitsvektor.

Wir nehmen nun an, dass die einfallende Welle auf eine Grenzschicht mit Magnetisierung in z–Richtung trifft und die Spinpolarisation in der x–z–Ebene liegt und einen Winkel Θ mit der Magnetisierung einschließt. Damit ist $\alpha = \cos(\Theta/2)$ und $\beta = \sin(\Theta/2)$. Die transmittierten und reflektierten Anteile sind dann gegeben durch

$$\Psi_t = \frac{\exp(ikx)}{\sqrt{\Omega}} \left(\tau_\uparrow \cos\frac{\Theta}{2} |\uparrow\rangle + \tau_\downarrow \sin\frac{\Theta}{2} |\downarrow\rangle \right) \tag{3.503a}$$

und

$$\Psi_r = \frac{\exp(-ikx)}{\sqrt{\Omega}} \left(\varrho_\uparrow \cos\frac{\Theta}{2} |\uparrow\rangle + \varrho_\downarrow \sin\frac{\Theta}{2} |\downarrow\rangle \right) \,. \tag{3.503b}$$

Gemäß Gl. (3.501) erhält man für die Anteile der entlang der x–Achse fließenden Spinstromdichte

$$\mathbf{q} = \frac{\hbar^2 k}{2m^*\Omega} \begin{pmatrix} \sin\Theta \\ 0 \\ \cos\Theta \end{pmatrix} , \tag{3.504a}$$

$$\mathbf{q} = \frac{\hbar^2 k}{2m^*\Omega} \begin{pmatrix} Re(\tau_\uparrow \tau_\downarrow^*) \sin\Theta \\ Im(\tau_\uparrow \tau_\downarrow^*) \sin\Theta \\ |\tau_\uparrow|^2 \cos^2 \frac{\Theta}{2} - |\tau_\downarrow|^2 \sin^2 \frac{\Theta}{2} \end{pmatrix} , \tag{3.504b}$$

$$\mathbf{q} = -\frac{\hbar^2 k}{2m^*\Omega} \begin{pmatrix} Re(\varrho_\uparrow \varrho_\downarrow^*) \sin\Theta \\ Im(\varrho_\uparrow \varrho_\downarrow^*) \sin\Theta \\ |\varrho_\uparrow|^2 \cos^2 \frac{\Theta}{2} - |\varrho_\downarrow|^2 \sin^2 \frac{\Theta}{2} \end{pmatrix} . \tag{3.504c}$$

Es wird deutlich, dass die Spinstromdichte keine Erhaltungsgröße ist, da $\mathbf{q} + \mathbf{q}_r \neq \mathbf{q}_t$ ist. Dieses Phänomen wird als *Spinfiltereffekt* bezeichnet. Gemäß Gl. (3.502) beträgt das Spintransferdrehmoment für die gewählte Situation

$$\mathbf{D} = O\,\mathbf{e}_x(\underline{\underline{q}} + \underline{\underline{q_r}} - \underline{\underline{q_t}}) = \frac{\hbar^2 k O}{2m^*\Omega} \sin\Theta \begin{pmatrix} 1 - Re(\tau_\uparrow \tau_\downarrow^* + \varrho_\uparrow \varrho_\downarrow^*) \\ -Im(\tau_\uparrow \tau_\downarrow^* + \varrho_\uparrow \varrho_\downarrow^*) \\ 0 \end{pmatrix} . \tag{3.505}$$

Es tritt kein Drehmoment auf für $\tau_\uparrow = \tau_\downarrow$ und $\varrho_\uparrow = \varrho_\downarrow$ oder für $\Theta = 0, \pi$. Für alle anderen Fälle erweist sich das Spintransferdrehmoment als Folge des Spinfilterns.

Die Spinabhängigkeit der Transmissions– und Reflexionskoeffzienten hat ihre Ursache in der Spinaufspaltung der elektronischen Zustandsdichte innerhalb des Ferromagneten gemäß Abb. 3.83. Im *Stoner–Modell* wird angenommen, dass die Aufspaltung Δ beträgt und ansonsten Einteilchenzustände freier Elektronen vorliegen. Vor diesem Hintergrund tritt an der N/F–Grenzfläche spinabhängige Elektronenstreuung auf. Wie in Abb. 3.87(d) dargestellt, treffen Majoritäts– und Minoritätsladungsträger auf unterschiedliche Potentialstufen. Nehmen wir der Einfachheit halber an, dass die Stufen für Majoritätsladungsträger verschwinden und die Höhe Δ für Minoritätsladungsträger haben, so ergibt sich durch Anpassen der Wellenfunktionen an der Grenzfläche (*wave matching*)[1]

[1] Hier wird die Stetigkeit der Wellenfunktionen und ihrer Ableitungen vorausgesetzt.

$$\Psi_t = \frac{1}{\sqrt{\Omega}}(\exp(ik_\uparrow x)\cos\frac{\Theta}{2}|\uparrow\rangle + \exp(ik_\downarrow x)\frac{2k}{k+k_\downarrow}\sin\frac{\Theta}{2}|\downarrow\rangle) \tag{3.506a}$$

und

$$\Psi_r = \frac{1}{\sqrt{\Omega}}\exp(ikx)\frac{k-k_\downarrow}{k+k_\downarrow}\sin\frac{\Theta}{2}|\downarrow\rangle\,, \tag{3.506b}$$

mit $k_\uparrow = k$ und $k_\downarrow = \sqrt{(\hbar k)^2 - 2m^*\Delta}/\hbar$. Die Spinstromdichten entlang der x–Achse sind damit gegeben durch Gl. (3.504a) für den einlaufenden Teil und durch

$$\mathbf{q}_t = \frac{\hbar^2}{2m^*\Omega}\begin{pmatrix} k\sin\Theta\cos[(k-k_\downarrow)x] \\ -k\sin\Theta\sin[(k-k_\downarrow)x] \\ k\cos^2\frac{\Theta}{2} - k_\downarrow\left(\frac{2k}{k+k_\downarrow}\right)^2\sin^2\frac{\Theta}{2} \end{pmatrix}\,. \tag{3.507a}$$

und

$$\mathbf{q}_r = \frac{\hbar^2 k}{2m^*\Omega}\left(\frac{k-k_\downarrow}{k+k_\downarrow}\right)^2\sin\frac{\Theta}{2}\begin{pmatrix}0\\0\\1\end{pmatrix}\,. \tag{3.507b}$$

Die Tatsache, dass alle zur Magnetisierung senkrechten Komponenten in $\mathbf{q}_r$ verschwinden, resultiert aus der Annahme verschwindender Potentialstreuung für Majoritätsladungsträger, wie der Vergleich von Gl. (3.507b) mit Gl. (3.504c) zeigt. $\mathbf{q}_t$ weist demgegenüber einen mit der Position oszillierenden Anteil auf, der eine Spinpräzession um die Magnetisierungsachse im Aufspaltungsfeld repräsentiert. Die räumliche Periode $2\pi/(k-k_\downarrow)$ beträgt typischerweise einige Gitterkonstanten. Bei Berücksichtigung aller Zustände an der Fermi–Fläche der nicht ferromagnetischen Schicht gemäß Gl. (3.499b) mitteln sich die Transversalkomponenten von $\mathbf{q}_t$ in Bezug auf die Magnetisierung heraus. Es tritt also Dephasierung auf. Damit werden die Transversalkomponenten von $\mathbf{q}_t$ innerhalb weniger Gitterkonstanten des Ferromagneten komplett absorbiert und es propagiert nur noch eine Longitudinalkompononente von $\mathbf{q}_t$. Das hat zur Folge, dass das Spintransferdrehmoment durch die Transversalkomponente der einlaufenden Spinstromdichte bestimmt wird:

$$\mathbf{D} = O\,\mathbf{e}_x\underline{\underline{q_\perp}} = \frac{\hbar^2 kO}{2m^*\Omega}\sin\Theta\,\mathbf{e}_x\,. \tag{3.508}$$

Die bisherigen Befunde haben wir unter Annahme freier Elektronen erhalten. Für eine rigorosere Beschreibung der Spinfilterung und des Spintransferdrehmoments in einem entsprechenden Schichtsystem müssen natürlich Bloch–Zustände und realistische Transportprozesse zugrunde gelegt werden [3.133]. A priori ist im Hinblick auf Transportprozesse zwischen drei unterschiedlichen Regimen zu unterscheiden: Bei tiefen Temperaturen und perfekten Proben kann es sich um kohärenten Quantentransport handeln. Charakteristisch ist hier die Interferenz einlaufender und reflektierter Zustände, die bisher keineswegs berücksichtigt wurde. Wenn der Transport nicht kohärent erfolgt, so kann er dennoch ballistisch erfolgen, Elektronen also zwischen den Oberflächen nicht gestreut werden. Ballistischer Transport ist für Multilagensysteme durchaus relevant. Im diffusiven Regime kommt es zu einer großen Anzahl von Streuprozessen zwischen den einzelnen Schichten. Im Allgemeinen sind Dünnschichtsysteme keiner dieser Kategorien eindeutig zuzuordnen. Einen direkten Bezug zwischen einer realistischeren Beschreibung und der bisherigen vereinfachenden Diskussion kann durch die semiklassische Boltzmann–Gleichung (3.353b) und die daraus abgeleitete Diffusionsgleichung (3.408a) hergestellt werden. Zunächst ersetzten wir die gesuchte Ungleichgewichtsverteilung $f(\mathbf{k},\mathbf{r})$ durch eine Verteilungsmatrix, die auch eine Information über den Spin liefert:

$$\underline{\underline{f}}(\mathbf{k},\mathbf{r}) = \underline{\underline{U}}(\mathbf{k},\mathbf{r}) \begin{pmatrix} f^{\uparrow}(\mathbf{k},\mathbf{r}) & 0 \\ 0 & f^{\downarrow}(\mathbf{k},\mathbf{r}) \end{pmatrix} \underline{\underline{U}}^{\dagger}(\mathbf{k},\mathbf{r}) \,, \tag{3.509a}$$

mit der Spinorrotationsmatrix

$$\underline{\underline{U}}(\mathbf{k},\mathbf{r}) = \begin{pmatrix} \cos\frac{\Theta}{2}\exp\left(-i\frac{\phi}{2}\right) & -\sin\frac{\Theta}{2}\exp\left(-i\frac{\phi}{2}\right) \\ \sin\frac{\Theta}{2}\exp\left(i\frac{\phi}{2}\right) & \cos\frac{\Theta}{2}\exp\left(i\frac{\phi}{2}\right) \end{pmatrix} , \tag{3.509b}$$

wobei $\Theta = \Theta(\mathbf{k},\mathbf{r})$ und $\phi = \phi(\mathbf{k},\mathbf{r})$ gilt. Von Bedeutung ist die einlaufende Spinstromdichte $\underline{\underline{q}}$ am Ort der N/F–Grenzfläche gemäß Gl. (3.499b):

$$\underline{\underline{q}} = \frac{\hbar}{2(2\pi)^3} \int\limits_{v_x>0} d^3k\, Sp\Big(\underline{\underline{f}}(\mathbf{k})\underline{\underline{\boldsymbol{\sigma}}}\Big)\, \mathbf{v}(\mathbf{k}) \,. \tag{3.510}$$

Die reflektierte Spinstromdichte ist gegeben durch

$$\underline{\underline{q_r}}(\mathbf{r}) = \frac{\hbar}{2(2\pi)^3} \int\limits_{v_x>0} d^3k\, Sp\Big(\underline{\underline{\varrho}}^{\dagger}(\mathbf{k},\mathbf{r})\underline{\underline{f}}(\mathbf{k})\underline{\underline{\varrho}}(\mathbf{k},\mathbf{r})\underline{\underline{\boldsymbol{\sigma}}}\Big)\, \mathbf{v}_r(\mathbf{k}) \,, \tag{3.511a}$$

mit

$$\underline{\underline{\varrho}}(\mathbf{k},\mathbf{r}) = \begin{pmatrix} \varrho_\uparrow(\mathbf{k})\exp(i\mathbf{k}\cdot\mathbf{r}) & 0 \\ 0 & \varrho_\downarrow(\mathbf{k})\exp(i\mathbf{k}\cdot\mathbf{r}) \end{pmatrix} . \tag{3.511b}$$

Der transmittierte Anteil der Spinstromdichte ist wiederum durch

$$\underline{\underline{q_t}}(\mathbf{r}) = \frac{\hbar}{2(2\pi)^3} \int\limits_{v_x>0} d^3k\, Sp\Big(\underline{\underline{\tau}}^\dagger(\mathbf{k},\mathbf{r})\underline{\underline{f}}(\mathbf{k})\underline{\underline{\tau}}(k,\mathbf{r})\underline{\underline{\sigma}})\Big)\, \mathbf{v}_t(\mathbf{k}) \tag{3.512a}$$

gegeben, mit

$$\underline{\underline{\tau}}(\mathbf{k},\mathbf{r}) = \begin{pmatrix} \tau_\uparrow(\mathbf{k})\exp(i\mathbf{k}_\uparrow\cdot\mathbf{r}) & 0 \\ 0 & \tau_\downarrow(\mathbf{k})\exp(i\mathbf{k}_\downarrow\cdot\mathbf{r}) \end{pmatrix} . \tag{3.512b}$$

Für den Fall, dass sowohl $|\uparrow\rangle$– als auch $|\downarrow\rangle$–Zustände transmittiert werden, ist $\mathbf{v}_t(\mathbf{k}) = [v_\uparrow(\mathbf{k}) + v_\downarrow(\mathbf{k})]/2$. Durch Gl. (3.512a) wird der Wellenvektor $\mathbf{k}$ für einlaufende Bloch–Zustände entweder zu $\mathbf{k}_\uparrow$ oder zu $\mathbf{k}_\downarrow$ verändert.

Die rigorose Modellierung von Dünnschichtsystemen mittels Gl. (3.510), (3.511) und (3.512) zeigt, dass die mittels freier Elektronen erhaltenen Ergebnisse im Großen und Ganzen für die hauptsächlich experimentell analysierten metallischen Schichtsysteme korrekt sind. Insbesondere wird bestätigt, dass transversale Komponenten der Spinstromdichte nahe der N/F–Grenzfläche absorbiert werden und ein Flächendrehmoment von $\mathbf{D}/O = (\underline{\underline{q}} + \underline{\underline{q_t}} + \underline{\underline{q_r}})\mathbf{e}_x$ liefern.

Das Spintransferdrehmoment hat, wie bereits erwähnt, eine äußerst vielfältige Magnetisierungsdynamik zur Folge, die sich anhand der Bewegungsgleichung der Magnetisierung analysieren lässt. Dabei ist es zweckmäßig, von Spins zu magnetischen Momenten und von Spindichten zu Magnetisierungen überzuleiten. Das magnetische Moment des Elektrons ist durch $\boldsymbol{\mu} = g\mu_B\mathbf{S}/\hbar$ gegeben, mit $g = -2{,}0023$. Es ist damit antiparallel zum Spin $\mathbf{S}$. Für Übergangsmetallferromagnete ist die Magnetisierung durch $\mathbf{M} = g\mu_B\boldsymbol{\mathcal{S}}/\hbar$ gegeben, mit $-2{,}2 < g < -2{,}1$. $\mathbf{M}$ ist damit antiparallel zur *Spindichte* $\boldsymbol{\mathcal{S}}$.[1] Das Spintransferdrehmoment $\mathbf{D}$ dreht die lokale Spindichte $\boldsymbol{\mathcal{S}}$ in Richtung des Spins $\mathbf{S}$ der einlaufenden Zustände. Die Magnetisierung $\mathbf{M}$ wird also in Richtung der magnetischen Momente $\boldsymbol{\mu}$ der einlaufenden Zustände gedreht.

In zweiter Quantisierung ist gemäß Gl. (3.286) der Ladungsdichteoperator durch

$$\hat{N} = -e\sum_\sigma \hat{\Psi}^\dagger_\sigma(\mathbf{r})\hat{\Psi}_\sigma(\mathbf{r}) \tag{3.513a}$$

und der Spindichteoperator durch

[1] Während vorher und nachher Spin und Spindichte mit $\mathbf{S}$ bezeichnet werden, wird an dieser Stelle zur Verdeutlichung unterschieden.

$$\hat{\mathbf{S}} = \frac{\hbar}{2} \sum_{\sigma,\sigma'} \hat{\Psi}^\dagger_\sigma(\mathbf{r}) \hat{\boldsymbol{\sigma}}_{\sigma\sigma'} \hat{\Psi}_{\sigma'}(\mathbf{r}) \tag{3.513b}$$

gegeben. $\hat{\Psi}^\dagger_\sigma$ und $\hat{\Psi}_\sigma$ sind Erzeugungs– und Vernichtungsoperatoren für ein Elektron am Ort $\mathbf{r}$ mit Spin σ. Als fermionische Operatoren erfüllen sie die Antivertauschungsrelationen gemäß Gl. (3.287). In der Effektivfeldnäherung der *lokalen Spindichteapproximation*(*local spin density approximation, LSDA*) ist der Hamilton–Operator für nicht wechselwirkende Elektronen gegeben durch

$$\begin{aligned}\hat{H} = \frac{\hbar^2}{2m} \sum_\sigma \int d^3r \Big\{ &\nabla \hat{\Psi}^\dagger_\sigma(\mathbf{r}) \cdot \nabla \hat{\Psi}_\sigma(\mathbf{r}) + U(\mathbf{r})\hat{N}(\mathbf{r}) \\ &+ \frac{g\mu_B}{\hbar} [\mathbf{B}_a(\mathbf{r}) + \mathbf{B}_d(\mathbf{r}) + \mathbf{B}_e(\mathbf{r})] \cdot \hat{\mathbf{S}}(\mathbf{r}) \Big\} \ .\end{aligned} \tag{3.514}$$

Der erste Summand liefert die kinetische Energie, der zweite das Potential und der dritte charakterisiert die Kopplung über das lokale Austausch– und Dipolfeld sowie an ein extern appliziertes Feld. Prinzipiell sind $U, \mathbf{B}_a$ und $\mathbf{B}_d$ Vielteilchenterme. Im vorliegenden Kontext ist es aber ausreichend, von Einteilchenwechselwirkungen auszugehen.

Bewegungsgleichungen für eine Variable ergeben sich quantenmechnisch, wenn der Kommutator des zugehörigen Operators mit $\hat{H}$ ermittelt und dann der entsprechende Erwartungswert berechnet wird. Damit ergibt sich für die Ladungsdichte

$$\begin{aligned}\frac{d\hat{N}}{dt} &= \frac{1}{i\hbar}[\hat{N}, \hat{H}] \\ &= i\frac{e\hbar}{2m} \sum_\sigma \int d^3r \Big\{ \hat{\Psi}^\dagger_\sigma(\mathbf{r}')[\nabla_{\mathbf{r}'}\delta(\mathbf{r}-\mathbf{r}')]\delta_{\sigma\sigma'}\nabla\hat{\Psi}_\sigma(\mathbf{r}) \\ &\qquad - \nabla\hat{\Psi}^\dagger_\sigma(\mathbf{r})[\nabla\delta(\mathbf{r}-\mathbf{r}')]\delta_{\sigma\sigma'}\hat{\Psi}_{\sigma'}(\mathbf{r}') \Big\} \\ &= -\nabla \cdot \hat{\mathbf{j}} \ .\end{aligned} \tag{3.515a}$$

Der Operator der Ladungstromdichte ist gegeben durch

$$\hat{\mathbf{j}} = i\frac{e\hbar}{2m} \sum_{\sigma,\sigma'} [\hat{\Psi}^\dagger_\sigma(\mathbf{r})\nabla\hat{\Psi}_\sigma(\mathbf{r}) - \nabla\hat{\Psi}^\dagger_\sigma(\mathbf{r})\hat{\Psi}_\sigma(\mathbf{r})] \ , \tag{3.515b}$$

was entsprechend schon durch Gl. (3.335) gegeben war. Wenn mittels des Resultats in Gl. (3.515a) der Erwartungswert gebildet wird, so resultiert einfach die Kontinuitätsgleichung für die Ladungsdichte, wie für die Ladungserhaltung benötigt. Die zeitliche

Entwicklung der Spinstromdichte erhält man analog. Bei Vernachlässigung der Spin–Bahn–Wechselwirkung erhält man

$$\frac{d\hat{\mathbf{S}}}{dt} = \frac{1}{i\hbar}[\hat{\mathbf{S}}, \hat{H}] = -\nabla \underline{\underline{\hat{q}}} - \frac{g\mu_B}{\hbar}\hat{\mathbf{S}} \times (\mathbf{B}_d + \mathbf{B}_e) \; . \tag{3.516a}$$

Der tensorielle Spinstromdichteoperator ist durch

$$\underline{\underline{\hat{q}}} = -i\frac{\hbar^2}{4m}\sum_{\sigma,\sigma'}[\hat{\Psi}^\dagger_\sigma(\mathbf{r})\hat{\boldsymbol{\sigma}}_{\sigma\sigma'}\nabla\hat{\Psi}_{\sigma'}(\mathbf{r}) - \nabla\hat{\Psi}^\dagger_\sigma\hat{\boldsymbol{\sigma}}_{\sigma\sigma'}\hat{\Psi}_{\sigma'}(\mathbf{r})] \tag{3.516b}$$

gegeben. Die Spindichte zeigt also eine Präzession im lokalen Effektivfeld $\mathbf{B}_d(\mathbf{r}) + \mathbf{B}_e(\mathbf{r})$. $\mathbf{B}_a$ liefert in der LSDA–Näherung keinen Beitrag, weil das Austauschfeld exakt parallel zum Erwartungswert der lokalen Spindichte orientiert ist.

Einer einfachen ersten Diskussion halber haben wir die Spin–Bahn–Kopplung $\hat{H}_{SO}$ gemäß Gl. (3.404) in Gl. (3.514) vernachlässigt. Eine generelle Berücksichtigung der Spin–Bahn–Kopplung hat verschiedene sehr interessante Konsequenzen: Es ist zunächst einmal sinnvoll, statt der lokalen Spindichte $\mathbf{S}$ die Magnetisierung $\mathbf{M}$ in den Mittelpunkt des Interesses zu rücken. $\mathbf{M}$ berücksichtigt auch Beiträge des Bahndrehimpulses: $\mathbf{M} = -\mu_B(|g|\hat{\mathbf{S}} + \hat{\mathbf{L}})/\hbar$, wobei $\hat{\mathbf{L}}$ hier der Operator der Bahndrehimpulsdichte ist.[1] $d\hat{\mathbf{M}}/dt$ wird jetzt gegenüber $d\hat{\mathbf{S}}/dt$ weitere Terme aufweisen als Folge von $\hat{H}_{SO}$ einerseits und dem Kommutatorverhalten $[\hat{\mathbf{L}}, \hat{H}]$ andererseits. Eine Folge der Berücksichtigung der Spin–Bahn–Wechselwirkung ist aber auch das Auftreten einer magnetokristallinen Anisotropie, die in der Effektivfeldnäherung in Gl. (3.514) und (3.516) durch ein weiteres effektives Feld $\mathbf{B}_K$ berücksichtigt werden kann.

Eine weitere Vereinfachung schränkt den Gültigkeitsbereich von Gl. (3.516) ein: Aufgrund der angenommenen Kollinearität der Magnetisierung tritt keinerlei Austauschterm $\mathbf{B}_a$ auf. Unter experimentellen Bedingungen gibt es aber zwei Beiträge zu $\underline{\underline{q}}$, die auf inhomogene Magnetisierungskonfigurationen zurückzuführen sind. Der erste Beitrag resultiert aus dem Ungleichgewichtsspinstrom, der aufgrund einer externen Potentialdifferenz durch die Probe fließt. Der zweite Beitrag resultiert aus einer lokal nicht kollinearen Magnetisierung, etwa in der Umgebung einer Domänenwand, auch ohne jede extern erzeugte Potentialdifferenz. In der Bewegungsgleichung für die Magnetisierung analog zu Gl. (3.516a) kann dies durch einen Zusatzterm $-\nabla\underline{\underline{\hat{q}_a}} = -\gamma A_a/(2\mu_0 M_S)\hat{\mathbf{S}} \times \triangle\hat{\mathbf{M}}$ berücksichtigt werden. A_a bezeichnet hier die Austauschkonstante, M_S die Sättigungsmagnetisierung und $\gamma = g\mu_B/\hbar$ das gyromagnetische Verhältnis.

Der *mikromagnetische Ansatz* ist ein nicht atomistischer, kontinuumstheoretischer Ansatz zur Beschreibung der Magnetisierungsdynamik von Ferromagnetika, der ausgeht von der Annahme, dass der Magnetisierungsbetrag ortsunabhängig konstant ist und

[1] $\hat{\mathbf{L}}$ ist hier also zu unterscheiden vom gewöhnlichen Drehimpulsoperator gemäß Gl. (3.12).

der Sättigungsmagnetisierung entspricht [3.134]. Die Magnetisierungsdynamik ist damit auf die zeitliche Änderung der Magnetisierungsrichtung beschränkt und wird durch die *Gilbert–Gleichung* beschrieben.[1]

$$\frac{d\mathbf{M}}{dt} = -\gamma \mathbf{M} \times \mathbf{H}_{eff} + \frac{\alpha}{M_S} \mathbf{M} \times \frac{d\mathbf{M}}{dt} \,. \tag{3.517a}$$

Das effektive Feld ergibt sich aus der Variation der Gesamtenergiedichte w mit der Magnetisierung:

$$\mathbf{H}_{eff}(\mathbf{r}) = -\frac{1}{\mu_0} \nabla_{\mathbf{M}(\mathbf{r})} w(\mathbf{r}) \,. \tag{3.517b}$$

$w(\mathbf{r})$ setzt sich zusammen aus durch $\mathbf{B}_a(\mathbf{r}), \mathbf{B}_K(\mathbf{r}), \mathbf{B}_d(\mathbf{r})$ und $\mathbf{B}_e(\mathbf{r})$ gegebenen Termen in $\hat{H}$ aus Gl. (3.514). Die rein phänomenologische Gleichung (3.517a) beinhaltet einen Präzessionsterm, der die Rotation von $\mathbf{M}$ um $\mathbf{B}_{eff}$ charakterisiert, und einen Dämpfungsterm, quantifiziert durch die Dämpfungskonstante α, der $\mathbf{M}$ so relaxieren lässt, dass eine Konfiguration niedrigster Gesamtenergie erreicht wird. Die Wirkung beider Terme ist in Abb. 3.94(a) dargestellt. Typische Larmor–Frequenzen liegen für Ferromagnetika im Bereich einiger GHz. Mit $\alpha \approx 0,001$ erhält man typische Relaxationszeiten von einigen ns. Gleichung (3.517) beinhaltet zunächst keinen expliziten Term, der durch das Spintransferdrehmoment zustande kommt.

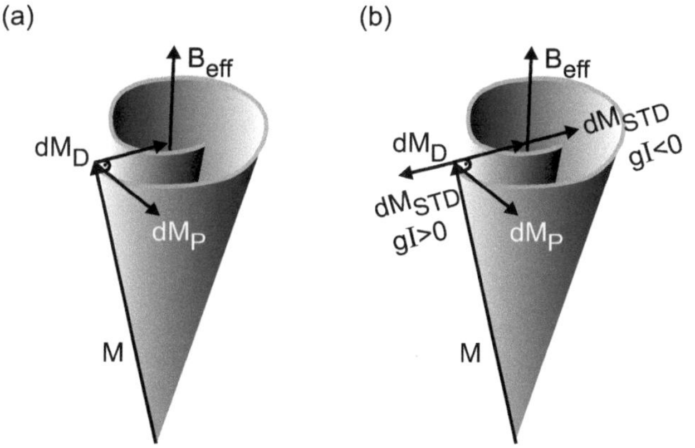

Abb. 3.94: *(a) Bewegung der Magnetisierung* $\mathbf{M}$ *in einem effektiven Feld* $\mathbf{B}_{eff} = \mu_0 \mathbf{H}_{eff}$ *mit tangentialem Drehmoment* $d\mathbf{M}_P/dt$*, das zur Präzession beiträgt, und dem radial orientierten Drehmoment* $d\mathbf{M}_D/dt$*, das zur Dämpfung beiträgt. (b) Wirkung des Spintransferdrehmoments* $d\mathbf{M}_{STD}/dt$ *je nach Stromrichtung* $\mathbf{I}$.

Eine typische experimentelle Anordnung zur Realisierung des Spintransferdrehmoments ist in Abb. 3.95(a) dargestellt. Der Strom fließt durch eine $F/N/F$–Struktur, wobei die

[1] Diese Gleichung lässt sich direkt in die ursprüngliche Landau–Lifshitz–Gleichung überführen.

Magnetisierung in der ferromagnetischen Schicht verankert (gepinnt) und in der anderen in Schichtebene frei drehbar sein soll. Ein aus der fixierten Schicht resultierender Strom wird dann an der N/F–Grenzfläche spingefiltert und er übt damit ein Spintransferdrehmoment $d\mathbf{M}/dt$ auf die Magnetisierung dieser Schicht aus [3.133]:

$$\frac{d\mathbf{M}}{dt} = j\frac{g(\Theta)}{M_S^2}\mathbf{M} \times (\mathbf{M} \times \mathbf{M}_{fix}) \; , \tag{3.518a}$$

wobei $g(\Theta)$ die systemspezifische Spintransfereffizienz charakterisiert, wenn zwischen $\mathbf{M}$ und $\mathbf{M}_{fix}$ der Winkel Θ gegeben ist. j ist der Stromdichtebetrag. Für $\mathbf{M}$ und $\mathbf{M}_{fix}$ wurde hier ein einheitlicher M_S–Wert angenommen. Für $\mathbf{M} \times (\mathbf{M} \times \mathbf{M}_{fix}) \sim \sin\Theta$ ist, wie zu erwarten, das Spintransferdrehmoment durch die absorbierte Transversalkomponente der Spinstromdichte $\mathbf{q}$ gegeben. Die lineare j–Abhängigkeit offenbart direkt, dass sich die Drehmomentrichtung bei Umkehr der Ladungstromrichtung umkehrt. Die Gesamtmagnetisierungsdynamik der freien Schicht in Abb. 3.95(a) wird dann beschrieben durch

$$\frac{d\mathbf{M}}{dt} = -\gamma\mathbf{M} \times \mathbf{H}_{eff} + \frac{\alpha}{M_S}\mathbf{M} \times \frac{d\mathbf{M}}{dt} + \frac{jg(\Theta)}{M_S^2}\mathbf{M} \times (\mathbf{M} \times \mathbf{M}_{fix}) \; . \tag{3.518b}$$

Diese Bewegungsgleichung kann nun so umgeschrieben werden, dass wir wiederum Präzessions– und Dämpfungssterme eindeutig unterscheiden können:

$$\begin{aligned}\frac{d\mathbf{M}}{dt} = -\frac{\gamma}{1+\alpha^2}\mathbf{M} \times \Bigg(&\mathbf{H}_{eff} + \frac{\alpha j g(\Theta)}{\gamma}\mathbf{M}_{fix} \\ &+\frac{\mathbf{M}}{M_S} \times \left[\alpha\mathbf{H}_{eff} - \frac{jg(\Theta)}{\gamma M_S}\mathbf{M}_{fix}\right]\Bigg) \; .\end{aligned} \tag{3.518c}$$

Die ersten beiden Terme liefern den Gesamtpräzessionsbeitrag, der nun auch eine Präzession um $\mathbf{M}_{fix}$ beinhaltet. Wegen $\alpha \ll 1$ ist dieser Beitrag aber vernachlässigbar. Die beiden letzten Terme in Gl. (3.518c) liefern den Gesamtdämpfungsbeitrag, der nunmehr nach Abb. 3.94(b) neben dem Standardbeitrag $d\mathbf{M}_D/dt \sim \mathbf{M} \times \mathbf{M} \times \mathbf{H}_{eff}$ noch den Spintransferbeitrag $d\mathbf{M}_{STD}/dt \sim \mathbf{M} \times \mathbf{M} \times \mathbf{M}_{fix}$ beinhaltet, dessen Richtung von $\mathbf{j}$ abhängig ist.

Ist die Dicke der Schicht, auf die der spinpolarisisierte Strom trifft, vergleichbar mit dem Schichtdickenbereich, in dem die transversale Komponente der Spinpolarisation absorbiert wird, in dem also die Spinfilterung stattfindet, so muss in Gl. (3.518c) noch ein Term berücksichtigt werden, der aus der Spinakkumulation in der ferromagnetischen Schicht resultiert. Dieser Beitrag ist $\sim \mathbf{M} \times \mathbf{M}_{fix}$ und sorgt damit ebenfalls für eine Präzession von $\mathbf{M}$ um $\mathbf{M}_{fix}$. Er ist vernachlässigbar für Schichtdicken, die groß sind gegenüber der *transversalen Spindiffusionslänge*.

Die Strukturen in Abb. 3.95(a) haben den Vorteil, dass sie zum einen geeignet sind, eine Modifikation der freien Magnetisierung durch das Spintransferdrehmoment zu erzeugen. Zum anderen kann eine Änderung der freien Magnetisierung in Bezug auf die fixierte Magnetisierung direkt durch den GMR–Effekt in der CPP–Geometrie detektiert werden [vgl. Abb. 3.87(b)]. Um ein genügend großes Spintransferdrehmoment zu erzeugen, welches eine Magnetisierungsumkehr gestattet, ist eine Stromdichte von 10^7 bis 10^8 A/cm^2 erforderlich. Bei einem Durchmesser der Strukturen von 100 nm entspricht das Strömen von 1 bis 10 mA. Die kritische Stromdichte, die zum Schalten benötigt wird, ergibt sich gemäß Gl. (3.518c) und Abb. 3.94(b) durch die Notwendigkeit, dass der Spintransferanteil $d\mathbf{M}_{STD}/dt$ größer sein muss, als der Gilbert–Dämpfungsanteil $d\mathbf{M}_D/dt$. Bei detaillierter Diskussion der Ummagnetisierungsdynamik muss aber auch der Präzessionsterm in Gl. (3.518c) berücksichtigt werden: Bei ansteigendem Strom durch die $F/N/F$–Anordnung präzidiert zunächst die freie Magnetisierung mit wachsendem Öffnungswinkel um ihre Ausgangsorientierung. Wenn die Magnetisierung im Rahmen ihrer Präzession eine Orientierung erreicht hat, die dem Erreichen des Potentialmaximums zwischen der Anfangs– und der Endorientierung entspricht, findet der eigentliche Schaltvorgang statt, bei dem die Magnetisierung entlang der Präzessionstrajektorie unter dem Einfluss des Gilbert–Dämpfungsterms in die neue Orientierung relaxiert. Der strominduzierte Schaltvorgang ist deutlich sichtbar in der untersten Kurve in Abb. 3.95(b). Bei negativem Strom fließen Elektronen von der fixierten zur freien Schicht und der Strom stabilisiert die parallele Magnetisierung der Schichten mit vergleichsweise niedrigem Widerstand. Bei positivem Strom wird die parallele Magnetisierung aufgrund des Spintransferdrehmoments zunehmend destabilisiert, bis das Schichtsystem in einen Zustand antiparalleler Magnetisierung übergeht. Dieser besitzt einen höheren differentiellen Widerstand dV/dI. Reduziert man I nun wieder, so schaltet die Anordnung bei einem kritischen Strom $I_C < 0$ wieder in die parallele Konfiguration. Der so erzeugte strominduzierte Magnetowiderstandseffekt stimmt betragsmäßig natürlich mit dem feldinduzierten Effekt, der ebenfalls dargestellt ist, überein.

Ein von außen appliziertes Feld $\mathbf{H}$ modifiziert $\mathbf{H}_{eff}$ in Gl. (3.518c) entsprechend. Insbesondere kann es im Hinblick auf Betrag und Richtung so gewählt sein, dass es nur noch eine stabile Orientierung der rotierbaren Magnetisierung gibt. Dann führt die eine Stromrichtung zu einer Stabilisierung der Magnetisierungsrichtung und die andere zu einer stationären Oszillation der Magnetisierung mit $d\mathbf{M}_D/dt = -d\mathbf{M}_{STD}/dt$. Insbesondere sollten Sprünge und Hysterese in den Magnetowiderstandskurven verschwinden, was entsprechend Abb. 3.95(b) für hinreichend große Felder auch der Fall ist. Interessant ist, das sich mithilfe des Spintransferdrehmoments eine Magnetisierungsdynamik induzieren lässt, die mit ausschließlicher Hilfe externer Felder nicht stimulierbar wäre.

Eine stationäre Oszillation der Magnetisierung gegenüber einer fixierten in der anderen Schicht der $F/N/F$–Anordnung führt aufgrund des GMR–Effekts zu einer periodischen Variation des differentiellen Widerstands der Anordnung. In Abb. 3.95(c) ist die Leistungsdichte des Mikrowellenspektrums für Arbeitspunkte dargestellt, die in der entsprechenden Referenzkurve in Abb. 3.95(b) markiert sind. Es lassen sich anhand dieser Spektren klar die stromabhängigen Präzessionsfrequenzen der Magnetisierung ermitteln. Durch Auswertung von Gl. (3.518c) in Abhängigkeit von einem äußeren Feld H, gemessen in Bezug auf die Koerzitivfeldstärke H_C der Schicht mit rotierbarer Magnetisierung, und von einem das Spintransferdrehmoment erzeugenden Strom I, gemessen in Bezug auf den kritischen Strom I_C, kann das in Abb. 3.95(d) dargestellte Stabilitätsdiagramm angegeben werden.

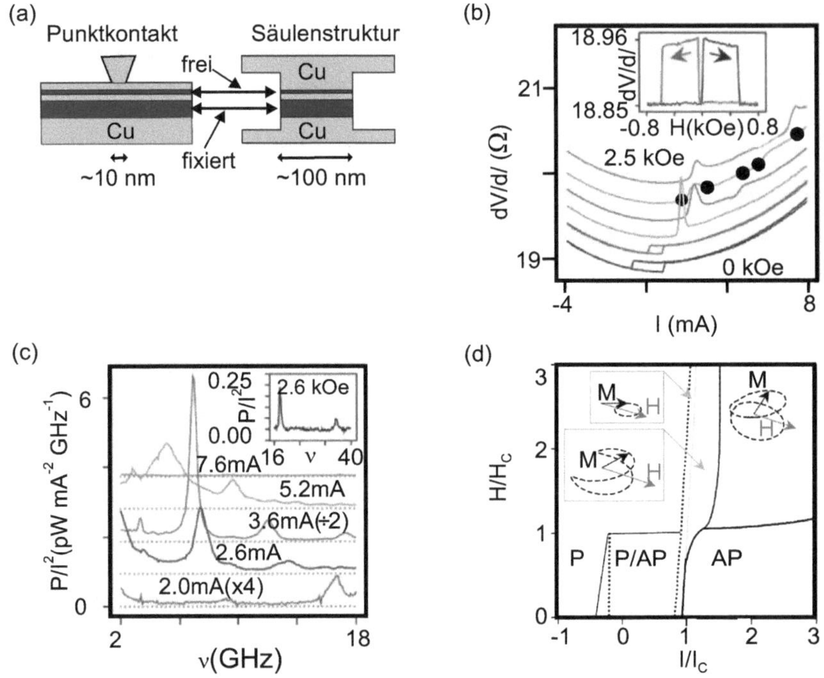

Abb. 3.95: *(a) Punktkontakt und Säulenanordnung zur Erzeugung und zum Nachweis von Effekten, die aus dem Spintransferdrehmoment resultieren. (b) Differentieller Widerstand der F/N/F– Anordnung als Funktion eines eingeprägten Gleichstroms. Ein äußeres Magnetfeld wurde in Schritten von 0,5 kOe zwischen H=0 und H=2,5 kOe variiert. Das eingefügte Bild zeigt den entsprechenden GMR–Effekt. (c) Spektrale Mikrowellenleistungsdichte für H=2,0 kOe und die in (b) markierten Stromwerte. Das eingefügte Bild zeigt das Spektrum mit äußerem Magnetfeld und Maxima bei* ν_0 *und* $2\nu_0$*. (d) Magnetisierungsdynamik als Funktion eines äußeren Felds, gemessen in Bezug auf die Koerzitivfeldstärke* H_C *der Schicht mit der rotierbaren Magnetisierung, und des Stroms, gemessen in Bezug auf den kritischen Strom* I_C *zum Schalten der feldfreien Schicht. P und AP bezeichnen die parallele und antiparallele Magntisierungskonfiguration und P/AP eine bistabile Region. Präzessionsregionen werden anhand des Öffungswinkels differenziert [3.135].*

Abbildung 3.95 verdeutlicht, dass auf der Basis entsprechender Anordnungen grundsätzlich nanoskalige Mikrowellenoszillatoren konzipiert werden können. Solche *Spindrehmoment–Nanooszillatoren* (*spin torque nanooscillators, STNO*) können auf einfache Weise mithilfe des Stroms und eines äußeren Felds über einen großen Frequenzbereich abgestimmt werden. Die nur kleine Leistung ($\sim nW$) einzelner Oszillatoren könnte durch phasenkohärente Kopplung vieler Oszillatoren auf einen für Anwendungen praktikablen Wert ($\sim \mu W$) gebracht werden.

In der bisherigen Diskussion haben wir das Spintransferdrehmoment in $F/N/F$–Strukturen diskutiert. Es tritt aber auch auf, wenn spinpolarisierte Ströme in Ferromagneten durch Bereiche inhomogener Magnetisierung fließen. Dies ist beispielsweise für Domänenwände der Fall. Das auf die Wand wirkende Drehmoment, in diesem Fall generell bestehend aus einem *adiabatischen* und einem *nicht adiabatischen Anteil*, kann zu einer *strominduzierten Domänenwandbewegung* führen. Auch die strominduzierte Manipulation von magnetischen Vortices gehört in diese Kategorie von Spintransfereffekten. Insgesamt ist das Spintransferdrehmoment damit zentraler Bestandteil vielversprechender Anwendungskonzepte der Spintronik [3.136].

3.6.6 Supraleitung

Allen bisher diskutierten Transportphänomenen liegt das fermionische Verhalten der Elektronen zugrunde. Der Theorie von *J. Bardeen* (1908–1991), *L.N. Cooper* und *J. R. Schrieffer*, der *BCS–Theorie*, folgend, wird der Grundzustand eines nicht wechselwirkenden freien Elektronengases instabil, wenn eine schwache attraktive Wechselwirkung zwischen den Elektronen besteht [3.137]. Diese Instabilität führt zur Bildung einer hohen Dichte von *Cooper–Paaren* $|\mathbf{k}\uparrow, -\mathbf{k}\downarrow\rangle$. Die langreichweitige attraktive Elektron–Elektron–Wechselwirkung hat ihren Ursprung in der Emission und Absorption *virtueller Phononen* durch die einzelnen Elektronen. Für die mittlere Entfernung der Elektronen eines Cooper–Paars, also seine „Größe“, ist die Coulomb–Repulsion irrelevant. Das Cooper–Paar aus zwei Fermionen mit antiparallelem Wellenvektor und Spin stellt selbst ein Boson dar. Da das Pauli–Prinzip für beide Elektronen gilt, ist die Zweiteilchenwellenfunktion des Cooper–Paars zwar symmetrisch in den Ortskoordinaten der Elektronen, aber antisymmetrisch in ihrem Spinanteil. Die attraktive phononenvermittelte Elektron–Elektron–Wechselwirkung wird beschrieben durch ein Wechselwirkungsmatrixelement $U_{\mathbf{kk}'}$, das einen kollektiven Streuprozess $|\mathbf{k}, -\mathbf{k}\rangle \to |\mathbf{k}', -\mathbf{k}'\rangle$ charakterisiert. Wichtige Schlussfolgerungen lassen sich bereits ziehen unter Annahme eines zunächst freien Elektronengases bei $T = 0$. Es sind dann alle Zustände mit $(\hbar k)^2/(2m) < E_F$ besetzt. Die Elektron–Phonon–Wechselwirkung findet statt im Bereich $E_F - \hbar\omega_D \leq (\hbar k)^2/(2m) \leq E_F + \hbar\omega_D$, mit der *Debye–Frequenz* ω_D. Vereinfachend wird in diesem kleinen $\mathbf{k}$–Raumsegment $U_{\mathbf{kk}'} = \text{const}$ angenommen.

Der Grundzustand des *Fermi–Sees* nach Formation einer gewissen Dichte an Cooper–Paaren kommt aufgrund einer komplizierten Wechselwirkung zwischen den Elektronen zustande, wobei die Reduktion der Gesamtenergie durch Formation eines Paars von den bereits vorhandenen Cooper–Paaren abhängt. Bezeichnet $|0\rangle_{\mathbf{k}}$ einen unbesetzten $|\mathbf{k}\uparrow, -\mathbf{k}\downarrow\rangle$–Cooper–Paarzustand und $|1\rangle_{\mathbf{k}}$ einen besetzten, so ist ein allgemeiner Zweiteilchenzustand gegeben durch

$$|\Psi\rangle_{\mathbf{k}} = \alpha_{\mathbf{k}}|0\rangle_{\mathbf{k}} + \beta_{\mathbf{k}}|1\rangle_{\mathbf{k}} \ , \tag{3.519}$$

wobei $\alpha_{\mathbf{k}}^2$ die Wahrscheinlichkeit dafür ist, dass der Zustand $|\mathbf{k}\uparrow, -\mathbf{k}\downarrow\rangle$ unbesetzt ist und $\beta_{\mathbf{k}}^2 = 1 - \alpha_{\mathbf{k}}^2$ dafür, dass er besetzt ist. Der Vielteilchengrundzustand aller Cooper–Paare ist dann gegeben durch

$$|\phi\rangle = \prod_{\mathbf{k}} \alpha_{\mathbf{k}}|0\rangle_{\mathbf{k}} + \beta_{\mathbf{k}}|1\rangle_{\mathbf{k}} \,. \tag{3.520}$$

Es ist offensichtlich, dass angenommen wird, dass es keine Wechselwirkung zwischen den Paaren gibt. Mit

$$|0\rangle_{\mathbf{k}} = \begin{pmatrix} 0 \\ 1 \end{pmatrix}, |1\rangle_{\mathbf{k}} = \begin{pmatrix} 1 \\ 0 \end{pmatrix} \tag{3.521a}$$

und den Pauli–Matrizen gemäß Gl. (3.153) sind die Erzeugungs– und Vernichtungsoperatoren für Cooper–Paare gegeben durch

$$\hat{\sigma}^\dagger = \frac{1}{2}(\hat{\sigma}_x + i\hat{\sigma}_y) \tag{3.521b}$$

und

$$\hat{\sigma} = \frac{1}{2}(\hat{\sigma}_x - i\hat{\sigma}_y) \,. \tag{3.521c}$$

Man erhält damit $\hat{\sigma}^\dagger|1\rangle_{\mathbf{k}} = \hat{\sigma}|0\rangle_{\mathbf{k}} = 0$, $\hat{\sigma}^\dagger|0\rangle_{\mathbf{k}} = |1\rangle_{\mathbf{k}}$ und $\hat{\sigma}|1\rangle_{\mathbf{k}} = |0\rangle_{\mathbf{k}}$. Ein Phononenstreuprozess, der zur Bildung eines Cooper–Paars führt, besteht in der Vernichtung eines $\mathbf{k}$– und der Erzeugung eines $\mathbf{k}'$–Zustands. Der Operator, der die zugehörige Reduktion der Energie des Gesamtsystems beschreibt, ist dann gegeben durch

$$\hat{H}_{\mathbf{k}\mathbf{k}'} = -U_{\mathbf{k}\mathbf{k}'}\sigma^\dagger_{\mathbf{k}'}\sigma_{\mathbf{k}} \,. \tag{3.522a}$$

Das Wechselwirkungsmatrixelement

$$U_{\mathbf{k}\mathbf{k}'} = \frac{1}{V}\int d^3r\, U(\mathbf{r}) \exp(i[\mathbf{k} - \mathbf{k}'] \cdot \mathbf{r}) \tag{3.522b}$$

beschreibt die Energiereduktion für einen Streuprozess von $|\mathbf{k}\uparrow, -\mathbf{k}\downarrow\rangle$ nach $|\mathbf{k}'\uparrow, -\mathbf{k}'\downarrow\rangle$. V ist das Normierungsvolumen des Kristalls. Die Gesamtenergiereduktion durch Bildung aller Cooper–Paare wird dann mit $U_{\mathbf{k}\mathbf{k}'} = U = \text{const}$ beschrieben durch

$$\hat{H} = -\frac{U}{2}\sum_{\mathbf{k},\mathbf{k}'}(\hat{\sigma}^\dagger_{\mathbf{k}'}\hat{\sigma}_{\mathbf{k}} + \hat{\sigma}^\dagger_{\mathbf{k}}\hat{\sigma}_{\mathbf{k}'}) = -U\sum_{\mathbf{k},\mathbf{k}'}\hat{\sigma}^\dagger_{\mathbf{k}}\hat{\sigma}_{\mathbf{k}'} \,. \tag{3.522c}$$

Der resultierende Energiebetrag ist gegeben durch

$$\langle\phi|\hat{H}|\phi\rangle = -U\left[\prod_{\mathbf{p}}(\alpha_{\mathbf{p}}\,{}_{\mathbf{p}}\langle 0| + \beta_{\mathbf{p}}\,{}_{\mathbf{p}}\langle 1|)\sum_{\mathbf{k},\mathbf{k}'}\sigma^{\dagger}_{\mathbf{k}}\sigma^{\dagger}_{\mathbf{k}'}\prod_{\mathbf{q}}(\alpha_{\mathbf{q}}|0\rangle_{\mathbf{q}} + \beta_{\mathbf{q}}|1\rangle_{\mathbf{q}})\right] . \tag{3.522d}$$

Wegen der Orthonormalität der Zustände $|0\rangle_{\mathbf{k}}$ und $|1\rangle_{\mathbf{k}}$ gilt ${}_{\mathbf{k}}\langle 0|0\rangle_{\mathbf{k}} = {}_{\mathbf{k}}\langle 1|1\rangle_{\mathbf{k}} = 1$ und ${}_{\mathbf{k}}\langle 0|1\rangle_{\mathbf{k}} = {}_{\mathbf{k}}\langle 1|0\rangle_{\mathbf{k}} = 0$. Damit erhält man aus Gl. (3.522d)

$$\langle\phi|\hat{H}|\phi\rangle = -U\sum_{\mathbf{k},\mathbf{k}'}\beta_{\mathbf{k}}\alpha_{\mathbf{k}'}\alpha_{\mathbf{k}}\beta_{\mathbf{k}'} . \tag{3.522e}$$

Da die Erzeugung von Cooper–Paaren zwangsläufig eine Anregung von Einzelelektronenzuständen mit $(\hbar k)^2/(2m) > E_F$ erfordert, muss bei der Ermittlung der BCS–Grundzustandsenergie noch diese kinetische Komponente berücksichtigt werden. Mit $E_{\mathbf{k}} = (\hbar k)^2/(2m) - E_F$ beträgt sie

$$E_{\text{kin}} = 2\sum_{\mathbf{k}}\beta^2_{\mathbf{k}}E_{\mathbf{k}} . \tag{3.522f}$$

Die Gesamtenergie des Cooper–Paarsystems ist dann gegeben durch $E^{BCS} = E_{\text{kin}} + \langle\phi|\hat{H}|\phi\rangle$. Mit $\alpha_{\mathbf{k}} = \sin\Theta_{\mathbf{k}}$ und $\beta_{\mathbf{k}} = \cos\Theta_{\mathbf{k}}$ erhält man damit

$$E^{BCS} = 2\sum_{\mathbf{k}}E_{\mathbf{k}}\cos^2\Theta_{\mathbf{k}} - \frac{U}{4}\sum_{\mathbf{k}\mathbf{k}'}\sin(2\Theta_{\mathbf{k}})\sin(2\Theta_{\mathbf{k}'}) . \tag{3.523}$$

Der BCS–Grundzustand ist für $\partial E^{BCS}/\partial\Theta_{\mathbf{k}} = 0$ gegeben:

$$E_{\mathbf{k}}\tan(2\Theta_{\mathbf{k}}) = -\frac{U}{2}\sum_{\mathbf{k}'}\sin(2\Theta_{\mathbf{k}'}) . \tag{3.524}$$

Mit $\Delta = U\sum_{\mathbf{k}'}\alpha_{\mathbf{k}'}\beta_{\mathbf{k}'} = U\sum_{\mathbf{k}'}\sin\Theta_{\mathbf{k}'}\cos\Theta_{\mathbf{k}'}$ und $E^{\Delta}_{\mathbf{k}} = \sqrt{E^2_{\mathbf{k}} + \Delta^2}$ erhalten wir $\tan(2\Theta_{\mathbf{k}}) = -\Delta/E_{\mathbf{k}}$ und $\sin(2\Theta_{\mathbf{k}}) = \Delta/E^{\Delta}_{\mathbf{k}}$. Damit ergibt sich für die Besetzungswahrscheinlichkeit der einzelnen Cooper–Paarzustände

$$\beta^2_{\mathbf{k}} = \frac{1}{2}\left(1 - \frac{E_k}{\sqrt{E^2_k + \Delta^2}}\right) . \tag{3.525a}$$

Aus Gl. (3.523) ergibt sich dann für die BCS–Grundzustandsenergie

$$E_0^{BCS} = \sum_{\mathbf{k}} E_{\mathbf{k}} \left(1 - \frac{E_{\mathbf{k}}}{E_{\mathbf{k}}^{\Delta}}\right) - \frac{\Delta^2}{U} \,. \tag{3.525b}$$

Die Kondensationsenergie der supraleitenden Phase ergibt sich entsprechend $\Delta E_0 = E_0^{BCS} - E_0^N$, wobei $E_0^N = 2 \sum_{k<k_F} E_{\mathbf{k}}$ die Gesamtenergie des Fermi–Sees für $T = 0$ ohne phononisch induzierte Elektron–Elektron–Wechselwirkung ist. Die Kondensationsenergiedichte $\Delta w_0 = \Delta E_0/V$, die mit E_0^{BCS} und E_0^N folgt, beträgt

$$\Delta w_0 = -\frac{1}{2}\varrho_C(E_F)\Delta^2 \,, \tag{3.526}$$

wobei $\varrho_C(E_F)$ die Zustandsdichte der Elektronenpaare am Fermi–Niveau gemäß der Verteilung des Fermi–Sees bezeichnet. Das Zustandekommen der Energiereduktion ist wie folgt zu interpretieren: $\Delta\varrho_C(E_F)$ Elektronenpaare aus dem Energiebereich $E_F \geq E \geq E_F - \Delta$ pro Einheitsvolumen kondensieren in einem Zustand der Energie $E = E_F - \Delta$. Die mittlere Energiereduktion pro Cooper–Paar ist demzufolge $\Delta/2$.

2Δ ist die Energie, die aufgebracht werden muss, um ein Cooper–Paar aufzubrechen. Die BCS–Grundzustandsenergie aus Gl. (3.525b) ist gegeben durch $E_0^{BCS} = -2\sum_{\mathbf{k}} \beta_{\mathbf{k}}^4 E_{\mathbf{k}}^{\Delta}$. Der erste angeregte Zustand wird dadurch erreicht, dass das Cooper–Paar $|\mathbf{k}'\uparrow, -\mathbf{k}'\downarrow\rangle$ mit $\beta_{\mathbf{k}'}^2 = 1$ aufgebrochen wird. Mit $\beta_{\mathbf{k}'}^2 = 0$ ergibt sich dann $E_1^{BCS} = -2\sum_{\mathbf{k}\neq\mathbf{k}'} \beta_{\mathbf{k}}^4 E_{\mathbf{k}}^{\Delta}$. Daraus wiederum folgt $E_1^{BCS} - E_0^{BCS} = 2E_{\mathbf{k}'}^{\Delta} = 2\sqrt{E_{\mathbf{k}'}^2 + \Delta^2}$. Da die kinetische Energie $E_{\mathbf{k}'}$ der beiden durch das Aufbrechen des Paars entstehenden Elektronen beliebig klein sein kann, wird für das Aufbrechen eine Mindestenergie von 2Δ benötigt. Das Anregungsspektrum weist damit eine Energielücke von $E_g = 2\Delta$ auf.

Wenn nach Cooper–Paarkondensation ein einziges Elektron in den Supraleiter injiziert wird, so kann dies keine Paarbildung eingehen und muss zwangsläufig einen Einteilchenzustand besetzen. Die energetisch niedrigsten möglichen Zustände befinden sich bei $E_{\mathbf{k}}^{\Delta}$. Für ein Elektron mit $E \approx E_F$ liegen besetzbare Zustände bei $E_0^{BCS} + \Delta$. Für $E - E_F \gg \Delta$ sind die besetzbaren Zustände bei $(\hbar k)^2/(2m) - E_F$. Sie entsprechen denen des freien Elektronengases eines Normalleiters. Da aufgrund der Cooper–Paarkondensation keine Einzelelektronenzustände verloren gehen, gilt für die Zustandsdichte der Supra– und Normalleiter $\varrho_S(E_{\mathbf{k}}^{\Delta})dE_{\mathbf{k}}^{\Delta} = \varrho_N(E_{\mathbf{k}})dE_{\mathbf{k}}$. Für $|E_{\mathbf{k}}| \leq \Delta$ gilt $\varrho_N(E_{\mathbf{k}}) \approx \varrho_N(E_F)$. Damit und mit $E_{\mathbf{k}}^{\Delta} = \sqrt{E_{\mathbf{k}}^2 + \Delta^2}$ erhält man schließlich

$$\varrho_S(E_{\mathbf{k}}^{\Delta}) = \frac{E_{\mathbf{k}}^{\Delta}}{\sqrt{(E_{\mathbf{k}}^{\Delta})^2 - \Delta^2}}\varrho_N(E_F) \,. \tag{3.527}$$

Die Zustandsdichte im supraleitenden Zustand divergiert also für $E = E_F$, geht wie erwartet für $E \gg E_F$ in die Zustandsdichte des Normalleiters über und weist für $E < E_F$ eine Energielücke auf. Dieses Resultat ist in Abb. 3.96(a) und (b) schematisch dargestellt.

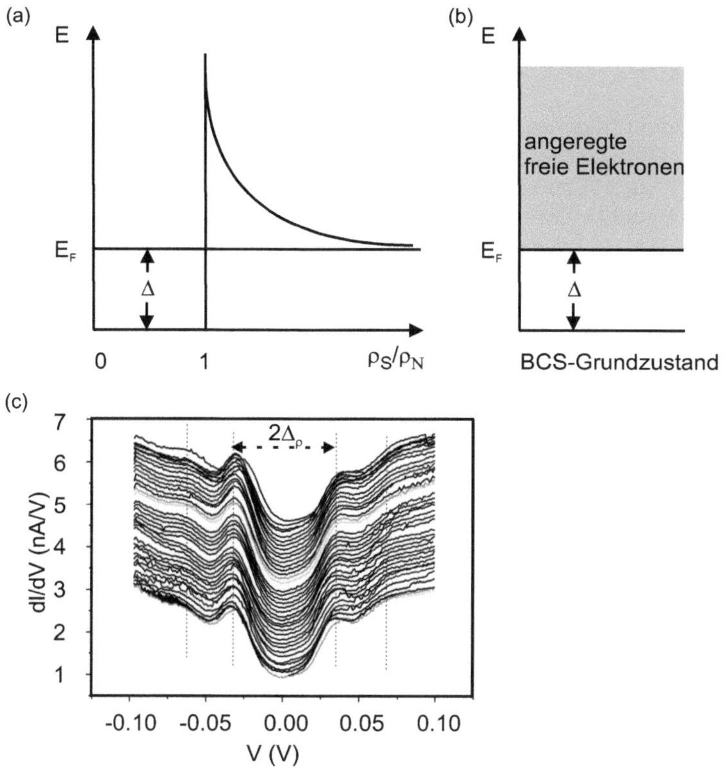

Abb. 3.96: *(a) Einzelektronenzustandsdichte ϱ_S eines Supraleiters, normiert auf die Zustandsdichte ϱ_N eines Normalleiters. E_F ist die Fermi–Energie des Normalleiters. Bei $E_F - \Delta$ kondensieren die Cooper–Paare. (b) Anregungsspektrum eines Supraleiters. Der BCS–Grundzustand, den für $T = 0$ alle Cooper–Paare besetzen, ist identisch mit dem chemischen Potential. (c) Zustandsdichte des Hochtemperatursupraleiters $NdBa_2Cu_3O_{7-\delta}$, gemessen mittels Rastertunnelspektroskopie bei 4,2 K. Die Spektren wurden entlang einer 20 nm langen Strecke aufgenommen [3.139].*

Die Injektion von Einzelelektronen in einen Supraleiter kann, ähnlich wie für die Spininjektion in ein nicht ferromagnetisches Medium diskutiert, über eine Tunnelbarriere erfolgen. Solche Versuche wurden zur Analyse der Zustandsdichte von Supraleitern vielfach durchgeführt und sind heute ein experimenteller Standardansatz. Insbesondere kann mit dem Rastertunnelmikroskop ein entsprechender Tunnelprozess auch ortsaufgelöst durchgeführt werden. Die differentielle Tunnelleitfähigkeit spiegelt dann bei Verwendung einer normalleitenden Tunnelspitze über einem Supraleiter den Verlauf der Zustandsdichte wider: $dI/dV(V) \sim \varrho_S(E(V))$. Eine entsprechende Kurvenschar, aufgenommen entlang einer Linie über die Oberfläche eines *Hochtemperatursupraleiters* ist in Abb. 3.96(c) dargestellt. Die Energielücke in der elektronischen Zustandsdichte ist deutlich sichtbar. Wenn die Tunnelspektroskopie die Injektion von Elektronen in den Supraleiter ($V < 0$) und die Extraktion aus dem Supraleiter ($V > 0$) beinhaltet, so beträgt die Weite der Energielücke gerade 2Δ. Bemerkt werden muss allerdings in diesem Kontext, dass die Hochtemperatursupraleitung nicht im Rahmen des diskutierten BCS–Ansatzes beschrieben werden kann [3.138] und in die Kategorie einer „unkonventionellen Art" von Supraleitung fällt.

Abbildung 3.96(b) impliziert nicht, dass zum Aufbrechen der Cooper–Paare mindestens die Energie Δ erforderlich ist, sondern vielmehr, dass die Injektion eines einzelnen Elektrons die Besetzung eines Zustands mit einer Energie von mindestens Δ oberhalb des BCS–Grundzustands nach sich zieht. Zum Aufbrechen der Cooper–Paare ist hingegen die Energie $E_g = 2\Delta$ erforderlich. Zur Bestimmung von Δ erhalten wir

$$\frac{U}{2}\sum_{\mathbf{k}} \frac{1}{\sqrt{E_{\mathbf{k}}^2 + \Delta^2}} = 1 \,. \tag{3.528a}$$

Die zu berücksichtigenden $\mathbf{k}$–Zustände liegen im Bereich $E_F - \hbar\omega_D \leq E \leq E_F + \hbar\omega_D$ mit $E = (\hbar k)^2/(2m)$. Damit folgt

$$\frac{UV}{2}\int_{-\hbar\omega_D}^{\hbar\omega_D} dE \frac{\varrho_C(E_F + E)}{\sqrt{E^2 + \Delta^2}} = 1 \,. \tag{3.528b}$$

Mit $\varrho_C(E_F + E) \approx \varrho_C(E_F)$ erhält man dann

$$\Delta = \frac{\hbar\omega_D}{\sinh(1/[UV\varrho_C(E_F)])} \,. \tag{3.528c}$$

Bei schwacher phononeninduzierter Elektron–Elektron–Wechselwirkung, $UV\varrho_C(E_F) \ll 1$, vereinfacht sich dies zu

$$\Delta = \frac{2\hbar\omega_D}{\exp(1/[UV\varrho_C(E_F)])} \,. \tag{3.528d}$$

Bislang haben wir den BCS–Grundzustand für $T = 0$ betrachtet. Bei Temperaturerhöhung werden mehr und mehr Cooper–Paare aufgebrochen. Die kritische Temperatur T_C ist definiert als diejenige Temperatur, bei der gerade keine Cooper–Paare mehr existieren. Für $T = T_C$ muss aber offensichtlich $\Delta = 0$ gelten, da ein Normalleiter ein kontinuierliches Anregungsspektrum aufweist. Dies impliziert $\Delta = \Delta(T)$. Bei beliebiger Temperatur wird die Besetzung von Einzelelektronenzuständen bei $E_{\mathbf{k}}^{\Delta}$ durch die

Fermi–Verteilung $f(E_{\mathbf{k}}^{\Delta}, T)$ festgelegt. Dies lässt sich in Gl. (3.528b) berücksichtigen durch Einbeziehung der unbesetzten Cooper–Paarzustände:

$$UV\varrho_C(E_F)\int_0^{\hbar\omega_D} dE\,\frac{1-2f(\sqrt{E^2+\Delta^2}+E_F,T)}{\sqrt{E^2+\Delta^2}} = 1\,. \tag{3.529a}$$

Für $\Delta = 0$ ergibt dies

$$UV\varrho_C(E_F)\int_0^{\hbar\omega_D} \frac{dE}{E}\tanh\frac{E}{2k_BT_C}\,. \tag{3.529b}$$

Mittels numerischer Integration erhält man daraus schließlich

$$T_C = 1,14\,\frac{\hbar\omega_D}{k_B\exp(1/[UV\varrho_C(E_F)]}\,. \tag{3.529c}$$

Durch Vergleich mit Gl. (3.528d) folgt die Relation $\Delta(T=0)/(k_BT_C) = 1,764$, die im Allgemeinen herangezogen wird, um zu überprüfen, wie gut die ursprüngliche BCS–Theorie den Supraleitungsmechanismus eines Materials oder einer Materialklasse beschreibt. Für konventionelle metallische Supraleiter ist das in exzellenter Weise der Fall, während man beispielsweise für die Kuprathochtemperatursupraleiter typisch $3 \lesssim \Delta(T=0)/k_BT_C \lesssim 4$ findet. Dabei ist $20\,\text{meV} \lesssim \Delta \lesssim 30\,\text{meV}$. Der Bereich der Sprungtemperaturen wird hier durch $T_C = 92\,\text{K}$ für $YBa_2Cu_30_{7-\delta}$ und $T_C = 138\,\text{K}$ für $Hg_{0,8}Tl_{0,2}Ba_2Ca_2Cu_3O_8$ abgesteckt. Die ungewöhnlich hohen Sprungtemperaturen gehen einher mit einem Paarbildungsmechanismus, der nicht allein, wie bei den konventionellen metallischen Supraleitern, in phononeninduzierter Elektron–Elektron–Wechselwirkung besteht, sondern wohl eher in einer antiferromagnetischen Elektron–Elektron–Korrelation [3.138]. Weitere charakteristische Spezifika der Hochtemperatursupraleiter bestehen in der Bedeutung der p–Dotierung, in der Löcherleitfähigkeit und in der starken Anisotropie der Supraleitung. Zu den Kupratfamilien mit ihrem bislang nicht gänzlich geklärten Supraleitungsmechanismus haben sich seit 2008 noch die *Pniktide*, zu denen $SmFeAsO_{1-\delta}F_\delta$ und $Ba_{1-\delta}K_\delta Fe_2As_2$ gehören, gesellt. Die Pniktide zeigen Supraleitung bis hinauf zu $T_C = 56\,\text{K}$, wobei man statt der an kristallographische Ebenen gebundenen zweidimensionalen Supraleitung hier nahezu isotrope Supraleitung vorliegen hat. Aus spezifisch nanotechnologischer Sicht besteht ein Bezug zur Hochtemperatursupraleitung im vorliegenden Kontext insbesondere darin, dass die Rastertunnelmikroskopie eine unverzichtbare analytische Technik zur Aufklärung der Supraleitungsmechanismen geworden ist [3.140].

Bei den seit längerem bekannten konventionellen Supraleitern, bei denen Eigenschaften gemessen werden, die sich im Allgemeinen in befriedigender Übereinstimmung mit der

BCS–Theorie befinden, beträgt die höchste Sprungtemperatur $T_C = 23\,\mathrm{K}$ für Nb_3Ge und $YPd_5B_3C_{0,3}$. Unter den Tieftemperatursupraleitern sind auch stark anisotrope Systeme, wie etwa $NbSe_2$, bekannt. Typisch ist $\Delta \approx 1\,\mathrm{meV}$. Betont werden sollte, dass nicht nur Hochtemperatursupraleiter heute wissenschaftlich interessant und im Hinblick auf Anwendungen vielversprechend sind. So wurde 2001 entdeckt, dass die lange bekannte metallische Verbindung MgB_2 bis zu einer Temperatur von $T_C = 39\,\mathrm{K}$ Supraleitung zeigt. Der Aufbau des Materials ist in Abb. 3.97 dargestellt. Es handelt sich um eine Lagenstruktur, in der die B–Atome graphitartig angeordnet sind. Zwischen den Lagen der B–Atome liegen über den Zentren der Hexagone die Mg–Atome, gleichsam perfekt *interkaliert*. Aufgrund zweier unterschiedlich starker Elektron–Phonon–Kopplungsmechanismen besitzt MgB_2 die zwei Energielücken $\Delta = 1{,}8\,\mathrm{meV}$ und $\Delta = 6{,}8\,\mathrm{meV}$. Die hohe Sprungtemperatur kann hier im Rahmen des ursprünglichen BCS–Ansatzes durchaus erklärt werden.

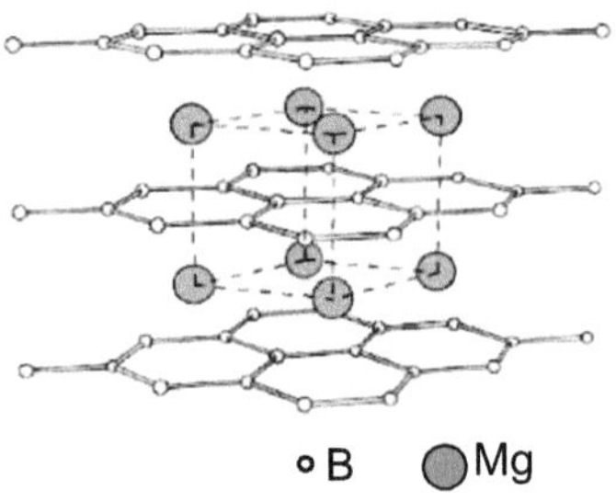

Abb. 3.97: *Aufbau von Magnesiumdiborid. Mg–Atome sind im Zentrum der B–Hexagone interkaliert.*

Aus quantenphysikalischer Sicht, und diese bildet den Kontext der hier geführten Diskussion, ist ein wesentlicher Unterschied zwischen klassischen und Kupratsupraleitern die Sysmmterie der Wellenfunktion. Cooper–Paare, so wie wir sie bisher kennengelernt haben, sind Singulettpaare: Sie haben den Bahndrehimpuls $l = 0$ und den Spin $s = 0$. In Kupraten besitzen die Cooper–Paare die Symmetrie eines d–Zustands: $l = 2$. Während in den konventionellen s–Wellen–Supraleitern die Energielücke längs aller kristallographischer Richtungen einen endlichen Wert besitzt, so verschwindet sie in den d–Wellen–Supraleitern entlang bestimmter Richtungen. Ein wichtiger Aspekt in der theoretischen Behandlung der Kuprate ist auch die geringe Ausdehnung der Cooper–Paare, durch die Coulomb–Repulsion der Elektronen namhaft wird, was wiederum dazu führt, dass elektronische Korrelationseffekte berücksichtigt werden müssen.

Die in den vergangenen Jahren entdeckten neuen Familien supraleitender Materialien lassen es sinnvoll erscheinen, in folgender Weise zu differenzieren: Als *konventionelle Supraleiter* bezeichnet man solche, deren Cooper–Paare s–Wellencharakter besitzen. Als *unkonventionelle Supraleiter* sind demnach solche zu bezeichnen, deren Cooper–Paare keinen s–Wellencharakter aufweisen. Neben den Kupraten mit d–Wellencharakter gehören dazu auch bestimmte *Schwere-Fermion–Systeme*, wie UPt_3 mit p–Wellencharakter.

Generell ist die supraleitende Phase, ganz unabhängig davon, ob konventioneller oder unkonventioneller Supraleiter, durch zwei fundamentale Phänomene gekennzeichnet: durch das Verschwinden des elektrischen Widerstands für $T < T_C$ und durch den *Meißner–Ochsenfeld–Effekt* [3.137]. Fließt ein elektrischer Strom der Stromdichte $\mathbf{j}$ durch den Supraleiter, so erfährt jedes Elektron eines Cooper–Paars eine Änderung des Wellenvektors um $\Delta\mathbf{k}/2 = m\mathbf{j}/(\hbar e N)$. N ist die Dichte von Elektronen, die in Cooper–Paaren gebunden sind. Die Gesamtimpulsänderung eines Cooper–Paars ist durch $\hbar\Delta\mathbf{k}$ gegeben. Ein am Transport beteiligtes Cooper–Paar wird dann durch $|\Psi\rangle_{\mathbf{k},\Delta\mathbf{k}} = |\mathbf{k} + \Delta\mathbf{k}/2 \uparrow, -\mathbf{k} + \Delta\mathbf{k}/2 \downarrow\rangle$ beschrieben. Da für die Cooper–Paarwellenfunktion gilt $|\Psi\rangle_{\mathbf{k},\Delta\mathbf{k}} = \exp(i\Delta\mathbf{k}\cdot\mathbf{r})|\Psi\rangle_{\mathbf{k}}$, hat offensichtlich das Fließen eines Suprastroms nur das Auftreten eines Phasenfaktors in der Wellenfunktion zur Folge. $\mathbf{r}$ markiert dabei die Schwerpunktkoordinate des Cooper–Paars. Speziell für das Wechselwirkungsmatrixelement aus Gl. (3.522b) folgt

$$\begin{aligned} U_{\mathbf{k}\mathbf{k}'}(\Delta\mathbf{k}) &= \frac{1}{V}\,{}_{\Delta\mathbf{k},\mathbf{k}'}\langle\Psi|U|\Psi\rangle_{\mathbf{k}',\Delta\mathbf{k}} \\ &= \frac{1}{V}\,{}_{\mathbf{k}}\langle\Psi|U|\Psi\rangle_{\mathbf{k}'} \\ &= U_{\mathbf{k}\mathbf{k}}(\Delta\mathbf{k} = 0)\ . \end{aligned} \tag{3.530}$$

Der Suprastrom verursacht offenbar nur eine Verschiebung von $\Delta\mathbf{k}/2$ für jedes Elektron eines Cooper–Paars im $\mathbf{k}$–Raum, während alle abgeleiteten BCS–Relationen weiterhin Gültigkeit haben. Damit ist insbesondere $\Delta(T)$ invariant gegenüber Transportprozessen. Dies hat zur Folge, dass eine Relaxation über inelastische Elektronenstreuung nur dann erfolgen kann, wenn eine Anregung über die Energielücke von $E_g = 2\Delta$ hinaus erfolgt, also Cooper–Paare aufgebrochen werden. Wird ein Suprastrom in kreisförmiger Geometrie induziert, beispielsweise durch magnetische Induktion, sollte dieser Strom widerstandslos ad infinitum fließen. Jedes Elektron eines Cooper–Paars akquiriert durch das Fließen des Suprastroms die Energie $\Delta E = \hbar^2(\mathbf{k}+\Delta\mathbf{k}/2)^2/(2m) = (\hbar k)^2/(2m)+\hbar\mathbf{k}\cdot\Delta\mathbf{k}/(2m) + (\hbar\Delta k)^2/(8m)$. Mit $\Delta k \ll k_F$ und $k \approx k_F$ ergibt dies $\Delta E = \hbar k_F \Delta k/(2m)$. Der supraleitende Zustand kollabiert für $2\Delta E = 2\hbar k_F/(eN)j \geq 2\Delta$. Daraus ergibt sich die kritische Stromdichte $j_C = eN\Delta/(\hbar k_F)$.

In Einteilchennäherung ist unter Berücksichtigung von Gl. (3.520) der BCS–Zustand nunmehr gegeben durch $|\phi\rangle_{\mathbf{k},\Delta\mathbf{k}} = \exp[i\varphi(\mathbf{r}_1, \mathbf{r}_2, \ldots)]|\phi\rangle_{\mathbf{k}}$, mit $\varphi(\mathbf{r}_1, \mathbf{r}_2, \ldots) = \Delta\mathbf{k}\cdot(\mathbf{r}_1 + \mathbf{r}_2 + \ldots)$ und den Cooper–Paarschwerpunktkoodinaten $\mathbf{r}_n$. Der Suprastrom ergibt sich aus dem Zustand $|\phi\rangle_{\mathbf{k},\Delta\mathbf{k}}$ gemäß Gl. (3.335). In Anwesenheit eines äußeren Magnetfelds $\mathbf{B} = \nabla \times \mathbf{A}$ ist dabei $\hat{\mathbf{p}} = \hbar\nabla/i + 2e\mathbf{A}$. Damit ist

$$\mathbf{j} = -\frac{e}{2m}\sum_n(\phi^*_{\mathbf{k},\Delta\mathbf{k}}\hat{\mathbf{p}}_{\mathbf{r}_n}\phi_{\mathbf{k},\Delta\mathbf{k}} + \phi_{\mathbf{k},\Delta\mathbf{k}}\hat{\mathbf{p}}^*_{\mathbf{r}_n}\phi^*_{\mathbf{k},\Delta\mathbf{k}})\ . \tag{3.531a}$$

Es wird angenommen, dass sich aufgrund der hohen Kohärenz nur eine vergleichsweise schwache räumliche Variation von $|\phi\rangle_{\mathbf{k},\Delta\mathbf{k}}$ ergibt, die allein durch die Variation des

Phasenfaktors beschrieben wird: $|\phi\rangle_{\mathbf{k}} = \phi_{\mathbf{k}}(\Delta\mathbf{r}_1, \Delta\mathbf{r}_2, \ldots) = \phi_0$, wobei $\Delta\mathbf{r}_1, \Delta\mathbf{r}_2$ die relativen Positionen der beiden Elektronen eines jeden Cooper–Paars charakterisieren. Dies berechtigt uns zu der Vereinfachung $\hat{\mathbf{p}} \to \hat{\mathbf{p}}_{\mathbf{r}_n}$ in Gl. (3.531a). Mit

$$\sum_n \nabla_{\mathbf{r}_n} \phi_{\mathbf{k},\Delta\mathbf{k}} = i\phi_0 \sum_n \exp[i\varphi(\mathbf{r}_1, \mathbf{r}_2, \ldots)] \nabla_{\mathbf{r}_n} \varphi(\mathbf{r}_1, \mathbf{r}_2, \ldots) \tag{3.531b}$$

folgt

$$\mathbf{j} = -\frac{e}{m}|\phi_0|^2 \left[2e\mathbf{A} + \hbar \sum_n \nabla_{\mathbf{r}_n} \varphi(\mathbf{r}_1, \mathbf{r}_2, \ldots)\right] . \tag{3.531c}$$

Mit $\nabla_{\mathbf{r}_n}\varphi = \nabla_{\mathbf{r}_m}\varphi = \Delta\mathbf{k}$, $\nabla \times \Delta\mathbf{k} = 0$ und $|\phi_0|^2 = N/2$ ergibt das gerade die zweite *London–Gleichung*:

$$\nabla \times \mathbf{j} = -\frac{Ne^2}{m}\mathbf{B} . \tag{3.531d}$$

Diese ist, wie explizit angenommen, nur gültig, wenn die Cooper–Paardichte $N/2$ örtlich nicht zu stark variiert. Die örtliche Variation ist zu messen an der mittleren Ausdehnung von Cooper–Paaren. Nur in dem Bereich $E_F - \Delta \lesssim E \lesssim E_F + \Delta$ ist das Einzelelektronenbesetzungsschema des Supraleiters gegenüber demjenigen des Normalleiters zugunsten der Bildung von Cooper–Paaren modifiziert [siehe Abb. 3.96(a) und (b)]. Die Energieunschärfe von 2Δ, welche die Elektronen eines Cooper–Paars a priori besitzen, manifestiert sich in der Impulsunschärfe $2\Delta = \Delta(p^2/[2m]) \approx \hbar k_F \Delta p/m$. Aus der Heisenbergschen Unschärferelation, Gl. (3.18), resultiert dann die räumliche Ausdehnung der Cooper–Paarwellenfunktion: $\Delta r \gtrsim \hbar\Delta p = \hbar^2 k_F/(2m\Delta) = E_F/(k_F\Delta)$. Für konventionelle Supraleiter findet man typisch $0{,}1\,\mu\text{m} \lesssim \Delta r \lesssim 1\,\mu\text{m}$. Diese mittlere Ausdehnung der Cooper–Paare ist eng mit der *Kohärenzlänge* ξ eines Supraleiters verbunden, die sich am besten durch die *Ginzburg–Landau–Gleichungen* einführen lässt. ξ ist ein Maß für die Entfernung, innerhalb derer sich in einem räumlich veränderlichen Magnetfeld die Konzentration der Cooper–Paare $|\phi_0|^2 = N/2$ nicht wesentlich ändern kann. Diese Entfernung defniniert auch das Dichteprofil der Cooper–Paare an der Grenzfläche zwischen Normal– und Supraleiter. Mit den Randwerten $\phi(r = 0) = 0$ und $\lim_{r\to\infty} \phi(r) = \phi_0$ liefert die Ginzburg–Landau–Theorie für die lokale Variation des *Ordnungsparameters* $\phi(r) = \phi_0 \tanh[r/(\sqrt{2}\xi)]$.

Normalleitende Bereiche koexistieren mit supraleitenden im Mischzustand eines *Supraleiters zweiter Art.* Ein äußeres Magnetfeld dringt hier in Form des *Abrikosov–Vortexgitters* in den Supraleiter ein [3.137]. Im Zentrum eines Vortex verschwindet nach Abb. 3.98(a) der Ordnungsparameter $\phi(r)$. ξ ist gewissermaßen ein Maß für den elektronischen Radius eines Vortex. Im Vergleich zum feldfreien Supraleiter oder zur supraleitenden Matrix zwischen den Vortices liegt aufgrund des variierenden Ordnungsparameters innerhalb des Vortex ein modifiziertes Anregungsspektrum für Einzelelektronen vor, das ebenfalls mit r variiert. Dies kann genutzt werden, um mittels Rastertunnel-

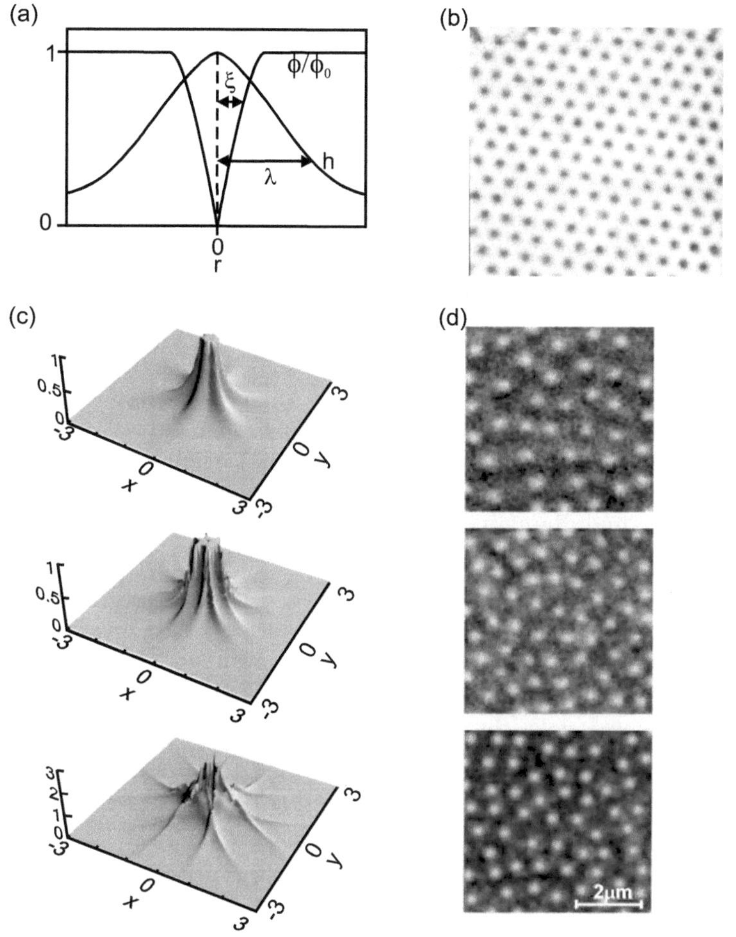

Abb. 3.98: *(a) Verlauf des normierten Ordnungsparameters $\phi(r)/\phi_0$ und Felds $h(r) = H(r)/H_{\max}$ entlang eines Vortexquerschnitts. ξ bezeichnet die Kohärenzlänge und λ die Londonsche Eindringtiefe. (b) Rastertunnelmikroskopische Aufnahme des Vortexgitters in* $NbSe_2$ *bei $B = 1\,T$ und $T = 1{,}8\ K$ [3.141]. Dargestellt ist die differentielle Tunnelleitfähigkeit dI/dV bei $E = 1{,}3\,meV$, was gerade der Singularität von $\varrho_S(E)$ gemäß Abb. 3.96(a) entspricht. In horizontaler Richtung beträgt die Bildabmessung 600 nm. (c) Berechnete Zustandsdichten innerhalb von Vortices bei Annahme einer anisotropen s–Wellenfunktion [3.142]. Die Resultate entsprechen qualitativ experimentellen Befunden [3.141]. (d) Magnetokraftmikroskopische Aufnahme des Vortexgitters in einem 87 nm dicken Nb–Film [3.143]. Das applizierte Feld beträgt 2 mT (oben), 3 mT (Mitte) und 4 mT (unten).*

spektroskopie (STS) das Abrikosov–Vortexgitter in einem Supraleiter sichtbar zu machen [3.140]. Ein entsprechendes Bild ist in Abb. 3.98(b) dargestellt. Je nach Energie der injizierten oder extrahierten Einzelelektronen wird selektiv die lokale Dichte unbesetzter oder besetzter elektronischer Zustände vermessen. Dies kann insbesondere bei einer Anisotropie des Spektrums aufgrund kristalliner Anisotropien oder aufgrund des Vortexgitters zu einer sternförmigen Ausprägung der Vortices führen, die experimentell tatsächlich verifiziert wurde [3.141]. Entsprechende theoretische Resultate sind in Abb. 3.98(c) dargestellt.

Mithilfe von $\nabla \times \mathbf{B} = \mu_0 \mathbf{j}$ und $\nabla \times \nabla \times \mathbf{B} = -\triangle \mathbf{B}$ lässt sich Gl. (3.531d) schreiben als $\triangle \mathbf{B} = \mathbf{B}/\lambda^2$, mit $\lambda = \sqrt{m/(\mu_0 N)}/e$. Diese Relation besitzt Lösungen der Form $\mathbf{B}(r) = \mathbf{B}_0 \exp(-r/\lambda)$: Ein oberflächenparalleles Feld $\mathbf{B}_0$ klingt innerhalb eines Supraleiters exponentiell ab. Die *Londonsche Eindringtiefe* λ qualifiziert, wie schnell $\mathbf{B}(\mathbf{r})$ abklingt. λ charakterisiert damit auch gemäß Abb. 3.98(a) den magnetischen Radius von Vortices: Innerhalb von Vortices dringt Feld in den Supraleiter ein, derart, dass ein Vortex gerade ein Flussquantum Φ_0 trägt[1]. Das Abklingen des Felds vom Vortexzentrum zu wachsenden radialen Distanzen hin wird durch λ quantifiziert. Das lokale Eindringen von Magnetfeld kann man sich zunutze machen, um mittels *Magnetokraftmikroskopie* (*magnetic force microscopy, MFM*) die Vortices abzubilden. Dabei wird das Kraftmikroskop mit einer ferromagnetischen Sonde ausgestattet. Im dynamischen, kontaktlosen Modus wird dann ortsaufgelöst die magnetostatische Wechselwirkung zwischen Sonde und Vortices bzw. zwischen Sonde und diamagnetischem Supraleiter gemessen. Ein Beispiel ist in Abb. 3.98(d) gezeigt.

Das Verhältnis $\kappa = \lambda/\xi$ entscheidet darüber, ob für ein gegebenes Material Supraleitung erster oder zweiter Art vorliegt. Für $\kappa < 1$ ist der Verlust an Kondensationsenergie größer als die durch Verdrängung des äußeren Felds gewonnene Energie. Es liegt *Typ–I–Supraleitung* vor. Oberhalb eines kritischen Felds H_C wird der Supraleiter schlagartig normalleitend. Für $\kappa > 1$ ist die Generation von Grenzflächen zwischen supraleitenden und normalleitenden Bereichen energetisch vorteilhaft und es liegt *Typ–II–Supraleitung* vor. Für $H_{C1} \leq H \leq H_{C2}$ befindet sich der Supraleiter in der *gemischten* oder *Shubnikov–Phase*. Das Magnetfeld dringt hier sukzessive in Form des Abrikosov–Vortexgitters ein. Die kritischen Felder lassen sich abschätzen mithilfe des Vortex– und Vortexkerndurchmessers: $H_{C1} \approx \Phi_0/(\mu_0 \pi \lambda^2)$ und $H_{C2} \approx \Phi_0/(\mu_0 \pi \xi^2)$. Die Elektron–Phonon–Kopplung bestimmt die mittlere freie Weglänge l für die Elektron–Phonon–Streuung und hat gleichzeitig einen maßgeblichen Einfluss auf ξ. Es besteht daher ein Zusammenhang zwischen l und ξ. Da aber auch die Dichte N von Elektronen, die zu Cooper–Paaren kondensieren, durch die Elektron–Phonon–Kopplung bestimmt ist, führt eine Variation von l, beispielsweise durch Zulegieren zu einem reinen Metall, zu einer Variation von ξ und λ und damit κ. Typ–II–Supraleiter sind in der Regel metallische Legierungen mit vergleichsweise kleiner mittlerer freier Weglänge, aber auch die Hochtemperatursupraleiter. In Tab. 3.9 sind ξ–, λ– und κ–Werte für einige konventionelle und unkonventionelle Supraleiter aufgeführt.

In Tab. 3.9 ist auch die Verbindung Cs_2RbC_{60} aufgeführt. Diese hat den höchsten bislang unter Normaldruck gemessenen T_C–Wert für fullerenbasierte Supraleiter, der nur durch MgB_2 sowie durch Kuprate und Pniktide übertroffen wird, nicht jedoch durch die vergleichsweise lange bekannten organischen Supraleiter [3.144]. Das *Alkalifullerid* ist aus nanotechnologischer Sicht ganz besonders interssant, weil es sich um eine auf dem *Buckminster–Fulleren* C_{60} basierende Verbindung handelt. Die Fullerene, und besonders C_{60}, gehören, wie beispielsweise Graphen und die Kohlenstoffnanoröhrchen, zu

[1] Vortices können unter speziellen Umständen auch multiple Flussquanten aufweisen.

Tabelle 3.9: *Charakteristika einiger ausgewählter konventioneller und unkonventioneller Supraleiter.*

Material	$T_C(k)$	ξ (nm)	λ (nm)	κ
Al	1,2	1600	16	0,01
Pb	7,2	83	37	0,45
Nb	9,2	38	39	1,02
MgB_2[1]	39	51 (π)	33,6 (π)	0,66 (π)
		13(σ)	48,8 (σ)	3,68 (σ)
$YBa_2Cu_3O_{7-\delta}$[2]	92	2 (ab)	150 (ab)	300 (ab)
		0,4 (c)	800 (c)	2000 (c)
$Bi_2Sr_2Ca_2Cu_3O_{10}$[2,3]	110	0,9–2,9 (ab)	245–323 (ab)	113–272 (ab)
$Ba_{1-\delta}K_\delta Fe_2As_2$	38	2,44 (ab)	160 (ab)	66 (ab)
		1,22 (c)	320 (c)	262 (c)
Cs_2RbC_{60}	33	4,4	300	68

den „neuen“ nanotechnologischen Bausteinen [3.145].

C_{60} hat eine Ikosaedersymmetrie bei einem Durchmesser von 0,7 nm und einer van der Waals–Abmessung von 1 nm. Zwölf Fünfecke sind von 20 Sechsecken aus Kohlenstoffatomen umgeben. C_{60} lässt sich mit Alkalimetallen reduzieren zu A_nC_{60}. In K_3C_{60} beispielsweise liegt das C_{60}^{3-}–Anion vor. Bei Raumtemperatur kristallisiert C_{60} zu einer kubisch flächenzentrierten Struktur der Raumgruppe $Fm\overline{3}m$, wie in Abb. 3.99(a) gezeigt. Die Länge einer Einheitszelle beträgt 1,42 nm und der Abstand nächster Nachbar–C_{60}–Moleküle 1 nm. Dabei weisen die einzelnen Moleküle Rotationsunordnung auf. Unterhalb von 260 K erfolgt eine Umordnung in eine einfach kubische Anordnung der Raumgruppe $Pa\overline{3}$. Die einzelnen Moleküle sind jetzt rotatorisch geordnet in Form einer Haupt– und einer Nebenrotationsstellung. Unterhalb von 90 K friert auch dieser rotatorische Freiheitsgrad ein. In der dichtest gepackten kubisch flächenzentrierten Struktur existieren zwei Arten hochsymmetrischer Leerstellen: Jeweils sechs C_{60}–Moleküle definieren eine Leerstelle mit $r = 0,21$ nm und oktaedrischer Symmetrie (O_h). Jeweils vier C_{60}–Moleküle definieren eine Leerstelle mit $r = 0,11$ nm und tetraedrischer Symmetrie (T_d). Die Leerstellen sind in Abb. 3.99(a) dargestellt. In den O_h–Leerstellen können Alkaliionen, wie K^+ mit $r = 0,14$ nm und Cs^+ mit $r = 0,17$ nm interkaliert werden, ohne dass sich die Struktur des C_{60}–Kristalls namhaft ändert. Interkalation in den T_d–Leerstellen führt zu einem Phasenübergang mit Aufhebung der Rotationsentartung der C_{60}–Moleküle.

C_{60} besitzt ein dreifach entartetes, niedrigstes unbesetztes Orbital (*lowest unoccupied molecular orbital, LUMO*), das durch eine Energielücke von $\sim 1,8$ eV vom höchsten besetzten molekularen Orbital (*highest occupied molecular orbital, HOMO*) getrennt ist. C_{60} ist ein guter Elektronenakzeptor. Bemerkenswert im vorliegenden Kontext ist, dass manche Alkalifulleride, wie K_3C_{60} ($T_C = 18$ K), Rb_3C_{60} ($T_C = 29$ K), Rb_2C_{60} ($T_C =$

[1] π– und σ–Bänder führen zu koexistierenden unterschiedlichen Werten für ξ und λ.

[2] Es besteht eine Anisotropie zwischen Richtungen in Schichtebene (ab) und senkrecht dazu (c).

[3] Für unterschiedlich kristalline Proben werden variierende Werte für ξ und λ gemessen. Werte für die c–Achse liegen nicht vor.

31 K) und $RbCs_2C_{60}$ (T_C = 33 K), supraleitend sind [3.146]. Derartige Verbindungen besitzen die *mesoedrisch ungeordnete Struktur* aus Abb. 3.99(b) und (c). Cs_3C_{60} zeigt mit T_C = 38 K den derzeitigen Maximalwert für Alkalifulleride, wenn auch nur bei Applikation eines Drucks von $\sim$ 0,7 *GPa*. Das Material bildet die in Abb. 3.99(d) dargestellte, kubisch raumzentrierte *A15–Struktur*.

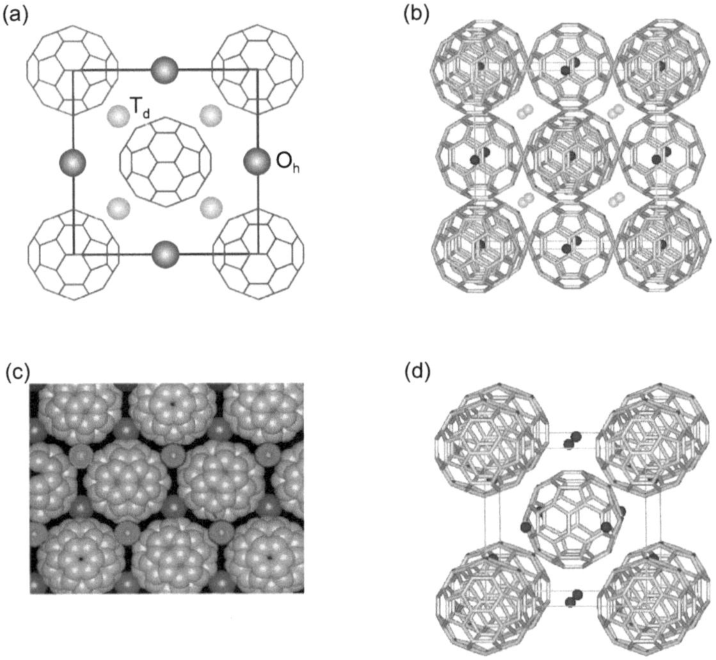

Abb. 3.99: *(a) Kubisch flächenzentrierte Struktur von* C_{60}*–Kristallen. Oktaedrische (*O_h*) und tetraedrische (*T_d*) Leerstellen sind angedeutet. (b) Kubisch flächenzentrierte* A_3C_{60}*–Einheitszellen mit den inäquivalenten* A^+*–Ionenposition. Es ist nur jede zweite* C_{60}^{3-}*–Anionenposition dargestellt. (c) Atompositionen zu (b). (d)* A_3C_{60}*–A15–Einheitszelle mit der Raumgruppe* $Pm\overline{3}n$*.*

Viele Beobachtungen, die an supraleitenden Systemen der Fulleride gemacht werden, lassen sich gut auf Basis der BCS–Theorie beschreiben, so stark diese Materialien auch von einem herkömmlichen Metall abweichen. Gemäß Gl. (3.529c) hängt T_C von der Debye–Frequenz ω_D, der Zustandsdichte am Fermi–Niveau ϱ_C und von der Elektron–Phonon–Kopplung U ab. Der Trend bei den A_3C_{60}–Verbindungen ist, dass T_C mit wachsendem Kationradius für A^- auf den tetraedrischen Leerstellen wächst. Das LUMO von C_{60} besitzt t_{1n}–Symmetrie. Ein wachsender Ionenradius führt zu zunehmenden Gitterkonstanten, die wiederum zu einer Verschmälerung des t_{1n}–abgeleiteten Leitungsbands führt. Bei gegebener Bandfüllung führt dies dann zu einer Vergrößerung der Zustandsdichte am Fermi–Niveau.

Wir hatten gesehen, dass ein oberflächenparalleles Magnetfeld in den Supraleiter hinein exponentiell mit λ abklingt. In der Nanotechnologie wird mit dünnen Schichten gearbeitet, deren Dicke durchaus λ unterschreiten kann. In diesem Fall kann das Feld nicht mehr vollständig abgeschirmt werden. Für eine Schicht der Dicke t ergibt sich dann $\mathbf{B}(r) = \mathbf{B}_0 \cosh(r/\lambda)/\cosh(t/[2\lambda])$, mit $-t/2 \leq r \leq t/2$. Für $t \ll \lambda$ wird ein äußeres Magnetfeld de facto gar nicht mehr durch den Supraleiter abgeschirmt. Die spektakuläre Konsequenz ist, dass die Supraleitung fortbesteht, auch für Felder oberhalb des kritischen Felds $H_C = \lambda j_C = \lambda e N \Delta/(\hbar k_F)$.

Für viele Anwendungen der Supraleitung spielt die Flussquantisierung eine entscheidende Rolle. So beispielsweise für supraleitende Quanteninterferenzdetektoren (SQUID), wie in Abb. 3.42 dargestellt, oder für Fluss–Q–bits, wie in Abb. 3.44 dargestellt. Aus Gl. (3.531c) folgt für einen Suprastrom entlang eines geschlossenen Pfads

$$\oint \mathbf{j} \cdot d\mathbf{l} = -\frac{Ne}{m} \left(e \oint \mathbf{A} \cdot d\mathbf{l} + \frac{\hbar}{2} \sum_n \oint \nabla_{\mathbf{r}_n} \varphi(\mathbf{r}_1, \mathbf{r}_2, \ldots) \cdot d\mathbf{l} \right) . \tag{3.532}$$

Die Vielteilchenwellenfunktion der Cooper–Paare $|\phi\rangle_{\mathbf{k},\Delta\mathbf{k}}$ wird entlang des Pfads durch die Ortskoordinaten in den einzelnen Paaren eindeutig definiert. Daher muss im stationären Zustand die Phasenänderung gerade

$$\sum_n \oint \nabla_{\mathbf{r}_n} \varphi(\mathbf{r}_1, \mathbf{r}_2, \ldots) \cdot d\mathbf{l} = 2\pi\nu \tag{3.533a}$$

betragen, mit $\nu = 0, 1, \ldots$. Mit Gl. (3.532) folgt also

$$\frac{m}{Ne^2} \oint \mathbf{j} \cdot d\mathbf{l} + \int_F \mathbf{B} \cdot d\mathbf{F} = \nu \Phi_0 , \tag{3.533b}$$

mit dem Flussquantum $\Phi_0 = h/(2e)$, welches bereits im Zusammenhang mit Gl. (3.194) eingeführt wurde. Für $\nu = 0$ resultiert aus Gl. (3.533b) die zweite London–Gleichung (3.531d). Die beiden Beiträge auf der linken Seite von Gl. (3.533b) werden als *Fluxoid* bezeichnet. Dieses kann nur als Vielfaches eines Flussquants existieren. Da ein persistenter Strom in einem Supraleiter nur in einem Bereich von $\sim \lambda$ an der Oberfläche fließt, kann bei genügender Ausdehnung des Supraleiters ein geschlossener Pfad mit $\mathbf{j} = 0$ gewählt werden. Aus Gl. (3.533b) folgt dann

$$\int_F \mathbf{B} \cdot d\mathbf{F} = \nu \Phi_0 . \tag{3.533c}$$

Aus nanotechnologischer Sicht außerordentlich interessante Transportphänomene ergeben sich aus Tunnelanordnungen, wie wir sie bereits in Abschn. 3.6.5 im Zusammenhang mit dem spinpolarisierten Transport diskutiert haben. Abbildung 3.96(c) zeigt spektroskopische Daten einer Anordnung aus Supraleiter, Isolator und Normalleiter (SIN), in diesem Fall realisiert als STM/STS–Experiment. Die Energielücke $E_g = 2\Delta$ ist in den dI/dV–Daten unmittelbar sichtbar. Für negatives Potential werden aus der supraleitenden Probe Elektronen extrahiert. Wir wollen uns gerade diesen Fall einmal etwas genauer ansehen. In diesem Fall besteht eine Lücke von Δ zwischen dem Vielteilchengrundzustand und dem Kontinuum von Einteilchenzuständen, wie in Abb. 3.100(a) dargestellt. Für $V < \Delta/e$ ist kein Stromfluss möglich, da die Cooper–Paare nicht aufbrechen. Dies erfolgt erst für $V \geq \Delta/e$, wenn die benötigte Energie zur Verfügung steht. Ein Elektron des Cooper–Paars tunnelt in den Normalleiter und das zweite wird in das Einteilchenkontinuum des Supraleiters angeregt. Der Strom steigt abrupt an, was sich durch ein Leitfähigkeitsmaximum in Abb. 3.96(c) äußert. Handelt es sich, wie in Abb. 3.100(b) dargestellt, um einen SIS–Kontakt, so gilt entsprechendes. Für $V < (\Delta_1 + \Delta_2)/e$ ist kein Stromfluss möglich. Erst für $V \geq (\Delta_1 + \Delta_2)/e$ werden im negativ gepolten Supraleiter Cooper–Paare aufgebrochen und es setzt ein abrupter Stromfluss ein, wie in Abb. 3.100(d) dargestellt. Für $0 < T < T_{C1}, T_{C2}$ sind partiell auch Einteilchenzustände besetzt. Für $V \geq (\Delta_1 - \Delta_2)/e$ kann ein Tunnelstrom fließen, wie in Abb. 3.100(c) dargestellt. Dieser hat für $V = (\Delta_1 + \Delta_2)/e$ ein lokales Maximum, da hier die Singularitäten der Zustandsdichte beim selben Energiewert liegen, wie Abb. 3.100(d) zeigt.

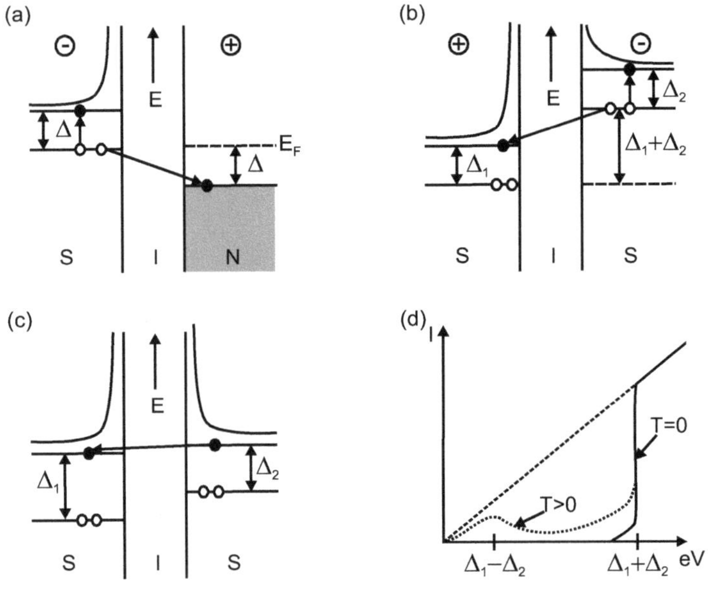

Abb. 3.100: *(a) Elastischer Tunnelprozess in einem S/I/N–Kontakt. (b) Verhältnisse für einen S/I/S–Kontakt. (c) S/I/S–Kontakt für $T > 0$. (d) Strom–Spannungs-Kennline für einen S/I/S–Kontakt.*

Das Tunneln von Cooper–Paaren zwischen schwach gekoppelten Supraleitern wird durch die beiden Josephson–Gleichung (3.193) und (3.194) beschrieben. Diese lassen sich aus folgenden Vielteilchen–Schrödinger–Gleichungen ableiten:

$$i\hbar\frac{\partial\phi_1}{\partial t} = \hat{H}_1\phi_1 + T\phi_2 \tag{3.534a}$$

und

$$i\hbar\frac{\partial\phi_2}{\partial t} = \hat{H}_2\phi_2 + T\phi_1 \; . \tag{3.534b}$$

$T\phi_1$ und $T\phi_2$ liefern Energiebeiträge, die daraus resultieren, dass die Vielteilchenwellenfunktion eines Supraleiters aufgrund der schwachen Kopplung in dem anderen Supraleiter nicht komplett verschwindet. Wird eine Spannung V zwischen zwei identischen Supraleitern appliziert, so unterscheiden sich die Energien gerade um 2 eV. Ferner gilt aufgrund der schwachen Kopplung $\hat{H}_1\phi_1 \approx -eV\phi_1$ und $\hat{H}_2\phi_2 \approx eV\phi_2$. Mit $\phi_{1,2} = \sqrt{N_{C1,2}}\exp(i\varphi_{1,2})$ erhält man dann aus Gl. (3.534) die Josephson–Gleichungen:

$$\frac{\partial N_{C1}}{\partial t} = -\frac{\partial N_{C2}}{\partial t} = \frac{2TN_C}{\hbar}\sin(\varphi_2 - \varphi_1) \tag{3.535a}$$

und

$$\hbar\frac{\partial}{\partial t}(\varphi_2 - \varphi_1) = -2eV \; . \tag{3.535b}$$

$N_{C1} = N_{C2} \equiv N_C = N/2$ gibt die Dichte der Cooper–Paare an und $\varphi_{1,2}$ die Phasen der Vielteilchenzustände in den Supraleitern.

Der Josephson–Kontakt ist also charakterisiert durch einen phasenkohärenten Transfer von Cooper–Paaren zwischen schwach gekoppelten Supraleitern. Solche Kopplungsstellen bezeichnet man als *weak links* [3.147]. Sie können realisiert werden durch isolierende Tunnelbarrieren, durch eine dünne Schicht eines Normalleiters, durch Kontriktionen innerhalb des Supraleiters oder sogar durch ein einziges Atom [3.148]. Eine Anordnung zur Analyse des mesoskopischen Josephson–Effekts ähnelt der in Abb. 3.67 gezeigten, und Effekte der Leitwertquantisierung müssen berücksichtigt werden [3.148].

Abbildung 3.101 zeigt eine Anordnung mit einem Kohlenstoffnanoröhrchen als weak link. Die Josephson–Kennlinien sind in Abb. 3.101(c) dargestellt. Man erkennt den durch Gl. (3.535a) gegebenen Verlauf: Ausgehend von $V_{ext} = 0$ fließt erst ein Josephson–Gleichstrom, dessen Richtung von $\sin(\varphi_2 - \varphi_1)$ abhängt. Dabei tritt zunächst kein Spannungsabfall auf: $V = 0$. Für $V_{ext} > 0$ steigt der Strom rapide bis zu einem Maximalwert I_0. Hier tritt abrupt ein Spannungsabfall V über dem Josephson–Kontakt auf. Für $I > I_0$ resultiert der Strom nicht mehr aus Cooper–Paartransport, sondern die Cooper–Paare werden aufgebrochen und es findet Transport über Einzelelektronen statt. Die Kennlinien in Abb. 3.101(c) sind hysteresebedingt und stark temperaturabhängig. Zusätzlich lassen sie sich stark durch eine Gatespannung V_g gegenüber dem Substrat beeinflussen.

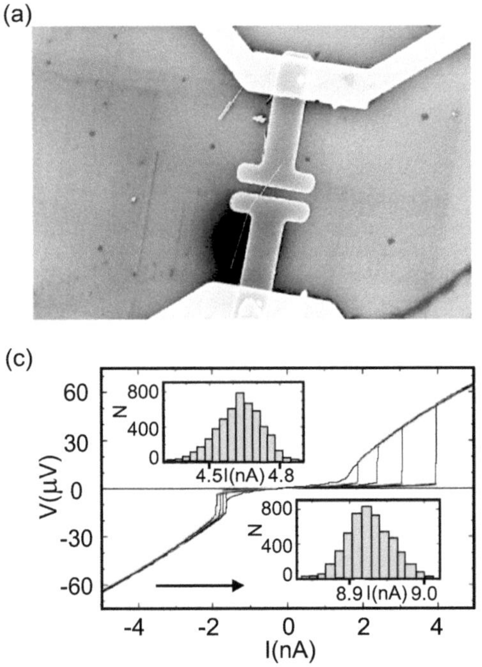

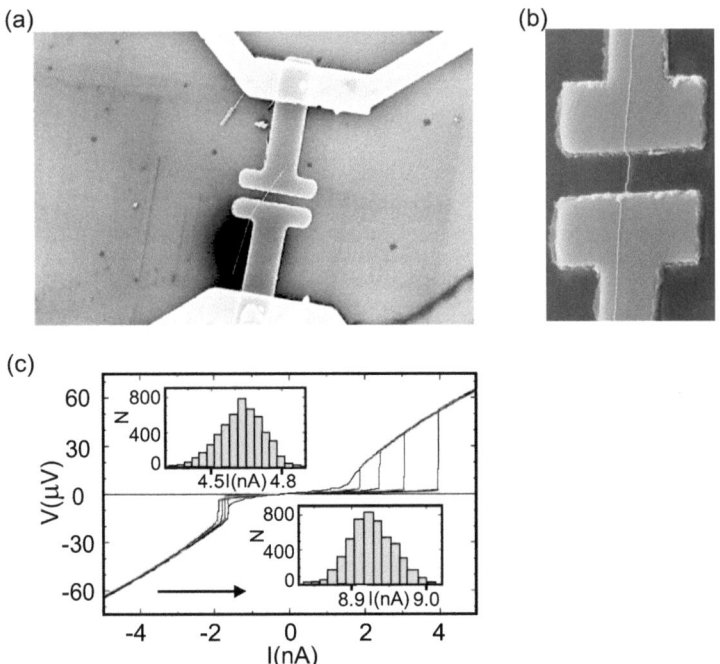

Abb. 3.101: *(a) Anordnung zur Kopplung zweier Niobelektroden über Multiwandkohlenstoffnanoröhrchen (MWCNT). Das Substrat besteht aus dotiertem Silizium mit einer 400 nm dicken, isolierenden Oxidschicht. Damit kann eine Gatespannung V_g appliziert werden. (b) Detailansicht einer ähnlichen Anordnung. (c) Josephson–Kennlinien für $V_g = -22{,}3\,V$ und äquidistante Temperaturwerte zwischen 200 mK (größter kritischer Strom I_0) und 600 mK (kleinstes I_0). Die Stromänderungsrichtung ist durch den Pfeil gekennzeichnet. Die Histogramme aus jeweils 5000 Messungen zeigen Schwankungen von I_0 für $V_g = -22{,}3\,V$ bei $T = 125\,mK$ (links oben) und für $V_g = -24{,}3\,V$ bei $T = 50\,mK$ [3.149].*

Um zu verstehen, wie im Detail die Kopplung von zwei Supraleitern über einen Normalleiter, also der $S/N/S$–Kontakt, funktioniert, muss man sich die Transportphänomene an der S/N–Grenzfläche genauer ansehen, wobei hier ξ als charakteristische Längenskala dienen möge. Wir hatten gesehen, dass der Ordnungparameter $\phi(\mathbf{r})$ hier zwischen ϕ_0 und 0 variiert. In den schematischen Darstellungen in Abb. 3.100 wurde implizit aber eine atomar scharfe S/N–Grenzfläche angenommen, mit $\phi = \phi_0$ im Supraleiter und $\phi = 0$ im Normalleiter. In diesem *Halbleitermodell* ist die Zustandsdichte von Interesse, die zusammenfassend die elektronischen und lochartigen Anregungen quantifiziert. Die Variation von $\phi(\mathbf{r})$ führt jedoch dazu, dass der tatsächliche Charakter der elementaren Quasiteilchenanregungen des Supraleiters berücksichtigt werden muss. Elementare

Anregungen, die bei Aufbrechen von Cooper–Paaren entstehen, besitzen gleichzeitig einen elektronen– und lochartigen Charakter. Sie werden als *Bogoliubov–Quasiteilchen* oder *Bogolonen* bezeichnet.[1] Bei der Beschreibung des *Quasiteilchentransports* in Supraleiterheterostrukturen bedient man sich im Allgemeinen der *Bogoliubov–de Gennes–Gleichungen*. Diese haben zum Gegenstand die Wirkung eines geeigneten Hamiltonians auf einen zweikomponentigen Zustand $|u,v\rangle$, der teilchen– und lochartigen Charakter gleichzeitig beschreibt. Wir schreiben den BCS–Hamilton–Operator, der in Gl. (3.522c) durch die Cooper–Paarerzeuger $\hat{\sigma}^\dagger$ und –vernichter $\hat{\sigma}$ ausgedrückt wurde, um in einen Ausdruck, der explizit die Erzeuger $\hat{a}^\dagger$ und Vernichter $\hat{a}$ für einzelne Elektronenzustände vom Typ $|\mathbf{k},\uparrow\rangle$ gemäß gl. (3.285) enthält:

$$\hat{H} = -\sum_{\mathbf{k},\mathbf{k}'} U_{\mathbf{k}\mathbf{k}'} \hat{a}^\dagger_{\mathbf{k}\uparrow} \hat{a}^\dagger_{-\mathbf{k}\downarrow} \hat{a}_{\mathbf{k}'\downarrow} \hat{a}_{-\mathbf{k}'\uparrow} \; , \tag{3.536}$$

wobei $U_{\mathbf{k}\mathbf{k}'}$ wiederum die BCS–Kopplung gemäß Gl. (3.522b) bezeichnet. Die Auswahl der $\mathbf{k}$–Vektoren wird auch hier durch $E_F - \hbar\omega_D \leq E \leq E_F + \hbar\omega_D$ beschränkt. Da das zugehörige Eigenwertproblem nicht exakt lösbar ist, bietet sich die *Effektivfeldnäherung* (*mean field approximation*) an. Dazu wird als *Ordnungsparameter* das komplexwertige *Paarpotential*

$$\Delta_{\mathbf{k}} = \sum_{\mathbf{k}'} U_{\mathbf{k}\mathbf{k}'} \langle \hat{a}_{\mathbf{k}'\downarrow} \hat{a}_{-\mathbf{k}'\uparrow} \rangle \tag{3.537}$$

eingeführt. Damit lässt sich $\hat{H}$ aus Gl. (3.536) annähern durch

$$\hat{H} = -\sum_{\mathbf{k}} (\Delta_{\mathbf{k}} \hat{a}_{\mathbf{k}'\uparrow} \hat{a}_{-\mathbf{k}\downarrow} + \Delta^*_{\mathbf{k}} \hat{a}_{-\mathbf{k}\uparrow} \hat{a}_{\mathbf{k}\downarrow}) \; . \tag{3.538}$$

$\hat{H}$ enthält so ausschließlich nicht diagonale Terme, kann aber mithilfe der *Bogoliubov–Transformation* diagonalisiert werden. Dazu werden die modifizierten Quasiteilchenerzeugungs– und –vernichtungsoperatoren

$$\hat{\alpha}_{\mathbf{q}\uparrow} = \sum_{\mathbf{k}} (u^*_{\mathbf{q}}(\mathbf{k}) \hat{a}_{\mathbf{k}\uparrow} + v_{\mathbf{q}}(\mathbf{k}) \hat{a}^\dagger_{-\mathbf{k}\downarrow}) \tag{3.539a}$$

[1] Quasiteilchen wurden bereits in Abschn. 2.2.4 diskutiert. Der Begriff muss im vorliegenden Kontext weiter konkretisiert werden: Die Auswirkungen einer Elektron–Elektron–Wechselwirkung im Allgemeinen werden im Rahmen der *Landau–Theorie* der *Fermi–Flüssigkeit* beschrieben. Während ein *Fermi–Gas* ein System nicht wechselwirkender Fermionen darstellt, stellt eine Fermi–Flüssigkeit ein entsprechendes System mit Wechselwirkung zwischen den Fermionen dar. Die niedrig liegenden Einteilchenanregungen einer Fermi–Flüssigkeit, also im vorliegenden Kontext eines Supraleiters, werden als *Quasiteilchen* bezeichnet.

und

$$\hat{\alpha}^{\dagger}_{-\mathbf{q}\downarrow} = \sum_{\mathbf{k}} (u_{\mathbf{q}}(\mathbf{k})\hat{a}^{\dagger}_{-\mathbf{k}\downarrow} + v_{\mathbf{q}}(\mathbf{k})\hat{a}_{\mathbf{k}\uparrow}) \tag{3.539b}$$

definiert. $u_{\mathbf{q}}(\mathbf{k})$ und $v_{\mathbf{q}}(\mathbf{k})$ lassen sich aus der Bogoliubov–de Gennes–Gleichung bestimmen:

$$\begin{pmatrix} [i\hbar\nabla + e\mathbf{A}(\mathbf{r})]^2/(2m) - E_F + \mathcal{U}(\mathbf{r}) & \Delta(\mathbf{r}) \\ \Delta^*(\mathbf{r}) & -[i\hbar\nabla + e\mathbf{A}(\mathbf{r})]^2/(2m) + E_F - \mathcal{U}(\mathbf{r}) \end{pmatrix} \begin{pmatrix} u_{\mathbf{q}} \\ v_{\mathbf{q}} \end{pmatrix} = E^{\Delta}_{\mathbf{q}} \begin{pmatrix} u_{\mathbf{q}} \\ v_{\mathbf{q}} \end{pmatrix} . \tag{3.540}$$

Damit folgt aus Gl. (3.538)

$$\hat{H}^{BCS} = \hat{\mathcal{H}} - \sum_{\mathbf{q}} E^{\Delta}_{\mathbf{q}} (\hat{\alpha}^{\dagger}_{\mathbf{q}\uparrow}\hat{\alpha}_{\mathbf{q}\uparrow} + \hat{\alpha}^{\dagger}_{\mathbf{q}\downarrow}\hat{\alpha}_{\mathbf{q}\downarrow}) , \tag{3.541}$$

wobei $\hat{\mathcal{H}}$ die rein kinetischen Anteile repräsentiert. Für translationsinvariante Situationen lässt sich Gl. (3.540) problemlos in den **k**–Raum überführen:

$$\begin{pmatrix} E_{\mathbf{k}} & \Delta \\ \Delta^* & E_{\mathbf{k}} \end{pmatrix} \begin{pmatrix} u_{\mathbf{k}} \\ v_{\mathbf{k}} \end{pmatrix} = E^{\Delta}_{\mathbf{k}} \begin{pmatrix} u_{\mathbf{k}} \\ v_{\mathbf{k}} \end{pmatrix} . \tag{3.542}$$

Dabei ist wie zuvor $E_{\mathbf{k}} = (\hbar k)^2/(2m) - E_F$. Wie bei der *Dirac–Gleichung* können die Energieeigenwerte $E^{\Delta}_{\mathbf{k}}$ in einfacher Weise gewonnen werden , was zu $E^{\Delta}_{\mathbf{k}} = \sqrt{E^2_k + \Delta^2}$ führt. Mit $|u_{\mathbf{k}}|^2 + |v_{\mathbf{k}}|^2 = 1$ erhält man in diesem Fall $|u_{\mathbf{k}}| = \sqrt{(1 + E_{\mathbf{k}}/E^{\Delta}_{\mathbf{k}})/2}$ und $|v_{\mathbf{k}}| = \sqrt{(1 - E_{\mathbf{k}}/E^{\Delta}_{\mathbf{k}})/2}$. Mit $\Delta = U\langle u, v|u, v\rangle$ und bei Berücksichtigung der Fermi–Statistik für die Besetzung von Zuständen erhält man daraus schließlich

$$\Delta = U \sum_{\mathbf{k}} u_{\mathbf{k}} v^*_{\mathbf{k}} \tanh \frac{E^{\Delta}_{\mathbf{k}}}{2k_B T} , \tag{3.543}$$

was direkt auf Gl. (3.528) und (3.529) führt.

Das Anregungsspektrum des Supraleiters wird durch die möglichen $E^{\Delta}_{\mathbf{k}}$–Werte charakterisiert. Für $\Delta = 0$ erhält man vernünftigerweise reine Elektronen– und Lochanregungen

$|u,0\rangle$ und $|0,v\rangle$. Für $\Delta > 0$ hingegen erhält man Anregungen $|u,v\rangle$ mit elektronenartigem und lochartigem Charakter. Das Quasiteilchenanregungsspektrum für einen Supraleiter im Vergleich zum Anregungsspektrum eines Normalleiters ist in Abb. 3.102 dargestellt. Die *Kohärenzfaktoren* $u_{\mathbf{k}}$ und $v_{\mathbf{k}}$ aus Gl. (3.540) und (3.542) quantifizieren offenbar die Wahrscheinlichkeit für die Besetzung und Nichtbesetzung des Paarzustands $|\mathbf{k}\uparrow, -\mathbf{k}\downarrow\rangle$. Im Rahmen der BCS–Näherungen entsprechen sie damit $\alpha_{\mathbf{k}}$ und $\beta_{\mathbf{k}}$ aus Gl. (3.519).

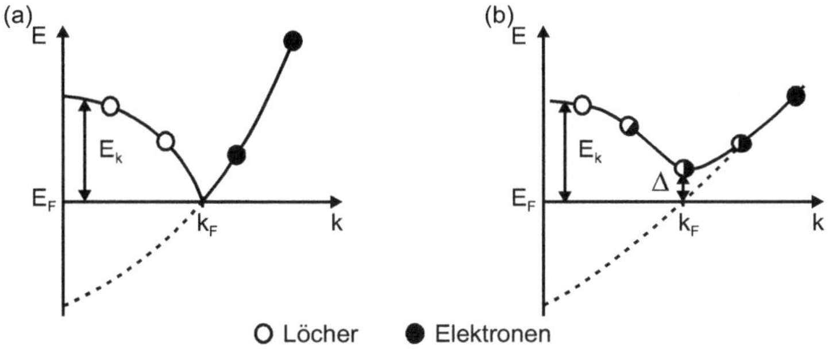

Abb. 3.102: *(a) Anregungsspektrum eines Normalleiters. (b) Anregungsspektrum eines Supraleiters. Der Charakter der Quasiteilchenanregungen variiert kontinuierlich zwischen lochartig und elektronenartig.*

Interessanterweise kann es unter geeigneten Umständen zu Umwandlungen von elektronenartigen in lochartige Anregungen kommen. Diese *Andreev–Reflexion* tritt gerade an N/S–Grenzflächen auf [3.150]. Ein Elektron der Energie $E_{\mathbf{k}} = (\hbar k)^2/(2m) - E_F = eV < \Delta$ kann nicht aus dem Normal– in den Supraleiter überwechseln. Dennoch kommt Transport über den Kontakt zustande, da das Elektron als Loch reflektiert wird bei gleichzeitiger Kondensation eines Cooper–Paars im Supraleiter. An der N/S–Grenzfläche steigt das Paarpotential $\Delta(\mathbf{r})$ von Null im Normalleiter bis auf den Wert des Supraleiters fernab der Grenzfläche. Die relevante Längenskala wird durch die Kohärenzlänge ξ definiert. Das Elektron durchläuft nun das variierende Paarpotential und damit eine gemäß Abb. 3.102 variierende Dispersionskurve. Ausgehend von dem durch $k = k_F + \Delta k$ gegebenen Punkt in Abb. 102 (a) für $\Delta = 0$ wird die Kurve in Abb. 3.102(b) von elektronenartigen Zuständen kommend bis $(\hbar\Delta k)^2/(2m) = \Delta(\mathbf{r})$ durchlaufen. Dabei verrringern sich k und die Gruppengeschwindigkeit $v_g = \partial E/\partial(\hbar k)$ kontinuierlich, bis v_g verschwindet. Mit $u_{\mathbf{k}} = v_{\mathbf{k}} = 1/2$ sind elektronen– und lochartige Zustände komplett gemischt. Durch Passieren des Minimums der Dispersionsrelation in Abb. 3.102(b) nimmt jetzt der lochartige Charakter des Quasiteilchens kontinuierlich zu, während v_g das Vorzeichen gewechselt hat. Das Quasiteilchen kehrt schließlich als Loch mit $k = k_F - \Delta k$ in den Normalleiter zurück. Ladungs– und Impulserhaltung führen dazu, dass im Supraleiter ein Cooper–Paar kondensiert, das sich mit dem Impuls $k = 2\Delta k$ antiparallel zum Loch bewegt. Bei idealer Grenzfläche ist die Leitfähigkeit des N/S–Kontakts dann doppelt so groß wie diejenige des N/N–Kontakts.

Für einen $S/N/S$–Kontakt können sich durch Andreev–Reflexion gebundene Zustände (*Andreev bound states*) in der normalleitenden Schicht ausbilden, die die beiden Supraleiter koppelt. Dazu muss die Phasendifferenz, die das Quasiteilchen bei einem vollständigen Durchlauf – einfallendes Elektron → reflektiertes Loch → einfallendes Loch → reflektiertes Elektron – akquiriert, ein Vielfaches von 2π betragen:

$$-2\arctan\sqrt{\left(\frac{\Delta}{E_{\mathbf{k}}}\right)^2-1}+\Delta\varphi+\frac{tE_{\mathbf{k}}}{\hbar v_F}=2\pi n\,. \qquad (3.544)$$

Der erste Term beschreibt die Phasenverschiebung bei der Andreev–Reflexion, der zweite die Phasendifferenz der Cooper–Paarwellenfunktionen der Supraleiter und der dritte die Phasendifferenz, die sich aus dem Durchlaufen der N–Schicht ergibt. Dieser Beitrag verschwindet für $E = E_F$. Gleichzeitig ist der Andreev–Beitrag dann gerade π. Für $\Delta\varphi = \pi$ ist also die *Bohr–Sommerfeld–Quantisierungsbedingung* unabhängig von der Dicke t des Normalleiters erfüllt.

Gebundene Andreev–Zustände treten auch im Innern von Vortices in Typ–II–Supraleitern auf. Auch hier variiert ja $\Delta(\mathbf{r})$ über die Länge ξ gemäß Abb. 3.98(a). Abbildung 3.103 zeigt rastertunnelmikroskopische Daten, gewonnen direkt an Vortices des Pniktids $Ba_{0,6}K_{0,4}\,Fe_2As_2$. In der differentiellen Tunnelleitfähigkeit dI/dV tritt im Vortexzentrum für $V = 0$ ein Maximum auf (*zero bias peak*). Dadurch sind Vortices in einem geeigneten STM/STS–Abbildungsmodus sichtbar, wie in Abb. 3.103(a) gezeigt. Die zugehörige Topographie, in der die Vortexposition markiert ist, ist in Abb. 3.103(b) sichtbar. Abbildung 3.103(c) zeigt dI/dV–Spektren bei variierender Entfernung vom Vortexzentrum. Ausgewählte Spektren sind in Abb. 3.103(d) im Detail gezeigt. Die detaillierte Analyse zeigt, dass das Leitfähigkeitsmaximum für $V = -0,5\,\mathrm{mV}$ im Vortexzentrum auftritt. Bei wachsender Entfernung vom Zentrum findet eine Aufspaltung in zwei asymmetrische Maxima statt. Die signifikante Anordnung der gebundenen Vortexzustände gibt Aufschluss über die Symmetrie der Cooper–Paarwellenfunktionen [3.151]. Ferner ist eine Bestimmung von Δ und ξ aus den Daten möglich. Im vorliegenden Fall handelt es sich danach um *Multibandsupraleitung* bei s–Wellensymmetrie mit $\Delta_1/(k_BT_C) = 2,2$, $\Delta_2/(k_BT_C) = 5,1$ und $\xi = 2,1\,\mathrm{nm}$ [3.152].

Eng mit der Andreev–Reflexion verbunden ist der *Proximity–Effekt*. Die bei der Andreev–Reflexion an der Grenzfläche erzeugten Elektron–Loch–Korrelationen induzieren auch im Normalleiter eine gewisse Paarkorrelation, wie sie für Cooper–Paare gegeben ist. Dies führt dazu, dass $|\phi|^2$ über eine Länge von etwa ξ in den Normalleiter abfällt. Damit können hinreichend dünne, an einen Supraleiter gekoppelte Normalleiter supraleitend werden.

Die Bogoliubov–De Gennes–Gleichung (3.540) ist offensichtlich spinentartet. Wenn nun Grenzflächen zwischen Ferromagneten und Supraleitern analysiert werden, was im Hinblick auf die sich bis zu einem gewissen Grad ausschließenden Phänomene a priori sehr interessant ist, müssen spinverallgemeinerte Gleichungen verwendet werden. Qualitativ kann die nun entstehende Abhängigkeit von den spinaufgelösten Zustandsdichten leicht erkannt werden. Trifft ein Elektron mit Majoritätsspin $\uparrow$ auf die F/S–Grenzfläche, so wird ein $\downarrow$–Elektron zur Bildung eines Cooper–Paars benötigt. Zur Bereitstellung muss aus Ladungs– und Spinerhaltungsgründen ein $\uparrow$–Loch Andreev–reflektiert werden. Ein solcher Transfer zwischen Spinsubbändern hängt natürlich von der Spinpolarisation P des Ferromagneten ab. Für $P = 1$ kann die Andreev–Reflexion gar nicht stattfinden.

Andreev–Reflexion kann genutzt werden, um die Spinpolarisation von Ferromagneten zu messen.

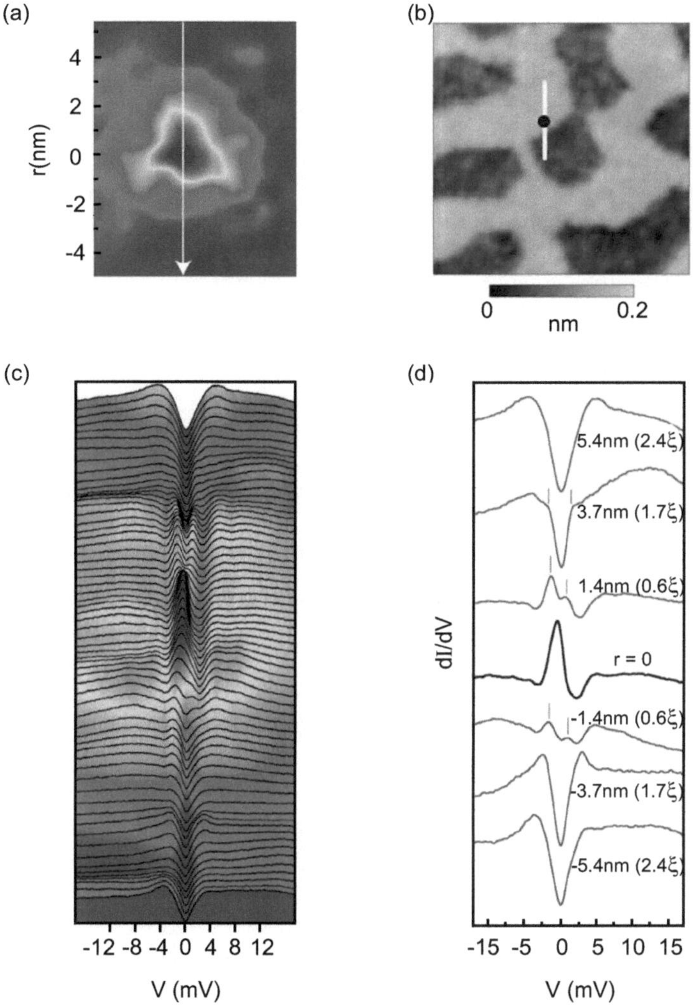

Abb. 3.103: *(a) Leitfähigkeitsverteilung in der Umgebung eines Vortex bei Bildabmessungen von 10,4 nm x 7,8 nm. dI/dV variiert um 5 nS. (b) Zugehörige Topographie mit einer Höhenvariation von 0,2 nm. Die Vortexposition ist markiert. Der Bildbereich beträgt 34,5 nm x 34,5 nm. (c) dI/dV–Spektren entlang des in (a) und (b) markierten Profils mit einer Länge von 10,4 nm. (d) Ausgewählte Spektren aus (c) mit der jeweiligen Distanz r zum Vortexzentrum. Die Aufspaltung der gebundenen Zustände ist markiert. Alle Daten wurden bei T=2 K und B=4 T erhalten [3.152].*

Im Hinblick auf Spinpolarisation ist an $F/I/S$–Tunnelkontakten noch ein anderer Effekt bemerkenswert: die Zeeman–Aufspaltung der Quasiteilchenzustandsdichte ϱ_S des

Supraleiters in einem äußeren Magnetfeld **B** [3.153]. So verschiebt sich die in Abb. 3.96(a) bei $E = \Delta$ auftretende Singularität nach $E = \Delta \pm \mu B$, mit dem mangetischen Moment $\mu = g\mu_B S/\hbar \approx \mu_B$ des Elektrons. Für $eV = \Delta - \mu B$ tragen hauptsächlich $\uparrow$–Elektronen zum Tunnelprozess bei, für $E = \Delta + \mu B$ hauptsächlich $\downarrow$–Elektronen. Dieses Phänomen eignet sich ebenfalls sehr gut, um die Zustandsdichte von Ferromagneten zu messen. Die Gesamtzustandsdichte des Supraleiters ist gegeben durch $\varrho_S(E,B) = \varrho_S^{\uparrow}(E,B) + \varrho_S^{\downarrow}(E,B) = [\varrho_S(E+\mu B) + \varrho_S(E-\mu B)]/2$.

Bislang haben wir anhand einer Vielzahl von Beispielen gesehen, dass metallische und halbleitende Nanostrukturen im Kontext des elektronischen Transports einerseits ein Studium quantenmechanischer Phänomene erlauben und andererseits Grundlage miniaturisierter und neuartiger elektronischer Bauelemente sind. Mesoskopische, also zwischen makroskopischen und atomaren Systemen einzuordnende Systeme, sind durch quantenmechanische Kohärenz gekennzeichnet. Ebenso hatten wir Effekte kennengelernt, bei denen die Granularität der elektrischen Ladung sichtbar wird. In den vergangenen Jahren wurde das Studium von Interferenz– und Einzelelektroneneffekten zunehmend auch auf Hybridstrukturen aus supraleitenden und normalleitenden Systembestandteilen ausgeweitet. So wird heute routinemäßig die Kontaktierung von zweidimensionalen Elektronengasen (2DEG) mittels supraleitender Elektroden beherrscht oder auch die Herstellung von Grenzflächen zwischen supraleitenden und normalletienden Metallen inklusive Ferromagnetika. Damit können die unterschiedlichsten S/N–Kontakte hergestellt werden.

Nanoskalige Strukturen mit Abmessungen, die vergleichbar mit der Kohärenzlänge ξ sind, zeigen gegenüber der makroskopischen Supraleitung eine Vielzahl neuartiger Phänomene, die durch das Zusammenspiel zwischen Cooper–Paarkondensation und weiteren quantenmechanischen Phänomenen zustande kommen [3.154]. Innerhalb der mesoskopischen Elektronik hat sich die *mesoskopische Supraleitung* als wichtiges und dynamisches Teilgebiet etabliert.

A priori stellt sich die Frage, ob Supraleitung in der bislang diskutierten Form überhaupt in mesoskopischen Systemen möglich ist, wenn beispielsweise das Volumen nicht ausreicht, um ein Cooper–Paar unterzubringen. Wenn die Supraleitung dadurch unterdrückt werden sollte, so stellt sich die Frage, ob dies abrupt geschieht oder allmählich. In Supraleitern reduzierter Dimension kommt es zu Quantisierungsbedingungen entlang einer elektronischen Bewegungsrichtung oder sogar entlang mehrerer. Diskrete Energieniveaus haben den durch Gl. (3.57) gegebenen Abstand von $\sim (\pi\hbar)^2/(2mt^2)$ und führen zur Ausbildung von elektronischen Subbändern. Für $\Delta \lesssim (\pi\hbar)^2/(2mt^2)$ sind dann Quantenoszillationen der supraleitenden Eigenschaften zu erwarten. Für die konventionellen Supraleiter mit $0{,}1\,\mathrm{meV} \lesssim \Delta \lesssim 1\,\mathrm{meV}$ ist das für $t \lesssim 20 - 40\,\mathrm{nm}$ der Fall. Die subbandinduzierte Zustandsdichtevariation am Fermi–Niveau und die Variation der Elektron–Phonon–Kopplung sollten zu einer größenabhängigen Variation aller die Supraleitung charakterisierenden Größen führen. Zwar ist für konventionelle Supraleiter wegen $\xi \gg \lambda_F \approx 1\,\mathrm{nm}$ ein Supraleiter mit $t \lesssim \xi$ im Allgemeinen elektronisch als dreidimensional zu betrachten, jedoch hat die Kondensatwellenfunktion $|\phi\rangle$ eine zweidimensionale Ausprägung.

Für gewöhnlich beobachtet man bei ultradünnen Filmen mit einer Dicke t von nur einigen Monolagen (ML) eine kontinuierliche Abnahme von T_C mit Abnahme von t.

Genau diesen Trend zeigt Abb. 3.104 für hinreichend dünne Schichten. Ab einer gewissen Dicke (ca. 20 ML in Abb. 3.104) oszilliert T_C dann mit wachsendem t. Dies ist sofort anhand von Gl. (3.529c) zu verstehen: Die durch Quanteninterferenz im Film entstehenden gebundenen Zustände modulieren die Zustandsdichte der Elektronenpaare gemäß $\varrho_C(E_F) = m/(\pi\hbar^2 t)\lfloor 2t/\lambda_F \rfloor$. $\lfloor\rfloor$ bezeichnet hier die Abrundungsfunktion (*floor function*). Da in Abb. 3.104 $\lambda_F \approx 4\,ML$ ist, resultiert gerade eine Oszillationsperiode von 2 ML. Gemäß der *Ginzburg–Landau–Abrikosov–Gorkov–Theorie* [3.155] gilt ferner $\varrho_C(E_F) \sim -\sigma(dH_{C_2}/dT)_{T_C}$, wobei H_{C_2} das obere kritische Feld und σ die Leitfähigkeit im normalleitenden Zustand bezeichnen. Diese experimentell zugängliche Größe ist ebenfalls in Abb. 3.104 dargestellt und zeigt, dass in der Tat eine entsprechende $\varrho_C(t)$–Variation vorliegt. Die gebundenen Zustände beeinflussen nicht nur $\varrho_C(E_F)$ sondern auch die Elektron–Phonon–Kopplung U in Gl. (3.529c). Dies wird durch die in dieser Hinsicht adäquatere *Eliashberg–McMillan–Theorie* [3.156] im Einklang mit den Ergebnissen aus Abb. 3.104 beschrieben.

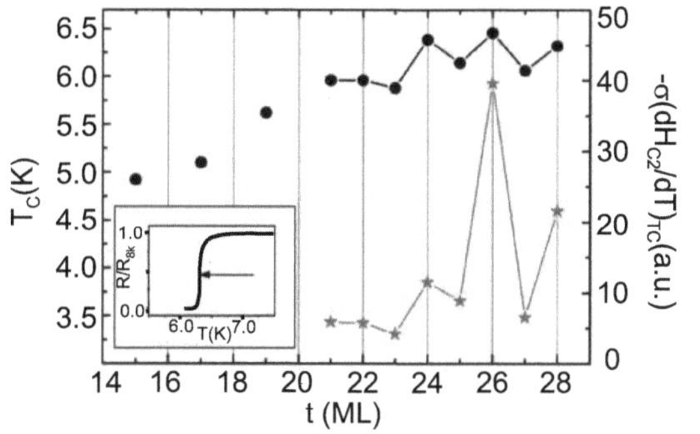

Abb. 3.104: *T_C und $\varrho_C \sim -\sigma(dH_{C_2}/dT)_{T_C}$ als Funktion der Dicke t von Bleifilmen. T_C wird durch $R(T_C) = R(T = 8\,K)/2$ definiert [3.157].*

In weiteren tunnelmikroskopischen Messungen konnte gezeigt werden, dass auch $\Delta(t)$–Oszillationen beobachtbar sind, was wiederum die BCS–Relation $\Delta/(k_B T_C) = \text{const}$ bestätigt [3.158]. Quantenoszillationen der Supraleitungscharakteristika konnten teilweise bis zu Dicken von nur wenigen Monolagen gemessen werden, was die bislang ungeklärte Frage aufwirft, ob perfekte 2D–Supraleitung in Monolagenfilmen möglich ist.

Bei Entdeckung der Supraleitung nahm man an, dass bei $T = T_C$ der Widerstand eines Supraleiters abrupt auf einen unmessbar kleinen Wert abfällt. Heute ist bekannt, dass es zwei Ursachen gibt, die den Abfall des Widerstands eines supraleitenden Materials über einen endlichen Bereich ΔT ausdehnen können: Die in der Regel dominierende Ursache sind Probeninhomogenitäten mit einer Verteilung von T_C–Werten. An kristallographisch und stöchiometrisch perfekten Proben hat man festgestellt, dass *Supraleitungsfluktuationen* ein grundlegendes physikalisches Phänomen sind, das ebenfalls zu einer Verbreiterung des Phasenübergangs auf ΔT führen kann [3.154]. Derartige Fluktuationen sind besonders ausgeprägt in Supraleitern mit reduzierter Dimension. Oberhalb des T_C–Werts des Massivmaterials führen Fluktuationen zu einer erhöhten Leitfähigkeit eines metallischen Systems. Beispielsweise ist die *Aslamazov–Larkin–Fluktuationskorrektur* zur Leitfähigkeit gegeben durch $\Delta\sigma \sim 1/(T - T_C)^{2-D/2}$. Mit abnehmender Dimension D und Annäherung an $T = T_C$ wird diese Korrektur groß. Unterhalb von T_C zerstören Fluktuationen die langreichweitige Ordnung in niedrigdimensuionalen Supraleitern [3.159]. Dies führt aber, wie wir gesehen haben, nicht zwangsläuifig zur Unterdrückung der Supraleitung beispielsweise in dünnen Schichten. Vielmehr durchlaufen 2D–Supraleiter einen *Berezinskii–Kosterlitz–Thouless–Phasenübergang*, als dessen Folge räumliche Korrelationen nicht mehr exponentiell, wie für höhere Temperaturen, sondern mit einem Potenzgesetz bei genügend niedrigen Temperaturen abfallen. Die damit weiter bestehende langreichweitige Phasenkohärenz sorgt dafür, dass, wie in in Abb. 3.104 gezeigt, weiterhin supraleitende Eigenschaften nachgewiesen werden können. Eine naheliegende und für die Nanotechnologie äußerst relevante Frage ist, ob Supraleitung auch in quasi eindimensionalen Strukturen, also Quantendrähten, existiert. Es ist seit langem bekannt, dass derartige Strukturen für $T < T_C$ einen endlichen Widerstand zeigen können, der eine Folge *thermisch aktivierten Phasengleitens* (*thermally activated phase slip, TAPS*) ist. Gemäß Abb. 3.105 besteht dieser Prozess darin, dass der Ordnungsparameter $\phi(\mathbf{r}) = |\phi(\mathbf{r})| \exp[i\varphi(\mathbf{r})]$ zu einem bestimmten Zeitpunkt an einem bestimmten Ort aufgrund einer thermisch aktivierten Fluktuation verschwindet. Dadurch wird die Phase unbestimmt und kann sich sprunghaft um $\Delta\varphi = \pm 2\pi n$ mit $n = 1, 2 \ldots$ ändern. Danach regeneriert sich $|\phi(\mathbf{r})|$ wieder, wobei der Supraleiter eine Phasenverschiebung von $2\pi n$ akquiriert hat. Für gewöhnlich müssen nur TAPS mit $n = 1$ berücksichtigt werden.

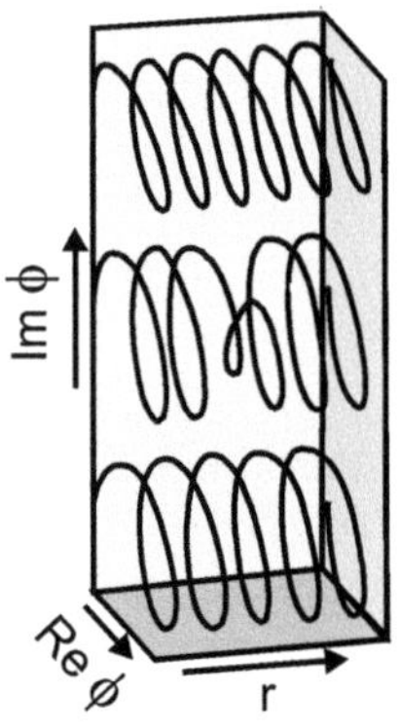

Abb. 3.105: *Schematische Darstellung eines Phasengleitprozesses in einen Supraleiter [3.160]. Der Ordnungsparameter* $|\phi(\mathbf{r})\rangle$ *ist oben vor und unten nach dem Prozess dargestellt. Das mittlere Bild zeigt die abrupte Veränderung von* $|\phi(\mathbf{r})\rangle$ *an einem bestimmten Ort zu einer bestimmten Zeit. Hier beträgt die Phasenänderung* $\Delta\varphi = -2\pi$.

Entsprechend der Josephson–Relation $V = \hbar/(2e)\partial\varphi/\partial t$ verursacht jeder TAPS einen Spannungsabfall über einem Nanodraht. Da alle Prozesse mit $\Delta\varphi = 2\pi$ und $\Delta\varphi = -2\pi$ gleich häufig auftreten, verschwindet der Gesamtspannungsabfall. Ein Strom I generiert allerdings einen Phasengradienten gemäß $I \sim |\phi(\mathbf{r})|^2 \nabla\varphi(\mathbf{r})$. Damit entsteht eine Asymmetrie zwischen der Anzahl positiver und negativer TAPS und es entsteht ein elektrischer Widerstand $R = I/V$ unterhalb von $T = T_C$. Die *Langer–Abegaokar–McCumber–*

Halperin–Theorie liefert $R(T) \sim \exp[-U/(k_B T)]$. $U(T)$ ist die TAPS–Aktivierungsbarriere: $U(T) \sim \varrho_C(E_F)\Delta^2(T)\xi(T)F$, mit der Zustandsdichte ϱ_C, der Energielücke Δ, der Kohärenzlänge ξ und dem Drahtquerschnitt F. Für $T \nearrow T_C$ ist $R(T)$ vergleichsweise groß. Für $T \to 0$ allerdings frieren die TAPS zunehmend ein. Für Drähte mit hinreichend kleiner Querschnittsfläche F spielen jetzt aber *Quantenfluktuationen* des Ordnungsparameters (*quantum phase slip, QPS)* eine mit abnehmendem T zunehmende Rolle. QPS–Prozesse unterscheiden sich von TAPS–Prozessen dadurch, dass sich $|\phi(\mathbf{r})\rangle$ durch einen Tunnelprzess ändert und nicht durch thermische Aktivierung [3.159]. Zur Beschreibung von QPS–Prozessen ist $k_B T$ im Ausdruck für $R(T)$ durch $\hbar\omega(T) \sim \Delta(T)$ zu ersetzen. Die Supraleitung in entsprechenden Nanodrähten wird also für alle Temperaturen $T < T_C$ durch Phasengleitprozesse unterdrückt. Für $\Delta(T)/k_B \lesssim T < T_C$ dominieren TAPS und für $T \lesssim \Delta(T)/k_B$ QPS. Eine adäquate QPS–Theorie muss Ungleichgewichtsphänomene sowie Dissipation und elektromagnetische Effekte während eines QPS–Ereignisses berücksichtigen und ist entsprechend komplex [3.159]. Es zeigt sich, dass klar definierbare Kriterien für spezifische Leitwerte und Impedanzen der Nanodrähte erfüllt sein müssen, damit der Beitrag von QPS signifikant und damit messbar ist. Der spezifische dimensionslose Leitwert eines Leitersegments der Länge ξ ist gegeben druch $g_\xi = 4R_{SQ}l/(R_N\xi)$. $R_{SQ} = R_Q/4$ ist der Supraleitungsquantenwiderstand und R_Q wurde bereits in Gl. (3.46) angegeben. l bezeichnet die Länge und R_N den Gesamtwiderstand des Drahts im normalleitenden Zustand. Für $g_\xi \gg 1$ kann die Standard–BCS–Effektivfeldtheorie angewendet werden und der Nanodraht ist für genügend niedrige Temperaturen $T < T_C$ supraleitend. Für $g_\xi \approx 1$ hingegen führen starke QPS–Fluktuationen überall im Draht zur Unterdrückung der Supraleitung bis hin zu $T \to 0$. Die spezifische Impedanz eines Nanodrahts ist durch $Z = \sqrt{L/C}$ gegeben. $L = 4\pi\lambda^2/F$ ist die *kinetische Induktivität* mit der Londonschen Eindringtiefe λ und dem Drahtquerschnitt F. C beschreibt die Kapazität pro Längeneinheit des Drahts. Wenn nun $R_{SQ}/(2Z) \gg 1$ ist, so verhält sich der Draht BCS–artig. Für $R_{SQ}/(2Z) \approx 1$ führen in genügend langen Drähten QPS zur Unterdrückung der Supraleitung. Mit $R \sim 1/F$ und $Z \sim 1/\sqrt{F}$ folgt, dass die Verringerung des Drahtquerschnitts zwangsläufig unterhalb eines kritischen Bereichs zum Verlust der Supraleitung aufgrund von QPS im Nanodraht führt. Der charakteristische Durchmesserbereich liegt hier bei $\sqrt{F} \lesssim 10\,\text{nm}$ [3.159].

Der Nachweis von QPS–Fluktuationen in Experimenten an Nanodrähten ist nicht ganz einfach, da einerseits Durchmesser von $\approx 10\,\text{nm}$ realisiert und andererseits Schwachstellen (*weak links*), in denen QPS bevorzugt erzeugt werden können [3.161], minimiert oder ausgeschlossen werden müssen. Dennoch gelang der experimentelle Nachweis von QPS [3.159, 3.162]. Ein generelles, aber bislang unverstandenes Phänomen ist die Veränderung von T_C in niedrigdimensionalen Supraleitern gegenüber dem Massivmaterial. Je nach Material beobachtet man eine Erhöhung – z. B. für In, Al und Sn – oder eine Erniedrigung – z. B. für Pb, Nb und MoGe – bei abnehmenden charakteristischen Abmessungen einer Probe. Abbildung 3.106(a) zeigt Ergebnisse für Al–Nanodrähte. Die Drähte zeigen hier bis $\sqrt{F} \approx 30\,\text{nm}$ supraleitendes Verhalten. In Abb. 3.106(b) sind Daten für einen α:InO–Nanodraht eines Durchmessers von 100 nm im Vergleich zum Verhalten eines Film aus demselben Material gezeigt. Für das Massivmaterial ist $T_C = 2{,}8\,\text{K}$. Der nicht verschwindende Widerstand für $T < T_C$ dehnt sich über einen größeren Bereich aus, als man für TAPS–Prozesse erwarten würde. Andererseits gibt es keinen eindeutigen Hinweis auf QPS–Prozesse. Der nicht BCS–kompatible R(T)–Verlauf könnte auch auf die im Fall von α:InO fast unvermeidbaren Probeninhomogenitäten zurückzuführen sein.

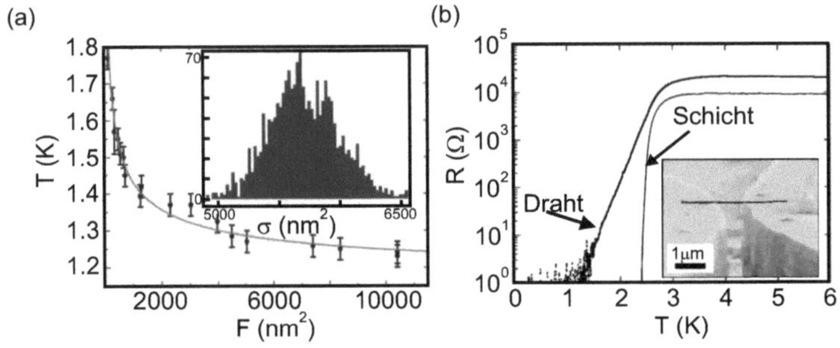

Abb. 3.106: *(a) Abhängigkeit der kritischen Temperatur für Aluminiumdrähte von der Querschnittsfläche. Für das Massivmaterial ist* $T_C = 1{,}19\,K$*. Das Histogramm zeigt die Verteilung der Probenquerschnitte für einen 10 µm langen Draht mit* $\sqrt{F} \approx 75\,nm$ *[3.163]. (b) Probenwiderstand als Funktion der Temperatur für einen* α*:InO–Nanodraht mit 100 nm Durchmesser und für einen 500 µm weiten Film desselben Materials und derselben Dicke. Ebenfalls dargestellt ist die Messanordnung für den Draht [3.164].*

Neben dem beschriebenen *Quantenphasenübergang*, der durch Leitfähigkeit und Impedanz von supraleitenden Nanodrähten definiert wird, lassen sich an Drähten natürlich auch die für Filme diskutierten Einflüsse von Quanteninterferenzeffekten auf die Supraleitung beobachten [3.165]. Überrraschende Konsequenzen ergeben sich für supraleitende Nanoringe, wenn der Drahtdurchmesser in der zuvor diskutierten, für QPS relevanten Größenordnung liegt [3.159]. In diesem Fall führen QPS zu starken Fluktuationen des magnetischen Flusses im Ring und damit zur Verringerung der persistenten Stromstärke, deren Flussabhängigkeit sich ebenfalls verändert. Der Ringdurchmesser muss dabei einen charakteristischen Wert übersteigen, der typisch bei einigen μm liegt. Auch die *Elektronenparität* kann einen starken Einfluss auf persistente Ströme in supraleitenden Ringen gewinnen. Wenn die Parität von gerade nach ungerade geändert wird, so kommt es im Grundzustand des Rings zu einem spontanen Suprastrom ohne von außen appliziertes Magnetfeld. Für $T = 0$ wäre dieser Strom vom einzigen ungepaarten Elektron getragen, das den niedrigsten verfügbaren *Andreev–Zustand* einnimmt.

Für mesoskopische und insbesondere nulldimensionale supraleitende Strukturen, wie kleine Inseln (*Cooper–Paarbox, CPB*) kann die Elektronenanzahl und -parität eine entscheidende Rolle spielen. Phase und Teilchenzahl sind gemäß Gl. (3.197) kanonisch konjugiert. Der BCS–Grundzustand ist durch eine feste Phase und damit fluktuierende Teilchenzahl charakterisiert. Die Coulomb–Wechselwirkung zwischen den Elektronen begünstigt tendentiell eine feste Teilchenzahl auf einer CPB. Maßstab für eine hinreichend kleine Struktur ist hier wiederum eine kritische Dimension t für die gilt $(\pi\hbar)^2/(2mt^2) \gg \Delta$. Bereits bei der Diskussion der Eigenschaften von ultradünnen Schichten und Nanodrähten hatten wir gesehen, dass Supraleitung in mesoskopischen Systemen sich im Allgemeinen nicht in derselben Weise wie für Massivmaterialien manifestiert. Wie also ist Supraleitung für ein mesoskopisches System zu definieren? *A.F. Andreev* definiert nun zunächst einmal ein mesoskopisches System unabhängig von seiner Größe als ein System mit kleiner Teilchenfluktuation, die insbesondere für $T \to 0$ endlich bleibt [3.166]. Ein solches System ist als supraleitend zu betrachten, wenn der Zustand $|\phi\rangle$ nicht invariant gegenüber der Eichtransformation $|\phi\rangle \to \exp(i\Delta\varphi)|\phi\rangle$ ist. Kann nun die Teilchenzahl auf der CPB fluktuieren, weil beispielsweise über einen Tunnelkontakt eine Wechselwirkung mit der Umgebung stattfindet, so ergibt sich ein Hamiltonian, wie er bereits in Gl. (3.200) verwendet wurde. Eigenzustände des Systems sind dann beispielsweise durch $|\tilde{n}\rangle = \sqrt{1-p}|n\rangle + \sqrt{p}\exp(i\varphi)|n+1\rangle$ gegeben, wobei $|0\rangle$ und $|1\rangle$ Grundzustände mit keinem und einem zusätzlichen Teilchen auf der CPB darstellen. Derartige Superpositionszustände sind natürlich keine Eigenzustände des Anzahloperators $\hat{N}$ und beinhalten eine unganzzahlige Anzahl von Teilchen $\langle\tilde{n}\rangle$ für $p \neq 0$. Reine Eigenzustände $|n\rangle$, die Eigenzustände von $\hat{N}$ sind, verhalten sich eichinvariant: $\exp(i\hat{N}\Delta\varphi)|n\rangle = \exp(iN\Delta\varphi)|n\rangle$. Für die Superpositionszustände $|\tilde{n}\rangle$ gilt das aber offensichtlich nicht. Damit beschreiben offensichtlich die Zustände $|\tilde{n}\rangle$ den supraleitenden Zustand, der in einem spontanen Bruch der Eichsymmetrie besteht. Die durch Gl. (3.197) gegebene Unschärferelation zwischen Teilchenzahl und Phase kann an einer CPB direkt experimentell verifiziert werden.

Auch die Coulomb–Blockade, die bereits in Abschn. 3.2.3 diskutiert wurde, führt in Kombination mit mesoskopischer Supraleitung zu spezifischen Phänomenen. Eine Kategorie derartiger Phänomene besteht in *Elektronenparitätseffekten* [3.167]. Ist eine CPB über Tunnelkontakte niedriger Transparenz bei hinreichend kleiner Kapazität mit der Außenwelt verbunden, so kann die Coulomb–Blockade dazu führen, dass die Teilchenzahl n auf der Insel fixiert ist. Ist n gerade, so können alle Elektronen Cooper–Paare bilden. Ist n hingegen ungerade, so verbleibt selbst für $T = 0$ ein ungepaartes Elektron mit einer zusätzlichen Energie Δ. Unter Berücksichtigung eines Entropiefaktors ist die Energiedifferenz für eine CPB mit ungerader und gerader Teilchenzahl bei endlicher Temperatur gegeben durch $\Delta - k_BT\,ln[n_{eff}(T)]$, mit der Anzahl verfügbarer Quasiteilchenzustände $n_{eff}(T)$. Der Paritätseffekt sollte dann messbar sein für $T \lesssim \Delta/(k_B\,ln[n_{eff}(T)])$. Mit einem typischen Wert von $n_{eff} \approx 10^4$ ergibt das $t \lesssim 0,1\Delta$, was gut mit experimentellen Befunden übereinstimmt [3.167]. Es ist schon bemerkenswert, dass für eine CPB mit $n \approx 10^{10}$ Elektronen ein messbarer Unterschied zwischen Zuständen mit geradzahligem und ungeradzahligem n besteht!

Äußerst interessante Effekte ergeben sich auch durch das Wechselspiel von Coulomb–Blockade und Josephson–Effekt. Dieses Wechselspiel wird durch die relative Größe der bereits in Gl. (3.196) eingeführten Energien – der Josephson–Energie E_J und der Ladungsenergie E_C – bestimmt. Ist eine CPB über einen Josephson–Kontakt niedriger Transparenz und kleiner Kapazität mit einem supraleitenden Reservoir verbunden – diese Anordnung wurde in Abb. 3.43(a) schematisch dargestellt – so wirkt E_J im Sinne einer konstanten Phase der CPB, die den Austausch von Cooper–Paaren mit dem Reservoir involviert. E_C hingegen blockiert den Suprastrom. Dadurch kann es zu einer kompletten Unterdrückung des Josephson–Effekts kommen.

Große Fortschritte in der Lithographie supraleitender Materialien erlauben es heute, ganze Felder von Josephson–Kontakten (*Josephson junction arrays, JJA*) bei Submikrometerabmessungen der einzelnen Kontakte herzustellen. Ein Ausschnitt aus einem solchen Feld, das durchaus 10.000 Kontakte haben kann, ist in Abb. 107 dargestellt. Derartige JJA sind Modellsysteme, um klassische Phasenübergänge, Frustrationseffekte, klassische Vortexdynamik , nichtlineare Dynamik und Chaos zu studieren. Beobachtet werden kann auch der *Berezinskii–Kosterlitz–Thouless–Übergang* (*BKT–Übergang*), der in einem Aufbrechen von Vortices in zweidimensionalen Systemen mit xy– oder U(1)–Symmetrie besteht. Die genannten Phänomene können allesamt erklärt werden, wenn die klassische Dynamik der Phasen der einzelnen CPB betrachtet wird. Jede CPB hat im Rahmen dieser Betrachtung eine wohldefinierte Energielücke, aber Phasenfluktuationen sind erlaubt. Oberhalb der BKT–Übergangstemperatur zerstören diese Phasenfluktuationen die globale Phasenkohärenz, was dazu führt, dass das System nicht in den supraleitenden Zustand gelangt. Globale Phasenkohärenz wird nur für $k_BT \lesssim E_J$ erreicht.

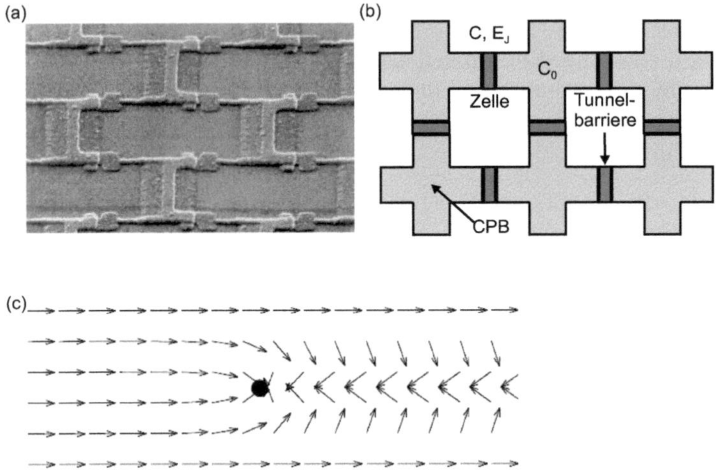

Abb. 3.107: *(a) Feld von Josephson–Kontakten mit charakteristischen Kontaktdimensionen im Submikrometerbereich. Die Bildbreite beträgt etwa 6 µm [3.169]. (b) Schematische Darstellung eines Gitters aus Josephson–Kontakten. Gezeigt ist ein Ausschnitt eines Felds mit 145 Zellen. (c) Phasenvariation in einem JJA bei Applikation eines Flusses von Φ_0. Der Vortex ist durch den Punkt charakterisiert. Die Pfeile charakterisieren die Phase auf den einzelnen CPB.*

Für hinreichend kleine Josephson–Kontakte ist $k_BT \ll E_C$. Unter diesen Bedingungen können JJA etwas qualitativ neues, einen *Quantenphasenübergang* zeigen [3.168], der aus der Dualität von Vortices und Ladungen resultiert. Obwohl alle CPB supraleitend sind, ist für $E_J \ll E_C$ das gesamte JJA ein *Mott–Isolator*. Wegen der durch E_C fixierten Ladungen auf den CPB verhindern starke Quantenfluktuationen der Phasen eine langreichweitige Kohärenz. Im klassischen Limit $E_J \gg E_C$ fluktuieren die Ladungen auf den CPB und die Phasenfluktuationen sind schwach. Das JJA wird damit global phasenkohärent. In diesem Fall sind Vortices die topologischen Anregungen des Systems, welche die termodynamischen Eigenschaften der JJA bestimmen. Im Quantenlimit hingegen sind die Ladungen auf den CPB der relevante Freiheitsgrad.

Wenn ein Magnetfeld senkrecht zu einem JJA, wie in Abb. 3.107 dargestellt, appliziert wird, werden Vortices induziert. Gemeint sind in diesem Kontext nicht Vortices des Abrikosov–Gitters, wie vorher diskutiert, sondern bestimmte Konfigurationen der

Phase des Ordnungsparameters. Die Josephson–Kontakte bilden zusammen mit den CPB, wie in Abb. 3.107(b) sichtbar, supraleitende Zellen. In einem Magnetfeld muss die Fluxoidquantisierung erfüllt werden:

$$\Delta\varphi = \sum_{\text{Zelle}} \Delta\varphi_i = 2\pi \left(\frac{\Phi}{\Phi_0} + n \right) . \tag{3.545}$$

Eine Zelle hat für den in Abb. 3.107(b) dargestellten Fall vier Kontakte. $\Delta\varphi_i$ ist die Phasendifferenz über den Kontakten. Φ bezeichnet den Fluss, der eine Zelle durchsetzt. In Abb. 3.107(c) ist beispielsweise $\Phi/\Phi_0 = 1/145$, da ein Fluss von Φ_0 auf ein JAA von 145 Zellen appliziert wird. Ein Vortex ist nun dadurch gegeben, dass beim Umlauf um eine Zelle die Phase gerade um $\Delta\varphi = 2\pi$ wächst. Die Phasen der CPB hängen mit den Phasendifferenzen über den Kontakten zusammen: $\Delta\varphi_i = \varphi_i - \varphi_j - A_{ij}$. $A_{ij} = 2\pi/\Phi_0 \int_i^j \mathbf{A} \cdot d\mathbf{l}$ ist das Vektorpotential.

Das Verhalten der JJA lässt sich im Rahmen des *Bose–Hubbard–Modells* beschreiben [3.170]. Der maßgebliche Hamilton–Operator ist gegeben durch

$$\hat{H} = \frac{1}{2} \sum_{i,j} \hat{b}_i^\dagger \hat{b}_i U_{ij} \hat{b}_j^\dagger \hat{b}_j - \mu \sum_i \hat{b}_i^\dagger \hat{b}_i - t \sum_{i,j} (b_i^\dagger b_j + h.k.^1). \tag{3.546}$$

$\hat{b}^\dagger$ und $\hat{b}$ sind die aus Gl. (3.282) bekannten Erzeugungs– und Vernichtungsoperatoren für Bosonen. U_{ij} beschreibt die Wechselwirkung zwischen Bosonen und t ist das *Hoppingmatrixelement*, ähnlich wie es bereits in Gl. (3.312) vorkam. μ ist das chemische Potential. Wichtig sind nun die beiden Grenzfälle, in denen eine der Kopplungsenergien U_{ij} und t dominiert. Wenn Hopping dominiert, besteht der Grundzustand in einem Kondensat von Bosonen, das über das gesamte betrachtete Gitter delokalisiert ist. Dominiert hingegen die repulsive Wechselwirkung der Bosonen, besteht der Grundzustand in einer Lokalisierung der Bosonen auf den Gitterplätzen bei wohldefinierter Anzahl. Eine globale Kohärenz kommt nicht zustande. Selbst für $T = 0$ ist das System ein Mott–Isolator. Für $t = 0$ lässt sich die Energie angeben, die es kostet, ein zusätzliches Boson auf einen Gitterplatz zu bringen, wenn alle Gitterplätze mit N Bosonen belegt sind: $E_g = N \sum_j U_{ij} + U_{ii}/2 - \mu$. E_g verschwindet für bestimmte Werte des chemischen Potentials. Die repulsive Wechselwirkung unterdrückt in diesem Fall nicht die Kondensation und die superfluide Phase besteht für beliebig kleine Werte von t. Das Phasendiagramm, dargestellt in Abb. 3.108, zeigt eine Serie von Mott–isolierenden Bereichen.

Für das JJA in Abb. 3.107(b) wird die elektrostatische Energie durch die Kapazität C der Josephson–Kontakte und durch die Kapazität C_0 der CPB gegenüber der Umgebung bestimmt. Die Kapazitätsmatrix ist damit durch $C_{ii} = C_0 + 4C$ und $C_{ij} = -C$ gegeben, wenn nur benachbarte Zellen berücksichtigt werden. Damit ergibt sich für die

[1] $h.k.$ bezeichnet die Hermitesch konjugierten Terme.

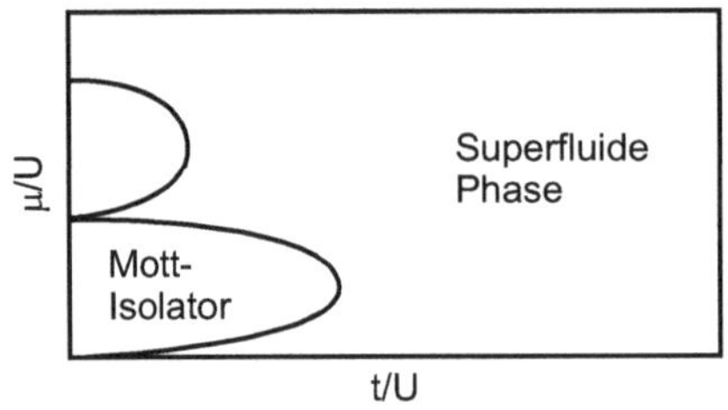

Abb. 3.108: *Phasendiagramm des Mott–Hubbard–Modells für T=0. Es sind zwei Mott–isolierende Bereiche der Serie dargestellt. t, U und μ bezeichnen die hopping–Energie, die repulsive Wechselwirkung und das chemische Potential.*

elektrostatische Energie bei Deposition von zwei Ladungen in den CPB i und j bei den Koordinaten $\mathbf{r}_i$ und $\mathbf{r}_j$:

$$U_{ij} = \frac{e^2}{2C_{ij}} = \frac{e^2}{8\pi^2} \int\int dk_x dk_y \frac{\exp(i\mathbf{k} \cdot [\mathbf{r}_i - \mathbf{r}_j])}{C_0 + 2C(2 - \cos k_x - \cos k_y)}$$
$$\approx \frac{e^2}{4\pi C} K_0 \left(\frac{|\mathbf{r}_i - \mathbf{r}_j|}{\lambda} \right) . \tag{3.547}$$

K_0 ist hier die modifizierte Bessel–Funktion und $\lambda \sim \sqrt{C/C_0}\, c$ die charakteristische Abschirmlänge für die Gitterkonstante c [3.168]. Berücksichtigt man die Wechselwirkung von Cooper–Paarlandungen und die Josephson–Kopplung, so ergibt sich folgender Hamilton–Operator:

$$\hat{H} = \frac{1}{2} \sum_{i,j} \hat{N}_i U_{ij} \hat{N}_j - E_J \sum_{\langle i,j \rangle} \cos(\varphi_i - \varphi_j) . \tag{3.548}$$

$2N_i e$ ist die Überschussladung der entsprechenden CPB. Der Kommutator für den Ladungs- und Phasenoperator ist gegeben durch

$$\left[\hat{N}_i, \exp(i\hat{\varphi}_j)\right] = \delta_{ij} \exp(-i\varphi_j) . \tag{3.549}$$

Diese Relation repräsentiert die quantenmechanische Dualität von Ladung und Phase, die das globale Verhalten der JJA steuert. Mit Gl. (3.549) ergibt sich folgende Abbildung des Bose–Hubbard–Modells auf das durch Gl. (3.548) gegebene *Quantenphasenmodell*: $\hat{b}_i \to \exp(i\hat{\varphi}_i)$, $\langle N \rangle t \to E_J$ und $\hat{b}_i^\dagger \hat{b}_i \to \hat{N}_i$. Die Möglichkeit, quantenmechanische Kohärenzeffekte zu steuern, so wie es in der diskutierten Weise mit JJA möglich ist, ist von großer Bedeutung für die Entwicklung der Quanteninformationsverarbeitung und, wie in Abschn. 3.4.2 diskutiert, für die Realisierung supraleitender 2–Niveau–Systeme.

Der bereits im Zusammenhang mit Gl. (3.193) eingeführte *Josephson–Effekt* ist eines der am intensivsten untersuchten Phänomene der Supraleitung [3.171]. Der maximale Suprastrom, der kritische Strom, ist für zwei durch eine Tunnelbarriere getrennte Supraleiter gegeben durch $I_0 = \pi\Delta/(2eR_N)$, wobei R_N der Barrierenwiderstand im normalleitenden Zustand ist. Wie bereits erwähnt, tritt der Josephson–Effekt allerdings auch für $S/N/S$–Kontakte und sogar für Konstriktionen eines Supraleiters auf. Insofern ist es angemessen, allgemein von einer schwachen Kopplung (weak link) zwischen zwei Supraleitern zu sprechen [3.147]. I_0 ist im Allgemeinen dann durch eine für das System relevante Energie statt durch Δ und durch den Systemwiderstand R_N im normalleitenden Zustand bestimmt. Der Transport der Elektronen durch einen Normalleiter muss phasenkohärent erfolgen. Die Phasenkohärenzlänge für ein ungeordnetes Metall ist von der Größenordnung $\xi = \sqrt{\hbar D/(k_B T)}$, mit der Diffusionskonstante D. Handelt es sich um einen ballistischen Kontakt, so ist $\xi = \hbar v_F/(k_B T)$, mit der Fermi–Geschwindigkeit v_F. Die in Abschn. 3.6.3 diskutierte Leitwertquantisierung hat in der Supraleitung ein Analogon. Handelt es sich bei der schwachen Kopplung zwischen zwei Supraleitern um einen Quantenpunktkontakt, so ist der maximale Suprastrom quantisiert: $I_0 = ne\Delta/\hbar$ [3.172]. Diese Quantisierung lässt sich beispielsweise mit mechanisch kontrollierten Bruchkontakten, wie in Abb. 3.67 dargestellt, nachweisen [3.173]. Auch die in Abschn. 3.6.3 diskutierten Rauschmechanismen können an supraleitenden Systemen auf diese Weise analysiert werden.

In Abschn. 3.5.2 hatten wir den Aharonov–Bohm–Effekt diskutiert. In mesoskopischen supraleitenden Systemen lässt sich der duale Effekt, der *Aharonov–Casher–Effekt* [3.174], realisieren. Abbildung 3.109(a) zeigt schematisch eine Anordnung zur Realisierung des Aharonov–Bohm–Effekts. Ein Elektron bewegt sich links oder rechts um ein Fluxoid. Nehmen wir an, das Fluxoid sei in einer Superposition aus zwei möglichen Positionen. Anfänglich sind Elektron und Fluxoid in einem nicht verschränkten Zustand:

$$|\Psi\rangle = \frac{1}{2}(|f_1\rangle + |f_2\rangle)(|e_1\rangle + |e_2\rangle) \, . \tag{3.550}$$

Nachdem das Elektron das Fluxoid in der Position $|f_2\rangle$ passiert hat, sind Fluxoid– und Elektronpositionen verschränkt:

$$|\Psi\rangle = \frac{1}{2}|f_1\rangle(|e_1\rangle + |e_2\rangle) + \frac{1}{2}|f_2\rangle(|e_1\rangle + \exp(i\varphi)|e_2\rangle) \, . \tag{3.551a}$$

φ ist hier die Aharonov–Bohm–Phase: Zwischen den Wellenpaketen $|e_1\rangle$ und $|e_2\rangle$ besteht die Phasendifferenz φ dann – und nur dann –, wenn das Fluxoid zwischen den Positionen $|e_1\rangle$ und $|e_2\rangle$ liegt. Allerdings kann $|\Psi\rangle$ aus Gl. (3.551a) auch geschrieben werden als

$$|\Psi\rangle = \frac{1}{2}(|f_1\rangle + |f_2\rangle)|e_1\rangle + \frac{1}{2}(|f_1\rangle + \exp(i\varphi)|f_2\rangle)|e_2\rangle \, . \tag{3.551b}$$

Diese Schreibweise impliziert, dass zwischen den Fluxoidwellenpaketen $|f_1\rangle$ und $|f_1\rangle$ die Phasendifferenz φ besteht, dann – und nur dann –, wenn sich das Elektron zwischen den Fluxoidpositionen befindet. φ ist dann die Aharonov–Casher–Phase. Der Aharonov–Bohm–Effekt und der Aharonov–Casher–Effekt sind äquivalente Effekte: Es kann ein Referenzsystem gewählt werden, in dem das Elektron ein Fluxoid passiert und die Phase φ akquiriert, oder eines, in dem das Fluxoid das Elektron passiert und ebenfalls die Phase φ akquiriert.

Der Aharonov–Casher–Effekt kann an einer JJA–Anordnung, wie in Abb. 3.109(b) dargestellt, beobachtet werden [3.175]. Vortices, die sich, wie wir gesehen haben, wie makroskopische Quantenteilchen verhalten, laufen entlang zweier symmetrischer Pfade von Josephson–Kontakten, die eine geladene CPB einschließen. Der flussabhängige Widerstand des JJA–Netzwerks oszilliert mit einer Periode von $2e$ bei kapazitiver Variation von Q. Diese Oszillationen sind Konsequenzen konstruktiver und destruktiver Vortexinterferenz aufgrund des Aharonov–Casher–Effekts. Dieser experimentelle Befund ist insofern sehr bemerkenswert, als Vortices zwar punktförmige Objekte sind, wenn sie entsprechend ihrer wesentlichen Natur als topologische Anregungen betrachtet werden. In jeder anderen Hinsicht sind sie allerdings makroskopische Objekte, die sich über viele Josephson–Kontakte ausdehnen.

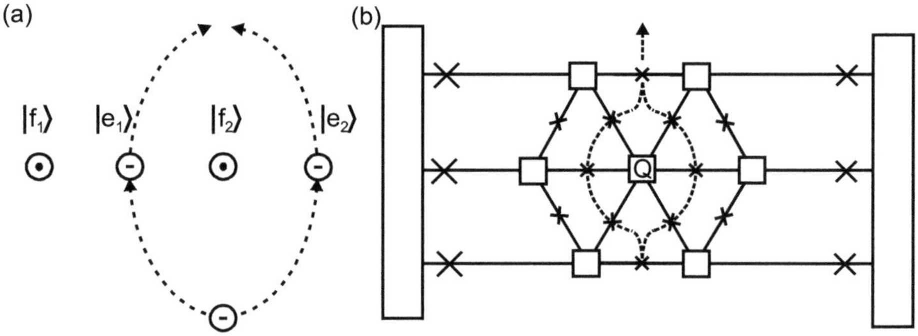

Abb. 3.109: *(a) Ein Elektron und ein Fluxoid (Vortex) jeweils in einer Superposition aus zwei Wellenpaketen. (b) Hexagonales JJA mit Vortexpfaden um eine Ladung Q, die kapazitiv variiert werden kann [3.175].*

Für die Physik ungeordneter diffusiver Normalleiter ist die *Thouless–Energie* $E_{Th} = \hbar D/l^2$ relevant. D ist dabei die Diffusionskonstante und l die charakteristische Systemlänge. Definitionsgemäß ist E_{Th} im Wesentlichen durch das Inverse der Zeit für die Diffusion durch das System, also durch eine klassische Größe gegeben. Gleichzeitig erweist sich E_{Th} aber auch als weitestgehend identisch mit verschiedenen charakteristischen Energien, die quantenmechanische Aspekte des Transports in ungeordneten Leitern charakterisieren [3.176]. Betrachtet man S/N–Grenzflächen, so treten in den durch den bereits diskutierten Proximity–Effekt dominierten Grenzflächen sehr überraschende Effekte auf, wenn $k_BT < E_{Th}$ ist [3.177]. Beispielsweise steigt der Widerstand des grenzflächennahen Normalleiters mit sinkender Temperatur an bis auf einen Wert, den er ohne Kontakt zum Supraleiter für $T = 0$ hätte. Die aufgrund des Proximity–Effekts nicht verschwindende Paaramplitude im Normalleiter würde a priori eine mo-

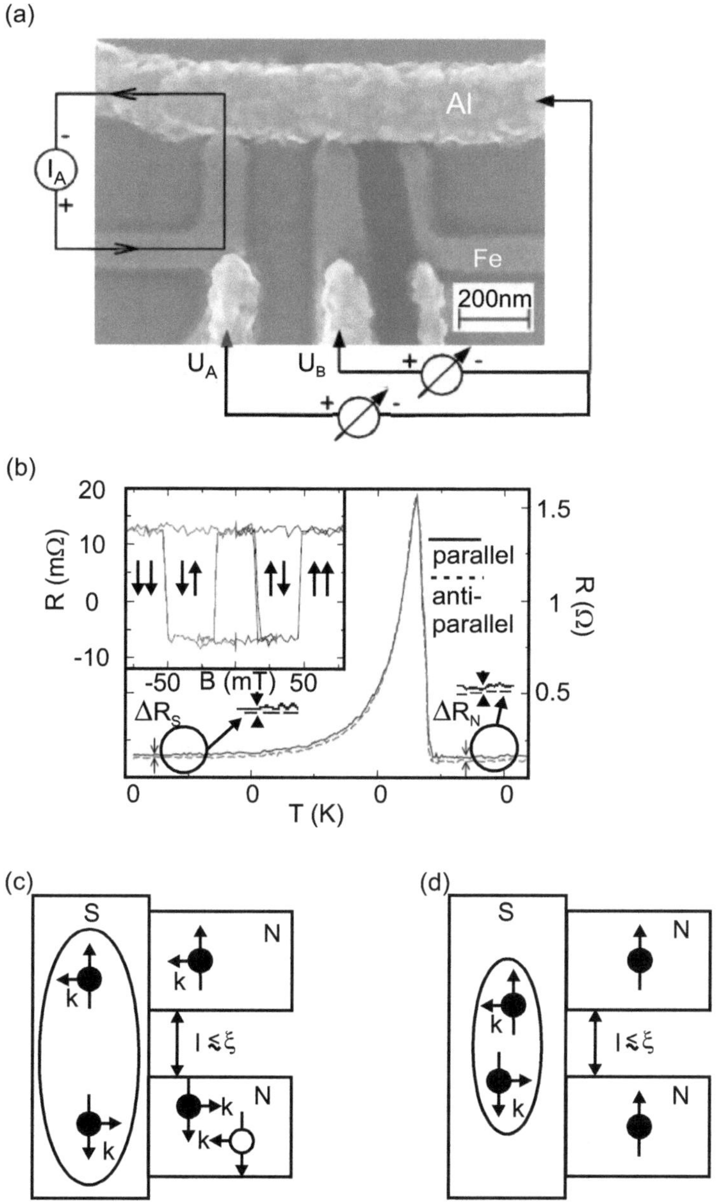

Abb. 3.110: *(a) S/F–Hybridstruktur mit Angabe zur Beschaltung [3.179]. (b) Nicht lokaler Widerstand R als Funktion der Temperatur, gemessen in einer Anordnung ähnlich derjenigen in (a). Der Kontaktabstand betrug* $l = 320\,nm$ *und die Sprungtemperatur* $T_C \approx 1{,}15\,K$*. Die durchgezogene und die gestrichelte Linie entsprechen paralleler und antiparalleler Magnetisierung benachbarter Kontakte. Die Teilabbildung zeigt den bei* $T_C < T = 1{,}8\,K$ *gemessenen GMR–Effekt [3.179]. (c) Gekreuzte Andreev–Reflektion und (d) Kotunneln.*

notone Abnahme des Widerstands mit abnehmender Temperatur erwarten lassen, die aber nur für $E_{Th}/k_B < T < T_C$ beobachtet wird. In mesoskopischen Supraleitern und S/N–Hybridsystemen treten auch spezifische *Nichtgleichwichtseffekte* und unkonventionelles Verhalten in äußeren Magnetfeldern auf [3.178]. Besonders interessante Hybridsysteme stellen, wie bereits betont, S/F–Grenzflächen dar. Abbildung 3.110(a) zeigt ein solches System, realisiert mit dem Supraleiter Aluminium und dem Ferromagneten Eisen [3.179]. Die Anordnung ähnelt derjenigen aus Abb. 3.91. Der Strom I_A wird durch einen der Al/Fe–Kontakte injiziert. Ein zweiter Al/Fe–Kontakt erlaubt die Messung des nicht lokalen Widerstands $R_{AB} = U_B/I_A$. Abbildung 3.110(b) zeigt Ergebnisse entsprechender Transportmessungen. Zunächst einmal kann im normalleitenden Zustand der GMR– oder Spin Valve–Effekt nachgewisen werden. Zwischen Parallel– und Antiparallelmagnetisierung der beteiligten Fe–Elektroden ergibt sich eine Widerstandsdifferenz ΔR_N. Bei $T = T_C = 1,15\,\mathrm{K}$ ist ein starker Anstieg des nicht lokalen Widerstands zu beobachten, der darauf zurückzuführen ist, dass jetzt Quasiteilchen oberhalb der nahe T_C kleinen Energielücke injiziert werden. Bei weiterer Abkühlung öffnet sich die Energielücke und R konvergiert gegen einen temperaturunabhängigen Wert. Dieser ist für eine parallele Magnetisierung um ΔR_S größer als für eine antiparallele. Der Sachverhalt impliziert eine Reihe äußerst interessanter Aspekte der in Abb. 3.102 bereits diskutierten Adreev–Reflexion. Für eine Multiterminalanordnung, wie in Abb. 3.110(a), können die *gekreuzte Andreev–Reflexion* (*crossed Andreev reflection*, *CAR*) und das *Kotunneln* relevante Transportmechanismen sein. Beide Prozesse sind schematisch in Abb. 3.110(c) und (d) dargestellt. Wenn der Abstand beider Normalleiter nicht größer als etwa die Kohärenzlänge ist, so können die Quasiteilchenzustände beider Leiter kohärent mit einem Cooper–Paar wechselwirken. Das führt bei CAR dazu, dass das Elektron und das retroreflektierte Loch sich in benachbarten Kontakten ausbreiten, was zu einem negativen nicht lokalen Widerstand führt. Beim Kotunneln wird ein Elektron eines gegebenen Spins in den Supraleiter injiziert. Ein Elektron identischer Spinrichtung verlässt den Supraleiter durch den benachbarten Normalleiter, was zu einem positiven nicht lokalen Widerstand führt. Wenn die S/N–Grenzflächen spinpolarisiert sind, das heißt, wenn es sich um S/F–Grenzflächen handelt, dann sind Kotunneln und CAR jeweils bevorzugt für eine parallele und eine antiparallele Magnetisierung der Kontakte. Die Differenz ΔR_S der nicht lokalen Widerstände für unterschiedliche Magnetisierungskonfigurationen in Abb. 110(b) wird vermutlich durch eine jeweils unterschiedliche Superposition von CAR– und Kotunnelbeiträgen verursacht [3.179]. Generell ist die Physik spinbasierter Phänomene an mesoskopischen supraleitenden Heterostrukturen außerordentlich reichhaltig [3.180].

3.7 Magnetismus

3.7.1 Grundlagen

Phänomene, die dem Magnetismus zuzuordnen sind, sind inhärent quantenphysikalische Phänomene. Für ein sich klassisch verhaltendes System aus N Elektronen wäre die *Zustandssumme* gegeben durch

$$Z = \int \ldots \int \exp\left(-\frac{H}{k_B T}\right) d^3p_1 \ldots d^3p_N d^3r_1 \ldots d^3r_N \,. \tag{3.552}$$

Unter dem Einfluss eines elektrischen Potentials $U(\mathbf{r})$ und eines Magnetfelds $\mathbf{B}(\mathbf{r}) = \nabla \times \mathbf{A}(\mathbf{r})$ ist die *Hamilton–Funktion* gegeben durch

$$H = \sum_{i=1}^{N} \left\{ \frac{1}{2m}[\mathbf{p}_i - e\mathbf{A}(\mathbf{r}_i)]^2 + U(\mathbf{r}_i) \right\} + \frac{e^2}{8\pi\varepsilon_0} \sum_{\substack{i,j \\ i \neq j}} \frac{1}{|\mathbf{r}_i - \mathbf{r}_j|} \,. \tag{3.553}$$

In der klassischen statistischen Physik ergibt sich die Magnetisierung $\mathbf{M}$ aus der freien Energie $F = -k_B T \ln Z$ gemäß $\mathbf{M} = -\nabla_{\mathbf{B}} F/V$, mit dem Volumen V. Wird in Gl. (3.552) der generalisierte Impuls $\mathbf{p}_i \to \mathbf{p}_i - e\mathbf{A}(r)$ verwendet, so hängt dennoch Z nicht von $\mathbf{A}$ ab. Damit hängt dann F nicht von $\mathbf{B}$ ab und man erhält für das sich klassisch verhaltende System von Elektronen $\mathbf{M} = 0$. Dieser Befund ist als *Bohr–van Leeuwen–Theorem* bekannt. Ersetzt man in Gl. (3.353) die Hamilton–Funktion durch den Hamilton–Operator $\hat{H}$, so gilt wegen $[\hat{\mathbf{p}}_i, \mathbf{r}_i] \neq 0$ und $[\hat{\mathbf{p}}_i, \mathbf{A}] \neq 0$ dieses Theorem nicht, und man erhält eine resultierende Magnetisierung.

Die nicht relativistische Pauli–Gleichung (3.156) lässt sich schreiben als

$$\begin{aligned} \Bigg[\Bigg(& -\frac{\hbar^2}{2m}\triangle + \frac{ie\hbar}{2m}[\nabla \cdot \mathbf{A}(\mathbf{r}) + \mathbf{A}(\mathbf{r}) \cdot \nabla] + \frac{e^2}{2m}A^2(\mathbf{r}) \\ & + U(\mathbf{r}) - E \Bigg) \begin{pmatrix} 1 & 0 \\ 0 & 1 \end{pmatrix} + \mu_B \hat{\boldsymbol{\sigma}} \cdot \mathbf{B} \Bigg] \begin{pmatrix} \Psi \uparrow \\ \Psi \downarrow \end{pmatrix} = 0 \,. \end{aligned} \tag{3.554}$$

Dabei wird zunächst nur ein Elektron betrachtet. Bei Spinentartung erhält man

$$\left[-\frac{\hbar^2}{2m}\triangle - \frac{e}{2m}\hat{\mathbf{L}} \cdot \mathbf{B} + \frac{e^2}{8m} r^2 B^2 (1 - \cos^2 \vartheta) + U(\mathbf{r}) - E \right] \Psi = 0 \,. \tag{3.555}$$

ϑ ist hier der Winkel zwischen $\mathbf{r}$ und $\mathbf{B}$. Der Term $\sim B$ liefert einen *paramagnetischen* und derjenige $\sim B^2$ einen *diamagnetischen Anteil* [3.4]. Neben dem durch den Drehimpuls des Elektrons bedingten paramagnetischen Anteil resultiert aus der Aufhebung der Spinentartung, das heißt aus Gl. (3.554), der spininduzierte *Pauli–Paramagnetismus*.

Bestimmte Materialien zeigen eine lokal variierende Magnetisierung ohne äußeres Feld. Dies ist auf eine kollektive Kopplung der elektronischen magnetischen Momente zurückzuführen, wobei hier unterschiedlichste Kopplungsmechanismen zu berücksichtigen sind [3.181]. Abbildung 3.111 zeigt einige Grundzustandsmagnetisierungen.

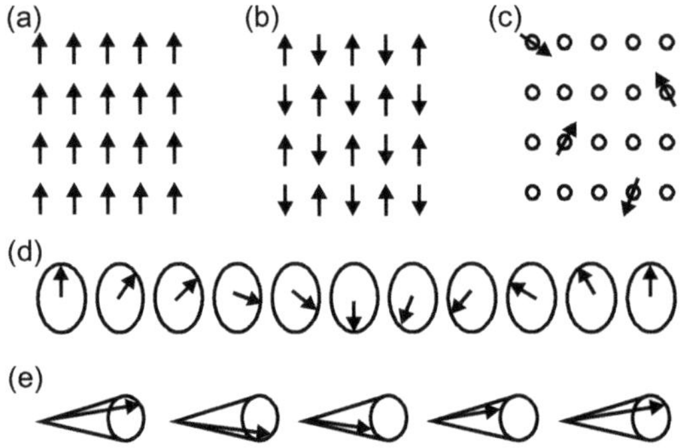

Abb. 3.111: *Arrangement der Momente in magnetisch geordneten und ungeordneten Systemen. (a) Ferromagnet, (b) Antiferromagnet, (c) Spinglas, (d) Spinhelix und (e) Spinspirale.*

Allgemein lässt sich die quantenmechanische Analyse derartiger Systeme mittels der *Spin–Dichtefunktionaltheorie* (*density functional theory, DFT*) durchführen [3.182]. Allgemeinster Ausgangspunkt ist Gl. (3.554), formuliert für das Vielelektronensystem eines Festkörpers. Die Coulomb–Wechselwirkung wird wie in Gl. (3.553) berücksichtigt und $U(\mathbf{r})$ beinhaltet alle relevanten Potentiale. Fundamentale Variablen sind die Dichte $\varrho(\mathbf{r})$ und die Magnetisierung $\mathbf{M}(\mathbf{r})$. Alternativ lässt sich die *Spin–Dichtematrix* $\underline{\underline{\varrho}}(\mathbf{r})$, gegeben durch $\varrho^{\alpha\beta}(\mathbf{r})$ einführen, wobei α und β die Richtung des Majoritäts– (↑) oder Minoritätsspins (↓) angeben. Dabei bestehen folgende Relationen:

$$\varrho(\mathbf{r}) = \sum_{\alpha} \varrho^{\alpha\alpha}(\mathbf{r}) \ , \tag{3.556a}$$

$$\mathbf{M}(\mathbf{r}) = \mu_B \sum_{\alpha,\beta} \boldsymbol{\sigma}^{\alpha\beta} \varrho^{\alpha\beta}(\mathbf{r}) \tag{3.556b}$$

und

$$\varrho^{\alpha\beta}(\mathbf{r}) = \frac{1}{2}\left(1_2^{\alpha\beta}\varrho(\mathbf{r}) + \frac{1}{\mu_B}[\sigma_x^{\alpha\beta}M_x(\mathbf{r}) + \sigma_y^{\alpha\beta}M_y(\mathbf{r}) + \sigma_z^{\alpha\beta}M_z(\mathbf{r})]\right) \ , \tag{3.556c}$$

mit

$$\underline{\underline{1_2}} = \begin{pmatrix} 1 & 0 \\ 0 & 1 \end{pmatrix} \ . \tag{3.556d}$$

Das *Spin–Dichtefunktional* ist gegeben durch

$$E(\varrho^{\alpha\beta}) = T_{e^2=0}(\varrho^{\alpha\beta}) + \frac{e^2}{8\pi\varepsilon_0}\int\int \frac{\varrho(\mathbf{r})\varrho(\mathbf{r}')}{|\mathbf{r}-\mathbf{r}'|} d^3r d^3r' + \sum_{\alpha,\beta}\int U^{\alpha\beta}(\mathbf{r})\varrho^{\alpha\beta}(\mathbf{r}) d^3r + E_{AK}(\varrho^{\alpha\beta}) \ . \tag{3.557}$$

$T_{e^2=0}$ beschreibt den Gesamtbeitrag der kinetischen Energie nicht wechselwirkender Elektronen. Der zweite Term charakterisiert die Elektron–Elektron–Wechselwirkung. $U^{\alpha\beta}$ umfasst Beiträge der Atomrümpfe sowie auch externer Felder. E_{AK} ist die *Austauschkorrelationsenergie.*

Nach dem *Hohenberg–Kohn–Theorem* bestimmt die Grundzustandsdichte $\varrho(\mathbf{r})$ das Potential $U(\mathbf{r})$ und über die resultierenden Wellenfunktionen alle stationären Observablen [3.183]. Da dieses Theorem unabhängig von der Coulomb–Wechselwirkung zwischen den Elektronen gilt, lässt sich durch Vergleich von Gl. (3.557) mit dem entsprechenden Funktional für ein wechselwirkungsfreies System folgender Ausdruck für das Potential der nicht wechselwirkenden Elektronen ableiten:

$$U^{\alpha\beta}_{e^2=0}(\mathbf{r}) = 1^{\alpha\beta}_2 \frac{e^2}{4\pi\varepsilon_0} \int \frac{\varrho(\mathbf{r}')}{|\mathbf{r}-\mathbf{r}'|} d^3r' + U^{\alpha\beta}(\mathbf{r}) + U^{\alpha\beta}_{AK}(\mathbf{r}) \,. \tag{3.558}$$

Das Austauschkorrelationspotential ergibt sich dabei aus der Variationsbedingung $\delta E_{AK}(\varrho^{\alpha\beta}) = 0$ für $E_{AK} = U^{\alpha\beta}_{AK}$. Bei Abwesenheit von Elektron–Elektron–Wechselwirkungen können Spin–Dichtematrix und kinetische Energie aus Einteilchen–Schrödinger–Gleichungen ermittelt werden:

$$\varrho^{\alpha\beta}_{e^2=0}(\mathbf{r}) = \sum_i \varphi_i^{\alpha *}(\mathbf{r})\varphi_i^{\beta}(\mathbf{r}) \tag{3.559a}$$

und

$$T_{e^2=0}(\varphi^{\alpha\beta}) = \sum_{\alpha,i} \langle\varphi_i^{\alpha}(\mathbf{r})| \frac{\hat{\mathbf{p}}^2}{2m} |\varphi_i^{\alpha}(\mathbf{r})\rangle \,. \tag{3.559b}$$

i charakterisiert hier a priori alle besetzten Orbitale. Diese lassen sich aus der *Kohn–Sham–Einteilchengleichung* ermitteln, die sich für $\delta_i E_{e^2=0} = 0$ aus Gl.(3.557) ergibt:

$$-\frac{\hbar^2}{2m}\triangle\varphi_i^{\alpha}(\mathbf{r}) + \sum_{\beta} U^{\alpha\beta}_{e^2=0}(\mathbf{r})\varphi_i^{\beta}(\mathbf{r}) = E_i(\mathbf{r})\varphi_i^{\alpha}(\mathbf{r}) \,. \tag{3.560}$$

Für die konkrete Behandlung des Austauschkorrelationsfunktionals ist man auf Näherungen angewiesen. Die populärste ist die *lokale Dichtenäherung* (*local density approximation, LDA*), bei der für hinreichend schwache Variationen der elektronischen Dichte die Austauschkorrelationsenergie durch diejenige des homogenen Elektronengases angenähert wird:

$$E_{AK} = \int d^3r \varrho(\mathbf{r}) \varepsilon_{AK}(\varrho) \,. \tag{3.561}$$

E_{AK} ist der Austauschkorrelationsterm des homogenen Elektronengases der Dichte ϱ. Eine über die LDA hinausgehende Approximation ist die *verallgemeinerte Gradiententennäherung* (*generalized gradient approximation, GGA*) für die $E_{AK} = E_{AK}(\varrho, \nabla\varrho)$ ist.

Die Diagonalisierung von $\underline{\underline{\varrho}}$ gemäß

$$\sum_{\alpha'\beta'} U^{\alpha\alpha'}(\mathbf{r}) \varrho^{\alpha'\beta'}(\mathbf{r}) U^{\beta\beta'}(\mathbf{r}) = \delta_{\alpha\beta} \varrho^{\alpha}(\mathbf{r}) \tag{3.562}$$

liefert die Eigenwerte $\varrho^{\uparrow}(\mathbf{r})$ und $\varrho^{\downarrow}(\mathbf{r})$. $\underline{\underline{U}}$ sind hier Spinrotationsmatrizen. In vielen Fällen existiert nun, wie in Abb. 3.111(a) angedeutet, eine einheitliche Magnetisierungsrichtung für alle Atome. Damit werden die Rotationsmatrizen $\underline{\underline{U}}$ ortsunabhängig. Alle Observablen sind nunmehr Funktionale des Magnetisierungsbetrags $M(\mathbf{r}) = \mu_B[\varrho^{\uparrow}(\mathbf{r}) - \varrho^{\downarrow}(\mathbf{r})]$ und nicht eines Magnetisierungsvektorfelds. Die Spindichten aus Gl. (3.559a) sind nun gegeben durch

$$\varrho^{\uparrow\downarrow}(\mathbf{r}) = \sum_i |\varphi_i^{\uparrow\downarrow}(\mathbf{r})|^2 \,. \tag{3.563}$$

Aus Gl. (3.560) wird jetzt

$$\left[-\frac{\hbar^2}{2m} \triangle + U_{e^2=0}^{\uparrow\downarrow}(\mathbf{r}) \right] \varphi^{\uparrow\downarrow}(\mathbf{r}) = E_i^{\uparrow\downarrow} \varphi_i^{\uparrow\downarrow}(\mathbf{r}) \,, \tag{3.564a}$$

mit dem effektiven Potential

$$U_{e^2=0}^{\uparrow\downarrow}(\mathbf{r}) = \frac{e^2}{4\pi\varepsilon_0} \int d^3r' \frac{\varphi(\mathbf{r}')}{|\mathbf{r} - \mathbf{r}'|} + U^{\uparrow\downarrow}(\mathbf{r}) + U_{AK}^{\uparrow\downarrow}(\mathbf{r}) \,. \tag{3.564b}$$

A priori ist DFT ein präziser Ansatz. Allerdings ist, wie bereits erwähnt, das Funktional $E_{AK}(\varrho)$ nicht bekannt, da hierin die gesamte Komplexität des Vielteilchensystems verborgen ist. Damit müssen Näherungen wie LDA oder GGA eingeführt werden. So kann das Austauschkorrelationspotential in $\mathbf{M}$ linearisiert werden:

$$U_{AK}^{\uparrow\downarrow}(\mathbf{r}) = U_{AK}(\mathbf{r}) \mp \varepsilon(\varrho) M(\mathbf{r}) \,. \tag{3.565}$$

Mit $\varepsilon(\varrho) > 0$ sind die Majoritätsspins ($\uparrow$) einem attraktiveren Potential ausgesetzt als die Minoritätsspins. $U_{AK}(\mathbf{r})$ charakterisiert den spinentarteten Teil des Austauschkorrelationspotentials. Im Stoner–Modell [3.4, 3.184] wird die Potentialdifferenz als räumlich konstant angenommen:

$$U_{AK}^{\uparrow\downarrow}(\mathbf{r}) = U_{AK}(\mathbf{r}) \mp \frac{J}{2} R \,, \tag{3.566a}$$

mit

$$R = \frac{1}{\mu_B} \int\limits_{\text{Atom}} d^3 r M(\mathbf{r}) = \int\limits_{\text{Atom}} d^3 r [\varrho^{\uparrow}(\mathbf{r}) - \varrho^{\downarrow}(\mathbf{r})] \,. \tag{3.566b}$$

Der *Stoner–Parameter* J beschreibt die Kopplung aufgrund elektronischer Korrelation. Die grundsätzlich vorhandene Abhängigkeit vom Wellenkvektor $\mathbf{k}$ wird vernachlässigt. R ist der relative Exzessanteil an Elektronen pro atomarer Einheitszelle und $\mathbf{m} = \mu_B \mathbf{R}$ das atomare magnetische Moment. Unter diesen vereinfachenden Annahmen, die für die ferromagnetischen Elemente Eisen, Kobalt und Nickel gerechtfertigt sind, ergibt sich für Wellenfunktionen, Eigenwerte und Zustandsdichten

$$|\varphi_{n\mathbf{k}}^{\uparrow\downarrow}(\mathbf{r})\rangle = |\varphi_{n\mathbf{k}}(\mathbf{r})\rangle \,, \tag{3.567a}$$

$$E_{n\mathbf{k}}^{\uparrow\downarrow}(\mathbf{r}) = E_{n\mathbf{k}}(\mathbf{r}) \mp \frac{J}{2} R \,, \tag{3.567b}$$

$$\varrho^{\uparrow\downarrow}(E) = \sum_n \int\limits_{1.BZ} \delta(E - E_{n\mathbf{k}}^{\uparrow\downarrow}) d^3 k = \varrho\left(E \mp \frac{J}{2} R\right) . \tag{3.567c}$$

n charakterisiert das jeweilige elektronische Band. Gleichung (3.567c) quantifiziert die für den spinbasierten elektronischen Transport, diskutiert in Abschn. 3.6.5, grundlegende Aufspaltung der Zustandsdichte. Das Integral ist über die erste Brillouin–Zone auszuführen. Die Integration über alle besetzten Zustände liefert

$$R = \int\limits_0^{E_F} dE \left[\varrho\left(E + \frac{J}{2} R\right) - \varrho\left(E - \frac{J}{2} R\right)\right] \tag{3.568a}$$

Tabelle 3.10: *Zustandsdichte, Stoner–Parameter und magnetisches Moment ohne und mit Berücksichtigung der Orbitalbeiträge für die ferromagnetischen Elemente [3.185].*

Element	$\varrho(E_F)$ ($1/Ry$[1] pro Atom)	$J(Ry)$	$J\varrho(E_F)$	M_S (μ_B pro Atom)	M_{SO} (μ_B pro Atom)
Fe	42	0,034	1,43	2,15	2,22
Co	27	0,036	0,97	1,56	1,71
Ni	55	0,037	2,04	0,59	0,61

und

$$N = \int_0^{E_F} dE \left[\varrho\left(E + \frac{J}{2}R\right) + \varrho\left(E - \frac{J}{2}R\right) \right] . \tag{3.568b}$$

Da die Elektronendichte N durch die Ladungsneutralität determiniert ist, definiert Gl. (3.568b) die Fermi–Energie als Funktion von R, also als Funktion der Magnetisierung: $E_F = E_F(R)$. Gleichung (3.568a) hingegen impliziert, dass die Magnetisierung selbstkonsistent bestimmt werden muss: $R = f(R)$, mit $f(R) = -f(-R)$, $f(0) = 0$ und $\lim_{R \to \pm\infty} f(R) = \pm R_\infty$. R_∞ entspricht der vollen Spinpolarisation bei Besetzung aller Majoritätszustände und Nichtbesetzung aller Minoritätszustände. Die detailliertere Diskussion von $R = f(R)$ in Abhängigkeit von den Parametern J und $\varrho(E_F)$ liefert das *Stoner–Kriterium* $J\varrho(E_F) > 1$ für das Auftreten von Ferromagnetismus [3.182]. Ist diese Bedingung erfüllt, so erhält man $R = R_S$ und damit die remanente homogene Magnetisierung $\mathbf{M} = \mathbf{M}_S$. Berücksichtigt man in Gl. (3.568a) für $T > 0$ nicht einfach nur die Zustandsdichten, sondern die durch die Fermi–Funktion gegebenen Besetzungsstatistiken, so resultiert die bekannte $M_S(T)$–Abhängigkeit [3.4]. Tabelle 3.10 liefert berechnete, im Stoner–Modell relevante, atomare Parameter für Eisen, Kobalt und Nickel.

Häufig ist der Spin–DFT–Ansatz numerisch zu aufwendig. Dann ist die Abbildung des Problems auf einfache Modell–Hamilton–Operatoren sinnvoll. Ein Beispiel ist der *Heisenberg–Hamiltonian* $\hat{H} = -1/4 \sum_{i,j} J_{ij} \hat{\boldsymbol{\sigma}}_i \cdot \hat{\boldsymbol{\sigma}}_j$, wobei J_{ij} die Austauschkopplung zwischen den Spins an den Positionen i und j ist und $\hat{\mathbf{S}} = \hbar\hat{\boldsymbol{\sigma}}/2$. $\hat{H}$ beschreibt die Wechselwirkung lokalisierter Elektronen mit jeweils den nächsten Nachbarn. Dieses Szenario entspricht weitestgehend der Situation bei den Seltenen Erden mit ihren partiell gefüllten f–Schalen und bei ionischen Verbindungen der d– und f–Übergangsmetalle. Bei Berücksichtigung eines externen Magnetfelds $\mathbf{B}$ erhalten wir

$$\hat{H} = -\frac{1}{4} \sum_{i,j} J_{ij} \hat{\boldsymbol{\sigma}}_i \cdot \hat{\boldsymbol{\sigma}}_j - \frac{1}{2} g \mu_B \mathbf{B} \cdot \sum_i \hat{\boldsymbol{\sigma}}_i \, . \tag{3.569}$$

[1] $1\,Ry = 13,6\,eV$

Der Heisenberg–Hamiltonian ist ein nichtlinearer Operator. Lösungen lassen sich nur in speziellen Fällen oder nach Linearisierung finden. Im *Effektivfeldansatz* (*mean field approximation*) ersetzt man den Spinoperator der nächsten Nachbarn durch den Erwartungswert $\langle \hat{\boldsymbol{\sigma}}_j \rangle$:

$$\hat{H} = -\frac{1}{2}\sum_i \hat{\boldsymbol{\sigma}}_i \cdot \left(\frac{1}{2}\sum_j J_{ij}\langle \hat{\boldsymbol{\sigma}}_j \rangle + g\mu_B \mathbf{B} \right) . \tag{3.570}$$

Das Effektivfeld der Austauschwechselwirkung ist dann gegeben durch $\mathbf{B}_{eff} = \sum_j J_{ij} \langle \boldsymbol{\sigma}_j \rangle/(2g\mu_B)$. Für einen homogenen Festkörper ist $\langle \boldsymbol{\sigma}_j \rangle \equiv \langle \boldsymbol{\sigma} \rangle$ =const gegeben durch $\mathbf{M} = g\mu_B N \langle \boldsymbol{\sigma} \rangle /2$. N ist dabei die atomare Dichte. Damit ergibt sich $\mathbf{B}_{eff} = \nu J \mathbf{M} /(N g^2 \mu_B^2)$. ν gibt die Anzahl der nächsten Nachbarn an. Der Vielteilchen–Hamilton–Operator aus Gl. (3.569) lässt sich nunmehr auffassen als ein Hamilton–Operator für N unabhängige Spins pro Volumeneinheit unter dem Einfluss des Gesamtfelds $\mathbf{B}_\Sigma = \mathbf{B}_{eff} + \mathbf{B}$. Die resultierenden Eigenwerte sind $E = \pm g\mu_B B_\Sigma/2$ für jeden der Spins. Mit $M_\infty = g\mu_B N/2$, $M = M_\infty(N^\uparrow - N^\downarrow)/N$ und $N^\uparrow/N^\downarrow = \exp[g\mu_B B_\Sigma/(k_B T)]$ folgt schließlich $M = M_\infty \tanh[g\mu_B B_\Sigma/(2k_B T)]$. Lösungen mit $M \neq 0$ setzen $J > 0$, eine *ferromagnetische Kopplung*, voraus. Für $B = 0$ und $T_C = \nu J/(4k_B)$ erhält man $M_S(T)/M_\infty = \tanh[T_C M(T)/(T M_\infty)]$. Die daraus resultierende Lösung für $M_S(T)$ entspricht derjenigen, die man aus Gl. (3.568a) im Rahmen des Stoner–Bandmagnetismusmodells erhält.

Bislang haben wir uns mit dem Grundzustand des Spingitters beschäftigt. Wie sehen nun Anregungszustände aus? Zur Beantwortung dieser Frage definieren wir zunächst $\hat{\sigma}_\uparrow = \hat{\sigma}_x + i\hat{\sigma}_y$ und $\hat{\sigma}_\downarrow = \hat{\sigma}_x - i\hat{\sigma}_y$. $\hat{\sigma}_{x,y}$ lassen sich gemäß Gl. (3.153) durch die Pauli–Matrizen ausdrücken. Wendet man diese Operatoren auf Spinzustände $|\uparrow\rangle$ und $|\downarrow\rangle$ gemäß Gl. (3.161a) an, so erhält man $\hat{\sigma}_\uparrow|\uparrow\rangle = 0$, $\hat{\sigma}_\downarrow|\downarrow\rangle = |\uparrow\rangle$, $\hat{\sigma}_\downarrow|\uparrow\rangle = |\downarrow\rangle$ und $\hat{\sigma}_\downarrow |\downarrow\rangle = 0$. $\hat{\sigma}_z$ präpariert hingegen die Eigenwerte in der gewöhnlichen Weise: $\hat{\sigma}_z|\uparrow\rangle = |\uparrow\rangle$ und $\hat{\sigma}_z|\downarrow\rangle = -|\downarrow\rangle$. Substitution dieser Operatoren in Gl. (3.569) liefert für $\mathbf{B} = 0$:

$$\hat{H} = -\frac{J}{4}\sum_{i,j}\left[\hat{\sigma}_z^{(i)}\hat{\sigma}_z^{(j)} + \frac{1}{2}(\hat{\sigma}_\uparrow^{(i)}\hat{\sigma}_\downarrow^{(j)} + \hat{\sigma}_\downarrow^{(i)}\hat{\sigma}_\uparrow^{(j)})\right] . \tag{3.571}$$

Angenommen wird nun wiederum eine ferromagnetische Kopplung $J > 0$. Der Grundzustand ergibt sich als Produkt der Spinzustände aller Atome: $|0\rangle = \prod_i |\alpha\rangle_i$. Damit folgt $\hat{H}|0\rangle = -\nu J n|0\rangle/4$. Für die n identischen Atome gibt ν die Anzahl der wechselwirkenden nächsten Nachbarn an. Ein angeregter Zustand mit einem umgeklappten Spin an Position j resultiert durch Anwendung von $\sigma_\downarrow^{(j)}$ auf $|0\rangle$. Allerdings ist dieser Zustand kein Eigenzustand von $\hat{H}$. Dies ist vielmehr

$$|\mathbf{k}\rangle = \frac{1}{\sqrt{n}}\sum_j \exp(i\mathbf{k}\cdot\mathbf{r}_j)\hat{\sigma}_\downarrow^{(j)}|0\rangle . \tag{3.572}$$

Dieser Zustand repräsentiert eine *Spinwelle*. Die Eigenwerte von $\hat{\sigma}_z^{(i)}$ und $(\hat{\sigma}_x^{(j)})^2+(\hat{\sigma}_y^{(i)})^2$ sind Erhaltungsgrößen, nicht jedoch diejenigen von $\hat{\sigma}_x^{(i)}$ und $\hat{\sigma}_y^{(i)}$. Der Spin präzidiert also gemäß Abb. 3.111(e) um die z–Achse mit einer interatomaren Phasendifferenz, die von $\mathbf{k}$ abhängt. Die Eigenwerte der Spinwellenlösung ergeben sich gemäß

$$\hat{H}|\mathbf{k}\rangle = J\left\{\nu\left(1-\frac{n}{4}\right)-\frac{1}{2}\sum_j[\exp(-i\mathbf{k}\cdot\mathbf{r}_j)+\exp(i\mathbf{k}\cdot\mathbf{r}_j)]\right\}|\mathbf{k}\rangle$$
$$= \left\{E_0+J\left(\nu-\frac{1}{2}\sum_j[\exp(-i\mathbf{k}\cdot\mathbf{r}_j)+\exp(i\mathbf{k}\cdot\mathbf{r}_j)]\right)\right\}|\mathbf{k}\rangle\,, \quad (3.573)$$

mit der Grundzustandsenergie E_0. Für kleine Wellenvektoren lassen sich die Eigenwerte durch $E = E_0 + J\sum_j(\mathbf{k}\cdot\mathbf{r_j})^2/2$ approximieren. Nehmen wir im Sinne der Linearisierung des Heisenberg–Operators an, dass einzelne Spinwellen unabhängig voneinander angeregt werden[1], so sind die Eigenwerte bei einer Besetzungszahl von $n(\mathbf{k})$ durch diejenigen des in Abschn. 3.3.3 diskutierten harmonischen Oszillators gegeben: $E(\mathbf{k}) = n(\mathbf{k})J\sum_j(\mathbf{k}\cdot\mathbf{r}_j)^2/2$. Die elementare Spinwellenanregung wird als *Magnon* bezeichnet und hat einen bosonischen Quasiteilchencharakter. Grundsätzlich konkurrieren Magnonen mit *Einteilchen–Stoner–Anregungen*, die für $\mathbf{k}=0$ eine Energie von νJ haben. Für $\mathbf{k}\neq 0$ existiert ein durch die Einteilchendispersion festgelegtes Kontinuum von Stoner–Anregungen. Demgegenüber besitzen Spinwellen eine einfache parabelförmige Dispersionsrelation.

Magnetische Anisotropien lassen sich ebenfalls aus der Spin–DFT ableiten [3.182]. Die Energie zum Rotieren der Magnetisierung aus einer leichten Achse in eine schwere Achse liegt typisch in der Größenordnung von μeV bis meV pro Atom. Ursachen für magnetische Anisotropien resultieren bei relativistischer Behandlung des Problems. Die Dipol–Dipol–Wechselwirkung zwischen einzelnen Spins ist gegeben durch

$$\hat{H}_{DD} = \frac{\mu_0}{4\pi}\sum_{\substack{i,j\\ i\neq j}}\frac{1}{|\mathbf{r}_i-\mathbf{r}_j|^3} - 3\frac{[(\mathbf{r}_i-\mathbf{r}_j)\cdot\hat{\boldsymbol{\mu}}_i][(\mathbf{r}_i-\mathbf{r}_j)\cdot\hat{\boldsymbol{\mu}}_j]}{|\mathbf{r}_i-\mathbf{r}_j|^2}\,, \quad (3.574)$$

mit $\hat{\boldsymbol{\mu}} = \gamma\hat{\mathbf{S}}$. Der Erwartungswert dieser Energie resultiert im Rahmen des Spin–DFT–Ansatzes aus dem Hartree–Anteil der *relativistischen Breit–Gleichung* [3.186]. Wegen der durch $\sim|\mathbf{r}_i-\mathbf{r}_j|^3$ bedingten Langreichweitigkeit wird die Magnetisierung im gesamten Volumen kleiner Partikel durch die Orientierung der Momente am Rand und

[1] In realiter ist von einer Überlagerung von Spinwellen und anisotroper Dispersionsrelation auszugehen.

damit durch die geometrische Form beeinflusst. Hieraus resultiert die *Formanisotropie*, die insbesondere bei niedrigdimensionalen Strukturen eine Rolle spielt.

Ein anderer relativistischer Effekt ist, wie bereits diskutiert, die Spin–Bahn–Wechselwirkung, die aus der Dirac–Gleichung resultiert, wenn diese nach $1/c$ entwickelt wird [3.2, 3.94]. Die *magnetokristalline Anisotropie* resultiert aus der Anisotropie der Spin–Bahn–Wechselwirkung. Diese erhält man, wenn man die entsprechenden relativistischen Hamilton–Operatoren für verschiedene Richtungen der Magnetisierung $\mathbf{M}$ vergleicht. In einem Metall kreuzen im Allgemeinen mehrere Bänder das Fermi–Niveau. Das resultierende Orbitalmoment ergibt sich dann aus den entsprechenden Anteilen dieser Bänder. Je nach Orientierung der Orbitale ergeben sich unterschiedliche Drehimpulsorientierungen. Im Rahmen der Störungsrechnung zweiter Ordnung ist der Drehimpuls gegeben durch

$$\langle \mathbf{L} \rangle = \sum_{i,j} \frac{\langle \Psi_i | \hat{\mathbf{L}} | \Psi_j \rangle \langle \Psi_j | \hat{H}_{SO} | \Psi_i \rangle}{E_i - E_j} f(E_i)[1 - f(E_j)] \; . \tag{3.575}$$

$\hat{H}_{SO}$ ist der durch Gl. (3.404) gegebene Operator der Spin–Bahn–Wechselwirkung. $|\Psi_i\rangle$ ist ein besetzter und $|\Psi_j\rangle$ ein unbesetzter Zustand, was durch die Fermi–Verteilung $f(E)$ sichergestellt wird. Wenn nun Majoritäts–und Minoritätsbänder aufgrund der Austauschwechselwirkung voneinander separiert sind und keine Spinflipprozesse auftreten, so liefert die Spin–Bahn–Wechselwirkung den Energiebeitrag [3.187]

$$\delta E = \sum_{i,j} \frac{\langle \Psi_i | \hat{H}_{SO} | \Psi_j \rangle \langle \Psi_j | \hat{H}_{SO} | \Psi_i \rangle}{E_i - E_j} \approx -\frac{\hbar\gamma}{(4mc)^2} \boldsymbol{\sigma} \cdot (\mathbf{L}^{\uparrow} - \mathbf{L}^{\downarrow}) \; , \tag{3.576}$$

wobei γ der Radialanteil der Spin–Bahn–Wechselwirkung gemäß Gl. (3.405) ist und $\mathbf{L}^{\uparrow}, \mathbf{L}^{\downarrow}$ die Erwartungswerte der Orbitalmomente für Majoritäts– und Minoritätsbänder quantifizieren. Diese werden auf die lokale Spin–oder Magnetisierungsrichtung projiziert. Zur Berechnung der magnetokristallinen Anisotropie startet man praktisch mit der Lösung der nicht relativistischen Schrödinger–Gleichung, repräsentiert durch $\hat{H}$ und $|\Psi_0\rangle$. Sodann wird die Schrödinger–Gleichung für $\hat{H} + \hat{H}_{SO}$ gelöst, wobei man davon ausgeht, dass die modifizierten Zustände $|\Psi\rangle$ bezüglich der Spinquantisierungsachse einfach nur gedreht sind:

$$\begin{aligned}
&\left\langle \begin{pmatrix} \Psi^{\uparrow} \\ \Psi^{\downarrow} \end{pmatrix} \middle| \hat{H}_O + \hat{H}_{SO} \middle| \begin{pmatrix} \Psi^{\uparrow} \\ \Psi^{\downarrow} \end{pmatrix} \right\rangle \\
&= \left\langle \begin{pmatrix} \Psi_0^{\uparrow} \\ \Psi_0^{\downarrow} \end{pmatrix} \middle| \hat{H} \middle| \begin{pmatrix} \Psi_0^{\uparrow} \\ \Psi_0^{\downarrow} \end{pmatrix} \right\rangle + \left\langle \underline{\underline{U}} \begin{pmatrix} \Psi_0^{\uparrow} \\ \Psi_0^{\downarrow} \end{pmatrix} \middle| \hat{H}_{SO} \underline{\underline{U}} \middle| \begin{pmatrix} \Psi_0^{\uparrow} \\ \Psi_0^{\downarrow} \end{pmatrix} \right\rangle \\
&= E_0 + \frac{\hbar\gamma}{(2mc)^2} \left\langle \begin{pmatrix} \Psi_0^{\uparrow} \\ \Psi_0^{\downarrow} \end{pmatrix} \middle| \underline{\underline{U}}^{\dagger} \begin{pmatrix} \hat{L}_z & \hat{L}^- \\ \hat{L}^+ & -\hat{L}_z \end{pmatrix} \underline{\underline{U}} \middle| \begin{pmatrix} \Psi_0^{\uparrow} \\ \Psi_0^{\downarrow} \end{pmatrix} \right\rangle \; ,
\end{aligned} \tag{3.577}$$

mit den Stufenoperatoren $\hat{L}^{\pm}$ aus Gl. (3.420). Durch Variation der Spinrotationsmatrix $\underline{\underline{U}}$ kann die Magnetisierungsanisotropie bestimmt werden. Ähnlich wie die Austauschwechselwirkung in Form des Heisenberg–Operators kann die Spin–Bahn–Wechselwirkung vereinfachend auf den Operator $\hat{H} = \hbar/(2mc) \sum_{i,j} \gamma_i \hat{\boldsymbol{\sigma}}_i \cdot \hat{\mathbf{L}}_j$ abgebildet werden.

Im Rahmen der üblichen phänomenologischen Beschreibung der Folgen der Spin–Bahn–Kopplung für ein ferromagnetisches Material entwickelt man die freie Energiedichte $f = F/V$ nach *Kugelflächenfunktionen*, also nach jenem Satz orthogonaler Eigenfunktionen, die aus dem Winkelanteil des Laplace–Operators resultieren:

$$f(\vartheta, \varphi) = \sum_{l} \sum_{m=-l}^{l} \kappa_{lm}(\mathbf{B}) Y_{lm}(\vartheta, \varphi) , \qquad (3.578)$$

wobei Terme für ein geradzahliges l aufgrund der Zeitumkehrsymmetrie verschwinden. Die Spin–Bahn–Wechselwirkung koppelt bevorzugte Magnetisierungsachsen an kristalline Symmetrien. Damit bietet sich alternativ zu Gl. (3.575) in vielen Fällen eine Entwicklung von $f(\vartheta, \varphi)$ nach den Richtungskosinus $(\alpha_1, \alpha_2, \alpha_3) = (\sin\vartheta\cos\varphi, \sin\vartheta\sin\varphi, \cos\vartheta)$ an. Für ein kubisches Gitter mit Koordinatenachsen entlang der kubischen Achsen erhält man

$$f(\vartheta, \varphi) = K_0 + K_1(\alpha_1^2\alpha_2^2 + \alpha_2^2\alpha_3^2 + \alpha_3^2\alpha_1^2) + K_2\alpha_1^2\alpha_2^2\alpha_3^2 + \ldots . \qquad (3.579a)$$

Für ein hexagonales Gitter ergibt sich

$$f(\vartheta\varphi) = K_0 + K_1 \sin^2\vartheta + K_2 \sin^4\vartheta + \ldots , \qquad (3.579b)$$

wobei ϑ hier der Winkel zwischen $\mathbf{M}$ und der c–Achse ist.

3.7.2 Magnetismus nanoskaliger Strukturen

Der Magnetismus nanoskaliger Strukturen bildet gleichsam die Brücke zwischen dem atomaren Magnetismus einerseits und demjenigen des ausgedehnten Massivmaterials andererseits, dessen quantenphysikalische Aspekte im vorherigen Abschnitt diskutiert wurden. Insgesamt betrachtet, gibt es auf der Längenskala zwischen einigen Gitterkonstanten und beispielsweise 100 nm eine große Vielfalt spezifischer magnetischer Phänomene, deren Charakterisierung üblicherweise auf unterschiedlichen Beschreibungsebenen erfolgt. Im vorliegenden Kontext soll insbesondere auf quantenmechanische Gesichtspunkte eingegangen werden, die beim Magnetismus niedrigdimensionaler und nanoskaliger Strukturen zu berücksichtigen sind. Dabei soll die Diskussion wiederum besonders fokussiert werden auf den itineranten Magnetismus der Übergangsmetalle. In realiter handelt es sich bei nanostrukturbasierten Systemen mit reduzierten Dimensionen um Ober– und Grenzflächen, Multischichtsysteme, ultradünne Schichten, magnetische Drähte, Nanopartikel und Cluster.

A priori kann bei einer Diskussion des Magnetismus niedrigdimensionaler Strukturen nicht davon ausgegangen werden, dass nur die 3d–Übergangsmetalle Fe, Co und Ni itineranten Magnetismus zeigen. Zunächst haben nahezu alle der 30 Übergangsmetalle entsprechend der ersten *Hundschen Regel* ein magnetisches Spinmoment. Andererseits sind nur fünf von ihnen im Zustand des Massivmaterials remanent spinpolarisiert: Co und Ni sind ferromagnetisch, Cr ist antiferromagnetisch und Mn und Fe sind ferromagnetisch oder antiferromagnetisch je nach Kristallstruktur. Niedrigdimensionale, nanoskalige Strukturen sollten ein Verhalten zwischen dem der Atome und dem der Massivmaterialien aufweisen. Allerdings ist das genaue Verhalten nicht so einfach extrapolierbar, da eine Verschmälerung elektronischer Bänder, Ladungstransfer, Aufhebung von Spinentartung sowie strukturelle, morphologische und thermodynamische Modifikationen in Nanostrukturen berücksichtigt werden müssen [3.188]. Dies wird deutlich, wenn die strukturelle Abhängigkeit des schon diskutierten Stoner–Kriteriums $J\varrho(E_F) > 1$ analysiert wird. Dieses Stabilitätskriterium spiegelt die Kompetition zwischen der Austauschwechselwirkung, repräsentiert durch den Stoner–Parameter J, und der kinetischen Energie der Elektronen in Form der spinentarteten Zustandsdichte $\varrho(E_F)$ wider. Eine große Austauschwechselwirkung und eine große Zustandsdichte am Fermi–Niveau begünstigen eine ferromagnetische Ordnung. Bei den Übergangsmetallen wird $\varrho(E_F)$ hauptsächlich durch d–Elektronen determiniert: $\varrho(E_F) \sim 1/\Delta E_d \approx 1/(\sqrt{\nu} t_d)$. ΔE_d bezeichnet hier die mittlere Ausdehnung des d–abgeleiteten Bands, die für die itineranten, fest gebundenen d–Elektronen in einem *tight binding–Ansatz* durch das Hoppingmatrixelement t_d und die Anzahl nächster Nachbarn ν gegeben ist. Natürlich sind ν und t_d stark strukturabhängig. Setzt man einmal eine konstante Bindungsenergie bei variierendem ν voraus, d.h. $t_d =$const, so wächst $\varrho(E_F)$ mit abnehmender Anzahl nächster Nachbarn an. Die Tendenz zu ferromagnetischer Ordnung wächst also für niedrigdimensionale Strukturen. Ein unmagnetisches Massivmaterial könnte also als ultradünner Film oder Nanostruktur durchaus Ferromagnetismus zeigen.

Komplexe Spinstrukturen in niedrigdimensionalen Systemen werden in aller Regel unter Verwendung von *Modell–Hamilton–Operatoren* diskutiert. Ein solcher Operator ist der in Gl. (3.569) schon verwendete Heisenberg–Operator. Vereinfachend wird angenommen, dass die Austauschkopplung isotrop ist und die Momente an allen Gitterpositionen denselben Betrag haben, sich ansonsten aber wie klassische Vektoren verhalten: $\hat{H} = -\sum_{i,j} J_{ij}\boldsymbol{\sigma}_i \cdot \boldsymbol{\sigma}_j$. Häufig reicht es, die Wechselwirkung zwischen nächsten Nachbarn zu berücksichtigen: $J_{ij} = J_1$ für benachbarte Positionen i, j und $J_{ij} = 0$ für alle anderen Positionspaare. Manche Spinstrukturen lassen sich allerdings nicht mittels des klassischen Heisenberg–Modells erklären, sondern ergeben sich nur unter Verwendung des Hubbart–Modells in einer Störungsrechnung höherer Ordnung [3.188]. In diesem Modell resultiert aus einer Störungsrechnung zweiter Ordnung wiederum das Heisenberg–Modell. Störungsrechnung vierter Ordnung liefert allerdings weitere Beiträge zum Hamiltonian:

$$\hat{H}_4 = -\sum_{i,j,k,l} K_{i,j,k,l}[(\boldsymbol{\sigma}_i \cdot \boldsymbol{\sigma}_j)(\boldsymbol{\sigma}_k \cdot \boldsymbol{\sigma}_l) + (\boldsymbol{\sigma}_j \cdot \boldsymbol{\sigma}_k)(\boldsymbol{\sigma}_l \cdot \boldsymbol{\sigma}_i) - (\boldsymbol{\sigma}_i \cdot \boldsymbol{\sigma}_k)(\boldsymbol{\sigma}_j \cdot \boldsymbol{\sigma}_l)] \quad (3.580a)$$

und

$$\hat{H}_{bi} = -\sum_{i,j} B_{ij}(\boldsymbol{\sigma}_i \cdot \boldsymbol{\sigma}_j)^2 . \quad (3.580b)$$

Zu $\hat{H}_4$ trägt ein Hopping der Elektronen über vier Gitterplätze und zum biquadratischen Anteil ein zweifaches Hopping zwischen zwei Gitterplätzen bei. J_{ij}, K_{ijkl} und B_{ij} hängen empfindlich vom Besetzungsgrad des d–Bands ab. Beiträge höherer Ordnung führen zudem zu einer Aufhebung der Spinentartung für aus dem Heisenberg–Modell resultierende Konfigurationen.

Für *Bravais–Gitter* folgt aus dem Heisenberg–Modell als Fundamentallösung eine *spiralförmige Spinkonfiguration*, wie in Abb. 3.112(a) dargestellt. Es ist zweckmäßig, hier $\hat{H}$ im reziproken Raum zu betrachten:

$$\hat{H} = -N \sum_{\mathbf{q}} J(\mathbf{q}) \boldsymbol{\sigma}_{\mathbf{q}} \cdot \boldsymbol{\sigma}_{-\mathbf{q}} . \quad (3.581a)$$

$\mathbf{q}$ sind die reziproken Gittervektoren und N quantifiziert die Anzahl der Gitterpunkte im Kristall.

$$J(\mathbf{q}) = \sum_{i,j} J_{i-j} \exp(-i\mathbf{q}[\mathbf{r}_j - \mathbf{r}_i]) = \sum_{\Delta\mathbf{r}_i} J_{\Delta\mathbf{r}_i} \exp(i\mathbf{q} \cdot \Delta\mathbf{r}_i) = J(-\mathbf{q}) = J^*(\mathbf{q}) \quad (3.581b)$$

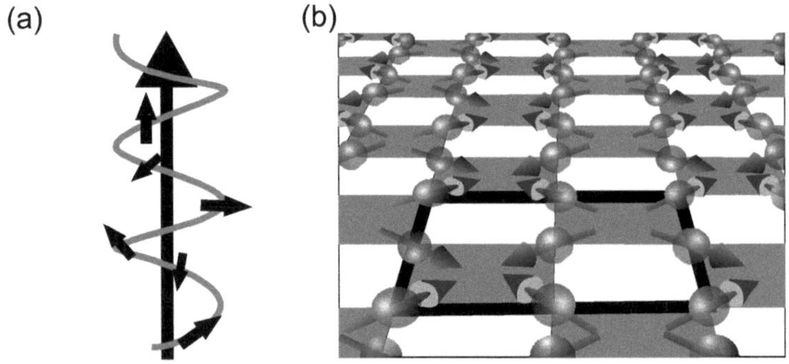

Abb. 3.112: *(a) Spinspirale als Grundzustandskonfiguration aus dem Heisenberg–Modell. (b) Bei Berücksichtigung von Wechselwirkungen höherer Ordnung resultiert der 2Q–Zustand als Überlagerung von zwei Spinspiralen.*

ist die Fourier-transformierte Austauschkonstante und $\Delta(\mathbf{r}_i)$ die Koordinate des i–ten Gitterpunkts in Bezug auf den gewählten Koordinatenursprung. Die Grundzustandsenergie

$$E(\mathbf{Q}) = -N\sigma^2 g(\mathbf{Q}) \tag{3.581c}$$

erhält man für die *Spinspirale* $\boldsymbol{\sigma}_\mathbf{Q}$ mit den Wellenvektoren $\pm\mathbf{Q}$ in der ersten Brillouin–Zone. Berücksichtigt man Wechselwirkungen höherer Ordnung gemäß Gl. (3.580), so können die in Abb. 3.112(b) dargestellten komplexeren Strukuren resultieren.

Auch die kritische Temperatur, oberhalb derer die spontane Magnetisierung aufgrund eines Phasenübergangs zweiter Ordnung verschwindet, ist abhängig von der Dimensionalität und Ausdehnung des magnetischen Systems. Für die ferromagnetische Phase wird diese Temperatur als *kritische Temperatur* T_C bezeichnet, für kompliziertere Spinkonfigurationen, wie helixförmige Spinspiralen oder auch eine antiferromagnetische Konfiguration, als *Néel–Temperatur* T_N. In der *Effektivfeldapproximation* des Heisenberg–Modells erhält man für den zuvor diskutierten Spinspiralengrundzustand $T_N = 2\sigma^2 J(Q)/(3k_B)$ und für den ferromagnetischen Zustand mit $\mathbf{Q} = (0,0,0)$ erhält man $T_C = 2\sigma^2 \nu J_1/(3k_B)$ [3.188]. T_N und T_C nehmen also mit abnehmender Anzahl nächster Nachbarn ab und können damit für Nanostrukturen gegenüber dem Massivmaterial reduziert sein. Realistischere Resultate als die Effektivfeldnäherung liefert die *Zufallsphasenapproximation* (*random phase approximation*). Sie gewichtet auch die niedrigenergetischen Magnonen in angemessener Weise. Wiederum nehmen T_N und T_C mit abnehmender Anzahl nächster Nachbarn ab. Zusätzlich erhält man $T_C = 0$ für zwei– und eindimensionale Systeme, was im Einklang mit dem *Mermin–Wagner–Theorem* [3.189] ist. Eine langreichweitige Ordnung bei endlicher Temperatur wird allerdings durch die praktisch immer vorhandene magnetische Anisotropie stabilisiert. Dies führt dazu, dass in einem zweidimensionalen System die kritische Temperatur mit derjenigen des dreidimensionalen skaliert [3.188]. In einer ideal eindimensionalen Struktur existiert keine langreichweitige magnetische Ordnung. Unterhalb einer *Blocking–Temperatur* existieren aber so niedrige Relaxationsraten, dass ein quasieindimensionales System wie ein Ferromagnet wirken kann.

In niedrigdimensionalen Systemen dominieren zweizählige Anisotropien, die sich im Heisenberg–Modell durch den Zusatzterm $E_K = \sum_i \boldsymbol{\sigma}_i \cdot \underline{\underline{K_i}}\boldsymbol{\sigma}_i$ charakterisieren lassen. $\underline{\underline{K_i}}$ ist dabei der Tensor der einzelnen Gitterplatzanisotropiekonstanten. In zwei– und eindimensionalen Systemen führt die Oberfläche zu einer *uniaxialen Anisotropie* mit einer leichten Achse senkrecht zur Oberfläche. So erhält man für ultradünne Filme $K_i^{zz} = K\delta^{zz}$. Für Nanodrähte erhält man hingegen $K_i^{xx} = K\delta^{xx}/2$ und $K_i^{yy} = K\delta^{yy}/2$. Dies lässt sich zusammenfassen als $E_K = -NK\cos^2\Theta$, wobei Θ den Winkel zwischen Magnetisierung und Oberflächennormaler charakterisiert. Für $K > 0$ ist die Magnetisierung dann senkrecht zur Filmebene oder zur Drahtachse orientiert. Beiträge zu K liefern, wie vorher diskutiert, grundsätzlich die Dipol–Dipol– und die Spin–Bahn–Wechselwirkung.

Im Vergleich zu dem gemäß der Hundschen Regeln für ein bestimmtes Atom zu erwartenden Spinmoment weichen die in Tab. 3.10 angegebenen Momente für die entspre-

Tabelle 3.11: *Magnetische Momente mit Spin– und Bahnanteil für Massivmaterialien, Filme, Drähte und isolierte Atome [3.188][1]. Für Filme und Drähte ist zwischen Werten senkrecht (⊥) und parallel (∥) zur Filmebene oder Drahtachse zu unterscheiden.*

Dimensionalität	Fe			Co			Ni		
	M_S	M_O		M_S	M_O		M_S	M_O	
	(μ_B pro Atom)			(μ_B pro Atom)			(μ_B pro Atom)		
		∥	⊥		∥	⊥		∥	⊥
3	2, 05	0, 05		1, 59	0, 08		0, 62	0, 05	
2	3,07	0,07	0,10	2,09	0,20	0,19	0,94	0,18	0,14
1	3,22	0,72	0,27	2,32	0,98	0,77	1,18	0,84	0,44
0	4	2		3	3		2	3	

chenden Festkörper mehr oder weniger stark ab, was der Bandstruktur des Materials geschuldet ist. Die Orbitalbeiträge sind vergleichsweise gering. Mit abnehmender Dimensionalität und variierender Anzahl nächster Nachbarn variieren auch die magnetischen Momente pro Atom. Wie zu erwarten, führt eine reduzierte Dimensionalität und abnehmende Anzahl nächster Nachbarn zu einer Vergrößerung der magnetischen Momente, die für den Orbitalbeitrag sogar beträchtlich sein kann. Tabelle 3.11 zeigt Ergebnisse, die mittels Spin–DFT–Rechnungen erhalten wurden. Die mit der Dimensionalität variierenden Momente resultieren aus der von der Dimensionalität abhängigen Bandstruktur der nanoskaligen Systeme. Wechselwirkungen eines Films oder Drahts mit einem Substrat oder mit Nachbarschichten in Sandwichstrukturen haben ebenfalls signifikanten Einfluss auf die magnetischen Momente pro Atom. Die größeren Orbitalbeiträge bei verminderter Dimensionalität haben ein Anwachsen der magnetokristallinen Anisotropie zur Folge. Die Größenordnung beträgt jeweis pro Atom $|K| \approx 0,01\,\mathrm{eV}$ für das Massivmaterial, $|K| \approx 1\,\mathrm{eV}$ für dünne Filme und $|K| \approx 10\,\mathrm{eV}$ für Drähte. In Abhängigkeit von der Filmdicke und dem Substrat oder den Nachbarschichten kann zudem K positiv oder negativ sein, d. h. die leichte Achse in oder senkrecht zu der Filmebene liegen.

Niedrigdimensionale Magnete sind oft einer strukturellen Inversionsasymmetrie ausgesetzt. Offensichtlich ist dies etwa bei einem dünnen Film mit dem Vakuumpotential auf der einen Seite und dem Potential des Substrats auf der anderen Seite. Es besteht also ein Potentialgradient über die Filmdicke, der im Bezugssystem eines sich mit $\mathbf{k}$ bewegenden Elektrons Lorentz–transformiert wie ein Magnetfeld wirkt. Der beschreibende Hamiltonian wurde bereits durch Gl. (3.492b) gegeben. Der *Bychkov–Rashba–Term* beschreibt eine spezielle Spin–Bahn–Wechselwirkung. In einer ferromagnetischen Schicht sind unter der Wirkung des Austauschfelds die Bänder spinaufgespalten und es besteht keine Zeitumkehrsymmetrie. Aufgrund der Bychkov–Rashba–Wechselwirkung sind die Elektronen einem schwachen spinabhängigen Potential ausgesetzt, das von der Propagationsrichtung abhängt. Dies hat zur Folge, dass eine Elektronenbewegung von Gitterplatz i nach Gitterplatz j und die umgekehrte Bewegung, oder ein entsprechender Hoppingprozess und der dazugehörige zeitinverse Prozess eine Asymmetrie aufweisen

[1]Die Werte für Massivmaterialien differieren hier leicht von denen in Tabelle 3.10, die aus einer anderen Quelle stammen.

und die Interferenz der Prozesse nicht zur vollständigen Auslöschung führt. Da elektronische Platzwechselprozesse aber die Ursache der Austauschkopplung sind, resultiert eine zusätzliche *antisymmetrische Wechselwirkung*

$$\hat{H} = \sum_{i,j} \mathbf{D}_{ij} \cdot (\boldsymbol{\sigma}_i \times \boldsymbol{\sigma}_j) \,, \tag{3.582}$$

die als *Dzyaloshinsky-Moriya-Wechselwirkung* bezeichnet wird. $\mathbf{D}_{ij}$ wird durch die Symmetrie des Systems, durch die Position der Gitterpunkte i und j determiniert. Die chirale Wechselwirkung orientiert tendentiell $\boldsymbol{\sigma}_i$ und $\boldsymbol{\sigma}_j$ senkrecht zueinander und senkrecht zu $\mathbf{D}_{ij}$. Damit wird eine ferromagnetische oder antiferromagnetische Ordnung destabilisiert.

3.8 Informations- und Energiefluss in nanoskaligen Systemen

3.8.1 Quantenmechanische Limits

Wie in den vorangegangenen Abschnitten immer wieder verdeutlicht wurde, ist die Nanotechnologie von überragender Bedeutung für die Realisierung verbesserter oder völlig neuer Konzepte für die Informationsverarbeitung. Die Gesetze der Quantenmechanik legen dabei fest, wo ultimative Grenzen liegen und wie neue Paradigmen aussehen könnten. In diesem Kontext ist es sinnvoll, sich einmal dem Begriff *Information* etwas präziser und unabhängig von konkreten Konzepten zur Informationsverarbeitung zu nähern, um Bezüge zur Nanotechnologie zu identifizieren. Dabei wird Information hier streng auf der syntaktischen Ebene und nicht auf der semantischen oder pragmatischen behandelt.

Die moderne Informationstheorie wurde durch *C.E. Shannon* (1916–2001) begründet. Danach lässt sich Information durch $I = -k \ln p$ quantifizieren. p ist die Wahrscheinlichkeit für das Auftreten des Musters von Informationseinheiten, mit dem die Information kodiert wird. Dabei könnte es sich um ein Buchstabenmuster handeln, das ein Wort, einen Satz oder einen Text repräsentiert. Ebenso könnte es sich um einen binären Code handeln, wie üblich in der digitalen Signalverarbeitung. k ist eine Normierungskonstante, die für den binären Fall durch $k = 1/\ln 2$ Bit gegeben ist. Die *gemittelte Information* oder der *Informationserwartungswert* ist gegeben durch $H = -k \sum_{i=1}^{N} p_i \ln p_i$. N ist hierbei die Anzahl der „Zustände“, die eine Informationseinheit einnehmen kann. Für den binären Fall erhält man $N = 2$. p_i ist die Wahrscheinlichkeit, mit der der jeweilige Zustand auftritt.

Für den vorliegenden Kontext ist von besonderer Bedeutung, dass ein fundamentaler Zusammenhang zwischen Informationstheorie und statistischer Thermodynamik besteht. Gibt es N Zustände für jede Informationseinheit und ein Muster aus n Informationseinheiten, so können N^n verschiedene Muster gebildet werden. Bei gleicher Wahrscheinlichkeit aller Zustände für jede Informationseinheit wäre der Informationsgehalt $I = k \ln N^n$. Für ein ideales Gas aus N Molekülen, von denen jedes in einem gegebenen Volumen n Positionen einnehmen kann, ist die *Entropie* gegeben durch $S = k_B \ln N^n$. Entropie und Information sind also formal identisch. Beide hängen von der Anzahl der mikroskopischen Konfigurationen eines makroskopischen Systems ab. Der Ausdruck für die gemittelte Information H bei variierenden Wahrscheinlichkeiten p_i entspricht demjenigen für Gemische idealer Gase. Die Entropie ist maximal, wenn alle Wahrscheinlichkeiten identisch sind. Dementsprechend gilt für den maximalen Informationsgehalt $\max(H) \equiv I = -k \ln p_i$.

Reduziert man das Volumen eines idealen Gases auf die Hälfte des ursprünglichen Werts unter isothermen Bedingungen, so bleibt die innere Energie konstant. Die Entropie wird ebenfalls auf die Hälfte des ursprünglichen Werts reduziert, da die Anzahl besetzbarer Positionen halbiert wurde. Eine Entropiereduktion von ΔS ist mit einer Energiedissipation von $\Delta E = T\Delta S$ verbunden. Ein digitales Bit kann mit derselben Wahrscheinlichkeit zwei Zustände einnehmen. Mit $N = 2$ und $n = 1$ erhalten wir eine assoziierte Entropie von $S = k_B \ln 2$. Bei einem irreversiblen Rechenprozess wird die Anzahl von Informationseinheiten reduziert, beispielsweise durch ein digitales Gatter mit zwei Eingängen und einem Ausgang. Dies führt zu einer Energiedissipation von $\Delta E = k_B T \ln 2$. Das Bit geht dabei in nicht beobachtbare Freiheitsgrade des Systems über.

Es ist offensichtlich, dass der für eine irreversible Rechenoperation notwendige Energiefluss mit der Temperatur abnimmt und damit quasi beliebig reduziert werden kann. Allerdings nur, weil wir ein ebenfalls grundlegendes quantenmechanisches Limit ignoriert haben: Wenn n Bits während einer Zeit t verarbeitet werden sollen, so ist aufgrund der Unschärferelation gemäß Gl. (3.18b) die Energieauflösung nicht besser als $\Delta E \gtrsim h/t$. Die Verarbeitung von n Bits beinhaltet die Gesamtenergie $n\Delta E$. Wird ein Bit durch die An– oder Abwesenheit eines Teilchens repräsentiert, so beträgt die mittlere Teilchenenergie $n\Delta E/2$. Um ein Teilchen zu detektieren, muss mindestens ein Energiequantum von ΔE transferiert werden. Der gesamte Energiefluss beträgt damit $dE/dt \gtrsim hn^2/(2t^2)$. Der Informationsfluss ist dann gegeben durch $dI/dt = n/t \lesssim \sqrt{(2/h)dE/dt}$. Danach ist für eine Informationsflussrate von 1 GHz mindestens eine Leistung von 0,3 nW erforderlich. Bemerkenswert an dieser Abschätzung ist, dass sie wiederum völlig systemunabhängig aussagt, dass der unvermeidbare Energiefluss quadratisch mit dem Informationsfluss ansteigt. Dies ist unabhängig davon, wie die Information transportiert wird.

Die anhand quantenmechanischer Argumente abgeschätzte Untergrenze des Energieflusses bei gegebenem Informationsfluss ist gültig für einen Informationskanal [3.190]. Im Rahmen heutiger Konzepte zur Informationsverarbeitung werden identische Informationsflüsse durch viele Kanäle gleichzeitig transmittiert. Ein einzelner elektronischer Kanal ließe sich in Form eines eindimensionalen nanoskaligen Leiters, wie in Abschn. 3.6.3 diskutiert, realisieren. Die Fermionenflussrate durch einen Quantendraht ist entsprechend Gl. (3.361) gegeben durch

$$\frac{dn}{dt} = \int_{-\infty}^{\infty} \varrho_1(E)v(E)f(E)dE \ , \tag{3.583a}$$

mit der Zustandsdichte ϱ_1 gemäß Gl. (3.262), der Gruppengeschwindigkeit v gemäß Gl. (3.308) und der Fermi–Verteilung gemäß Gl. (3.258). Der resultierende Energiefluss beträgt dann

$$\frac{dE}{dt} = \frac{1}{h} \int_{-\infty}^{\infty} Ef(E)dE \ . \tag{3.583b}$$

Dabei werden Loch– und Elektronenenergien für jeweils eine Spinrichtung gezählt. Mit der effektiven Kanaltemperatur T_{eff} lässt sich dies schreiben als

$$\frac{dE}{dt} = 2 \int_{0}^{\infty} \frac{xdx}{\exp(x)+1} \frac{(k_B T_{eff})^2}{h} \ . \tag{3.583c}$$

Die Entropieflussrate ergibt sich aus der Integration über den Wärmeinhalt bis zu T_{eff}:

$$\frac{dS}{dt} = \frac{1}{h} \int_{-\infty}^{\infty} dE \int_{0}^{T_{eff}} dT \frac{1}{T} \frac{d}{dT} [(E - E_F) f(E)] = \sqrt{\frac{\pi k_B^2}{3\hbar} \frac{dE}{dt}} \ . \tag{3.584a}$$

Der Entropiefluss entspricht nach dem vorab diskutierten einem Informationsfluss, der sich direkt aus Gl. (3.584a) für $k_B \to 1/\ln 2$ ergibt:

$$\frac{dI}{dt} \lesssim \frac{1}{\ln 2} \sqrt{\frac{\pi}{3\hbar} \frac{dE}{dt}} \ . \tag{3.584b}$$

Die Ungleichung trägt der Tatsache Rechnung, dass wir mit Gl. (3.583) die Minimalenergie berechnet haben. Die obere Grenze für den elektronischen Informationsfluss durch einen Quantendraht bei gegebener Energieflussrate entspricht größenordnungsmäßig dem zuvor direkt aus der Unschärferelation abgeschätzten Wert.

Erfolgt der Informationsfluss über Photonen, so resultiert statt Gl. (3.583b)

$$\frac{dE}{dt} = \frac{1}{h} \int_0^\infty Eg(E)dE \,, \tag{3.585}$$

mit der Bose–Verteilung aus Gl. (3.263) für $\mu = 0$. Bemerkenswerterweise erhält man in einer zu Gl. (3.583) und (3.584) analogen Rechnung für masselose Bosonen dasselbe Resultat wie in Gl. (3.584b). Massebehaftete Bosonen oder Dispersionsrelationen $E(\mathbf{k})$ mit Energielücken liefern jedoch abweichende Resultate [3.190].

3.8.2 Wärmetransport in mesoskopischen Systemen

Der Abtransport von Verlustwärme ist bekanntlich insbesondere bei weiterer Miniaturisierung elektronischer Bauelemente vielfach ein Problem. Dies wurde beispielsweise in Abschn. 2.1.3 diskutiert. Aus Anwendungssicht ist es daher interessant zu analysieren, wie Wärmetransport in nanoskaligen Systemen aussieht. Aus grundlagenorientierter Sicht ist es hingegen interessant zu analysieren, ob beispielsweise der thermische Leitwert mesoskopischer Systeme in Analogie zum elektronischen Leitwert, diskutiert in Abschn. 3.6.3, ebenfalls quantisiert ist. Dafür spricht in der Tat folgende Überlegung: Wir betrachten ein endliches System, das thermisch perfekt isoliert ist bis auf einen wohldefinierten eindimensionalen Kontakt mit einem Reservoir bei einer niedrigeren Temperatur. Der Wärmeverlust ist durch dQ/dt gegeben und resultiert in einer Entropieabnahme von $dS/dt \geq (1/T)dQ/dt$. Diese Ungleichung trägt der Tatsache Rechnung, dass es sich um einen reversiblen (=) oder irreversiblen (>) Prozess handeln kann. dQ/dt entspricht natürlich dem Energiefluss dE/dt aus Gl. (3.583c). Mit Gl. (3.584a) ergibt sich dann

$$\frac{dS}{dt} \leq \frac{\pi k_B^2 T}{3\hbar} \tag{3.586a}$$

und

$$\frac{dQ}{dt} \leq \frac{\pi k_B T^2}{3\hbar} \,. \tag{3.586b}$$

Für einen Wärmestrom $I = dQ/dt$ ist der thermische Leitwert $G = I/T \leq \pi k_B T/(3\hbar)$. Dieses temperaturabhängige Leitwertquantum repräsentiert die maximale Energie, die bei gegebener Temperatur durch einen „Kanal“ fließen könnte.

Grundsätzlich erfolgt Wärmeleitung in Festkörpern sowohl durch freie Elektronen als auch durch *Phononen*, also bosonische Quasiteilchen, welche die elementare Gitterschwingung quantifizieren. Für Metalle dominiert der elektronische Anteil. Aber auch

Isolatoren können gute Wärmeleiter sein. Beispielsweise ist die Wärmeleitfähigkeit von Al_2O_3 oder SiO_2 bei niedrigen Temperaturen höher als diejenige von Kupfer. Den Transportprozess von Elektronen in mesoskopischen Systemen haben wir bereits in Abschn. 3.6.3 eingehend behandelt. Hier soll daher die Wärmeleitung in mesoskopischen Systemen in Form des Phononentransports diskutiert werden. Da Gl. (3.586) unabhängig von der Teilchenstatistik gilt, müsste sich auch für diesen Fall eine Quantisierung des thermischen Leitwerts ergeben.

Phononen sind Anregungszustände des Gitterwellenfelds. Aufgrund ihres bosonischen Quasiteilchencharakters werden sie quantenmechanisch genauso beschrieben wie die in Abschn. 3.4.4 behandelten Photonen. Insbesondere ist der Hamilton–Operator des Phononenfelds durch Gl. (3.224) gegeben. Es gibt aber auch wesentliche Unterschiede zwischen Phononen und Photonen, die darauf zurückzuführen sind, dass es sich in einem Fall um Quasiteilchen und in dem anderen um Teilchen handelt. Im Fall des elektromagnetischen Felds im Vakuum herrscht infinitesimale Translationssymmetrie, während Gitterwellen auf einer räumlich periodischen Anordnung von Atomen oder Molekülen existieren. Die Dispersionsrelation $\omega(\mathbf{k})$ ist dann periodisch im reziproken Raum, ähnlich wie für die elektronische Bandstruktur. Das Periodizitätsschema wird wiederum durch die Brillouin–Zone begründet. Im Allgemeinen existieren *akustische* und *optische Dispersionsflächen* $\omega(\mathbf{k})$, die in jeweils zwei transversale *Dispersionszweige* und einen longitudinalen Dispersionszweig zerfallen. Aufgrund der Anharmonizität interatomarer Wechselwirkungen kommt es zur *Phonon–Phonon–Wechselwirkung*. Die damit verbundenen Streuprozesse lassen sich in *Normalprozesse* bei kleinen Phononenwellenvektoren und *Umklappprozesse* bei großen Wellenvektoren kategorisieren. Normalprozesse, die bei Temperaturen $T \lesssim 10\,\mathrm{K}$ ausschließlich auftreten, behindern einen phononischen Wärmestrom nicht, und es bestünde in einem defektfreien Gitter eine unendlich große Wämeleitfähigkeit. Ein endlicher Wärmewiderstand realer Proben resultiert allerdings wie bei elektronischen Transportprozessen durch Streuung an Defekten und der Oberfläche. Umklappprozesse bei höheren Temperaturen führen zu einem charakteristischen Wärmewiderstand.

Die *Elektron–Phonon–Wechselwirkung* führt dazu, dass die entkoppelten Elektron–Phonon–Vielteilchenzustände nicht mehr Eigenzustände des Gesamt–Hamilton–Operators der Felder sind. Es finden Übergänge zwischen dem System der Elektronen und dem der Phononen statt. Elektronen streuen an Phononen und Phononen an Elektronen. Dabei können Phononen im Rahmen von Erhaltungssätzen für die Energie und die Wellenvektoren emittiert oder absorbiert werden. Lokale Phononenanregungen werden durch Wellenpakete mit einem charakterisitischen Wellenvektor $\mathbf{k}$ charakterisiert. Aufgrund von Streuprozessen haben sie eine Lebensdauer τ und eine mittlere freie Weglänge von $l = v_{\mathbf{k}}\tau$. Die Gruppengeschwindigkeit ist durch Gl. (3.308) gegeben.

Wärmeleitung ist ein Ungleichgewichtsphänomen. Die thermische Stromdichte resultiert aus einem Temperaturgradienten und einer thermischen Leitfähigkeit: $\mathbf{j} = -\lambda\nabla T$. Dies bedeutet, dass die thermische Besetzungszahl n_{th} nach Gl. (3.103) ortsabhängig wird. Bei genügend geringer Temperaturvariation lässt sich n_{th} aber weiterhin lokal definieren. Der Wärmestrom ist dann gegeben durch $\mathbf{I} = \hbar \sum_{\mathbf{k},\nu} \omega(n_{th} - n_{th}^{(0)})\mathbf{v}$. Die Summation erfolgt über alle phononischen Wellenvektoren und über die akustischen und optischen Zweige. $n_{th}^{(0)}$ ist die Gleichgewichtsbesetzungszahl. Eine zeitliche Variation von n_{th} kommt dann zustande, wenn die Phononendiffusion inhomogen ist oder wenn Phononen örtlich in andere Phononen zerfallen. Die Ursache für beides ist die Phononenstreuung. Ihr Einfluss auf den Wärmetransport durch Phononenpropagation lässt sich völlig analog zum Vorgehen bei der Ableitung der Boltzmann–Gleichung (3.356) ableiten. Als Ergebnis ist der Wärmestrom für den diffusiven Phononentransport gegeben durch [3.4]

$$I = -\hbar \sum_{\mathbf{k},\nu} \omega(\mathbf{k},\nu)\tau(\mathbf{k},\nu)v^2(\mathbf{k},\nu)\frac{\partial n_{th}^{(0)}(\mathbf{k},\nu)}{\partial T}\nabla T \, . \tag{3.587a}$$

Die thermische Leitfähigkeit ist dann durch

$$\lambda = \frac{\hbar}{V} \sum_{\mathbf{k},\nu} \omega(\mathbf{k},\nu)l(\mathbf{k},\nu)v(\mathbf{k},\nu)\frac{\partial n_{th}^{(0)}(\mathbf{k},\nu)}{\partial T} \tag{3.587b}$$

gegeben. V ist hier das durchströmte Volumen, $l(\mathbf{k},\nu)$ die mittlere freie Weglänge der Phononen und $\mathbf{v}(\mathbf{k},\nu)$ die Geschwindigkeitskomponente in Richtung von ∇T. Für die Wärmeleitung durch freie Elektronen erhält man einen völlig analogen Ausdruck, in dem allerdings $\partial n_{th}^{(0)}/\partial T = \partial g/\partial T$ durch $\partial f/\partial T$ zu ersetzen ist und die Summation nur über die $\mathbf{k}$–Vektoren erfolgt [3.4]. $g(T)$ ist die Bose–Verteilung aus Gl. (3.263) für $\mu = 0$ und $f(T)$ die Fermi–Verteilung aus Gl. (3.258).

Die weitgehende Entsprechung von elektronischem und phononischem Transport legt es nahe, im Hinblick auf die Frage nach der Quantisierung des thermischen Leitwerts einen idealen eindimensionalen Wärmeleiter zu betrachten, der den in Abschn. 3.6.3 betrachteten eindimensionalen ballistischen Elektronenleitern entspricht. Auf beiden Seiten des Leiters mögen sich Reservoire mit den Temperaturen T_1 und T_2 befinden. Der Wärmefluss durch einen ballistischen Leiter ist dann gegeben durch

$$I = \frac{\hbar}{2\pi} \sum_{\nu} \int_0^\infty dk \, \omega_\nu(k)v_\nu(k)[g_1(k) - g_2(k)]T_{12}^\nu(k) \, . \tag{3.588a}$$

ω_ν und v_ν sind hier die Frequenz und Gruppengeschwindigkeit der ν–ten Ausbreitungsmode. $T_{12}^\nu = Sp(\underline{\underline{\tau_{12}}}\,\underline{\underline{\tau_{12}^\dagger}})$ ist der durch Gl. (3.370) gegebene Transmissionskoeffizient, der durch die Streumatrix $\underline{\underline{S}}$ aus Gl. (3.365) determiniert wird. $g_{1,2} = 1/\{\exp(\hbar\omega/[k_B T_{1,2}])-1\}$ sind die Bose–Verteilungen nach Gl. (3.263) für $\mu = 0$ und die Reservoirtemperaturen $T_{1,2}$. Die Eindimensionalität des Wärmeleiters führt zu einer lateralen Quantisierung, die sich in Lücken in der Dispersionsrelation $\omega(k)$ äußert. Nach Transformation in eine Integration über Frequenzen liefert Gl. (3.588a)

$$I = \frac{\hbar}{2\pi} \sum_{\nu} \int\limits_{\omega_\nu(0)}^{\infty} d\omega\, \omega [g_1(\omega) - g_2(\omega)] T_{12}^{\nu}(\omega) . \tag{3.588b}$$

Dies ist das direkte Pendant zu Gl. (3.583b). Der Wärmeleitwert ist dann durch $G = I/(T_1 - T_2)$ gegeben. Damit erhält man

$$G = \frac{\hbar}{2\pi} \left\{ \sum_{\nu} \int\limits_{0}^{\infty} d\omega\, \omega \frac{g_1(\omega) - g_2(\omega)}{T_1 - T_2} T_{12}^{\nu}(\omega) \right. \\ \left. + \sum_{\nu'} \int\limits_{\omega_{\nu'}(0)}^{\infty} d\omega\, \omega \frac{g_1(\omega) - g_2(\omega)}{T_1 - T_2} T_{12}^{\nu'}(\omega) \right\} . \tag{3.589a}$$

Die erste Summe berücksichtigt alle masselosen Moden mit $\omega_\nu(0) = 0$ und die zweite höherenergetische Moden mit endlicher Grenzfrequnz $\omega_{\nu'}(0) \neq 0$. Bei perfekt adiabatischer Ankopplung ist $T_{12}^{\nu} = T_{12}^{\nu'} = 1$ und man erhält [3.191]

$$G = \frac{k_B^2 \pi^2}{3h} \frac{T_1 + T_2}{2} n_\nu + \frac{k_B^2}{h} \sum_{\nu'} \left\{ \frac{\pi^2}{3} \frac{T_1 + T_2}{2} \right. \\ \left. + \frac{T_1^2 Li_2(\exp(\hbar\omega_{\nu'}(0)/[k_B T_1])) - T_2^2 Li_2(\exp(\hbar\omega_{\nu'}(0)/[k_B T_2]))}{T_1 - T_2} \right. . \tag{3.589b}$$

Li_2 bezeichnet den *Dilogarithmus*. n_ν ist die Gesamtzahl der transmittierten masselosen Moden, die jeweils das Leitwertquantum

$$G_Q = \frac{(\pi k_B)^2}{3h} T \tag{3.589c}$$

beitragen. Höherenergetische Moden zeigen hingegen eine Material– und Geometrieabhängigkeit via $\omega_{\nu'}(0)$. Für $T_1 \to T_2$ folgt

$$G = n_\nu G_Q + \frac{k_B^2 T}{h} \sum_{\nu'} \left[\frac{\pi^2}{3} + 2 Li_2(\exp(\hbar\omega_{\nu'}(0)/[k_B T])) \right. \\ \left. + \frac{(\hbar\omega_{\nu'}(0)/[k_B T])^2 \exp(\hbar\omega_{\nu'}(0)/[k_B T])}{\exp(\hbar\omega_{\nu'}(0)/[k_B T]) - 1} \right] . \tag{3.589d}$$

Die Quantisierung des thermischen Leitwerts gemäß Gl. (3.589c) wurde experimentell nachgewiesen [3.192]. Abbildung 3.113 zeigt Details der Messanordnung und die erhaltenen Ergebnisse. Im Zentrum der Dünnschichtstruktur [Abb. 3.113(a)] befindet sich eine freitragende 60 nm dicke Si_3N_4–Membran [Abb. 3.113(b)]. Diese Membran ist über vier phononische Wellenleiter mit der Umgebung verbunden. Über die eindimensionalen ballistischen Wärmeleiter [Abb. 3.331(c)] sind zwei auf der zentralen Membran integrierte Au–Dünnschichtwiderstände via supraleitender Verbindungen mit elektrischen Kontakten verbunden. Die Widerstände dienen zur Erzeugung und Messung kleinster Temperaturunterschiede. Der thermische Leitwert G konvergiert für $T \lesssim 0,8\,\mathrm{K}$ gegen $16\,G_Q$, was darauf zurückzuführen ist, dass sich jeweils vier Moden in den vier parallelen Wärmeleitern ausbreiten. Höherenergetische massive Moden sind ausgefroren und führen erst für $T \gtrsim 0,8\,\mathrm{K}$ zu $G \sim T^3$. Der Beitrag dieser Moden wird durch die ν'–Terme in Gl. (3.589d) beschrieben.

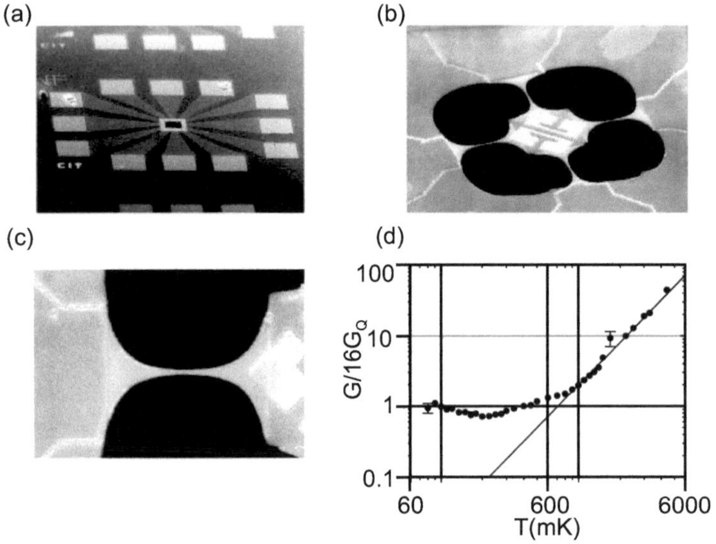

Abb. 3.113: *(a) Gesamtanordnung zur Messung der thermischen Leitwertquantisierung [3.192]. Der Bildausschnitt umfasst* $1\,mm\,x\,0,8\,mm$. *(b) Freitragende* $60\,nm$ *dicke Membran aus* Si_3N_4 *als isoliertes thermisches Reservoir. Die Abmessungen der Membran betragen* $4\,\mu m\,x\,4\,\mu m$. *(c) Eindimensionaler ballistischer Wärmeleiter mit einer Weite von* $< 200\,nm$ *an der engsten Stelle. (d) Thermischer Leitwert der vier Wärmeleiter normiert auf 16 Leitwertquanten [3.192].*

Literaturverzeichnis

[3.1] H. Haken und H.Ch. Wolf, *Atom- und Quantenphysik* (Springer, Berlin, 1993).

[3.2] C. Cohen-Tannoudji, B. Diu und F. Laloë, *Quantenmechanik* (de Gruyter, Berlin, 1997).

[3.3] E. Hecht, *Optik* (Oldenboug, München, 2001).

[3.4] H. Ibach and H. Lüth, *Solid State Physics* (Springer, Berlin, 1995).

[3.5] M.F. Crommie, C.P. Lutz and D.M. Eigler, Nature **363**, 524 (1993); www.almaden.ibm.com/vis/index.html.

[3.6] M.F. Crommie, C.P. Lutz, D.M. Eigler and E.J. Heller, Surf. Rev. Lett. **2**, 127 (1995); www.almaden.ibm.com/vis/index.html.

[3.7] J.G. Simmons, J. Appl. Phys. **34**, 1798 (1963); J. Appl. Phys. **35**, 2655 (1963).

[3.8] R.H. Fowler and L. Nordheim, Proc. R. Soc. London A**119**, 173 (1928).

[3.9] E.L. Wolf, *Principles of Electron Tunneling Spectroscopy* (Oxford University Press, New York, 1985).

[3.10] D.V. Averin and K.K. Likkarev, *Single Electronics: A Correlated Transfer of Single Electrons and Cooper Pairs in Systems of Small Tunnel Junctions*, in: B.L. Altschuler, P.A. Lee and R.A. Webb (Eds), *Mesoscopic Phenomena in Solids* (Elsevier, Amsterdam, 1991).

[3.11] U.E. Volmar, U. Weber, R. Houbertz and U. Hartmann, Appl. Phys. A **66**, 735 (1998).

[3.12] R. Landauer, J. Phys.: Condens. Matter **1**, 8099 (1989).

[3.13] U.E. Volmar, U. Weber, R. Houbertz and U. Hartmann, Physica B **240**, 38 (1997).

[3.14] C. Wasshuber and H. Kosina, Proc. Int. Conf. on Simulation of Semiconductor Processes and Devices, p. 135 (Jap. Soc. Appl. Phys., Tokyo, 1996).

[3.15] M. Bruchez Jr., M. Moronne, P. Gin, S. Weiss and A.P. Alivisatos, Science **281**, 2013 (1998).

[3.16] J. Kliewer, R. Berndt and S. Crampin, New Journ. of Phys. **3**, 221 (2001); www.ieap.uni-kiel.de/surface/ag-berndt/.

[3.17] H. Lüth, *Quantenphysik in der Nanowelt* (Springer, Berlin, 2009).

[3.18] J. Lange, *Resonante Tunnelstrukturen im System AlGaAs/InGaAs* (RWTH Aachen, 1999).

[3.19] N. Otsuka, Japan Advanced Institute of Science and Technology.

[3.20] K. Maezawa and A. Förster, *Quantum Transport Devices Based on Resonant Tunneling*, in: R. Waser (Ed.), *Nanoelectronics and Information Technology* (Wiley-VCH, Weinheim, 2003).

[3.21] siehe z. B. Ch. Kittel, *Einführung in die Festkörperphysik* (Oldenbourg, München, 2006).

[3.22] siehe z. B. U. Scherz, *Quantenmechanik* (Teubner, Leipzig, 1999).

[3.23] K.C. Schwab und M.L. Roukes, Phys. Tod. **59**, 36 (2005).

[3.24] M. Bordag, U. Mohideen and V.M. Mostepanenko, Phys. Rep. **353**, 1 (2001).

[3.25] V.B. Braginsky and F. Ya. Khalalili, *Quantum Measurement* (Cambridge Univ. Press, New York, 1992).

[3.26] M. Blencowe, Phys. Rep. **395**, 159 (2004).

[3.27] M.D. LaHoye, O. Buu, B. Camarota and K. Schwab, Science **304**, 74 (2004).

[3.28] F. Pobell, *Matter and Methods at Low Temperatures* (Springer, Berlin, 2007).

[3.29] D. Rugar, R. Budakian, H.J. Mamin and B.W. Chui, Nature **430**, 329 (2004).

[3.30] S. Dürr, T. Nonn and G. Rempe, Nature **395**, 33 (1998).

[3.31] M.O. Scully, B.-G. Englert and H. Walther, Nature **351**, 111 (1991).

[3.32] E. Schrödinger, *Abhandlungen zur Wellenmechanik* (Barth, Leipzig, 1927); *Briefe zur Wellenmechanik* (Springer, Wien, 1963).

[3.33] Hoi-Kwong Lo, S. Popescu and T. Spiller (Eds), *Introduction to Quantum Computation and Information* (World Scientific, Singapore, 1998).

[3.34] D. Bowmeester, A. Eckert and A. Zeilinger (Eds), *The Physics of Quantum Information* (Springer, Heidelberg, 2000).

[3.35] W. Wootters and W. Zurek, Nature **299**, 802 (1982).

[3.36] D. Bruß, *Quanteninformation* (Fischer, Frankfurt, 2003).

[3.37] D. Deutsch, Proc. R. Soc. London A **400**, 97 (1985).

[3.38] P. Shor, *Algorithms for quantum computation: discrete logarithms and factoring*, in: S. Goldwasser (Ed.), Proc. 35th Ann. Symp. Found. Comp. Science, 124 (1994).

[3.39] L.K. Grover, Phys. Rev. Lett. **79**, 325 (1997).

[3.40] D.P. DiVincenzo, Science **270**, 255 (1995); Fortschr. Phys. **48**, 771 (2000).

[3.41] D.P. DiVincenzo, Phys. Rev. A **51**, 1015 (1995).

[3.42] A. Ustinov, *Quantum Computing Using Superconductors*, in: R. Waser (Ed.), *Nanoelectronics and Information Technology* (Wiley-VCH, Weinheim, 2003).

[3.43] T. Hayashi, T. Fujisawa, H.D. Cheong, Y.H. Jeong and H. Hirayama, Phys. Rev. Lett. **91**, 226804-1 (2003).

[3.44] J. Gorman, D.G. Hasko and D.A. Williams, Phys. Rev. Lett. **95**, 090502-1 (2005).

[3.45] G.Feher and E.A. Gere, Phys. Rev. Lett. **114**, 1245 (1959).

[3.46] A.M. Tyryshkin, J.J.L. Morton, S.C. Benjamin, A. Ardavan, G.A.D. Briggs, J.W. Ager and S.A. Lyon, J. Phys.: Condens. Matter **18**, S783 (2006).

[3.47] J.L. Morton, A.M. Tyryshkin, R.M. Brown, S. Shankar, B.W. Lovett, A. Ardavan, T. Schenkel, E.F. Haller, J.W. Ager and S.A. Lyon, Nature **455**, 1085 (2008).

[3.48] B.E. Kane, Nature **393**, 133 (1998); Fortschr. Phys. **48**, 1023 (2000).

[3.49] Y. Mahklin, G. Schön and A. Shnirman, Rev. Mod. Phys. **73**, 357 (2001); M. Geller, E. Pritchett, A. Stornborger and F. Wilhelm, *Quantum Computing with Superconductors I: Architectures*, in: M.E. Flatte and I. Trifea (Eds), *Manipulating Quantum Coherence in Solid State Systems* (Springer, Dodrecht, 2007); F.K. Wilhelm, M.J. Storcz, U. Hartmann and M. R. Geller, *Superconducting Qubits II: Decoherence*, in: M.E. Flatte and I. Trifea (Eds), *Manipulating Quantum Coherence in Solid State Systems* (Springer, Dodrecht, 2007).

[3.50] Y. Nakamura, Y.A. Pashkin and J.S. Tsai, Nature **398**, 786 (1999).

[3.51] C.H. van der Wal, A.C.J. ter Haar, F.K. Wilhelm, R.N. Schouten, C.J.P.M. Harmans, T.P. Orlando, S. Lloyd and J.E. Mooij, Science **290**, 773 (2000).

[3.52] G. Falci, R. Fazio, G.H. Palma, J. Siewert and V. Vedral, Nature **407**, 355 (2000).

[3.53] T.P. Spiller and W.J. Munro, J. Phys.: Condens. Matter **18**, V1 (2006).

[3.54] S.L. Braunstein and P. van Loock, Rev. Mod. Phys. **77**, 513 (2005).

[3.55] N. Gisin, G. Ribordy, W. Tittel and H. Zbinden, Rev. Mod. Phys. **74**, 145 (2002).

[3.56] P. Kok, W.J. Munro, K. Nemoto, T.C. Ralph, J.P. Dowling and G.J. Milbum, Rev. Mod. Phys. **79**, 135 (2007); J.L. O'Brien, Science **318**, 1567 (2007).

[3.57] P. Jordan, Z. Phys. **45**, 765 (1927).

[3.58] M.E. Peskin and D.V. Schröder, *An Introduction to Quantum Field Theory* (Addison Wesley, Reading, 1997); H. Haken, *Quantenfeldtheorie des Festkörpers* (Teubner, Stuttgart, 1993).

[3.59] H.B.G. Casimir and D. Polder, Phys. Rev. **73**, 360 (1948).

[3.60] D. Bohm, Phys. Rev. **85**, 166 (1952).

[3.61] A. Einstein, B. Podolsky and N. Rosen, Phys. Rev. **47**, 777 (1935).

[3.62] J.S. Bell, Rev. Mod. Phys. **38**, 447 (1966).

[3.63] H. Raussendorf and H.J. Briegel, Phys. Rev. Lett. **86**, 5188 (2001).

[3.64] R. Rivest, A. Shamir and L. Adleman, Communications ACM **21**, 120 (1978).

[3.65] C.H. Bennett and G. Brassard, Proc. IEEE Int. Conf. on Computer Systems and Signal Processing, 175 (1984).

[3.66] L.P. Kouwenhoven, D.G. Austing and S. Tarucha, Rep. Prog. Phys. **64**, 701 (2001).

[3.67] A. Fuhrer, S. Lüscher, T. Ihn, T. Heinzel, K. Ensslin, W. Wegscheider and M. Bichler, Nature **413**, 822 (2001).

[3.68] Nanoelektronikgruppe, Universität Basel; www.nanoelectronics.ch.

[3.69] A.G. Aronov and Yn.V. Sharvin, Rev. Mod. Phys. **59**, 755 (1987).

[3.70] A. Bachtold, Ch. Strunk, J.–P. Salvetat, J.–M. Bonard, L. Forró, Th. Nussbaumer and Ch. Schönenberger, Nature **397**, 673 (1999).

[3.71] G. Begmann, Phys. Rep. **107**, 1 (1984).

[3.72] Harris Lab, Yale University, Dept. of Physics and Applied Physics; www.yale.edu/harrislab.

[3.73] A.C. Bleszynski-Jayich, W.E. Shanks, E. Ginossar, F. von Oppen, L. Glazman and J.G.E. Harris, Science **326**, 272 (2009).

[3.74] R. Gross and A. Marx, *Festkörperphysik* (Oldenbourg, München, 2012).

[3.75] R. Courths and S. Hüfner, Phys. Rep. **112**, 55 (1984).

[3.76] J.R. Chelikowski and M.L. Cohen, Phys. Rev. B **14**, 556 (1976).

[3.77] A. Weisemann, M. Wenderoth, S. Lounis, P. Zahn, N. Quaas, R.G. Ulbrich, P.H. Dederichs and S. Blügel, Science **323**, 1190 (2009).

[3.78] A.H. Castro Neto, F. Guinea, N.M.R. Peres, U.S. Novoselov and A.K. Geim, Rev. Mod. Phys. **81**, 109 (2009). Abbildungen mit freundlicher Genehmigung der American Physical Society.

[3.79] J.C. Charlier, X. Blase and S. Roche, Rev. Mod. Phys. **79**, 677 (2007). Abbildungen mit freundlicher Genehmigung der American Physical Society.

[3.80] J. Bardeen, Phys. Rev. Lett. **6**, 57 (1960).

[3.81] W. Heisenberg, Z. Phys. **38**, 411 (1926).

[3.82] L. Pauling, *The Nature of the Chemical Bond* (Cornell Univ. Press, Ithaca, 1977).

[3.83] Mesoscopic Physics Group, Universität Konstanz; www.uni-konstanz.de/physik/scheer.

[3.84] N. Agraït, A. Levy Yeyati and J.M. van Ruitenbeek, Phys. Rep. **377**, 81 (2003).

[3.85] C. Rossler, M. Bichler, D. Schuh, W. Wegscheider and S. Ludwig, Nanotechnology **19**, 165201 (2008); Nanophysics Group, LMU, Research Report 2006; www.nano.physik.uni-muenchen.de.

[3.86] R. Landauer, IBM J. Res. Dev. **1**, 223 (1957); M. Büttiker, Y. Imry, R. Landauer and S. Pinhas, Phys. Rev. B **31**, 6207 (1985).

[3.87] S. Frank, P. Poucharal, Z.L. Wang and W.A. de Heer, Science **280**, 1744 (1998).

[3.88] S. Chakravarty and A. Schmid, Phys. Rep. **140**, 193 (1986).

[3.89] S. Washburn and R.A. Webb, Rep. Prog. Phys. **55**, 1311 (1992).

[3.90] R.G. Palmer, Adv. Phys. **31**, 669 (1982).

[3.91] T. Heinzel, *Mesoscopic Electronics in Solid State Nanostructures* (Wiley-VCH, Weinheim, 2010).

[3.92] C. Beenakker, Rev. Mod. Phys. **69**, 731 (1997).

[3.93] Ya. M. Blanter and M. Büttiger, Phys. Rep. **336**, 1 (2000).

[3.94] siehe z. B. F. Schwabl, *Quantenmechanik für Fortgeschrittene* (Springer, Berlin, 2005).

[3.95] M. Büttiger, Phys. Rev. B **46**, 12485 (1992).

[3.96] H. Birk, M.J.M. de Jong and C. Schönenberger, Phys. Rev. Lett. **75**, 1610 (1995).

[3.97] K. von Klitzing, G. Dorda and M. Pepper, Phys. Rev. Lett. **45**, 494 (1980).

[3.98] K.S. Novoselov, A.K. Geim, S.V. Morozov, D. Jiang, Y. Zhang, S.V. Dubonos, I.V. Grigorieva and A.A. Firsov, Science **306**, 666 (2004); K.S. Novoselov, A.K. Geim, S.V. Morozov, D. Jiang, M.I. Katsnelson, I.V. Grigorieva, S.V. Dubonos and A.A. Firsov, Nature **438**, 197 (2005).

[3.99] M. Morgenstern, J. Klijn, Ch. Meyer and R. Wiesendanger, Phys. Rev. Lett. **90**, 056804 (2003).

[3.100] K. Hashimoto, C. Sohrmann, J. Wiebe, T. Inaoko, F. Meier, Y. Hirayama, R.A. Römer, R. Wiesendanger and M. Morgenstern, Phys. Rev. Lett. **101**, 256802 (2008).

[3.101] D.C. Tsui, H.I. Störmer and A.C. Gossard, Phys. Rev. Lett. **48**, 1559 (1982).

[3.102] R.B. Laughlin, Phys. Rev. Lett. **50**, 1395 (1983).

[3.103] M.I. Dyakonov and A.V. Khaetskii, *Spin–Hall–Effekt*, in: M.I. Dyakonov (Ed.), *Spin Physics in Semiconductors*, Springer Series in Solid State Sciences **157**, 211 (Springer, Berlin, 2008).

[3.104] Y.K. Kato, R.C. Myers, A.C. Gossard and D.D. Awschalom, Science **306**, 1910 (2004).

[3.105] O. Hosten and P. Kwiat, Science **319**, 787 (2008).

[3.106] A.A. Bakun, B.P. Zakharchenya, A.A. Rogachev, M.N. Tkachun and V.G. Fleisher, Sov. Phys. JETP Lett. **40**, 1293 (1984).

[3.107] N.A. Sinitsyn, J. Phys.: Condens. Mat. **20**, 023201 (2008).

[3.108] J. Kötzler and W. Gil, Phys. Rev. B **72**, 060412 (2005).

[3.109] C.L. Kane and E.J. Mele, Phys. Rev. Lett. **95**, 226801 (2005).

[3.110] M. König, S. Wiedmann, C. Brüne, A. Roth, H. Buhmann, L.W. Molenkamp, X.-L. Qi and S.-C. Zhang, Science **318**, 766 (2007).

[3.111] A. Roth, Ch. Brüne, H. Buhmann, L.W. Molenkamp, J. Maciejko, X.-L. Qi and S.-C. Zhang, Science **325**, 294 (2009).

[3.112] I.Žutić, J. Fabian and S. Das Sarma, Rev. Mod. Phys. **76**, 323, 2004.

[3.113] L. Zhoun, J. Wiebe, S. Lounis, E. Vedmedenko, F. Meier, S. Blügel, P.H. Dederichs and R. Wiesendanger, Nature Physics **6**, 187 (2010).

[3.114] J.S. Moodera, J. Nassar and G. Mathon, Annu. Rev. Mater. Sci. **29**, 381 (1999).

[3.115] T.R. McGuire and R.I. Potter, IEEE Trans. Magn. **11**, 1018 (1975).

[3.116] R. Wiesendanger, Rev. Mod. Phys. **81**, 1495 (2009).

[3.117] U. Hartmann (Ed.), *Magnetic Multilayers and Giant Magnetoresistance* (Springer, Berlin, 2000).

[3.118] M.A.M. Gijs and G.E.W. Bauer, Adv. Phys. **46**, 285 (1997).

[3.119] K. Fuchs, Proc. Cambridge Philos. Soc. **34**, 100 (1938); E.H. Sondheimer, Adv. Phys. **1**, 1 (1952).

[3.120] L. Sheng, D.Y. Xing and Z.D. Whang, Phys. Rev. B **51**, 7325 (1995); G. Fishman and D. Calecki, Phys. Rev. Lett. **62**, 1302 (1989).

[3.121] J. Fabian and I. Žutić, *The standard model of spin injection*, in: S. Blügel, D. Bürgler, M. Morgenstern, C.M. Schneider and R. Waser (Eds), *Spintronics – From GMR to Quantum Information* (Schriften des Forschungszentrums Jülich, 2009.

[3.122] M. Johnson (Ed.) *Magnetoelectronics* (Academic Press, San Diego, 2004).

[3.123] R. Godfrey and M. Johnson, Phys. Rev. Lett. **96**, 136601 (2006).

[3.124] S.D. Ganichev and W. Prettl, J. Phys.: Condens. Matter **15**, R935 (2003).

[3.125] J. Bass and W.P. Pratt Jr., J. Phys.: Condens. Matter **19**, 183201 (2007).

[3.126] H. Zabel and S.D. Bader (Eds), *Magnetic Heterostructures - Advances and Perspectives in Spin Structures and Spin Transport*, Springer Tracts in Modern Physics, vol. 227 (Springer, Berlin, 2008).

[3.127] R. Hanson, L.P. Kouwenhoven, J.R. Petta, S. Tarucha and L.M.K. Vandersypen, Rev. Mod. Phys. **79**, 1217 (2007).

[3.128] H. Smith and H.M. Jensen, *Transport Phenomena* (Oxford Univ. Press, Oxford, 1989).

[3.129] J. Fabian, A. Matos–Abiagne, C. Ertler, P. Stano and I. Žutić, Acta Physica Slovaca **57**, 565 (2007).

[3.130] A. Sokolov, C. Zhang, E.Y. Tsymbal, J. Redepenning and B. Doudin, Nature Nanotechnology **2**, 171 (2007).

[3.131] T. Shinjo (Ed.), *Nanomagnetism and Spintronics*, (Elsevier, Oxford, 2009).

[3.132] M.D. Stiles and J. Miltat, *Spin Transfer Torque*, in: B. Hillebrands and A. Thiaville (Eds), *Spin Dynamics in Confined Magnetic Structures III*, Topics in Applied Physics, vol. 101 (Springer, Berlin, 2006).

[3.133] D.C. Ralph and M.D. Stiles, J. Magn. Magn. Mat. **320**, 1190 (2008).

[3.134] A. Aharoni, *Introduction to the Theory of Ferromagnetism* (Oxford Univ. Press, Oxford, 2001).

[3.135] S.I. Kiselev, J.C. Sankey, I.N. Krivorotov, N.E. Emley, R.J. Schölkopf, R.A. Buhrman and D.C. Ralph, Nature **425**, 380 (2003).

[3.136] S.A. Wolf, D.D. Awschalom, R.A. Buhrman, J.M. Daughton, S. von Molnár, M.L. Roukes, A.Y. Chtchelkanova and D.M. Treger, Science **294**, 1488 (2001); S.D. Bader and S.S. Parkin, Annu. Rev. Condens. Matter Phys. **1**, 71 (2010); J.M. Slaughter, Annu. Rev. Mater. Res. **39**, 277 (2009); C. Chappert, A. Fert and F.N. van Dau, Nature Materials **6**, 813 (2007).

[3.137] M. Tinkham, *Introduction to Superconductivity* (Dover Publications, New York, 2004).

[3.138] J.R. Schrieffer (Ed.) *Handbook of high temperature superconductivity* (Springer, New York, 2007).

[3.139] P. Das, M.R. Koblischka, H. Rosner, Th. Wolf and U. Hartmann, Phys. Rev. B **78**, 214505 (2008).

[3.140] Ø. Fischer, M. Kugler, I. Maggio–Aprile and C. Berthold, Rev. Mod. Phys. **97**, 353 (2007).

[3.141] H.F. Hess, R.B. Robinson, R.C. Dynes, J.M. Valbes, Jr. and J.V.- Waszczak, Phys. Rev. Lett. **62**, 214 (1989); H.F. Hess, R.B. Robinson and J.V. Waszczak, Phys. Rev. Lett. **64**, 2711 (1990).

[3.142] N. Hayashi, M. Ichioka and K. Machida, Phys. Rev. B **56**, 9052 (1997).

[3.143] A. Volodin, K. Teinst, C. van Haesendonck, Y. Bruynsereade, M.I. Montero and I.K. Schuller, Europhys. Lett. **58**, 582 (2002).

[3.144] A. Lebed (Ed.), *The Physics of Organic Superconductors and Conductors*, Springer Series in Materials Science, vol. **110** (Springer, Berlin, 2009).

[3.145] K. Strey, *Die Welt der Fullerene* (Lehmanns, Berlin, 2009).

[3.146] V. Buntar and H.W. Weber, Supercond. Sci. Technol. **9**, 599 (1996); O. Gunarsson, Rev. Mod. Phys. **69**, 575 (1997).

[3.147] K.K. Likharev, Rev. Mod. Phys. **51**, 101 (1979).

[3.148] M.R. Goffmann, R. Cron, A. Levy Yeyati, P. Joyez, M. H. Devoret, D. Esteve and C. Urbina, Phys. Rev. Lett. **85**, 170 (2000).

[3.149] E. Palecchi, M. Gaaß, D. A. Ryndyk and Ch. Strunk, Appl. Phys. Lett. **93**, 072501 (2008).

[3.150] A.F. Andreev, Sov. Phys. JETP **19**, 1228 (1964).

[3.151] G. Deutscher, Rev. Mod. Phys. **77**, 109 (2005).

[3.152] L. Shan, Y.-L. Wang, B. Shen, B. Zeng, Y. Huang, A. Li, D. Wang, H. Yang, C. Ren, Q.-H. Wang, S.H. Pan and H.-H. Wen, Nature Physics **7**, 325 (2011).

[3.153] R. Mersevey, P.M. Tedrow and P. Fulde, Phys. Rev. Lett. **25**, 1270 (1970).

[3.154] W.J. Skocpol and M. Tinkham, Rep. Prog. Phys. **38**, 1049 (1975).

[3.155] B. Rosenstein and D. Li, Rev. Mod. Phys. **82**, 109 (2010); M. Sadovskii, *Superconductivity and Localization* (World Scientific, Singapore, 2000).

[3.156] G. Grimval, *The Electron–Phonon Interaction in Metals* (North Holland, Amserdam, 1981).

[3.157] Y. Guo, Y.-F. Zhang, X.-Y. Bao, T. Z. Han, Z. Tang, L.-X. Zhang, W.-G. Zhu, E.G. Wang, Q. Niu, Z.Q. Qin, J.-F. Jia, Z.-X. Zhao and Q.-K. Xue, Science **306**, 1915 (2004).

[3.158] D. Eom, S.G. Qiu, M.-Y. Chou and C.K. Shih, Phys. Rev. Lett. **96**, 027005 (2006).

[3.159] K.Yu. Arutyunov, D.S. Golubev and A.D. Zaikin, Phys. Rep. **464**, 1 (2008).

[3.160] G. Schön, Nature **404**, 948 (2000); A. Bezryadin, C. Lau and M. Tinkham, Nature **404**, 971 (2000).

[3.161] G. Schön and A.D. Zaikin, Phys. Rep. **198**, 237 (1990).

[3.162] F. Altomare, A.M. Chang, M.R. Melloch, Y. Hong and C.W. Tu, Phys. Rev. Lett. **97**, 017001 (2006).

[3.163] M. Zgirski and K.Yu. Arutyunov, Phys. Rev. B **75**, 172509 (2007).

[3.164] A. Johansson, G. Sambandamurthy, D. Shahar, N. Jacobson and R. Tenne, Rhys. Rev. Lett. **95**, 116805 (2005).

[3.165] A.A. Shanenko, M.D. Croitoru, A. Vagov and F.M. Peeters, Phys. Rev. B **82**, 104524 (2010).

[3.166] A.F. Andreev, J. Supercond. **12**, 197 (1999); J. Supercond. and Nov. Magn. **13**, 805 (2000).

[3.167] D.V. Averin and Yu.V. Nazarov, Phys. Rev. Lett. **69**, 1993 (1992); M.T. Tuominen, J.M. Hergenrother, T.S. Tighe and M. Tinkham, Phys. Rev. Lett. **69**, 1997 (1992); D.S. Golubev and A.D. Zaikin, Phys. Lett. A **195**, 380 (1994).

[3.168] R. Fazio and H. van der Zant, Phys. Rep. **355**, 235 (2001).

[3.169] L.J. Geerlings, PhD Thesis (Delft Technical University, 1990).

[3.170] C. Bruder, R. Fazio and G. Schön, Ann. Phys. **14**, 566 (2005).

[3.171] A. Barone and G. Paterno, *Physics and Applications of the Josephson Effect* (Wiley, New York, 1982).

[3.172] C.W.J Beenakker and H. van Houten, Phys. Rev. Lett. **66**, 3056 (1991).

[3.173] N. Agraït, A. Levy Yeyati and J.M. van Ruitenbeek, Phys. Rep. **377**, 81 (2003).

[3.174] Y. Aharonov and A. Casher, Phys. Rev. Lett. **53**, 319 (1984).

[3.175] W.J. Elion, J. H. Wachters, L.L. Sohn and J.E. Mooij, Phys. Rev. Lett. **71**, 2311 (1993).

[3.176] A. Altland, Y. Gefen and G. Montambaux, Phys. Rev. Lett. **76**, 1130 (1996).

[3.177] W. Belzig, F.K. Wilhelm, Ch. Bruder and G. Schön, Superlattices and Microstructures **25**, 1251 (1999).

[3.178] Superlattices and Microstructures **25**, 627-1288 (1999); F.W.J. Hekking, G. Schön and D.V. Averin (Eds), *Mesoscopic Superconductivity*, Physica B **203**, 201-531 (1994); C.J. Lambert and R. Raimondi, J. Phys.: Condens. Matter **10**, 901 (1998).

[3.179] H. von Löhneysen, D. Beckmann, F. Pérez–Willard, M. Schöck, C. Strunk and C. Sürgers, Ann. Phys. **14**, 591 (2005).

[3.180] W. Betzig, E. Scheer and C. Strunk (Eds) *Spin Physics of Superconducting Heterostructures*, Appl. Phys. A **89**, 579-644 (2007).

[3.181] M. Getzlaff, *Fundamentals of Magnetism* (Springer, Berlin, 2008).

[3.182] R. Zeller, *Electronic Basics of Magnetism*, in: S. Blügel, D. Bürgler, M. Morgenstern, C. M. Schneider and R. Waser (Eds), *Spintronics - From GMR to Quantum Information* (Schriften des Forschungszentrums Jülich, 2009).

[3.183] P. Hohenberg and W. Kohn, Phys. Rev. B **136**, 864 (1964); D. Sholl and J.A. Steckel, *Density Functional Theory: A Practical Introduction* (Wiley, Hoboken, 2009).

[3.184] E.C. Stoner, Proc. R. Soc. London A **169**, 339 (1939).

[3.185] F.J. Janak, Phys. Rev. B **16**, 255 (1977); V.L. Moruzzi, J.F. Janak and A.R. Williams, *Caltulated Electronic Properties of Metals* (Pergamon, New York, 1978).

[3.186] H.J.F. Jansen, Phys. Rev. B **38**, 8022 (1988).

[3.187] G. van der Laan, J. Phys.: Condens. Matter **10**, 3239 (1998).

[3.188] S. Blügel, D. Bürgler, M. Morgenstern, C.M. Schneider and R. Waser (Eds), *Spintronics – from GMR to Quantum Information* (Schriften des Forschungszentrums Jülich, 2009).

[3.189] N.D. Mermin and H. Wagner, Phys. Rev. Lett. **17**, 1133 (1966).

[3.190] J.B. Pendry, J. Phys. A: Math. Gen. **16**, 2161 (1983); C.M. Caves and P.D. Drummond, Rev. Mod. Phys. **66**, 481 (1994).

[3.191] L.G.C. Rego and G. Kirczenow, Phys. Rev. Lett. **81**, 232 (1998); D.E. Angelescu, M.C. Cross and M.L. Roukes, Superlattices and Microstructures **23**, 673 (1998).

[3.192] K. Schwab, E.A. Henriksen, J.M. Worlock and M. L. Roukes, Nature **404**, 974 (2000).

4 Kräfte, Thermodynamik, Selbstorganisation und Strukturbildung

Intermolekular- und Oberflächenkräfte sind natürlich essentiell für die Entstehung von Nanostrukturen, bestimmen die Wechselwirkungen zwischen ihnen und sind Grundlage für wichtige nanoanalytische und mikroskopische Verfahren. Da Nanostrukturen unter bestimmten Umgebungsbedingungen entstehen, vorhanden sind und ihr Verhalten analysiert wird, muss diesen Umgebungsbedingungen in der Regel durch Berücksichtigung thermodynamischer Prozesse Rechnung getragen werden. Kräfte und Thermodynamik können zur Selbstorganisation von Nanostrukturen führen. Selbstorganisation ist ein kollektives Phänomen kooperierender Elemente eines Vielteilchensystems im thermodynamischen Ungleichgewicht. Als Folge entstehen neue funktionale Eigenschaften des Gesamtsystems und ein neuer Grad von Ordnung der systemischen Elemente. Die Ausbildung einer räumlichen Ordnung ist wiederum Grundlage der Struktur- oder Musterbildung, die nur entsteht, wenn räumlich getrennte Bereiche durch eine (Rück-) Kopplung korreliert werden. Dissipative Prozesse sind nötig, um fernab vom thermodynamischen Gleichgewicht stationäre Strukturen zu etablieren. Die folgende Diskussion führt speziell in diejenigen Grundlagen ein, die für die Bildung, das Verhalten und die Analyse von Nanostrukturen relevant sind.

4.1 Reichweite und Hierarchie

Nach unserem heutigen Kenntnisstand gibt es vier fundamentale Wechselwirkungsarten: Die starke und die schwache Wechselwirkung, die beide aufgrund ihrer kurzen Reichweite nur intraatomar relevant sind, sowie die elektromagnetische und die Gravitationswechselwirkung. Die beiden zuletzt genannten Wechselwirkungen sind über einen sehr großen Bereich von Reichweiten wirksam, der von atomaren bis zu kosmischen Dimensionen reicht. Insbesondere sind elektromagnetische Wechselwirkungen verantwortlich für alle Intermolekular- und Oberflächenkräfte. Gravitationskräfte, die langreichweitig genug sind, um für viele kosmische Phänomene verantwortlich zu sein, sind a priori auch in der Nanotechnologie von Bedeutung, da Nanoobjekte natürlich eine Masse besitzen. Skaliert man allerdings Kräfte gemäß der in Abschn. 2.1 vorgestellten Strategien, so wird deutlich, dass Gravitationseffekte und unterschiedliche elektromagnetische Wechselwirkungen von variierender Relevanz für nanoskalige Systeme sind. Dies wird deutlich aus Tab. 4.1. Insbesondere die relative Bedeutung von van der Waals–Wechselwirkungen sollten demnach mit abnehmender Strukturgröße im Vergleich zu den anderen Wech-

Tabelle 4.1: *Skalierungsverhalten verschiedener Kräfte mit variierender Systemgröße l.*

Kraftart	Skalierung
Gewicht	l^3
Gravitation	l^4
Coulomb	l^2
Dipol–Dipol	l^2
Van der Waals	$1/l$

selwirkungen zunehmen.

Nehmen wir an, dass das Wechselwirkungspotential zweier Objekte im Abstand r gegeben ist durch $w(r) = -c_1c_2/r^n$, so erhält man für die Kraft $F(r) = -dw(r)/dr = -nc_1c_2/r^{n+1}$, was für die die Objekte kennzeichnenden Konstanten $c_1, c_2 > 0$ einer attraktiven Wechselwirkung entspricht. Für die Gravitations– und die Coulomb–Wechselwirkung wäre beispielsweise $n = 1$. Wechselwirkt ein Objekt mit vielen identischen Objekten, die in der Umgebung mit einer effektiven Dichte ϱ isotrop verteilt sind, so ist die Gesamtwechselwirkungsenergie dieses Objekts gegeben durch

$$E = 4\pi\varrho \int_{r_0}^{l} w(r)r^2 dr = -\frac{4\pi c^2 \varrho}{(n-3)r_0^{n-3}} \left[1 - \left(\frac{r_0}{l}\right)^{n-3}\right] . \tag{4.1}$$

Es wurde das zuvor genannte inverse Potenzgesetz für das Wechselwirkungspotential angenommen. r_0 ist der Radius eines Objekts und l die Systemgröße. Da $r_0 < l$ gilt, tragen entfernte Bereiche des Gesamtsystems dann nicht zur Wechselwirkung bei, wenn $n > 3$ ist. Im umgekehrten Fall tragen entfernte Bereiche des Systems in dominanter Weise bei, und die Systemgröße l ist zu berücksichtigen. Dies gibt uns eine erste Möglichkeit, zwischen lokalen und globalen Wechselwirkungen grob zu unterscheiden.

Sieht man einmal von permanent vorhandenen magnetischen Dipolmomenten ab, die natürlich für magnetische Spezies durchaus von Bedeutung sind, so lassen sich alle anderen Kräfte grob in drei Kategorien einteilen. *Quantenmechanische Wechselwirkungen* führen zu kovalenten oder metallischen Bindungen und zu den repulsiven Austauschkräften, welche die attraktiven Bindungskräfte bei kleinen interatomaren Distanzen kompensieren. Mithilfe des *Hellmann–Feynman–Theorems* [4.1] lassen sich quantenmechanische Wechselwirkungen in Form elektrostatischer Kräfte analysieren, wenn durch Lösung der *Schrödinger–Gleichung* die involvierten elektronischen Orbitale bestimmt wurden. Quantenmechanische Wechselwirkungen sind kurzreichweitig, womit im vorliegenden Kontext interatomare Distanzen gemeint sind. Zu ihrer theoretischen Charakterisierung werden bei ab initio–Ansätzen verschiedene Näherungsverfahren genutzt, wie die *Born–Oppenheimer–Näherung* und das *Hartree–Fock–Verfahren* oder die *Dichtefunktionaltheorie*. Berechnungen erfolgen dann numerisch. Neben den ab initio–Verfahren sind die klassischen molekularphysikalischen Ansätze zur Beschreibung der chemischen Bindung der *Valenzstrukturtheorie*, der *Molekülorbitaltheorie* oder etwa der

Kristall– und *Ligandenfeldtheorie* zuzuordnen [4.2]. Die Bindungsenergie für kovalente Bindungen ist sehr hoch: $\approx 1,4 - 5\,\text{eV}$ für Einfach–, $\approx 5 - 8\,\text{eV}$ für Doppel– und $\approx 8 - 10\,\text{eV}$ für Dreifachbindungen. Charakteristika der chemischen Bindungen sind ihre Abhängigkeit von der atomaren Valenz und ihre Anisotropie. Die chemisch gebundenen Atome verlieren darüber hinaus bis zu einem gewissen Grad ihre Identität und bilden kollektiv eine neue Entität. Dies unterscheidet die chemischen Bindungen als Folge quantenmechanischer Wechselwirkungen von den im Folgenden zu diskutierenden zwei Kategorien an „physikalischen Bindungen".

Die Coulomb–Wechselwirkung zwischen Ladungen und permanenten Multipolen führt zu rein elektrostatischen Bindungen. Für eine ionische Bindung ist das Potential damit gegeben durch $w(r_0) = -q_1q_2/(4\pi\varepsilon_0 r_0)$. $q_1 = n_1e$ und $q_2 = n_2e$ sind die ionischen Ladungen bei Valenzen n_1 und n_2. Gemäß Gl. (4.1) ist die Coulomb–Wechselwirkung nicht lokal, sondern langreichweitig. In Ionenkristallen muss daher die Wechselwirkung mit vielen nächsten Nachbarn berücksichtigt werden, die alternierend attraktive und repulsive Beiträge liefert. Dies führt zur Bindungsenergie $E = -C_M w(r_0)$. C_M ist die Madelung–Konstante und r_0 die Entfernung der Zentren benachbarter Ionen. Daraus, dass das Ergebnis für beliebig große Kristalle nicht divergiert, erkennt man, dass die Coulomb–Wechselwirkung eines Ions mit allen anderen entgegengesetzter Ladung durch Nachbarionen gleicher Ladung abgeschirmt wird. C_M hängt natürlich von der Gittersymmetrie und von der Valenz der beteiligten Ionen ab. Für Paare monovalenter Ionen ist $1,64 \leq C_M \leq 1,76$. Für monovalent–divalente Paare erhält man $C_M \lesssim 5$ und für höhervalente Paare durchaus $C_M > 5$. Typische Bindungsenergien für monovalente Bindungen betragen $E \approx 8\,\text{eV}$, im multivalenten Fall $E \lesssim 40\,\text{eV}$. Es ist offensichtlich, dass es im Sinne der Diskussion von Abschn. 2.2 kritische Dimensionen oder Skalierungsgrenzen ionischer Eigenschaften gibt: In einem NaCl–Kristall besitzt jedes Na^+–Ion sechs nächste Cl^-–Nachbarn mit $r_0 = 0,276\,\text{nm}$, 12 übernächste Na^+–Nachbarn mit $r = \sqrt{2}r_0$ und acht weitere Cl^-–Nachbarn mit $r = \sqrt{3}r_0$. Damit erhält man $C_M = 6 - 12/\sqrt{2} + 8/\sqrt{3} - 3 + \ldots$. Würde man einen NaCl–Nanopartikel mit einem Durchmesser von $2,8\,\text{nm}$, bestehend aus nur 27 Atomen betrachten, so erhielte man $C_M = -0,87$ und damit $E > 0$. Der Partikel wäre also für das kubische Gitter des massiven Ionenkristalls nicht stabil.

Für Wechselwirkungen unter Beteiligung polarer Moleküle oder Molekülionen ist das Dipolmoment $\boldsymbol{\mu}$ von Bedeutung. Die Wechselwirkung zwischen einem Ion der Ladung q_1 und einem polaren Molekül mit dem Dipolmoment $\boldsymbol{\mu}_2$, das einen Winkel θ mit der Verbindungslinie einschließt, ist gegeben durch $w(r,\theta) = -q_1\mu_2\cos\theta/(4\pi\varepsilon_0\varepsilon_r r^2)$. ε_r trägt der Tatsache Rechnung, dass solche Wechselwirkungen insbesondere in flüssigen Medien eine Rolle spielen können [4.3]. Dies ist beispielsweise der Fall bei der Bildung von *Hydratkomplexen* aus Ionen und polaren Lösungsmittelmolekülen. Wechselwirken zwei Dipolmomente beispielsweise zweier polarer Moleküle miteinander, so muss ihre relative Orientierung durch drei Winkel beschrieben werden: $w(\mathbf{r}) = -[\mu_1\mu_2/(4\pi\varepsilon_0\varepsilon_r r^3)][2\cos\theta_1 \cos\theta_2 - \sin\theta_1\sin\theta_2\cos\phi]$. Dies vereinfacht sich für eine Linienanordnung bei paralleler Ausrichtung zu $w(r) = -2\mu_1\mu_2/(4\pi\varepsilon_0\varepsilon_r r^3)$. Die Dipol–Dipol–Wechselwirkung ist von essentieller Bedeutung für *Wasserstoffbrückenbindungen* und assoziierte Flüssigkeiten [4.4].

Die Wechselwirkung zwischen magnetischen Dipolmomenten liefert einen völlig analogen Ausdruck:

$$w(\mathbf{r}) = \frac{\mu_0}{4\pi r^3}\left[\boldsymbol{\mu}_1 \cdot \boldsymbol{\mu}_2 - \frac{3}{r^2}(\boldsymbol{\mu}_1 \cdot \mathbf{r})(\boldsymbol{\mu}_2 \cdot \mathbf{r})\right] . \tag{4.2}$$

Für die linienförmige Aufreihung erhält man hier $\omega(r) = -2\mu_0\mu_1\mu_2/(4\pi r^3)$. Wie bereits erwähnt, gehören die magnetostatischen Wechselwirkungen nicht in die Fundamentalkategorien der Intermolekular- und Oberflächenkräfte, weil sie nicht universell sind, sondern magnetische Momente voraussetzen, die immer mit bestimmten Materialkonfigurationen verbunden sind. Andererseits spielt die magnetische Dipol–Dipol–Wechselwirkung eine fundamentale Rolle für eine gerade nanotechnologisch relevante Systemkategorie, nämlich für die *Ferrofluide*. Diese setzen sich zusammen aus kolloidal suspendierten magnetischen Partikeln in einer Trägerflüssigkeit. Wie in Abb. 4.1(a) dargestellt, sind die Partikel ligandenstabilisiert, um ein Verklumpen zu verhindern. Magnetisch bedeutet im vorliegenden Kontext, dass die Partikel mit einem magnetischen Dipolmoment ausgestattet sind. Ein häufig verwendetes Material ist Magnetit (Fe_3O_4) bei einem Durchmesser von $\approx 10\,\mathrm{nm}$. Abbildung 4.1(b) zeigt Aggregate aus diesen Partikeln. In inhomogenen Magnetfeldern ändert sich lokal zwar die Dichte des Ferrofluids, Partikel und Trägerflüssigkeit werden aber nicht entmischt. Vielmehr lassen sich auf die gesamte Suspension Kräfte ausüben, was Grundlage für das interessante Gebiet der *Magnetohydrodynamik* und für viele Anwendungen ist [4.5]. Abbildung 4.1(c) zeigt ein Ferrofluid unter dem Einfluss eines Magnetfelds und die typische Oberflächenkonfiguration als Folge eines Kräftegleichgewichts.

Das Wechselwirkungspotential in Gl. (4.2) ergibt sich für fixierte Dipolorientierung. Unter dem Einfluss von Feldern können sich Dipolmomente aber orientieren. Bei Ferrofluidpartikeln geschieht dies entweder durch Rotation der Partikel in der flüssigen Matrix, was als *Brownsche Relaxation* bezeichnet wird, oder durch Rotation des Dipolmoments innerhalb der Partikel, was als *Néelsche Relaxation* bezeichnet wird. Die Wechselwirkungsenergie eines Ferrofluidpartikels mit dem magnetischen Dipolmoment $\boldsymbol{\mu}$ mit einem applizierten Magnetfeld $\mathbf{B}$ ist $w(\theta) = -\boldsymbol{\mu} \cdot \mathbf{B} = -\mu B \cos\theta$, wobei θ der Winkel zwischen Moment und Feldrichtung ist. Die Magnetisierung des Ferrofluids ist dann gegeben durch $\mathbf{M} = \varrho\mu\langle\cos\theta\rangle\mathbf{e_B}$. ϱ ist die Volumendichte der Partikel und $\langle\cos\theta\rangle$ das thermische Orientierungsmittel:

$$\langle\cos\theta\rangle = \frac{\int \exp(-w(\theta)/[k_BT])\cos\theta d\Omega}{\int \exp(-w(\theta)/[k_BT])d\Omega} = \coth\left(\frac{\mu B}{k_BT}\right) - \frac{k_BT}{\mu B} \equiv L\left(\frac{\mu B}{k_BT}\right) . \tag{4.3}$$

Vorausgesetzt wird in diesem Ansatz eine Boltzmann–Verteilung der Dipolorientierungen. Die Mittelung erfolgt über den gesamten Raum mit dem Raumwinkelelement $d\Omega$.

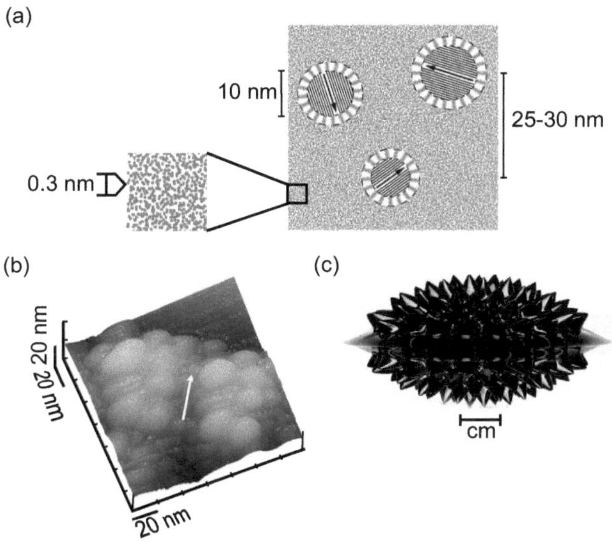

Abb. 4.1: *(a) Zusammensetzung eines Ferrofluids. (b) Einzelne* Fe_3O_4*–Partikel in einem Aggregat, welches durch Trocknen des Ferrofluids in einem Magnetfeld entlang der eingezeichneten Richtung entstanden ist. (c) Makroskopisches Verhalten eines Ferrofluids unter dem Einfluss eines inhomogenen Magnetfelds.*

L ist die *Langevin–Funktion.* Für $\mu B \ll k_B T$ ist $L(\mu B/[k_B T]) \approx \mu B/[3k_B T]$ und die Magnetisierung $M \approx \varrho\mu^2 B/[3k_B T]$. Für $\mu_B \gg k_B T$ ist hingegen $L(\mu B/[k_B T]) \approx 1$ und $M \approx \varrho\mu \equiv M_S$: Die Magnetisierung erreicht asymptotisch den Sättigungswert M_S.

Die statistische Betrachtungsweise für die Gleichgewichtsorientierung der magnetischen Momente von Ferrofluidpartikeln lässt sich verallgemeinern in Form des *Potentialverteilungstheorems* [4.6]:

$$\exp\left(-\frac{w(r)}{k_B T}\right) = \frac{1}{4\pi}\int \exp\left(-\frac{w(r,\Omega)}{k_B T}\right) d\Omega \equiv \left\langle \exp\left(-\frac{w(r,\Omega)}{k_B T}\right)\right\rangle . \quad (4.4a)$$

Damit erhält man

$$1 - \frac{w(r)}{k_B T} + \ldots = \left\langle 1 - \frac{w(r,\Omega)}{k_B T} + \frac{1}{2}\left(\frac{w(r,\Omega)}{k_B T}\right)^2 - \ldots \right\rangle . \quad (4.4b)$$

Für $w(r) \ll k_B T$ ergibt das

$$w(r) = \left\langle w(r,\Omega) - \frac{w^2(r,\Omega)}{2k_B T} + \ldots \right\rangle . \quad (4.4c)$$

Für die zuvor diskutierte Ladungs–Dipol–Wechselwirkung ergibt sich $w(r) = -q_1^2\mu_2^2/[6(4\pi\varepsilon_0\varepsilon_r)^2 k_B T\, r^4]$. Für die winkelgemittelte Dipol–Dipol–Wechselwirkung, die *Keesom–Wechselwirkung*, erhält man

$$w(r) = -\frac{\mu_1^2\mu_2^2}{3(4\pi\varepsilon_0\varepsilon_r)^2 k_B T\, r^6} \,. \tag{4.5}$$

Neben den bisher diskutierten quantenmechanischen und Coulomb–Wechselwirkungen gibt es eine dritte Kategorie, die auf der Polarisierbarkeit α von Atomen, Molekülen oder Partikeln beruht. Das induzierte Dipolmoment in einem Feld $\boldsymbol{\mathcal{E}}$ beträgt $\boldsymbol{\mu}_i = \alpha_e\boldsymbol{\mathcal{E}}$. Im Allgemeinen ist α_e ein Tensor. Neben der *elektronischen Polarisierbarkeit* gibt es bei polaren Molekülen noch die *Orientierungspolarisierbarkeit*, die quantifiziert, welches mittlere Dipolmoment ein polares Molekül durch statistische Orientierung unter Einfluss eines Felds aufweist. Ganz analog zur Magnetisierung eines Ferrofluids bei kleinen Feldern erhält man aus der Entwicklung der Langevin–Funktion $\alpha_0 = \mu^2/(3k_BT)$. Im allgemeinsten Fall ist dann $\alpha = \alpha_e + \alpha_0$, was als *Debye–Langevin–Relation* bezeichnet wird. Für dielektrische Partikel, die durch eine relative Dielektrizitätskonstante ε_p charakterisiert werden und sich in einem Medium befinden, das durch ε_M charakterisiert wird, ist die Polarisierbarkeit gegeben durch $\tilde{\alpha} = 4\pi\varepsilon_0\varepsilon_M r_p^3(\varepsilon_p - \varepsilon_M)/(\varepsilon_p + 2\varepsilon_M)$. r_p gibt hier den Radius des als kugelförmig angenommenen Partikels an. Hinsichtlich der Quantifizierung durch ε_p sind grundsätzlich die in Abschn. 2.2.5 diskutierten kritischen Dimensionen zu berücksichtigen. Für $\varepsilon_M = 1$ entspricht die Relation für $\alpha = \tilde{\alpha}$ der *Clausius–Mossotti–Gleichung*. Mit $\varepsilon_p = n_p^2$ ergibt sich die *Lorenz–Lorentz–Gleichung*.

Das Wechselwirkungspotential eines polarisierbaren Moleküls oder Partikels mit einem elektrischen Feld ist $w = -\alpha\mathcal{E}^2/2$. Mit $\boldsymbol{\mu}_i = \alpha\boldsymbol{\mathcal{E}}$ folgt $w = -\boldsymbol{\mu}_i\cdot\boldsymbol{\mathcal{E}}/2$, also der halbe Wert von demjenigen, den man für ein permanentes Dipolmoment $\boldsymbol{\mu}$ erwarten würde. Entsprechendes gilt für induzierte magnetische Momente, die durch die Suszeptibilität magnetisierbarer Partikel oder durch Orientierung von Elementarmomenten hervorgerufen werden. Wenn für $\boldsymbol{\mathcal{E}}$ das Feld einer Ladung und eines Dipols eingesetzt wird und α die zuvor diskutierten Beiträge enthält, so können Wechselwirkungspotentiale mit polarisierbaren dipolaren Molekülen oder Partikeln berechnet werden:

$$w(r) = -\frac{q_1^2}{2(4\pi\varepsilon_0\varepsilon_r)^2 r^4}\left(\alpha_e^{(2)} + \frac{\mu_2^2}{3k_BT}\right) \tag{4.6a}$$

und

$$w(r) = -\frac{\alpha_e^{(2)}\mu_1^2 + \alpha_e^{(1)}\mu_2^2}{(4\pi\varepsilon_0\varepsilon_r)^2 r^6} \,. \tag{4.6b}$$

Dieser letzte Beitrag wird als *Debyesche Wechselwirkung* bezeichnet.

Die neben den quantenmechanischen Wechselwirkungen in Form von zwei weiteren Kategorien diskutierten Wechselwirkungen sowie auch die magnetostatischen Wechselwirkungen sind keineswegs universell. Sie setzen nämlich allesamt permanent vorhandene elektrische Ladungen oder elektrische oder magnetische Dipolmomente voraus. Diese Voraussetzung ist aber im Allgemeinen nicht erfüllt, wenn Atome, Moleküle oder Nanopartikel miteinander wechselwirken. Eine universell erfüllte Voraussetzung ist allerdings, dass alle wechselwirkenden Materieformen mehr oder weniger gut dielektrisch polarisierbar sind. Ein Wechselwirkungspotential der Art $w \sim \alpha_1\alpha_2$ wäre also universell relevant. Genau ein Potential dieser Art ist aber in Form der *Londonschen Dispersionswechselwirkung*

$$w(r) = -\frac{3}{2}\frac{\alpha_e^{(1)}\alpha_e^{(2)}}{(4\pi\varepsilon_0)^2 r^6}\frac{\hbar\omega_1\omega_2}{(\omega_1+\omega_2)} \tag{4.7}$$

gegeben. Dieser Ausdruck wurde von *F. London* (1900–1954) für die Wechselwirkung zwischen zwei unterschiedlichen Atomen, die durch Polarisierbarkeiten und charakteristische Frequenzen ω_i charakterisiert sind, quantenmechanisch–störungstheoretisch abgeleitet [4.7]. Es handelt sich wiederum um eine nur quantenmechanisch zu verstehende Wechselwirkung. Sie ist auf die Interaktion der fluktuierenden, aber im zeitlichen Mittel verschwindenden Dipolmomente von Atomen und Molekülen zurückzuführen und besitzt dieselbe Abstandsabhängigkeit wie Debye– und Keesom–Wechselwirkungen zwischen Dipolmomenten. In einem verallgemeinerten Paarpotential lassen sich alle Polarisationsanteile berücksichtigen, was zum *van der Waals–Potential* führt:

$$w(r) = -\frac{3k_BT}{(4\pi\varepsilon_0\varepsilon_r)^2 r^6}\left(\frac{\mu_1^2}{3k_BT}+\alpha_e^{(1)}\right)\left(\frac{\mu_2^2}{3k_BT}+\alpha_e^{(2)}\right) . \tag{4.8}$$

Dieses van der Waals–Potential, welches für $\alpha_e \geq 0$ immer attraktiv ist[1], spielt für Nanosysteme, Selbstorganisation und Strukturbildung eine besondere Rolle. Die $1/r^6$–Abhängigkeit ergibt sich so nur für punktförmige Wechselwirkungspartner, also Atome oder kleine Moleküle oder eben für Partikel im Grenzfall großer Abstände. Gibt es aber, wie bei Aggregaten oder gar Nanosystemen, eine Verteilung von Dipolmomenten und Polarisationen, die durch Permittivitäten zu beschreiben sind, so kann das van der Waals–Potential sehr unterschiedliche Reichweiten aufweisen: kurz für interatomare Wechselwirkungen, mittel für molekulare Aggregate und lang für Nanopartikel und Oberflächen. Damit ist die van der Waals–Wechselwirkung Grundlage einer *Hierarchisierung* von Wechselwirkungsprozessen in Nanosystemen.

Abbildung 4.2 zeigt schematisch, dass es aus dem Blickwinkel der Wechselwirkungen und ihrer Reichweiten Präzisierungen bedarf, wenn die Position einer Oberfläche festzulegen ist. Eine gut lokalisierte Ebene wird sicherlich durch die Position der Atomkerne der obersten Lage des Festkörpers definiert, da die Atomkerne auf der Größenskala von

[1] $\alpha_e < 0$ kann für Moleküle oder Partikel in Medien unter besonderen Bedingungen resultieren und dann zu einer rein repulsiven van der Waals–Kraft führen.

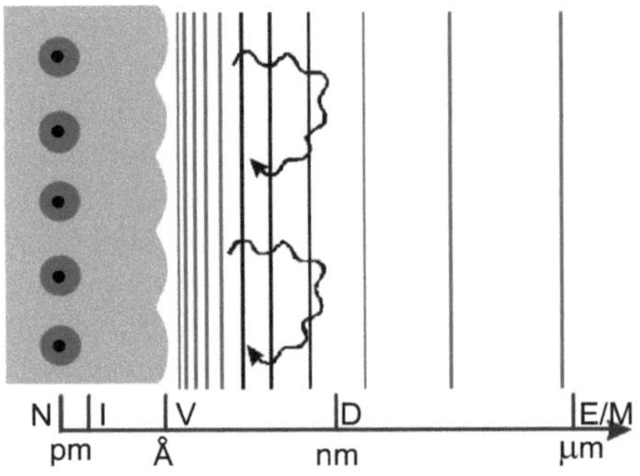

Abb. 4.2: *Schematische Darstellung der Grenzfläche zwischen einem Festkörper und dem Vakuum. N bezeichnet die Position der Atomkerne, I diejenige der inneren, fest gebundenen Elektronen und V diejenige der Valenzelektronen. D gibt die Reichweite der elektromagnetischen Fluktuationen an, die für Dispersionswechselwirkungen verantwortlich sind. E/M quantifiziert die typische Reichweite statischer, elektrischer und magnetischer Felder.*

Nanosystemen als punktförmig anzusehen sind. Auch die Ausdehnung der inneren, fest gebundenen Elektronen ist im hier zugrunde zu legenden Maßstab noch sehr scharf definiert. Die äußeren Valenzelektronen, die insbesondere für die quantenmechanischen Wechselwirkungen verantwortlich sind, sind schon deutlich delokalisierter. Sie spiegeln zwar noch teilweise die atomare Korrugation wider, können aber auch, wie in Metallen, teilweise völlig delokalisiert sein. Dispersionswechselwirkungen, die in der Emission und Absorption von Photonen bestehen, haben eine atomare Reichweite für einzelne Atome, aber von bis zu $\approx 100\,\text{nm}$ für ausgedehnte Festkörperoberflächen. Anhand der Reichweite der van der Waals–Wechselwirkung definiert, würde sich eine Oberfläche – oder besser ihre Wirkung – bis zu ca. 100 nm jenseits der Position der obersten Lage von Atomkernen erstrecken. Elektrostatische und magnetostatische Wechselwirkungen, die entsprechende elektrische und magnetische Ladungsverteilungen in der Probe voraussetzen, können bekanntlich makroskopische Reichweiten haben, wie beispielsweise an der Wirkung eines Permanentmagneten deutlich wird. Sie können aber bei entsprechender Lokalität der Quellen auch atomare Reichweiten haben. Abbildung 4.2 spiegelt damit eine ganze Reichweitenhierarchie wider, die Grundlage der unglaublichen Vielfalt der Ausgestaltung von Nanosystemen ist. Es ist evident, dass beispielsweise die atomare Abbildung einer Oberfläche a priori kurzreichweitige Wechselwirkungen nutzen muss. Dies erfolgt beispielsweise in der Rastertunnel- und Rasterkraftmikroskopie, da es sich hierbei um Techniken handelt, welche die Konfigurationen der Valenzelektronen abtasten können. Im Sinne der in Abschn. 2.2.5 geführten Diskussion handelt es sich um *Nahfeldverfahren*. Ein Fernfeldverfahren, wie beispielsweise die magnetische Rasterkraftmikroskopie, welches langreichweitige Wechselwirkungen nutzt, in diesem Fall die magnetostatischen Felder, die in Abb. 4.2 angedeutet sind, ist offensichtlich nicht in der Lage, eine atomare Signatur zu detektieren. Die langreichweitigen Wechselwirkungen sind eben kooperativen Ursprungs. Langreichweitige Wechselwirkungen sind wiederum von Bedeutung, wenn Nanoobjekte, wie beispielsweise die suspendierten Partikel des

Kolloids aus Abb. 4.1(a) miteinander über nanoskalige Distanzen wechselwirken. Ist das langreichweitige Attraktionspotential zu groß, gilt also etwa $-w(d) > k_B T$ für Partikel des Durchmessers d, so wird das Kolloid instabil und die Partikel verklumpen.

Wie bereits betont wurde, nehmen die Dispersionskräfte aufgrund ihrer Universalität einen besonderen Stellenwert ein. Sie sollen daher in Bezug auf ihre Reichweite, System– und Materialabhängigkeit im Folgenden genauer diskutiert werden. Dabei bietet sich eine vereinheitlichende Betrachtung zusammen mit den Keesom–Anteilen aus Gl. (4.5) und den Debye–Anteilen aus Gl. (4.6b) im Sinne von Gl. (4.8) an.

4.2 Van der Waals–Kräfte in nanoskaligen Systemen

4.2.1 Quantenfeldtheoretische Grundlagen

Aus quantentheoretischer Sicht resultieren van der Waals–Wechselwirkungen zwischen ausgedehnten Körpern aus dem Wechselspiel elektromagnetischer Fluktuationen und dielektrischer Randbedingungen. Die Fluktuationen resultieren aus Nullpunktsenergien sowie thermischer Anregung permanenter Multipole. Sie haben eine Reichweite, die gemäß Abb. 4.2 deutlich über die Oberfläche des Körpers hinausreicht, teilweise in Form abgestrahlter Anteile, teilweise in Form evaneszenter Anteile, wie sie in Abschn. 2.2.5 besprochen wurden. *E.M. Lifschitz* (1915–1985) berechnete als erster das attraktive Potential zwischen zwei durch einen Spalt getrennten Halbräumen mit einem Fluktuationsfeldansatz [4.8]. Dabei werden Retardierungseffekte, wie in Abschn. 2.2.5 erwähnt, in vollem Umfang berücksichtigt. Die vorher für spezielle Anordnungen abgeleiteten Resultate von F. London, wie in Abschn. 4.1.1 diskutiert, sowie *H.B.G. Casimir* (1909–2000) und *D. Polder* (1919–2001) [4.9] resultieren als Sonderfälle. Der heute zeitgemäße Ansatz zur Behandlung entsprechender Probleme für variierende Geometrien und die Wechselwirkung zweier Objekte innerhalb eines beliebigen Mediums geht auf *I.E. Dzyaloshinskii*, *E.M. Lifshitz* und *L.P. Pitaewskii* zurück [4.10], die den *Matsubara–Fradkin–Green–Formalismus* der Quantenstatistik anwendeten. Im Zentrum dieser rigorosen quantenfeldtheoretischen Betrachtungsweise steht das Modell der *virtuellen Teilchen*, speziell der *virtuellen Photonen*.

Das Konzept der virtuellen Teilchen lässt sich leicht anhand der Feynman–Diagramme verdeutlichen, die zur Illustration von Teilchenwechselwirkungen herangezogen werden und bestimmten Termen in einem quantenfeldtheoretischen Störungsansatz entsprechen [4.11]. Abbildung 4.3 zeigt das Feynman–Diagramm zur Elektron–Elektron–Streuung. Das virtuelle Teilchen ist ein kurzlebiger Zwischenzustand, der ohne die Wechselwirkungen nicht beobachtbar und damit nicht durch gewöhnliche Observablen beschreibbar ist. In Abb. 4.3 ist das virtuelle Phonon das *Austausch–* oder *Botenteilchen*, welches die elektrostatische Wechselwirkung vermittelt. Aufgrund der Kurzlebigkeit ist die Energie des virtuellen Teilchen unscharf, aufgrund der begrenzten räumlichen Ausdehnung ist der Impuls unscharf. Im Kontext der van der Waals–Wechselwirkungen werden Feynman–Diagramme gemäß Abb. 4.3 ohne äußere Linien, welche die realen Teilchen symbolisieren, betrachtet. Damit werden die virtuellen Teilchen als *spontane*

Fluktuationen des Quantenfelds angesehen. Reale Teilchen sind demgegenüber Anregungen mit einer für die Beobachtung hinreichenden Stabilität [4.12]. Es besteht damit ein enger Bezug der virtuellen Teilchen zu *Quantenfluktuationen*: Virtuelle Teilchen charakterisieren Fluktuationen von Feldern um ihre quantenmechanischen Erwartungswerte.

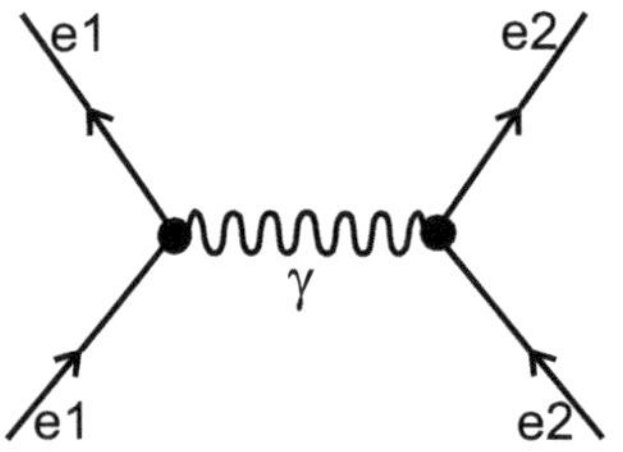

Abb. 4.3: *Feynman–Diagramm der Elektron–Elektron–Streuung. Die vier geraden Linien symbolisieren einlaufende und auslaufende Elektronen als reale Teilchen. Die Wellenlinie symbolisiert das virtuelle Photon als Vermittler der Wechselwirkung. Die Knotenpunkte werden als Vortices bezeichnet.*

Virtuelle Teilchen können als ein Artefakt der quantenfeldtheoretischen Störungsrechnung angesehen werden. Hingegen existieren sie nicht in störungsfreien Ansätzen. In diesem Sinne sind sie temporär und das Verhalten virtueller Teilchen unterscheidet sich damit zwangsläufig von demjenigen realer Teilchen, obwohl es keine strikte Demarkationslinie zwischen beiden gibt. So können aus virtuellen Teilchen unter bestimmten Bedingungen reale Teilchen werden [4.12]. Außerdem ist auch für virtuelle Teilchen die Energie– und Impulserhaltung strikt erfüllt. Virtuelle Teilchen müssen jedoch nicht die relativistische Energie–Impuls–Beziehung $m^2c^4 = E^2 - (pc)^2$ erfüllen. Ihr Bezug zu *evaneszenten Moden* [4.13], wie sie in Abschn. 2.2.5 diskutiert wurden, wurde bereits vor langer Zeit postuliert [4.14], auch im Zusammenhang mit der Nahfeldoptik diskutiert [4.15] und in der jüngeren Vergangenheit experimentell gezielt untersucht [4.16].

Wie kann nun, ausgehend von der intermolekularen Wechselwirkung gemäß Gl. (4.8), die Wechselwirkung zwischen Nanosystemen oder ausgedehnten Körpern berechnet werden? Das fundamentale Problem dabei ist, dass das intermolekulare Paarpotential aus Gl. (4.8) nicht additiv ist: Wechselwirken zwei Moleküle miteinander über Polarisationseffekte, so wird ein drittes Molekül diese Wechselwirkung a priori beeinflussen. Dieser Sachverhalt wird im klassischen *Hamaker–Ansatz* [4.17] völlig ignoriert. Der elektrodynamische, makroskopische Ansatz von Lifshitz [4.8], basierend auf Lösung der Maxwell–Gleichungen, und der quantenfeldtheoretische Ansatz von Dzyaloshinskii, Lifshitz und Pitaewskii [4.10] tragen dem Vielteilchenproblem vollumfänglich Rechnung, sind aber zunächst nur für die Wechselwirkung von Halbräumen über einen Spalt hinweg gültig. Einen pragmatischen Ausweg stellt ein *renormierter Hamaker–Ansatz* dar, der auf modifizierten, effektiven Paarpotentialen beruht, die als additiv angesehen werden, aber gleichzeitig in Form der Renormierung Vielteilcheneffekte repräsentieren [4.18]. Damit ist die dem renormierten Hamaker–Ansatz zugrunde liegende Strategie in gewisser Weise mit der in Abschn. 2.2.4 diskutierten Strategie bei der Definition von Quasiteilchen vergleichbar.

4.2.2 Entkopplung geometrischer und dielektrischer Eigenschaften

Der quantenfeldtheoretische Ansatz von Dzyaloshinskii, Lifshitz und Pitaewskii [4.10] liefert einen exakten Ausdruck für die elektromagnetische Wechselwirkung zwischen zwei dielektrischen Halbräumen, die durch ein drittes Medium getrennt sind:

$$f(z) = -8\pi^2 \frac{k_B T}{c^3} \sum_{m=0}^{\infty} \left(\frac{1}{2}\right)_0 \varepsilon_3(i\nu_m)\nu_m^3 \int_1^{\infty} dp\, p^2 \left(\frac{\beta(i\nu_m, p)}{\exp[\eta(\nu_m, i\nu_m, p)] - \beta(i\nu_m, p)} + \frac{\tilde{\beta}(i\nu_m, p)}{\exp[\eta(\nu_m, i\nu_m, p)] - \tilde{\beta}(i\nu_m, p)} \right), \tag{4.9a}$$

mit den *bosonischen Matsubara-Frequenzen* mit $\nu_m = mk_BT/\hbar$ und

$$\beta(i\nu_m, p) = \frac{[\gamma_{13}(i\nu_m, p) - p][\gamma_{23}(i\nu_m, p) - p]}{[\gamma_{13}(i\nu_m, p) + p][\gamma_{23}(i\nu_m, p) + p]}, \tag{4.9b}$$

$$\tilde{\beta}(i\nu_m, p) = \frac{[\gamma_{13}(i\nu_m, p) - p\varepsilon_1(i\nu_m)/\varepsilon_3(i\nu_m)][\gamma_{23}(i\nu_m, p) - p\varepsilon_2(i\nu_m)/\varepsilon_3(i\nu_m)]}{[\gamma_{13}(i\nu_m, p) + p\varepsilon_1(i\nu_m)/\varepsilon_3(i\nu_m)][\gamma_{23}(i\nu_m, p) + p\varepsilon_2(i\nu_m)/\varepsilon_3(i\nu_m)]}, \tag{4.9c}$$

$$\gamma_{j3}(i\nu_m, p) = \sqrt{p^2 - 1 + \frac{\varepsilon_j(i\nu_m)}{\varepsilon_3(i\nu_m)}}, \tag{4.9d}$$

mit $j = 1, 2$ und

$$\eta(\nu_m, i\nu_m, p) = \frac{4\pi\nu_m p z}{c}\sqrt{\varepsilon_3(i\nu_m)}. \tag{4.9e}$$

$f(z)$ in Gl. (4.9a) ist durch die Komponente σ_{zz} des *Maxwellschen Spannungstensors* gegeben und quantisiert die Kraft pro Flächeneinheit der Halbräume. $\nu_m = \omega_m/(2\pi)$ sind charakteristische Frequenzen. γ und η sind Funktionen dieser Frequenzen sowie der Integrationskonstante p. Die Abstandsabhängigkeit steckt in $\eta = \eta(z)$. Die involvierten Medien werden durch $j = 1, 2, 3$ spezifiziert und komplett durch ihre Permittivitäten $\varepsilon_j(i\nu_m)$ charakterisiert, wobei $(1/2)_0$ in Gl. (4.9.a) symbolisiert, dass nur der erste Frequenzterm mit $m = 0$ mit $1/2$ zu multiplizieren ist. ε_3 beschreibt immer das Medium zwischen den Halbräumen. Die Permittivitäten bei imaginären Frequenzen sind durch den Verlauf des Imaginäranteils der komplexen Permittivität $\varepsilon(\nu) = \varepsilon'(\nu) + i\varepsilon''(\nu)$ mittels der *Kramers–Kronig–Relation* gegeben:

$$\varepsilon_j(i\nu_m) = 1 + \frac{2}{\pi}\int_0^\infty d\xi \frac{\xi\varepsilon_j''(\xi)}{\xi^2 + \nu_m^2} . \tag{4.10}$$

$\varepsilon''(\nu) \geq 0$ quantifiziert die Absorption innerhalb des jeweiligen Mediums. $\varepsilon_j(i\nu_m)$ ist damit rein reell und nimmt monoton ab, ausgehend vom statischen Wert für $m = 0$ bis $m \to \infty$. Eine Separation der durch Debye– und Keesom–Wechselwirkungen gegebenen entropischen Beiträge von den Beiträgen der quantenmechanischen Dispersionswechselwirkung lässt sich erreichen, wenn Gl. (4.9a) separat für den statischen Fall $m = 0$ und für den elektrodynamischen Fall $m > 0$ betrachtet wird [4.18]. Für $m = 0$ ist $\nu = 0$ und man erhält nach einer geeigneten Transformationsprozedur [4.18] das einfache Ergebnis

$$f_E(z) = -\frac{H_E}{6\pi z^3} , \tag{4.11a}$$

mit der *entropischen Hamaker–Konstante*

$$H_E = \frac{3}{4}k_BT\sum_{n=1}^{\infty}\frac{\Delta_{13}^n(0)\Delta_{23}^n(0)}{n^3} , \tag{4.11b}$$

und

$$\Delta_{j3}(0) = \frac{\varepsilon_j(0) - \varepsilon_3(0)}{\varepsilon_j(0) + \varepsilon_3(0)} . \tag{4.11c}$$

Dies ist ein bemerkenswertes Ergebnis: Die Abstandsabhängigkeit wird durch ein einfaches Potenzgesetz $\sim 1/z^n$ beschrieben, wobei sich $n = 3$ auch für den klassischen Hamaker–Ansatz, der in der Addition intermolekularer Paarpotentiale besteht, ergeben hätte. Für $\varepsilon_1 > \varepsilon_3 > \varepsilon_2$ oder $\varepsilon_1 < \varepsilon_3 < \varepsilon_2$ ist $H_E < 0$ und damit $f(z) > 0$: Der entropische Anteil der van der Waals–Wechselwirkung kann damit repulsiv ausfallen! Außerdem gilt $|H_E| \leq 3\zeta(3)k_BT/4$[1]. Dieser Grenzwert beträgt für Raumtemperatur $\approx 20\,\text{meV}$.

Die Anteile der Dispersionswechselwirkung an der van der Waals–Wechselwirkung ergeben sich aus Gl. (4.9a) für $m \geq 1$. Bei Raumtemperatur ist $\nu_m = mk_BT/\hbar \approx 4{,}3m \cdot 10^{13}\text{Hz}$. Damit ist bereits für $m = 1$ eine Frequenz weit jenseits der typischen

[1] ζ bezeichnet hier die Riemannsche Zeta–Funktion.

molekularen Rotationsbeiträge gegeben. Dies bedeutet, dass keine Orientierungsbeiträge, sondern nur noch elektronische Polarisationsbeiträge, repräsentiert durch α_e in Gl. (4.8), resultieren. Die diesbezüglichen typischen Absorptionsfrequenzen liegen im ultravioletten Bereich des Spektrums bei $\approx 10^{15}$Hz. Hier sind die diskreten Werte ν_m mit Abständen von $\approx 10^{13}$Hz so dicht beieinander, dass die Summe über diskrete Frequenzen in Gl. (4.9a) durch ein Integral ersetzt werden kann [4.18]. Damit erhält man für den Dispersionsanteil

$$f_D(z) = -4\pi \int_{\nu_1}^{\infty} d\nu\, \nu^3 \varepsilon_3(i\nu) \int_1^{\infty} dp\, p^2 \left(\frac{\beta(i\nu, p)}{\exp[\eta(\nu, i\nu, p)] - \beta(i\nu, p)} + \frac{\tilde{\beta}(i\nu, p)}{\exp[\eta(\nu, i\nu, p)] - \tilde{\beta}(i\nu, p)} \right) . \quad (4.12)$$

Mit der unkritischen Näherung $\nu_1 = 0$ ergibt sich für den asymptotischen Fall $z \to 0$ der einfache Zusammenhang

$$f_D^{(n)}(z) = -\frac{H_n}{6\pi z^3} , \quad (4.13a)$$

mit der *nicht retardierten Hamaker–Konstante*

$$H_n = \frac{3\hbar}{2\pi} \sum_{n=1}^{\infty} \frac{1}{n^3} \int_0^{\infty} d\nu \Delta_{13}^n(i\nu) \Delta_{23}^n(i\nu) . \quad (4.13b)$$

In vielen Fällen ist es ausreichend, ausschließlich den $n = 1$–Term zu berücksichtigen. Beiträge höherer Ordnung betragen maximal $1 - 1/\zeta(3) \approx 17\,\%$ dieses Terms. H_n ist durch das spektrale Verhalten aller drei beteiligten Medien gegeben. Die Abstandsabhängigkeit in Gl. (4.13a) ist völlig identisch zu derjenigen in Gl. (4.11a). Dies ist im Rahmen eines Hamaker–Ansatzes verständlich, da intermolekulare Debye–, Keesom– und London–Anteile gemäß Gl. (4.8) alle einen $\sim 1/r^6$–Verlauf des Paarpotentials aufweisen.

Für $z \to \infty$ sind Retardierungseffekte der elektromagnetischen Fluktuationen, wie in Abschn. 2.2.5 diskutiert, von Bedeutung. In diesem Fall erhält man aus Gl. (4.12)

$$f_D^{(r)}(z) = -\frac{H_r}{z^4} , \quad (4.14a)$$

mit der *retardierten Hamaker–Konstante*

$$H_r = \frac{3\hbar c}{16\pi^2\sqrt{\varepsilon_3^{(e)}(0)}} \sum_{n=1}^{\infty} \frac{1}{n^4} \int_1^{\infty} \frac{dp}{p^2} \left[\beta_e^n(0,p) + \tilde{\beta}_e^n(0,p)\right] . \tag{4.14b}$$

In diesem *Casimir–Limit*, das durch eine komplette Retardierung gekennzeichnet ist, hat sich die Abstandsabhängigkeit von $\sim 1/z^n$ für den nicht retardierten Fall zu $1/z^{n+1}$ verändert. Ein solches Phänomen wurde für die interatomare Wechselwirkung von H.B.G. Casimir und D. Polder gezeigt [4.9]. H_r wird durch die elektronischen Anteile $E_j^{(e)}(0)$ im statistischen Limit bestimmt, die nicht mit den Gesamtpermittivitäten $\varepsilon_j(0)$ verwechselt werden sollten. Auch H_r hängt von den Permittivitäten aller beteiligten Medien ab und kann damit negativ werden.

In einem mittleren Abstandsbereich ist $f(z)$ nicht durch ein einfaches Potenzgesetz gemäß Gl. (4.13a) oder (4.14a) gegeben. Der aus Gl. (4.9a) resultierende Verlauf lässt sich aber befriedigend analytisch annähern durch [4.18]

$$f(z) = -\frac{1}{6\pi}\left[H_E + H_n \tanh\left(\frac{z_{132}}{z}\right)\right]\frac{1}{z^3} , \tag{4.15}$$

mit der *Retardierungsdistanz* $z_{132} = 6\pi H_r/H_n$. Dieses Resultat zeigt, dass bei großen Distanzen entropische Beiträge mit $1/z^3$ dominieren. Diesen Verlauf findet man auch für kleine Distanzen, während im mittleren Distanzbereich mit $z \approx z_{132}$ ein stärkerer Abfall der van der Waals–Wechselwirkung zu verzeichnen ist.

4.2.3 Renormierte intermolekulare Paarpotentiale

Aus Gl. (4.9a) lässt sich das effektive Paarpotential oder auch die effektive Dispersionskraft zwischen zwei beliebigen Molekülen der beiden Halbräume berechnen. Für den nicht retardierten Fall entsprechend Gl. (4.13a) erhält man

$$F_D^{(n)}(z) = -\frac{A}{z^7} \tag{4.16a}$$

mit

$$A = \frac{9\hbar}{4\pi^2\varepsilon_0^2}\int_0^{\infty} d\nu \, \frac{\tilde{\alpha}_e^{(1)}(i\nu)\,\tilde{\alpha}_e^{(2)}(i\nu)}{[\alpha_e^{(3)}(i\nu)]^2} . \tag{4.16b}$$

$\alpha_e^{(j)}(i\nu)$ sind die elektronischen *Exzesspolarisierbarkeiten* im Immersionsmedium mit $\varepsilon_3(i\nu)$. Für $\varepsilon_3 = 1$, d. h. Vakuum, geht Gl. (4.16) in das klassische London–Ergebnis

[4.19] über, das sich sofort aus Gl. (4.7) ableiten lässt. Die $1/z^7$–Abstandsabhängigkeit der Kraft entspricht natürlich dem, was man aus den intermolekularen Paarpotentialen, also aus dem Zweikörperproblem, gemäß Gl. (4.8) generell erwartet. Für das retardierte Casimir–Limit erhält man

$$F_D^{(r)}(z) = -\frac{B}{z^8} , \tag{4.17a}$$

mit

$$B = \frac{161\hbar c}{64\pi\varepsilon_0^2} \frac{\tilde{\alpha}_e^{(1)}(0)\,\tilde{\alpha}_e^{(2)}(0)}{[\alpha_e^{(3)}(0)]^{5/2}} . \tag{4.17b}$$

Hier sind wiederum die elektronischen Polarisierbarkeiten im statischen Limit und innerhalb eines Immersionsmediums zu betrachten. Für $\varepsilon_3 = 1$ und $\tilde{\alpha}_e^{(j)}(0) = \alpha_e^{(j)}(0)$ liefert Gl. (4.17) das klassische Casimir–Polder–Resultat [4.9].

Die Exzesspolarisierbarkeiten $\tilde{\alpha}_e^{(j)}(i\nu)$ charakterisieren Eigenschaften, die nicht dem einzelnen Molekül zuzuordnen wären, wenn es isoliert im Vakuum oder einem Medium betrachtet würde. Vielmehr spiegeln sie, wie in einem Quasiteilchenmodell gemäß Abschn. 2.2.4, das komplexe Vielteilchenproblem wider, indem sie jedem einzelnen Molekül Eigenschaften zuordnen, die durch die Gesamtanordnung aller Moleküle kooperativ gegeben sind. Dies beinhaltet sowohl dielektrische Einflüsse aller Nachbarmoleküle, wie beispielsweise Abschirmung oder Absorption, als auch Einflüsse der Geometrie. Verwendet man einen Hamaker–Ansatz, der ja in einer Integration von Paarwechselwirkungen gemäß Gl. (4.7) besteht, so wird unter Verwendung der Exzesspolarisierbarkeiten $\tilde{\alpha}_e^{(j)}$ das richtige Resultat aus Gl. (4.13a) für die komplette Halbraumwechselwirkung reproduziert. Entsprechendes gilt natürlich für einen Hamaker–Ansatz unter Verwendung des retardierten Ausdrucks in Gl. (4.17) im Hinblick auf die Reproduktion des Ergebnisses aus Gl. (4.14). Betrachten wir, dieser Renormierungsstrategie folgend, die Wechselwirkung zwischen zwei Nanopartikeln. Diese besitzen, wie bereits vorher erwähnt, die elektronische Exzesspolarisierbarkeit

$$\tilde{\alpha}_e^{(j)}(i\nu) = 4\pi\varepsilon_0\varepsilon_3^{(e)}(i\nu)\tilde{\Delta}_{j3}^{(e)}(i\nu)r_j , \tag{4.18a}$$

mit

$$\tilde{\Delta}_{j3}^{(e)}(i\nu) = \frac{\varepsilon_j^{(e)}(i\nu) - \varepsilon_3^{(e)}(i\nu)}{\varepsilon_j^{(e)}(i\nu) + 2\varepsilon_3^{(e)}(i\nu)} . \tag{4.18b}$$

Verwendet man dieses Resultat in Gl. (4.16), so erhält man für die Dispersionskraft zwischen zwei Nanopartikeln im Abstand d im nicht retardierten Limit

$$F_D^{(n)}(d) = -\frac{H_n}{6\pi}\frac{r_1^3 r_2^3}{d^7}\,, \tag{4.19a}$$

mit

$$H_n = 108h\int_0^\infty d\nu\;\tilde{\Delta}_{13}^{(e)}(i\nu)\tilde{\Delta}_{23}^{(e)}(i\nu)\,. \tag{4.19b}$$

Die Verwendung von Gl. (4.18) in Gl. (4.17) liefert für das retardierte Limit

$$F_D^{(r)}(d) = -H_r\frac{r_1^3 r_2^3}{d^8}\,, \tag{4.19c}$$

mit

$$H_r = \frac{161\hbar c}{4\pi\sqrt{\varepsilon_3^{(e)}(0)}}\tilde{\Delta}_{13}^{(e)}(0)\tilde{\Delta}_{23}^{(e)}(0)\,. \tag{4.19d}$$

Es ist offensichtlich, dass die Hamaker–Konstanten H_n und H_r die dielektrischen Eigenschaften aller drei involvierten Medien beinhalten. In den Ausdrücken $\Delta_{j3}^{(e)}$ stecken aber auch Informationen über die Geometrie. So gilt Gl. (4.18b) nur für sphärische Nanopartikel.

Für eine beliebige Geometrie ist der renormierte Hamaker–Ansatz gegeben durch

$$F_D^{(n,r)}(d) = \int_{V_1} dv_1 \int_{V_2} dv_2\; F_D^{(n,r)}\,. \tag{4.20}$$

$F_D^{(n,r)}$ ist hier die renormierte Zweikörperkraft gemäß Gl. (4.16) und (4.17). Für die Wechselwirkung zweier Halbräume liefert Gl. (4.20)

$$F_D^{(n)}(d) = -\frac{\pi\varrho_1\varrho_2 A}{36d^3} \tag{4.21a}$$

und

$$F_D^{(r)}(d) = -\frac{\pi \varrho_1 \varrho_2 B}{70 d^4} \,. \tag{4.21b}$$

$\varrho_{1,2}$ bezeichnen hier die homogenen molekularen Dichten. Der Vergleich mit Gl. (4.13a) und (4.14a) liefert nun für die molekularen Konstanten A und B in der Halbraumrenormierung

$$\varrho_1 \varrho_2 A = \frac{6 H_n}{\pi^2} \tag{4.22a}$$

und

$$\varrho_1 \varrho_2 B = \frac{70 H_r}{\pi} \,. \tag{4.22b}$$

Durch Verwendung von H_n aus Gl. (4.13b) und A aus Gl. (4.16b) ergibt sich in hinreichender Genauigkeit für die elektronische Exzesspolarisierbarkeit eines einzelnen Moleküls des Mediums j

$$\varrho \tilde{\alpha}_j^{(e)}(i\nu) = 2\varepsilon_0 \varepsilon_3^{(e)}(i\nu) \Delta_{j3}^{(e)}(i\nu) \,. \tag{4.23}$$

$\Delta_{j3}^{(e)}$ ist hier entsprechend Gl. (4.11c) definiert. Mithilfe dieses Resultats und Gl. (4.18) lässt sich nun die Wechselwirkung eines Nanopartikels des Radius r_p mit einem halbraumförmigen Substrat durch einen einfachen Hamaker–Ansatz berechnen:

$$F_D^{(n)}(d) = -\frac{H_n}{6\pi} \frac{r_p^3}{d^4} \,, \tag{4.24a}$$

mit

$$H_n = \frac{9}{2} h \int\limits_0^\infty d\nu \Delta_{13}^{(e)}(i\nu) \tilde{\Delta}_{23}^{(e)}(i\nu) \,. \tag{4.24b}$$

Hier wird angenommen, dass das erste Medium das Substrat, das zweite den Partikel und das dritte das Immersionsmedium bildet. $\tilde{\Delta}_{23}^{(e)}(i\nu)$ ist wie in Gl. (4.18b) definiert. Für den retardierten Fall liefert ein entsprechender Ansatz

$$F_D^{(r)} = -H_r \frac{r_p^3}{d^5} , \tag{4.25a}$$

mit

$$\begin{aligned} H_r = \frac{3\hbar c}{2\pi\sqrt{\varepsilon_3^{(e)}(0)}} \tilde{\Delta}_{23}^{(e)}(0) \Bigg\{ & \frac{1}{3} + \frac{\varepsilon_1^{(e)}(0)}{\varepsilon_3^{(e)}(0)} \\ & + \frac{4[\varepsilon_3^{(e)}(0)]^{3/2} - [\varepsilon_1^{(e)}(0) + \varepsilon_3^{(e)}(0)]\sqrt{\varepsilon_1^{(e)}(0)}}{2[\varepsilon_1^{(e)}(0) - \varepsilon_3^{(e)}(0)]\sqrt{\varepsilon_1^{(e)}(0)}} \\ & - \frac{[\varepsilon_3^{(e)}(0)]^3 + \varepsilon_1^{(e)}(0)[\varepsilon_3^{(e)}(0)]^2 + 2\varepsilon_1^{(e)}(0)[\varepsilon_1^{(e)}(0) - \varepsilon_3^{(e)}(0)]^2}{2\varepsilon_3^{(e)}(0)[\varepsilon_1^{(e)}(0) - \varepsilon_3^{(e)}(0)]^{3/2}} \\ & \operatorname{arsinh}\left(\sqrt{\frac{\varepsilon_1^{(e)}(0)}{\varepsilon_3^{(e)}(0)} - 1}\right) + \frac{[\varepsilon_1^{(e)}(0)]^2[\varepsilon_3^{(e)}(0)]^{3/2}}{\sqrt{\varepsilon_1^{(e)}(0) + \varepsilon_2^{(e)}(0)}} \\ & \left[\operatorname{arsinh}\left(\sqrt{\frac{\varepsilon_1^{(e)}(0)}{\varepsilon_3^{(e)}(0)}}\right) - \operatorname{arsinh}\left(\sqrt{\frac{\varepsilon_3^{(e)}(0)}{\varepsilon_1^{(e)}(0)}}\right)\right]\Bigg\} . \end{aligned} \tag{4.25b}$$

Dieses allgemein gültige Resultat lässt sich stark vereinfachen, wenn $\varepsilon_1^{(e)}(0) \lesssim 5$ ist:

$$H_r = \frac{23\hbar c}{20\pi\sqrt{\varepsilon_3^{(e)}(0)}} \Delta_{13}^{(e)}(0)\tilde{\Delta}_{23}^{(e)}(0) . \tag{4.25c}$$

Für ein metallisches Substrat mit $\varepsilon_1^{(e)}(0) \to \infty$ ergibt sich hingegen

$$H_r = \frac{3\hbar c}{2\pi\sqrt{\varepsilon_3^{(e)}(0)}} \tilde{\Delta}_{23}^{(e)}(0) . \tag{4.25d}$$

Für $d \gg r_p$ lässt sich der Übergang zwischen nicht retardiertem Limit $F_D^{(n)}$ und vollständig retardiertem $F_D^{(r)}$ wiederum gemäß Gl. (4.15) empirisch approximieren:

$$F_D(d) = -\frac{H_n}{6\pi} \tanh\left(\frac{d_{132}}{d}\right) \frac{r_p^3}{d^4} , \tag{4.26}$$

mit $d_{132} = 6\pi H_n/H_r$. Die Gleichungen (4.24) bis (4.26) sind von besonderer Bedeutung, da sie den in der Nanotechnologie sehr relevanten Fall der Wechselwirkung von größeren Molekülen oder Nanopartikeln mit einem Substrat oder ausgedehnten Material beschreiben.

4.2.4 Einfluss geometrischer Eigenschaften

Im allgemeinsten Fall wird die Wechselwirkung zwischen zwei beliebig gekrümmten Oberflächen zweier beliebiger Medien in einem dritten beliebigen Immersionsmedium betrachtet. Für dieses Szenario lässt sich rigoros quantenfeldtheoretisch nicht ohne weiteres eine Lösung ableiten. Mithilfe des renormierten Hamaker–Ansatzes kann jedoch in für die Belange der Nanotechnologie befriedigender Weise eine Näherungslösung angegeben werden:

$$F(d) = 2\pi \mathcal{R} w(d) \ , \tag{4.27a}$$

mit

$$w(d) = \int_d^\infty f(z) dz \ . \tag{4.27b}$$

$\mathcal{R}$ ist ein die Krümmung beider Oberflächen beschreibendes Maß, für das sich für einfache Geometrien, wie für parabolische oder elliptische, eine einfache Größe angeben lässt [4.18]. Für zwei sphärische Oberflächen mit den Radien r_1 und r_2 ist beispielsweise $\mathcal{R} = r_1 r_2/(r_1 + r_2)$. $w(d)$ in Gl. (4.27) ist das Wechselwirkungspotential pro Flächeneinheit für zwei Halbräume im selben Abstand, wie demjenigen der gekrümmten Oberflächen. $f(z)$ ist in Gl. (4.9a) für die van der Waals–Wechselwirkung angegeben, kann aber in Gl. (4.27b) a priori eine beliebig attraktive oder repulsive Wechselwirkung sein. Gleichung (4.27a) gilt für hinreichend kleine Abstände. Unter Verwendung von Gl. (4.15) erhält man für die Dispersionswechselwirkung

$$F_D(d) = -\frac{H_n}{3} \frac{\mathcal{R}}{d_{132}} \left(\frac{\ln(\cosh[d_{132}/d])}{d} - \frac{1}{d_{132}} \int_0^{d_{132}/d} d\xi \ln[\cosh(\xi)] \right) . \tag{4.28a}$$

Die Entwicklung dieses Ausdrucks für $d \ll d_{132}$ und $d \gg d_{132}$ liefert

$$F_D^{(n)} = -\frac{H_n}{6} \frac{\mathcal{R}}{d^2} \tag{4.28b}$$

und

$$F_D^{(n)} = -\frac{2\pi H_r}{3} \frac{\mathcal{R}}{d^3} . \tag{4.28c}$$

Ist eine der Oberflächen diejenige eines Substrats oder ausgedehnten ebenen Materials, so ist $\mathcal{R} = R$. R ist hier ein Krümmungsmaß für die nicht planare Oberfläche.

Gerade anhand der Wechselwirkung zwischen Partikel und ebener Oberfläche wird deutlich, dass sich nicht in allen nanotechnologisch interessanten Fällen die Wechselwirkung durch einen einfachen $F \sim 1/d^n$–Verlauf beschreiben lässt.

Für den nicht retardierten Grenzfall $d \ll d_{132}$ ist gemäß Gl. (4.28b) $F_D^{(n)} \sim 1/d^2$. Dies gilt insbesondere für den Fall $d \ll r_p = R$. Andererseits gilt für $d_{132} \gg d \gg r_p$ gemäß Gl. (4.26) $F_D^{(n)} \sim 1/d^4$. Schließlich gilt für $d \gg r_p$, d_{132} nach Gl. (4.26) das retardierte Limit $F_D^{(r)} \sim 1/d^5$. Damit haben wir für wechselnde Distanzen den Übergang von einer $1/d^2$– zu einer $1/d^4$–Abhängigkeit bis hin zu einer $1/d^5$–Abhängigkeit im Casimir–Limit.

Das retardierte Limit aus Gl. (4.28c) erhielte man nur für $d_{132} \ll d \ll r_p$, also für einen relativ großen Partikel in einem bestimmten Abstandsbereich. Die kompliziertere Abstandsabhängigkeit von $1/d^2$ nach $1/d^5$ wird beschrieben durch

$$F_D(d) = 2\pi r_p w(d) \tanh\left(\left[\frac{\tilde{d}_{132}}{d}\right]^2\right) . \tag{4.29a}$$

$w(d)$ ist hier die entsprechende Wechselwirkung der Halbräume gemäß Gl. (4.27b) und

$$\tilde{d}_{132} = r_p \sqrt{\frac{1}{\pi} \frac{H_n^{(p)}}{H_n}} , \tag{4.29b}$$

mit $H_n^{(p)}$ aus Gl. (4.24b) und H_n aus Gl (4.19b). Dabei wurde vorausgesetzt, dass d_{132} in Gl. (4.15) und (4.26) denselben Wert hat, was nicht zwingend gegeben sein muss [4.18].

Hinsichtlich der Retardierung stellt sich grundsätzlich die Frage, bei welchen intermolekularen Distanzen oder Distanzen zwischen Oberflächen diese eigentlich relevant wird, und ob bei diesen Distanzen die Wechselwirkung eigentlich noch groß genug ist, um einen Einfluss auf ein Nanosystem zu haben. Eine Größenordnung ist natürlich durch die Retardierungsdistanz d_{132} gegeben.

Die genauere Analyse zeigt aber, dass ein Auftreten von Retardierungseffekten abhängig ist von der Geometrie der wechselwirkenden Objekte. Im Retardierungsfall ändert sich die Abstandsabhängigkeit von Wechselwirkungspotentialen und Kräften von $1/d^n$ in $1/d^{n+1}$. Damit ist $n = n(d)$. Für eine Kraft $F_D(d)$ erhält man damit $n(d) = -d\partial(\ln$

$[F_D(d)])/\partial d$. Für zwei Halbräume erhält man entsprechend $n(d) = -[d/f_D(d)]\partial f_D(d) /\partial d$, mit $f_D(d)$ gemäß Gl. (4.12) oder (4.15). Sind gekrümmte Oberflächen an der Wechselwirkung beteiligt, so ist gemäß Gl. (4.27a) $n(d) = d\ f_D(d)/w_D(d)$. Wählt man $n \to n + 1/2$ als Kriterium zur Festlegung der Distanz, ab der Retardierungseffekte manifest werden, so ergibt sich offensichtlich für beide genannten $n(d)$–Verläufe eine unterschiedliche Distanz. Dabei kann die charakteristische Distanz deutlich unter $d = d_{132}$ liegen [4.18].

Statt über die empirische Näherung aus Gl. (4.15) für die Grenzfälle für $f_D(z)$ aus Gl. (4.13a) und (4.14a) lässt sich für eine genauere Berechnung von Oberflächenkräften nach Gl. (4.27a) auch über den präzisen quantenfeldtheoretischen Ausdruck für $f(z)$ aus Gl. (4.9a) gemäß Gl. (4.27b) integrieren:

$$w(d) = \frac{h}{c^2} \int_0^\infty d\nu\, \nu^2 \varepsilon_3^2(i\nu) \int_1^\infty dp\, p\, \{\ln[1 - \beta(i\nu, p) \exp(-\eta(\nu, i\nu, p))] + \ln[1 - \tilde{\beta}(i\nu, p) \exp(-\eta(\nu, i\nu, p))]\}\,. \tag{4.30}$$

4.2.5 Einfluss dielektrischer Eigenschaften

Die bisherige Diskussion hat verdeutlicht, dass die van der Waals–Wechselwirkungen zwischen zwei Objekten abhängig sind von der Geometrie der Objekte und von den dielektrischen Eigenschaften sowohl der Objekte als auch des sie umgebenden Mediums. Im Rahmen des renormierten Hamaker–Ansatzes stecken die dielektrischen Eigenschaften des Gesamtsystems in den Hamaker Konstanten H_n und H_r, welche aufgrund der Renormierung den Vielteilcheneigenschaften des Systems Rechnung tragen. Für Nanopartikel und ausgedehnte Materialien werden die dielektrischen Eigenschaften durch die Permittivität repräsentiert, wobei hier die in Abschn. 2.2.5 diskutierten kritischen Dimensionen maßgeblich sind. Bei molekularen Wechselwirkungen sind Polarisierbarkeiten relevant.

Das Absorptionsspektrum eines beliebigen Materials im gesamten Frequenzbereich zwischen Null und dem ultravioletten Regime wird beschrieben durch

$$\varepsilon_j(i\nu) = 1 + \sum_l \frac{c_{jl}}{1 + \nu/\nu_{jl}} + \sum_m \frac{f_{jm}}{1 + (\nu/\nu_{jm})^2 + \gamma_{jm}\nu/\nu_{jm}^2}\,. \tag{4.31}$$

Der erste Summenterm beschreibt mögliche Debye–Relaxationsprozesse, die in der Orientierung permanenter Dipolmomente bestehen. Der zweite Summenterm modelliert Absorption in Form eines Oszillatormodells. Die charakteristischen materialabhängigen Konstanten c_{jl}, ν_{jl}, f_{jm} und ν_{jm} liegen in Form experimenteller Daten tabelliert für viele Materialien vor. Eine Ausnahme bildet teilweise der Dämpfungskoeffizient γ_{jm}, der nicht einfach zu bestimmen ist. Da aber für Dielektrika grundsätzlich die Breite des

Absorptionsmaximums klein gegenüber der Absorptionsfrequenz ist, d. h. $\gamma_m \ll \nu_m$, kann der Dämpfungsterm $\gamma_m \nu/\nu_m^2$ in Gl. (4.31) in guter Näherung vernachlässigt werden. Wenn es nur ein rotatorisches Absorptionsmaximum bei $\nu_j^{(rot)}$ gibt und auch nur ein elektronisches, so resultiert aus Gl. (4.31)

$$\varepsilon_j(i\nu) = 1 + \frac{\varepsilon_j(0) - n_j^2}{1 + \nu/\nu_j^{(rot)}} + \frac{n_j^2 - 1}{1 + (\nu/\nu_j^{(e)})^2} , \tag{4.32}$$

wobei n_j den optischen Brechungsindex des Mediums j bezeichnet. Im fernen Ultraviolett– und weichen Röntgenbereich verhält sich Materie wie das freie Elektronengas [4.20]:

$$\varepsilon_j(i\nu) = 1 + \left(\frac{\nu_j^{(e)}}{\nu}\right)^2 . \tag{4.33}$$

Hier bezeichnet $\nu_j^{(e)}$ die *Plasmafrequenz*. Gleichung (4.33) charakterisiert ebenfalls näherungsweise das Verhalten von Metallen im gesamten Frequenzbereich [4.21]. Abbildung 4.4(a) zeigt die drei unterschiedlichen Klassen dielektrischen Verhaltens, repräsentiert durch Wasser als polares Medium, einen typischen Kohlenwasserstoff als apolares Dielektrikum und ein typisches Metall. Für Wasser führen die einfachsten Debye–Relaxationen und einige eng benachbarte Absorptionslinien zu Variationen von $\varepsilon(i\nu)$ im langwelligen Bereich. Mehreren Absorptionslinien im infraroten und ultravioletten Spektralbereich lässt sich durch Annahme effektiver Resonanzfrequenzen und Brechungsindizes Rechnung tragen [4.21]. Apolare Dielektrika, wie Kohlenwasserstoffe, besitzen eine konstante Absorption vom statischen bis in den optischen Bereich. Das komplexe Absorptionsspektrum im nahen ultravioletten Bereich wird im Allgemeinen ebenfalls durch Annahme mittlerer Werte für ν_j und n_j in Gl. (4.32) behandelt, wobei in diesem Fall nur die Lorentz–Beiträge berücksichtigt werden müssen. Metalle zeigen das durch Gl. (4.33) beschriebene Verhalten für Plasmafrequenzen von $3 - 5 \cdot 10^{15}$Hz.

Gemäß Gl. (4.13b) ist die renormierte Hamaker–Konstante im nicht retardierten Fall von den dielektrischen Eigenschaften der wechselwirkenden Objekte und des umgebenden Mediums abhängig. Abbildung 4.4(b) zeigt die spektralen Komponenten, die für die Dispersionswechselwirkung der repräsentativen Medien verantwortlich sind. Die Dispersionskraft ist direkt proportional zu den Flächen unter den Kurven. Offensichtlich ist der spektrale Bereich von $1 - 20$ eV hier maßgeblich. H_n ist maximal für zwei typische Metalle im Vakuum. Die Wechselwirkung in Wasser als Immersionsmittel ist deutlich reduziert. Noch kleiner ist die Kraft zwischen zwei typischen Dielektrika im Vakuum. Auch hier ist bei Immersion in Wasser eine Abnahme der Kraft zu verzeichnen. Auch die Maxima der Spektren in Abb. 4.4(b) variieren bei Variation der drei beteiligten Medien.

Wenn alle beteiligten Medien eine identische elektronische Absorptionsfrequenz $\nu^{(e)}$ aufweisen, so lässt sich H_n gemäß Gl. (4.13b) in guter Genauigkeit unter Verwendung von Gl. (4.32) analytisch ausdrücken:

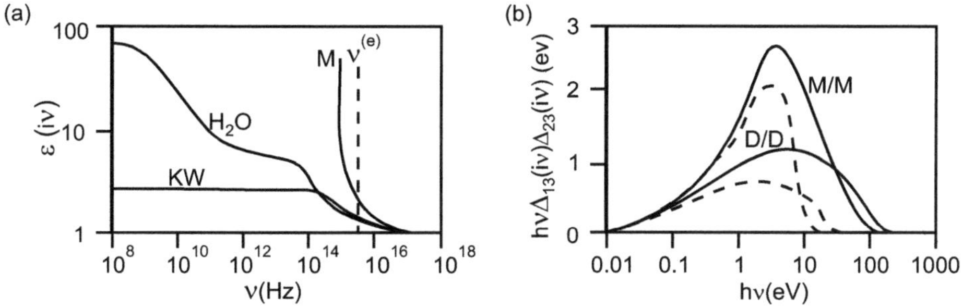

Abb. 4.4: *(a) Permittivitäten als Funktion imaginärer Frequenzen für drei dielektrische Gruppen. Wasser (H_2O) repräsentiert ein polares Dielektrikum, typische Kohlenwasserstoffe (KW) ein apolares. Metalle (M) zeigen ein deutlich abweichendes Verhalten. Es wurde eine elektronische Absorptionsfrequenz von $\nu^{(e)} = 5 \cdot 10^{15} Hz$ aufgenommen. (b) Gewichtung der spektralen Bereiche, die zu Dispersionswechselwirkungen beitragen für die Vakuumwechselwirkung zwischen zwei Metallen (M/M) und zwei Dielektrika (D/D). Die gestrichelten Kurven sind maßgeblich für die entsprechende Wechselwirkung in Wasser.*

$$H_n = \frac{3}{8\sqrt{2}} \frac{(n_1^2 - n_3^2)(n_2^2 - n_3^2)}{(n_1^2 + n_3^2)\sqrt{n_2^2 + n_3^2} + (n_2^2 + n_3^2)\sqrt{n_1^2 + n_3^2}} h\nu^{(e)} \,. \tag{4.34}$$

Dieser Ausdruck, der nur den Dispersionsanteil, nicht aber den entropischen Anteil H_E aus Gl. (4.11b) beinhaltet, liefert folgende Sachverhalte. Abhängig von den Brechungsindices der drei Medien kann die nicht retardierte Dispersionswechselwirkung entweder attraktiv, verschwindend oder repulsiv sein. Durch Einsetzen typischer Kombinationen von Brechungsindices findet man, dass für Dielektrika in der Regel $H_n \leq h\nu^{(e)}/10$ gilt. Mit $\nu^{(e)} = 3 \cdot 10^{15}$Hz resultiert daraus $H_n \lesssim 1{,}2\,$eV. Gemäß Gl. (4.15) ist die van der Waals–Wechselwirkung im nicht retardierten Limit gegeben durch $H_E + H_n$, wobei H_E nach Gl. (4.11b) unabhängig von H_n ebenfalls positiv, verschwindend oder negativ sein kann. Mit dem Für H_E berechneten Grenzwert findet man, dass entropische Beiträge in der Regel mit weniger als 2 % zu der van der Waals–Wechselwirkung beitragen.

Für zwei Dielektrika mit unterschiedlichen Absorptionsfrequenzen erhält man im Fall der Vakuumwechselwirkung

$$H_n = \frac{3}{8\sqrt{2}} h \frac{\nu_1^{(e)}\nu_2^{(e)}(n_1^2 - 1)(n_2^2 - 1)}{\nu_1^{(e)}(n_1^2 + 1)\sqrt{n_2^2 + 1} + \nu_2^{(e)}(n_2^2 + 1)\sqrt{n_1^2 + 1}} \,. \tag{4.35a}$$

Ist eines der beiden wechselwirkenden Objekte ein Metall, so folgt

$$H_n = \frac{3}{8\sqrt{2}} h \frac{\nu_1^{(e)}\nu_2^{(e)}(n_2^2 - 1)}{\nu_1^{(e)}\sqrt{n_2^2 + 1} + \nu_2^{(e)}(n_2^2 + 1)} \,. \tag{4.35b}$$

Findet die Wechselwirkung in einem Immersionsmedium statt, so erhält man stattdessen

$$H_n = \frac{3}{8\sqrt{2}} \frac{n_2^2 - n_3^2}{n_2^2 + n_3^2 + \sqrt{n_2^2 + n_3^2}} h\nu^{(e)} , \tag{4.35c}$$

wobei wir eine einheitliche Absorptionsfrequenz angenommen haben. Die größte Wechselwirkung ergibt sich, wie bereits im Zusammenhang mit Abb. 4.4(b) bemerkt, für die Vakuuminteraktion von Metallen:

$$H_n = \frac{3}{8\sqrt{2}} h \frac{\nu_1^{(e)} \nu_2^{(e)}}{\nu_1^{(e)} + \nu_2^{(e)}} , \tag{4.35d}$$

was sich für $\nu_1^{(e)} = \nu_2^{(e)}$ zu $H_n = 3/(16\sqrt{2})h\nu^{(e)}$ reduziert. Mit $\nu^{(e)} = 5 \cdot 10^{15}$Hz erhält man als Obergrenze für den Dispersionsanteil der nicht retardierten Hamakerkonstante $H_n \approx 5,4\,\text{eV}$.

Die Hamaker–Konstante im Casimir–Limit hängt nach Gl. (4.14b) vom statischen Limit der elektronischen Anteile der Permittivitäten aller beteiligter Medien ab. Damit gibt es keine universellen Zusammenhänge zwischen H_E und H_n einerseits und H_r andererseits. Mit $\varepsilon_j^{(e)}(0) = n_j^2$ lässt sich ein verallgemeinerter Brechungsindex n_j einführen, für den $1 \leq n_j \leq \infty$ gilt. Für viele Dielektrika entspricht n_j dem Brechungsindex im sichtbaren Bereich des Spektrums. Manchmal müssen aber auch, wie beispielsweise im wichtigen Fall des Wassers, Absorptionsbänder im infraroten Bereich berücksichtigt werden. Für Metalle wäre entsprechend $n_j \to \infty$ anzusetzen. Auch hier zeigt sich, dass die retardierte Wechselwirkung in Abhängigkeit von n_1, n_2 und n_3 attraktiv, verschwindend oder repulsiv sein kann. Für $n_1, n_2 \to \infty$ erhält man die maximale retardierte Wechselwirkung: $H_r = \pi hc/(480 n_3)$. Dieses Ergebnis stimmt für $n_3 = 1$ mit dem berühmten Casimir–Resultat [4.22] überein und ist Grundlage für die spannende Physik im Umfeld des *Casimir–Effekts* [4.23]. H_r ist in diesem Fall völlig unabhängig von der Art der wechselwirkenden Metalle nur durch Naturkonstanten festgelegt: $H_r = 7,4\,\text{eVnm}$. Allgemein kann Gl. (4.14b) angenähert werden durch

$$H_r = \frac{23}{320\pi^2} \frac{hc}{n_3} \sum_{n=1}^{\infty} \frac{1}{n^4} \left[\Delta_{13}^{(e)}(0)\Delta_{23}^{(e)}(0)\right]^n . \tag{4.36}$$

Die Qualität dieser Näherung hängt von n_1/n_3 und n_2/n_3 ab. Im Rahmen dieser Näherung findet man, dass die maximale repulsive Wechselwirkung im retardierten Limit gegeben ist für $n_1 \to \infty$ und $n_2 = \sqrt{\sqrt{5} - 2}\, n_3$ und ca. 25 % des genannten Maximalwerts der attraktiven Wechselwirkung im retardierten Limit erreicht.

Der entropische Anteil der Hamakerkonstante skaliert mit $H_E \sim k_B T$, der nicht retardierte mit $H_n \sim h\nu^{(e)}$ und der retardierte mit $H_r \sim hc$. Die relative Gewichtung derjenigen spektralen Anteile, die relevant für die van der Waals–Wechselwirkung sind, hängt sehr stark vom Abstand der wechselwirkenden Objekte ab. Bei kleinen Abständen wird die Wechselwirkung durch Beiträge aus dem ultravioletten Teil des Spektrums dominiert, die aber bei zunehmender Entfernung zunehmend gedämpft werden. Im retardierten Bereich sind Beiträge aus dem sichtbaren Bereich des Spektrums und dem Infrarotbereich relevant. Entropische Anteile dominieren, wenn $|H_E|/d^n > |H_r|/d^{n+1}$ wird. Mit variierendem Abstand kann die Wechselwirkung sogar zwischen attraktiv und repulsiv wechseln, da alle Anteile zur Hamaker–Konstante unabhängig voneinander positiv oder negativ sein können. In diesem Fall verliert die phänomenologische Lösung aus Gl. (4.15) ihre Gültigkeit und z_{132} kann negativ werden. Für $H_E, H_n > 0$ und $H_r < 0$ lässt sich die van der Waals–Wechselwirkung für den gesamten Abstandsbereich aber empirisch beschreiben durch

$$f(Z) = -\frac{1}{6\pi}\left\{H_E + H_n \tanh\left(\frac{|z_{132}|}{z}\left[\frac{|z_{132}|}{z} - 1\right]\right)\right\}\frac{1}{z^3}\,. \tag{4.37}$$

Die Retardierungsdistanz $z_{132} = 6\pi H_r/H_n$ skaliert mit der Wellenlänge des elektronischen Absorptionsmaximums $\lambda^{(e)} = c/\nu^{(e)}$. Kombiniert man die Näherungen für H_n aus Gl. (4.34) und für H_r aus Gl. (4.36), so erhält man in erster Ordnung

$$z_{132} = \frac{23\sqrt{2}}{20\pi^2}\frac{1}{n_3^{(IR)}}\frac{(n_1^2+n_3^2)[(n_1^{(IR)})^2-(n_3^{(IR)})^2](n_2^2+n_3^2)[(n_2^{(IR)})^2-(n_3^{(IR)})^2]}{[(n_1^{(IR)})^2+(n_3^{(IR)})^2](n_1^2-n_3^2)[(n_2^{(IR)})^2+(n_3^{(IR)})^2](n_2^2-n_3^2)} \left(\frac{1}{\sqrt{n_1^2+n_3^2}}+\frac{1}{\sqrt{n_2^2+n_3^2}}\right)\frac{c}{\nu^{(e)}}\,. \tag{4.38a}$$

$n_j^{(IR)}$ ist der Brechungsindex im statischen Limit, gegebenenfalls determiniert durch Infrarotabsorption oder identisch mit n_j aus dem sichtbaren Bereich des Spektrums. Für $n_j^{(IR)} = n_j$ reduziert sich Gl. (4.38a) auf

$$z_{132} = \frac{23\sqrt{2}}{20\pi}\frac{1}{n_3}\left(\frac{1}{\sqrt{n_1^2+n_3^2}}+\frac{1}{\sqrt{n_2^2+n_3^2}}\right)\frac{c}{\nu^{(e)}}\,. \tag{4.38b}$$

Weitere Spezialfälle lassen sich analytisch angeben, wenn eines der wechselwirkenden Objekte metallisch ist [4.18]. Der Maximalwert für z_{132} ist gegeben für die Vakuumwechselwirkung zweier metallischer Objekte:

$$z_{132} = \frac{\pi^2\sqrt{2}}{30}\left(\frac{1}{\nu_1^{(e)}}+\frac{1}{\nu_2^{(e)}}\right)c\,. \tag{4.39}$$

Tabelle 4.2: *Nicht retardierte (H_n), entropische (H_E) und retardierte (H_r) Beiträge zur Hamaker–Konstante sowie Werte für die Retardierungsdistanz z_{132}.*

Material	H_n ($10^{-20} J$)	H_E ($10^{-20} J$)	H_r ($10^{-29} J$)	z_{132} (nm)
Metall/Vakuum/Metall	40	0,3	130	61
Glimmer/Vakuum/Glimmer	10	0,17	9,3	20
H_2O/Vakuum/H_2O	3,7	0,29	4,5	23
Kohlenw./Vakuum/Kohlenw.	7,1	0,04	8,7	23
Glimmer/H_2O/Glimmer	2,0	0,21	2,0	17

Für $\nu_1^{(e)} = \nu_2^{(e)}$ beträgt dieser Wert 93 % von $\lambda^{(e)}$. Für Dielektrika findet man typische Werte von 20–35 %. Jedoch kann z_{132} auch deutlich kleinere Werte annehmen, so dass Retardierungseffekte in der Wechselwirkung von Nanopartikeln und Oberflächen a priori eine Rolle spielen. Tabelle 4.2 zeigt typische Werte für die Hamaker–Beiträge und die Retardierungsdistanz.

Es sei noch erwähnt, dass sich die vorgestellte Theorie auch auf die Behandlung von van der Waals–Wechselwirkungen in mehrschichtigen Systemen erweitern lässt. Damit kann beispielsweise Adsorbatschichten an Oberflächen oder mehrschaligen Nanopartikeln Rechnung getragen werden. Wird als Medium vier ein dünner Film auf der Oberfläche der in einem Medium drei wechselwirkenden Objekte eins und zwei betrachtet, so erhält man statt Gl. (4.9a) oder Gl. (4.15)

$$f(z) = f_{434}(z) - f_{341}(z + t_{41}) - f_{342}(z + t_{42}) + f_{142}(z + t_{41} + t_{42}) \,. \qquad (4.40)$$

t_{4j} bezeichnet die Filmdicke auf dem Medium j. $f(z)$ zeigt hier einen in der Regel deutlich komplizierteren Verlauf als bei der Wechselwirkung zweier homogener Objekte. Für die Grenzfälle großer und kleiner Schichtdicken t_{4j} ist das Verhalten sichtbar plausibel: Für $t_{41}/z, t_{42}/z \to \infty$ erhält man $f(z) \to f_{434}(z)$. Nur noch das Oberflächenmaterial der wechselwirkenden Objekte bestimmt die van der Waals–Wechselwirkung. Für $t_{41}/z, t_{42}/z \to 0$ hat man hingegen $f(z) \to f_{132}(z)$. Die sehr dünnen Filme an der Oberfläche der wechselwirkenden Objekte können vernachlässigt werden.

4.2.6 Grenzen der Renormierung

Der renormierte Hamaker–Ansatz erlaubt die Berechnung von van der Waals–Wechselwirkungen auf der Basis bekannter, beliebiger Geometrien der wechselwirkenden Objekte und auf Basis der dielektrischen Eigenschaften in Form von Permittivitäten oder Polarisierbarkeiten. Komplexen Vielteilcheneffekten wird durch eine Renormierung molekularer oder makroskopischer Eigenschaften Rechnung getragen. Damit verbundene Grenzen wurden bereits in Abschn. 2.2.5 angedeutet: Eine Permittivität als kontinuumstheoretische Größe setzt ein Minimalvolumen homogener dielektrischer Eigenschaften voraus, das in der Regel bei $\approx (10\,\text{nm})^3$ liegt. Wechselwirken typische nanostrukturierte Objekte, wie Nanopartikel, miteinander, so liegen häufig komplexe Geometrien mit stark gekrümmten Oberflächen vor, genauso wie mesoskopische Volumina, die dielektrische Eigenschaften aufweisen, die von denen des Massivmaterials abweichen, aber auch von denen eines einzelnen Moleküls. Insbesondere werden Polarisierbarkeiten von Nanoobjekten stark geometrie– und größenabhängig. Zusätzlich sind bei variierenden Distanzen zwischen den wechselwirkenden Objekten Nah– und Fernfeldeffekte im Sinne der in Abschn. 2.2.5 geführten Diskussion zu berücksichtigen. Die im Rahmen der Hamaker–Renormierung resultierenden Fehler lassen sich abschätzen durch einen Vergleich der Resultate mit denen eines rigorosen quantenfeldtheoretischen Ansatzes [4.24]. Nur für wenige einfache Geometrien wurden solche Rechnungen rigoros durchgeführt. Dazu gehört natürlich die Wechselwirkung zweier Halbräume, wie in Abschn. 4.2.2 diskutiert. Die Wechselwirkung zwischen einem kugelförmigen Partikel und einem Halbraum sowie zwischen zwei kugelförmigen Partikeln lässt sich ebenfalls rigoros behandeln und zeigt die Bedeutung gekrümmter Oberflächen.

Gemäß Gl. (4.20) ist die Dispersionskraft zwischen einem als punktförmig angenommenen Molekül und einem kugelförmigen Partikel mit dem Radius R_1 und der molekularen Dichte ϱ_1 im retardierten Limit gegeben durch

$$f_D^{(r)}(z) = -\pi \varrho_1 B \frac{1}{z} \int_{z-R_1}^{z+R_1} dr \frac{R_1^2 - (z-r)^2}{r^7} \, . \tag{4.41}$$

z bezeichnet hier die Distanz zwischen Partikelmittelpunkt und Molekül und B die renormierte molekulare Kraftkonstante nach Gl. (4.17). Die Kraft zwischen zwei Partikeln in einem Abstand d beträgt dann

$$F_D^{(r)}(d) = -\frac{\pi \varrho_2}{d+2R_2} \int_{d+R_2}^{d+3R_2} dz \; f_D^{(r)}(z) z \left[R_2^2 - (d+2R_2-z)^2\right] \, . \tag{4.42}$$

Für $\varrho_1 = \varrho_2$, $R_1 = R_2 = R$ und $d \gg R$ erhält man daraus

$$F_D^{(r)}(d) = -\frac{16}{9}\pi^2 \varrho^2 B \frac{R^6}{d^8} \tag{4.43a}$$

und

$$F_D^{(r)}(d) = -\frac{8}{105}\pi^2 \varrho^2 B \frac{R^3}{d^5} \tag{4.43b}$$

für die Wechselwirkung zwischen Partikel und Halbraum, die man für $R_1 = R$ und $R_2 \to \infty$ aus Gl. (4.42) erhält. Die Ergebnisse aus Gl. (3.43) wurden bereits in Gl.

(4.19c) und (4.25a) erhalten. Wenn nun angenommen wird, dass Vielteilcheneffekte, wie beispielsweise Abschirmungseffekte durch Oberflächen– und Nachbaratome oder Moleküle, für Partikel identisch sind mit denen von Halbräumen, dann kann die mikroskopische Größe $\varrho^2 B$ aus Gl. (4.43) in direkten Bezug gesetzt werden zur makroskopischen Hamaker–Konstante H_r. Wie bereits gezeigt, so erhält man $\varrho^2 B = 70\, H_r/\pi$.

Nimmt man nun perfekte metallische Leiter mit verschwindender elektromagnetischer Eindringtiefe, also maximaler Abschirmung durch Oberflächenatome an, so kann für H_r der Maximalwert $H_r = \pi hc/480$ angesetzt werden. Das führt zu

$$F_D^{(r)}(d) = -\frac{7\pi^2}{27} hc \frac{R^6}{d^8} \tag{4.44a}$$

und

$$F_D^{(r)}(d) = -\frac{\pi^2}{90} hc \frac{R^3}{d^5} \ . \tag{4.44b}$$

Dieses Resultat ist a priori nicht präzise, weil dem Einfluss der gekrümmten Oberflächen auf die Abschirmung durch Oberflächenatome nicht Rechnung getragen wurde. Dies tut man eher, wenn $\varrho^2 B$ über die Hamaker–Konstante aus Gl. (4.25c) oder Gl. (4.19d) renormiert wird.

Für perfekt leitfähige Nanopartikel muss berücksichtigt werden, dass neben der elektrischen Polarisierbarkeit auch die magnetische einen Beitrag liefert [4.25]. Berücksichtigt man dies in geeigneter Weise in Gl. (4.19d), so ist anzusetzen

$$\tilde{\Delta}_{13}^{(e)}(0)\tilde{\Delta}_{23}^{(e)}(0) \equiv \left(\tilde{\Delta}^{(e)}\right)^2 = \Delta_{\mathcal{E}}^2(0) + \Delta_M^2(0) + \frac{14}{23}\Delta_{\mathcal{E}M}(0) \ . \tag{4.45}$$

Für unsere idealisierten metallischen Partikel ist anzunehmen $\Delta_{\mathcal{E}}(0) = 1$, $\Delta_M(0) = 1/2$ und $\Delta_{\mathcal{E}M}(0) = 1/2$, wobei dieser letzte Term der Interferenz elektrischer und magnetischer dipolarer Beiträge Rechnung trägt [4.25]. Mit $(\tilde{\Delta}^{(e)})^2 = 143/92$ erhält man aus Gl. (4.19d)

$$F_D^{(r)}(d) = -\frac{1001}{32\pi^2} hc \frac{R^6}{d^8} \ . \tag{4.46}$$

Vergleicht man dieses Resultat mit demjenigen aus Gl. (4.44a), so stellt man fest, dass die Hamaker–Renormierung für die Halbraumbeiträge zu einer Unterschätzung der Dispersionskräfte zwischen Partikeln von 19 % führt. Dieser Fehler ist auf die reduzierte Abschirmung der gekrümmten Oberflächen zurückzuführen. Für die Wechselwirkung zwischen ideal leitfähigem Halbraum und sphärischem Partikel liefert Gl. (4.25d) für $\tilde{\Delta}_{23}^{(e)}(0) = 2/3$

$$F_D^{(r)}(d) = -\frac{9}{8\pi^2} hc \frac{R^3}{d^5} , \tag{4.47}$$

was identisch ist mit Resultaten, die mittels allgemeinerer Ansätze erhalten wurden [4.26]. In diesem Fall liefert der Vergleich mit Gl. (4.44b) eine Abweichung von 4 %.

Handelt es sich um größere Partikel, wobei die Wechselwirkung der Objekte weiterhin im retardierten Limit betrachtet werden soll, so ist $d \ll R$ anzunehmen und die *Derjaguin–Näherung* aus Gl. (4.28c) sollte das korrekte Resultat für die Kraft zwischen zwei Partikeln liefern:

$$F_D^{(r)}(d) = -\frac{\pi^2}{1440} hc \frac{R}{d^3} . \tag{4.48a}$$

Für die Wechselwirkung ideal metallischer Partikel und Halbräume erhält man

$$F_D^{(r)}(d) = -\frac{\pi^2}{720} hc \frac{R}{d^3} . \tag{4.48b}$$

Der Vergleich von Gl. (4.48) mit Gl. (4.46) und Gl. (4.47) zeigt, dass im retardierten Limit die Dispersionskräfte für die Wechselwirkung zwischen Partikeln von $F_D^{(r)} \sim 1/d^3$ bei kleinen Abständen zu $F_D^{(r)} \sim 1/d^8$ bei großen Abständen übergehen, und für die Wechselwirkung zwischen Halbraum und Partikel von $F_D^{(r)} \sim 1/d^3$ zu $F_D^{(r)} \sim 1/d^5$. Für große Abstände wirken die Partikel wie punktförmige Moleküle. Für kleine Abstände liefert der renormierte Hamaker–Ansatz korrekte Resultate. Erst für $d \gtrsim R/10$ manifestieren sich Fehler der Renormierung aufgrund der reduzierten Abschirmumg gekrümmter Oberflächen. Diese Fehler erreichen dann asymptotisch die zuvor berechneten Grenzwerte. Diese Grenzwerte lassen sich als maximale Fehler ansehen, weil ideal metallische Partikel in größeren Abständen voneinander und von Halbräumen bei großer Oberflächenabschirmung eine maximale Geometrieabhängigkeit dieser Abschirmung aufweisen. Bei Dielektrika ist diese Abhängigkeit vermindert und der renormierte Hamaker–Ansatz liefert Abweichungen von < 10 % [4.18]. In der Regel muss eine Geometrieabhängigkeit der Oberflächenabschirmung bei beliebig gekrümmten Oberflächen nicht berücksichtigt werden [4.27].

Weitere Grenzen unseres Ansatzes zur Berechnung von van der Waals–Wechselwirkungen sind zu berücksichtigen. Bei kleinen Abständen wechselwirkender Objekte sind prinzipiell multipolare Wechselwirkungsanteile und Interferenzen elektrischer und magnetischer Anteile zu berücksichtigen [4.25]. Auch Anisotropien der dielektrischen Eigenschaften [4.28], spezielle Oberflächenzustände oder die Anregung delokalisierter Elektronen unter dem Einfluss der elektromagnetischen Fluktuationen [4.29] wurden leider nicht berücksichtigt.

4.3 Thermodynamische und kinetische Aspekte

4.3.1 Grundlagen

In allgemeiner Definition ist das Ziel der Thermodynamik, die Energieformen eines Systems und ihre Interkonversionen zu analysieren. Daraus ergeben sich Bezüge zwischen diesen Energieformen und physikalischen Größen, wie Temperatur, Druck, Dichte, und weiteren makroskopischen Größen. Auch die Relationen zwischen einem System und seiner Umgebung resultieren aus einer thermodynamischen Betrachtung. Im Zentrum eines thermodynamischen Ansatzes steht das Konzept des *thermodynamischen Gleichgewichts.*

In der Thermodynamik spielen thermodynamische Potentiale eine ganz analoge Rolle wie die in Abschn. 4.1 und 4.2 eingeführten Wechselwirkungspotentiale, aus denen sich die Kräfte berechnen lassen, die dann Bewegungsänderungen von Molekülen und Nanopartikeln verursachen. Auch hier sind es die Gradienten der Potentiale, welche Prozesse steuern, bis Potentialminima – Gleichgewichtszustände – erreicht sind. Aus den thermodynamischen Potentialen lassen sich alle Zustandsgrößen, die Entropie S, der Druck p und das Volumen V in einfacher Weise ableiten:

$$S = -\left(\frac{\partial G}{\partial T}\right)_p = -\left(\frac{\partial F}{\partial T}\right)_V , \tag{4.49a}$$

$$p = -\left(\frac{\partial F}{\partial V}\right)_T = -\left(\frac{\partial U}{\partial V}\right)_S , \tag{4.49b}$$

$$V = \left(\frac{\partial G}{\partial p}\right)_T = \left(\frac{\partial H}{\partial p}\right)_S . \tag{4.49c}$$

$G = U + pV - TS = H - TS$ ist das *Gibbssche Potential* für die innere Energie U und die Temperatur T. $F = U - TS$ ist die *freie Energie* und $H = U + pV$ die *Enthalpie*. Die *Entropie* S ist proportional zur Zahl der Realisierungsmöglichkeiten eines thermodynamischen Zustands.

Thermodynamische Prozesse verlaufen von selbst in derjenigen Richtung, in der die Potentiale minimal werden. Für isochor–isotherme Prozesse wird F minimal, für isobar–isotherme G und für adiabatisch–isobare H. Für chemische Reaktionen, die bei konstantem Druck, konstanter Temperatur und konstantem Volumen ablaufen, ist demnach G von besonderer Bedeutung, weshalb man das Gibssche Potenial auch als *chemisches Potential* μ bezeichnet.

Wesentliche Aussagen der Thermodynamik sind in den *Hauptsätzen* enthalten. Der erste, $dF \leq dW - SdT$, besagt für isotherme Prozesse, dass die Zunahme an freier Energie höchstens gleich der in das System investierten Arbeit dW ist oder die maximal abgegebene Arbeitsenergie höchstens gleich der Abnahme an freier Energie ist. Der *zweite Hauptsatz* für ein isothermes System, $d(U - F) \geq dQ$, besagt, dass die Zunahme der gebundenen Energie mindestens gleich der zugeführten Wärmeenergie dQ ist oder die Abnahme an gebundener Energie höchstens gleich der vom System geleisteten Arbeit.

Im Sinne der klassischen Thermodynamik ist ein thermodynamisches System durch ein Ensemble von Atomen oder Molekülen gegeben, das mit seiner Umgebung durch Austausch von Energie in Form von Wärme oder mechanischer Arbeit wechselwirkt. Bei einem abgeschlossenen System ist dieser Austausch komplett unterbunden, während bei einem offenen System im allgemeinsten Fall auch ein Stofftransport zu berücksichtigen ist. Ändert sich die Gesamtheit der systemischen Eigenschaften nicht mit der Zeit, so ist das System im Gleichgewichtszustand.

Betrachtet man einen elastischen Stoßprozess zweier Atome oder Moleküle, so ist dieser zeitinvariant. Er könnte genauso bei umgekehrten Bewegungsrichtungen vor und nach dem Stoß ablaufen. Es handelt sich damit um einen *reversiblen* Prozess. Kommt es bei einem Stoßprozess beispielsweise zur Fraktionierung der Stoßpartner, so führen zwar die atomaren Bestandteile individuell reversible Stoßprozesse aus, der Gesamtprozess ist aber *irreversibel*. Dies liegt an der mit der Fraktionierung verbundenen Entropiezunahme: Es gibt mehr oder weniger viele Möglichkeiten der Energie– und Impulsverteilung auf die einzelnen Bestandteile der ursprünglichen Stoßpartner. In einem abgeschlossenen System ist also eine Zustandsänderung dann irreversibel, wenn die Entropie des abgeschlossenen Systems zunimmt. Dies hat zur Folge, dass die Umkehr der Zustandsänderung nur unter äußerer Einwirkung möglich ist. In offenen Systemen können Teilsysteme durchaus eine Entropieabnahme aufweisen auf Kosten der Entropiezunahme anderer Teilsysteme. Ein Beispiel ist etwa der Aufbau geordneter biologischer Zellstrukturen, der nur in offenen Systemen fern vom thermodynamischen Gleichgewicht erfolgen kann [4.30]. Die im Zusammenhang mit den Hauptsätzen der Thermodynamik diskutierten Maximal– und Minimalwerte für einen energetischen Austausch eines Systems mit seiner Umgebung resultieren für reversible Prozesse in Erniedrigungen und in Erhöhungen für irreversible. Der Entropie kommt für irreversible Prozesse die fundamentale Bedeutung zu, dass sie die Zeitachse definiert und es möglich wird, zwischen Zukunft und Vergangenheit zu unterscheiden. Bei völlig reversiblen Prozessen würde eine Zeitumkehr nichts an den jeweiligen Prozessen ändern.

Gerade im Zusammenhang mit der Nanotechnologie ist es bedeutsam, im Hinblick auf das thermodynamische Gleichgewicht zwischen kinetisch und thermodynamisch gesteuerten Prozessen zu unterscheiden. Kann beispielsweise eine chemische Reaktion der Edukte A und B zu den Produkten C und D führen, wobei C dasjenige ist, welches schneller gebildet wird, D jedoch dasjenige, welches die größere Bindungsenergie aufweist, so wird es nach Einleiten der Reaktion zunächst im Wesentlichen das Produkt C geben, während nach hinreichend langer Zeit ausschließlich D existiert. Unter *kinetischer Kontrolle* wird dasjenige Produkt gebildet, welches die geringere *Aktivierungsenergie* aufweist. Insbesondere würde dies auch bei irreversiblen Prozessen der Fall sein. Unter *thermodynamischer Kontrolle* würde sich dasjenige Produkt bilden, welches dem Energieminimum entspricht. Dies ist insbesondere bei reversiblen Prozessen der Fall. Nanostrukturierte Materialien sind häufig kinetisch stabil, nicht aber im thermodynamischen Gleichgewicht. Die Nanostrukturierung ist mit einem großen Energieeintrag in das Material verbunden, während beispielsweise ein homogener Einkristall dem thermodynamischen Gleichgewicht entspräche. Dennoch sind nanostrukturierte Materialien auf relevanten Zeitskalen stabil. Die Aktivierungsenergie für eine Umwandlung ist hoch genug. Nur dadurch existieren Fullerene und Kohlenstoffnanoröhrchen, während Graphen oder letztlich Graphit dem thermodynamisch getriebenen Zustand entsprächen. Die Wirkung von Katalysatoren besteht darin, Reaktionswege geringer Aktivierungsenergie zu eröffnen, um zu einem gewünschten Reaktionsprodukt zu kommen, während die entsprechende Reaktion ohne Katalysator nicht oder nicht schnell genug stattfinden würde.

Auch ein offenes System kann sich in einem stationären Gleichgewicht befinden. Wird einem Verbrennungsmotor bei konstanter Rate Treibstoff zugeführt, so werden bei konstanter Rate mechanische Energie, Abgase und Abwärme produziert. Es herrscht also ein dynamisches Gleichgewicht, obwohl der Verbrennungsvorgang selbst thermodynamische Ungleichgewichtsbedingungen schafft.

4.3.2 Ungleichgewichtsthermodynamik

Eine exemplarische Ungleichgewichtsthermodynamik liegt dem erstmals von *H. Bénard* (1874–1939) durchgeführten Experiment zugrunde. Wie in Abb. 4.5 dargestellt, zeigt ein dünner Flüssigkeitsfilm unter dem Einfluss einer permanenten Wärmezufuhr ein charakteristisches Konvektionsmuster. Dies entsteht durch Selbstorganisation und Strukturbildung gerade deshalb, weil das System daran gehindert wird, in das thermodynamische Gleichgewicht überzugehen. Dabei ist von besonderer Bedeutung, dass es sich bei dem Bénardschen Konvektionsmuster um eine dissipative Struktur handelt. Selbstorganisation und Strukturbildung sind typische Phänomene in Systemen, die sich fernab vom thermodynamischen Gleichgewicht befinden.

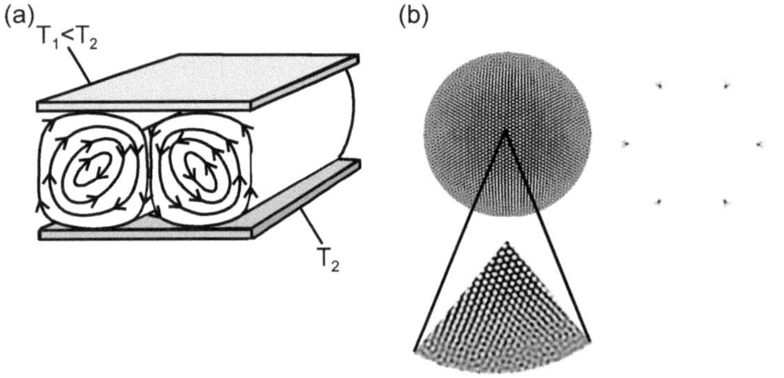

Abb. 4.5: *(a) Konvektionszellen in einem Flüssigkeitsfilm bei Wärmezufuhr. (b) Rayleigh–Bénard–Konvektionsmuster und zweidimensionale Fourier–Transformation.*

Die *Ungleichgewichtsthermodynamik* befasst sich mit den quantitativen Beziehungen zwischen phänomenologischen Eigenschaften von Ungleichgewichtssystemen [4.31]. Die in Abschn. 4.3.1 diskutierten Hauptsätze der Thermodynamik sind Postulate von allgemeiner Gültigkeit und nicht auf reversible oder Gleichgewichtssysteme beschränkt. Da aber einige Zustandsfunktionen, die für die Beschreibung von Systemen nötig sind, nur für Gleichgewichtszustände definiert sind, beziehen sich viele Konsequenzen aus den Hauptsätzen a priori auf Gleichgewichtszustände. Während Zustandsvariablen, wie Masse, Volumen, Konzentration oder auch innere Energie unabhängig davon definiert werden können, ob sich ein System im Gleichgewicht befindet oder nicht, ist dies bei Druck, Temperatur und Entropie nicht ohne weiteres der Fall. Abhilfe schafft hier das *Postulat des lokalen Gleichgewichts*. Ein hinreichend großes System lässt sich in räumliche Bereiche zerlegen, die zwar noch groß genug sind, um Gleichgewichtsthermodynamik auf Basis der statischen Mechanik anwenden zu können, aber klein genug, um homogene thermodynamische Zustandsgrößen anzunehmen. Zu einem Zeitpunkt t betrachtet man dann den jeweiligen räumlichen Bereich isoliert und lässt ihn thermodynamisch relaxieren. Zum Zeitpunkt $t + \delta t$ können dann p und T für diesen Bereich definiert werden. Das Postulat des lokalen Gleichgewichts sagt nun aus, dass die lokalen p, T–Werte des offenen Systems zum Zeitpunkt t denjenigen entsprechen, die man für den isolierten räumlichen Bereich zum Zeitpunkt $t + \delta t$ erhält. Eine zweite entscheidende Annahme besteht darin, dass die für Gleichgewichtszustandsgrößen abgeleiteten Relationen in identischer Weise auch für Größen gelten, die wir nach dem Postulat des lokalen Gleichgewichts für Ungleichgewichtszustände abgeleitet haben. Mit der Entropie S, die ja in der Gleichgewichtsthermodynamik ausdrücklich durch einen reversiblen Wärmeaustausch definiert ist, $dS = dQ_{rev.}/T$, können wir ähnlich verfahren, indem wir beispielsweise ihren Bezug zur Wärmekapazität C_p nutzen: $S = \int_0^T C_p d(\ln T)$. Damit lassen sich nun alle Relationen aus Gl. (4.49) lokal für jeden Ort des Systems anwenden.

L. Onsager (1903–1976) hat im Rahmen seiner Theorie der Thermodynamik irreversibler Prozesse Reziprozitätsbeziehungen aufgestellt, die den Zusammenhang zwischen verschiedenen Flüssen und „Kräften“ quantifizieren für Systeme, die sich durch ein lokales Gleichgewicht beschreiben lassen, also nicht zu weit vom thermodynamischen Gleichgewicht entfernt sind. Der Fluss einer physikalischen Größe hängt in diesem Fall linear mit der ihn verursachenden „Kraft“ zusammen: $\mathbf{J}_i = L_{ii}\mathbf{X}_i + L_{ij}\mathbf{X}_j$ und $\mathbf{J}_j = L_{ji}\mathbf{X}_i + L_{jj}\mathbf{X}_j$. L_{ij} und L_{ji} sind Kreuzkoeffizienten, für die die *Reziprozitätsbeziehung* $L_{ij} = L_{ji}$ gilt.

Der thermodynamische Gleichgewichtszustand eines geschlossenen Systems liegt dann vor, wenn die Entropie maximal ist. Ist sie es nicht, so wird die innere Energie durch dissipative Vorgänge in Entropie konvertiert. Die Entropieerzeugungsrate ist dann gegeben durch

$$\left(\frac{ds}{dt}\right)_{iu} = \frac{\partial s}{\partial t} + \nabla \cdot \mathbf{J}_S = \frac{\partial s}{\partial t} + \nabla \cdot \frac{\mathbf{J}_u}{T} . \qquad (4.50)$$

s bezeichnet hier die lokale Entropiedichte und $(ds/dt)_{iu}$ die Änderungsrate aufgrund innerer Vorgänge. Mit Hilfe des Gibsschen Potentials aus Gl. (4.49a) kann die Änderungsrate der Entropiedichte für ein mehrkomponentiges System ausgedrückt werden durch

$$\frac{\partial s}{\partial t} = \frac{1}{T}\frac{\partial u}{\partial t} + \frac{p}{t}\frac{\partial(\ln V)}{\partial t} - \sum_i \frac{\mu_i}{T}\frac{\partial \varrho_i}{\partial t}\,, \tag{4.51}$$

wobei μ_i das chemische Potential der Komponente i und ϱ_i die Dichte bezeichnet. u ist die Dichte der inneren Energie U. Die Stoffmenge der Spezies i sowie U sind *extensive* Größen und gleichzeitig Erhaltungsgrößen, so dass die folgenden Kontinuitätsgleichungen erfüllt sein müssen:

$$\frac{\partial u}{\partial t} + \nabla \cdot \mathbf{J}_u = 0 \tag{4.52a}$$

und

$$\frac{\partial \varrho_i}{\partial t} + \nabla \cdot \mathbf{J}_i + \sum_j \nu_{ji}\, v_j = 0\,. \tag{4.52b}$$

Hier wurde berücksichtigt, dass ϱ_i sich aufgrund chemischer Reaktionen j, die mit der Geschwindigkeit v_j ablaufen, ändern kann. Für den im Allgemeinen anzunehmenden isochoren Fall ergibt sich dann aus Gl. (4.51)

$$\frac{\partial s}{\partial t} = -\frac{1}{T}\nabla \cdot \mathbf{J}_u + \sum_i \frac{\mu_i}{T}\left(\nabla \cdot \mathbf{J}_i + \sum_j \nu_{ji} v_j\right)\,. \tag{4.53}$$

Damit ergibt sich für die Entropieproduktion gemäß Gl. (4.50)

$$\left(\frac{ds}{dt}\right)_{in} = \mathbf{J}_u \cdot \nabla\frac{1}{T} - \sum_i \mathbf{J}_i \cdot \nabla\frac{\mu_i}{T} + \sum_{i,j} \frac{\mu_i\, \nu_{ji}\, v_j}{T}\,. \tag{4.54}$$

Die zu u und ϱ_k konjugierten thermodynamischen „Kräfte“ sind also $\mathrm{X}_u = \nabla(1/T)$ und $\mathbf{X}_i = -\nabla(\mu_k/T)$. Findet kein Transport von Systembestandteilen und keine Reaktion statt, so ist $\mathbf{J}_u = L_u \nabla(1/T)$. Findet hingegen kein Wärmetransport statt, so gilt das *Ficksche Gesetz* $\mathbf{J}_i = -L_i \nabla(\mu_k/T)$. Treten sowohl Stoff– als auch Wärmeströme auf, so sind zusätzlich die Kreuzkoeffizienten relevant: L_{iu} beschreibt den Stofftransport aufgrund eines Temperaturgradienten: $\mathbf{J}_i = L_{iu}\nabla(1/T) - L_{ii}\nabla(\mu_i/T)$. L_{ui} hingegen beschreibt die Wärmeleitung durch einen Volumenfluss: $\mathbf{J}_u = L_{uu}\nabla(1/T) - L_{iu}\nabla(\mu_i/T)$. Die Onsagersche Reziprozitätsbeziehung fordert dann $L_{ui} = L_{iu}$.

Das Bénardsche Konvektionsmuster in Abb. 4.5 ist ein Beispiel für einen stationären Ungleichgewichtszustand eines Systems mit dissipativen Prozessen. *I. Prigogine* (1917–2003) zeigte, dass bei einem stationären Ungleichgewichtszustand die Entropieerzeugungsrate dS/dt den kleinsten Wert annimmt, der mit den Beschränkungen, die dem System von außen auferlegt werden, verträglich ist [4.32]. Im Gleichgewichtszustand wäre demgegenüber $dS/dt = 0$. Die Minimierung der Entropieerzeugungsrate im stationären Ungleichgewicht, das nicht zu weit vom Gleichgewichtszustand entfernt ist, lässt sich mit Hilfe der Onsager–Relationen verstehen:

$$\mathbf{J}_u = L_{uu}\mathbf{X}_u + L_{iu}\mathbf{X}_i \tag{4.55a}$$

und

$$\mathbf{J}_i = L_{iu}\mathbf{X}_u + L_{ii}\mathbf{X}_\mathbf{i} . \tag{4.55b}$$

Die Entropiezunahmerate aufgrund innerer Vorgänge ist dann

$$\left(\frac{ds}{dt}\right)_{iu} = J_u X_u + j_i x_i > 0 \; , \tag{4.56a}$$

und mit Gl. (4.55)

$$\left(\frac{ds}{dt}\right)_{iu} = L_{uu}^2 X_u^2 + 2L_{iu}X_u X_i + L_{ii}^2 X_i^2 > 0 \; . \tag{4.56b}$$

Hieraus resultiert

$$\frac{\partial}{\partial X_i}\left(\frac{ds}{dt}\right)_{in} = 2(L_{iu}X_u + L_{ii}X_i) = 2J_i \; . \tag{4.57}$$

Die Entropiezunahme ist minimal für $\partial/\partial X_i (ds/dt)_{in} = 0$. Der stationäre Ungleichgewichtszustand ist also gegeben durch

$$J_i = L_{iu}X_u + L_{ii}X_i = 0 \; . \tag{4.58}$$

Im stationären Zustand fließt also Wärme, jedoch keine Materie. Das System ist in diesem Zustand selbststabilisierend gegenüber kleinen Störungen der Systemvariablen. Man kann ferner zeigen [4.32], dass die Entropieerzeugungsrate dS/dt als Resultat eines irreversiblen Vorgangs in einem System nur abnehmen kann. Ein System im stationären Ungleichgewicht kann also nicht durch spontane irreversible Prozesse gestört werden.

Das Modell des lokalen Gleichgewichts ist, wie bereits betont, nur geeignet für Systeme, die sich nicht zu weit vom thermodynamischen Gleichgewicht entfernt befinden. Viele für die Nanotechnologie interessante Systeme, beispielsweise biologische Funktionseinheiten, sind weit vom thermodynamischen Gleichgewicht entfernt. Welche Aussagen können wir auf Basis des bisher Erörterten über ein solches System machen?

Betrachten wir dazu zunächst ein thermodynamisches System im Kontakt mit einem Wärmereservoir. Ändern wir jetzt bestimmte Systemparameter, wie etwa die Wechselwirkung zwischen den Atomen oder Molekülen oder das zur Verfügung stehende Volumen, so leisten wir Arbeit an dem System. Wenn die Systemparameter innerhalb des Parameterraums von einer Konfiguration A in eine Konfiguration B entlang einer Trajektorie γ geändert werden, so ist die am System geleistete Arbeit durch $W = \Delta F = F_B - F_A$ gegeben, wenn diese Änderung unendlich langsam, d. h. reversibel erfolgt. ΔF ist die Differenz an freier Energie zwischen End- und Ausgangszustand. Ändert man den Zustand von A nach B entlang von γ mit einer endlichen Geschwindigkeit, also irreversibel, so liefert, wie zuvor diskutiert, der erste Hauptsatz $\langle W \rangle \geq \Delta F$: Im Mittel übersteigt am System geleistete Arbeit die Differenz der freien Energie von Anfangs- und Endzustand. $\langle W \rangle$ kennzeichnet hier den Mittelwert über ein Ensemble von Messungen. Die Differenz $\langle W \rangle - \Delta F \geq 0$ ist die dissipierte Arbeit, die mit Entropiezuwachs verbunden ist. Mehr lässt sich anhand des bisher Diskutierten nicht über das System im Ungleichgewichtszustand aussagen. Erst 1997 konnte eine präzise Relation zwischen ΔF und W abgeleitet werden, welche die exakte Relation für reversible Prozesse ergänzt für irreversible Prozesse und für Systeme, die beliebig weit vom Gleichgewicht entfernt sind [4.33]:

$$\Delta F = k_B T \ln \langle \exp\left(\frac{W}{k_B t}\right) \rangle \ . \tag{4.59}$$

Die Relation liefert also Gleichgewichtswerte, in diesem Fall ΔF, aus einer Reihe von Messungen an Nichtgleichgewichtszuständen. Die Relation $W = \Delta F$ für den klassischen Fall resultiert offensichtlich als Grenzfall. Die Relevanz dieses bemerkenswerten Ergebnisses konnte experimentell unter Beweis gestellt werden [4.34].

4.3.3 Fluktuationen

In makroskopischen Systemen spielen *Fluktuationen*, also Schwankungen thermodynamischer Größen gegenüber dem Gleichgewichtswert, in der Regel keine Rolle. Für Nanosysteme und ihre Funktionalität können sie entscheidend sein. Zur Quantifizierung von Fluktuationen verwendet man am besten die *Zustandssumme* des entsprechenden Systems. In der *kanonischen Gesamtheit* ist diese gegeben durch

$$Z = \sum_i \exp\left(-\frac{E_i}{k_B T}\right) \ . \tag{4.60}$$

E_i ist hier die Energie des diskreten Mikrozustands i. Aus Z lassen sich bekanntlich alle relevanten thermodynamischen Gleichgewichtsgrößen einfach ableiten. Die mittlere Energie des Systems ist gegeben durch

$$\langle E\rangle = \frac{1}{Z}\sum_i E_i \exp(-\beta E_i) = \frac{\partial(\ln Z)}{\partial\beta}\;, \tag{4.61}$$

mit $\beta = 1/(k_BT)$. Der Gleichgewichtswert für das quadratische Mittel der Fluktuationen innerhalb des abgeschlossenen Systems ist

$$\langle(\Delta E)^2\rangle \equiv (E - \langle E\rangle)^2 = \langle E^2\rangle - \langle E\rangle^2 = \frac{\partial^2(\ln Z)}{\partial\beta^2}\;. \tag{4.62}$$

Die relative Größe der Fluktuationen ist dann gegeben durch $\sqrt{\langle(\Delta E)^2\rangle}/\langle E\rangle = \sqrt{-(2/\langle E\rangle)\partial(\ln\langle E\rangle^2)/\partial\beta}$. Für N nicht wechselwirkende Teilchen, also beispielsweise für ein ideales Gas, ergibt sich damit $\sqrt{\langle(\Delta E)^2\rangle}/\langle E\rangle = 1/\sqrt{N}$. Bei 100 Teilchen würden die Fluktuationen damit $\pm 10\,\%$ betragen. Fluktuationen der anderen thermodynamischen Größen für abgeschlossene Systeme im Gleichgewicht lassen sich in völlig analoger Weise ableiten.

Die *Brownsche Molekularbewegung* ist ein exemplarisches Beispiel für die Manifestation von Fluktuationen. Fluktuationen im durch Lösungsmittelmoleküle auf größere gelöste Partikel übertragenen Impuls verursachen eine Zufallsbewegung der Partikel. Die Bewegungsgleichung ist gegeben durch

$$m\frac{dv}{dt} = -\gamma v + F(t)\;, \tag{4.63}$$

wobei $F(t)$ eine zufällig wirkende Kraft und γ einen Reibungskoeffizienten darstellt, der für ein kugelförmiges Partikel in einem Medium der Viskosität η durch $\gamma = 6\pi\eta r$ gegeben wäre. Für $F(t)$ ist dann $\langle F(t)\rangle = 0$ und $\langle F(t)F(t')\rangle = F\delta(t-t')$. Mit $v = dx/dt$ folgt für die thermischen Mittelwerte

$$m\frac{d}{dt}\left\langle x\frac{dx}{dt}\right\rangle = m\left\langle\left(\frac{dx}{dt}\right)^2\right\rangle - \gamma\left\langle x\frac{dx}{dt}\right\rangle\;, \tag{4.64a}$$

und mit dem *Äquipartitionstheorem*, das $m\langle(dx/dt)^2\rangle = k_BT/2$ liefert,

$$\frac{d}{dt}\left\langle x\frac{dx}{dt}\right\rangle = \frac{k_BT}{m} - \frac{\gamma}{m}\left\langle x\frac{dx}{dt}\right\rangle\;. \tag{4.64b}$$

Mit $\langle x dx/dt\rangle = (d\langle x^2\rangle/dt)/2$ und $\langle x^2\rangle = 0$ für $t = 0$ liefert dies

$$\langle x^2 \rangle = \frac{2k_B T}{\gamma} \left\{ t - \frac{m}{\gamma} \left[1 - \exp\left(-\frac{\gamma t}{m} \right) \right] \right\} , \tag{4.64c}$$

was für $t \gg m/\gamma$

$$\langle x^2 \rangle = \frac{2k_B T}{\gamma} t \tag{4.64d}$$

ergibt. Die mittlere stochastische Auslenkung ist also $\sim \sqrt{t}$, was in Abb. 4.6 zusammen mit exemplarischen Zufallswegen (*random walks*) dargestellt ist. Das Resultat lässt sich verallgemeinern: Erfährt ein System N mal pro Zeiteinheit einen Zufallsschritt der Größe Δr in eine Richtung $\mathbf{r}_i$, dann ist die mittlere Entfernung vom Ausgangspunkt für $t = 0$ gegeben durch

$$\langle r^2 \rangle = \left\langle \sum_{i,j} \mathbf{r}_i \cdot \mathbf{r}_j \right\rangle = N(\Delta r)^2 + \left\langle \sum_{i \neq j} \mathbf{r}_i \cdot \mathbf{r}_j \right\rangle . \tag{4.65}$$

Für *Markov–Prozesse* verschwindet $\langle \sum_{i \neq j} \mathbf{r}_i \cdot \mathbf{r}_j \rangle$.

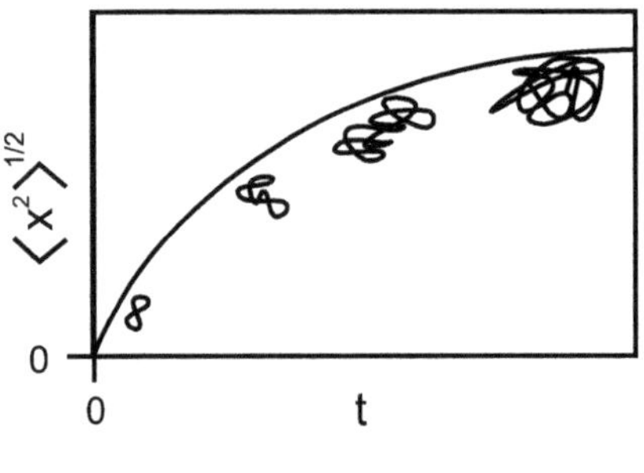

Abb. 4.6: *Mittlerer, bei der Brownschen Molekularbewegung zurückgelegter Weg als Funktion der Zeit. Exemplarische Projektionen dreidimensionaler Trajektorien sind zu ausgewählten Zeitpunkten dargestellt.*

Auch diffusive Prozesse, wie der elektronische oder der Wärmetransport, haben stochastische Wege der einzelnen Teilchen oder Quasiteilchen zur Folge. Ein Teilchenstrom wird durch einen Konzentrationsgradienten getrieben: $\mathbf{j} = -D\nabla c$. In diesem *ersten Fickschen Gesetz* ist D die Diffusionskonstante. Mit der *Kontinuitätsgleichung* $dc/dt = -\nabla \cdot \mathbf{j}$ erhält man die *Diffusionsgleichung* oder das *zweite Ficksche Gesetz*:

$$\frac{\partial c(\mathbf{r}, t)}{\partial t} = D \triangle c(\mathbf{r}, t) . \tag{4.66}$$

Für eine bei $t = 0$ und $r = 0$ singuläre Konzentration ergibt sich bei isotroper Diffusion am Ort $\mathbf{r}$ zur Zeit t

$$c(\mathbf{r}, t) \sim \frac{1}{\sqrt{Dt}} \exp\left(-\frac{r^2}{4Dt}\right) . \tag{4.67}$$

Während sich für $t \to \infty$ natürlich eine homogene Konzentration ergibt, sind nach einer Zeit t die Orte mit der halben ursprünglichen Konzentration gegeben durch $r_{1/2} = \sqrt{2Dt}$. Vergleicht man dieses Resultat für die Diffusion mit Gl. (4.64d) für die Brownsche Molekularbewegung, so erhält man die *Einstein–Smoluchowski–Relation* für $\langle x^2 \rangle = r_{1/2}^2$: $D = k_B T/\gamma$. Die Diffusionskonstante, die thermische Fluktuationen beschreibt, lässt sich also in Beziehung setzen zu einer Mobilität $\mu = 1/\gamma$, die eine getriebene Bewegung charakterisiert.

Bei geringen Teilchenzahlen, also sehr kleinen Systemen, gelten die abgeleiteten Resultate für Fluktuationen genauso wenig, wie für Systeme mit starker Wechselwirkung der Teilchen. In beiden Fällen sind nicht die hier angenommenen thermodynamischen Voraussetzungen erfüllt. In solchen Fällen, man beobachtet dies an biologischen Systemen, lässt sich die Diffusion häufig durch $\langle x^2 \rangle \sim t^\alpha$ beschreiben, anstatt durch Gl. (4.64d). Für $0 < \alpha < 1$ spricht man von *Subdiffusion* und für $\alpha > 1$ von *Superdiffusion*.

Fluktuationen im Allgemeinen sind natürlich ebenfalls relevant für quantenmechanisch dominierte Systeme. Die „Bewegungsgleichung“ für den in Abschn. 3.4.1 eingeführten *Dichteoperator* ist gegeben durch

$$i\hbar \frac{\partial \hat{\varrho}}{\partial t} = \left[\hat{H}, \hat{\varrho}\right] . \tag{4.68}$$

Damit können Aussagen getroffen werden über zeitliche Mittelwerte von Quantenfluktuationen. Dazu werden die Projektionen der zustandsbeschreibenden Wellenfunktionen auf das gewählte Basissystem betrachtet. Eine fluktuierende Komponente dieser Projektion möge gegeben sein durch $\alpha_n = c_n \exp(i\varphi_n)$. Die Phase $\varphi_n(t)$ möge durch Ankopplung an ein Phononenbad stark fluktuieren. Die Elemente der Dichtematrix sind dann

$$\begin{aligned} \varrho_{nm} &= \langle c_m^* c_n \exp(i[\varphi_n - \varphi_m]) \rangle \\ &= \langle c_m^* c_n \rangle \langle \cos(\varphi_n - \varphi_m) + i \sin(\varphi_n - \varphi_m) \rangle . \end{aligned} \tag{4.69}$$

Der Mittelwert ist hier ein Ensemblemittelwert. Es wird ein Ensemble von Dichteoperatoren betrachtet, die alle einer unterschiedlichen Wechselwirkung des Systems mit der Umgebung entsprechen, also unterschiedlichen *gemischten Zuständen.* Die rasch oszillierenden Terme in Gl. (4.69) werden im Ensemblemittelwert verschwinden, so dass nur die Diagonalterme $\varrho_{nn} = \langle |c_n|^2 \rangle$ übrigbleiben. Dies bedeutet, dass ein stark fluktuierendes Quantensystem alle Interferenzterme einbüßt und sich damit klassisch verhält. Ob dies geschieht, hängt davon ab, ob durch thermische Fluktuationen quantenmechanische Fluktuationszustände besetzt werden können. Das ist sicherlich nicht der Fall für starke quantenmechanische Wechselwirkungen im eV–Bereich, aber für solche in der Größenordnung von $k_B T$. Dabei kann es sich beispielsweise um chemische Bindungen handeln, so dass thermische Fluktuationen a priori einen großen Einfluss auf die Quantenmechanik chemischer Reaktionen haben [4.35].

4.3.4 Thermodynamik nanoskaliger Systeme

Alles, was wir an thermodynamischen Aspekten bislang behandelt haben, basiert auf der Grundvoraussetzung der klassischen Thermodynamik, auf der Anwendbarkeit der statistischen Mechanik. Diese wiederum geht davon aus, dass wir ein hinreichend großes Teilchenensemble haben. Dies ist bei vielen nanotechnologisch relevanten Systemen auch tatsächlich der Fall. Natürlich entspricht die Anzahl der Partikel eines typischen Kolloids nicht derjenigen der Lösungsmittelmoleküle im gegebenen Volumen, wie Abb. 4.1 verdeutlicht. Dennoch kann ein Kolloid natürlich im Rahmen der bisher diskutierten thermodynamischen Argumente behandelt werden. Was aber ist mit dem einzelnen Kolloidpartikel eines Durchmessers von 10 nm? Auch dieses lässt sich im Wesentlichen wie ein Massivmaterial behandeln, wenn der spezifische Einfluss der Oberfläche, wie in Abschn. 2.2.1 diskutiert, berücksichtigt wird. Cluster aus einigen wenigen Atomen hingegen, wie in Abb. 4.7 dargestellt, können nicht mehr so ohne weiteres in Form der klassischen thermodynamischen Relationen behandelt werden, weil die Grundvoraussetzung, ein genügend großes Teilchenensemble, nicht gegeben ist. Auch Diffusionsprozesse oder chemische Reaktionen, deren Beschreibung in Form von Konzentrationsprofilen erfolgt, müssen bei Anwesenheit nur weniger Partikel oder Reaktanden anders charakterisiert werden als für makroskopische Systeme. In kleinen Systemen können sogar vollkommen neuartige Phänomene auftreten, wie beispielsweise eine zeitliche Oszillation der Konzentration von Edukten und Produkten [4.36]. Es ist also offensichtlich, dass die Thermodynamik nanoskaliger Systeme genau dann einer gegenüber der klassischen Thermodynamik verallgemeinernden Annahme Rechnung tragen muss, wenn die Ensemblegröße oder die Systembeschaffenheit dies erfordert [4.37]. Im Grenzfall großer Ensemble und verschwindender Systemspezifität, die etwa im großen Einfluss von Oberflächen bestehen kann, resultiert dann die klassische Thermodynamik.

Eine *Nanothermodynamik* wurde von *T.L. Hill* vorgeschlagen [4.38] auf Basis seiner Überlegungen zur Thermodynamik kleiner Systeme [4.39]. Grundlagen für die moderne Nanothermodynamik wurden auch durch *C. Tsallis* gelegt [4.40].

In der klassischen Thermodynamik ist die freie Energie eine extensive Größe: Wird das Volumen eines Materials verdoppelt, so verdoppelt sich auch seine freie Energie. Änderungen in der Umgebung, also etwa eines Lösungsmittels, oder Ober– und Grenzflächeneffekte, die für die Selbstorganisation von Strukturen essentiell sind, können so a priori nicht berücksichtigt werden. Eine ad hoc–Berücksichtigung besteht darin, Energieterme empirisch zu berücksichtigen, die Funktionen der Ober– oder Grenzflächen sind, was aber keiner selbstkonsistenten Thermodynamik von Nanosystemen entspricht. In der Nanothermodynamik, die dieses Kriterium erfüllt, wird die freie Energie nicht

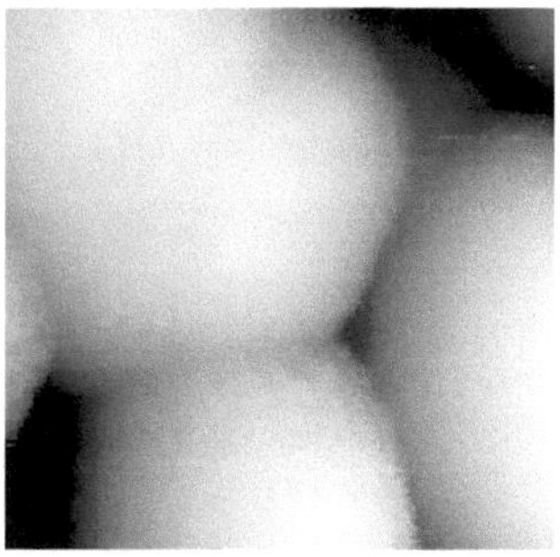

Abb. 4.7: *Aus 55 Atomen bestehende Goldcluster, stabilisiert mit einer Ligandhülle, mit einem Durchmesser von 1,2 nm. Die Abbildung wurde mittels Rastertunnelmikroskopie erzeugt.*

mehr als extensive Größe behandelt [4.39]. Das Gibbssche kanonische Ensemble wird durch ein generalisiertes Ensemble ersetzt, wobei jeder Teil des Gesamtsystems seine Größe ändern kann, um eine Gleichgewichtsverteilung von Größen innerhalb des Systems zu erhalten. Das Gibbssche Potential für einen Cluster oder ein Nanopartikel aus N Atomen oder Molekülen ist $G = \mu N + aN^b$, wobei μ das chemische Potential, a eine intensive Konstante und $b < 1$ ist. Für $N \to \infty$ erhält man $G = \mu N$ als extensive Größe, welche die Energie pro Teilchen quantifiziert. Für kleine Teilchen ist hingegen $G = \tilde{\mu} N$, mit $\tilde{\mu} = \mu + aN^{b-1}$. η identische Teilchen konstituieren nun ein großes System, das, wie in der klassischen Thermodynamik üblich, durch Eigenschaften im Grenzfall $\eta \to \infty$ beschrieben werden kann. Die thermodynamischen Parameter des Gesamtsystems sind dann gegeben durch $U_\Sigma = \eta\langle U\rangle$, $V_\Sigma = \eta\langle V\rangle$, $S_\Sigma = \eta S$ und $N_\Sigma = \eta N$. $\langle\rangle$ bezeichnet hier Ensemblemittelwerte für die Teilchen oder Replikate des Subsystems. Nach erstem und zweitem Hauptsatz der Thermodynamik gilt dann

$$dU_\Sigma = T dS_\Sigma - p\, dV_\Sigma + \mu\eta\, dN_\Sigma + \left(\frac{\partial U_\Sigma}{\partial \eta}\right) d\eta\ . \tag{4.70a}$$

Der letzte Term beinhaltet das Unterteilungspotential, das die additiven Beträge der Teilsysteme zur freien Energie des Gesamtsystems charakterisiert. Für ein makroskopisches Gesamtsystem wäre $\eta = 1$ und $\partial U/\partial \eta = 0$. Sind T, p und N konstant, so ergibt sich aus Gl. (4.70a) $\langle U\rangle = TS - p\langle V\rangle + \langle \partial U/\partial\eta\rangle$. Mit $G = \langle dU/\partial\eta\rangle = \tilde{\mu} N$ [4.41] folgt

$$\langle U\rangle = TS - p\langle V\rangle + \tilde{\mu} N\ . \tag{4.70b}$$

Im thermodynamischen Limit $N \to \infty$ ist wiederum $\tilde{\mu} = \mu$ und Gl. (4.70b) nimmt die klassische Form an. Einflüsse, die aus der Nanoskaligkeit der Subsysteme resultieren, manifestieren sich in additiven Zusatztermen.

In direktem Zusammenhang mit dem Partitionspotential $\partial U/\partial\eta$ und dem nicht extensiven Gibbsschen Potential für nanoskalige Systeme und individuelle Nanostrukturen steht eine nicht extensive Entropie [4.40]

$$S_q = \frac{k_B}{q-1} \sum_i p_i^q \,, \tag{4.71}$$

mit $0 \leq q \leq 1$. p_i bezeichnet die Wahrscheinlichkeit eines Mikrozustands des Gesamtsystems. Für $q \to 1$ erhalten wir $S_q \to S$. Aus der im Allgemeinen nicht extensiven Entropie wird im thermodynamischen Grenzfall die extensive Größe in der *Boltzmann–Gibbs–Form*.

Die Annahme nicht intensiver und nicht extensiver Größen in der Thermodynamik von Nanostrukturen ist ein Schlüsselaspekt in allen modernen theoretischen Konzepten. Klassische thermodynamische Zusammenhänge lassen sich dann nutzen, wenn durch Korrekturterme, etwa durch $\mu \to \tilde{\mu}$, die Extensität entsprechender Größen wiederhergestellt werden kann. Nur auf Basis solcher modernen Konzepte lassen sich bestimmte Phänomene, wie eine nicht vorhandene Ergodizität oder metastabile Zustände, beschreiben.

Das thermodynamische Verhalten individueller Nanostrukturen und kleiner Systeme lässt sich auch durch explizite Modellierung mittels Molekulardynamiksimulationen studieren [4.42]. Dazu muss die Wechselwirkung zwischen Atomen durch klassische Kräfte beschreibbar sein: $F_{ij} = -\delta r_{ij} \partial^2 w(r_{ij})/\partial r_{ij}^2$, mit dem Paarpotential $w(r_{ij})$ und dem Bindungsabstand r_{ij}. Für die Thermalisierung wird das *Äquipartitionstheorem* verwendet: $\langle (v_{x,y,z}^{(i)})^2 \rangle = k_B T/m_i$. Ein Problem besteht in den vibronischen Anregungen bei $\approx 10^{13}$ Hz. Diese erfordern kurze zeitliche Inkremente von $\approx 10^{15}$ Hz in den Berechnungen. Dies wiederum hat zur Folge, dass je nach Anzahl involvierter Atome nur kurze absolute Zeiträume berechnet werden können. Andererseits liefert die Rechnung nur dann die tatsächliche freie Energie des Systems, wenn hinreichend lang über alle Fluktuationen gemittelt wurde. Molekulardynamikrechnungen sind also nur bedingt geeignet zur Berechnung thermodynamischer Größen.

Alternativ zur expliziten Anwendung des ersten Newtonschen Gesetzes kann auch die Größe $\int_{t1}^{t2} [E_{kin}(t) - E_{pot}(t)] dt$ minimiert werden. Das System entwickelt sich genau entlang des dadurch gegebenen Pfads. Wenn der Relaxations– oder Reaktionspfad gefunden ist, können energetische und kinetische Größen durch weitere Simulationen entlang des Pfads, welche die Statistik relevanter Fluktuationen ermitteln, berechnet werden. Dieses Verfahren wird als *milestoning* bezeichnet.

4.4 Selbstorganisation und Strukturbildung

4.4.1 Grundlagen

Selbstorganisation (*self assembly*) ist die spontane Entstehung neuer Strukturen in kooperativen Systemen. In dieser allgemeinsten Definition lassen sich Selbstorganisationsprozesse in den unterschiedlichsten unbelebten und belebten Bereichen der Welt beobachten. Dabei gibt es teilweise universelle und teilweise je nach Bereich spezielle Strukturbildungsgesetze. Systematisch und transdisziplinär werden Selbstorganisationsprozesse in der *Synergetik* [4.43] und teilweise auch im sich dynamisch entwickelnden Bereich der *komplexen Systeme* [4.44] studiert.

Im vorliegenden Kontext geht es um Selbstorganisationsphänomene nanoskaliger Systeme aus physikalischer, chemischer und biologischer Sicht, was es uns erlaubt, Begrifflichkeiten präziser zu definieren. Selbstorganisation ist ein typisches Phänomen in Vielteilchensystemen und führt zu Eigenschaften des Systems, die aus den einzelnen Bausteinen a priori nicht ersichtlich sind. Diese *emergenten Eigenschaften* gehen einher mit einem neuen Grad von Ordnung der Systembestandteile. Aufgrund von Selbstorganisationsprozessen nimmt die Entropie ab, woraus entsprechend der Erkenntnisse, die wir in Abschn. 4.3.2 gewonnen haben, sofort folgt, dass Selbstorganisation nur in offenen Systemen mit thermodynamischem Ungleichgewicht stattfinden kann. Als *Struktur-* oder *Musterbildung* bezeichnet man die Ausbildung räumlicher, zeitlicher oder räumlich–zeitlicher Muster. Grundvoraussetzung hierfür sind Kopplungen räumlich oder zeitlich getrennter Bereiche, die eine Korrelation erst möglich machen. Ferner sind dissipative Prozesse nötig, um in nichtlinearen Systemen fernab vom thermodynamischen Gleichgewicht stationäre Muster im Fließgleichgewicht beobachten zu können. Bemerkenswert ist die Universalität von Strukturbildungsgesetzen: Zustandsänderungen völlig unterschiedlicher physikalischer, chemischer oder biologischer Systeme laufen nach gleichen Gesetzmäßigkeiten ab, die weitgehend unabhängig von mikroskopischen Details des entsprechenden Systems sind.

Eine besondere Bedeutung kommt der Selbstorganisation und Strukturbildung in der Biologie zu. Für lebende Materie ist es von zentraler Bedeutung, dem thermodynamischen Gleichgewicht, das mit dem Tod gleichzusetzen ist, zu entgehen. Als offenes System nimmt lebende Materie freie Energie aus der Umgebung auf und exportiert Entropie. Der Energiestrom treibt Stoffwechselprozesse an, so dass ein *Fließgleichgewicht* fernab vom thermodynamischen Gleichgewicht aufrecht erhalten wird. Durch die Offenheit des Systems kann lebende Materie hochgradig geordnet sein, ohne dass in der Gesamtenergiebilanz der zweite Hauptsatz der Thermodynamik verletzt wird. Die notwendige Bedingung für Lebensprozesse, ein Ungleichgewicht aufrecht zu erhalten, ist also untrennbar mit der elementaren Lebensfunktion, die Umwelt wahrzunehmen und auf sie einwirken zu können, verbunden. Ein Verständnis der Selbstorganisations– und Strukturbildungsprozesse der komplexen biologischen Systeme, wie exemplarisch in Abb. 4.8 dargestellt, könnte durchaus eine Schlüsselrolle für das Verständnis von Leben und Bewusstsein an sich spielen. Obwohl biologische Systeme in der Regel ein hohes Maß an Komplexität aufweisen, resultiert ein beginnendes Verständnis biologischer Selbstorganisationsphänomene aus der Universalität bestimmter Phänomene, die es ermöglicht, Erkenntnisse, die an vergleichsweise einfachen Modellsystemen toter Materie gewonnen wurden, zu übertragen. Allerdings ist bislang strittig, inwieweit biologische Phänomene durch universelle Selbstorganisationsprozesse erklärt werden können.

Als gut verstandenes Beispiel der Selbstorganisation eines biologisch relevanten Systems kann die Entstehung des Tabakmosaikvirus (TMV) angesehen werden, die schematisch in Abb. 4.8 dargestellt ist. TMV ist ein helixförmiges Viruspartikel aus 2130 identischen Proteineinheiten, von denen jede 158 Aminosäurereste beinhaltet. Diese Proteineinhei-

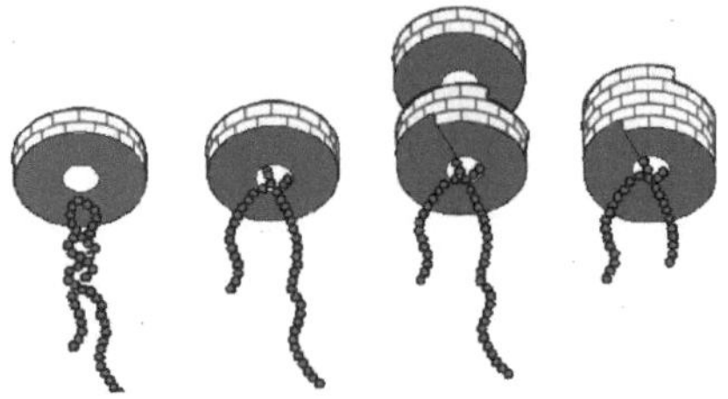

Abb. 4.8: *Selbstorganisation einer biologischen Nanostruktur am Beispiel des Tabakmosaikvirus mit Abmessungen von 300 nm x 18 nm.*

ten formen die Virushülle, welche den RNA–Strang aus 6400 Nukleotiden umgibt. Im Experiment kann TMV in einzelne Komponenten dissoziiert werden und anschließend assoziieren diese Komponenten wieder zu einem völlig intakten Virus, welches vom ursprünglichen Virus nicht unterschieden werden kann [4.45]. Auf diese Weise konnte der Selbstorganisationsprozess, der wie in Abb. 4.8 dargestellt abläuft, im Detail analysiert werden. Es zeigte sich dabei, dass der Entstehungsprozess des Virus entropiegetrieben ist [4.46].

Untersuchungen an einer Vielzahl von biologischen Modellsystemen haben einige universell gültige Aspekte der biologischen Selbstorganisation zutage gefördert. Danach basiert das Ergebnis eines Selbstorganisationsprozesses auf der Information, die in der Form, den Oberflächeneigenschaften und der Deformierbarkeit einer begrenzten Anzahl molekularer *Präkursoren* kodiert ist [4.47]. Die Assoziation der Präkursoren basiert hauptsächlich auf nicht kovalenten Wechselwirkungen und führt zu einer Energieabsenkung. Die Stabilisierung der Strukturen erfolgt durch Kontakt molekularer Oberflächen mit komplementärer Form. Wechselwirkungen verteilen sich dabei auf viele schwache anstatt wenige starke Bindungen. Ein wichtiges Merkmal der resultierenden Strukturen ist ihre Kooperativität: Substrukturen des Systems nehmen Konformationen an, die ihre Affinität zu anderen Systemkomponenten maximieren. Auf diese Weise entstehen häufig „alles–oder–nichts–Komplexe“. Entweder sind die kompletten Aggregate vorhanden oder sie sind komplett dissoziiert. Man findet jedoch keine Mischungen irgendwelcher intermediärer Aggregate. Auch wenn diese grundlegenden Mechanismen zunehmend entschlüsselt werden, so stehen wir jedoch gegenwärtig in einer ausgesprochen frühen Entwicklungsphase im Hinblick auf eine Anwendung auf technische, nicht biologische Systeme.

Es gibt eine Reihe von Gründen, die es wichtig erscheinen lassen, die Grundlagen von Selbstorganisationsprozessen zu verstehen [4.48]. Wie wir bereits gesehen haben, erfordert ein Verständnis des Lebens an sich zuallererst ein Verständnis der biologischen Selbstorganisationsprozesse. Dieses Verständnis kann ebenfalls in Form *bionischer* und *biomimetischer Ansätze* dazu dienen, technische Systeme zu optimieren. Im Kontext der Nanotechnologie ist Selbstorganisation eine der wenigen potentiell praktikablen Strategien, um funktionale Ensembles von Nanostrukturen zu erzeugen. Speziell dies erfordert in der Umsetzung konzeptionell eine Brücke zwischen Reduktionismus einerseits und Komplexität sowie Emergenz andererseits [4.49]. Wir sollten in diesem Kontext den Begriff Selbstorganisation, den wir bislang unter allgemeinsten Gesichtspunkten sowie unter einschränkenden thermodynamischen Gesichtspunkten definiert haben, in einer der Nanotechnologie angemessenen pragmatischen Weise revidieren: Es handelt sich um einen reversiblen Prozess, bei dem Präkursoren eines ungeordneten Systems sich zu funktionalen Strukturen zusammenfinden und so ein geordneteres System bilden. Der Prozess ist durch das Design der Präkursoren kontrollierbar. Entsprechende Prozesse lassen sich in statische und dynamische unterteilen. Statische Selbstorganisation involviert Systeme, die sich global oder lokal im Gleichgewicht befinden und keine Energie dissipieren. Die Synthese vieler gefalteter, globulärer Proteine ist ein typisches Beispiel, so wie auch diejenige eines Molekülkristalls. Die Synthese der geordneten Struktur kann durchaus Energiezufuhr erfordern, findet also in einem offenen System statt. Ist die Struktur aber entstanden, so ist sie stabil. Bei der dynamischen Selbstorganisation entstehen die Wechselwirkungen, welche die geordneten Strukturen stabilisieren, nur, wenn das System Energie dissipiert. Ein Beispiel ist die in Abb. 4.5 dargestellte Konvektionsstruktur. Wie bereits erörtert, gehört auch die Entstehung und Aufrechterhaltung lebender Materie in diese Kategorie.

Die in den Präkursoren oder ursprünglichen Systembausteinen über ihre Form, Oberflächeneigenschaften, Ladung, Polarisierbarkeit, ihr Dipolmoment, ihre Masse usw. kodierten Eigenschaften bestimmen die Wechselwirkungen zwischen den Bausteinen. Die resultierenden Kräfte sind, wie in Abschn. 4.1 diskutiert, a priori attraktiv und repulsiv, gerichtet und ungerichtet, lang– und kurzreichweitig. Wie in Abb. 4.9 für einen allgemeinen Selbstorganisationsprozess dargestellt, kann dieser in mehreren Schritten ablaufen. Bei dem Primärprozess entstehen aus Molekülen durch intermolekulare Wechselwirkungen größere geordnete Aggregate. Diese Aggregate können Ausgangsbausteine für einen sekundären Selbstorganisationsprozess sein. Dieser kann dann prinzipiell weitere Autostrukturierungsprozesse nach sich ziehen. Ein Beispiel für einen solchen mehrstufigen Prozess ist die Bildung mizellarer Strukturen aus oberflächenaktiven Substanzen (*surfactants, surface active agents*).

Ein mehrstufiger Selbstorganisationsprozess lässt sich charakterisieren durch

$$w_\Sigma = f_p\left(w_a^{(p)} + w_r^{(p)}\right) + f_s\left(w_a^{(s)} + w_r^{(s)}\right) + f_t\left(w_a^{(t)} + w_r^{(t)}\right) + \ldots + w_{ext}\ , \quad (4.72)$$

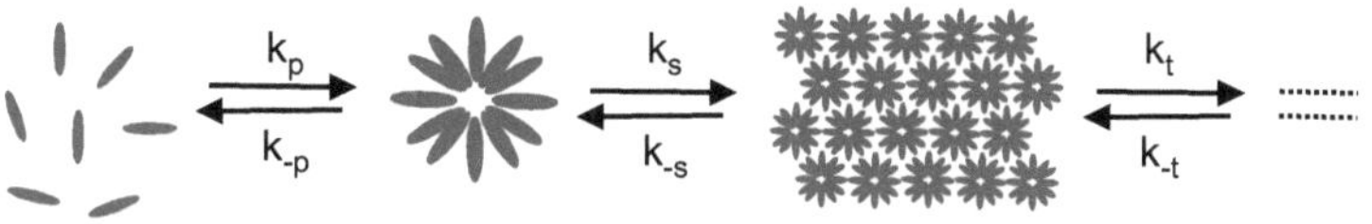

***Abb. 4.9:** Schema eines Selbstorganisationsprozesses mit Formung eines Primär– und Sekundäraggregats sowie eventuell weiterer Aggregate.*

mit $f_p + f_s + f_t + \ldots = 1$. Für jeden Aggregatbildungsschritt werden attraktive und repulsive Potentiale berücksichtigt sowie Faktoren, mit denen die Beiträge zum Gesamtpotential gewichtet werden. w_{ext} beschreibt den Einfluss extern applizierter Potentiale. Dabei könnte es sich um elektrische oder magnetische Felder, um die Gravitation oder auch um den Einfluss eines Substrats oder einer formgebenden Struktur handeln. Wenn der Selbstorganisationsprozess wesentlich durch strukturgebende Eigenschaften des Ausgangssystems bestimmt wird, dann spricht man von einem *templatgesteuerten Selbstorganisationsprozess*.

In Gl. (4.72) können die Gewichtsfaktoren oder Wahrscheinlichkeiten f_i für das Auftreten von unterschiedlichen Organisationsformen i durchaus alle durch $0 < f_i < 1$ gegeben sein. In diesem Fall koexistieren die Organisationsformen. Für $w_{ext} = 0$ erhalten wir dann drei unterschiedliche Szenarien [4.50]. Für $w_\Sigma \approx 0$ ist die Selbstorganisation *thermodynamisch getrieben*. Die Präkursoren jedes Selbstorganisationsschritts sind im Gleichgewicht mit ihren Aggregaten, die wiederum gut definierte Größen und Formen haben. Für $w_\Sigma < 0$ ist die Selbstorganisation *kinetisch getrieben*. In diesem Fall läuft die Selbstorganisation ab, bis die jeweiligen Präkursoren verbraucht sind, und die resultierenden Aggregate haben variierende Größen und Formen. Für $w_\Sigma > 0$ ist in der Regel keine Selbstorganisation möglich. Wird diese Situation mithilfe von w_{ext} induziert, so findet Dissoziation der Aggregate statt.

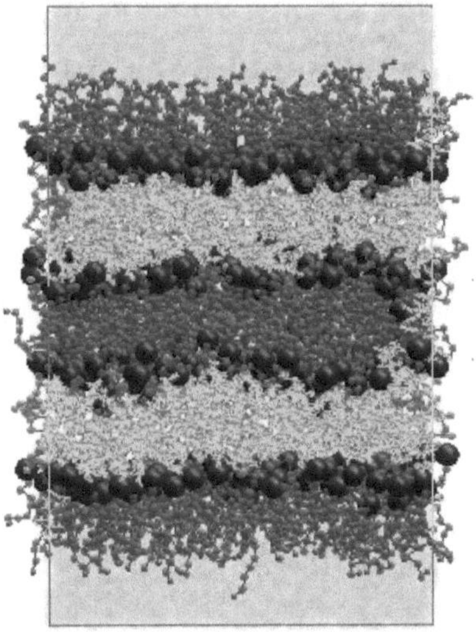

Abb. 4.10: *Ergebnis einer Molekulardynamiksimulation für ein Schichtsystem eines Diblockcopolymers in Wasser. Die hydrophilen Blöcke sind dunkel dargestellt, die hydrophoben hell. Die größeren Kugeln markieren die Bindung zwischen beiden Blöcken jeweils eines Polymers. Ober- und unterhalb des Schichtsystems befindet sich Wasser [4.52].*

Essentiell für Selbstorganisationsprozesse ist, dass sich Präkursoren oder Systembausteine relativ zueinander bewegen können. Selbstorganisation findet daher in der flüssigen Phase und/oder auf geeigneten Oberflächen, die Diffusion zulassen, statt. Die Ausbildung geordneter Strukturen setzt voraus, dass ein Gleichgewicht zwischen Präkusoren und Aggregaten besteht. Kommt es zur Ausbildung irreversibler Bindungen zwischen Präkursoren unterhalb einer kritischen Entfernung zwischen ihnen, so kommt es zu irregulären statt geordneten Strukturen.

Heute ist es möglich, unter Verwendung leistungsfähiger Molekulardynamiksimulationen, wie in Abschn. 4.3.4 diskutiert, Selbstorganisationsprozesse an technisch relevanten Systemen explizit zu untersuchen. Abbildung 4.10 zeigt ein Schichtsystem aus *Blockcopolymeren* [4.51] in Wasser. Blockcopolymere bestehen aus chemisch unterschiedlichen Blöcken, die durch kovalente Bindungen miteinander verbunden sind. In Abb. 4.10 handelt es sich um Diblockcopolymere mit einem hydrophilen (dunkel) und einem hydrophoben (hell) Block. Durch eine einfache Form von Selbstorganisation bildet sich die dargestellte Blockfolge, bei der die hydrophilen die hydrophoben Blöcke gegenüber dem Lösungsmittel abschirmen.

4.4.2 Exemplarische Ordnungsprinzipien

Abbildung 4.10 verdeutlicht ein elementares Ordnungsprinzip. *Amphiphilische* Moleküle mit gleichzeitig hydrophiler, polarer Endgruppe und lipophiler, apolarer Endgruppe bilden in Wasser Gleichgewichtsstrukturen, die darin bestehen, dass nach Möglichkeit nur die hydrophilen Endgruppen exponiert werden. Wenngleich es sich bei dem dargestellten Schichtsystem auch um ein technisch interessantes, rein artifizielles System aus Diblockcopolymeren handelt, so ist dieses einfache Ordnungsprinzip auch Grundlage für den Aufbau *biologischer Membranen*. Der Hauptbestandteil dieser Membranen sind die in Abb. 4.11(a) abgebildeten *Phospholipide*. Diese arrangieren sich, wie in Abb. 4.11.(b) unten dargestellt, in einer Doppelschicht (*bilayer)*. Dabei zeigen die hydrophilen, polaren Gruppen in Richtung des umgebenden wässrigen Mediums und die lipophilen, apolaren Gruppen bilden die dazwischen gelagerte Membran. Das Ordnungsprinzip der amphiphilischen Moleküle lässt aber noch andere Strukturen zu, nämlich die *Liposome* und die *Mizellen*, die ebenfalls in Abb. 4.11(b) dargestellt sind. Liposome sind kugelförmige Gebilde mit einem typischen Durchmesser von 20–100 nm. Sie können auch mehrere konzentrische Membranen aufweisen. *Vesikel* und *Vakuolen* als biologische Zellkompartimente haben einen entsprechenden Aufbau. Mizellen hingegen besitzen einen kugelförmigen Aufbau aus einer Einfachlage und entstehen, wenn sich in Wasser eine bestimmte Konzentration an *Tensiden* befindet. Aufgrund ihrer Amphiphilie haben die Tenside eine Neigung zur Phasentrennung. Die Mizellen besitzen typischerweise einen Durchmesser im Bereich einiger nm.

Alle in Abb. 4.11(b) dargestellten Strukturen entstehen aufgrund desselben Ordnungsprinzips amphiphilischer Moleküle. Phänomenologisch basiert dieses Ordnungsprinzip auf der Kombination hydrophiler und hydrophober Eigenschaften innerhalb der einzelnen Moleküle. Unter thermodynamischen Gesichtspunkten lassen sich hydrophile und hydrophobe Wechselwirkungen weiter zurückführen auf das Verhalten assoziierter Flüssigkeiten aus polaren Molekülen gegenüber polaren und apolaren Substanzen oder molekularen Gruppen [4.53]. Welche der in Abb. 4.11(b) dargestellten Strukturen unter gegebenen Bedingungen resultiert, oder ob mehrere unterschiedliche Aggregate koexistieren, lässt sich zum einen unter expliziter Berücksichtigung der Wechselwirkung zwischen gelösten und Lösungsmittelmolekülen in Form von Molekulardynamiksimulationen – ein Resultat ist in Abb. 4.10 dargestellt – analysieren oder in vielen Fällen durch eine genauere thermodynamische Analyse der Ordnungsprinzipien bei pauschalisierter Behandlung der intermolekularen Wechselwirkungen. Wir wollen den zuletzt genannten Weg anhand der Selbstorganisation der in Abb. 4.11(b) dargestellten Strukturen exemplarisch aufzeigen.

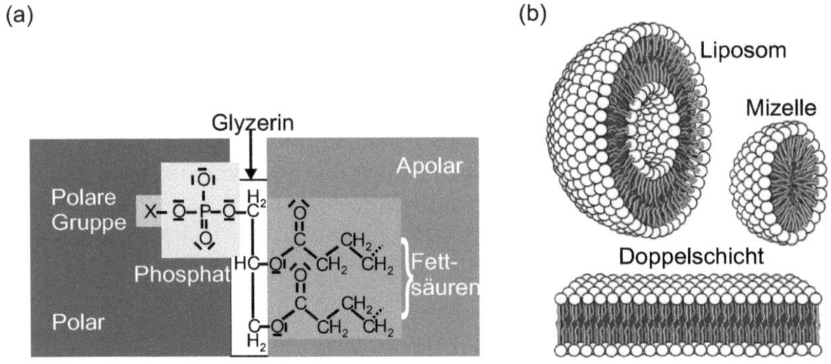

Abb. 4.11: *(a) Struktur eines Phospholipidmoleküls. (b) Aggregate aus amphiphilischen Molekülen.*

Im thermodynamischen Gleichgewicht eines Systems, welches eine Konzentration X_1 von Monomeren und X_n von Aggregaten aus N Monomeren aufweist, beträgt die Gesamtkonzentration gelöster Moleküle $X_1 + X_N$. Bei spontaner Assoziation von N Nanomeren zu einem Aggregat ist die Assoziationsrate $k_a = k_1 X_1^N$. Die Dissoziationrate der Aggregate ist demgegenüber $k_d = k_2 X_N / N$. k_1 und k_2 sind Konstanten, die von der Art der Monomere und Aggregate abhängen. Der Gleichgewichtszustand ist $k_a = k_d$ und $K = k_1/k_2 = X_N/(N X_1^N)$ ist die Gleichgewichtskonstante im Rahmen des *Massenwirkungsgesetzes*. Mit $X_1 + X_N \leq 1$ ergibt sich damit $X_1 \leq (NK)^{-1/N}$. Dies bedeutet, dass die Monomerkonzentration einen bestimmten Wert, die *kritische Mizellenkonzentration*, nicht überschreiten kann. Wird die Monomerkonzentration X_1 dennoch weiter erhöht, so bilden alle überschüssigen Monomere spontan Aggregate.

Die Gleichgewichtskonstante muss gleich dem Verhältnis der Boltzmann–Faktoren für die chemischen Potentiale sein:

$$K = \frac{\exp(N\mu_1/[k_B T])}{\exp(N\mu_N/[k_B T])} = \exp\left(\frac{N}{k_B T}\left[\mu_1 - \mu_N\right]\right) . \tag{4.73}$$

μ_1 und μ_N sind hier die chemischen Potentiale pro Monomer in einzeln gelöster und aggregierter Form. Für die Konzentration an Aggregaten folgt damit

$$X_N = N\left\{X_1 \exp\left(\frac{N}{k_B T}\left[\mu_1 - \mu_N\right]\right)\right\}^N . \tag{4.74}$$

Dieser Zusammenhang verdeutlicht, dass die Aggregation ein formationsabhängiges chemisches Potential $\mu_N < \mu_1$ voraussetzt. Wäre $\mu_N = \mu_1$, so resultierte aus $X_N = N X_1^N$ mit $X_1 < 1$ eine Dominanz an Monomeren.

Ein größenabhängiges chemisches Potential pro Molekül lässt sich beispielsweise an kugelförmigen molekularen Aggregaten plausibilisieren [4.3, 4.35]. Hier ist die Anzahl der Moleküle an der Oberfläche $\sim R^2$ und im Volumen $\sim R^3$. Das chemische Potential pro Molekül ist damit gegeben durch $\mu_N = \mu_\infty + cN^{2/3}/N$. μ_∞ ist das molekulare chemische Potential innerhalb eines unendlich ausgedehnten Aggregats. Für ein sphärisches Aggregat ist $\varepsilon = 4\pi r^2 \gamma$. γ symbolisiert hier die eingangs erwähnte pauschalisierte Berücksichtigung von Wechselwirkungen zwischen aggregierten Molekülen und Lösungsmittelmolekülen und bezeichnet die Grenzflächenenergie. Diese mesoskopische Betrachtung setzt also voraus, dass man eine größenunabhängige Grenzflächenenergie ansetzen kann, die natürlich im Allgemeinen eine kontinuumstheoretische Größe darstellt. Bei Berücksichtigung anderer Aggregatformen ist das chemische Potential pro Molekül allgemein gegeben durch [4.3]

$$\mu_N = \mu_\infty + \frac{\varepsilon}{N^p} \,. \tag{4.75}$$

p hängt von der Dimensionalität und Form der Aggregate ab und r ist der effektive Radius eines Monomers. ε entspricht einer mittleren Bindungsenergie eines Moleküls im Aggregat. Aus Gl. (4.74) folgt dann

$$X_N = N\left\{X_1 \exp\left(\frac{\varepsilon}{k_B T}\left[1 - \frac{1}{N^p}\right]\right)\right\}^N \approx N\left[x_1 \exp\left(\frac{\varepsilon}{k_B T}\right)\right]^N \,. \tag{4.76}$$

Mit $X_N \leq 1$ erhält man hieraus für die kritische Konzentration der Monomere

$$X_1^{(krit)} = \exp\left(-\frac{\varepsilon}{k_B T}\right) \,. \tag{4.77}$$

Mithilfe von Gl. (4.76) erhalten wir auch Aussagen über die Verteilung der Aggregatgrößen. Für $p = 1$ erhält man

$$X_N = N\left[X_1 \exp\left(\frac{\varepsilon}{k_B T}\right)\right]^N \exp\left(-\frac{\varepsilon}{k_B T}\right) \,. \tag{4.78}$$

Oberhalb der durch Gl. (4.77) gegebenen kritischen Konzentration erhält man damit $X_N \sim N$ für kleine N. Die Konzentration der Aggregate wächst also proportional zu ihrer Größe. Mit wachsender Aggregatgröße N erhält man für große N dann asymptotisch $\lim_{N\to\infty} X_N = 0$. Für $p < 1$ hingegen wachsen die Aggregate bei Erreichen der kritischen Konzentration beliebig an. Die Aggregatgröße ist damit abhängig von der Form der Aggregate.

Die Form der Aggregate wird wiederum durch die molekulare Geometrie beeinflusst. Für die Phosholipidmoleküle aus Abb. 4.11(a) sind die Länge der rechtsseitigen Kohlenwasserstoffketten l, ihr Volumen v und die Querschnittsfläche f der Kopfgruppe als empirische Parameter von Bedeutung. Der Formfaktor $F = v/(lf)$ bestimmt die resultierende Geometrie der Aggregate [4.3]. Für $F < 1/3$ erhält man sphärische Mizellen, wie in Abb. 4.11(b). Für $1/3 < F < 1/2$ dominieren asphärische Mizellen und für $1/2 < F < 1$ Liposome oder Doppelschichten, wie ebenfalls in Abb. 4.11(b) dargestellt. Für $F > 1$ schließlich erhält man kegelartige Strukturen [4.3].

Das diskutierte Beispiel für das Walten fundamentaler Ordnungsprinzipien bei der molekularen Selbstorganisation zeigt, dass die Form der Aggregate im thermodynamischen Gleichgewicht tatsächlich in den molekularen Bestandteilen des Systems kodiert ist und die Größe der Aggregate, ihre Assoziation oder Dissoziation thermodynamischen Gesetzmäßigkeiten unterliegt. Intermolekulare Wechselwirkungen können dabei in pauschalierter Form berücksichtigt werden. Sie beeinflussen über ihre Größe kritische Konzentrationen und die Stabilität der Aggregate. Gerade diese zuletzt genannte Tatsache hat fundamentale Ordnungsprinzipien im Hinblick auf Systeme aus mehreren unterschiedlichen Spezies zur Folge, wie wir im Folgenden erörtern wollen.

Für viele der in Abschn. 4.1 und 4.2 diskutierten Wechselwirkungen zwischen Atomen, Molekülen, Partikeln und Oberflächen lässt sich die Bindungsenergie der wechselwirkenden Objekte i und j im Kontakt durch $w_{ij} = -ij$ ausdrücken. $i, j > 0$ sind spezifische Eigenschaften der Objekte, zu denen die Wechselwirkung $w(r)$ bei gegebener Distanz r proportional ist. Betrachten wir beispielsweise die in Abschn. 4.1 diskutierten intermolekularen Kräfte, so erhalten wir $i \sim q_i^2$ und $j \sim \alpha_j$ für die Wechselwirkung zwischen einem geladenen und einem polarisierbaren Molekül. $i \sim \mu_i$ oder $i \sim \mu_i^2$ und $j \sim \mu_j$ oder $j \sim \mu_j^2$ entsprechen der Dipol–Dipol–Wechselwirkung. Für die Dispersionswechselwirkung erhalten wir $i \sim \alpha_i$ und $j \sim \alpha_j$. Nur für die Coulomb–Wechselwirkung wäre $w_{ij} = ij$ anzusetzen.

Betrachten wir nun ein Gemisch aus gleich vielen Bausteinen der Spezies i und j, die *Dimere* mit sich selbst oder dem anderen Partner bilden können. Betrachten wir zwei Dimere, so beträgt die Bindungsenergie bei jeweils unterschiedlichen Monomeren insgesamt $W_{ij} = -2ij$. Für zwei Dimere aus jeweils zwei identischen Monomeren beträgt sie $W_{ii,jj} = -(i^2 + j^2)$. Die Differenz $\Delta W = -(i - j)^2 < 0$ zeigt, dass es im thermodynamischen Gleichgewicht ausschließlich Dimere aus identischen Monomeren geben wird, unabhängig davon, wie die intermolekulare Wechselwirkung aussieht. Dieser Befund lässt sich auf die Wechselwirkung eines Systembausteins mit beliebig vielen anderen übertragen. Der Energieunterschied für zwei Aggregate, die entweder aus einer idealen Mischung der Spezies i und j bestehen, oder in einem Fall aus der Spezies i und im anderen aus der Spezies j, beträgt $\Delta W = -n(i - j)^2$. n entspricht hier der Anzahl der i–i– oder j–j–Wechselwirkungen, die in den Aggregaten der identischen Spezies neu hinzukommen gegenüber Aggregaten der gemischten Spezies. Abbildung 4.12(a) zeigt einen *Cluster* aus 13 Partikeln. Dieser ist Ausgangspunkt einer dichtesten Packung, bei der ein kugelförmiges Teilchen von 12 nächsten Nachbarn umgeben ist. Wenn aus den perfekt gemischten Clustern (oben) Cluster der reinen Spezies (unten) entstehen, so entstehen zu Lasten ursprünglicher i–j–Wechselwirkungen 22 neue i–i– und 22 neue j–j–Wechselwirkungen. Damit ist in diesem Fall $n = 22$. Abbildung 4.12(b) zeigt die

Assoziation zweier Partikel der Spezies i, an die N Lösungsmittelmoleküle der Spezies j gebunden sind. Bei der i–i–Assoziation werden $2n$ i–j–Bindungen durch n i–i– und n j–j–Bindungen ersetzt. Dadurch ändert sich die Gesamtwechselwirkungsenergie von $W_{ij} = -2Nij$ in $W_{ii} = -2(N-n)ij - ni^2 - nj^2$. Damit ist wiederum $\Delta W = -n(i-j)^2$. Das einfache Ordnungsprinzip, welches sich aus diesen Überlegungen zusammenfassend ergibt, besteht darin, dass es stets eine attraktive Wechselwirkung zwischen Bausteinen gleicher Art in einer binären Mischung gibt.

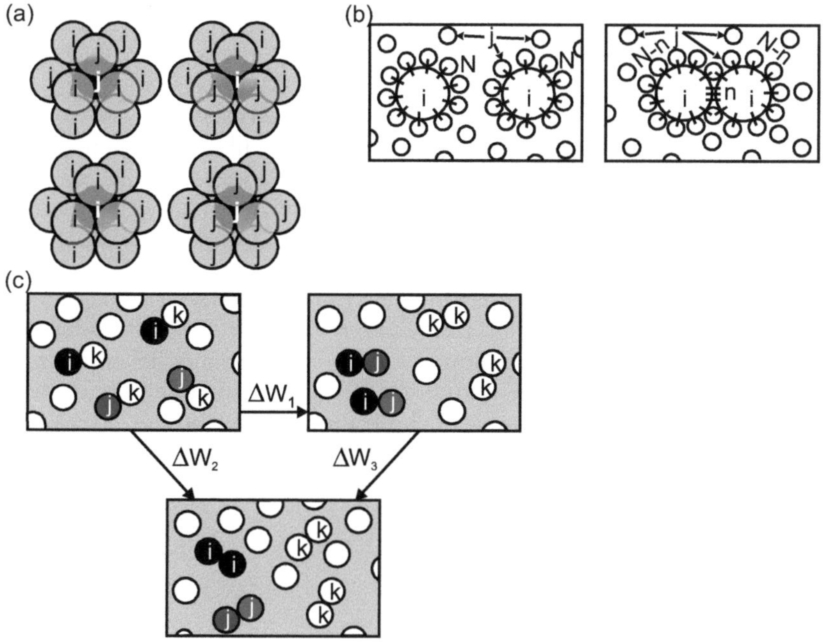

__Abb. 4.12:__ (a) Cluster aus 13 Bausteinen mit perfekt gemischten Spezies (oben) und aus der reinen Spezies (unten). (b) Assoziation zweier Bausteine mit Solvathülle. (c) Assoziationen in einem ternären System, ausgehend vom dispergierten Zustand (oben links). Die i–j–Assoziation ist oben rechts dargestellt und die i–i–/j–j–Assoziation unten.

Für ternäre Systeme gibt es ein komplexeres Ordnungsschema. Sind zwei Spezies i und j komplett in einem Medium k dispergiert, wie in Abb. 4.12(c) dargestellt, so kann eine i–j–Assoziation stattfinden. Dabei ergibt sich eine Differenz der Gesamtbindungsenergien von $\Delta W_1 \sim -(i-k)(j-k)$. Es kann aber auch eine i–i– und j–j–Assoziation entstehen. Der diesbezügliche Energieunterschied ist $\Delta W_2 \sim -(i-k)^2 - (j-k)^2$. Die Energiedifferenz zwischen i–j– und i–i–/j–j–Assoziation beträgt demgegenüber $\Delta W_3 \sim -(i-j)^2$. Die gegenüber binären Systemen größere Komplexität des ternären Systems besteht darin, dass ΔW_1 positiv oder negativ sein kann. Für $\Delta W_1 > 0$ gibt es zwischen i und j repulsive Wechselwirkungen, obwohl im Vakuum $w_{ij} = -ij < 0$ ist. Die Ursache liegt in der Spezies k, für die $i < k < j$ oder $i > k > j$ gelten kann. In diesem Fall ist der dispergierte Zustand energetisch günstiger als der i–j–assoziierte. In Abschn. 4.2 hatten wir bereits gesehen, dass van der Waals–Kräfte in einem Medium repulsiv sein können, was genau dem hier behandelten Fall entspricht. Im thermodynamischen Gleichgewicht wird das ternäre System immer eine *i–i–/j–j–*Assoziation aufweisen. Insofern ist die *i–j–*Assoziation von Bedeutung für kinetisch kontrollierte Selbstorganisationsprozesse. Das Ordnungsprinzip für ternäre Systeme impliziert für multikomponentige Systeme, dass es immer eine effektive Attraktion zwischen Bausteinen einer Spezies gibt. Unterschiedliche Spezies können dagegen attraktiv oder repulsiv wechselwirken.

Das aufgezeigte Ordnungsschema für ternäre Systeme hat Implikationen für das Verhalten von Atomen, Molekülen oder Partikeln an Grenzflächen. Abbildung 4.13(a) zeigt eine Grenzfläche zwischen zwei sich nicht vermischenden Flüssigkeiten i und j. Die Spezies k befindet sich nahe der Grenzfläche. Diffundiert k von links an die Grenzfläche, so beträgt die Energiedifferenz gegenüber der Ausgangssituation $\Delta W_{lr} \sim -(k-i)(j-i)$. Für den Diffusionsvorgang von rechts an die Grenzfläche folgt $\Delta W_{rl} \sim -(k-j)(i-j)$. Damit ergibt sich für den Transport von k von rechts nach links über die Grenzfläche $\Delta W = \Delta W_{rl} - \Delta W_{lr} \sim (i-k)^2 - (j-k)^2$. Dies impliziert folgendes Ordnungsprinzip: Für $i > k > j$ oder $i < k < j$ wird k beidseitig von der Grenzfläche angezogen, was zur *Grenzflächenadsorption* führt. Dies kann beobachtet werden in Form der Adsorption amphiphilischer Moleküle an Wasser–Kohlenwasserstoff–Grenzflächen. Für $i > j > k$ oder $i < j < k$ wird k von der Grenzfläche linksseitig attrahiert und rechtsseitig abgestoßen, diffundiert also durch die Grenzfläche. Für $j > i > k$ oder $j < i < k$ findet der Transport in umgekehrter Richtung statt. Abbildung 4.13(b) zeigt die möglichen Prozesse und ein exemplarisches Energieprofil. Das durch die Ordnungsprinzipien abgeleitete Verhalten an Grenzflächen ist insbesondere ursächlich für das Adsorptionsvermögen von Festkörperoberflächen in einer Flüssigkeit oder Dampfatmosphäre. Für Dampf als Medium j wäre typischerweise $j \approx 0$. Sowohl $i > k > j$ als auch $k > i > j$ würde dann zur Adsorption der Spezies k auf dem Medium i führen.

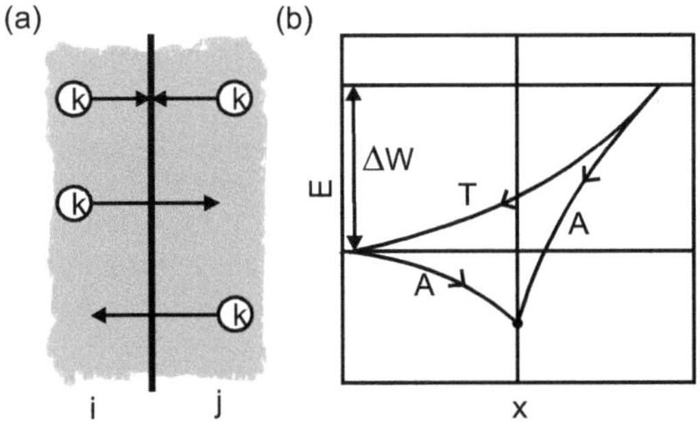

Abb. 4.13: *(a) Verhalten einer Spezies k an einer Grenzfläche der Medien i und j. (b) Energieprofil im Bereich der Grenzfläche. Der Weg A führt zur Absorption. T beschreibt einen Transportprozess von rechts nach links.*

Die in diesem Abschnitt exemplarisch diskutierten Ordnungsprinzipien machen deutlich, dass es, kodiert in der Thermodynamik und in den Wechselwirkungspotentialen, Mechanismen gibt, die Selbstorganisationsprozesse völlig unabhängig von der genauen Beschaffenheit der Bestandteile eines Systems und den Wechselwirkungen zwischen ihnen in bestimmte Richtungen bezüglich einer Aggregation von Präkursoren lenken. Einer Identifikation dieser fundamentalen Ordnungsprinzipien kommt eine Schlüsselbedeutung für das Verständnis von Selbstorganisationsprozessen zu.

4.4.3 Exemplarische Selbstorganisationsprozesse

Wie wir gesehen haben, gibt es vergleichsweise wenige fundamentale Ordnungsprinzipien, die Grundlage einer ungeheuren Vielfalt von Selbstorganisationsprozessen sind. Neben natürlichen Selbstorganisationsprozessen sind im Kontext der Nanotechnologie auch artifizielle oder artifiziell beeinflusste Prozesse, die uns über einen Bottom Up–Ansatz zu neuen funktionalen Strukturen führen, von Interesse. Auch hier sind der Vielzahl denk– und auch realisierbarer Ansätze kaum Grenzen gesetzt. Es ist daher sinnvoll, auf einige exemplarische Vorgehensweisen einzugehen, die Strategien mit Querschnittscharakter repräsentieren.

Selbstorganisationsprozesse, die zu mehr oder weniger komplexen Nanostrukturen führen, bestehen darin, dass stochastische Kollisionen systemischer Komponenten in einer Lösung oder in speziellen Fällen in einer Gasatmosphäre oder im Vakuum letztendlich zur Entstehung reproduzierbarer und geordneter Strukturen führen. Ein Beispiel ist in Abb. 4.14 dargestellt. Aus der Selbstorganisation von *Blockcopolymeren* auf einer Substratoberfläche resultiert ein lamellares Muster mit absolut reproduzierbaren charakteristischen Abmessungen. Ein solches Muster lässt sich beispielsweise als nanoskalige Ätzmaske oder als Templat einsetzen.

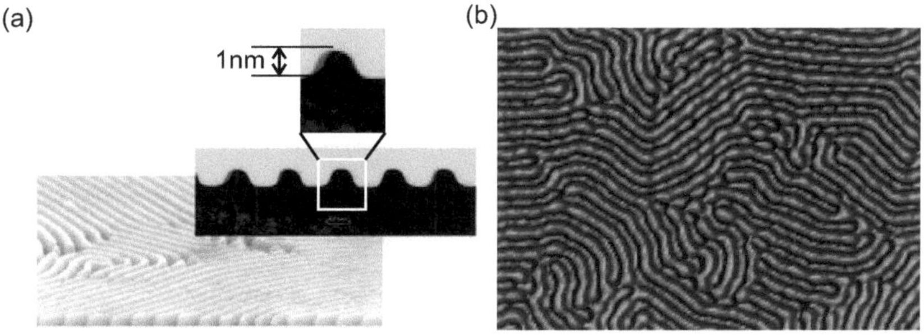

Abb. 4.14: *(a) Lamellare Struktur von Blockcopolymeren auf einer Substratoberfläche. (b) Molekulardynamiksimulation, die anhand unterschiedlicher Graustufen die Verteilung unterschiedlicher Monomere zeigt [4.52].*

Verwendet man Gleichgewichtsprozesse, so spielt die Entropie die zentrale Rolle bei der Entstehung geordneter Strukturen. Diese Strukturen müssen einerseits stabil genug sein, um bei Raumtemperatur zu existieren und andererseits doch so schwach gebunden, dass fehlerhafte Strukturen, die zwischenzeitlich stochastisch entstehen, wieder dissoziieren. Dies erlaubt es dem System gleichsam, eine große Anzahl von Strukturen zu sondieren, um dann diejenigen niedrigster Energie zu finden. Die Selbstorganisation komplexer Strukturen erfordert die richtige Balance zwischen Entropie bei gegebener Temperatur und Bindungsenthalpien der unterschiedlichen Systemkomponenten.

Kinetische Methoden hingegen bestehen darin, das System in einer Ungleichgewichtskonfiguration zum Verharren zu zwingen. Dies wird durch abrupte Änderung der Bedingungen, unter denen die Selbstorganisation abläuft, realisiert. Beispielsweise können die Temperatur, die Konzentration einer bestimmten Spezies oder das Lösungsmittel modifiziert werden.

Es ist evident, dass die traditionelle synthetische Chemie die Synthese von Nanostrukturen genau im besagten Sinne ermöglicht. Chemiker haben folgerichtig Nanostrukturen bereits vor Jahrhunderten hergestellt. Die Strategie dabei ist es, funktionale Strukturen durch starke und sehr spezifische Wechselwirkung zwischen Substanzen herzustellen. Chemische Reaktionen finden fernab vom thermodynamischen Gleichgewicht statt, weil die Entstehung von Produkten aus Edukten nicht komplett reversibel abläuft. Als Beispiel mag die Synthese von CdSe–Partikeln dienen. Wie in Abschn. 3.3.1 diskutiert und in Abb. 3.26 gezeigt, zeigen die Partikel als *quantum dots* eine äußerst größenabhängige Photolumineszenz. Eine kalte Lösung einer Komponente wird bei der Synthese in die heiße Lösung der anderen Komponente injiziert. Die Mischung der Komponenten bedingt eine Fällungsreaktion. Wegen der raschen Abkühlung des Gemischs wachsen die resultierenden CdSe–Kristalle aber nur bis zu einer bestimmten Größe. Ein nachträgliches Erwärmen des Kolloids führt dazu, dass kleinere, instabilere Kristalle wieder in Lösung gehen und größere durch *Ostwald–Reifung* weiter wachsen. Dies hat eine enge Größenverteilung der Partikel zur Folge [4.54].

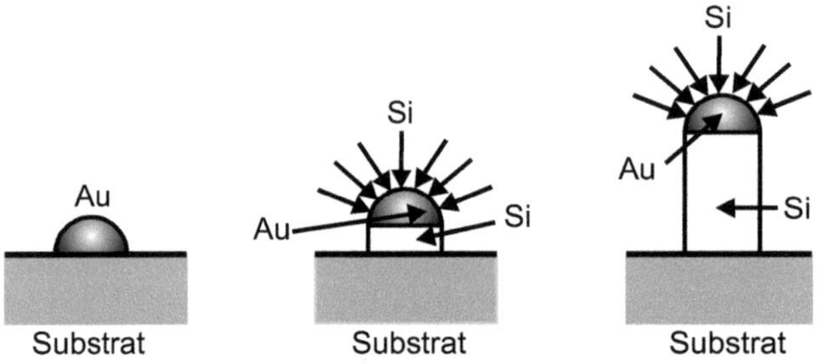

Abb. 4.15: *Wachstum eines Si–Nanodrahts unter einem Si/Au–Eutektikum. Die Zufuhr von Si führt aufgrund der fortgesetzten Sättigung des Eutektikums zu einem fortgesetzten Wachstum eines Si–Nanodrahts unter einem Au-Partikel [4.55].*

Viele bekannte Synthesestrategien der anorganischen und organischen synthetischen Chemie werden genutzt, um funktionale Nanostrukturen zu erzeugen [4.50]. Dabei finden katalytische Prozesse, wie in Abb. 4.15 für das Wachstum von Nanodrähten dargestellt, Verwendung, wie auch spezielle Formen der Oberflächenchemie, etwa wenn Thiolgruppen (SH–Gruppen) genutzt werden, um hochgeordnete organische Monolagenschichten auf Goldsubstraten zu deponieren [4.56]. Eine besondere Bedeutung kommt der *supramolekularen Chemie* zu, deren Gegenstand die Bildung von Suprastrukturen aus molekularen Präkursoren ist. Dies beinhaltet insbesondere die *Wirt–Gast–Chemie (host–guest chemistry)* und die *molekulare Erkennung* (*molecular recognition*). Wirt– und Gastmoleküle „erkennen" sich aufgrund ihrer molekularen Komplementarität [4.57]. Die Wechselwirkung erfolgt dabei in nicht kovalenter Art durch Wasserstoffbrücken–, van der Waals–, Metall–Ligand– oder ionische Bindungen unter Beteiligung hydrophober Effekte [4.58]. Die molekulare Erkennung konstituiert sicherlich ein weiteres wichtiges Ordnungsprinzip der Selbstorganisation. Das Gebiet der supramolekularen Chemie wurde wesentlich durch *D.J. Cram* (1919–2001), *J.-M. Lehn* und *C. Pedersen* (1904–1989) begründet, die 1987 den Nobelpreis für Chemie erhielten.

Natürlich haben die molekularen Präkursoren einen starken Einfluss darauf, wie die aus ihnen gebildete Suprastruktur beschaffen sein wird. Aber auch Substratoberfächen und kollektive Effekte haben in komplexer Weise Einfluss auf die Selbstorganisation. Dies wird deutlich anhand von Abb. 4.16. Die Gastmoleküle bilden hier zwei unterschiedliche Phasen auf der Wirtoberfläche, die durch eine sensible Balance zwischen intermolekularen und Molekül–Substrat–Wechselwirkungen bestimmt werden.

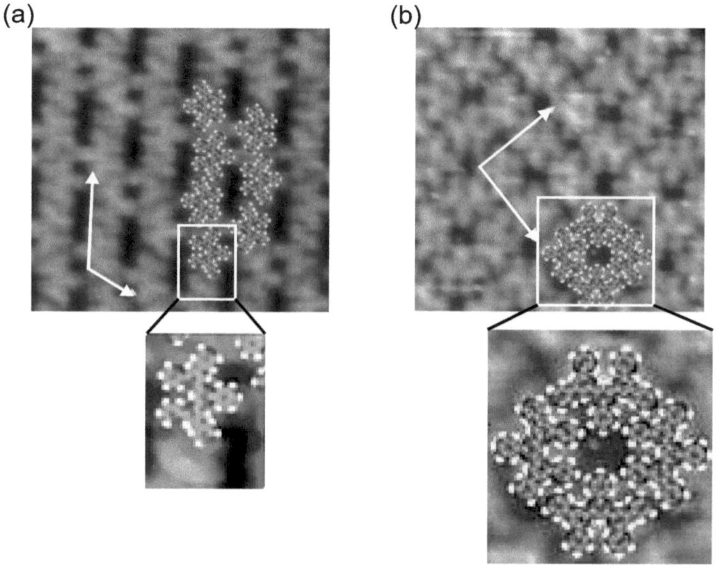

Abb. 4.16: 2, 4′*-BTP–Moleküle auf einer Ag(111)–Oberfläche. Die rastertunnelmikroskopischen Abbildungen in (a) und (b) zeigen zwei unterschiedliche Phasen als Folge der molekularen Selbstorganisation [4.59].*

Molekulare Erkennung spielt in der Molekularbiologie und Biochemie eine maßgebliche Rolle. Mit unserem wachsenden Verständnis entsprechender natürlicher Prozesse lassen sich artifizielle Prozesse in biomimetischer Weise konzipieren. Dies ist in exemplarischer Weise der Fall für die *DNA–(DNS–)Nanotechnologie* [4.60], welche die molekulare Erkennungsfähigkeit des DNA–Moleküls nutzt. Abbildung 4.17 zeigt den typischen Aufbau der DNA. Die *Nukleinbasen* sind zwischen zwei *Phosphatrückgratsträngen* angeordnet. Das Polymer ist aus einer Abfolge von vier Nukleotiden aufgebaut. Jedes Nukleotid besteht aus einem Phosphatrest, der *Desoxiribose*, und einer der organischen Basen *Adenin, Thymin, Guanin* und *Cytosin*. Es paaren sich immer Adenin und Thymin, die dabei zwei Wasserstoffbrückenbindungen ausbilden, oder Cytosin und Guanin, die über drei Wasserstoffbrückenbindungen wechselwirken. Da sich immer die gleichen Basen paaren, ist durch die Abfolge in einem Strang die des anderen, bindungsfähigen Strangs festgelegt. Die Sequenzen sind komplementär. Der helikale Drehsinn ist rechtshändig. Der Durchmesser des Strangs beträgt ca. 2,0 nm. Zehn Basenpaare entfallen auf eine helikale Windung, wobei der Anstieg pro Windung 2,4 nm beträgt [4.62]. Die Phosphatreste sind wegen ihrer negativen Ladung hydrophil, geben der DNA insgesamt eine negative Ladung und machen sie zur Säure.

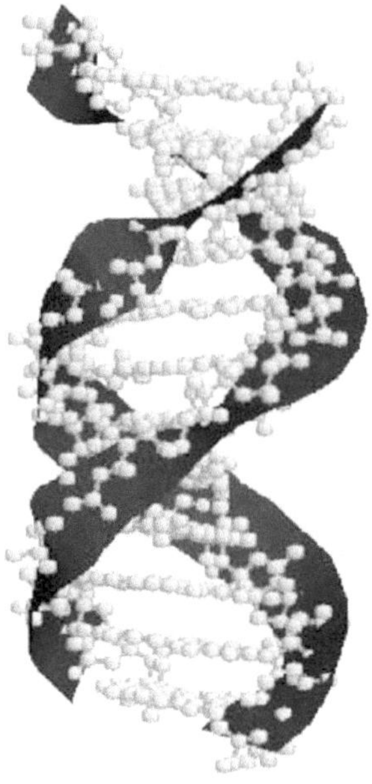

Abb. 4.17: *Atomare Struktur eines Doppelhelix–DNA–Strangs in B–Konformation [4.61].*

Der genetische Code steckt in der Sequenz der Basen entlang eines Strangs der Doppelhelix. Die Komplementarität des zweiten Strangs ist die Grundlage des Erhalts der Erbinformation bei der Zellteilung. Jeder Strang bildet dabei das Templat zur Synthese eines komplementären Strangs [4.62]. Die thermodynamische Stabilität der Doppelhelix wird durch die Sequenz der Basenpaare und durch die Länge des Strangs determiniert. In Lösung ist auch die Salzkonzentration von Bedeutung, da dissoziierte Salze die Ladung des einen Rückgratstrangs gegenüber dem anderen abschirmen und damit die Coulomb–Repulsion reduzieren. Die freie Energie, welche die Basenpaare stabilisiert, liegt bei $\approx k_B T$ pro Paar, so dass Stränge von weniger als acht Paaren bei Raumtemperatur nicht stabil sind.

DNA–Nanotechnologie basiert auf zwei strukturgebenden Elementen. Zum einen auf der molekularen Erkennung, mit der sich Doppelstränge mit anderen Doppelsträngen verbinden lassen, wenn sie über genau komplementäre überhängende Einzelstränge (*sticky ends*) verfügen. Zum anderen bilden *Holliday–Kreuzung*, wie in Abb. 4.18 dargestellt, Verzweigungsmöglichkeiten. Diese Kreuzungen als Verbindung zwischen zwei Doppelhelizes dienen dazu, im Rahmen genetischer Rekombination Gene zwischen mütterlicher und väterlicher DNA zu verschieben. Dazu bewegt sich der Holliday–Kreuzungspunkt über komplementäre Sequenzen der beiden Doppelhelizes um DNA zu transferieren. In der DNA–Nanotechnologie verwendet man Holliday–Kreuzungen, die aufgrund der angrenzenden Sequenzen ortsfest fixiert sind.

Nur auf Basis der molekularen Erkennung und des Einfügens von DNA–Verzweigungen (*cross links*) lassen sich äußerst komplexe Strukturen durch Selbstorganisation herstel-

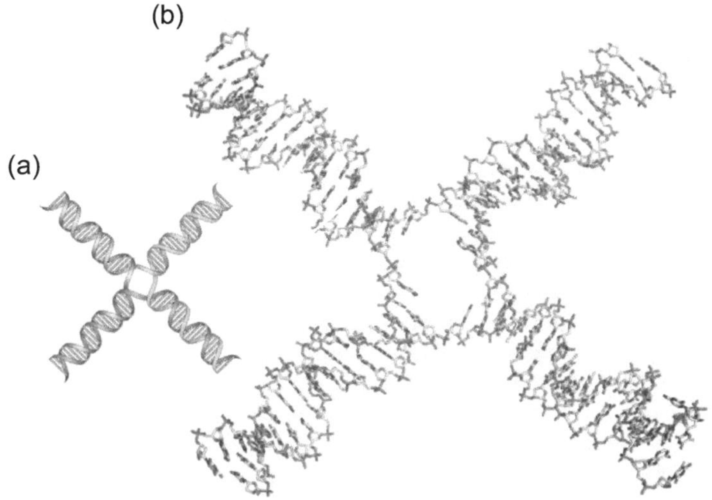

Abb. 4.18: *Holliday–Kreuzungspunkt in (a) schematischer und (b) molekularer Darstellung.*

len [4.60]. Das besondere Potential liegt dabei in der konzeptionellen Einfachheit. Zuerst wird ein Muster konzipiert. Dann wird ein passender Satz synthetischer Oligomere hergestellt, der allen geplanten Verbindungen und Kreuzungspunkten Rechnung trägt. Eine salzhaltige Lösung der DNA wird auf ca. 90° erwärmt, so dass alle Basenpaare getrennt sind. Langsames Abkühlen erlaubt dann die gewünschte Selbstorganisation, wobei aufgrund der hohen Spezifität der molekularen Erkennung eine Strukturtreue von nahezu 100 % erreicht werden kann. Eine wichtige Voraussetzung, welche die Realisierung der DNA–Nanotechnologie erst möglich gemacht hat, ist die heute weite Verbreitung von Verfahren zur Synthese, Reinigung und Charakterisierung synthetischer DNA.

Abbildung 4.19 zeigt komplexe Strukturen, die mittels einer Variante, die in Anlehnung an die Papierfaltkunst als *DNA–Origami* bezeichnet wird, hergestellt werden [4.63]. Ein langer, durchgehender Einzelstrang dient als Templat für die komplette Struktur. Er weist eine spezifische, sich nicht wiederholende Basensequenz auf. Kleinere Oligomere, die *Helferstränge*, werden zur Vernetzung und damit Formgebung an genau vorgegebenen Positionen angelagert. Der Rest des Templatstrangs, an dem sich keine Verzweigungsoligomere befinden sollen, wird mit kurzen linearen Oligomeren abgesättigt.

Der DNA–Nanotechnologie kommt nicht nur eine große Bedeutung zu, weil die Struktur und Wechselwirkungen der DNA und anderer molekularer Helizes die Herstellung einer großen Vielzahl an Mustern gestatten [4.62], die beispielsweise als Template nutzbar wären, oder weil DNA selbst vielversprechende technische Eigenschaften haben könnte [4.64], sondern weil hier durch molekulare Erkennung ein nicht zu übertreffendes Maß an Spezifität der resultierenden Selbstorganisation in einem technisch vergleichsweise einfach zu realisierenden, für die Massenherstellung geeigneten Gleichgewichtsprozess erhalten wird.

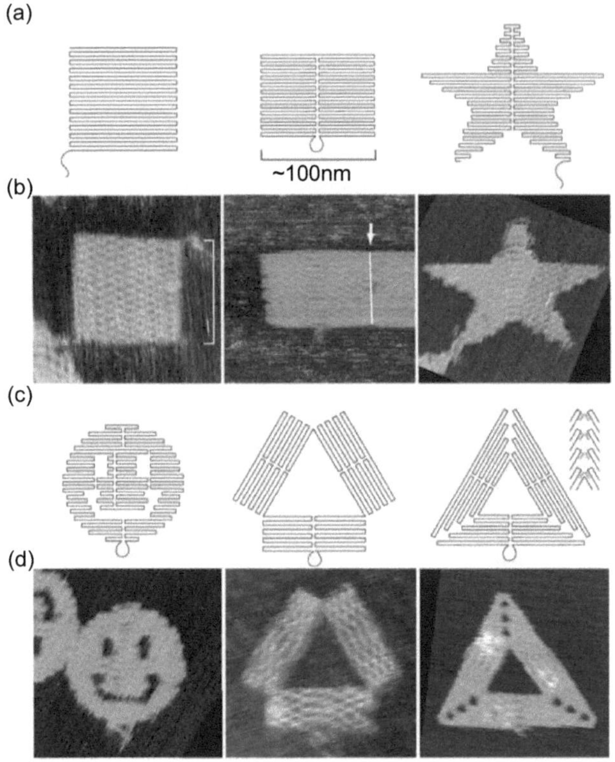

Abb. 4.19: *DNA-Origami [4.63]. Die erste und dritte Reihe zeigen jeweils den Templatstrang vor der Vernetzung für unterschiedliche Formen der Selbstorganisation. Die zweite und vierte Reihe zeigen DNA-Strukturen nach Vernetzung und Hybridisierung des Primärstrangs, aufgenommen mit Rasterkraftmikroskopie bei Bildgrößen von* $165\,nm\,x165\,nm$.

Literaturverzeichnis

[4.1] D. Carfi, AAAP **138**, C1A1001004 (2010).

[4.2] W. Kutzelnig, *Einführung in die Theoretische Chemie 2: Die chemische Bindung* (Wiley–VCH, Weinheim, 2002).

[4.3] J.N. Israelachvili, *Intermolecular & Surface Forces* (Academic Press, London, 1992).

[4.4] A. Hüttermann, *Die Wasserstoffbrückenbindung* (Oldenbourg, München, 2011).

[4.5] R.E. Rosensweig, *Ferrohydrodynamics* (Dover Publications, Mineola, 1997); S. Odenbach (Ed.), Lecture Notes in Physics **594** (Springer, Berlin, 2002).

[4.6] L.D.Landau and E.M. Lifshitz, *Statistical Physics* (Pergamon, Oxford, 1980).

[4.7] F. London, Trans. Faraday Soc. **33**, 8 (1937).

[4.8] E.M. Lifshitz, Sov. Phys. JETP **2**, 73 (1956); Sov. Phys. JETP **2**, 78 (1956).

[4.9] H.B.G. Casimir and D. Polder, Phys. Rev. **73**, 360 (1948).

[4.10] I.E. Dzyaloshinskii, E.M. Lifshitz and L.P. Pitaewskii, Adv. Phys. **10**, 165 (1961).

[4.11] R.P. Feynman, Phys. Rev. **76**, 769 (1949).

[4.12] F. Wilczek, *The Lightness of Being: Mass, Ether, and the Unification of Forces* (Basic Books, New York, 2008).

[4.13] F. de Fornel, *Evanescent Waves: From Newtonian Optics to Atom Optics* (Springer, Berlin, 2001).

[4.14] J.M. Jauch and K.M. Watson, Phys. Rev. **74**, 950 (1948).

[4.15] J.P. Fillard, *Near Field Optics and Nanoscopy* (World Scientific, Singapore, 1998).

[4.16] A.A. Stahlhofen and G. Nimtz, Europhys. Lett. **76**,189 (2006).

[4.17] H.C. Hamaker, Physica **4**, 1058 (1937).

[4.18] U. Hartmann, *Theory of Noncontact Force Microscopy*, in: R. Wiesendanger and H.H. Güntherodt (Eds), *Scanning Tunneling Microscopy III*, Springer Ser. Surf. Sci. **29**, 293 (Springer, Berlin, 1993).

[4.19] R. Eisenschitz and F. London, Z. Phys. **60**, 491 (1930).

[4.20] L. D. Landau and E.M. Lifshitz, *Electrodynamics of Continuous Media* (Addison–Wesley, Reading, 1960).

[4.21] J. Mahanty and B.W. Ninham, *Dispersion Forces* (Academic Press, London, 1976).

[4.22] H.B.G. Casimir, Proc. Kon. Ned. Akad. Wetensch. **51**, 793 (1948).

[4.23] G.L. Klimchitskaya, U. Mohideen and V.M. Mostepanenko, Rev. Mod. Phys. **81**, 1827 (2009); M. Borday, U. Mohideen, and V.M. Mostepanenko, Phys. Rep. **353**, 1 (2005).

[4.24] P. Johannsson and P. Apell, Phys. Rev. B **56**, 4159 (1997).

[4.25] G. Feinberg and S. Sucher, Phys. Rev. A **2**, 2395 (1970); F. Feinberg, Phys. Rev. B **9**, 2490 (1974).

[4.26] T. Datta and L.H. Ford, Phys. Lett. A **83**, 314 (1981).

[4.27] V.M. Mostepanenko and I. Yu. Sokolov, Sov. Phys. Dok. **33**, 140 (1988).

[4.28] E. Zaremba and W. Kohn, Phys. Rev. B. **13**, 2270 (1976).

[4.29] C. Girard, Phys. Rev. B **43**, 8822 (1991).

[4.30] H. Haken, *Synergetik* (Springer, Berlin, 1990).

[4.31] W. Yourgrau, A. van der Merwe and G. Raw, *Treatise on Irreversible and Statistical Thermophysics* (Macmillan, New York, 1966).

[4.32] I. Prigogine, *Introduction to Thermodynamics of Irreversible Processes* (Charles Thomas, Springfield, 1967).

[4.33] C. Jarzynski, Phys. Rev. Lett. **78**, 2690 (1997).

[4.34] J. Liphardt, S. Dumont, S.B. Smith, I. Tinoco Jr. and C. Bustamante, Nature **296**, 1832 (2002).

[4.35] S. M. Lindsay, *Introduction to Nanoscience* (Oxford Univ. Press, Oxford, 2010).

[4.36] A.J. McKane, J.D. Nagg, T.J. Newman and O.M. Stefani, J. Stat. Phys. **128**, 165 (2007).

[4.37] G.A. Mansoori, *Principles of Nanotechnology: Molecular-Based Study of Condensed Matter in Small Systems* (World Scientific, Singapore, 2005).

[4.38] T.L. Hill, Nano Lett. **1**, 273 (2001); T.L. Hill and R.V. Chamberlin, Nano Lett. **2**, 609 (2002).

[4.39] T.L. Hill, *Thermodynamics of Small Systems* (Dover, New York, 1994).

[4.40] C. Tsallis, J. Stat. Phys. **52**, 479 (1988).

[4.41] P. Mohazzabi and G.A. Manoori, J. Comp. Theor. Nanosci. **2**, 1 (2005).

[4.42] D.C. Rapaport, *The Art of Molecular Dynamics Simulation* (Cambridge Univ. Press, Cambridge, 2004).

[4.43] H. Haken, *Synergetics: Introduction and Advanced Topics* (Springer, Berlin 2004).

[4.44] Y. Bar-Yam, *Dynamics of Complex Systems* (Westview Press, Boulder, 2003).

[4.45] A. Klug, Angew. Chem. Int. Ed. Engl. **22**, 565 (1983).

[4.46] M.A. Lauffer, *Entropy–Driven Processes* (Springer, New York, 1975).

[4.47] G.M. Whitesides, J. P. Mathias and C.T. Seto, Science **254**, 1312 (1991).

[4.48] G.M. Whitesides and B. Grzybowski, Science **295**, 2418 (2002).

[4.49] R.B. Laughlin, *Abschied von der Weltformel: Die Neuerfindung der Physik* (Pieper, München, 2007).

[4.50] Y.S. Lee, *Self–Assembly and Nanotechnology* (Wiley, Hoboken, 2008).

[4.51] I.W. Hamley, *The Physics of Block Copolymers* (Oxford Univ. Press, Oxford, 1998).

[4.52] www.almaden.ibm.com/st/computional_science/MSA/; Computations by G. Srinivas.

[4.53] A. Ben–Naim, *Hydrophobic Interactions* (Springer, Berlin, 1980); *Molecular Theory of Water and Aqueous Solutions: Understanding Water* (World Scientific, Singapore, 2009).

[4.54] C.B. Murray, D.J. Noms and M.G. Bawendi, J. Am. Chem. Soc. **115**, 8706 (1993).

[4.55] W. Lu and C.M. Lieber, J. Phys. D: Appl. Phys. **39**, R387 (2006).

[4.56] A. Ulman, *Ultrathin Organic Films* (Academic Press, San Diego, 1991).

[4.57] J.-M. Lehn, *Supramolecular Chemistry* (Wiley–VCH, Weinheim, 1995).

[4.58] H.S. Ashbaugh, Rev. Mod. Phys. **78**, 159 (2006).

[4.59] M. Roos, H. E. Hoster, A. Breitruck and R.J. Behm, Phys. Chem. Chem. Phys. **9**, 5672 (2007).

[4.60] N.C. Seeman, J. Theoret. Biol. **99**, 237 (1982)

[4.61] A.A. Kornyshev, D.J. Lee, S. Leikin and A. Wynveen, Rev. Mod. Phys. **79**, 943 (2007).

[4.62] C.R. Calladine, H. Drew, B. Luisi and A. Travers, *DNA – Das Molekül und seine Funktionsweise* (Spektrum, Heidelberg, 2005).

[4.63] P. Rothemund, Nature **440**, 297 (2006).

[4.64] R.G. Endres, D.I. Cox and R.R.P. Singh, Rev. Mod. Phys. **76**, 195 (2004).

5 Konfigurationen nanostrukturierter Festkörper

Als kondensierte Materie wird Materie in gebundenem Zustand, geprägt durch die Wechselwirkungen der Bausteine und Komponenten des Systems, bezeichnet. Vergleichsweise einfache Formen der kondensierten Materie sind Monokristalle oder einkomponentige ideale Flüssigkeiten. Gerade aus Sicht der Nanostrukturforschung und Nanotechnologie sind aber komplexere Systeme von Interesse, die beispielsweise mehrere Phasen oder sogar mehrere Aggregatzustände koexistierend beinhalten. Im Folgenden werden, nach einer Diskussion des Begriffs der thermodynamischen Phase als gleichsam übergeordnetes Konzept, festkörperbasierte Systeme analysiert. Die Behandlung von Festkörpern muss im hier vorliegenden Kontext nicht nur quasikristalline und amorphe Konfigurationen subsummieren, sondern auch Kristalle mit nanoskaligen Gitterbausteinen und Systeme, in denen Poren die Translationsinvarianz konstituieren. Das Konzept der strukturellen Ordnung, welches sich anhand von festkörperbasierten Systemen recht einfach entwickeln lässt, kann dann erfolgreich auch auf komplexe Systeme weicher, kondensierter Materie übertragen werden, was die Grundlage des entsprechenden korrespondierenden Kapitels ist.

5.1 Thermodynamische Phasen

Als *kondensierte Materie* bezeichnet man Materie im gebundenen Zustand, in dem die Wechselwirkung der Bausteine – Atome oder Moleküle – eine essentielle Rolle spielt. Dies ist der Fall bei Festkörpern und Flüssigkeiten im Gegensatz zum gasförmigen Zustand. A priori ist die kondensierte Materie evidenterweise durch Vielteilcheneffekte geprägt. Viele makroskopische Phänomene sind durch die auf die Vielteilcheneffekte ursächlich zurückzuführenden Ordnungsprinzipien der Bausteine bedingt und treten daher erst bei Vorliegen kondensierter Materie auf. In den ersten vier Kapiteln dieses Buchs haben wir zahlreiche dieser Phänomene behandelt.

Von zentraler Bedeutung für eine Kategorisierung der Konfigurationen kondensierter Materie ist der Begriff der *thermodynamischen Phase*. Eine Phase bezeichnet in diesem Kontext einen räumlichen Bereich, in dem bestimmte physikalische Parameter, die *Ordnungsparameter*, konstant sind, genauso, wie die chemische Zusammensetzung der Materie. Ein Ordnungsparameter ist ein Maß für die Ordnung einer Phase. Bei Phasenübergängen unterscheidet man zwischen solchen, bei denen sich ein Ordnungsparameter sprunghaft oder kontinuierlich als Funktion äußerlich kontrollierbarer Variablen verändert. Verschwindet die erste Ableitung nicht, handelt es sich um einen *Phasenübergang erster Ordnung*. Das Schmelzen von Eis ist ein Beispiel, da es am Schmelzpunkt zu einer Unstetigkeit der spezifischen Wärme kommt. Bei der *Curie–Temperatur* geht ein ferromagnetischer in einen paramagnetischen Ordungszustand über, ohne dass dabei latente Wärme auftritt. Damit handelt es sich hierbei um einen *Phasenübergang zweiter Ordnung*. Eine graphische Darstellung der Stabilitätsbereiche von Phasen in Abhängigkeit von Zustandsvariablen bezeichnet man bekanntlich als Phasendiagramm. Die Phasenübergänge laufen an *Phasengrenzlinien* ab. Betrachtet man gemäß der *Landau–Theorie der Phasenübergänge* geeignete Ordnungsparameter zur Klassifikation, so verwendet man in der *Ehrenfest–Klassifikation* meist speziell das chemische Potential. Bei einem Phasenübergang n–ter Ordnung ist dann erst die n–te Ableitung nach einer Zustandsvariablen unstetig, während der Verlauf von μ und derjenige der niedrigeren Ableitungen stetig sind.

Aus in der Regel mehreren Größen, die den Ordnungszustand einer thermodynamischen Phase repräsentieren, wählt man Ordnungsparameter so, dass sie bei Übergang von einer ungeordneten in eine geordnetere Phase, ausgehend von einem verschwindenden Wert, einen endlichen Wert annehmen [5.1]. Ein Beispiel ist die spontane Magnetisierung, die im paramagnetischen Zustand verschwindet und im ferromagnetischen den temperaturabhängigen Sättigungswert annimmt. Der entsprechende Phasenübergang ist mit einer spontanen Symmetriebrechung verbunden und der zusätzliche Freiheitsgrad, der daraus resultiert, korrespondiert gerade mit dem Ordnungsparameter.

Bei kontinuierlichen Phasenübergängen divergiert die *Korrelationslänge*, wenn der Ordnungsparameter verschwindet. Die unterschiedlichsten Phasenübergänge lassen sich in *Universalitätsklassen* zusammenfassen, die durch wenige charakteristische Parameter charakterisiert werden können. Verschwindet der Ordnungsparameter bei Annäherung an eine Phasengrenze beispielsweise entsprechend eines Potenzgesetzes, so ist der Exponent, den man als *kritischen Exponenten* bezeichnet, ein solcher Parameter [5.2]. Mit Methoden der statistischen Physik hat man in den vergangenen Jahren gezielt den Zusammenhang zwischen grundlegenden Symmetrien eines Ordnungszustands und dem Verlauf von Ordnungsparametern untersucht. Diese Ansätze gehen deutlich über die Landau–Theorie der Phasenübergänge [5.1] hinaus und berücksichtigen thermische Fluktuationen, die in der Umgebung von Phasenübergängen eine wesentliche Rolle spielen [5.2]. *Kritische Fluktuationen* finden auf vielen Längenskalen in selbstähnlicher Form statt. Dies wird erklärt mithilfe der *Renormierungsgruppentheorie* [5.3].

Es ist evident, dass die drei Aggregatzustände fest, flüssig und gasförmig unterschiedliche Phasen sind, wobei sich der Ordnungszustand diskontinuierlich ändert. Neben Flüssigkeiten und Festkörpern existieren zahlreiche weitere, subtilere Phasen der kondensierten Materie. So können Festkörper in unterschiedlichen Phasen kondensieren, die sogar koexistieren können. Das gleiche ist bei Flüssigkeiten der Fall. Und auch die Koexistenz von fester und flüssiger Phase ist natürlich möglich. Auch wenn Gase per se nicht zur kondensierten Materie zu zählen sind, so spielen sie als existente Phase in vielen Nanosystemen eine Rolle. Dies ist offensichtlich, wenn Festkörper mit Poren oder in Bezug auf ihr Oberflächenverhalten betrachtet werden oder auch Schäume von Flüssigkeiten.

Andere Phasen betreffen, wie wir besonders in Kap. 3 diskutiert haben, elektronische und magnetische Ordnungsphänomene in Festkörpern. Prominente Beispiele sind etwa die Supraleitung oder die ferromagnetische Kopplung. Ähnlich komplexe Ordnungsphänomene können sich auch für bestimmte Flüssigkeiten ergeben, die über einen hinreichend komplexen Aufbau verfügen. Entsprechende Beispiele werden in Kap. 6 noch zu behandeln sein.

Neben thermodynamisch stabilen Phasen gibt es auch *metastabile*. Diese sind thermodynamisch zwar nicht stabil, können aber über einen Zeitraum existieren, der sie als absolut stabil erscheinen lässt. Beispiele sind Diamant oder Gläser unter Normalbedingungen. Räumlich definierte Phasengrenzen, etwa Ober– oder Grenzflächen eines Materials oder Domänengrenzen zwischen verschiedenen Phasen eines Materials, haben eine Ausdehnung, die keineswegs verschwindet, sondern im nanostrukturell relevanten Bereich liegt. Grenzflächen und Domänenwände haben Eigenschaften, die nicht mit denen einer der angrenzenden Phasen übereinstimmen, und können das physikalische Verhalten eines mehrphasigen Systems stark beeinflussen oder sogar dominierten, wie bereits in Abschn. 2.2.1 diskutiert.

Die im Folgenden präsentierte Darstellung soll dazu dienen, die nanostrukturierte, kondensierte Materie anhand der involvierten Phasen zu kategorisieren. Wie wir sehen werden, bestehen nanotechnologisch relevante Systeme nur in idealisierten Ausnahmefällen in einphasigen Systemen. Im Allgemeinen liegen mehrere oder sogar multiple Phasen vor, die häufig auch die Koexistenz mehrerer Aggregatszustände einschließen. Es soll dabei an dieser Stelle eine Fokussierung auf solche Phasen erfolgen, die sich in den Ordnungszuständen der Atome, Moleküle und gegebenenfalls größerer materieller Aggregate unterscheiden. Die Diskussion kann dabei umfangreiche theoretische und experimentelle Befunde aus diversen Spezialdisziplinen, wie etwa der Festkörper–, Grenz– und Oberflächenphysik, der Physik der Flüssigkeiten, der statistischen Physik und der Physik der Phasenübergänge – um nur die prominentesten zu nennen – voraussetzen.

5.2 Festkörper

5.2.1 Nukleation

Die im Folgenden diskutierten Festkörperkonfigurationen resultieren im Allgemeinen durch einen Phasenübergang von der Schmelze in einen erstarrten Zustand der kondensierten Materie[1]. Dabei handelt es sich, wie bereits in Abschn. 5.1 besprochen, um einen Phasenübergang erster Ordnung. Das Gibbssche Potential, das wir bereits in Gl. (4.49) eingeführt hatten, ändert sich dabei um

$$\Delta G = -\frac{\pi}{6} d^3 \Delta \mathcal{G}_V + \pi d^2 \gamma \,. \tag{5.1}$$

Angenommen haben wir dabei die Nukleation eines atomaren Clusters des Durchmes-

[1] Natürlich gibt es gerade im Dünnschichtbereich auch Depositionstechniken, bei denen Atome aus der Gasphase zu einem Festkörper kondensieren.

sers d in einer unterkühlten Schmelze. G wird einerseits durch das Entstehen einer geordneteren Phase um $\Delta\mathcal{G}_V$ pro Volumeneinheit reduziert, andererseits muss zwischen fester und flüssiger Phase eine Grenzfläche der Grenzflächenenergie γ gebildet werden. Aus $\partial G/\partial d = 0$ ergibt sich $d_0 = 4\gamma/\Delta\mathcal{G}_V$. Bildet sich aufgrund thermischer Fluktuationen ein Nukleus mit $d < d_0$, so ist dieser instabil, da er zur Erhöhung der Gesamtenergie des Systems führt. Für $d \geq d_0$ hingegen ist der Keim stabil und wird durch sein Anwachsen die Gesamtenergie reduzieren. Die Energie zur Erzeugung eines kritischen Nukleus beträgt $\Delta G(d_0) = 16\pi\gamma^3/[3(\Delta\mathcal{G}_V)^2]$. Bei Erstarrung der Schmelze ändert sich die Enthalphie durch Abgabe der latenten Erstarrungswärme um $\Delta\mathcal{H}_V$, wobei $\Delta\mathcal{G}_V = \Delta\mathcal{H}_V\Delta T/T_S$ gilt. ΔT quantifiziert die Unterkühlung und T_S den Schmelz- oder Erstarrungspunkt. Damit erhalten wir

$$d_0 = \frac{4\gamma T_S}{\Delta\mathcal{H}_V}\frac{1}{\Delta T} \tag{5.2a}$$

und

$$\Delta G(d_0) = \frac{16\pi\gamma^3 T_S^2}{3(\Delta\mathcal{H}_V)^2}\frac{1}{(\Delta T)^2}\,. \tag{5.2b}$$

Die Wahrscheinlichkeit, dass die für die Nukleation eines kritischen Keims benötigte Aktivierungsenergie $\Delta G(d_0)$ durch eine thermische Fluktuation erreicht wird, ist proportional zu $\exp[-\Delta G(d_0)/(k_B T)]$. Bei einer atomaren Dichte von ϱ beträgt die Dichte kritischer Keime

$$\varrho(d_0) = \varrho\exp\left(-\frac{\Delta G(d_0)}{k_B T}\right)\,. \tag{5.3}$$

Die *Nukleationsrate*, also die Dichte der kritischen Keime pro Zeiteinheit, ist schließlich gegeben durch

$$j = \frac{\pi d^2 D\varrho}{a^4}\exp\left(-\frac{\Delta G(d_0)}{k_B T}\right)\,, \tag{5.4}$$

mit der Diffusionskonstante D und dem interatomaren Abstand a für die Schmelze. Danach hängt die Nukleationsrate für die Bildung von Kristallen sehr stark von T und, nach Gl. (5.2), von ΔT ab.

Der bisher beschriebene Nukleationsvorgang geht von einer *homogenen Nukleation* aus. In der Schmelze vorhandene Festkörper, wie Partikel oder Substratoberflächen, können Anlass zu einer *heterogenen Nukleation* geben. Abbildung 5.1 zeigt schematisch die bei der heterogenen Nukleation auftretenden Grenzflächenspannungen. Diese determinieren

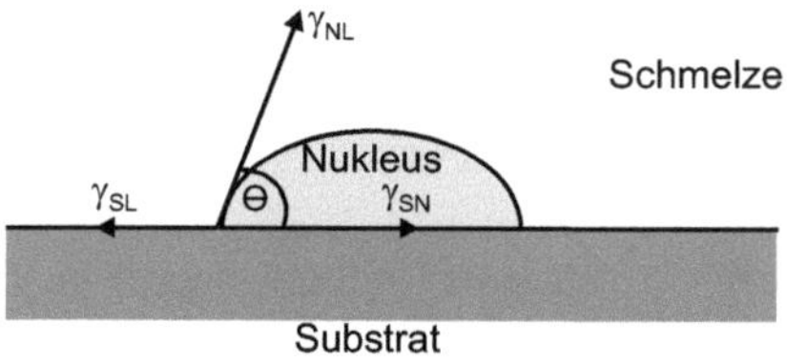

Abb. 5.1: *Heterogene Nukleation an einer Substratoberfläche.* γ_{NL} *bezeichnet die Grenzflächenspannung zwischen Nukleus und Schmelze,* γ_{SL} *diejenige zwischen Substrat und Schmelze und* γ_{SN} *diejenige zwischen Substrat und Nukleus.* Θ *bezeichnet den Kontaktwinkel.*

den *Kontaktwinkel* über $\gamma_{NL} \cos\Theta = \gamma_{SL} - \gamma_{SN}$. Die Wirksamkeit des Substrats, als Katalysator für die Keimbildung zu fungieren, wird direkt durch den Kontaktwinkel festgelegt. Mit Gl. (5.2b) ergibt sich $\Delta G_{het}(d_0) = \Delta G(d_0) f(\Theta)$, mit $f(\Theta) = (1 - \cos^2\Theta)(2 + \cos\Theta)/4$. Kleine Kontaktwinkel reduzieren stark das Maß an Unterkühlung ΔT, das zur Nukleation benötigt wird. Besonders geeignet sind *Saatkristalle* der zu erzeugenden festen Phase mit $\Theta \approx 0$.

Für $d \geq d_0$ führt die weitere Anlagerung von Atomen an den Nukleus zu einer kontinuierlichen Absenkung der freien Energie des Systems. Das Wachstum des Nukleus wäre also spontan, mit einer Wachstumskinetik, die sowohl von der Bindungsart der Atome an die Oberflächen als auch von der atomaren Diffusivität der Schmelze abhängt. Bei zahlreichen Nukleationskeimen entstehen polykristalline Materialien, deren Struktur von kinetischen Faktoren abhängt. Wird ein Saatkristall unter wohldefinierten Bedigungen verwendet, so lassen sich große Einkristalle herstellen.

5.2.2 Einkristalline Systeme

Ein idealer Kristall setzt sich aus identischen, gleich orientierten Atomgruppen zusammen, die in einer dreidimensionalen, unendlich ausgedehnten, streng periodischen Anordnung aneinander gereiht sind [5.4]. Abbildung 5.2 zeigt ein atomar aufgelöstes Kristallgitter eines Nanopartikels.

Als *Basis* bezeichnet man die periodisch wiederkehrenden Struktureinheiten. Die Basis kann aus einem Atom bestehen, wie bei vielen Metallen, oder aus $> 10^4$, wie bei Proteinkristallen. Die mathematische Beschreibung der Kristallsymmetrie erfolgt am besten in Form von Punktgittern, die jeder Struktureinheit einen Punkt im Raum zuordnet. Sowohl die Wahl der Basis als auch die Zuordnung des Gitterpunkts sind nicht eindeutig festgelegt. Bestimmte *Symmetrieoperationen* überführen das Punktgitter in sich selbst. Bei *Translationsoperationen* wird die Kristallstruktur als Ganzes im Raum verschoben, bei *Punktsymmetrieoperationen* bleibt mindestens ein Gitterpunkt festgehalten. Die Translationssymmetrie bringt es mit sich, dass für die Umgebung U eines Punkts $\mathbf{r}$ gilt $U(\mathbf{r}) = U(\mathbf{r} + \mathbf{R})$, wobei $\mathbf{R} = n_1\mathbf{a} + n_2\mathbf{b} + n_3\mathbf{c}$ einen Gittervektor beschreibt, der sich aus ganzzahligen Vielfachen der Basisvektoren zusammensetzt. Das durch die Basisvektoren aufgespannte Parallelepiped wird als *Elementar-* oder *Einheitszelle* bezeichnet, wobei den kleinstmöglichen oder *primitiven Elementarzellen* eine besondere Bedeutung zukommt. Die Beträge der Basisvektoren entsprechen den *Gitterkonstanten.*

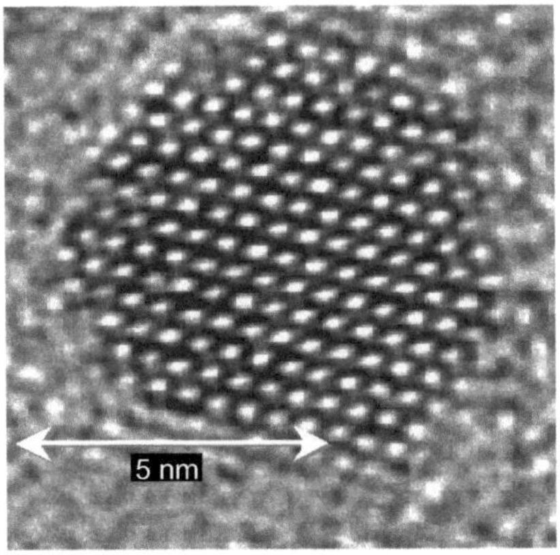

Abb. 5.2: *CdSe–Nanopartikel bei Auflösung des Kristallgitters mittels Transmissionselektronenmikroskopie [5.5].*

Die Punktsymmetrieoperationen lassen sich in *Rotation, Spiegelung* und *Inversion* unterteilen. Rotationssymmetrie liegt vor, wenn eine Rotation um einen bestimmten Winkel in Bezug auf eine gegebene Rotationsachse das Gitter in sich selbst überführt. Die *Zähligkeit* n der Rotationsachse gibt an, wie oft während einer Drehung um 2π Deckungsgleichheit auftritt. Man findet allgemein $n = 2, 3, 4, 6$. Dies entspricht einer Gitterinvarianz unter Drehungen von π, $2\pi/3$, $\pi/2$ und $\pi/3$. Fünf–, Sieben oder Achtecke sind nicht kompatibel mit der geforderten Translationsinvarianz.

Bei der Spiegelung an einer Ebene, die entweder die Drehachse enthält oder senkrecht auf ihr steht, lautet die Transformationsvorschrift beispielsweise $x, y, z \to -x \equiv \bar{x}, y, z$. In diesem Beispiel handelt es sich um eine Spiegelsymmetrie zur y, z–Ebene. Eine Inversion ist durch $x, y, z \to \bar{x}, \bar{y}, \bar{z}$ gegeben. Punktgitter sind immer inversionssymmetrisch. Die *Drehinversion* ist dementsprechend eine zusammengesetzte Punktsymmetrieoperation, die aus einer Drehung um $2\pi/n$ und anschließender Inversion besteht. Als Darstellung verwendet man $\bar{2}, \bar{3}, \bar{4}, \bar{6}$, wobei $\bar{2}$ gerade der Spiegelung an einer Ebene entspricht.

Punktgitter und dadurch definierte Kristallklassen lassen sich durch Rotationssymmetrien in Form von sieben Basisvektorsystemen klassifizieren [5.4], die sich in der in Abb. 5.3 dargestellten Symmetriehierarchie anordnen lassen. Entlang der Pfeilrichtungen besitzt jedes Kristallsystem dabei auch die Symmetrieelemente des vorhergehenden.

In vielen Fällen lassen sich mithilfe primitiver Elementarzellen nicht alle Symmetriebeziehungen, die ein Kristallgitter aufweisen könnte, realisieren. Deshalb verwendet man nicht primitive Elementarzellen mit höchstmöglicher Anzahl von Punktsymmetrieelementen. Diese lassen sich dann in Form von 14 *Bravais–Gittern* differenzieren [5.4]. Hiervon weist die Hälfte eine nicht primitive Elementarzelle auf. Es existieren dann teilweise mehrere Bravais–Gitter, die demselben Kristallsystem zugeordnet werden, wie z. B. kubisch primitiv, kubisch raumzentriert und kubisch flächenzentriert.

Bislang haben wir im Hinblick auf Symmetrien nur Punktgitter, also Kristallgitter mit maximaler – d. h. sphärischer – Symmetrie der Basis betrachtet. Verallgemeinernd

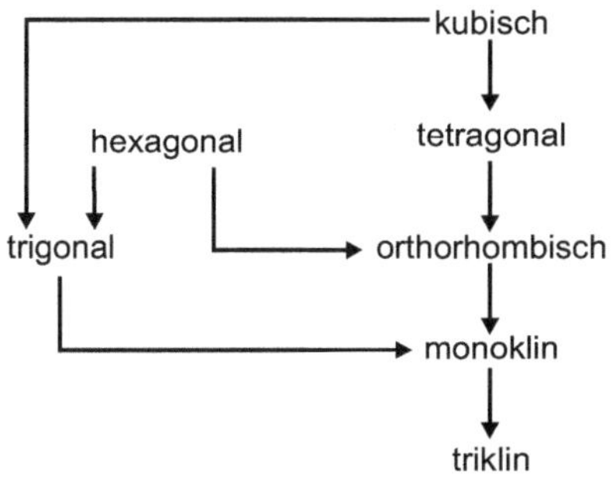

Abb. 5.3: *Hierarchie der Symmetrien der sieben elementaren Kristallsysteme.*

müssen wir diese Annahme bezüglich der Basis für viele Kristallstrukturen aufgeben. Die Symmetrien realer Kristallstrukturen erhält man, wenn man, ausgehend von den sieben bisher betrachteten Kristallklassen, alle Möglichkeiten zur Reduktion der Symmetrie der Basis betrachtet.

Alle bisher betrachteten Symmetrieoperationen lassen sich, wie schon am Beispiel der Drehinversion gezeigt, in den unterschiedlichsten Arten kombinieren. Jede Kristallstruktur lässt sich in Form einer speziellen Kombination von Punktsymmetrieelementen beschreiben [5.6], die bestimmte Rahmenbedingungen erfüllen muss. Zwei sukzessiv durchgeführte Operationen müssen ein weiteres Symmetrieelement ergeben: $\hat{A} \oplus \hat{B} = \hat{C}$. Für drei und mehr Operationen gilt das Assoziativgesetz $(\hat{A} \otimes \hat{B}) \otimes \hat{C} = \hat{A} \otimes (\hat{B} \otimes \hat{C})$. Es existiert ein Identitätselement mit $\hat{A} \otimes \hat{I} = \hat{A}$ sowie eine Umkehroperation mit $\hat{A}^{-1} \otimes \hat{A} = \hat{I}$. Diese Eigenschaften definieren bestimmte *Punktgruppen*.

Punktgruppen sind spezielle Symmetriegruppen der *Euklidischen Symmetrie*. Bereits im 19. Jahrhundert erkannte *F.E. Neumann* (1798–1895), dass die physikalischen Eigenschaften eines Kristalls eng mit den Symmetrieeigenschaften verknüpft sind. Präziser besagt das *Neumannsche Prinzip*, dass die Symmetrie der physikalischen Eigenschaften eines Kristalls die Symmetrieeigenschaften der entsprechenden Punktgruppe aufweist. Die zeitgemäße *Darstellungstheorie* [5.7] stellt dieses Prinzip auf eine solide mathematische Basis.

Eine Menge von hintereinandergeschalteten Symmetrieoperationen definiert eine Gruppe, die im Allgemeinen nicht kommutativ ist. Die diskreten Punktgruppen[1] lassen sich gemäß Tab. 5.1 in solche mit maximal einer Rotationsachse bei $n > 2$ und solche mit mindestens zwei Rotationsachsen bei $n > 2$ unterteilen. Die Punktgruppen werden gemäß der Symbolik von *A.M. Schoenflies* (1853–1923) oder derjenigen von *C. Hermann* (1898–1963) und *C.V. Mauguin* (1878–1958) bezeichnet. Während C, S und D die 27 nicht kubischen Punktgruppen konstituieren, charakterisieren T und O die fünf kubischen Punktgruppen. Sämtliche genannten Punktgruppen finden auch in der Molekülphysik zur Charakterisierung von Symmetrien Anwendung. Dort treten zusätzlich die Ikosaedergruppen I auf, die beispielsweise die Symmetrie der *Fullerene* C_{60}

[1] Es existieren allgemein auch kontinuierliche Punktgruppen, die als Curie–Gruppen bezeichnet werden.

Tabelle 5.1: *Nomenklatur der Punktgruppen bei höchstens einer (≤ 1) und mindestens zwei (≥ 2) Rotationsachsen. C bezeichnet die Dreh–, S die Drehspiegel–, D die Dieder–, T die Tetraeder–, O die Oktaeder– und I die Ikosaedergruppe. Die Indizes n, v, h, d stehen für die Zähligkeit, für vertikal, horizontal und diagonal und präzisieren die Lage der Spiegelebenen in Bezug auf die n–zählige Rotationsachse. Ferner bezeichnet m die Spiegelebene und $\bar{n}$ eine n–zählige Drehinversionsachse.*

Gruppe	Schoenflies	Hermann–Mauguin
≤ 1	C_n	n
	C_{nv}	$n\,m\,m$ (n gerade) $n\,m$ (n ungerade)
	C_{nh} S_n	n/m $\bar{n}$
	D_n	$n\,2\,2$ (n gerade) $n\,2$ (n ungerade)
	D_{nh}	$\frac{n}{m}\,\frac{2}{m}\,\frac{2}{m}$ (n/mmm) $\bar{n}\,2\,m$ (n gerade)
	D_{nd}	$\bar{n}\,\frac{2}{m}$ (n ungerade)
≥ 2	T	$2\,3$
	T_h	$m\,\bar{3}$
	T_d	$\bar{4}\,3\,m$
	O	$4\,3\,2$
	O_h	$m\,\bar{3}\,m$
	I	–
	I_h	–

(I_h) und C_{20} (I) charakterisieren. Die Gruppen T, O und I entsprechen den Symmetriegruppen der *Platonischen Körper*. Die kristallographischen Punktgruppen sind, wie bereits diskutiert, dadurch gekennzeichnet, dass Drehachsen ein–, zwei–, drei–, vier– oder sechszählig sind. Insgesamt gibt es damit 32 kristallographische Punktgruppen. Die möglichen Symmetrien eines Kristalls beinhalten aber mehr Symmetrieoperationen als diejenigen der Punktgruppen. Zusätzlich sind hier Translationen, Schraubungen und Gleitspiegelungen zu berücksichtigen. Daraus resultieren 230 kristallographische *Raumgruppen.*

Eine präzise Kategorisierung der Symmetrieeigenschaften von Kristallen ist deshalb von fundamentaler Bedeutung, weil die Kristallsymmetrie in ihrer ganzen subtilen Ausprägung das Symmetrieverhalten aller physikalischen Eigenschaften des Kristalls determiniert, wie es das bereits angesprochene Neumannsche Prinzip besagt. Dass dies so ist, erkennt man bereits an einer elementaren Betrachtung. Wenn eine entsprechende physikalische Eigenschaft quantenmechanisch durch den *Hamilton–Operator* $\hat{H}$, wie vielfach in Kap. 3 geschehen, beschrieben wird, so sollte $\hat{H}$ die Kristallsymmetrie widerspiegeln. Dabei könnte es sich im einfachsten Fall etwa um eine Spiegelsymmetrie oder um eine Rotationssymmetrie handeln. $\hat{H}$ muss sich dann invariant unter der entsprechenden Koordinatentransformation verhalten. Wenn der entsprechende Operator, $\hat{\sigma}$ für eine Spiegelung und $\hat{C}_2$ für eine zweizählige Rotation, auf $\hat{H}$ wirkt, so beschreibt das Ergebnis die Wirkung von $\hat{H}$ in den transformierten Koordinaten. $\hat{\sigma}$ und $\hat{C}_2$ lassen sich in üblicher Weise durch Matrizen darstellen. Wenn $\hat{H}$ nun die Symmetrie des entsprechenden Kristalls repräsentiert, so kommutiert $\hat{H}$ mit den entsprechenden Transformationsoperatoren; im gewählten Beispiel ist also $[\hat{H}, \hat{\sigma}] = [\hat{H}, \hat{C}_2] = 0$. Damit haben $\hat{H}$, $\hat{\sigma}$ und $\hat{C}_2$ in diesem Fall einen gemeinsamen Satz von *Eigenzuständen* ψ_i. Damit wiederum können die ψ_i nach Eigenwerten der Symmetrieoperatoren $\hat{\sigma}$ und $\hat{C}_2$ klassifiziert werden: $\hat{\sigma}\psi_+ = \psi_+$, $\hat{\sigma}\psi_- = -\psi_-$, $\hat{C}_2\psi_+ = \psi_+$, $\hat{C}_2\psi_- = -\psi_-$. Die Eigenzustände besitzen also als Folge der Kristallsymmetrie eine gerade oder ungerade *Parität*, sie sind symmetrisch oder antisymmetrisch bezüglich einer entsprechenden Koordinatentransformation.

Das besondere an den gewählten Operatoren $\hat{\sigma}$ und $\hat{C}_2$ ist, dass sie eine eindimensionale *irreduzierbare Darstellung* besitzen. Bei geeigneter Wahl des Koordinatensystems kommt es zu einem Vorzeichenwechsel einer Koordinate. $\hat{C}_3$, $\hat{C}_4$ oder $\hat{C}_6$ hingegen haben zweidimensionale irreduzierbare Darstellung. Dies hat wegen $[\hat{H}, \hat{C}_n] = 0$ zur Folge, dass die Eigenzustände von $\hat{H}$ und $\hat{C}_n$ zweifach entartet sind. Dies gilt für jede Punktgruppe mit $n \geq 3$.

Aus Tab. 5.1 besitzen $\hat{T}_d$ und $\hat{O}_n$ eine irreduzierbare dreidimensionale Darstellung. Diese Punktgruppen repräsentieren das Diamantgitter sowie kubisch flächen– und raumzentrierte Gitter. Für diese Gitter entsteht eine Dreifachentartung der Eigenzustände von $\hat{H}$. Diese manifestiert sich konkret in den Phononenmoden und der elektronischen Bandstruktur entsprechender Materialien.

Die Kristallsymmetrie determiniert ebenfalls direkt die Anzahl unabhängiger Komponenten derjenigen Tensoren, welche makroskopische Materialeigenschaften, wie etwa die thermische Ausdehnung oder eine Suszeptibilität, beschreiben. Tensoren zweiter Stufe haben nur eine unabhängige Komponente für kubische Kristalle und zwei für hexagonale.

Bisher haben wir explizit Systeme mit perfekter Translationsinvarianz betrachtet. Diese Systeme, die so nur idealisiert vorkommen, weisen eine perfekte Fernordnung auf. Die für einkristalline Festkörper entwickelten Konzepte zur Beschreibung der Symmetrie oder der physikalischen Eigenschaften können aber auch für reale Systeme, die eben nicht ideal sind, in gewissem Umfang Anwendung finden. Dazu müssen die Konzepte erweitert werden, beispielsweise durch die in Abschn. 2.2.1 diskutierte Einbeziehung von Gitterfehlern, Ober– und Grenzflächen. In diesem Kontext bietet es sich an, bei Abweichungen von der idealen Translationsinvarianz verallgemeinernd zunächst von Ordnung und Unordnung zu sprechen. Eine maximale Ordnung weist ein perfekter Einkristall auf, eine perfekte Unordnung ein amorphes Material, wie in Abschn. 5.2.3 diskutiert. Dazwischen gibt es Materialien mit einem variierenden Grad und variierender Form der Unordnung [5.4]. Beispielsweise kann bei einem Kristall der Komponenten A und B bei kubischer Symmetrie entlang der $\langle 100 \rangle$–Achsen eine perfekte Abfolge $ABABA\ldots$

gegeben sein oder eine substitutionelle Unordnung mit regelloser Verteilung der Komponenten. Beide Varianten zeigen eine identische Kristallstruktur und die Stöchiometrie AB, aber einen unterschiedlichen Ordnungszustand. Eine weitere Kategorie der Unordnung wird etwa durch Orientierungsunordnung von anisotropen Gitterbausteinen definiert.

Kristalloberflächen wurden als zweidimensionale „Defekte“, welche die Translationsinvarianz stören, bereits in Abschn. 2.2.1 diskutiert, insbesondere auch unter dem Gesichtpunkt der *Relaxation* und der *Rekonstruktion*. Oberflächen spielen in der Nanotechnologie per se eine große Rolle, da Nanostrukturen relativ viele Ober– oder Grenzflächenatome besitzen und da gerade Festkörperoberflächen mittels einiger mikroskopischer und nanoanalytischer Methoden hochauflösend zugänglich sind.

Bei Oberflächen spricht man von *Netzen* statt von Gittern. Die Elementarzelle wird als *Einheitsmasche* bezeichnet. In zwei Dimensionen gibt es 5 *Bravais–Netze*, 10 Punktgruppen und 17 Raumgruppen. Bei der Charakterisierung der spezifischen Oberflächenstruktur wird als Referenz das Netz des ungestörten Kristalls verwendet, wie in Abb. 5.4 dargestellt. Zusätzlich eingezeichnet sind hier zwei Netze mit unterschiedlichen Basisvektoren, welche die Position von Oberflächenatomen charakterisieren. Die Bezeichnung der Maschen wählt man nun als $(b_1/a_1 \times b_2/a_2)R\alpha$. R gibt die Rotation bezüglich des Vergleichsnetzes an und wird weggelassen, wenn $\alpha = 0$ ist. Vor dem Ausdruck präzisiert p eine primitive und c eine zentrierte Anordnung. In Abb. 5.4 haben wir damit die Maschen $p(1 \times 1)$, $p(\sqrt{2} \times \sqrt{2})\,R45°$ und $c(2 \times 2)$.

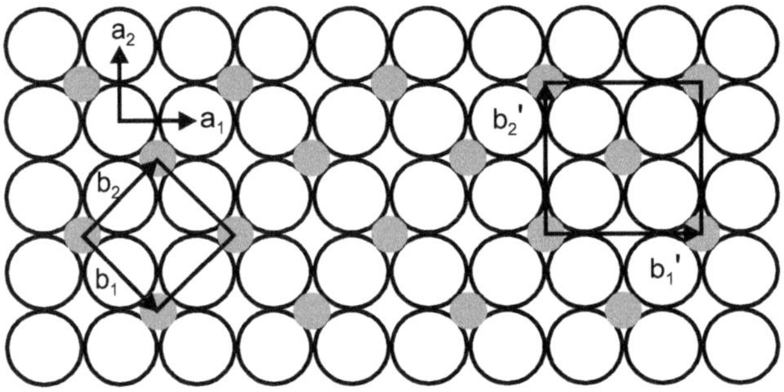

Abb. 5.4: *Nomenklatur von Oberflächennetzen.*

5.2.3 Quasikristalle

Im Jahre 1984 wurde in experimentellen Arbeiten eine Al–Mn–Legierung entdeckt, die einen geordneten Aufbau bei gleichzeitig fünfzähliger Symmetrie aufweist. Heute sind verschiedene Materialsysteme, wie Al–Li–Cu, Al–Cu–Fe und Zn–Mg–SE[1], bekannt, die bei hinreichend großer Kühlrate ihrer Schmelze zu *Quasikristallen* erstarren. Gemäß Abb. 5.5 ist fünfzählige Symmetrie bei vollständiger Raumerfüllung möglich, wenn zwei Sorten von Rhomboedern so kombiniert werden, dass dodekaederförmige Struktureinheiten entstehen. Die so entstehende Symmetrie weist 15 zweizählige, 10 dreizählige und

[1]SE steht für Seltene Erden.

6 fünfzählige Drehachsen auf [5.8]. Trotz hoher Orientierungsordnung fehlt die Translationsinvarianz gewöhnlicher Kristalle. Die in Abb. 5.5 dargestellte *Penrose–Parkettierung* gehört zu einer Familie von aperiodischen Kachelmustern, die, beginnend 1974, von *R. Penrose* untersucht wurde. Das dargestellte Muster besteht im zweidimensionalen Fall aus zwei unterschiedlichen Rauten mit Eckwinkeln von 36° und 144° sowie 72° und 108°. Alle Winkel sind also Vielfache von 36°. Eine wichtige Rolle im Hinblick auf die resultierende Symmetrie spielt der *Goldene Schnitt* von $\Phi = (1 + \sqrt{5})/2$, der seit der griechischen Antike als Inbegriff von Ästhetik und Harmonie angesehen wird und der sich durch einige mathematische Besonderheiten auszeichnet [5.9]. Die kurze Symmetrieachse der kleineren Raute in Abb. 5.5 besitzt die Länge $1/\Phi$, die lange Symmetrieachse der größeren die Länge Φ. Das Flächenverhältnis wie auch das Verhältnis der Zahl der kleinen zur Zahl der großen Rauten in der gesamten Parkettierung beträgt ebenfalls Φ.

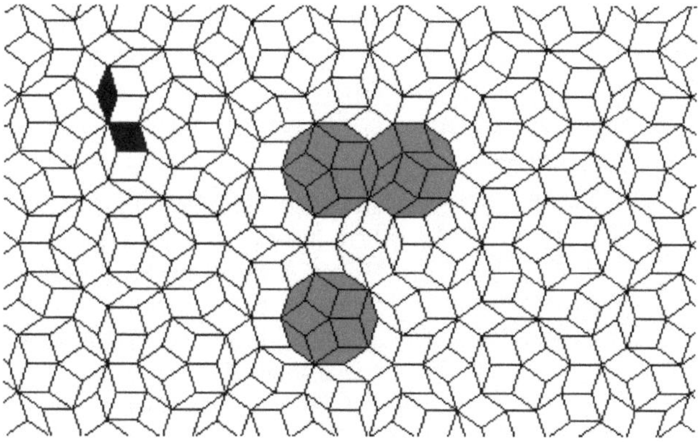

Abb. 5.5: *Penrose-Parkettierung.*

Aperiodische Parkettierungen waren von mathematischem Interesse bereits 20 Jahre bevor Quasikristalle entdeckt wurden. Während anfangs große Sätze unterschiedlicher Kacheln angegeben wurden, konnte Penrose schließlich die Zahl auf zwei reduzieren. Die Kacheln dürfen nicht beliebig zusammengefügt werden. Allerdings lassen sich unendlich viele unterschiedliche Parkettierungen konstruieren. Jeder endliche Ausschnitt eines Musters findet sich dabei in allen Parkettierungen unendlich oft wieder. Neben den in Abb. 5.5 dargestellten rhombischen Kacheln gibt es noch einen weiteren Satz von Penrose-Kacheln. Unbekannt ist, ob es eine einzelne Kachel gibt, mit der sich nur aperiodische Muster erzeugen lassen.

Bemerkenswert ist, dass seit dem 12. Jahrhundert eine Kachelornamentik an Gebäuden im islamischen Kulturkreis, bestehend aus den fünf *Girih-Kacheln*, bekannt ist, welche wesentlich später gewonnene mathematische Erkenntnisse vorwegzunehmen scheint [5.10].

Während für reguläre Kristalle ja, wie diskutiert, ein enger Zusammenhang zwischen kristalliner Symmetrie und Symmetrie makroskopischer Eigenschaften besteht, ist ein Zusammenhang zwischen den Eigenschaften der Quasikristalle und ihrem ungewöhnlichen Aufbau nur rudimentär verstanden.

5.2.4 Amorphe Festkörper

Durch hinreichend hohe Abkühlraten einer Schmelze, durch Aufdampfen auf gekühlte Substrate oder aber durch Zerstörung der kristallinen Ordnung von Festkörpern lassen sich *amorphe* Festkörper herstellen. Diese sind dadurch gekennzeichnet, dass zwar eine gewisse Nahordnung, aber keine Fernordnung zwischen den Atomen besteht [5.11]. Damit können nur statistische Informationen über die Atompositionen bestehen. Eine solche Information ist die mittlere Teilchenzahldichte $\langle n(\mathbf{r})\rangle = N/V$. Diese ist typischerweise geringer als bei kristallinen Festkörpern. Weitere Informationen liefert die *Paarkorrelationsfunktion* aus Abb. 2.2, deren Definition wir hier etwas präzisieren wollen:

$$g(\mathbf{r}_1, \mathbf{r}_2) = \frac{\langle n(\mathbf{r}_1) n(\mathbf{r}_2)\rangle}{\langle n(\mathbf{r})\rangle} \,. \tag{5.5}$$

$n(\mathbf{r}_1)$ und $n(\mathbf{r}_2)$ sind die Erwartungswerte der Teilchenzahldichte am Zentrum eines Aufatoms bei $\mathbf{r}_1$ und an einem beliebigen Ort $\mathbf{r}_2$. Damit muss insbesondere $g(\mathbf{r}_1, \mathbf{r}_2) = 0$ für $\mathbf{r}_1 = \mathbf{r}_2$ gelten. Da es sich, makroskopisch gesehen, um eine homogene, isotrope Atomverteilung handelt, ist $g(\mathbf{r}_1, \mathbf{r}_2)$ nur von $|\mathbf{r}_1 - \mathbf{r}_2| = r$ abhängig: $g(r) = n(r)/\langle n(r)\rangle$. Für $r \to \infty$ muss dann $g(r) \to 1$ gelten. Resultierende Paarkorrelationsfunktionen, die beispielsweise durch Röntgenbeugungsexperimente gemessen werden können, haben dann qualitativ den in Abb. 2.2(b) dargestellten Verlauf, werden aber, wie angegeben, normiert.

Verschiedene amorphe Materialien sind von besonderer Bedeutung. *Gläser* sind amorphe, *nicht ergodische* Festkörper, die einen charakteristischen *Transformationsbereich* aufweisen, der zum Übergang zwischen Festkörper und Schmelze führt [5.12]. Dabei handelt es sich keineswegs um einen konventionellen Phasenübergang erster Art, wie in Abschn. 5.1 diskutiert, sondern um einen Übergang, bei dem sich die Viskosität des Materials über einen großen Temperaturbereich kontinuierlich ändert. Am kühlen Ende des Transformationsbereichs liegt der *Glasübergang*, der sich durch charakteristische Änderungen der Wärmekapazität und des thermischen Ausdehnungskoeffizienten äußert. Aus thermodynamischer Sicht ist Glas eine unterkühlte Schmelze. Da es sich um einen Ungleichgewichtszustand handelt, sind die Eigenschaften kinetisch determiniert und abhängig von der thermodynamischen Historie [5.13].

Charakteristisch für Gläser ist die Ausbildung atomarer Netzwerke, wie es das archetypische SiO_2, welches in kristalliner Form oder als Glas vorliegen kann, aufweist. Neben den *silikatischen Gläsern* sowie weiteren verwandten Glasarten gibt es auch *metallische Gläser*. Während bei Silikatgläsern Abkühlraten von typisch 0,1 K/s ausreichend sind, betragen erforderliche Raten bei metallischen Gläsern typisch 10^6 K/s. Eine Amorphisierung kann dabei nur für bestimmte Legierungen realisiert werden, wobei man sich in der Regel nahe am *eutektischen Punkt* befindet. Aufgrund der spezifischen Herstellungsverfahren waren zunächst nur mittels *Gasphasendeposition* und *Kathodenzerstäubung (sputtering)* hergestellte dünne Schichten und mittels *melt spinning* hergestellte Bänder verfügbar. Heute gibt es auch Verfahren zur Herstellung massiver metallischer Gläser. Auf diese Materialien setzt man große technologische Hoffnungen [5.14].

Einen Übergang von einem spröden *energieelastischen* Bereich zu einem *entropieelastischen* Bereich zeigen auch amorphe Kunststoffe als organische Gläser [5.15]. Auch Elektrolyte, bestimmte wässrige Lösungen und molekulare Flüssigkeiten können durch Unterkühlung in einen glasartigen Zustand gebracht werden.

Es gibt auch zahlreiche amorphe Festkörper, herstellbar insbesondere als dünne Schichten, die nicht als Glas zu bezeichnen sind, da sie keinen Glasübergang zeigen. Im Hinblick auf ihre technologische Relevanz ist hier zuallererst Silizium in der amorphen Phase (a–Si) zu nennen, welches z. B. in Dünnschichtsolarzellen Verwendung findet. Realisiert wird hier eine amorphe Phase durch Wasserstoffterminierung (a–Si:H).

5.2.5 Nanokristalline Materialien

In Abschn. 2.2.1 hatten wir diskutiert, wie die strukturellen Korrelationen kristalliner Materialien durch Ober– und Grenzflächen als „Flächendefekte“ gestört werden. Nur in Ausnahmefällen liegt strukturell perfekt korreliertes einkristallines Material, wie in Abschn. 5.2.1 diskutiert, vor. Dies ist ansatzweise in der Halbleitertechnologie der Fall, wo mit einkristallinen Wafern gearbeitet wird. Aber auch hier weist etwa das Silizium eine Oberfläche sowie Linien und Punktdefekte auf. Im Allgemeinen sind technisch verwendete Massiv– oder Dünnschichtmaterialien polykristallin und von Korn– oder Phasengrenzen durchzogen. Bei den *nanokristallinen Materialien* ist der Anteil von Atomen in Korn– oder Phasengrenzen, wie bereits in Abschn. 2.2.1 dargelegt, signifikant. Dies ist der Fall, wenn die typische Korngröße für ein Material in der Größenordnung von einigen bis zu einigen zehn Nanometern liegt. Typische Materialkonfigurationen für Dünnschicht– und Massivmaterialien sind in Abb. 5.6 dargestellt. Innerhalb der einzelnen Körner kann häufig das Material als homogen und strukturell perfekt korreliert im Sinne der Diskussion aus Abschn. 5.2.1 angenommen werden. Unterschiedliche Körner sind kristallographisch unterschiedlich im Raum orientiert. Herrscht eine Vorzugsorientierung, so spricht man von einer *Textur*. In den Korngrenzen ist die atomare Ordnung gestört und es liegt nicht selten eine komplett amorphe Phase, wie in Abschn. 5.2.4 diskutiert, vor. Bei der Konfiguration in Abb. 5.6(c) könnte es sich auch um eine amorphe Matrix mit kristallinen Keimen handeln, die beispielsweise bei der Rekristallisation amorpher Materialien entstehen. Bei mehrphasigen Systemen spricht man häufig von *Kompositen*. Die in eine Matrix eingebettete Phase unterscheidet man zuweilen entsprechend ihrer Dimension und spricht beispielsweise von *lamellaren Strukturen*. Die Verwendung entsprechender Begriffe wird dabei nicht immer strikt und einheitlich gehandhabt [5.16–5.18].

Bei nanokristallinen Materialien ist die totale interkristalline Region, bestehend aus Korngrenzen, Kantenlängen im Grenzbereich von drei Körnern und Vertices beim Aufeinandertreffen mehrerer Körner, von besonderer Bedeutung. Bei einer mittleren Korngröße von $\langle d \rangle$ erhält man für die Anzahl von Körnern pro Volumenanteil $N \sim 1/\langle d \rangle^3$. Für die relative Korngrenzenfläche folgt $F = C_F/\langle d \rangle$, für die mittlere Länge der Kanten $L = C_L/\langle d \rangle^2$ und für die Dichte der Vertices $n = C_n/\langle d \rangle^3$. C_F, C_L und C_n hängen von der typischen Korngeometrie ab. Beträgt die charakteristische Länge, über welche die strukturelle Korrelation zwischen den Körnern gestört ist, δ, ein typischer Wert wäre $\delta = 0{,}5\,\text{nm}$, so beträgt der relative Anteil von Atomen in Grenzflächen $c = C_F \delta/\langle d \rangle$. Als charakteristische Größenordnung erhält man $c = 0{,}03$ für $\langle d \rangle = 100\,\text{nm}$ und $c = 0{,}5$

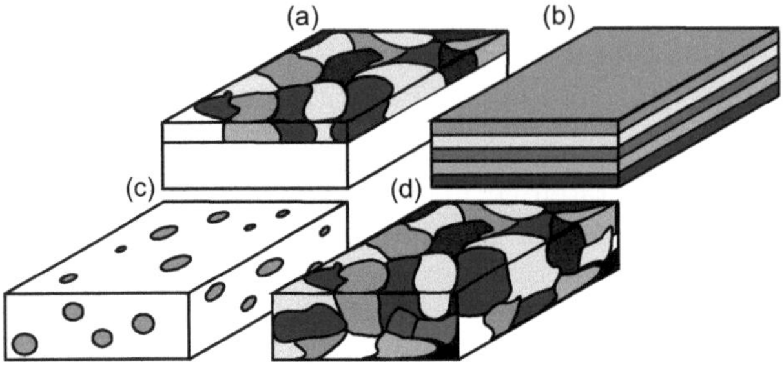

Abb. 5.6: *Typischer Aufbau nanokristalliner Materialien.(a) Nanokristalliner Film auf einem Substrat. (b) Multischichtsystem. (c) Nanokristalline Ausscheidungen. (d) Nanokristallines Massivmaterial.*

für $\langle d \rangle = 5\,\text{nm}$. Da die Korngrenzen eine Phase darstellen, die nicht im thermodynamischen Gleichgewicht ist, sind nanokristalline Materialien bei abnehmender Korngröße $\langle d \rangle$ thermodynamisch zunehmend instabil. Ein bedeutender Aspekt der Herstellung besteht damit darin, das Kornwachstum zu unterbinden.

Die physikalischen Eigenschaften nanokristalliner Materialien werden natürlich zum einen durch die Zusammensetzung des Materials oder seiner Bestandteile festgelegt. Dabei ist aber zu berücksichtigen, dass viele Eigenschaften konventioneller polykristalliner Materialien in charakteristischer Weise von $\langle d \rangle$ abhängen. Ein Beispiel ist etwa die *Hall–Patch–Relation*, welche die Streckgrenze eines Materials in Bezug setzt zu $\langle d \rangle$: $\sigma = \sigma_0 + k/\sqrt{\langle d \rangle}$, mit spezifischen Konstanten σ_0 und k. Für alle korngrößenabhängigen physikalischen Eigenschaften existieren jedoch kritische Dimensionen im Sinne der systematischen Diskussion in Abschn. 2.2, die zu einem Zusammenbruch einfacher Skalierungsrelationen führen. Die Haftspannung σ_0 für die Versetzungsbewegung und auch der Korngrenzenwiderstand k in der Hall-Patch–Beziehung setzen das Vorliegen einer hinreichend großen Anzahl von Versetzungen voraus, so dass von Deformation des Materials aufgrund von Versetzungspropagation ausgegangen werden kann. Bei sinkender Korngröße $\langle d \rangle$ sinkt die Zahl der Versetzungen, die überhaupt in einem Korn Platz finden. Als kritische Dimension kann hier beispielsweise der *Burgers–Vektor* oder der minimale Durchmesser, der durch die Versetzungslinie aufgespannt wird, dienen. Ist $\langle d \rangle$ im Bereich einiger nm, so können für ein Material sicherlich Abweichungen vom klassischen Hall–Patch–Verhalten erwartet werden [5.18].

Sehr schön erkennt man den Zusammenbruch von Skalierungsrelationen auch an der Abhängigkeit ferromagnetischer Eigenschaften von der mittleren Korngröße $\langle d \rangle$ polykristalliner weichmagnetischer Legierungen, die in Abb. 5.7 dargestellt ist. Bei abnehmendem $\langle d \rangle$ steigt die Koerzitivfeldstärke H_c zunächst $\sim 1/\langle d \rangle$ an, ein Verhalten, welches für polykristalline Materialien universellen Charakter hat. Für $150\,\text{nm} > \langle d \rangle > 50\,\text{nm}$ durchläuft H_c ein Maximum, um mit weiter abnehmender Korngröße $\sim 1/\langle d \rangle^6$ über viele Größenordnungen abzufallen. Unterhalb von $\langle d \rangle \approx 10\,\text{nm}$ entspricht H_c Werten, die man für amorphe Ferromagnetika erhält. Das Verhalten kann man im Rahmen einer statistischen Theorie der Ummagnetisierungsvorgänge deuten [5.19].

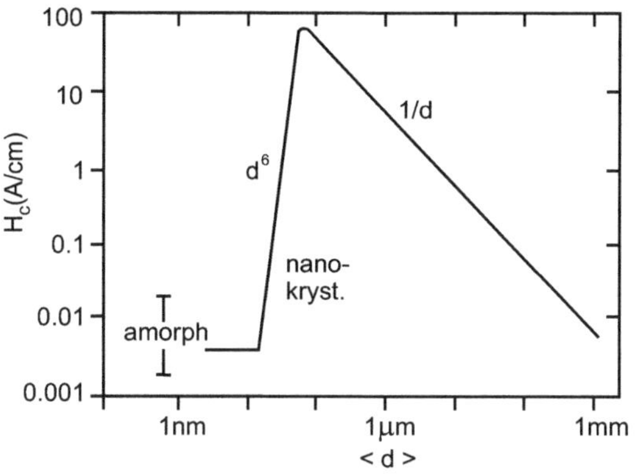

Abb. 5.7: *Koerzitivfeldstärke polykristalliner weichmagnetischer Legierungen als Funktion der mittleren Korngröße [5.20].*

Genauso wie die Materialzusammensetzung der Körner sind auch atomare Spezies, Beschaffenheit und Gesamtfläche der Korngrenzen von Bedeutung für die physikalischen Eigenschaften eines nanokristallinen Material. So gibt die Korngrenzenanordnung beispielsweise die Möglichkeit der Bewegung von Versetzungen vor. Korngrenzen definieren auch bevorzugte atomare Diffusionskanäle durch das Material oder den Typ der magnetischen Kopplung zwischen den Körnern.

Eine grundlegende Diskussion von Skalierungsgrenzen auf Basis kritischer Dimensionen, wie in Abschn. 2.2 skizziert, führt im Hinblick auf nanokristalline Materialien durchaus zu Analogien im korngrößenabhängigen Verhalten unterschiedlicher physikalischer Eigenschaften, wie sich beispielsweise für das mechanische und magnetische Verhalten zeigen lässt [5.21].

Für die mikrostrukturelle Stabilität nanokristalliner Festkörper sind zwei Phänomene von besonderer Bedeutung, da sie einen Materietransport involvieren: Diffusion und Kornwachstum. Die Diffusion von Atomen im Festkörper wird, wie in Abschn. 4.3.2 und 4.3.4 eher für Flüssigkeiten diskutiert, ebenfalls durch das *zweite Ficksche Gesetz* aus Gl. (4.66) beschrieben: $dc/dt = D\triangle c$. c ist hier die atomare Konzentration und D der *Diffusionskoeffizient*, der seinerseits durch eine *Arrhenius–Relation* gegeben ist:

$$D(T) = D_0 \exp\left(-\frac{E_D}{k_B T}\right) . \tag{5.6}$$

Hier ist E_D die Aktivierungsenergie für die Diffusion und D_0 eine systemspezifische Konstante. Grundsätzlich ist in nanokristallinen Materialien zwischen Volumen– und Korngrenzendiffusion zu unterscheiden, die beide zum Materietransport innerhalb des Festkörpers beitragen. Die Gesamtdiffusion ist dann gegeben durch

$$D_\Sigma = D_V + \frac{\delta}{\langle d \rangle} D_F , \tag{5.7}$$

wobei wiederum δ die Korngrenzenweite und $\langle d \rangle$ den mittleren Korndurchmesser beschreibt. D_V charakterisiert die Diffusion in den atomar korrelierten Bereichen der Körner und D_F diejenige in den unkorrelierten Korngrenzen. Es ist offensichtlich, dass für hinreichend kleine Werte von $\langle d \rangle$ die Korngrenzendiffusion maßgeblich wird.

Nanokristalline Materialien befinden sich nicht im thermodynamischen Gleichgewichtszustand und tendieren daher zur Rekristallisation in Form des Kornwachstums. Die Exzessenergie ist in den Korngrenzen gespeichert. Diese verursachen einen *Kohäsionsdruck* auf die Körner, den wir für isolierte Nanopartikel bereits in Gl. (2.74) spezifiziert hatten. Für Körner wäre entsprechend $p = \alpha\gamma/\langle d \rangle$ anzusetzen. γ ist hier die Grenzflächenenergie der Korngrenzen, die in der Regel etwa ein Drittel der Oberflächenenergie des Materials beträgt. α ist eine geometrieabhängige Konstante, wobei man für kugelförmige Körner gemäß Gl. (2.74) $\alpha = 4$ erwarten würde. Man nimmt nun an, dass die Wachstumsgeschwindigkeit der Körner proportional zur treibenden Kraft ist: $d\langle d \rangle/dt \sim p$. Daraus folgt dann

$$\langle d \rangle(t) = \sqrt[n]{\langle d \rangle^2 - Kt}\,, \tag{5.8a}$$

mit $n = 2$ und

$$K = K_0 \exp\left(-\frac{E_W}{k_B T}\right)\,. \tag{5.8b}$$

E_W ist hier die Aktivierungsenergie für das Kornwachstum. Experimentell findet man im Allgemeinen diesen Verlauf bestätigt, wobei n allerdings über einen großen Bereich variiert und temperaturabhängig ist [5.18]. Häufig findet man $E_W \sim E_D$ [5.18]. Man erkennt in Gl. (5.8), dass die Kornwachstumsgeschwindigkeit mit wachsender Temperatur zu– und mit zunehmender Korngröße abnimmt. Zur Hemmung des Kornwachstums können bestimmte Verankerungsmechanismen genutzt werden [5.18].

5.2.6 Kristallisierte und kompaktierte Nanostrukturen

Im Kontext von Nanostrukturforschung und Nanotechnologie muss die Definition des Begriffs Kristall maximal umfänglich gefasst werden und weit über die einfache translationsinvariante Anordnung von Atomen hinausgehen. Neben den atomaren Kristallen gibt es zunächst einmal selbstverständlich auch Molekülkristalle [5.22], bei denen die Gitterpunkte durch identische Moleküle gebildet werden, deren Symmetrie evidenterweise einen direkten Einfluss auf die Symmetrie des Kristalls hat. Da Moleküle, wenn es sich nicht um Molekülionen handelt, chemisch abgesättigt sind, basiert die intermolekulare Bindung auf den in Abschn. 4.2 diskutierten van der Waals– und dipolaren Wechselwirkungen sowie gegebenenfalls auf Wasserstoffbrückenbindungen. Eine besondere Bedeutung unter den Molekülkristallen haben Kristalle aus biologisch relevanten Molekülen. Sie dienen zur Strukturaufklärung, die ohne Kristallisation und damit mögliche röntgendiffraktive Analyse in dieser Form nicht möglich wäre. So war die Kristallisation der DNA von ungeheurer Bedeutung für die Entschlüsselung der Helixstruktur [5.23]. Heute ist die Proteinkristallisation und allgemein die biomolekulare Kristallographie von umfassender Bedeutung [5.24].

Die Nanotechnologie hat verschiedene genuine Bausteine hervorgebracht oder zumindest in das Blickfeld des Interesses gerückt, die sich ebenfalls in Form von Kristallen organisieren lassen. Bereits in Abschn. 3.6.6 hatten wir die supraleitenden Alkalifulleride vorgestellt, die gemäß Abb. 3.99 ein kubisch flächenzentriertes Gitter aufweisen. Ausgangspunkt ist dabei die Tatsache, dass die Fullerene, die gesondert ausführlich vorgestellt werden, zu *Fullerit* kristallisiert werden können. Jeder Gitterpunkt wird dann durch ein identisches Fulleren definiert. Das *Buckminster–Fulleren* C_{60} ist das symmetrischste Molekül überhaupt, in dem Sinne, dass seine Punktgruppe I_h mit 120 Symmetrieoperationen die größte aller bekannten Moleküle ist. C_{60} kondensiert in Form eines schwach gebundenen Festkörpers mit kubisch flächenzentriertem (face centered cubic, fcc) Gitter. Die Gitterkonstante beträgt 14,17 Å und der Abstand benachbarter C_{60}–Zentren 10,02 Å.

Die Symmetrie des C_{60}–Moleküls und diejenige des fcc–Gitters sind nicht gleichzeitig mit der Transationsinvarianz in allen drei Raumrichtungen in Einklang zu bringen. Daher sind die C_{60}–Moleküle rotatorisch ungeordnet. Unterhalb von 260 K erfolgt ein Übergang in eine einfach kubische (simple cubic, sc) Struktur.

Da im C_{60}–Fullerit der kleinste intermolekulare Abstand zwischen zwei Kohlenstoffatomen 1,4 Å beträgt und der kleinste intramolekulare 3,1 Å, bleiben viele molekulare Eigenschaften erhalten. Insbesondere verbreitern sich die diskreten molekularen Energieniveaus nur moderat, so dass im Wesentlichen nicht überlappende elektronische Bänder mit einer Weite von $\sim 0,5\,\mathrm{eV}$ resultieren. Mit einer intramolekularen Größenordnung von $\sim 30\,\mathrm{eV}$ resultieren also zwei sehr unterschiedliche Energieskalen für das Fullerit. Da das h_n–abgeleitete Band voll besetzt und das t_{1u}–Band leer ist, ist das C_{60}–Fullerit ein Isolator. In Form der in Abschn. 3.6.6 diskutierten Fulleride resultieren jedoch modifizierte elektronische Eigenschaften.

Die Basis translationsinvarianter Gitter kann sogar durch kleinste festkörperartige Partikel, durch *Cluster*, die ebenfalls noch genauer analysiert werden, gebildet werden. Dies gelang beispielsweise mit den im Zusammenhang mit Abb. 3.20 und Abb. 4.7 bereits vorgestellten Au_{55}–Clustern. Die zweischaligen Cluster aus jeweils 55 Goldatomen mit kuboktaedrischer Geometrie lassen sich mittels einer organischen Ligandhülle chemisch stabilisieren [5.25]. Abbildung 5.8 zeigt einen $Au_{55}(PPh_3)_{12}Cl_6$–Cluster, bei dem 12 Triphenylphosphinmoleküle ($(PPh)_3 = P\ (C_6H_5)_3$) und 6 Chloratome die Ligandhülle bilden. Der Durchmesser des Au–Kerns beträgt $\approx 1,6\,\mathrm{nm}$, derjenige mit Ligandhülle $\approx 2,1\,\mathrm{nm}$. Diese ligandstabilisierten Cluster lassen sich nun zu einer hexagonal dichtest gepackten (hexagonally close packed, hcp) Struktur kristallisieren [5.25].

Wenn die $(PPh_3)_{12}Cl_6$–Liganden durch ein thiolterminiertes *Dendrimermolekül* G4–SH substituiert werden, so lassen sich sogar nackte Au_{55}–Cluster in Form von Kristallen kondensieren, wie in Abb. 5.9 dargestellt [5.26].

In den letzten Jahren konnte gezeigt werden, dass sich selbst noch größere Nanopartikel zu Kristallen kondensieren lassen [5.27]. Dabei ist eine wichtige Voraussetzung, dass die Nanopartikel *monodispers* vorliegen. Die Kristallisation, die insbesondere an

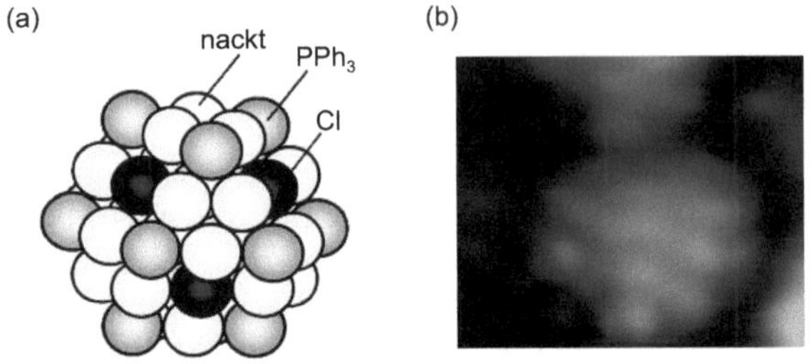

Abb. 5.8: (a) Au_{55}*-Cluster mit Bezeichnung der Bindungsstellen der Ligandhülle [5.25]. (b) Rastertunnelmikroskopische Abbildung des ligandstabilisierten Clusters bei T=7 K [5.26]. Man erkennt molekulare Details der Ligandhülle.*

Halbleiternanopartikeln demonstriert wurde, lässt sich in der Regel auf Basis kolloidchemischer Methoden erreichen. Man spricht dann auch von *Kolloidkristallen*. Da die Nanopartikel als im Wesentlichen voll ausgebildete Kristalle ihrerseits ein Kristallgitter aufweisen, spricht man bei dem durch die Partikel gebildeten Gitter von einem *Übergitter (superlattice)*. Kolloidpartikel im Durchmesserbereich von etwa 2–10 nm wurden kristallisiert [5.28]. Besonders intensiv wurden CdSe–Kolloidkristalle untersucht, die bei

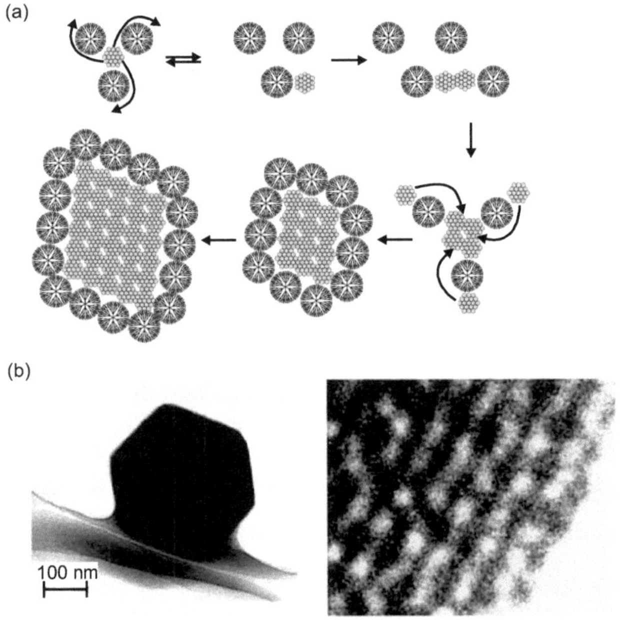

Abb. 5.9: (a) Kondensation nackter Au_{55}*-Cluster zu Kristallen innerhalb einer Hülle von G4-SH-Dendrimeren der vierten Generation [5.25]. (b)* Au_{55}*-Mikrokristall und periodische Anordnung der Cluster, sichtbar gemacht im Transmissionselektronenmikroskop [5.25].*

Abmessungen von etwa 100 μm aus 10^{12} oder mehr Partikeln eines Durchmessers von einigen nm bestehen. Abbildung 5.10 zeigt kristallisierte CdSe–Nanopartikel.

Neben einer Vielzahl von Halbleiternanopartikeln und metallischen Nanopartikeln wurden binäre Übergitter der Stöchiometrien $AB, AB_2, AB_3, \ldots$ in kubischer, hexagonaler, tetragonaler und orthorhombischer Symmetrie realisiert [5.29]. Auch nicht sphärische, stäbchenförmige Nanostrukturen wurden zu Festkörpern kondensiert [5.31]. Dabei treten neben Übergittern, wie bisher diskutiert, auch ungeordnetere Phasen, wie die *nematische* oder *smektische* auf, die, wie in Abschn. 6.1.4 zu diskutieren sein wird, charakteristisch für Flüssigkristalle sind.

Ungeordnete Festkörper aus Nanostrukturen lassen sich durch Kompaktieren der ungelösten Strukturen oder durch Aufschleudern konzentrierter Lösungen erzeugen. Zur Herstellung dünner ungeordneter Filme kommt auch die Sublimation in Frage. Die resultierenden amorphen Festkörper können durchaus einen hohen Kompaktierungsgrad haben, der durch nachfolgende Prozesse, wie *Sintern*, weiter erhöht werden kann.

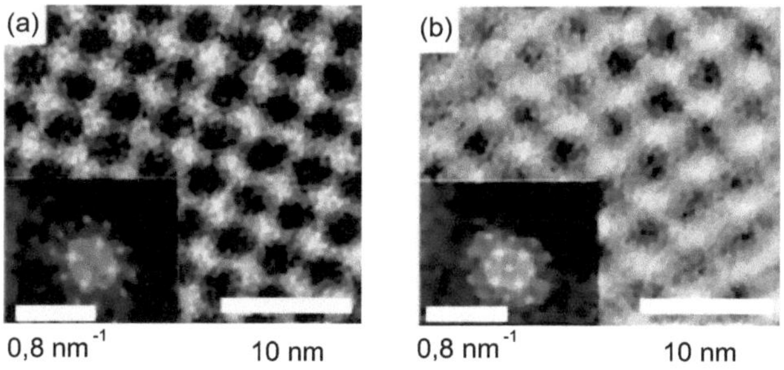

Abb. 5.10: *Transmissionselektronenmikroskopische Aufnahme von kristallisierten CdSe-Nanopartikeln, wie in Abb. 5.2. Durch Betrachtung entlang unterschiedlicher kristallographischer Richtungen in (a) und (b) kann mithilfe der Fourier–Transformationen auf ein fcc–Übergitter geschlossen werden [5.30].*

5.2.7 Poröse Festkörper

Wie bereits zu Beginn von Abschn. 5.2.6 ausgeführt, ist es sinnvoll, den Begriff Kristall im vorliegenden Kontext gegenüber der klassischen festkörperphysikalischen Terminologie zu verallgemeinern. Neben Atomen, Molekülen, Clustern und Partikeln können auch Poren innerhalb eines Festkörpers translationsinvariant angeordnet sein. Der Festkörper selbst muss dabei a priori gar nicht kristallin sein. Die Erzeugung wohldefinierter Porenmuster mit elektrochemischen Verfahren hat für Halbleiter, wie Si, Ge, GaAs, GaP und InP, in den vergangenen Jahren große Fortschritte erfahren [5.31, 5.32]. Abbildung 5.11 zeigt, dass sowohl kristalline als auch amorphe Porenstrukturen gezielt erzeugt werden können. Die entstehenden Poren haben ein enormes Aspektverhältnis.

Auch Keramiken, wie Al_2O_3 oder ZrO_2 lassen sich perfekt porenstrukturieren. Zu unterscheiden sind bei porösen Materialien Eigenschaften als Folge einer strengen ein–, zwei– oder dreidimensionalen Periodizität der Poren und Eigenschaften, die einfach auf das Vorhandensein einer hohen Dichte an Poren unabhängig vom Ordnungsgrad zurückzuführen sind.

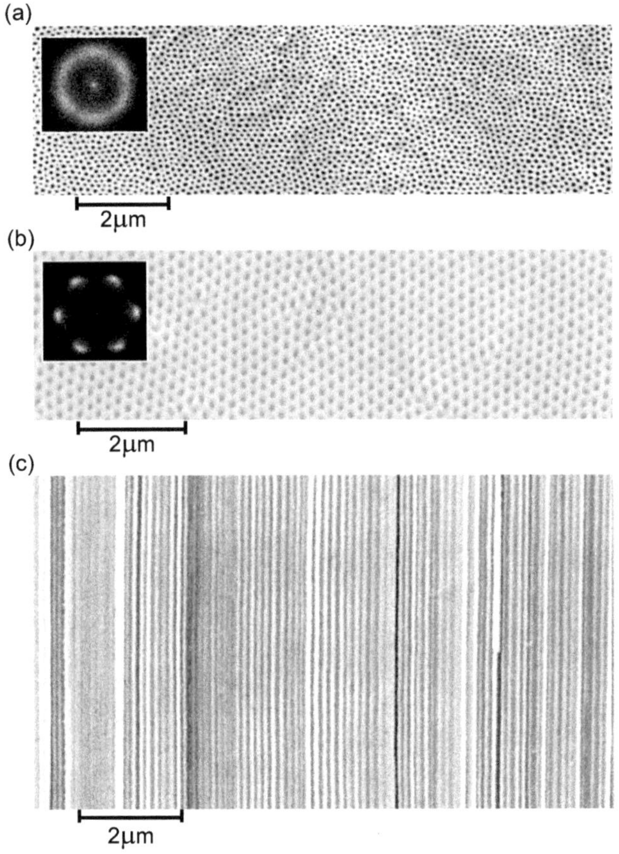

Abb. 5.11: *n–InP mit einer Porendichte von* $10^{18}/cm^2$ *[5.32]. (a) Amorphe Struktur mit ringförmiger Fourier–Transformation. (b) Kristalline Anordnung. Die zweidimensionale Fourier–Transformation liefert eine hexagonale Symmetrie. (c) Porenstruktur im Querschnitt.*

Streng periodische Porenanordnungen mit Fernordnung sind Grundlagen der *photonischen Kristalle* [5.33]. In einem dielektrischen Material mit periodisch modulierter Dielektrizitätskonstante kann sich Licht bei Durchgang durch den Kristall ähnlich wie Elektronen in einem Halbleiter verhalten, vorausgesetzt, die Periodizität der positiv reellen Dielektrizitätskonstante ist von der Größenordnung der Lichtwellenlänge. Die photonische Bandstruktur, die ein artifiziell hergestellter photonischer Kristall aufweisen kann, beinhaltet eine vollständige Frequenzlücke. Licht kann sich bei Frequenzen daraus entlang keiner Richtung innerhalb des Kristalls ausbreiten. Durch Defekte können wiederum lokalisierte photonische Zustände in der Lücke erzeugt werden, was sich zur Konstruktion neuartiger Wellenleiter anbietet.

Abb. 5.12: *Struktur ein–, zwei– und dreidimensionaler photonischer Kristalle.*

In vielerlei Hinsicht verhält sich die photonische Bandstruktur ähnlich der in Abschn. 3.5.4 diskutierten elektronischen. Die Frage ist, wie dazu der photonische Kristall beschaffen sein muss. Dielektrika, wie Al_2O_3, Si, GaAs etc., besitzen bei hinreichend niedrigen Frequenzen einen reellen positiven ε–Wert: Bei Energien unterhalb der Bandlücke absorbieren sie nicht. Zweckmäßigerweise wird als eines der beiden benötigten Dielektrika Luft verwendet, was die Bedeutung der Poren erklärt. Wie in Abb. 5.12 verdeutlicht, können photonische Kristalle ein–, zwei– oder dreidimensional strukturiert sein. Zur Berechnung der Bandstruktur müssen die *Maxwell–Gleichungen* (2.94) für ein periodisch moduliertes Dielektrikum gelöst werden. Für $\mu_r = 1$ lautet die resultierende photonische Wellengleichung

$$\triangle E = \omega^2 \mathbf{D} , \tag{5.9}$$

mit $\mathbf{D} = \varepsilon \mathbf{E}$ und $\varepsilon = \varepsilon_0 \varepsilon_r$. Dabei ist

$$\varepsilon = \tilde{\varepsilon} + \delta\varepsilon . \tag{5.10a}$$

$\tilde{\varepsilon}$ ist ein räumlich kontanter Hintergrundanteil und die Modulation ist gegeben durch

$$\delta\varepsilon(\mathbf{r}) = \delta\varepsilon(\mathbf{r} + \mathbf{R}) . \tag{5.10b}$$

R definiert einen beliebigen Gittervektor des Porengitters. Damit folgt aus Gl. (5.9)

$$\triangle \mathbf{E}(\mathbf{r}) - \omega^2 \delta\varepsilon(\mathbf{r}) \mathbf{E}(\mathbf{r}) = \omega^2 \tilde{\varepsilon} E(\mathbf{r}) . \tag{5.11}$$

Hierauf wenden wir jetzt, wie in Gl. (3.404) für Elektronenwellen geschehen, das *Bloch-sche Theorem* an und erhalten die *Bloch–Wellen*

$$\mathbf{E}_{n,\mathbf{k}}(\mathbf{r}) = \mathbf{u}_{n,\mathbf{k}}(\mathbf{r}) \exp(i\mathbf{k} \cdot \mathbf{r}) , \tag{5.12a}$$

mit

$$\mathbf{u}_{n,\mathbf{k}}(\mathbf{r}) = \mathbf{u}_{n,\mathbf{k}}(\mathbf{r}+\mathbf{R}). \tag{5.12b}$$

Die Frequenzbänder sind dann durch $\omega = \omega_n(\mathbf{k})$ gegeben.

Gleichung (5.9) unterscheidet sich von der elektronischen *Schrödinger–Gleichung* (3.302) durch den vektoriellen Charakter der Wellenfunktion **E**. Was sind die Konsequenzen dieses Sachverhalts in Bezug auf die photonische Bandstruktur? Dies erkennt man aus folgender Betrachtung für eine schwache ε–Modulation: $\delta\varepsilon(\mathbf{r}) \ll \tilde{\varepsilon}$. Es folgt dann $\nabla \cdot \mathbf{D} = 0 = \nabla \cdot (\varepsilon \mathbf{E}) \approx \varepsilon \nabla \cdot \mathbf{E}$. Damit ist $\mathbf{E}(\mathbf{r})$ transversal und Gl. (5.11) lässt sich schreiben als

$$-\left[\triangle + \omega^2 \delta\varepsilon(\mathbf{r})\right] \mathbf{E}(\mathbf{r}) = \omega^2 \mathbf{E}(\mathbf{r})\ . \tag{5.13}$$

Störungstheoretisch ergibt sich $\mathbf{E}(\mathbf{r})$ aus dem Variationsansatz

$$\mathbf{E}(\mathbf{r}) = \sum_{\nu=1}^{2} \left[u_\nu(\mathbf{k}) \exp(i\mathbf{k}\cdot\mathbf{r}) + u_\nu(\mathbf{k}-\mathbf{G}) \exp(i[\mathbf{k}-\mathbf{G}]\cdot\mathbf{r})\right]\ , \tag{5.14}$$

wobei ν die beiden transversalen Polarisationsrichtungen spezifiziert und **G** derjenige reziproke Gittervektor nach Gl. (3.303b) ist, der den Rand der ersten *Brillouin–Zone* definiert: $2\mathbf{k}\cdot\mathbf{G} = \mathbf{G}^2$. Wählen wir die beiden Polarisationsrichtungen jetzt gezielt so, dass die s–Richtung senkrecht auf der durch **k** und $\mathbf{k}-\mathbf{G}$ aufgespannten Ebene steht und die p–Richtung sich in dieser Ebene befindet, so erhalten wir vier Gleichungen für die u_ν–Werte in Gl. (5.13). Die Nullstellen der zugehörigen Determinante liefern dann die photonischen Bänder und Bandlücken:

$$\begin{vmatrix} k^2 - \varepsilon_\Sigma\omega^2 & -\varepsilon_\mathbf{G}\omega^2 & 0 & 0 \\ -\varepsilon_\mathbf{G}\omega^2 & (\mathbf{k}-\mathbf{G})^2 - \varepsilon_\Sigma\omega^2 & 0 & 0 \\ 0 & 0 & k^2 - \varepsilon_\Sigma\omega^2 & \varepsilon_\mathbf{G}\omega^2\cos\Theta \\ 0 & 0 & -\varepsilon_\mathbf{G}\omega^2\cos\Theta & (\mathbf{k}-\mathbf{G})^2 - \varepsilon_\Sigma\omega^2 \end{vmatrix} = 0\ , \tag{5.15a}$$

mit

$$\cos\Theta = \frac{\mathbf{k}\cdot(\mathbf{k}-\mathbf{G})}{|\mathbf{k}||\mathbf{k}-\mathbf{G}|}\ , \tag{5.15b}$$

$$\varepsilon_\Sigma = \tilde{\varepsilon} + \frac{1}{V}\int d^3r\ \delta\varepsilon(\mathbf{r})\ , \tag{5.15c}$$

$$\varepsilon_{\mathbf{G}} = \frac{1}{V} \int d^3r \; \delta\varepsilon(\mathbf{r}) \; \exp(i\mathbf{G} \cdot \mathbf{r}) \; . \tag{5.15d}$$

V bezeichnet hier das Kristallvolumen. Wegen der $\cos\Theta$–Abhängigkeit der p–Bänder unterscheiden sich diese von den $\cos\Theta$–unabhängigen s–Bändern. Genau dieser Sachverhalt zeigt, dass der vektorielle Charakter der photonischen Wellenfunktion wesentlich für die Bandstruktur ist. Für die Bandlücken am Zonenrand erhalten wir

$$\Delta\omega_s(\mathbf{k}) \approx \frac{ck|\varepsilon_{\mathbf{G}}|}{\varepsilon_{\Sigma}^{3/2}} \tag{5.16a}$$

und

$$\Delta\omega_p(\mathbf{k}) \approx \frac{ck|\varepsilon_{\mathbf{G}}|}{\varepsilon_{\Sigma}^{3/2}} \left(\frac{G^2}{2k^2} - 1 \right) . \tag{5.16b}$$

Abbildung 5.13(a) zeigt schematisch die photonischen Bandlücken am Rand der ersten Brillouin–Zone.

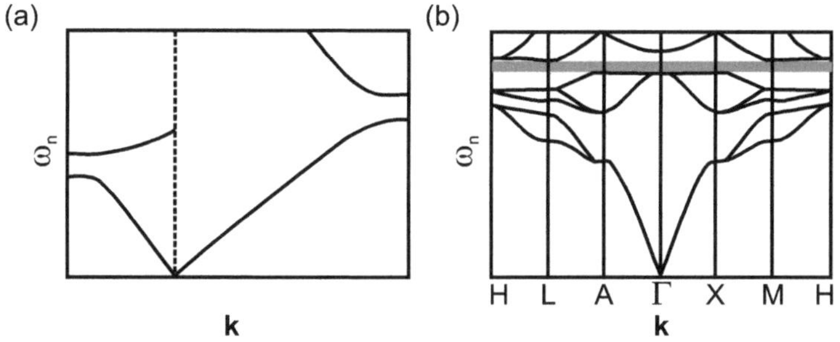

Abb. 5.13: *(a) Photonische Bandlücken am Rand der ersten Brillouin–Zone entlang von zwei Symmetrierichtungen. (b) Bandstruktur eines photonischen Kristalls mit sc–Struktur. Die Bandlücke ist markiert.*

Um nun realistische Bandstrukturen, wie in Abb. 5.13(b) dargestellt, berechnen zu können, muss zunächst eine Gittersymmetrie angenommen werden, die dem photonischen Kristall entspricht. Diese könnte beispielsweise in einer fcc–Anordnung dielektrischer Kugeln mit einer Dielektrizitätskonstante ε_K, eingebettet in ein Dielektrikum $\tilde{\varepsilon}$, bestehen. Wir hätten dann

$$\varepsilon(\mathbf{r}) = \tilde{\varepsilon} + \sum_{\mathbf{R}} (\varepsilon_K - \tilde{\varepsilon}) \; \Theta(r_k - |\mathbf{r} - \mathbf{R}|) \; , \tag{5.17}$$

wobei r_K den Radius der Kugeln bezeichnet und Θ die Stufenfunktion mit $\Theta(x) = 0$ für $x < 0$ sowie $\Theta(x) = 1$ für $x \geq 1$. Die Fourier–Zerlegung

$$\varepsilon(\mathbf{r}) = \sum_{\mathbf{G}} \varepsilon_G \exp(i\mathbf{G} \cdot \mathbf{r}) \tag{5.18a}$$

führt mit Gl. (5.15c) und (5.15d) zu

$$\varepsilon_\Sigma = \tilde{\varepsilon}(1 - \beta) + \beta\varepsilon_K \tag{5.18b}$$

und

$$\varepsilon_{\mathbf{G}} = -3\beta(\tilde{\varepsilon} - \varepsilon_K)\frac{\sin(Gr_K) - Gr_K\cos(Gr_K)}{(Gr_K)^3} \; . \tag{5.18c}$$

Der *Füllfaktor* ist gegeben durch

$$\beta = \frac{4\pi}{3}\,\frac{r_K^3}{V_{fcc}} \; , \tag{5.18d}$$

mit $V_{fcc} = a^3/4$ für das Volumen der fcc–Einheitszelle. Für die dichteste Kugelpackung ergäbe sich $\beta = \pi/(3\sqrt{2}) \approx 0,74$. Für $\beta > 0,74$ erhält man überlappende Kugeln. Die Bloch-Welle wird nun, wie vereinfacht in Gl. (5.14) erfolgt, in ebene Wellen zerlegt:

$$\mathbf{E}_\mathbf{k}(\mathbf{r}) = \sum_{\mathbf{G}} \mathbf{E}_{\mathbf{k}-\mathbf{G}} \exp(i[\mathbf{k} - \mathbf{G}] \cdot \mathbf{r}) \; . \tag{5.19}$$

Aus Gl. (5.11) erhalten wir damit ein System aus $3N$ Gleichungen zur Bestimmung der $\mathbf{E}_{\mathbf{k}-\mathbf{G}}$–Koeffizienten, wenn N die Anzahl aller Gittervektoren $\mathbf{G}$ ist:

$$\begin{aligned}\left\{\left[|\mathbf{k} - \mathbf{G}|^2 - \left(\frac{\omega}{c}\right)^2 \varepsilon_\Sigma\right] \underline{\underline{1}} - (\mathbf{k} - \mathbf{G})(\mathbf{k} - \mathbf{G})\right\} \mathbf{E}_{\mathbf{k}-\mathbf{G}} \\ -\left(\frac{\omega}{c}\right)^2 \sum_{\mathbf{G}' \neq \mathbf{G}} \varepsilon_{\mathbf{G}-\mathbf{G}'} \mathbf{E}_{\mathbf{k}-\mathbf{G}'} = 0 \; .\end{aligned} \tag{5.20}$$

Mit $\nabla \cdot \mathbf{D} = 0$ folgt schließlich

$$(\mathbf{k} - \mathbf{G}) \cdot \left(\varepsilon_\Sigma \mathbf{E}_{\mathbf{k}-\mathbf{G}} + \sum_{\mathbf{G}' \neq \mathbf{G}} \varepsilon_{\mathbf{G}-\mathbf{G}'} \mathbf{E}_{\mathbf{k}-\mathbf{G}'}\right) = 0 \; . \tag{5.21}$$

Dies definiert ein $2N \times 2N$–Eigenwertproblem, welches numerisch lösbar ist[1]. In Gl. (5.15a) hatten wir $N = 2$.

Festkörpertechnologien aus dem Bereich der Mikroelektronik lassen sich nutzen zur Herstellung perfekter ein– und zweidimensionaler periodischer Kristalle. Die Herstellung dreidimensionaler periodischer Überstrukturen mittels dieser Technologien bleibt eine Herausforderung. Eine Möglichkeit der dreidimensionalen Strukturierung besteht in der lagenweisen Wiederholung von Lithographie–, Maskierungs– und Ätzschritten [5.35]. Auch erwiesen sich verschiedene auf Selbstorganisation basierende Ansätze, wie beispielsweise die Bildung von Kolloidkristallen, als vielversprechend [5.35]. Es wurde in zahlreichen Fällen auch experimentell unter Beweis gestellt, dass dreidimensionale photonische Kristalle, wie die in Abb. 5.14 dargestellten, bei geeigneter Beschaffenheit und hinreichend hohem Perfektionsgrad vollständige photonische Bandlücken aufweisen können. Für halbleitende Materialien ist besonders der Bereich des nahen Infrarots relevant. Photonische Kristalle sind zur Kontrolle der spontanen Emission von Licht aus Halbleitern sowie als Lichtleiter interessant.

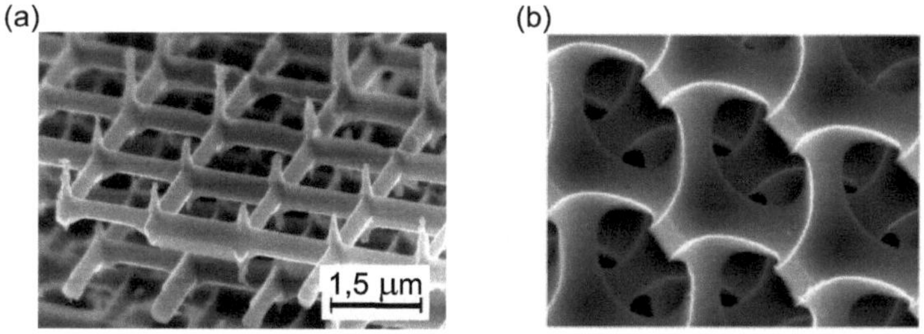

Abb. 5.14: *(a) sc–Gitter aus überlappenden Poren in Silizium [5.36]. (b) Gerüstartige Porenanordnung mit großem Porenvolumen in Silizium [5.36].*

Es stellt sich die Frage nach der Lichtgeschwindigkeit im Innern photonischer Kristalle. Diese ist differenziert für die *Phasengeschwindigkeit* $\mathbf{v} = (\omega/k)\mathbf{e_k}$ und für die *Gruppengeschwindigkeit* $\mathbf{v}_g = \nabla_\mathbf{k}\omega$ zu beantworten. In einem homogenen, isotropen, disersionslosen Medium gilt $\omega(k) = ck/n = ck/\sqrt{\varepsilon}$ und $v_g = v$. Bei *normaler Dispersion* $dn/d\omega > 0$ erhält man $v_g < v$, während *anomale Dispersion* für $dn/d\omega < 0$ $v_g > v$ ergibt. In anisotropen Medien fallen die Richtungen von $\mathbf{v}_g$ und $\mathbf{v}$ nicht zusammen, können sogar entgegengesetzt orientiert sein. In homogenen Medien beschreibt $\mathbf{v}_g$ Richtung und Geschwindigkeit des Energietransports. Die Energieflussdichte ist durch den *Pointing–Vektor* $\mathbf{S} = \mathbf{E} \times \mathbf{H}$ gegeben. Die zeitlich gemittelte elektromagnetische Energiedichte beträgt $n = (\mathbf{E} \cdot \varepsilon\mathbf{E}^* + \mathbf{H} \cdot \mu\mathbf{H}^*)/4$. Die Energieflussgeschwindigkeit $\mathbf{v}_E$ ist dann für einen eindimensionalen photonischen Kristall der Periodizität a gegeben durch

$$\mathbf{v}_E = \frac{\int_0^a \mathbf{S}dx}{\int_0^a n dx} = \frac{\langle \mathbf{S} \rangle}{\langle n \rangle} \,. \tag{5.22}$$

[1]Ein geeignetes Programmpaket ist beispielsweise das MIT-Paket [5.34].

Es konnte gezeigt werden, dass in diesem Fall $\mathbf{v}_E = \mathbf{v}_g$ gilt [5.37], vorausgesetzt, es handelt sich um ein unendlich ausgedehntes Medium. Für ein Medium endlicher Ausdehnung gilt vielmehr $\mathbf{v}_E(\omega) = T(\omega)\mathbf{v}_g(\omega)$, wobei $T(\omega)$ der Transmissionskoeffizient ist [5.35]. Eine genauere Analyse zeigt, dass für Lichtpulse eine hohe Transmittivität auftritt, wenn v_g gering ist. v_g oszilliert mit ω. Dieser Sachverhalt kann intuitiv verstanden werden, wenn man sich vergegenwärtigt, dass der transmittierte Impuls das Resultat multipler Streu– und Interferenzprozesse ist: Konstruktive Interferenz benötigt länger als einfache Propagation. In Anlehnung an den Brechungsindex $n = c/v$ bezeichnet man c/v_g als Gruppenindex. Bei hoher Transmission ist v_g gering, und es werden durchaus Werte von $c/v_g > 10$ beobachtet. Andererseits kann im Bereich der Bandkanten durchaus $v_g > c$ gelten. Dies verletzt keineswegs das Kausalitätsprinzip, da stets $v_E < c$ gilt [5.35].

Die Periodenlängen photonischer Kristalle für den sichtbaren und nahen Infrarotbereich liegen oberhalb der für die Nanotechnologie typischen Längenskalen. Allerdings ist für das photonische Verhalten λ/a relevant. Kleinere Wellenlängen erfordern kleinere Periodizitäten bei unverminderter Bandstruktur. Dieses Skalierungsverhalten setzt allerdings voraus, dass bei kürzeren Wellenlängen entsprechende Brechungsindizes realisiert werden können. Außerdem müssen die Strukturierungsverfahren entsprechend kleine Werte für a erlauben. Es werden aus diesen Gründen periodische Strukturen für $\lambda \gtrsim 10\,\mathrm{nm}$ betrachtet, was dem weichen Röntgenbereich entspricht.

Periodische photonische Strukturen kommen in der unbelebten und belebten Natur vor. Dreidimensionale Strukturen liegen bei natürlichen Kolloidkristallen, wie dem Opal, vor. Zweidimensionale Strukturen finden sich auf Schmetterlingsflügeln, dem Panzer und den Augen von Insekten [5.38].

Wie eingangs erwähnt, sind poröse Materialien auch von Bedeutung in Fällen, in denen die streng periodische Anordnung von Poren eigentlich irrelevant ist. Dennoch kann herstellungsbedingt durchaus eine Periodizität der Poren vorliegen. Die Poren können miteinander verbunden sein, wie etwa bei Aktivkohle, oder voneinander separiert, wie bei einem festen *Schaum*. Man unterscheidet zwischen Mikroporen $< 2\,\mathrm{nm}$, Mesoporen von 2–50 nm und Makroporen $> 50\,\mathrm{nm}$. Bei mehr oder weniger ausgedehnter Größenverteilung der Poren und variierender Topologie entfernt man sich natürlich vom im vorliegenden Kontext diskutierten Ordnungsschema zwischen amorph und kristallin. Dennoch sollten ein paar Anmerkungen zu porösen Materialien im Generellen gemacht werden, die einfach aus nanotechnologischer Sicht relevant sind.

Wenn die Periodizität der Poren nicht explizit von Bedeutung ist, so geht es nicht um ein wirklich kooperativeas Verhalten aller Poren, sondern eher um ein kollektives Verhalten. Dies kann beispielsweise in der sehr großen inneren Oberfläche eines nanoporösen Materials begründet liegen, was das Material, sofern es offenporig ist, zu einem guten Absorber, Filter oder Katalysator macht. Außerdem verhalten sich sekundäre Phasen innerhalb der Poren in der Regel anders als in ausgedehnten Reservoiren. Ein Beispiel wäre das thermodynamische Verhalten von Flüssigkeiten in Nanoporen. Generell können *Wirt–Gast–Prozesse* in den Poren etabliert werden. Bei festen Schäumen wiederum, bei denen die nicht verbundenen Poren mit Luft gefüllt sind, besteht das kollektive Verhalten beispielsweise in besonderen mechanischen Eigenschaften, wie einem geringen Gewicht eines gegebenen Materialvolumens. Eine besondere Stellung unter den porösen Materialien nimmt sicherlich *poröses Silizium* ein, weil die Porosität hier einerseits zu interessanten elektronischen und optoelektronischen Eigenschaften führt und andererseits das Material technologisch in vielerlei Hinsicht interessant ist [5.39]. In den meisten Fällen sollen Abtragungsprozesse bei Halbleitern im Sinne eines Polierens zu geringer Oberflächenrauhigkeit führen. Man kann aber mittels geeigneter Prozesse die Abtragung auch so durchführen, dass poröse Schichten entstehen, die sich viele Mikrometer in die Tiefe eines Siliziumswafers erstrecken können [5.40]. Dies ist beispielsweise bei elektrochemischen, anodischen Auflösungsprozessen der Fall. Einen detaillierten Eindruck von der entstehenden Porenstruktur liefert Abb. 5.15. Die freistehenden Siliziumkristalle haben typisch einen Durchmesser von 1–10 nm. Die Kanal– oder Porentiefe kann das tausendfache des Durchmessers der Poren erreichen. Der Porositätsgrad liegt in der Regel zwischen 30 % und 90 %. Die spezifische Oberfläche kann bei $1000\,\mathrm{m}^2$ pro cm^3 Porenschicht liegen. A priori ist das Material interessant, da es sich *biokompatibel* oder sogar *bioaktiv* verhält. Je nach Porositätsgrad lässt sich die Oberfläche darüber hinaus *superhydrophob* gestalten. Besonderes Interesse finden aber die elektronischen und optoelektronischen Eigenschaften von porösem Silizium (pSi).

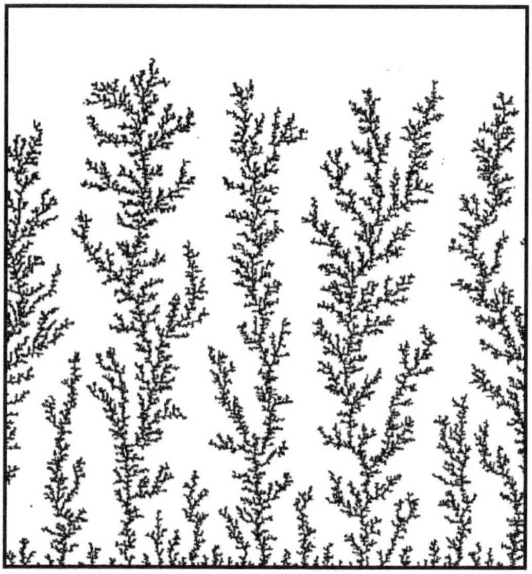

Abb. 5.15: *Modell der Porenentwicklung bei der anodischen, diffusionsbegrenzten Abtragung der (100)–Oberfläche von n–dotiertem Silizium [5.40].*

Obwohl seit den 1950iger Jahren bekannt [5.41], fand pSi ein umfassendes Interesse erst seit 1990, als *Photolumineszenz* im sichtbaren Bereich des Spektrums entdeckt wurde [5.42]. Aufgrund der *indirekten Energielücke* muss ein Elektron aus dem Minimum des Leitungsbands zur strahlenden Rekombination mit einem Loch aus dem Maximum des Valenzbands im Siliziummassivmaterial mit einem geeigneten Phonon wechselwirken, um Energie– und Quasi–Impulssatz bei der Emission des Lichtquants zu erfüllen. Entsprechend gering ist die Ausbeute des Prozesses, der zu einer Lumineszenz im nahen Infrarot mit $\hbar\omega = 1{,}1\,\mathrm{eV}$ und $\lambda = 1{,}1\,\mu\mathrm{m}$ führt. pSi hingegen zeigt eine starke Photolumineszenz im sichtbaren Bereich zwischen $\approx 1,5\,\mathrm{eV}$ und $\approx 2\,\mathrm{eV}$. Trotz einer Vielzahl von Forschungsarbeiten zur Ursache dieser starken Photolumineszenz sind die Beiträge verschiedener denkbarer Effekte nicht ganz geklärt. Plausibel ist, dass die starke elektronische Konstriktion in den haarförmigen Kristallen, wie in Abb. 5.15 dargestellt, zu gebundenen Zuständen, wie in Abschn. 3.3.1 diskutiert, führt. Die starke Lokalisierung der Elektronen im Ortsraum führt zu einer entsprechenden Verschmierung der $\mathbf{k}$–Vektoren der Elektronen im Minimum des Leitungsbands und der Löcher im Maximum des Valenzbands. Dadurch kommt es zu einer Ausweitung der Energielücke auf $\approx 1,8\,\mathrm{eV}$. Es kann aber auch nicht ausgeschlossen werden, dass bestimmte Oberflächenzustände, die wegen der großen spezifischen Oberflächen relevant werden, einen entsprechenden Beitrag leisten.

Neben pSi sind auch poröse Modifikationen von GaP, GaAs, InP sowie SiC interessant, die sich in entsprechnder Weise herstellen lassen. Speziell die III–V–Materialien sind zum einen direkte Halbleiter und besitzen zum anderen einen größeren Brechungsindex und eine höhere Ladungsträgermobilität als Si. Außerdem besitzt ihr Gitter keine Inversionssymmetrie. Dies macht speziell die III–V–Halbleiter zu interessanten Materialien für photonische Anwendungen. Im Fall der photonischen Kristalle haben wir dies bereits gesehen, aber auch nicht periodisch poröse Materialien sind photonisch interessant und besitzen Anwendungsrelevanz.

Effektive–Medien–Theorien zielen darauf ab, die physikalischen Eigenschaften komplexer Kompositmedien mittels der Eigenschaften der Bestandteile und mittels der idealisierten Morphologie des Komposits zu beschreiben. Für photonische Anwendungen ist beispielsweise die effektive komplexe dielektrische Funktion von Bedeutung. Da sich die Strategien zur Bestimmung von $\varepsilon(\omega)$ für nanoskalige Komposite auch auf die Bestimmung anderer Kontinuumseigenschaften übertragen lassen, wollen wir uns hier ein wenig intensiver mit diesen Strategien befassen.

Für ein isotropes mehrkomponentiges Komposit folgt direkt aus $\mathbf{D} = \varepsilon\mathbf{E}$

$$\varepsilon_{eff} = \frac{\sum\limits_i c_i \varepsilon_i \langle E\rangle_i}{\sum\limits_i c_i \langle E\rangle_i} , \tag{5.23a}$$

wobei c_i die Volumenkonzentration der Komponente i mit der Permittivität ε_i bezeichnet. $\langle E\rangle_i$ ist der räumliche Mittelwert von E in der Komponente i. Speziell für zweikomponentige Systeme erhält man also

$$\varepsilon_{eff} = \frac{(1-c)\varepsilon_1 + c\varepsilon_2 \langle E\rangle_2/\langle E\rangle_1}{(1-c) + c\langle E\rangle_2/\langle E\rangle_1} . \tag{5.23b}$$

Zur Bestimmung von ε_{eff} muss also $\langle E\rangle_2/\langle E\rangle_1 = f(\varepsilon_1, \varepsilon_2, c)$ bekannt sein. Insbesondere sind zwei topologische Kategorien zu unterscheiden. Bei Vorliegen einer *Aggregattopologie* gilt $\varepsilon_{eff}(\varepsilon_1, \varepsilon_2, c) = \varepsilon_{eff}(\varepsilon_2, \varepsilon_1, 1-c)$. Bei Vorliegen einer *Matrixtopologie* gilt diese Vertauschungsrelation nicht.

Im Falle einfacher geometrischer Rahmenbedingungen kann $\langle E\rangle_2/\langle E\rangle_1$ aus Gl. (5.23b) exakt angegeben und damit ε_{eff} ohne weitere Näherungen berechnet werden. Dies ist beispielsweise für lamellare Schichten, wie in Abb. 5.6(b) dargestellt, der Fall. Liegt **E** in der Schichtebene, so ist $\varepsilon_{eff} = (1-c)\varepsilon_1 + c\varepsilon_2$. Bei senkrechter Orientierung hingegen erhält man $1/\varepsilon_{eff} = (1-c)/\varepsilon_1 + c/\varepsilon_2$. Für kugelförmige Einschlüsse, dargestellt in Abb. 5.6(c), erhält man $\langle E\rangle_2/\langle E\rangle_1 = 2\varepsilon_1/(2\varepsilon_1 + \varepsilon_2)$ im Grenzfall $c \ll 1$ [5.43]. In diesem Fall sind die sphärischen Einschlüsse der geringen Konzentration c nicht dem Dipolfeld der Nachbareinschlüsse ausgesetzt. ε_1 charakterisiert die Matrix. Das Verhalten der inversen Struktur ergibt sich völlig symmetrisch für $\varepsilon_1 \to \varepsilon_2$ $\varepsilon_2 \to \varepsilon_1$, $c \to c-1$. Mit $\varepsilon_{eff}(c=0) = \varepsilon_1$ sowie $\partial\varepsilon_{eff}/\partial c = 3\varepsilon_1(\varepsilon_2 - \varepsilon_1)/(\varepsilon_2 + 2\varepsilon_1)$ für $c = 0$ und den symmetrischen Randbedingungen für $c = 1$ folgt in erster Ordnung von c [5.44]

$$\varepsilon_{eff} = \frac{\varepsilon_1 + 4c\varepsilon_1(\varepsilon_2-\varepsilon_1)/(\varepsilon_2+2\varepsilon_1) + 2c^2(\varepsilon_2-\varepsilon_1)^2/(\varepsilon_2+2\varepsilon_1)}{1 + c(\varepsilon_2-\varepsilon_1)/(2\varepsilon_1+\varepsilon_2)} \,. \tag{5.24}$$

Mit den Variablen $f = 1 - \varepsilon_{eff}/\varepsilon_1$ und $s = 1/(1 - \varepsilon_2/\varepsilon_1)$ ist $f(s)$ für ein beliebiges Komposit gegeben durch [5.45]

$$f(s) = \frac{A}{s} + \int_0^1 \frac{g(s')ds'}{s-s'} \,, \tag{5.25a}$$

mit einer *Spektralfunktion* $g(s) > 0$, die für isotrope Materialien folgende Relationen erfüllt:

$$\int_0^1 g(s)ds = c - A \,, \tag{5.25b}$$

$$\int_0^1 sg(s)ds = \frac{c}{3}(1-c) \tag{5.25c}$$

und

$$\int_0^1 \frac{g(s)ds}{1-s} \le 1 - A \,, \tag{5.25d}$$

mit $A \le 2c/(3-c)$. Damit lässt sich Gl. (5.24) schreiben als

$$f(s) = \frac{2c^2}{1+c}\,\frac{1}{s} + \frac{c(1-c)}{1+c}\,\frac{1}{s-(1+c)/3}\,. \tag{5.26}$$

Mit $A = 2c^2/(1+c)$ und $g(s) = c(1-c)\,\delta(s-(1+c)/3)/(1+c)$ ist Gl. (5.25) erfüllt.

Eine Effektive–Medien–Theorie für dielektrische Eigenschaften setzt natürlich voraus, dass die typischen Strukturdimensionen klein gegenüber der Wellenlänge sind, jedoch im Sinne der Diskussion in Abschn. 2.2.5 so groß, dass eine Permittivität als kontinuumsphysikalische Größe auch für die einzelnen Komponenten des Komposits angegeben werden kann. Für eine anisotrope Porenanordnung, die für viele Anwendungen relevant ist und häufig auch durch das spezifische Herstellungsverfahren bedingt ist, ergibt sich eine optische Anisotropie des porösen Materials. Eine Anordnung zylindrischer, zueinander paralleler Poren innerhalb einer Matrix mit kubischer Symmetrie resultiert in den effektiven Punktgruppen C_{3v} für die (111)–Oberfläche und D_{2d} für die (100)–Oberfläche. Aus der kubischen Symmetrie T_d der Matrix wird also eine uniaxiale des Porenmaterials. Die Beschreibung der Symmetrieverhältnisse erfolgt auch hier im Rahmen der in Abschn. 5.2.2 diskutierten Nomenklatur, was erneut die mit der Nanotechnologie verbundene Generalisierung des Kirstallbegriffs unterstreicht. Die effektive Permittivität ist in diesem Fall ein Tensor zweiter Ordnung:

$$\underline{\underline{\varepsilon_{eff}}}(\omega) = \begin{pmatrix} \varepsilon_\perp(\omega) & 0 & 0 \\ 0 & \varepsilon_\parallel(\omega) & 0 \\ 0 & 0 & \varepsilon_\parallel(\omega) \end{pmatrix}. \tag{5.27}$$

Für die **E**–Komponente parallel zu den Poren ist wie im Fall der zuvor behandelten lamellaren Schichten $\varepsilon_\parallel = (1-c)\varepsilon_1 + c\varepsilon_2$, wenn ε_1 das Porenmaterial und ε_2 das der Matrix mit dem Volumenanteil c beschreibt. Im Grenzfall weniger, vereinzelter Poren mit $c \to 1$ erhält man $\langle E\rangle_2/\langle E\rangle_1 = 2\varepsilon_2/(\varepsilon_1+\varepsilon_2)$. $\langle E\rangle_1$ und $\langle E\rangle_2$ sind die räumlichen Mittelwerte derjenigen Komponenten von **E** senkrecht zur Porenachse und in den Poren sowie in der Matrix. Mit $c \to 1-c$ und $1-c \to c$ erhält man aus Gl. (5.23b) direkt $\varepsilon_\perp(\omega)$, wie in Gl. (5.27) verwendet. Für einen verschwindenden Matrixanteil $c \to 0$ erhält man einen identischen Wert von $\langle E\rangle_2/\langle E\rangle_1$, so dass letztlich für beide Grenzwerte $c \to 0$ und $c \to 1$ aus Gl. (5.23b)

$$\varepsilon_\perp = \varepsilon_2 \frac{(2-c)\varepsilon_1 + c\varepsilon_2}{(2-c)\varepsilon_2 + c\varepsilon_1} \tag{5.28}$$

resultiert. Für die Spektraldarstellung gemäß Gl. (5.25) erhält man $A = c/(2-c)$ und $g(s) = c(1-c)\,\delta(s-1+c/2)/(2-c)$.

Eine Kenntnis von $\varepsilon_{eff}(\omega)$ gemäß Gl. (5.27) ist Voraussetzung für eine Ermittlung der *optischen Schwingungsspektren* poröser Halbleiter. Neben der Aufspaltung optischer Phononenmoden, die üblicherweise für entsprechende Festkörper auftritt, zeigen poröse III–V–Halbleiter verstärkt an der Oberfläche lokalisierte Anregungen, wie die in Abschn. 2.2.4 diskutierten Oberflächenphononen, –polaritonen und –plasmonen. Als Folge findet man die für diese Materialien charakteristischen *Fröhlich–Moden* [5.46]. Experimentell verwendet man dazu die *Raman–Streuung* sowie die *Fourier–Transform Infrared–(FTIR–)Spektroskopie*. Abbildung 5.16 zeigt ein typisches Schwingungsspektrum, eines uniaxialen, porösen III–V–Halbleiters, berechnet mithilfe der diskutierten Effektive–Medien–Theorie.

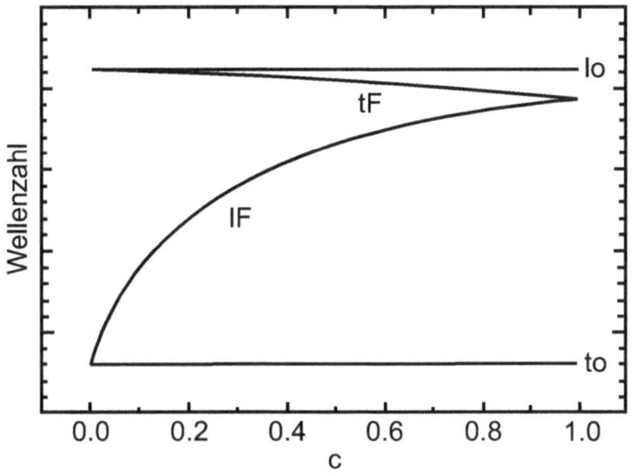

Abb. 5.16: *Schwingungsspektrum eines uniaxial porösen III–V–Halbleiters mit transversal-optischen (to), longitudinal-optischen (lo) sowie longitudinalen (lF) und transversalen (tF) Fröhlich–Moden.*

Neben den hier quasi exemplarisch behandelten porösen Halbleitern sind zahlreiche weitere poröse Materialien oder Festkörperschäume mit über weite Bereiche variierender Porengröße und Morphologie von Interesse für die unterschiedlichsten Fragestellungen aus Forschung und Anwendung [5.47]. Genannt seien hier stellvertretend metallische Schäume, die unter anderem ganz besondere mechanische Eigenschaften aufweisen können [5.48]. Mithilfe moderner analytischer Verfahren lässt sich heute sogar die innere Morphologie derartiger Materialien im Detail studieren, wie in Abb. 5.17 dargestellt. Auch wenn die Geometrie der Poren und ihre Verteilung völlig stochastisch wirken, so folgt doch Porosität im allgemeinen verschiedenen Gesetzmäßigkeiten, die natürlich bei ungeordneten Porenanordnungen immer einen statistischen Charakter aufweisen. Zur Kategorisierung der Porenmorphologien wurden verschiedene Modelle entwickelt.

Das *Perkolationsmodell* ist ein abstraktes Modell der statistischen Physik [5.50], das im vorliegenden Kontext als *Platzperkolationsmodell* von Bedeutung ist. Betrachtet wird ein Punktgitter in n Dimensionen, bei dem die Gitterplätze mit der Wahrscheindlichkeit p unbesetzt sind. Wahrscheinlichkeiten für die Besetzung zweier Plätze sind unabhängig voneinander. Poren in einem kristallinen Material entsprächen „Clustern" von unbesetzen Gitterplätzen. Wird p sukzessive vergrößert, so gibt es einen kritischen Wert p_c, ab dem eine durch das komplette Material hindurchgehende Pore auftritt. Die Struktur wird also offenporig. p_c wird als *Perkolationsschwelle* bezeichnet und hängt vom Gittertyp und von den Dimensionen ab. Für ein Quadratgitter ist $p_c = 0,59275$. Das Verhalten von chrakteristischen Größen im Perkolationsmodell gleicht demjenigen bestimmter

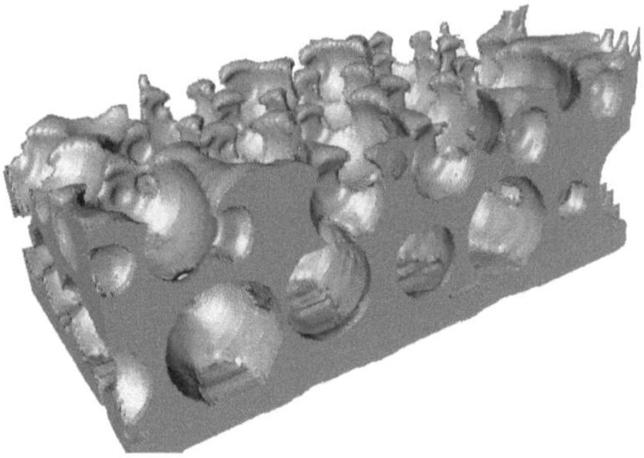

Abb. 5.17: *Morphologie eines Metallschaums, sichtbar gemacht durch sukzessives Abtragen mit einem fokussierten Ionenstrahl (FIB, focused ion beam) und Abbilden mittels Rasterelektronenmikroskopie (SEM, scanning electron microscopy) [5.49]. Der Bildausschnitt beträgt* $6,1\,\mu m\, x\, 4,6 \mu m$.

Größen bei den in Abschn. 4.1 diskutierten kritischen Phänomenen im Zusammenhang mit kontinuierlichen Phasenübergängen [5.50]. So gilt für die Anzahl n_s der Poren mit s Gitterplätzen für $p = p_c$ und hinreichende Porengröße $n_s \sim 1/s^{\alpha}$. Für den zweidimensionalen Fall erhält man $\alpha = 187/91 \approx 2,055$ und in drei Dimensionnen $\alpha \approx 2,3$. Auch beim Verhalten der Porosität nahe der Perkolationsgrenze tritt ein *kritischer Exponent* auf: $c \sim (p - p_c)^{\beta}$ für $p > p_c$. c beschreibt den relativen Volumenanteil der offenen Pore mit $\beta = 5/36 \approx 0,1389$ für zwei und $\beta \approx 0,4$ für drei Dimensionen.

Fraktale [5.51] sind geometrische Gebilde, die in vielen Bereichen der Nanotechnologie von Bedeutung sind. Fraktalmodelle sind auch etabliert bei der Beschreibung poröser Morphologien. Exemplarisch für ein lineares Fraktal ist die *Koch–Kurve*, die in Abb. 5.18(a) dargestellt ist. Sie entsteht, wenn eine Strecke, zu Beginn ist dies L_0, in drei identische Teile zerlegt wird und der mittlere Teil wiederum in zwei identische, die jeweils einen Winkel von 60° mit der dreigeteilten Stecke bilden. In Abb. 5.18(a) wurden drei Iterationen durchgeführt. Nach n Iterationen beträgt die Gesamtlänge der Koch–Kurve $L_n = (4/3)^n L_0$. Die Abschnitte l werden bei jeder Iteration kürzer: $l_n = L_0/3^n$. Die Länge der Koch–Kurve in Einheiten von l_n ist gegeben durch $L_n/l_n = (L_0/l_n)^d$ mit der fraktalen Dimension $d = ln\,4/ln\,3 \approx 1,262$. d liegt also zwischen $d = 1$ für eine Gerade, für die $L_n/l_n = L_0/l_n$ wäre, und $d = 2$ für eine Fläche, für die man $F_n/l_n^2 = (L_0/l_n)^2$ erhielte. An der Koch–Kurve lässt sich noch eine weitere, häufig vorhandene Eigenschaft von *regulären Fraktalen* aufzeigen: die *Selbstähnlichkeit*. Vergrößert man einen Abschnitt der beliebig oft iterierten Kurve entsprechend, so erhält man wieder die Kurve nach dem ersten Iterationsschritt.

Das *Sierpinski–Fraktal* ist ein weiteres reguläres Fraktal, das eine direkte Relevanz für Porenstrukturen haben kann. Es ist in Abb. 5.18(b) dargestellt und resultiert in der sukzessiven Auffüllung einer dreieckförmigen Pore mit iterativ kleiner werdenden dreieckförmigen Körnern. Die nicht ausgefüllte Fläche nach der n–ten Iteration beträgt $F_n = \sqrt{3}(3/4)^n L_0^2/4$. Die Basislänge der Dreiecke reduziert sich dabei auf $l_n = L_0/2^n$. Misst man die resultierende Porenfläche in Einheiten von l_n aus, so erhält man $F_n/l_n^2 \sim$

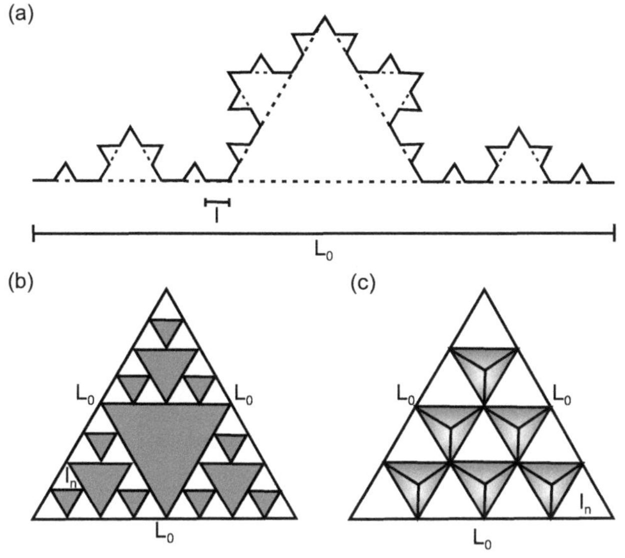

Abb. 5.18: *(a) Koch–Kurve nach drei Iterationen. (b) Sierpinski–Fraktal nach drei Iterationen. (c) Fraktale Struktur aus Tetraedern.*

$(l_0/l_n)^d$. Die fraktale Dimension ist in diesem Fall durch $d = ln\,3/ln\,2 \approx 1,585$ gegeben und liegt wiederum zwischen derjenigen einer Geraden und derjenigen einer kompakten Fläche. Da Korngrößen nur in einem bestimmten Größenbereich existieren und insbesondere nicht beliebig klein werden können, erstreckt sich das fraktale Verhalten nur über einen dadurch bedingten Größenbereich. Dies führt im vorliegenden Kontext dazu, dass die Porosität c nicht komplett verschwindet.

Ein Fraktal mit $d > 2$ erhält man aus der in Abb. 5.18(c) gezeigten Tetraederkonstruktion. Ein Dreieck wird sukzessive mit iterativ kleiner werdenden Tetraedern ausgefüllt. Die exponierte Oberfläche nach der n–ten Iteration ist gegeben durch $F_n = (3/2)^n F_0$. Für den Maßstab ergibt sich wie beim Sierpinski–Fraktal $l_n = L_0/2^n$. Damit erhält man in diesem Fall $F_n/l_n^2 \sim (L_0/l_n)^d$, mit $d = ln\,6/ln\,2 \approx 2,585$. Fraktale mit $d > 3$ sind im dreidimensionalen Raum offensichtlich nicht möglich.

Während die behandelten regulären Fraktale aus idealisierten geometrischen Ausgangsvoraussetzungen resultieren, findet man auf Nanometerskala und auch sonst in der Natur in der Regel zufällige Fraktale. So auch im Zusammenhang mit Porenstrukturen und dem zuvor diskutierten Perkulationsmodell. An der Perkulationsgrenze mit $p = p_c$ tritt, wie beschrieben, eine offenporige Struktur auf. In einem regulären Kristallgitter ist der Maßstab durch die Gitterkonstante gegeben: $l_n = a$. Damit erhält man $s \sim (L_0/a)^d$ für die Abhängigkeit der Anzahl der unbesetzten Gitterplätze von der Gesamtabmessung des Materials. Die fraktale Dimension ist dabei in zwei räumlichen Dimensionen durch $d = 91/48 \approx 1,8958$ gegeben und in drei durch $d \approx 2,5$.

Typische zufällige Fraktale stellen auch die skelettartigen Siliziumstrukturen in Abb. 5.14 dar, die durch diffusionsbegrenzte Ätzprozesse entstehen. Als Pendant ist der *diffu-*

sionslimitierte Aggregationsprozess (*DLA, diffusion limited aggregation*) zu sehen, der für die Entstehung fraktaler Strukturen durch Selbstorganisation, wie in Abschn. 4.4 diskutiert, relevant ist. Die Anzahl N der Bestandteile oder Präkursoren einer fraktalen Struktur, die durch diffusionslimitierte Assemblierung entstanden ist, ist gegeben durch $N \sim R^d$ [5.52]. Dabei ist R der Trägheitsradius der Struktur und $d = 1,715$ die fraktale Dimension für den zweidimensionalen Fall. Ein typisches Beispiel zeigt Abb. 5.19.

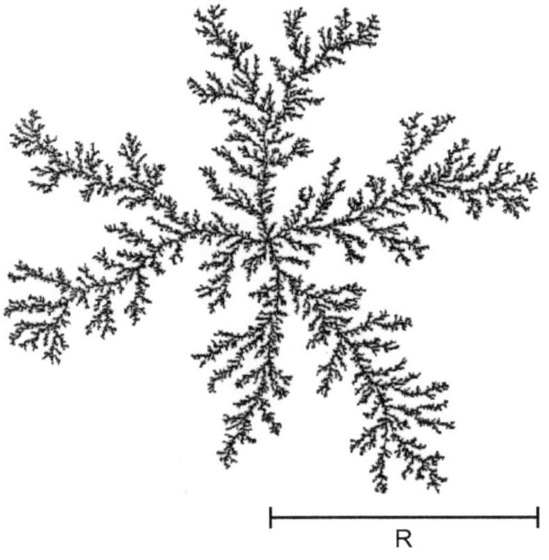

Abb. 5.19: *Diffusionslimitiertes Aggregat mit zufälliger fraktaler Struktur. R gibt den Trägheitsradius an.*

Literaturverzeichnis

[5.1] L.D. Landau und E.M. Lifschitz, *Statistische Physik* (Akademie–Verlag, Berlin, 1987).

[5.2] P. Pupon, J. Leblond and P.H. E. Meijer, *The Physics of Phase Transitions* (Springer, Berlin, 2006).

[5.3] M. F. Fisher, Rev. Mod. Phys. **70**, 653 (1998); U. Schollwöck, Rev. Mod. Phys. **77**, 259 (2005); K. Halberg, Adv. Phys. **55**, 477 (2006).

[5.4] S. Hunklinger, *Festkörperphysik* (Oldenbourg, München, 2011).

[5.5] H. Weller, Phil. Tran. R. Soc. Lond. A **361**, 229 (2003).

[5.6] W. Kleber, H.-J. Bautsch, J. Bohm und D. Klimm, *Einführung in die Kristallographie* (Oldenbourg, München, 2010).

[5.7] J.-P. Serre, *Linear Representations of Finite Groups* (Springer, New York, 1977).

[5.8] J.-B. Suck, M. Schreiber and P. Häussler (Eds), *Quasicrystals* (Springer, Berlin, 2002).

[5.9] P. Hemenway, *Divine Proportion: Phi in Art, Nature and Science* (Sterling, New York, 2005).

[5.10] P.J. Lu and J. Steinhardt, Science **315**, 1106 (2007).

[5.11] R. Zallen, *The Physics of Amorphous Solids* (Wiley-VCH, Weinheim, 2004).

[5.12] J. Zarzycki, *Glasses and the Vitreous State* (Cambrigde Univ. Press, Cambridge, 1991).

[5.13] P.D. Debenedetti and F. H. Stillinger, Nature **410**, 259 (2001).

[5.14] W.H. Wang, C. Doug and C.H. Shek, Materials Science and Engineering R **44**, 43, (2004); M. Barrisco (Ed.) *Bulk Metallic Glasses*, Advanced Engineering Materials **9**, 431-511 (2007).

[5.15] J.M.G. Cowie, *Polymers: Chemistry and Physics of Modern Materials* (Nelson Thornes, Cheltenham, 2007).

[5.16] D. Vollath, *Nanomaterials* (Wiley–VCH, Weinheim, 2008).

[5.17] H.-E. Schäfer, *Nanoscience* (Springer, Berlin, 2010).

[5.18] R. Kelsall, I. Hamley and M. Geoghegan, *Nanoscale Science and Technology* (Wiley, Chichester, 2005).

[5.19] H. Kronmüller and M. Fähnle, *Ferromagnetic Solids* (Cambridge Univ. Press, Cambridge, 2003).

[5.20] G. Herzer, IEEE Trans. Magn. **26**, 1397 (1990).

[5.21] E. Arzt, Acta mater. **46**, 5611 (1998).

[5.22] J.D. Wright, *Molecular Crystals* (Cambridge Univ. Press, Cambridge, 1995).

[5.23] J.D. Watson and F.A. Crick, Nature **171**, 737 (1953).

[5.24] B. Rupp, *Biomolecular Crystallography: Principles, Practice and Applications to Structural Biology* (Taylor and Francis, London, 2007).

[5.25] G. Schmid, Chem. Soc. Rev. **37**, 1909 (2008).

[5.26] H. Zhang, G. Schmid and U. Hartmann, Nano Lett. **3**, 305 (2003).

[5.27] G. Schmid (Ed.), *Nanoparticles: From Theory to Application* (Wiley–VCH, Weinheim, 2010).

[5.28] C.P. Collier, T. Vossmeyer and J.R. Hearth, Annu. Rev. Phys. Chem. **49**, 371 (1998); C.B. Murray, C.R. Kagan and M.G. Bawendi, Annu. Rev. Mat. Sci. **30**, 545 (2000).

[5.29] E.V. Shevchenko, D.V. Talapin, C.R. Murray and S. O'Brien, J. Am. Chem. Soc. **128**, 3620 (2006); E.V. Shevchenko, D.V. Talapin, S. O'Brien and C.R. Murray, J. Am. Chem. Soc. **127**, 8741 (2005).

[5.30] D.V. Talapin, E.V. Shevchenko, A. Kornewski, N. Gaponik, M. Haase, Al. Rogach and H. Weller, Adv. Mat. **13**, 1868 (2001).

[5.31] V. Kochergin and H. Föll, *Porous Semiconductors* (Springer, Berlin, 2009).

[5.32] I. Tighineanu, S. Langa, H. Foell and V. Ursachi, *Porous III–V Semiconductors*; www.porous-35.com.

[5.33] J.D. Joannopoulus, S.G. Johnson, J.N. Winn and R.D. Maede, *Photonic Crystals: Molding the Flow of Light* (Princeton Univ. Press, Princeton, 2008).

[5.34] ab-initio.mit.edu/photons/

[5.35] S.V. Gaponenko, *Introduction to Nanophotonics* (Cambridge Univ. Press, Cambridge, 2010).

[5.36] S. Matthias, F. Müller and U. Gösele, MPI of Microstructure Physics, Halle; www.mpi-halle.mpg.de

[5.37] A. Yariv and P. Yeh, *Optical Waves in Crystals* (Wiley, New York, 1984).

[5.38] A.R. Parker, J. Opt. A **2**, R15 (2000); P. Vukusic and J. Sambles, Nature **424**, 852 (2003).

[5.39] M. Sailor, *Porous Silicon in Practice* (Wiley-VCH, Weinheim, 2011).

[5.40] R.L. Smith and S.D. Collings, J. Appl. Phys. **71**, R1 (1992).

[5.41] A. Uhlir, Bell Syst. Tech. **35**, 333 (1956).

[5.42] L.T. Canham, Appl. Phys. Lett. **57**, 1046 (1990).

[5.43] L.D. Landau und E.M. Lifshitz, *Elektrodynamik der Kontinua* (Akademie–Verlag, Berlin, 1985).

[5.44] J. Monecke, J. Phys. D: Condens. Matter **6**, 907 (1994).

[5.45] D.J. Bergman, Phys. Rep. **43**, 377 (1978).

[5.46] H. Fröhlich, *Theory of Dielectrics* (Clarendon Press, Oxford, 1949).

[5.47] W. Ehlers and J. Bluhm, *Porous Media* (Springer, Berlin, 2002); R. de Boer, *Theory of Porous Media* (Springer, Berlin, 2000).

[5.48] O. Coussey, *Poromechanics* (Wiley, Chichester, 2004).

[5.49] A. Jung, H. Natter, S. Diebels, E. Lach and R. Hempelmann, Adv. Eng. Mat. **13**, 23 (2011).

[5.50] D. Stauffer, *Introduction to percolation theory* (Taylor and Francis, London, 1985).

[5.51] B.B. Mandelbrot, *Die fraktale Geometrie der Natur* (Birkhäuser, Basel, 1987).

[5.52] S. Tolman and P. Meaking, Phys. Rev. A **40**, 428 (1989).

Index

Bei Fragen zur Produktsicherheit wenden Sie sich bitte an:
If you have any questions regarding product safety,
please contact:

Walter de Gruyter GmbH
Genthiner Straße 13
10785 Berlin
productsafety@degruyterbrill.com